■ 2014年4月，党和国家领导人习近平、李克强、张德江、俞正声、刘云山、王岐山、张高丽等来到北京市海淀区南水北调团城湖调节池参加首都义务植树活动。这是中共中央总书记、国家主席、中央军委主席习近平在植树。（新华社　供稿）

■ 2014年4月，党和国家领导人习近平、李克强、张德江、俞正声、刘云山、王岐山、张高丽等来到北京市海淀区南水北调团城湖调节池参加首都义务植树活动。这是中共中央政治局常委、国务院总理李克强同少先队员一起给树浇水。

（新华社　供稿）

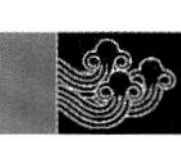

■ 2014年7月，全国政协在北京市召开双周协商座谈会，就南水北调中线水源地水质保护问题座谈交流。中共中央政治局常委、全国政协主席俞正声(左三）主持会议并讲话。全国政协副主席杜青林、罗富和、张庆黎、马培华出席座谈会。国务院南水北调办主任鄂竟平在会上介绍了南水北调中线水源地水质保护有关工作情况。

（新华社　供稿）

■ 2014年4月，党和国家领导人习近平、李克强、张德江、俞正声、刘云山、王岐山、张高丽等来到北京市海淀区南水北调团城湖调节池参加首都义务植树活动。这是中共中央政治局常委、国务院副总理、国务院南水北调工程建设委员会主任张高丽同少先队员一起给树浇水。

（新华社　供稿）

■ 2014年11月，中共中央政治局委员、北京市市委书记郭金龙（前排左二）在南水北调中线一期工程北京段团城湖明渠工程检查通水准备情况。 （北京市南水北调办　供稿）

■ 2014年4月，国务院南水北调办主任鄂竟平(左一）率组检查南水北调中线一期工程京石段工程防汛工作。这是鄂竟平在检查渠道边坡。（宋 滢 摄）

■ 2014年9月，国务院南水北调办副主任张野(左二）调研南水北调中线一期工程穿黄工程通水验收工作情况。（许安强 摄）

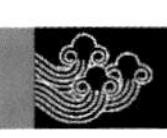

■ 2014年3月，国务院南水北调办副主任蒋旭光（前排左二）在江苏省检查南水北调工程质量监管情况。（江苏省南水北调办 供稿）

■ 2014年6月，国务院南水北调办副主任于幼军(前排左三）在南水北调东线一期工程泗洪站调研水质保护情况。（江苏水源公司 供稿）

■ 2014年12月，国务院南水北调办主任鄂竟平（前排右一），河南省省委书记郭庚茂（前排右二）、省长谢伏瞻（前排右三）出席南水北调中线工程河南通水活动。

（余培松　摄）

■ 2014年8月，湖北省省委书记李鸿忠(前排右二）调研南水北调工程十堰马家河综合治理情况。

（湖北省南水北调办　供稿）

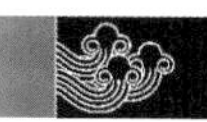

■ 2014年4月，江苏省省长李学勇（右三）在南水北调东线一期工程江都水利枢纽工程检查运行及防汛准备情况。（楼　峰　摄）

■ 2014年8月，国务院南水北调工程建设委员会专家委员会专家考察南水北调中线北京段PCCP管道。（冯晓波　摄）

■ 2014年4月，北京市市委、市人大、市政府、市政协领导集体听取国务院南水北调办主任鄂竟平介绍南水北调工程情况。
（北京市南水北调办　供稿）

■ 2014年1月，南水北调工程建设工作会议在北京市召开。
（朱文君　摄）

■ 2014年12月，国务院南水北调办主任鄂竟平与河北省省长张庆伟在石家庄市举行座谈会，商谈南水北调接水用水和运行管理等工作。

（邵玉恩 摄）

■ 2014年1月，国务院南水北调办在北京市组织召开南水北调中线一期工程通水验收工作座谈会。

（南水北调宣传中心 供稿）

■ 2014年12月，南水北调中线一期工程通水前夕，中国文联组织文艺志愿者前往一线慰问建设者。

（南水北调宣传中心　供稿）

■ 2014年11月，南水北调湖北省移民代表团在丹江口大坝上启动南水北调中线调水沿线行活动。

（新华社　供稿）

■ 2014年6月，反映南水北调中线水源区郧县移民外迁故事的郧阳二棚子戏《我的汉水家园》在北京市上演。（新华社　供稿）

■ 2014年11月，以河南省南水北调丹江口库区移民为题材的大型豫剧现代戏《家园》，在北京、郑州等地巡演。（张亚洲　摄）

■ 2014年6月，南水北调中线丹江口水库举行增殖放流活动。

（班静东　摄）

■ 2014年10月，南水北调东线一期工程泗阳泵站进行清污机维护检修。

（江苏水源公司　供稿）

■ 2014年4月，南水北调东线一期工程洪泽湖站开展叶片调节机构调试工作。

（江苏水源公司　供稿）

■ 2014年11月，济南市南水北调配套工程文山泵站。

（孙健滨　摄）

■ 2014年2月，正在调试安装中的南水北调东线一期工程济南市配套工程罗而庄泵站。

（孙健滨　摄）

■ 2014年7月，南水北调东线一期工程双王城水库放水抗旱。

（山东省南水北调建管局　供稿）

■ 2015年5月，南水北调东线一期工程八里湾泵站开机运行。

（刘燕勋　摄）

■ 2014年5月，南水北调东线一期工程韩庄泵站开机运行。

（程国安　摄）

■ 2014年3月，南水北调中线一期工程兴隆水利枢纽鸟瞰图。

（湖北省南水北调办　供稿）

■ 2014年6月，南水北调中线一期工程鹤壁段工程开展充水试验工作。

（余培松　摄）

■ 2014年7月，正在开展充水试验的南水北调中线一期工程淅川县段工程。

（新华社　供稿）

■ 2014年9月，南水北调中线一期工程通过澎河渡槽前分水闸向河南省平顶山市应急调水。

（余培松　摄）

■ 2014年10月，丹江口水库水位达到历史最高水位160.07m。

（班静东　摄）

■ 2014年8月，河南省南水北调配套工程郑州22号线沉井正在进行紧张施工。

（余培松　摄）

■ 2014年5月，南水北调中线一期工程北京西四环暗涵正在进行南水进京前的维护检修。
（新华社　供稿）

■ 2014年10月，北京市南水北调配套工程郭公庄水厂机械加速澄清池。

（北京市南水北调办　供稿）

■ 2014年10月，北京市南水北调配套工程团城湖调节池。

（北京市南水北调办　供稿）

■ 2014年12月，通水后的南水北调中线一期工程陶岔渠首。

（南水北调宣传中心　供稿）

■ 2014年12月，通水后的南水北调中线一期工程方城段渠道。

（南水北调宣传中心　供稿）

■ 2014年12月，通水后的南水北调中线一期工程湍河渡槽。

（南水北调宣传中心　供稿）

■ 2014年12月，通水后的南水北调中线一期工程沙河渡槽。

（南水北调宣传中心　供稿）

■ 2014年12月，通水后的南水北调中线一期工程穿黄工程。

（南水北调宣传中心 供稿）

■ 2014年12月，通水后的南水北调中线一期工程郑州2段金水河倒虹吸进口前渠道。

（余培松 摄）

■ 2014年12月，南水北调水进入天津的第一站——曹庄泵站。

（天津南水北调办　供稿）

■ 2014年12月，丹江口水库水抵达南水北调中线一期工程终端团城湖明渠。

（北京市南水北调办 供稿）

# 中国南水北调工程
# 建设年鉴
# 2015

《中国南水北调工程建设年鉴》编纂委员会

中国电力出版社
CHINA ELECTRIC POWER PRESS

图书在版编目(CIP)数据

中国南水北调工程建设年鉴. 2015/《中国南水北调工程建设年鉴》编纂委员会编. —北京：中国电力出版社，2015. 11
ISBN 978-7-5123-8569-6

Ⅰ. ①中… Ⅱ. ①中… Ⅲ. ①南水北调-水利工程-中国-2015-年鉴 Ⅳ. ①TV68-54

中国版本图书馆CIP数据核字(2015)第269944号

中国电力出版社出版、发行
(北京市东城区北京站西街19号 100005 http://www.cepp.sgcc.com.cn)
北京盛通印刷股份有限公司印刷
各地新华书店经售
*
2015年11月第一版 2015年11月北京第一次印刷
787毫米×1092毫米 16开本 41.75印张 1011千字 13彩页
印数0001—2000册 定价**300.00**元

# 《中国南水北调工程建设年鉴》
# 编 纂 委 员 会

# 《中国南水北调工程建设年鉴》编纂委员会办公室



# 编　辑　部

# 编 辑 说 明

一、《中国南水北调工程建设年鉴》是由国务院南水北调工程建设委员会办公室主办的专业年鉴，是逐年集中反映南水北调工程建设、治污环保、征地移民以及运行管理等过程中的重要事件、技术资料、统计报表的资料性工具书，自2005年起每年编印一卷。

二、《中国南水北调工程建设年鉴2015》记载2014年的重要事件，重点反映工程建设、运行管理、质量安全、征地移民、治污环保和重大技术攻关等方面的工作情况。共设16个篇目，包括：通水纪实（特辑）、重要会议、重要讲话、重要事件、政策法规、重要文件、考察调研、文章与专访、综合管理、东线工程、中线工程、西线工程、配套工程、队伍建设、统计资料、大事记。另有重要活动剪影和英文目录。

三、本年鉴所载内容实行文责自负。年鉴内容、技术数据及是否涉密等均经撰稿人所在单位把关审定。

四、本年鉴一律使用法定计量单位。技术术语、专业名词、标点符号等使用力求符合规范要求或约定俗成。

五、本年鉴力求内容全面、资料准确、整体规范、文字简练，并注重实用性、可读性和连续性。

《中国南水北调工程建设年鉴》编辑部

2015年10月

# 篇　　目

# 目　　录



## 特辑　通水纪实



## 重要会议

## 贰 重要讲话

## 叁 重要事件



## 肆 政策法规

# 伍 重要文件

## 考察调研

## 文章与专访



## 综合管理

## 玖 东线工程

## 拾 中线工程

## 拾壹 西线工程

## 拾贰 配套工程

## 队伍建设



## 统计资料

## 拾伍 大 事 记

# 特 辑 | 通水纪实

## 习近平就南水北调中线一期工程正式通水作出重要指示 李克强作出批示 张高丽部署工作

2014年12月12日，南水北调中线一期工程正式通水。中共中央总书记、国家主席、中央军委主席习近平作出重要指示，强调南水北调工程是实现我国水资源优化配置、促进经济社会可持续发展、保障和改善民生的重大战略性基础设施。经过几十万建设大军的艰苦奋斗，南水北调工程实现了中线一期工程正式通水，标志着东、中线一期工程建设目标全面实现。这是我国改革开放和社会主义现代化建设的一件大事，成果来之不易。习近平对工程建设取得的成就表示祝贺，向全体建设者和为工程建设作出贡献的广大干部群众表示慰问。

习近平指出，南水北调工程功在当代，利在千秋。希望继续坚持先节水后调水、先治污后通水、先环保后用水的原则，加强运行管理，深化水质保护，强抓节约用水，保障移民发展，做好后续工程筹划，使之不断造福民族、造福人民。

中共中央政治局常委、国务院总理李克强作出批示，指出南水北调是造福当代、泽被后人的民生民心工程。中线工程正式通水，是有关部门和沿线六省市全力推进、二十余万建设大军艰苦奋战、四十余万移民舍家为国的成果。李克强向广大工程建设者、广大移民和沿线干部群众表示感谢，希望继续精心组织、科学管理，确保工程安全平稳运行，移民安稳致富。充分发挥工程综合效益，惠及亿万群众，为经济社会发展提供有力支撑。

中共中央政治局常委、国务院副总理、国务院南水北调工程建设委员会主任张高丽就贯彻落实习近平重要指示和李克强批示作出部署，要求有关部门和地方按照中央部署，扎实做好工程建设、管理、环保、节水、移民等各项工作，确保工程运行安全高效、水质稳定达标。

南水北调中线一期工程于2003年12月30日开工建设。工程从丹江口水库调水，沿京广铁路线西侧北上，全程自流，向河南、河北、北京、天津供水，包括丹江口大坝加高、渠首、输水干线、汉江中下游补偿工程等内容。干线全长1432km，年均调水量95亿$m^3$，沿线20个大中城市及100多个县（市）受益。工程移民搬迁安置近42万人，其中丹江口库区移民34.5万人。丹江口水库水质一直稳定达到Ⅱ类标准。

作为缓解北方地区水资源严重短缺局面的重大战略性基础设施，南水北调工程规划分东、中、西三条线路从长江调水，横穿长江、淮河、黄河、海河四大流域，总调水规模448亿$m^3$，供水面积达145万$km^2$，受益人口4.38亿人。先期实施东、中线一期工程，东线一期工程已于2013年通水。

## 习近平在新年贺词中谈南水北调 向移民致敬并送祝福

新年前夕，国家主席习近平通过中国国际广播电台、中央人民广播电台、中央电视台，发表了2015年新年贺词。贺词中谈到了正式通水的南水北调中线一期工程，肯定沿线40多万移民搬迁群众做出的贡献，向他们致敬并送上温馨的祝福。相关贺词如下：

“12 月 12 日，南水北调中线一期工程正式通水，沿线 40 多万人移民搬迁，为这个工程作出了无私奉献，我们要向他们表示敬意，希望他们在新的家园生活幸福。”

## 南水北调中线一期工程正式通水

2014 年 12 月 12 日 14 时 32 分，随着南水北调中线陶岔渠首缓缓开启闸门，清澈的汉江水奔流北上，南水北调中线一期工程正式通水。北京、天津、河北、河南 4 个省市沿线约 6000 万人将直接喝上水质优良的汉江水，近 1 亿人间接受益。

● 2014 年 12 月 12 日 14 时 32 分，南水北调中线一期工程正式通水。图为陶岔渠首枢纽开闸放水。（南水北调宣传中心 供稿）

根据国家安排，这项重大调水工程将向北京、天津等华北 20 个大中城市及 100 多个县（市）提供生活、工业用水，兼顾生态和农业用水；整个项目年均调水量为 95 亿 $m^3$，其中河南省年均配额为 37.7 亿 $m^3$（含刁河灌区现状用水量 6 亿 $m^3$），河北省 34.7 亿 $m^3$，北京市 12.4 亿 $m^3$，天津市 10.2 亿 $m^3$。

这项重大调水工程从丹江口水库陶岔渠首闸引水，沿线开挖渠道，经唐白河流域西部过长江流域与淮河流域的分水岭方城垭口，沿黄淮海平原西部边缘，在郑州以西李村附近穿过黄河，沿京广铁路西侧北上，可基本自流到北京、天津，线路全长 1432km。

创下多个世界之最的这项重大调水工程于 2003 年 12 月 30 日开工建设，2013 年 12 月全

线贯通。2014年9月完成全部设计单元工程通水验收，同月29日通过全线通水验收，10月30日顺利完成充水试验，具备通水条件。经国务院同意，11月2日组织开展中线总干渠通水试验，进行了各种复杂工况演练。丹江口大坝加高工程于2013年8月通过蓄水验收，并于当年起实现提前蓄水。2014年10月14日8时，丹江口水库蓄水水位达到160m，满足调水要求。

## 南水北调水进入郑州市

2014年12月15日上午，随着南水北调中线总干渠刘湾分水口闸门徐徐提起，来自丹江口水库的一渠清水正式进入郑州市。河南省委书记郭庚茂宣布河南省南水北调工程正式通水。国务院南水北调办主任鄂竟平、河南省省长谢伏瞻出席通水活动并讲话，河南省副省长王铁主持通水活动。

● 2014年12月，南水北调中线一期工程河南省通水活动现场。（余培松 摄）

鄂竟平指出，大家翘首以盼的南水北调之水终于到达河南，可喜可贺。南水北调中线工程正式通水是一件大事，通水后，将润泽河南、河北、天津、北京4省市1亿多人口，经济、社会、生态乃至政治方面的效益都是巨大的。经过50年的论证、12个年头的建设，才把1952年的设想变成了今天的现实。我们今天能喝上优质的长江水，离不开党中央、国务院的正确决策和领导，离不开中央各部委的通力合作，离不开沿线各级党委政府的真抓实干，离不开几十万建设者的奋斗拼搏，离不开42万移民的无私奉献，离不开沿线广大基层干部群众的理解支持。河南省在南水北调中所承担的工程量最大，开工最晚，移民人数最多，但移民迁安"四年任务、两年完成"，确保中线工程如期通水。他代表国务院南水北调办对河南省委、省政府的有力领导，对广大参建者付出的辛劳和汗水以及移民干部群众"舍小家、为大家"的壮举表示敬意和感谢。

鄂竟平强调，南水北调之水来之不易，更要倍加珍惜，切实管好用好。在南水北调中线受水区 4 省市中，河南省是受水量最多、工程线路最长、移民规模最大、生态保护任务最重的省份，下一步的供水安全、移民稳定工作仍将十分繁重。希望学习贯彻好习近平总书记、李克强总理、张高丽副总理在南水北调中线一期工程通水时作出的重要指示、批示精神，继续下大力气抓配套工程建设，抓运行管理，确保工程安全、水质安全和沿线群众安全，确保移民能发展、可致富，让南水北调之水能效益最大化，尽可能多地造福河南人民，真正为河南的经济社会发展提供可靠的支撑。

谢伏瞻指出，南水北调工程是实现我国水资源优化配置、促进经济社会可持续发展、保障和改善民生的重大战略性基础设施。工程实施以来，河南省委、省政府始终把工程建设作为一项重要政治任务，在时间紧、任务重、困难大的情况下，举全省之力强力推进。经过艰苦奋斗，干线工程高质量完成，配套工程同步建成，库区水质稳定达标，移民搬迁四年任务两年完成，实现如期通水的目标，向党和人民交上了一份满意的答卷。河南省要进一步强化大局意识、责任意识、进取意识，再接再厉，高标准、高质量做好下一阶段工作，全面完成各项任务。一是继续抓好配套扫尾工程和受水水厂建设，确保南水北调来水应接能接，早日造福全省人民，服务经济社会发展。二是加强环境保护，确保一渠清水永续北送。三是巩固移民成果，确保移民搬得出、稳得住、能发展、可致富。四是完善管理体制，让沿线居民用得上、用得起水，使工程持续发挥效益。五是加强安全管理和防范，确保人员安全和调水安全。

## 南水北调水进入石家庄市

2014 年 12 月 18 日，河北省南水北调中线一期工程通水活动在石家庄市华柴暗涵出口举行，河北省长张庆伟、国务院南水北调办副主任于幼军出席会议并讲话，河北省委常委、石家庄市委书记孙瑞斌出席活动，河北省副省长沈小平主持活动。

于幼军指出，经过几十万建设者 12 年的艰苦奋战，南水北调中线工程正式通水，河北人民迎来了盼望已久的优质的长江水，这是关系河北经济社会发展和人民福祉的一件大喜事。南水北调工程是党中央和国务院为了缓解我国北方地区水资源严重短缺局面，保障和促进北方地区经济社会持续发展而作出的重大战略决策。中线工程于 2003 年底正式动工。12 年来，河北省委、省政府和沿线各级党委政府高度重视，始终把南水北调工程作为一项重大的政治任务，作为一项重要的民生工程，在时间紧、任务重、压力大、难题多的情况下，精心组织，全力推进，确保工程建设的各项任务圆满完成。2008 年，主要位于河北境内的京石段工程率先建成并发挥工程效益，6 年来向北京输水 16.1 亿 $m^3$，有效缓解了首都的用水紧缺，为首都

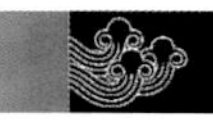

的经济发展，也为全国的发展大局，做出了重要的贡献。他代表国务院南水北调办向河北省委、省政府和沿线各级党委政府，向12年来艰苦奋战的广大工程建设者，向支持工程建设的广大移民和沿线人民群众，表示崇高的敬意和衷心的感谢！

● 2014年12月，南水北调中线一期工程河北省通水活动现场。（白金宝 摄）

于幼军强调，在南水北调中线工程正式通水之际，党中央、国务院高度重视，习近平总书记、李克强总理和张高丽副总理专门作出重要指示、批示和工作部署，对工程的建成给予了高度的评价，要求我们在正式通水以后，加强运营管理，深化水质保护，抓好节约用水，保障移民发展，做好后续工程筹划，确保工程运行安全高效、水质稳定达标，充分发挥工程的综合效益，造福人民。我们一定要认真贯彻落实党中央和国务院领导同志的指示和要求，下大力气抓好地方配套工程建设，加强工程管理、运行管护和水质保护，强化供水、节水、环保等运行机制，确保南水北调中线工程真正成为惠泽亿万人民的“输水线”、造福沿线地方的“经济线”、建设美丽中国的“生态风景线”。

张庆伟指出，南水北调中线河北段工程通水，对缓解河北省水资源短缺状况、促进社会经济持续健康发展具有重要意义。兴建南水北调工程，是党中央、国务院作出的重大战略决策，是打基础、利长远的重大民生工程。省委、省政府始终高度重视，在国务院南水北调办的统筹指导下，科学优化建设方案，千方百计筹措资金，扎实做好征地拆迁，努力创造无障碍施工环境，严格工程质量安全管理，全力加快工程建设，圆满实现如期通水的目标。他强调工程通水只是万里长征中迈出了一大步，以后还有许多工作要做。下一步，要认真贯彻落实中央领导的批示要求，切实强化大局意识、责任意识，加强运行管理，深化水质保护，高标准、高质量地做好下一阶段工作。一要加快配套工程建设，确保水厂以上输水工程、地表水厂2015年6月底前全部建成。二要做好通水安全保障工作，确保工程安全、通水安全、水质安全和工程沿线社会和谐稳定。三要研究建立工程管理的长效机制，确保工程运行顺畅、沿线居民用得起水，使工程持续发挥效益。

## 南水北调水进入天津市

2014年12月27日，一渠丹江水，过渡槽、钻涵洞、穿黄河，终抵南水北调中线一期工程东端天津市。当日上午，天津市南水北调中线一期工程通水活动在曹庄泵站举行，国务院南水北调办副主任张野出席活动并讲话，天津市副市长尹海林宣布天津市南水北调中线一期工程正式通水。国务院南水北调办总工程师沈凤生参加活动。

● 2014年12月，南水北调中线一期工程天津市通水活动现场。 （南水北调宣传中心 供稿）

张野在讲话中指出，天津市人民终于迎来了甘甜的丹江水，是全市上下盼望已久的一件大喜事，也是天津市发展史上的一大盛事。南水北调工程是保障和改善民生的重大战略性基础性设施，是造福当代、泽被后人的民生民心工程。经过12年的艰苦奋斗，几代人翘首以望的世纪夙愿，今朝得以圆梦。在这样一个特殊时刻，我们不能忘记40余万移民群众舍小家为

大家，毅然离别家园；不能忘记数十万建设者攻坚克难，无私奉献。

多年来，天津市委、市政府始终把工程建设当成一项重要政治任务，强力推进、精心组织、艰苦奋战，圆满完成了建设任务，顺利实现了配套工程与干线工程同期建设、同步发挥效益的目标，为南水北调中线工程全线正式通水做出了重要贡献。张野代表国务院南水北调办向天津市委、市政府，向有参与南水北调中线工程的决策者、设计者和建设者，向顾全大局、无私奉献的移民群众，向兢兢业业、不辱使命的广大干部，表示崇高的敬意和衷心的感谢！

张野强调，天津市作为南水北调受益地区，每年将通过中线工程调水 10.2 亿 $m^3$，这不仅能有效缓解天津水资源短缺的状况，也能大大改善生态环境，对于天津市适应新常态、实现新增长具有巨大的推动作用。希望天津市管好南水北调工程，用好南水北调工程。要认真学习贯彻习近平总书记重要指示、李克强总理批示、张高丽副总理所作部署，继续下大力气抓好配套工程建设，加强工程管理、运行管护和水质保护，强化供水、节水、环保等运行机制，做好配套工程与干线工程的调度衔接，确保丹江水引得来、调得进、用得好，造福天津市经济社会发展和人民群众。

尹海林在讲话中表示，天津市是资源型严重缺水地区，南水北调不仅是全市人民的“解渴”工程，也是天津市发展的“输血”工程，是实实在在的“生命线”工程。引江水来之不易，管好南水北调工程，用好南水北调工程每一滴引江水是历史赋予天津市的责任。天津市将一如既往高标准，进一步加强水资源管理，强化水生态保护，转变用水方式，用好、用活、用足宝贵的引江水，同时确保工程安全、平稳运行，确保水质安全，充分发挥南水北调工程的社会效益、经济效益和生态效益，真正让全市人民受益。

## 南水北调水进入北京市

梦圆南水北调，建设美丽北京。2014 年 12 月 27 日上午，随着南水北调中线工程终端团城湖明渠段闸门提起，来自丹江口水库的一渠清水正式进入北京市团城湖，至此，北京市南水北调中线工程正式通水。国务院南水北调办主任鄂竟平出席通水活动并讲话、北京市市长王安顺讲话并宣布正式通水成功，国务院南水北调办副主任蒋旭光、北京市委常委牛有成、副市长林克庆等领导出席活动。北京市政府党组成员夏占义主持通水活动。

鄂竟平指出，首都人民期盼已久的长江水，终于正式进京了，可喜可贺。南水北调中线一期工程如期通水，是党和国家的一件大事，将润泽河南、河北、天津、北京四省市，在社会经济、生态、政治方面发挥巨大的效益。北京是中线工程的终点，南水到达北京，标志着中线一期工程全面实现了通水目标。经过 50 年的艰苦论证，12 个年头的卓越奋战，第一代中央领导集体 1952 年的设想终于变成了今天的现实，这项伟大的工程取得如此巨大的成就，来自于党中央、国务院的正确决策和领导，来自于中央各部委的通力合作，来自于沿线各级党委政府的真抓实干，也来自于几十万建设者的奋力拼搏和 42 万移民的无私奉献，更来自于沿线广大基层干部群众的理解和支持。

● 2014 年 12 月，南水北调中线一期工程调水进京活动现场。（南水北调宣传中心 供稿）

鄂竟平强调，北京市南水北调工程率先开工并率先完工，为南水北调创造了经验，做出了样板；北京心系库区，真帮实助，为移民稳定、水质保护都做出了贡献；强抓节水，为贯彻执行“三先三后”原则做出了榜样；大力宣传南水北调，为这一跨世纪工程添光加彩。南水一路喷涌 1277km 胜利进京，的确不易，更应倍加珍惜。他希望北京市委市政府学习贯彻好习近平总书记、李克强总理、张高丽副总理在南水北调中线一期工程通水时作出的重要指示批示精神，继续下大气力抓好配套工程建设，加强工程的运行和水质保护，确保工程安全、水质安全和用水安全；强化节水机制，落实地下水压采规划，统筹水源，让南水效益最大化；继续开展对水源区的对口协作，实现南北共建，互利双赢的目标，为保证清水永续北送提供稳定的社会基础。

王安顺指出，首都人民期盼已久的长江水到了北京市，这是一个十分难忘的时刻，也是首都乃至国家发展进程当中的一件大事。南水北调工程是党中央、国务院对我国水资源进行优化配置而作出的重大战略决策，也是世界上距离最长、受益人口最多、受益范围最大的调水工程。南水北调工程建成通水，充分体现了党中央、国务院的英明决策，充分体现了社会主义制度的优越性，对于整个北方，特别是华北地区的可持续发展具有重大的历史意义。

王安顺强调，千里调水，来之不易，为实施南水北调工程，库区人民顾全大局，为大家舍小家，为通水建设做出了巨大的牺牲；20 多万建设大军，夜以继日，艰苦奋战，为江水早日进京做出了巨大的贡献。饮水思源，首都人民将永远铭记，北京市将坚决贯彻落实党中央、

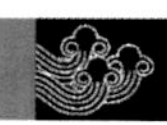

国务院领导同志的重要批示精神，管好、用好这一渠宝贵的南来之水，让首都人民喝上优质、安全的放心水；全力推进建设，加强水资源的优化配置，引导全社会珍惜和节约，用好每一滴水；满怀感恩之情，进一步深化区域合作，大力支持沿线省市共同发展，让清水真正成为促进地区发展的友谊之水，造福人民的幸福之水。

## 南水北调引江济汉工程正式建成通水

南水北调四大补偿工程之一引江济汉工程建成通水仪式 2014 年 9 月 26 日在湖北省荆州市举办。国务院南水北调办主任鄂竟平宣布工程正式通水。通水后，工程将发挥效能，长江水将汇入汉江，润泽江汉平原地区。

● 2014 年 9 月，南水北调引江济汉工程通水活动现场。（湖北省南水北调办 供稿）

引江济汉工程是中国现代最大的人工运河和湖北省最大的水资源配置工程。工程进水口位于湖北省荆州市荆州区李埠镇，出水口位于潜江市高石碑镇，全长 67.23km。2010 年 3 月 26 日，引江济汉工程动工。2014 年 8 月底，引江济汉主体工程完工，完成土方开挖 6206.25 万 $m^3$。

2014 年 9 月 12 日至 14 日，引江济汉工程通过专家委员会和验收委员会通水验收，具备通水运行条件。引江济汉工程开创了交通、水利部门工程建设共建新模式。工程通水后，可向汉江兴隆以下河段（含东荆河）补充因南水北调中线调水而减少的水量，改善该河段的生态、灌溉、供水条件，对汉江中下游地区的生态环境修复和改善具有重要意义。

引江济汉工程是一条“黄金水道”。工程将往返荆州市和武汉市的航程缩短了200多公里，将往返荆州与潜江的航程缩短了600多公里，并连接了长江、汉江两大经济带，有助于促进江汉平原地区的发展。

## 南水北调东线一期工程运行平稳

经多年建设，南水北调东线一期工程于2013年11月15日正式通水。12月10日，南水北调东线一期工程第一次正式通水告捷，这是南水北调工程自2002年开工以来取得的重大成果，标志着东线一期工程开始发挥效益，造福沿线人民。

2014年是南水北调东线一期工程通水运行元年。一年来，南水北调东线一期工程各有关单位紧紧围绕习近平总书记、李克强总理和张高丽副总理关于南水北调东线一期工程正式通水的重要指示批示精神，依据批复的水量调度计划，组织实施了2013～2014年供水任务，全年累计抽引江水51.67亿$m^3$（含江水北调用水），向山东净增供水7750万$m^3$。此外，为缓解南四湖地区旱情，应山东省政府请求，于2014年8月向南四湖应急调水8069万$m^3$，保障了南四湖地区群众生产生活用水，改善了南四湖地区的生态环境。

通水期间，工程运行稳定、工况良好，输水水质稳定达标，输水河道航运平稳，交通、电力、水利设施和沿线群众日常生活等运转正常。

# 壹 重要会议

IMPORTANT MEETING

## 全国政协主席俞正声主持召开全国政协双周协商座谈会 就南水北调中线水源地水质保护提出建议

2014年7月10日下午，全国政协在北京召开双周协商座谈会，就南水北调中线水源地水质保护问题座谈交流。全国政协主席俞正声主持会议并讲话。

全国政协委员张基尧、朱永新、王光谦、胡四一、杨忠岐、马中平、孙丹萍、江泽慧、叶冬松、张桃林、李原园、张震宇、印红、李晓东、刘炳江、李长安，以及王浩、陈天会、马荣才等专家学者在座谈会上发言。

委员们认为，南水北调中线工程是中央解决华北地区特别是首都缺水问题的重大战略决策，2014年汛期后中线工程即将正式通水。为保护好水源地水质，确保“一泓清水永续北上”，湖北、河南、陕西做出了重大贡献。现在水源地丹江口水库水质总体良好，基本符合通水水质要求。对水源地水质保护面临的一些问题，要继续积极加以解决。

委员们建议，要进一步落实国务院批复的关于库区水污染防治和水土保持的相关规划，处理好水源地保护与库区经济社会发展的关系。要对南水北调中线工程环境影响和配套工程进行评估，把后续项目纳入《国民经济和社会发展第十三个五年规划纲要》，落实资金、落实要求、落实责任、落实查处、落实管理。要转变经济发展方式和调整产业结构，建立库区及上游水资源和生态环境保护的长效机制。控制污染物排放总量，加强农业面源污染治理，搞好综合整治，完善生态补偿机制，开展对口协作。座谈会上，委员们和专家学者坦诚建言，俞正声不时插话，与发言者交流讨论。

全国政协十分关心南水北调中线水源地水质保护问题。2013年全国政协特邀常委视察团赴丹江口水源地进行了视察。民进中央和全国政协人口资源环境委员会多次组织调研，对水源地水质保护提出了许多有价值的意见建议。

国务院南水北调办公室主任鄂竟平介绍了南水北调中线水源地水质保护有关工作情况。国家发展改革委、环境保护部、水利部、国家林业局有关负责同志出席会议，与委员们交流了意见。

全国政协副主席杜青林、罗富和、张庆黎、马培华出席座谈会。

（摘自新华网，略有删改）

## 2014年南水北调工程建设工作会议召开

2014年1月15～16日，2014年南水北调工程建设工作会议在北京召开，系统总结2013年建设工作会议以来的建设成果，客观分析南水北调工程建设面临的形势，安排部署2014年工作任务，确保东线一期工程运行平稳、中线一期工程如期通水。国务院南水北调办主任鄂竟平出席会议并讲话。国务院南水北调办副主任张野、蒋旭光、于幼军出席会议。

鄂竟平在讲话中指出，2013年是南水北调工程最特殊、最关键的一年，南水北调各项工作取得阶段性成效。全年完成投资405亿元，累计完成投资2434亿元，连续3年超额完成年度投资计划。东线工程扎实推进，通水验收工作全面完成，认真组织分区试通水、全线试运行，并于2013年11月15日正式通水，累计向山东供水3400万$m^3$，这是南水北调工程建设取得又一重要成果。中线主体工程基本完工，穿越黄河工程、沙河渡槽、湍河渡槽等特大型建筑物全面建成，39座铁路交叉工程全部完工，石家庄以南1016座跨渠桥梁全部建成通车，渠道填筑、衬砌全部完成并贯通。陶岔渠首、丹江口大坝加高工程通过蓄水验收。中线北京至石家庄段工程第四次向北京应急调水，累计入京水量15亿$m^3$。采取多种措施，加强质量管理与监控，工程质量持续向好。全力打好丹江口水库库底清理攻坚战，2013年8月通过蓄水前国家终验，为水库抬高蓄水位奠定基础。移民帮扶工作深入开展，移民生活水平总体高于搬迁前的水平，干线临时用地退还复垦工作有序进行。东线36个考核断面水质持续达标，保证输水干线水质要求。中线水源区水质保护工作继续深化，丹江口水库及陶岔取水口水质总体优于Ⅱ类，满足调水需要。切实加强资金监管，有效控制投资规模，提高资金使用效益，保证了资金使用安全。

鄂竟平指出，当前，南水北调工程建设有许多有利条件：一是党中央、国务院对南水北调工程高度重视；二是中央有关部门形成了顺好的合作协调机制；三是沿线各地更加支持南水北调工程，建设环境有利；四是在进度控制、质量监管、资金监管、征地移民等方面，形成了一套行之有效的管理手段；五是建设形势已经明朗，全体参建者信心进一步增强；六是全党深入开展党的群众路线教育实践活动，各级党员干部服务意识增强。鄂竟平同时指出，在看到有利条件的同时，也要清醒认识各种困难和风险：进度、质量风险依然存在；移民稳定发展任务艰巨；治污环保有待深化；投资控制仍有压力；运行管理面临考验。

鄂竟平强调，2014年是南水北调工程决战攻坚收尾转型年，要立足“两个转变”，即建设管理为主向运行管理为主转变，内部组织为主向外部协调为主转变，进一步统一思想，明确责任，加强协作，强化措施，确保实现中线如期通水、东线运行平稳两大目标。中线工程2014年5月底前全面完成与通水相关的尾工建设，6月初开展全线充水试验，9月底前完成全线通水验收，汛后正式通水。东线完成2014年调水任务。征地移民方面，全面推进临时用地复垦退还，加快用地手续办理和库区、干线专项验收，加大移民生产帮扶力度，维护移民稳定。治污环保方面，确保东线水质持续稳定达标，中线水源区6条未达标入库河流水质明显改善，丹江口水库陶岔取水口和汉江干流省界断面水质稳定达到Ⅱ类。

鄂竟平指出，2014年重点抓好以下工作：一是确保中线顺利通水，中线要抓尾工、抓验收、保通水；二是确保东线平稳运行，东线要抓组建、抓培训、保运行，确保顺利完成调水任务；三是确保移民稳定发展。加大帮扶力度，维护和谐稳定，及时退还复垦临时用地，协调督促文物验收；四是确保水质稳定达标，进一步深化治污，建立治污环保长效机制，实现调水水质稳定达标，确保一渠清水永续北送；五是确保资金安全高效，强化项目法人投资控制责任意识，牢固树立过紧日子思想，加强投资计划管理，强化资金使用过程管理，提高资金使用效益；六是确保地方配套工程同步达效，进一步加快配套工程建设进度，确保与干线工程同步投入使用。

鄂竟平最后要求，主动转变，合力攻坚，全面完成2014年各项任务。一是树立大局观念。实现全线通水大目标、确保工程安全高效运行、实现国有资产保值增值、充分发挥工程综合效益，是南水北调工程建设的大局，各级南水北调机构想问题、办事情要以这个大局和原则为出发点和落脚点。二是增强创新意识。南水北调工程运行管理比建设管理更具特殊性、复杂性，要以改革创新的精神，建立科学、合理、公正的运行管理体制机制。三是强化担当意识。到了工程建设最为关键的时刻，要敢于承担责任、勇于承担责任，把各项工作做精做细。四是发扬务实作风。要提振精神面貌，提升工作水平，以更加为民务实清廉作风和群众路线教育实践活动的丰硕成果，扎实推进南水北调工程建设，确保实现东、中线通水的大目标。

会上，南水北调工程沿线各省（直辖市）南水北调办事机构、移民机构、环保机构和项目法人负责同志分别进行交流发言，并分中线组、东线组、移民组、环保组4个组进行了分组讨论，就有关工作提出了建议。

国家发展改革委、公安部、财政部、国土资源部、环境保护部、交通运输部、水利部、审计署等部门有关司局负责同志出席会议。国务院南水北调办总工程师沈凤生，机关各司、各直属单位，工程沿线各省（直辖市）南水北调办事机构、移民机构、环保机构和项目法人负责同志参加会议。

（摘自中国南水北调网，略有删改）

## 国务院南水北调办组织召开第十二至十五次工程建设进度验收协调会

2014年，国务院南水北调办先后组织召开了第十二、十三、十四、十五等4次工程建设进度验收协调会，有力推进工程建设和验收工作，确保了中线一期工程胜利建成通水和东线一期工程平稳有序运行。

### 一、第十二次工程建设进度验收协调会

2014年1月17日，国务院南水北调办在北京组织召开工程建设进度验收（第十二次）协调会。国务院南水北调办副主任张野主持会议并讲话。

会议总结了工程建设进展情况，通报了2013年度和第四季度考核结果，分析了工程建设形势，研究了当前需要解决的主要问题和困难，部署了2014年重点工作。

张野指出，2013年是南水北调工程建设史上不平凡的一年。全体建设者上下一心，奋力拼搏，在冲刺冲锋的战役中取得决战决胜，圆满实现“东线工程正式通水，中线一期主体工程完工”的工程建设目标，工程建设取得重大阶段性胜利。这些成绩的取得，是党中央、国务院高度重视和建委会正确领导的结果，是建委会各成员单位密切配合、沿线各级地方党委政府及人民群众大力支持的结果，是10多万工程建设者顽强拼搏、无私奉献的结果。

张野强调，2014年是南水北调工程攻坚收尾转型年，也是全面实现通水大目标的关键之年。中线工程5月底前要全面完成与通水相关的尾工建设，6月初开展全线充水试验，9月底完成全线通水验收，汛后正式通水。东线工程要圆满完成2014调水任务。2014年工程建设和运行管理各项工作任务依然繁重。

张野要求，要认真贯彻落实2014年南水北调工程建设工作会议精神，统一思想，提高认识，坚定信心，攻坚克难，全面抓好工程建设工作。一是加强进度管理，确保中线工程进度满足通水要求。继续发挥进度协调会、关键事项督办等工作机制作用，建立工程通水目标保障和应急预警机制，重点抓好东、中线调度运行系统、管理设施、尾工等建设进度。二是严格按计划抓好中线通水验收工作。要加强通水验收组织管理，保证验收质量和效率。同时，要落实责任和措施，切实加快跨渠桥梁交（完）工验收工作。三是认真做好通水运行各项工作。要按照水量调度计划做好生产运行工作，确保圆满完成调水计划。要建立健全生产运行体制、机制和维修养护体系，落实管理维护、安全保障工作计划。四是统筹做好进度与质量安全工作。在加快质量问题处理的同时，各有关部门要加强质量监管，深化安全隐患排查治理，加快安全防护网建设，严防各类事故的发生。五是加快配套工程建设。确保同步发挥效益、同步达效，充分发挥南水北调工程整体经济社会效益和生态效益。

### 二、第十三次工程建设进度协调会

2014年4月22日，国务院南水北调办在河南省南阳市组织召开工程建设进度验收

（第十三次）协调会。国务院南水北调办副主任张野主持会议并讲话。

会议总结了一季度工程建设及验收工作情况，通报了一季度进度考核结果，分析了当前工程建设形势及存在的主要问题和困难，研究部署了近期工程建设的重点工作。

张野指出，一季度总体完成了进度计划，这是全体建设者克服冬季低温、春节长假等不利影响取得的，成绩来之不易。

张野强调，2014 年是南水北调工程决战攻坚收尾转型年，突出的形势特点是东线工程进入正式运行管理第一年，既要做到安全运行又要积累经验；中线工程既要完成大量的剩余工程建设和验收任务，还要进行大量通水准备协调工作，特别是中线干线工程剩余量大且多数需要在 5、6 月完成，头绪多、时间紧、任务重、要求高，东、中两条线建设、运行工作面临较大困难和挑战。

张野要求，要认真贯彻落实 2014 年南水北调工程建设工作会议精神，统一思想、提高认识、坚定信心、攻坚克难，继续抓好工程建设与运行管理工作，确保实现全线通水大目标。一是要加快工程建设进度。各参建单位要细化施工组织，加大资源投入，加强施工协调调度，快速处理出现的问题，突出抓好重点标段，加强合同管理，严格考核与奖惩。二是要抓紧通水验收及遗留问题处理。要在继续抓好中线工程通水验收的同时，严格按照时限和质量要求，及时完成已验工程遗留问题处理，保证验收工作质量和效率，并要加快跨渠桥梁尾工建设和交（完）工验收工作。三是要统筹做好进度与质量安全工作。在继续加快质量问题处理的同时，各有关部门要加强质量监管，严防新的问题发生，要认真落实安全生产工作会议精神和工作安排，深化安全隐患排查治理，继续加强督促检查，严防各类事故的发生。四是要加快配套工程建设，确保同步发挥效益。希望进一步加大配套工程建设力度，确保配套工程同步达效，充分发挥南水北调工程整体经济社会效益和生态效益。

在随后召开的中线干线工程重点标段建设进度座谈会上，通报了重点标段存在的问题，介绍了 2014 年建设目标与任务安排，强调了当前面临的紧迫形势，并提出了加快建设进度的具体措施要求。

张野要求：一是要提高思想认识。各有关单位要进一步提高思想认识，深刻理解如期完成通水目标的重大意义，以高度的责任感和政治使命感抓紧抓好后续工作，确保按时完成建设任务、确保按期实现渠道充水试验、汛后通水目标。二是要加强组织管理。各有关单位要配备充足的管理和技术人员，合理组织现场施工。三是要加大资源投入。要保证人员、机械、物资的充足和合理调配，特别是施工单位总部要加大对现场的资金保障力度，资金供应及时足额到位，满足现场施工需要。四是要细化施工组织。明确各级职责分工，每个作业面均要明确专人和作业班组，确保施工组织精细顺畅。五是要统筹质量安全。继续加快质量问题处理，同时要深入贯彻落实安全生产有关法律法规，按章操作、加强检查，严防质量安全事故发生；六是要严格进度考核与奖惩。按照进度、信用管理等有关规定定期开展进度考核，严格落实处罚措施。

**三、第十四次工程建设进度协调会**

2014 年 7 月 23 日，国务院南水北调办在河南省郑州市组织召开工程建设进度验收（第十四次）协调会。国务院南水北调办副主任张野主持会议并讲话。

会议总结了上半年工程建设情况，通报了第二季度和上半年进度考核结果，分析了当前的形势以及存在的突出问题，研究部署了近期剩余工程建设和通水准备重点工作，要求大家坚定信心，打好最后的战役，夺取南水北调工程建设最后的胜利。

张野指出，上半年，在全体参建人员的

共同努力下，剩余工程建设较为顺利，中线工程与充水试验直接相关项目的建设大部都已完成，通水验收进展顺利，大部分验收遗留问题处理已经完成，总干渠充水试验逐步开展，通水运行准备工作稳步推进。东线工程圆满完成了年度第二阶段调水任务。

张野强调，在看到成绩的同时，我们也要清醒地认识到当前进度面临的形势和存在的主要问题。目前，中线剩余工程分散、难点多，部分重点项目风险仍然较大，充水试验中不确定的因素多，实现正常通水还存在一定的困难和问题，需要引起有关各方高度重视，提前应对。

张野要求各单位抓紧最后时机，尽快完成剩余工程建设和充水试验，抓好全线通水验收和运行准备，确保中线工程如期通水。一是尽快完成剩余工程建设。要紧盯重点项目，认真梳理问题，建立台账，落实责任，严格督办，确保重点项目按时完成；继续加快安全防护网、截流沟、运行维护道路、渠道护坡等建设，确保按期完成。二是重视做好充水试验各项工作。要按照充水试验方案要求和职责分工，科学高效做好调度管理，全面完成设备设施带水调试，密切关注雨情水情工情，认真开展巡视巡查，时刻保持高度警惕，发生险情时立即进行处置。三是抓紧通水验收及遗留问题处理。重点抓好未验收设计单元工程通水验收准备，严格按照时限和质量要求，及时完成已验工程遗留问题处理。四是统筹抓好进度与质量安全工作。要把质量安全放在第一位，在继续加快质量问题处理的同时，加强质量监管，严防新的问题发生；要高度重视防汛工作，强化措施，落实责任，确保安全度汛。五是切实做好工程运行准备工作。项目法人要高度重视建设管理向运行管理转变，努力做到人员组织到位、思想认识到位、责任落实到位，开展运行管理培训，提升运行管理水平。六是加快配套工程建设，确保同步发挥效益。

**四、第十五次工程建设进度协调会**

2014 年 12 月 25 日，国务院南水北调办在河南省郑州市组织召开工程建设进度验收（第十五次）协调会。国务院南水北调办副主任张野出席会议并讲话。

会议总结了 2014 年度工程建设、验收、运行情况，分析了当前的形势及运行管理初期、验收和后续工程建设重点、难点和可能存在的问题，研究提出了相关工作要求，为进度验收协调会画上了圆满的句号。

张野指出，今年以来，各单位深入贯彻落实 2014 年南水北调工程建设工作会议精神，紧密围绕国务院南水北调办党组明确的工作目标，以中线“抓验收，保通水”、东线“抓管理，保运行”为重点，认真扎实做好工程建设管理和运行管理各项工作，全面完成了年度目标任务。2014 年，中线一期工程胜利实现通水目标，东线一期工程顺利完成年度调水计划，东中线工程胜利完成应急调水任务，取得了显著的生态效益和社会效益，体现了南水北调工程对我国水资源的优化配置作用，展示了南水北调工程的战略性基础设施地位。

张野强调，南水北调工程规模庞大，从工程建设到运行管理初期仍然面临着诸多困难和问题。他要求，下一步要重点做好 4 方面工作：一是完善工程管理机制，确保工程平稳高效运行。要认真研究运行管理工作规律和特点，不断探索，完善管理机制，创新管理模式。进一步健全管理机构，配足各类专业人员，完善工程设施。加大培训教育力度，增强针对性和实用性，做到培训工作专业化、正规化、常态化。二是要高度重视和加快推进设计单元工程完工验收。进一步完善完工验收内容和程序，制定专项验收和完工验收计划，规范有序开展完工验收。三是尽快完成尾工建设。消除制约因素，配置充足人员与资源，认真落实建设进度计划，做好跨渠桥梁验收移交工作，继续加快剩余尾

工建设。四是加快配套工程建设。有关市要进一步加大配套工程建设力度，加强配套工程与主体工程的协调，尽快将南来之水送到千家万户。

张野指出，南水北调东、中线一期工程已经全面转入运行管理的新阶段，任务更加艰巨，责任更加重大。习近平总书记、李克强总理、张高丽副总理分别做出的重要批示和工作部署，给予全体南水北调建设者高度肯定和极大鼓舞，希望大家以贯彻落实中央领导批示精神为契机，创新思路，扎实工作，优质高效完成后续工程任务，再创南水北调工程建设管理新篇章。

（摘自中国南水北调网，略有删改）

## 国务院南水北调办组织召开中线工程通水验收工作座谈会

2014 年 1 月 23 日，国务院南水北调办在北京组织召开南水北调中线工程通水验收工作座谈会。国务院南水北调办副主任张野出席会议并讲话。

会议全面总结了中线通水验收工作，分析了当前面临的形势，听取了各单位及验收专家的意见和建议，商讨了改善和加强通水验收工作的措施，部署了 2014 年中线通水验收工作任务。

张野指出，国务院南水北调办高度重视中线工程通水验收工作。2013 年，在各有关单位的共同努力下，中线工程通水验收工作有序开展，完成了 18 个设计单元工程通水验收。2014 年，验收项目数量多，协调工作量大，验收工作任务仍然艰巨。为实现通水目标，有关各方要进一步加快验收进度，确保按计划完成设计单元工程通水验收。

张野强调，要充分认识中线工程通水验收的重要性。南水北调工程是国家重大战略性基础设施工程，在通水前必须开展好通水验收，通过通水验收检验质量、查找问题、补救缺陷，检验工程的完备性，确保通水安全。同时，要通过抓验收来促进度、保通水，确保实现“中线 2014 年汛后通水”的目标。他要求进一步发挥专家在验收工作中的重要作用，扎实推进 2014 年中线工程通水验收工作。要确保验收组织到位。各单位一把手要高度重视，加强验收组织，完善验收组织机构，配足验收工作人员；各级验收委员会成员要把通水验收作为今年的重要工作进行安排，保障工作时间，认真履行职责。要制定有力的保证措施。各单位要依据国务院南水北调办制定的一系列工作方案，细化工作任务，明确工作目标，落实相关责任，保证通水验收工作的顺利进行。要抓紧组织开展尾工建设。目前尚留有部分与通水相关的尾工，若不能按期完成，将影响通水验收工作。要在确保工程质量前提下，加快建设进度，确保验收前按期完成。要认真做好验收资料准备。各单位一定要依据通水验收导则等有关规定，认真准备验收材料，对质量缺陷处理、设计变更等重点问题，一定要在报告资料中全面真实反映，要坚决杜绝避重就轻、蒙混过关、虚报假报等现象，一旦发现将严肃处理。要严格验收质量。各验收工作人员一定要严格执行验收各项标准，严把验收质量关，对不具备验收条件的工程，坚决不能通过验收。要重视发现问题的处理。中线建管局和各个建管机构要在每次验收工作结束后，对发现的问题及时明确责任人和工作计划，做好问题处理工作，处理情况定期报送国务院南水北调办。

（摘自中国南水北调网，略有删改）

## 国务院南水北调工程建委会专家委员会召开 2014 年工作会议

2014 年 2 月 25 日，国务院南水北调工程建设委员会专家委员会（以下简称专家委员会）在北京召开 2014 年工作会议，专家委员会主任陈厚群院士、国务院南水北调办主任鄂竟平出席会议并讲话，国务院南水北调办副主任、专家委员会副主任张野出席。

陈厚群在讲话中指出，一年以来，专家委员会认真贯彻落实国务院南水北调工程建设委员会第六和第七次会议精神，以及鄂竟平主任在专家委员会2013年工作会议上讲话的要求，以工程建设为核心，充分发挥了技术咨询的优势，围绕东线全线通水，中线主体工程完工这样一个大目标，开展了有针对性的技术咨询等工作，共完成了30项，较好地履行了章程规定职能，圆满地完成了2013年工作任务。他强调，2014年是南水北调工程决战攻坚收尾转型年，要求专家委员会紧紧围绕国务院南水北调办提出的工程建设“实现两个转变，确保两个目标”的大局，继续深化“准、快、实”措施，从关注工程建设逐步向关注工程通水运行转变，以“保通水、促验收、转重点”为目标，重点针对影响中线通水的技术难题和关键问题，积极开展技术咨询。

会上，鄂竟平对专家委员会2013年的工作给予了高度评价，并代表国务院南水北调办对专家委员会为南水北调工程做出的贡献表示诚挚的感谢，对专家们强烈的责任心和敬业精神表示赞赏和钦佩。他赞扬专家委员会工作思路清楚、目标明确、有的放矢、成效十分显著，并向专家们介绍了南水北调工程2013年建设情况以及2014年的工作要点。

鄂竟平强调，南水北调工程建设目前正处于决战攻坚、收尾转型期，工作难度将会很大，想做好极不容易，还会出现许多新的关键技术问题和新的矛盾，需要去正视、去应对。因此，仍然希望得到专家委员会的大力支持，期待专家委员会继续在南水北调工程建设中发挥独特的作用。

鄂竟平对专家委员会2014年工作提出了3点建议：一是把确保工程质量安全作为专家委员会今年工作的重中之重；二是重视工程运行管理工作，着力解决工程运行管理方面的相关技术难题；三是进一步发挥专家委员会地位超脱的独特作用，多研究宏观和深层次的问题。

会上，专家委员会秘书长沈凤生汇报了2013年工作情况和2014年工作安排。

与会专家认为，2013年是南水北调工程建设史上不平凡的一年，取得的成绩可喜可贺。大家一致表示，在最后关键时期，要集中各位专家的集体智慧和力量，积极配合南水北调办工作，在“咨询全面、反应迅速、态度严谨、结论准确”上下工夫，努力做好2014年南水北调工程的有关工作。

（摘自中国南水北调网，略有删改）

## 国务院南水北调办组织召开工程建设安全生产工作会

2014年4月22日，国务院南水北调办在河南省南阳市组织召开南水北调工程建设安全生产工作会议，国务院南水北调办副主任张野出席会议并讲话。国务院应急办、国家安全生产监督管理总局有关负责人出席会议。

张野在讲话中指出，2013年是南水北调工程建设的高峰期、关键期，在参建各方的共同努力下，工程全面完成了各项年度建设目标任务。一年来，南水北调工程参建各方紧密把握南水北调工程正处于高峰期、关键期的深刻内涵，坚持“安全第一，预防为主，综合治理”的方针，全面贯彻落实国家安全生产法律法规及工作部署，进一步加大安全生产监督管理和检查力度，安全生产管理工作取得显著成效，有力地保障了工程建设的顺利进行。

张野在肯定成绩的同时，客观分析了南水北调工程安全生产工作面临的形势，明确了2014年安全生产管理工作的总体思路和目标任务。他强调，2014年南水北调工程安全生产管理工作正处于从建设管理向运行管理转型的特殊时期，安全生产管理既有有利条件，也面临新的挑战，参建各方要紧密围绕工程建设和运行管理的新特点、新要求，加强组织领导，落实责任，强化管理，狠抓落实，有效防范和遏制重特大事故发生，最大限度地减少伤亡事故，全力做好南水北调工程建设和运行管理安全生产工作。

对2014年南水北调工程安全生产工作，张野要求重点抓好以下几方面：一是要严格落实安全生产责任。各参建单位一定要坚决克服麻痹思想和侥幸心理，切实加强安全生产组织管理，严格落实工作责任，确保安全生产管理工作有序进行。二是要突出做好工程运行安全管理工作。各有关单位要结合工作实际，重点抓好工程运行安全管理工作，要认真分析工程运行过程中可能存在的隐患风险，认真落实好管理措施，保证工程运行安全。三是做好隐患排查治理工作。各有关单位要高度重视隐患排查工作，继续保持隐患排查治理工作的常态化，组织参建、运行等单位不断加大隐患排查治理的力度，切实消除事故隐患。四是要抓好重大危险源监控与管理。重大危险源监控和监督管理是搞好安全生产的一项基础性、源头性工作，各有关单位一定要继续进一步落实重大危险源监控管理措施，加强事故源头控制，保证工程安全。五是要深入开展好安全生产专项治理行动。要结合工程建设实际，按照国家安监总局的统一安排部署，深入开展好有关安全生产专项治理活动，严防事故发生。六是要狠抓防汛工作。各有关单位要清醒认识防汛工作所面临的严峻形势，扎实做好防汛物资储备、防汛队伍建设、防汛值班、预案编制、应急演练等各项工作，确保工程安全和周边人民群众生命财产安全。七是要努力提高应急管理水平。要建立健全安全生产应急管理体系，完善体制、机制，加强队伍建设，不断提高应急管理水平和预防、应对安全生产事故的能力。八是要加强安全生产宣传教育培训。要加大安全生产宣传力度，更加广泛、深入地宣传安全生产知识，要加强教育培训，切实增强参建人员的安全意识和遵章守纪意识，提高安全防范能力。九是要强化监管，严肃事故查处。要继续加大安全生产监督检查力度，努力做到安全监督检查工作全面覆盖、不留死角。要严肃事故查处，对发生的事故，要毫不手软，严格按照“四不放过”的原则，严肃追究有关责任单位和责任人的责任，强化参建人员的安全生产责任意识，保证监管效果。

（摘自中国南水北调网，略有删改）

## 国务院南水北调办召开办务扩大会议　动员部署中线通水有关工作

2014年5月6日，国务院南水北调办召开办务扩大会议，全面总结前4个月的工作，深入分析当前工程建设形势，安排部署下一阶段工作，提出全面发起冲刺，确保中线通水的总动员。国务院南水北调办主任鄂竟平出席会议并讲话，副主任蒋旭光、于幼军出席会议。

鄂竟平首先明确了此次办务扩大会议“全面发起冲刺，确保中线通水”的主题。他强调，这一主题是从现在到通水前这6个月时间南水北调的中心工作，要深入领会“冲刺”和“全面”的意义和内涵，竭尽全力、全力以赴发起最后总攻。

在全面总结2014年前4个月工作的基础上，鄂竟平深入分析了当前工程建设面临的形势，明确指出了工作中存在的突出问题。他说，虽然南水北调工程建设总体进展顺利，各项工作按照计划稳步推进，但是还存在不少问题。当前南水北调正处于前所未有的特殊阶段，新老问题相互交织。如果处理不好，将会直接影响通水大目标的实现。从现在开始，南水北调系统要全面进入冲刺状态，想方设法采取有效举措夺取最后的胜利。鄂竟平对下一步工作提出4点要求：

一是在思想上丝毫不能放松。要对已经出现的困难和问题和有可能还要发生的困难和问题有清晰的认识和判断，认准当前的处境和形势。对当前这一特殊阶段有正确的认识，切不可盲目乐观，放松警惕。全体干部职工要更加严肃紧张起来，真抓实干，竭尽全力，保通水，保运行。

二是要进一步提高预判能力，增强工作的预见性。当前离中线通水只剩下6个月的时间，时间非常紧迫，出不得丝毫差错。各司、各单位一定要进一步增强工作的预见性，对各项工作的走势要有超前的判断，提前谋划，提前准备，切不可走一步算一步，出现工作滞后、疲于应对的被动局面。

三是抓工作要更实更细。要发扬踏石留印、抓铁有痕的工作作风，在查找问题、研究方案、实施方案的全过程中，都要更加务实、细致，脚踏实地地分析解决问题，决不允许坐而论道，敷衍塞责，拖拖拉拉，议而不决，决而不办。

四是在监管工作上要更严更狠。能否实现通水大目标，成败在此一举。国务院南水北调办将在此期间加大监管考核力度，在继续加强督办的基础上，进一步强化问责制度。凡是因工作不到位影响大局的，将加重一等进行追责。

鄂竟平最后强调，南水北调最后冲刺的冲锋号已经吹响，希望大家提振精神，再加一把劲，团结一心，凝心聚力，以更加饱满的热情和精神状态，投入到今后的工作中，夺取南水北调东、中线一期工程全面实现通水大目标的最后胜利。

（摘自中国南水北调网，略有删改）

## 南水北调中线干线工程跨渠桥梁建设协调小组会议在北京召开

2014年5月9日，南水北调中线干线工程跨渠桥梁建设协调小组会议在北京召开。国务院南水北调办副主任张野出席会议并讲话。

会议听取了中线建管局和河北省、河南省南水北调办关于中线跨渠桥梁尾工建设和验收移交情况的汇报，研究讨论了跨渠桥梁在验收移交过程中存在的问题，提出了加快推进跨渠桥梁验收移交工作的意见和措施。

张野在讲话中指出，各有关单位要高度重视跨渠桥梁验收移交工作，要充分认识做好跨渠桥梁验收移交工作的艰巨性和紧迫性，明确工作计划，加强组织领导和工作协调，形成合力，扎实有效地推进跨渠桥梁验收移交工作。

对于下一步工作，张野强调，各有关单位要积极协调有关方面，及时做好跨渠桥梁配套资金到位、桥梁类别划分等有关工作，为加快推进桥梁验收移交工作创造有利条件。要严格按照“四部委”文件和《公路工程竣（交）工验收办法》等有关规定，实事求是，扎实做好跨渠桥梁验收移交工作，规范验收行为，保证验收质量。要进一步建立完善跨渠桥梁验收移交协调工作机制，落实工作责任，明确工作联系人，保证跨渠桥梁验收移交工作的按时完成。

（摘自中国南水北调网，略有删改）

## 国务院南水北调办组织召开工程冲刺期质量监管工作会议

2014年5月21日，南水北调工程冲刺期

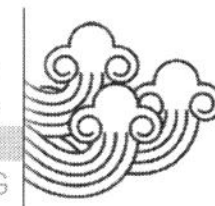

质量监管工作会议在湖北省武汉市召开，集中部署了冲刺阶段持续从严的质量监管工作。国务院南水北调办副主任蒋旭光出席会议并讲话。

蒋旭光分析了当前南水北调工程质量监管面临的形势，结合“三个安全”强调了从严质量监管的重要性和迫切性，指出按照国务院南水北调办党组“全面发起冲刺、确保中线通水”的部署，南水北调中线工程建设已进入冲刺阶段，各单位要以冲刺的精神安排好此阶段的质量监管工作。强调中线工程冲刺阶段，尾工量大、专业门类多、交叉作业相互影响、控制施工难度大、问题整改复杂、建设与运管交叉、一线监管力量变化，质量监管面临多重挑战。他要求各单位负责人对此保持清醒认识，加强力量，冲刺期持续从严监管质量绝不松懈。

针对工程冲刺期质量监管工作的开展，蒋旭光提出明确要求：

一是层层落实监管任务，强化责任，不留死角。各单位要坚决落实国务院南水北调办提出的质量重点监管项目、排查内容、问题整改、责任要求和工作时限，不打折扣，切实强化尾工的质量控制，不放松每个专业门类、每道工序。要切实强化各建管单位的质量监管责任，加强一线监管力量，不管其他工作再紧张，质量监管人员不能撤、不能减。对监管不力、出现质量问题的，对建管单位实施连带责任追究。同时，切实落实施工、监理、设计等参建单位的责任，通过综合监管手段，保证参建单位持续投入资源，加强力量，收好尾工，狠抓整改。对变相减弱力量、不负责任、造成质量问题的，要从严进行责任追究。

二是紧盯重点，不惜代价保质量安全，确保通水。对国务院南水北调办确定的重点建筑物、渠道、桥梁，“三位一体”要安排从严实施“查、认、罚”、切实监控到位。对高填方段、安全监测等专项质量监管项目，要制订专门的检查落实措施，一盯到底，绝不放松。各省南水北调办、项目法人，各建管处都要确定本单位管辖区域的重点质量监管项目，建立台账，加强力量，确保监控到位，整改到位，解决问题到位。对重点项目发现的问题，要尽早制定整改的实施方案，抓紧实施，并紧盯过程，确保按时保质，一步到位，不再反复。

三是调整力量，强化检查，严防死守，不留隐患。“三位一体”要根据冲刺期质量监管的任务，合理调配人员，抓住要害，充实力量，承担好监管任务。各级各单位也要结合实际，调整用好自己的力量，强化重点质量监管。各单位要突出抓好渡槽二次充水、全线充水试验阶段的质量监管。充水试验是检验建筑物、渠道质量的最有效手段，要切实做好工作部署，充分准备，细化方案，加强巡视检查，及时发现问题，明确标注，落实责任，逐项整改。充水质量监管要紧随充水水头，强化高填方、重点城镇、采空区等重要渠段的巡堤检查，对重点建筑物工程实施蹲点监管，紧盯输水倒虹吸、交叉建筑物、连接部位、节制闸等，发现的质量问题要早报告、快速处置。要切实做好质量安全监测工作，切实落实仪器观测，信息采集、分析评价措施。

四是分类分层次强化整改。问题整改到位是工作原则，要狠抓落实。对检查发现的问题，一要建立台账，心中有数，一盯到底；二要拿出方案，抓早抓好，不能久拖不决，贻误时机；三要分层分级负责。“三位一体”要紧盯重点项目的整改，一抓到底，不能放松。凡是“三位一体”通报的问题，都要不打折扣、及时全面整改。对于到期不改的，要从严追责。

五是保持高压，严查严处，强化信用管理与追责。持续保持高压态势，对于尾工质量问题和整改处理不到位的，要严格按照《关于进一步实施质量从严监管工作的通知》

（国调办监督〔2014〕73号）进行处罚。除此之外，国务院南水北调办下一步将继续出台评价机制，并利用“五部委联处”机制，将即时处罚与长期效用结合起来。

最后，蒋旭光要求各单位有一盘棋意识，将质量管理与进度、投资控制、防汛等工作统筹兼顾起来，打好冲刺攻坚战。

（摘自中国南水北调网，略有删改）

## 国务院南水北调办组织召开中线一期工程总干渠充水试验工作会

2014年6月11～12日，国务院南水北调办分别在河北邯郸和河南郑州两市召开南水北调中线一期工程总干渠充水试验工作会，进一步统一思想，明确任务和责任，确保充水试验各项工作顺利完成，确保中线工程汛后通水目标如期实现。国务院南水北调办副主任张野，河南省政府党组成员、省委农村工作领导小组副组长赵顷霖出席会议并讲话。

张野指出，如期实现南水北调工程通水目标，既是贯彻落实党中央、国务院决策部署，也是及早发挥工程效益，改善北方地区水资源短缺状况，提高水资源承载能力，改善生态环境，促进经济社会可持续发展的需要。工程建设和通水准备已经进入决战决胜的关键时期，一定要坚定汛后通水目标不动摇，同时要清醒认识到充水试验还面临诸多挑战，要千方百计完成好充水试验任务，为顺利实现通水目标奠定坚实的基础。

张野强调，总干渠充水试验的目的是对总干渠输水建筑物、沿线控制建筑物及其他相关设施进行安全性检验，及时发现并处理渠道及建筑物可能存在的问题，排查安全隐患，磨合设备，锻炼队伍，积累经验，为中线工程顺利通水、安全运行做好准备。各有关单位一是要进一步明确任务，落实责任。做到人人有事做、事事有人管、件件管到底，确保圆满完成充水试验任务。要确保充水试验期间工程安全运行。盯死重点部位，严格落实安全生产责任制，切实强化监测预警和预案落实。要加强工程调度管理，进一步完善细化充水试验调度方案，通过合理、科学、高效的调度管理，确保工程正常使用、安全运行。要加强工程区域内的安全防护，确保防护网安装到位，做好桥梁桥头、桥侧的防护，设置警示标识，防止人身伤害事故发生。要做好工程区域外的安全保护，进一步加大协调力度，加快完成防护网缺口封闭，保障剩余工程建设和充水试验顺利进行，建立联动工作机制，及时协调处理突发问题。要畅通信息渠道，建立充水试验情况报告制度，保持信息畅通，及时通告相关情况。

会议宣布成立了总干渠充水试验工作领导小组，介绍了总干渠充水试验组织实施方案。

（摘自中国南水北调网，略有删改）

## 国务院南水北调办组织召开工程质量监管专项推进会　部署全线充水阶段质量监管工作

2014年6月25日，南水北调工程质量监管专项推进会在河南省郑州市召开，总结质量重点排查阶段工作，推进全线充水阶段质量从严监管。国务院南水北调办副主任蒋旭光出席会议并讲话。

会上，有关省南水北调办、项目法人、建管单位汇报了质量重点排查工作，监督司、监管中心、稽察大队通报了工程全线充水前质量问题整改和销号情况，对全线充水质量巡查质量监管工作进行了部署。

蒋旭光强调，针对南水北调工程黄河以北段充水试验正在进行，黄河以南段充水试验即将实施，时间紧迫，各种矛盾和问题集中凸显，质量监管面临多重挑战的实际，各单位要保持清醒认识，按照国务院南水北调办党组“要突出大局意识、要有担当的精神、要有强烈的紧迫感、要特别注意加强沟通”的工作要求，加强力量，再接再厉，查问题、查隐患，确保发现的质量问题全部整改到位，严防意外。

针对中线工程充水试验质量从严监管，蒋旭光明确要求：

一是认识要到位、统一。工程成败，关键在质量。充水试验已到通水前最后阶段，质量工作要紧紧围绕保通水大目标，切实将认识统一到工程经得起历史和实践检验上来，统一到建设优质工程上来，统一到国务院南水北调办党组质量监管工作部署上来。充水试验是全面检查工程质量的最有效手段，行百里者半九十，越是面临全线通水，越要克服麻痹、自满、侥幸心理，要精心组织，进一步加强人员、资源配备，尽最大能力把质量问题和隐患查出来，整改好，确保工程顺利通水。

二是责任要明确、具体。工程充水试验阶段要逐区段明确质量巡查、管理和监督责任，要落实到单位，落实到人。责任要具体，不能干好干坏一个样。哪一段工程质量问题排查不及时、不到位，整改不彻底、有死角，就要追究到相应的责任单位和责任人。

三是操作要精细、务实。工程充水试验质量巡查阶段，要加密排查，及时发现问题，对查出问题的要奖励；对影响充水安全的质量问题要实施零报告制度；对质量排查阶段未整改到位的质量问题和新发现的质量问题要抓紧整改到位，限期未整改的，要加重处罚。对护坡、聚脲喷涂、金属机电、办公用房等尾工质量要高度重视，从原材料到施工过程要严控质量标准。要按照规范要求加强安全监测工作，观测资料要真实，要及时整理分析上报。

四是质量高压要持续、强化。对质量巡查不认真、问题整改不到位的，要从严处罚。信用管理要延伸，要深化，对南水北调整个建设期的质量问题和违规行为都要追究，优秀的单位要奖励，恶劣的单位要列入黑名单并向相关部委通报。要建立工程建设基础信息档案，贯彻落实质量终身责任制。

会后，蒋旭光率队检查了中线干线穿黄工程、新郑南段、潮河段工程尾工建设及充水试验准备情况，强调要咬紧牙关，攻坚克难，高度重视充水阶段施工质量，严格按设计方案施工，集中力量打好歼灭战，要继续做好尾工收尾质量监管，确保工程安全。

（摘自中国南水北调网，略有删改）

## 国务院南水北调办召开办务扩大会议　就发起最后冲刺确保中线通水进行部署

2014 年 9 月 17 日，国务院南水北调办召开办务扩大会议。国务院南水北调办主任鄂竟平在会上对南水北调工程建设前 8 个月的工作进行了总结，对到年底前的工作做出部署。他强调，中线一期通水迫在眉睫，全体建设者要一切为了通水，一切服从通水，发起最后冲刺，确保中线如期实现通水的大目标。国务院南水北调办副主任张野、蒋旭光出席会议。

鄂竟平在回顾今年工作时指出，2014 年前 8 个月的工作遇到前所未有的挑战，克服了巨大的困难，取得了重要成果，各项工作按照年初工作部署全面、扎实推进。一是工程进度基本满足要求。工程建设的进度管理督办有力，涉及通水的工程项目进展基本顺利。二是质量监管高压态势不减。对质量问题仍然坚持“零容忍”，紧盯监管重点，抓住关键项目，及时处理质量缺陷。三是移民稳定上新台阶。采取“回头看”、百日大排查、暗访等措施，围绕移民安稳致富开展了卓有成效的工作。四是治污环保盯出成效。积极主动抓好“十二五”规划落实，紧盯不达标河流的深入治理，中线水质就通水而言更有把握。五是工程投资得到有效控制。严格审查复核设计变更和索赔，积极开展内部审计，保证资金供应。六是东线工程运行平稳，成功完成年度第二次调水任务。七是抗旱救灾配合有力。东线在南四湖生态抗旱调水方面发挥了重要作用。中线干线工程向平顶山市应急调水，引江济汉工程响应当地需求应急调水，有力地支援了沿线抗旱，发挥了效益。

鄂竟平认真分析了南水北调工程建设面临的形势。他指出，现在距离中线通水目标的时间紧迫，任务繁重，时不我待。中线通水已基本具备条件：主体工程全部完工，日常检查和黄河以北充水试验发现的问题已处理到位；丹江口水库水位持续上升，已满足通水要求；用水计划正在落实；先期完工投运工程运行管理实践为全线工程运行管理积累了经验。同时，还要看到工程建设转型期难度大、任务重、不可预见的因素多，尾工建设的难度不可低估，质量监管的风险不可低估，协调各方的困难不可低估，安全运行的隐患不可低估。对此，要有清醒的认识，应提前谋划好各方面的工作。

对于下一步工作，鄂竟平强调，要立足"两个转变"（建设管理为主向运行管理为主转变，内部组织为主向外部协调为主转变），实现"一个确保"（确保中线如期通水）。坚持"一切为了中线通水、一切服从中线通水"的原则，所有工作都要围绕确保中线通水来安排。沿线各有关单位要发起最后冲刺，确保中线如期实现通水目标。

鄂竟平对中线通水前的工作提出3点要求：一要认真践行"负责，务实，求精，创新"的南水北调核心价值理念。这是经过艰苦的探索与实践，逐渐培育、积淀和锻造出来的，是南水北调人共同的价值追求。践行南水北调核心价值理念，就是要有足够的精气神，工作要负责任、做得实、搞得细、追求精、能创新，遇到难题不回避、能碰硬、敢去闯。二要实行最严厉的责任追究制度。国务院南水北调办重新梳理了工作，全部列为督办事项，纳入责任追究内容。最严厉的责任追究制度，要体现在一件事都不能少，一件事都不能变，包括内容不能变、质量不能变、时限不能变。完不成的，要有个说法，影响工作的要受到相应的处罚。三要干干净净地做事。各有关单位要严格执行中央八项规定，自觉执行工程建设领域的有关规定，把好招投标关、结算关。越是到工程建设的最后阶段，越要绷紧预防腐败这根弦。各单位要把好自己的门，管好自己的人，发现问题要一查到底，追究相关责任人的责任，绝不姑息迁就。

鄂竟平最后强调，南水北调中线工程即将如期通水，任务艰巨，责任重大，使命光荣。全体建设者务必要团结一心，竭尽全力，确保如期实现通水的大目标，对得起中央几代领导集体的重托，对得起几十万建设者的汗水，对得起几十万移民的奉献，对得起工程沿线几亿人的期盼。

（摘自中国南水北调网，略有删改）

## 国务院南水北调办组织开展中线一期工程全线通水验收会

2014年9月27～29日，国务院南水北调办在河南省郑州市组织开展南水北调中线一期工程全线通水验收，国务院南水北调办副主任、通水验收委员会主任张野主持验收会并讲话。

通水验收委员会分3组进行工程现场检查。每到一处，验收委员们都认真听取工程建设和通水准备情况汇报，仔细检查工程建设质量及安全管理状况，要求加快工程建设扫尾，确保通水目标按期实现。

通水验收委员会观看了声像资料，听取了工程建设管理、安全评估、质量监督工作报告，检查了有关工程资料，经过充分讨论，

形成了通水验收鉴定书。

张野指出，这次全线通水验收顺利通过，标志着历经50年规划论证、十余载精心设计与建设，中线一期工程具备了通水条件，为实现汛后通水目标奠定了坚实的基础。这是南水北调工程建设史上具有里程碑意义的一件大事，也是我国水利建设史上的一件大事。

张野要求，以通过全线通水验收为标志，中线一期工程将进入以运行管理为主的新阶段，面临极为繁重的通水准备和运行管理任务。各有关单位要转变观念，提高认识，强化工程运行调度和管理维护，确保工程长期安全运行和持续发挥效益。一是要认真落实本次验收提出的意见和建议，按时限要求逐项落实到位。二是要加强运行管理，确保安全通水，必须在思想上重视，组织上到位，措施上落实。三是要认真贯彻落实好《南水北调工程供用水条例》，为工程安全运行创造良好的环境。四是要及时总结好工程建设管理经验，不断提高管理水平，有计划地组织开展中线一期工程完工验收工作。

验收委员会由国务院南水北调办、有关省（直辖市）南水北调办等有关单位代表及专家组成，建设管理以及工程设计、监理、施工等有关单位的代表参加了会议。

（摘自中国南水北调网，略有删改）

## 国务院南水北调办组织召开南水北调中线一期工程通水宣传工作会

2014年10月11日，国务院南水北调办组织召开南水北调中线一期工程通水宣传工作会。国务院南水北调办副主任蒋旭光出席会议并讲话。他强调，中线一期工程建成通水是我国改革开放和社会主义现代化建设取得的又一项重大成果，举国关注，世人瞩目，做好中线通水宣传不仅关系到南水北调工程的形象面貌，而且是一项责任重大的政治任务。各单位一定要高度重视，提高认识，积极行动，全力以赴做好中线通水宣传工作。

蒋旭光认真分析了当前工程建设和宣传工作面临的形势。他指出，在党中央、国务院的正确领导下，在各有关部门和沿线各地的大力支持和积极配合下，南水北调中线一期工程已具备通水条件。随着通水日期日益临近，国内外新闻媒体和社会各界对南水北调工程的关注度越来越高，对南水北调工程建设及宣传工作提出了新的要求。

就做好通水宣传工作，蒋旭光提出7点要求：一是统一指挥，分工协作。经国务院南水北调办党组研究，决定成立南水北调中线一期工程通水宣传工作领导小组。各单位要按照分工分解任务，细化落实，扎实做好各自工作。二是强化领导，落实责任。各单位要高度重视中线通水宣传工作，进一步强化领导责任，主要领导亲自过问，分管领导具体负责，职能部门分工落实。三是把握宣传导向和内容。宣传工作要做到实事求是，在客观、公正、准确、科学上下工夫。四是积极策划，主动宣传，持续发力。控制好宣传的节奏，策划好宣传的内容，逐步形成全面立体、内涵丰富、影响广泛的宣传氛围。五是丰富宣传载体，创新宣传形式。各地可根据自身条件调动一切宣传资源，运用多种宣传手段，扩大南水北调的积极影响。六是做好宣传应急工作。要有如履薄冰、如临深渊的意识，提前准备好应急预案。遇到突发事件，要及时报告，并发布准确、权威的信息，让公众了解真实情况。七是主动加强与宣传、广电、文化、文物等行业主管部门以及新闻媒体的沟通协调，形成宣传报道的合力。

（摘自中国南水北调网，略有删改）

## 南水北调中线一期工程通水领导小组全体会议在北京召开

2014年10月28日，国务院南水北调办在北京召开中线一期工程通水领导小组全体会议，研究协调通水有关事宜，部署通水准备工作。国务院南水北调办主任鄂竟平出席会议并讲话，副主任张野主持会议，副主任蒋旭光、于幼军就分管工作作了安排。

会上，建设管理司和环境保护司负责人汇报了通水有关工作及下一步工作建议；各项目法人、各省市南水北调办、移民机构负责人汇报了通水准备工作有关情况和下一步工作打算。

鄂竟平在讲话中指出，经过11年的艰苦努力，中线一期工程基本具备通水条件，工程通过全线通水验收，丹江口水库水量、水质满足调水要求，运行调度准备基本就绪。

鄂竟平强调，要坚持"高度重视、积极稳妥"的总要求，全面做好通水准备工作。中线建管局责任重大，要统筹好与水源地、沿线用水户等协调工作，全面做好运行调度准备，切实落实各项运行管理责任，做好应急处置准备工作。各省（直辖市）南水北调办全力配合中线建管局做好委托工程管理工作，周密落实接水各项工作，严密组织安保工作，应急处置工作要快速及时。中线水源公司和淮委陶岔管理局要严格执行用水计划要求，采取有力措施，确保安全通水。

（摘自中国南水北调网，略有删改）

## 陕西省政府召开南水北调工作会议

2014年1月17日，陕西省政府召开南水北调工作会议，贯彻落实国务院南水北调工程建设委员会第七次全体会议和2014年度南水北调工程建设工作会议精神，安排部署陕西省有关工作。陕西省省长娄勤俭出席并讲话，副省长祝列克主持。

陕西省是南水北调中线工程重要水源地，供水量达到70%。近年来，陕西省立足于从根本上确保水质安全，在陕南全面实施循环经济发展战略，大力推进移民搬迁和汉江综合整治，认真落实丹江口库区及上游水污染防治和水土保持"十二五"规划，采取法律、行政、工程和科技等手段解决突出问题，取得了明显成效，汉、丹江出境水质持续保持在国家标准以内，得到国务院和国家部委的充分肯定。

会议在总结成绩和分析问题的基础上，要求2014年要切实抓好7个方面的工作。一是加快在建项目进度，确保按时间节点完成所有规划任务。二是采取有效措施解决运营经费不足问题，保证已建成的垃圾污水处理设施正常运行。三是加强水质监测能力建设，为科学评判水环境形势提供依据。四是继续实行严格的项目审批，凡可能导致污染的项目，一律不予核准。五是推进工业和农业园区化发展，通过引导产业集中布局减少面源污染。六是加快与对口协作地区对接，争取尽快启动一批合作项目。七是深入开展环境综合整治和执法检查，有效解决影响环境的突出问题。

娄勤俭强调，南水北调中线一期工程2014年秋季将正式通水，中央重视、社会关注，我们一定要以高度的政治责任感，切实做好各项工作。陕南三市负有主体责任，要坚持循环发展不动摇，扎实搞好治污项目建设和环境综合整治，保证一江清水送京津，为全国发展做出贡献。

（陕西省发展改革委）

## 山东省南水北调工程建设指挥部成员会议召开

2014年1月23日上午，山东省南水北调工程建设指挥部成员会议在山东省济南市召开。山东省委副书记、省长郭树清出席并讲话，副省长赵润田、邓向阳出席会议。

会议传达学习了习近平总书记、李克强总理和姜异康书记关于南水北调工作的重要批示以及国务院南水北调工程建设委员会第七次全体会议精神。郭树清指出，山东省南水北调工程自2002年开工以来，通过全省上下不懈努力，干线工程提前实现通水目标，输水干线水质达到规定标准，干线征迁顺利完成，配套工程建设全面启动，取得了重大建设成果。

郭树清强调，要再接再厉做好2014年南水北调各项工作。抓好山东段工程运行管理，提高设施设备科学化管理水平。利用南水北调水有序替代超采地下水，推进地下水超采漏斗区综合治理，保护和改善地下水生态环境。加快配套工程建设，2014年所有供水单元要全面开工，确保再完成14个单元建设任务，剩余18个单元2015年全部建成。强化水污染防治和水源保护，深化和完善“治用保”流域治污体系，巩固提升工业和城镇生活污染治理成果，系统推进农业面源、航运、畜禽养殖、农村垃圾等综合治理，进一步强化环境执法，确保南水北调环境安全。加快南水北调水价改革研究，积极探索南水北调受水区实行综合水价的政策。加强组织领导，完善组织机构，强化责任落实，加强考核督查，确保各项任务顺利完成。

（山东省南水北调建管局）

## 北京市委市政府理论学习中心组学习(扩大)会暨北京市南水北调对口协作工作启动会召开

2014年4月11日，北京市委市政府理论学习中心组学习（扩大）会暨北京市南水北调对口协作工作启动会顺利召开。会议邀请国务院南水北调办主任鄂竟平介绍南水北调工程建设情况，北京市委书记郭金龙作南水北调对口协作工作动员讲话，市委副书记、市长王安顺，市人大常委会主任杜德印，市政协主席吉林参加学习。

鄂竟平从工程进展、工程效益和建设历程3个方面详细介绍了南水北调工程有关情况。鄂竟平从南水北调工程东、中、西3条调水线路开始，重点介绍了中线工程投资、施工、征地移民、水质保护等方面工作进展情况，充分肯定了北京市南水北调配套工程建设成绩。他表示，工程建成后，可构建我国水资源配置“四横三纵、南北调配、东西互济”的新格局，有效解决我国经济社会发展格局与基础性、战略性的水资源不匹配的问题，极大提高了黄淮海地区的水资源承载能力。受水区控制面积145万$km^2$，约占全国的15%，共14个省（直辖市、自治区）受益，受益人口约4.5亿人，工程效益主要表现在保障沿线城市群的用水、推动和保障生态文明建设、提高我国粮食生产能力和促进资源节约型社会建设等方面，综合效益巨大。千里调水，来之不易。鄂竟平从决策过程曲折、投资规模巨大、工程施工困难、征地移民艰辛、治污环保不易等5个方面回顾了艰辛的工程建设历程，展现了无数建设者攻坚克难创造的伟大建设成就。鄂竟平最后指出，北京以召开市委、市政府中心组学习会的形式启动南水北调对口协作工作，充分表明了对这一渠清水的重视之举、感恩之情、珍惜之意。在对口协作方面，北京认识高、启动早、动作快、工作细，充分表明了顾全大局的责任感和使命感，充分体现了饮水思源、有情有义的高尚情怀。国务院南水北调办将竭尽全力保通水、保运行，确保如期将优质的长江水送到首都北京。

随后，与会人员观看了河南、湖北两省南水北调工程建设专题片，库区移民搬迁的一幕幕动人情景、水源区环境保护的种种举措，也让全市领导干部进一步了解了水源区人民的艰辛付出和巨大牺牲。

学习结束时，郭金龙讲话指出，流向北京的这一泓清水，饱含着水源地及沿线人民支援首都、顾全大局的无私贡献，我们要怀着感恩之心，扎扎实实做好北京工作，回馈中央的亲切关怀，回馈水源地人民的深情厚谊。要围绕顺利接收来水和水质保护积极开展工作，确保南水“调得进、用得上”，让广大市民喝上放心的水、安全的水；要研究制定最严格的水资源管理制度，切实用好每一滴水。

郭金龙强调，要大力宣传南水北调工程建设伟大实践，让社会各界更加深刻理解工程对经济社会协调发展、人民幸福安康的重大意义，让广大群众更加深刻体会到社会主义制度的优越性；要广泛宣传水源区人民的奉献精神和工程建设者的先进事迹，弘扬民族精神，传播正能量；要广泛宣传水资源情况，让广大人民更加深刻地了解市情，进一步提高贯彻落实总书记对北京工作重要指示的自觉性；要认真落实南水北调对口协作各项任务，把任务分解到年度，细化到具体项目；要发挥首都优势，围绕“保水质、强民生、促转型”，充分激发各种要素的活力，积极参与水源区的协作发展。

北京市委常委、宣传部部长李伟主持会议，市委、市人大、市政府、市政协领导在市委主会场参加学习，市“两院”以及各区县、各部门负责人在本单位分会场参加学习。

（北京市南水北调办）

## 湖北省政府组织召开南水北调丹江口水库移民安稳发展现场会

2014年6月11日，湖北省政府在十堰市郧县召开南水北调丹江口水库移民安稳发展现场会。国务院南水北调办副主任蒋旭光和湖北省副省长梁惠玲出席并讲话。

会议组织与会人员查看了移民生产发展项目——丹江口市众宇工贸有限公司、蓝翔生态农业有限公司、浪河口移民后扶培训基地、郧县柳陂镇新集镇、柳陂镇卧龙岗移民社区、柳陂镇挖断岗村大棚蔬菜基地等移民生产发展情况。会上播放了《大搬迁、大建设、大发展——十堰市南水北调移民内安纪实》，十堰市、丹江口市、郧县进行了会议交流，湖北省移民局通报了全省南水北调移民安稳发展情况。

蒋旭光在讲话中从湖北省各级党委政府的高度重视和坚强领导，整合资源、集成政策、打造示范工程，开拓思路、积极探索、创新工作，干部队伍作风过硬，广大移民群众的无私奉献和顾全大局等方面，充分肯定了湖北省南水北调移民工作取得的不凡业绩。他强调指出，要清醒认识移民安稳发展的迫切性、特殊性和长期性、艰巨性，今后一段时期要着重做好以下4方面工作：

一要进一步抓好移民安稳发展工作。要继续在转型发展上做文章，抓好移民技能培训，激发移民群众发展内生动力，鼓励移民自主创业，发挥项目的辐射带动作用，加快培育一批发展示范点和致富带头人，壮大集体经济，注重移民发展政策的普惠性，优化移民群众收入结构。

二要继续深化巩固“回头看”成果、保障水库蓄水安全。高度重视移民安置点高切坡治理、水下工程安全等，加快处置，特别是汛期临近，切不可因为蓄水和工程通水，出现危及群众生命财产安全的情况。

三要深入细致做好信访稳定工作。要认真排查、抓紧研究、分类处理，做好政策落实和思想解释工作。对移民群众的各类诉求，要始终有种如履薄冰、如临深渊的感觉，想群众所想，急群众所急，化解矛盾和问题，维护稳定，为南水北调工程通水营造良好社会氛围。

四要切实加强移民资金管理。移民资金高度敏感，关注度高，是“高压线”，绝对碰不得，各级移民机构要高度重视移民资金管理，加大对审计稽查反映问题的整改力度，督促有关单位按期整改到位，确保“工程安全、资金安全、干部安全”。

梁惠玲指出，在国家有关部门精心指导和省委、省政府的坚强领导下，库区、安置区各级党委政府和广大干部群众齐心协力、艰苦奋战，顺利完成了丹江口水库18.2万移民搬迁安置任务。当前，安稳发展是移民工作重中之重。丹江口水库移民为南水北调工程做出了巨大牺牲和奉献，对移民要高看一眼、厚爱一分，带着感情和责任，切实依法维护好移民的切身利益，抓好安稳发展工作，确保移民“移得出、稳得住、能致富”。她要求，各地各部门要进一步提高思想认识，突出工作重点，把握关键环节，采取得力措施，通过转型升级保发展、维护利益保稳定、扫清障碍保通水，加强组织领导，落实工作责任，强力推进移民安稳发展工作。

（摘自中国南水北调网，略有删改）

## 河北省召开省长办公会专题研究南水北调配套工程资金问题

2014年10月17日，河北省省长张庆伟主持召开省长办公会，专题研究河北省南水北调水厂以上配套工程资本金缺口筹资方案，副省长张杰辉、沈小平及相关部门和单位的主要领导参加了会议。

会议听取了河北省水利厅关于南水北调水厂以上配套工程资本金缺口筹资方案的汇报，对解决南水北调水厂以上配套工程资本金缺口问题进行了研究，对进一步做好南水北调配套工程建设和管理工作进行了安排部署。

张庆伟指出，河北省水利厅提出的通过组建公司的方式解决南水北调资本金缺口是可行的，要抓紧公司的组建工作；要搞好水价改革和用水户精准测算，努力降低工程成本和财务成本；要理顺公司管理体制，积极引入社会资本发展混合所有制经济，扩大公司经营范围，增强公司发展的生命力；各部门要积极配合，全力支持河北省南水北调工程建设工作；省南水北调办要利用南水北调中线干线通水的有利时机，督促各市县加快配套工程建设，尽早利用上长江水，为我省经济社会发展和人民生活水平的提高提供有力保障。

张杰辉副省长、沈小平副省长就筹资方案、公司组建、如何搞好南水北调配套工程建设和管理讲了具体意见。

（张秀丽）

CHINA SOUTH-TO-NORTH WATER DIVERSION PROJECT CONSTRUCTION YEARBOOK

# 贰 重要讲话

IMPORTANT SPEECHES

## 适应两个转变 实现两个目标

——国务院南水北调办主任鄂竟平在南水北调工程建设工作会议上的讲话

（2014年1月15日）

同志们：

这次会议是在南水北调工程建设进入新时期召开的一次重要会议，主要任务是：深入贯彻落实党的十八届三中全会、习近平总书记、李克强总理等中央领导关于南水北调的重要指示批示和七次建委会议精神，系统总结2013年建设工作会议以来的建设成果，客观分析南水北调工程建设面临的形势，进一步统一思想，改革创新，鼓舞干劲，加强管理，再接再厉，以更加为民、务实、清廉的作风优质高效完成后续工程任务，确保东线工程运行平稳、中线工程如期通水。

**一、2013年工作总结**

2013年，是南水北调工程建设最为特殊、最为关键、最为出彩的一年。习近平总书记作出重要指示，强调南水北调东线一期工程如期实现既定通水目标，取得重大进展，向为工程做出贡献的全体同志表示慰问和祝贺！南水北调工程是事关国计民生的战略性基础设施，希望大家总结经验，加强管理，再接再厉，确保工程运行平稳、水质稳定达标，优质高效完成后续工程任务，促进科学发展，造福人民群众。李克强总理作出重要批示，指出南水北调是优化我国水资源配置，促进经济社会可持续发展的重大战略性基础工程。东线一期实现正式通水，凝聚了参与工程建设运营的全体干部职工和技术人员的不懈努力和辛勤汗水，谨向你们表示慰问和感谢！要再接再厉，着力做好通水后的质量、环保、安全以及各项保障工作，扎实推进后续工程建设，确保清水北送，造福沿线群众，让千家万户受益。张高丽副总理就贯彻落实习近平总书记重要指示和李克强总理重要批示做出部署，要求切实做好工程维护、水质安全、水量配售和沿线环境生态保护等工作，充分发挥经济社会效益。一年来，在党中央、国务院的正确领导、中央有关部门的大力支持和沿线各地的积极配合下，南水北调系统紧紧围绕年度建设目标，全面贯彻落实六次、七次建委会议和2013年建设工作会议精神，按照“紧盯重点大推进度，再加高压严管质量，落实帮扶稳定移民，治保并重提升水质，安全高效监控资金”的总体部署，把开展党的群众路线教育实践活动焕发出来的工作热情和进取精神凝聚在工程建设上，转变作风，开拓进取，依靠机制，严防意外，扎实推进南水北调工程建设，实现了3年决战的完美收官，建设形势已经明朗，实现通水大目标已经胜利在望：东线工程正式通水，中线主体工程基本完工，质量、安全总体受控，移民总体稳定，治污环保有序推进，资金监管成效显著，应急供水、防汛抗旱、生态保护等综合效益初步显现。

（一）工程建设全面推进。

2013年，实施进度管理组合拳，前方捷报频传，进度纪录不断刷新。我们围绕“东线抓验收、保通水，中线抓形象、保完工”“大抓两点（重点、节点），建两机制（预警机制、奖惩机制）”，强化风险项目（标段）挂牌督导、关键事项督办、重点项目半月会商、进度季度协调会、铁路交叉部办联席会等工作机制，建立东线通水目标保障领导机制和中线进度办省联席会议制度，快速解决制约工程建设的重大事项；针对跨渠桥梁建设、铁路等专项设施迁建、干线渠道衬砌等，定期梳理风险因素，开展进度专项督导，并成立现场进度督导组，有针对性地集中协调解决影响工程建设的关键问题；建立东线通水和中线进度目标保障三级预警机制，及时预警、响应和处置进展滞后的工作和意外事

件；严格考核奖惩，在中国南水北调网发布公告，并将考核结果纳入信用管理体系，推动工程又好又快建设。根据国调办的安排部署，各省（市）南水北调办（建管局）和各项目法人创新督导、奖惩、预警、服务等机制，抓重点、抓难点、抓节点，各具特色推进度，如期完成了工程建设任务。

截至2013年底，累计完成投资2434亿元（2013年405亿元，2012年653亿元，2011年578亿元，2010年408亿元，2009年前8年共390亿元），连续3年超额完成年度投资计划。扎实推进东线工程扫尾，全面完成通水验收工作，认真组织分区试通水、全线试运行，经国务院批准，2013年11月15日正式通水。12月10日首次调水结束，累计向山东供水3400万$m^3$。通水期间，各梯级泵站机组运行平稳、工况良好，输水干线水质达标，河道航运平稳，沿线群众生活及公共设施等均未受影响。经多方协调，东线运行管理机构组建方案已经七次建委会议审议通过，有关组建工作正在有序开展。中线主体工程基本完工，穿黄、沙河渡槽、湍河渡槽、双洎河渡槽等特大型建筑物全面建成，39座铁路交叉工程全部完工，石家庄以南1016座跨渠桥梁全部建成通车，渠道填筑、衬砌全部完成，2013年12月25日全线贯通。陶岔渠首工程、丹江口大坝加高工程分别于2013年7月底、9月底通过蓄水验收，兴隆枢纽工程2013年11月5日上网发电。

安全生产工作扎实推进。2013年，全系统重点开展了预防坍塌、安全生产大检查、安全度汛等专项活动，进一步强化了危险源监控管理，加强了汛期、节假日、冬季施工等特殊时段的安全生产工作。全年未发生重特大安全生产事故，一般事故和人员伤亡数量较往年大幅下降，安全生产形势稳定趋好。

已建工程持续发挥效益。中线京石段工程自2008年至今4次从河北向北京调水，累计入京水量15亿$m^3$。受水区6省（市）配套工程建设全面推进，北京、天津部分工程已经建成，河南全部开工、进展较快，河北、山东、江苏也已部分开工。

（二）工程质量持续向好。

2013年，高压监管再出新招、再发威力，质量问题渐少渐轻。我们围绕“高压高压再高压，延伸完善抓关键”，强化具有南水北调特色的查、认、罚三位一体质量监管新机制，加密检查频次，加大检查力度，加快质量认证，加重责任追究；实施信用管理，开展“311”专项整治、“167”亮剑行动，健全以责任制为核心的质量监管措施；丰富举报、飞检、专项稽察、质量巡查等手段，实施挂牌督办、驻地监督、特派监管、“回头看”等措施，强化一线和过程监管；对大型渡槽、穿黄隧洞、倒虹吸、跨渠桥梁、高填方等重点标段重点部位，实施重点监管；创新警示和震慑机制，每处理一批责任单位和个人，全部通过南水北调网、南水北调手机报，通告所有参建单位负责人。通过多措并举、重拳出击，对各参建单位触动很大，警示和震慑效果明显。各省（市）南水北调办（建管局）和各项目法人认真落实国调办的一系列高压措施，壮大质量监管队伍，在辖区内大力开展飞检、巡查和稽察等，实现了质量总体可控、持续向好。

2013年，国调办组织质量飞检238组次（其中办领导亲自带队飞检23次）；组织开展渠道、跨渠桥梁、混凝土建筑物工程质量专项稽察22组次；接受群众举报295项，组织调查工程质量举报事项46项，分类处理建设环境、征地移民举报事项249项；通过约谈诫勉、通报、清退出场等措施，责任追究参建单位140家次、人员95名；评价季度信用不可信单位44家、季度信用优秀单位20家。截至2013年底，东、中线单元工程评定合格率100%，优良率92%。

2013年，专家委分别对中、东线工程开展了质量检查，进行了全面评估。专家委认为，国调办对工程质量管理再施高压，创新监管方式，突出监管重点，强化监管措施，进一步落实质量责任，加大奖惩力度，严防质量意外事故发生，实施了参建单位信用管理等一系列监管措施，效果明显，发现的质量问题渐少渐轻，并均得到了及时有效整改。各参建单位质量意识普遍增强，管理制度健全，管理体系运行良好，管理水平稳步提升，工程质量总体优良。

（三）移民征迁稳步推进。

2013年，我们坚持“两个不动摇（清库标准不动摇、清库时限不动摇），一个不放松（移民后扶持不放松）”，深入落实“两制度（移民进度定期商处制度、移民矛盾纠纷定期排查化解制度），两机制（移民权益保障机制、移民上访快速处理机制）”，按时高质量地完成了库底清理和蓄水验收，保障了工程建设，实现了移民稳定。继顺利完成移民搬迁任务后，豫鄂两省集中力量，全力打好库底清理攻坚战，2013年6月完成省级初验，8月通过蓄水前国家终验，为丹江口水库抬高蓄水位奠定了坚实基础。豫鄂两省及时划拨、调整移民生产用地，认真落实移民后扶政策，增添移民稳定发展后劲。调查显示，经过这两三年的帮扶发展，移民生活水平总体高于搬迁前水平。河南省创新社会管理，实施“强村富民”战略，加快生产发展步伐，逐步实现移民身安、心安。湖北省库区156个高切坡治理已基本完成，保障了内安移民生命财产安全。各地高度重视移民信访稳定工作，妥善处理移民关切，目前，移民在安置地生产、生活稳定，没有出现大的群体性事件或个人极端事件，最近几个月，到国调办机关来访的群众数量明显减少。沿线各级征迁部门，着眼工程大局，保证新增建设用地需要。通过共同努力，已累计完成永久征地43万亩、临时用地45万亩；永久用地获批23.8万亩，其中北京、天津、山东已全部获批，江苏获批近80%；临时用地复垦退还25万亩，其中北京、天津、山东、安徽已全部退还，江苏、湖北也基本退还完毕。对复垦任务重、难度大的河南、河北，中线局会同两省研究制定了奖惩促进措施并按计划实施。

（四）治污环保成效显著。

2013年，围绕“治保并重提升水质”，东线深化治污、分区监控，水质全面稳定达到调水要求标准；中线突出重点，全面整治，严格考核，水质总体保持良好。

东线治污。经过苏鲁两省的共同努力，治污规划及实施方案确定的426项治污项目已全部建成投运，2013年5月通过专家委组织的总体评估；治污环保不断深化，2011年新补充的200亿元深化治污项目全面开工，部分已建成并投运发挥效益；运河船舶“油改气”工作加快推进，航运污染防控进一步强化；沿线高压治污保水质的力度不断加强，风险防控能力进一步提升；水质监测方案和评价办法已经出台，监测网络基本实现全覆盖，监测工作全面展开。据环保部门监测，东线36个控制断面持续达到规划目标要求。全年及试通水以来，输水干线17个监控断面水质稳定保持在Ⅱ～Ⅲ类。

中线水源保护。为加快治污步伐，主动争取发挥部际联席会议作用，简化水污染防治和水土保持“十二五”规划项目审批程序，下放审批权限，加快项目实施；出台考核办法，会同有关部门开展规划实施考核，督促实施进度，保障实施效果；协调批复京津与水源区对口协作方案，召开启动会议部署落实；针对部分不达标入丹江口水库河流，协调提出“一河一策”治理方案，积极协调发改委审定并实施；加快监测能力项目建设，加强水质监测和评估；组织编制中线干线生态带建设规划并上报待批，丹江口水库水源保护区划定工作已经启动；积极争取中央财政加大对中线水源重点生态功能区的转移支付力度。水源区各地全面加快规划项目实施，严格新上项目环境准入，加强点源面源污染治理，不断提高污染治理和水源保护的水平和能力。通过标本兼治、综合施策，目前，丹江口水库及陶岔取水口水质总体优于Ⅱ类，满足调水需要。

（五）资金使用安全高效。

2013年，围绕“安全高效监控资金”，实行“收口关闸，严查内纠”，投资规模得以有效控制，资金使用效益稳步提高。投资控制上，制定并实施进一步加强投资控制的一系列管理办法，加强重大设计变更管理，规范设计变更程序，开展变更索赔专项核查，建立投资控制动态分析报告制度；开展人工和砂石料价差调整专题调研，合理确定价差调整标准，及时审查审批工程价差和待运行维护管理资金。在2012年审计署对南水北调工程全面审计的基础上，国调办协助发改委提出了东中线一期工程新增投资及筹资方案。国务院确认的增资筹资方案中，因工程量增加和设计方案变更增加的投资只占可研总投资的5.9%。资金使用上，加快资金拨付进度，保障一线资金供应；严格资金拨付管理，积极消化存量资金；加强内部审计，完善资金使用和监管制度。全系统账面积存资金从2010年底的270亿元下降至目前的57亿元。通过合理管理调度资金，节约银行利息几十亿元。各单位按照国调办的要求，采取了一系列过硬措施，防范风险堵漏洞，严把关口控投资，紧盯现场解难题，既为工程建设提供了资金保障，也将投资规模控制在合理范围之内。全年未发现重大违规违纪行为，全系统没有干部因资金问题被查处。

此外，组织开展了跨（穿）河建筑物附近采砂、违规穿越和跨渠桥梁超限安全问题影响、中线跨渠建筑物墩柱阻水影响分析等专题技术研究，有关成果已获应用。宣传工作进一步得到提升，国调办专题召开系统务虚及宣传工作会议，要求“实事求是、入情入理、顺畅亮丽”，找准工程宣传亮点和社会舆论热点。以工程建设为切入点，沿线各省（市）组织了各具特色的广泛宣传，成效显著，为工程建设创造了良好的舆论氛围和环境。

这些成绩的取得，离不开党中央、国务院的正确领导。南水北调工程是党中央、国务院根据我国经济社会发展需要作出的重大战略决策。中央领导对南水北调工程建设高度重视，经常关心过问南水北调工程进展，对重要问题作出指示，协调关系、破解难题，并亲临一线，视察工程现场，慰问鼓励参建者，为南水北调工程又好又快建设提供了坚强的政治保证和不竭的强大动力。

这些成绩的取得，离不开国调办党组对建设形势的正确判断和把握。这里，我们共同回顾一下近几年来南水北调工程不平凡的建设历程。2010年，针对在建项目多、未开工项目多、剩余时间少的“两多一少”态势，在客观分析“高峰期、关键期”面临的难题和风险，准确理解“两期”论断深刻内涵的基础上，新一届国调办党组发出了3年决战的号召。通过及时调整工作思路，优化施工组织，到年底完成投资408亿元。至此，加上2010年前8年完成的390亿元投资，共完成投资798亿元。9年的时间完成的投资还不到可研总投资的1/3，要用余下3年左右的时间完成超过2/3的总投资，难度可想而知，建设形势逼着办党组在2011年确立了“6+1”总体思路，即“大抓工程进度，狠抓质量安全，严抓投资控制，细抓移民征迁，深抓治污环保，强抓技术攻关，强化内部管理”，全面地抓，整体地抓。经过一年的努力，进度快了，质量好了，投资省了，移民稳了，水质优了，队伍战斗力强了，营造了喜人的态势，形成了旺盛的气势，创造了更好的形势，实现了三年决战的良好开局。全年完成投资578亿元，是2010年完成量的140%，是工程建设10年来第一次完成，并且是超额完成年度投资计划。这样，我们心里有底了，整个工程也都动起来了。但各个方面也暴露出一些尖锐的、值得特别关注、可能影响全局的问题。为此，2012年，办党组确立了"五突出"总体思路，即"突出重点推进度，突出高压抓质量，突出帮扶稳移民，突出深化保水质，突出监控管资金"。经过一年的努力，既保证了整体推进、速度不减、力度不减，同时又破解了可能影响全局的尖锐问题，进度更快了，质量更好了，投资更省了，移民更稳了，水质更优了，队伍战斗力更强了。全年完成投资653年亿元，超额完成年度计划13亿元，再创南水北调工程建设史上的新高。2013年，东线要通水，中线要收尾，投资量、工程量、工作量并不是很大，但建设过程中冒出不少新的风险，暴露出不少新的问题，可能会出现不少意想不到的事情，为此国调办党组确定要"依靠机制，严防意外"，确保"东线通水，中线收尾"。经过一年的努力，圆满完成各项目标任务，建设形势已经十分明朗。

这些成绩的取得，离不开南水北调系统上下的团结一心、求真务实、开拓创新。这几年，我们坚持团结一心。这种团结源于一致的目标、统一的认识、共同的愿望，大家切实把思想统一到建委会的决策和国调办的工作部署上来，自觉服从、服务于南水北调工程建设全局，沟通及时、步调一致，说一样的话、干一样的事，形势相当不错。这种团结是全方位、多层次、广覆盖的团结，体现在国调办与各省（市）办的密切沟通、彼此支持，体现在各省市之间的相互学习、取长补短，体现在参建各方的有机衔接、默契配合，体现在全体建设者的心无旁骛、合力共进。这几年，我们倡导求真务实。说空话的少了，干实事的多了；马虎的少了，认真的多了。我们的工作部署更务实了，工作方法更务实了，作风也更务实了，工作目标、工作思路、作风方法都非常实在。大家更注重实效，更注重用实实在在的办法去解决实实在在的问题，更注重深入到第一线去查实情、碰问题。这几年，我们坚持开拓创新。南水北调工程规模宏大、投资巨额，构筑物形式多样、关键技术多，而且战线长、参建队伍多，用传统的工程建设管理手段是解决不了问题的。于是，我们在体制机制上求创新，在工作思路上求创新，在工作方式上求创新，在技术攻关上求创新，扫清了一个个障碍，破解了一个个难题，推动了南水北调工程建设顺利开展。同时，我们坚持与时俱进，积极应对建设过程中出现的各种新情况、新问题，最典型的反映在质量监管上。几年来，我们不断调整思路，丰富完善富有南水北调特色的以责任制为核心的质量监管新机制，我们先梳理并建立了质量问题目录，后成立了稽察大队，实施质量"飞检"，在此基础上构建了"三位一体"的质量监管体系，然后又实行了有奖举报，接受社会监督，去年我们又实行了信用档案管理，加强建设市场与工地现场的联动。

这些成绩的取得，离不开建委会各成员单位和沿线各地共同营造的良好合作氛围。长期以来，中央有关部门在计划安排、资金筹集与审计、用地保障、治污环保措施落实、跨渠桥梁建设管理、治安管理、文物保护、舆论支持和铁路、电力、通信等专项设施迁建、运行管理机构组建、水资源管理、工程运行调度等诸多工作中，给予了大力支持、重点倾斜；沿线各级党委、政府在工程建设、库区移民、干线征迁、治污环保、建设环境维护、配套工程建设、工程设施管护、工程有序调度等各个方面都付出了艰辛努力，创造了良好条件。

在此，我代表国调办党组对大家多年来的大力支持、积极努力和辛勤奉献表示衷心感谢！

**二、2014年形势分析**

2014年，东线保运行，中线保通水，实体工程建设任务已经很少，运行管理摆上日程，工作中心由建设管理为主逐步转向运行

管理为主，工作重心由内部组织为主逐步转向外部协调为主，同时，工程建设与运行管理任务相互交叉，工程建设关键期、工作重心转折期相互叠加，长期积累的各种矛盾逐步暴露凸显，新的矛盾和问题也会不断涌现，治污环保、征地移民工作逐步深化，南水北调工作进入了极为特殊的关键时期，工作任务更加繁重复杂。

当前，南水北调工程建设具备许多有利条件：

一是党中央、国务院对南水北调工程高度重视。习近平总书记、李克强总理、张高丽副总理就东线一期工程正式通水作出重要批示，强调了南水北调工程的重大战略意义，肯定了工程建设取得的重大进展，明确了今后工程建设、运行、水质、环保、安全、管理的目标、任务和要求；李克强总理，张高丽、汪洋副总理就工程建设、移民稳定、水质保护等工作多次做出重要批示，提出明确要求，寄予殷切希望；3 月 22 日，张高丽副总理亲临国调办，慰问南水北调干部职工，听取工作汇报，安排部署下步工作。中央领导同志的关怀，为我们的工作提供了有力支持，鼓舞了干劲，指明了方向，注入了强大动力。

二是沿线各地支持工程建设的自觉性进一步增强，建设环境更加有利。东线工程顺利实现全线通水目标，中线京石段工程持续发挥效益，有力保障和促进了沿线经济社会发展和生态建设，在社会上产生了重大反响。沿线各省（市）进一步增强了对南水北调工程建设必要性、紧迫性的认识，进一步增强了全力保障工程建设的主动性、积极性。

三是中央有关部门思想进一步统一。党的十八届三中全会、七次建委会议胜利召开，有关部门对南水北调工程在建设“美丽中国”、实现中华民族伟大复兴的“中国梦”中的重要作用有了更深刻的认识，紧紧围绕通水大目标，按照职责分工，加强协调配合，特事特办、重点倾斜，形成了推进南水北调工程又好又快建设的强大合力。

四是在进度控制、质量管理、资金监管、征地移民等方面，形成了一套行之有效的管理手段，积累了丰富的管理经验，特别是质量监管制度日益完善，以“三位一体”、“三查一举”、五部联处、信用管理等为核心的质量监管高压模式日趋成熟，参建各方重视质量、主动查找质量问题的氛围日渐浓厚，建设精品工程、一流工程的责任感、使命感日益增强。

五是东线正式通水，工况良好，水质达标，中线主体工程基本完工，建设形势已经明朗，全体参建者为实现工程顺利通水、安全运行目标努力奋斗的信心进一步增强、热情进一步高涨。

六是全党深入开展了党的群众路线教育实践活动，各级党员干部切实增强群众观点，强化为民服务意识，落实以人为本、执政为民理念，有关各方服务、支持、参与南水北调工程建设的态度更加坚决，作风更加务实。

客观地分析形势、展望未来，我们对实现全线通水大目标充满信心。在看到各种有利条件的同时，我们要更加清醒地认识到面临的各种困难和风险。当前，南水北调工程建设正处于转型这一关键时期，情况之复杂、难度之大、任务之重、不可见因素之多、风险之大，是工程开工建设以来少有的。

（一）进度、质量风险依然存在。

一是自动化调度系统、管理设施建设整体滞后，形象进度不容乐观。二是中线工程还剩余大量尾工，设备安装、通水验收、区段联调、全线充水试验等各项准备工作任务十分繁重。三是由于管理体制复杂、工程类型多样、工程战线较长，各种因素综合作用导致工程可能冒出新的进度和质量风险项目，产生不可预见的严重后果。四是部分配套工程建设进展缓慢，如不按时投运，可能影响工程总体效益的发挥。五是工程安全形势依然严峻，安全生产事故潜在风险仍然存在，工程质量隐患对工程通水安全构成严重威胁，运行中的安全生产、安全调度压力大、要求高。六是进入工程建设后期，部分参建者可能思想松懈、干劲减弱、激情不足，配合意识下降，对建设大局和繁重的通水准备工作产生负面影响。

（二）移民稳定发展任务艰巨。

一是移民工作本身具有复杂性、艰巨性、长期性的特点，随着时间推移，文化融合等深层次问题逐步显现，随着水库蓄水，一些潜在矛盾和问题也会逐步暴发，移民和谐融入是一个长期的、渐进的过程。二是工程建设任务即将完成，各地对移民的重视程度有所下降，对后续帮扶工作投入的精力逐步减少，如一些问题解决不及时，容易造成移民情绪不稳。三是移民后续发展政策落实不到位，个别地方政策与当地实际结合不够，帮扶手段单一、后劲不足，移民稳定致富任务繁重。四是用地手续办理进展缓慢，征迁专项验收受制约，临时用地复垦退还工作任务艰巨。

（三）治污环保有待深化。

一是维护东线36个考核断面水质稳定任重道远，农业面源污染、养殖污染、航运污染等问题日益突出。二是中线水源区水污染防治与水土保持“十二五”规划实施尚需加快，49个考核断面尚未完全达标。三是部分入丹江口水库支流水质还不达标，面源污染日益突出，防治措施仍需完善。四是沿线经济社会发展与环境保护的矛盾日趋凸显，对水质保护提出了新的挑战。

（四）投资控制仍有压力。

一是部分设计单元工程因多种原因超概过多，不可预见因素导致的工程变更、索赔等影响投资控制的风险以及合同纠纷随着临近工程收尾更加突出，无投资来源的新增项目也不断出现。二是资金管理仍有薄弱环节，确保资金使用全过程安全仍存在一定困难。三是金融市场复杂多变，新增投资的筹集条件存在诸多不确定性因素。四是随着工程陆续完工，资金使用违规违纪风险增大，资金监管难度加大。

（五）运行管理面临考验。

一是运行管理体制机制事关工程安全高效运行、资产保值增值和综合效益充分发挥，但运行管理体制机制的设计涉及沿线省市和中央有关部门，关系错综复杂，协调难度较大。二是我们长期从事工程建设组织工作，运行管理经验缺乏、准备不足，制定运行管理办法、培训运行管理人员、有序调度工程运行是我们面临的新考验。

此外，在中线干线左岸防洪影响处理、工程通水验收等方面，也面临着不同程度的困难和问题。中线干线左岸防洪影响处理方面，可研方案尚未批复完毕，总干渠274座左排建筑物下游行洪不畅，其中43座出口直对村庄、企业，严重威胁群众生命财产安全，也直接危及干线工程建设和运行安全。工程通水验收方面，中线尚有40余项设计单元工程未开展通水验收，时间紧迫，任务繁重；穿黄工程、高填方深挖方渠道、大型渡槽等重要工程技术复杂，存在诸多不确定性风险因素，对验收工作带来挑战，不容忽视。还有，由于事涉多方利益，有关各方意见不一，社会上也存在不同声音，推进东线二期工程建设和西线工程前期工作困难不小。

因此，我们决不能陶醉于取得的既有成绩，必须勇于正视、正确分析面临的各种困难和问题，及时采取有效措施，解决各类难题，推进工作落实。

**三、2014年工作部署**

2014年是南水北调工程决战攻坚收尾转型年，要立足“两个转变”（建设管理为主向运行管理为主转变，内部组织为主向外部协调为主转变），进一步统一思想，明确责任，加强协作，强化措施，确保实现全线通水大目标。

国调办党组研究确定了2014年南水北调工程建设目标：确保中线如期通水、东线运行平稳。

工程建设：中线5月底前全面完成与通水相关的尾工建设，6月初开展全线充水试验，9月底前完成全线通水验收，汛后正式通水；东线圆满完成2014年调水任务。

征地移民：临时用地复垦退还80%以上，干线用地手续力争报批60%以上，移民稳定不出事。

治污环保：确保东线水质持续稳定达标；中线水源区6条未达标入库河流水质明显改善，通水前，丹江口水库陶岔取水口和汉江干流省界断面水质稳定达到Ⅱ类，主要入库支流水质符合水功能区要求。

为此，2014年要重点抓好以下“六个确保”：

（一）确保中线顺利通水。

中线要抓尾工、抓验收、保通水。国调办已经制定了详细的通水运行工作方案，明确了各个环节的目标任务、时间节点、责任单位，要量化工作任务、强化工作责任，确保各个环节环环相扣、整体工作运行协调顺畅。一是建立工程通水目标保障和应急预警机制，继续发挥进度计划、形象进度节点目标和关键事项督办等考核管理体系作用，重点抓好自动化调度系统、管理设施、闸站设备安装调试等工程建设目标考核，落实进度责任制，9月30日前完成全线设备、设施联调联试。二是持续发挥“三位一体”“三查一举”质量监管工作体制机制作用，对在建工程继续高压严管，集中精力强化施工过程和问题整改的监管。三是集中开展充水试验前的质量排查，5月底前完成全线排查，发现并消除质量隐患，全面评估建设质量。四是把通水验收、充水试验作为检验质量、查找问题、补救缺陷的重要环节，统筹组织专家力量，推进通水验收、充水试验工作，3月底前完成渡槽、穿黄工程、天津干渠充水试验，5月底前完成各设计单元工程通水验收，9月底前完成全线通水验收、充水试验，10月10日前消除充水试验过程中发现的工程缺陷。五是协调有关部委制定年度水量调度计划，协调落实充水试验用水，协调丹江口水库蓄水、调水各项工作，制定相应预案，为汛后正式调水做好准备。六是协调确定运行管理体制机制，开展一线人员业务培训，实现向运行管理平稳过渡、有序衔接。

同时，要加强工程防护，5月底前完成全线防护网建设，特殊部位要加装监控设备，6月底前完成京石段工程全面整修；5月底前完善办公、生活设施，满足通水运行需要；加快跨渠桥梁移交，12月底前全部移交到位；加快干渠防洪影响处理工程建设的组织协调工作，督促尽快开工建设；协调发改委尽快制定水价方案；协调科技部支持运行管理若干关键技术研究；继续加强安全生产管理工作，制定工程险情抢险总体方案、水量调度应急方案和干线各退水闸退水方案，加大监督检查力度，做好特殊时期、重点时段的安全生产，防止发生安全意外。

（二）确保东线运行平稳。

东线要抓组建、抓培训、保运行，确保顺利完成2014年调水任务。一是加快东线总公司组建步伐，建立科学、完善、高效的组织管理体系，保障各项工作有序开展。二是加强制度建设，规范运行管理工作。三是加强基础工作，组织开展人员培训，实现设施设备日常维护规范化、科学化，提高管理水平。四是依据水量调度计划，制定并细化年度工程调度方案，确保运行平稳。开展工程供水调度、分水现状及水量损失等课题研究，为调度管理提供支撑。五是加强信息化建设，加快南四湖水质监测工程建设和苏鲁两省管理专项、自动化控制专项建设。六是加强运行情况的监测评估，完善突发情况应急预案，做好日常演练，妥善应对可能出现的问题，确保运行安全。

（三）确保移民稳定发展。

一是发挥矛盾纠纷排查化解长效机制作用，认真排查调处矛盾纠纷，积极回应移民群众的合法合理诉求，坚决避免发生重大突发性群体事件和恶性案件，维护社会和谐稳定大局。二是豫鄂两省要进一步落实后扶政策，加大帮扶力度，以特色产业发展和就业服务为重点，安排好移民群众的生产、生活和长远生计，努力实现“稳得住、能发展、可致富”。三是完成丹江口库区移民初步设计和实施方案中的剩余任务，加快库区单项验收。四是规范使用、及时复垦退还临时用地，年底前复垦退还80%以上。认真做好用地组卷工作，协调国土资源部门加快批复进度，推动干线征迁专项验收。五是密切关注丹江口水库蓄水后出现的新情况、新问题，重点瞄准移民返库、淹没线上居民稳定、地质灾害等，为水库蓄水及工程运行提供保障。六是协调督促地方文物部门对干线文物保护项目进行验收。七是关注国家征地移民政策调整引发的新情况、新问题，研究群众因攀比而引发的潜在不稳定问题应对措施。

（四）确保水质稳定达标。

水质安全是调水成功的关键。要进一步深化治污措施，建立治污环保长效机制，实现调水水质稳定达标，确保一渠清水永续北送。

东线方面，要健机制、再深化，确保水质持续向好。一是在健全法规制度、创新管理模式、强化政府监管和发动群众监督等方面积极探索建立水质保障机制。二是督促纳入国家重点流域水污染防治“十二五”规划的治污补充项目加快建设。三是强化工业污染和城镇生活污染治理，高度重视农业面源污染对水质的影响，督促地方政府加快人工湿地、生态林等环南四湖生态隔离带建设。四是继续发挥调水水质分区监控、应急管理的机制作用。

中线方面，要严考核、重协调，推动工作落实，建设清水走廊、绿色走廊。一是严格水污染防治和水土保持“十二五”规划实施情况考核，在全力督促规划项目实施的同时，督促推动不达标入库支流“一河一策”治理。二是协调指导实施水源区及上游地区经济社会发展规划和对口协作方案，改善水源区生态环境，增强水源区自我发展能力。三是督促沿线各省（市）抓紧划定总干渠两侧水源保护区，摸清干线两侧风险污染源，推动干线两侧生态带建设。四是组织开展中线一级水源保护区内污染企业调查，会同有关部门研究制定中线通水期间的水质监测及应急方案，及时排查总干渠输水水质安全风险，确保调水水质安全。五是协调财政部将中线调水影响区及输水总干渠两侧保护区纳入国家重点生态功能区转移支付范围，进一步完善对水源区的国家重点生态功能区转移支付办法。

同时，要加强调水对生态环境影响问题的研究，对恶意炒作要注意防范并妥善应对。

（五）确保资金安全高效。

要强化项目法人投资控制责任意识，继续牢固树立过紧日子的思想，加强投资计划管理，严控新增项目及新增投资，确保工程投资控制在国家确定的新增规模范围内，并强化资金使用过程管理，提高资金使用效益。一是根据批准的新增投资计划，全面盘点现有筹资方案，分析融资规模和缺口，落实筹资措施。二是统筹安排南水北调基金、重大水利建设基金、过渡性资金和项目法人贷款，确保资金供应。三是加强预备费和结余投资使用审查，加强工程变更和索赔管理，对工程变更和索赔开展重点核查和专项审计，对新增项目一律履行主任办公会审查程序。四是推进完工财务决算和投资控制奖惩考核工作。五是继续加强账面资金控制，将存量控制在最低，不断提高资金使用效率。六是强化资金使用内部审计工作，加大查处力度，严肃财经纪律，建设廉洁工程。

（六）确保地方配套工程同步达效。

配套工程按时完工才能确保南水北调工程综合效益的整体发挥，各省要进一步加快配套工程建设进度，确保与干线工程同步投入使用。一是建立配套工程进度保障机制，定期会商工程建设进度，解决制约进度难题。二是整合有关资源，统筹工作安排，全力推进配套工程建设。三是强化配套工程进度督导，建立切实有效的督导工作机制。国调办将继续协调中央有关部门给予配套工程建设大力支持。

还要强调一下宣传工作。2014年，系统各单位、机关各司局要把宣传工作摆上重要日程，积极谋划、主动宣传。要统筹协调中央、地方等媒体，整合资源，形成宣传合力，共同做好宣传工作，如实展示南水北调工程建设成果。此外，从长远看，要积极协调加快推进东线二期和西线工程前期工作。

**四、主动转变，合力攻坚，确保全面完成各项任务**

2014年，东、中线工程将全面通水，经过数十万科技工作者和广大建设者数十年的辛勤付出，南水北调即将完成重大阶段性任务。但胜利在望并非胜利在握，由“望”到“握”尚需付出一定的努力。工程建成后如何安全高效运行，调水水质如何持续稳定达标，南水北调总体布局建设如何进一步推进等等，都将是我们面临的新挑战，也是亟待解决的重要问题。建设优质工程是我们的职责，实现工程安全运行并持续发挥效益同样是我们的使命，需要我们及时调整工作内容；工程建设取得重大阶段性成果，是大家精心组织、通力合作的结果，主动权、支配权掌握在我们手中，但涉及水价制定、水量调度、水质监测、用地手续办理、东线二期和西线工程前期工作等诸多后续工作，涉及大量外部协调任务，需要我们主动转变工作重心。“两个转变”能否在2014年工作中得到有力体现和贯彻落实，是关系到各项任务能否顺利完成的关键所在。东方欲晓，胜利往往在于再坚持一下的努力之中。希望各有关单位以对国家和人民高度负责的态度，以强烈的大局意识、责任意识，主动转变思想，毫不松懈地一手抓建设管理，一手抓运行管理，加强施工组织，统筹内外协调，落实工作责任，突出务实重干，全面完成各项工作任务。

（一）树立大局观念。

实现全线通水大目标、保证工程安全高效运行、实现国有资产保值增值、充分发挥工程综合效益是南水北调工程建设大局，是各级南水北调机构应该遵循的共同原则。国家利益至上，我们想问题、办事情都要以这个大局和原则为出发点和落脚点。只有贯彻了这个原则、维护了这个大局，才能逐步实现工程的健康运行，才能实现和维护沿线广大群众的利益，才能保证和巩固各省（市）办（局）、各项目法人自身的利益。到了工程建设后期，各种利益关系交织在一起，特别是到了构建运行管理体制机制的关键时刻，要着重强调这个大局、特别明确这个原则。各地、各单位在利益面前有不同的诉求是正常的，国调办也是充分理解的，会最大限度地吸纳和包容各种合理诉求，努力实现各项决策的科学性、合理性，确保工程建设又好又快，运行管理顺畅安全，最大程度惠及沿线广大人民群众。各省（市）办（局）和项目法人肩负重要任务，大家和国调办一起从事南水北调工程建设，又是地方党委、政府的参谋与助手。希望大家始终认清这个大局、牢记这个原则，以宽广的胸怀和气度，把思想统一到国家利益、人民利益这个大局上来，统一到建委会的各项决策部署上来，在为地方党委、政府出谋划策时，坚决贯彻这个原则、维护这个大局，为领导提供全面、真实的信息，帮助领导做出科学、合理的决策。大家相互支持、互相补台，形成目标统一、责任明确、步调一致、同心同力的良好工作格局，才能推动各项工作有序衔接、顺利开展，圆满实现通水大目标，成就共同的理想抱负。

（二）增强创新精神。

创新是南水北调工程建设的根基和灵魂。南水北调工程建设管理的复杂性、挑战性是以往工程建设中不曾遇到的。这些年，正是因为我们始终坚持制度创新、技术创新、措施创新，在进度控制、质量管理、资金监管、征地移民等方面构建了一系列符合南水北调实际、富具南水北调特色、前所未有的管理手段，才在国内复杂的建设环境下推动了南水北调各项工作全面健康开展，并取得了重大阶段性成果。南水北调工程运行管理比建设管理更具特殊性、复杂性，必须贯彻十八届三中全会审议通过的《中共中央关于全面深化改革若干重大问题的决定》，以改革创新的精神，结合南水北调工程实际，加强沟通协调，充分吸收借鉴，建立科学、合理、公正的运行管理体制机制，保障充分发挥南水北调工程综合效益。

（三）强化担当意识。

到了工程建设最为关键的时刻，各种矛盾凸显，各种问题倒逼，任务艰难较劲。工程通水之前，各项任务依然繁重，各个环节时限都非常紧。大事面前看担当。要以食不甘味、夜不能寐，如坐针毡、如临深渊的责任感和紧迫感，敢于承担责任、勇于承担责任，在重点工作上下功夫，在攻坚克难上下功夫，在抓好落实上下功夫，做到不懈于心、不懈于位，把各项工作做精做细。要特别注意克服几种倾向：一是船到码头车到站的思想，认为工程建设各项工作大局已定，可以松一口气了；二是慵懒思想，认为按部就班干事就行，凡事不动脑子；三是不思进取思想，精神不振，瞻前顾后，患得患失；四是麻痹松懈思想，认为前期抓得严，抓得不错，后期不会出什么大问题。

（四）发扬务实作风。

这几年，我们在全系统强化 5 种作风建设，倡导形成 5 种风气，广大党员干部队伍的精气神都有很大提高，经受住了近 3 年工程建设紧张繁重任务的考验。按照中央部署，2013 年下半年我们开展了党的群众路线教育实践活动，大家以突出反对“四风”为聚焦点，进一步弘扬了“负责、务实、求精、创新”的南水北调核心价值理念，扭转了以往曾经存在的出了问题相互推诿、互相扯皮、抱怨指责的不利局面，克服了慢慢腾腾、疲疲沓沓、拖拖拉拉的不良倾向，我们的队伍更敬业了，更务实了，更负责了。东线提前通水，中线提前完成主体工程，务实作风是取得这些重大阶段性成果的有力保证。过去我们这样，今后仍应如此。可以说，继续发扬务实作风是南水北调工程建设取得最后胜利的关键所在。要静下心来、扑下身子，深入一线、服务一线，多推务实之举，对定下的事，持之以恒、咬住不放，绝不优柔寡断、瞻前顾后；对已干的事，一抓到底、一以贯之，绝不虎头蛇尾、半途而废。

最后强调一下队伍建设和党风廉政建设。新形势新任务对全系统干部职工素质提出了新的要求。希望各单位适应转型需要，引导广大干部职工认真学习贯彻习近平总书记一系列重要讲话精神和中央关于党的建设、反腐倡廉建设等文件精神，认真贯彻执行中央八项规定精神，认真学习中央关于全面深化改革的若干决定，系统学习有关设施管理、调度运行等方面的业务知识，提高自律意识，提振精神面貌，提升工作水平，以更加为民务实清廉的作风和群众路线教育实践活动的丰硕成果扎实推进南水北调工程建设。

同志们！

南水北调工程功在当代、利在千秋。让我们在党中央、国务院的坚强领导下，以贯彻落实党的十八届三中全会、中央领导重要批示和七次建委会议精神为强大动力，团结一心，扎实工作，夺取南水北调工程建设的新胜利，实现全线通水大目标，确保清水北送、造福沿线群众。

谢谢大家！

## 国务院南水北调办主任鄂竟平在南水北调办党的群众路线教育实践活动总结大会上的讲话

（2014 年 1 月 24 日）

同志们：

今天，我们召开教育实践活动总结大会。根据中央统一部署，在中央教育实践活动领导小组的领导下，在中央第 31 督导组的指导帮助下，从去年 7 月至今，办机关和直属单位认真开展了党的群众路线教育实践活动，顺利完成了各项任务。下面，我讲 3 个问题。

**一、突出实践特色，扎实有序地完成了教育实践活动各项任务**

我办教育实践活动紧紧围绕保持党的先进性和纯洁性，以为民务实清廉为主要内容，以“照镜子、正衣冠、洗洗澡、治治病”为总要求，以贯彻落实中央八项规定为切入点，以加强作风建设、突出反对“四风”为聚焦点，结合南水北调工程建设实际，认真组织开展各环节工作。

（一）强化组织领导，注重宣传引导。

办党组高度重视教育实践活动，多次召开专题会议研究部署有关工作。中央党的群众路线工作会议召开后，我办迅速召开会议，认真传达学习习近平等中央领导同志的重要讲话和中央文件精神，迅速组织部署，坚持高起点、高标准、高质量开展教育实践活动。

一是健全组织机构。为加强活动的组织领导工作，办公室成立了教育实践活动领导小组，由我担任组长，其他党组成员任副组长，落实了领导责任；领导小组下设办公室，设综合组、宣传组、联络组，负责教育实践活动日常工作；领导小组派出督导组，负责督促检查活动开展情况。同时，制定了领导小组及其办公室工作规则，对工作职责、会议制度、公文审批、调查研究等方面作出了具体规定。

二是认真开展动员部署。按照中央总体部署，全面把握内容、步调，制定了我办教育实践活动实施方案，明确了活动的指导思想、目标要求、方法步骤和组织领导。2013 年 7 月 4 日召开了动员大会，要求把教育实践活动作为当前头等大事和重要工作，加强组织领导，精心抓好实施；按照办党组的要求，机关各司、各直属单位都结合实际制定了具体方案，进行了再动员和再部署。

三是扎实做好宣传工作。为扩大活动辐射范围，及时传达中央关于教育实践活动的重要会议、文件精神，反映办教育实践活动进展和成效，宣传各级党组织开展教育实践活动的经验和特点，加强交流，相互借鉴，在南水北调门户网站开辟了活动专题，在中国南水北调报进行及时报道，编印多期领导小组及其办公室活动简报、会议纪要，通过正面宣传和舆论引导，为教育实践活动创造良好的舆论环境和文化氛围。

（二）认真组织学习，广泛听取意见。

认真做好学习教育、听取意见环节的工作，积极主动开展学习讨论，深入广泛开展调查研究，多方面听取干部群众的意见建议。

一是坚持把学习贯穿教育实践活动始终。采取个人自学和集体学习相结合的方式，认真学习《中共中央关于在全党深入开展党的群众路线教育实践活动的意见》和习近平总书记一系列重要讲话、中央教育实践活动历次会议、党的十八届三中全会精神，认真研读教育实践活动的规定文件和学习材料，开展专题研讨，做到入脑入心，深化理解，增强宗旨意识和群众观念，自觉把思想和行动统一到中央部署要求上来。活动期间，党组中心组集中学习达 18 次。

二是聚焦“四风”广泛听取意见建议。

坚持开门纳谏，采取走出去、请进来的办法，党组成员以深入工程一线调研、到活动联系点参加学习、飞检以及召开不同层面座谈会、问卷调查、网络征集、个别访谈、相互交流等方式，围绕“四风”问题，广泛听取意见。先后书面征求建委会部委成员单位意见，分别召开办机关各司、直属单位领导干部、党外同志、青年同志座谈会，面对面听取意见，深入到沿线省市南水北调、征地移民、治污环保机构，以及勘测、设计、施工、监理单位召开座谈会，听取意见和建议。活动开展以来，召开不同层面座谈会10余次，征求到16个方面的意见建议600余条，经梳理归类为81条。通过“回头看”，九成以上干部职工认为征集意见充分或基本充分。在做好对党组及党组成员意见建议征集的同时，各司各单位也认真开展了对本司本单位领导班子及班子成员的意见征集工作。按照办党组部署，各司各单位结合各自业务工作，深入基层一线调研，随时听取一线声音，为现场施工、监理单位解决实际问题，以实际行动践行党的群众路线。针对一线反映的资金紧张、会议检查多、设计变更慢等问题，专门开展了以“缺不缺、亏不亏、变不变、多不多、慢不慢、行不行”为主题的大调研。

（三）深刻剖析检查，开展批评与自我批评。

认真做好查摆问题、开展批评环节的工作，通过群众提、自己找、上级点、互相帮查摆“四风”方面的问题，进行党性分析和自我剖析，开展批评和自我批评。

一是深入开展谈心交心活动。党组主要负责同志与党组成员之间、党组成员相互之间、党组成员与分管部门负责同志之间深入开展谈心交心，既主动谈自己存在的“四风”问题，也诚恳地指出对方存在的“四风”问题。其中，党组成员之间先后进行了3轮集中谈心；党组成员共开展谈心58人次，有的与每名正司级以上干部都进行了谈心，有的直接谈心到副处级干部。机关各单位也积极开展谈心活动，力求谈深谈透，通过谈心交换看法、沟通思想，化解矛盾、增进团结，提高认识、正视问题。

二是深刻剖析检查并撰写对照检查材料。办机关处级以上干部在学习讨论、征集意见和深入谈心的基础上，紧密联系思想、工作和生活实际，联系成长进步经历，对照为民务实清廉标准，按照衡量尺子严、查摆问题准、原因分析深、整改措施实的要求，深刻剖析检查，研究提出整改落实、建章立制的思路措施，形成对照检查报告。办党组对照检查报告由我主持起草；对照检查报告在报中央第31督导组审核前，党组集中讨论了3次；在报中央督导组审核后，按要求修改了3次；报中央教育实践活动领导小组办公室审核后，又按要求修改了1次；从初稿到定稿，先后修改了10余次。办党组成员的个人对照检查材料，均修改7次以上。

三是召开专题民主生活会和组织生活会。办党组带头召开领导班子专题民主生活会，认真贯彻整风精神，结合个人思想和工作实际，以对党、对自己、对同志、对工作负责的态度，以敢于揭短亮丑的勇气、触及灵魂的精神、纠偏改过的决心，开门见山、坦诚相见，进行了严肃认真、积极健康的批评和自我批评，相互批评所提意见数达20条，达到了红红脸、出出汗、治治病的预期效果。会后，及时进行了民主生活会情况通报。各司各直属单位按照要求召开了领导班子专题民主生活会和党员干部专题组织生活会，司局级民主生活会共计11个，组织生活会共计29个，部分党组成员参加了分管司局的民主生活会。处级以上党员领导干部都按要求写出书面检查材料，司局级领导干部除召开专题民主生活会外，还以普通党员身份参加了所在党支部的专题组织生活会并进行了点评，为进一步增进党性原则基础上的团结，着力加强党组班子自身建设、强化党员意识、提高党性修养奠定了基础。

四是组织群众评议。针对教育实践活动前两环节工作，在机关全体公务员，直属事业单位、中线建管局机关全体干部职工范围内组织开展了“回头看”民主评议活动。结果表明，广大干部职工对教育实践活动效果基本满意，持肯定态度的达70%以上，持肯定和比较肯定态度的达90%以上。

（四）切实整改落实，建立长效机制。

认真做好整改落实、建章立制环节的工作，制定并落实整改方案，开展突出问题专项治理，注重从体制机制上解决问题，使贯彻党的群众路线成为党员干部长期自觉的行为。

一是认真制定“两方案一计划”。对教育实践活动中查摆出来的问题，特别是专题民主生活会查找出来的问题，进行了深入分析和归纳梳理，制定了党组整改方案、专项整治方案和制度建设计划，按轻重缓急和难易程度，分别提出整改落实的目标、方式和时限要求，明确分管领导、分管部门，责任到人，并在办公室内网进行公示，接受广大干部群众监督。

二是切实加强整改。边学边查边改，即知即改，立行立改，强化正风肃纪，减少不必要的环节和程序，整改取得了初步成效。对理论学习不够、调查研究重形式、决策脱离实际等11个方面的问题进行了整改。开展了整治文山会海、机关作风建设、控制“三公”经费等7个方面的专项治理。

三是做好建章立制工作。积极稳妥地推进体制机制创新和制度建设，努力解决制度缺失和体制障碍等突出问题。各司各单位根据自身职责和业务特点，认真梳理规章制度，重点做好反对“四风”的制度建设，根据中央八项规定精神和《党政机关厉行节约反对浪费条例》《党政机关国内公务接待管理规定》等有关文件要求，制定了机关行为准则，修订了党组工作制度、党组中心组学习制度、因公出国（境）管理规定、经费支出管理办法等一批制度，对反对“四风”的内容以制度形式固化下来，推进改进工作作风、密切联系群众常态化、长效化。

**二、教育实践活动的成效和体会**

教育实践活动历时半年多，在办党组的直接领导下，我办各级党组织高度重视、精心组织、周密安排，紧紧围绕南水北调工程建设中心开展活动，实现了“党员干部受教育、工程建设上水平、人民群众得实惠”的总体目标。

（一）教育实践活动的成效。

一是广大党员干部切实受到了一次党的群众路线的深刻洗礼。每位党员干部更加全面深刻地理解群众路线的内涵和外延，坚定了理想信念，增强了政治定力，强化了政治意识、责任意识、大局意识和宗旨意识，并积极在工作中践行，以最大的决心、最强的力度、最好的状态，积极推进工程优质高效又好又快建设。二是各级党组织的战斗堡垒作用进一步增强。党员干部充满生机活力，党组织的凝聚力和战斗力提高，增强了自我净化、自我完善、自我革新、自我提高的能力，形成了良好的组织基础。三是工作作风进一步改进，工作效率进一步提高。通过整治文山会海，控制“三公”经费，改进调查研究等措施，全办形成了人心思进、风清气正的氛围，进一步弘扬了求真务实、清正廉洁、联系群众、艰苦奋斗、勤思爱学5种作风，进一步弘扬了“负责、务实、求精、创新”的南水北调核心价值理念。四是进一步密切了党群干群关系，提高了群众工作的能力和水平。在工程建设中处处坚持以人为本，例如维护征地移民群众合法权益，节假日组织慰问一线建设者和移民群众，严肃查处补偿款不按标准及时足额发放问题；及时支付参加工程建设的农民工工资；关心一线职工等等，在治污环保、征地移民、质量监管等各个方面切实从群众的根本利益出发，切实建设惠民利民的南水北调工程。五是有力促进了南水北调工程建设。教育实践活动对南水北调工程建设起到了指导、保障、护航和推动作用，激发出广大党员干部前所未有的热情干劲和昂扬向上、奋发有为的精神状态，系统上下努力改进工作作风，少讲空话，多干实事，东线一期工程11月15日提前通水，12月25日中线主体工程基本完工，工程建设呈现持续向好的态势。

这里，特别要指出，我办教育实践活动取得的成绩是与中央第31督导组的精心指导分不开的。整个活动中，以令狐同志为组长的中央督导组严格按照中央要求履行督导职责，认真审阅我办的实施方案、党组对照检查报告、民主生活会总结等材料，多次参加我办的学习或会议，深入工程一线、移民村户进行调研，多次听取进展情况汇报并提出指导意见，给予了大量的指导和帮助，以令狐同志为组长的督导组以自身的务实作风为我们树立了榜样。让我们以热烈的掌声向令狐组长及督导组全体同志表示诚挚的感谢和敬意！

（二）教育实践活动的体会。

一是要始终坚持领导带头。我办各级党组织在教育实践活动中，切实做到一把手是教育实践活动第一责任人，亲自抓、负总责，坚持领导带头学习讨论，带头自我检查，带头深刻剖析，带头撰写对照检查报告，带头开展批评与自我批评。各级党员领导干部，尤其是班子成员积极发挥示范带动作用，力争认识高一层、学习深一步、实践先一着、剖析解决问题好一筹，身体力行，树立榜样，有力地推动了活动的开展。

二是要始终把握正确的方向。以为民务实清廉为主要内容，以“照镜子、正衣冠、洗洗澡、治治病”为总要求，以贯彻落实中央八项规定为切入点，以加强作风建设、突出反对“四风”为聚焦点，与学习习近平总书记一系列重要讲话、党的十八届三中全会精神、中央经济工作会议精神等紧密结合。坚持环环相扣，做到学习深入，调研扎实；征求意见广泛，谈心交心深入；检查深刻透彻，批评严肃认真。坚持问题导向，不走神，不散光，有什么问题就查摆什么问题，什么问题突出就着力解决什么问题，查清病灶，对症下药。坚持开门搞活动，开门纳谏，真开门、开大门，广泛听取群众意见，自觉接受群众监督，充分发挥群众主体作用。坚持边学边查边改，立行立改，即知即改，不等不拖不靠。

三是要始终与业务工作紧密结合。教育实践活动开展过程，正值南水北调工程建设进入冲刺冲锋、决战决胜的关键时期，我们始终做到统筹兼顾，协调部署，把群众路线的要求具体转化为推进南水北调工程建设的坚强意志、维护群众利益和实现移民安稳致富的正确思路、促进防污治污和生态保护的政策措施、综合协调和加强管理的实际能力，在工程建设中反对“四风”，切实做到“转作风、摸实情、办实事、促建设”，实现了“两手抓、两不误、两促进”。

**三、努力巩固和扩大教育实践活动成果，在南水北调工程建设中深入贯彻党的群众路线**

总体上看，我办教育实践活动在党中央的正确领导下，在中央第31督导组的指导帮助下，成效显著。通过学习活动，提高了思想认识、改善了干部作风、解决了突出问题、创新了体制机制、促进了工程建设。我们要进一步巩固和扩大教育实践活动的成果，在南水北调工程建设中深入贯彻党的群众路线。

（一）继续加强理论武装，增强宗旨意识和党性修养。

“四风”问题的总根源在思想，要牢固树立正确的世界观、人生观和价值观，强化宗旨意识，加强党性修养，坚定理想信念，筑牢思想防线。一是要更加深入地学习中国特色社会主义理论体系，学习党的十八大和十

八届三中全会精神，学习习近平总书记一系列重要讲话，提高政策理论水平。二是要自觉在政治上、思想上、行动上与以习近平同志为总书记的党中央保持高度一致，不断增强政治定力，提高抵御各种风险和经受各种考验的能力，正确理解和认真贯彻落实中央各项战略决策和部署，提高执行党的路线方针政策的能力。三是要不断强化使命意识、责任意识，强化自省、自重、自警、自励，牢记为人民服务的宗旨，端正政绩观和发展理念，站稳群众立场，树立群众观点，把精力和心思集中到干事创业上，真心为民办事。四是要提高用先进理论指导工作实践、统筹工作大局的能力，努力把南水北调工程建成质量可靠放心的工程、移民稳定致富的工程、管理阳光廉洁的工程。

（二）继续加强作风建设，打造为民务实清廉的干部队伍。

当前，七次建委会议已经明确了我们今后一个时期的工作目标和任务。能否圆满完成这些任务，实现预定目标，干部队伍的素质和状态是决定因素。面对今年及今后更为复杂的局面和难度不断增大的工作任务，继续加强作风建设是南水北调工程建设取得最后胜利的关键所在。如何加强作风建设，我认为就是要进一步提倡求真务实、清正廉洁、联系群众、艰苦奋斗、勤思爱学的五种作风，进一步弘扬“负责、务实、求精、创新”的南水北调核心价值理念，建设为民务实清廉的干部队伍，努力使广大党员干部特别是领导干部成为政治坚定、作风优良、纪律严明、勤政为民、恪尽职守、清正廉洁的骨干和模范。

一是要敢于负责。面临工期紧、任务重、困难多的形势，必须敢负责、能碰硬，要以食不甘味、夜不能寐，如坐针毡、如临深渊的责任感和紧迫感，敢抓敢管，敢作敢为，强化担当意识，树立大局观念，始终保持蓬勃向上的朝气、开拓进取的锐气、勇争一流的志气、攻坚克难的勇气。二是要求真务实。少讲空话，多干实事。做到踏踏实实、扎扎实实、老老实实，有一说一，有二说二，摸实情、出实招、办实事、求实效，在工作部署上务实，在工作目标上务实，在工作思路上务实，在工作方法上务实，真正下功夫解决实际工作中的矛盾和问题。三是要精益求精。始终强化细节意识，培育和发扬精细作风，自觉养成抓细节的习惯，切实增强善抓细节的本领，从大处着眼、细处着手，处处留心，时时细心，事事精心，把工程建设细节谋划好、打造好、展示好。四是要勇于创新。要不畏艰难、大胆探索、勇于开拓、攻坚克难，在尊重客观规律、运用客观规律的基础上坚持走创新之路，在体制机制上创新，在工作思路上创新，在工作方式上创新，在技术攻关上创新，以改革创新的精神推进南水北调工程建设和运行管理。

（三）继续密切联系群众，建设惠民利民的民生工程。

南水北调是利国利民的工程，建设南水北调工程本身就是贯彻党的群众路线的生动实践，必须始终如一地坚持党的群众路线。一是要牢固树立群众观念。把一切以群众利益为重作为一种理念、一种常态、一种追求，在南水北调工程建设中始终站在群众的立场上，把群众放在主体位置，时刻做到权为民所用，情为民所系，利为民所谋。二是要坚持深入基层服务群众。广大党员干部应静下心来，扑下身子，深入一线、沉到基层，增强同群众的密切联系，倾听民意，集中民智，认真了解群众的要求和期待，从基层群众中汲取智慧和力量。三是要为群众办实事好事。每一个工作细节都要从群众的切身利益出发，每一个工程项目都要为群众带来实实在在的好处，切实解决群众关心的实际问题，切实维护好群众的根本利益，努力建设好惠民利民的民生工程，赢得群众对南水北调工程建设的信任和支持，以实际行动践行党的群众路线。

同志们，我办党的群众路线教育实践活动已经顺利完成。教育实践活动是阶段性的，反对“四风”、作风建设却是长期的，需要不断探索、深化和提高，需要锲而不舍、驰而不息地抓下去。上周，我们召开了系统工作会，明确了年度工作目标。2014 年，东线保运行，中线保通水，运行管理摆上日程，工作中心由建设管理为主逐步转向运行管理为主，工作重心由内部组织为主逐步转向外部协调为主，工程建设与运行管理任务相互交叉，工程建设关键期、工作重心转折期相互叠加，南水北调工作进入了极为特殊的关键时期，工作任务更加繁重复杂。我们一定要按照中央要求，深入贯彻落实党的群众路线，始终坚定不移地反对“四风”，时刻警惕“四风”变相反弹，形成推进南水北调工程又好又快建设的强大动力，精心组织促进度，高压监管保质量，深化治污保水质，强化帮扶稳移民，严控资金提效益，确保东、中线工程如期通水、有序调度、健康运行、永续北送，造福沿线群众，并不断推进东线二期、西线前期工作，争取早日开工建设，逐步形成“四横三纵”的调水大格局，为实现中华民族伟大复兴的中国梦做出更大的贡献。

## 国务院南水北调办主任鄂竟平在专家委员会 2014 年工作会议上的讲话

（2014 年 2 月 25 日）

尊敬的陈院士，尊敬的各位专家：

今天参加会议，主要目的就是代表国务院南水北调办党组对专家委员会表示敬意和谢意。因为去年是南水北调工程建设最为较劲的一年，这一年国务院南水北调办特别希望能够得到有关方面的支持，而正是在这个关键时期，专家委员会给予了我们实实在在的支持，所以非常感谢陈院士和各位专家！

**一、关于专家委员会去年的工作**

去年是南水北调工程建设最为关键的一年。这一年较劲的事不少，大的方面如东线必须通水，中线主体工程必须收尾，这些都是硬任务。去年所有的主体工程包括中线、东线几乎都是尾工，利益博弈激烈，真的很较劲。

首先是质量。我们一直重视抓质量，但去年的质量更较劲。因为大家都知道，去年如果质量再出现重大问题，那就没有任何回旋的余地。东线要出来个质量问题能通水吗？不能，因为处置的时间都没有了。中线也是如此，如果哪个大渡槽出了质量问题，今年的通水很可能就要泡汤。

其次是水质。东线去年 11 月 15 日通水了，之前非常担心水质有问题。东线全长 1400 余公里，36 个断面水质全部交给环保部监测，也是环保部门负责治理并监测。去年一年每个月都在监测，监测结果每次都是Ⅲ类以下，还有个别断面达到Ⅱ类，一直到 11 月仍然稳定达标，这我们才放心。不然水质要是真的有问题，别说我们不敢通水，对社会也不好交待。

再次是移民。两年前我们把移民移出去了，之后能不能稳定就是关键问题了。尤其去年特别关键，移民在新的居住地生产生活了一年多，能不能稳住？

诸如此类较劲的事太多了，尤其还出现了大量技术方面的问题，有些我们内部能解决，但是有相当多的问题要依靠专家委员会来帮助解决。在这种形势下，专家委员会及时给予了国务院南水北调办前所未有的、强有力的支持，有些是在关键的时候给我们提供关键的支持。所以我说，今天来，要特别表达我的敬意和谢意。

刚才陈厚群院士、凤生同志的讲话，已经把专家委员会去年的工作情况作了总结。总体上看，专家委员会去年的工作是：“思路清楚、目标明确、有的放矢、成效显著”。概括为4个字，就是“多、快、严、准”。

一是“多”。体现在3个方面：第一，咨询的次数比过去明显增多；第二，深入一线的次数比过去明显增多；第三，咨询的科目比过去明显增多。全年咨询30次，平均9个左右工作日就一次，说明专家委员会去年十分繁忙。每个咨询项目都得十天八天，要跑现场、要分析讨论等，一年30次基本就是从头忙到尾。深入一线的次数和在一线工作的时间，都比过去要多、要长。许多老专家年事已高，还在工地上下奔忙，令人感动。咨询的科目，过去主要是针对工程建设、施工过程中的一些技术问题，去年又增加如东线治污、移民清库等等，这在以前是没有的。

二是“快”。对此我深有感触。所谓的去年很较劲，主要原因之一就是在时间上没有回旋余地，很多事情是有时限的，必须要在时限之前办好，因此这个“快”就太重要了。专家委员会恰恰在此是顾全大局的。一年当中发生了多个重大技术和质量问题，专家委员会都能快速反应，及时处理。如高填方、大渡槽的一些技术问题，处理得都很及时，这个“快”字体现得十分突出。

三是“严”。就是作风严谨，国务院南水北调办的同志们都有体会，专家委员会的每一项咨询都能够坚持原则、实事求是，不受外界干扰。据我所知，有些重大技术问题，大家看法不一，意见有分歧，甚至有的分歧还很大，但专家委员会始终能够用自己严谨的作风给出一个科学明确的咨询结论，为国务院南水北调办决策提供了有力支持，这一点我很受感动。比如在洺河渡槽的技术问题上，意见、方案多样，难以取舍，最后请专家委员会咨询，提出了一个非常明确的处理意见。这个意见十分关键，促使我们下决心不再争论，选定了处理方案，去年年底前已处理完毕，时间抢回来了，而且投资也省了一大块，最后的结果还是不错的。若采用其他方案很可能影响进度。

四是“准”。去年专家委员会的咨询成果基本上都被有关单位采纳，并且经过实践检验，证明都是正确的。这些咨询成果拿捏得精准，非常有价值，为决策和工程建设做出了贡献。有一些不光是对我们很有价值，对国务院、建委会也是非常有价值的，如关于东线水质、工程质量的评估成果，都报送给了国务院领导，就是因为评估成果质量高。

专家委员会去年的工作很鲜明地体现在上面这4个字上。“多”可见我们专家们很辛苦，“快”能够看得出专家委员会负责的精神，“严”说明专家委员会作风优良，“准”可以看出专家委员会业务水平的精湛。

此外，一年来专家委员会的各位专家，尤其是一些老专家，不顾年事已高，不辞辛苦，冒酷暑，顶风雨，深入到工地，深入到最前线。特别值得一提的是，在工程质量检查中，已经80岁高龄的陈院士不顾泥泞坚持冒雨到施工作业面进行检查，这些都令我们感动和钦佩，值得我们学习！所以在这里我要代表国务院南水北调办党组，对专家委员会去年给予我们的支持和做出的贡献表示崇高的敬意和由衷的感谢。正是因为专家委员会强有力的支持，党中央、国务院的重视，以及各部委、沿线各省市的配合和广大建设者努力，才保证了去年工程建设的顺利推进，才使我们年初确定的所有目标都完成了，才形成了良好的局面。

**二、关于南水北调去年的工作**

关于南水北调去年的工作，总体上看形势很好，好在5个方面：

一是进度。进度令人满意，原定完成400亿元投资的工程量，最后完成了405亿元。这挺不容易，因为全部是尾工，困难也不少，如渠道衬砌大部分集中在去年实施等，使我们面临很多困难。我们采取了“抓两点，抓两制”的措施，就是“抓重点和节点”，明确节点，倒排工期；依靠预警机制，对进度存在问题的标段进行警告，专人负责；依靠奖惩机制，奖快罚慢。奋战一年，到年底的结果是令人欣喜的。总体情况是，截至去年底南水北调工程共完成投资2434亿元，主体工程全部完成。2009年以前8年完成投资390亿元，2010年完成投资408亿元，2011年完成投资578亿元，2012年完成投资653亿元，去年完成投资405亿元，目前情况总体良好，实现了工程进度目标。

二是质量。去年质量抓得狠，我们采取了“高压再高压”的措施。派出飞检队伍，打乱原有的质监系统，搞质量巡查、抽查，建立举报制度，更重要的是严厉处罚违规单位和个人。去年对违规单位和个人开除一批，罚款的也有。同时，建立了信用体系，凡是因为在质量上违规，达到处罚标准的，就认定为“不可信任的企业”在网上公示，去年被公示的有十多个。通过这些措施，质量问题得到了有效的控制。前年，我们制定了一套质量评价体系，该体系通过统计分析单位质量问题的数量变化，计算出质量评价指数，利用该指数进行比较，来评价南水北调工程的质量优劣趋势，去年质量问题要比前年减少了将近60%。这个结果我们认为是比较客观的，也是去年“高压再高压”取得的成果。可以说，去年质量总体持续向好。

三是移民。移民工作仍然是我们的重点工作之一，主要是盯住移民稳定，就是搬到新居住地的广大移民，怎么让他们能在那里稳定的生产生活。围绕该目标去年做了一系列的工作，取得了良好的结果。反映在上访的移民去年逐步在减少，过去几年移民上访人次较去年多的多，而去年显著减少，直至年底几乎没有。当然，我们不能说移民方面没有问题，只是通过移民上访数量的减少，可以看出移民的生产生活是稳定的，否则移民出现问题必然会上访寻求解决。绝大多数移民能在迁入地稳定地生产生活，这是令人高兴的。

四是治污。去年南水北调水质问题比较受媒体关注，相关媒体多次进行报导，尤其中央电视台等大媒体报导了中线水源区的水污染问题。所报导的问题内容基本属实，到工程建设结尾，水质的问题也应该引起人们的关注。我们认为，虽然存在媒体报导的相关问题，但是就南水北调的水污染防治和水质方面的总体情况看，趋势仍是逐步在向好，而不是像部分媒体所说的十分严重。

为什么这么说？南水北调开工之前，在2000年时，东线江苏至山东沿线水污染情况非常严重，36个水质监测断面只有一个达标，其余35个均未达标，为Ⅳ类、Ⅴ类甚至是劣Ⅴ类。去年从年初开始逐月监测，每个断面全部稳定达标，均达到或优于Ⅲ类，该结论是由环保部门监测得出的，说明东线水质趋势是向好的。目前，山东、江苏两省对东线的水资源保护、水污染防治比去年更加重视，这跟他们发展也是息息相关的。

中央电视台报道的中线水污染情况确有其事，但其中有些重要的概念没有说明白，就是报导中超标的五条河，严格说起来是6条，5条在湖北，1条在河南。这6条入丹江口水库河流的水质的确是有“超标”问题，但是有两个概念需要说明：一是原有规划中，有的入库河流标准定为Ⅱ类水，超过Ⅱ类就是超标，标准偏高；二是这6条河流入库水量仅占总入库水量的2%左右，因此不足以影响丹江口水库的水质。环保部门的监测结果是丹江口水库水质一直稳定在Ⅱ类，部分区域可达到Ⅰ类水标准，现在在丹江口水库中间区域的部分水甚至可以直接饮用，这是近十几年坚持不懈治理、保护的结果。这些措施和投入才使得丹江口水库水质稳定在Ⅱ类水，并且持续向好。“十二五”水污染防治规划批复后，治理力度会比之过去更大。所以各位专家请放心，就目前的做法，丹江口水库水质不会恶化，只能是继续向好。

五是投资。投资控制是很多人关心的问

题，社会各界都对工程投资十分关注。南水北调工程花钱主要是近四年，2009 年前 8 年完成投资约 390 亿元，剩下的将近 2100 亿元投资是近 4 年完成的。我可以负责任地给各位汇报，南水北调投资规模得到了有效控制，资金使用效益稳步提高，没有出现浪费、乱花和挪用等问题。今年国家审计署对此进行了 4 个月的全面审计，而后又对下一步调整投资的方案进行了核查，核查结果是由于工程方面的设计变更、缺项、工程量增加等原因增加了 5.9% 的投资，对此结果我比较认同。审计署的全面审计查到并纠正了不少问题，但是没有大的问题。在建委会第七次全体会议上，我汇报“我们南水北调从开工到现在 11 年了，没有因为钱的问题倒下一个干部”，这话可能说得有些冒险，但截至目前全系统确实没有干部因钱的问题被查处。这样的结果说明我们的干部职工没有胡作非为，正因为如此，才保证了投资规模的有效控制，并在去年基本完成主体工程。

正因为以上 5 个方面的成就，所以去年整体形势良好；正因为去年整体形势良好，才保证了东线提前 45 天实现通水，中线工程去年 12 月底主体工程全部完工。针对东线通水，习近平总书记、李克强总理和张高丽副总理分别作了大段指示、批示。习近平总书记强调南水北调东线一期工程如期实现既定通水目标，取得重大进展，向为工程作出贡献的全体同志表示慰问和祝贺！南水北调工程是事关国计民生的战略性基础设施，希望大家总结经验，加强管理，再接再厉，确保工程运行平稳、水质稳定达标，优质高效完成后续工程任务，促进科学发展，造福人民群众。李克强总理指出南水北调是优化我国水资源配置，促进经济社会可持续发展的重大战略性基础工程。东线一期工程实现正式通水，凝聚了参与工程建设运营的全体干部职工和技术人员的不懈努力和辛勤汗水，谨向你们表示慰问和感谢！要再接再厉，着力做好通水后的质量、环保、安全以及各项保障工作，扎实推进后续工程建设，确保清水北送，造福沿线群众，让千家万户受益。张高丽副总理就贯彻落实习近平总书记重要指示和李克强总理批示做出部署，要求切实做好工程维护、水质安全、水量配售和沿线环境生态保护等工作，充分发挥经济社会效益。

**三、关于南水北调今年的工作**

下面我汇报一下今年的工作要点。国务院南水北调办明确提出了今年的工作目标，即：确保中线如期通水、东线平稳运行。围绕这两个目标，今年主要任务有 5 个方面：

第一个方面是尾工建设。尾工是指除了主体工程之外的工程，尾工主要有七项任务：一是绿化；二是围栏，围栏的建设原有规划中重视不够，但根据京石段应急供水的经验，仅为了防止发生人员伤亡，围栏的建设也确需加强。同时加强工程防护，5 月底前完成全线防护网建设，特殊部位要加装监控设备；三是渠道一级马道以上的衬护；四是渠顶道路建设；五是自动化调度系统建设；六是管理用房建设；七是高填方渠段加固防渗墙的建设。此外，金属结构安装也是一项重要任务，这就是“7+1”，必须干好，这些任务有轻重缓急之分，但都需完成。

第二方面是工程质量复核。能否实现中线如期通水的目标，质量是关键，因此进行质量复核是今年工作的重点。复核采用两种办法，一种就是充水检验，只要条件具备均进行充水检验。目前，主要对建筑物，尤其对 28 座大渡槽进行了第一次充水检验。第一次充水检验后发现了一些问题，正在处理，处理完成后，准备马上进行第二次充水检验。通过充水检验来检查渡槽渗漏、结构安全、挠度变化等，从而检查质量情况。计划在渡槽充水检验和工程初步验收之后，进行全线充水试验，全面检验工程质量状况。但其中存在一个难题，水源问题。今年丹江口水库来水较少，丹江口水库水面在渠首闸底板以下，无水可充。国务院南水北调办也正在协调解决，张野副主任今天下午跟水利系统进行协商，设想通过其他措施满足充水试验要求。第二种复核方法是在5月份充水前，派出专门的复核队伍，对于重点部位包括建筑物、高填方等，进行质量排查。

第三方面是通水验收。计划6月底以前完成单元工程通水验收，全线通水验收9月份以前必须完成。

第四方面是组建管理机构。东线管理机构组建方案已基本完成，等待国务院批复。中线管理机构的组建方案今年必须完成，不是简单的中线局翻牌，还包括协调确定运行管理体制机制等问题，如水价问题、管理权限问题等等。其中，分歧会有而且较大，中央各部委之间、国务院南水北调办跟各省市之间协调的任务仍然很多。去年研究东线管理机构过程中，难度就非常大，今年中线这个方面也是一个难题。

第五方面是完成东中线年度供水任务。东线供水7000多万立方米。中线也即将确定供水任务，尽管10月份通水后仅两三个月供水时间，供水任务的完成也需重视。

为了完成以上5方面任务，在国务院南水北调办年度工作会上，我们提出了要实现两个转变，即：从建设管理为主向运行管理为主转变；从内部组织为主向外部协调为主转变，以此抓好南水北调工程的建设及运行管理工作，确保实现中线如期通水、东线平稳运行两大目标。

总体来看，经过努力完成全年的工作任务是可能的，但难度不小，今年的困难、矛盾会比过去要多一些、复杂一些，也存在一定的风险，包括质量、水质、管理、社会舆论等方面。加之新的、不熟悉的任务多，所以今年仍然是一个非常较劲的一年。特别是10月份通水目标必须实现，围绕通水目标的实现还有许多难题需要处理，所以今年工作任务仍然不轻松。为此，我们迫切希望专家委员会继续给予强有力的支持。

**四、几点建议**

前两年参加专家委员会工作会议时提出过一些建议，专家委员会都给予了充分的重视，例如我提出了“准、快、实”“建立深入基层机制和沟通机制”“不但要重视工程施工技术，还要重视工程运行管理，发挥独特作用”等建议，近几年专家委员会工作当中均有所体现。对专家委员会今年的工作我提3方面建议，供参考。

第一方面，建议专家委员会把工程质量作为今年工作的重中之重。

第二方面，建议工作重心逐步地转移，能够更多地关注工程运行管理方面的咨询。

第三方面，建议继续发挥地位超脱的独特作用，促进相关领域的工作。

下面就以上3方面建议说明如下：

第一方面，关于建议把质量作为专家委员会工作的重中之重，是基于今年实现通水目标质量是要害的认识，只有质量没有问题，实现通水目标才有保证。因为，假如上半年发现有质量问题，还可日以继夜地抓紧处理，或许还能保证通水目标的实现，如发现质量问题时间较晚，就可能会影响通水目标的实现。所以建议专家委员会突出质量方面的咨询，尤其是关键建筑物、高填方工程方面的质量问题。同时，也建议专家委员会今年能够特别重视中线工程质量总体评价方面的工作。

第二方面，关于重心转移，多关注工程运行管理方面的咨询。多年来国务院南水北调办及相关参建单位主要的工作重点是工程建设，对运行管理研究较少，如何运行管理好南水北调工程，这是一个新课题，也是难题。前一段时间相关司局已经开始对国内外已建同类工程进行对比和学习借鉴，但深感与南水北调工程相比有规模等方面的区别，不可照搬照抄。此外，运行管理方面尚不明确的事较多，如管理机构组建、水价制定、

安全监管、运行调度、水量计量等方面均存在一定技术问题，为此建议专家委员会更多地关注这些方面的问题，针对重点进行咨询。

第三方面，关于发挥独特作用。去年也对此有一些建议，现在看更有必要，东、中线一期工程已经或即将通水，后续工程如何开展是一个新的课题，国家对此也十分关注，因为后续工程的开工建设有利于国家水资源配置，但目前东线二期和西线工程相关前期工作推进很慢，由于地区、部门间利益诉求不同，可能对此也有不同意见，希望专家委员会利用自身的超脱地位在后续工程推进上发挥独特作用。

又如生态问题、海水淡化等问题的争论，有关南水北调生态方面议论挺多，我的观点是南水北调工程从丹江口水库调 95 亿 $m^3$ 水对下游肯定会有影响，通过补偿工程，影响仍然不可避免。但影响程度、性质、规模没有定论，众说纷纭。需要我们站在全局高度，凡事能权衡利弊，要客观公正，否则会影响国家进步和发展，这些都需要正面讲清楚。

希望在继续关注南水北调工程建设中的技术问题之外，还能够关注跟调水有关的一些重大技术问题，这样对南水北调工程包括国务院南水北调办的工作是有力的支持，对国家资源配置大战略、大决策也能提供有力的决策支持。

最后，再次感谢各位专家对于南水北调的支持，祝福同志们在新的一年里身体健康、工作顺利、家庭美满、生活幸福！

谢谢各位！

## 国务院南水北调办主任鄂竟平在北京市南水北调对口协作工作启动会上的发言

（2014 年 4 月 11 日）

非常高兴参加北京市南水北调对口协作工作启动会，也很感谢北京市委、市政府长期以来对南水北调工作的关心和大力支持。下面，我从 3 个方面向大家概要介绍一下南水北调工程建设的有关情况。

**一、工程进展情况**

根据 2002 年国务院批复的《南水北调工程总体规划》，南水北调共分东、中、西 3 条调水线路，分别从长江下游、中游、上游向我国北方地区调水。目前在建的是东线和中线工程，西线工程尚未开工。

东线工程：东线工程是南水北调最早开工的项目，于 2002 年 12 月开工，规划分 3 期建设，目前在建的是一期工程。一期工程与二、三期工程的区别主要是调水量和供水范围不同。一期工程年调水规模 87.7 亿 $m^3$，供水范围包括江苏、山东、安徽 3 省。二、三期工程建完后，年调水规模将达到 148 亿 $m^3$，供水范围将扩大到河北和天津。一期工程从长江下游江苏扬州市江都区抽引长江水，沿着京杭大运河一路北上，与沿线河湖相互联接，共设置 13 级泵站逐级提水，抽水扬程 65m，到达黄河岸边的东平湖后，分成两路，一路向北到达山东德州，一路向东给胶东半岛供水，干线全长 1467km。

东线一期工程已竣工，并于 2013 年 11 月 15 日正式通水，比国务院确定的目标提前了 1 个半月。通水期间，工程运行良好，干线水质全部达标。习近平总书记、李克强总理、张高丽副总理均对东线通水作出重要指示、批示：向南水北调全体建设者表示慰问，充分肯定了南水北调工程建设取得的成绩，并就做好下一步工作提出了明确要求。这些充分反映了党中央、国务院对南水北调工程的高度重视和亲切关怀。

中线工程：中线工程比东线晚开工一年时间，于 2003 年 12 月开工建设。现在建设的是中线一期工程，规划还有二期。二期工程与一期工程的区别主要是调水量不同，一期工程年调水规模 95 亿 $m^3$，二期建完后调水规模将达到130亿$m^3$，工程线路和供水范围基本一致。工程从湖北丹江口水库自流引水，沿着中线主干渠向沿线河南、河北、北京、天津4省（市）供水，干线全长1432km。实际上，在修建一期工程时，就考虑了二期的需求，一期工程引水能力基本能够满足二期的调水要求，例如陶岔渠首设计流量350 $m^3/s$,加大流量可达$420m^3/s$。

目前，中线工程完成投资占在建工程总投资的98%，土石方完成量、混凝土完成量均超过99%。穿黄隧洞、大渡槽等特大型建筑物全面建成，铁路交叉工程、跨渠桥梁全部完工，渠道填筑、衬砌全部完成，于2013年12月25日全线贯通。现在正陆续开展充水试验和通水验收，以及防护林及绿化工程、道路、防护网、通讯设施、调度系统等附属工程的尾工建设。

受水区4省（市）配套工程建设全面推进，其中北京市通过创新投融资体制，保证了资金需求，建设进度走在前列。据了解，今年10月通水时，北京市能够保证接纳10.5亿$m^3$来水，率先达到规划目标要求。而届时其他3省（市）的接纳能力共约30亿$m^3$，只完成规划目标的36%。

征地移民方面，丹江口库区和干线工程的移民搬迁于2012年9月全部完成，实现了建委会确定的“四年任务，两年基本完成”的目标。移民在安置地生产、生活稳定，逐步融入当地社会。水库库底清理全面完成，2013年8月库区移民安置通过蓄水验收，水库蓄水工作正按计划有序进行。

水质方面，经过10年努力，实现了丹江口水库及陶岔取水口水质持续稳定Ⅱ类标准，满足调水要求。

目前，通水前各项准备工作正按照计划稳步推进，计划6月开展全线试通水，9月开展全线通水验收，如无重大意外，汛后10月底可正式通水运行。

西线工程：规划从长江上游调水入黄河，主要解决黄河上中游地区的缺水问题。目前还在做前期研究，进展相对缓慢，还没有进入基建审批程序。据了解，国务院领导对此很关注，多次明确指示要加快西线前期工作。据分析，本届政府有可能会有所突破。

**二、工程效益**

根据总体规划，东、中、西3条线总调水规模448亿$m^3$，占长江年径流量的4.6%，大约相当于一条黄河的水量。其中，已建的东、中线一期工程调水规模183亿$m^3$，受益地区包括北京、天津、河北、河南、湖北、江苏、山东、安徽8个省（市）。除了湖北省主要是防洪效益和增加农业灌溉面积外，其余7省（市）均增加了供水量。其中，分水量最多的是江苏省，其次是河南省，北京年毛分水量12亿$m^3$，虽然排在第5位，但人均分水量是最多的省（市）之一。在总供水量中，城市生活和工业用水占84%，农业用水占16%。其中，东线工业和生活用水占62%，农业用水占36%，航运用水占2%；中线工业和生活用水占92.7%，农业用水占6.3%。

东、中、西三线工程建成以后，受水区控制面积145万$km^2$，约占全国的15%，共14个省（市、自治区）受益，受益人口约4.5亿人。其中，东、中线一期工程直接受益人口1.1亿人，间接受益人口超过2亿人。更重要的是，因为有了南水北调，就可以构建我国水资源配置“四横三纵、南北调配、东西互济”的新格局，有效解决我国经济社会发展格局与水这一基础性、战略性资源不匹配的问题，大大提高了黄淮海地区的水资源承载能力。由于有了水资源的支撑和保障，可有效破除水资源短缺的“瓶颈”，充分发挥这些地区的区位优势、资源优势，保障国家主体功能区顺利实现，同时也有利于缓解并改善这些地区日益恶化的生态环境，促进经济社会与资源环境协调发展，为实现“美丽中国”的中国梦做出积极贡献。这方面的效益在北京市体现得尤为充分。可以说，实施

南水北调工程战略意义重大。

具体来讲，南水北调工程的效益体现在以下4个方面。

第一，保障了沿线城市群的用水。东、中线一期工程实施以后，直接给沿线的253个县级以上城市供水，大大提高了这些城市的供水保证率，保障了供水安全。在南水北调水与当地水源联合供水、相互补充的情况下，东线各受水城市的生活和工业供水保证率将从最低不足80%提高到97%以上；中线各受水城市的生活供水保证率将从最低不足75%提高到95%以上，工业供水保证率达90%以上。

北京市在南水北调配套工程建设中，着眼长远，统筹考虑，通过京密引水渠反向输水将南水北调水调往密云水库，进一步增加首都的水资源战略储备，提高了城市供水保证率。国务院南水北调办大力支持北京市统筹水资源利用的做法，并将在下一步调度运行中充分考虑北京的用水需求。

此外，南水北调工程不仅为沿线城市增加了水量，而且改善了水质。中线供水取自丹江口水库，是优质的地表水，水质软，偏弱碱性。而长期以来我国北方许多城市大量使用地下水，有些地方地下水矿物质含量高，水质偏硬。南水北调工程实施以后，不但可以改善沿线城市供水水质，还可以使北方700多万人结束长期饮用高氟水、苦咸水的历史。

北京、天津和河北的一些大城市受益更加显著，这些城市随着经济社会的快速发展和人口的持续增长，水资源供需形势日益严峻，大量超采地下水，水质和生态均令人担忧。南水北调的实施，为这些城市的可持续发展注入了生机和活力。如：中线京石段应急供水工程2008年通水以来，已4次向北京供水，累计入京水量16亿$m^3$，大约相当于北京城区两年的用水量，已经为保障北京市近几年的发展发挥了重要作用。

第二，为生态文明建设做出了巨大贡献。党的十八大报告提出，要全面推进生态文明建设，为子孙后代留下“天蓝、地绿、水净”的美好家园。水是生命之源，生产之要，生态之基，是维系经济社会发展和良好生态系统的基础和命脉，建设生态文明离不开水资源的保障。南水北调工程通过调水和治污工程的实施，在生态文明建设中发挥了重要作用。

一是有效控制地下水超采，北方地区地下水位下降、地面沉降等生态环境问题可逐步得到遏制。据统计，目前南水北调供水区每年超采地下水76亿$m^3$，已累计超采1200亿$m^3$，其中北京市是严重超采地区之一。由于超采地下水，造成多方面的生态环境问题，当前较突出的是造成了严重的地面沉降。现在华北地区沉降量超过200mm的面积已达6.4万$km^2$，天津最大沉降点的累计沉降量达3.2m，给人民群众的生命财产安全造成巨大危害。南水北调工程实施以后，由于水资源的增加，通过严格控制地下水开采，北方地区每年能够减少超采地下水50亿$m^3$左右，其中北京市可以从根本上杜绝超采问题。这是南水北调在生态文明建设中最突出的作用。

二是促使沿线省份尤其中线水源区加快了水污染防治，提前实现治污和生态建设目标。东线工程通过10年治污，在沿线经济每年保持两位数高增长的情况下，进入输水干渠污染物总量持续减少，2012年主要污染物化学需氧量和氨氮入河总量比2000年减少了85%以上，2012年11月开始，干线36个断面全部达标。山东、江苏两省治污工作至少提前了15年。中线工程在丹江口库区通过水污染防治和水土保持两期规划的实施，建设了129项城镇污水和垃圾处理设施、工业点源治理项目，目前所有的县都建设了污水处理厂和垃圾处理场，大的乡镇也在建设污水处理厂，城镇污水处理规模增加了上百万吨每天。通过治污项目的实施，在水源区近10年经济社会快速发展的同时，入库化学需氧量和氨氮排放量均有不同程度削减，并基本控制在库区环境容量范围内。据有的同志说，这一地区水污染防治工作也至少提前了5～10年。此外，通过小流域治理项目的实施，近几年来治理水土流失面积达1.6万$km^2$，水源区植被覆盖度从2000年的53%增加到了目前的70%左右。

三是建设了两条生态带，新增了两条绿色生态景观，大大改善了沿线地区的人居环境。仅在中线沿线就可形成一条1000多公里长、几十米到几百米宽的生态带。同时，中线为北方地区增加了一条人工河。东线除增加了河道外，还增加了多个水库，原有的湖库也增加了水面面积。据测算，东、中线一期工程共新增水面500多平方公里，特别对于干旱缺水、有河皆干的华北地区弥足珍贵。此外，我办还会同文化部、旅游局编制了中线生态文化旅游产业带规划，中线将打造形成一条旅游观光带，为沿线地方旅游、文化发展提供了一个新的平台。据北京的同志讲，将结合团城湖、大宁调压池等工程景观，建设“团城平湖”旅游圈，这些都很有必要。

第三，提高了我国的粮食生产能力。东、中线一期工程调水有16%向农业供水，涉及灌溉面积3000多万亩，提高了灌溉保证率，同时增加排涝面积260多万亩。中线工程还可在南方丰水、北方干旱时，利用工程的加大输水流量向北方地区的农业应急供水。此外，规划实施的西线工程，还可以在我国西北部的宁蒙灌区和河西走廊一带开发后备耕地资源几千万亩，对提高我国的粮食生产能力，保障粮食安全具有重大意义。

第四，促进资源节约型社会建设。南水北调工程为了保障工程永续利用，将实行成本核算，合理确定水价，工程将实施两部制水价。通过水价的杠杆作用，势必增强南水北调受水区民众的节水意识，在水资源高效节约利用上发挥重要的引导作用，带动受水区发展高效节水行业，限制高耗水行业的发展。据了解，受水区都在考虑在未来经济社会发展布局中，严格产业准入条件，吸引占地少、用水少的高端、高附加值产业项目落地。此外，南水北调来之不易，各地通过宣传，让受水区人民充分理解调水的艰辛，增强节约的自觉意识，这会更有利于促进国家资源节约型社会建设。北京市在这方面已经走在了前面，正如北京市南水北调宣传牌上所写“南水北调，争分夺秒；节约用水，一点一滴”。

**三、工程建设历程**

南水北调工程能有今天的局面，可以用4个字来概括，叫做“来之不易”。为什么来之不易？主要体现在以下5个方面。

首先，决策过程曲折。1952年毛泽东主席在视察黄河时提出了：“南方水多，北方水少，如有可能，借点水来也是可以的”宏伟构想。自此，我国针对南水北调工程开始了长达半个世纪的论证。这期间，各方面的专家学者提出了众多技术方案和设想，各方意见分歧很大，期间充满了争论、激辩甚至争吵。简单来讲，五、六十年代，由于工程技术上的难题和投资困难，主要论证工程上不上的问题；八、九十年代，由于投资方面的考量，以及治污环保和移民问题，争论的焦点主要是哪个区域更急需，先上东线还是先上中线的问题。一直到2002年，党中央、国务院才决定，东、中线工程一起上马，同步建设。50年漫长的前期研究，可以说倾注了历届中央领导集体的智慧、心血和关心，融汇了上万名科技工作者孜孜不倦的探索和追求，决策过程漫长而曲折。

其次，投资规模巨大。上世纪90年代论证时期，确认东、中线一期干线工程投资大约400多亿元（不包括配套工程）。2002年，总体规划中确定总投资为1240亿元。2008年，国务院批准总体可研时，投资增到2546亿元。我们预计，工程全部干完，投资还需增加530亿元左右，将高达3100亿元左右。

这还只是中央负责的干线工程投资，加上沿线各省市配套工程投资，工程总投资将超过5000亿元。如此巨大的投资，绝非一个地区、一个单位、一个部门能够承担，需要举全国之力才能完成。由于投资的压力非常大，影响了当时的决策。同时也应看到，党中央、国务院不惜耗巨资兴建南水北调工程，这是对受水区的关心和支持。

第三，工程施工困难。南水北调工程可以说是一个水利工程大全。东、中线一期工程包含单位工程2700余个，这些工程不仅有常规的水库、渠道、水闸，还有大量的大流量泵站，超长、超大洞径过水隧洞，超大渡槽、暗涵等，是一个十分复杂的巨型水利工程项目集群，其规模及难度国内外均无先例。东、中线一期工程干线总长2900km，加上沿线一级配套支渠，总长度达5600km，相当于修建了一条万里水长城。干线工程土石方总量约16亿$m^3$，是三峡工程的12倍，混凝土总量约4200万$m^3$，是三峡工程的1.5倍。不仅如此，工程还包含了诸多世界之最，需要攻克一道道世界级的技术难关，如世界上规模最大的泵站群——东线工程泵站群，装机总台数160台，总功率36万kW；世界上规模最大的U型输水渡槽工程——中线湍河渡槽工程，渡槽内径9m，单跨跨度40m，最大流量420$m^3/s$；国内穿越大江大河最大的输水隧洞——中线穿黄隧洞工程，两条内径7m、总长8.5km的隧洞从黄河下面穿过，承受巨大的内、外水压力。此外，最较劲的是：为了保证东线一期工程去年通水，保证中线一期工程今年汛后通水，致使大约3/4的施工工程量是在近3年内集中完成的，施工强度大，质量要求高，其困难和压力可想而知。

第四，征地移民艰辛。南水北调东、中线一期工程移民44.5万人，征地93万亩，其中丹江口库区移民34.5万人，干线移民10万人。三峡工程百万移民，搬迁用了10年左右时间，而中线丹江口库区移民要在2年时间内完成，平均每天搬迁500人，最多一年动迁18万人，搬迁强度远超三峡，在国内和世界上均创历史纪录，在世界水利移民史上前所未有。在移民迁安这场战役中，河南、湖北两省动员组织近10万名干部投身到移民工作中。其中，河南共组织移民对接近2000次、行程30万公里，投入人力110多万人次，出动车辆10多万车次，维修道路284km，架设供电线路3700多公里，开展医疗服务2.6万人次，建设移民新村56个。湖北省4万多名干部齐上阵，动用搬迁车辆3万台次，组织搬迁300多批次，新建移民点500个，建房5万户700万$m^2$，调整生产安置用地25万亩。移民工作中涌现出了众多无私奉献、舍家为国的动人事迹，河南、湖北两省先后有18名干部因过度劳累躺倒在移民搬迁工作的第一线。

第五，治污环保不易。南水北调工程成败在水质，而在南水北调工程开工之初，社会各界都对南水北调的水质表示担忧。在东线，沿线水污染非常严重，2000年规划时，东线黄河以南36个控制断面中，仅1个断面达标，绝大多数断面水质为Ⅴ类或劣Ⅴ类，部分河段水质指标超标数十倍甚至上百倍，南四湖鱼虾绝迹，一湖酱油。很多人都对其能够治理达标表示怀疑，所以2001年天津市明确提出不用东线的水。在中线，虽然库区水质优良，但是水源区属欠发达地区，43个县中，有26个国家级贫困县、8个省级贫困县，经济社会发展总体水平较低，工业企业规模普遍偏小，资金和技术投入不足，污染物排放量大，治理水平低，城镇污水、垃圾处理设施建设明显滞后，农业种植简单粗放，水土流失严重，而这一地区经济社会快速发展的意愿又非常强烈，污染排放量势必会逐年增加，很多人对中线水质的前景也很不乐观。

为了确保东、中线水质在通水前全部达标，我办会同有关部门和沿线地方政府做了大量工作。在东、中两线均实施了治污规划，目前已累计投资262亿元（东线174亿元，中线

88亿元），建设了一大批污水处理厂、垃圾处理场，开展了重点工业企业点源污染治理，共实施治污项目555项（东线426项，中线129项）。东线江苏、山东2省和中线水源区河南、湖北、陕西3省均签订了治污“军令状”，主动加压，严格考核，甚至壮士断腕般地淘汰落后产能，坚决关停一大批污染严重企业，严格环境准入。治污工作开展以来，5省共关停污染企业2000多家，淘汰造纸、印染等落后产能数百万吨。例如，在中线核心水源区十堰市对250多家小电镀、小造纸企业、100多家具有当地特色的黄姜加工企业实行了强制性关闭，对160多个污染风险的拟建项目拒批；河南南阳市关闭重污染企业800多家，关停并转污染企业460多家。当然，这在一定程度上也影响了当地经济的发展。

即便如此，水质保护的压力依然很大，治污环保有待进一步深化。在东线，有的断面水质还不是很稳定，农业面源污染、养殖污染、航运污染等问题日益突出；在中线，49个考核断面尚未完全达标，库区尚有6条入库支流水质不达标。为此，我们又制定实施了东线水质达标补充方案和丹江口库区水污染防治和水土保持“十二五”规划，总投资达300多亿元。针对中线6条污染河流，我们正积极推动“一河一策”治理方案，争取通水前治理达标。

总之，我们深感南水北调水源区的治污环保是一件极不容易的工作。

此外，调水对生态环境也会产生一些负面影响。如丹江口水库年均入库径流量388亿$m^3$，中线调水95亿$m^3$，差不多调走了1/4的水量，如果不采取有效措施，水库下游河道水位可能降低0.2～0.5m，除会对沿线工农业生产的取水、航运造成影响外，对生态环境的影响也很突出。为了消除影响，我们已经同步实施了汉江中下游补偿工程，投资达100多亿元，虽然可以初步解决因调水以后丹江口下游水量减少造成的问题，仍有一些水生态和环境问题有待继续研究处置。

总之，南水北调来之不易，但效益巨大。国务院南水北调办能够负责工程建设任务，胜感光荣，也深感责任重大，使命艰巨。同时，也盼望得到更多的关心和支持。今天，金龙书记、安顺市长以召开市委、市政府中心组学习会的形式启动南水北调对口协作工作，充分表明了北京市对这一渠清水的重视之举、感恩之情、珍惜之意，也是对我们的支持。

在对口协作工作方面，北京市做出了重要贡献。一是认识高，启动早。早在2011年，北京市的领导就前往水源区考察，与当地政府洽谈，就协作达成了初步共识。二是积极主动，务实推进。在国家还没有批复方案之前，就率先安排了5000万元支持河南淅川县金银花种植基地建设，为受水区做出了表率。三是全力推动对口协作方案的批复。在方案编制过程中，市直有关部门多次赴水源区开展专题调研，就促进水源区和受水区在经济协作、产业对接、对口帮扶、人才交流等方面开展合作奠定了扎实基础。正是由于北京的工作，才使国务院在2013年顺利批复了《丹江口库区及上游地区对口协作工作方案》。四是方案实施后，动作快，工作细。听说已分别与河南、湖北两省签订了战略合作框架协议，召开了对口协作规划编制动员会议，组织有关企事业单位先行开展对口协作。

以上充分表明了北京市顾全大局的责任感和使命感，也充分体现了北京市饮水思源、有情有义的高尚情怀。北京市委、市政府对南水北调各项工作的高度重视、务实的工作作风着实让我们钦佩和感动！我谨代表国务院南水北调办向你们表示由衷的感谢和敬意！

南水北调中线工程很快就要通水了，通水前需要办的事情还很多，通水后的矛盾和问题也会很多。我在这里表个态，我们一定竭尽全力保通水，保运行，确保如期将优质的长江水送到首都北京！我也衷心希望能继续得到北京市委、市政府的理解和支持，争取能把南水北调的事情办好。

谢谢大家！

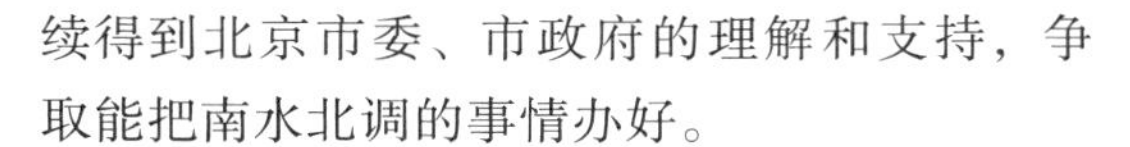

## 国务院南水北调办主任鄂竟平在全国政协双周协商座谈会上的汇报讲话

——关于南水北调中线水源地水质保护情况的汇报

（2014年7月10日）

南水北调中线一期工程于2003年12月开工，2013年12月全线贯通。目前已累计完成投资2086.8亿元，占中线在建工程总投资的99%，主体工程绝大部分已通过通水验收，总干渠充水试验已经开始，如无意外，今年汛后将实现全线通水（南水北调东线一期工程去年11月建成通水，西线工程正在开展前期工作）。

**一、水源地水质保护总体情况**

丹江口水库是中线工程水源地。库区及上游为水源区，涉及豫、鄂、陕3省8市43县（市、区），其中国家级贫困县26个，省级贫困县8个，人口1709万人。

据中国环境监测总站监测，目前水库水质为Ⅱ类，取水口陶岔为Ⅰ～Ⅱ类，满足调水要求；汉丹江干流及省界断面达到或优于Ⅲ类；主要入库河流水质符合水功能区要求；个别年径流量小且穿越城市的入库河流污染较重，如穿湖北十堰市的神定河、泗河、犟河水质为劣Ⅴ类。

为确保"一泓清水永续北上"，自中线工程开工后，中央有关部门和水源区各级地方政府开展了4个方面的水质保护工作：

（一）实施丹江口库区及上游水污染防治和水土保持规划。"十一五"期间建设了27座污水、垃圾处理设施及一批工业点源治理项目，治理水土流失面积1.44万$km^2$，完成投资60.9亿元。2012年国务院批复的《丹江口库区及上游水污染防治和水土保持"十二五"规划》（以下简称《十二五规划》）又安排了10大类445个项目，总投资119.7亿元。截至2014年一季度，已建和在建项目251个，投资82.3亿元，占规划总投资的68.8%。此外，2013年还针对不达标入库河流制订了"一河一策"综合治理方案，并按该方案补充建设了一批排污口整治、清污分流管网、河道清淤及生态修复等治污效果好的项目，目前一些河段"黑、臭"面貌已明显改观，主要污染物化学需氧量和氨氮浓度较2012年下降了50%以上。

（二）加快产业结构调整。实施地区经济社会发展规划，明确水源区以水质保护为核心的功能定位，提出经济社会发展的指导思想、原则、目标以及政策措施。一是加快工业结构调整，严格建设项目环保准入标准，从源头上控制新增污染物排放；加快淘汰落后产能，两期规划安排关停并转造纸、化工、采矿等企业近百家，另外三省为保水质达标，还关闭了重污染企业千余家，尤其是黄姜加工企业。二是加快农业发展方式转变，通过种植结构调整、沼气池建设、推广测土配方施肥、农村环境综合整治、库周生态隔离带建设等，缓解部分地区农业面源污染。如淅川县金银花、西峡县猕猴桃、竹溪县茶叶等种植都已初具规模。

（三）加强环保监管。各级政府层层签订了水源保护目标责任书，建立了考核机制，奖优罚劣；加强水质监测，加大对违法排污企业的查处，强化对污水和垃圾处理设施运营的监管。如淅川县开展了丹江口水库千人护水行动、清理和取缔水库网箱养殖，十堰市建立了由市政府领导挂帅的"河长制"等。

（四）制订并出台水源地水质保护配套政策。一是建立重点生态功能区转移支付制度，自2008年起，中央财政将水源区纳入国家重点生态功能区转移支付范围，2012年还将污水、垃圾处理设施的运行费用作为特殊支出，进一步加大生态转移支付力度。目前已累计下达转移支付资金147亿多元。二是开展对口协作，根据国务院批复的对口协作工作方案，2013年9月，成立了由中央有关部委、受援双方相关省（市）组成的协调小组，启动并开展了相关工作。如北京市确定16个区（县）与河南、湖北两省16个县（市、区）建立“一对一”结对关系，每年安排5亿元引导资金用于对口协作重点领域。三是颁布《南水北调工程供用水管理条例》，明确了水质保护工作责任主体，对污染物总量控制、保护和治理措施以及保护区划分等都提出了明确的要求。

通过以上措施，《十二五规划》确定的中线通水前水质保护总体目标可以实现。

**二、存在的主要问题**

（一）部分水污染防治项目实施进度有待加快。《十二五规划》确定的入河排污口整治、地方水环境监测能力建设、农业面源污染防治、无主尾矿库治理等4类项目尽管投资不大（7.8亿元，占规划总投资的6.5%），但实施进展缓慢，已建和在建率仅为19.3%。此外，水源区各地城市管网基础设施建设滞后，污水收集率低，垃圾转运能力不足，污水处理厂运行负荷率和垃圾无害化处理率分别为68.4%、55.5%，低于全国平均水平，部分垃圾处理场缺乏渗滤液处理设施，容易造成二次污染。

（二）个别流经城区的入库河流达标困难，社会负面影响较大。流经湖北十堰的神定河、犟河、泗河、剑河等河流水量虽小（仅占入库总水量不足1%，对水库水质影响甚微），但是河道面貌和水体感官较差，社会负面影响较大。由于这些河流主要承接污水处理厂处理后的尾水，即使尾水全部达标排放，若无天然径流混合稀释，短期内也很难达到《十二五规划》确定水质目标。

（三）农业面源污染日益突出。丹江口水库总氮浓度较规划初期升高，主要来自农业面源污染：一是农业种植污染，库周及汉、丹江干流尚有大量耕地，如仅库周1km范围内就有坡耕地约37万亩，该地区化肥每公顷施用量达800～1300kg，高于全国平均水平，其中大部分都随暴雨冲刷进入水库；二是农村生活污染，库周农村人口比重大，居住分散，每年排放的约3亿t生活污水大部分未经处理，治理难度大；三是网箱养殖污染，投放的饵料直接进入水库，据统计，仅河南省淅川县就有8000多户渔民从事围网养殖。

（四）水源地水质保护长效机制尚未建立。中线通水后，水源地水质保护将成为一项长期而艰巨的任务。为从根本上缓解保护与发展的矛盾，亟需在体制机制、法律法规、政策制度、资金保障等层面构建行之有效的长效机制。如丹江口水库作为国家重要的饮用水水源地，保护区划定工作尚未完成。

**三、下一步打算**

为进一步推动水源地水质保护，下一步着重做好以下两方面工作：

（一）进一步强化治理措施。一是加快实施《十二五规划》，建议中央有关部门继续加大对项目建设的指导和支持，协调解决部分项目建设资金不足的问题，同时三省也应充分整合中央切块下达的资金，向水源区倾斜，确保通水前实现总体进度70%的目标。二是着力改善不达标河流水质，近期建成一批对水质改善明显的治污项目，力争在今年中线通水前不达标河流“不黑、不臭”，主要污染物浓度大幅下降，消除社会负面影响。三是适时启动“十三五”规划编制工作，重点解决水源区乡镇污水和垃圾直排、农业生产和农村生活面源污染（如将库周一定范围全部纳入国家退耕还林计划，建设库周生态隔离带）、已建项目配套设施不足等问题。

（二）加快建立水源地水质保护长效机

制。一是健全协调和管理体制。在进一步发挥部际联席会议组织协调的作用、解决水质保护突出问题的同时，探索建立流域管理和行政区域管理相结合的管理体制，如将水源区设立为国家级生态文明改革试验区，从经济社会发展和生态环境保护等多个方面进行配套改革，在体制创新上取得突破。二是构建法规体系。研究制订水源保护的法律法规，建立保护与管理的法规体系和水源保护区制度体系，由地方政府尽快完成丹江口水库饮用水水源保护区划定工作。三是建立和完善稳定的投入保障机制。在继续加大对水污染防治和水土保持项目建设的投入、进一步完善国家重点生态功能区转移支付办法的同时，建立市场化生态补偿机制，如在工程供水水价中安排一定比例的资金用于水质保护。

## 国务院南水北调办主任鄂竟平<br>在河南省接水仪式上的讲话

（2014 年 12 月 15 日）

尊敬的郭书记、谢省长，同志们：

今天是一个值得高兴的日子。大家翘首以盼的南水北调之水终于到达河南了，真是可喜可贺！

南水北调中线工程如期通水是党和国家的一件大事，通水后，将润泽河南、河北、天津、北京 4 省市的 1 亿多人，经济、社会、生态乃至政治方面的效益是巨大的。但同时也来之不易，是我们经过 50 年的论证，12 个年头的建设，才把第一代中央领导集体 1952 年的设想，变成了今天的现实，其中的艰辛令人难忘。我们说，要是没有党中央、国务院的正确决策和领导，要是没有中央各部委的通力合作，要是没有沿线各级党委政府的真抓实干，要是没有几十万建设者的奋斗拼搏，要是没有 42 万移民的无私奉献，要是没有沿线广大基层干部群众的理解支持，这样一项伟大的工程不可能有今天的成就。我们今天能喝上优质的长江水，决不能忘记那些为南水北调做出贡献的人。在这里，我要特别感谢河南省委、省政府，感谢你们在移民上的“四年任务、两年完成”的气魄，感谢你们在工程建设上的讲大局、求真务实的敬业精神。河南省在南水北调中所承担的工程量最大，开工最晚，移民人数最多，如果没有省委、省政府的坚强领导，中线工程如期通水是不可能实现的，所以我要特别感谢河南省委、省政府的贡献。我还要感谢工作在第一线的广大参建者，感谢你们用辛劳和汗水换来了南水北调的今天。当然，我更要特别感谢我们的移民兄弟姐妹，要是没有他们“舍小家、为大家”的壮举，南水北调是不可能成功的。总之，我代表国务院南水北调办公室，对所有为南水北调作出贡献的人表示深深的敬意和由衷的感谢！

南水北调之水来之不易，所以更要倍加珍惜，切实管好用好。在南水北调中线受水区 4 省市中，河南省是受水量最多、工程线路最长、移民规模最大、生态保护任务最重的省份，所以，下一步的供水安全、移民稳定的工作将仍将十分繁重。希望能学习贯彻好习近平总书记、李克强总理、张高丽副总理前几天在南水北调中线一期工程通水时作出的重要指示、批示精神，继续下大力气抓配套工程建设，抓运行管理，确保工程安全、水质安全和沿线群众安全，确保移民能发展、可致富，让南水北调之水能效益最大化，尽可能多地造福河南人民，真正为河南的经济社会发展提供可靠的支撑。

最后，衷心祝愿河南省事业兴旺发达，人民幸福安康！

## 北京市市委书记郭金龙在市委理论学习中心组学习（扩大）会暨南水北调对口协作工作启动会上的讲话

（2014 年 4 月 11 日）

刚才，我们听了鄂竟平主任对南水北调工程建设情况生动的、充满感情的讲解，看了河南、湖北两省南水北调工程建设的专题片，使我们对这项震撼人心的工程进一步加深了了解，对这项关系中华民族长远发展的水利工程有了更深刻认识。我们深受教育、深为感动，感谢中央的殷切关怀，感谢水源区人民的无私奉献，感谢国务院南水北调办公室的精心组织，感谢南水北调工程建设者的巨大努力！

中央高度重视南水北调工程建设。习近平总书记多次对南水北调工程建设作出重要指示。4 月 4 日，习总书记等中央领导同志到南水北调团城湖调节池工地现场义务植树，植树结束后，习总书记详细询问了北京市南水北调工程有关情况，对我们做好南水北调进京工作提出了明确要求。全市上下一定要认真贯彻落实，精心完成好北京市南水北调工程建设的各项任务。

第一，充分认识南水北调工程的重大意义。

南水北调工程是党中央、国务院做出的重大战略决策，是国家优化水资源配置、促进经济社会可持续发展的重大战略性基础工程，也是保证首都人民用水安全的重大项目。南水北调工程是世界距离最长、受益人口最多、受益范围最大的调水工程，也是新中国成立以来国家投资最大的工程。我们深感这一彪炳史册、泽被后人的宏伟工程，充分体现了我们国家集中力量办大事的社会主义制度优越性，充分体现了我们党团结带领亿万人民艰苦奋斗的伟大创举，充分体现了库区以及沿线广大群众不畏艰难、顾全大局的奉献精神。

刚才的所听、所看，使我们进一步了解到河南、湖北两省水源区干部群众的艰辛付出和巨大牺牲，为支持国家建设而表现出的民族大义。一场场动人情景、一幅幅感人画面，情感真挚、催人泪下。故土难离！两省库区周边近 35 万人的大搬迁，这是何等的大事难事！那些世世代代耕作在库区旁的农民兄弟，携家带口，搬离滋养了世代人的土地，感情上多么难以割舍。但是他们讲政治、识大局，在国家南水北调工程建设需要的时候，舍小家、顾国家，使整个搬迁工作四年任务两年完成。我们很多同志都做过基层工作，我想大家都能够理解其中之艰辛。流向北京的这一泓清水，饱含着水源地及沿线人民支援首都、顾全大局的无私贡献，浸透着对首都人民的深情厚谊。我们要怀着感恩之心，动真情、用实招、求实效，扎扎实实做好北京工作，回馈党中央对首都人民的亲切关怀，回馈水源地人民对我们的深厚情谊。

第二，切实做好江水进京的各项准备工作。

用好南水北调工程为首都送来的这一泓清水，必须倍加珍惜、科学调度，围绕顺利接收南水北调来水和水质保护积极开展工作，确保“调得进、用得上”，让广大市民喝上放心的水、安全的水。要加快工程建设进度，完成好团城湖调节池、密云水库调蓄工程等节点项目和配套工程建设，抓好自来水管网的改造。要提高水质监测能力，市水务、南水北调、环保、卫生等部门要形成统筹协调、责任明确、相互衔接的水质监测机制，全力保障水质安全。要加强管理，完善南水北调水与本地水的调配方案，充分预计通水后的各种可能情况，做好应急预案。同时，要认真研究制定最

严格的水资源管理制度，发挥价格杠杆调节作用，严格控制耗水量大的行业，切实用好南水北调的每一滴水。

第三，大力宣传南水北调工程建设伟大实践。

南水北调工程即将顺利通水，这是我们加强中国特色社会主义道路自信、理论自信、制度自信教育的生动案例。要广泛利用电视、报纸、网络、广播等各种渠道，精心组织好各项宣传工作。要广泛宣传中央实施南水北调工程的战略决策部署，让社会各界更加深刻理解这项工程对经济社会协调发展、人民幸福安康的重大意义，自觉地拥护、支持。要广泛宣传在党的领导下建设南水北调工程取得的辉煌成就，让广大群众更加深刻体会到社会主义制度的优越性，为实现“两个一百年”奋斗目标和中国梦积极贡献力量。要广泛宣传水源区人民的奉献精神，让首都群众更加深刻地认识到对口协作工作是回报水源区人民的应尽义务，切实增强工作责任感和主动性。要广泛宣传广大工程建设者的先进事迹，用他们能吃苦、能战斗、敢担当的精神感召人、教育人，弘扬民族精神，传递正能量。要广泛宣传北京水资源的情况，让广大市民更加深入了解市情，进一步提高贯彻落实习总书记对北京工作重要指示的自觉性，把北京转变经济发展方式、调整产业结构、控制人口等工作任务落实好。要在江水进京的重点时段和重点区域，精心组织策划宣传活动，进一步增强全市爱水、惜水、护水、节水的意识。

第四，认真落实南水北调对口协作各项任务。

做好南水北调对口协作工作，是我们报答水源区人民的重大责任。这项工作，我们在3月份召开的市对口支援和经济合作工作领导小组会议上已经作了部署。要结合开展党的群众路线教育实践活动，进一步转变工作作风，以更加良好的精神状态，更加旺盛的工作热情，把对口协作规划任务分解到年度，细化到具体项目，精心组织，周密安排，狠抓各项工作落实。要发挥首都优势，突出工作重点，围绕“保水质、强民生、促转型”，加强与水源区在科技创新、战略性新兴产业、重大生态治理和重要环保项目等方面的合作。要按照“区县结对、统分结合”的协作模式，切实加强对口协作工作的组织领导，相关部门要针对协作地区有关领域的共性需求，加强对口协作的工作统筹；各区县要充分发挥与协作地区县（市、区）“一对一”的结对协作关系，组织好、配合好、服务好协作地区相关任务的落实。要发挥市场机制的作用，充分激发各种要素的活力，广泛动员社会力量，积极参与水源区的协作发展。

多年来，国务院南水北调办公室和鄂竟平主任对北京的工作给予了大力支持和帮助，借这个机会，我代表北京市委、市政府表示诚挚的感谢！

今天这个学习会，也是南水北调对口协作动员会。我们一定要按照党中央、国务院的部署，把南水北调对口协作各项工作任务落实好。

## 天津市副市长尹海林在南水北调中线一期工程天津接水仪式上的致辞

（2014年12月27日）

尊敬的国务院南水北调办张野副主任，各位来宾、同志们：

大家上午好！

受春兰书记、兴国市长的委托，我代表市委、市政府，对张主任一行百忙之中来津出席接水仪式表示欢迎！借此机会，对国务院南水北调办长期以来给予天津发展的大力支持和帮助表示感谢！刚才，张野副主任作了重要讲话，充分肯定了我市这些年在南水北调工程建设方面取得的成绩，并对今后用水相关管理工作提出了明确要求，我们要认真学习，抓好落实。

今天是个好日子。在这辞旧迎新之际，满载着党中央、国务院对天津人民的亲切关怀，满载着湖北、河南、陕西三省水源地及上游地区人民的深情厚谊，满载着广大南水北调工程建设者的拼搏奉献，清澈、甘甜的汉江水，从千里之外的丹江口水库，一路奔流，来到津沽大地。在此，我谨代表市委、市政府和全市1470万人民，对南水北调中线一期工程的胜利通水表示衷心祝贺！向南水北调工程全体建设者，以及水源地及沿线省市干部群众、库区移民致以崇高敬意！

水是生命之源、生产之要、生态之基。南水北调是党中央、国务院作出的一项公益性、基础性、战略性的重大决策，是功在当代、利在千秋的伟大工程。2003年12月，南水北调中线一期工程正式开工建设。在党中央、国务院的坚强领导下，在国务院南水北调办的精心组织下，在工程沿线各省市和国家有关部委的通力协作下，数十万建设者经过11年的团结奋战，这项伟大引水工程已通水到天津。建设者们的辛勤劳动、智慧心血、无私奉献，丹江口库区广大移民和水源地人民的巨大牺牲，铸成了一座不朽的历史丰碑。饮水思源，历史将永远铭记他们！天津人民将永远铭记他们！

天津是严重缺水地区，水资源短缺、单一、脆弱问题突出，始终是制约经济社会发展的瓶颈。因此，对天津来讲，南水北调不仅是全市人民的“解渴”工程，也是天津发展的“输血”工程，是实实在在的“生命线”工程。多年来，天津人民迫切希望早点喝上引江水。今天，南水北调中线一期工程正式通水了。这是个期盼已久的日子，是个激动人心的日子，是个可喜可贺的日子，必将永载史册！

引江之水来之不易，管好南水北调工程、用好每一滴引江水是历史赋予我们的责任。在国务院南水北调办的指导下，天津将一如既往坚持高标准，进一步加强水资源管理，强化水生态保护，转变用水方式，用好、用活、用足宝贵的引江水，同时确保工程安全、平稳运行，确保水质安全，充分发挥南水北调工程的社会效益、经济效益和生态效益，真正让全市人民受益。

当前，天津面临着全面推进京津冀协同发展、建设自由贸易试验区、加快滨海新区开发开放、建设国家自主创新示范区等多重叠加的重大历史机遇，千载难逢，大有可为。我们一定要把每一滴水用在加快发展上、用在改善民生上、用在推进美丽天津建设上！

现在，我宣布：天津市南水北调中线一期工程正式通水。

## 河北省省长张庆伟在南水北调中线河北段工程通水活动上的讲话

（2014年12月18日）

尊敬的于幼军副主任，各位领导，同志们：

千里长渠贯南北，一泓清泉润万家。今天，我们共同见证南水北调中线河北段工程通水，这是我省经济社会发展中的一件大事、喜事，对缓解我省水资源短缺状况、促进社会经济持续健康发展具有重要意义。在此，我代表河北省委、省政府，对南水北调中线河北段工程正式通水表示热烈的祝贺，向长期关心支持我省工程建设的国务院南水北调办表示衷心的感谢，向全体建设者和为工程建设做出贡献的广大干部群众表示亲切的

慰问！

兴建南水北调工程，是党中央、国务院作出的重大战略决策，是打基础、利长远的重大民生工程。省委、省政府始终高度重视，在国务院南水北调办的统筹指导下，科学优化建设方案，千方百计筹措资金，扎实做好征地拆迁，努力创造无障碍施工环境，严格工程质量安全管理，全力加快工程建设，圆满实现如期通水的目标。

工程通水只是万里长征中迈出了一大步，以后还有许多工作要做。习近平总书记、李克强总理、张高丽副总理作出重要批示，要求继续坚持先节水后调水、先治污后通水、先环保后用水的原则，扎实做好后续工程筹划，使之不断造福人民。下一步，我们要认真贯彻落实中央领导的指示要求，切实强化大局意识、责任意识，加强运行管理，深化水质保护，高标准、高质量地做好下一阶段工作。一要加快配套工程建设，确保水厂以上输水工程、地表水厂明年6月底前全部建成。二要做好通水安全保障工作，确保工程安全、通水安全、水质安全和工程沿线社会和谐稳定。三要研究建立工程管理的长效机制，确保工程运行顺畅、沿线居民用得起水，使工程持续发挥效益。

同志们，南水北调工程功在当代、利在千秋。让我们以高度负责的精神，全力以赴把南水北调工程建好、管好、用好，为加快“三个河北”建设作出新贡献。

谢谢大家！

## 山东省省长郭树清在全省南水北调工程建设指挥部成员会议上的讲话

（2014年1月22日）

这次指挥部成员会议，是在我省南水北调工程全线通水、进入运行管理阶段召开的一次重要会议。刚才，润田同志传达了习近平总书记、李克强总理的重要指示，异康书记的重要批示，以及第七次建委会精神，南水北调局、环保厅汇报了工程建设和水质保障工作情况。各级和有关部门要深入学习领会中央和省委的指示精神，认真抓好贯彻落实。下面，我讲几点意见。

第一，我省南水北调工程建设取得显著成绩。

南水北调工程自2002年开工以来，通过全省上下不懈努力，取得了重大建设成果。一是干线工程提前实现通水目标。与通水直接相关的9个单项51个设计单元已全面建成，实现全线贯通。累计完成投资227亿元，占批复总投资的97%。已评定的单位工程优良率100%，工程建设以来连续11年安全生产无事故。二是输水干线水质达到规定标准。治污方案确定的324个项目全部建成投运，完成投资103.8亿元。在此基础上，我省又完成治污项目510个，投资130亿元。按照国家确定的评价指标，我省输水干线测点均稳定达到地表水Ⅲ类标准。三是干线征迁顺利完成。干线工程8.6万亩永久征地手续在全国率先获得国土资源部批复，正在办理确权划界等工作。共完成生产安置人口3.3万人，拆迁房屋42.5万$m^2$，恢复迁移大型地面设施1200多处，累计完成征地移民投资约80亿元。四是配套工程建设全面启动。配套工程38个供水单元，已有30个开工或具备开工条件，其中6个基本完工，累计投资42亿元。

这些成绩来之不易。工程沿线各级党委、政府和省直有关部门、广大工程参建者都为此付出了艰辛努力。在此，我代表省委、省政府向大家表示衷心感谢！

同时，要清醒地看到，我省南水北调工程建设任务仍十分繁重。一是干线工程的自动化调度与运行管理系统、管理设施专项建设还没有完成，难以实现高标准、高效能的管理。二是配套工程建设仅完成总投资的六分之一，土地指标、建设资金、综合水价等关键问题还没有得到解决。三是制约水质持续改善的农业面源、畜禽养殖、农村垃圾等污染问题非常突出，确保输水干线水质长期稳定的任务还很艰巨。对这些问题一定要高度重视，尽快研究解决。

第二，再接再厉做好今年各项工作。

一是抓好山东段工程运行管理。这对充分发挥工程效益至关重要。要加强与国家有关部门的沟通，做好机构建设、管理队伍培训工作，提高设施设备科学化管理水平。按法律程序尽快出台《山东省南水北调条例》，确保运行管理、水价收取、设施保护、利益协调有法可依。按照国务院批复的南水北调受水区地下水压采总体方案，利用南水北调水有序替代超采地下水，推进地下水超采漏斗区综合治理，保护和改善地下水生态环境。

二是加快配套工程建设。山东是严重缺水省份，我们花这么大功夫搞南水北调工程就是为了解决缺水问题。但是，如果配套工程建不好，我们就无法使用外调江水，无法替代超采地下水，南水北调工程就无法发挥作用。必须加大配套工程建设力度。今年所有供水单元要全面开工，确保再完成14个单元建设任务。剩余的18个单元，2015年全部建成。各市要按照省政府批复的规划，落实好项目建设资本金。各项目法人要充分利用市场机制，积极筹措建设资金。省有关部门要落实好配套工程补助资金，同时要制定以奖代补政策，建立激励机制，促进地方加快建设。配套工程用地是当前的一个突出问题。我省南水北调配套工程永久占地7.16万亩，其中由省级负责批复设计的9个单元，共占地约4万亩。省国土资源厅要会同南水北调局抓紧研究方案，分年度、分重点解决土地指标问题。要加快土地预审，先行满足配套工程立项建设需要。

三是强化水污染防治和水源保护。深化和完善“治用保”流域治污体系，巩固提升工业和城镇生活污染治理成果，系统推进农业面源、航运、畜禽养殖、农村垃圾等综合治理。加强各类治污设施的运行监管，确保发挥良好效能。继续抓好调水沿线和南四湖、东平湖水质监测，密切关注水情水质变化，科学研判水环境形势。进一步强化环境执法，全面落实环境安全应急预案，严守生态红线，确保南水北调环境安全。

此外，要加快南水北调水价改革研究，积极探索南水北调受水区实行综合水价的政策。国家确定南水北调实行两部制水价，国家拟定主体工程向我省平均供水价格为1.54元/$m^3$，其中基本水价0.76元/$m^3$。这个供水价格大大高于黄河水和当地水的价格。但是，即使我们不用江水仍需按承诺水量缴纳基本水费。这个问题如果不解决，必然会造成这样一种困境：一方面因缺水继续超采地下水、破坏生态；另一方面，又因水价不同而有水不用，严重制约区域水资源的优化配置。方向是要实行区域综合水价。在改革到位前，省财政、水利部门要研究按承诺用水量征缴南水北调基本水费的政策措施。物价局要尽快完成南水北调干线工程省内分水口门和胶东调水工程调引长江水分水口门水价核算工作。

第三，加强组织领导。

要完善组织机构。会前，省政府研究调整了指挥部成员，我任指挥，润田、向阳同志任副指挥，省直有关部门负责人和工程沿线各市市长任成员。各成员单位要及时协调解决工程建设中的重大问题，分管同志要深入一线，靠前指挥，敢于负责，勇于担当，确保各项重点工作落到实处。

要强化责任落实。各有关市政府要将配套工程建设作为一项政治任务，专题研究，专门部署，确保在规定时限内完成。省直各成员单位要根据分工，主动工作。省发改、

财政、水利、环保、南水北调等部门要积极做好资金筹集、水价改革、地下水压采、水污染防治等工作。省公安、交通运输、电力等部门要加强社会环境保障、交通安全、航运调度、电力供应等工作。各成员单位既要各司其职，又要密切配合，形成运转高效的工作保障机制。

要加强考核督查。南水北调配套工程建设是水利综合考核的重要内容，也是全省科学发展综合考核的重要项目。省政府办公厅要会同有关部门搞好督促检查，对工程建设中出现的问题及时提出整改意见。实行配套工程月报制度，及时通报进度，推动工作落实，确保各项任务顺利完成。

春节快要到了，借此机会，给大家拜个早年，祝同志们身体健康，工作进步，阖家幸福！

## 河南省省长谢伏瞻在河南省南水北调工程正式通水仪式上的讲话

（2014 年 12 月 15 日）

尊敬的鄂竟平主任，同志们：

今天，河南省南水北调工程就要正式通水了，这是我省经济社会发展中的一件大事、盛事、喜事。在此，我谨代表河南省委、省政府，对河南省南水北调工程正式通水表示热烈的祝贺，向国务院南水北调办和长期以来关心支持工程建设的社会各界表示衷心的感谢，向全省广大参建人员和沿线人民群众表示亲切的慰问！

南水北调工程是实现我国水资源优化配置、促进经济社会可持续发展、保障和改善民生的重大战略性基础设施。河南既是南水北调中线工程的水源地，也是渠道最长、占地最多、投资最大、移民迁安任务最重的省份。建好南水北调中线河南段工程，是党中央、国务院赋予河南的神圣使命，也是河南服务全国大局的责任担当。工程实施以来，河南省委、省政府始终把工程建设作为一项重要政治任务，在时间紧、任务重、困难大的情况下，举全省之力强力推进。经过艰苦奋斗，干线工程高质量完成，配套工程同步建成，库区水质稳定达标，移民搬迁四年任务两年完成，实现如期通水的目标，向党和人民交上了一份满意的答卷。这是党中央、国务院坚强领导的结果，是全省各级各有关部门扎实工作的结果，是广大建设者顽强拼搏的结果，也是沿线群众特别是移民群众支持、奉献的结果。成绩来之不易，成果要倍加珍惜。

日前，习近平总书记、李克强总理就南水北调中线工程正式通水分别做出重要指示和批示，强调要加强运行管理，深化水质保护，发挥好工程综合效益，为经济社会发展提供有力支撑，充分惠及亿万群众。张高丽副总理就贯彻落实习近平总书记、李克强总理的重要指示和批示精神做出了部署。我们要认真贯彻落实中央领导的指示要求，进一步强化大局意识、责任意识、进取意识，再接再厉，高标准、高质量做好下一阶段工作，全面完成各项任务。一要继续抓好配套扫尾工程和受水水厂建设，确保南水北调来水应接能接，早日造福全省人民，服务经济社会发展。二要加强环境保护，确保一渠清水永续北送。三要巩固移民成果，确保移民搬得出、稳得住、能发展、可致富。四要完善管理体制，让沿线居民用得上、用得起水，使工程持续发挥效益。五要加强安全管理和防范，确保人员安全和调水安全。

同志们，南水北调工程功在当代，利在千秋。我们一定要在党中央、国务院的坚强领导下，在国务院南水北调办的指导帮助下，以对党和人民高度负责的态度，管好南水北调工程，用好南水北调水，确保河南省南水北调工程永续造福人民，为加快中原崛起河南振兴富民强省、让中原在实现中国梦的进程中更加出彩提供强有力的支撑。

谢谢大家!

## 湖北省副省长梁惠玲在十堰市丹江口库区及上游水污染防治和水土保持“十二五”规划实施现场推进会上的讲话

(2014 年 7 月 29 日)

同志们:

这次丹江口库区及上游水污染防治和水土保持“十二五”规划实施工作现场推进会是一次总结经验、查找不足、埋头苦干、乘势推进工作的专题现场会,也是6 月3 日我在武汉主持召开规划实施推进会一个月以来的又一次推进会。这次会前,大家实地考察了规划项目建设情况,对工程形象进度有了直观的了解,总的感觉是这一个月以来十堰市下了大力气、拿出了硬措施,狠抓规划项目实施,建设进度明显加快,工程形象明显改观。刚才,十堰市政府介绍了规划项目推进情况,分析了问题,确定了方向,明确了目标,讲得很好。省直各部门通报了本单位前一阶段规划实施工作情况,对下一步工作进行了梳理,我完全赞同。

这次现场推进会之所以在十堰市召开,原因是规划项目虽然涉及十堰市和神农架林区两个地市,但是287 个项目中十堰市有283个,占总数量的98.6%,十堰市承担了绝大部分建设任务,十堰市规划实施工作目标的完成直接关系到全省规划实施工作目标的完成。下面,我讲几点意见:

**一、进一步提高思想认识,增强工作责任感和紧迫感**

南水北调中线工程自2002 年开工建设,至今已有12 个年头,经过多年来的建设,目前南水北调中线主体工程基本完工,将于今年10 月份通水,成绩来之不易,十分鼓舞人心。中线通水是沿线广大人民群众期盼已久的大事,是工程建设中一个重要的里程碑。南水北调中线工程建设的成败在水质,而水质长期达标的关键在丹江口库区及上游水污染防治和水土保持“十二五”规划项目的实施。根据国家部际联席会议第三次会议要求,通水前基本完成重点控制单元内项目,一般控制单元项目完成率达到70%。目前距离通水不到3 个月时间,时间紧、任务重、要求高,我们必须认识到中线水源保护工作是党中央、国务院赋予我省重大而光荣的任务,认清中线调水日益临近对完成规划任务的艰巨性,切实增强工作责任感和紧迫感,时刻牢记“中线工程通水在即,时间不等人”,进一步理清工作思路,加大工作力度,快速推进规划项目建设。

**二、进一步锁定目标任务,落实规划实施责任**

尽管前一个月时间里,十堰市高度重视,强化领导,精心组织,扎实推进,规划项目实施取得了明显进展。但是从总体情况看,距离完成70%以上项目的工作目标尚存有较大差距,我们面临的形势还是很严峻,任务还很艰巨。下一步要明确工作目标,全面倒排工期,强化库区各级责任,一是全面掌握每个项目进展情况,十堰市要对所有项目分类排查、逐个掌握,摸清楚哪些项目在通水前完成是绝对有把握的,哪些项目通过昼夜苦干、克难攻坚基本上能够完成的,哪些项目因为种种原因实在是无法完成的,真正做到心中有数、手中有招。二是根据工程进度倒排工期,把每个项目建设任务分解到周到日,明确每个时间节点,对于到期完不成节点任务的单位要约谈、通报,甚至给予相应处罚。三是进一步明确责任,把工作任务细化分解到责任部门、责任县市区、责任乡镇,明确包干包片责任领导,一层一层地抓、一项一项地抓、一环一环地抓,真正形成层层负责制和岗位责任制。四是苦干大干2个月，坚决完成70%以上的项目，咬定这个目标不动摇、不放松。

**三、进一步突出重点，加大推进保水质重点项目**

十堰市涉及10大类、283个规划项目，数量多、任务重，实施难度比较大。要以保库区水质为目标，保重点项目为手段，保建设工期为基础，稳步推进项目建设。一是确保重点控制单元内项目基本完成。根据国务院批复的《规划》，十堰神定河、泗河、犟河、剑河等4个子单元为重点控制单元，目前河流污染比较严重，水质常年不达标，直接影响到南水北调中线工程调水水质，应确保这4条流域内的规划项目在通水前基本完成。二是重点推进污水处理、垃圾处理、工业点源治理项目和小流域水土保持项目。这些项目对于削减污染物、减少水土流失、控制水体污染，以及改善库区水质具有关键性的作用。库区各级要加强领导、精心组织，强化责任、采取措施，优先重点推进这些对改善水质有明显作用的项目。三是对于其他项目也要细化任务，周密部署，集中力量，有序推进。

**四、进一步严格项目管理，确保工程质量**

要建立健全项目建设实施、验收、运行及后评价管理制度，按轻重缓急合理推进项目建设、确保按期运行发挥效益。要严格履行基本建设程序，切实落实项目建设“四制”（项目法人制、招标投标制、建设监理制和合同管理制），加强对工程质量、安全和进度的监督管理，确保项目建设有序推进。要切实保障已建成治污项目正常运行，明确管理责任主体，建立健全规章制度，积极筹措运行管理费用，确保长期发挥治污作用。

**五、进一步强化标本兼治，推进5条河流综合治理**

目前十堰市神定河、泗河、犟河、官山河、剑河等5条河流污染严重，距水质目标存在较大距离。2012年12月以来，十堰市根据5条河流水文、污染源分布等情况，编制了一河一策治理方案，并且开展了综合治理，水质有了初步好转。但是目前5条河流距离水质达标尚有较大差距。十堰市必须落实“截污、清污、减污、控污和治污”等综合措施，标本兼治、源头治理，在下一步治理中突出重点、统筹规划，切实加强污水收集处理系统建设，着力整治工业点源污染，严格控制农村面源污染，大力开展河道综合整治，加大水质监控力度，确保整治工作快出成效。

**六、进一步开展部门联动，形成规划实施推进合力**

各省直部门要加强协调配合，既要各司其职、各负其责，又要密切配合，通力协作，要互相通报工作进展情况，及时协商解决发现的问题，努力形成沟通顺畅、衔接严密、运转高效、保障有力的工作机制，认真做好规划实施协调和指导工作。省发展改革要积极为规划项目争取投资计划，加强项目建设督导；省南水北调办会同有关部门做好规划实施协调、组织生态补偿和规划实施考核；省环保厅负责协调工业点源治理项目实施，水污染控制和污染源的监督管理，以及水体水质监测等工作；省财政厅负责规划项目资金管理；省水利厅负责水土保持、入河排污口整治等项目的组织协调实施；省住建厅负责城镇污水处理厂和配套管网及垃圾处理设施建设、运行的监督和指导；省林业厅负责组织协调库周生态隔离带项目的实施；省农业厅负责指导农村面源污染控制、农业结构调整等工作；省国土资源厅负责监督各项建设是否符合土地利用总体规划，是否坚持最严格的耕地保护制度和最严格的节约用地制度。其他省直部门要根据自身职责做好相关工作。

同志们，实施规划、保护水质，时间紧迫而宝贵，使命光荣而神圣，任务艰巨而重

大。我们一定要在省委、省政府的坚强领导下，以对党、对事业和对人民高度负责的态度，以更加昂扬的精神状态和更加扎实的工作作风，开拓创新、埋头实干，强化措施、扎实推进，为实现“一库清水北送”而不懈努力，全力确保中线工程顺利通水，向党中央、国务院和省委、省政府交一份满意的答卷。

# 叁 重要事件

IMPORTANT EVENTS

## 习近平、李克强等在南水北调团城湖调节池参加首都义务植树活动

2014年4月4日上午9时30分许，党和国家领导人习近平、李克强、张德江、俞正声、刘云山、王岐山、张高丽等集体乘车，来到位于北京市海淀区南水北调团城湖调节池的植树点。

团城湖调节池是北京市南水北调配套工程的重要组成部分，位于南水北调中线工程终端地区，占地67$hm^2$，连接密云水库、南水北调工程两大水源，对保证北京供水安全具有重要作用。团城湖调节池于2014年底建成，周边场地当时正在绿化。

习近平一下车，就拿起铁锹径直走向植树地点，同北京市、国家林业局的负责同志和少先队员开始植树。习近平来到一棵白皮松旁，挥锹铲土填入树坑中，随后培实新土、堆起围堰，道道工序做得认真细致。碧桃、元宝枫、榆叶梅、丁香、西府海棠……习近平接连种下6棵树苗，每种一棵，他都同少先队员一起提水浇灌，并勉励他们努力做到德智体美全面发展，在努力学习的同时，树立劳动观念、劳动意识、劳动习惯，热爱劳动，强健体魄，长大以后通过辛勤劳动为建设祖国贡献力量。

植树点一片繁忙，参加劳动的领导同志有的奋力挥锹填土，有的俯身为树苗浇水，有的边干边同大家交流加强生态建设、改善生态环境的看法。经过一番热火朝天的劳动，一棵棵新栽种的苗木迎风挺立，把调节池周边装点得生机盎然。

植树间隙，习近平强调，林业建设是事关经济社会可持续发展的根本性问题。每一个公民都要自觉履行法定植树义务，各级领导干部更要身体力行，充分发挥全民绿化的制度优势，因地制宜，科学种植，加大人工造林力度，扩大森林面积，提高森林质量，增强生态功能，保护好每一寸绿色。

植树结束时，习近平向工程负责人了解了南水北调水源的水质与保护和调节池施工进展情况。

在京中共中央政治局委员、中央书记处书记、国务委员等参加了首都义务植树活动。

（摘自新华社，略有删改）

## 《南水北调工程供用水管理条例》颁布实施

2014年2月16日，国务院总理李克强签署国务院令，公布《南水北调工程供用水管理条例》（以下简称《条例》）自公布之日起施行。该《条例》为加强南水北调工程的供水管理，充分发挥南水北调工程的经济效益、社会效益和生态效益提供了依据。

《条例》经1月22日召开的国务院第37次常务会议审议通过。《条例》规定南水北调工程供用水管理遵循先节水后调水、先治污后通水、先环保后用水的原则，坚持全程管理、统筹兼顾、权责明晰、严格保护，重点明确了南水北调工程水量调度、水质保障、用水管理和工程保护的要求；规定国务院水行政主管部门负责南水北调工程的水量调度、运行管理工作，国务院环境保护主管部门负责南水北调工程的水污染防治工作，国务院其他有关部门在各自职责范围内，负责南水北调工程供用水的有关工作。

《条例》共7章，主要内容有：关于水量调度，规定工程水量调度以国务院批准的多年平均调水量和受水区各省、直辖市水量分配指标为基本依据。东线工程水量调度年度为每年10月1日至次年9月30日，中线工程水量调度年度为每年11月1日至次年10月31日。

关于水价，规定工程供水价格实行基本水价和计量水价相结合的两部制水价等内容，

具体供水价格由国务院价格主管部门会同国务院有关部门制定。

关于用水管理，规定受水区统筹配置南水北调工程调入水资源和当地水资源，严格控制地下水开发利用等内容。

关于水质保障，规定南水北调水质保障实行县级以上地方人民政府目标责任制和考核评价制度，工程水源地及调水沿线区域应当加强污染治理，确保供水水质等内容。

关于工程设施管理和保护，规定南水北调工程管理单位应当建立、健全安全生产责任制，加强对南水北调工程设施的监测、检查、巡查、维修和养护，配备必要的人员和设备，定期进行应急演练，确保工程安全运行。未经同意，任何人不得进入设置安全隔离设施的区域等。

有关专家认为，随着《条例》的贯彻落实和最严格水资源管理制度的实施，同时建立完善水行政执法合作机制，严格执法管理，就一定能充分实现南水北调工程的经济、社会和生态效益。

（宋　滢）

## 陈元视察北京市南水北调工程

2014 年 11 月 24 日，全国政协副主席陈元赴南水北调中线工程视察，国务院南水北调办主任鄂竟平陪同，北京市政协、国家开发银行有关负责人参加活动。

陈元先后视察了位于京冀交界处的惠南庄泵站、北拒马河节制闸，以及位于北京市区西北的团城湖调节池。他详细了解了南水北调中线工程的建设情况、作用以及南水北调给北京市供用水格局带来的巨大影响。

看到已经建成的工程，陈元十分高兴。他说，自 1952 年毛主席第一次提出南水北调的伟大构想至今，已经有 60 多年了。今天看到南水北调这项由国家第一代领导人提出，历经几代人艰辛规划论证、决策实施的重大水利工程建成，一种历史厚重感和自豪感油然而生，感到非常激动和高兴。他指出，南水北调工程建成并发挥效益，是我国改革开放和社会主义现代化建设取得的重大成果，也是改善环境、惠及民生、建设美丽中国的具体实践，对于进一步促进水资源优化配置和实现经济社会可持续发展，意义重大，影响深远。

陈元认为，和其他国家相比，我国水资源短缺的矛盾非常突出，特别是北方地区已经到了难以为继的程度。我国进入在整个国土上调配水资源的时期将不可避免。南水北调开启了科学配置、优化利用水资源的新阶段，一期工程的建成只是开始，要加快论证实施后续工程。同时，要进一步推动全社会提高节水护水的意识，加快推进节水、水循环利用等方面工作。吃水不忘挖井人，希望北京市加大对口帮扶的力度，帮助水源区实现绿色发展、和谐发展，确保一库清水永续北送。陈元指出，政协有两项重要工作，一是调研，二是建议。我们将把这次调研成果积极向有关方面反映并提出意见建议。

鄂竟平对陈元副主席多年来对南水北调工作的关心支持表示了感谢。他指出，中线工程已建成并具备了正式通水运行的条件，各单位要努力在运行管理上下功夫，把工作重心尽快由施工管理转向运行管理，同时结合国家及北京市今后的发展，认真做好工程建设总结和后评估工作，最终向党和人民交出一份完整答卷。

（摘自中国南水北调网，略有删改）

## 第四次冀水进京任务圆满完成

2014 年 4 月 4 日，南水北调中线京石段应急供水工程惠南庄泵站末端蝶阀关闭，第四次冀水进京任务圆满结束，随后京石段进行中线一期工程通水前的停水检修。2014 年 1 月 1 日 ~4 月 4 日入京水量为 9000 万 $m^3$。本次调水自 2012 年 11

月21日开始，累计入京水量4.8亿$m^3$，向自来水厂供水3.4亿$m^3$，占入京水量70.8%。自2008年9月京石段应急供水工程通水以来，四次累计接收河北来水16.06亿$m^3$，有效缓解了首都水资源紧缺局面。

（徐晓熠）

## 南水北调工程建设者陈建国荣获全国五一劳动奖章

2014年4月28日，中华全国总工会召开庆祝五一国际劳动节暨全国五一劳动奖状奖章表彰大会，对全国五一劳动奖状、奖章和工人先锋号先进集体和个人进行表彰。河南省南水北调工程建设者——河南省水利一局方城6标项目经理陈建国荣获“全国五一劳动奖章”荣誉称号，并出席会议领奖。

陈建国所在的方城6标长7.55km，开工最晚，地质条件最复杂，施工难度最大，工期最紧。在刚刚开工的第一年，陈建国接连失去大哥和母亲两位亲人，75岁的老父亲在家无人照料，他把父亲带到工地，一边照顾父亲，一边建设南水北调。面对复杂的施工难题，他组织项目团队大胆创新，勇克难关，根据施工需要，及时加大人力、设备投入，优化施工组织，加快施工进度。建立健全以“三检制”为主要内容的质量管理体系，严格施工质量控制，加强施工一线巡查。由于陈建国组织得力，方城6标工程进度始终保持领先，先后3次获南水北调中线局劳动竞赛一等奖，6次获南阳段进度评比第一名。方城6标于2013年12月3日提前28天完成主体工程施工任务，被国务院南水北调办树为南水北调中线河南段标杆建设单位。陈建国被推选为2012年感动中国候选人，并作为2012年感动中原特别奖的代表受到河南省委、省政府主要领导的接见，荣获河南省五一劳动奖章；2013年度，陈建国获河南省道德模范提名奖、河南省重点项目建设先进个人、感动中原十大年度人物、中央电视台十大三农新闻人物称号。

（河南省南水北调办）

## 南水北调中线一期工程黄河以北段总干渠开始充水试验

2014年6月5日，南水北调中线一期工程黄河以北段总干渠开始充水试验。本次充水试验既是对黄河以北段实体工程的一次检验，又是对运行管理的一次预演，对2014年汛后中线通水具有重要意义。

本次充水的渠道是从位于河南省焦作市温县的济河节制闸起，到位于河北省石家庄市古运河节制闸止，工程全长近500km。在此之前，中线24座大型渡槽已先后完成单体建筑物的充水试验。黄河以北段总干渠充水试验将采用多水源连续充水方式进行，沁河、盘石头水库、岳城水库等将为这次的充水提供水源。本次充水试验计划调用水9000余万立方米。

南水北调中线一期工程总干渠线路长1432km，工程涉及的地形地质条件复杂、建筑物多，从陶岔渠首至北拒马河，有各类交叉建筑物2000余座。同时，众多的高填方渠道穿越或邻近人口密集的城镇和居民区，工程的安全性直接关系到当地居民生产生活及生命财产安全。

充水试验工作分为准备期、充水期、观察期、评价及完善期4个阶段。充水试验是对工程及相关设施进行安全检验最直接和有效的手段。

（摘自新华网，略有删改）

## 丹江口库区举行水生生物增殖放流活动

2014年6月5日，农业部、国务院南

水北调办、湖北省、河南省、陕西省在丹江口市联合举办了丹江口库区水生生物增殖放流活动。农业部副部长牛盾，湖北省副省长曹广晶，农业部、国务院南水北调办以及湖北省、河南省、陕西省、北京市、天津市、河北省等省（直辖市）政府及部门有关领导和代表，水生生物保护专家、渔政执法人员、渔民和环保志愿者代表等300多人参加活动。

此次增殖放流活动共放流鲢、鳙、翘嘴鲌、鲤、草鱼等苗种总数1000万尾。在陕西、河南两地汉江流域也同步开展增殖放流活动。

放生新希望，保护水源地，此次增殖放流活动对于改善丹江口水库水质，增强社会各界保护水质的意识，保证一库清水送北方，具有十分重要的意义。

（摘自丹江口旅游网）

## 南水北调中线一期工程黄河以南段总干渠开始充水试验

2014年7月3日10时58分，南水北调中线渠首陶岔枢纽的闸门缓缓提起，丹江口水库的水第一次流入中线总干渠，这标志着南水北调中线一期工程黄河以南段总干渠开始充水试验。

本次充水试验的渠道起于河南省南阳市淅川县的陶岔渠首枢纽闸，止于河南省郑州市的须水河节制闸，工程长约447km。黄河以南段总干渠充水试验采用自流连续充水方式进行，约用水1.2亿$m^3$。黄河以南段工程，渠段范围内有跨（或穿）总干渠建筑物800余座，其中包括目前世界上规模最大的U形输水渡槽——湍河渡槽。本渠段范围内地质结构复杂，有高填方、膨胀土、煤矿采空区等特殊渠段。

中线工程黄河以北段渠道已于2014年6月5日开始充水试验，截至7月3日，充水试验安全平稳顺利。南水北调中线主体工程于2013年12月25日基本完工。率先通水的京石段工程已连续4次向北京应急供水，累计输水16.1亿$m^3$。按照规划，中线一期工程多年平均调水量95亿$m^3$，主要向北京、天津、河北、河南4省市的19个大中城市及100多个县市供水。

（摘自新华网，略有删改）

## 南水北调工程在抗旱减灾中发挥重要作用

2014年入夏以来，山东、河南、陕西南部、湖北中部、华北中部和东部出现了中到重度气象干旱，河南中东部部分地区达特旱。

针对当前的旱情，按照国家防总的安排，从丹江口水库通过南水北调中线总干渠向河南平顶山实施应急调水，初步确定第一阶段调水规模2400万$m^3$，标志着中线干线工程河南段提前发挥抗旱效益，也是中线工程继石家庄至北京段通水后的第二个应急供水段。此前，石家庄至北京段工程自2008年9月以来，从河北四大水库4次向北京输水累计16.1亿$m^3$，有效地缓解了首都的供水压力。

为缓解山东南四湖旱情，自2014年7月19日起，山东通过济宁梁济运河、菏泽东鱼河两条线路紧急调引黄河水用于补充南四湖生态用水，截至7月28日，累计引调黄河水2363万$m^3$，向南四湖补水1224万$m^3$，在一定程度上缓解了南四湖上级湖水位下降速度。自8月5日起，南水北调东线一期工程从长江向南四湖实施生态应急调水，计划入湖水量8000万$m^3$，将抬升下级湖水位至最低生态水位以上。从6月11日起，江苏利用东线沿线泵站已累计抽引水量超过5.9亿$m^3$用于抗旱。

为应对汉江中下游特别是仙桃市严重旱情，湖北决定提前利用南水北调补偿工程之

——引江济汉工程，从8月8日开始从长江调水，调水流量为100 $m^3/s$。长江水从潜江市高石碑镇进入汉江后，将使汉江中下游7个市（区）受益，保障600多万亩农田的抗旱用水。

（摘自中国南水北调网，略有删改）

## 丹江口水库向平顶山应急调水

为应对旱情，国家防总组织实施丹江口水库向河南平顶山市应急调水。初步确定调水规模2400万 $m^3$，调水流量 $10m^3/s$，后期视旱情发展和丹江口水库来水情况再作调整。2014年8月7日10时，陶岔枢纽开启三孔闸门，刁河渡槽过水流量近 $8m^3/s$。

2014年入夏以来，河南省中西部和北部地区发生了严重干旱，部分城市出现供水短缺。特别是平顶山市主要水源地白龟山水库蓄水一直偏少，一度低于死水位（97.50m）。据预测，近期河南省仍无大的有效降水过程，平顶山市供水形势十分严峻。

根据国家防总组织制定的应急调水方案，调水路线从南水北调中线陶岔枢纽自流引水，至刁河闸前，再从刁河闸临时泵站抽水，经南水北调中线总干渠，由彭河退水闸进入彭河，输水至白龟山水库。国家防总要求长江防总加强应急调水的统一调度和监督管理，组织协调河南、湖北两省共同做好应急调水工作；平顶山市要做好节约用水工作，最大限度发挥调水的抗旱减灾效益。

面对流域严峻旱情，黄河防总加强刘家峡、龙羊峡、小浪底等骨干水库蓄水调度，全力支援流域各地抗旱。截至2014年8月8日，河南、山东两省共引黄河水10.74亿 $m^3$，较上年同期多引6.73亿 $m^3$，累计完成抗旱浇灌面积1160万亩（次）。黄河中游山西、陕西两省共引黄河水1.55亿 $m^3$，较上年同期多引0.43亿 $m^3$。

（摘自人民网，略有删改）

## 南水北调中线京石段工程力助滹沱河石家庄市段生态补水

2014年8月7日9时，随着滹沱河倒虹吸退水闸缓缓开启，一渠清流进入滹沱河景区，中线京石段工程力助滹沱河石家庄市段生态补水开始。8月14日10时，本次生态补水结束，累计为滹沱河景区补水510万 $m^3$。

进入主汛期以来，河北省石家庄市降雨量较常年偏少5成多，属于特旱年份。正值酷暑高温季节，滹沱河石家庄市段蒸发较快，水面面积迅速萎缩。8月6日14时，石家庄市黄壁庄水库开闸放水流入石津干渠，然后引入南水北调中线京石段工程石家庄境内总干渠，为滹沱河石家庄市段生态补水。中线建管局河北直管建管部石家庄管理处，针对当前京石段工程正在为北京段惠南庄泵站运行调试充水的实际，运行管理工作人员加班加点，坚守在石津干渠引水闸与滹沱河退水闸，认真按照调度指令启闭闸门，扎实做好各项运行管理工作，确保充水安全和补水安全。

据悉，滹沱河景区是石家庄市环城水系的重要组成部分，位于北京至石家庄方向京珠高速公路接近石家庄市区段两侧。自2012年建成以来，运用南水北调中线京石段工程累计向滹沱河景区生态补水10次，补水总量约为3593万 $m^3$。通过优化配置石家庄市境内水资源，干涸近40年的滹沱河石家庄市段水面面积达到800万 $m^2$，再现昔日波光粼粼、烟波浩渺的河流生态美景。

（摘自中国南水北调网，略有删改）

## 南四湖生态应急调水圆满结束

据国家防汛抗旱总指挥部办公室介绍，南四湖生态应急调水于2014年8月24日圆满结束。此次调水历时20天，累计调入南四湖下级湖水量8069万$m^3$。

2014年以来，山东省南四湖地区降水量较常年同期偏少3成，入汛以来降水偏少4成。受其影响，南四湖水位持续下降，上级湖6月22日降至死水位，下级湖6月11日降至死水位。南四湖上、下级湖水位均为2003年以来同期最低值，下级湖蓄水量不足1.2亿$m^3$，较常年同期偏少74%，部分湖区湖底裸露干裂，湖区生态环境及群众生活生产用水受到严重威胁。

面对严峻的旱情，国家防总召集有关部门研究制定了2014年南四湖生态应急调水方案，决定自2014年8月5日起，通过南水北调东线从长江向南四湖实施生态应急调水。调水期间，国家防总组织淮河防总加强统一调度、总体协调和监督管理，江苏和山东两省团结协作、克服困难，保障了调水工作顺利实施。

截至8月24日14时，南四湖下级湖水位31.21m，较7月28日最低水位上涨0.44m，高于最低生态水位0.16m，湖区水面面积为315$km^2$，较调水前增加约99$km^2$，已达正常蓄水面积的55%。湖区生态环境明显改善，群众正常生活生产用水得到保障，调水沿线航运紧张状况有效缓解。

（摘自新华网，略有删改）

## 南水北调中线穿黄工程隧洞成功完成充水试验

2014年9月15日，随着穿黄工程上游线隧洞充水水位顺利达到设计要求高程，标志着南水北调中线穿黄隧洞充水试验取得圆满成功。穿黄隧洞工程充水试验成功，是中线干线工程建设的重要里程碑。至此，南水北调中线干线全线具备通水条件，为顺利实现2014年汛后通水目标奠定了坚实的基础。

穿黄工程是南水北调中线工程的关键控制性工程。穿黄隧洞是南水北调工程中规模最大、单项工期最长、技术含量最高、施工难度最复杂的交叉建筑物。充水试验旨在检验隧洞结构的安全性能，为工程运行前的安全性评估、顺利投运提供重要支撑。充水试验期间，穿黄工程上、下游线隧洞工程结构性能良好，满足设计要求。

穿黄工程位于河南省郑州市以西约30km处，全长19.3km。其中隧洞段长4.25km，双洞线布置，单洞输水直径7m，最小埋深23m，采用泥水平衡盾构工艺成洞。设计流量265$m^3/s$，加大流量320$m^3/s$。

穿黄工程于2005年9月27日开工建设，建设历时达9年。

（摘自光明网，略有删改）

## 南水北调中线一期工程通过全线通水验收

2014年9月29日，国务院南水北调办宣布南水北调中线一期工程当天通过了全线通水验收，具备通水条件。

中线一期工程从大坝加高扩容后的丹江口水库引水，沿线开挖渠道，采用自流输水，总长1432km（其中天津输水干线156km），布置各类渡槽、倒虹吸、隧洞等建筑物2000余座。工程自2003年开工以来，经过10年建设，于2013年12月完成了主体工程，计划2014年汛后正式通水，受水区包括北京、天津、河北、河南等省市。

南水北调中线一期工程通水验收分为设计单元工程通水验收和全线通水验收两个阶段。此前，需进行通水验收的55项工程已经在9月21日完成设计单元工程通水验收。

（摘自光明网，略有删改）

## 南水北调中线工程供水协议第一次签订

2014年10月9日，南水北调中线工程供水协议签约仪式在北京举行。国务院南水北调办主任鄂竟平出席签约仪式，副主任张野在仪式上致辞。

仪式现场，中线建管局负责人分别与北京市南水北调办、天津市水务局、河北水务集团、河南省南水北调办相关负责人签订了《南水北调中线一期工程供水协议》。这是南水北调中线一期工程第一次签订供水协议。

国务院南水北调办机关各司、直属事业单位，中线建管局，北京市南水北调办、天津市水务局、河北水务集团、河南省南水北调办有关负责人参加仪式。

（摘自中国南水北调网，略有删改）

## 丹江口水库水位30年来首次突破160m

据长江水利委员会水文局实时数据显示，2014年10月16日8时南水北调中线工程水源地丹江口水库水位达到160.03m，这是丹江口水库30年来首次突破160m。

据丹江口水利枢纽管理局水库调度中心副主任刘松介绍，1983年10月7日，丹江口水库以160.07m的库水位创下自建库以来的历史最高值纪录，但只是短时间的水位，水位随即降至160m以下，最高纪录一直保持至今。

大坝加高工程2013年通过蓄水技术性验收以后，坝顶高程已由原来的162m加高至176.6m，丹江口水库正常蓄水位已从157m提高至170m，相应库容由174.5亿$m^3$增加至290.5亿$m^3$。

（摘自新华网，略有删改）

## 南水北调纪录片《水脉》在央视上映

在南水北调中线工程即将通水之际，书写这一世纪工程建设历程、成就的8集文献纪录片《水脉》，于2014年10月17日起，每晚10时30分在央视综合频道（1套）两集连播；10月18日起在央视科教频道（10套）播出；之后央视财经频道（2套）、中文国际频道（4套）、纪录频道（9套）也在重要时段陆续进行了重播。该片由中央电视台与国务院南水北调办联合摄制，中央电视台科教频道具体承制。

大型文献纪录片《水脉》，以独特的视角记录了南水北调工程建设中方方面面的真实场景，但又不局限于工程本身，贯穿了对人类文明、中华文明与水利工程密不可分关系的深切思考，展示了几代中国人为实现中国水资源合理开发利用所做出的不懈努力，回答了群众关切的涉及南水北调工程施工建设、移民安置、环境治理、文物保护等主要问题，突出南水北调这一世纪工程所承载的时代使命和历史意义，推动当下的人们更加深刻地关注和思考水资源与人类生存的内在关系，以及水生态依然存在的现实问题。

（摘自人民网，略有删改）

## 南水北调东线总公司正式成立

2014年10月20日，南水北调东线总公司在北京揭牌，国务院南水北调办党组书记、主任鄂竟平出席并宣布公司领导班子任命，办党组成员、副主任张野、蒋旭光、于幼军出席。

鄂竟平表示，南水北调东线总公司是按照国务院南水北调建设委员会第七次会议精神成立的，首要任务是认真贯彻落实习近平总书记和李克强总理有关批示精神，按照国务院南水北调建设委员会部署和国务院南水北调办有关工作安排，抓好南水北调东线工程平稳顺利运行，圆满完成每一次通水任务，充分发挥工程的经济效益、生态效益和社会效益，为受水区经济社会发展做出贡献。

鄂竟平为南水北调东线总公司新任总经理、副总经理颁发了任命书。他要求公司领导班子要切实做到讲大局、讲合作、讲能力、讲干净，要进一步加快组织机构和干部队伍建设，实现公司正常运转，并且要不断提高东线工程运行效益和管理水平。

国务院南水北调办机关各部门、各直属单位负责人参加揭牌活动。

（摘自中国南水北调网，略有删改）

## “关爱山川河流·保护水源地”志愿者服务暨公益宣传活动启动

2014年10月21日，“关爱山川河流·保护水源地”志愿者服务暨公益宣传系列活动在丹江口市正式启动。

水利部副部长蔡其华和水利部长江委、湖北省水利厅、十堰市委的负责同志出席启动仪式并讲话，号召社会各界及志愿者积极投身到关爱山川河流的活动中，维护水源地的良好水质和生态平衡，唤起全社会对保护南水北调中线工程水源地的认识。志愿者代表宣读了倡议书，与会领导为志愿者进行了授旗。蔡其华宣布“关爱山川河流·保护水源地”志愿者服务暨公益宣传活动正式启动。与会的400多名志愿者在签字墙上签字留言。

“关爱山川河流·保护水源地”志愿者服务暨公益宣传活动是由水利部文明办、新闻宣传中心、湖北省文明办、长江委、湖北省水利厅、中线水源公司、汉江集团共同举办。活动主要包括现场留言签名活动、微博微信公益宣传、自行车环保骑行、现场书画创作、清理垃圾保护水源活动、公益宣传品发放、中小学生亲水知水爱水大讲堂、护水宣传进企业等活动。

（班静东）

## 南水北调题材电影《天河》全国公映

2014年11月15日，由北京市委宣传部、北京市新闻出版广电总局、八一电影制片厂、北京市南水北调办联合出品摄制，全景式展现南水北调伟大工程的重大现实题材故事影片《天河》正式公映，震撼登陆全国大银幕。

电影《天河》通过展现由李幼斌饰演的南水北调总工程师的个人和家庭的命运起伏，折射出工程建设的“险”和“辛”，移民搬迁的“情”和“痛”，环保治污的“艰”和“难”，展示了在中国共产党领导下中国人民创造的巨大成就，弘扬工程建设者和沿线移民的牺牲与奉献精神，体现出社会主义制度优越性。在中线一期工程即将正式通水之际，电影《天河》的公映，引发了公众对于整个南水北调工程的积极关注，同时，也通过展现工程建设过程中的搬迁难、施工难，折射出基层工作者的艰辛付出，呼吁全社会更加珍惜水资源。

作为2014年度现实题材故事片中的扛鼎大戏，《天河》剧组是于2014年8月27日在河北香河国华影视基地举行的开机仪式。片中近50场戏、300多个特技镜头，真实再现了丹江口水库大坝加高、库区移民搬迁、穿黄河工程、近距离下穿五棵松地铁站、大口径PCCP管道生产和安装、中线一期工程通水等壮观场景，用镜头再现了南水北调整个工程的全貌，给广大观众们带来了视觉上前所未有的观影体验。电影在拍摄期间，得到了国务院南水北调办及中线工程沿线各省市的大力指导和支持。北京市委宣传部、北京市新闻出版广电总局高度重视，为影片提供了强大后盾和保障。北京市南水北调办从电影先期调研、资料收集、剧本创作，到实际拍摄全程中都给予了大力支持，在保障工期基础上，协助八一电影制片厂在配套工程现场取景拍摄，片中最后的通水庆典是在北京大宁调蓄水库拍摄完成的，北京市南水北调办400多名职工参与了影片最后通水仪式的拍摄。

电影《天河》整体拍摄及后期制作时间仅3个月，创造了荧屏奇迹，该电影首映式于2014年10月28日在北京举行，国务院南水北调办副主任蒋旭光，北京市委常委、宣传部部长李伟等领导出席首映式并致辞。蒋旭光在致辞中指出，影片《天河》以南水北调这一国家工程为载体，以先进人物和感人事迹为原型，讴歌了南水北调工程建设中伟大的时代精神和民族精神，是新时期弘扬主旋律、传播正能量、倡导社会主义核心价值理念的文艺精品。通水后的工作还将任重而道远，南水北调工程各参建单位将扎实做好当前通水和后续各项工作，确保一渠清水永续北送，造福沿线广大人民。李伟在致辞中表示，南水北调工程建设过程中，北京市委、市政府一直全力支持工程建设。吃水不忘献水人，首都北京作为受水区同八一电影制片厂联合摄制这部影片，就是为了向水源地人民和南水北调沿线各省市人民致敬，感恩广大建设者和移民群众，感谢他们为把一江清水送北方而做出的牺牲和奉献。

截至2014年12月29日，《天河》票房达3167万，累计观影人数超过103万。

（王　冰）

## “饮水思源——南水北调中线工程展”正式开展

2014年12月15日，由国务院南水北调办、北京市人民政府联合主办的“饮水思源——南水北调中线工程展（文化篇·建设篇）”在首都博物馆拉开序幕。国务院南水北调办副主任蒋旭光，北京市政府党组成员夏占义出席开幕式并讲话，北京市委常委牛有成宣布正式开展。沿线各省市南水北调办、移民部门、北京市南水北调办、相关委办局主要领导参加开幕式并观展。

此次展览分为文化篇、建设篇两个展区，分别从“水对人类文明演变的重要影响、水对城市社会发展的重要作用”和“南水北调中线工程必要性、决策过程和建设运行”两个维度进行展示。文化篇分为“水生万物”“水旱无常”“以水为利”“‘自来’之水”“南水北调”5个单元。建设篇分为“建设与创新”“放心用水”“移民奉献”“引水固源”4个单元，涵盖了历史文化、国家决策、资源环境、水利、移民、文物保护等多方面。旨在借助中线工程通水、圆梦的契机，进一步提高社会各界对南水北调的科学认知，提升全社会饮水思源意识。同时，也希望借助此次展览，向为南水北调工程建设作出贡献的社会各界致敬，引导全社会爱水、惜水、护水、节水。

南水北调中线工程展开始展出后，得到了众多社会媒体的关注与支持。北京电视台、湖北十堰广播电视台分别对“饮水思源——南水北调中线工程展（文化篇、建设篇）”进行了多次专题报道，对相关专家、建设者代表进行了深度采访；歌华有线公司聘请专业团队录制了“饮水思源——南水北调中线工程展（文化篇）”专家讲解视频，对“饮水思源——南水北调中线工程展（建设篇）”展厅进行了3D×360°采集，并相关成果推送至电视博物馆频道；首都博物馆充分发挥自媒体优势，在官网首页开辟展览专区发布活动预告及最新动态。

（田　枫）

# 肆 政策法规

# POLICIES, LAWS AND REGULATIONS

# 国　务　院

## 南水北调工程供用水管理条例

2014 年 2 月 16 日
（中华人民共和国国务院令〔2014〕第 647 号）

### 第一章　总　　则

**第一条**　为了加强南水北调工程的供用水管理，充分发挥南水北调工程的经济效益、社会效益和生态效益，制定本条例。

**第二条**　南水北调东线工程、中线工程的供用水管理，适用本条例。

**第三条**　南水北调工程的供用水管理遵循先节水后调水、先治污后通水、先环保后用水的原则，坚持全程管理、统筹兼顾、权责明晰、严格保护，确保调度合理、水质合格、用水节约、设施安全。

**第四条**　国务院水行政主管部门负责南水北调工程的水量调度、运行管理工作，国务院环境保护主管部门负责南水北调工程的水污染防治工作，国务院其他有关部门在各自职责范围内，负责南水北调工程供用水的有关工作。

**第五条**　南水北调工程水源地、调水沿线区域、受水区县级以上地方人民政府负责本行政区域内南水北调工程供用水的有关工作，并将南水北调工程的水质保障、用水管理纳入国民经济和社会发展规划。

国家对南水北调工程水源地、调水沿线区域的产业结构调整、生态环境保护予以支持，确保南水北调工程供用水安全。

**第六条**　国务院确定的南水北调工程管理单位具体负责南水北调工程的运行和保护工作。

南水北调工程受水区省、直辖市人民政府确定的单位具体负责本行政区域内南水北调配套工程的运行和保护工作。

### 第二章　水　量　调　度

**第七条**　南水北调工程水量调度遵循节水为先、适度从紧的原则，统筹协调水源地、受水区和调水下游区域用水，加强生态环境保护。

南水北调工程水量调度以国务院批准的多年平均调水量和受水区省、直辖市水量分配指标为基本依据。

**第八条**　南水北调东线工程水量调度年度为每年 10 月 1 日至次年 9 月 30 日；南水北调中线工程水量调度年度为每年 11 月 1 日至次年 10 月 31。

**第九条**　淮河水利委员会商长江水利委员会提出南水北调东线工程年度可调水量，于每年 9 月 15 日前报送国务院水行政主管部门，并抄送有关省人民政府和南水北调工程管理单位。

长江水利委员会提出南水北调中线工程年度可调水量，于每年 10 月 15 日前报送国务院水行政主管部门，并抄送有关省、直辖市人民政府和南水北调工程管理单位。

**第十条**　南水北调工程受水区省、直辖市人民政府水行政主管部门根据年度可调水量提出年度用水计划建议。属于南水北调东线工程受水区的于每年 9 月 20 日前、属于南水北调中线工程受水区的于每年 10 月 20 日前，报送国务院水行政主管部门，并抄送有关流域管理机构和南水北调工程管理单位。

年度用水计划建议应当包括年度引水总量建议和月引水量建议。

**第十一条** 国务院水行政主管部门综合平衡年度可调水量和南水北调工程受水区省、直辖市年度用水计划建议，按照国务院批准的受水区省、直辖市水量分配指标的比例，制订南水北调工程年度水量调度计划，征求国务院有关部门意见后，在水量调度年度开始前下达有关省、直辖市人民政府和南水北调工程管理单位。

**第十二条** 南水北调工程管理单位根据年度水量调度计划制订月水量调度方案，涉及到航运的，应当与交通运输主管部门协商，协商不一致的，由县级以上人民政府决定；雨情、水情出现重大变化，月水量调度方案无法实施的，应当及时进行调整并报告国务院水行政主管部门。

**第十三条** 南水北调工程供水实行由基本水价和计量水价构成的两部制水价，具体供水价格由国务院价格主管部门会同国务院有关部门制定。

水费应当及时、足额缴纳，专项用于南水北调工程运行维护和偿还贷款。

**第十四条** 南水北调工程受水区省、直辖市人民政府授权的部门或者单位应当与南水北调工程管理单位签订供水合同。供水合同应当包括年度供水量、供水水质、交水断面、交水方式、水价、水费缴纳时间和方式、违约责任等。

**第十五条** 水量调度年度内南水北调工程受水区省、直辖市用水需求出现重大变化，需要转让年度水量调度计划分配的水量的，由有关省、直辖市人民政府授权的部门或者单位协商签订转让协议，确定转让价格，并将转让协议报送国务院水行政主管部门，抄送南水北调工程管理单位；国务院水行政主管部门和南水北调工程管理单位应当相应调整年度水量调度计划和月水量调度方案。

**第十六条** 国务院水行政主管部门应当会同国务院有关部门和有关省、直辖市人民政府以及南水北调工程管理单位编制南水北调工程水量调度应急预案，报国务院批准。

南水北调工程水源地和受水区省、直辖市人民政府有关部门、有关流域管理机构以及南水北调工程管理单位应当根据南水北调工程水量调度应急预案，制定相应的应急预案。

**第十七条** 南水北调工程水量调度应急预案应当针对重大洪涝灾害、干旱灾害、生态破坏事故、水污染事故、工程安全事故等突发事件，规定应急管理工作的组织指挥体系与职责、预防与预警机制、处置程序、应急保障措施以及事后恢复与重建措施等内容。

国务院或者国务院授权的部门宣布启动南水北调工程水量调度应急预案后，可以依法采取下列应急处置措施：

（一）临时限制取水、用水、排水。

（二）统一调度有关河道的水工程。

（三）征用治污、供水等所需设施。

（四）封闭通航河道。

**第十八条** 国务院水行政主管部门、环境保护主管部门按照职责组织对南水北调工程省界交水断面、东线工程取水口、丹江口水库的水量、水质进行监测。

国务院水行政主管部门、环境保护主管部门按照职责定期向社会公布南水北调工程供用水水量、水质信息，并建立水量、水质信息共享机制。

## 第三章 水 质 保 障

**第十九条** 南水北调工程水质保障实行县级以上地方人民政府目标责任制和考核评价制度。

南水北调工程水源地、调水沿线区域县级以上地方人民政府应当加强工业、城镇、农业和农村、船舶等水污染防治，建设防护林等生态隔离保护带，确保供水安全。

依照有关法律、行政法规的规定，对南水北调工程水源地实行水环境生态保护补偿。

**第二十条** 南水北调东线工程调水沿线

区域和中线工程水源地实行重点水污染物排放总量控制制度。

南水北调东线工程调水沿线区域和中线工程水源地省人民政府应当将国务院确定的重点水污染物排放总量控制指标逐级分解下达到有关市、县人民政府，由市、县人民政府分解落实到水污染物排放单位。

**第二十一条**　南水北调东线工程调水沿线区域禁止建设不符合国家产业政策、不能实现水污染物稳定达标排放的建设项目。现有的落后生产技术、工艺、设备等，由当地省人民政府组织淘汰。

南水北调中线工程水源地禁止建设增加污染物排放总量的建设项目。

**第二十二条**　南水北调东线工程调水沿线区域和中线工程水源地的水污染物排放单位，应当配套建设与其排放量相适应的治理设施；重点水污染物排放单位应当按照有关规定安装自动监测设备。

南水北调东线工程干线、中线工程总干渠禁止设置排污口。

**第二十三条**　南水北调东线工程调水沿线区域和中线工程水源地县级以上地方人民政府所在城镇排放的污水，应当经过集中处理，实现达标排放。

南水北调东线工程调水沿线区域和中线工程水源地县级以上地方人民政府应当合理规划、建设污水集中处理设施和配套管网，并组织收集、无害化处理城乡生活垃圾，避免污染水环境。

南水北调东线工程调水沿线区域和中线工程水源地的畜禽养殖场、养殖小区，应当按照国家有关规定对畜禽粪便、废水等进行无害化处理和资源化利用。

**第二十四条**　南水北调东线工程调水沿线区域和中线工程水源地县级人民政府应当根据水源保护的需要，划定禁止或者限制采伐、开垦区域。

南水北调东线工程调水沿线区域、中线工程水源地、中线工程总干渠沿线区域应当规划种植生态防护林；生态地位重要的水域应当采取建设人工湿地等措施，提高水体自净能力。

**第二十五条**　南水北调东线工程取水口、丹江口水库、中线工程总干渠需要划定饮用水水源保护区的，依照《中华人民共和国水污染防治法》的规定划定，实行严格保护。

**第二十六条**　丹江口水库库区和洪泽湖、骆马湖、南四湖、东平湖湖区应当按照水功能区和南水北调工程水质保障的要求，由当地省人民政府组织逐步拆除现有的网箱养殖、围网养殖设施，严格控制人工养殖的规模、品种和密度。对因清理水产养殖设施导致转产转业的农民，当地县级以上地方人民政府应当给予补贴和扶持，并通过劳动技能培训、纳入社会保障体系等方式，保障其基本生活。

丹江口水库库区和洪泽湖、骆马湖、南四湖、东平湖湖区禁止餐饮等经营活动。

**第二十七条**　南水北调东线工程干线规划通航河道、丹江口水库及其上游通航河道应当科学规划建设港口、码头等航运设施，港口、码头应当配备与其吞吐能力相适应的船舶污染物接收、处理设备。现有的港口、码头不能达到水环境保护要求的，由当地省人民政府组织治理或者关闭。

在前款规定河道航行的船舶应当按照要求进行技术改造，实现污染物船内封闭、收集上岸，不向水体排放；达不到要求的船舶和运输危险废物、危险化学品的船舶，不得进入上述河道，有关船闸管理单位不得放行。

**第二十八条**　建设穿越、跨越、邻接南水北调工程输水河道的桥梁、公路、石油天然气管道、雨污水管道等工程设施的，其建设、管理单位应当设置警示标志，并采取有效措施，防范工程建设或者交通事故、管道泄漏等带来的安全风险。

## 第四章　用　水　管　理

**第二十九条**　南水北调工程受水区县级

以上地方人民政府应当统筹配置南水北调工程供水和当地水资源，逐步替代超采的地下水，严格控制地下水开发利用，改善水生态环境。

**第三十条** 南水北调工程受水区县级以上地方人民政府应当以南水北调工程供水替代不适合作为饮用水水源的当地水源，并逐步退还因缺水挤占的农业用水和生态环境用水。

**第三十一条** 南水北调工程受水区县级以上地方人民政府应当对本行政区域的年度用水实行总量控制，加强用水定额管理，推广节水技术、设备和设施，提高用水效率和效益。

南水北调工程受水区县级以上地方人民政府应当鼓励、引导农民和农业生产经营组织调整农业种植结构，因地制宜减少高耗水作物种植比例，推行节水灌溉方式，促进节水农业发展。

**第三十二条** 南水北调工程受水区省、直辖市人民政府应当制订并公布本行政区域内禁止、限制类建设项目名录，淘汰、限制高耗水、高污染的建设项目。

**第三十三条** 南水北调工程受水区省、直辖市人民政府应当将国务院批准的地下水压采总体方案确定的地下水开采总量控制指标和地下水压采目标，逐级分解下达到有关市、县人民政府，并组织编制本行政区域的地下水限制开采方案和年度计划，报国务院水行政主管部门、国土资源主管部门备案。

**第三十四条** 南水北调工程受水区内地下水超采区禁止新增地下水取用水量。具备水源替代条件的地下水超采区，应当划定为地下水禁采区，禁止取用地下水。

南水北调工程受水区禁止新增开采深层承压水。

**第三十五条** 南水北调工程受水区省、直辖市人民政府应当统筹考虑南水北调工程供水价格与当地地表水、地下水等各种水源的水资源费和供水价格，鼓励充分利用南水北调工程供水，促进水资源合理配置。

## 第五章 工程设施管理和保护

**第三十六条** 南水北调工程水源地、调水沿线区域、受水区县级以上地方人民政府应当做好工程设施安全保护有关工作，防范和制止危害南水北调工程设施安全的行为。

**第三十七条** 南水北调工程管理单位应当建立、健全安全生产责任制，加强对南水北调工程设施的监测、检查、巡查、维修和养护，配备必要的人员和设备，定期进行应急演练，确保工程安全运行，并及时组织清理管理范围内水域、滩地的垃圾。

**第三十八条** 南水北调工程应当依法划定管理范围和保护范围。

南水北调东线工程的管理范围和保护范围，由工程所在地的省人民政府组织划定；其中，省际工程的管理范围和保护范围，由国务院水行政主管部门或者其授权的流域管理机构商有关省人民政府组织划定。

丹江口水库、南水北调中线工程总干渠的管理范围和保护范围，由国务院水行政主管部门或者其授权的流域管理机构商有关省、直辖市人民政府组织划定。

**第三十九条** 南水北调工程管理范围按照国务院批准的设计文件划定。

南水北调工程管理单位应当在工程管理范围边界和地下工程位置上方地面设立界桩、界碑等保护标志，并设立必要的安全隔离设施对工程进行保护。未经南水北调工程管理单位同意，任何人不得进入设置安全隔离设施的区域。

南水北调工程管理范围内的土地不得转作其他用途，任何单位和个人不得侵占；管理范围内禁止擅自从事与工程管理无关的活动。

**第四十条** 南水北调工程保护范围按照下列原则划定并予以公告：

（一）东线明渠输水工程为从堤防背水侧的护堤地边线向外延伸至50m以内的区域，中线明渠输水工程为从管理范围边线向外延伸至200m以内的区域。

（二）暗涵、隧洞、管道等地下输水工程为工程设施上方地面以及从其边线向外延伸至50m以内的区域。

（三）倒虹吸、渡槽、暗渠等交叉工程为从管理范围边线向交叉河道上游延伸至不少于500m不超过1000m、向交叉河道下游延伸至不少于1000m不超过3000m以内的区域。

（四）泵站、水闸、管理站、取水口等其他工程设施为从管理范围边线向外延伸至不少于50m不超过200m以内的区域。

**第四十一条** 南水北调工程管理单位应当在工程沿线路口、村庄等地段设置安全警示标志；有关地方人民政府主管部门应当按照有关规定，在交叉桥梁入口处设置限制质量、轴重、速度、高度、宽度等标志，并采取相应的工程防范措施。

**第四十二条** 禁止危害南水北调工程设施的下列行为：

（一）侵占、损毁输水河道（渠道、管道）、水库、堤防、护岸。

（二）在地下输水管道、堤坝上方地面种植深根植物或者修建鱼池等储水设施、堆放超重物品。

（三）移动、覆盖、涂改、损毁标志物。

（四）侵占、损毁或者擅自使用、操作专用输电线路设施、专用通信线路、闸门等设施。

（五）侵占、损毁交通、通信、水文水质监测等其他设施。

禁止擅自从南水北调工程取用水资源。

**第四十三条** 禁止在南水北调工程保护范围内实施影响工程运行、危害工程安全和供水安全的爆破、打井、采矿、取土、采石、采砂、钻探、建房、建坟、挖塘、挖沟等行为。

**第四十四条** 在南水北调工程管理范围和保护范围内建设桥梁、码头、公路、铁路、地铁、船闸、管道、缆线、取水、排水等工程设施，按照国家规定的基本建设程序报请审批、核准时，审批、核准单位应当征求南水北调工程管理单位对拟建工程设施建设方案的意见。

前款规定的建设项目在施工、维护、检修前，应当通报南水北调工程管理单位，施工、维护、检修过程中不得影响南水北调工程设施安全和正常运行。

**第四十五条** 在汛期，南水北调工程管理单位应当加强巡查，发现险情立即采取抢修等措施，并及时向有关防汛抗旱指挥机构报告。

**第四十六条** 南水北调工程管理单位应当加强南水北调工程设施的安全保护，制定安全保护方案，建立健全安全保护责任制，加强安全保护设施的建设、维护，落实治安防范措施，及时排除隐患。

南水北调工程重要水域、重要设施需要派出中国人民武装警察部队守卫或者抢险救援的，依照《中华人民共和国人民武装警察法》和国务院、中央军事委员会的有关规定执行。

**第四十七条** 在紧急情况下，南水北调工程管理单位因工程抢修需要取土占地或者使用有关设施的，有关单位和个人应当予以配合。南水北调工程管理单位应当于事后恢复原状；造成损失的，应当依法予以补偿。

## 第六章 法律责任

**第四十八条** 行政机关及其工作人员违反本条例规定，有下列行为之一的，由主管机关或者监察机关责令改正；情节严重的，对直接负责的主管人员和其他直接责任人员依法给予处分；直接负责的主管人员和其他直接责任人员构成犯罪的，依法追究刑事责任：

（一）不及时制订下达或者不执行年度水

量调度计划的。

（二）不编制或者不执行水量调度应急预案的。

（三）不编制或者不执行南水北调工程受水区地下水限制开采方案的。

（四）不履行水量、水质监测职责的。

（五）不履行本条例规定的其他职责的。

**第四十九条** 南水北调工程管理单位及其工作人员违反本条例规定，有下列行为之一的，由主管机关或者监察机关责令改正；情节严重的，对直接负责的主管人员和其他直接责任人员依法给予处分；直接负责的主管人员和其他直接责任人员构成犯罪的，依法追究刑事责任：

（一）虚假填报或者篡改工程运行情况等资料的。

（二）不执行年度水量调度计划或者水量调度应急预案的。

（三）不及时制订或者不执行月水量调度方案的。

（四）对工程设施疏于监测、检查、巡查、维修、养护，不落实安全生产责任制，影响工程安全、供水安全的。

（五）不履行本条例规定的其他职责的。

**第五十条** 违反本条例规定，实施排放水污染物等危害南水北调工程水质安全行为的，依照《中华人民共和国水污染防治法》的规定处理；构成犯罪的，依法追究刑事责任。

违反本条例规定，在南水北调工程受水区地下水禁采区取用地下水、在受水区地下水超采区新增地下水取用水量、在受水区新增开采深层承压水，或者擅自从南水北调工程取用水资源的，依照《中华人民共和国水法》的规定处理。

**第五十一条** 违反本条例规定，运输危险废物、危险化学品的船舶进入南水北调东线工程干线规划通航河道、丹江口水库及其上游通航河道的，由县级以上地方人民政府负责海事、渔业工作的行政主管部门按照职责权限予以扣押，对危险废物、危险化学品采取卸载等措施，所需费用由违法行为人承担；构成犯罪的，依法追究刑事责任。

**第五十二条** 违反本条例规定，建设穿越、跨越、邻接南水北调工程输水河道的桥梁、公路、石油天然气管道、雨污水管道等工程设施，未采取有效措施，危害南水北调工程安全和供水安全的，由建设项目审批、核准单位责令采取补救措施；在补救措施落实前，暂停工程设施建设。

**第五十三条** 违反本条例规定，侵占、损毁、危害南水北调工程设施，或者在南水北调工程保护范围内实施影响工程运行、危害工程安全和供水安全的行为的，依照《中华人民共和国水法》的规定处理；《中华人民共和国水法》未作规定的，由县级以上人民政府水行政主管部门或者流域管理机构按照职责权限，责令停止违法行为，限期采取补救措施；造成损失的，依法承担民事责任；构成违反治安管理行为的，依法给予治安管理处罚；构成犯罪的，依法追究刑事责任。

**第五十四条** 南水北调工程水源地、调水沿线区域有下列情形之一的，暂停审批有关行政区域除污染减排和生态恢复项目外所有建设项目的环境影响评价文件：

（一）在东线工程干线、中线工程总干渠设置排污口的。

（二）排污超过重点水污染物排放总量控制指标的。

（三）违法批准建设污染水环境的建设项目造成重大水污染事故等严重后果，未落实补救措施的。

## 第七章 附 则

**第五十五条** 南水北调东线工程，指从江苏省扬州市附近的长江干流引水，调水到江苏省北部和山东省等地的主体工程。

南水北调中线工程，指从丹江口水库引

水，调水到河南省、河北省、北京市、天津市的主体工程。

南水北调配套工程，指东线工程、中线工程分水口门以下，配置、调度分配给本行政区域使用的南水北调供水的工程。

**第五十六条** 本条例自公布之日起施行。

# 国务院南水北调工程建设委员会办公室

## 南水北调东中线一期工程特殊预备费使用管理办法

2014年9月9日
（国调办投计〔2014〕229号）

**第一条** 根据国务院对南水北调东中线一期工程增加投资的批复意见，为加强南水北调东中线一期工程（以下简称南水北调工程）特殊预备费管理，规范特殊预备费使用程序，特制定本办法。

**第二条** 本办法所称特殊预备费是指国务院批复的南水北调工程增加投资中计列的特殊预备费。

**第三条** 特殊预备费使用范围包括：

（一）南水北调工程建设期重大险情和突发事件的处理。

（二）南水北调工程建设期新情况和新问题的处理。

（三）南水北调工程建设期确需建设的其他不可预见项目。

**第四条** 申请使用特殊预备费的项目需按规定履行项目审批程序：

（一）在批复的南水北调工程初步设计报告基础上，根据工程建设实际情况，进行重大设计变更的项目，按照南水北调工程重大设计变更审批有关规定程序办理。

（二）在批复的南水北调工程可行性研究报告基础上，确需建设的新增项目，按照以下审批程序办理：

1. 项目申报单位在充分论证必要性的基础上提出项目申请报告，报送国务院南水北调办。

2. 国务院南水北调办委托专家委员会对项目申请报告进行技术经济评估。

3. 专家委员会提出评估意见后，将新增项目提请国务院南水北调办主任办公会审议，审议结果以会议纪要的形式明确。

4. 审议同意的新增项目，由项目申报单位组织编制项目初步设计报告（实施方案），报送国务院南水北调办。

5. 初步设计报告（实施方案）按照南水北调工程初步设计审批有关规定程序，由国务院南水北调办审批，审批情况抄送发展改革委、财政部、审计署等部门。

6. 单项工程总投资在5亿元及以上的新增项目，需提交国务院南水北调工程建设委员会审议。

**第五条** 经审批的项目，原则上首先使用南水北调相关设计单元工程基本预备费及结余投资，不足再使用特殊预备费。

**第六条** 批复项目法人的初步设计概算总投资，较国务院批复的南水北调工程投资总规模若有结余，纳入特殊预备费管理。

**第七条** 国务院南水北调办将特殊预备费使用计划纳入南水北调工程年度投资建议计划，报送发展改革委，经发展改革委同意后纳入国家年度固定资产投资计划。

**第八条** 本办法由国务院南水北调办负责解释。

**第九条** 本办法自印发之日起施行。

## 南水北调设计单元工程投资控制奖惩考核实施细则

2014 年 3 月 17 日
（国调办经财〔2014〕62 号）

**第一条** 为贯彻落实国务院南水北调工程建设委员会印发的《南水北调工程投资静态控制动态管理规定》（国调委发〔2008〕1 号）和财政部、国务院南水北调工程建设委员会办公室（以下简称国务院南水北调办）制定的《南水北调工程投资控制奖惩办法》（财建〔2006〕1113 号），规范南水北调工程投资控制奖征考核程序和行为，制定本实施细则。

**第二条** 本实施细则适用于南水北调东、中线一期主体工程和湖北省南水北调管理局直接管理的汉江中下游治理工程。征地补偿和移民安置、治污工程、丹江口库区及上游水污染防治和水土保持工程投资除外。

**第三条** 投资控制奖惩考核以设计单元工程为基本单元。

**第四条** 设计单元工程完工验收后，由国务院南水北调办统一组织投资控制奖惩考核。

**第五条** 国务院南水北调办组织投资控制奖惩考核专家组（以下简称专家组）进行考核。专家组由工程技术、经济财务等方面的专家组成。

国务院南水北调办成立投资控制奖惩考核工作领导小组，根据考核情况决定奖惩。

**第六条** 投资控制奖惩考核的主要内容：

（一）是否按批准的初步设计报告完成建设任务。

（二）工程质量是否合格，有无质量事故。

（三）工程建设过程中有无安全生产事故。

（四）是否在工程建设工期内完成建设任务（经国务院南水北调办认定非项目法人和建设管理单位责任造成的建设工期延误除外）。

（五）合同管理情况。

（六）完工财务决算核准文件中要求处理或整改的问题是否处理整改到位。

（七）投资控制节余或超支情况。

**第七条** 被考核单位应积极配合做好相关考核工作，准备如下资料：

（一）经批准的初步设计概算或项目管理预算及批复文件。

（二）重大设计变更的批复文件。

（三）补偿价差的批复文件。

（四）完工验收报告。

（五）完工财务决算报告及其核准文件。

（六）待运行期管理维护方案批复文件。

（七）投资控制奖惩考核基本条件自检报告（包括工程建设任务完成、工程质量、安全生产、建设工期、合同管理情况，以及完工财务决算核准文件中要求处理或整改的问题处理情况）。

（八）初步设计概算或项目管理预算执行情况分析报告［报告编写要求见附件（略）］。

（九）考核需要的其他资料。

**第八条** 投资控制节余额以经批准的总投资和实际支出额为基础，调整相关因素后计算。

（一）银行贷款利息、包干使用的征地拆迁费不纳入投资控制奖惩考核。

（二）经国务院南水北调办批准并明确在初步设计概算外调增投资的重大设计变更等所增加的投资额作为增加概算投资额。

（三）经批准未实施的初步设计报告中已列项目的投资额作为扣减概算投资额。

（四）实际支出中扣减下列因素：

建设管理费实际支出超出项目管理预算中建设管理费额度部分。没有编制项目管理预算的设计单元工程，参照《南水北调工程设计单元工程项目管理预算编制办法》，按建设管理费取值范围的最低值确定建设管理费额度。

**第九条** 投资控制节余额计算公式：

设计单元工程投资控制节余额 =（初步设计概算额 + 经批准的补偿价差投资额 + 经批准的待运行期管理维护费 – 暂列银行贷款利息 – 包于使用的征地拆迁费 + 概算基数中增加的投资额 – 概算基数中扣减的投资额）–（实际支出 – 实际支出中应扣减的支出 – 已支出的银行贷款利息）。

实际支出中包括待运行期管理维护费用实际支出及其预留费用。

**第十条** 专家组对设计单元工程投资控制奖惩考核内容全面考核，对各项投资和支出增减原因逐一核实。

**第十一条** 专家组在考核的基础上提出投资控制奖惩考核报告，应包括以下内容：

（一）工程建设的基本情况。

（二）对被考核单位工程质量、安全生产、建设工期、合同管理等情况进行综合评价。

（三）对投资控制的考核结果作出评价，对投资变化主要原因予以说明。

（四）对考核中发现的其他重大问题进行分析和说明。

（五）提出被考核单位投资控制奖惩的具体建议。

**第十二条** 项目法人或建设管理单位在批准的项目管理预算核定的建设单位管理费工资总额中扣留 15%，作为投资控制保证金；没有编制过项目管理预算的设计单元工程，按原批复概算中确定的建设管理费中的工资总额的 15% 计算扣留投资控制保证金。

**第十三条** 投资控制保证金实行单独核算。经考核投资控制没有超支的，按原渠道返回投资控制保证金；投资超支的，按超支额扣减投资控制保证金。投资超支额超过投资控制保证金的，投资控制保证金扣完为止；投资控制保证金有剩余的，按原渠道返还。扣减的投资控制保证金冲抵该设计单元工程的建设成本。

**第十四条** 经考核有投资节余的设计单元工程，项目法人按照《南水北调工程投资控制奖惩办法》（财建〔2006〕1113 号）的规定提取奖励。

**第十五条** 经批准已预提投资控制节余奖励的，应在该设计单元工程投资控制奖励额中扣除。本设计单元工程奖励额不足扣除的，可从其他设计单元工程奖励额中调剂。

**第十六条** 经考核投资超支的设计单元工程，除执行第十三条规定外，超支投资首先用建设管理单位所管辖工程范围内节余投资弥补（其中超支投资额的 30% 用建设管理单位管理项目提取的奖励资金弥补），建设管理单位所管辖工程范围内节余投资不足弥补的，由项目法人在所管辖工程范围内统筹调剂解决（其中 30% 用项目法人提取的奖励资金弥补）。

**第十七条** 在建设过程中，有下列情形之一的，不予奖励：

（一）发生过重大及以上质量事故的。

（二）有重大安全生产事故和群死群伤重特大事故的。

（三）由于建设管理单位自身原因造成不能按时完工的。

（四）在合同管理中，发生转包的。

**第十八条** 设计单元工程建设管理费超支的，应将超支额从建设成本中转出，在投资控制奖励中列支。

**第十九条** 对实行委托、代建的项目有投资节余的，项目法人按照《南水北调工程投资控制奖惩办法》（财建〔2006〕1113 号）对建设管理单位进行奖励。

**第二十条** 本办法由国务院南水北调办负责解释。

**第二十一条** 本办法自印发之日起施行。国务院南水北调办 2011 年 6 月 15 日印发的《南水北调设计单元工程投资控制奖惩考核实施细则》（国调办经财〔2011〕128 号）同时

废止。

## 2014年度南水北调工程建设进度目标考核实施办法

2014年5月7日
（国调办建管〔2014〕102号）

### 第一章 总 则

**第一条** 为加快南水北调工程建设进度，确保实现2014年度工程建设目标，根据《南水北调工程建设与生产运行目标责任书》《南水北调工程现场参建单位建设目标考核奖励办法（试行）》《南水北调工程项目法人年度建设目标考核奖励办法（试行）》制定本办法。

**第二条** 本办法适用于南水北调东、中线一期工程在建项目进度目标考核。

**第三条** 进度目标考核对象为南水北调工程项目法人（含委托项目管理单位，下同）、现场建管机构、施工、监理、设计等参建单位。

**第四条** 进度目标考核包括建设进度计划考核、进度节点目标考核和关键事项督办考核。

建设进度计划考核包括年计划考核、季计划考核和月计划考核。

进度节点目标考核和关键事项督办考核每月组织一次，考核到期节点完成情况。

对中线干线工程，除上述考核外，每双周进行一次进度目标考核，下文中双周考核均专指对中线干线工程的考核。

**第五条** 进度目标考核工作按照分级负责的原则组织实施。

国务院南水北调工程建设委员会办公室（以下简称国务院南水北调办）负责对项目法人的年、季、月、双周计划考核和进度节点目标考核，负责对督办单位、责任单位的关键事项督办考核。

项目法人负责对现场建管机构、施工、监理、设计单位的年、季、月、双周计划考核和进度节点目标考核。

**第六条** 进度目标考核的依据为：

（一）《南水北调工程建设与生产运行目标责任书》。

（二）《关于南水北调东、中线一期工程建设目标安排意见的通知》。

（三）经核准的工程建设进度计划、进度节点目标。

（四）《南水北调中线干线剩余工程建设进度管理工作方案》。

（五）经核准确定的关键事项。

**第七条** 年、季计划考核结果将在中国南水北调网上进行公告，其他考核结果是否公告由国务院南水北调办确定。

月计划、进度节点目标考核结果、关键事项（包括征迁事项）办理情况由各项目法人每月5日前报送国务院南水北调办。

中线干线工程双周考核情况由项目法人每双周周五中午12时前报送国务院南水北调办，第一期双周报从3月14日开始报送。

### 第二章 建设进度计划考核

**第八条** 建设进度计划考核的主要内容为考核周期内施工投资、混凝土浇筑、管理设施建设及设备安装调试、通信光缆建设等指标的完成情况，对中线干线工程，增加高填方渠段防渗墙、灌浆加固、外坡加固抗滑桩长和安全防护网等指标的完成情况。

考核指标 $K$ 的计算公式为 $K$ = 平均值［$K_1$，$K_2$，$K_3$，$K_4$，$K_5$，$K_6$］，其中 $K_1$、$K_2$、$K_3$、$K_4$、$K_5$、$K_6$ 为考核周期内施工投资、混凝土浇筑、管理设施建设及设备安装调试（管理用房、降压站、安全监测站、水质自动监测站、闸室、设备安装、设备调试共7项，$K_3$ 为这7项完成量求和再除以这7项计划量的和得出，$K_4$、$K_5$ 以此类推）、通信光缆建设（通信管道、光缆敷设共2项）、高填方防渗墙和灌浆加固及外坡加固抗滑桩长（高填方渠段防渗墙、灌浆加固、外坡加固抗滑桩长共3项）、安全防护网完成数量与计划数量的比值，其中$K_5$、$K_6$只针对中线干线工程。

当年累计考核指标称为$K_{累计}$。

当分项考核指标$K_i$计划数量为0且完成数量也为0时，$K_i$计为空值。不参与平均值计算；当$K_i$计划数量为0但完成数量大于0时，按$K_i=1.00$计算。

当分项考核指标$K_i \geq 2.00$时，按$K_i=2.00$计算。

多个设计单元汇总计算时，$K_i$计划数量、完成数量分别求和后再计算比值。

当标段$K_i$对应项剩余量小于等于年计划量的10%时，该项不再计入$K$值考核，按节点目标考核。

**第九条**　建设进度计划考核结果分为合格、不合格。考核指标$K \geq 1.00$的为合格，$K<1.00$的为不合格。

**第十条**　对年计划考核结果合格的项目法人，国务院南水北调办给予通报表扬，并根据《南水北调工程建设与生产运行目标责任书》中各阶段建设目标的完成情况，按照负责建设管理项目施工投资的比例核定项目法人本级进度奖励额度。

**第十一条**　对年计划考核结果不合格的项目法人，国务院南水北调办给予处罚。

（一）对考核指标$K<1.00$的单位，国务院南水北调办约谈其负责人。

（二）对考核指标$K<0.90$的单位，国务院南水北调办给予通报批评。

（三）对考核指标$K<0.80$单位，国务院南水北调办调整相关负责人，或提请有关主管单位对相关负责人进行调整。

**第十二条**　对年计划考核结果合格的现场建管机构、施工、监理、设计单位，项目法人给予通报表扬，可发放奖励资金。

**第十三条**　对年计划考核结果不合格的现场建管机构、施工、监理、设计单位，给予相应处罚。

（一）对考核指标$K<0.95$的单位，项目法人约谈其单位负责人。

（二）对考核指标$K<0.90$的单位，项目法人给予通报批评。

（三）对考核指标$K<0.80$的单位，项目法人责成有关单位撤换项目负责人。

**第十四条**　对季计划考核结果合格，考核指标$K \geq 1.00$且$K_{累计} \geq 1.00$的，国务院南水北调办对项目法人给予通报表扬，项目法人对现场建管机构、施工、监理、设计单位给予通报表扬。项目法人可向受到表扬的相关单位和个人发放奖励资金。

对季计划考核结果不合格，考核指标$K<0.90$且$K_{累计}<1.00$的，国务院南水北调办对项目法人给予通报批评，项目法人对现场建管机构、施工、监理、设计单位给予通报批评，并责成限期整改。

**第十五条**　对月计划考核结果合格，考核指标$K \geq 1.10$且$K_{累计} \geq 1.00$的，国务院南水北调办对项目法人给予表扬，项目法人对现场建管机构、施工、监理、设计单位给予表扬。项目法人可向受到表扬的相关单位和个人发放奖励资金。

**第十六条**　对月计划考核结果不合格的现场建管机构、施工、监理、设计单位，给予相应处罚。

（一）对考核指标$K<1.00$，且$K_{累计}<1.00$的单位，以及$K_{累计}<0.85$的单位，项目法人约谈现场建管机构负责人。

（二）对考核指标$K<0.90$，且$K_{累计}<1.00$的单位，项目法人约谈现场建管机构、施工、监理、设计单位负责人。

（三）对考核指标连续两次$K<0.80$，且$K_{累计}<1.00$的单位，国务院南水北调办约谈现场建管机构负责人，项目法人约谈并通报批评现场建管机构、施工、监理、设计单位负责人。

**第十七条**　施工、监理单位的进度考核结果，按照《南水北调工程建设信用管理办

法（试行）》纳入信用管理体系。对进度滞后严重，影响通水目标、性质恶劣的单位，信用评价为不可信单位。

## 第三章　进度节点目标、关键事项督办考核

**第十八条**　进度节点目标考核对工程各阶段形象进度节点目标完成情况进行考核。

**第十九条**　关键事项督办考核标准为关键事项是否按计划时间办结，关键事项确定按《关于加强南水北调工程建设进度关键事项督办工作的通知》等有关规定执行。

**第二十条**　对按时完成进度节点目标、按期办结关键事项且效果显著的，国务院南水北调办对责任单位给予口头表扬、通报表扬等奖励。

**第二十一条**　对于不能按期完成进度节点目标、不能按期办结关键事项的，对责任单位及责任人给予相应处罚，处罚措施分两个阶段实施。

（一）2014 年 5 月 31 日前

对于进度节点目标、关键事项办结时间延期 3 日以上、7 日以下完成的，约谈相关责任单位负责人。

对于进度节点目标、关键事项办结时间延期 8 日以上、14 日以下完成的，通报批评相关责任单位。

（二）2014 年 6 月 1 日至 9 月 30 日

对于进度节点目标、关键事项办结时间延期 3 日以下完成的，约谈相关责任单位负责人。

对于进度节点目标、关键事项办结时间延期 4 日以上、7 日以下完成的，通报批评相关责任单位。

对于延期时间较长、影响通水目标完成的，国务院南水北调办追究有关人员责任。

## 第四章　附　　则

**第二十二条**　对有关单位和人员的考核结果及奖惩情况，每月送达工程沿线省（直辖市）南水北调领导机构负责同志及有关单位上级主管部门。

**第二十三条**　项目法人建设进度目标考核结果作为其领导班子考核以及相关负责人选拔、任用、撤换的重要参考。

施工、监理进度目标考核结果计入南水北调工程建设信用记录档案。

**第二十四条**　有关单位和人员应对报送文字、数据材料的真实性负责。对虚报数据的，国务院南水北调办对相关单位及其负责人给予通报批评，责令责任单位严肃处理责任人。

**第二十五条**　考核期内，因不可抗力等因素影响进度目标考核结果的，相关单位应及时说明。

**第二十六条**　对相关单位和人员的资金奖励参照《南水北调工程现场参建单位建设目标考核奖励办法（试行）》和《南水北调工程项目法人年度建设目标考核奖励办法（试行）》相关规定执行。奖励资金由有关单位按照工作责任和工作绩效，奖励分配给相关责任人员，分配方案报我办核备。

**第二十七条**　本办法由国务院南水北调办负责解释。

**第二十八条**　本办法自印发之日起施行。

CHINA SOUTH-TO-NORTH WATER DIVERSION PROJECT CONSTRUCTION YEARBOOK

# 伍 重要文件

IMPORTANT FILES

# 国家防汛抗旱总指挥部

## 关于实施从丹江口水库向平顶山市应急调水的通知

（国汛电〔2014〕2号）

长江防汛抗旱总指挥部，河南、湖北省防汛抗旱指挥部：

近期，河南省部分地区发生了严重干旱，部分城市出现供水紧张，特别是平顶山市主要水源地白龟山水库蓄水一直偏少，目前已低于死水位（97.50m），平顶山市城市供水形势十分严峻。河南省防指紧急请示国家防总及长江防总，请求从丹江口水库通过南水北调中线总干渠向白龟山水库调水。

7月30日，国家防总召集长江防总、河南省防指、国务院南水北调工程建设委员会办公室等单位应急会商，讨论形成了《2014年从丹江口水库向平顶山市应急调水方案》。现将该方案印发你们，请长江防总加强应急调水的统一调度和监督管理，组织协调两省共同做好应急调水工作；河南、湖北两省要团结协作，克服困难，确保调水工作顺利实施，切实加强调水沿线和平顶山市用水管理，最大限度地发挥调水的抗旱减灾效益。

附件：《2014年从丹江口水库向平顶山市应急调水方案》

国家防汛抗旱总指挥部

2014年8月4日

附件：

### 2014年从丹江口水库向平顶山市应急调水方案

**一、调水缘由**

今年入汛以来，河南省高温少雨干旱天气持续发生，中西部和北部部分地区发生了严重干旱，部分城市出现供水困难。特别是平顶山市主要水源地白龟山水库蓄水一直偏少，目前已低于死水位（97.50m）。据预测，近期河南省仍无有效的降水过程，为保障平顶山市城市用水需求，需紧急向白龟山水库实施应急调水。

**二、调水目标**

利用南水北调中线总干渠从丹江口水库向白龟山水库补充水源，缓解平顶山市城市供水紧张局面。

**三、调水方案**

（一）调水线路。从湖北省清泉沟临时抽水泵站提水分入陶岔引水渠，经南水北调陶岔枢纽入南水北调中线总干渠，由沙河退水闸进入沙河，输水至白龟山水库。

（二）调水规模。暂定调水2400万$m^3$，调水流量10立方米每秒，后期视旱情发展和丹江口水库来水情况再作调整。

（三）调水时间。从8月6日开始实施调水，历时约30天。

**四、调水费用**

应急调水发生的费用由河南省分别向湖北省和丹江口水利枢纽管理局协商支付。

**五、组织实施**

长江防总负责应急调水的统一调度、总体协调和监督管理，负责应急调水计量和水质监测。

湖北省负责临时泵站的正常运行和保证

按计划分水。

河南省负责应急调水所需临时工程建设和收水管水工作。

淮委南水北调中线一期陶岔渠首枢纽工程建设管理局负责陶岔枢纽的应急调水正常运行。

南水北调中线建设管理局负责应急调水期间中线总干渠的安全运行与控制。

**六、用水管理**

河南省平顶山市要做好节约用水工作，压减和取消高耗水行业用水，确保城市供水安全。

长江防总及湖北、河南两省要加强调水周边地区取用水管理，加大沿渠取水口门监督力度。

**七、附则**

本方案实施过程中，视雨水情实行动态管理。

长江防总及湖北、河南两省要及时上报水量调度和水文监测相关信息。

## 关于做好南水北调中线一期工程总干渠充水试验供水陶岔枢纽调度的通知

（国汛电〔2014〕3号）

长江防汛抗旱总指挥部：

根据汉江雨水情及丹江口水库蓄水情况，国家防总决定从9月20日8时起，通过陶岔枢纽向南水北调中线一期工程总干渠供水，以满足南水北调工程管理部门开展黄河以南渠段充水试验的需要。具体调水流量、水量和持续时间等，请你部商南水北调中线建管局确定并报我部备案。同时，平顶山市应急调水完成5000万$m^3$目标任务后，要立即关闭澎河分水闸和退水闸，开启澎河节制闸，以利充水试验顺利进行。

国家防汛抗旱总指挥部

2014年9月19日

# 国家发展和改革委员会

## 国家发展改革委关于南水北调东线一期主体工程运行初期供水价格政策的通知

（发改价格〔2014〕30号）

江苏省、山东省物价局，中国南水北调东线总公司筹备组：

根据国务院南水北调工程建设委员会第七次全体会议原则同意的东线一期主体工程水价方案和有关文件规定，经商财政部、水利部、国务院南水北调办，制定南水北调东线一期主体工程运行初期供水价格，现通知如下：

一、东线一期主体工程运行初期供水价格按照保障工程正常运行和满足还贷需要的原则确定，不计利润，并按规定计征营业税及其附加。各口门采取分区段定价的方式，将主体工程划分为7个区段，同一区段内各口门执行同一价格。具体价格如下：南四湖以南各口门0.36元/$m^3$（含税，下同）、南四湖下级湖各口门0.63元/$m^3$、南四湖上级湖（含上级湖）至长沟泵站前各口门0.73元/$m^3$、长沟泵站后至东平湖（含东平湖）各口门0.89元/$m^3$、东平湖至临清邱屯闸各口门1.34元/$m^3$、临清邱屯闸至大屯水库各口门2.24元/$m^3$、东平湖以东各口门1.65元/$m^3$。

二、东线一期主体工程实行两部制水价，基本水价按照合理偿还贷款本息、适当补偿工程基本运行维护费用的原则制定，计量水价按补偿基本水价以外的其他成本费用以及计入规定税金的原则制定。7个区段各口门两部制水价详见附件。

东线一期主体工程供用水单位要严格执行国家规定的供水价格，受水区价格主管部门要加强对供水价格执行情况的监督检查。供水管理单位要将水费收入主要用于工程的贷款偿还和运行维护，充分发挥工程效益，加强水费支出管理，确保水利工程水费取之于水、用之于水。

上述规定自南水北调东线一期主体工程正式通水之日起执行。

附件：南水北调东线一期主体工程运行初期各口门供水价格

附件

**南水北调东线一期主体工程运行初期各口门供水价格**

单位：元/$m^3$

| 序号 | 区段划分 | 区段内各口门供水价格 | | |
|---|---|---|---|---|
| | | 综合水价 | 基本水价 | 计量水价 |
| 1 | 南四湖以南 | 0.36 | 0.16 | 0.20 |
| 2 | 南四湖下级湖 | 0.63 | 0.28 | 0.35 |
| 3 | 南四湖上级湖（含上级湖）至长沟泵站前 | 0.73 | 0.33 | 0.40 |
| 4 | 长沟泵站后至东平湖（含东平湖） | 0.89 | 0.40 | 0.49 |
| 5 | 东平湖至临清邱屯闸 | 1.34 | 0.69 | 0.65 |
| 6 | 临清邱屯闸至大屯水库 | 2.24 | 1.09 | 1.15 |
| 7 | 东平湖以东 | 1.65 | 0.82 | 0.83 |

国家发展和改革委员会

2014年1月7日

## 国家发展改革委关于南水北调中线一期工程干线生态带建设规划的批复

（发改农经〔2014〕895号）

南水北调办：

你办报来《南水北调中线一期工程干线生态带建设规划》收悉。经研究，现批复如下：

一、为提高南水北调中线工程输水水质安全保障，进一步加强工程沿线地区生态建设和环境保护，原则同意你办组织编制的《南水北调中线一期工程干线生态带建设规划》（以下简称《规划》）。

二、《规划》范围为南水北调中线一期干线工程管理区、工程沿线一级水源保护区和二级水源保护区，总面积4737$km^2$，涉及北京、天津、河北、河南4省（市）70个县（市、区）。《规划》主要建设内容和规模为：生态林建设660$hm^2$，生态农业建设4591.9$hm^2$，城区段园林绿地建设9179.1$hm^2$，环境综合治理及工程管理区绿化1725$hm^2$。

三、《规划》匡算总投资171.81亿元，以地方投入为主，国家结合防护林体系建设、农村环境治理、农田基础设施建设等现有资金渠道给予补助。各级地方政府要加大对生态带建设的投入力度，探索符合市场规律和经济规律的建设模式，调动企业、集体和个人参与生态带建设的积极性。

四、你办要切实加强对《规划》实施的组织协调和监督检查，会同有关部门和地方共同做好《规划》的实施工作。要大力推进科技、机制和管理创新。要通过合理利用土地促进生态带建设，《规划》建设内容涉及土地利用的，要符合国家有关用地的各项政策，需要报批的要严格按照法定程序报批。

附件：南水北调中线一期工程干线生态

带建设规划（略）

国家发展和改革委员会
2014年5月7日

## 国家发展改革委关于南水北调中线河南段防洪影响处理工程可行性研究报告的批复

（发改农经〔2014〕1805号）

河南省发展改革委：

你委《关于呈报河南省南水北调中线防洪影响处理工程可行性研究报告的请示》（豫发改农经〔2012〕385号）、《关于河南省南水北调中线防洪影响处理工程地方投资的承诺函》（豫发改投资函〔2014〕12号）均悉。经研究，现批复如下：

一、原则同意所报南水北调中线河南段防洪影响处理工程可行性研究报告。工程任务是处理南水北调中线河南段工程造成的防洪影响，保障总干渠左右岸防洪安全。

二、工程治理范围为南水北调中线一期工程总干渠河南省内731km范围内的105条左岸排水建筑物所在交叉河流（沟）。工程建设内容包括：新开挖河道3.003km，疏浚河道111段长70.56km，护岸73处长45.67km，防洪堤2段长0.92km，重建、新建桥涵192座等。保护耕地的工程设计洪水标准为5年一遇，中线总干渠左岸和右岸保护村庄的工程设计洪水标准分别为20年一遇和10年一遇。

根据国土资源部用地预审意见，该项目拟用地总面积为129.2$hm^2$，其中农用地91.87$hm^2$（含耕地73.59$hm^2$）。搬迁安置人口890人，采用集中安置与分散安置相结合的方式；生产安置人口1248人，采取在本村内部调剂土地安置的方式。

三、按2014年4月价格水平，工程总投资为59 236万元。总投资中，从南水北调中线主体工程投资中安排国家重大水利工程建设基金53 313万元，其余投资由你省自筹解决。

四、该工程为地方水利项目。原则同意河南省南水北调中线防洪影响处理工程建设管理局作为项目法人，负责工程的前期工作和建设管理。工程建成后按属地化管理原则，由当地有关管理单位负责运行维护，不新增管理机构和管理设施。工程建设要严格执行项目法人责任制、招标投标制、合同管理制、建设监理制和竣工验收等制度。项目法人要按照招标投标法和相关规定，委托招标代理机构公开招标选择勘察设计、施工、监理以及重要设备、材料供应单位。要进一步理顺管理体制，落实工程运行维护经费，保证工程顺利建设并长期发挥效益。

五、初步设计阶段，要按照水利部和中国国际工程咨询公司的意见进一步完善前期工作，复核防洪影响范围及影响程度，细化防洪影响分类，优化工程布置和处理措施，尽可能减少征地拆迁数量。要认真做好征地补偿和被征地居民安置工作，保障被征地居民的知情权、参与权、表达权和监督权等各项合法权益，对安置工作中可能出现的问题，要做好预案。概算经我委核定后，初步设计由你委审批，报我委备核。

国家发展和改革委员会
2014年8月5日

## 国家发展改革委关于南水北调中线一期主体工程运行初期供水价格政策的通知

（发改价格〔2014〕2959号）

北京市、天津市、河北省、河南省发展改革委、物价局，南水北调中线一期主体工程运行管理相关单位：

经商财政部、水利部、国务院南水北调办，现就南水北调中线一期主体工程（以下简称“中线工程”）运行初期供水价格政策通知如下：

一、中线工程运行初期供水价格实行成本水价，并按规定计征营业税及其附加。其中河南、河北两省暂实行运行还贷水价，以后分步到位。

二、分区段制定中线工程各口门价格，共划分为6个区段，同一区段内各口门执行同一价格。

三、中线工程实行两部制水价，基本水价按照合理偿还贷款本息、适当补偿工程基本运行维护费用的原则制定，计量水价按补偿基本水价以外的其他成本费用以及计入规定税金的原则制定。基本水费按基本水价乘以规划分配的分水口门净水量计算，计量水费按计量水价乘以实际口门用水量计算。

四、水源工程综合水价为每立方米0.13元（含税，下同），干线工程河南省南阳段、河南省黄河南段（除南阳外）、河南省黄河北段、河北省、天津市、北京市各口门综合水价分别为每立方米0.18元、0.34元、0.58元、0.97元、2.16元、2.33元。水源工程和干线工程各口门基本水价、计量水价详见附件。

五、中线工程供用水单位要严格执行国家规定的供水价格。供水管理单位要加强成本约束，规范水费支出管理，提高水费收入使用效费。受水区价格主管部门要加强对供水价格执行情况的监督检查。

六、中线工程通水3年后，根据工程实际运行情况对供水价格进行评估、校核。

上述规定自南水北调中线一期主体工程正式通水之日起执行。

附件：南水北调中线一期主体工程运行初期各口门供水价格

国家发展和改革委员会
2014年12月26日

附件：

**南水北调中线一期主体工程**
**运行初期各口门供水价格**

单位：元/m$^3$

| 区段划分 | | 区段内各口门供水价格 | | |
|---|---|---|---|---|
| | | 综合水价 | 基本水价 | 计量水价 |
| 水源工程 | | 0.13 | 0.08 | 0.05 |
| 干线工程 | 河南省南阳段（望城岗—十里庙） | 0.18 | 0.09 | 0.09 |
| | 河南省黄河南段（辛庄—上街） | 0.34 | 0.16 | 0.18 |
| | 河南省黄河北段（北冷—南流寺） | 0.58 | 0.28 | 0.30 |
| | 河北省（于家店—三岔沟）（郎五庄南—得胜口） | 0.97 | 0.47 | 0.50 |
| | 天津市（王庆坨连接井—曹庄泵站） | 2.16 | 1.04 | 1.12 |
| | 北京市（房山城关—团城湖） | 2.33 | 1.12 | 1.21 |

## 丹江口库区及上游水污染防治和水土保持部际联席会议办公室第二次全体会议纪要

（发改办地区〔2014〕2980号）

2014年9月16日，丹江口库区及上游水污染防治和水土保持部际联席会议办公室第二次全体会议在北京召开。联席会议各成员单位相关司局负责同志，南水北调中线水源区河南、湖北、陕西三省（以下简称三省）发展改革委、南水北调办负责同志出席会议。会议认真学习领会了国务院领导同志关于加强南水北调中线水源保护有关工作的批示精神，听取了三省和有关部门实施《丹江口库区及上游水污染防治和水土保持"十二五"规划》(以下简称《规划》)的进展情况，分析了存在的主要问题，研究了下一步工作措施。

会议认为，三省高度重视丹江口库区及上游水污染防治和水土保持工作，积极推进《规划》项目建设。截至今年7月底，已建和在建项目占《规划》项目总数的87.6%。按照南水北调办与三省签订的中线水源保护工作目标责任书，通水前完成《规划》70%以上项目建设目标已基本实现。丹江口水库陶岔取水口水质达到Ⅱ类调水要求，主要入库支流水质基本符合水功能区要求，汉江干流省界断面水质达到Ⅱ类，《规划》确定的2014年中线通水前总体治理目标也已实现。尤其是5条不达标入库河流综合治理取得一定成效，"黑、臭"面貌已明显改观，主要污染物浓度较治理前下降了50%以上。

会议指出，国务院有关部门认真落实联席会议办公室第一次全体会议有关要求，加大对《规划》项目实施的指导和支持。截至今年7月底，已下达三省中央资金84.48亿元，其中，发展改革委安排城镇污水和垃圾处理设施、水土保持、重污染河道内源治理、渠首水质监测中心等项目建设资金68.67亿元，发展改革委、工业和信息化部分别安排工业点源污染防治项目建设资金2亿元和0.23亿元，环境保护部安排地方水环境监测能力和农村面源污染防治项目建设资金3.82亿元，水利部安排跨省界水质自动监测站建设资金0.19亿元，农业部安排农村沼气池、畜禽标准化规模养殖场等农业面源污染防治项目建设资金6.57亿元。此外，财政部还加大国家重点生态功能区转移支付力度。联席会议各成员单位还在控制污染源、提高城镇生活污水和垃圾处理能力、推动生态建设、加强环保监管及应急处置能力、完善保障措施、建立检查考核及信息通报机制等方面开展了一系列卓有成效的工作。

会议强调，当前工作中仍存在一些亟待解决的问题：一是部分规划项目进展缓慢，库周生态隔离带建设、农业面源污染防治、地方水环境监测能力建设、入河排污口整治等项目建设滞后；二是神定河等个别入库支流短期内达标困难，虽不影响丹江口水库调水水质，但带来的社会负面影响不容忽视；三是丹江口水库饮用水水源保护区划定工作滞后；四是国家重点生态功能区转移支付资金分配使用、丹江口库区取缔网箱养殖补偿政策、中线水源保护长效机制建设等相关保障措施亟须跟进。

会议经讨论，议定以下意见：

一、关于进一步加快推进项目建设。三省要加快推进《规划》项目前期工作，有效整合有关部门的中央资金，特别是切块下达的各类治污和生态建设资金，加大向水源区倾斜，提高国家重点生态功能区中央财政转移支付资金使用效率，落实项目建设资金，加快项目建设。比如应将各类农业面源污染中央资金足额用于水源区；按国家林业局要求，河南、湖北两省要将2013～2014年国家下达的3亿元长江防护林建设等资金向库区倾斜，用于库周生态隔离带建设。此外，针对三省反映一些项目未纳入《尾矿库综合治理方案》的问题，发展改革委和安全监管总局已要求地方编制了无主尾矿库综合治理项目实施方案，并将中央补助资金切块下达到各省，三省应按照有关要求予以落实。

二、关于加快不达标河流治理。河南、湖北两省要着力改善不达标河流水质，抓紧建成一批重点治污项目，力争使这些河流在"不黑不臭"、水质明显改善的基础上再上一个新台阶。

三、关于尽快划定丹江口水库饮用水水源保护区。水利、环保部门要指导河南、湖北两省尽快完成丹江口水库饮用水水源保护区划定工作，督促两省尽快颁布水源保护区划定方案，依法加强保护区范围内的环保监管。

四、关于研究建立水源保护长效机制。三省要进一步完善国家重点生态功能区转移支付资金使用办法，提高资金用于生态环保方面的效率。河南、湖北两省和有关部门要研究取缔网箱养殖的补偿政策，探索在水源区开展生态文明示范区建设的途径，加快建立水源保护的长效机制。

五、关于“十三五”规划编制工作。发展改革委、南水北调办要会同有关部门和三省适时启动丹江口库区及上游水污染防治和水土保持“十三五”规划编制工作，重点解决水源区农业和农村面源污染、污水和垃圾处理配套设施不足以及部分河流（断面）水质不达标等问题。

出席：发展改革委王新怀、黄微波、但萍，南水北调办石春先、李道峰、鲁璐，科技部张书军，工业和信息化部黄波，财政部陈娇，国土资源部柳源，环境保护部蔡治国，住房城乡建设部张悦、陈玮，水利部程晓冰、张文聪、宋万祯，农业部刘北桦、杨照，安临总局李峰，林业局刘道平、欧阳君祥，河南省刘文生、王斌、杨继成、王家永，湖北省刘元成、孙大钟、李庆功、郭新明、张志成、柯贤国、蒲国林，陕西省张西林、朱昱、樊兆兴、袁若国、张向龙。

国家发展和改革委员会

2014 年 12 月 9 日

# 水　利　部

## 水利部关于批准下达南水北调东线一期工程 2014～2015 年度水量调度计划的通知

（水资源〔2014〕318 号）

淮河水利委员会，江苏省、山东省水利厅，南水北调东线一期工程管理单位：

根据《南水北调工程供水用水管理条例》《南水北调东线一期工程水量调度方案（试行）》，在江苏省、山东省水利厅提出的 2014～2015 年度用水计划建议的基础上，淮河水利委员会经商有关单位，编制了《南水北调东线一期工程 2014～2015 年度水量调度计划》（见附件），已经我部审定同意，现下达给你们，请遵照执行。

一、各有关单位要充分认识南水北调东线一期工程水量调度工作的重要性，切实履行职责，保障用水安全，落实最严格水资源管理制度，强化水资源统一调度，严格执行年度水量调度计划，抓好各项管理措施，确保南水北调东线一期工程年度水量调度目标和任务的落实。

二、各有关单位要精心组织，切实抓好《南水北调东线一期工程 2014～2015 年度水量调度计划》的实施。统筹协调东线一期工程各区段间水量调度工作，做好调水期间所辖工程的运行管理，保证工程安全，确保调水工作顺利实施。针对实际水量调度过程中存在的问题，各有关单位应及时沟通协调，妥善处理。水量调度中要根据已有调度时段的来水和取水情况，对余留期的调度计划进行滚动修正，以实现水量调度的总量控制目标。

三、南水北调东线一期工程管理单位要会同有关单位做好月水量调度方案制定和备案工作，在制定月水量调度方案时涉及航运的，应当与交通运输主管部门协商。加强水量实时调度，并做好与江苏省和山东省省际水量交接工作。

四、江苏省、山东省水利厅要积极配合并服从水资源的统一调度，加强对辖区内水量调度的指导、监督和管理，节水为先，统筹配置引长江水等外调水和当地各类水源。

五、各有关单位要抓紧制定应急调度预案，密切关注调水期间水量、水质等变化，防范和快速处理水量调度突发事件，按照应急调度预案规定，组织做好应急调度工作，确保供水安全。

六、各有关单位要根据各自职责，加强水量调度监测、计量，及时发布调水信息。江苏省、山东省水利厅，南水北调东线一期工程管理单位每月28日前向我部备案下月的月水量调度方案，并抄送淮河水利委员会；每月5日前向我部报送上月的水量调度方案执行情况总结，并抄送淮河水利委员会。

七、各有关单位要按照职责加强监督管理。南水北调规划设计管理局，淮河水利委员会，江苏省、山东省水利厅要切实做好东线一期工程水量调度的监督检查工作，对监督检查过程中发现的违规引水、违反调度指令等行为，应及时查处，并责令其立即纠正，确保东线一期工程水量调度的顺利实施。

做好南水北调东线一期工程水量调度工作意义重大，各有关单位要按照《南水北调东线一期工程2014～2015年度水量调度计划》要求，加强领导、精心组织、团结合作、科学调度，为沿线地区经济社会可持续发展提供水资源保障。

附件：南水北调东线一期工程2014～2015年度水量调度计划（略）

水利部

2014年9月30日

## 水利部关于印发《南水北调中线一期工程水量调度方案（试行）》的通知

（水资源〔2014〕337号）

北京市、天津市、河北省、河南省、湖北省人民政府，长江水利委员会，丹江口水库运行管理单位，南水北调中线总干渠管理单位：

经国务院同意，现将《南水北调中线一期工程水量调度方案（试行）》（以下简称《方案》）印发给你们，请认真组织实施。有关事项通知如下：

一、《方案》是指导南水北调中线一期工程水量调度工作的重要依据和准则。南水北调中线一期工程（以下简称“中线一期工程”）水量调度关系到中线一期工程达效和受水区用水安全，涉及水源区、受水区各方各类用水权益，各有关省（直辖市）、各有关单位和部门应加强领导、落实责任、精心组织，切实做好《方案》的实施。

二、各有关省（直辖市）要贯彻落实最严格水资源管理制度，节水优先、统筹兼顾，认真编制年度用水计划建议，充分利用南水北调水，合理配置受水区各类水源，逐步替代超采的地下水，促进受水区经济社会可持续发展。

三、各有关工程运行管理单位要积极配合并服从水资源统一调度，保证工程运行安全，做好中线一期工程水量调度工作的具体实施和水量交接工作。

四、各有关单位和部门要按照职责，根据《方案》明确的任务分工和要求，做好计量、监测、监督管理、信息报送和发布工作；抓紧制定水量调度应急预案，有效应对各类突发事件；团结合作，共同做好中线一期工程年度水量调度工作，确保中线一期工程水量调度目标和任务的落实，实现中线一期工程长期稳定达效。

附件：南水北调中线一期工程水量调度方案（试行）（略）

水利部

2014年10月27日

## 水利部关于印发《南水北调中线一期工程2014～2015年度水量调度计划》的通知

（水资源〔2014〕349号）

北京市、天津市、河北省、河南省、湖北省人民政府，长江水利委员会，丹江口水库运行管理单位，南水北调中线总干渠管理单位：

根据《南水北调工程供用水管理条例》（以下简称《条例》）以及经国务院同意的《南水北调中线一期工程水量调度方案（试行）》（以下简称《方案》），水利部组织有关单位制定了《南水北调中线一期工程2014～2015年度水量调度计划》（以下简称《计划》，见附件），现印发给你们，请认真组织实施。

一、《计划》是指导南水北调中线一期工程（以下简称“中线一期工程”）年度水量调度工作的重要依据。中线一期工程水量调度事关水源区和受水区用水权益，事关工程调水目标的实现，对于充分发挥调水工程社会效益、经济效益和生态效益具有重要意义。各有关省（直辖市）人民政府、各有关单位和部门要充分认识中线一期工程水量调度工作的重要性，切实加强领导、强化现任、精心组织，认真做好《计划》的实施工作，保障用水安全。

二、各有关单位要强化中线一期工程水量统一调度和冰期输水管理，严格执行《计划》。《计划》如需要变更，应按原审批程序报批。要做好调水期间所辖工程的运行管理和安全保护，确保工程运行安全。针对实际水量调度过程中出现的问题，应及时沟通协调，妥善处理。要抓紧制定水量调度应急预案，有效防范、快速处置突发事件。

三、各有关省（直辖市）要落实节水优先方针，贯彻实施最严格水资源管理制度，强化辖区内用水总量控制，落实节水、用水各项管理措施，大力推进超采区地下水限采压采，统筹配置南水北调工程供水和当地水资源，逐步替代超采的地下水。依法落实中线一期工程水质保障目标责任制和各项管理措施，确保供水安全。

四、丹江口水库运行管理单位要统筹陶岔、清泉沟、汉江中下游以及其他用水需求，制定丹江口水库月水量调度方案，并按照汉江流域防洪抗旱管理和水资源统一调度的要求组织实施。南水北调中线总干渠管理单位要会同有关单位做好中线总干渠月水量调度方案的制定和实施，及时协调处理受水区有关单位用水需求，做好水量实时调度和受水区各分水口门水量交接。

五、各有关单位和部门要根据《方案》确定的任务分工和要求，做好水量水质监测，按职责定期发布有关调水信息，按时完成月调度方案和总结的报备工作。有关省（直辖市）水利（水务）厅（局），南水北调中线总干渠管理单位、丹江口水库运行管理单位、引江济汉工程运行管理单位每月28日前向我部报送次月水量调度方案，并抄送长江水利委员会，其中丹江口水库月水量调度方案同时抄送长江航务管理局、湖北省交通运输厅；每月10日前向我部报送上月水量调度方案执行情况总结，并抄送长江水利委员会。

六、有关流域管理机构、相关省（直辖市）水利（水务）厅（局）和各有关部门要切实落实水量调度和水质安全保障监督职责，强化监督检查，对监督检查过程中发现的违规引水、违反调度指令等行为，应依法及时查处，确保中线一期工程水量调度的顺利实施。

今年是中线一期工程通水的第一年，社会

各界高度关注，做好中线一期工程水量调度工作意义重大，各有关单位和部门要按照《计划》要求，团结协作、科学调度，做好《计划》落实工作，促进经济社会可持续发展。

附件：南水北调中线一期工程2014～2015年度水量调度计划（略）

水利部

2014年10月29日

## 水利部重要文件一览表

| 编号 | 文件名称 | 文号 | 印发日期 |
|---|---|---|---|
| 1 | 水利部办公厅关于印发南水北调东线第一期工程穿黄河工程水土保持设施验收鉴定书的函 | 办水保函〔2014〕451号 | 2014年5月14日 |
| 2 | 水利部办公厅关于印发南水北调东线一期长江～骆马湖段其他工程(第一批)水土保持设施验收鉴定书的函 | 办水保函〔2014〕455号 | 2014年5月15日 |
| 3 | 水利部办公厅关于印发南水北调东线第一期工程南四湖水资源控制工程杨官屯河闸工程水土保持设施验收鉴定书的函 | 办水保函〔2014〕741号 | 2014年7月25日 |
| 4 | 水利部长江水利委员会关于丹江口水库陶岔渠首枢纽取水许可申请的批复 | 长许可〔2014〕297号 | 2014年10月29日 |
| 5 | 水利部长江水利委员会关于颁发丹江口水库陶岔渠首枢纽取水许可证的通知 | 长许可〔2014〕340号 | 2014年12月8日 |
| 6 | 水利部长江水利委员会关于实施南水北调中线一期工程通水试验的通知 | 长水资源〔2014〕626号 | 2014年10月31日 |
| 7 | 水利部长江水利委员会关于开启陶岔渠首闸门实施南水北调中线一期工程通水试验的通知 | 长水资源〔2014〕627号 | 2014年10月31日 |

# 国务院南水北调工程建设委员会办公室

## 关于印发《国务院南水北调办机关行为准则》的通知

（国调办综〔2014〕4号）

机关各司、各直属单位：

《国务院南水北调办机关行为准则》已经办领导同意，现予印发，请认真贯彻执行。

附件：国务院南水北调办机关行为准则

国务院南水北调工程建设委员会办公室

2014年1月6日

附件

### 国务院南水北调办机关行为准则

#### 第一章　总　　则

**第一条**　为进一步规范办机关工作人员行为，弘扬艰苦奋斗、勤俭节约的优良作风，建立厉行勤俭节约、反对铺张浪费长效机制，推进节约型机关建设，根据中央八项规定精神、《党政机关厉行节约反对浪费条例》和《党政机关国内公务接待管理规定》等有关文件，结合我办实际，制定本行为准则。

**第二条**　本准则是国务院南水北调办机

关工作人员日常工作、执行公务、履行职责和接受监督的基本要求和依据，是在工作过程中必须遵守的行为规范。

**第三条** 本准则适用于国务院南水北调办机关。

## 第二章 会议活动

**第四条** 压缩会议规模和数量。凡是能通过文电、网络或其他方式传达会议精神、部署工作的不再召开会议，会议内容相同或相近的应合并召开。

**第五条** 严格执行会议费开支范围和标准，综合司会同经财司根据相关规定，严格审核机关各司年度会议计划，从严控制会议数量、会期和参会人员规模，报主任办公会或党组会审定。

**第六条** 会议应当在政府采购定点饭店召开。参会人员在50人以内且无外地代表的会议，原则上在单位内部会议堂召开，不安排住宿。会议住宿用房以标准间为主，用餐安排自助餐或者工作餐。

会议期间，不得安排宴请，不得组织旅游以及与会议无关的参观活动，不得以任何名义发放纪念品。

未经批准以及超范围、超标准开支的会议费用，一律不予报销。严禁违规使用会议费购置办公设备，严禁列支公务接待费等与会议无关的任何费用，严禁套取会议资金。

**第七条** 严格培训审批制度，从严控制培训数量、时间、规模，严禁以培训名义召开会议。

严格执行分类培训经费开支标准，严格控制培训经费支出范围，严禁在培训经费中列支公务接待费、会议费等与培训无关的任何费用。严禁以培训名义进行公款宴请、公款旅游活动。

**第八条** 未经批准，不得以单位成立、工程奠基或者竣工等名义举办或者委托、指派其他单位举办各类庆典活动，不得举办论坛活动。严禁使用财政性资金举办营业性文艺晚会。从严控制举办大型综合性运动会和各类大型赛会。

经批准的庆典、论坛、运动会、赛会等活动，应当严格控制规模和经费支出，不得向下属单位摊派费用，不得借举办活动发放各类纪念品，不得超出规定标准支付费用邀请名人、明星参与活动。为举办活动专门配备的设备在活动结束后应当及时收回。

**第九条** 严格控制和规范各类评比达标表彰活动，不得以任何方式向相关单位和个人收取费用。

## 第三章 文件简报

**第十条** 减少发文数量。法律法规已有明确规定的一律不再发文，现行文件仍然适用的不再重复发文，没有实质内容、可发可不发的文件一律不发。一般事务性工作，不印发正式文件，能通过文电、网络或其他方式传达文件精神的，一律不再发文。严格禁止一事多文。

**第十一条** 控制发文规格。能以综合司名义发文的不以办名义发文，一个单位发文能解决问题的不联合发文。

**第十二条** 控制文件简报篇幅，提倡发短文，做到文风清新、言简意赅。上行文要增强针对性，减少一般认识性阐述；下行文要开门见山，减少“穿衣戴帽”。

**第十三条** 简化文件运行程序，原则上文件随到随办。文件在主管领导批示后可及时送主办司先行办理，并行运转，待其他领导批示后及时转告主办司。

**第十四条** 加强对文件的行文依据、行文理由、文件内容、文件格式等方面的审核把关，坚持严格的退文制度，确保文件制发的高标准、高质量。

**第十五条** 文件处理必须严格执行国家保密法律、法规和其他有关规定，坚持实事求是、精简、高效的原则，做到及时、准确、安全。

## 第四章 公 务 用 车

**第十六条** 严格执行公务用车配备范围和标准，不得以特殊用途等理由变相超编制、超标准配备公务用车，不得为公务用车增加高档配置或豪华内饰，不得以任何方式换用、借用、占用下属单位或者其他单位和个人的车辆，不得接受企事业单位和个人赠送的车辆。

**第十七条** 不得擅自扩大专车配备范围或者变相配备专车，部级副职干部退休后，不再配备专车。过去已按党中央、国务院有关规定配备了专车的副部级干部，其专车可以继续保留，但本人不用时，由办机关调度使用。

**第十八条** 公务用车实行集中采购，应当选用国产汽车，优先选用新能源汽车。

**第十九条** 公务用车严格按照规定年限更新，已到更新年限尚能继续使用的应当继续使用，不得因职务晋升、调任等原因提前更新。

**第二十条** 加强公务用车集中管理，统一调度，严禁分散管理使用。严格执行回单位停放制度，节假日期间除特殊工作需要外要封存停驶。

**第二十一条** 公务用车管理严格执行定点保险、定点维修、定点加油制度，降低运行成本。

**第二十二条** 根据公务活动需要，严格按规定使用公务用车，严禁违规用车、公车私用。

## 第五章 办 公 用 房

**第二十三条** 严格管理办公用房，推进办公用房资源的公平配置和集约使用。凡是超过规定面积标准占有、使用办公用房的，必须腾退；凡是未经批准改变办公用房使用功能的，原则上应当恢复原使用功能。

**第二十四条** 从严控制办公用房建设。新建、改建、扩建、购置、置换、维修改造、租赁办公用房，必须严格按规定履行审批程序。

**第二十五条** 办公用房建设项目应当按照朴素、实用、安全、节能原则，严格执行办公用房建设标准、单位综合造价标准和公共建筑节能设计标准，符合土地利用和城市规划要求。

**第二十六条** 严格按照有关标准和“三定”方案，从严核定、使用办公用房。因机构增设、职能调整确需增加办公用房的，应当在现有办公用房中解决；有办公用房不能满足需要的，由机关事务管理部门整合办公用房资源调剂解决；无法调剂、确需租用解决的，应当严格履行报批手续，不得以变相补偿方式租用由企业等单位提供的办公用房。

**第二十七条** 配置使用的办公用房，在退休或者调离时应当及时腾退并由办机关收回。

## 第六章 调 查 研 究

**第二十八条** 调查研究要结合业务工作实际，围绕南水北调工程建设及运行管理工作中带有全局性、战略性和前瞻性的重大问题，基层和群众反映强烈的焦点、热点、难点问题，工程建设及运行管理实际中急需解决的问题，深入一线实地调研，接触群众，了解情况，解决问题，推动工作，严禁走过场、重形式。

**第二十九条** 办领导要把调查研究作为领导工作的重要内容，每年深入基层调研原则上不少于20天，司局级领导干部及以下党员同志据此参照执行。事先要确定调研主题、意图，调研后要写出有分析研究、有可行建议的专题报告。对调研发现的问题，提出期限，研究解决。

**第三十条** 开展基层调研，不再以正式文件印发通知，只向有关单位发便函。办主任调研，原则上不超过5个机关司局及直属单位的负责同志陪同；办副主任调研，原则上不超过3个机关司局及直属单位的负责同志陪同。同一单位同时陪办领导调研的负责同志原则上为1人，主办单位可带1名助手。

**第三十一条** 高度重视调研成果的转化和利用，以成果转化和利用作为开展调研工作的出发点和落脚点，为科学决策提供有力的依据，提高决策水平。

**第三十二条** 加强调研成果交流，充分利用调研资料库共享调研成果，最大程度的发挥调研成果的决策参考价值。

## 第七章 公 务 接 待

**第三十三条** 加强公务接待审批控制，科学安排和严格控制外出的时间、内容、路线、频率、人员数量。

公务外出确需接待的，派出单位应当向接待单位发出公函，告知内容、行程和人员。对无公函的公务活动不予接待，严禁将非公务活动纳入接待范围。

**第三十四条** 严格执行国内公务接待标准，实行接待费支出总额控制制度。严格按标准安排接待对象的住宿用房，协助安排用餐的按标准收取餐费，不得在接待费中列支应当由接待对象承担的费用，不得以举办会议、培训等名义列支、转移、隐匿接待费开支。

公务接待要列明详细的接待内容，包括接待对象的单位、姓名、职务和公务活动项目、时间、场所、费用等，并由相关负责人审签，作为财务报销的凭证之一并接受审计。

**第三十五条** 接待对象应当按照规定标准自行用餐，推行公务接待自助餐。确因工作需要，接待单位可以安排工作餐一次，并严格控制陪餐人数。接待对象在10人以内的，陪餐人数不得超过3人；超过10人的，不得超过接待对象人数的三分之一。

**第三十六条** 公务接待不得在机场、车站、码头组织迎送活动，不得跨地区迎送，不得张贴悬挂标语横幅，不得铺设迎宾地毯、摆放花草，不得派警车开道、清场闭馆。严格控制陪同人数，不搞层层多人陪同，主要负责人不得参加迎送。

**第三十七条** 外宾接待工作应当遵循服务外交、友好对等、务实节俭的原则，严格按照有关规定安排接待活动，从严从紧控制外宾团组和接待费用。

**第三十八条** 积极利用社会资源为国内公务接待提供住宿、餐饮、用车等服务。不得以任何名义新建、改建、扩建所属宾馆、招待所等具有接待功能的设施或者场所。严格执行差旅、会议管理的有关规定，在定点饭店或者机关内部接待场所安排，执行协议价格。

## 第八章 国内差旅和因公出国（境）

**第三十九条** 严格控制国内差旅人数和天数，严禁无明确公务目的的差旅活动，严禁以公务差旅为名变相旅游，严禁异地部门间无实质内容的学习交流和考察调研。

**第四十条** 国内差旅人员应当严格按规定乘坐交通工具、住宿、就餐。差旅人员住宿、就餐由接待单位协助安排的，必须按标准交纳住宿费、餐费。差旅人员不得向接待单位提出正常公务活动以外的要求，不得接受礼金、礼品和土特产品等。

**第四十一条** 统筹安排年度因公出国计划，严格控制团组数量和规模，不得安排照顾性、无实质内容的一般性出访，不得安排考察性出访，严禁集中安排赴热门国家和地区出访，严禁以各种名义变相公款出国旅游。严格执行因公出国限量管理规定，不得把出国作为个人待遇、安排轮流出国。严格控制跨地区、跨部门团组。

综合司应当加强出国培训总体规划和监督管理，严格控制出国培训规模，科学设置培训项目，择优选派培训对象，提高出国培训的质量和实效。

**第四十二条** 综合司应当加强因公出国审核审批管理，对违反规定、不适合成行的团组予以调整或者取消。

加强因公出国经费预算总额控制，严格执行经费先行审核制度。无出国经费预算安排的不予批准，确有特殊需要的，按规定程序报批。严禁违反规定使用出国经费预算以外资金作为出国经费，严禁向所属单位、企业等摊派或者转嫁出国费用。

**第四十三条** 出国团组应当按规定标准安排交通工具和食宿，不得违反规定乘坐民航包机，不得乘坐私人、企业和外国航空公司包机，不得安排超标准住房和用车，不得擅自增加出访国家或者地区，不得擅自绕道旅行，不得擅自延长在国外停留时间。

出国期间，不得与我国驻外机构和其他中资机构、企业之间用公款互赠礼品或者纪念品，不得用公款相互宴请。

**第四十四条** 严格根据工作需要编制出境计划，加强因公出境审批和管理，不得安排出境考察，不得组织无实质内容的调研、会议、培训等活动。

严格遵守因公出境经费预算、支出、使用、核算等财务制度，不得接受超标准接待和高消费娱乐，不得接受礼金、贵重礼品、有价证券、支付凭证等。

## 第九章 资 源 节 约

**第四十五条** 节约集约利用资源，加强全过程节约管理，提高能源、水、粮食、办公家具、办公设备、办公用品等的利用效率和效益，杜绝浪费行为。

**第四十六条** 优化办公家具、办公设备等资产的配置和使用，通过调剂方式盘活存量资产，节约购置资金。已到更新年限尚能继续使用的，不得报废处置。

**第四十七条** 严禁用公款购买、印制、邮寄、赠送贺年卡、明信片、年历等物品。严禁用公款购买年节礼品。

**第四十八条** 尽量使用U盘、网络等方式传输非涉密信息。文件简报资料减少彩色印刷，能传阅的文件尽量传阅，节约用纸，提倡双面打印。对产生的非涉密废纸、废弃电器电子产品等废旧物品进行集中回收处理，促进循环利用；涉及国家秘密的，按照有关保密规定进行销毁。

**第四十九条** 厉行节电措施。白天工作时间，尽量使用室外光源，杜绝“长明灯”、“白昼灯”现象。下班后关闭所有不必要的办公设备电源，减少待机耗电。空调温度夏季不低于26度，冬季不高于20度。提倡上下3层楼以内不乘电梯。

**第五十条** 食堂就餐要依量取食，对剩饭剩菜行为要予以提醒，形成争做“光盘族”、减少浪费的良好用餐氛围。

## 第十章 宣 传 教 育

**第五十一条** 充分发挥南水北调网站、中国南水北调报的作用，将厉行节约反对浪费作为重要宣传内容，广泛宣传中华民族勤俭节约的优秀品德，倡导绿色低碳消费理念和健康文明生活方式。

**第五十二条** 把加强厉行节约反对浪费教育作为作风建设和干部教育培训的重要内容，融入干部队伍建设和机关日常管理之中，建立健全常态化工作机制。对各种铺张浪费现象和行为，应当严肃批评、督促改正。

**第五十三条** 围绕建设节约型机关，组织开展形式多样、便于参与的活动，引导干部职工增强节约意识、珍惜物力财力，积极培育和形成崇尚节约、厉行节约、反对浪费的南水北调机关文化。

## 第十一章 监 督 检 查

**第五十四条** 领导干部厉行节约反对浪费工作情况，列为领导班子民主生活会和领导干部述职述廉的重要内容并接受评议。

**第五十五条** 每年至少组织开展一次专项督查，并将督查情况在适当范围内通报。专项督查可以与党风廉政建设责任制检查考核、年终党建工作考核等相结合，作为干部管理监督、选拔任用的依据。

**第五十六条** 经财司要加强对预算编制、执行等的监督检查，发现违规问题及时进行督促整改。

**第五十七条** 除依照法律法规和有关要求须保密的内容和事项外，根据中共中央、国务院印发的《党政机关厉行节约反对浪费条例》有关要求，按照及时、方便、多样的原则，以适当方式做好信息公开工作。

## 第十二章 责 任 追 究

**第五十八条** 建立南水北调办厉行节约反对浪费工作责任追究制度。对违反本准则造成浪费的，追究相关人员的责任，对负有领导责任的主要负责人或者有关领导干部实行问责。

**第五十九条** 有下列情形之一的，追究相关人员的责任：

（一）未经审批列支财政性资金的；

（二）采取弄虚作假等手段违规取得审批的；

（三）违反审批要求擅自变通执行的；

（四）违反管理规定超标准或者以虚假事项开支的；

（五）利用职务便利假公济私的；

（六）有其他违反审批、管理、监督规定行为的。

**第六十条** 有下列情形之一的，追究主要负责人或者有关领导干部的责任：

（一）铺张浪费、奢侈奢华问题严重，对发现的问题查处不力，干部群众反映强烈的；

（二）指使、纵容下属单位或者人员违反本条例规定造成浪费的；

（三）不履行内部审批、管理、监督职责造成浪费的；

（四）不按规定及时公开办机关有关厉行节约反对浪费工作信息的；

（五）其他对铺张浪费问题负有领导责任的。

**第六十一条** 违反本准则造成浪费的，根据情节轻重，给予批评教育、责令作出检查、诫勉谈话、通报批评或者调离岗位、责令辞职、免职、降职等处理。

应当追究党纪政纪责任的，依照《中国共产党纪律处分条例》《行政机关公务员处分条例》等有关规定给予相应的党纪政纪处分。

涉嫌违法犯罪的，依法追究法律责任。

**第六十二条** 违反本准则获得的经济利益，应当予以收缴或者纠正。

违反本准则，用公款支付、报销应由个人支付的费用，应当责令退赔。

**第六十三条** 受到责任追究的人员对处理决定不服的，可以按照相关规定向有关机关提出申诉。受理申诉机关应当依据有关规定认真受理并作出结论。

申诉期间，不停止处理决定的执行。

## 第十三章 附 则

**第六十四条** 国务院南水北调办各直属单位，参照本准则执行。

**第六十五条** 本准则由综合司会同有关部门负责解释。

**第六十六条** 本准则自发布之日起施行。

# 关于印发《南水北调中线工程通水运行重点工作分工意见》的通知

（国调办综〔2014〕24号）

机关各司、各直属单位：

经办领导同意，现将《南水北调中线工程通水运行重点工作分工意见》印发，请按照分工意见认真贯彻落实。

所列43项重点工作，全部纳入督办考核。

附件：南水北调中线工程通水运行重点工作分工意见

国务院南水北调工程建设委员会办公室
2014年1月16日

附件

## 南水北调中线工程通水运行重点工作分工意见

### 一、水量调度

1.（2月28日前）协调水利部落实天津干线充水试验用水。

（建管司牵头，中线局配合）

2.（5月31日前）协调水利部落实丹江口水库用于全线充水试验的水量及调度计划。

（建管司牵头，中线局配合）

3.（8月31日前）协调水利部制定年度水量调度计划，并通知沿线各省（市）及南水北调工程管理单位。

（建管司牵头，中线局配合）

4.（9月30日前）协调水利部落实水源地调水准备工作，建立丹江口水库水位旬报制度。

（建管司牵头，中线局配合）

5.（9月30日前）审定中线局编报的季、月、旬水量调度方案。

（建管司牵头，中线局配合）

6.（9月30日前）组织中线局与中线水源管理单位、沿线各省（市）签订供用水合同。

（建管司牵头，中线局配合）

7.（12月31日前）协调解决通水运行过程中出现的有关水量调度争议问题（水量计量等）。

（建管司牵头，中线局配合）

### 二、水质保护

8.（2月15日前）审批中线干线工程防护林一期建设专项设计报告。

（投计司牵头，设管中心、中线局配合）

9.（3月31日前）组织开展中线干线一级水源保护区内污染企业调查，（5月31日前）完成中线干线工程水质监测本底值调查。

（中线局负责）

10.（5月31日前）指导项目法人开展中线干线工程内部水质监测工作。

（环保司牵头，中线局配合）

11.（8月31日前）协调环保部制定中线工程水质监测方案，（9月30日前）落实水源地水质监测工作，建立水源地水质旬报制度，做好通水水质监测信息发布事宜。

（环保司牵头，中线局配合）

12.（9月30日前）督促地方政府划定中线水源保护区，设立明确的地理界标和明显的警示标识，提出与保护水源无关建设项目的处理方案。

（环保司牵头，中线局配合）

13.（9月30日前）组织开展含中线干线8个景观节点绿化的防护林一期建设。

（中线局负责）

14.（12月31日前）督促中线局排查总干渠输水水质安全风险，建立数据库，并向环境主管部门反映污染风险。

（环保司牵头，中线局配合）

### 三、应急管理

15.（5月31日前）审批总干渠工程险情抢险体系总体方案。

（投计司牵头，设管中心、中线局配合）

16.（7月31日前）协调水利部编制水量调度应急预案，（9月30日前）督促相关单位制定相应的应急预案（包括重大洪涝灾害、生态事故、水污染事故、工程安全事故等突发事件），并落实应急准备工作。

（建管司牵头，环保司、中线局配合）

17.（12月31日前）协调有关部门按属地原则处置应急突发事件。

（建管司牵头，中线局配合）

18.（9月30日前）完成高填方等重点渠段抢险仓库建设及物资储备。

（中线局负责）

**四、充水试验和通水验收**

19.（3月31日前）完成渡槽、穿黄、天津干渠充水试验，（9月30日前）完成全线充水试验，（10月10日前）消除充水试验过程中发现的工程缺陷。

（中线局负责）

20.（5月31日前）基本完成设计单元工程通水验收，对影响通水的验收遗留问题整改处理，（9月30日前）完成全线通水验收。

（建管司牵头，设管中心、中线局配合）

**五、联调联试**

21.（3月31日前）审批中线安防系统专题设计报告。

（投计司牵头，设管中心、中线局配合）

22.（3月31日前）完成全线所有闸（阀）门及相应启闭设备安装，（5月31日前）完成全线机电、金结设备调试，供电系统安装调试及电源引接和自动化调度系统安装，（9月30日前）完成全线设备、设施联调联试。

（中线局负责）

**六、工程保护**

23.（5月31日前）协调沿线省（市）加强对中线干线退水通道下游河道安全管理，在紧急情况下启用退水闸时，保证人身安全。

（建管司牵头，中线局配合）

24.（5月31日前）协调沿线省（市）组织委托建管单位配合做好相关通水运行筹备工作，承担充水试验和通水初期工程的管理和维护工作。

（建管司牵头，中线局配合）

25.（6月30日前）协调沿线省（市）加快生产桥连接路建设。

（征移司牵头，中线局配合）

26.（5月31日前）完成全线防护网建设，（9月30日前）完成重点渠段安防系统建设。

（中线局负责）

27.（12月31日前）协调沿线省（市）出台南水北调工程保护的相关规范性文件。

（建管司牵头，中线局配合）

28.（7月1日前）协调中线干线工程重要设施武警守卫相关事宜。

（建管司牵头，中线局配合）

29.（7月1日前）协调公安部出台中线干线工程安全保卫工作指导意见，加强警民共建，保护工程安全。

（建管司牵头，中线局配合）

30.（6月30日前）完成京石段工程全面整修。

（中线局负责）

31.（7月31日前）协调发展改革委加快中线干渠防洪影响处理工程可研批复工作，协调水利部加快方案编制及组织实施工作。

（投计司牵头，建管司、中线局配合）

32.（12月31日前）督促地方加强跨渠桥梁移交和运行管理。

（建管司牵头，具体工作由中线局完成）

**七、保障能力建设**

33.（3月31日前）成立通水运行组织领导小组，负责对全线充水试验、正式通水的重要事项进行部署、决策、协调、指挥。

（综合司牵头，建管司提出方案）

34.（5月31日前）完成中线全线质量排查，（9月30日前）督促完成质量问题整改，（12月31日前）完成通水质量综合评价。

（监督司牵头，监管中心、中线局、稽察大队配合）

35.（5月31日前）完善办公、生活设施，满足通水运行需要。

（中线局负责）

36.（5月31日前）修订通水运行各项制度标准规程，完善运行管理制度体系。

（中线局负责）

37.（3月31日前）总调中心、分调中

心、三级管理处运行调度人员基本到位，（5月31日前）开展一线人员业务培训，（9月30日前）完成机构转型，职能调整，确保人员平稳过渡。

（中线局负责）

38.（9月30日前）协调做好输水期间配套工程运行管理与干线工程的有序衔接，制定运行调度管理办法。

（建管司牵头，中线局配合）

39.（9月30日前）协调发展改革委确定中线干线水价（细化至分水口门）。

（经财司牵头，中线局配合）

40.（12月31日前）做好移民征迁的后续相关工作，营造和谐稳定的外部环境。

（征移司牵头，中线局配合）

41.（12月31日前）明确中线干线运行初期水费不能满足运行管理需要时的运行经费来源。

（投计司牵头，经财司、中线局配合）

42.（12月31日前）研究中线干线运行管理体制、机制等问题。

（综合司、建管司并列牵头，中线局配合）

43.（3月1日前）制定全线通水运行宣传工作方案。

（综合司牵头，各司、各单位配合）

## 关于成立南水北调中线工程保通水领导小组的通知

（国调办综〔2014〕70号）

机关各司、各直属单位：

南水北调中线工程将于2014年汛后正式通水，为加强通水准备和运行工作的组织领导、指挥协调，确保通水目标如期实现，经研究决定，成立南水北调中线工程保通水领导小组（以下简称领导小组）。有关事项通知如下：

### 一、人员组成

成立南水北调中线工程保通水领导小组，并下设南水北调中线工程保通水领导小组办公室（以下简称领导小组办公室），主要组成人员如下：

（一）领导小组

组　长：鄂竟平　国务院南水北调办主任

副组长：张　野　国务院南水北调办副主任

蒋旭光　国务院南水北调办副主任

于幼军　国务院南水北调办副主任

成　员：沈凤生　国务院南水北调办总工程师

程殿龙　国务院南水北调办综合司司长

李新军　国务院南水北调办投资计划司司长

朱卫东　国务院南水北调办经济与财务司司长

李鹏程　国务院南水北调办建设管理司司长

石春先　国务院南水北调办环境保护司司长

袁松龄　国务院南水北调办征地移民司司长

刘春生　国务院南水北调办监督司司长

王志民　国务院南水北调办政研中心主任

于合群　南水北调工程建设监管中心主任

王松春　南水北调工程设计管理中心主任

孙国升　北京市南水北调办主任

朱芳清　天津市南水北调办主

任

袁　福　河北省南水北调办主任

王小平　河南省南水北调办主任

崔　军　河南省移民办主任

张忠义　中线建管局局长

王新友　中线水源公司总经理

（二）领导小组办公室

主　任：张　野　国务院南水北调办副主任

副主任：李鹏程　国务院南水北调办建设管理司司长

成　员：由领导小组各成员单位有关工作人员组成，日常工作由建设管理司负责。

（三）其他要求

各有关单位明确专门机构负责本单位通水准备和运行工作的具体实施，并加大管理力度，督促、协调各责任单位加快完成相关工作。

**二、工作职责**

（一）领导小组

领导小组负责对充水试验、通水准备和运行的重要事项进行部署、决策、协调、指挥。主要职责如下：

1. 研究决定中线工程剩余工程建设、通水准备和运行相关重大事项；

2. 部署、指挥中线工程剩余工程建设、充水试验、通水准备和运行相关工作；

3. 协调解决中线工程影响剩余工程建设及影响通水工作的重大问题；

4. 指导、协调重大突发事件的应急处置工作；

5. 督促检查有关工作落实办理情况，研究确定相关奖惩措施；

6. 协调中线配套工程相关事宜。

（二）领导小组办公室

领导小组办公室主要职责如下：

1. 承担领导小组的日常工作；

2. 组织开展中线工程通水准备和运行具体工作，研究提出需要领导小组研究决策的重大事项建议；

3. 协调落实领导小组议定的事项；

4. 做好信息报送、会议组织等具体工作；

5. 完成领导小组交办的其他事项。

（三）有关单位通水运行领导机构

主要职责如下：

1. 在领导小组带领下，完成领导小组交办的有关事项；

2. 负责组织做好本单位范围内的通水准备和运行工作；

3. 协调配合做好与本单位有关的通水准备和运行工作。

**三、工作规则**

1. 领导小组实行会议集体讨论、民主决策处理重要问题的制度。会议包括领导小组全体会议、专题会议。

2. 领导小组全体会议由领导小组组长主持，全体成员参加，会议议题由主持人确定。

3. 领导小组专题会议由领导小组根据工作需要组织召开，会议自领导小组组长或组长委托的副组长主持，有关成员和单位参加，会议议题由主持人确定。

4. 领导小组办公室根据全体会议或专题会议研究的结论性意见整理形成会议纪要。经由领导小组组长签发后，印发有关单位。

5. 全体会议或专题会议议定的事项，列为负责单位的关键事项，由领导小组办公室会同有关部门督促办理，并及时向领导小组报告有关落实情况，关键事项负责单位每两周向领导小组办公室汇总报告办理情况。

6. 对现场突发事件，责任单位第一时间向领导小组办公室报告，并按照国务院南水北调办有关应急预警机制进行响应和处置。

7. 领导小组成员单位之间加强联系与沟通，充分发挥各职能部门的作用，主动解决中线工程通水准备和运行有关问题。

国务院南水北调办

2014 年 3 月 25 日

# 关于印发《国务院南水北调办关于加强廉政风险防控的意见》的通知

（国调办综〔2014〕76 号）

机关各司（党委）、各直属单位：

《国务院南水北调办关于加强廉政风险防控的意见》已经办公室党组会审议通过，现印发你们，请结合实际，认真贯彻执行。

附件：国务院南水北调办关于加强廉政风险防控的意见

国务院南水北调工程建设委员会办公室

2014 年 4 月 8 日

附件

## 国务院南水北调办关于加强廉政风险防控的意见

为深入贯彻落实中央纪委全会、国务院廉政工作会议和习近平总书记系列重要讲话精神，切实加强办公室预防腐败体系建设，确保南水北调工程"工程安全、资金安全、干部安全"，现就加强南水北调工程廉政风险防控提出如下意见：

### 一、加强工程招投标管理

（一）风险源

招标人规避招标，变公开招标为邀请招标，违规编制招标文件，接受投标人馈赠；投标人之间相互串通，轮流坐庄，骗取中标；无资质或资质较低的企业，通过挂靠高资质的企业，借取其单位营业执照、资质证书参与投标；招标代理机构违规操作，透露标底，给投标人出谋划策；评标专家收受投标人好处或与之有利益关系，进行倾向性评标等。

（二）防控措施

一是严格实施行贿犯罪档案查询工作，将行贿犯罪档案查询结果作为投标单位资质审查的硬性条件。（建管司加强监管，监督司配合监管）

二是实行招投标全过程公开，接受社会公众监督；对招投标活动全过程备案，实行终身负责制。（建管司加强监管）

三是加强评标专家管理，严格培训、考核、评价和档案管理，规范评标专家抽取程序管理。（建管司负责，有关单位配合）

四是严格查处招投标违规行为，项目法人代表和评标组长实行轮换制，严防人为控制评标结果；规范和完善工程建设招投标举报投诉处理机制，严肃查处弄虚作假、串标抬标、泄露标底、串通评委等腐败行为。（建管司、监督司加强监管）

### 二、加强工程合同管理

（一）风险源

违规订立合同，委托与有利益关系的单位签订合同，订立有重大缺陷或无效的合同；承包商中标后转包或违法分包，从中牟取不正当利益，合同履约率低；自行修改合同中资料，编造虚假数据；利用职权违反规定干预合同管理；对合同管理索赔立项、程序、工程量和单价审查把关不严；通过不合理的合同变更索赔为施工单位谋取不正当利益等。

（二）防控措施

一是严格执行合同监管有关规定，加强工程建设合同监督检查和合同问题责任追究，规范合同当事人在合同订立、履行和管理过程中的行为。（监督司加强监管）

二是组织开展合同执行情况专项稽查，坚决制止工程转包和违法分包，严肃查处以劳务分包为名转嫁工程风险或变相分包工程的违规行为。（监督司加强监管）

三是严格编报、审批合同变更索赔报告，合同变更索赔报告编报严格按照规定的程序办理，变更索赔审批前必须经专家和有资质的咨询机构审查把关。集中精干力量，细扣深扣合同变更增加投资和索赔投资，坚决砍掉不合理费用。（投计司加强监管，监督司、

经财司配合监管）

四是开展合同变更索赔监督检查，实行合同变更索赔专项审计，对审计发现的合同变更索赔处理中违法违规行为和管理失职行为追究相关单位和人员的责任。（投计司加强监管，监督司、经财司配合监管）

**三、加强工程质量控制**

（一）风险源

施工单位片面追逐利益，趋利违规，以次充好，偷工减料，不能完全兑现投标承诺；监管机构对不合格工程段降低检验标准，发现问题隐瞒不报；监理人员违反职业道德，接受施工单位的贿赂，虚报工程质量合格率，严重失职、渎职；委托检测机构资质不具备，改动或编造检测数据，故意隐瞒质量问题，提供虚假检测报告等。

（二）防控措施

一是在质量监管上高压严管，完善各类质量监督检查手段，完善“三位一体”、“三查一举”的质量监管体制机制；突出“飞检”和举报对工程质量监管的重要作用，实施有奖举报，发现质量问题及时解决，严防意外。（监督司负责，有关单位配合）

二是建立质量问题快速公平评鉴机制，保证试验检测单位出具公正、可信的检测结果，对疑似质量事故进行追踪和调查。与有关单位建立联席议事机制。（监督司负责，有关单位配合）

三是落实质量奖罚办法，对关键工序、关键部位作业人员的工作质量实施现场考核与奖罚，对质量过程控制进行激励。实行质量责任终身追究制，对质量问题严格处罚，加大对责任单位资质及责任人资格处理力度。（监督司负责，有关单位配合）

**四、加强征地移民和治污环保监管**

（一）风险源

征地移民中贪污冒领补偿款，挪用移民专项资金，侵害移民群众的利益；治污环保中检查不深入不细致，玩忽职守，违规接受污染企业贿赂，未从严防范和控制水质污染等。

（二）防控措施

一是加强征地移民监管，督促各省落实征地移民各项管理规定，及时处理群众来信来访反映的征地移民问题，加强审计、稽察，发现问题及时督促各省整改。（征移司负责）

二是加强治污环保监管，完善工作机制，建立责任链条，落实监管责任，严保水质；跟踪督促有关方面严肃查处在水质监管中失职渎职、违法违规人员，确保清水永续北送。（环保司负责）

**五、加强财务资金监管**

（一）风险源

工程款被截留、超付或挪用；项目资金被挤占，被用于投资等不当使用；虚列建设成本，套取建设资金；虚报项目，套取预算资金；不按规支付质保金；违规结算专项施工款；规避决算审计；超标准超范围进行物资采购；“三公”经费使用不当；违规报销；公款私用等。

（二）防控措施

一是合理配置和使用资金，严控并减少账面资金积存，降低工程建设资金风险。严格按照合同支付或兑付资金，严格控制预付比例。严禁挪用资金。做好预算管理工作，防止巧立名目、突击花钱，防止挪用、套取或骗取资金。（经财司负责，各司、各直属单位配合）

二是严控“三公”经费，严格执行中央八项规定和国务院约法三章，加强因公出国（境）费、公车运行费、公务接待费、会议费、培训费、差旅费等费用管理，厉行勤俭节约，防止铺张浪费。严控庆典、仪式等不必要活动的费用。严格按规定进行政府采购。（经财司负责，各司、各直属单位配合）

三是加强资金使用的监督和审计，对全系统资金使用情况进行全面核查、全方位内审，发现建设资金使用或管理不当的，督促

相关单位和个人限期整改，堵塞资金管理漏洞，确保资金安全。（经财司负责）

四是建立健全财务管理制度，进一步完善资金管理、审计整改责任追究等规章制度，定期对财务重要岗位人员进行轮岗，严格报销程序，深化“小金库”治理。（经财司负责）

五是严肃查办违纪违规行为，建立面向一线、快速有效的举报受理办理机制，与审计、检察机关保持密切合作，对截留、挪用、挤占南水北调工程建设资金，私设小金库、多头开户、公款私存等违纪违规行为，坚决查处。（经财司负责，监督司配合）

六、加强干部人事管理

（一）风险源

人员招录违反“公开、公平、竞争、择优”的原则，不严格按照相关法规政策和制度程序进行；干部选拔工作不规范，出现暗箱操作、以权谋私、带病提拔等违规选人用人问题；职称评定弄虚作假、徇私舞弊，评分不公正、不合理；工作调动违反组织人事管理工作规定；干部人事档案管理不规范等。

（二）防控措施

一是坚持正确的用人导向，认真执行《党政领导干部选拔任用工作条例》等组织人事制度，认真落实公务员招录政策和企事业单位工作人员公开招聘制度，严格按照规定的原则、标准、条件、资格、程序和纪律办事，规范选人用人行为；加强组织人事部门和组工干部队伍自身建设，提高选人用人工作科学化水平。（综合司负责，各直属单位配合）

二是加强干部监督管理，全面落实领导干部辞职、回避、交流等制度，认真落实领导干部个人事项报告、离任责任审计、问责，严格落实“一报告两评议”、领导干部选拔任用工作责任追究办法和有关事项报告等制度，深入整治选人用人不正之风。进一步完善领导干部考核制度，严格管理干部人事档案。（综合司负责，各直属单位配合）

三是扩大干部工作民主，认真执行民主推荐、民主测评、任前公示、任职试用期等制度，切实做到公开、公平、公正，充分落实干部群众对干部人事工作的知情权、参与权、选择权和监督权，营造风清气正的选人用人环境。（综合司负责，各直属单位配合）

四是对关键岗位人员按照有关规定进行轮岗，及时切断干部因长期在同一工作领域、同一岗位而可能形成的各种关系网和利益纽带，从源头预防腐败现象。（综合司负责，各直属单位配合）

## 关于印发《南水北调中线工程通水运行重点工作分工意见细化方案》的通知

（国调办综〔2014〕103号）

机关各司、各直属单位：

经办领导同意，现将《南水北调中线工程通水运行重点工作分工意见细化方案》印发，请认真贯彻落实。

附件：南水北调中线工程通水运行重点工作分工意见细化方案

国务院南水北调工程建设委员会办公室

2014年5月7日

附件

### 南水北调中线工程通水运行重点工作分工意见细化方案

**一、综合司**

1. 研究中线干线运行管理体制。

5月15日前，综合司建管司研究提出“管理体制方案”修改意见并征求有关单位意见后，将方案报办党组审议；5月15日至6月15日，综合司建管司将党组审议通过的“方案征求意见稿”送相关部委和有关省市政府征求意见；7月1日前后，吸收有关方面意见后，形成“方案报批稿”，具备上报国务院条件。

2. 研究中线干线运行管理机制。

中线局5月底研究提出“中线干线运行管理机构设置方案”。综合司在7日内征求有关单位意见，15日内研究提出批复建议，报办党组审批。

**二、投计司**

3. （5月31日前）审批总干渠工程险情抢险体系总体方案。

5月上旬将评估及审查意见提请主任办公会研究；5月中下旬协调设管中心提交正式审查意见；5月31日前完成批复。

4. （12月31日前）明确中线干线运行初期水费不能满足运行管理需要时的运行经费来源。

动态跟踪中线局对中线干线工程运行初期收入测算和成本核算方案进展情况及发展改革委明确的中线水价方案；10月底前根据中线水价方案及中线局测算结果，研究工程运行初期经费来源有关意见；12月底前，将中线干线运行初期水费不能满足运行管理需要时的经费来源正式意见报办公室审定。

5. （8月31日前）协调发展改革委加快中线干渠防洪影响处理工程可研批复工作，协调水利部加快方案编制及组织实施工作。

根据3月24日南水北调中线防洪影响处理工程协调会议精神，邯石段6月底批复可行性研究报告，7月底批复初步设计报告；河南段8月底批复可行性研究报告，9月底批复初步设计报告。

**三、经财司**

6. （9月30日前）协调发展改革委确定中线干线水价（细化至分水口门）。

7月31日前协调发展改革委研究提出中线干线工程运行初期水价政策方案（征求意见稿），并征求相关方面意见；9月30日前协调发展改革委梳理各方反馈意见，修改完善中线干线工程运行初期水价政策方案，并报国务院审批。

**四、建管司**

7. （5月31日前）协调水利部落实丹江口水库用于全线充水试验的水量及调度计划。

充水试验方案和用水需求明确后10日内，督促中线局办理临时取水许可证；每月25日前协调一次。

8. （8月31日前）协调水利部制定年度水量调度计划，并通知沿线各省（市）及南水北调工程管理单位。

发布中线水量调度方案，每月25日前协调一次；发布年度水量调度计划，每月25日前协调一次。

9. （9月30日前）协调水利部落实水源地调水准备工作，建立丹江口水库水位旬报制度。

9月30日前落实水源准备，每月25日前协调一次。

10. （9月30日前）审定中线局编报的季、月、旬水量调度方案。

水利部发布年度水量调度计划后，督促中线局15日内完成方案编报；中线局方案上报后，15日内组织完成审查。

11. （9月30日前）组织中线局与中线水源管理单位、沿线各省（市）签订供用水合同。

5月15日前督促中线局拟定供用水合同初稿；6月30日前督促中线局征求有关方面意见，修改完善后与有关各方开展谈判，9月30日前完成谈判；季、月、旬水量调度方案确定后10日内与有关单位签订供水合同。

12. （12月31日前）协调解决通水运行过程中出现的有关水量调度争议问题（水量计量等）。

7月30日前督促中线局提出处理水量调度争议的原则、技术措施等；12月31日前协调解决通水运行过程中出现的水量调度争议问题。

13.（7月31日前）协调水利部编制水量调度应急预案，（9月30日前）督促相关单位制定相应的应急预案（包括重大洪涝灾害、生态事故、水污染事故、工程安全事故等突发事件），并落实应急准备工作。

5月31日前督促中线局编制各应急预案；7月31日前督促中线局开展应急准备及自查，上报自查报告；8月31日前组织应急准备情况检查。

14.（12月31日前）协调有关部门按属地原则处置应急突发事件。

5月31日前督促中线局编制各应急预案，明确和地方的联系方式；10月31日前督促中线局建立与地方有关部门的联系机制。

15.（5月31日前）基本完成设计单元工程通水验收，对影响通水的验收遗留问题整改处理，（9月30日前）完成全线通水验收。

督促中线局完成设计单元工程通水验收准备和自查，提交验收申请；5月31日前按计划基本完成设计单元工程通水验收；9月30日前组织中线局完成与通水相关问题处理，完成全线通水验收。

16.（5月31日前）协调沿线省（市）加强对中线干线退水通道下游河道安全管理，在紧急情况下启用退水闸时，保证人身安全。

5月31日前督促中线局制定各退水闸应急退水方案（含应对措施和河道管理单位联系方式），建立与地方有关部门联系机制。

17.（5月31日前）协调沿线省（市）组织委托建管单位配合做好相关通水运行筹备工作，承担充水试验至通水初期工程运管的配合工作。

5月10日前督促中线局研究起草充水试验至通水运行初期配合管理委托协议初稿；5月31日前督促中线局与委托单位签订协议，明确委托单位相关职责。

18.（12月31日前）协调沿线省（市）出台南水北调工程保护的相关规范性文件。

12月31日前协调沿线地方出台有关规范性文件，每2个月协调一次。

19.（7月1日前）协调中线干线工程重要设施武警守卫相关事宜。

5月15日前督促中线局征求地方武警部队意见、编制南水北调中线干线工程重要设施武警守卫建议方案报办公室；6月10日前完成方案审查；7月1日前向公安部提出申请，协调武警守卫事宜。

20.（7月1日前）协调公安部出台中线干线工程安全保卫工作指导意见，加强警民共建，保护工程安全。

6月15日前组织完成方案审查；7月1日前协调公安部。

21.（12月31日前）督促地方加强跨渠桥梁移交和运行管理。

5月15日前督促中线局提交验收移交计划；5月30日前，印发计划和工作方案；12月31日前督促做好桥梁验收移交和运行管理工作。

22.（9月30日前）协调做好输水期间配套工程运行管理与干线工程的有序衔接，制定运行调度管理办法。

6月30日前征求有关单位意见；9月30日前修改完善并报办公室审定。

**五、环保司**

23.（5月31日前）指导项目法人开展中线干线工程内部水质监测工作。

按照已定的时间节点完成。

24.（8月31日前）协调环境保护部制定中线工程水质监测方案，（9月30日前）落实水源地水质监测工作，建立水源地水质旬报制度，做好通水水质监测信息发布事宜。

按照已定的时间节点完成。

25.（9月30日前）督促地方政府划定中线水源保护区，设立明确的地理界标和明显的警示标识，提出与保护水源无关建设项目的处理方案。

5月10日前现场督促北京、河北尽快完成保护区划定；9月30日前督促地方政府设立界标、警示标识，提出与保护水源无关建设项目的处理方案。

26.（12月31日前）督促中线局排查总干渠输水水质安全风险，建立数据库，并向环境主管部门反映污染风险。

7月底前完成以总干渠两侧污染源排查成果为基础，结合地下水水质现状评价结果，筛选对总干渠水质构成污染风险的重点排污企业；12月31日前向环境主管部门反映污染风险，配合做好环保监管工作。

**六、征移司**

27.（6月30日前）协调沿线省（市）加快生产桥连接路建设。

河北段：5月底前再完成331公里，完成全部规划建设任务。

河南段：5月底前累计完成2089条；6月底前累计完成2276条，完成全部规划建设任务。

28.（12月31日前）做好移民征迁的后续相关工作，营造和谐稳定的外部环境。

2月下旬至5月底，开展为期3个月的征地移民矛盾纠纷排查化解活动和库区内安移民工作"回头看"活动，并对排查问题督促整改；12月31日前召开南水北调工程征地移民维护稳定工作会，做好库区移民和干线征迁后续问题处理等相关工作。

**七、监督司**

29.（5月31日前）完成中线全线质量排查，（9月30日前）督促完成质量问题整改，（12月31日前）完成通水质量综合评价。

5月31日前组织开展渠道工程、混凝土建筑物、桥梁工程质量问题排查，对重点项目实施专项核查，开展质量专项稽察和质量认证；每月5日组织实施"三位一体"质量问题会商，实施责任追究；开展即时质量问题责任追究；9月30日前督促质量问题整改；12月31日前配合专家委组织对中线工程进行质量评价。每季度末对中线工程继续实施质量信用管理，完成2014年质量信用评价。

**八、中线局**

30.（5月31日前）完成中线干线工程水质监测本底值调查。

5月31日前完成中线干线内排段地下水水质本底值监测调查工作。

31.（9月30日前）组织开展含中线干线8个景观节点绿化的防护林一期建设。

防护林一期工程科学的施工工期为一年，在2014年春季根据气候情况只安排少部分部位进行施工（初步计划按照30%左右比例来安排），确保在汛后通水时有个基本面貌，起到初步保护水质的效果。

32.（9月30日前）完成高填方等重点渠段抢险仓库建设及物资储备。

中线局已将总体方案上报办公室，待审批及后续细化设计下发后，9月30日前完成建设和储备。

33.（9月30日前）完成全线充水试验，（10月10日前）消除充水试验过程中发观的工程缺陷。

（1）完成渡槽、穿黄、天津干线充水试验。5月31日前完成第二次充水试验及发现缺陷处理；9月20日前完成穿黄工程充水。（2）全线充水试验运行管理。5月31日前按计划组织落实全线充水试验前调度运行准备工作，检查现地充水试验各项调度运行准备工作，并及时督促整改；9月30日前做好充水试验中的调度运行管理工作。（3）工程缺陷消除。待充水试验完成后根据实际情况逐项明确节点，9月30日前限时进行缺陷消除。

34.（5月31日前）完成全线机电、金结设备调试，供电系统安装调试及电源引接和自动化调度系统安装，（9月30日前）完成全线设备、设施联调联试。

5月31日前完成全线所有闸（阀）门及相应启闭设备调试，并满足运行要求，完成全线供电系统安装调试及电源引接工程调试，全线供电系统满足全线运行调度、正常办公用电需要，完成全线自动化调度系统安装

（不含陶岔、北京段等土建不具备条件部分）；9月30日前完成通水相关设备、设施联调联试。

35.（6月30日前）完成全线防护网建设，（9月30日前）完成重点渠段安防系统建设。

5月31日前协调地方移民部门加快连接路建设，推动防护网全线封闭；6月30日前完成地方垃圾场占压段渠道防护网建设（充水时可采取临护措施）；8月31日前完成重点渠段安防系统设备安装工作；9月30日前完成重点渠段安防系统调试工作。

36.（6月30日前）完成京石段工程全面整修。

6月30日前组织施工单位按期保质保量完成整修工作。

37.（5月31日前）完善办公、生活设施，满足通水运行需要。

5月31日前根据沿线各运行管理处成立时间情况，按照配置标准核批运行管理处配置办公、生活设施和车辆所需预算。

38.（5月31日前）修订通水运行各项制度标准规程，完善运行管理制度体系。

5月20日前组织完成相关制度、标准和规程的审查工作，修改形成终稿；5月31日前完成与通水运行相关制度、标准和规程汇编。

39.（5月31日前）开展一线人员业务培训，（9月30日前）完成机构转型，职能调整，确保人员平稳过渡。

5月31日前完成一线人员业务培训；9月30日前完成全线运行人员业务培训；“中线干线运行管理机构设置方案”批复后，1个月内三级管理机构基本完成过渡，3个月内二级管理机构基本完成过渡，5个月内一级管理机构基本完成过渡。

## 关于印发《贯彻落实办务扩大会议精神重点工作分工意见》的通知

（国调办综〔2014〕251号）

机关各司、各直属单位：

经办领导同意，现将《贯彻落实办务扩大会议精神重点工作分工意见》印发。按照9月17日办务扩大会议要求，各项重点工作任务全部纳入督办，请认真抓好办理落实工作。

附件：贯彻落实办务扩大会议精神重点工作分工意见

国务院南水北调工程建设委员会办公室
2014年9月22日

附件

### 贯彻落实办务扩大会议精神重点工作分工意见

**一、投计司**

1. 请投计司牵头，建管司配合，11月30日前协调发展改革委完成中线干渠防洪影响处理工程可研批复以及水利部方案编制及组织实施工作。

2. 请投计司牵头，经财司配合，12月31日前协调发展改革委、财政部继续支持地方配套工程建设，在中央代地方发行债券时予以优先考虑。

3. 请投计司牵头，经财司、中线局配合，12月31日前明确中线干线运行初期水费不能满足运行管理需要时的运行经费来源。

**二、经财司**

4. 请经财司负责，9月30日前协调发展改革委制定东线供水价格，提出中线工程水价方案，在中线水价中考虑水源区生态保护和汉江中下游治理工程运行管理费用。

**三、建管司**

5. 请建管司牵头，中线局配合，协调水利部9月30日前下达2014年12月31日前水量调度计划，协调水利部按供用水条例要求下达2014~2015年度水量调度计划，并通知沿线各省（市）及南水北调工程管理单位。

6. 请建管司牵头，综合司、中线局配合，研究中线干线运行管理体制、机制等问题，10月20日前将方案报送国务院。

7. 请建管司督促，中线局负责，加快自动化调度系统与管理决策支持系统建设，永久供电工程供电后20日内（10月15日前）完成与通水直接相关的联调联试，满足通水要求。

8. 请建管司10月31日前协调水利部落实水源地水量准备工作，建立丹江口水库水位旬报制度，督促项目法人抓好丹江口水库蓄水、调水各项工作，为2014年正式调水做好准备。

9. 请建管司协调，中线局负责，10月10日前与中线水源管理单位、沿线各省（市）签订供用水协议。

10. 请建管司牵头，中线局配合，10月15日前审定中线局编报的2014年底前的季、月、旬水量调度方案。

11. 请建管司牵头，环保司配合，协调水利部编制水量调度应急预案，9月30日前督促中线局制定相应的应急预案（包括重大洪涝灾害、生态事故、水污染事故、工程安全事故等突发事件），并落实应急准备工作。

12. 请建管司牵头，设管中心、中线局配合，10月10日前对影响通水的验收遗留问题整改处理，完成全线通水验收。

13. 请建管司牵头，中线局配合，9月30日前协调做好输水期间配套工程运行管理与干线工程的有序衔接，制定运行调度管理办法。

14. 请建管司负责，10月31日前督促地方加快配套工程建设，确保与主体工程同步发挥效益。

15. 请建管司负责，12月31日前协调科技部支持南水北调工程运行管理若干关键技术研究工作。

16. 请建管司协调，具体工作由项目法人负责，12月31日前督促地方基本完成跨渠桥梁移交和运行管理。

17. 请建管司负责，12月31日前协调解决通水运行过程中出现的有关水量调度争议问题（水量计量等）。

18. 请建管司牵头，中线局配合，12月31日前协调有关部门按属地原则处置应急突发事件。

19. 请建管司牵头，中线局配合，12月31日前协调沿线省（市）出台南水北调工程保护的相关规范性文件。

**四、环保司**

20. 请环保司牵头，中线局配合，9月30日前督促地方政府划定中线水源保护区，设立明确的地理界标和明显的警示标识，提出与保护水源无关建设项目的处理方案。

21. 请环保司负责，12月31日前协调督促地方，持续开展东线水质保护和沿线生态环境保护，加强对全线水质情况的监测评估，不断完善突发情况应急预案，及时查漏补缺。

22. 请环保司牵头，中线局配合，12月31日前协调林业局实施工程干线和丹江口水库库周生态带建设。

23. 请环保司负责，中线局配合，12月31日前督促中线局排查总干渠输水水质安全风险，建立数据库，并向环境主管部门报告污染风险。

**五、征移司**

24. 请征移司牵头，中线局配合，12月31日前做好移民征迁的后续相关工作，营造和谐稳定的外部环境。

**六、监督司**

25. 请监督司牵头，监管中心、中线局、稽察大队配合，完成中线全线质量排查，9月

30日前督促完成质量问题整改，12月31日前完成通水质量综合评价。

**七、中线局**

26. 请中线局负责，9月25日前完成中线穿黄工程项目法人设计单元通水验收自查，提出通水验收申请。

27. 请中线局负责，协调北京段永久供电工程110kV线路建设，9月30日前完成线路架设并送电投运。

28. 请中线局负责，9月30日前组织开展含中线干线8个景观节点绿化的防护林一期建设。

29. 请中线局负责，12月31日前完成高填方等重点渠段抢险仓库建设方案的编制、上报，启动项目施工。

30. 请中线局负责，完成全线机电、金结设备调试，供电系统安装调试及电源引接和自动化调度系统安装，10月15日前完成全线设备、设施联调联试。

31. 请中线局负责，2015年5月31日前完成全线防护网及重点渠段安防系统建设。

32. 请中线局负责，9月30日前明确现有部门和单位运行管理职能，实现现有建管人员向运行管理岗位过渡，并提出急需专业人员需求方案报办公室。

33. 请中线局负责，10月5日前完成黄河以南段充水，10月20日前消除充水试验过程中发现的工程缺陷。

**八、东筹组**

34. 请东筹组负责，9月30日前组织好东线设施设备的维修养护，加强对全线运行情况的监测评估，完善突发情况应急预案，及时查漏补缺。

35. 请东筹组牵头，综合司、建管司配合，国务院批复后2个月内组建东线运行管理机构，制定公司章程，办理相关手续，保障工程运行平稳顺畅。

## 国务院南水北调办重要文件一览表

| 编号 | 文 件 名 称 | 文号 | 印发日期 |
|---|---|---|---|
| 1 | 关于在工程档案编号属类中增加建设单位区别码的批复 | 国调办综〔2014〕7号 | 2014年1月7日 |
| 2 | 关于成立中国南水北调东线总公司筹备组的通知 | 国调办综〔2014〕36号 | 2014年2月14日 |
| 3 | 关于印发2014年南水北调宣传工作计划的通知 | 国调办综〔2014〕37号 | 2014年2月15日 |
| 4 | 关于公布2013年度办管干部考核优秀结果的通知 | 国调办综〔2014〕46号 | 2014年2月27日 |
| 5 | 关于公布2013年度南水北调工程建设考核结果的通知 | 国调办综〔2014〕49号 | 2014年3月4日 |
| 6 | 关于加强南水北调中线一期工程通水宣传工作的通知 | 国调办综〔2014〕239号 | 2014年9月12日 |
| 7 | 关于印发《南水北调东线总公司章程》的通知 | 国调办综〔2014〕264号 | 2014年9月30日 |
| 8 | 关于中线一期工程实施从严责任追究有关事项的通知 | 国调办综〔2014〕265号 | 2014年9月30日 |
| 9 | 关于成立南水北调中线一期工程通水宣传工作领导小组的通知 | 国调办综〔2014〕268号 | 2014年10月10日 |
| 10 | 关于中线建管局通水运行初期职能编制的批复 | 国调办综〔2014〕278号 | 2014年10月13日 |
| 11 | 关于南水北调中线生态文化旅游产业带规划纲要补充有关内容的通知 | 国调办综〔2014〕286号 | 2014年10月27日 |
| 12 | 关于南水北调东线总公司主要职责、内设机构和人员编制规定的批复 | 国调办综〔2014〕300号 | 2014年11月15日 |

续表

| 编号 | 文件名称 | 文号 | 印发日期 |
|---|---|---|---|
| 13 | 关于印发《国务院南水北调工程建设委员会办公室软件正版化工作管理办法》的通知 | 国调办综〔2014〕306号 | 2014年11月24日 |
| 14 | 关于南水北调东线一期工程山东境内6个设计单元工程2012年价差报告和七一、六五河段工程2011至2012年价差报告的批复 | 国调办投计〔2014〕14号 | 2014年1月10日 |
| 15 | 关于南水北调中线一期陶岔渠首枢纽工程2012年价差报告的批复 | 国调办投计〔2014〕16号 | 2014年1月10日 |
| 16 | 关于南水北调东线一期工程江苏境内3个设计单元工程2010至2012年价差报告和里下河水源调整工程2012年价差报告的批复 | 国调办投计〔2014〕18号 | 2014年1月13日 |
| 17 | 关于南水北调东线一期工程山东境内长沟泵站等7个设计单元工程2012年价差报告的批复 | 国调办投计〔2014〕27号 | 2014年1月24日 |
| 18 | 关于南水北调东线一期工程山东段调度运行管理系统新增水质自动监测站建设实施方案概算的批复 | 国调办投计〔2014〕31号 | 2014年2月11日 |
| 19 | 关于南水北调中线干线工程防护林及绿化一期工程设计报告的批复 | 国调办投计〔2014〕33号 | 2014年2月13日 |
| 20 | 关于南水北调东线一期济平干渠工程待运行期管理维护方案(2013年度)的批复 | 国调办投计〔2014〕38号 | 2014年2月17日 |
| 21 | 关于南水北调中线干线工程安防系统专题设计报告的批复 | 国调办投计〔2014〕68号 | 2014年3月25日 |
| 22 | 关于南水北调中线一期天津干线工程天津1段等6个设计单元工程待运行期管理维护方案的批复 | 国调办投计〔2014〕71号 | 2014年3月28日 |
| 23 | 关于南水北调中线一期黄河北至关河北段沁河倒虹吸工程待运行期管理维护方案的批复 | 国调办投计〔2014〕72号 | 2014年3月28日 |
| 24 | 关于对发展改革委已下达水利部南水北调东、中线一期工程前期工作经费扣减分摊处理意见的通知 | 国调办投计〔2014〕94号 | 2014年4月21日 |
| 25 | 关于南水北调中线水源工程供水调度运行管理专项工程视频监控系统补充报告的批复 | 国调办投计〔2014〕98号 | 2014年4月30日 |
| 26 | 关于下达南水北调工程2014年第一批投资计划的通知 | 国调办投计〔2014〕117号 | 2014年5月26日 |
| 27 | 关于南水北调中线一期工程总干渠天津干线4个设计单元工程2013年价差报告的批复 | 国调办投计〔2014〕125号 | 2014年6月3日 |
| 28 | 关于南水北调东线一期韩庄泵站、二级坝泵站工程项目管理预算的批复 | 国调办投计〔2014〕135号 | 2014年6月20日 |
| 29 | 关于南水北调中线一期陶岔渠首枢纽工程待运行期管理维护方案的批复 | 国调办投计〔2014〕170号 | 2014年7月10日 |
| 30 | 关于南水北调中线一期陶岔渠首至沙河南段工程南阳段等4个设计单元工程待运行期管理维护方案的批复 | 国调办投计〔2014〕185号 | 2014年7月25日 |

续表

| 编号 | 文 件 名 称 | 文号 | 印发日期 |
|---|---|---|---|
| 31 | 关于南水北调中线一期沙河南至黄河南段工程宝丰至郏县段等3个设计单元工程待运行期管理维护方案的批复 | 国调办投计〔2014〕204号 | 2014年8月4日 |
| 32 | 关于南水北调中线一期黄河北至漳河南段工程石门河倒虹吸等3个设计单元工程待运行期管理维护方案的批复 | 国调办投计〔2014〕205号 | 2014年8月4日 |
| 33 | 关于对“淅川1标膨胀土处理”等23个合同变更索赔项目监督检查发现的问题进行整改的通知 | 国调办投计〔2014〕209号 | 2014年8月6日 |
| 34 | 关于对“兴隆泄水闸标防掏墙”合同变更项目监督检查发现的问题进行整改的通知 | 国调办投计〔2014〕210号 | 2014年8月6日 |
| 35 | 关于南水北调中线一期黄河北至漳河南段工程鹤壁段等5个设计单元工程待运行期管理维护方案的批复 | 国调办投计〔2014〕214号 | 2014年8月18日 |
| 36 | 关于南水北调中线一期沙河南至黄河南段工程郑州1段等3个设计单元工程待运行期管理维护方案的批复 | 国调办投计〔2014〕215号 | 2014年8月18日 |
| 37 | 关于南水北调中线一期工程穿漳河工程待运行期管理维护方案的批复 | 国调办投计〔2014〕216号 | 2014年8月18日 |
| 38 | 关于南水北调中线一期漳河北至古运河南段工程磁县段等4个设计单元工程待运行期管理维护方案的批复 | 国调办投计〔2014〕240号 | 2014年9月15日 |
| 39 | 关于南水北调中线一期黄河北至漳河南段工程焦作1段设计单元工程待运行期管理维护方案的批复 | 国调办投计〔2014〕241号 | 2014年9月15日 |
| 40 | 关于南水北调中线一期陶岔渠首至沙河南段工程淅川县段等6个设计单元工程待运行期管理维护方案的批复 | 国调办投计〔2014〕242号 | 2014年9月15日 |
| 41 | 关于南水北调中线一期沙河南至黄河南段工程沙河渡槽等5个设计单元工程待运行期管理维护方案的批复 | 国调办投计〔2014〕243号 | 2014年9月15日 |
| 42 | 关于同意使用南水北调中线穿黄工程基本预备费的批复 | 国调办投计〔2014〕256号 | 2014年9月24日 |
| 43 | 关于南水北调中线一期黄河北至漳河南段工程温博段设计单元工程待运行期管理维护方案的批复 | 国调办投计〔2014〕257号 | 2014年9月24日 |
| 44 | 关于同意使用南水北调中线干线京石段应急供水工程西四环暗涵等6个设计单元工程基本预备费的批复 | 国调办投计〔2014〕287号 | 2014年10月28日 |
| 45 | 关于同意使用南水北调东线一期八里湾泵站工程基本预备费的批复 | 国调办投计〔2014〕288号 | 2014年10月28日 |
| 46 | 关于下达南水北调工程2014年第二批投资计划的通知 | 国调办投计〔2014〕295号 | 2014年11月4日 |
| 47 | 关于南水北调东线一期江苏段试通水费用的批复 | 国调办投计〔2014〕296号 | 2014年11月4日 |
| 48 | 关于南水北调中线一期陶岔渠首至沙河南段工程叶县段设计单元工程待运行期管理维护方案的批复 | 国调办投计〔2014〕297号 | 2014年11月4日 |
| 49 | 关于南水北调中线一期漳河北至古运河南段工程邯郸市至邯郸县段等8个设计单元工程待运行期管理维护方案的批复 | 国调办投计〔2014〕298号 | 2014年11月4日 |

续表

| 编号 | 文件名称 | 文号 | 印发日期 |
| --- | --- | --- | --- |
| 50 | 关于南水北调中线一期穿黄工程待运行期管理维护方案的批复 | 国调办投计〔2014〕299号 | 2014年11月14日 |
| 51 | 关于对2014年下半年第1批合同变更索赔项目监督检查发现的问题进行整改的通知 | 国调办投计〔2014〕305号 | 2014年11月21日 |
| 52 | 关于南水北调中线一期陶岔渠首枢纽工程2013年价差报告的批复 | 国调办投计〔2014〕314号 | 2014年12月8日 |
| 53 | 关于南水北调中线一期引江济汉工程2013年价差报告的批复 | 国调办投计〔2014〕315号 | 2014年12月8日 |
| 54 | 关于南水北调中线干线淅川县段及穿漳、穿黄等13个设计单元工程2013年价差报告的批复 | 国调办投计〔2014〕316号 | 2014年12月8日 |
| 55 | 关于南水北调东线一期山东段试通水费用的批复 | 国调办投计〔2014〕317号 | 2014年12月8日 |
| 56 | 关于南水北调东线一期苏鲁省际段试通水费用的批复 | 国调办投计〔2014〕318号 | 2014年12月8日 |
| 57 | 关于南水北调中线一期京石段应急供水工程待运行期管理维护方案的批复 | 国调办投计〔2014〕325号 | 2014年12月12日 |
| 58 | 关于南水北调中线一期兴隆水利枢纽工程2013年价差报告的批复 | 国调办投计〔2014〕328号 | 2014年12月18日 |
| 59 | 关于南水北调中线一期工程黄河北至漳河南段10个设计单元工程2013年价差报告的批复 | 国调办投计〔2014〕332号 | 2014年12月22日 |
| 60 | 关于南水北调东线一期南四湖水资源监测工程山东境内工程实施方案的批复 | 国调办投计〔2014〕333号 | 2014年12月22日 |
| 61 | 关于南水北调东线总公司开办费预算的批复 | 国调办投计〔2014〕335号 | 2014年12月23日 |
| 62 | 关于南水北调东线一期工程江苏境内13个设计单元工程2013年价差报告的批复 | 国调办投计〔2014〕338号 | 2014年12月24日 |
| 63 | 关于下达南水北调工程2014年第三批投资计划的通知 | 国调办投计〔2014〕340号 | 2014年12月24日 |
| 64 | 关于下达南水北调工程2014年第四批投资计划的通知 | 国调办投计〔2014〕342号 | 2014年12月31日 |
| 65 | 关于下达2014年南水北调工程基金和重大水利工程建设基金支出预算的通知 | 国调办经财〔2014〕93号 | 2014年4月18日 |
| 66 | 关于核定南水北调东线一期刘山泵站工程投资节余及投资控制奖励额度的通知 | 国调办经财〔2014〕112号 | 2014年5月20日 |
| 67 | 关于核定南水北调东线一期解台泵站工程投资节余及投资控制奖励额度的通知 | 国调办经财〔2014〕113号 | 2014年5月20日 |
| 68 | 关于淮河水利委员会治淮工程建设管理局2013年度南水北调工程建设资金审计整改意见以及相关要求的通知 | 国调办经财〔2014〕163号 | 2014年7月7日 |
| 69 | 关于核定南水北调东线一期江都站改造工程投资节余及投资控制奖励额度的通知 | 国调办经财〔2014〕203号 | 2014年8月4日 |

续表

| 编号 | 文 件 名 称 | 文号 | 印发日期 |
|---|---|---|---|
| 70 | 关于印发《国务院南水北调办深入开展贯彻执行中央八项规定严肃财经纪律和“小金库”专项治理工作实施方案》的通知 | 国调办经财〔2014〕213 号 | 2014 年 8 月 13 日 |
| 71 | 关于核定南水北调东线一期韩庄运河段万年闸泵站枢纽工程投资节余及投资控制奖励额度的通知 | 国调办经财〔2014〕247 号 | 2014 年 9 月 19 日 |
| 72 | 关于批复南水北调工程建设管理信息系统——东中线一期工程经济财务信息管理子系统建设项目竣工财务决算的通知 | 国调办经财〔2014〕269 号 | 2014 年 10 月 11 日 |
| 73 | 关于批复南水北调工程建设重大关键技术研究及应用项目竣工财务决算的通知 | 国调办经财〔2014〕270 号 | 2014 年 10 月 11 日 |
| 74 | 关于批复南水北调工程建设管理信息系统建设项目竣工财务决算的通知 | 国调办经财〔2014〕271 号 | 2014 年 10 月 11 日 |
| 75 | 关于批复南水北调工程建设与管理基础信息建设与应用（一期）项目竣工财务决算的通知 | 国调办经财〔2014〕273 号 | 2014 年 10 月 11 日 |
| 76 | 关于批复南水北调工程投资静态控制和动态管理体系应用研究（二期）项目竣工财务决算的通知 | 国调办经财〔2014〕274 号 | 2014 年 10 月 11 日 |
| 77 | 关于批复南水北调工程建设项目管理网络控制系统（二期）项目竣工财务决算的通知 | 国调办经财〔2014〕275 号 | 2014 年 10 月 11 日 |
| 78 | 关于下达 2014 年重大水利工程建设基金支出预算的通知 | 国调办经财〔2014〕281 号 | 2014 年 10 月 20 日 |
| 79 | 关于核准南水北调中线干线京石段应急供水工程（北京段）北拒马河暗渠等 7 个设计单元工程征地拆迁项目完工财务决算的通知 | 国调办经财〔2014〕282 号 | 2014 年 10 月 20 日 |
| 80 | 关于下达 2014 年基本建设贷款中央财政贴息资金的通知 | 国调办经财〔2014〕326 号 | 2014 年 12 月 16 日 |
| 81 | 关于核定南水北调东线一期淮安四站输水河道工程投资节余及投资控制奖励额度的通知 | 国调办经财〔2014〕331 号 | 2014 年 12 月 19 日 |
| 82 | 关于印发南水北调中线一期工程北汝河渠道倒虹吸设计单元工程通水验收技术性初步验收工作报告的通知 | 国调办建管〔2014〕1 号 | 2014 年 1 月 6 日 |
| 83 | 关于印发南水北调中线一期工程安阳段设计单元工程通水验收技术性初步验收工作报告的通知 | 国调办建管〔2014〕2 号 | 2014 年 1 月 6 日 |
| 84 | 关于印发南水北调中线一期工程陶岔渠首枢纽工程设计单元工程通水验收技术性初步验收工作报告的通知 | 国调办建管〔2014〕3 号 | 2014 年 1 月 6 日 |
| 85 | 关于印发《南水北调中线一期工程澧河渡槽设计单元工程通水验收技术性初步验收工作报告》的通知 | 国调办建管〔2014〕8 号 | 2014 年 1 月 7 日 |
| 86 | 关于南水北调东线一期工程正式通水情况报告 | 国调办建管〔2014〕9 号 | 2014 年 1 月 8 日 |
| 87 | 关于印发《南水北调中线一期工程膨胀岩（潞王坟）试验段设计单元工程通水验收技术性初步验收工作报告》的通知 | 国调办建管〔2014〕13 号 | 2014 年 1 月 10 日 |

续表

| 编号 | 文件名称 | 文号 | 印发日期 |
|---|---|---|---|
| 88 | 关于印发《南水北调中线一期陶岔渠首枢纽工程通水验收鉴定书》的通知 | 国调办建管〔2014〕20 号 | 2014 年 1 月 14 日 |
| 89 | 关于继续从河北应急调水有关事宜的批复 | 国调办建管〔2014〕21 号 | 2014 年 1 月 16 日 |
| 90 | 关于印发《南水北调中线一期工程鹤壁段设计单元工程通水验收技术性初步验收工作报告》的通知 | 国调办建管〔2014〕28 号 | 2014 年 1 月 26 日 |
| 91 | 关于印发《南水北调中线一期工程汤阴段设计单元工程通水验收技术性初步验收工作报告》的通知 | 国调办建管〔2014〕29 号 | 2014 年 1 月 28 日 |
| 92 | 关于进一步加强南水北调中线工程通水验收工作的通知 | 国调办建管〔2014〕30 号 | 2014 年 1 月 28 日 |
| 93 | 关于南水北调中线干线工程京石段(河北境内)35kV 供电系统运行维护项目招标分标方案的批复 | 国调办建管〔2014〕32 号 | 2014 年 2 月 13 日 |
| 94 | 关于南水北调中线干线工程防护林及绿化一期工程施工分标方案的批复 | 国调办建管〔2014〕35 号 | 2014 年 2 月 14 日 |
| 95 | 关于南水北调中线干线工程电信运营商公网资源租用项目分标方案的批复 | 国调办建管〔2014〕41 号 | 2014 年 2 月 26 日 |
| 96 | 关于南水北调中线干线安全监测咨询项目分标方案的批复 | 国调办建管〔2014〕42 号 | 2014 年 2 月 26 日 |
| 97 | 关于南水北调中线京石段应急供水工程(河北境内)2014 年停水期检修维护项目分标方案的批复 | 国调办建管〔2014〕43 号 | 2014 年 2 月 26 日 |
| 98 | 关于南水北调中线京石段应急供水工程北拒马河暗渠～惠南庄泵站段 2014 年停水期检修维护项目分标方案的批复 | 国调办建管〔2014〕48 号 | 2014 年 3 月 3 日 |
| 99 | 关于南水北调中线工程 2014 年度航拍摄影摄像项目招标分标方案的批复 | 国调办建管〔2014〕54 号 | 2014 年 3 月 10 日 |
| 100 | 关于印发《南水北调中线一期工程焦作 1 段设计单元工程通水验收技术性初步验收工作报告》的通知 | 国调办建管〔2014〕57 号 | 2014 年 3 月 12 日 |
| 101 | 关于印发《南水北调中线一期工程邢台市段设计单元工程通水验收技术性初步验收工作报告》的通知 | 国调办建管〔2014〕58 号 | 2014 年 3 月 12 日 |
| 102 | 关于印发《南水北调中线一期工程双洎河渡槽段设计单元工程通水验收技术性初步验收工作报告》的通知 | 国调办建管〔2014〕59 号 | 2014 年 3 月 12 日 |
| 103 | 关于南水北调东线一期工程山东段调度运行管理系统新增 14 标段的批复 | 国调办建管〔2014〕60 号 | 2014 年 3 月 13 日 |
| 104 | 关于做好 2014 年南水北调工程安全度汛工作的通知 | 国调办建管〔2014〕63 号 | 2014 年 3 月 20 日 |
| 105 | 关于印发南水北调中线京石段应急供水工程(北京段)占压 PCCP 管道情况处理方案的通知 | 国调办建管〔2014〕64 号 | 2014 年 3 月 24 日 |
| 106 | 关于印发《南水北调中线一期工程高邑县至元氏县段设计单元工程通水验收技术性初步验收工作报告》的通知 | 国调办建管〔2014〕65 号 | 2014 年 3 月 25 日 |
| 107 | 关于印发《南水北调中线一期工程磁县段设计单元工程通水验收技术性初步验收工作报告》的通知 | 国调办建管〔2014〕66 号 | 2014 年 3 月 25 日 |

续表

| 编号 | 文件名称 | 文号 | 印发日期 |
| --- | --- | --- | --- |
| 108 | 关于印发《南水北调中线一期工程荥阳段设计单元工程通水验收技术性初步验收工作报告》的通知 | 国调办建管〔2014〕67号 | 2014年3月25日 |
| 109 | 关于印发南水北调中线干线剩余工程建设进度管理工作方案的通知 | 国调办建管〔2014〕69号 | 2014年3月25日 |
| 110 | 关于南水北调中线干线工程电信运营商公网资源租用项目招标失败确定承包人的批复 | 国调办建管〔2014〕74号 | 2014年4月1日 |
| 111 | 关于印发《南水北调中线一期工程鲁山北段设计单元工程通水验收技术性初步验收工作报告》的通知 | 国调办建管〔2014〕77号 | 2014年4月9日 |
| 112 | 关于印发《南水北调中线一期工程鲁山南1段设计单元工程通水验收技术性初步验收工作报告》的通知 | 国调办建管〔2014〕78号 | 2014年4月9日 |
| 113 | 关于印发《南水北调中线一期工程湍河渡槽设计单元工程通水验收技术性初步验收工作报告》的通知 | 国调办建管〔2014〕79号 | 2014年4月9日 |
| 114 | 关于南水北调中线水源供水调度运行管理专项工程管理码头建设分标方案的批复 | 国调办建管〔2014〕80号 | 2014年4月9日 |
| 115 | 关于印发南水北调工程预防坍塌事故专项整治"回头看"实施方案的通知 | 国调办建管〔2014〕86号 | 2014年4月15日 |
| 116 | 关于南水北调中线干线工程安防系统项目分标方案的批复 | 国调办建管〔2014〕88号 | 2014年4月18日 |
| 117 | 关于印发《南水北调中线一期工程沙河渡槽段设计单元工程通水验收技术性初步验收工作报告》的通知 | 国调办建管〔2014〕96号 | 2014年4月28日 |
| 118 | 关于印发《南水北调中线一期工程鲁山南2段设计单元工程通水验收技术性初步验收工作报告》的通知 | 国调办建管〔2014〕97号 | 2014年4月28日 |
| 119 | 关于南水北调东线鲁北段七一·六五河输水工程增加夏津城区段衬砌延长工程标的批复 | 国调办建管〔2014〕105号 | 2014年5月9日 |
| 120 | 关于南水北调中线天津干线(河北段)工程设计单元工程完工财务决算编制与审核项目分标方案的批复 | 国调办建管〔2014〕109号 | 2014年5月16日 |
| 121 | 关于印发《南水北调中线一期工程镇平县段设计单元工程通水验收技术性初步验收工作报告》的通知 | 国调办建管〔2014〕110号 | 2014年5月16日 |
| 122 | 关于印发《南水北调中线一期工程淅川县段设计单元工程通水验收技术性初步验收工作报告》的通知 | 国调办建管〔2014〕111号 | 2014年5月16日 |
| 123 | 关于南水北调中线干线工程河南段、邯石段及天津干线安全保卫项目分标方案的批复 | 国调办建管〔2014〕114号 | 2014年5月23日 |
| 124 | 关于南水北调中线干线工程惠南庄泵站、北拒马河暗渠运行及日常维护项目分标方案的批复 | 国调办建管〔2014〕115号 | 2014年2月23日 |
| 125 | 关于利用南水北调中线西四环暗涵工程恢复向水源三厂供水有关事宜的批复 | 国调办建管〔2014〕116号 | 2014年5月23日 |

续表

| 编号 | 文 件 名 称 | 文号 | 印发日期 |
| --- | --- | --- | --- |
| 126 | 关于印发南水北调中线干线工程跨渠桥梁验收移交工作方案的通知 | 国调办建管〔2014〕118 号 | 2014 年 2 月 26 日 |
| 127 | 关于汤阴段五里岗干渠左岸恢复工程委托建设管理的批复 | 国调办建管〔2014〕120 号 | 2014 年 5 月 28 日 |
| 128 | 关于印发南水北调中线干线工程通水关键事项的通知 | 国调办建管〔2014〕126 号 | 2014 年 6 月 4 日 |
| 129 | 关于成立南水北调中线一期工程总干渠充水试验领导小组的通知 | 国调办建管〔2014〕128 号 | 2014 年 6 月 10 日 |
| 130 | 关于南水北调东线一期工程第二次供水有关情况的报告 | 国调办建管〔2014〕131 号 | 2014 年 6 月 13 日 |
| 131 | 关于南水北调东线一期工程东湖水库东、西坝段排水沟护砌工程分标方案的批复 | 国调办建管〔2014〕132 号 | 2014 年 6 月 16 日 |
| 132 | 关于利用京石段工程向滹沱河 1－2 号水面补水事宜的批复 | 国调办建管〔2014〕134 号 | 2014 年 6 月 19 日 |
| 133 | 关于加强南水北调工程安全保卫工作的通知 | 国调办建管〔2014〕139 号 | 2014 年 6 月 24 日 |
| 134 | 关于印发《南水北调中线一期工程鹤壁段设计单元工程通水验收鉴定书》的通知 | 国调办建管〔2014〕140 号 | 2014 年 7 月 2 日 |
| 135 | 关于印发《南水北调中线一期工程汤阴段设计单元工程通水验收鉴定书》的通知 | 国调办建管〔2014〕141 号 | 2014 年 7 月 2 日 |
| 136 | 关于印发《南水北调中线一期工程穿漳河交叉建筑物设计单元工程通水验收鉴定书》的通知 | 国调办建管〔2014〕142 号 | 2014 年 7 月 2 日 |
| 137 | 关于印发《南水北调中线一期工程安阳段设计单元工程通水验收鉴定书》的通知 | 国调办建管〔2014〕143 号 | 2014 年 7 月 2 日 |
| 138 | 关于印发《南水北调中线一期工程膨胀岩（潞王坟）试验段设计单元工程通水验收鉴定书》的通知 | 国调办建管〔2014〕144 号 | 2014 年 7 月 2 日 |
| 139 | 关于南水北调中线水源供水调度运行管理专项工程视频监控系统分标方案的批复 | 国调办建管〔2014〕145 号 | 2014 年 7 月 4 日 |
| 140 | 关于中线建管局河南段运行管理机构工作车辆采购招标项目分标方案的批复 | 国调办建管〔2014〕146 号 | 2014 年 7 月 4 日 |
| 141 | 关于印发《南水北调中线一期工程淅川县段设计单元工程通水验收鉴定书》的通知 | 国调办建管〔2014〕147 号 | 2014 年 7 月 7 日 |
| 142 | 关于印发《南水北调中线一期工程北汝河渠道倒虹吸设计单元工程通水验收鉴定书》的通知 | 国调办建管〔2014〕148 号 | 2014 年 7 月 7 日 |
| 143 | 关于印发《南水北调中线一期工程湍河渡槽设计单元工程通水验收鉴定书》的通知 | 国调办建管〔2014〕149 号 | 2014 年 7 月 7 日 |
| 144 | 关于印发《南水北调中线一期工程鲁山南 2 段设计单元工程通水验收鉴定书》的通知 | 国调办建管〔2014〕150 号 | 2014 年 7 月 7 日 |
| 145 | 关于印发《南水北调中线一期工程沙河渡槽段设计单元工程通水验收鉴定书》的通知 | 国调办建管〔2014〕151 号 | 2014 年 7 月 7 日 |

续表

| 编号 | 文件名称 | 文号 | 印发日期 |
| --- | --- | --- | --- |
| 146 | 关于印发《南水北调中线一期工程荥阳段设计单元工程通水验收鉴定书》的通知 | 国调办建管〔2014〕152号 | 2014年7月7日 |
| 147 | 关于印发《南水北调中线一期工程邢台市段设计单元工程通水验收鉴定书》的通知 | 国调办建管〔2014〕153号 | 2014年7月7日 |
| 148 | 关于印发《南水北调中线一期工程焦作1段设计单元工程通水验收鉴定书》的通知 | 国调办建管〔2014〕154号 | 2014年7月7日 |
| 149 | 关于印发《南水北调中线一期工程高邑县至元氏县段设计单元工程通水验收鉴定书》的通知 | 国调办建管〔2014〕155号 | 2014年7月7日 |
| 150 | 关于印发《南水北调中线一期工程南沙河倒虹吸设计单元工程通水验收鉴定书》的通知 | 国调办建管〔2014〕156号 | 2014年7月7日 |
| 151 | 关于印发《南水北调中线一期工程鲁山南1段设计单元工程通水验收鉴定书》的通知 | 国调办建管〔2014〕157号 | 2014年7月7日 |
| 152 | 关于印发《南水北调中线一期工程澧河渡槽设计单元工程通水验收鉴定书》的通知 | 国调办建管〔2014〕158号 | 2014年7月7日 |
| 153 | 关于印发《南水北调中线一期工程鲁山北段设计单元工程通水验收鉴定书》的通知 | 国调办建管〔2014〕159号 | 2014年7月7日 |
| 154 | 关于印发《南水北调中线一期工程镇平县段设计单元工程通水验收鉴定书》的通知 | 国调办建管〔2014〕160号 | 2014年7月7日 |
| 155 | 关于印发《南水北调中线一期工程磁县段设计单元工程通水验收鉴定书》的通知 | 国调办建管〔2014〕161号 | 2014年7月7日 |
| 156 | 关于印发《南水北调中线一期工程双洎河渡槽段设计单元工程通水验收鉴定书》的通知 | 国调办建管〔2014〕162号 | 2014年7月7日 |
| 157 | 关于调整南水北调东线一期工程泗洪站工程招标分标方案的批复 | 国调办建管〔2014〕171号 | 2014年7月10日 |
| 158 | 关于印发南水北调工程项目法人2013年度建设目标考核结果的通知 | 国调办建管〔2014〕184号 | 2014年7月24日 |
| 159 | 关于印发《南水北调中线一期工程穿黄设计单元工程通水验收技术性初步验收隧洞现场检查工作报告》的通知 | 国调办建管〔2014〕206号 | 2014年8月5日 |
| 160 | 关于做好南水北调工程主汛期灾害防范应对工作的通知 | 国调办建管〔2014〕208号 | 2014年8月6日 |
| 161 | 关于印发《南水北调中线京石段工程通水验收技术性检查工作报告》的通知 | 国调办建管〔2014〕211号 | 2014年8月7日 |
| 162 | 关于南水北调中线建管局河南段三级运行管理处物业服务招标项目分标方案的批复 | 国调办建管〔2014〕212号 | 2014年8月11日 |
| 163 | 关于中线建管局河北段三级运行管理处物业服务招标项目分标方案的批复 | 国调办建管〔2014〕219号 | 2014年8月20日 |
| 164 | 关于开展南水北调中线干线剩余工程重点项目建设进度督导工作的通知 | 国调办建管〔2014〕220号 | 2014年8月21日 |

续表

| 编号 | 文件名称 | 文号 | 印发日期 |
| --- | --- | --- | --- |
| 165 | 关于南水北调东线一期洪泽湖抬高蓄水位影响处理(安徽省境内)工程增补项目分标方案的批复 | 国调办建管〔2014〕221 号 | 2014 年 8 月 22 日 |
| 166 | 关于南水北调中线天津干线工程安全保卫和三级运行管理处物业服务招标项目分标方案的批复 | 国调办建管〔2014〕222 号 | 2014 年 8 月 27 日 |
| 167 | 关于南水北调中线干线工程通水验收工作安排的通知 | 国调办建管〔2014〕226 号 | 2014 年 9 月 1 日 |
| 168 | 关于邢石界至古运河南渠段白西线道路改建工程委托建设管理的批复 | 国调办建管〔2014〕227 号 | 2014 年 9 月 5 日 |
| 169 | 关于南水北调中线天津干线天津分调度中心物业服务招标项目分标方案的批复 | 国调办建管〔2014〕238 号 | 2014 年 9 月 10 日 |
| 170 | 关于印发《南水北调中线一期工程叶县段设计单元工程通水验收技术性初步验收工作报告》的通知 | 国调办建管〔2014〕244 号 | 2014 年 9 月 16 日 |
| 171 | 关于进一步加快南水北调配套工程建设的通知 | 国调办建管〔2014〕246 号 | 2014 年 9 月 19 日 |
| 172 | 关于印发《南水北调中线一期工程叶县段设计单元工程通水验收鉴定书》的通知 | 国调办建管〔2014〕249 号 | 2014 年 9 月 22 日 |
| 173 | 关于印发《南水北调中线一期工程天津干线工程全线通水验收技术性检查报告》的通知 | 国调办建管〔2014〕250 号 | 2014 年 9 月 22 日 |
| 174 | 关于印发《南水北调中线一期工程保定市 2 段设计单元工程通水验收鉴定书》的通知 | 国调办建管〔2014〕252 号 | 2014 年 9 月 24 日 |
| 175 | 关于印发《南水北调中线一期工程天津市 2 段设计单元工程通水验收鉴定书》的通知 | 国调办建管〔2014〕253 号 | 2014 年 9 月 24 日 |
| 176 | 关于印发《南水北调中线一期工程廊坊市段设计单元工程通水验收鉴定书》的通知 | 国调办建管〔2014〕254 号 | 2014 年 9 月 24 日 |
| 177 | 关于印发《南水北调中线一期工程西黑山进口闸至有压箱涵段设计单元工程通水验收鉴定书》的通知 | 国调办建管〔2014〕255 号 | 2014 年 9 月 24 日 |
| 178 | 关于印发《南水北调中线一期穿黄工程设计单元工程通水验收技术性初步验收工作报告》的通知 | 国调办建管〔2014〕258 号 | 2014 年 9 月 25 日 |
| 179 | 关于印发《南水北调中线一期穿黄工程设计单元工程通水验收鉴定书》的通知 | 国调办建管〔2014〕259 号 | 2014 年 9 月 25 日 |
| 180 | 关于印发《南水北调中线一期工程全线通水验收鉴定书》的通知 | 国调办建管〔2014〕260 号 | 2014 年 9 月 29 日 |
| 181 | 关于印发《南水北调中线一期工程全线通水验收技术性检查报告》的通知 | 国调办建管〔2014〕267 号 | 2014 年 10 月 10 日 |
| 182 | 关于配合天津市境内配套工程试通水有关事宜的批复 | 国调办建管〔2014〕279 号 | 2014 年 10 月 13 日 |
| 183 | 关于成立南水北调中线一期工程通水领导小组的通知 | 国调办建管〔2014〕280 号 | 2014 年 10 月 17 日 |
| 184 | 关于南水北调中线干线工程惠南庄泵站次氯酸钠投加系统设备采购项目分标方案的批复 | 国调办建管〔2014〕284 号 | 2014 年 10 月 21 日 |

续表

| 编号 | 文件名称 | 文号 | 印发日期 |
|---|---|---|---|
| 185 | 关于印发南水北调中线一期工程通水领导小组第一次全体会议纪要的通知 | 国调办建管〔2014〕293号 | 2014年10月31日 |
| 186 | 关于调整南水北调中线干线工程惠南庄泵站、北拒马河暗渠运行及日常维护标分标方案的批复 | 国调办建管〔2014〕301号 | 2014年11月15日 |
| 187 | 关于南水北调中线水源供水调度运行管理专项工程安全防护设施建设标分标方案的批复 | 国调办建管〔2014〕302号 | 2014年11月15日 |
| 188 | 关于天津市津滨水厂通水试运行有关事宜的批复 | 国调办建管〔2014〕313号 | 2014年12月4日 |
| 189 | 关于河南省南水北调受水区供水配套工程部分输水线路通水试验有关事宜的批复 | 国调办建管〔2014〕324号 | 2014年12月11日 |
| 190 | 关于河北省南水北调配套工程开展通水试验有关事宜的批复 | 国调办建管〔2014〕329号 | 2014年12月18日 |
| 191 | 关于开展南水北调中线一期工程尾工建设督导工作的通知 | 国调办建管〔2014〕330号 | 2014年12月18日 |
| 192 | 关于2014年12月向河北、河南配套工程供水有关事宜的批复 | 国调办建管〔2014〕334号 | 2014年12月22日 |
| 193 | 关于南水北调东线一期工程洪泽湖抬高蓄水位影响处理工程(安徽省境内)大安站、樊集站附属工程招标失败确定承包人的批复 | 国调办建管〔2014〕337号 | 2014年12月24日 |
| 194 | 关于南水北调中线一期工程总干渠河北磁县段漳河滩地采砂坑处理项目分标方案的批复 | 国调办建管〔2014〕339号 | 2014年12月24日 |
| 195 | 关于丹江口库区水质监测站网建设分标方案的批复 | 国调办环保〔2014〕22号 | 2014年1月15日 |
| 196 | 关于印发南水北调中线一期工程干线生态带建设规划的通知 | 国调办环保〔2014〕108号 | 2014年5月15日 |
| 197 | 关于2013年度丹江口库区及上游水污染防治和水土保持“十二五”规划实施考核情况的报告 | 国调办环保〔2014〕172号 | 2014年7月8日 |
| 198 | 关于南水北调中线一期工程通水初期河南段水质监测实施项目分标方案的批复 | 国调办环保〔2014〕217号 | 2014年8月18日 |
| 199 | 关于开展南水北调中线突发水污染事故应急演练的通知 | 国调办环保〔2014〕291号 | 2014年10月31日 |
| 200 | 关于动用南水北调东线一期鲁北段大屯水库工程征迁国控预备费的批复 | 国调办征移〔2014〕6号 | 2014年1月6日 |
| 201 | 关于动用南水北调中线一期工程邯石段征迁国控预备费的批复 | 国调办征移〔2014〕15号 | 2014年1月10日 |
| 202 | 关于组织开展丹江口库区保蓄水安全“百日大排查”活动的通知 | 国调办征移函〔2014〕24号 | 2014年6月25日 |
| 203 | 关于做好2014年南水北调工程征地移民稳定工作的通知 | 国调办征移〔2014〕34号 | 2014年2月14日 |
| 204 | 关于动用南水北调中线一期工程邯石段征迁国控预备费的批复 | 国调办征移〔2014〕39号 | 2014年2月17日 |

续表

| 编号 | 文件名称 | 文号 | 印发日期 |
|---|---|---|---|
| 205 | 关于动用南水北调东线一期穿黄河工程征迁国控预备费的批复 | 国调办征移〔2014〕44号 | 2014年2月27日 |
| 206 | 关于动用南水北调东线一期韩庄运河段工程征迁国控预备费的批复 | 国调办征移〔2014〕45号 | 2014年2月27日 |
| 207 | 关于南水北调中线一期工程丹江口水库库底清理补充规划专题报告的批复 | 国调办征移〔2014〕47号 | 2014年2月28日 |
| 208 | 关于南水北调中线一期工程丹江口库区地质灾害治理工程应急项目专题报告的批复 | 国调办征移〔2014〕95号 | 2014年4月25日 |
| 209 | 关于动用南水北调中线一期工程邯石段征迁国控预备费的批复 | 国调办征移〔2014〕181号 | 2014年7月17日 |
| 210 | 关于南水北调东线一期韩庄运河段万年闸泵站设计单元工程征迁安置验收申请和工作大纲的批复 | 国调办征移〔2014〕183号 | 2014年7月22日 |
| 211 | 关于动用南水北调中线一期河南段部分工程征迁国控预备费的批复 | 国调办征移〔2014〕200号 | 2014年7月30日 |
| 212 | 关于动用南水北调中线一期工程邯石段征迁安置国控预备费的批复 | 国调办征移〔2014〕218号 | 2014年8月20日 |
| 213 | 关于动用南水北调东线一期南四湖水资源控制工程征迁国控预备费的批复 | 国调办征移〔2014〕262号 | 2014年9月29日 |
| 214 | 关于动用南水北调东线一期济南至引黄济青陈庄输水段单元工程征迁国控预备费的批复 | 国调办征移〔2014〕276号 | 2014年10月13日 |
| 215 | 关于动用南水北调东线一期济南至引黄济青济南市区段输水工程征迁国控预备费的批复 | 国调办征移〔2014〕277号 | 2014年10月13日 |
| 216 | 关于动用南水北调中线一期工程邯石段征迁国控预备费的批复 | 国调办征移〔2014〕294号 | 2014年10月31日 |
| 217 | 关于湖北省移民局申请移民国控预备费解决档案工作经费和汉江集团复建资金缺口的批复 | 国调办征移〔2014〕327号 | 2014年12月16日 |
| 218 | 关于责成对2013年12月份南水北调工程质量问题进行责任追究的通知 | 国调办监督〔2014〕11号 | 2014年1月10日 |
| 219 | 关于对2013年12月份有关工程质量问题进行整改的通知 | 国调办监督〔2014〕12号 | 2014年1月10日 |
| 220 | 关于开展中线干线工程全线充水前质量重点排查的通知 | 国调办监督〔2014〕55号 | 2014年3月11日 |
| 221 | 关于开展中线湖北境内工程质量重点排查的通知 | 国调办监督〔2014〕56号 | 2014年3月11日 |
| 222 | 关于进一步从严实施质量监管工作的通知 | 国调办监督〔2014〕73号 | 2014年3月31日 |
| 223 | 关于对2014年3月份南水北调工程质量问题进行责任追究的通知 | 国调办监督〔2014〕81号 | 2014年4月14日 |
| 224 | 关于对南水北调工程质量问题进行即时责任追究的通知 | 国调办监督〔2014〕82号 | 2014年4月14日 |

续表

| 编号 | 文 件 名 称 | 文号 | 印发日期 |
|---|---|---|---|
| 225 | 关于对南水北调工程即时责任追究质量问题进行整改的通知 | 国调办监督〔2014〕83 号 | 2014 年 4 月 14 日 |
| 226 | 关于对 2014 年 3 月份有关工程质量问题进行整改的通知 | 国调办监督〔2014〕84 号 | 2014 年 4 月 14 日 |
| 227 | 关于对渠道工程质量问题实施责任追究的通知 | 国调办监督〔2014〕85 号 | 2014 年 4 月 14 日 |
| 228 | 关于对南水北调中线新郑南段渠道工程质量问题实施即时责任追究的通知 | 国调办监督〔2014〕99 号 | 2014 年 5 月 6 日 |
| 229 | 关于对南水北调中线禹长段工程质量问题实施即时责任追究的通知 | 国调办监督〔2014〕100 号 | 2014 年 5 月 6 日 |
| 230 | 关于对南水北调中线禹长段工程即时责任追究质量问题进行整改的通知 | 国调办监督〔2014〕101 号 | 2014 年 5 月 6 日 |
| 231 | 关于对南水北调中线鹤壁段渠道隔离网栏质量问题实施即时责任追究的通知 | 国调办监督〔2014〕104 号 | 2014 年 5 月 9 日 |
| 232 | 关于强化南水北调工程建设施工、监理、设计单位信用管理工作的通知 | 国调办监督〔2014〕119 号 | 2014 年 5 月 27 日 |
| 233 | 关于对南水北调中线方城段工程质量问题进行即时责任追究的通知 | 国调办监督〔2014〕121 号 | 2014 年 5 月 30 日 |
| 234 | 关于对南水北调中线方城段工程即时责任追究质量问题进行整改的通知 | 国调办监督〔2014〕122 号 | 2014 年 5 月 30 日 |
| 235 | 关于对 2014 年 4 月份南水北调工程质量问题进行责任追究的通知 | 国调办监督〔2014〕123 号 | 2014 年 5 月 30 日 |
| 236 | 关于对 2014 年 4 月份有关工程质量问题进行整改的通知 | 国调办监督〔2014〕124 号 | 2014 年 5 月 30 日 |
| 237 | 关于责成对 2014 年 5 月份南水北调工程质量问题进行责任追究的通知 | 国调办监督〔2014〕129 号 | 2014 年 6 月 12 日 |
| 238 | 关于做好影响中线工程通水质量问题整改工作的通知 | 国调办监督〔2014〕130 号 | 2014 年 6 月 12 日 |
| 239 | 关于对南水北调工程即时责任追究质量问题进行整改的通知 | 国调办监督〔2014〕136 号 | 2014 年 6 月 24 日 |
| 240 | 关于对南水北调中线方城段工程质量问题进行即时责任追究的通知 | 国调办监督〔2014〕137 号 | 2014 年 6 月 25 日 |
| 241 | 关于对 2014 年 6 月份有关工程质量问题进行整改的通知 | 国调办监督〔2014〕173 号 | 2014 年 7 月 14 日 |
| 242 | 关于同意调整南水北调工程山东质量监督站站长的批复 | 国调办监督〔2014〕248 号 | 2014 年 9 月 19 日 |
| 243 | 关于强化中线工程充水试验问题整改的通知 | 国调办监督〔2014〕283 号 | 2014 年 10 月 20 日 |
| 244 | 关于印发《南水北调东线一期工程鲁北段灌区影响处理工程档案专项验收意见》的通知 | 综综合函〔2014〕76 号 | 2014 年 3 月 4 日 |
| 245 | 关于印发《南水北调东线一期皂河一站更新改造工程项目档案专项验收意见》的通知 | 综综合函〔2014〕195 号 | 2014 年 5 月 19 日 |
| 246 | 关于印发《南水北调东线一期皂河二站工程项目档案专项验收意见》的通知 | 综综合函〔2014〕196 号 | 2014 年 5 月 19 日 |

续表

| 编号 | 文件名称 | 文号 | 印发日期 |
|---|---|---|---|
| 247 | 关于中央电视台无偿提供南水北调文献纪录片《水脉》播出权的函 | 综政宣函〔2014〕443 号 | 2014 年 11 月 24 日 |
| 248 | 关于加强南水北调中线一期工程正式通水宣传的函 | 综政宣函〔2014〕467 号 | 2014 年 12 月 12 日 |
| 249 | 关于印发南水北调工程重大关键技术研究及应用等 4 个项目竣工验收意见的通知 | 综投计〔2014〕7 号 | 2014 年 1 月 24 日 |
| 250 | 关于印发南水北调中线一期工程陶岔渠首枢纽电站送出工程初步设计报告审查意见的通知 | 综投计〔2014〕32 号 | 2014 年 3 月 20 日 |
| 251 | 关于印发南水北调中线防洪影响处理工程前期工作协调会议纪要的通知 | 综投计函〔2014〕128 号 | 2014 年 4 月 1 日 |
| 252 | 关于组织开展 2014 年下半年第 1 批合同变更索赔项目监督检查工作的函 | 综投计函〔2014〕300 号 | 2014 年 7 月 28 日 |
| 253 | 关于印发南水北调工程建设项目管理网络控制系统(二期)项目竣工验收意见的通知 | 综投计函〔2014〕344 号 | 2014 年 9 月 5 日 |
| 254 | 关于平顶山市燕山水库应急调水工程和南水北调中线总干渠衔接工程有关事宜的函 | 综投计函〔2014〕365 号 | 2014 年 9 月 18 日 |
| 255 | 国务院南水北调办关于报送财政水利资金投入和使用有关情况的函 | 综经财函〔2014〕416 号 | 2014 年 10 月 31 日 |
| 256 | 关于做好南水北调中线一期工程总干渠沙河南—黄河南郑州 2 段设计单元工程通水验收有关工作的通知 | 综建管函〔2014〕2 号 | 2014 年 1 月 3 日 |
| 257 | 关于加快南水北调中线干线工程跨渠桥梁验收移交工作的通知 | 综建管〔2014〕3 号 | 2014 年 1 月 16 日 |
| 258 | 关于做好南水北调中线一期工程总干渠沙河南至黄河南段双洎河渡槽设计单元工程通水验收有关工作的通知 | 综建管函〔2014〕3 号 | 2014 年 1 月 3 日 |
| 259 | 关于做好南水北调中线一期工程总干渠黄河北—美河北段鹤壁段设计单元工程通水验收有关工作的通知 | 综建管函〔2014〕4 号 | 2014 年 1 月 3 日 |
| 260 | 关于做好南水北调中线一期工程总干渠黄河北—美河北段汤阴段设计单元工程通水验收有关工作的通知 | 综建管函〔2014〕5 号 | 2014 年 1 月 3 日 |
| 261 | 关于印发南水北调工程建设进度(第十二次)协调会纪要的通知 | 综建管〔2014〕12 号 | 2014 年 1 月 28 日 |
| 262 | 关于印发国务院南水北调工程建设委员会办公室安全生产领导小组和南水北调工程建设重特大事故应急处理领导小组第十三次全体会议纪要的通知 | 综建管〔2014〕16 号 | 2014 年 2 月 14 日 |
| 263 | 关于印发《南水北调中线自动化调度与运行管理决策支持系统及有关管理设施建设节点目标登记表》的通知 | 综建管〔2014〕21 号 | 2014 年 3 月 3 日 |
| 264 | 关于进一步加快南水北调中线剩余工程建设的通知 | 综建管〔2014〕23 号 | 2014 年 3 月 6 日 |

续表

| 编号 | 文件名称 | 文号 | 印发日期 |
| --- | --- | --- | --- |
| 265 | 关于做好南水北调中线一期工程总干渠陶岔渠首至沙河南段鲁山南1段设计单元工程通水验收有关工作的通知 | 综建管函〔2014〕32号 | 2014年1月27日 |
| 266 | 关于做好南水北调中线一期工程总干渠黄河北—美河北焦作1段设计单元工程通水验收有关工作的通知 | 综建管函〔2014〕33号 | 2014年1月27日 |
| 267 | 关于做好南水北调中线一期工程总干渠沙河南至黄河南段郑州1段设计单元工程通水验收有关工作的通知 | 综建管函〔2014〕34号 | 2014年1月27日 |
| 268 | 关于做好南水北调中线一期工程总干渠沙河南至黄河南段新郑南段设计单元工程通水验收有关工作的通知 | 综建管函〔2014〕35号 | 2014年1月27日 |
| 269 | 关于做好南水北调中线一期工程总干渠黄河北—美河北焦作2段设计单元工程通水验收有关工作的通知 | 综建管函〔2014〕36号 | 2014年1月27日 |
| 270 | 关于做好南水北调中线一期工程总干渠黄河北—美河北新乡和卫辉段设计单元工程通水验收有关工作的通知 | 综建管函〔2014〕37号 | 2014年1月28日 |
| 271 | 关于加强南水北调中线剩余工程施工管理的通知 | 综建管〔2014〕38号 | 2014年4月8日 |
| 272 | 关于做好南水北调中线一期工程总干渠邢台市段设计单元工程通水验收有关工作的通知 | 综建管函〔2014〕38号 | 2014年1月28日 |
| 273 | 关于做好南水北调中线一期工程总干渠永年县段设计单元工程通水验收有关工作的通知 | 综建管函〔2014〕39号 | 2014年1月28日 |
| 274 | 关于做好南水北调中线一期工程总干渠黄河北—美河北辉县段设计单元工程通水验收有关工作的通知 | 综建管函〔2014〕40号 | 2014年1月28日 |
| 275 | 关于印发丹江口水库库区地质灾害处理工作关键事项的通知 | 综建管〔2014〕41号 | 2014年4月28日 |
| 276 | 关于印发南水北调工程建设进度验收（第十三次）协调会纪要的通知 | 综建管〔2014〕44号 | 2014年5月9日 |
| 277 | 关于印发南水北调中线干线工程重点标段建设进度座谈会纪要的通知 | 综建管〔2014〕46号 | 2014年5月12日 |
| 278 | 关于进一步做好丹江口水库库区地质灾害处理工作关键事项的通知 | 综建管〔2014〕52号 | 2014年5月19日 |
| 279 | 关于印发南水北调中线干线工程防汛工作关键事项的通知 | 综建管〔2014〕54号 | 2014年5月26日 |
| 280 | 关于做好南水北调中线一期工程总干渠沙河南—黄河南段禹州和长葛段设计单元工程通水验收有关工作的通知 | 综建管函〔2014〕69号 | 2014年3月3日 |
| 281 | 关于做好南水北调中线一期工程总干渠沙河南—黄河南段荥阳段设计单元工程通水验收有关工作的通知 | 综建管函〔2014〕70号 | 2014年3月3日 |
| 282 | 关于做好南水北调中线一期工程总干渠沙河南—黄河南段宝丰至郏县段设计单元工程通水验收有关工作的通知 | 综建管函〔2014〕71号 | 2014年3月3日 |
| 283 | 关于做好南水北调中线一期工程总干渠沙河南—黄河南段潮河段设计单元工程通水验收有关工作的通知 | 综建管函〔2014〕72号 | 2014年3月3日 |

续表

| 编号 | 文 件 名 称 | 文号 | 印发日期 |
| --- | --- | --- | --- |
| 284 | 关于做好南水北调中线一期工程总干渠沙河南—黄河南段鲁山北段设计单元工程通水验收有关工作的通知 | 综建管函〔2014〕73 号 | 2014 年 3 月 3 日 |
| 285 | 关于印发南水北调工程建设进度验收(第十四次)协调会纪要的通知 | 综建管〔2014〕74 号 | 2014 年 8 月 7 日 |
| 286 | 关于做好南水北调中线一期工程总干渠陶岔渠首至沙河南段湍河渡槽设计单元工程通水验收有关工作的通知 | 综建管函〔2014〕74 号 | 2014 年 3 月 3 日 |
| 287 | 关于南水北调中线安阳河倒虹吸工程有关问题的通报 | 综建管函〔2014〕75 号 | 2014 年 3 月 3 日 |
| 288 | 关于印发南水北调中线河南段永久供电工程建设协调会纪要的通知 | 综建管〔2014〕77 号 | 2014 年 9 月 9 日 |
| 289 | 关于印发南水北调中线一期工程 2014 年底前季、月、旬水量调度方案咨询审查意见的通知 | 综建管〔2014〕80 号 | 2014 年 10 月 14 日 |
| 290 | 关于做好南水北调中线一期工程漳河北至古运河南段工程石家庄市区段设计单元工程通水验收有关工作的通知 | 综建管函〔2014〕81 号 | 2014 年 3 月 6 日 |
| 291 | 关于做好南水北调中线一期工程漳河北至古运河南段工程高邑县至元氏县段设计单元工程通水验收有关工作的通知 | 综建管函〔2014〕82 号 | 2014 年 3 月 6 日 |
| 292 | 关于做好南水北调中线一期工程漳河北至古运河南段工程磁县段设计单元工程通水验收有关工作的通知 | 综建管函〔2014〕83 号 | 2014 年 3 月 6 日 |
| 293 | 关于加强防汛重点部位安全管理的通知 | 综建管函〔2014〕90 号 | 2014 年 2 月 13 日 |
| 294 | 关于做好南水北调中线一期工程水源保障工作的通知 | 综建管函〔2014〕96 号 | 2014 年 3 月 14 日 |
| 295 | 关于进一步做好通水验收准备工作的通知 | 综建管函〔2014〕97 号 | 2014 年 3 月 14 日 |
| 296 | 关于做好南水北调中线一期工程总干渠陶岔渠首至沙河南段镇平县段设计单元工程通水验收有关工作的通知 | 综建管函〔2014〕119 号 | 2014 年 3 月 31 日 |
| 297 | 关于做好南水北调中线一期工程总干渠陶岔渠首至沙河南段鲁山南 2 段设计单元工程通水验收有关工作的通知 | 综建管函〔2014〕120 号 | 2014 年 3 月 31 日 |
| 298 | 关于做好南水北调中线一期工程总干渠陶岔渠首至沙河南叶县段设计单元工程通水验收有关工作的通知 | 综建管函〔2014〕121 号 | 2014 年 3 月 31 日 |
| 299 | 关于做好南水北调中线一期工程总干渠陶岔渠首至沙河南段淅川县段设计单元工程通水验收有关工作的通知 | 综建管函〔2014〕122 号 | 2014 年 3 月 31 日 |
| 300 | 关于做好南水北调中线一期工程沙河南至黄河南段沙河渡槽段设计单元工程通水验收有关工作的通知 | 综建管函〔2014〕123 号 | 2014 年 3 月 31 日 |
| 301 | 关于对南水北调中线干线剩余工程进度落后标段进行批评的通报 | 综建管函〔2014〕129 号 | 2014 年 4 月 1 日 |
| 302 | 关于做好南水北调中线一期工程总干渠陶岔渠首至沙河南段白河倒虹吸设计单元工程通水验收有关工作的通知 | 综建管函〔2014〕135 号 | 2014 年 4 月 8 日 |
| 303 | 关于做好南水北调中线一期工程总干渠陶岔渠首至沙河南段南阳市段设计单元工程通水验收有关工作的通知 | 综建管函〔2014〕136 号 | 2014 年 4 月 8 日 |

续表

| 编号 | 文 件 名 称 | 文号 | 印发日期 |
|---|---|---|---|
| 304 | 关于做好南水北调中线一期工程漳河北至古运河南段工程邯郸市至邯郸县段设计单元工程通水验收有关工作的通知 | 综建管函〔2014〕149 号 | 2014 年 4 月 14 日 |
| 305 | 关于做好南水北调中线一期工程漳河北至古运河南段工程洺河渡槽设计单元工程通水验收有关工作的通知 | 综建管函〔2014〕150 号 | 2014 年 4 月 14 日 |
| 306 | 关于做好南水北调中线一期工程漳河北至古运河南段工程临城县段设计单元工程通水验收有关工作的通知 | 综建管函〔2014〕151 号 | 2014 年 4 月 14 日 |
| 307 | 关于对南水北调中线河南段工程防汛检查发现问题和隐患进行整改的通知 | 综建管函〔2014〕155 号 | 2014 年 4 月 15 日 |
| 308 | 关于对南水北调中线北京、河北段工程防汛检查发现问题和隐患进行整改的通知 | 综建管函〔2014〕160 号 | 2014 年 4 月 21 日 |
| 309 | 关于对未按期完成中线干线工程建设节点目标的责任单位进行批评的通报 | 综建管函〔2014〕167 号 | 2014 年 4 月 28 日 |
| 310 | 关于进一步做好退水闸退水安全管理工作的通知 | 综建管函〔2014〕174 号 | 2014 年 5 月 5 日 |
| 311 | 关于印发南水北调中线干线工程跨渠桥梁建设协调小组第四次会议纪要的通知 | 综建管函〔2014〕188 号 | 2014 年 5 月 15 日 |
| 312 | 关于做好南水北调中线一期工程总干渠陶岔渠首至沙河南段方城段设计单元工程通水验收有关工作的通知 | 综建管函〔2014〕193 号 | 2014 年 5 月 15 日 |
| 313 | 关于进一步做好南水北调中线工程防汛工作的通知 | 综建管函〔2014〕201 号 | 2014 年 5 月 21 日 |
| 314 | 关于印发南水北调工程防汛重点部位责任单位及责任人的通知 | 综建管函〔2014〕203 号 | 2014 年 5 月 22 日 |
| 315 | 关于做好南水北调中线一期工程总干渠充水试验准备工作的通知 | 综建管函〔2014〕206 号 | 2014 年 5 月 23 日 |
| 316 | 关于对未按期完成中线干线工程建设节点目标责任单位进行批评的通报 | 综建管函〔2014〕213 号 | 2014 年 5 月 27 日 |
| 317 | 关于做好南水北调中线工程应急管理工作的通知 | 综建管函〔2014〕232 号 | 2014 年 6 月 6 日 |
| 318 | 关于召开南水北调工程建设进度验收(第十四次)协调会的通知 | 综建管函〔2014〕255 号 | 2014 年 6 月 20 日 |
| 319 | 关于对未按期完成中线干线工程建设进度节点目标的责任单位进行通报批评的通知 | 综建管函〔2014〕256 号 | 2014 年 6 月 20 日 |
| 320 | 关于对未按期完成中线干线工程建设进度节点目标的责任单位进行通报批评的通知 | 综建管函〔2014〕308 号 | 2014 年 8 月 4 日 |
| 321 | 关于全力协助做好从丹江口水库向河南省应急调水工作的通知 | 综建管函〔2014〕310 号 | 2014 年 8 月 5 日 |
| 322 | 关于做好引江济汉工程应急调水相关工作的通知 | 综建管函〔2014〕315 号 | 2014 年 8 月 11 日 |
| 323 | 关于做好"十二五"国家科技支撑计划"南水北调中线工程膨胀土和高填方渠道建设关键技术研究与示范"项目验收准备的通知 | 综建管函〔2014〕320 号 | 2014 年 8 月 20 日 |

续表

| 编号 | 文件名称 | 文号 | 印发日期 |
|---|---|---|---|
| 324 | 关于对南水北调中线工程应急准备工作检查发现问题进行整改的通知 | 综建管函〔2014〕335号 | 2014年8月27日 |
| 325 | 关于做好"十一"期间和中线充水试验安全生产工作的通知 | 综建管函〔2014〕366号 | 2014年9月19日 |
| 326 | 关于做好南水北调工程应急调水工作总结的通知 | 综建管函〔2014〕367号 | 2014年9月19日 |
| 327 | 关于签订南水北调中线一期工程供用水协议的通知 | 综建管函〔2014〕376号 | 2014年9月25日 |
| 328 | 关于通报批评未按计划完成中线跨渠桥梁验收移交任务有关责任单位的通知 | 综建管函〔2014〕390号 | 2014年10月13日 |
| 329 | 关于落实南水北调中线干线工程分水调度管理有关事宜的通知 | 综建管函〔2014〕392号 | 2014年10月13日 |
| 330 | 关于建立南水北调中线一期工程通水工作日报制度的通知 | 综建管函〔2014〕412号 | 2014年10月30日 |
| 331 | 关于抓紧实施南水北调中线一期工程尾工建设的通知 | 综建管函〔2014〕451号 | 2014年11月28日 |
| 332 | 关于进一步做好2013年度丹江口库区及上游水污染防治和水土保持"十二五"规划实施考核工作的通知 | 综环保〔2014〕6号 | 2014年1月16日 |
| 333 | 关于调整2013年度丹江口库区及上游水污染防治和水土保持"十二五"规划项目实施统计时间的通知 | 综环保〔2014〕19号 | 2014年2月25日 |
| 334 | 关于贯彻落实南水北调工程供用水管理条例加快中线总干渠两侧水源保护区划定工作的通知 | 综环保〔2014〕35号 | 2014年4月2日 |
| 335 | 关于开展丹江口库区及上游水污染防治和水土保持"十二五"规划实施情况技术考核工作的通知 | 综环保〔2014〕37号 | 2014年4月3日 |
| 336 | 关于开展2013年度丹江口库区及上游水污染防治和水土保持"十二五"规划实施情况考核工作的通知 | 综环保函〔2014〕179号 | 2014年5月8日 |
| 337 | 关于印送丹江口库区及上游水污染防治和水土保持"十二五"规划2013年度实施情况考核结果的函 | 综环保函〔2014〕331号 | 2014年8月27日 |
| 338 | 关于印发南水北调中线通水水质信息共享机制建设座谈会议纪要的通知 | 综环保函〔2014〕462号 | 2014年12月5日 |
| 339 | 关于做好南水北调中线一期工程丹江口库区地质灾害治理工程应急项目实施工作的通知 | 综征移〔2014〕53号 | 2014年5月22日 |
| 340 | 关于全面梳理南水北调中线干线工程尾工建设中有关征迁问题的通知 | 综征移〔2014〕82号 | 2014年10月31日 |
| 341 | 关于全面梳理影响中线总干渠安全防护网建设征迁问题的通知 | 综征移函〔2014〕287号 | 2014年7月17日 |
| 342 | 关于切实做好南水北调中线一期工程通水前有关征迁工作的通知 | 综征移函〔2014〕377号 | 2014年9月23日 |
| 343 | 关于加强中线干线输水渡槽充水试验安全监测工作的通知 | 综监督〔2014〕13号 | 2014年1月28日 |

续表

| 编号 | 文件名称 | 文号 | 印发日期 |
| --- | --- | --- | --- |
| 344 | 关于加强中线干线输水渡槽质量问题整改的通知 | 综监督〔2014〕14 号 | 2014 年 1 月 28 日 |
| 345 | 关于公布 2013 年第四季度南水北调工程建设信用评价季度(质量)优秀单位的通知 | 综监督〔2014〕18 号 | 2014 年 2 月 18 日 |
| 346 | 关于加强中线干线输水渡槽第二次充水试验质量安全监测管理的通知 | 综监督〔2014〕34 号 | 2014 年 3 月 28 日 |
| 347 | 关于印送《南水北调中线一期总干渠方城段草墩河渡槽预应力管道压浆密实度检测报告》的通知 | 综监督〔2014〕43 号 | 2014 年 5 月 6 日 |
| 348 | 关于加强南水北调中线渠道工程质量管理的通知 | 综监督〔2014〕45 号 | 2014 年 5 月 9 日 |
| 349 | 关于组织排查建筑物边坡防护工程质量问题的紧急通知 | 综监督〔2014〕49 号 | 2014 年 5 月 16 日 |
| 350 | 关于加强中线渠道工程质量安全监测管理工作的通知 | 综监督〔2014〕50 号 | 2014 年 5 月 16 日 |
| 351 | 关于强化中线干线高填方渠段工程质量管理的通知 | 综监督〔2014〕51 号 | 2014 年 5 月 19 日 |
| 352 | 关于公布 2014 年第一季度南水北调工程建设信用评价季度(质量)优秀单位的通知 | 综监督〔2014〕56 号 | 2014 年 5 月 28 日 |
| 353 | 关于印发南水北调中线干线工程跨渠桥梁质量问题专题评估报告的通知 | 综监督〔2014〕57 号 | 2014 年 5 月 30 日 |
| 354 | 关于印发《南水北调中线一期总干渠磁县段二标滏阳河渡槽预应力管道压浆密实度检测报告》的通知 | 综监督〔2014〕60 号 | 2014 年 6 月 10 日 |
| 355 | 关于对引江济汉工程跨渠桥梁质量问题进行整改的通知 | 综监督〔2014〕63 号 | 2014 年 6 月 24 日 |
| 356 | 关于做好中线干线输水渡槽充水试验安全监测分析评价工作的通知 | 综监督〔2014〕66 号 | 2014 年 7 月 8 日 |
| 357 | 关于加强充水期间中线渠道工程质量管理的通知 | 综监督〔2014〕69 号 | 2014 年 7 月 14 日 |
| 358 | 关于对输水建筑物及附属工程不均匀沉降进行专项排查的通知 | 综监督〔2014〕78 号 | 2014 年 9 月 15 日 |
| 359 | 关于对中线干线 2013 年冬季施工标段进行专项稽察的通知 | 综监督函〔2014〕108 号 | 2014 年 3 月 23 日 |

## 沿线各省(直辖市)重要文件一览表

| 序号 | 文件名称 | 文号 | 印发日期 |
| --- | --- | --- | --- |
| 1 | 北京市对口支援和经济合作工作领导小组关于印发《北京市南水北调对口协作工作实施方案》及《北京市南水北调对口协作规划》的通知 | 京援合发〔2014〕1 号 | 2014 年 4 月 3 日 |
| 2 | 北京市南水北调办关于印发《北京市南水北调科技发展规划纲要(2014—2020)》的通知 | 京调办〔2014〕19 号 | 2014 年 3 月 6 日 |
| 3 | 北京市南水北调办、发展改革委、国土局、规划委、环保局、水务局关于发布《南水北调中线干线工程(北京段)用地控制及一期工程水源保护区划定方案》的通知 | 京调办〔2014〕83 号 | 2014 年 9 月 19 日 |

续表

| 序号 | 文件名称 | 文号 | 印发日期 |
| --- | --- | --- | --- |
| 4 | 天津市人民政府办公厅关于转发市水务局拟定的南水北调天津市配套工程管理办法的通知 | 津政办发〔2014〕24号 | 2014年2月21日 |
| 5 | 河北省人民政府办公厅关于做好南水北调中线一期工程总干渠充水试验和通水相关工作的通知 | 冀政办传〔2014〕63号 | 2014年7月1日 |
| 6 | 河北省南水北调配套工程建设临时用地复垦退还工作进度目标考核办法 | 冀调水计〔2014〕69号 | 2014年6月10日 |
| 7 | 河北省南水北调工程建设委员会办公室、河北省环境保护厅关于印发《南水北调中线一期工程总干渠河北段两侧水源保护区划分方案》的通知 | 冀调水设〔2014〕96号 | 2014年10月29日 |
| 8 | 河南省南水北调受水区供水配套工程投资控制管理办法 | 豫调〔2014〕1号 | 2014年4月4日 |
| 9 | 河南省人民政府移民工作领导小组关于在全省移民村实施"强村富民"战略的意见 | 豫移〔2014〕1号 | 2014年2月8日 |
| 10 | 关于印发《河南省南水北调干线征迁安置项目档案验收实施办法》的通知 | 豫移办〔2014〕3号 | 2014年1月17日 |
| 11 | 关于印发《河南省南水北调中线工程建设管理局"深化投资控制管理、实现投资控制目标"主题年活动实施方案》的通知 | 豫调建〔2014〕11号 | 2014年4月2日 |
| 12 | 关于进一步做好渡槽充水试验工作的通知 | 豫调建建〔2014〕12号 | 2014年2月8日 |
| 13 | 河南省南水北调配套工程建设临时用地复垦返还奖惩指导意见 | 豫调建移〔2014〕16号 | 2015年2月15日 |
| 14 | 河南省政府移民办公室关于2014年河南省南水北调丹江口库区移民工作的意见 | 豫移办〔2014〕22号 | 2014年3月3日 |
| 15 | 关于开展河南省南水北调配套工程风险标段进度督导的通知 | 豫调办〔2014〕28号 | 2014年3月20日 |
| 16 | 关于印发《南水北调中线一期工程总干渠黄河北—羑河北辉县段设计单元工程通水验收鉴定书》的通知 | 豫调办建〔2014〕45号 | 2014年5月4日 |
| 17 | 关于印发《南水北调中线一期工程总干渠黄河北—羑河北焦作2段设计单元工程通水验收鉴定书》的通知 | 豫调办建〔2014〕46号 | 2014年5月4日 |
| 18 | 河南省人民政府关于2013年度河南省丹江口库区及上游水污染防治和水土保持"十二五"规划实施情况的函 | 豫政函〔2014〕47号 | 2014年6月18日 |
| 19 | 关于印发《南水北调中线一期工程总干渠沙河南—黄河南段潮河段设计单元工程通水验收鉴定书》的通知 | 豫调办建〔2014〕54号 | 2014年5月16日 |
| 20 | 关于印发《南水北调中线一期工程总干渠沙河南—黄河南郑州2段设计单元工程通水验收鉴定书》的通知 | 豫调办建〔2014〕55号 | 2014年5月16日 |
| 21 | 关于印发《南水北调中线一期工程总干渠沙河南—黄河南段宝丰至郏县段设计单元工程通水验收鉴定书》的通知 | 豫调办建〔2014〕56号 | 2014年5月16日 |

续表

| 序号 | 文件名称 | 文号 | 印发日期 |
|---|---|---|---|
| 22 | 关于印发《南水北调中线一期工程总干渠沙河南—黄河南郑州1段设计单元工程通水验收鉴定书》的通知 | 豫调办建〔2014〕57号 | 2014年5月16日 |
| 23 | 关于印发《南水北调中线一期工程总干渠沙河南—黄河南新郑南段设计单元工程通水验收鉴定书》的通知 | 豫调办建〔2014〕58号 | 2014年5月16日 |
| 24 | 关于印发《南水北调中线一期工程总干渠沙河南—黄河南段禹州和长葛段设计单元工程通水验收鉴定书》的通知 | 豫调办建〔2014〕59号 | 2014年5月16日 |
| 25 | 关于印发《南水北调中线一期工程总干渠陶岔渠首—沙河南段南阳市段设计单元工程通水验收鉴定书》的通知 | 豫调办建〔2014〕64号 | 2014年6月3日 |
| 26 | 关于印发《南水北调中线一期工程总干渠陶岔渠首—沙河南段方城段设计单元工程通水验收鉴定书》的通知 | 豫调办建〔2014〕65号 | 2014年6月3日 |
| 27 | 关于印发《南水北调中线一期工程总干渠膨胀土试验段工程(南阳段)设计单元工程通水验收鉴定书》的通知 | 豫调办建〔2014〕66号 | 2014年6月3日 |
| 28 | 关于印发《南水北调中线一期工程总干渠陶岔渠首—沙河南段白河倒虹吸设计单元工程通水验收鉴定书》的通知 | 豫调办建〔2014〕67号 | 2014年6月3日 |
| 29 | 关于加强我省南水北调配套工程建设及运行管理工作的通知 | 豫调办〔2014〕96号 | 2014年11月28日 |
| 30 | 关于印发《河南省南水北调受水区供水配套工程13、17、21、28、34号分水口门输水线路试通水调度运行方案(试行)》的通知 | 豫调建建〔2014〕121号 | 2014年12月3日 |
| 31 | 关于印发《南水北调东线一期工程江都站改造设计单元工程完工验收鉴定书》的通知 | 苏调办〔2014〕27号 | 2014年5月26日 |
| 32 | 关于印发《湖北省移民局2014年工作要点》的通知 | 鄂移〔2014〕1号 | 2014年1月20日 |
| 33 | 湖北省发展改革委关于丹江口库区及上游十堰控制单元不达标入库河流综合治理方案的批复 | 鄂发改地区〔2014〕183号 | 2014年4月30日 |
| 34 | 陕西省人民政府关于印发汉江丹江流域水质保护行动方案(2014—2017年)的通知 | 陕政发〔2014〕15号 | 2014年4月10日 |

## 项目法人单位重要文件一览表

| 序号 | 文件名称 | 文号 | 印发日期 |
|---|---|---|---|
| 1 | 关于调整中线建管局安全生产委员会、安全事故应急处理领导小组、安全度汛领导小组成员的通知 | 中线局质安〔2014〕9号 | 2014年1月26日 |
| 2 | 关于印发《南水北调中线干线工程2014年安全生产工作计划》的通知 | 中线局质安〔2014〕10号 | 2014年1月26日 |
| 3 | 对2013年度南水北调中线干线河北段工程建设临时用地退还复垦工作进度目标考核结果优秀单位进行表彰的通报 | 中线局移〔2014〕28号 | 2014年7月25日 |

续表

| 序号 | 文 件 名 称 | 文号 | 印发日期 |
|---|---|---|---|
| 4 | 关于印发《南水北调中线干线工程“深化投资控制管理、实现投资控制目标”主题年活动投资控制考核办法》的通知 | 中线局计〔2014〕115 号 | 2014 年 8 月 21 日 |
| 5 | 关于印发《南水北调中线干线工程突发事件应急管理办法(试行)》《南水北调中线干线工程突发事件综合应急预案》及四个专项应急预案的通知 | 中线局质安〔2014〕212 号 | 2014 年 10 月 31 日 |
| 6 | 南水北调中线水源工程建设招标管理办法 | 中水源计〔2014〕91 号 | 2014 年 7 月 2 日 |
| 7 | 南水北调中线水源公司建设管理费财务管理办法 | 中水源财〔2014〕112 号 | 2014 年 8 月 6 日 |
| 8 | 南水北调中线水源有限责任公司合同价款财务支付管理办法 | 中水源财〔2014〕136 号 | 2014 年 9 月 15 日 |
| 9 | 南水北调中线水源工程非招标项目实施管理办法 | 中水源计〔2014〕142 号 | 2014 年 9 月 25 日 |

# 陆 考察调研

VISIT AND INSPECTION

## 鄂竟平主任带队飞检南水北调东线山东段水库运行管理情况

2014年1月27日，国务院南水北调办主任鄂竟平带队对南水北调东线山东段大屯水库、东湖水库运行管理情况进行飞检。

鄂竟平一行于1月27日上午抵达德州市，下车后直奔大屯水库，认真检查水库值班安保、水库蓄水运行等情况。鄂竟平指出，过节期间一定要加强水库管理，严格执行值班制度。

下午来到东湖水库，鄂竟平检查了东湖水库运行管理及安全监测情况，认真查看了周边减压井、排水沟防护等，并听取了现场管理人员的汇报。鄂竟平叮嘱现场管理人员，水库运行管理要与建设一样重要，不能有一丝疏忽，要安排工作人员对水库进行不间断巡查、观测，确保水库运行安全。

综合司、监督司、监管中心、稽察大队主要负责同志参加检查。

## 鄂竟平主任带队飞检中线穿黄工程

2014年5月28~29日，国务院南水北调办主任鄂竟平带队飞检南水北调中线穿黄工程质量。

5月28日晚上9点半，鄂竟平一行抵达河南直管建管局，即召开座谈会，听取穿黄隧洞剩余工程进展情况汇报，对下一步工作提出具体要求。

5月29日，鄂竟平一行来到穿黄工程1∶1仿真试验场地，详细询问了试验过程和仿真试验取得的成果，以及主要技术参数，进一步了解穿黄工程内衬原理和质量控制关键部位。

穿黄工程Ⅱ-A标隧洞内，剩余工程施工正在紧张进行。鄂竟平一行走到隧洞深处，认真检查隧洞内衬混凝土质量，查看聚脲施工以及锚具槽处理情况，向建管、设计、监理和施工单位了解工程进展，要求各参建单位全力以赴，严格按照设计方案，加快进度。

隧洞内衬顶拱注浆孔是这次检查的重点。鄂竟平手持电筒，一点点检查，不时询问。为了摸清注浆孔施工情况，他沿着竖梯，爬上5m多高的施工台车，在狭小的施工台车上，弯着腰认真检查注浆孔的修补情况。他与现场质量监管负责人深入交谈，询问质量控制的有关细节，并亲切慰问一线作业工人，叮嘱他们一定要注意安全。

鄂竟平指出，穿黄工程是中线控制性工程，是实现全线通水目标的关键工程，质量是穿黄工程的生命。各施工环节要细之又细，抓住穿黄隧洞内衬质量控制的关键点，全面确保隧洞输水安全。

监督司、监管中心、稽查大队、中线建管局负责同志陪同检查。

## 鄂竟平主任检查南水北调中线充水试验情况

为指导南水北调中线充水试验工作，确保充水试验运行管理安全，2014年，国务院南水北调办主任鄂竟平先后于6月和10月两次赴工程现场开展指导检查工作。

（一）检查南水北调中线黄河以北工程充水试验工作

2014年6月6日，国务院南水北调办主任鄂竟平率队赴中线河北省磁县段工程现场一线，检查指导中线黄河以北段工程充水试验。

在磁县东窑头村，鄂竟平实地查看了岳城水库水源入中线总干渠输水口来水情况，与现场建管、运行、施工、监理、设计与岳城水库管理局负责人交谈，详细了解了当前充水试验总体情况、运行管理安全措施、水源水量与水质等情况。他叮嘱各方面要把工程安全运行管理放在首位，紧密配合、各司其责，确保充水各项工作稳步有序推进。

在磁县段二标滏阳河渡槽工程现场，鄂竟平深入查看了渡槽充水运行管理情况，询问了渡槽节制闸门安装、启闭运行状况。他强调，要全面加强渡槽工程充水试验监测，科学调度启闭闸门，确保工程安全。

鄂竟平强调，安全是充水试验运行管理的生命线。各方要全面加强充水实验安全管理各项工作。尤其是中线建管局要充分利用充水试验这一次难得的岗位实践锻炼机遇，进一步提升全线运行工作人员操作技能与管理水平，为顺利实现中线一期工程汛后全线通水大目标提供坚实的工程、技术、人才和运行安全保障。

国务院南水北调办综合司、建管司、监管中心，中线建管局以及河北省南水北调办负责人陪同检查。

（二）检查南水北调中线黄河以北工程充水试验工作

2014 年 10 月 29 ~ 30 日，国务院南水北调办主任鄂竟平带队，对黄河以南段充水试验和工程管护情况进行了一次质量、进度、管理等方面的飞检式检查。

鄂竟平一行沿着渠道，驱车 400 多公里，下台阶、钻涵洞，先后检查了禹长段榆林西北公路桥、榆林西北沟左排倒虹吸、鲁山北段辛集沟左排倒虹吸、沙河渡槽、鲁山南 2 段、鲁山南 1 段、叶县 4 标高填方段、澧河渡槽、叶县 3 标濵沱河左排倒虹吸附近渠道、陶岔渠首、淅川 1 标、淅川 2 标和湍河渡槽等工程。

2014 年 10 月 29 日上午，鄂竟平一行来到禹长 8 标，认真检查了榆林西北公路桥桥墩周边衬砌板缺陷处理情况。鄂竟平向施工单位详细了解缺陷处理措施、处理时间、处理效果，并询问了跨渠桥梁尾工项目进展情况，向运行管理人员了解渠道安全保卫、现场巡视人员的数量、巡视制度等等。他说，距离正式通水时间已经很近了，任何时候都不能忽视质量，要在确保质量标准的前提下加快尾工建设，不可麻痹大意，不能掉以轻心；对工程中存在的一些缺陷，必须抓紧时间，尽快整改；对有的项目还要加强观测，在积累大量观测数据的基础上做出科学分析，确保渠道安全运行。

2014 年 10 月 29 日下午，鄂竟平一行赶往鲁山北段，检查了辛集沟左排倒虹吸附近渠道衬砌缺陷处理、左排倒虹吸裂缝处理等情况。在沙河渡槽 1 标，鄂竟平检查了渡槽充水试验情况及缺陷处理情况，要求施工单位一定要认真对待充水试验，将充水试验暴露出的问题整改到位。

高填方段是工程运行管理安全监测的重点。在叶县段高填方及交叉建筑物旁，鄂竟平检查了建筑物与高填方渠道连接部位的施工质量，详细询问了水位、水质情况，以及管理人员的数量、尾工完成时间和渠道巡视、安保制度等，他要求巡视人员一定要认真负责，加强巡视力度，不留死角，巡视到位。安全监测人员要做好现场监测记录，严格按规定频次做好观测，拿出准确的分析报告，为工程安全运行提供翔实的依据。

2014 年 10 月 30 日早上，鄂竟平一行来到陶岔渠首。他走上坝顶，查看了大坝启闭设备，了解渠首周边的绿化、闸门过水和边坡防护等情况。坝前库区内，一条小船正在清理水上的垃圾，鄂竟平向渠首管理人员询问了水位、水质和库区漂浮物清理等情况，他要求当地政府一定要牢固树立科学发展观，走经济可持续发展之路，把渠首周边环境绿化好，保护好丹江口库区生态环境。他指出，陶岔渠首水利枢纽目前的首要任务是保证顺利通水，有关各方一定要站在讲政治和讲大局的高度，根据批准的方案要求，积极配合，做好闸门调控工作，与中央保持一致，确保一库清水顺利北上。

综合司、建管司、监督司、中线建管局、稽察大队等负责同志参加检查。

## 鄂竟平主任检查指导中线干线工程调度运行工作

2014年11月14日，国务院南水北调办主任鄂竟平、副主任张野来到中线建管局中线干线工程总调中心，现场检查指导中线调度系统运行工作。

鄂竟平详细询问了目前中线工程自动化调度系统运行工作情况，了解了自动化调度系统远程控制、应急调度、水质自动监测等有关工作，并现场出题模拟演练。

国务院南水北调办投计司、建管司、环保司、中线建管局负责人陪同检查。

## 鄂竟平主任检查中线干线水质监测工作

2014年11月18日，国务院南水北调办主任鄂竟平深入中线干线京石段工程运行管理一线，检查水质监测工作。

鄂竟平从惠南庄泵站沿渠一路向南，先后检查了北京段北拒马河倒虹吸、涞水段七里庄倒虹吸、易县段北易水倒虹吸等固定监测断面水质状况，察看了现场水样采集检测工作。每到一处，鄂竟平都仔细听取水质监测工作情况汇报，认真查测现场水质状况，询问了解水质固定监测断面和应急监测断面数据采集、指标参数情况，并随机抽查工程巡视、养护等运行管理工作。

鄂竟平强调，水质安全是南水北调工程运行平稳有序的重要保障。要全面落实中线干线水质监测工作方案，严格执行规定程序和标准，采取固定、应急、自动等监测方式，全过程跟踪做好水样采集、水质监测、数据分析等每一个环节的工作，确保一渠清流北送。

检查期间，鄂竟平还对现场运行管理处继续深入做好高填方段等工程重点部位巡视、养护工作，确保工程安全稳步运行提出了明确要求。

国务院南水北调办建管司有关负责人、中线建管局负责人陪同检查。

## 鄂竟平主任赴河北、河南两省商谈南水北调接水用水和运行管理工作

2014年，在中线一期工程如期建成，工作重心正在由建设管理向运行管理转变之际，国务院南水北调办主任鄂竟平先后赴河北、河南两省商谈南水北调接水用水和运行管理工作。

（一）赴河北省商谈南水北调接水用水和运行管理工作

2014年12月3日，国务院南水北调办主任鄂竟平赴河北，就接水用水、运行管理等工作与河北省省长张庆伟进行商谈。河北省副省长沈小平、省政府秘书长朱浩文和有关部门负责同志参加会谈。

鄂竟平对河北省委、省政府对南水北调工程建设管理工作的支持表示感谢。他说，历经十余年艰苦努力，南水北调中线一期工程已如期建成。在省委、省政府的领导下，河北省各有关部门在工程建设、移民征迁、治污环保等方面做了大量卓有成效的工作，保障了工程建设的顺利进行。

鄂竟平指出，目前中线一期工程正处于建设管理向运行管理转型的关键时期，面临新的形势和任务。这次来主要是就工程建成后的后续工作，听取省里意见，协商有关工作。他希望河北抓紧抓好工程接水用水、配套工程和左岸防洪影响处理工程建设等工作，同时就工程后评估、运行管理体制机制、东

线二期工程等问题深入研究，提出意见和建议，共同促进南水北调工程早日发挥最大效益，造福沿线群众。

张庆伟表示，南水北调工程是打基础、利长远的重大民生工程。河北省将按照国务院南水北调办的要求，认真抓好工程建设扫尾，妥善解决征迁遗留问题，配合开展充水试验和工程验收等工作，确保长江水引得来、用得上、效果好。同时，对南水北调办提出的有关问题，进一步深入研究论证，做好相关工作。

国务院南水北调办综合司、投计司、建管司、环保司、征移司主要负责同志参加会谈。

（二）赴河南省商谈南水北调接水用水和运行管理工作

2014 年 12 月 4 日，国务院南水北调办主任鄂竟平赴河南，就接水用水、运行管理等工作与河南省省长谢伏瞻进行商谈。河南省副省长王铁，省政府秘书长郭洪昌和有关部门负责同志参加会谈。

鄂竟平对河南省委、省政府对南水北调工程建设管理工作的支持表示感谢。他说，南水北调中线工程河南段线路最长、工程量最大、移民最多、环保治污任务也非常繁重，河南省委、省政府高度重视，真抓、实抓、细抓，各项工作成效显著，创造了很多好的经验和做法，为确保工程如期建成做出了贡献。

鄂竟平指出，历经十余年艰苦建设，中线一期工程如期建成，工作重心正在由建设管理向运行管理转变，我们面临新的形势和任务。这次来主要是就工程建成后的后续工作，听取省里意见，协商有关工作。他希望河南省抓紧抓好工程接水用水、配套工程建设和治污环保等工作，同时就工程后评估、运行管理体制机制、移民后扶等问题深入研究，提出意见和建议，共同促进南水北调工程早日发挥最大效益，造福沿线群众。

谢伏瞻表示，河南省委、省政府把南水北调工程建设作为一项政治任务，举全省之力强力推进，各项工作都取得了重大阶段性成果。下一步，河南省将按照国务院南水北调办的要求，加快推进配套工程建设，加强水源地以及工程沿线的环境保护，完善移民帮扶措施，完善工程沿线安全防护措施，确保工程安全和水质安全。

国务院南水北调办综合司、投计司、建管司、环保司、征移司主要负责同志参加会谈。

## 张野副主任检查中线河北段和河南段工程建设

2014 年，国务院南水北调办副主任张野先后赴河北、河南，检查指导两省境内工程建设，就南水北调工程建设交换了意见。

（一）检查中线河北段工程建设

2014 年 1 月 8 ~ 9 日，国务院南水北调办副主任张野检查了南水北调中线河北段管理设施和自动化调度运行系统工程建设。期间，会见了河北省政府特邀咨询张和，就南水北调工程建设交换了意见。

张野一行驱车数百公里查看工程建设情况，重点检查了正在向北京输水的京石段新乐管理处和正在建设的邯石段临城管理处、邢台管理处、沙河管理处、永年管理处、邯郸管理处、青兰高速渡槽等工程。每到一处，张野都认真听取参建单位关于工程建设情况的介绍，详细询问规划布局、进度计划安排及执行情况，并与有关方面现场协商，研究解决制约工程建设的问题，加快推进工程建设。同时，张野亲切慰问了工程建设和运行管理人员，对大家在 2013 年通过顽强拼搏胜利实现中线主体工程完工目标表示祝贺和感谢，并叮嘱建管单位要及时足额支付工程款项和农民工工资，安排好春节期间的生产、生活，让大家过一个欢乐祥和安定的节日。

张野在检查中指出，2014 年中线工程建设重点是管理设施和自动化调度运行系统工程，要实现汛后通水的目标，进度节点已无退路，建设任务和通水准备工作依然繁重。他要求各有关单位要认真梳理管理设施建设、管线敷设、设备安装与调试等建设内容，倒排工期，逐项明确时间节点、责任单位，采取得力措施，加强检查督办，切实加快建设进度，确保通水前如期投入使用。

国务院南水北调办建管司有关同志参加检查。

（二）检查中线河南段工程建设

2014 年 4 月 23～25 日，国务院南水北调办副主任张野检查督导河南段工程建设情况，并在中线穿黄工地召开现场办公会。期间，会见了河南省委常委、政法委书记刘满仓，就南水北调工程建设交换了意见。

张野一行驱车数百公里检查工程建设情况，重点检查了淅川段 5 标、6 标，湍河渡槽，镇平段 2 标，方城段 7 标、8 标、9 标，叶县段 1 标、4 标，宝郏段 7 标，禹长段 2 标，潮河段 1 标和穿黄工程。详细了解工程进展、剩余工程计划安排等情况，询问各标段存在的困难和问题，要求各施工单位制订切实可行的施工组织计划，加大人员和设备投入，加强技术力量。要增强责任意识，做好详细的施工记录，责任到人，落实到位。要安排专人专抓质量，增加质检人员数量，确保工程质量。

张野对工程建设中遇到的困难和问题进行了现场探讨和研究，对下一阶段工程建设提出明确要求。一要坚定实现汛后通水目标的信心。中线工程今年汛后通水，是落实党中央、国务院部署，实现南水北调人向党和人民庄严承诺的重要体现。2013 年中线主体工程完工，为今年汛后通水奠定了良好基础，各参建单位要再接再厉，确保工程以良好的形象面貌迎接通水时刻的到来。二要进一步细化进度计划，以节点目标保工期目标。要把制订计划、实施、检查、比较分析、确定调整措施、修订计划等过程形成闭合回路，在实际施工中，根据实际进度信息，比较和分析进度计划，进行工期优化，确保总进度目标的实现。三要加大资源投入。在当前情况下，要根据工程建设需要，持续加大技术和资源投入，参建单位后方总部要给予现场施工单位资金、技术和人员支持，确保资源投入足额到位，施工组织精细顺畅。四要迅速掀起工程建设新高潮。各参建单位要抓住二季度这一施工黄金期，认真执行进度计划，精心组织，周密部署，加强协调调度，切实加快工程建设，为 6 月份开展充水试验创造条件。五要进一步加强质量安全管理。国务院南水北调办始终把工程质量安全放在第一位。现场单位要提高质量安全管理认识，强化责任意识，严管重点，严控过程，确保剩余工程建设质量安全受控，对已经出现的问题要严格排查，及时处理整改到位。六要严格考核奖惩。对于长期完不成进度计划、节点目标一拖再拖的标段，项目法人应按预案采取强制应急措施。同时，国务院南水北调办将按照信用管理有关规定对施工、监理单位进行处罚。

国务院南水北调办建管司、监管中心主要负责同志参加检查。

## 张野副主任检查南水北调中线工程充水试验

2014 年 10 月 23～24 日，国务院南水北调办副主任张野检查南水北调中线工程充水试验。

张野一行驱车数百公里检查中线工程充水试验情况，重点检查了黄河以南的淅川段 4 标、5 标，湍河渡槽，叶县段 2 标、3 标，禹长段 2 标、7 标、8 标。每到一处工程现场，他都认真听取充水试验情况汇报，仔细检查工程状况，详细询问充水试验过程和工程巡查、安全监测情况。

张野指出，运行初期通常是水利工程风险较大的阶段，中线工程主要是土石方渠道工程，更要高度重视、认真对待在充水试验和运行初期面临的风险。他要求各参建单位：一要抓紧完成充水试验各项任务；二要坚持不懈，继续加强巡查，及时发现处理问题；三要加强重点部位的观测分析，采取措施排查疑点；四要对发现的问题早定方案，快速处理，长期观测，确保工程安全运行。

国务院南水北调办投计司、建管司、设管中心有关负责同志参加检查。

## 张野副主任检查东线江苏段和苏鲁省际工程

2014年11月18~20日，国务院南水北调办副主任张野检查南水北调东线江苏段和苏鲁省际工程管理设施专项和调度运行系统建设情况。

张野一行检查了江苏水源公司南京调度中心、扬州分公司、江都数据中心及展示中心、淮安通信光缆工程施工现场、宿迁水务中心、苏鲁省际工程管理设施，并在扬州与江苏省南水北调办、江苏水源公司座谈，在徐州与水利部淮河水利委员会、淮委沂沭泗管理局座谈。

张野指出，经过广大参建人员多年的团结拼搏，东线一期工程提前实现了通水目标，顺利完成了2013~2014年度调水任务，并圆满完成南四湖生态应急调水及江苏省抗旱调水，在抗旱减灾中发挥了重要作用。但前期由于客观条件限制，管理设施专项及调度运行管理系统建设滞后，需要加强协调，克服困难，全力以赴加快推进两个专项建设。

对于下一步的工作，张野提出3点要求：一是要加快工程管理设施、调度运行管理系统建设，加强建设过程中的质量监控和管理。要有针对性地开展质量、安全巡查，让有资质的第三方检测单位进行质量抽检，保证工程施工质量安全。二是要强化工程运行管理，做好年度调水工作。认真开展汛后检查工作，及时整改存在问题，扎实做好工程维修养护工作，加强人员培训，根据调水计划，优化工程调度和运行方案，保证顺利完成年度水量调度计划。三是要抓紧研究建立东线工程初期运行工作机制。进一步落实“两部制”水价政策，着力解决和完善工程中的遗漏项目。

国务院南水北调办建管司、东线公司主要负责同志参加检查。

## 张野副主任调研中线河北段工程运行管理情况

2014年12月2~3日，国务院南水北调办副主任张野调研中线河北段工程运行管理情况，并分别在新乐管理处、邯郸管理处主持召开运行管理座谈会。

张野一行沿着渠道先后考察了徐水管理处、顺平管理处、蒲阳河倒虹吸出口节制闸、唐县管理处、定州管理处、唐河倒虹吸出口节制闸、新乐管理处、泜河倒虹吸出口节制闸、高邑元氏管理处、邢台管理处、七里河倒虹吸出口节制闸、沙河管理处、永年管理处、沁河倒虹吸出口节制闸、邯郸管理处等15个现场管理处和闸站。

在沿线管理处，张野仔细查看了调度监控室、综合机房、网管中心、设备间及办公、生活设施等。他详细了解工程运行管理调度情况，并通过视频监控系统检查了闸站运行、渠道巡查等情况，他希望大家认真钻研，充分发挥好自动化调度运行系统作用，为工程平稳高效运行保驾护航。

在闸站值班室，张野认真检查值班人员的值班记录、交接班记录等，询问值班人数、交接班规定、值守规程等，查看了值班室环境、生活设施情况。每到一处，他都要求管理单位做好现场工作人员的生活保障，为大家创造良好的工作、生活环境。

在运行管理座谈会上，张野听取了沿线各管理处关于制度建设，机构、人员组织，管理形式，管养模式和效果，安保和功能完善，目前存在的问题及建议等情况汇报。他指出，中线工程正在处于从建设管理阶段到运行管理阶段转变的过程中，必然会遇到诸多新的困难和问题。他要求尽快实现思想认识和工作方式的转变，希望各管理处要积极发挥主观能动性，结合各自工作实际，在运行管理实践中不断探索、研究，创新管理模式，推进工程规范化、标准化、精细化管理，充分发挥工程的经济社会效益。

国务院南水北调办建管司，中线建管局有关负责同志参加调研。

## 蒋旭光副主任调研中线河南和河北段工程通水前征迁有关工作

2014 年 5 月，国务院南水北调办副主任蒋旭光先后赴河南、河北，调研两省中线工程通水前征迁有关工作

（一）调研中线河南段工程通水前征迁有关工作

2014 年 5 月 14 ~ 16 日，国务院南水北调办副主任蒋旭光一行赴河南省调研中线工程通水前征迁有关工作，深入南阳、平顶山、许昌等地，查看临时用地复垦退还、生产桥连接路建设、工程安全网施工情况，并了解干线征迁遗留问题处理进展和工程尾工建设环境维护工作。

蒋旭光一行先后查看了邓州市张村洼取土场、镇平县于河取土场、叶县李庄取土场、宝丰县石河左岸取土场、禹州市冀村东弃渣场临时用地复垦退还情况，检查地面整平、耕作层恢复、水保措施等建设进展，详细听取了征迁部门、建管单位、设计单位的汇报，并现场询问基层干部和村民代表的意见。

蒋旭光指出，临时用地复垦退还关系到沿线群众的切身利益，关系到国家土地资源利用和粮食生产的大局，对工程投资控制和沿线社会稳定也有重要影响，是当前一项重要工作。河南省各级政府和征迁部门、项目法人、建管单位、施工单位协调配合，已经取得了积极的进展，群众基本满意，成效显著。项目法人要继续加强与征迁部门的合作，结合地块现状，认真听取群众意见，实事求是地确定复垦方案，合理开展整改，保证复垦质量；按照台账明确的时限要求，落实奖惩措施，加快推进，确保临时用地不再延期，实现控制投资与维护群众利益的双赢。

在查看许昌任庄东路生产桥连接路时，蒋旭光指出，连接路建设关系到沿线群众日常生产生活的出行需要，关系到中线干线工程安全防护网施工的需要，要按照满足群众需要、合理控制投资、保障中线通水大目标的要求，加快连接路建设，确保工程安全防护网完全封闭后，群众出行不受影响，工程运行管理不受影响。

蒋旭光强调，河南及有关市县乡镇党委政府为保障南水北调工程建设，对征迁工作高度重视，认真组织，深入调查，把严格执行国家政策和群众现实需要相结合，做了大量认真细致的工作，保证了群众的合法权益，维护了社会稳定，为工程建设顺利实施奠定了良好基础。当前中线工程通水在即，各级地方政府和征迁部门、项目法人要按照“保障通水，群众满意，维护稳定”的要求，继续做好征迁安置扫尾工作，抓重点难点，抓时间节点，如期完成临时用地复垦退还、连接路建设和征迁遗留问题处理等各项任务，为工程尾工建设、安全防护网施工等工作营造和谐稳定的外部环境。

国务院南水北调办建设管理司、征地移民司，南水北调中线建管局，河南省移民办

负责同志参加调研。

（二）调研中线河北段工程通水前征迁有关工作

2014年5月28～30日，国务院南水北调办副主任蒋旭光一行赴河北省调研中线工程通水前征迁有关工作，围绕确保通水目标，深入石家庄、邢台、邯郸等地，查看专项设施迁建、连接路建设、临时用地复垦退还等情况，并了解安全防护网施工进展和工程尾工建设环境维护等工作。期间，会见河北省副省长沈小平，并就有关工作交换了意见。

在邢台市桥西区中兴大街污水管道迁建、沙河市军用机场征迁和生产桥建设、青兰高速连接线与干渠交叉渡槽现场，蒋旭光指出，河北省各级政府和相关部门在重大专项设施迁建、工程设计变更征迁等难点工作中，不等不靠、积极主动，认真组织协调，克服了时间紧、任务重等困难，及时提交用地，保障了节点工程的建设需要，保障了群众的现实需要，维护了社会稳定，为按时通水奠定了良好基础。

在邢台市内丘县苗大线连接路、邯郸市复兴区下庄桥连接路现场，蒋旭光详细询问连接路走向规划、建设标准、管理维护和群众反响等情况，查看路面和车辆通行状况。蒋旭光指出，连接路建设关系到沿线群众和企事业单位日常出行需要，关系到中线干线工程安全防护网施工的需要。河北省以恢复通行功能为目标，因地制宜、实事求是地建设连接路，为安全防护网封闭奠定了基础。下一步要协调行业主管部门和有关方面，做好连接路的管理和养护工作，确保工程封闭运行管理不受影响、群众出行不受影响。

在邢台市内丘县小马河倒虹吸临时用地和磁县前羌取土场等复垦退还现场，蒋旭光听取了县政府、征迁部门和建管、施工、监理单位的汇报，检查地面整平、灌溉设施恢复和农作物生长情况。蒋旭光指出，临时用地复垦退还关系到沿线群众的切身利益，关系到国家土地资源利用和粮食生产的大局，对沿线社会稳定也有重要影响。各级征迁部门、项目法人、建管单位、施工单位密切配合，在开展临时用地复垦的同时，耐心做好群众思想工作和宣传讲解，实现了除营地和部分施工道路外，绝大多数临时用地按计划退还，群众基本满意，成效显著。下一步要继续发挥工作机制的优势，落实奖惩措施，按照台账要求，全面完成临时用地复垦。关注遗留问题处理，善始善终，确保群众利益和稳定。

蒋旭光强调，河北各级对征迁工作高度重视，认真组织，深入协调，解决了一批重点难点问题，及时保障了重要节点工程用地需要；在涉及群众切身利益的临时用地复垦、连接路建设等工作中，在完成建设任务的同时，通过大量深入细致的思想教育工作，获得了群众的理解和支持，维护了沿线社会的稳定，为工程营造了良好的社会环境。当前中线工程通水在即，征迁工作重点发生变化，各级征迁部门和有关方面要紧紧围绕确保充水试验和通水需要，按照时间节点的要求，做好深入细致的工作，加强协作配合，全面完成剩余任务，不留死角和隐患，营造和谐稳定的外部环境，确保通水大目标。

国务院南水北调办建设管理司、征地移民司，南水北调中线建管局，河北省南水北调办有关负责同志参加调研。

## 蒋旭光副主任调研湖北、河南两省丹江口水库蓄水和库区移民工作

2014年9月和10月，国务院南水北调办副主任蒋旭光先后赴湖北、河南两省调研南水北调丹江口水库蓄水安全和库区移民发展稳定工作情况，看望慰问移民干部、群众。

（一）调研湖北省丹江口水库蓄水和库区移民工作

2014年9月24~26日，国务院南水北调办副主任蒋旭光一行赴湖北省调研南水北调丹江口水库蓄水安全和库区移民发展稳定工作情况，看望慰问移民干部、群众。

调研中，蒋旭光实地检查了丹江口库区郧县柳陂镇辽瓦移民安置点库岸边坡治理、高切坡防护和郧县县城库岸治理、杨溪铺镇刘湾村避险搬迁建房情况；察看了丹江口市六里坪镇大涧沟高切坡治理、怀家沟库岸边坡治理，以及汉江集团铝业公司羊山抽水站和丹龙化工厂等库底清理项目；考察了丹江口市丹赵路办事处同心移民安置点基础设施、凉水河镇白龙泉移民安置点基础设施、六里坪镇孙家湾村移民安置点生态果蔬农业基地、江口村移民柑橘种植业培训基地等移民安稳发展项目。

目前，湖北丹江口库区高切坡治理、库岸防治、库底清理扫尾、专项设施迁复建、地灾避险搬迁等少量剩余项目建设进展顺利，满足了丹江口水库蓄水要求。当地党委政府积极开展各项生产发展、帮扶工作，有效促进了库区社会稳定和移民群众生产发展。调研中，蒋旭光一行深入项目建设现场和田间地头，与施工、监理单位及地方政府、移民群众等详细了解高切坡治理项目施工进度、质量控制情况和群众生产发展增收情况，向地方各级移民干部群众、各参建单位表示感谢和问候。

针对下一步工作，蒋旭光要求：一是围绕丹江口库区蓄水保安全，密切关注水库蓄水水位抬升，确保群众生命财产安全。库区市县政府要密切关注，把工作做细，及时消除安全隐患，确保安全。二是要加快库区移民遗留问题的处理。要加快移民安置点高切坡治理、库底清理扫尾、剩余专项迁复建、地灾避险搬迁建房等遗留问题的处理进度，确保移民群众生命财产安全。三是要加强对库区移民生产发展的指导和支持。库区各级地方政府要结合库区实际，整合支农惠农政策，大力开展移民就业技能培训，积极发展种、养、加等特色农业，千方百计促进库区产业转型和移民增收，促进长治久安。四是要切实做好信访稳定工作。要对移民群众信访以及矛盾纠纷排查出的问题，积极研究对策，立足属地，妥善处置，确保在蓄水和通水期间保持库区移民的稳定。

国务院南水北调办征地移民司、经济与财务司和湖北省移民局、中线水源公司负责同志参加调研。

（二）调研河南省丹江口水库蓄水和库区移民工作

2014年10月15~16日，国务院南水北调办副主任蒋旭光一行赴河南省调研南水北调丹江口水库蓄水安全和库区移民发展稳定工作情况，看望慰问移民干部群众。

蒋旭光一行先后实地考察了中线陶岔渠首工程、淅川县九重镇桦栎扒移民村社会管理和移民稳定情况，查看了淅川县香花镇复建码头、宋岗电灌站复建工程以及库岸稳定情况，考察了部分移民村养鸡场、小尾寒羊养殖基地等移民生产发展项目。蒋旭光一行深入移民安置点、养殖园区，与移民群众、基层干部等详细了解移民村创新社会管理、移民生产发展增收情况，并向地方各级移民干部和移民群众表示感谢和问候。

蒋旭光在调研中要求：一是要密切关注水库蓄水水位抬升，确保丹江口库区蓄水保安全。库区各级政府要加强排查，及时发现并消除蓄水安全隐患，确保移民群众生命财产安全。二是要切实做好移民信访稳定工作。要对移民群众信访反映以及“回头看”“百日大排查”等活动排查出的问题，立足属地，积极妥善处置，确保在蓄水和通水期间保持库区移民稳定。三是要继续加大移民生产帮扶力度。要继续加强对库区移民生产发展的指导和支持，加强移民村社会创新管理，加

强内引外联，积极发展见效快、前景好的种、养、加等特色农业项目，促进库区和移民安置区产业转型和移民增收，早日实现“搬得出、稳得住、能发展、可致富”的目标。

国务院南水北调办征地移民司、经济与财务司和河南省移民办、中线水源公司负责同志参加调研。

## 蒋旭光副主任检查南水北调中线黄河以南段充水试验工程质量

2014 年 9 月 28 ~ 29 日，国务院南水北调办副主任蒋旭光检查南水北调中线黄河以南新郑段和郑州段充水试验工程质量，检查质量监管专项行动开展情况。

蒋旭光一行先后检查了双洎河渡槽、新郑运行管理处、潮河 3 标挖方渠段、丈八沟渠道倒虹吸、郑州 1 段 2 标须水河倒虹吸、郑州 2 段 3 标金水河倒虹吸等项目。沿途，蒋旭光要求各有关单位务必加强充水试验期间工程质量巡视、巡查，及时发现问题，消除隐患，确保中线通水安全。

在新郑管理处，蒋旭光一行检查了管理处调度值班、自动化视频通信系统调试情况，通过视频通信系统听取了河南直管局自动化工作进展情况，并与沿线管理处调度值班人员进行了视频对话，要求值班人员加强值守，保证充水试验期间调度指令畅通。

随后，蒋旭光与国务院南水北调办监督司派驻中线黄河以南段充水试验质量监管专项行动组人员座谈，代表鄂竟平主任对大家表示慰问，并对质量监管专项行动提出明确要求：一要思想上高度重视，高度警觉，认识冲刺期开展质量专项监管的重要性、紧迫性，牢记使命，从严、从细、从实开展质量监管工作；二要明确职责，落实责任，无缝对接，不留空当；三要严密巡查，力争及早发现问题，及时会商，迅即整改；四要实行最严厉的责任追究制度。

国务院南水北调办监督司、稽察大队，中线建管局，河南省南水北调办负责同志参加检查。

## 蒋旭光副主任飞检邯郸段至潮河段工程通水运行情况

2014 年 12 月 25 ~ 26 日，国务院南水北调办副主任蒋旭光带队，对邯郸段至潮河段工程通水运行情况进行了飞检。

蒋旭光从邯郸段沿着渠道由北向南先后检查了邯郸段、磁县段、穿漳工程、安阳段、焦作 2 段、穿黄工程、荥阳段、郑州 1 段、潮河段等 9 个设计单元中的 17 个施工标段。对沿线通水运行安保情况、巡查情况、管理情况等进行了认真、全面地检查。

在青兰渡槽、滏阳河渡槽、索河渡槽、须水河倒虹吸、聩城寨倒虹吸建筑物工程，蒋旭光检查了渡槽输水情况、闸门运行、安全监测情况等，询问现场人员渡槽内的水深、流速、闸门开度、流量等，要求现场人员要加强巡视检查，确保调度安全和水质达标，要求高度重视安全监测工作对监测设备管护要到位，观测数据真实可靠，加强分析研判，及时上报情况，保证各类工程安全。

在渠道上，蒋旭光检查了渠道冬季运行情况、渠道外坡尾工建设情况、沿渠杂草清理情况和巡查工作情况等，详细询问了渠道结冰情况、渠坡冻胀情况等，要求沿线巡渠人员一定要负起责任做好工作记录，及时发现问题，避免出现意外。检查了永久供电、自动化、金属结构、机电设备运行情况，要求加强协调，加强值守，及时发现和处理问题，确保供电安全稳定。加强对金属结构机电设备的全面维护，规范管理，及时发现处置问题。充分发挥自动化作用，确保调度高效有序。

在节制闸值班室，蒋旭光询问了值班人

员数量、交接班情况、远程控制与实际操作情况等，检查了安保记录、值班记录、工作环境、食宿条件等，叮嘱管理人员一定保障现场值班、安保人员的办公、生活条件。

检查了安阳、新郑运管处建设管理情况，要求面对通水新形势一定要着力加强运管处能力建设。尽快建章立制，立规矩，使各项工作有章可循。加强人员培训，做到政治强、技术精，增强责任心，提高业务技能。加强日常管理，通水之初即高标准、严要求，运行初期一定要开好头，起好步。科学调配力量，加强值班巡查，每项工作都要细致，检查差错，提高安全保证率。要关心职工生活，做好保暖、饮食等工作，保障好后勤。

国务院南水北调办监督司、监管中心、稽察大队等负责同志参加检查。

## 于幼军副主任带队调研湖北省丹江口库区水污染防治及汉江中下游生态环境保护情况

2014年4月21~25日，国务院南水北调办副主任于幼军带领调研组到湖北省，专题调研汉江中下游生态环境保护和丹江口水库入库重污染河流的达标治理工作。

继3月下旬于幼军率队到汉江中下游襄阳、荆州、荆门、潜江等市现场调研生态环境保护情况后，时隔不到一个月，于幼军再次来到襄阳，与湖北省及汉江中下游沿线各市商研在南水北调中线通水之际，特别是2013年发生汉江严重枯水的情况下，中线调水可能对汉江中下游带来的影响以及可能采取的措施。他要求湖北省及汉江中下游沿线市县，充分利用中线工程建设和运行对提高防洪标准及枯水期供水保障的积极作用，同时深入调查，研究不利影响，核清影响类型、范围、程度等，实事求是研究并提出解决方案。

于幼军率调研组赴十堰市官山河、剑河、泗河、神定河、犟河等五河流域，实地查看了排污口整治、河道清淤、雨污分流、片区改造、污水管网建设、垃圾处理及生态示范段建设等情况。他对十堰市五河治理工作取得的成效给予了充分肯定。他指出，十堰市委、市政府从南水北调工程大局出发，在“一河一策”补充项目未下达的情况下，不等不靠、自筹资金、真抓实干，有力推进了5条重污染河流治理，水质明显好转。他要求，要确保按时间节点完成5条河“一河一策”综合治理任务，北京市对口协作要重点支持5条河“一河一策”治理项目，以彻底改变五河黑臭面貌，不断改善水质。

北京市南水北调办，国务院南水北调办经济与财务司、环境保护司，南水北调中线水质保护中心负责同志参加调研。

## 于幼军副主任率六部委考核组考核陕豫鄂三省丹江口库区及上游水污染防治和水土保持实施情况

2014年5月19~5月24日，国务院南水北调办副主任于幼军率领国家发展改革委、财政部、环境保护部、住房和城乡建设部、水利部等六部委考核组，对陕西、河南、湖北三省2013年度《丹江口库区及上游水污染防治和水土保持“十二五”规划》（以下简称《规划》）实施情况进行考核。

考核组先后实地考察了陕西省汉中、安康、商洛三市的宁强县垃圾填埋场及渗漏液处理等11个项目，河南省南阳市西峡、内乡、淅川三县的东官庄小流域治理等6个项目，以及湖北省十堰市神定河雨污分流工程建设等3个项目，分别在陕西省商洛市、河南省淅川县、湖北省十堰市召开座谈会，听取三省政府关于《规划》实施情况的汇报和技术组核查情况汇报，与三省交换了考核意见。

于幼军代表考核组充分肯定了三省2013年开展水污染防治和水土保持工作取得的成效。他指出，三省党委、政府及各级地方党委、政府高度重视，建立健全相关法律制度，层层落实责任，省直部门大力指导和帮助。水源区各市、县不断加快农业产业结构调整，降低结构性污染，加大环保监管力度，不等不靠多方筹集项目建设资金，水污染防治项目建设进度加快，小流域治理综合效益逐步显现，各考核断面水质稳中趋好，不达标河流治理效果明显。

于幼军要求三省：一是加快《规划》项目实施进度，进一步提高项目审批的效率，确保通水前实现规划项目70%建成的目标；二是建立长效运行管理机制，确保已建成治污项目在通水前发挥效益；三是努力改善不达标河流面貌；四是完成丹江口库区饮用水源保护区划定工作；五是抓紧研究制定水污染突发事件应急预案；六是加强与受水区的对口协作工作。

环境保护部副部长翟青、陕西省副省长祝列克、河南省副省长张维宁、湖北省副省长梁惠玲参加考核活动并出席座谈会。

## 于幼军副主任调研南水北调东线工程及水质保护工作

2014年6月24～28日，国务院南水北调办副主任于幼军对南水北调东线一期工程江苏、安徽境内工程及水质保护工作进行调研。

调研组实地察看了东线江苏段运西线工程徐洪河输水河道、泗洪泵站、金宝航道和安徽省洪泽湖抬高蓄水位影响处理工程建设和运行情况，查看了徐州市睢宁县尾水导流和资源化综合利用工程、徐洪河河岸码头整治、洪泽湖湿地建设和北澄子河深化治污情况，并沿途查看水质。期间，对安徽省巢湖水污染防治工作、淮河干流和入洪泽湖水质情况进行现场调研。

于幼军每到一处，都详细了解工程建设运行、沿线深化治污和输水干线水质保护情况，要求沿线继续加大水质保护的力度，加快深化治污补充项目的实施，加强水质监测网络建设及水质监测工作，建立水质保障长效机制，确保东线输水水质安全。

在调研中，于幼军对江苏、安徽两省工程建设和水质保护工作给予了肯定，对近年来巢湖和淮河水污染治理工作表示赞赏。他指出，巢湖环湖生态隔离带建设、农村社区环境治理和淮河干流水质保护等方面的经验，很有借鉴意义，他要求国务院南水北调办环保司认真加以研究总结和推广，结合南水北调中线水源地和沿线的实际，落实到下一步的规划和措施中，继续在深化治污和生态建设上下工夫，确保“一渠清水永续北送”。

## 于幼军副主任调研并检查南水北调中线水质安全保障工作

2014年11月17～28日，国务院南水北调办副主任于幼军带队赴北京市、天津市、河北省、河南省、湖北省对水源保护及总干渠水质安全保障工作进行了调研和检查。

调研组先后实地察看了十堰市神定河等5条主要入库河流治理情况，检查了北京市团城湖水质监测断面等9个水质固定监测断面、天津外环河自动监测站等5座自动水质监测站的运行情况，调研了河北省磁县垃圾处理场等3个污染治理项目以及陶岔渠首水质应急指挥中心的建设和运行情况。

在调研和检查过程中，于幼军详细了解十堰市5条不达标河流污染治理及水质改善情况，总干渠固定水质监测点位设置与水质采样、自动水质监测站设备调试运行、干线两侧污染风险源整治等情况，要求中线局和各级环保部门认真开展水质监测，强化治理措施，防范污染风险。

于幼军强调，要高度重视通水试验阶段水源保护和输水干线的水质安全保障工作，扎实细致地做好各项污染风险排查工作，防止发生影响通水水质的污染事件；重点加强水质监测，抓紧设备调试，以尽快满足监测工作需要；对于检查中发现的突出问题，有关方面要切实采取有效措施，及时整改。

环境保护部污染防治司、监测司、环监局、华北督查中心、中国环境监测总站以及国务院南水北调办环保司、经财司负责同志随同调研。

## 国务院参事室一行调研南水北调中线北京段工程

2014年9月23日，国务院参事室党组成员、副主任方宁一行40余人调研南水北调中线北京段工程。国务院南水北调办主任鄂竟平、副主任张野陪同调研。

调研团一行首先来到北京市南水北调建管中心，参观工程展览室，观看中线一期工程视频介绍，听取关于北京段工程建设有关情况的汇报。之后，调研团一行冒雨实地考察了团城湖明渠工程、大宁调压池工程和惠南庄泵站工程。

鄂竟平对调研团的来访表示热烈欢迎，并希望大家通过此次调研为南水北调工程提出宝贵的建议和意见。

调研团成员表示，通过本次调研，大家对南水北调工程有了更深入的了解和认识，认为南水北调工程是党中央、国务院的英明决策，是缓解北方水资源短缺的战略性基础设施，对于优化我国水资源配置，促进经济社会发展，具有极为重要的作用。

国务院南水北调办投资计划司、建设管理司，北京市南水北调办，中线建管局相关负责同志陪同调研。

## 水利部副部长刘宁调研引江济汉工程运行情况

2014年11月4日，国家防总秘书长、水利部副部长刘宁先后到引江济汉工程荆江大堤防洪闸、进口节制闸和提水泵站，调研引江济汉工程建设管理运行等情况。

刘宁要求运河沿岸各地党委政府站在全局高度，协调解决工程运行中出现的各种问题，确保工程安全有序运行。

湖北省南水北调局、荆州市有关负责同志陪同调研。

## 北京市委书记郭金龙、市长王安顺调研迎接中线一期工程通水准备情况

2014年11月20日，北京市委书记郭金龙调研北京市迎接南水北调中线一期工程通水准备工作情况，市领导李士祥、牛有成、林克庆、夏占义一同调研。

市领导先后来到南水北调配套工程郭公庄水厂、大宁调压池和大宁调蓄水库以及团城湖调节池，对南水北调来水处理工艺和南水北调工程运行、调度情况进行了检查，北京市参与2014年汛后接水的首批配套工程项目均按期具备接水条件，先后进行了通水实战演练、工程抢险应急演练和水质突发事件应急处置演练，各项目试运行平稳，通水工作准备已全面就绪。

最后来到北京市南水北调现场指挥部，与值守人员亲切握手，表达问候。在听取北京市南水北调办的通水准备工作情况汇报后，市领导充分肯定了本市南水北调工程建设成绩以及工程发挥的效益，强调千里调水来之不易，必须珍惜、切实用好每一滴水。北京市政府党组成员夏占义指出，在北京市委、

市政府的高度重视下，北京市南水北调工程历经11年的建设，按时具备了迎接中线一期工程通水的条件，从工程调度、运行、维护、抢险到处理南水北调来水的水厂直至用水居民家涉及的相关单位都充分做好了通水准备，下一步需继续细化通水工作，让百姓尽早喝上优质水、放心水。北京市副市长林克庆指出，目前江水进京的一切准备工作已就绪，市水务、环保、卫计委、南水北调、地矿、自来水六部门实现了水质信息共享联动，市区有关部门也已建立工作应急机制，工程准备、技术准备、方案准备全部就绪。北京市委常委牛有成指出，南水北调工程充分体现了社会主义制度优越性，是水源区、受水区和工程建设者团结协作、奋斗付出的结果，北京有责任管好、用好南水北调来水，做到对水源地有交代、对市民有交代、对中央有交代。北京市常委副市长李士祥强调，供水、用水、节水是庞大的系统工程，市水务局、南水北调办要进一步抓好这3个环节，确保百姓喝上放心水、安全水。

郭金龙在总结讲话中表示，南水北调中线工程即将全线通水，内心十分感慨，也非常高兴。他指出，南水北调是党中央、国务院做出的重大战略决策，是关系到国家和中华民族长远发展的大事。经过多年建设，南水北调北京段接水工作准备就绪，一是要感谢党中央、国务院对华北地区、对首都的极大关怀；二是要感谢水源区和沿线人民的奉献、支持；三是要感谢几十万工程建设者以及本市南水北调全体工作者的不懈努力。

郭金龙强调，南水北调的过程，本身就是一个鲜活、生动、富有说服力、感召力的教育过程。要通过大力宣传南水北调的伟大实践，教育引导广大干部群众进一步增强贯彻落实习近平总书记考察北京重要讲话精神的自觉；增强落实首都城市战略定位，加快建设国际一流和谐宜居之都的自觉；增强实现科学发展的自觉，真正把人口资源环境协调好，把首都这座超大型城市建设好，把生产生活方式转变好。北京是严重缺水的城市。要让每一位喝到“南水”的人，都牢记南水北调的艰辛不易，珍惜每一滴水，节约每一滴水，以感恩之心，把各项工作做得更好，为全社会注入正能量。

郭金龙最后说，国务院南水北调办的同志们多年奋战在一线，有很多辛酸苦辣，也留下了人生挥之不去的深刻回忆。在这项工程中，我们奉献了，努力了，也收获了，终于使北京市接水工作准备就绪，为今后首都可持续发展、人民生活改善贡献了力量。这是我们的最大欣慰！感谢同志们！

2014年12月1日，北京市委副书记、市长王安顺调研北京市迎接南水北调中线一期工程通水准备工作情况，要求善始善终，认真落实郭书记指示，扎实、细致做好迎接通水最后冲刺的工作。他指出，南水北调作为新中国历史上最大的水利工程，在缓解沿线省市群众用水紧张、促进经济社会发展和改善生态环境等方面有着重大意义。南水北调中线一期工程通水在即，市有关部门务必要协力同心，紧密配合，做实、做细、做好工程运行管理和水质保障工作，向市民送上一份厚礼。要通过举行通水仪式，一是表达对水源地群众、对所有奋战在南水北调战线上干部职工的褒奖；二是表达对党中央、国务院感谢；三是宣传国家制度的优势，特别是在解决民生方面所发挥的巨大作用；四是增强全社会节约用水的意识，珍惜水资源。他强调，中线工程通水后每年将有10亿$m^3$长江水进京，但北京的水资源形势仍然严峻，要加快完成南水北调后续配套工程规划编制，逐步构建首都多元化外调水保障体系，目前坚持“喝、存、补”的工作思路，在优先保障居民用水的同时，抓紧推进密云水库调蓄工程建设，在中线通水初期多调水、多存蓄，切实增加首都水资源战略储备，将北京的水环境打造好。

## 天津市市长黄兴国调研南水北调中线天津干线工程

2014年10月7日，天津市市委副书记、市长黄兴国到南水北调中线天津干线工程调研。黄兴国强调，南水北调是党中央、国务院做出的一项公益性、基础性、战略性的重大决策，是继引滦入津工程之后天津市的又一项重大民生工程。全市各有关地区和部门要全力以赴做好通水前准备工作，严格水务管理，用好、用活、用足来之不易的水资源，保护好这条全市人民的输水"生命线"，确保把每一滴宝贵的引江水用在加快发展、改善民生上。

南水北调中线工程从长江支流汉江中游的丹江口水库向北京、天津等缺水地区调引水源，经过近12年艰苦奋战，目前一期干线工程已全部完工并全线通过通水验收，具备通水条件。其中，从陶岔渠首至天津干线出闸口长1275km，全市将年均新增供水量8.6亿$m^3$，有效缓解城市生产生活用水紧缺状况。天津市按照与干线工程同期建成、同步发挥效益的原则，完成了主要配套工程建设任务，将形成引江水与引滦水统一调度管理、配置使用的城市供水体系。

黄兴国等市领导同志首先来到位于武清区的南水北调中线天津干线王庆坨连接井，详细察看闸口等建设情况，了解干线通水准备工作进展，并与有关负责同志就加强水资源管理和规划筹建调节水库等工作进行深入探讨。随后，黄兴国一行来到位于红桥区的西河原水枢纽泵站，看望慰问节日期间坚守岗位的参建人员，并察看了泵站整体情况。

黄兴国代表天津市委、市政府对南水北调工程的广大建设者致以崇高敬意和衷心感谢。他指出，水是生命之源、生产之要、生态之基，是经济社会发展中不可替代的资源，是实现可持续发展的珍贵"血液"。随着城市快速发展，人们对于水资源的需求更加迫切。在党中央、国务院的坚强领导下，在沿线各省市和全市各有关方面的无私奉献和通力协作下，一库清水千里迢迢，即将进入千家万户。天津市将实现引滦、引江双水源保障，有效化解供水"依赖性、单一性、脆弱性"等矛盾问题，水生态环境也将进一步得到改善。点滴之水，来之不易。各有关地区和部门要以对中央、对全市人民高度负责的态度，周密安排，精心组织，主动服务，高水平做好各项准备工作，确保通水后发挥最大作用，更好地促进天津市经济社会发展。

黄兴国强调，要加强水资源管理运营，把水用好。落实最严格的水资源管理制度，严守用水总量控制、用水效率控制和限制纳污的"红线"，确保全市供水安全。要强化水生态保护，把水用活。大力实施"清水河道"行动，加大对沿线生态治理力度，构筑与美丽天津要求相适应的水环境体系。划定生态红线，实施河湖湿地保护修复工程，有序实现河湖休养生息。要转变用水方式，把水用足。坚持高效用水、科学用水，严控高耗水项目，充分挖掘各行业和企业的节水潜力，加快发展高效节水农业，更新改造城镇供水管网，加大节水宣传力度，全面建设节水型社会。

天津市委常委、常务副市长崔津渡，副市长尹海林、王宏江，副市长、市政府秘书长孙文魁参加调研。

## 河北省副省长沈小平调研南水北调工程建设

2014年5月27～28日，河北省副省长沈小平到邢台、邯郸实地调研南水北调工程建设情况，省南水北调办主任袁福陪同调研。

沈小平分别赴南水北调中线干线穿漳河倒虹吸、青兰渡槽和总干渠内丘段工程现场，南水北调配套工程邢清干渠调压塔枢纽、磁县和内丘水厂工程现场，以及广宗县10万亩地下水压采试点进行了实地调研，现场了解工程建设进展、质量控制、建设环境等情况。

沈小平肯定了河北省南水北调工作取得的成绩。他强调，邯石段工程历时4年建设已全线具备通水条件，配套工程水厂以上输水工程建设已全面展开。在干线工程收尾通水、配套工程决战攻坚的关键时期，各级各部门和各参建单位要再接再厉、团结协作，全力以赴做好南水北调工程建设各项工作。一要抓紧做好总干渠工程扫尾工作。汛后通水目标日益临近，各级南水北调办、各参建单位要及时妥善做好邯石段工程遗留问题处理、剩余工程建设和相关后续工作，地方有关部门要积极配合国务院南水北调办、中线建管局做好通水试验，确保顺利实现汛后通水目标。二要切实做好南水北调防汛工作。南水北调工程防汛责任重大，各级防汛部门要建立健全防汛组织体系，积极配合南水北调建设和运行管理单位，开展工程防汛专项检查，认真制订完善防汛预案，加强防汛物资储备，确保南水北调工程安全和沿线群众生命财产安全。三要加快水厂以上输水工程建设进度，确保工程质量。要以按时通水为总目标，科学合理组织，优化施工环境，突出抓好控制工期的关键节点，进一步加快工程建设进度。要狠抓质量安全管理，建立完善多层次、全方位的监督检查体系，严格落实责任追究，做实做细基础工作，确保建设放心工程。四要高度重视地表水厂建设。地表水厂是配套工程的重要组成部分，直接关系到长江水能否有效利用，直接影响到地下水压采目标能否顺利实现。目前水厂建设问题较多、进展滞后，各市县必须高度重视、统筹安排、务实创新，采取多元化投资建管体制，千方百计加快水厂建设进度，力争用足、用好长江水。

## 河南省省长谢伏瞻调研中线工程郑州段

2014年11月17日，河南省省长谢伏瞻到南水北调中线工程郑州段调研，先后来到穿黄工程南岸、总干渠郑州1段1标工程、郑州市配套工程23号线路泵站工程察看，看望慰问工程建设者。他强调，南水北调中线工程通水在即，要抓紧推进配套工程建设，加强水源地及工程沿线环境保护，巩固移民成果，完善管理体制，确保一渠清水北送，确保工程早日发挥效益。

谢伏瞻一行首先来到位于黄河南岸荥阳市王村镇的孤柏嘴，看望慰问一线工程建设者，他站在黄河岸边，眺望北岸隐约可见的穿黄工程出水口，对照穿黄工程平面展示图，详细听取穿黄工程整体施工情况介绍。随后，又登上横跨主干渠的桥梁，察看南岸进水口工程和水质状况，并询问护坡绿化情况。

随后，谢伏瞻一行又驱车沿着城区段干渠察看，来到位于郑州市中原区的总干渠中原西路配套工程分水口门，在中线工程示意图、郑州段线路图、丹江口库区移民安置、水源地保护、两岸生态保护区规划等图板前，认真听取省南水北调办和郑州市关于工程建设、移民安置、水量分配等情况介绍，并走进郑州市配套工程23号输水线路泵站，了解工程进展和水量分配情况。

谢伏瞻首先代表河南省委、省政府对参加南水北调中线工程建设的广大干部职工和建设者表示慰问，对支持工程建设的移民和沿线干部群众表示感谢。他对随行的省直部门和郑州市负责同志说，在省委、省政府的领导下，河南省南水北调中线工程建设经过近10年的拼搏奋战，已经全部建成，全线通过了国务院南水北调办组织的通水验收，评估为优良工程，即将正式通水。这是省委、省政府举全省之力奋力建设的一项重大工程，凝聚着河南省广大干部群众的心血和汗水，成绩来之不易。南水北调干线工程已经保质保量地完成，配套工程还有部分尾工没有建成。下一步要抓紧推进配套工程，不折不扣地建设好，让它早日发挥效益，造福全省人民。要加强水源地以及工程沿线的环境保护，加强水土保持、生态建设，确保一渠清水永续北送。这既是国家对我们的要求，是全国大局的需要，也是河南自身的需要和承诺，要常抓不懈，保护好生态环境，坚决避免污染发生。要巩固移民成果。历史上很多地方水利移民有反弹现象，丹江口库区移民迁安“四年任务、两年完成”，凝聚了省委、省政府的心血，各级各部门和广大移民干部付出了艰苦努力，移民为工程建设做出了重大牺牲，为此要确保移民搬得出、稳得住、能发展、可致富。丹江口水库淹没线上不符合搬迁条件的群众，仍然居住在库区，要切实关注他们的生产生活，通过扶贫开发等政策措施的实施，加快脱贫致富。要完善管理体制。把建设时期的管理体制转变为做好日常运行的管理体制，让大家用得上、用得起水，真正发挥工程社会效益。要确保通水安全。南水北调中线工程是明渠，要完善沿途安全保护设施，采取有效的保障措施，确保人员安全。郑州市为南水北调中线工程建设做出了突出贡献，要争做样板，做好城区段的绿化和景观美化，使工程成为城市建设一道新的亮丽风景线。

河南省委常委、郑州市委书记吴天君，副省长王铁及省政府秘书长郭洪昌，省政府副秘书长、研究室主任蒿慧杰，省政府副秘书长郭浩，省发展改革委，省住建厅，省水利厅、南水北调办和郑州市主要负责同志陪同调研。

## 湖北省省委书记李鸿忠到十堰市调研南水北调中线工程

2014 年 8 月 25 ~ 26 日，湖北省省委书记李鸿忠就进一步做好南水北调中线工程丹江口库区调水准备工作在十堰市调研。他强调，要坚持把服从服务南水北调中线工程建设大局作为一项重大政治任务，坚决按照党中央、国务院决策部署，全力做好调水各项准备工作，为一库清水顺利北送提供有力保障。

南水北调中线工程，关键在移民，成败在水质。在圆满完成丹江口库区移民搬迁安置任务后，湖北省进一步加大了库区水质保护和水污染防治工作力度。于 2012 年 12 月启动建设的十堰市茅箭区马家河综合治理示范工程，目前已进入收尾阶段，计划秋汛前全面完工。李鸿忠与湖北省委常委、省委秘书长傅德辉一道来到治理现场，实地察看工程进展情况和治理成效。

茅箭区负责同志介绍，过去这里河水发黑发臭，近两年通过截污系统完善、污水深度处理、河道生态修复、面源污染控制、流域综合治理等多项措施着力改善水质，如今“水清、河畅、岸绿、景美”，成为附近居民休闲的好去处。李鸿忠深表赞许，他踩着亲水石墩来到河中间，蹲下身子用手舀起水来，送到鼻子边闻一闻有无臭味；用空的矿泉水瓶从河里灌满水，举起察看水质是否清澈透明。看到水质确实得到明显改善，李鸿忠深有感触说：服务南水北调中线工程，不仅是我们应尽的政治责任，也是倒逼推动我们转型发展、改善民生的重大机遇。十堰市要以此为契机，大力推进生态立市、绿色发展。

为确保一库清水永续北送，十堰市还加大了污水处理厂建设力度。位于该市张湾区的神定河污水处理厂，是南水北调中线水源区内第一座建成投产的污水处理厂，占地 87 亩，设计日处理能力 16.5 万 t。李鸿忠一行来到厂内，仔细察看污水处理流程，详细询问污水处理厂运营情况。为提高该厂运营管理水平、充分发挥治污效益，十堰市与北京碧水源公司签订了委托运营协议。

了解到该公司接手运营后迅速启动升级扩能改造工作，显著提升了该厂污水处理能力和水平，李鸿忠表示赞赏。他勉励该公司发挥优势和专长，为确保一库清水永续北送做贡献，同时以服务南水北调中线工程为发展动力，加大科技创新力度，提高企业研发和科技成果利用水平，进一步树立良好企业形象，实现经济效益、社会效益“双丰收”。

调研途中，李鸿忠听取了十堰市、省发改

委、省环保厅、省南水北调办主要负责同志的有关情况汇报。了解到汉江干流十堰段、丹江口水库水质主要指标长期稳定在国家地表水环境Ⅱ类及以上标准，十堰正在全市全面开展“保水质，迎调水”百日攻坚行动，李鸿忠给予充分肯定，并就进一步做好丹江口库区调水准备工作提出明确要求。他指出，当前，要重点围绕保水质、保汛后顺利调水的目标，倒排工期，加大力度，狠抓各项工作落实。特别要加大环保和治污力度，加大库区环境执法监管力度，坚持以零容忍态度，向污染宣战，依法从严查处环境违法行为，确保工业企业达标排放；对超标排放企业一律实行限期治理，对偷排、漏排污染物的企业一律从重从严查处，绝不姑息。鉴于今年汉江出现少有的枯水年，为了确保汛后能向北方调水，汉江沿线各省都要做到合理调度水库、节约用水。

## 湖北省省长王国生到十堰市调研检查南水北调水源保障工作

2014年10月18日，湖北省省长王国生来到十堰市调研检查水源区污染治理、生态建设、水质监测和调水前的有关准备工作。他强调，我们要以强烈的政治责任感和高度负责的精神，扎实把水源区建设的各项工作抓紧抓好，为南水北调中线工程通水、更好发挥经济社会生态效益履行好水源保障的主体责任，向党和人民交一份满意答卷。“欲流之远，必浚其源”。十堰市针对丹江口库区主要支流排污特点，开展全流域截污、清污、控污、减污、治污五项综合治理，全力以赴确保水质安全。目前境内汉江干流及丹江口水库水质状况总体良好，丹江口水库稳定达到国家地表水环境质量Ⅱ类及以上标准。

调研中，王国生实地考察了车站沟排污口治污工程、马家河治理工程示范段和泗河治理情况。车站沟段已完成清淤工程，正抓紧进行沿河生态治理，改造后清水经明渠流进河中，污水从排污管送达处理厂。茅塔河综合治理现场，十多台机器正铺设滨格石笼网，为改善河流通道条件做准备。来到马家河综合治理示范段，王国生详细了解河流断面监测、工程完工和优良率、治理成效等情况。十堰市负责同志介绍，十堰已建成大型污水处理厂13座，整治排污口800个，在线监测47家重点工业企业排污。王国生说，治污力度大小决定水源质量高低，要各司其责、密切配合，加大对污水直排河道的检查和处罚力度，切实把排污口整治工作做好。

为确保水源区水质安全，丹江口市加强生态环保工作，严格按照“先节水后调水，先治污后通水，先环保后用水”原则，建立完善工作制度，全面开展“清水行动”，关停污染企业30余家，从源头上严格把关，努力把库区建设成为“绿色走廊”“清水走廊”。王国生来到丹江口大坝，了解水体质量监测数据、大坝蓄水和安全调度、水污染防治等方面情况。紧临丹江口水库的胡家岭水质监测站，每4小时机器就自动对水库的水质采样分析一次，将收集的pH值、氨氮含量等监测数据上传至中国环境监测总站，并在互联网上实时发布。当地负责同志介绍，当日丹江口水库蓄水位已达160.11m，超过历史最高水位，已具备调水条件。

调研中王国生对十堰市在服务国家重大工程建设中表现出的大局观念、担当精神和做出的积极贡献给予充分肯定。他说，南水北调工程是一项功在当代、利在千秋的宏伟工程。经过近10年建设努力，主体工程建设已全部结束，当前正值建成通水前的关键节点，要坚持善始善终、再接再厉，继续发扬不怕吃苦、甘于奉献的精神，把各项工作安排细致、考虑周全，按时间节点完成任务。一方面，要抓紧推进已纳入水源区建设规划的重点项目，突出做好重要节点的水污染治理达标工作，取得水质明显改善的阶段目标，为中线工程顺利通水提供安全的水源保障；另一方面，要建立健全生态保护长效机制，实现境内生态持续良好，让青山常在、清水长流。要抢抓南水北调这一难得的历史机遇，有效利用水源地良好的生态优势、品牌优势和政策优势，加快培育特色产业，持续改善基础设施条件，持久抓好生态建设和保护，着力推动生产与生态和谐发展，建设科学发展、绿色发展、和谐发展的示范区。

湖北省政府秘书长王祥喜，省环保厅、省南水北调局和十堰市负责同志参加调研。

## 江苏省省长李学勇检查江都水利枢纽工程运行及防汛准备情况

2014年4月20日，江苏省省长李学勇在江都水利枢纽接受中央电视台南水北调纪录片摄制组专题采访，并检查工程运行及防汛准备情况。

李学勇向记者介绍说，南水北调东线工程是在江苏省江水北调基础上扩大规模、向北延伸。江苏境内输水线路长400多公里，设有9个提水梯级，整个工程建成后，每年可新增供水36亿$m^3$。经过10多年的艰苦努力，2013年江苏境内南水北调工程全面建成，在11月试运行以来，已经累计抽引江水18亿$m^3$，送入苏鲁边境的南四湖1.2亿$m^3$，工程运行情况良好，全面达到了设计要求。

李学勇指出，江苏是南水北调东线工程的源头地区，在国家南水北调总体格局中地位重要、责任重大。自2002年开工建设以来，江苏省委、省政府认真贯彻党中央、国务院的部署要求，牢固树立大局意识、责任意识，切实加强组织领导，采取扎实有效措施，全面推进工程建设，全力打造精品工程、优质工程，确保工程经得起历史检验和群众评说。

李学勇说，江苏南水北调建设阶段，正值沿线苏中、苏北地区工业化、城镇化加快推进时期，为确保清水北送，江苏坚决贯彻中央提出的“先节水后调水、先治污后通水、先环保后用水”要求，大力调整优化沿线产业结构，强化源头地区水质保护，扎实推进沿线地区工业点源、生活污水、农业面源等污染治理，不断改善流域水环境质量。经过努力，输水干线14个控制断面水质全部达到地表水Ⅲ类标准。

李学勇指出，南水北调工程是惠及民生的战略性工程，功在当代、利在千秋。江苏将全面深入贯彻习近平总书记、李克强总理的重要指示，着力推进体制机制创新和制度建设，确保境内南水北调工程“运行顺畅、清水北送”，为全国南水北调大局做出江苏应有的贡献。

随后，李学勇来到江都一站检查工程运行情况，并听取了有关工作汇报。他强调，当前即将进入主汛期，要立足防大汛、抗大旱，全力做好防汛防旱各项工作。

## 山东省副省长赵润田赴聊城召开会议协调南水北调配套工程

2014年1月24日，山东省副省长赵润田带领水利厅、南水北调建管局和省直农口有关部门负责同志等赴聊城召开对口帮扶工作会，协调解决南水北调配套工程相关工作。

赵润田听取了聊城市主要负责同志的汇报，要求省直各对口单位和聊城市搞好项目对接，协调配合完成工作。南水北调建管局主要负责同志在会上发言指出，南水北调建管局将在政策、资金等方面对聊城市南水北调各项工作给予重点支持。一是协调省有关部门确保2014年底前将所有配套项目可研报告和初步设计进行批复；二是协调省国土资源厅帮助解决配套工程土地预审和用地指标问题；三是积极发挥政策的叠加效应，用好水利部移民政策、平原水库建设等相关优惠政策，为配套项目提供资金支持；四是对南水北调通水过程中出现的遗留问题，做好汇报，争取纳入国务院南水北调办东线一期工程遗留问题规划立项实施。

# 文章与专访

ARTICLE AND INTERVIEW

## 南水北调水质有保证可以放心用

——国务院南水北调办副主任张野接受《新京报》专访

60年前提出的南水北调构想，即将变成现实。国务院南水北调办副主任张野，见证了工程的“成长”。近日，他在接受新京报记者专访时表示，工程全线通水只是画了一个逗号，接下来就是比较长而严格的检验工作。

“请大家放心。”对于人们最关心的水质问题，张野表示，无论是水源水质还是沿途的防污染措施，都是有保证的。

### 工程验收过程将很长

新京报：今年是南水北调中线工程倒计时一年，这一年主要工作是做什么？

张野：今年陆续开展了通水验收、充水试验以及输水安全系列保障工作。

中线干线工程1000多千米有64个节制闸，52个建设管理处，97个分水闸门，就像人的各个器官和躯干，充水就相当于是神经系统把整个身体连贯起来。

另外我们今年还忙于转型工作。过去是建设工程，现在主要是运行管理。

新京报：为什么要在通水之前首先进行充水试验？

张野：充水首先是检查工程的安全性。1000多千米的渠道沿线有很多建筑物，都要有一个过水考验，比如看是否漏水。通过提前充水试验，我们可以不断完善，确保今年汛后通水安全。

新京报：今年10月底的正式通水现场，能看到大水涌来、从干渠一路奔流的壮观场面吗？

张野：通水的时刻，肯定是很激动人心的。但是并不会出现“前面是干的，水从上游跑来”这样壮观的场景。因为前期充水试验之后，渠道里已经有水了。

新京报：到今年通水之后，你觉得工程是画上了一个逗号还是句号？

张野：工程实体部分完成了，只能说是画了一个逗号。围绕着工程的各项专业验收，如环保、移民、水土保持等方面的验收工作，还是很艰巨的。只有整个工程验收完了，中线一期工程建设才算画上句号。

新京报：三峡工程到今年才开始验收，三峡办也尚未撤销，是不是说南水北调工程的验收过程也会比较长？

张野：的确，验收过程很长，这涉及很多部门，国家要求也非常严格。我相信随着政府效率的提高，验收工作是会加快的。

### 贡献最大的是库区移民

新京报：南水北调工程最难的工作是什么？

张野：南水北调工程是世界上最大的调水工程，技术、征地移民、质量控制、环境保护等都很难，尤其征迁移民工作是非常不容易的。

新京报：中线工程一共有多少移民和建设者？

张野：丹江口的库区移民是34.5万人，干线移民是8万人。高峰的时候，建设施工队伍达到10万人。尾工建设期间，全线还有大概100个项目部。

新京报：你怎么评价这些移民和建设者？

张野：为南水北调工程贡献最大的是移民，他们舍小家顾大家，把自己居住的地方让出来，让国家来建设，这是功不可没的。整个库区移民，四年任务两年完成，在移民史上都创造了奇迹。

第二是建设者。他们中很多人常年回不了家，夫妻两地分居，无法照顾老人孩子。甚至我们最看重的春节，他们也只能舍小家为大家，坚守在工程一线。夏季汛期下大雨的时候，又要到一线防洪抢险，所以他们贡献很大。

第三是沿线为工程服务的各级政府基层干部，他们默默地为工程服务，征地拆迁，协调建设环境，解决各类纠纷等都得靠他们去做。

他们都功不可没，到什么时候都不能忘了他们的贡献。

新京报：移民们现在过得还好吗？

张野：移民搬迁后，大多数很快融入安置地，住上新房，领了补助，整体条件比以前改善了。但真要把移民工作做好，就必须要做到“搬得出，稳得住，能致富”，这是长期的工作。现在我们第一步做好了，第二步正在做，这过程中沿线各安置地政府做了大量工作。

新京报：新京报南水北调十城记报道组在采访中看到，有些安置地有不少中青年移民，每天坐在新楼前闲聊，无所事事，这些人住着新房子，但找不到工作。就业问题如何解决？

张野：南水北调的移民是“有土安置”，就是原来有土地，现在还给你土地。到了新的地方是想继续耕作还是土地流转，或者出去打工，由移民自己选择。

我们现在鼓励有条件的地方，每户有一个人转岗，因为光靠土地是致不了富的。如果一户有一个转岗的，一个月能收入两三千块钱，一个家庭的温饱就没问题，这是我们正努力推进的。

具备一定技能或文化水平的移民，一般都能找到工作，地方政府也会千方百计地帮助解决就业问题。但也有一部分人，文化水平不高，加上家里有老弱病残等各种原因，不愿意出门，找不到工作。我考察过几个地方的培训中心，有专门的授课老师，但也有部分年轻人不来上课，还有的移民就业观念没转变，脏活累活不愿干，离家远的不想去。

但总体上看，目前库区移民是比较稳定的，大多数群众比较满意，一部分已经适应了新的耕种方式，有的很快适应了安置地务工。

新京报：在水源地一些城市，因为要保护水源不能上新项目，这是否影响了当地就业和经济？

张野：要保护水质，就要限制工业、限制污染产业，就业转岗受到了限制，存在这个情况。现在有关部门在考虑这个问题，我们也在呼吁，希望在丹江口库区十二五规划，十三五规划中能把这个问题考虑进去。现在针对丹江口保护区，国家已经给了150多亿元的财政资金，用于治理环境、水土保持，产业调整。

### 调水城市亦因工程受益

新京报：我们这次南水北调系列报道，走访沿线10座城市，它们有的在水源地，有的在沿线因供水而受益，你觉得南水北调会给这些城市带来怎样的影响和改变？

张野：水源地城市一方面为调水做出了牺牲，另一方面也因为调水而受益，这是双向的。

因为调水，国家给了财政转移支付和一些补偿工程项目。比如湖北，国家批准了引江济汉等四项补偿工程，工程投资100亿元。在引江济汉工程竣工之后，从汉江到长江的航道缩短了600多千米，航道条件得到改善，运输成本降低，对当地航运带来的效益是巨大的。

另外，引江济汉输水之后，潜江、襄阳、仙桃这些地方的旱田得到了灌溉。我这次到仙桃去，今年全省都在旱，但他们那儿没有出现旱灾，这就是补偿工程带来的效益。

对河南来说，每年95亿 $m^3$ 水中有近38亿元是分给河南的，河南既是供水区也是受水区，河南省积极性很高，因为它受益也很大。

河北、天津、北京等受水区，在通水之后，可以限采、压采地下水，这样地下水会慢慢恢复起来。像北京年用水36亿$m^3$，南水北调分给它12亿$m^3$就是为了置换地下水，渐渐地让地下水恢复。

新京报：南水北调工程涉及那么多城市，每个城市都有自己不同的诉求，你们在中间如何平衡？

张野：确实有很多不同的诉求，涉及环保、交通等方面。最典型的是修桥，原来是平地现在变成了河，村村都想在村口修桥，方便出行，我协调最多的就是跨渠桥梁项目。

在大的问题上，我们在坚持国家批复的标准规模不突破的原则下，做了很多协调工作。渠道要穿过很多路，涉及公路、铁路、电力、石油、通信，总会出现利益冲突，我们既要坚持国家政策原则，又要在各地方、各部门间进行协调，保障地方和相关产业应有的利益。

### 水质有保证大家可放心

新京报：如何保证最终进入北京的南水水质？

张野：无论是水源的水质还是沿途的防污染措施都是有保证的，请大家放心。

水质保护有两个方面。一个是水源地的水质。陶岔渠首出来的水质是二类水，这没有问题，是可以放心的。现在入库的河流里还有局部不达标的地方，但对于整个入库流量来说不到百分之一的比例。但是相关地区高度重视，如十堰市政府下大决心，先后花十几个亿元在治理，现在水质已经有了明显的改善。我相信这些河流在通水前能达到水质要求。

另一方面，1000多千米的渠道的水也要保证不受污染。我们所有的渠道和周边环境是隔离的。输水渠和所有的河流都是立交的，或是从上走，或是从下走，不混在一起。渠道两侧有各5m宽的交通路，交通路外有各8m宽的绿化带，再外面有铁丝网，像高速公路一样封闭起来，闲人是进不来的，污染源也不易进入。

新京报：污染的地下水是否会影响沿线水质？

张野：我们最近做了一次调研，把沿线周边的地下水污染程度做了检测。总体讲，水质状况是高于渠道水要求的，效果比较好。

今后对于地下水污染防治这块也必须加强监测，严防新企业、化工厂在沿线产生污染。污染进入中线渠道的可能性是很小的，但不是说一定不会发生意外，比如车从桥上翻下去，那是极特殊的情况，就须采取应急措施，尽快消除污染。南水送到北京后，水质是一定可以让人放心的。

（原载2014年9月29日《新京报》
作者：金　煜）

## 江水北上千里“救渴”京津冀豫

——国务院南水北调办总工程师沈凤生
接受《文汇报》专访

50年论证，12年建设，南水北调这项迄今世界上最大的水利工程继东线一期竣工通水之后，中线前天正式通水。为什么要调水？从哪里调水？调多少水？供应哪些地区？调水对经济社会发展和生态环境有什么影响？国务院南水北调办总工程师沈凤生日前接受了本报记者专访。

### 黄淮海河流域已极度缺水

文汇报：经过长达50年的论证，是什么样的原因最终决定我国要在21世纪初启动南水北调工程？

沈凤生：我国是一个水资源匮乏的国家，人均水资源量仅2100 $m^3$，只有世界人均水平的25%，居世界第119位，是全球13个贫水国之一，而且时空分配很不均匀。

北方的黄河、淮河、海河流域，是我国水资源承载能力与经济社会发展矛盾最突出的地区。该区域总面积145万$km^2$，约占全国

的15%；总人口4.4亿，约占全国的35%；耕地面积7亿亩，约占全国的39%；国内生产总值约占全国的31%；粮食产量约占我国的30%，是我国一半多的小麦和1/3左右的玉米产地；分布有北京、天津、石家庄、郑州等大中城市40多个，是我国重要的人口和经济密集区，是重要的粮食生产和工业基地、现代服务业和战略性新兴产业基地。

然而，黄淮海流域水资源总量仅占全国的7.2%，人均水资源量约450$m^3$，其中，北京、天津所在的海河流域人均水资源量仅292$m^3$，资源性缺水非常严重。按照国际标准划分，人均水资源量小于300$m^3$将危及人类的生存。可见，这一地区已经普遍达到极度缺水状况。缺水已成为黄淮海流域经济社会持续、健康发展的重要“瓶颈”。

## 年超采地下水70多亿立方米

文汇报：这种“瓶颈”最主要表现在哪些方面？会造成哪些影响？

沈凤生：如果不实施南水北调工程，最直接的影响就是我国黄淮海平原许多城市的供水安全得不到保障，并引发更加严重的生态环境问题。

据统计，黄淮海平原每年超采地下水70多亿立方米，目前已累计超采1200亿$m^3$。大量超采地下水，使得黄淮海平原出现了5万$km^2$的地下水漏斗区，成为世界漏斗区之最。地下水的回补非常缓慢，深层地下水可以说是基本不可再生资源，如此大规模的超采，地下水终将枯竭，目前北京公主坟一带的地下水已打到了基岩。地表水已经开发殆尽，地下水一旦枯竭，人们的饮水安全将直接受到威胁。尤其是北京、天津这样的特大城市，如果地表水资源出现问题，作为战略储备资源的地下水不能及时供给，后果将不堪设想。

此外，由于地下水大量超采，已造成了严重的地面沉降。黄淮海平原沉降量超过200mm的已经达6.4万$km^2$，占平原面积的一半以上。地面下沉已经造成地面裂缝、地面建筑破坏。如不能控制，将对人民群众的生命财产安全构成巨大威胁。

## 节水空间有限

文汇报：有人认为，通过提高水资源利用水平和利用新技术开发新水源，能在相当程度上解决黄淮海流域的缺水问题。这样的解决方案是否可行？

沈凤生：要解决黄淮海平原的缺水问题，只有两个途径，一是减少水资源的消耗，二是增加水资源的供给。

从减少水资源的消耗来看，也有两个途径，一是减少这一地区的人口或减缓经济发展的速度。由于历史、区位、资源等多种因素，这一区域已成为我国的政治、经济、文化重要地区，要迁出大量人口或减慢经济发展速度显然是不成立的；二是进一步加大节水力度。对于已经极度缺水的黄淮海平原来讲，节水空间已不是很大。在2000年南水北调总体规划时，黄淮海平原的节水水平就已普遍高于全国平均水平，人均生活用水量比全国同类城市约低12.8%~29.4%，工业用水重复利用率高出全国平均水平16个百分点。在计算缺水量时，也已充分考虑了节水的潜力，但仍存在巨大的供需缺口。

从增加水资源的供给来看，主要有3个途径：一是增加本地水资源的重复利用，目前我国的城市污水处理率已经达到75%以上的水平。有的城市如北京，再生水年利用量已达7亿$m^3$，占用水总量的20%左右，在全世界已是较高水平，进一步利用的空间有限。此外，再生水只能用于城郊农业和生态，不能饮用，应用范围受限；二是开发新的水源，比如海水淡化等非传统水源。海水淡化能耗高，生产1t淡水需要耗电4~5kW·h，在海边直接生产成本就达5元左右，如果再从海边提水到内陆地区，成本将会成倍增加，而且淡化海水不能长期直接饮用，生产产生的浓盐水对近海海域也会造成严重污染；第三条途径就是从水资源充沛的地区调水，我国南方水多，北方水少，正好具备这样的有利条件，在目前的技术条件和经济水平下，远距离调水成为解决北方缺水的必然选择。

## 北方增加一条“黄河”

文汇报：在论证过程中，南水北调调水总量曾有多种设想，为什么最终确定了目前的方案？未来环境、气候变化和经济社会发展是否为现定方案带来不确定影响？

沈凤生：为了充分论证黄淮海流域严重的缺水状况，南水北调总体规划安排了《南水北调城市水资源规划》《海河流域水资源规划》和《黄淮海流域水资源合理配置研究》。

供需结果表明：黄淮海流域2000年缺水量145亿~210亿 $m^3$，2010年黄淮海流域总缺水量210亿~280亿 $m^3$，到2030年缺水320亿~395亿 $m^3$。其中海河流域缺水程度最严重，即使再加大节水力度和挖掘当地水资源潜力，2010年仍缺水100亿~120亿 $m^3$，难以继续支撑其经济社会的可持续发展。

现定的方案是在准确确定缺水量的基础上，充分考虑水源区的来水和调出条件，按照适度从紧、合理配置、分期实施、水资源可持续利用的原则，最终确定合理的调水规模。

在预测需水量时已经充分考虑了经济社会发展对水资源的增量。受水区当地可供水量和水源区的来水量也是以几十年的长系列水文资料为依据进行测算。近年来气候变化和降水条件均在正常变动周期范围，规划确定的调水规模和调水能力是合理的，不会发生改变。

南水北调规划最终年调水规模448亿 $m^3$，相当于为北方地区增加了一条黄河的水量。按照目前人均用水量 $450m^3$ 的标准计算，相当于北方地区增加了1亿人口的水资源承载能力。通过水资源的增量盘活存量，对保障黄淮海流域经济社会可持续发展，遏制并改善日益恶化的生态环境具有十分重要的作用。

## 严控干渠污染风险

文汇报：南水北调中线干渠长达1276km，明渠干线穿过许多乡村与城镇。有些人担心沿途因违法排污、地下水渗透等，水质受到污染，甚至会发生“水到家门无法用”的情况。在工程建设和今后的管理运行中，有哪些措施保证受水区用上放心水？

沈凤生：中线输水线路全部与沿线河流立交，不与地表水发生水体交换，周围的地表水基本不会对总干渠水质造成污染。

输水过程中水质安全风险主要在3个方面：一是部分高于渠底的已受污染地下水渗入总干渠带来的污染风险；二是有毒有害危险化学品运输途中，在穿越总干渠桥梁时突发的交通事故带来的污染风险；三是输水沿线大气污染物沉降带来的污染风险。针对这种风险，我们主要采取了4项措施，确保干渠输水安全。

一是建立总干渠两侧水源保护区制度。国务院南水北调办、国家环保总局、水利部、国土资源部已经联合印发了《关于做好南水北调中线总干渠两侧水源保护区划分的通知》，在北京、天津、河北、河南4省（市）编制了划定方案。沿线各级地方政府按照保护区相关规定，严格控制在保护区内新上建设项目，河南省仅在2013年就在总干渠两侧保护区范围内拒批新上建设项目400多个。同时，环境保护部门对现有污染企业开展环保执法检查，确保保护区制度的落实。

二是开展总干渠两侧内排段地下水现状调查，防范地下水污染风险。南水北调中线建管局调查了工程沿线地下水情况，表明85%以上的监测点位达到地表水Ⅲ类标准。经国务院南水北调专家委鉴定，渗入总干渠的地下水量很少，不致影响总干渠水质。尽管如此，中线建管局仍按照专家委要求，采取加强输水水质监测措施，严格监控对输水水质的影响。国家在“水体污染控制与治理科技重大专项”中专门安排了《南水北调中线总干渠水质安全保障关键技术与工程示范》课题，研发地下水中硝酸盐、重金属、有机物等典型风险污染防控等关键技术。

三是加强环保监管，制订通水水质监测方案和应急预案，加强水质监测与跟踪。虽然总干渠水质基本不受沿线地表水影响，但不能排除突发污染事故的发生。中线跨渠桥梁有1200多座。当有毒有害危险化学品运输过程中，在跨越总干渠桥梁时发生泄漏、爆炸、翻车等意外事故，或人为恶意向总干渠水体投放有毒有害物质等突发事故，都可能给总干渠水质带来污染风险。为掌握总干渠水质状况及变化趋势，及时发现并防范水质污染风险，有针对性地应对可能突发的水污染事故，在国家层面制订了中线一期工程通水水质监测方案，加强对总干渠水质的监测与跟踪。如水体在进入北京前、进入调节池前、进入自来水厂前均严密监控，确保污染水体不进京、不入池、不进厂，三道防线确保水质安全。中线干线工程运行管理单位还编制了输水过程中突发污染风险应急预案，做好应对突发污染事故的防范工作。一旦发现污染水体，将及时关闭沿线节制闸，并通过退水闸将污染水体从总干渠放出。

四是推动中线输水总干渠两侧生态带建设，打造生态廊道。在工程沿线的农村地区，总干渠两侧各建设20～60m宽的绿化带，两侧的水源保护区内发展生态型种植业和养殖业，以减少农业面源污染；规划在工程沿线的城市区域，总干渠两侧一级水源保护区内主要以防护绿地建设为主，建设工程两侧各50～200m宽的城市景观廊道和公园绿地。通过构建输水沿线生态屏障，提高输水水质安全保障程度。

通过采取以上措施，中线工程输水过程中的污染风险总体是可控的。

（原载2014年12月14日《文汇报》
作者：陆正明）

## 南水北调是水资源调配的必要手段

### ——国务院南水北调工程建设委员会专家委员会副主任汪易森接受《经济观察报》专访

国务院南水北调办大厅里，一幅白色展示牌上标示着：2014年9月29日，南水北调中线一期工程具备通水条件。10月24日，距离这个时间已经过去25天，中线通水就剩下一声号角。

通水在即，而社会担心的问题在工程运行中是如何解决的？国务院南水北调工程建设委员会专家委员会副主任汪易森在接受经济观察报记者采访时，对这些问题一一作答。

#### 经历了非常谨慎的决策

经济观察报：作为一个跨流域、长距离的大型水利工程，南水北调工程经过了50年的决策论证。如今，中线即将通水，如何看待这个工程决策的意义？

汪易森：毛主席讲从南方调水问题时是非常谨慎的。他说，“南方水多，北方水少，如有可能，借点水来也是可以的”。其中，特别讲到“如有可能”。这句话表示，当时不是武断的表示将水调过来，而是说考虑到底有没有可能。

为了这句话，我们做了50年的论证。这个论证是两个方面的内容，第一个方面，有没有可能；第二个方面，东线、中线和西线，哪条线更先有可能。应该说，在世界范围，没有哪个国家对于一项工程是这样的谨慎。在这50年的论证中，论证工作多次因为反对或国内经济能力不济而停下来，但因为北方大旱，几次又被重启。

到2002年时，工程启动。我认为这个决策是非常及时的。如果当时不决策，当前北方的水资源供应问题如何解决？而且当时的决策也是50年论证后瓜熟蒂落、水到渠成的一个结果。因为，对于这样一个大工程，投资巨大，百姓的移民安置费用也很大，这在以前几乎是不可能解决的。而到2002年时，中国的财力、经验和制度都已成熟，才做出决策。如今，经过十多年的建设，终于可以通水了。

经济观察报：直到中线通水前夕，60多年以来有关“南水北调”的争论仍未停息。作为南水北调的主管部门，你们如何认识和处理这些争议？

汪易森：我们必须认识到这是一个资源配置问题。我国开建运河调水并不是从现在才开始，而是从春秋战国时期就开始了。我国的第一条运河叫邗沟，第二条是战国时期的鸿沟。再到后来朝隋炀帝大修运河。

清朝诗人皮日休写了一首诗《汴河怀古》来评论运河工程。“尽道隋亡为此河，至今千里赖通波，若无龙舟水殿事，与禹论功不较多”。大概意思是说，都说隋朝灭亡是因为这条河，但是从那时至今，这仍是一条好运河，如果当时不是他在水上大搞宫殿那些事，他的功劳不比大禹小。这就是说，从古代开始，我国就已经将水资源运用于社会发展和日常生活中来。

而当前中国的缺水现实又十分明显。中国水资源分布不均衡，南方水多、北方水少，而偏偏北方工业比较发达、耕地比较多、人口相对集中，于是就存在资源调配的问题。这和煤、石油的调配一样，人类发现了他们对生活生产的价值，就要把它开采出来加以利用，但是在开采过程中伴随了很多生态、环境的问题。水资源调配也是一样。

### 保证不出现“黄水”

经济观察报：南水北调工程调水后，是否影响长江下游用水？

汪易森：在中国2.8万亿$m^3$的水量中，长江常年平均径流量为9600亿$m^3$，黄河的常年平均径流量是540亿$m^3$，是长江的6%。那么，长江的9600亿$m^3$水资源去到哪里了？我们根据上个世纪50年代到80年代的统计数据测算，在长江水资源中，人的用水量只有6%左右，另外94%的水流回大海了。如今，虽然长江的用水量增加了，但我估计也不到10%，另外90%流入大海了。因而，丹江口水库的水资源调配对长江整个用水量不会产生太大影响。

但是，调水之后，从丹江口水库到汉江这一江段的用水量就会减少，对下游的湖北省将产生影响。对于这一情况，国家计划给予4项治理工程。第一，“引江济汉”，即将长江水引入汉江，补充汉江减少的水量；第二，建设兴隆水利枢纽，即在“引江济汉”工程上游修建一个水库，储存汛期多余的水供枯水季使用；第三，泵站取水口的改进，将原来位置比较高的取水口降低；第四，疏浚航道，保证通航。这样就基本解决了对湖北省用水的影响。

经济观察报：南方吸血虫是否会通过南水北调干渠到达北方地区？

汪易森：吸血虫不是自己在水中流动的生物，而是附着在一种叫钉螺的生物上。没有钉螺，吸血虫也不能生长。但是钉螺过不了江苏淮阴线，因而不会到达北方。

经济观察报：此前，原住建部副部长仇宝兴刊文表示，调来水与当地水出现“水土不服”的情况越来越多，一些地方调来水与当地水成分差异导致自来水管道内的水垢溶解析出，形成了新的污染，且相当难以治理。这也引发了很多人对不当调水的担忧。

汪易森：的确，不仅仅是南水北调的水存在这个问题，淡化海水也存在这个问题。比如，天津有两个海水淡化水厂，它们分别使用膜渗透工艺和海水蒸馏工艺，其中的一

个水厂供水用于居民生活。但是，当海水淡化的水进入居民生活用水管道后，水中出现大片水垢，水变浑浊了，老百姓也不愿意用这样的水。所以，且不说南方的水到达北方，即使是河北四库的水送到北京也会出现这一问题。

从原理来看，北方的水碱性高。所以，我们看到，北方家庭的水壶在烧一段时间后也会出现一层厚厚的水垢。而南方水的pH值和北方不一样，南方的水进入北方管道后可能和管道水垢发生反应，产生“黄水”现象。

目前，北京市为这个问题做了很长时间的研究，进行水质差异研究及措施处理。现在的措施是，在南水进入北方管网时保持一定的掺水比例，比例从少到中、再到高，让管网有一个适应、过渡的过程。在有财力的条件下，将来城市管网还将进行改造，保证不出现影响老百姓生活的“黄水”。

### 终端水价要考虑老百姓承受力

经济观察报：南水北调工程输水线路长，横穿淮河、黄河等多个流域，有人担心这个工程会破坏整个生态系统，造成一些河流珍稀生物的灭亡。

汪易森：这种担心可以理解。当年葛洲坝建成之后，长江的中华鲟不能到达上游金沙江产卵，后来出现了数量减少的迹象。但是，南水北调工程有所不同。虽然它从丹江口水库陶岔取水口过来经过一两百条河流，但所有的交叉都是立交，没有平交，南水北调工程或者从河流的上面穿过，或者从河流的下面穿过，不会和沿线流域的水体直接发生交换。所以不存南水北调水引入北方河流造成珍稀生物的灭亡这个问题。

经济观察报：如此长距离的调水，如何避免沿线工业、生活污水会渗入主干渠，导致水体污染。

汪易森：沿线污染治理是南水北调东线工程的一个重要工作。因为东线工程为运河，需要对运河上的运输船只、沿线工业、生活排污都要进行严格管理。但不同于东线工程，中线工程不是运河，而是水渠。在渠坡和渠底部有一层混凝土衬砌板，板下面再铺设一层土工膜防渗水材料，因而沿线地下水体不会流入总干渠。由于在渠道上设置了逆止阀。当周围的地下水高于渠道水位时，可以通过阀门进入干渠。但是，能够进入总干渠的这些水体，设计时水质要经过检测，达到水质要求时才可以流入。

经济观察报：近年来导致河流污染的突发事件屡见不鲜，人们也担心一些意外事故会让南水北调工程遭遇不测的风险。

汪易森：这一点也有预案，虽然总干渠的水质不受沿线地表水的影响，但不能排除一些突发污染事故的发生。比如，有毒有害危险化学品运输车在经过总干渠桥梁时发生泄漏、爆炸、翻车等事故，或是人为恶意向总干渠水体投放有毒、有害物等，对于这样的突发污染事故，我们有风险应急预案。在南水北调中线工程中，我们在干渠沿线设有多个节制闸和退水闸，某个渠段一旦发现污染水体，就及时关闭沿线的节制闸，并通过退水闸将污染水体从总干渠放出。

经济观察报：按照工程水价计算，南水北调的水价达到2元多，高于沿线地区当地水价。有人担心，这会导致当地用水成本的大量增长，最终带来终端水价的上涨。

汪易森：南水北调工程的水价是按照“保本、还贷、微利”的原则确定的。南水北调基本上是全线自流进入北京的，不需要大量消耗电力，但是南水北调工程建设资金中有银行贷款，而且今后全线1432km的长输水工程维修管理中还要持续产生管理成本，因而定价中要考虑保证这些投资管理机构的持续运作且略有微利。

另外，终端水价的调整必然要考虑老百姓的承受能力。从这些方面来考虑，我个人认为南水北调到达北京口门的单方源水价不会超过3元。在地区用水成本上，目前当地水价偏低，但是政府却在水源地保护、污染治理等方面支付了很多的成本，甚至是社会成本，但这些成本并没有在水价中体现。

（原载2014年10月26日《经济观察报》 作者：李凤桃）

## 给发展解渴 为明天蓄能 力助中国梦

——国家发展改革委农村经济司司长高俊才谈南水北调工程

近日，中国经济导报社、中国发展网、《中国战略新兴产业》杂志社约请国家发展改革委农村经济司司长高俊才作“发展水利助力现代农业”专题报告。本次报告会是中国经济导报社组织的“司局长发展改革系列谈”活动之一。会上，高俊才就南水北调工程建设的深远意义和重大作用进行了深刻阐述。他强调，与中国历史上许多大的水利工程一样，南水北调也注定会载入史册。

一直以来，国家高度重视大型水利工程建设，这其中，就包括举世瞩目的南水北调。高俊才指出，南水北调是优化我国水资源配置、促进经济社会可持续发展的重大战略性基础工程，关系国计民生和中华民族长远发展。工程自2002年开工以来，经过各方面的共同努力，已经取得重要阶段性成果。按照规划，工程分东、中、西3条线路从长江调水北送，总调水规模448亿$m^3$。目前，东线一期工程已实现正式通水，今年汛期后中线工程也将正式通水。

### 筑梦六十载

“南方水多，北方水少，如有可能，借点水来也是可以的。”1952年10月30日，毛主席提出的宏伟战略构想，为这项大型跨流域调水工程拉开了序幕。

高俊才对南水北调的整体方案和当前进展情况进行了详细介绍。他表示，在党中央、国务院的正确领导下，广大科技工作者经过大量科研实践，在分析比对多种方案的基础上，确定了南水北调东线、中线和西线调水的基本方案。2002年12月27日，南水北调东线工程率先开工；2003年12月30日，南水北调中线工程正式开工。

高俊才指出，南水北调总体规划为东线、中线和西线3条调水线路。3条调水线路与长江、黄河、淮河和海河四大江河相联系，将实现中国水资源南北调配、东西互济的科学合理格局。

高俊才介绍说，南水北调已建成的中东线一期工程是迄今中国最大的水利工程。工程受益省份涵盖河南、湖北、河北、北京、天津、山东、江苏以及安徽的一部分。而东线工程可以追溯到20世纪60～70年代，到20世纪末，苏北地区从长江的抽水能力已达40余亿$m^3$，这为目前东线工程供水能力接近90亿$m^3$奠定了良好基础。

高俊才指出，南水北调中东线一期工程受益的五省两市，共增加调长江水的能力为184亿$m^3$，从长江流域调到黄河、海河等流域的水量相当于黄河总水量的近30%。“这就初步实现了1952年毛泽东同志提出宏伟的战略思想，这是奋斗62年所收获的第一批成果。”

结合自身工作实际，高俊才对南水北调的重大作用给予充分肯定。过去，工程沿线一些地区为了解决城市和农业用水，采取了一些不可持续的水资源利用方法。比如，一些省份超采地下水用于农业、工业和城乡生活用水，经调查，有些地区每年地下水位下降1m左右。地下水下降会带来地面下沉和楼房裂缝以及管道错位等地质灾害问题，影响极大，后果严重。

“南水北调工程对解决超采地下水和保护水源将起到非常重要的作用。”高俊才指出，

南水北调不仅可直接为农业增加供水量，而且，为城市和工业供水后产生的废污水，经污水处理厂处理达标后，还可作为农业灌溉用水。按此推算，直接和间接为农田水利增加了大量可持续水源，耕地受益面积总计将达数千万亩。

### 圆梦在今朝

2014年，是南水北调工程的收尾转型年，特别是中线工程，汛后将正式通水。

南水北调中线一期工程从丹江口水库引水，引水渠道与京广铁路大体平行，可经河南、河北自流到北京、天津。一期工程输水干线全长1432km。多年平均年调水量95亿$m^3$，为河南、河北、北京、天津的19个大中城市及100多个县（县级市）提供生活、工业用水，兼顾农业和生态用水。

据高俊才介绍，在中线一期工程的95亿$m^3$调水量中，分别分配给河南省37.7亿$m^3$，河北省34.7亿$m^3$，北京市12.4亿$m^3$，天津市10.2亿$m^3$。

现在，北京市人均水资源量约为100$m^3$，我国人均水资源量约为2200$m^3$，而世界人均水资源量是7000余$m^3$，这表明，北京的水资源非常短缺。对此，高俊才指出，中线工程通水，将极大缓解北京以及天津等城市的缺水问题。中线工程的水源补给可以有效缓解地下水超采及其所导致的一系列问题。北京是水资源严重匮乏的特大城市，近年来，水资源量供需缺口平均每年10多亿立方米。巨大的用水缺口，只能通过外省调水和超采地下水来缓解。然而，超采的深层地下水难以近期补给，也带来一系列问题和隐患，如地面沉降引发天津的海堤河流防洪能力下降等。中线工程通水后，此类问题可从根本上得到缓解。因此可以说，南水北调工程将在“稳增长，调结构，促改革，惠民生”上发挥重要作用。

对于社会各界高度关心的水质问题，高俊才表示，南来之水的水质比较软，而现在北京市民喝的地下水则水质较硬，“地下水的水碱比较多，水壶里厚厚的一层水碱就可以很好地说明这一点。”今后，南来之水将有效改善京津冀地区的饮用水质。

为确保一泓清水安全北上，中国经济导报记者曾在采访南水北调中线工程调水的相关省份时发现，各省市有关负责部门把调水工程的水质安全作为“头号任务”来抓，并配套相关治理体系，对水源周边环境进行有效整治，在污水处理、生活垃圾处理、水污染防控等方面，都实施了最严格监管。

高俊才表示，目前工程沿线部分地区通过超采深层地下水保障种粮，但这样的粮食产量是建立在不可持续水资源基础上的。今后，我们不仅要保障粮食安全，也要保障用水安全和生态安全。南水北调中线通水后，将在水生态、地下水环境以及粮食安全等方面，发挥巨大而深远的综合性作用。通过调水，北方地区水资源得到补充，环境保护绿化工程有了较好的基础，同时，也会有益于雾霾治理，改善人民的生活环境。

（原载2014年7月24日《中国经济导报》
作者：曲一歌）

## 京津冀缺水甚过以色列<br>南水北调是必然选择

——中国工程院院士、中国水科院水资源所名誉所长王浩访谈

“海河流域人均水资源243$m^3$，其中天津160$m^3$，北京102$m^3$，而以色列是290$m^3$。根据国际标准，低于500$m^3$，就认为出现水危机了。包括京津冀在内的海河流域连以色列还不如，可以想象有多缺水了。”中国工程院院士、中国水科院水资源所名誉所长王浩日前在做客中国经济网南水北调中线工程系列访谈时如是说。

王浩告诉中国经济网记者，海河流域是世界大流域中最缺水的流域，涉及我国8个省，包括河北、北京、天津全部，山西东半部，河南、山东黄河大堤以北的部分，再加上辽宁和内蒙古的一小部分。该流域多年平均降水量535mm，每年要超采地下水80亿$m^3$，从缺水的黄河流域向更缺水的海河流域调水50亿$m^3$，这样才勉强支撑海河流域1.4亿人口的可持续发展。

“这么少的水资源，要养活这么多的人口，又是中国经济发展的第三极，粮食的主产区很多又在北方，面临的水资源的形势的确十分紧迫。”王浩说。

那么，这种局面该如何缓解呢？王浩认为，地下水显然不能再继续超采了。北京的地下水水位下降已经超过24m，生态环境面临的挑战非常大。连年的超采，导致很多地方出现地面沉陷、裂缝，天津地面沉陷累计已超3m，北京也有1m多。“最严重的是，地下含水层被抽空了以后就压缩，压缩以后再补给、再恢复也修复不到原来的样子，这是不可挽回、不可逆的永久性损失。”王浩说。

他同时指出，节水余地已经不大。北京和天津在节水方面，由于缺水，由于有动力，政府抓得紧，所以用水效率都超过了美国的平均水平，正在向以色列水平追赶。同时也是中国所有大城市里用水效率最高的两个地区，天津第一，北京第二。“节水还有空间，但确实余地已经不大。因为一共每人每年才102$m^3$水，节水潜力不大。”他告诉中国经济网记者。

“所以，调水也是基于我国国情、水情的一个必然选择。”王浩说，“北方水本来就少，少之又少的地区就是黄淮海流域，这也是南水北调的受水区。所以建设南水北调是一个战略性的生态工程，3条线东线、中线、西线形成由南到北的纵线，4条横线由西到东，长江、淮河、黄河、海河，这样就形成了四横三纵，一个连接南北方的大水网，南水北调东线工程和中线工程就是这个大水网的起步阶段。”

（原载2014年07月25日《中国经济网》
作者：王淑丽）

## 调水是正常事　没那么可怕

——中国科学院院士、水文水资源学家、中国科学院水问题联合研究中心主任刘昌明访谈

18日，中国科学院院士，水文水资源学家、中国科学院水问题联合研究中心主任刘昌明做客中国经济网“丹水北流3000里——南水北调中线工程大型报道”。访谈期间，刘昌明表示调水是正常事，没那么可怕。自然禀赋给予我们水源条件，应科学利用，和谐调配。同时还指出，调水并非无止境，南水北调总体布局若形成网络，将基本解决我国确实问题。

### 调水是正常事：自然禀赋给予我们水源条件　应和谐调配

一直以来，社会对南水北调工程的争议就从未间断过，甚至有舆论称调水是不合理的，是反自然的。对此，刘昌明院士为我们讲解了他的看法。他认为：“自然的禀赋给予我们的水源条件，我们应该采取和谐的态度，并非一定要改变自然。科学利用南水北调，可以解决水资源空间上的分布不均匀的问题”。

刘院士表示，没有哪些城市可以单独依靠身边河湖、地下水来解决用水问题的，一直都有调水的情况存在，例如北京多次经历降雨偏少，水资源紧缺的问题，首都水资源规划协调小组就组织实施山西、河北省向北京市集中输水。自2003年到2010年，山西、河北两省就曾8次向北京市集中输水。所以在面对城市降雨偏少，水资源紧缺时，调水

工程是正常情况。

刘院士介绍说，客观地来看南水北调，50年代初毛主席在视察黄河的时候提到调水，从那时开始，中国科学院和水利部就开始南水北调的调查。他认为南水北调工程是一个手段，作为一个途径来解决我国缺水问题的。而缺水常规分为3类，第一类叫资源性缺水，第二类叫工程和设施性缺水，第三类叫水质性缺水，或者由污染引起的缺水。这3种缺水都是跟人有关系的。在自然当中生活，自然禀赋是一定有的，所以自然的禀赋给我们的水源条件，我们应该采取和谐的态度，这不一定是要改变自然，只是合理利用。

### 调水是一种解决水资源问题的手段利大于弊

目前舆论有质疑说外地调水模式解决城市缺水有严重隐患，甚至有官员说南水北调隐患比三峡更可怕。刘昌明院士认为调水作为一种解决水资源问题的手段，利弊应该平衡看待，如果利大于弊，就需要做。

他提到我国和联合国专家在20世纪80年代出版了一本书叫《远距离调水》，这里面就提到一分为二的问题，没有十全十美的事，好事也有它不好的一面，所以南水北调肯定有一些这样那样的影响，比如说造价、移民占地、对生态的干扰等。但经过科学的比较，它作为一种解决水资源问题的手段，利大于弊，就还是需要做的。

此外刘院士也强调，要充分注意到调水不利的这一面，有利于科学对待调水工程，并帮助继续克服工程中的难题。一分为二是事物的一般规律，所以任何一个解决水资源问题的方案不可能全是正方案，没有副作用。恰恰不同的声音更能发扬民主，更能使我们深入认识不利的影响，对调水更有帮助。所以南水北调虽有缺点，对生态环境有影响，但已做过一些相关的评价，而且工程实施以后还有后评估，还可以弥补哪些方面对环境和生态有不好的影响，可以再继续克服。

中国最缺水地区是华北地区，因为人均水量只有全国七分之一，但是经济非常发达，人口政治经济文化都很发达，西北地区当然也缺水，但是他们毕竟人口少，经济总量也小，而华北地区人口经济总量大，这缺水是至关重要的。所以调水是重要的手段，就是为了解决缺水。

### 南水北调总体布局若形成网络将基本解决我国缺水问题

此外刘院士提到，南水北调是一个科学的战略布局，是供水的一种方式和方法，所以调水并不是无止境的。估计大致在2030～2050年中国蓄水增长要跟人口的零增长同步进入零增长，而且水的蓄水增长负增长。南水北调总体的布局如果能形成一个系统网络供水，这基本上就可以解决中国的缺水问题。

（原载2014年6月20日《中国经济网》
作者：宋雅静、石　兰）

## “南水北调失败”？院士回应三大质疑

——中国工程院院士、中国水科院水资源所名誉所长王浩接受新华社记者专访

历经15天水程、1000多千米北上跋涉，汉江之水27日终于抵达南水北调中线工程的终端北京，首次实现“南水进京”。然而，一篇题为《南水北调通水即失败》的文章却因其“脑洞大开”而在网上疯传，也让不少人开始对这项经过50年研究论证和12年建设的工程表示担忧。

为此，中国工程院院士、中国水科院水资源所名誉所长王浩日前接受新华社“中国网事”记者专访，对网文中提及的“流速过慢”“泥沙沉积”“半道结冰”等三大质疑做出解答。

### 水速太慢，调水目标难实现？“不科学、不准确”

这篇网文称，根据12月12日南水北调中线工程通水当天电视新闻中“大黄鸭”的漂流速度，推算出“通水时的平均水流速度为每秒0.1m，输水量为22.4 $m^3/s$”。由此文章推断，南水北调真实水流量远远达不到设计指标，工程设计的“每年平均输水量”95亿$m^3$无法完成，并得出结论——“水流非常缓慢，证实工程完全失败了”。

王浩表示，靠“大黄鸭”运动轨迹推算水流速度“不可靠”，其结论“不科学、不准确”。

他说，南水北调中线工程输水基本上是自流输水，主要依靠重力。中线干渠渠首陶岔到输水终点北京团城湖之前落差约为100m。江水在输送过程中要经过大量节制闸、分水口门、退水口门、倒虹吸还有渡槽等水利设施。这些都会增加输水的阻力，使输水水流慢下来。

“根据我们的计算，南水北调的水面线有几毫米的误差，就会减少3~4个流量，这里面有一套非常复杂的控制系统，但总体来说输水正常流速应是1~1.5m/s。”

王浩认为，根据“大黄鸭”运动轨迹推算流速“不可靠”，因为不管水流流速多少，任何一个渠道断面的流速分布都是一个“子弹头”的抛物线状，水面和水底的流速会慢一点，而渠道中心流速最快，“不能仅根据水面轨迹来推算流速，而要精确的水利计算”，否则就是“以偏概全”。

此外，95亿$m^3$是“多年平均调水量”，并不是每年必须调水95亿$m^3$。在最丰水年，中线工程可调水120多亿立方米；而在枯水年份，须优先保证汉江中下游用水，调水量会根据来水有所下降。

### 泥沙沉积，已彻底毁掉工程？

“泥沙沉淀将毁了南水北调中线工程。”该网文称，丹江口水库的水来自汉江上游的陕西，“水流湍急，泥沙极大”，汛期之后丹江口的水因携带大量泥沙很浑浊，不能马上放水进入南水北调干渠，需要几个月在水库里沉淀干净，再放清水入干渠，但遗憾的是，南水北调工程指挥者马上放水入干渠，使得渠道淤满污泥，“这个错误的决策，不幸已经彻底毁了整个南水北调中线。”

对此王浩回应：丹江口水库及南水北调中线输水干渠不存在“泥沙问题”。

王浩表示，说南水北调中线工程有“泥沙问题”是“无稽之谈”。他解释说，长江本来含沙量就很低，每立方米约为1kg。汉江又是长江最大支流，比长江的含沙量还低。特别是近年来，陕西安康、商洛、汉中等地大力推进水土保持，使得汉江含沙量再次减少。

“汉江汇入丹江口水库后泥沙会进一步沉淀，再加上中线工程取水口是从水库表层取水，而输水渠道都是混凝土衬砌，最后进入水渠中的泥沙可以说‘极其少’，水很清澈，根本不存在泥沙淤积的问题。”

据了解，2006年以来，我国先后投入100多亿元用于丹江口库区及上游水污染防治和水土保持。“十一五”期间完成了1.4万$km^2$的水土流失治理，使得库区生态环境得到很大改善。

而南水北调中线干渠全线也采用全封闭立交设计，不与沿线河流、沟渠等发生关系。总干渠两侧还划定了水源保护区并进行生态建设，在保证渠道水质的同时，也确保沿线河道泥沙不进入总干渠。

### 半道结冰，影响南水北送

南水北调中线总干渠全长1000多千米，沿途气候差别很大。冬季往寒冷的北方送水，是否会“半路结冰”影响江水北送？该网文推断，在0.1m/s的水流速度下，输水渠道将降温到冰点，接触空气的水面会首先结冰，使水无法流至北京。“整个渠道的水基本停止

流动，冰冻成一块，胀坏渠道、涵洞、渡槽，彻底破坏工程。”

王浩表示，国家已充分考虑冰期输水问题并制定应急预案。他说，冰期输水是南水北调建设中要解决的重要水力学问题之一。“国家在十一五科技支撑计划时就专门研究了冰期输水的问题，针对结冰期、冰封期、化冰期3个阶段输水都做了详细论证和充分预案。”“比如在结冰期我们会适当加大水的流量，让水位高一点，冰盖在上面，而下面则有足够空间走水，有很详细的措施，专门经过国家论证并验收通过。对冰坝、冰塞等紧急情况也都做了应急预案，比如通过拦冰索等除冰设施，保障沿途水流通畅。”王浩解释说。

对此，北京市南水北调办表示，南水北调中线工程冬季也能输水运行，只是会受到河南安阳以北明渠段水流表面结冰影响，输水能力会降低到正常情况的60%，但不会因结冰而影响南水北送。

（原载2014年12月27日《新华网》
作者：魏梦佳）

## 世界最大调水工程能否破解华北“水荒”？

### ——聚焦南水北调中线通水四大热点

历经数十年论证、11年建设的南水北调中线一期工程12日正式通水，北京、天津、河北、河南4个省市约6000万人从此将喝上水质优良的汉江水。这个世界上规模最大的调水工程能破解华北“水荒”困局吗？

### 沿线省市水够喝吗？

“南水北调只是为北京服务吗？”“沿线会不会出现抢水现象？”随着中线工程正式通水，不少沿线民众发出类似的疑问。

对此，国务院南水北调工程建设委员会有关负责人表示：4个省市“都有水喝”。

中线工程从汉江上游丹江口水库取水，全线新建渠道，自南向北分别流经河南、河北、北京、天津。早在调水方案规划之初，有关部门就根据各省水资源现状和未来经济社会发展情况分配了水量：年均调水量为95亿$m^3$，河南省配额最多，达37.7亿$m^3$，约占1/3强，其次是河北，配额为34.7亿$m^3$，处于渠道末端的北京和天津两个直辖市分配的水量相对较少，分别为12.4亿$m^3$和10.2亿$m^3$。

这项工程能破解北京、天津、河北等严重缺水地区的水荒吗？这些地区的水务部门表示，汉江之水将大大缓解当地的水荒，但这些地区严重缺水的问题依然存在。

北京市水务局有关负责人给记者算了笔账：2013年，北京总用水量为36.4亿$m^3$，其中生活用水量为16.3亿$m^3$。配额中12亿多立方米的汉江水到北京后的净水量约为10.5亿$m^3$，如果全部用于生活用水，够近七成北京民众一年的生活用水所需。

北京市南水北调办主任孙国升认为，南水北调工程对北京永续发展的意义更为重大，目前北京市总用水量的约60%来自于超采地下水，江水进京后可有效减少地下水的开采，大大提高北京用水保障率。

汉江之水也将缓解河北严重缺水的问题。据河北省水利厅副厅长张铁龙介绍，河北年均水资源缺口50亿$m^3$左右，如果考虑到生态用水，年缺水量达到100多亿立方米。全省人均水资源量307$m^3$，为全国平均水平的1/7，远低于国际公认的500$m^3$的极度缺水标准。河北省由于长期超采地下水，形成七大地下水漏斗区，引发地面沉降、海水倒灌、地陷地裂等。

### 遭遇污染时怎么办？

近年来，丹江口库区及上游各地为“确保一江清水送北京”，千方百计保护水源地环境。南水北调中线水源地陶岔取水口的水质达到Ⅱ类水标准。对此，国务院南水北调办环保司副司长范治晖说："在我国，Ⅲ类水就可以作为饮用水源，南水北调中线水质达到Ⅱ类水标准，堪称优良。"

有人担心，中线全线长达1000多千米，仅仅跨渠的桥梁就高达1258座，输送过程中发生突发污染状况怎么办？京津地区能保证接收到源头的优良水吗？

对这些疑问，国务院南水北调办副主任于幼军的回答是："针对有毒有害危险化学品在跨越总干渠桥梁可能发生泄漏、爆炸、翻车等突发事故造成的污染风险隐患，我们制定了多层面的水质监测跟踪方案，一旦发现污染事故立即启动应急预案，及时采取应对措施。"

为此，中线干线共设置有64个节制闸、60个控制闸、95个分水闸、54个退水闸，一旦发生突发污染情况，可以分段关闭闸门，通过退水闸将渠道内的污水排出，避免"问题水"北上。目前，全线百余座闸站经过应急演练，均可实现远程操控。

### 工程投资谁来买单？

作为世界最大规模的调水工程，南水北调的资金投入也十分可观。记者从国务院南水北调办获悉，中线一期工程计划投资2013亿元，其中主体工程（含汉江中下游治理工程）总投资1943亿元，丹江口库区及上游水污染防治和水土保持工程投资70亿元。

这么多的钱从哪里来？来自主管部门的数据显示，1943亿元的中线主体工程资金来自四个渠道：中央投资、银行贷款、南水北调工程基金与重大水利工程建设基金。

对于沿线民众来说，与自身关系比较紧密的是南水北调工程基金和重大水利基金两项，前者与水价有关，后者与电价有关。

南水北调工程基金只在南水北调受水区省市筹集，主要来源于水价中的水资源费。中线4个受水区省市的南水北调工程基金筹资总额为180.2亿元。

重大水利工程建设基金共1043亿元，占中线工程总投资的"半壁江山"，这部分资金实际上来源于电费附加。根据财政部等部委公布的《国家重大水利工程建设基金征收使用管理暂行办法》，北京、天津、河北、河南等14个南水北调和三峡工程直接受益省份由电网企业代征重大水利基金，具体征收标准为每千瓦时7厘至10多厘不等，由中央财政安排用于南水北调工程建设、三峡工程后续工作等。

此外，中线工程还利用中央投资312.6亿元、银行贷款407.2亿元。

### "多龙管水"怎么协调？

在中线工程正式通水之后，如何管好"水龙头"、保障工程后期水量成为现实问题。

丹江口水库及上游目前开了3个"豁口"，除位于河南的南水北调中线调水口——陶岔渠首外，还有湖北的清泉沟以及陕西的"引汉济渭"工程，3个取水工程分属不同地方、不同单位。由于丹江口水库控制流域面积9万多平方千米，涉及3省43个县，条块分割、多头管理可能将使水源区陷入抢水"乱战"。

同时，靠近水源区的南水北调中线工程也被"分割"为丹江口大坝、丹江口大坝加高工程、陶岔渠首工程和中线干线工程4部分。而负责运营管理的业主单位各不相同，分别是汉江集团、南水北调中线水源公司、淮河水利委员会和中线建管局。

"按照这种模式，今后南水北调中线工程将由4个主体进行管理，如何分水？谁来放水？如果没有统一管理，就可能陷入争水乱战，这必须要由国家统一调度。"湖北省丹江口市一位水利干部说。

原水利部南水北调规划设计管理局局长、北京师范大学水科学研究院院长许新宜认为，国家应对汉江上游加强监管，可专门成立汉江流域管理局，把汉江流域特别是水源区的水量和水质统一管理起来，以确保南水北调中线工程源头输水安全及汉江流域生态健康。

（原载2014年12月12日《新华网》
作者：林　晖、王　宇、魏梦佳）

CHINA SOUTH-TO-NORTH WATER DIVERSION PROJECT CONSTRUCTION YEARBOOK

# 捌 综合管理

GENERAL MANAGEMENT

# 综　述

## 总 体 进 展

### 概　述

2014年是南水北调工程建设的决战攻坚和收尾转型年，工作中心由建设管理为主逐步转向运行管理为主，工作重心由内部组织为主逐步转向外部协调为主，实现了东、中线一期工程建设的完美收官，中线正式通水，东线有序运行。

（何韵华　潘新备）

### 中线通水运行管理

经过二十万建设大军的艰苦奋战，中线一期主体工程2013年底完工。2014年，尾工建设、充水试验、质量排查、通水验收、运管体制等工作有序推进。2014年6月5日~10月30日进行了干线工程充水试验，9月29日工程通过全线通水验收。经国务院同意，从11月2日起，开展了中线一期工程通水试验，进行了各种复杂工况演练。京津两地配套工程已经完成，完全具备接水条件；冀豫两省配套工程进展顺利，具备初期接水条件。12月12日中线一期工程正式通水，转入运行管理阶段，习近平总书记、李克强总理、张高丽副总理作出重要指示批示，给予充分肯定，提出明确要求。豫冀津京四省市先后举行了简朴隆重的通水接水活动。工程运行平稳，调度灵活顺畅，水质稳定达标。同时，汉江中下游治理工程如期完成，引江济汉工程9月26日提前通水。中线京石段工程自2008年以来连续4次向北京应急供水，累计输水16.1亿$m^3$，有效缓解了首都的供水压力。中线干线河南段工程、引江济汉工程在尚未正式通水的情况下，克服困难投入到去年豫鄂两省应急抗旱中，在抗旱减灾中发挥了重要作用。

（何韵华　潘新备）

### 东线通水运行管理

东线工程试通水以来，累计抽水47.93亿$m^3$，调水到山东2.57亿$m^3$，圆满完成了2014年度调水任务、南四湖应急补水和江苏省应急抗旱工作。2013年11月15日正式通水以来，工程运行安全平稳，输水水质稳定达标，航运交通、水利电力和沿线群众日常生活等运转正常。经国务院授权，2014年9月30日，国务院南水北调办印发通知，成立南水北调东线总公司；10月11日，工商总局发放东线总公司营业执照；11月15日，国务院南水北调办批复东线总公司“三定”方案。目前，初期组建工作基本完成。领导班子已经到位，其他管理人员也将陆续配齐，各种规章制度陆续完善出台。

（何韵华　潘新备）

### 质 量 管 理

南水北调开工建设以来，国务院南水北调办始终把质量监管作为中心任务来抓，创造实施了具有南水北调特色的查、认、罚新机制。2014年，国务院南水北调办继续发挥“三位一体”、“三查一举”的质量监管作用，对开工建设十余年来所有已建工程质量进行了全面系统地排查，特别对中线穿黄、天津干线、大型输水渡槽、高填方渠道、跨渠桥梁等重点工程部位进行了检查。充水和通水试验期间，“三位一体”监管体系在工程全线进行了为期2个月的不间断巡查。对检查中发现的质量问题，分级分类列出清单，从严从速消缺，全面彻底整改，不留风险隐患。10月，国务院南水北调工程建设委员会专家委员会（以下简称专家委员会）对中线干线工程进行了质量评价，认为工程总体质量良好。

（何韵华　潘新备）

## 治　污　环　保

2014年，国务院南水北调办协调督促东线治污补充项目实施，启动东线水质保障长效机制建设，推进东线环境专项验收，使东线水质达标的基础更加巩固，风险防范工作更加健全，保障了东线水质稳定达标。国务院南水北调办强力推动中线水源保护、生态建设有关规划、方案的实施，紧盯水源区不达标河段治理，加强水源保护执法监督。经考核，丹江口水库和陶岔取水口水质稳定达到Ⅱ类标准，主要入库支流水质基本符合水功能区要求，汉江干流省界断面水质达到Ⅱ类。仅占入库总量不足1%的湖北十堰5条河流，经有效治理，也已基本实现了“不黑、不臭、水质明显改善”的阶段性目标。同时，国务院南水北调办实施了输水干线水质安全保障措施，为中线工程正式通水创造了条件。

（何韵华　潘新备）

## 征　地　移　民

2014年，国务院南水北调办会同河南、湖北两省开展了库区移民工作“回头看”和库区保蓄水安全“百日大排查”活动，全面排查移民征地方面存在的各种风险和隐患，及时调处解决矛盾问题，同时督促豫鄂两省以特色产业发展和就业服务为重点，在“稳得住”和“能致富”上狠下功夫，逐步实现了移民身安、心安、业安，移民生活水平总体高于搬迁前同期水平，自我发展能力不断增强。干线征迁方面，为满足工程建设用地需要，国务院南水北调办积极督导沿线征迁部门及时开展征地补偿兑付、专项迁建、工矿企业搬迁等工作，深入开展矛盾纠纷排查化解活动，群众安置补偿全部到位，整体比较稳定。各地规范使用临时用地，截至2014年底，东、中两条线已退还临时用地约40万亩，占比88%。

（何韵华　潘新备）

## 投资控制与资金管理

国务院南水北调办始终把严格投资监管、节约建设成本、控制工程投资作为重要任务。2014年，进一步强化投资控制，在加强资金筹措、加快价差调整、及时拨付资金等保障现场资金供应的基础上，确保把每一分钱都用到刀刃上，把投资规模控制在合理范围之内。2014年是工程建设收尾结算的关键时期，国务院南水北调办特别加强了重大设计变更管理，严防顺风搭车和随意增加投资；落实了投资控制奖惩办法，调动参建单位主动节约的积极性；加强了账面资金管理，着力提高资金使用效益。同时，国务院南水北调办加强监督、审计，对全系统资金使用情况进行全面核查、全方位内审，完善监管制度，规范使用程序，堵塞管理漏洞。截至2014年底，累计完成投资2543亿元，保持了南水北调系统没有干部因工程资金贪腐问题被查处的纪录。

（何韵华　潘新备）

### 新闻宣传工作

2014年，国务院南水北调办主动策划，认真组织，积极宣传工程建设及成果，新闻、文化、艺术等宣传成果丰硕。协调中共中央宣传部多次发文部署南水北调宣传工作，并为工程通水确定宣传基调，重视程度前所未有。中央主要新闻媒体、国家重点新闻网站及沿线媒体重点策划，开展持续深入的报道，充分展现工程建设成果和意义。协调中央电视台四年拍摄并播出纪录片《水脉》，社会各界给予高度评价，并得到中央领导认可。联合拍摄电影《天河》并在沿线公映，举办中线工程建设成果展览。协调中国文联组织艺术家到中线工程沿线开展慰问演出活动，协调中央电视台分别制作播出移民搬迁、中线通水公益广告。结合工程建设、治污环保、移民征迁等，公开推出三本外宣出版物。

（何韵华　潘新备）

## 前　期　工　作

### 南水北调工程前期工作

（一）南水北调工程与黄河流域水资源配置的关系研究工作

为深化对西线调水必要性和紧迫性的认识，2012年，根据水利部安排，南水北调规划设计管理局（以下简称调水局）启动了南水北调工程与黄河流域水资源配置的关系（简称“南黄关系”）研究。根据批复的任务书和专家咨询的工作大纲，2014年，水利部继续组织黄河水利委员会、中国水利水电科学研究院等单位开展“南黄关系”研究工作，并提交初步研究成果。

（二）南水北调东、中线工程补充规划

2014年，水利部依据批复的南水北调东、中线工程补充规划任务书，继续积极推动开展东、中线后续工程补充论证工作。

根据京津冀协同发展规划的框架要求，水利部将北京市纳入东线工程补充规划供水范围，并组织编制《东线工程补充规划向北京供水专项规划任务书》。同时，水利部组织开展东线工程补充规划工作检查，指导并督促有关单位尽早提交东线工程补充规划成果。

中线一期工程通水前夕，水利部组织开展中线一期工程工作检查，现场考察中线一期工程建设和通水准备情况。目前，水利部已组织编制完成了中线工程补充规划初步成果。

（三）南水北调西线第一期工程前期工作

2014年，为继续推动南水北调西线一期工程项目前期工作，水利部结合西线一期工程项目建议书编制的实际和面临的新形势新要求，在对已有成果梳理的基础上，开展了西线第一期工程若干重要专题补充研究工作。重点开展了黄河上中游地区节水潜力、新形势下黄河流域水资源供需分析、调入水量配置方案细化以及调水对长江流域水力发电影响、调水对调出区生态环境及水资源配置影响等专题研究工作。目前，水利部已完成了对工作大纲的咨询，正在组织开展研究工作。

同时，为进一步深化对西线调水影响相关问题的认识，推进西线第一期工程若干重要专题补充研究工作，水利部分别组织赴西线工程水源区和受水区开展实地查勘。

（王彤彤）

## 南水北调中线一期工程水量调度方案编制工作

2014年4月，水利部编制完成《南水北调中线一期工程水量调度方案（试行）》（征求意见稿）。随后，水利部办公厅发文征求湖北省、河南省、河北省、天津市、北京市水利（水务）厅（局），国家发展和改革委员会（以下简称发展改革委）、环境保护部、交通运输部办公厅，国务院南水北调办综合司等有关省市水利（水务）厅（局）和部委办公厅的意见，并根据所提意见对调度方案进行了修改。

2014年6月，水利部再次发文征求湖北省、河南省、河北省、北京市、天津市人民政府，发展改革委、环境保护部、交通运输部、国务院南水北调办的意见。

2014年10月15日，水利部水资源司又一次征求国务院南水北调办建设管理司的意见。

2014年10月18日，水利部将根据各部门反馈意见修改完善后的《南水北调中线一期工程水量调度方案（试行）》上报国务院。

2014年10月27日，经国务院同意，水利部正式印发《南水北调中线一期工程水量调度方案（试行）》。

（孙　月）

## 南水北调东线一期工程2013～2014年度水量调度计划执行情况

按照水利部批复的《南水北调东线一期工程2013～2014年年度水量调度计划》，东线一期工程年度水量调度目标是向江苏省供水141.06亿$m^3$，向山东省供水7750万$m^3$。2013～2014年度实际调水入南四湖下级湖7930万$m^3$，向枣庄地区供水600万$m^3$，调入东平湖7150万$m^3$，基本完成向山东省既定的年度调水计划。

但具体到山东各地区，按照年度水量调度计划，山东省7750万$m^3$调水量中济南市2790万$m^3$、青岛市2260万$m^3$、淄博市1500万$m^3$、枣庄市600万$m^3$和潍坊市600万$m^3$。而实际完成情况是济南市954万$m^3$、淄博市1504万$m^3$、枣庄市600万$m^3$和潍坊市600万$m^3$，青岛市未调水，4092万$m^3$水量存蓄在调蓄湖泊和水库中。

（孙　月）

## 南水北调东线一期工程2014～2015年度水量调度计划编制工作

2014年9月3日，水利部办公厅发文要求有关单位开展南水北调东线一期工程2014～2015年度水量调度计划编制工作。

2014年9月18日，南水北调东线总公司筹备组报送了东线一期工程运行管理状况；22日，山东省水利厅报送了山东省年度用水计划建议；25日，江苏省报送了江苏省年度用水计划建议。

2014年9月25日，水利部淮河水利委员会编制完成《南水北调东线一期工程2014～2015年度水量调度计划（报批稿）》，并上报水利部。

2014年9月26日，“南水北调东线一期工程2014～2015年度水量调度计划”专家审查会在京召开，提出了专家审查意见。

2014年9月28日，水利部调水局将专家审查意见及修改完善后的《南水北调东线一期工程2014～2015年度水量调度计划》上报水利部。同日，水利部就《南水北调东线一期工程2014～2015年度水量调度计划》征求相关部委意见并及时得到回复。

2014年9月30日，水利部批准下达《南水北调东线一期工程2014～2015年度水量调度计划》。

（孙　月）

## 南水北调中线一期工程 2014～2015 年度水量调度计划编制工作

2014 年 9 月 17 日，水利部办公厅发文要求有关单位开展南水北调中线一期工程 2014～2015 年度水量调度计划编制工作。

2014 年 10 月 10 日，“南水北调中线一期工程 2014～2015 年度水量调度计划编制工作座谈会”在京召开，水利部水资源司、调水局、长江委，北京市、天津市、河北省、河南省、湖北省水利（水务）厅（局）等单位参加了会议。会议讨论了丹江口水库 2014～2015 年度可调水量预测初步成果，北京市、天津市、河北省、河南省用水计划的初步成果，以及中线一期工程 2014～2015 年度水量调度计划编制有关工作。

2014 年 10 月 10 日，湖北省水利厅报送了汉江中下游及清泉沟灌区年度用水计划建议、引江济汉工程工情分析报告和襄阳引丹灌区工情分析报告；15 日，长江委报送了中线一期工程 2014～2015 年度可调水量；16 日，丹江口水利枢纽管理局报送了丹江口水库工情分析报告；20 日，南水北调中线干线工程建设管理局报送了中线一期总干渠工程运行管理状况报告；北京市水务局、天津市水务局、河北省水利厅分别报送了北京市、天津市、河北省年度用水计划建议；21 日，河南省水利厅报送了河南省年度用水计划建议。

2014 年 10 月 25 日，长江委编制完成《南水北调中线一期工程 2014～2015 年度水量调度计划》，并上报水利部。

2014 年 10 月 26 日，“南水北调中线一期工程 2014～2015 年度水量调度计划”专家审查会在京召开，提出了专家审查意见。

2014 年 10 月 28 日，调水局将专家审查意见及修改完善后的《南水北调中线一期工程 2014～2015 年度水量调度计划》上报水利部。同日，水利部就《南水北调中线一期工程 2014～2015 年度水量调度计划》征求相关部委意见并及时得到回复。

2014 年 10 月 30 日，水利部正式印发《南水北调中线一期工程 2014～2015 年度水量调度计划》。

（孙　月）

## 南水北调东、中线一期工程运行初期供水价格政策制定工作

为合理制定南水北调东线、中线一期工程通水后运行初期的供水价格政策，保证工程良性运行和按期偿还银行贷款，促进受水区合理使用南水北调水，国家发展改革委会同财政部、水利部、国务院南水北调办研究了东、中线一期主体工程运行初期水价政策，明确工程实行两部制水价。其中，基本水价按照合理偿还贷款本息、适当补偿工程基本运行维护费用的原则核定；计量水价按补偿基本水价以外的其他费用以及计入规定的利润和税金的原则核定。

东线一期主体工程运行初期供水价格于 2014 年 1 月印发执行。工程运行初期供水价格按照保障工程正常运行和满足还贷需要的原则确定，不计利润，并按照规定计征营业税及其附加。

中线一期主体工程运行初期供水价格于 2014 年 12 月印发执行。工程运行初期供水价格实行成本水价，不计利润，并按照规定计征营业税及其附加，同时考虑到河南、河北两省的经济发展水平和社会承受能力等情况，暂实行运行还贷水价，以后分步到位。

（王彤彤）

## 《南水北调工程供用水管理条例》宣贯工作

2014 年 9 月 16～18 日，《南水北调工程

供用水管理条例》宣贯培训班在湖北省丹江口市举行。培训班由水利部调水局主办，汉江水利水电（集团）有限责任公司（水利部丹江口水利枢纽管理局）、中线水源公司协办。

国务院法制办农林城建资源环保法制司、水利部调水局和国务院南水北调办环境保护司的有关专家就《南水北调工程供用水管理条例》立法背景、水质保障、水量分配与调度、用水管理、工程管理与保护等相关内容进行了全面细致的解读。授课专家与学员们就当前南水北调工程供用水管理中的热点与难点问题进行了互动探讨。来自水利部直属有关单位，南水北调东、中线水源区，输水沿线涉及的江苏、山东、湖北、河南、河北、北京等省（直辖市）水行政管理及南水北调工程管理单位的代表共80余人参加了本次培训。

（高媛媛）

## 北京应急调水工作

在北京市、河北省和有关部门的共同努力下，河北省向北京市第四次应急供水工作于2014年4月5日圆满结束。本次应急供水期间，河北省岗南、黄壁庄、王快和安格庄4座水库共计向北京放水5.78亿$m^3$，入北京市4.82亿$m^3$。

自2008年以来，已成功四次从河北向北京应急供水，累计从河北放水19.38亿$m^3$，进北京16.02亿$m^3$。连续4次应急供水，有力地缓解了北京密云水库的供水压力，保障了首都供水安全，同时也为南水北调中线一期工程的运行管理积累了宝贵实践经验。至此，南水北调中线一期工程通水前从河北向北京应急供水工作全部结束。

（韩小虎）

## 环　境　保　护

党中央、国务院高度重视南水北调治污工作，工程沿线各级党委政府和环保部门认真贯彻落实中央要求，按照建委会部署，不断加大治污力度，全面推进南水北调沿线水污染防治工作，确保“清水北送”。

（一）南水北调工程水质现状

1. 东线水质状况

2014年南水北调东线长江取水口夹江三江营断面为Ⅲ类水质；输水干线京杭运河里运河段、宝应运河段、宿迁运河段、鲁南运河段、韩庄运河段和梁济运河段均为Ⅲ类水质；洪泽湖湖体6个点位均为Ⅴ类水质，营养状态为轻度富营养；骆马湖湖体2个点位、南四湖湖体5个点位和东平湖湖体2个点位均为Ⅲ类水质，营养状态均为中营养。

2. 中线水质状况

南水北调中线取水口陶岔断面为Ⅱ类水质。丹江口水库5个点位均为Ⅱ类水质，营养状态为中营养。入丹江口水库的9条支流18个断面中，汉江2个断面为Ⅰ类水质，其余5个断面为Ⅱ类水质；天河、金钱河、浪河、堵河、老灌河和淇河水质均为Ⅱ类水质；丹江3个断面为Ⅱ类水质，1个断面为Ⅲ类水质；官山河为Ⅲ类水质。

（二）南水北调工程水环境保护工作进展

1. 强化规划落实与考核

国务院南水北调办、环境保护部和有关部门加强对南水北调治污工程的现场监督检查，督促地方政府加快项目建设进度，积极推动南水北调工程沿线治污规划的实施，并确保已建成项目正常运行，切实发挥环境效益。2014年3月，环境保护部会同国家发展改革委、监察部、水利部、国务院南水北调办等部门组成考核组，对包括南水北调东线在内的9个重点流域水污染防治专项规划2013年度实施情况进行了考核。10月底，配合国务院南水北调办对陕西、河南、湖北三省南水北调中线规划2013年度实施情况进行了考核，进一步落实了治污目标责任，推动规划治污项目建设。

2. 执法检查工作

2014年第三季度环境保护部组织北京、天津、河北、河南、湖北、陕西等6省(市)，开展了南水北调中线专项执法检查，其间，开展卫星遥感巡查和同步督查，并与国务院南水北调办联合进行实地调研。2015年1月8日，印发《关于通报2014年南水北调中线专项执法检查督查情况的函》（环办函〔2015〕45号)，向河北省、河南省、湖北省、陕西省人民政府通报执法检查督查情况，督促四省人民政府统筹加强对干渠两侧水源保护区的管控，要求制定突发环境事件应急预案、加强对沿线排污企业的监督检查。2015年2月20日，向国务院报送《关于2014年南水北调中线环保专项执法检查情况的报告》（环发〔2015〕22号)，报告了专项执法检查的总体情况、水源水质安全隐患问题、干渠两侧水质安全隐患问题以及工程环境安全隐患问题，并提出了工作建议。

3. 水质监测工作

2014年7月环境保护部会同国务院南水北调办制定了《南水北调中线一期工程调水水质监测方案（试行)》。根据该《方案》，试调水期间采取加密监测，每日一次，监测水库库体、取水口、干线共7个断面（点位)，监测指标为pH值、溶解氧、高锰酸盐指数和氨氮，库体加测总磷、总氮。调水期间采用每月一次的常规监测，仍监测上述7断面，指标为《地表水环境质量标准》（GB 3838—2002）中的24项基本项目（河流总氮除外)，库体加测叶绿素a、总氮和透明度。当出现水污染突发事件时，采用应急联动监测和流动跟踪监测，应急监测断面包括丹江口水库库体、入库河流、取水口、输水干渠及省（市）界断面（点位）共66个。正式调水稳定后，每年6~7月，对7个断面开展一次109项全指标分析。

4. 环评审批和环保竣工验收工作

东线工程主要包括河道工程、泵站工程、蓄水工程、穿黄河工程、水资源控制和水质监测工程、治污截污与导流等工程，2003~2006年环境保护部共批复了8个建设项目环评文件，并委托江苏省、山东省环保厅批复2个环评文件。目前，东线工程84项单项工程中已有44项完成竣工环保验收，其他工程正在组织开展竣工环保验收调查工作。中线工程主要包括防洪影响处理工程、水利枢纽工程、干渠工程、穿黄河工程、应急供水等工程，2003~2014年环境保护部共批复了9个建设项目环评文件。目前，南水北调中线京石段应急供水工程北京段、石家庄—北拒马河段等2个应急供水工程已通过了竣工环保验收，建设单位正在组织开展其他工程竣工环保验收调查工作。

5. 支持地方能力建设工作

2014年，中央财政下拨江河湖泊生态环境保护专项资金2500万元和3500万元分别用于支持丹江口水库河南片区和湖北片区生态环境保护工作。2014年协调中央财政向河南省下拨中央农村环保专项资金9000万元开展农村环境连片整治，河南省拟重点对南水北调中线水源地村庄实施整治；2014年12月商财政部安排专项资金1400万元，支持湖北省十堰市泗河下游生态湿地水质净化项目。环境保护部积极配合财政部，逐步加大对国家重点生态功能区的生态转移支付力度。湖北省累积已获得生态转移支付的支持资金为117.7亿元，其中2014年获得支持资金为27.35亿元，资金支持范围涵盖十堰市的茅箭区、张湾区、丹江口市、郧西县、竹溪县、竹山县、房县，襄樊市的南漳县和保康县，荆门市的大悟县、孝昌县等区域，对开展汉江中下游地区生态补偿起到了重要的引导作用。2014年支持河南6636万元，用于陶岔渠首水质监测监督应急系统基建项目，目前项目已基本建成。

6. 开展专项调研检查工作

为全面了解南水北调中线治污情况，推进南水北调中线水污染防治工作，确保通水安全，应国务院南水北调办邀请，2014 年 11 月 24～28 日，环境保护部相关司局与于幼军副主任率领的南水北调办有关人员一起组成联合调研组，对南水北调总干渠沿线水质安全保障工作进行了调研和检查。调研组先后查看了北京市团城湖等 10 个固定监测断面，天津市外环河等 5 个水质自动监测站，河北磁县总干渠两侧垃圾处理场，以及河南豫北金铅等两家企业。视察了北京市南水北调办并听取汇报，与天津市人民政府及相关部门举行座谈，看望慰问沿线正在开展水质监测取样的地方环境监测人员。

（环境保护部）

# 投资计划管理

## 概　　述

2014 年是南水北调工程建设的决战攻坚和收尾转型年，经全体建设者不懈努力，中线一期工程正式通水，东线一期工程平稳运行，汉江中下游治理工程如期完成。中线干线河南段工程、引江济汉工程已在抗旱减灾中发挥重要作用。南水北调东线总公司于 9 月 30 日正式挂牌成立，初期组建工作基本完成；投资计划下达及执行保障了工程建设及转型的投资需求。

（万耀强）

## 投资计划管理

（一）指导思想和原则

2014 年投资计划工作认真落实国务院南水北调办党组各项工作部署，按照年度建设工作会“立足两个转变、实现两个目标、做好六项重点工作”的总体要求，以“确保中线如期通水”为工作中心，落实新增投资，保障尾工建设和工程待运行投资；按照国务院南水北调办“确保资金安全高效”要求，严控工程建设投资；立足“两个转变”，积极协调推进配套工程进度，跟踪后续工程前期工作进展。

（二）投资总体情况

截至 2014 年底，国家累计安排国务院南水北调办负责投资计划管理的南水北调主体工程建设项目投资计划 2557.9 亿元，其中，工程建设投资计划 2421.8 亿元，初步设计工作投资 14.2 亿元，文物保护工作投资 10.9 亿元，待运行期管理维护费 10 亿元，过渡性资金融资费用 101 亿元。

（三）年度投资计划安排

2014 年，国家安排南水北调主体工程建设项目投资计划 109.3 亿元。其中：工程建设安排投资 66.6 亿元（东线工程建设安排投资 5.6 亿元，中线工程建设安排投资 61 亿元），待运行期管理维护费安排投资 5.6 亿元，项目验收专项费用安排 0.1 亿元，过渡性资金融资费用安排投资 37 亿元。

（万耀强）

## 工程投资完成情况

（一）工程累计投资完成情况

南水北调工程建设项目（含丹江口库区移民安置工程）累计完成投资 2543.4 亿元，占在建设计单元工程总投资 2567.5 亿元的 99%；工程建设项目累计完成土石方 159 649 万 $m^3$，占在建设计单元工程设计总土石方量的99%；累计完成混凝土浇筑4276万$m^3$，占在建设计单元工程设计混凝土总量的99%。

（二）2014年工程投资完成情况

2014年南水北调工程建设安排投资109.3亿元，完成投资109亿元。

（万耀强）

## 前期工作

（一）新增投资审批工作

2014年6月，国务院批复了南水北调工程增加投资测算及筹资方案。

（二）专题专项审批工作

组织审查审批5项专题方案：批复山东段调度运行管理系统新增水质自动监测站专题方案、南水北调中线水源工程供水调度运行管理专项工程视频监控系统补充报告以及陶岔渠首电站送出工程初步设计。组织审查南四湖水资源监测山东境内工程实施方案、南水北调东、中线一期工程综合运行信息系统（第一阶段）建设方案。

组织处理20余项专项事宜：北京段PCCP管道管顶上方严重占压部位处置、河北配套工程与中线干线交叉、保沧干渠渠首连通涵地面管理站用地、京石段4座渠道倒虹吸防洪防护、陶岔渠首枢纽工程征迁新增投资、中线总干渠充水试验补充专题设计、南尾沟等3座左岸排水建筑物安全度汛应急处理方案、中线河南段和河北段防洪安全应急措施费、东线淮安四站输水河道穿湖段隔修复加固、邯郸市霍北村群众来信、石家庄市西北部水利防洪生态工程影响总干渠安全、金湖站开机对宝应湖地区围网养殖影响、发展改革委已下达水利部南水北调东中线一期工程前期工作经费处理意见、丹陶公路及丹江口大坝混凝土表面保护工程、宝应站机组大修资金来源、京石段PCCP管道安全监测系统、河南省焦作市防洪影响处理工程建设资金、陶岔工程勘测设计投资交接工作、陶岔水质自动监测站设置、焦作市闫河李河聩城寨河河道治理、平顶山市燕山水库应急调水工程与中线总干渠衔接、河北省配套工程主干通信光纤建设方案等。

（万耀强）

## 待运行期管理

中线干线54个设计单元工程待运行期管理维护方案已全部批复。批复东线济平干渠2013年度待运行期管理维护方案；组织审查东线江苏、山东、省际试通水费用报告，并批复江苏段试通水费用；组织东线总公司审核东线江苏、山东、省际工程试运行费用。

（万耀强）

## 技术审查

2014年，南水北调工程设计管理中心共组织完成技术审查10项。

1. 南水北调中线干线工程防护林及绿化一期工程方案设计专题报告审查

南水北调工程设计管理中心（以下简称设管中心）协调水利部水利水电规划设计总院（以下简称水规总院）于2014年1月22～23日对《南水北调中线干线工程防护林及绿化一期工程方案设计专题报告》进行了审查。2月10日，以设管技〔2014〕12号文向国务院南水北调办报送了审查意见。

2. 南水北调中线干线工程安防系统专题设计报告审查

设管中心协调水规总院于2014年2月24～25日对《南水北调中线干线工程安防系统专题设计报告》进行了审查。3月20日，以设管技〔2014〕33号文向国务院南水北调办报送了审查意见。

3. 南水北调中线水源工程供水调度运行管理专项工程视频监控系统补充报告审查

设管中心协调水规总院于2014年2月21

日对《南水北调中线水源工程供水调度运行管理专项工程视频监控系统补充报告》进行了审查。4月22日，以设管技〔2014〕43号文向国务院南水北调办报送了审查意见。

4. 南水北调中线一期工程丹江口库区地质灾害治理工程应急项目专题报告审查

设管中心协调水规总院于2014年4月1～2日对《南水北调中线一期工程丹江口库区地质灾害治理工程应急项目专题报告》进行了初审，并于4月13日进行了复审。4月17日，以设管技〔2014〕38号文向国务院南水北调办报送了审查意见。

5. 南水北调中线一期工程总干渠工程抢险规划方案设计报告审查

设管中心协调水规总院于2014年4月15～16日对《南水北调中线干线工程防护林及绿化一期工程方案设计专题报告》进行了审查。7月17日，以设管技〔2014〕65号文向国务院南水北调办报送了审查会议纪要。

6. 南水北调东线江苏段工程试通水费用报告审查

设管中心委托中水北方勘测设计研究有限责任公司于2014年3月3～5日对《南水北调东线江苏段工程试通水费用报告》进行了审查。10月29日，以设管技〔2014〕88号文向国务院南水北调办报送了审查意见。

7. 南水北调东线苏鲁省际段工程试通水费用报告审查

设管中心组织有关专家于2014年11月对《南水北调东线苏鲁省际段工程试通水费用报告》进行了审查。11月24日，以设管技〔2014〕96号文向国务院南水北调办报送了审查意见。

8. 南水北调东线山东段工程试通水费用报告审查

设管中心委托中水北方勘测设计研究有限责任公司于2014年3月5～6日对《南水北调东线山东段工程试通水费用报告》进行了审查。11月24日，以设管技〔2014〕97号文向国务院南水北调办报送了审查意见。

9. 南水北调东线一期南四湖水资源监测工程山东境内工程实施方案审查

设管中心协调水规总院于2014年3月5～7日对《南水北调东线一期南四湖水资源监测工程山东境内工程实施方案》进行了审查。11月19日，以设管技〔2014〕93号文向国务院南水北调办报送了审查意见。

10. 南水北调东线总公司开办费预算报告审查

设管中心协调水规总院于2014年11月6日对《南水北调东线总公司开办费预算报告》进行了审查。12月8日，以设管技〔2014〕99号文向国务院南水北调办报送了审查意见。

（关　炜）

## 概　算　评　审

2014年，设管中心共组织完成概算评审2项。

1. 南水北调东线一期工程山东段调度运行管理系统新增水质自动监测站建设实施方案投资评审

设管中心组织有关专家于2014年1月13～14日对《南水北调东线一期工程山东段调度运行管理系统新增水质自动监测站建设实施方案》投资进行了评审。1月24日，以设管技〔2014〕6号文向国务院南水北调办报送了评审意见。

2. 南水北调中线干线工程安防系统专题设计报告概算评审

设管中心组织有关专家于2014年3月11～12日对《南水北调中线干线工程安防系统专题设计报告》概算进行了评审。3月20日，以设管技〔2014〕33号文向国务院南水北调办报送了评审意见。

（关　炜）

## 待运行期管理维护方案报告审查

2014年，设管中心共组织完成南水北调中线一期55个设计单元工程及京石段应急供水工程待运行期管理维护方案审查。

1. 南水北调中线干线天津干线工程天津市2段待运行期管理维护方案审查

设管中心组织有关专家于2013年9月9~11日对《南水北调中线干线天津干线工程天津市2段待运行期管理维护方案》进行了审查。2014年1月21日，以设管技〔2014〕1号文向国务院南水北调办报送了审查意见。

2. 南水北调中线干线天津干线工程西黑山进口闸—有压箱涵段待运行期管理维护方案审查

设管中心组织有关专家于2013年9月9~11日对《南水北调中线干线天津干线工程西黑山进口闸—有压箱涵段待运行期管理维护方案》进行了审查。2014年2月17日，以设管技〔2014〕16号文向国务院南水北调办报送了审查意见。

3. 南水北调中线干线天津干线工程保定市1段待运行期管理维护方案审查

设管中心组织有关专家于2013年9月9~11日对《南水北调中线干线天津干线工程保定市1段待运行期管理维护方案》进行了审查。2014年2月17日，以设管技〔2014〕17号文向国务院南水北调办报送了审查意见。

4. 南水北调中线干线天津干线工程保定市2段待运行期管理维护方案审查

设管中心组织有关专家于2013年9月9~11日对《南水北调中线干线天津干线工程保定市2段待运行期管理维护方案》进行了审查。2014年2月17日，以设管技〔2014〕18号文向国务院南水北调办报送了审查意见。

5. 南水北调中线干线天津干线工程廊坊市段待运行期管理维护方案审查

设管中心组织有关专家于2013年9月9~11日对《南水北调中线干线天津干线工程廊坊市段待运行期管理维护方案》进行了审查。2014年2月17日，以设管技〔2014〕19号文向国务院南水北调办报送了审查意见。

6. 南水北调中线一期总干渠黄河北—羑河北段工程沁河倒虹吸待运行期管理维护方案审查

设管中心组织有关专家于2013年11月8~12日对《南水北调中线一期工程总干渠黄河北—羑河北段工程沁河倒虹吸待运行期管理维护方案》进行了审查。2014年2月12日，以设管技〔2014〕15号文向国务院南水北调办报送了审查意见。

7. 南水北调中线干线天津干线工程天津市1段待运行期管理维护方案审查

设管中心组织有关专家于2013年9月9~11日对《南水北调中线干线天津干线工程天津市1段待运行期管理维护方案》进行了审查。2014年3月10日，以设管技〔2014〕24号文向国务院南水北调办报送了审查意见。

8. 南水北调中线一期陶岔渠首枢纽工程待运行期管理维护方案审查

设管中心组织有关专家于2014年3月26~27日对《南水北调中线一期陶岔渠首枢纽工程待运行期管理维护方案》进行了审查。6月20日，以设管技〔2014〕50号文向国务院南水北调办报送了审查意见。

9. 南水北调中线一期工程总干渠膨胀土试验段工程（南阳段）待运行期管理维护方案审查

设管中心组织有关专家于2014年2月13~16日对《南水北调中线一期工程总干渠膨胀土试验段工程（南阳段）待运行期管理维护方案》进行了审查。7月9日，以设管技〔2014〕54号文向国务院南水北调办报送了审查意见。

10. 南水北调中线一期工程总干渠陶岔渠首—沙河南段工程方城段待运行期管理维护方案审查

设管中心组织有关专家于2014年2月13~16日对《南水北调中线一期工程总干渠陶岔渠首—沙河南段工程方城段待运行期管理维护方案》进行了审查。7月9日，以设管技〔2014〕55号文向国务院南水北调办报送了审查意见。

11. 南水北调中线一期工程总干渠黄河北—美河北段工程石门河倒虹吸待运行期管理维护方案审查

设管中心组织有关专家于2014年1月3~18日对《南水北调中线一期工程总干渠黄河北—美河北段工程石门河倒虹吸待运行期管理维护方案》进行了审查。7月9日，以设管技〔2014〕56号文向国务院南水北调办报送了审查意见。

12. 南水北调中线一期工程总干渠陶岔渠首—沙河南段工程南阳市段待运行期管理维护方案审查

设管中心组织有关专家于2014年2月13~16日对《南水北调中线一期工程总干渠陶岔渠首—沙河南段工程南阳市段待运行期管理维护方案》进行了审查。7月9日，以设管技〔2014〕57号文向国务院南水北调办报送了审查意见。

13. 南水北调中线一期工程总干渠陶岔渠首—沙河南段工程白河倒虹吸待运行期管理维护方案审查

设管中心组织有关专家于2014年2月13~16日对《南水北调中线一期工程总干渠陶岔渠首—沙河南段工程白河倒虹吸待运行期管理维护方案》进行了审查。7月9日，以设管技〔2014〕58号文向国务院南水北调办报送了审查意见。

14. 南水北调中线一期工程总干渠黄河北—美河北段工程辉县段待运行期管理维护方案审查

设管中心组织有关专家于2014年1月3~18日对《南水北调中线一期工程总干渠黄河北—美河北段工程辉县段待运行期管理维护方案》进行了审查。7月16日，以设管技〔2014〕60号文向国务院南水北调办报送了审查意见。

15. 南水北调中线一期工程总干渠黄河北—美河北段工程新乡和卫辉段待运行期管理维护方案审查

设管中心组织有关专家于2014年2月13~16日对《南水北调中线一期工程总干渠黄河北—美河北段工程新乡和卫辉段待运行期管理维护方案》进行了审查。7月16日，以设管技〔2014〕61号文向国务院南水北调办报送了审查意见。

16. 南水北调中线一期工程总干渠沙河南—黄河南段工程宝丰—郏县段待运行期管理维护方案审查

设管中心组织有关专家2014年1月3~18日对《南水北调中线一期工程总干渠沙河南—黄河南段工程宝丰—郏县段待运行期管理维护方案》进行了审查。7月16日，以设管技〔2014〕62号文向国务院南水北调办报送了审查意见。

17. 南水北调中线一期工程总干渠沙河南—黄河南段工程郑州2段待运行期管理维护方案审查

设管中心组织有关专家2014年1月3~18日对《南水北调中线一期工程总干渠沙河南—黄河南段工程郑州2段待运行期管理维护方案》进行了审查。7月17日，以设管技〔2014〕63号文向国务院南水北调办报送了审查意见。

18. 南水北调中线一期工程总干渠沙河南—黄河南段工程潮河段待运行期管理维护方案审查

设管中心组织有关专家2014年1月3~18日对《南水北调中线一期工程总干渠沙河

南—黄河南段工程潮河段待运行期管理维护方案》进行了审查。7月17日，以设管技〔2014〕64号文向国务院南水北调办报送了审查意见。

19. 南水北调中线一期工程总干渠沙河南—黄河南段工程禹州和长葛段待运行期管理维护方案审查

设管中心组织有关专家于2014年1月3～18日对《南水北调中线一期工程总干渠沙河南—黄河南段工程禹州和长葛段待运行期管理维护方案》进行了审查。7月25日，以设管技〔2014〕67号文向国务院南水北调办报送了审查意见。

20. 南水北调中线一期工程总干渠黄河北—姜河北段工程焦作2段待运行期管理维护方案审查

设管中心组织有关专家于2014年1月3～18日对《南水北调中线一期工程总干渠黄河北—姜河北段工程焦作2段待运行期管理维护方案》进行了审查。7月25日，以设管技〔2014〕68号文向国务院南水北调办报送了审查意见。

21. 南水北调中线一期工程总干渠沙河南—黄河南段工程郑州1段待运行期管理维护方案审查

设管中心组织有关专家于2014年1月3～18日对《南水北调中线一期工程总干渠沙河南—黄河南段工程郑州1段待运行期管理维护方案》进行了审查。7月25日，以设管技〔2014〕69号文向国务院南水北调办报送了审查意见。

22. 南水北调中线一期工程总干渠沙河南—黄河南段工程新郑南段待运行期管理维护方案审查

设管中心组织有关专家于2014年1月3～18日对《南水北调中线一期工程总干渠沙河南—黄河南段工程新郑南段待运行期管理维护方案》进行了审查。7月25日，以设管技〔2014〕70号文向国务院南水北调办报送了审查意见。

23. 南水北调中线一期工程总干渠黄河北—姜河北段工程汤阴段待运行期管理维护方案审查

设管中心组织有关专家于2014年1月3～18日对《南水北调中线一期工程总干渠黄河北—姜河北段工程汤阴段待运行期管理维护方案》进行了审查。7月25日，以设管技〔2014〕71号文向国务院南水北调办报送了审查意见。

24. 南水北调中线一期工程总干渠安阳段待运行期管理维护方案审查

设管中心组织有关专家于2014年1月3～18日对《南水北调中线一期工程总干渠安阳段待运行期管理维护方案》进行了审查。7月25日，以设管技〔2014〕72号文向国务院南水北调办报送了审查意见。

25. 南水北调中线一期工程总干渠黄河北—姜河北段工程鹤壁段待运行期管理维护方案审查

设管中心组织有关专家于2014年1月3～18日对《南水北调中线一期工程总干渠黄河北—姜河北段工程鹤壁段待运行期管理维护方案》进行了审查。7月25日，以设管技〔2014〕73号文向国务院南水北调办报送了审查意见。

26. 南水北调中线一期工程总干渠膨胀岩（土）试验段工程（潞王坟段）待运行期管理维护方案审查

设管中心组织有关专家于2014年1月3～18日对《南水北调中线一期工程总干渠膨胀岩（土）试验段工程（潞王坟段）待运行期管理维护方案》进行了审查。7月25日，以设管技〔2014〕74号文向国务院南水北调办报送了审查意见。

27. 南水北调中线一期工程穿漳河工程待运行期管理维护方案审查

设管中心组织有关专家于2013年11月8～12日对《南水北调中线一期工程穿漳河工

程待运行期管理维护方案》进行了审查。2014年7月25日，以设管技〔2014〕75号文向国务院南水北调办报送了审查意见。

28. 南水北调中线一期工程淅川县段等16个设计单元工程待运行期管理维护方案审查

设管中心组织有关专家于2014年1～2月分别对中线一期工程总干渠陶岔渠首—沙河南段工程淅川县段、湍河渡槽、镇平县段、澧河渡槽、鲁山南1段和鲁山南2段6个设计单元工程，沙河南—黄河南段工程沙河渡槽、鲁山北段、北汝河渠道倒虹吸、双洎河渡槽和荥阳段5个设计单元工程，黄河北—漳河南段工程焦作1段设计单元工程以及漳河北—古运河南段磁县段、南沙河倒虹吸、邢台市段、高邑县—元氏县段4个设计单元工程等共16个设计单元工程待运行期管理维护方案进行了审查。8月27日，以设管技〔2014〕76号文向国务院南水北调办报送了上述16个设计单元工程待运行期管理维护方案审查意见。

29. 南水北调中线一期工程总干渠黄河北—漳河南段工程温博段待运行期管理维护方案审查

设管中心组织有关专家2014年1月3～18日对《南水北调中线一期工程总干渠黄河北—漳河南段工程温博段待运行期管理维护方案》进行了审查。9月10日，以设管技〔2014〕81号文向国务院南水北调办报送了审查意见。

30. 南水北调中线一期工程总干渠石家庄市区段等10个设计单元工程待运行期管理维护方案审查

设管中心组织有关专家于2014年2～3月对中线一期工程总干渠漳河北—古运河南段石家庄市区段、鹿泉市段、临城县段、邢台县—内丘县段、沙河市段、洺河渡槽、永年县段、邯郸市—邯郸县段8个设计单元工程及陶岔渠首—沙河南段叶县段工程、穿黄工程等共10个设计单元工程待运行期管理维护方案进行了审查。10月23日，以设管技〔2014〕87号文向国务院南水北调办报送了上述10个设计单元工程待运行期管理维护方案审查意见。

31. 南水北调中线一期京石段应急供水工程待运行期管理维护方案审查

设管中心组织有关专家于2014年7月22～24日对《南水北调中线一期京石段应急供水工程待运行期工程管理维护费用报告》进行了审查。11月21日，以设管技〔2014〕94号文向国务院南水北调办报送了审查意见。

32. 南水北调中线水源工程待运行期管理维护方案审查

设管中心组织有关专家于2014年11月27日对《南水北调中线水源工程待运行期管理维护方案》进行了审查。12月22日，以设管技〔2014〕100号文向国务院南水北调办报送了审查意见。

（关　炜）

## 投资控制奖惩考核

2014年，设管中心共组织完成设计单元工程投资控制奖惩考核5项。

1. 南水北调东线一期韩庄运河段万年闸泵站枢纽工程投资控制奖惩考核

设管中心组织有关专家于2014年2月25～27日对南水北调东线一期韩庄运河段万年闸泵站枢纽工程投资控制情况进行了现场预考核，并于8月进行了复核。9月2日，以设管技〔2014〕77号文向国务院南水北调办报送了考核意见。

2. 南水北调东线一期解台泵站工程投资控制奖惩考核

设管中心组织有关专家于3月24～29日对南水北调东线一期解台泵站工程投资控制情况进行了现场考核。4月21日，以设管技〔2014〕41号文向国务院南水北调办报送了考核意见。

3. 南水北调东线一期刘山泵站工程投资控制奖惩考核

设管中心组织有关专家于3月24~29日对南水北调东线一期刘山泵站工程投资控制情况进行了现场考核。4月21日，以设管技〔2014〕42号文向国务院南水北调办报送了考核意见。

4. 南水北调东线一期江都站改造工程投资控制奖惩考核

设管中心组织有关专家于2014年6月5~8日对南水北调东线一期江都站改造工程投资控制情况进行了现场考核。7月21日，以设管技〔2014〕66号文向国务院南水北调办报送了考核意见。

5. 南水北调东线一期淮安四站输水河道工程投资控制奖惩考核

设管中心组织有关专家于2014年10月26~31日对南水北调东线一期淮安四站输水河道工程投资控制情况进行了现场考核。11月27日，以设管技〔2014〕98号文向国务院南水北调办报送了考核意见。

（关　炜）

## 制度建设

下发了《南水北调东中线一期工程特殊预备费使用管理办法》（国调办投计〔2014〕229号），规范特殊预备费的使用。印发了《关于南水北调中线干线工程待运行期管理维护有关问题的通知》（综投计函〔2014〕140号），妥善解决实际问题，满足待运行期管理维护的实际需要。

（万耀强）

# 资金筹措与管理使用

## 概　述

2014年，围绕工程建设和保中线通水目标，南水北调系统经济财务部门积极践行“保供应、强监管、促转型”的要求，工程建设资金筹措及使用管理工作取得显著成效。国家重大水利工程建设基金征收稳定增长，南水北调工程过渡性融资工作有序开展，南水北调工程基金征缴取得重要进展，有力保障了工程建设资金需要；资金使用管理进一步规范，资金监管持续强化，规章制度更加健全，资金使用效率显著提高，资金安全得到切实保障；完工财务决算工作稳步推进；预决算管理和会计基础工作切实加强；财务人员业务培训力度不断加大，队伍素质进一步增强；经济政策研究工作成效显著，尤其是东、中线一期主体工程运行初期供水价格政策印发实施，有效保障了工程通水工作需要。

（邓文峰）

## 资金筹措

资金筹措与供应是确保工程建设目标如期实现的重要条件。各类工程建设资金来源的落实情况如下：

（一）南水北调工程基金政策落实情况

2014年，国务院相关部门进一步加大了对相关省市南水北调工程基金的督缴工作力度。相关省市全年共上缴中央国库的南水北调工程基金为3.28亿元，其中，天津1.68亿元、河北1.60亿元。继北京、河南、江苏、山东四省市于2013年底完成全部基金任务后，天津市于

2014年初完成了全部基金任务。

截至2014年底，六省市累计完成南水北调工程基金筹集任务175.53亿元，占基金总任务的79.79%。其中，北京54.30亿元、天津43.80亿元、河北11.62亿元、河南26.00亿元、江苏12.01亿元（含该省直接投入工程建设资金0.03亿元）、山东27.8亿元（含该省直接投入工程建设资金3.88亿元）。

2014年，财政部拨付南水北调工程基金8.46亿元，其中，东线江苏水源工程0.46亿元、东线山东干线工程2亿元、中线干线工程6亿元。截至2014年底，财政部累计拨付南水北调工程基金170.84亿元（含拨付用于东线江苏、山东两省截污导流工程的基金4.58亿元），其中，东线江苏水源工程11.97亿元、东线山东干线工程23.92亿元、中线干线工程134.95亿元。

（二）国家重大水利工程建设基金政策落实情况

2014年，北京、天津、河北、河南、山东、江苏、上海、浙江、安徽、江西、湖北、湖南、广东、重庆等14个南水北调和三峡工程直接受益省份（以下简称14个省份）征收的国家重大水利工程建设基金（以下简称重大水利基金）上缴中央国库，其中按75%的分配比例安排用于南水北调工程建设的重大水利基金为196.99亿元（含增值税返还资金30.7亿元），与2013年度基本持平。截至2014年底，14个省份累计上缴中央国库，其中按75%的分配比例安排用于南水北调工程建设的重大水利基金为872.83亿元（尚未扣除将分摊用于三峡公益性资产运行维护费的基金规模）。

2014年，财政部拨付重大水利基金173.72亿元，其中，直接用于南水北调工程建设137.81亿元（包括东线江苏水源工程1.0亿元、东线山东干线工程2.37亿元、中线水源工程28.20亿元、中线干线工程95.65亿元、汉江中下游工程10.59亿元），用于偿付南水北调工程过渡性融资贷款利息、印花税及其他相关费用支出33.78亿元，以及直接拨付地方用于地方负责实施的中线干线防洪影响处理工程2.13亿元（全部为河北省）。

截至2014年底，财政部累计拨付重大水利基金807.66亿元，其中，直接用于南水北调工程建设711.13亿元，用于偿付南水北调工程过渡性融资贷款利息、印花税及其他相关费用支出94.41亿元，直接拨付地方用于地方负责实施的中线干线防洪影响处理工程2.13亿元（全部为河北省）。

（三）南水北调工程过渡性资金融资工作情况

2014年，国务院南水北调办继续根据宏观经济走势，特别是金融政策变动趋势，采取一系列措施，稳步推进南水北调工程过渡性资金融资工作，加强与各金融机构的协调，按已签订合同提用并拨付了过渡性资金30.7亿元，其中，江苏水源公司3.5亿元、安徽省南水北调项目办0.8亿元、中线水源公司1.32亿元、中线建管局21.0亿元、湖北省南水北调管理局4.0亿元、淮委建设局0.08亿元，切实保障了南水北调工程建设用款需要。此外，国务院南水北调办偿付南水北调工程过渡性融资贷款利息、印花税及其他相关费用33.78亿元。

截至2014年底，国务院南水北调办累计提用并向相关项目法人拨付过渡性资金601.9亿元，其中，江苏水源公司25.8亿元、山东干线公司45.15亿元、安徽省南水北调项目办2.8亿元、淮委沂沭泗管理局0.80亿元、中线水源公司203.47亿元、中线建管局285.30亿元、湖北省南水北调管理局35.50亿元、淮委建设局3.08亿元；累计偿付南水北调工程过渡性融资贷款利息、印花税及其他相关费用94.41亿元。

（四）银团贷款实施情况

2014年，南水北调东、中线一期主体工程银团贷款继续在工程建设中发挥重要作用，保障了工程建设资金需求。全年各项目法人共提取银团贷款66.23亿元，其中，江苏水源公司14.51亿元（不含截污导流工程贷款）、山东干线公司10.92亿元（不含截污导流工程贷款）、中线水源公司0.80亿元、中线建管局40.0亿元（含陶岔渠首枢纽工程贷款）。

截至2014年底，各项目法人累计提取银团贷款467.87亿元，其中，江苏水源公司31.51亿元（不含截污导流工程贷款）、山东干线公司41.53亿元（不含截污导流工程贷款）、中线水源公司70.16亿元、中线建管局324.67亿元（含陶岔渠首枢纽工程贷款）。

（五）中央财政贴息

财政贴息直接用于冲减工程建设成本，是降低工程建设成本的重要政策措施。2014年11月24日，财政部印发了《财政部关于下达2014年基本建设贷款中央财政贴息资金的通知》（财农〔2014〕264号），2014年对南水北调工程贷款贴息1530万元，其中：中线一期干线陶岔渠首枢纽工程720万元；东线一期水源泗洪站工程350万元、洪泽站工程310万元、睢宁二站工程150万元。截至2014年底，南水北调工程累计获得中央财政贴息总额15 443万元，有效冲减了工程建设成本。

（邓文峰）

## 资金使用管理

（一）资金到位及使用情况

截至2014年底，根据工程建设进度及用款需要，南水北调东、中线一期主体工程累计到账资金23 049 151万元（不含地方负责组织实施的东线一期江苏、山东两省截污导流工程，中线一期丹江口库区及上游水污染防治及水土保持项目、汉江中下游治理环境保护专项工程投资，国务院南水北调办负责实施的南水北调工程过渡性融资贷款利息、印花税及其他相关费用支出，以及各项目法人获得的中央财政贴息资金，下同），其中：中央预算内资金（含国债专项）3 538 465万元、南水北调工程基金1 701 759万元、重大水利基金7 111 263万元、南水北调工程过渡性资金6 019 000万元、银团贷款4 678 664万元。各项目法人的累计到账资金情况分别为：江苏水源公司1 075 655万元、山东干线公司1 939 449万元、安徽省南水北调项目办36 000万元、淮委沂沭泗管理局8000万元、中线水源公司5 124 669万元、中线建管局13 724 166万元、湖北省南水北调管理局1 046 227万元、淮委建设局85 385万元。此外，南水北调工程设计管理中心累计到账初设前期工作投资9600万元。

截至2014年底，南水北调东、中线一期主体工程建设累计完成基建支出22 300 853.29万元，其中：东线一期江苏境内工程863 307.03万元，东线一期山东境内工程1 686 568.68万元，东线一期洪泽湖抬高蓄水位影响处理安徽境内工程28 906.97万元，东线一期苏鲁省际工程管理设施专项及调度运行管理系统工程4 026.69万元，中线一期水源工程5 044 556.97万元，中线一期干线工程13 643 712.49万元，中线一期汉江中下游治理工程948 837.64万元，中线一期陶岔渠首枢纽工程80 936.82万元。

（二）年度决算和预算工作

1. 2013年度决算工作

根据财政部编制2013年度部门决算报表、固定资产投资决算报表、住房改革支出决算报表的要求，国务院南水北调办对2013年度预算执行情况进行了系统分析，提出了完善预算管理和资金管理的建议，在此基础上汇总编制了2013年部门决算报表、中央行政事业单位住房改革支出决算报表和固定资产投资决算报表，并按期报送财政部。

根据国管局的要求，国务院南水北调办组织办机关和直属事业单位对2013年12月31日前所占用的国有资产进行了全面清查，

在此基础上填报了2013年度国有资产年度决算报表。

按照中央国家机关工会联合会的要求，国务院南水北调办组织编制并报送了办工会的2013年度预决算报表。

2. 2014年度预算工作

2014年4月，财政部正式下达了国务院南水北调办2014年部门预算。根据财政部下达的2014年部门预算，国务院南水北调办按照《预算法》的相关规定，将2014年预算分解下达到各单位，并要求各单位严格按照预算批复的范围和标准控制支出，同时要加快预算执行进度，落实财政部预算执行管理要求。

2014年7月，根据财政部的统一要求，国务院南水北调办组织完成2015年部门预算（一上）编制和上报工作。11月，根据财政部下达的2015年部门预算"一下"控制数，国务院南水北调办组织将基本支出预算细化到基层预算单位，项目支出预算细化到具体执行单位，在此基础上汇总编制了2015年中央部门预算（二上）并报财政部。

2014年8月，国务院南水北调办结合稽察工作实际情况以及南水北调东线总公司筹备组工作需要，向财政部申请调整2014年部门预算319万元，财政部于10月份批复。

根据财政部关于项目预算绩效考评的要求，国务院南水北调办对2014年纳入绩效考评试点的《中国南水北调工程建设年鉴》编撰出版、南水北调工程专家委员会工作经费、南水北调工程完工项目待运行期管理维护方案审查评审专项等3个项目开展了绩效考评工作，并向财政部报送了绩效考评报告。

根据财政部关于部门预决算公开的要求，2014年4月国务院南水北调办对2014年部门预算进行了公开；2014年7月对2013年部门决算和"三公"经费预决算及行政经费支出统计数进行了公开。

此外，根据财政部的有关要求，国务院南水北调办组织政府采购信息统计编报工作，2013年政府采购信息统计工作获财政部通报表扬；组织了中央级事业单位所办企业持股情况摸底调查、机关运行成本统计等工作；组织3个事业单位完成了国有资产产权登记工作，向财政部报送了相关数据及材料；部署机关和事业单位的资产管理信息系统管理工作，并向财政部报送了相关资料。

（三）财会人员业务培训

2014年8月，为适应从建设管理向运行管理的转型需要，国务院南水北调办在河南小浪底举办了南水北调系统企业财务会计培训班，全系统60多人参加了培训。

2014年12月，国务院南水北调办在北京举办了2014年度会计决算培训班，对决算报表编制以及软件操作进行了培训，各项目法人、项目建设管理单位、各省（直辖市）征地移民机构的60多名财会人员参加了培训。

此外，国务院南水北调办组织办机关及事业单位财会人员参加财政部、国管局、中央国家机关工会等有关方面组织的部门预算、部门决算、政府采购计划、国库集中支付、行政事业单位会计制度等业务培训。国务院南水北调办还组织了办机关、事业单位和中线建管局财会人员参加在京会计人员继续教育学习。

（四）资金管理制度建设

2014年1月26日，为进一步规范机关经费、资产和对外经济合同管理，国务院南水北调办以综经财〔2014〕10号文修订并印发了《国务院南水北调办机关经费支出管理办法》《国务院南水北调办机关固定资产管理办法》《国务院南水北调办机关合同管理办法》等三个管理办法。

2014年3月27日，为进一步做好投资控制考核工作，充分发挥投资控制奖惩制度的激励作用，国务院南水北调办修订印发了《南水北调设计单元工程投资控制奖惩考核实施细则》（国调办经财〔2014〕62号）。

2014年5月27日，为便于机关工作人员办理财务报销业务，国务院南水北调办修订并印发了《国务院南水北调办机关财务报销业务流程指南》（综经财〔2014〕55号）。

（史晓立）

## 资 金 监 管

资金监管是保障资金使用安全的重要措施。随着工程建设进入高峰期和关键期，南水北调系统完善资金监管体系，充分发挥内部审计和外部审计相结合、年度审计和专项审计相结合、审计监督和稽察监督相结合的资金监管体系的作用，进一步加大了各层次的监管力度。

2014年3月，国务院南水北调办从“南水北调工程项目内部审计中介机构备选库”中抽取并委托18家中介机构，对东线江苏水源公司、东线山东干线公司、中线水源公司、中线建管局、湖北省南水北调管理局、淮委建设局、安徽省南水北调项目办2013年度工程建设资金使用和管理情况，以及天津、河北、河南、江苏、山东、湖北、安徽等7个省（直辖市）征地移民机构和组织2013年度征地移民资金使用情况进行了审计。7月，针对审计提出的问题，国务院南水北调办陆续向有关项目法人和省级征地移民机构下达了整改意见。各项目法人和省级征地移民机构根据整改意见的要求组织开展了整改，并向国务院南水北调办报告了整改情况。11月中旬，国务院南水北调办组成3个考核小组对各单位审计整改情况进行了考核，审计发现的问题已全部整改到位。

2014年3月，国务院南水北调办根据投资管理需要，委托3家会计师事务所对中线建管局负责建设管理的10个变更项目开展专项审计，对存在的问题下达整改意见，审计发现的问题已全部整改到位。

（史晓立）

## 完工项目财务决算工作

南水北调工程2002年开工建设，部分设计单元工程陆续完工。截至2014年底，经对各项目法人编报的设计单元工程完工财务决算报告进行审计，国务院南水北调办累计核准10个设计单元工程的完工财务决算，并累计核定了10个设计单元工程的投资节余和投资控制奖励额度。

### （一）完工项目财务决算编审工作

2014年，国务院南水北调办依据中介机构的审计结果，核准了东线一期韩庄运河段万年闸泵站工程完工财务决算及南水北调中线干线京石段应急供水工程征地拆迁项目完工财务决算。

截至2014年底，国务院南水北调办累计核准了10个设计单元工程（南水北调东线一期济平干渠、刘山泵站、解台泵站、淮阴三站、淮安四站、淮安四站输水河道、三阳河潼河、宝应站、江都站改造、万年闸泵站工程）完工财务决算。此外，国务院南水北调办还核准了南水北调中线干线京石段应急供水工程征地拆迁项目完工财务决算。

### （二）投资控制奖惩工作

2014年，根据《南水北调工程投资控制奖惩办法》和《南水北调设计单元工程投资控制奖惩考核实施细则》，国务院南水北调办组织专家组对刘山泵站、解台泵站、江都站改造、万年闸泵站、淮安四站输水河道工程投资控制情况进行了考核，核定了上述5个设计单元工程的投资节余和投资控制奖励额度。截至2014年底，国务院南水北调办累计核定了10个设计单元工程（南水北调东线一期济平干渠、淮阴三站、淮安四站、三阳河潼河、宝应站、刘山站、解台站、江都站改造、万年闸泵站、淮安四站）的投资节余和投资控制奖励额度。

（史晓立）

## 南水北调工程经济政策研究

2014年，为进一步促进南水北调工程建设顺利开展和保障工程建成后的良性运行，国务院有关部门开展了一系列南水北调工程经济相关问题研究，着力解决工程建设中面临的实际问题，对指导南水北调系统经济财务工作发挥了重要作用。

（一）东线一期主体工程运行初期供水价格政策

2014年1月7日，经国务院南水北调工程建委会第七次全体会议原则同意，并商财政部、水利部和国务院南水北调办，国家发展改革委正式印发了《国家发展改革委关于南水北调东线一期主体工程运行初期供水价格政策的通知》（发改价格〔2014〕30号）。明确东线一期主体工程运行初期供水价格按照保障工程正常运行和满足还贷需要的原则确定，不计利润，并按规定计征营业税及其附加。各口门采取分区段定价的方式，将主体工程划分为7个区段，同一区段内各口门执行同一价格。具体价格如下：南四湖以南各口门0.36元/$m^3$（含税，下同）、南四湖下级湖各口门0.63元/$m^3$、南四湖上级湖（含上级湖）至长沟泵站前各口门0.73元/$m^3$、长沟泵站后至东平湖（含东平湖）各口门0.89元/$m^3$、东平湖至临清邱屯闸各口门1.34元/$m^3$、临清邱屯闸至大屯水库各口门2.24元/$m^3$、东平湖以东各口门1.65元/$m^3$。该通知还明确东线一期主体工程实行两部制水价，基本水价按照合理偿还贷款本息、适当补偿工程基本运行维护费用的原则制定，计量水价按补偿基本水价以外的其他成本费用以及计入规定税金的原则制定。

（二）中线一期主体工程运行初期供水价格政策

2014年，在以往南水北调工程供水价格政策研究工作成果的基础上，国务院有关部门加快推进南水北调中线一期主体工程运行初期供水价格政策研究制定工作。6月，国家发展改革委研究提出了中线水价政策安排意见（征求意见稿），正式印发相关省市人民政府、中央部门和项目法人征求意见。8月底，国家发展改革委（价格司）会同有关部门赴湖北省丹江口市开展调研，并召开中线水价政策协调会，充分听取有关方面意见，就分歧意见进行协调。9月初，国家发展改革委（价格司）就有待明确的几个问题再次书面征求有关方面意见。10月中旬，国家发展改革委（价格司）再次召集相关项目法人及河北、河南两省有关部门进行协调。11月中旬，在多次调研协调及征求意见基础上，国家发展改革委会同财政部、水利部和国务院南水北调办正式向国务院报送了中线水价政策安排意见请示稿。11月底，国务院批准同意。

12月26日，经商财政部、水利部和国务院南水北调办，国家发展改革委正式印发了《国家发展改革委关于南水北调中线一期主体工程运行初期供水价格政策的通知》（发改价格〔2014〕2959号），明确中线一期主体工程运行初期实行成本水价，并按规定计征营业税及其附加，其中河南、河北两省暂时实行运行还贷水价，以后分步到位。中线主体工程分设水源和干线工程水价，其中干线工程共划分为6个区段，同一区段内各口门执行同一价格。具体价格如下：水源工程0.13元/$m^3$（含税，下同），中线干线河南省南阳段（望城岗—十里庙）各口门0.18元/$m^3$、河南省黄河南段（辛庄—上街）各口门0.34元/$m^3$、河南省黄河北段（北冷—南流寺）各口门0.58元/$m^3$、河北省（于家店—三岔沟，郎五庄南—得胜口）各口门0.97元/$m^3$、天津市（王庆坨连接井—曹庄泵站）各口门2.16元/$m^3$、北京市（房山城关—团城湖）各口门2.33元/$m^3$。该通知同时明确中线一期主体工程实行两部制水价，基本水价按照合理偿还贷款本息、适当补偿工程基本运行维护费用的原则制定，计量水价按补偿基本水价以外的其他成本费用以及计入规定税金的原则制定。基本水费按基本水价乘以规划分配的分水口门净水量计算，计量水费按计量水价乘以实际口门用水量计算。该通知还明确中线工程通水3年后，根据工程实际运行情况对水价进行评估、校核。

（三）建设期利息测算及新增筹资方案

2014年6月，经国务院同意，国家发展改革委印发了南水北调东、中线一期工程总投资及筹资方案，明确新增投资全部利用增收的重大水利基金筹集，工程建设期间仍先利用过渡性融资解决。结合新增投资规模、年度投资计划安排、工程建设用款进度、重大水利基金征收和过渡性资金实际提款情况，国务院南水北调办对过渡性融资总需求作了分析测算。

此外，为及时掌握建设期利息支出对投资控制的影响，结合项目法人提用银团贷款和过渡性资金提用情况，以及重大水利基金征收和利率市场变动情况，国务院南水北调办先后多次测算了建设期利息支出动态情况，为控制利息支出提供了依据。

（四）建设期满后的南水北调工程基金征缴政策

2014年6月，根据《南水北调工程基金筹集和使用管理办法》有关规定，在征求北京、天津、河北、江苏、山东、河南等六省市人民政府意见的基础上，财政部会同国家发展改革委、水利部和国务院南水北调办向国务院报送了工程建设期满后南水北调工程基金征收政策的意见请示稿。

2014年9月6日，经国务院同意，财政部会同国家发展改革委、水利部和国务院南水北调办联合印发了《关于南水北调工程基金有关问题的通知》（财综〔2014〕68号），明确已完成基金上缴任务的北京、天津、江苏、山东、河南五省市取消基金；取消基金后，五省市可根据配套工程建设需要，自行决定是否通过征收水资源费方式筹集配套工程建设资金，或利用腾出来的空间理顺上下游环节水价；河北省未完成的基金额度46.1亿元从2014年起分5年均衡上缴国库，财政部将严格考核河北省分年度基金上缴情况，若不能按时完成将采取财政扣款措施，以维护财经纪律的严肃性。

（五）资金管理专题调研

2014年，为研究解决工程建设资金管理过程中出现的新情况、新问题，国务院南水北调办组织开展了一系列专题调研。

2014年3月，为推动和完善完工项目财务决算编制工作，国务院南水北调办组织人员赴有关省市，开展南水北调中线京石段（应急供水）工程完工财务决算情况的调研。

2014年8月，为进一步推进中线水价政策制定工作，国务院有关部门组织赴湖北省丹江口市开展调研，听取中线工程有关省市相关部门及项目法人对中线水价政策制定的意见，为年底前出台中线水价政策奠定了基础。

2014年9月，国务院南水北调办组织人员赴有关项目法人单位开展南水北调东线工程完工财务决算编制情况的调研，了解决算工作组织开展和编制工作难点情况，分析存在的主要问题及原因，研究提出了解决措施建议。

2014年9月，国务院南水北调办组织赴河南省开展南水北调中线干线河南段征地拆迁资金使用情况调研，分析存在的主要问题及原因，研究提出了解决措施建议。

2014年10～11月，国务院南水北调办组织开展了南水北调系统资金监管情况专题调研，分析资金运行方面存在的风险，研究提出了强化资金监管的对策及建议。

（邓文峰）

# 建设与管理

## 概　述

2014年是南水北调工程建设的决战攻坚和收尾转型年。在建设管理工作中，紧密围绕国务院南水北调办党组确定的“两个转变”的工作思路，工作中心由建设管理为主逐步转向运行管理为主，工作重心由内部组织为主逐步转向外部协调为主，明确提出了中线“抓验收，保通水”、东线“抓管理，保运行”的工作目标，扎实做好工程建设与运行管理各项工作，实现了中线正式通水、东线平稳运行，完成了建委会和办党组确定的建设与管理目标。

在进度管理方面，突出抓好中线干线剩余工程建设和配套工程建设，建立保通水领导机制，编制工作计划并签订责任书，制定工作方案，开展督导督办，加强沟通协调，召开双周会商会和季度协调会，整理印发关键事项146项，细化分解中间节点数百个，严格责任考核并落实奖惩，完成剩余工程和主要配套工程设施并具备接水条件，为中线干线工程通水奠定了坚实的基础。

在运行管理方面，积极协调各有关部门和单位，落实水量调度方案、年度水量调度计划和中线调水水源准备，审定季、月、旬水量调度方案，督促出台分水管理办法，组织签订供用水协议，组织开展中线运行管理体制研究和法规体系建设，加强日常运行管理各项工作，协调完成东、中线和引江济汉工程应急调水抗旱，有序完成了东线年度调水任务，实现了中线通水初期的运行平稳。

在通水验收方面，加强组织领导和协调，召开验收座谈会，完善工作措施，科学制定验收计划，统筹安排验收活动，严把验收工作质量，跟踪督促遗留问题处理。按计划完成中线一期工程设计单元工程通水验收和全线通水验收。

在技术管理方面，以服务工程建设为出发点，统筹开展各项技术管理工作。组织开展膨胀土、渡槽、渠道施工技术交流，组织完成《南水北调工程建设技术丛书》渡槽卷、渠道卷论文征集工作，指导做好“十二五”国家科技支撑计划“南水北调中线工程膨胀土和高填方渠道建设关键技术研究与示范”项目研究工作，推动国家科技支撑计划“南水北调中东线建设与安全运行技术及应用”项目立项等，为顺利实现总体目标提供了技术保障。

在安全生产管理方面，继续坚持“安全第一，预防为主，综合治理”的工作方针，以“强化监管、落实责任”为重点，全面贯彻落实国务院安委会关于开展建筑施工预防坍塌事故专项整治“回头看”等一系列安排部署，进一步加大安全生产监督管理和检查力度，认真督查各项预警预案准备和落实，有力保障了工程建设和运行的顺利进行。

在科技工作方面，积极组织开展“十二五”国家科技支撑计划“南水北调中线工程膨胀土和高填方渠道建设关键技术研究与示范”项目研究工作，指导课题承担单位开展技术攻关，督促指导项目法人和研究单位结合工程建设实际，加快研究步伐，及时转化研究成果，加强科研攻关，为工程建设提供技术支撑。积极与科技部沟通，协调推动国家科技支撑计划“南水北调中东线建设与安全运行技术及应用”项目立项。

在招标投标工作管理方面，及时完成招标投标日常管理和专家库运行维护工作，核准和批复项目法人报送的工程分标方案，核准发布招标公告、评标结果，加强程序监督。及时布置和指导各项目法人、项目建设管理单位，严格执行有关招标规定，做好招标工作，按程序及时研究处理招标过程中的有关问题，确保招标投标工作质量和效率。

在制度建设方面，全程参与并加强协调，推动《南水北调工程供用水管理条例》及早出台，实现供用水工作有法可依。同时，继续加强工程建设与运行管理方面制度建设，组织制定印发进度考核方面和工程分水方面的管理办法，协调编制印发水量调度管理方案。

（马　黔　白咸勇）

## 工程建设项目进展

（一）主体工程建设进展

2014年新开工设计单元工程1项，为北京段工程管理专项。截至2014年底，南水北调东、中线一期工程及引江济汉工程等已开工建设设计单元工程154项，并完成建设任务。

2014年12月12日，中线一期工程正式通水，实现了建委会确定的中线一期工程通水目标。

2014年9月26日，引江济汉工程正式通水通航，兴隆水利枢纽工程4台机组全部并网发电。

2014年，南水北调工程完成总投资109.2亿元，其中建筑、安装及设备工程部分共计38.8亿元。截至2014年底，累计下达南水北调东、中线一期工程投资2557.8亿元，完成投资2543.4亿元，占在建项目总投资的99%；工程项目累计完成土石方159 649万$m^3$，占在建项目土石方总量的99%；工程项目累计完成混凝土浇筑4276万$m^3$，占在建项目混凝土总量的99%。

（二）配套工程建设进展

北京市南水北调配套工程正在实施“三阶段”发展战略中第二阶段建设，包括输水（6项）、调蓄（3项）、水厂（11项）、调度管理系统等21项工程。天津市南水北调配套工程包含城市输配水工程、自来水供水配套工程、自来水厂及以下管网新扩建工程三大部分。河北省南水北调配套工程含新建改造廊涿、保沧、邢清、石津4条大型输水干渠和新建7个市的水厂以上输水管道工程。河南省南水北调配套工程含输水线路1000km，提水泵站21座。山东省南水北调配套工程含水厂以上输水、蓄水工程分3大片区（鲁南片、胶东片、鲁北片）共38个供水单元工程。

国务院南水北调办分别组织对北京、天津、河北、山东、江苏配套工程建设情况进行了调研，印发了加快配套工程建设的通知，建立配套工程建设协调机制，将配套工程关键事项纳入进度协调会进行督促协调，督促配套工程建设进度。截至2014年底，东、中配套工程基本具备通水初期的接水能力。

（马　黔　罗　刚　韩　迪）

## 工程进度管理

2014年，各单位紧盯建委会确定的中线一期工程通水目标，制定“中线干线剩余工程建设进度管理工作方案”，成立中线工程保通水领导小组，细化各阶段剩余工程建设进度目标，完善工作机制和风险防控机制，加强组织协调和进度督导，建立健全目标责任考核体系。工程建设取得重大胜利，中线一期工程提前32天具备通水条件。

针对剩余工程建设特点，实施了以下措施，取得了明显效果。

（1）为推动剩余工程、关键事项、重点项目、通水验收、充水试验等工作的进展，建立双周会商机制，讨论分析存在的问题，研究提出工作对策及下一步工作措施。

（2）组织召开4次南水北调工程进度验收协调会，协调处理影响工程建设进度的重大问题。

（3）剩余工程收尾阶段实行日报制度，加强工程建设进度过程控制。

（4）建立严防意外快速处理机制，严防工程建设进度出现风险、意外。

（5）制定《2014年度南水北调工程建设进度目标考核实施办法》，建立了进度计划目标考核、形象进度节点考核和关键事项考核相结合的考核体系，开展了季度考核与奖惩工作。

（6）开展“飞检式”督导，检查工程建设进度，现场集中协调解决影响工程建设的关键问题。

（马　黔　韩　迪　杨华洋）

## 工程技术管理

2014年，国务院南水北调办围绕中线“抓验收，保通水”、东线“抓管理，保运行”总体目标，以服务工程建设为出发点，统筹开展各项技术管理工作，确保南水北调工程建设质量、进度和安全，为顺利实现总体目标提供了技术保障。组织开展了膨胀土施工技术交流，总结、交流、推广膨胀土施工经验。组织开展了渡槽、渠道技术经验交流活动，组织完成南水北调工程建设技术丛书—渡槽卷、渠道卷论文征集工作。协调推动国家科技支撑计划“南水北调中东线建设与安全运行技术及应用”项目立项。组织有关单位推荐报送了“第四届汪闻韶院士青年优秀论文奖”以及中国大坝协会2014学术年会暨理事会论文发表工作。完成2014年度水力发电科学技术奖及第三届潘家铮奖候选人的组织推荐工作。配合有关单位完成潘家铮有关素材收集、整理工作。

（白咸勇　范乃贤）

## 安全生产

2014年，安全生产管理坚持“安全第一，预防为主，综合治理”的工作方针，以“强化监管、落实责任”为重点，全面贯彻落实国务院安委会和办党组关于安全生产工作的管理要求，进一步加大安全生产监督管理和检查力度，安全生产管理不断加强，有力保障了工程建设和运行的顺利进行。

组织召开了国务院南水北调办安全生产领导小组第十三次全体会议和南水北调工程建设安全生产工作会议，全面部署2014年安全生产工作。组织开展了南水北调工程预防坍塌事故专项整治“回头看”工作。组织开展了安全生产和防汛检查。及时部署开展了节假日和重要敏感时期安全生产管理工作。进一步做好退水闸退水安全管理工作，完善了退水闸退水方案，落实应急预案，明确相关责任。联合公安部印发了加强中线干线工程安全保卫工作的指导意见，组织召开了安保工作会，研究、部署了安全保卫工作。开展了运行安全检查研究工作，组织开展了运行项目安全检查活动。

2014年工程建设任务重、强度大，在安全生产形势极为严峻的情况下，南水北调工程建设安全生产工作扎实有效，东、中线工程全年未发生安全生产事故，为工程顺利建设、平稳运行奠定了坚实的基础。

（白咸勇　吴润玺）

## 科技管理

2014年，国务院南水北调办积极组织开展“十二五”国家科技支撑计划“南水北调中线工程膨胀土和高填方渠道建设关键技术研究与示范”项目研究工作，指导课题承担单位开展技术攻关，督促指导项目法人和研究单位结合工程建设实际，加快研究步伐，及时转化研究成果，加强科研攻关，为工程建设提供技术支撑，严格执行项目预算。4月和11月，组织编报了2013年度财务决算报告和2013年度执行报告，并上报科技部。8月，布置项目各课题验收准备工作。10月，组织召开项目验收准备工作协调会，协调解决存在问题，规范课题管理，保证课题研究成果。12月，组织专家组开展了项目研究成果和验收准备工作情况检查。

积极与科技部沟通，协调推动国家科技支撑计划“南水北调中东线建设与安全运行技术及应用”项目立项。9月，向科技部报送了项目立项建议书和项目概算。10月，向科技部提交了项目可行行论证报告和概算申报书，并顺利通过了科技部组织的项目可行性论证，及时组织开展了课题评审，相关成果修改完善后正式上报了科技部。

（白成勇　李纪雷　张　晶）

## 验　收　管　理

2014年，国务院南水北调办高度重视验收工作。组织召开南水北调中线工程通水验收工作座谈会，总结验收工作，完善工作措施，保证验收质量。按验收计划完成了中线一期工程设计单元工程通水验收，督促及时处理验收遗留问题，通水验收切实起到了检验质量、查找问题、补救缺陷和促进规程完备性的作用。9月12日，引江济汉主体工程设计单元工程通过通水验收，9月29日，中线一期工程通过全线通水验收，工程具备通水条件。截至2014年底，东线一期工程完成10个设计单元工程完工验收，35个设计单元工程完工验收技术性初步验收。

（罗　刚　刘晓杰　杨华洋）

## 中线一期工程通水

（一）通水准备

工程准备方面，2013年8月，丹江口大坝加高工程通过蓄水验收，并于当年起实现提前蓄水。2013年12月，中线干线主体工程完工，于2014年9月21日完成了全部设计单元工程通水验收，9月29日通过了全线通水验收。10月，专家委员会对中线干线工程进行了质量评价，认为工程总体质量良好。

工作领导方面，成立通水领导小组领导协调通水重大事项，召开全体会议部署有关工作，印发会议纪要并进行督办落实。

水量调度方面，2014年10月27日水利部印发了《南水北调中线一期工程水量调度方案（试行）》，10月29日印发了《南水北调中线一期工程2014～2015年度水量调度计划》，水量调度相关工作安排陆续落实。

供水水源准备方面，自年初开始协调落实丹江口水库调水水源准备工作，建立水情日报制度。至2014年10月底，水库水位在160.50m左右，对应库容约为202亿$m^3$。据测算，水库2014～2015年度可调水量达76亿$m^3$以上。水位、水量满足调水要求。

运行管理方面，现场运行管理机构已组建，现场运行管理人员已到位并开展了业务培训，调度管理、安全巡视、检验检测等工作运转正常，抢险、安保等各种应急预案和物资准备充分，满足通水管理需要。

配套工程方面，京津两地配套工程基本完成，完全具备接水条件，冀豫两省配套工程，具备初期接水条件。工程管理单位与沿线四省市签订了供用水协议。

（二）充水试验和通水试验

为在正式通水前进一步检验工程运行情况，确保通水安全，国务院南水北调办专门增加了充水试验和通水试验两个环节。

为做好充水试验各项工作，成立了充水

试验领导小组，负责领导指挥与组织协调工作。同时，国务院南水北调办专门致函水利部、沿线地方政府，商请支持充水试验，做好安全保障工作。

黄河以北渠段、黄河以南渠段分别于2014年6月5日、7月3日开始充水试验，中线渡槽工程、天津干线工程、穿黄隧洞工程于一季度陆续开始并均完成了两次充水试验。10月30日，充水试验顺利完成。工程运行各项指标满足设计要求。

2014年11月2日起，组织开展中线总干渠通水试验，进行了各种复杂工况演练。通过陶岔渠首引水，沿京广铁路线西侧北上，全程自流，沿线各省(直辖市)、县(市)先后开闸分水，丹江口水库的清水分别到达中线工程终点北京团城湖明渠、天津外环河出口闸。通水试验期间，重大建筑物、特殊渠段及设备设施等运行安全平稳，满足正式通水条件。

（三）正式通水

南水北调中线一期工程2014年12月12日正式通水。

中共中央总书记、国家主席、中央军委主席习近平作出重要指示，强调南水北调工程是实现我国水资源优化配置、促进经济社会可持续发展、保障和改善民生的重大战略性基础设施。经过几十万建设大军的艰苦奋斗，南水北调工程实现了中线一期工程正式通水，标志着东、中线一期工程建设目标全面实现。这是我国改革开放和社会主义现代化建设的一件大事，成果来之不易。习近平对工程建设取得的成就表示祝贺，向全体建设者和为工程建设作出贡献的广大干部群众表示慰问。习近平指出，南水北调工程功在当代，利在千秋。希望继续坚持先节水后调水、先治污后通水、先环保后用水的原则，加强运行管理，深化水质保护，强抓节约用水，保障移民发展，做好后续工程筹划，使之不断造福民族、造福人民。

中共中央政治局常委、国务院总理李克强作出批示，指出南水北调是造福当代、泽被后人的民生民心工程。中线工程正式通水，是有关部门和沿线六省市全力推进、20余万建设大军艰苦奋战、40余万移民舍家为国的成果。李克强向广大工程建设者、广大移民和沿线干部群众表示感谢，希望继续精心组织、科学管理，确保工程安全平稳运行，移民安稳致富。充分发挥工程综合效益，惠及亿万群众，为经济社会发展提供有力支撑。

中共中央政治局常委、国务院副总理、国务院南水北调工程建设委员会主任张高丽就贯彻落实习近平重要指示和李克强批示作出部署，要求有关部门和地方按照中央部署，扎实做好工程建设、管理、环保、节水、移民等各项工作，确保工程运行安全高效、水质稳定达标。

通水以来，工程运行平稳，工况良好，输水水质达标。

（马　黔　张俊胜　韩　迪　范乃贤）

## 运　行　管　理

2014年，建设管理各项工作紧紧围绕国务院南水北调办党组明确的工作目标，以中线“抓验收，保通水”、东线“抓管理，保运行”为重点，扎实开展各项工作。协调水利部编制《南水北调中线工程水量调度管理方案》，下达东、中线工程年度水量调度计划。组织制定《南水北调中线工程分水管理办法》。协调中线工程供用水各方签订了供水协议。组织开展中线运行管理体制研究，形成《南水北调中线工程运行管理机构组建方案》(报批稿)。开展法规体系建设，抓好工程保护工作。协调和参与国务院法制办出台了《南水北调工程供用水管理条例》。协调沿线相关省市出台南水北调工程保护的相关规范性文件。开展南水北调工程运行管理培训，根据东、中线工程特点，进一步提高南水北调工程的运行管理水平，保障工程安全、平稳、高效运行。

2014年，东线一期工程安全平稳完成年度调水任务，中线一期工程通水顺利，开局良好。东线一期工程向山东省供水7750万$m^3$，并向南四湖应急调水8069万$m^3$。中线一期工程2014年11月2日开始通水试验，12月12日正式通水，11、12月供水量共约9900万$m^3$，供水水质达标，满足饮用水要求。引江济汉工程2014年8月实施应急调水，9月26日正式通水，2014年累计调水3.39亿$m^3$。

（马　黔　罗　刚　韩　迪）

## 招标投标管理

及时完成招标投标日常管理和专家库运行维护工作，核准和批复项目法人报送的工程分标方案，核准发布招标公告、评标结果，加强程序监督。及时布置和指导各项目法人、项目建设管理单位，严格执行有关招标规定，做好招标工作，按程序及时研究处理招标过程中的有关问题，确保招标投标工作质量和效率。及时总结南水北调工程招标投标经验，开展招标投标总结工作。2014年全年共核准和批复工程分标方案28批次，发布招标公告77批次，发布评标结果公示65批次。

（白咸勇　李纪雷　张　晶）

## 制度建设

2014年2月16日，国务院总理李克强签署国务院令，公布《南水北调工程供用水管理条例》并自即日起施行。《条例》为加强南水北调工程的供用水管理，充分发挥工程效益提供了依据。《条例》共7章，主要包括水量调度、水价、用水管理、水质保障、工程设施管理和保护以及法律责任等内容。

为进一步加强建设管理和运行管理制度建设，国务院水北调办组织制定并印发了《2014年度南水北调工程建设进度目标考核实施办法》《南水北调中线工程分水管理办法》等规章制度。同时，协调水利部编制印发了《南水北调中线工程水量调度管理方案》。

（马　黔　张俊胜　韩　迪）

## 其他工作

（一）进度验收协调会议

2014年1月17日，国务院南水北调办在北京组织召开工程建设进度协调会。会议总结了工程建设进展情况，通报了2013年度和第四季度考核结果，分析了工程建设形势，研究了当前需要解决的主要问题和困难，部署了2014年重点工作。

2014年4月22日，国务院南水北调办在河南南阳组织召开工程建设进度验收协调会。会议总结了一季度工程建设及验收工作情况，通报了一季度进度考核结果，分析了当前工程建设形势及存在的主要问题和困难，研究部署了近期工程建设的重点工作。

2014年5月9日，国务院南水北调办在北京召开南水北调中线干线工程跨渠桥梁建设协调小组会议。会议听取了中线建管局和河北省、河南省南水北调办关于中线跨渠桥梁尾工建设和验收移交情况的汇报，研究讨论了跨渠桥梁在验收移交过程中存在的问题，提出了加快推进跨渠桥梁验收移交工作的意见和措施。

2014年12月25日，国务院南水北调办在河南郑州组织召开工程建设进度验收协调会。会议总结了2014年度工程建设、验收、运行情况，分析了当前的形势及运行管理初期、验收和后续工程建设重点、难点和可能存在的问题，研究提出了相关工作要求，为会议画上了圆满的句号。

（二）通水验收会议

2014年2月26日~3月1日，中线穿漳河工程、安阳段、汤阴段、鹤壁段、潞王坟试验段等五个设计单元工程的通水验收会议在安阳召开。通水验收委员会实地查看了五个设计单元的工程现场，分别听取了建管、设计、监理、施工等单位的汇报，查阅了有关验收资料，经过认真讨论，形成了通水验收鉴定书。

2014年3月26～28日，国务院南水北调办在河北省邢台市组织开展中线河北邯石段直管项目设计单元工程通水验收。通水验收委员会观看了声像资料，听取了工程建设管理、安全评估、质量监督和技术性初步验收情况报告，查阅了有关工程资料，察看了工程现场。经过充分讨论，形成了通水验收鉴定书。

2014年4月1～3日，国务院南水北调办在河南省郑州市组织开展中线焦作1段、荥阳段、双洎河渡槽段工程设计单元工程通水验收。通水验收委员会观看了声像资料，听取了工程建设管理、安全评估、质量监督和技术性初步验收情况报告，检查了有关工程资料，察看了工程现场。经过充分讨论，形成了通水验收鉴定书。

2014年9月12～13日，国务院南水北调工程验收委员会在河北省霸州市组织进行了南水北调中线一期工程天津干线天津市2段、廊坊市段、保定市2段、西黑山进口闸—有压箱涵段设计单元工程通水验收工作。通水验收委员会观看了声像资料，听取了工程建设管理、安全评估、质量监督和技术性初步验收工作报告，检查了有关工程资料，分两个验收小组分别察看了工程现场。经过充分讨论，形成了通水验收鉴定书。

2014年9月27～29日，国务院南水北调办在河南省郑州市组织开展南水北调中线一期工程全线通水验收会。通水验收委员会观看了声像资料，听取了工程建设管理、安全评估、质量监督工作报告，检查了有关工程资料，经过充分讨论，形成了通水验收鉴定书。

全线通水验收顺利的通过，标志着历经五十年规划论证、十余载精心设计与建设的中线一期工程具备了通水条件，为实现汛后通水目标奠定了坚实的基础。

（三）安全生产会议

2014年2月10日，国务院南水北调办安全生产领导小组和重特大事故应急处理领导小组（以下简称“领导小组”）在北京组织召开第十三次全体会议。会议传达学习了全国安全生产电视电话会议精神，听取了领导小组办公室关于2013年南水北调工程建设安全生产工作情况和2014年安全生产工作安排建议的汇报，对南水北调工程2014年安全生产工作进行了研究讨论。

2014年4月22日，国务院南水北调办在河南南阳组织召开了南水北调工程建设安全生产工作会议。国务院应急办、国家安全生产监督管理总局有关负责人出席会议。会议肯定了2013年度全面贯彻落实国家安全生产法律法规及工作部署、安全生产监督管理和检查、安全生产管理等方面取得的显著成效，客观分析了南水北调工程安全生产工作面临的形势，明确了2014年安全生产管理工作的总体思路和目标任务。

（四）南水北调中线一期工程总干渠充水试验工作会

2014年6月11～12日，国务院南水北调办分别在河北邯郸和河南郑州两市召开南水北调中线一期工程总干渠充水试验工作会。进一步统一思想，明确任务和责任，为完成充水试验各项工作，确保中线工程汛后通水目标如期实现提供保证。

（五）检查、调研

2014年1月8～9日，国务院南水北调办组织检查了南水北调中线河北段管理设施和自动化调度运行系统工程建设。

2014年4月9～11日，国务院南水北调办组织检查南水北调中线河南段工程防汛工作。

2014年4月23～25日，国务院南水北调办检查督导河南段工程建设情况，在中线穿黄工地召开了现场办公会。

2014年5月14日，国务院南水北调办组织检查了中线北京段工程，在大宁管理处召开了现场座谈会。

2014年6月16～19日，国务院南水北调办组织检查南水北调中线湖北境内工程建设和防汛工作，在荆州市组织召开了工程建设管理座谈会。

2014年6月25日，国务院南水北调办组织检查中线天津干线工程建设情况，督促一期充水试验检查结果落实。

2014年6月30～7月2日，国务院南水北调办检查指导南水北调中线河北境内工程防汛工作。

2014年7月9～10日，国务院南水北调办组织调研北京段密云水库调蓄工程建设进展及PCCP管道工程检修有关情况，与北京市有关单位就工程建设、全线通水准备等有关工作进行了座谈。

2014年9月23日，国务院参事室党组成员、副主任方宁一行40余人调研南水北调中线北京段工程。国务院南水北调办主任鄂竟平、副主任张野陪同调研。

2014年10月23～24日，国务院南水北调办组织检查南水北调中线工程充水试验完成情况。

2014年10月29～30日，国务院南水北调办调研河北省南水北调配套工程建设进展情况。

2014年11月18～20日，国务院南水北调办组织检查南水北调东线江苏段和苏鲁省际工程管理设施专项和调度运行系统建设情况。

2014年12月2～3日，国务院南水北调办调研中线河北段工程运行管理情况，分别在新乐管理处、邯郸管理处组织召开运行管理座谈会。

（六）修改《中国南水北调》（工程建设卷）（技术卷）（文明创建卷）初稿

完成了对《中国南水北调》（工程建设卷）（技术卷）（文明创建卷）初稿部分内容的修改、补充、完善。针对工程建设卷的编写，还组织编写专家对东线工程开展实地调研、座谈，核实、补充相关内容。

修改后的工程建设卷主要包括了工程建设管理体制，工程进度、招投标、安全生产、技术、验收、运行、档案管理等方面的内容。技术卷主要包括了科技管理体制、科技项目管理、“十一五”及“十二五”国家科技支撑计划研究成果、重大技术问题研究、技术标准体系、技术交流与培训等方面的内容。

（白咸勇　范乃贤　刘　芳　刘晓杰）

# 生　态　环　境

## 概　　述

2014年，按照“健机制、再深化，确保水质持续向好”的目标，南水北调东线治污环保工作持续深化，治污体系更加完善，措施效果稳定显现，水质达标的基础更加稳固，应急处置体系不断健全。中线水源保护工作全面落实，《丹江口库区及上游水污染防治和水土保持“十二五”规划》《丹江口库区及上游地区经济社会发展规划》《丹江口库区及上游地区对口协作工作方案》继续实施，《南水北调中线一期工程干线生态带建设规划》批复、印发并实施，总干渠两侧水源保护区划定工作全部完成，为中线一期工程顺利通水和东线一期工程完成年度调水任务打下了坚实基础。

## 东线水质监测工作

（一）水质日常监测

南水北调东线工程沿线江苏、山东两省

环保部门对《南水北调东线工程治污规划》确定的黄河以南36个治污控制断面的21项水质指标每月进行一次监测。监测结果表明，在2013年东线黄河以南36个治污控制断面水质持续达到规划目标要求的基础上，2014年东线沿线各控制断面水质继续保持全达标状态，水质总体保持稳定。

（二）调水期间加密监测

2014年东线工程调水期间，按照环保部与国务院南水北调办共同印发的《关于开展南水北调东线一期工程调水水质监测工作的通知》（环办〔2013〕88号）要求，东线沿线环境监测单位对输水干线水质进行了监测。5月7～12日，每日对pH值、溶解氧、氨氮和高锰酸盐指数等4项指标开展了加密监测；水质稳定后，5月17～27日，每5天监测一次水质。运行期间，监测单位按《地表水环境质量标准》的21项指标，每月对东线输水干线控制断面水质进行一次监测。

根据环保部门监测结果，2014年东线一期工程运行期间，输水干线17个环保监控断面水质总体保持优良，为Ⅱ～Ⅲ类。

（三）运行调度监测

东线一期工程运行期间，根据水头到达情况，江苏水源公司、山东干线公司分别委托有关单位对输水干线水质监控断面进行跟踪监测。监测结果显示，运行期间，干线水质总体较好，基本为Ⅱ～Ⅲ类。

（四）应急调水期间水质监测

2014年8月5～24日，通过南水北调东线工程从长江向南四湖实施了生态应急调水，累计调水8069万$m^3$。应急调水期间，淮河流域水资源保护局在蔺家坝泵站前设立了移动水质自动监测站、水质分析移动实验室，每日进行2次现场监测。应急调水全程过流断面水质基本保持稳定良好。

（环保司）

## 东线环保、水保专项验收

（一）长江—骆马湖段其他工程（第一批）水土保持设施验收

2014年4月22日，水利部淮河水利委员会会同国务院南水北调办环保司，组织江苏省水利厅、省南水北调办及沿线有关市县（区）水利部门，对南水北调东线一期工程刘老涧二站、皂河二站、泗阳站改建、皂河一站改造和骆南中运河影响处理工程水土保持设施进行了验收。验收组认为，建设单位依法编报了水土保持方案，采取了水土保持方案确定的各项防治措施，完成了水利部批复的防治任务，建成的水土保持设施质量总体合格；工程建设期间，建设单位组织落实了水土保持后续设计，开展了水土保持监理、监测工作，较好地控制和减少了工程建设中的水土流失；水土流失防治指标达到了水土保持方案确定的目标值，满足建设类项目水土流失防治一级标准；运行期间的管理维护责任落实，符合水土保持设施竣工验收的条件。验收组一致同意，该工程水土保持设施通过竣工验收。5月15日，水利部办公厅印发了《关于印发南水北调东线第一期工程长江—骆马湖段其他工程（第一批）水土保持设施验收鉴定书的函》（环验〔2014〕455号）。

（二）穿黄河工程竣工环境保护验收

2014年11月6日，环境保护部华东环境保护督查中心会同国务院南水北调办环保司，组织山东省环保厅、省南水北调办，对南水北调东线第一期工程穿黄河工程环保设施进行了现场验收。验收组认为，该工程实施过程中基本按照环境影响评价文件及批复要求，配套建设了相应的环境保护设施，落实了相应的环境保护措施，同意通过验收。12月5日，环保部印发了《关于南水北调东线第一期工程穿黄河工程竣工环境保护验收合格的函》（环验〔2014〕248 号）。

（三）长江—骆马湖段其他工程（第二批）水土保持设施验收

2014 年 12 月 8～9 日，水利部水保司会同国务院南水北调办环保司，组织淮河水利委员会、江苏省水利厅、省南水北调办及沿线有关市县（区）水利、南水北调等部门，对长江—骆马湖段其他工程（第二批）包括金湖站工程、睢宁二站工程、邳州站工程、淮安二站改造工程、高水河整治工程、徐洪河影响处理工程和沿运涵闸漏水处理工程等 7 项工程的水土保持设施进行了现场验收。验收组认为建设单位依法编报了水土保持方案，组织开展了水土保持专项设计；实施了水土保持方案确定的各项防治措施，完成了批复的防治任务；建成的水土保持设施质量总体合格，水土流失防治指标达到了水土保持方案确定的目标值，较好地控制和减少了工程建设中的水土流失；建设期间开展了水土保持监理、监测工作；运行期间的管理维护责任落实，符合水土保持设施竣工验收的条件，同意该工程水土保持设施通过竣工验收。

（环保司）

## 中线水源保护

（一）《丹江口库区及上游水污染防治和水土保持“十二五”规划》实施

2014 年是南水北调中线通水目标年，为确保通水水质目标，推进《丹江口库区及上游水污染防治和水土保持“十二五”规划》（以下简称《十二五规划》）实施，抓紧治理不达标河流，国务院有关部门和各省采取了强化《十二五规划》实施的各项措施。

丹江口库区及上游水污染防治和水土保持部际联席会议办公室在北京召开第二次全体会议，科技部、工业和信息化部、财政部、国土资源部、环境保护部、住房城乡建设部、水利部、农业部、国家安监总局、国家林业局等部门相关司局负责同志，河南、湖北、陕西三省有关部门负责同志出席会议。会议决定要进一步加快推进规划项目建设、加快不达标河流治理、尽快划定丹江口水库饮用水水源保护区、研究建立水源保护长效机制、适时启动“十三五”规划编制等工作。

国务院有关部门按照各自职责，围绕加快《十二五规划》实施采取一系列措施，给予政策和资金支持，并指导项目建设和运行。国家发展改革委打捆切块下达了 2014 年度《十二五规划》水污染防治项目中央补助资金 22.1 亿元，较 2013 年增长了 43%、提前了 2 个月，并会同国务院南水北调办印发《关于进一步推进丹江口库区及上游水污染防治和水土保持“十二五”规划实施的函》（发改办地区〔2014〕407 号），要求水源区三省积极与有关部门沟通衔接，申请中央补助资金，同时将省内各类治污环保资金向水源区倾斜。3 月 4 日，全国尾矿库专项整治行动工作协调小组第八次全体会议在北京召开，根据会议要求和《全国尾矿库综合治理行动 2013 年工作总结和 2014 年重点工作安排》（安监总管一〔2014〕69 号），中线水源区尾矿库综合治理项目被列为 2014 年度主要工作，并由国家安监总局、环境保护部、国务院南水北调办组成联合督查组，开展汛期安全生产和环境保护专项督查。

2014 年，南水北调中线水源区河南、湖北、陕西三省按照国务院《关于丹江口库区及上游水污染防治和水土保持“十二五”规划的批复》（国函〔2012〕50 号）和《丹江口库区及上游水污染防治和水土保持“十二五”规划实施工作目标责任书》要求，高度重视水源保护工作，建立督导制度，强化工作考核，有力推动了《十二五规划》的实施，实现了通水前建成 70% 规划项目的进度目标。河南省建立了项目督查考核制度，印发了《丹江口库区及上游水污染防治和水土保持项目建设督导方案》，省直相关部门对项目建设进展情况半月督导一次，省分管领导每月听取项目进展情况汇报，及时协调解决存在的问题。湖北省政府与十堰市、神农架林区签订了《十二五规划》实施工作目标责任书，各级地方政府层层落实目标、任务和责任，省分管领导多次深入库区督办，召开专题会议协调解决突出问题，省直有关部门不断加大对项目建设进度的督导，以加快不达标河流治理为重点，指导十堰市细化了《十二五规划》2013 年度项目实施计划。陕西省高度重视汉江、丹江流域的水污染防治和水土保持工作，省政府多次召开专题会议，要求陕南三市和省直有关部门把“一江清水北送”作为头等大事来抓，陕西省和安康市专门成立了南水北调办公室，配备专人加强组织协调，创新环保监管模式，提高了应急处理能力。

国务院南水北调办、国家发展改革委、财政部、环境保护部、住房城乡建设部、水利部组成考核组，对水源区三省 2013 年度《十二五规划》实施情况进行考核。7 月 8 日，考核组向国务院呈报《关于 2013 年度丹江口库区及上游水污染防治和水土保持“十二五”规划实施考核情况的报告》(国调办环保〔2014〕172 号)，并经国务院同意后向社会公告，其中河南省综合得分 88.90 分，陕西省 85.41 分，湖北省 80.11 分，三省考核结果均为较好。

截至 2014 年底，《十二五规划》已建项目 371 个、在建项目 127 个，已建在建率 91.9%，其中水污染防治项目已建在建率 90.3%，水土保持项目已建在建率 98.1%，完成水土流失治理面积 3966km$^2$。根据中国环境监测总站《丹江口库区及上游水污染防治和水土保持规划考核断面水质变化趋势分析报告》，2014 年，丹江口水库库体（坝上中）水质为优，持续稳定为Ⅱ类，营养状态为中营养；陶岔取水口水质为Ⅰ～Ⅱ类；上游 47 个断面中，43 个为Ⅰ～Ⅲ类，1 个为Ⅴ类，3 个为劣Ⅴ类，其中汉丹江干流省界水质达到Ⅱ类，主要入库支流水质符合水功能区水质目标要求，满足调水水质目标要求。

（二）不达标入库河流综合治理

流经湖北省十堰市人口密度高、污染排放相对集中区域的神定河、泗河、犟河、剑河、官山河等五条入库河流，虽然水量很小，不足入库总水量的 1%，对水库水质影响甚微，但黑、臭问题十分突出，严重影响水源区形象，社会关注度高。国务院南水北调办指导湖北省制订了五条不达标河流综合治理方案，并协调发展改革委于 2014 年 3 月完成治理方案评估工作。评估结果认为五条河对中线调水不会产生影响，为消除社会负面影响，通过采取河道清淤等措施在通水前消除黑、臭现象十分必要。4 月 30 日，湖北省发展改革委批复了《丹江口库区及上游十堰控制单元不达标入库河流综合治理方案》(鄂发改地区〔2014〕183 号)。

国务院南水北调办副主任于幼军多次率队赴十堰市官山河、剑河、泗河、神定河、犟河流域，专题调研不达标入库河流综合治理工作，实地查看排污口整治、河道清淤、雨污分流、片区改造、污水管网建设、垃圾处理及生态示范段建设等情况，要求十堰市抓紧完成五条河的综合治理任务，以彻底改变五河黑臭面貌，不断改善水质。

国务院南水北调办协调北京市，将 2014 年度对口协作资金重点支持不达标河流治理。十堰市政府与北京排水集团签署十堰市泗河污水处理厂、西部污水处理厂、西部垃圾处理场渗滤液处理委托运营及升级改造等项目委托协议。十堰市就五条河流治理建立了“河长制”，由市政府领导担任河长，在国务院有关部门和北京市的支持下，加快实施污水收集管网、排污口整治、河道清淤及生态护岸等项目。官山河、剑河水质已改善为Ⅲ类，其他河流污染物浓度大幅度下降，河道黑、臭面貌已得到较大改观，水质明显改善。

（三）丹江口水库饮用水水源保护区划定

河南、湖北两省分别明确由环保厅和南水北调办牵头负责饮用水水源保护区划定工作。针对两省划定中遇到的跨省协调问题，国务院南水北调办责成中线水源公司抓紧完成“丹江口库区环境保护科学研究项目”中由长江委科学院承担的《南水北调中线水源地饮用水水源保护区划分方案报告》，为两省的保护区划定工作提供了技术支撑。2014年5月、9月，湖北、河南两省先后向长江水利委员会报送《关于征求对南水北调中线工程丹江口水库饮用水水源保护区（湖北辖区）划分报告意见的函》（鄂调水规函〔2014〕51号）、《关于征求丹江口水库（河南辖区）饮用水水源保护区划分意见的函》（豫环函〔2014〕246号）。9月28日，长江水利委员会在武汉召开南水北调中线丹江口水库饮用水水源保护区划分技术协调会，会后两省对划定方案做了进一步修改。

2014年三季度，环境保护部组织河南、湖北、陕西三省开展南水北调中线专项执法检查，并于12月2日印发《关于通报2014年南水北调中线环保专项执法检查情况的函》，通报年度专项执法检查情况，责成相关省份对检查中发现的水质安全隐患问题进行依法处理并监督整改到位。

2014年，河南、湖北两省严格按照饮用水水源保护区管理制度，完成丹江口库区污染源、排污口、网箱养殖清理，开展“生态环境综合整治”、“千人护水”、“清水行动”等，河南省淅川县共清理网箱养殖3.8万箱，十堰市查处各类环境违法行为200多起，挂牌重点督办10余项，通过增殖放流，清理库周及入库河流两侧养殖场、垃圾堆，依法取缔涉水餐饮设施，叫停水上建设项目，开展排污口、营运码头、旅游船只、采砂采矿等专项治理等，提升了库区周边环境水平，降低了水体污染隐患。

（四）《丹江口库区及上游地区经济社会发展规划》实施

根据《丹江口库区及上游地区经济社会发展规划》，河南省采取市场化模式吸引大批农业企业入住淅川、西峡县，发展农林绿色产业；湖北省开展了生态旅游项目建设；陕西省政府制定了《汉江丹江流域水质保护行动方案（2014～2017年）》（陕政发〔2014〕15号），推进产业结构调整，发展循环经济，强化污染治理和生态环境综合整治。十堰至安康、十堰至三门峡、内乡经陶岔至邓州的高速公路和汉中机场、武当山机场等一批基础设施项目开工建设。

（五）《丹江口库区及上游地区对口协作工作方案》实施

2014年3月20日，北京市召开对口支援和经济合作工作领导小组会议，审议通过了《北京市南水北调对口协作工作实施方案》和《北京市南水北调对口协作规划》。4月3日，北京市对口支援和经济合作工作领导小组印发《北京市南水北调对口协作工作实施方案》及《北京市南水北调对口协作规划》（京援合发〔2014〕1号），指导各区（县）、市有关部门扎实做好南水北调对口协作工作，明确16个区（县）与河南、湖北两省16个县（市、区）建立“一对一”结对关系，并每年安排5亿元引导资金用于对口协作重点领域。天津市与陕西省研究制订对口协作实施方案，共同编制对口协作规划。

（六）重点生态功能区环境质量考核和转移支付

2014年，环境保护部组织对水源区43个县开展县域生态环境质量考核，结果显示，2011～2013年，水源区生态环境质量总体情况良好，其中河南省西峡县、内乡县、淅川县及陕西省城固县“轻微变好”，湖北省张湾区、陕西省勉县“轻微变差”，其余37个县“基本稳定”。

财政部进一步加大对水源区的国家重点生态功能区转移支付力度，截至2014年底，中央财政已累计下达转移支付资金181亿元。

（环保司）

## 中线干线输水水质安全保障

（一）总干渠两侧水源保护区划定及环保督查

2014年4月28日，北京市人民政府批复《南水北调中线干线工程（北京段）用地控制及一期工程水源保护区划定方案》（京政函〔2014〕44号）。10月29日，河北省南水北调办、河北省环境保护厅联合印发《南水北调中线一期工程总干渠河北段两侧水源保护区划分方案》（冀调水设〔2014〕96号）。至此，南水北调中线总干渠两侧水源保护区划定工作全面完成。

2014年7～9月，环境保护部会同南水北调办对总干渠两侧开展环境执法调研和督查。环境保护部组织北京、天津、河北、河南、湖北、陕西六省（市）开展南水北调中线水源区和总干渠沿线专项执法检查，加大对输水沿线排污企业和排污口的清理排查力度，查处了一大批污染企业，重点打击利用渗井、渗坑等方式违法排污行为，并对发现的环境违法问题下达环境监察通知书，水源保护区制度得到落实。

2014年11月17～28日，国务院南水北调办副主任于幼军带队赴北京、天津、河北、河南四省（市），对总干渠水质安全保障工作进行调研和检查，检查了北京市团城湖水质监测断面等9个水质固定监测断面、天津外环河自动监测站等5座自动水质监测站的运行情况，调研了河北省磁县垃圾处理场等3个污染治理项目以及陶岔渠首水质应急指挥中心的建设和运行情况。

（二）总干渠输水水质安全风险防范

针对总干渠输水水质安全风险，国务院南水北调办指导督促项目法人和有关技术单位，完成了总干渠两侧水质安全风险排查、总干渠内排段地下水水质调查，并研究制订了输水过程中突发污染风险应急预案。

水质安全风险排查工作将河北省233家企业、河南省3893家企业情况，包括位置、距总干渠距离、原料、产品、企业治污措施、污染物产生和排放情况等资料详细汇总并建立数据库，结合当地水文地质条件、总干渠排水方式，提出污染物对总干渠的影响，继而筛选出重点风险段。

有关技术单位开展了总干渠内排段地下水水质本底值调查并形成报告，结果表明，85%以上的监测点达到地表水Ⅲ类标准，仅有个别监测点水质不能满足要求。2014年6月，国务院南水北调工程建设委员会专家委员会对该报告进行技术评审，结论是渗入总干渠地下水量很少、对总干渠水质影响甚微。

针对输水过程中可能突发的水污染事故，通过与环境保护部环境应急与事故调查中心对接，编制了《南水北调中线工程环境应急通讯录》及《南水北调中线干线工程突发水污染事故应急处置预案》，并协调干线沿线各省（市）开展突发水污染事故应急演练，提高了应急处置能力和水平。

（三）《南水北调中线一期工程干线生态带建设规划》批复及实施

2014年5月7日，发展改革委批复了《南水北调中线一期工程干线生态带建设规划》（发改农经〔2014〕895号）。5月15日，国务院南水北调办将该规划印发给北京、天津、河北、河南省（市）人民政府实施（国调办环保〔2014〕108号）。

2014年，沿线四省（市）按照规划要求，积极开展生态带建设相关工作，其中河南省生态带建设已逐步开展，南阳、焦作、郑州等市林带和园林绿地已初具规模。南阳市将总干渠两侧生态带建设作为生态文明建设的重要组成部分，切实抓好规划设计、土地流转、资金投入、督查落实等，干渠两侧按照100m宽的标准规划造林，截至2014年底，南阳段总干渠两侧44 000亩生态林带建设用地全部流转到位，已完成造林32 891.7亩。焦作市已完成城区段绿化景观带规划设计，正在进行总干渠堤坡两侧绿化及安全防护工程设计。郑州市在总干渠两侧各规划200m宽的生态廊道，建设南水北调生态文化公园，城区段已完成3000m生态绿色保护区长廊示范段。

（环保司）

## 中线通水水质安全评估与水质监测

（一）中线通水水质安全评估

2014年10月17～19日，专家委员会组织有关专家，对中线工程水质安全保障工作进行评估，并形成评估报告报国务院（国调办环保〔2014〕292号），评估结论认为，经过各级地方政府和国务院有关部门的共同努力，《十二五规划》确定的通水前总体治理目标基本实现，水源地水质满足调水要求，输水过程中的污染风险可控。

（二）水质监测

2014年7月31日，环境保护部办公厅、国务院南水北调办综合司联合印发《关于开展南水北调中线一期工程调水水质监测工作的通知》（环办〔2014〕71号），颁布《南水北调中线一期工程调水水质监测方案（试行）》，明确了试调水、调水及应急监测的断面布设、监测指标、监测时间、监测频次、水质评价方法、数据报送等内容及监测任务分工，落实了水源地水质监测工作。

试调水期间，中国环境监测总站开展了连续三天水质监测，结果显示，丹江口水库库体、陶岔取水口、总干渠共7个断面水质均为Ⅱ类，满足调水要求。

2014年12月12日，南水北调中线一期工程正式通水。调水期间，中国环境监测总站组织开展每月一次例行水质监测，12月监测结果显示，丹江口水库库体、陶岔取水口、总干渠共7个断面水质均为Ⅱ类，全部为优，调水水质全面达标。

（环保司）

## 南水北调东线工程通水运行后钉螺和血吸虫病监测

南水北调东线工程已于2013年底正式通水。为了观察东线工程通水运行条件下钉螺是否北移扩散，江苏省血吸虫病防治研究所继续组织开展了东线工程钉螺和血吸虫病监测。

监测范围北端起自我国钉螺分布北界（33°15’）以北8800m的里运河黄浦渡口，向南至三江营取水口及高港取水口；西起自洪泽湖三河闸附近，向东至南运西闸入里运河。包括水源河道（引水河道）、输水河道及毗邻的高邮湖、邵伯湖。2014年南水北调东线工程水源河道钉螺监测调查面积为663.79万$m^2$，未报告查出钉螺。输水河道钉螺监测调查面积为245.01万$m^2$，未发现钉螺。原里运河高邮段石驳岸钉螺经灌浆勾缝整治工程后已彻底消除；原江都站出水池滩地外来扩散钉螺（非经水泵抽水扩散）也因高水位影响而消除（已连续2年未查到钉螺）。东线工程毗邻的高邮湖和邵伯湖钉螺面积继续下降至75万$m^2$，较2006年下降49.98%。对10个监测点进行了水体钉螺监测调查，共打捞漂浮物2903kg、投放诱螺草帘680块，未发现钉螺（检获其他水生螺13 782只）。对金湖站和宝应站清污机漂浮物抽样检测2050kg，也未发现钉螺（检获其他水生螺530只）。2014年检查东线工程区域34 662人，未发现血吸虫病人。同时，随着我国预防控制血吸虫病中长期规划项目的推进，江苏省扬州市新增3个县（市、区）达到我国血吸虫病传播阻断标准，至此南水北调东线工程区原血吸虫病流行区已全部达到传播阻断标准。因此，南水北调东线工程区血吸虫病传播风险进一步降低。

鉴于南水北调东线工程通水运行时间短，调水规模尚未达到设计标准，同时也鉴于血吸虫病传播的复杂性，以及生态影响的长期性，专家指出开展东线工程区域钉螺和血吸虫病监测仍然非常必要。

（黄轶昕）

# 征 地 移 民

## 概　　述

2014年是南水北调中线工程全线建成通水之年，库区移民以“保通水、保稳定”为目标，实行“两制度”（移民工作定期商处制度、矛盾纠纷排查化解制度）、“两机制”（遗留问题巡查督办机制、信访上访联动处置机制），通过开展“回头看”“百日大排查”“矛盾纠纷排查化解”等专项活动，消除影响蓄水安全的库区内安移民实施项目存在的安全隐患，化解矛盾纠纷，帮扶移民生产发展；干线征迁按照“保障工程建设需要、保持沿线社会稳定、维护群众合法利益”三位一体的要求，深入工程一线，督导协调征迁问题，整体推进工作。

在建委会的正确领导下，沿线地方各级政府和有关部门精心组织、创新方法、共同努力、密切配合，较好地完成了2014年度征地移民各项工作，为中线工程顺利通水提供了有力保障，维护了库区、安置区和干线沿线群众稳定大局，确保了中线工程顺利通水。

（朱东恺　盛　晴）

## 工 作 进 度

（一）库区征地移民工作

1. 库区内安移民工作蓄水前“回头看”和保蓄水安全“百日大排查”专项活动

为贯彻落实建委会第七次全体会议精神和系统工作会要求，保障中线工程顺利通水，部署开展了库区内安移民实施工作“回头看”和保蓄水安全“百日大排查”等专项活动，对可能影响丹江口水库蓄水安全的库区内安移民实施项目进行全面排查整改。

通过开展专项活动，库区河南、湖北两省重点排查了库区内安移民搬迁安置、城集镇迁建、专项设施复建等项目实施完成情况，对排查发现的库区涉水面的项目建设、淹没线下人口及临时房屋财产设施、零星林木清理、高切坡治理、避险搬迁、移民搬迁安置部分遗留问题等各类安全隐患问题，及时处置，消除影响，不留死角，确保丹江口水库蓄水安全和中线工程顺利通水。

2. 库区内安移民安置点高切坡治理工作

湖北省库区内安移民安置点高切坡治理工作是移民工作中出现的新情况、新问题，共涉及156处移民安置点，直接关系到移民生命财产安全。依据国务院南水北调办批复的湖北省内安移民点高切坡治理设计报告和投资概算，积极督促湖北省落实责任，倒排工期，逐项督办，限时完成。同时结合现场督导，协调推进。至2014年底，湖北省已按设计要求全部实施完成了156个高切坡治理项目。

3. 避险搬迁工作

为保障蓄水安全和库区移民群众生命财产安全，按照国务院南水北调办《关于做好南水北调中线一期工程丹江口库区地质灾害治理工程应急项目实施工作的通知》（综征移〔2014〕53号）要求，督促湖北省加快对郧县赵坎、刘湾两处滑坡影响区群众实施避险搬迁方案，至2014年底，已全面完成了65户248人的避险搬迁建房和入住工作。

（二）干线征地移民工作

通过各省征地移民主管部门的共同努力，东、中线一期干线工程共完成临时用地复垦退耕24.8万亩。自工程开工至2014年底，东、中线一期干线工程累计提交建设用地88.3万亩（其中永久占地43万亩、临时用地45.3万亩），完成临时用地复垦退耕39.8万亩。

（朱东恺　盛　晴）

## 政策研究及培训

（一）丹江口库区淹没线上留置人口问题研究

结合业务工作开展，从工程建设和移民搬迁影响角度，对库区淹没线上留置人口情况进行了调查研究。先后多次对库区13个移民村进行实地调研和补充调查等工作，分析有关影响程度和成因，提出政策建议。

（二）丹江口水库农村移民收支调查研究

为及时反映丹江口水库农村移民搬迁两年后的生活水平，抽样调查分析了1648户移民群众（其中，搬迁移民604户、库区留置老居民473户、安置区原住居民571户）的经济收入及生产生活支出情况。初步研究表明，丹江口水库农村移民生活总体上已经达到或超过搬迁前同期水平，但与安置地居民相比仍存在差距。

（三）丹江口库区移民村社会管理创新总结与稳定形势研判

组织开展“丹江口库区移民村社会管理创新总结与稳定形势研判”课题研究，选取两省11个典型移民村，开展实地访谈和问卷调查，总结移民村社会管理创新工作的好做法、好经验，总结分析影响移民村社会稳定的因素，提出完善移民村社会管理创新的对策建议。

（四）南水北调干线工程验收阶段征迁安置有关问题研究

全面梳理验收阶段暴露出来的干线征迁安置有关问题，深入分析这些问题的产生原因、发展趋势，对征迁专项验收工作的可能影响；针对共性问题，提出了有关解决思路，针对特殊问题提出具体的解决措施和方法。研究成果已经应用于指导南水北调干线工程沿线八省（直辖市）、有关项目法人编制南水北调干线征迁安置专项验收工作计划，加快处理影响验收工作的征迁遗留问题，促进了干线征迁安置专项验收工作。

（五）南水北调干线工程征迁稳定形势分析及对策研究

通过对干线工程沿线当地政府、移民管理机构及相关部门、工程建设管理、施工单位开展现场访谈、问卷调查和资料收集，归纳了沿线各省市现有的维护稳定工作机制、制度、预案、方法，梳理分析了矛盾纠纷有关问题和排查化解工作的成效，总结了有关信访稳定工作经验，对存在的问题，提出了有关建议。

（朱东恺　盛　晴）

## 管理和协调工作

（一）库区方面

1. 移民工作定期协商处理机制

2014年2月，召开南水北调丹江口库区移民工作进度商处会，全面总结2013年库区移民工作，并对2014年库区移民稳定、内安移民实施工作“回头看”活动等重点工作进行安排部署。同时，针对库区移民工作的新情况、新问题，多次深入基层调查研究，与地方有关部门、项目法人、设计单位等共同协商处理。

2. 重大问题巡查督办制度

结合“回头看”“百日大排查”活动开展，对排查出来的风险隐患和重大信访事件

进行经常性巡查督办，实行挂销号督办制度，一周一通报、一周一调度，限时解决。对湖北省反映的基础设施工程款拖欠纠纷、非农移民争享农村移民政策两个群体的不稳定问题，进行专项调研和现场督导。

3. 信访上访联动处置机制

对于移民群众的来信来访，建立库区移民信访台账，积极配合相关信访主管部门，加强与责任单位沟通协调，联动处置，限时办结。

4. 库区移民工作总结宣传报道

积极协助河南、湖北两省总结和推广南水北调丹江口水库移民新村社会治理创新和移民后续帮扶发展工作，通过国务院南水北调办门户网站和《中国南水北调报》等进行系列宣传报道。同时，协调两省加大移民工作和移民精神宣传。

5. 其他

为落实因缺漏项、政策和技术规程调整等导致的库底清理资金缺口，及时组织库底清理补充规划报批工作，印发了《关于南水北调中线一期工程丹江口水库库底清理补充规划专题报告的批复》（国调办征移〔2014〕47号），增加投资1.87亿元。

（二）干线方面

1. 商促征迁工作

2014年8月22～24日，召开南水北调干线征迁工作商促会，以确保东线工程平稳运行和中线工程通水为目标，围绕干线征迁工作主要任务和存在的问题进行了分析讨论，研究提出解决有关征迁遗留问题的措施建议，并对临时用地复垦退还、维护稳定和专项验收等重点工作作出部署。

2. 剩余征迁任务工作督导

根据中线工程通水试验的需要，全面梳理解决影响安全防护网封闭、尾工建设的征迁问题，落实责任单位和完成时限，对照中线干线剩余工程建设进度关键事项，多次赴现场开展督导，双周调度进展，快速反应，督促协调中线沿线地方征迁部门按照节点目标及办理时限开展工作，及时解决影响尾工施工的征迁问题，按工程建设需要提交新增用地。

河北省各级南水北调办加强了与项目法人、建管和施工单位的沟通协调，建立尾工征迁问题台账，落实责任部门和督办单位、明确解决时限。河北省南水北调办开展现场督导，每月一通报；各市南水北调办积极主动与建管单位配合，现场开展工作，有力地促进了复杂问题的解决，确保中线通水试验前108个纳入台账的征迁问题全部销号。

河南省移民办以影响中线干线工程防护网建设的征迁问题为线索，安排各市退地工作组深入一线，组织市、县征迁机构全面排查，共排查出影响总干渠围网建设征迁问题71个，并召开会议进行逐条甄别，明确责任，确定完成时限，要求将查出的问题于中线通水前全部解决。

江苏、山东两省积极开展南四湖下级湖抬高蓄水位影响处理工程实施。江苏省南水北调办按照已批复的方案，补充完善监理协议，积极稳妥地做好项目实施。山东省南水北调建管局已完成全部资金下达，并积极做好南四湖蓄水影响工程县级验收准备工作；针对山东省少数群众提出的补偿诉求，做好调查核实和政策解释工作，维护群众稳定。

3. 中线连接路建设进展

多次深入河北、河南两省10个地级市，检查督导沿线生产桥连接路建设进展，组织座谈，协调设计、征迁、建管等相关单位，实事求是地确定连接路方案、尽早开工建设、尽快恢复通行功能，有效促进了连接路建设，为总干渠安全防护网封闭奠定基础。

4. 完善征迁工作程序

重点督促工程沿线各省完善动用征迁国控预备费的报批程序。按照程序规范、依据充分的要求，与省级征迁部门、项目法人、设计单位联合开展工作，加快推进此项工作。

2014年共批复河北、河南、山东征迁国控预备费3亿元，保障了征迁工作需要，为下一步征迁验收打下基础。

5. 征迁专项验收

按照干线征迁验收程序，组织各省制定验收计划，排出市县自验、完工决算审计、档案专项验收、完工验收等时间节点；对征迁干部和有关单位工作人员开展培训；条件成熟的，积极推进市县自验收、档案验收等工作，为工程设计单元完工验收做好准备。

（朱东恺　盛　晴）

## 移民帮扶工作

督促库区河南、湖北两省全面落实国家大中型水库移民后期扶持政策，及时将丹江口水库农村移民全部纳入国家大中型水库移民后期扶持政策范畴。同时，督促地方加大移民帮扶力度，拓宽移民就业渠道，加快生产发展，增加移民收入。

河南省建立“政府主导、部门协作、社会参与”的帮扶新机制，积极筹措移民后期扶持资金和其他资金向丹江口库区移民倾斜，在28个移民安置县208个移民村实施“强村富民”战略，逐村编制发展规划，共规划实施生产项目686个，总投资19.2亿元。湖北省构建“政府搭台、部门参与、统筹规划、整合资金”机制，26个移民安置县整合财政性资金4.7亿元，形成合力帮扶移民发展。同时，两省采取订单式移民培训，为移民村周边企业培训移民人才，共组织培训班300多场（期），培训移民2万余人次。

（朱东恺　盛　晴）

## 信访稳定工作

按照新时期做好信访工作的要求，积极开展矛盾纠纷排查化解，把不稳定因素消除在基层、消除在苗头。对群众来信来电反映的问题，加强与各省移民主管部门信息沟通，督促信访问题处理与反馈。

2014年2月，国务院南水北调办印发《关于做好2014年南水北调工程征地移民稳定工作的通知》，对库区移民和干线征迁矛盾纠纷排查化解和稳定工作做出部署。库区移民方面重点围绕弄虚作假侵占移民利益、移民身份、房屋质量、补偿兑付、生产发展困难等问题进行排查化解，同时密切关注通水和蓄水后可能出现的新情况、新问题，严防意外和风险。河南、湖北两省共排查出各类矛盾纠纷问题698件，其中湖北省444件、河南省254件。排查出的各类问题都得到及时处理和化解，确保了库区移民社会稳定。干线方面，河南省对进京到省信访事项成立调查组，详细核实情况，当面沟通，逐一化解，解决了群众反映的过渡费发放及安置房等突出问题；江苏和山东对南四湖抬高蓄水位影响处理涉及群众切身利益的问题采取了很多措施，对一些苗头性的问题都制定了处理预案，山东对个别群众信访反映的鱼塘补偿问题，反复核定，耐心说明，取得了较好的效果。

2014年10月，国务院南水北调办在河南组织召开了征地移民维护稳定工作会，总结各地开展征地移民矛盾纠纷排查化解、库区移民回头看和百日大排查等活动成果，全面分析直接影响通水安全的稳定隐患和通水期间可能出现的稳定问题，围绕“保通水、保稳定”，对库区移民和干线征迁稳定工作进行再部署、再动员、再落实，确保中线工程顺利通水。

针对中线工程通水和丹江口水库蓄水后可能出现的新情况新问题以及各类稳定风险，各地各单位提前谋划、未雨绸缪、完善预案，全年无重大突发性群体事件和恶性案件，维护了南水北调工程良好形象，维护了社会和谐稳定大局。

（朱东恺　盛　晴）

## 其他工作

及时答复人大建议和政协提案。组织完成涉及南水北调东线工程补偿机制和丹江口水库移民后期帮扶、后规划、基础设施建设以及相关支持政策等人大建议、政协提案答复12件，其中主办10件、会办2件。

完成2014年度中央国家机关定点扶贫工作。筹备国务院南水北调办定点扶贫工作领导小组工作会议，总结2014年定点扶贫工作并安排部署2015年工作。协助选派挂职干部赴湖北省郧县，协调做好相关扶贫工作。参加科技部牵头组织的秦巴山片区区域发展与扶贫攻坚推进会，积极参与中央扶贫开发工作。

（朱东恺　盛　晴）

# 监督稽察

## 概述

2014年，南水北调质量监管工作按照“适应两个转变，实现两个目标”的总体要求，认真贯彻建委会精神和落实国务院南水北调办党组工作部署，持续坚持监管高压，强化质量监督体系，采取有力措施，健全制度，完善手段，狠抓工程实体质量和质量管理行为，通过全面深入排查，重点项目监管，组织专项行动，实施驻点监督，进一步严肃质量问题研判认证，严盯问题整改消除，严格责任追究，强化信用管理和质量评价，从而消除质量隐患，严防质量意外。

工程建设期始终把质量监管作为核心任务来抓，下狠心，出重拳，持续高压，采取一系列具有南水北调特色措施加强质量监督和管理，对容易出现质量问题的薄弱环节采取相应的特殊处理措施，在质量监管过程中，体系逐步健全，制度不断完善，措施持续加强，手段更为全面，质量总体良好，为东线工程平稳运行、中线工程如期通水提供保障。

（魏　伟　赵　镝）

## 质量管理

2014年南水北调质量管理工作在系统分析质量管理形势和任务的基础上，按照抓要点、抓要害、保通水工作思路，研究确定工作原则、目标、重点和分工，制定工作方案，以设计方案为依据，以充水试验为抓手，确定充水前质量排查、充水期间质量巡查和通水期间质量监管三阶段，明确三位一体质量监管职责和监管重点，针对质量监管重点项目开展充水前质量全面排查，输水渡槽充水试验，渠道工程、重点桥梁工程专项监管，穿黄隧洞工程、天津暗涵工程质量监管专项行动，中线工程充水试验质量监管联合行动等，持续开展质量飞检和有奖举报工作，严格执行责任追究和强化信用管理机制、质量评价等质量监管措施。

南水北调工程建设期间全系统始终保持高压，建立质量监管制度，落实质量责任，创新监管手段，创造了符合南水北调实际的查、认、罚新机制，先后出台质量责任追究、信用管理、质量责任终身制等一系列以责任制为核心的质量监管新办法和新措施。组建稽察大队，实施质量飞检，突袭施工现场；成立举报中心，实行有奖举报，接受社会监督；联合水利部、住建部、工商总局、国资委等建立质量监管联席会议制度。结合驻地监督、专项稽察、质量巡查、质量集中整治、监理专项整顿等多种手段，实现全天候、全过程、全方位质量监管。

（赖斯芸　熊雁晖）

## 质量监管

（一）质量监管工作方案

依据2014年南水北调工程建设工作会议部署，结合工程建设实际，在以往质量监管工作基础上，梳理2014年质量监管工作内容，围绕保通水、保安全，商项目法人、省（市）南水北调办和相关单位，三位一体研究确定2014年质量监管重点项目和主要监管内容，制定了《2014年南水北调工程质量监管工作方案》。

为有效促进质量监管工作，围绕监管工作方案相继制定《关于开展中线干线工程全线充水前质量重点排查的通知》(国调办监督〔2014〕55号)、《关于开展中线湖北境内工程质量重点排查的通知》(国调办监督〔2014〕56号)、《关于进一步从严实施质量监管工作的通知》(国调办监督〔2014〕73号)、《关于强化南水北调工程建设施工、监理、设计单位信用管理工作的通知》(国调办监督〔2014〕119号)。

根据不同专业质量监管深度要求，结合工程不同时期形势需要，分别制定渠道、安全监测、充水期等质量监管专项部署工作方案。

（二）质量监管工作

1. 全面排查工作

2014年3月11日，国务院南水北调办编制印发《关于开展中线干线工程全线充水前质量重点排查的通知》（国调办监督〔2014〕55号），要求对中线干线渠道、混凝土建筑物、桥梁工程进行全面排查，重点检查可能危及结构安全、影响通水的质量问题，明确了组织分工、责任要求、工作时限和责任追究。

按照文件要求组织项目法人和建管单位开展中线工程全面质量排查，中线建管局负责对直管、代建项目实施质量重点排查和整改工作；监管中心负责委托项目质量重点排查和问题销号；稽察大队负责直管、代建项目质量重点排查和问题销号；监督司组织协调、汇总报告及整改督办。

明确6类404km渠道、44座建筑物、31座桥梁的质量重点监管项目及重点排查内容、组织分工、整改责任要求和工作时限等。中线干线工程查改质量问题3182个，湖北省境内工程查改质量问题45个。

2. 重点工程项目专项监管工作

研究确定输水渡槽充水试验、中线干线67个标段6类232km典型渠段、31座重点桥梁和196项桥梁质量问题、44座重点混凝土建筑物等为重点工程项目，采用专项监管手段，突出质量重点监管，消除质量隐患，保证工程顺利通水。

（1）输水渡槽充水试验。结合28座输水渡槽充水试验，对渡槽工程实体质量跟踪检查，拟定加强问题整改和安全监测的通知。两次充水试验共发现混凝土止水部位漏水、施工缝渗水、螺栓孔渗水、裂缝渗水、表面窨湿等5类7502个质量缺陷，组织参建单位在2014年6月20日前全部整改完成。明确输水渡槽挠度、沉降、应力应变为渡槽安全监测关键指标，组织开展安全监测和质量结构安全结果分析，组织建委会专家委对控制性渡槽安全监测成果进行技术评审，结论为：渡槽性态正常，槽身结构、进出口建筑物结构总体安全。

（2）典型渠段质量监管。明确中线干线67个标段6类232km的渠道为重点监管段，实施特派监管，查改渠道混凝土面板隆起断裂、厚度不足、大面积冻融剥蚀、渠道边坡滑塌、渠堤破坏等问题151个。对先期充水的邯石段出现的渠道滑坡问题实施专项监管。

（3）桥梁质量监管。对各项检查发现的

196项桥梁质量问题组织编制跨渠桥梁质量问题专项评估报告，实施桥梁问题飞检，对桥梁典型质量问题实施认证。对31座重点桥梁工程质量问题整改实施特派监管。

（4）重点建筑物质量监管。对44座重点混凝土建筑物实施特派监管，全过程跟踪、督促质量问题整改到位。组织梳理出中线工程84项可能影响通水质量问题，明确责任、限时整改。

3. 控制性工程质量监管专项行动

对控制性关键项目，质量监管关口前移、重心下移，编制印发《关于组织排查建筑物边坡防护工程质量问题的紧急通知》（综监督〔2014〕49号），要求对建筑物进出口冲刷、淘空等质量问题进行专项排查。三位一体对中线穿黄工程、天津干线工程开展质量监管专项行动，明确责任分工、建立会商制度、坚持方案先行、强化应急处置、快速检测认证、实施现场约谈、密查销号问题，盯关键、抓重点，全力消除质量隐患，推动工程建设，实现各项目标。

（1）中线穿黄工程。按照主任专题办公会工作部署，2014年7月16日～9月15日，监督司、监管中心、稽察大队会同中线建管局组织开展穿黄隧洞工程质量监管专项行动，以“确保工程质量，确保顺利通水”为目标，紧盯结构安全、孔洞堵漏、二衬排水、充水试验，制定工作方案，共完成议定事项7类139项，编制日报48期，同时提出6项风险应对措施。截至9月16日，缺陷处理全部完成，底板排水管注水、隧洞充水试验顺利实施，安全监测各项指标正常，穿黄隧洞工程处于正常工作状态。

（2）天津干线工程。2014年7月29日～8月19日，监督司会同中线建管局、河北省南水北调建管中心联合开展质量监管专项行动，组织特派监管组和监管中心驻点人员，制定行动方案，对聚脲喷涂工程实施高强度质量检查；责成建管单位制定了《聚脲防渗缺陷修补措施》《聚脲粘结强度和厚度检测》等缺陷处理管理办法并严格落实；加强聚脲施工过程控制，组织质量缺陷全面排查和第三方质量检测，返工处理聚脲251环；组织对检查发现1801个质量缺陷逐一进行验收销号。8月16日～9月13日，天津干线工程实施第二次充水，水密性检测最大渗漏量为$6m^3$/（km·d），小于$60m^3$/（km·d）的设计渗漏标准。

4. 联合行动

为保障南水北调中线干线工程安全输水，按照国务院南水北调办党组要求，以发现和处理影响通水的质量问题为重点，开展质量监管联合行动，以查促巡、以商督改、以警促面、以压促快，高频密查问题、深入研判问题、坚决整改问题，消除隐患、完善功能、促进尾工、改善形象。

2014年9月24日～12月2日，监督司会同中线建管局负责对充水试验开展最晚的黄河以南段工程开展质量监管联合行动。检查发现质量问题1215个，全部整改到位。针对发现的具有系统性、普遍性的问题安排专项排查，发现并消除典型问题440余个。

2014年9月25日～11月30日，监管中心组织开展黄河以北工程质量监管联合行动。渠道沿线实施密查，共发现质量问题14 854个，主要集中在尾工、形象面貌和衬砌面板破损等方面，均列入整改计划，实施跟踪销号。临时措施质量问题191个，移交中线建管局处理。

通过联合行动，参建单位巡视不断加强，问题研判更加规范，整改成效日渐显现，长效机制逐步建立。2014年12月12日，陶岔渠首枢纽开闸放水，中线工程正式通水。

5. 科学研判

在已有质量认证、专项稽察等基础上，通过加强安全监测、典型问题研判、专项质量检测等手段，以设计为依据，进一步强化质量问题科学研判，快速、准确确定质量问题性质，为质量问题整改提供技术和科学支撑。

（1）渡槽专项检测。为强化中线干线工程输水渡槽质量监管，在加强充水试验质量问题排查和督促整改的同时，监督司通过组织项目法人等单位明确输水渡槽挠度、沉降、应力应变关键监测指标，逐孔逐跨监测挠度、槽墩沉降，逐渡槽编制安全监测报告及渡槽工程质量和结构安全分析报告，召开专题研究分析推进会，组织安全监测数值复核，提请建委会专家委技术评审等措施，完成输水渡槽安全监测工作督导和二次充水试验安全监测成果分析研判工作：渡槽性态正常，槽身结构、进出口建筑物结构总体安全。

（2）桥梁质量问题专题评估。2014 年 5 月，监督司委托监管中心对桥梁质量问题进行专题评估，编制印发《关于印发南水北调中线干线工程跨渠桥梁质量问题专题评估报告的通知》（综监督〔2014〕57 号），将检查发现的桥梁质量问题逐类分析质量问题产生原因、危害性，并提出了针对性处理意见。

6. 责任追究

保持高压，实施三位一体责任追究月度会商 4 次、即时会商 3 次，通报批评责任单位 40 家，处罚责任人 35 名。

建立质量问题警示快报机制和专项监管日报机制。印发质量监管快报 46 期，穿黄专项监管日报 48 期，黄河以南工程联合行动专报、快报 43 期。

7. 信用管理

研究制定《关于强化南水北调工程建设施工、监理、设计单位信用管理工作的通知》（国调办监督〔2014〕119 号），强化信用管理，实施信用总评价，严惩信用不可信单位，保持收尾关键期建设质量监管高压态势。评价季度信用优秀单位 11 家，季度不可信单位 18 家。

8. 质量评价

2014 年，国务院南水北调办、湖北省南水北调办分别组织对南水北调中线干线工程、引江济汉工程、兴隆水利枢纽工程进行了工程质量评价工作。

2014 年 10 月 8 ~ 15 日，专家委员会组织成立了由 38 名专家组成的专家组，专家组分组现场检查了陶岔渠首枢纽工程、沙河渡槽、穿黄工程和穿漳工程等 33 项具有代表性的工程项目，听取了参建单位有关工程建设、质量管理、通水验收和充水试验等情况的汇报，查阅了相关资料，提出了《南水北调中线干线工程建设质量评价报告》。主要结论为：南水北调工程建设质量监管指导思想正确，措施针对性强，效果显著，全线工程质量始终处于可控状态，对于提高重大基础设施建设质量管理水平有重要借鉴意义。南水北调中线一期干线工程设计符合国家和行业有关技术标准的规定，施工和设备制造安装质量合格，通过了国务院南水北调办组织的全线通水验收。南水北调中线一期干线工程经受了充水试验的初步检验，工程建设质量总体良好，具备全线安全通水条件。

2014 年 9 月 13 ~ 15 日，湖北省南水北调办组织成立了由 12 名专家组成的专家组。专家组先后查勘了进口段、拾桥河枢纽、西荆河枢纽、高石碑出水闸工程等具有代表性的工程项目，听取了参建单位有关工程建设、质量管理、充水试验和通水验收等情况的汇报，查阅了相关资料，提出了《引江济汉工程质量评价报告》。主要结论为：湖北省南水北调局和各参建单位在渠道设计、施工和管理等方面取得了很多成果和经验，推动了整个渠道工程建设技术水平，为今后的工程运行管理提供了有力的保障。引江济汉工程设计符合国家和行业有关技术标准的规定，施工和设备制造安装质量合格，通过了湖北省南水北调办组织的通水验收。引江济汉工程经受了充水试验和应急调水的初步检验，工程建设质量良好，具备安全通水条件。

2014 年 10 月 10 ~ 12 日，湖北省南水北

调办组织成立了由18名专家组成的专家组，专家组查勘了工程现场，对泄水闸、船闸、电站厂房及鱼道等进行了检查，听取了参建单位有关工程建设、质量管理、安全评估和水库蓄水等情况的汇报，查阅了相关资料，提出了《兴隆水利枢纽工程质量评价报告》。主要结论为：湖北省南水北调办组织有关部门和单位开展了大量的技术咨询和研究论证工作，解决了工程建设中的技术问题，为工程顺利建设提供了重要支撑。兴隆水利枢纽已按批复的设计内容基本完成，工程设计符合国家和行业有关技术标准的规定，施工和设备制造安装质量合格，水库蓄水、船闸通航和机组运行期间未发现影响工程安全的问题。兴隆水利枢纽经受了水库蓄水、船闸通航和机组连续运行的初步检验，工程建设质量良好。

9. 督办事项

按照国务院南水北调办统一部署，由监督司牵头，监管中心、稽察大队、中线建管局配合，2014年5月31日前完成中线全线质量排查，9月30日前督促完成质量问题整改，12月31日前完成通水质量综合评价。

2014年1～5月，研究明确中线全线充水前质量排查、充水期间质量巡查、工程通水后质量监管三个阶段的质量监管工作方案；组织开展中线全线充水前质量排查，跟踪28座输水渡槽充水试验质量问题查改和安全监测分析，对232km 6类重点渠道工程实施特派监管，组织拟定桥梁问题评估意见，按时完成阶段任务。

2014年6～9月，监管中心、稽察大队、中线建管局按照分工对质量问题整改实施督促销号。

2014年7～9月，按照国务院南水北调办党组要求，组织开展穿黄隧洞、天津干线工程充水试验质量监管专项行动，消除隐患，确保按时通水。截至9月30日，完成已检查发现质量问题的整改销号。

2014年10月，在2014年年初工作安排基础上，专家委员会对中线干线工程进行了质量评价，主要结论为：中线干线工程经受了充水试验的初步检验，工程建设质量总体良好，具备全线安全通水条件。

2014年9～12月，按照国务院南水北调办党组要求，开展质量监管联合行动，查改问题，实现消除隐患、完善功能、推进尾工、提升形象、规范运行的系统整治目标。在国务院南水北调办党组的坚强领导和办领导的亲自率领下，全面完成质量监管督办事项，该督办事项被办公室评为优秀。

10. 飞检稽察

2014年，稽察大队始终按照国务院南水北调办“一切工作围绕通水目标”的总体目标要求开展工作，并根据国务院南水北调办要求和工程建设形势，适时调整工作方式，采用飞检、巡查、驻点检查、专项检查、专项调查、专人组织整改销号等工作方法，全方位、多角度地对南水北调工程进行检查，确保中线工程如期顺利通水。稽察大队共组织飞检181组次，派出645人次。全年共发现新问题2287项，其中质量缺陷2029项，违规行为258项。组织和配合国务院南水北调办领导飞检44组。驻点检查29组次、专项稽察31组次。稽察大队对中线所有设计单元工程都进行了检查，涉及施工单位60家，监理单位45家。

2014年稽察大队通过现场掌握的情况，根据问题的类型、涉及面大小、是否具有普遍性及严重程度等进行划分，开展专项调查，先后向办领导、相关司、中线建管局报告各类专题报告43份，涉及渡槽充水试验、安全监测、PCCP管道质量、天津干线质量缺陷、中线自动化调度、穿黄隧洞充水试验、中线干线工程跨渠桥梁、山东三座水库质量运行状况、中线工程黄河以北段充水试验准备情况、尾工情况调查等，为国务院南水北调办领导、有关司局及时掌握现场信息，做出正确决策，提供了必要支持。

（三）质量监管案例

2014年，监督司组织进行跟踪排查督导输水渡槽两次充水试验。第一次充水试验共发现5类7061个质量缺陷，全部于第二次试验前整改完成。第二次充水试验共发现5类441个质量缺陷，全部于6月20日前整改完成。

2014年7月16日~9月15日，监督司、监管中心、稽察大队三位一体会同中线局主要负责人组织开展穿黄隧洞工程质量监管专项行动，以“两个确保”为目标，建立健全工作体系，盯关键、抓重点，强化专业手段，发挥协同作用，全力消除质量隐患，推动工程建设，实现各项目标。

2014年9月24日~12月2日，监督司会同河南省南水北调办、中线建管局开展中线黄河以南工程质量监管联合行动，以问题为导向，编制工作方案，明确监管范围及检查重点，建立机制，以查促巡、以警促面、以商督改、以压促快，科学研判，规范整改，快速通报，统一建档，保障了中线干线工程输水安全。

2014年10月8~15日，专家委员会对南水北调中线干线工程开展了工程质量评价，成立了由38名专家组成、专家委主任委员陈厚群院士任组长的专家组。专家组分组现场检查了具有代表性的工程项目，听取了参建单位有关汇报，查阅了相关资料，在通水之前，对工程建设质量进行了评价：中线干线工程经受了充水试验的初步检验，工程建设质量总体良好，具备全线安全通水条件。

（四）质量监管效果

贯彻落实国务院南水北调办质量监管“高压高压再高压、延伸完善抓关键”的原则，通过加强宏观管控指导，构建“三位一体”质量监管体系，健全制度建设，强化质量管理责任，加大质量监管，加强专业认证，加重责任处罚，创新质量监管方式，开展专项整治、重点监管、联合行动、三查一举、通水检查等质量监管行动，建立质量监管联动机制，完善了南水北调系统质量监管体系，增强了质量监管力度，保证了南水北调工程质量，为南水北调中线一期工程通水提供了全面保障。

（1）建立健全质量监管制度体系，实现南水北调工程质量监管的制度化和规范化，使质量监管工作有章可循，有据可依；

（2）深入实施以“查、认、罚”为核心的“三位一体”质量监管工作体系，强化“三查一举”质量监管措施；

（3）创新质量监管方式，开展质量集中整治和专项检查，实施办领导带队质量飞检、全面排查、派驻监管、特派监管、挂牌督办、专项行动、联合行动等，取得显著成效；

（4）突出重点，紧盯关键，确定质量关键点，确定质量重点监管项目，明确责任，重点监管，发现质量问题从严从重实施责任追究；

（5）统筹协调，形成南水北调系统上下联动、区片结合、协同配合、合力管控工程质量的局面。

在工程参建各方的共同努力下，南水北调工程质量总体可控，不断向好，满足设计要求，于2014年12月12日开始正式通水。

（戈小帅　刘斯嘉　杨立群）

## 质量监督

（一）质量监督管理

2014年2月25日，监管中心组织南水北调全系统质量监督机构在北京召开了南水北调工程质量监督座谈会。会议传达了国务院南水北调办2014年质量监管工作会议精神，学习了国务院南水北调办监督司《2014年南水北调工程质量监管工作方案》，进一步统一了思想和认识，部署了2014年质量监督的各项工作。会后印发了南水北调工程质量监督座谈会会议纪要，要求各质量监督机构贯彻落实。

（二）全线质量大排查

监管中心用探地雷达对全部填方渠道700km进行扫描，对疑似存在问题的典型部位直接钻孔取样，验证质量。填方渠道排查的结果显示，填方渠道没有影响结构安全的质量问题。对全部混凝土建筑物的60 881仓混凝土进行强度回弹、钢筋数量扫描和内部空洞扫描。累计回弹970余万次；钢筋和内部扫描测线57.9km。对排查中发现的1207个疑似问题扩大取样检测，经验证确认问题35个，均已得到处理。

（三）质量监管专项行动

按照国务院南水北调办对穿黄工程和天津箱涵工程质量监管专项行动的统一部署和工作要求，监管中心围绕专项行动总体目标，以任务分工为出发点，着眼“发现问题、预判问题、研究问题、解决问题”，通过不断优化资源配置，开展了大量工作。投入工时约8300个、雷达测线累计38.4km、1318处混凝土扫描测线累计6.9km、孔道电视仪累计采集428分钟。针对不断出现的新问题开展8项重大问题实验研究和评估风险，提出促进工程的措施建议，圆满地完成了各项任务。

（四）质量监管联合行动

中线工程进入试充水阶段后，为保证工程安全、达到通水目标要求，按照办党组要求，监管中心在中线黄河以北500km的范围内开展质量监管联合行动。

联合行动期间，监管中心人员对工程进行徒步检查，每2人一小组，包干50km，每三天完成一轮巡视。随着工作深入，联合行动的监管范围逐步扩大到工程形象、征迁遗留问题和尾工的进度。针对不同问题特点提出限期整改要求，明确处罚标准。在强力推动和不间断跟踪回访下，有条件整改的问题均得到处理。

（五）重点建筑物安全监测项目质量监督检测

监管中心与有关权威科研机构合作，对丹江口大坝加高工程和午河渡槽工程安全监测项目质量进行了检测，对埋设的监测设备记录的数据进行了专业分析研究，掌握了工程工作状况，为通水运行提供了技术保障。

（六）工程验收工作

按照《南水北调工程质量监督导则》的相关要求，各质量监督站点对项目法人负责的分部验收、单位验收等进行了监督检查，对有关验收签证书（鉴定书）进行了核备，并及时编写提交了《质量监督报告》，确保了技术性初步验收和政府通水验收等验收的顺利开展。

（监管中心监管处）

## 质　量　认　证

2014年，监管中心共完成了洺河渡槽聚脲、中线抗滑桩和穿黄隧洞工程等3项质量认证工作，认证成果均按时上报，认证结果得到参建单位的一致认可，为质量问题处理、定性及责任追究提供了可靠依据。

（岳松涛　胡　玮）

## 专业、专项稽察

2014年，受国务院南水北调办各业务司委托，监管中心组织实施专业、专项稽察共计24组次，其中：专业稽察11组次、专项稽察13组次。

（一）专业稽察

1. 建设管理费使用情况检查

2014年4月，监管中心组织专家对中线水源工程建设管理费使用情况开展专项检查。检查组全面检查了中线水源公司建设管理费的使用情况，并针对该公司现行薪酬制度及工资福利水平的合规、合理性进行分析评价，规范了该公司建设管理费支出，起到了相应的约束和督促作用。

2. 工程合同变更索赔项目监督检查

2014年6~12月监管中心对10个有代表性的合同变更项目处理情况开展专项检查，重点检查了项目法人及所辖参建单位在变更索赔处理事项中的合规、合理性。检查过程中，检查组以合同为依据，客观公正地指出各个变更项目在依据、程序、计量、定价等方面的不足，合理地维护了合同双方权益。

（二）专项稽察

1. 渡槽充水试验情况稽察

2014年1月，监管中心对中线干线24座渡槽充水试验情况开展2组稽察，共发现方案执行、外观检查和安全监测等方面存在问题56个。其中较为突出的渡槽槽身混凝土和分缝处渗漏水问题经现场处理，在渡槽二次充水试验中，渗漏水现象大大减少。

2. 冬季施工标段质量监督稽察

2014年3月，监管中心组织开展了2013年冬季施工标段渠道工程及重点缺口部位施工质量专项稽察2组次。稽察范围涵盖河南、河北16个设计单元的35个施工标段，总长约45km，共发现问题55个。问题均及时反馈各建管单位并督促整改，为全线如期充水提供了保障。

3. 中线干线工程全线充水前质量问题销号

2014年5~7月，监管中心先后派出7个检查组紧盯充水前质量问题的整改和重点项目质量问题销号，对1278个工程实体质量问题和质量管理违规行为问题的整改情况进行检查、复查。经检查，问题整改率达到99.3%，所检查54个重点项目的质量问题均已销号。

4. 以点带面对个别标段延伸检查

针对SG3标渠道右岸坡脚混凝土面板隆起断裂及渠堤冒浆、镇平1标渠道衬砌厚度不足、禹长8标渠道堤顶宽度不够等问题，监管中心分别组织专家、采用专业设备对全标段延伸开展排查，重点排查是否存在可能危及工程安全、影响通水安全的质量问题。发现的10个质量缺陷均得到了有效整改，消除了隐患。

5. 渡槽安全监测数据复核

2014年7月，监管中心委托中国电建集团北京勘测设计研究院有限公司对委托段的泜河、洺河、肖河、潦河、草墩河、十二里河等6座安全监测数值异常的渡槽进行了现场复核。复核结果显示6座渡槽整体结构变化基本正常，阶段性充水试验时出现的异常数据暂不影响渡槽正常运行，后续应加强异常数据在通水运行阶段的观测及成果分析。

（监管中心稽察处）

## 举报受理和办理

按照“有报必受、受理必查、查实必究、核实必奖”的总体要求，2014年举报受理工作开展有序，对加强工程质量监管，维护工程建设环境，促进工程顺利建设起到了重要作用。

2014年共接收举报信息168项，属组织调查举报事项18项，分类处理举报信息150项。质量问题类举报信息均纳入组织调查，逐项委托有关单位进行专项调查，限期反馈调查结果。凡查证属实的，纳入“三位一体”质量问题月会商及责任追究。建设环境类、征地移民类举报信息定时分批进行分类后，转请有关单位调查处理。编制《南水北调工程建设举报情况简报》49期；开展举报调查1次。

18项组织调查举报事项，17项涉及质量问题，1项涉及水质安全问题，由国务院南水北调办直接组织委托调查。经调查，属实或部分属实5项，已纳入质量问题月会商3项，实施奖励3项。奖励金额共计26 000元人民币。

150项分类处理举报信息，133项涉及建设环境类，17项涉及征地移民类，由举报受理中心转请相关省（直辖市）南水北调办（建管局）移民机构、项目法人等单位调查处理并跟踪调查处理结果。

有奖举报作为三查一举工作措施之一，在内部质量监管的基础上，运用社会群众监督手段，从外部给予高压质量监管环境，进一步体现南水北调工程高压态势，补充质量监管体系，完善质量监管手段，有效促进工程质量建设。

（赖斯芸　刘　悦　李笑一　高立军
张权召　程相洗　尚进晋）

## 稽察专家管理

2014年，根据稽察专家管理有关规定，监管中心续聘4位稽察专家组长，对稽察专家库实行动态管理、优化更新，现在库稽察专家112名。

2014年，监管中心在实施各类监督稽察工作中，派出稽察专家68人次。经年度考核，有11位稽察专家考核为优秀。

（监管中心稽察处）

## 制度建设

根据国务院南水北调办“适应两个转变、实现两个目标”的总体要求，在质量监管过程中针对不同时期面临的不同问题，制定相应的质量监管制度，狠抓问题检查和整改，从严质量监管责任，规范质量监管行为，强化信用管理，消除建设末期责任心态降低势头，为南水北调工程质量管理和顺利通水提供了制度保障。

2014年，在已有规章制度的基础上，健全和完善了质量监管制度，共组织制定了《关于进一步从严实施质量监管工作的通知》（国调办监督〔2014〕73号）、《关于强化南水北调工程建设施工、监理、设计单位信用管理的通知》（国调办监督〔2014〕119号）、《关于加强南水北调中线渠道工程质量管理的通知》（综监督〔2014〕45号）等质量监管制度。

《关于进一步从严实施质量监管工作的通知》（国调办监督〔2014〕73号）为解决有关参建单位忽视质量管理、质量检查与整改不到位、质量安全监测不落实、尾工建设质量管理松懈等问题，督促工程参建单位解决质量问题、从严监管质量。

通知了五点强化质量监管事项：强化监管责任、严格安全监测、狠抓问题整改、严肃责任追究、公示通报报告，明确了10项责任追究质量问题等级和3项质量问题责任追究和连带责任追究标准。

《关于强化南水北调工程建设施工、监理、设计单位信用管理的通知》（国调办监督〔2014〕119号）为保证南水北调中线工程收尾关键期建设质量，确保顺利通水和可靠运行，通知了三项强化工程建设信用管理事项：强化尾工建设期信用管理、实施信用总评价、严惩信用不可信单位，明确了8条尾工建设期信用不可信即时评价标准、6条总评价信用不可信标准和3条惩罚措施。

《关于加强南水北调中线渠道工程质量管理的通知》（综监督〔2014〕45号）针对质量检查发现的渠道工程施工质量不满足设计要求等情况，要求各项目法人、建管单位切实采取有效措施，确保工程质量，并进行专项排查。

《关于加强中线渠道工程质量安全监测管理工作的通知》（综监督〔2014〕50号）为加强中线渠道工程质量安全监测管理，确保工程运行安全。要求项目法人、建管单位制定质量安全监测管理方案；督促设计单位充水前明确主要监测指标的设计警戒值，同时对安全监测仪器安装及成活率进行专项检查；要求安全监测单位切实履行合同，在充水期间及时准确报告监测结果，并按时提供质量安全监测分析报告。

《关于强化中线干线高填方渠段工程质量管理的通知》（综监督〔2014〕51号）针对高填方加强安全措施渠段水泥搅拌桩位置、桩径、桩长不满足设计要求，要求中线建管局、河南省南水北调建管局加强施工质量管理，对水泥搅拌桩施工质量进行专项排查。要求监管中心进行专项检查和质量认证。

《关于加强充水期间中线渠道工程质量管理的通知》（综监督〔2014〕69号）针对质量检查发现的渠道工程部分混凝土衬砌面板隆起、顶托破坏或滑塌，高填方渠段、深挖方渠段部分边坡被雨水冲刷形成雨淋沟等对充水期间渠道工程质量安全造成严重影响的有关情况，要求项目法人、建管单位立即组织专项分析、问题整改，对渠道排水系统开展全面排查，加快渠道尾工建设，高度重视充水期间渠道工程质量巡查和安全监测工作等。

（赖斯芸　熊雁晖）

## 其 他 工 作

（一）质量工作会议

1. 警示约谈会

2014年4月1日，针对质量检查发现的质量问题、质量问题整改不到位，质量安全监测不落实，尾工建设质量管理松懈等严峻形势，国务院南水北调办召开了质量警示约谈会，约谈中线144家参建单位负责人。会上宣布了再加高压实施质量监管和《关于进一步从严实施质量监管工作的通知》（国调办监督〔2014〕73号），强化已完工程质量排查、规范质量缺陷处理，加强尾工质量控制，明确质量管理责任，对严重质量问题从严责任追究等质量管理事项。

2. 冲刺期质量会议

2014年5月21日，南水北调工程冲刺期质量监管工作会议在武汉召开，集中部署了冲刺阶段持续从严的质量监管工作。提出五点明确要求：一是层层落实监管任务，强化责任，不留死角；二是紧盯重点，不惜代价保质量安全，确保通水；三是调整力量，强化检查，严防死守，不留隐患；四是分类分层次强化整改；五是保持高压，严查严处，强化信用管理与追责。

3. 转段期质量会议

2014年6月25日，南水北调工程质量监管专项推进会在郑州召开，总结质量重点排查阶段工作，推进全线充水阶段质量从严监管。要求一是认识要到位、统一；二是责任要明确、具体；三是操作要精细、务实；四是质量高压要持续、强化。

（二）财政项目

按照“高压高压再高压，延伸完善抓关键”的总体要求，及时总结部署质量管理工作，规范质量监管工作，突出质量监管重点，狠抓质量关键点和关键工序质量管理，不断创新监管措施，实施严格责任追究，实现工程质量监管目标，国务院南水北调办申报南水北调工程安全生产及质量管理财政项目。

1. 梳理各类检查质量问题，分析提出工程建设质量监管重点项目和不放心类质量问题，有针对性地提出质量监督管理措施，综合评估各项质量监管措施的实施情况和成效；针对存在的严重问题和整改落实不到位的责任单位和责任人，实施严格的责任追究。

2. 建立南水北调工程建设质量管理基础法规库、质量问题及责任追究信息库，实现质量信用信息处理自动化与信用评价智能化，加强质量信用管理。

3. 建立质量关键点及其问题信息库，制定工程建设质量关键点监管方案，分析质量关键点对工程建设和运行存在的影响和风险，总结质量关键点监管规律和监管措施，确保工程质量。

4. 对举报、飞检、站点监督、专项检查、集中会商、责任追究、信用管理等各类文字、图标、声像等质量监管信息资料进行分类、立卷、归档管理，建立南水北调工程质量监管信息数字化管理档案。

（三）撰写《中国南水北调》（质量监督卷）

《中国南水北调》（质量监督卷）的编撰旨在系统总结南水北调工程建设过程中的质量监管创新成果，对工程质量监管实践经验进行总结。在编制过程中，坚持实用性和指导性兼顾的原则，全方位反映南水北调工程建设过程中质量监管的实际做法，归纳总结其在质量监管体系、机制、制度、措施等方面的经验。

质量监督卷既是南水北调工程质量监管工作的总结，也可以为其他调水工程提供真实可靠的资料参考，具有较高使用价值。

（赖斯芸　熊雁晖　庆　瑜）

# 技　术　咨　询

## 概　　述

专家委员会2014年紧紧围绕国务院南水北调办提出的工程建设"实现两个转变，确保两个目标"的大局，开展了有针对性的技术咨询、调研考察及关键技术专题研究等工作，共完成各项活动19项，其中：专题调研4项，技术咨询和研讨5项，专题评审5项，专题研究2项，质量检查和评价3项，有力地推动了工程建设，为南水北调中线工程顺利通水提供了技术保障。

（胡　玮　冯晓波）

## 重大关键技术咨询

2014年，专家委员会针对重点、关键施工（处理）技术方案、重大关键技术研究成果及实施方案开展了综合性的技术咨询和评审，先后开展了技术咨询、评审10次。

（1）中线工程冰凌观测预报及应急措施关键技术研究中间成果、典型渠段及建筑物冰期输水物理模型试验研究成果技术咨询。

（2）《中线总干渠运行调度规程（初稿）》技术咨询。

（3）《东、中线一期工程综合运行信息管理系统（第一阶段）建设方案》技术咨询。

（4）中线干线北京段PCCP管道工程检修维护处理技术咨询。

（5）《中线一期工程总干渠工程抢险规划方案研究报告》技术咨询。

（6）《南水北调工程安全监测技术要求》初步成果技术咨询。

（7）《东、中线一期工程综合信息管理系统（第一阶段）建设方案》第二次技术咨询。

（8）《中线一期工程内排段地下水水质本底值调查监测报告》专题评审。

（9）《中线渡槽工程质量和结构安全分析报告》评审。

（10）《南水北调工程安全监测技术要求》研究成果技术评审。

（胡　玮　冯晓波）

## 工程质量检查

2014年8月，在天津干线第一次充水试验之后，专家委员会对天津干线工程建设质量进行了检查，通过现场细致察看部分工程质量，认真了解建设过程质量控制情况、工程验收和验收遗留问题处理情况、充水试验情况，检查认为：天津干线工程质量总体良好，待第二次充水试验进一步验证后，可具备通水条件。

（胡　玮　冯晓波）

### 工程质量评价

2014年10月，专家委员会成立了由38名专家组成的专家组，分四个小组对陶岔渠首枢纽、沙河渡槽、穿黄隧洞和穿漳倒虹吸等33个具有代表性的工程项目进行了现场质量检查，并对建设质量管理、工程通水验收和充水试验等情况进行全面了解，初步评价认为：中线一期工程建设难度大，技术难题处理成果新，质量管理指导思想正确，质管体系运行良好，质管措施到位，全线工程质量始终处于可控状态，工程结构工作性态总体正常，经受了充水试验的初步检验，工程建设质量总体良好，具备全线安全通水条件。

（胡 玮 冯晓波）

### 水质评价

2014年10月，专家委员会组织专家先后赴丹江口库区湖北、河南两省就治污项目实施情况和水质状况进行了现场察看，对南水北调中线工程水质安全保障工作进行了评估。评估认为：国务院有关部委、水源区及工程沿线各级地方政府、项目法人和参建单位等为中线调水水质保障做了大量工作，成效显著。丹江口水库水质稳定保持在地表水Ⅱ类标准，干线输水水质安全保障体系已基本建立，中线工程通水的水质能够得到保障。

（胡 玮 冯晓波）

### 专题调研

针对中线穿黄工程、中线金结机电工程、东线配套工程等方面，专家委员会主动进行了4项调研工作。专家组通过深入施工现场和一线，听取汇报、座谈讨论等方法，深入细致的进行了调研，提出了意见和建议，提交了调研报告，有力的促进了工程建设。

（胡 玮 冯晓波）

### 专项课题

2014年，专家委员会组织开展了南水北调工程安全监测技术要求研究，编制了《南水北调东、中线一期工程运行安全监测技术要求》。国务院南水北调办拟征求意见、修改完善后，以行业技术规范颁布实施。

专家委员会开展了“南水北调中线干线工程输水计量关键技术研究”，为实现南水北调工程水量的准确计量，提供科学依据。

（胡 玮 冯晓波）

## 关键技术研究与应用

### 概 述

国务院南水北调办始终把科技工作放在突出位置，积极抓紧抓好重大专题及关键技术研究。2014年，积极组织开展“十二五”国家科技支撑计划、国家重大水专项等科研项目的专题研究，指导课题承担单位开展技术攻关，督促指导项目法人和研究单位结合工程建设实际，加快研究步伐，及时转化研究成果，为工程建设和运行、水质保护和监测提供技术支撑，为顺利实现南水北调工程中线正式通水、东线有序运行的建设目标提供了技术保障。

（白咸勇 范乃贤）

## 重大专题及关键技术研究

（一）“十二五”国家科技支撑计划“南水北调中线工程膨胀土和高填方渠道建设关键技术研究与示范”项目

“十二五”国家科技支撑计划“南水北调中线工程膨胀土和高填方渠道建设关键技术研究与示范”项目立足于当前施工中面临的亟须解决的技术难题，为工程顺利建设提供技术支撑。重点是结合不同地段的地质条件、施工特点，以及工程施工进展情况，开展有针对性的技术攻关，提出解决问题的具体技术措施和方案，保证工程顺利建设，为工程按期完成通水目标提供了强有力的技术支撑。此外，还为解决国内同类问题做一定的技术储备和借鉴，同时全面提升我国膨胀土和高填方渠道工程建设水平。

2014年各课题的研究工作按照任务书计划要求开展，执行情况良好，研究成果及时应用到工程建设一线，为加快膨胀土渠段和高填方渠段的施工进度，提高工程可靠度提供了有力的技术支撑，取得了一定的研究成果，其中：取得新产品、新材料等1项；发表高水平学术论文19篇，在国外高水平期刊发表学术论文2篇；申请国内专利8项，其中申请发明专利6项，获得国内专利授权8项；研制行业标准1项；取得成果应用9项；取得硕士学位8人。

（白咸勇　李纪雷　张　晶）

（二）国家重大水专项科研“南水北调工程水质安全保障关键技术研究与示范”项目

2014年度，各课题单位共同努力，取得了积极进展：研发了适用于丹江口水库水源区坡耕地种植特点的有机茶柑橘特色生态种植与氮磷污染负荷削减技术等装备，建设3个示范工程；研究了基于污染物和毒性联合减排的中药材加工废水高效低耗物化/生化强化处理集成技术等7个技术方法，建设4个示范工程；研发了集“数值模拟—评价诊断—溯源预测—应急调控—污染处置—自动控制”六大环节于一体的南水北调水质水量联合调控与应急响应成套技术体系，开发了水量水质自动化运行系统平台。

（环保司）

（三）国家科技支撑计划“南水北调中线工程水源地及沿线水质监测预警关键技术研究”项目

2014年度，项目与中线工程通水基本同步完成。项目开发了丹江口水库及主要入库支流、一维干渠水质模型；研发了两台移动监测车（船）、一台水下仿生机械人（AUV）；在台子山等地建成智能化水质监测预警系统示范站，在北京建成智能化水质监测预警中心示范平台；研发了具有水质立体智能感知、组网定位、远距离传输、联动预警、中枢决策等功能的丹江口库区与总干渠水质监测预警系统。

（环保司）

# 国际合作与交流

## 概　述

2014年，国务院南水北调办深入贯彻落实中央新的外事规定和要求，加强制度建设，严格外事纪律，完善工作体制，进一步规范外事管理。紧密结合工程建设管理及运行管理需求，开拓思路，领会政策，积极开展国际交流与合作，为办公室中心工作提供支撑。国务院南水北调办领导高级访问团有序开展，接待了韩国驻华使馆代表团和香港水务署代表团的来访。

（管玉卉）

## 外事工作管理

2014年，国务院南水北调办在认真梳理和消化中央最新外事规定的基础上，经过多方调研和学习，成立机构、建章立制，进一步规范外事管理。成立了由蒋旭光副主任为组长，由综合司、经财司、政研中心为成员的外事工作领导小组，并明确外事工作领导小组的主要职责；全面修订国务院南水北调办的外事工作管理办法，印发出台了《国务院南水北调办司局级及以下人员因公临时出国（境）管理办法》，进一步对出国执行公务人员的身份、邀请函件、出访人数和天数、严控双跨团组、团组信息公示和成果共享等内容作出明确规定。

（管玉卉）

## 重要外事活动

（一）来访

2014年1月，国务院南水北调办建设管理司有关负责同志会见了韩国驻华使馆公使衔国土交通参赞李元宰一行，介绍了南水北调工程建设情况，双方就南水北调工程建设和环保治污等方面的问题进行了深入交流。

2014年7月，国务院南水北调办总工程师沈凤生会见了香港水务署副署长吴孟冬及其带领的香港工程师考察团，介绍了南水北调工程的基本情况和建设进展，双方就南水北调工程建设相关技术问题进行了深入探讨。会后，考察团赴南水北调中线工程现场进行考察。

（二）出访

2014年9月，应丹麦环境部，英国环境、食品和乡村事务部的邀请，经国务院批准，国务院南水北调办副主任张野率团出访丹麦和英国。其间，张野副主任一行同丹麦环境部，英国环境、食品和乡村事务部的官员，以及英国最大水务企业泰晤士水务公司，欧洲最大的工程设计、咨询与项目管理公司阿特金斯公司的专家进行会谈，实地调研了丹麦的Hofor自来水厂和Lynetten污水处理厂，英国的泰晤士河大坝等代表性水务设施和水利工程，深入了解两国水利工程建设管理体制和运行机制，吸收和借鉴两国在水资源配置、水污染防治、水价机制、水业市场化等方面的政策法规、创新技术、经济措施和现代化管理经验。代表团也向两国同行介绍了南水北调工程建设总体情况，并就对方关注的有关问题进行了解答。

（管玉卉）

# 新闻宣传

## 概述

2014年，中线一期工程通水，标志着东、中线一期工程全面实现通水目标，标志着数代人为之奋斗的重大战略工程由梦想变成为现实。南水北调宣传信息工作以此为契机，按照国务院南水北调办党组工作部署，深入宣传南水北调工程建设取得的巨大成就，介绍东、中线一期工程在保障北方水资源、促进经济社会发展、提升生态文明、建设"美丽中国"的重要作用，强调宣传东、中、西线构成的南水北调工程整体架构对国家、对民族、对群众的不可替代的作用，进

一步说明中央决策实施南水北调工程的长远战略意义和重要现实意义，扩大南水北调工程的社会影响，为东、中线一期工程全线通水营造了良好舆论氛围，取得了阶段性进展。

（何韵华　潘新备）

## 宣　传　工　作

（一）宣传管理

（1）协调中宣部等有关主管部门，将南水北调中线通水及南水北调东中线全面建成通水纳入国家宣传大格局，列为新中国成立65周年重点宣传内容。

（2）研究并印发《2014年南水北调宣传方案》，协调宣传主管部门，部署南水北调中线通水宣传工作，组织实施规模空前的宣传工作计划。

（3）宣传项目进展顺利。策划组织南水北调纪录片、电影、公益广告、成果展览等项目，为展示南水北调工程建设成果搭建了新的平台。

（4）做好突发舆情事件宣传应对工作。

（二）宣传策划

（1）围绕南水北调系统工作会议、南水北调供用水管理条例出台、中线穿黄工程充水试验、南水北调工程“助力”抗旱救灾、中线工程充水试验、通水验收、引江济汉工程通水、配套工程建设情况等进行专题宣传。结合丹江口水库水质考核，召开新闻通气会，协调媒体进行现场采访报道。

（2）加强宣传项目组织。协调推动南水北调工程丛书编纂工作。通过中宣部协调多个频道播出纪录片《水脉》，播出时间长达5000分钟，通过电视收看的观众达1.3亿人，通过网络收看主要视频片段的约8000万人，得到社会各界的一致好评。工程沿线有关省市电视台也安排播出，开创了行业纪录片的收视纪录。启动新一轮的公益广告制作，分别于通水前后播出移民公益广告、中线工程关键数据公益广告。

（3）做好文化宣传。协调中国作协开展作家采访采风，通过《人民日报》等媒体发表作品11篇，通过《中国作家》集中发布8篇作品。在创作出版报告文学的基础上，协调国务院新闻办将其纳入国家外宣系列，开拓对外宣传工作先例。协调作家赵学儒创作出版报告文学《圆梦南水北调》，并由北京新闻广播录制为纪实文学联播节目。协调沿线有关单位拍摄的主题电影《天河》已在全国公映，并得到广泛好评。协调中国文联组织艺术家到中线工程沿线开展慰问演出活动。

（三）中线通水宣传

按照中共中央办公厅、国务院办公厅有关中线通水宣传要求，拟定宣传方案和新闻通稿。商请中宣部新闻局多次发文部署并组织媒体集中报道。分别与中央新闻媒体进行沟通，介绍情况，了解需求，为中线通水的深度宣传报道做好准备。国务院南水北调办成立通水宣传工作领导小组，协调机关各司起草宣传口径，配合新华社、人民日报、中央电视台、中央人民广播电台、经济日报等媒体做好新闻宣传工作。为充分发挥电视媒体的独特优势，着力加强同中央电视台的合作，对中线通水进行了系列直播报道。中央各大媒体分别从多个角度、不同层次报道中线一期工程通水情况，全面、系统地介绍南水北调工程建设取得的巨大成就。协调人民日报、经济日报发出专版报道，新华网、中国经济网等网络媒体精心策划专题，宣传中线工程通水。各大中央网络媒体通过微博、微信等新媒体渠道及时传播有关通水消息，商业门户网站积极转发有关消息，形成通水宣传的热烈氛围。

（四）宣传效果

央视宣传更加多元化，综合频道《焦点访谈》年内两次宣传南水北调工程。经济频道《经济半小时》、《中国经济报道》介绍南水北调工程及效益，历时长达1.5小时。《人民日报》“我的家乡我的河”栏目对中线沿线进行系列深度报道，连续发布报道4篇。新华社开展了为期10天的“南水北调中线工程探迷之旅”系列采访活动。协助北京、湖北、河南等省主流媒体做好专题系列宣传。全年组织媒体发稿2510篇，对南水北调建设成果进行充分报道。2014年南水北调东中线一期工程全线通水，采访量空前，安排接待媒体采访98次，比2013年（45次）增长了一倍，客观报道了南水北调工程情况，为工程通水营造了舆论氛围。

（何韵华 潘新备）

## 信息工作

（一）信息报送工作

向中央办公厅、国务院办公厅报送《信息专报》13期，及时反映南水北调工作动态，发挥信息在汇报情况、凝聚共识、促进工作等方面的作用，有力地促进了南水北调中线一期工程正式通水等工作。

（二）舆情分析工作

全程关注社会媒体和网站关于南水北调的舆情信息，整编《近日媒体关注》68篇，为工程决策及宣传应对工作提供依据。重点做好全国“两会”期间代表、委员的建议和提案，开展舆情收集工作。结合工作进展，加强网络舆情监控，随时进行分析研判，进一步增强舆情引导的针对性和实效性。

（三）信息公开

协调国务院南水北调办机关各司、直属各单位，及时发布工程建设、征地移民、治污环保等工作信息，满足社会公众的信息需求。妥善处理政府信息公开申请，2014年全年未发生政府信息公开工作领域内的行政诉讼、行政复议案件。

（何韵华 潘新备）

## 政策法规

（一）协调做好涉法事务

协调组织《南水北调工程供用水管理条例》解读工作，并组织中国南水北调网站、报纸对其进行系列宣传。

（二）组织安排普法工作

（1）协调系统内有关单位组织做好“法律进工程”活动。

（2）组织并完成“六五”普法中期检查工作任务。

（3）安排部署全国普法办组织的全国宪法日暨全国法制宣传日系列宣传活动，并完成活动总结报告。

（何韵华 潘新备）

## 北京市新闻宣传

为在北京市大力推广南水北调工程科普，营造全市良好的通水、接水氛围，深入组织开展全年度的“江水进京”专项宣传工作。工作得到了国务院南水北调办、北京市委市政府的高度重视，得到了北京市委宣传部的大力支持，取得了预期效果。

（一）组织领导

2014年，郭金龙等市领导先后10余次对“江水进京”宣传工作做出重要指示或批示，全国人大、政协等有关领导也对工作提出了意见和建议。全市建立了“市委宣传部牵头，首都精神文明办、市文物局、市教委、市网信办等各委办局分工负责，市南水北调办牵头落实”的工作机制，市委宣传部先后印发《2014年北京市南水北调宣传报道工作方案》、《北京市南水北调通水宣传工作领导机构组建方案》等指导文件，李伟部长牵头，副部长王海平、严力强、崔耀中深入指导。市南水北调办系统内也进行了工作分工，全体动员、通力合作，确保了工作任务圆满完成。

（二）媒体宣传

一年的媒体宣传工作，从科普破冰到通水高峰，实现了纸媒与音视频的相互配合，全局与北京的有机结合，宣教与推介的全面融合。经舆情监测，媒体宣传社会反响良好，全年零事故。

（1）建立自有型联络机制，先后和中央、北京市、沿线60余家媒体进行正式对接，北京市南水北调媒体联络机制全面建立。

（2）形成立体化报道格局。一年内，累计形成纸媒报道约60万字、音视频报道3000分钟、网络报道2000千余次，新华网、新浪网等平台开辟了20余个“北京市南水北调媒体专题”。

（3）2014年12月27日的通水活动中，北京电视台、北京广播电台全程直播，40余家媒体现场报道，当晚的中央电视台《新闻联播》以头条3min的体量进行重点报道，焦点访谈、首都经济报道、锐观察等多个栏目进行了跟进直播和解读。

（4）通水后借助市委宣传部组织各级媒体，借助市网信办组织网络评论员，先后进行了多次专题报道，通过正面发声向广大市民通报通水、接水、用水情况，确保了宣传工作的延续性，南水北调题材节目在中央电视台春晚、北京电视台春晚中与全国观众见面。

（三）社会宣传

先后组织各类社会宣传活动70余场，基本覆盖市内各区县、各部门，发放各类宣传资料过20万份，做到了月月有活动、场场有效果。

（1）搭建新媒体传播平台。利用市内公交、地铁、楼宇的4万台广告机，王府井、中关村等人流密集区的近20块楼宇海报和屏幕，搭建户外宣传平台、强化宣传覆盖力度，累计播放北京市南水北调相关宣传视频时间超过15万小时，播出瞬时平均覆盖人流量600万人次。

（2）制作系列宣传材料，向社会陆续投放3套折页、2部画册、7部视频、15幅海报，以配合社会宣传活动。

（3）配合八一电影制片厂、国务院南水北调办等部门制作《天河》、《水脉》、《他乡是故乡》等一系列大型影片，社会反响良好。

（4）配合相关部门组织推出一系列大规模社会活动，主要包括（按时间先后）：联合市教委等组织南水北调进北京八中等一系列进等“七进”活动；联合市科协组织“北京科学嘉年华——北京南水北调”展出活动，展出5天接待参观超过5万人次；配合中国文联、市文联组织的一系列慰问演出；配合市支援合作办组织的“水源区代表赴京观摩”活动；配合市外宣传办等组织的一系列新闻发布活动；联合市文物局推出首都博物馆南水北调中线工程展，2014年12月15日开展后日均参观超3000人次，网络参观展览点击量日均超2000次，接到各类社会团体参观预约128场，各项数据均处于首都博物馆统计项的领先位置；联合市讲师团组织“江水润京华”北京南水北调系列宣讲，12月15～26日，在全市各区县、各系统开展巡回宣讲活动29场。

（5）根据市外宣办统一安排，12月25日召开南水北调江水进京准备工作新闻发布会。市新闻办主任王慧主持会议，市南水北调办主任孙国升介绍了近期南水北调中线一期工程进展、市内配套工程建设、通水接水相关准备工作及后续重点工作等情况，并会同市水务局、环保局、自来水集团等单位及中国工程院院士王浩分别就社会普遍关心的水价、水量、水质、南水北调后续工作等问题进行解答。共有33家中外媒体参加发布会。

（6）12月27日组织各界代表600人，在团城湖明渠广场共同见证北京市南水北调中线一期工程通水时刻，市委副书记、市长王安顺宣布通水到京，国务院南水北调办主任鄂竟平对北京市南水北调工程建设和通水宣传给予了高度评价，指出北京市“下大力气宣传南水北调，使这一跨世纪工程更加精彩”。

（四）信息工作

制定网站信息管理办法，规范信息报送流程及时限；组织信息员培训，聘请《北京日报》资深摄影、南水北调跑口记者讲课，切实提升办系统信息员写作、摄影水平；加强与市委、市政府办公厅信息处的沟通，全年编写《内部工作动态》27期、报送信息专报32篇、政务信息43则，被市委、市政府办公厅信息采用15则、其中有4则被报送至中办、国办，被《中国南水北调报》采编17篇；搭建舆情监测平台，编辑《舆情动态》55期，聘请专业团队把控网络舆情，对热点问题、敏感信息、宣传反馈等实现全面监测；加强网站管理，全年发布外网信息364条、内网信息3271条，丰富内外网页面，增加南水北调工程知识100问、江水进京宣传等专栏，定期更新工程进展及最新照片，全面展现北京市南水北调工作。

（五）史志编纂

加强对史志、年鉴工作的审核和把关，内容上力求真实准确、文字上做到简练流畅。《南水北调·北京工程志》编纂纲目于年初通过有关专家审核后，各承编单位纷纷正式启动干线篇的编纂，经多次修改后，形成初稿约60万字，资料长编的汇总整理同时进行。

（侯　丁　袁红琳）

## 天津市新闻宣传

紧紧围绕南水北调中线工程汛后通水大目标，先后制定了2014年度南水北调宣传方案、南水北调中线工程通水宣传策划方案以及通水期间宣传方案，充分利用《南水北调信息》刊物和新闻宣传途径，全面宣传报道南水北调工程重大意义、规划布局、计划安排、建设进展、资源配置、建设者风采等。全年共编发《南水北调信息》73期，其中创建并编发《中线工程通水专刊》17期，为领导决策起到了较好的参考作用。全年累计组织参加天津电视台、天津广播电台、天津政务网等专题访谈节目6次，累计在中央和天津市主要新闻媒体上刊发（播发）天津市南水北调新闻报道139条，其中在人民日报、新华社、中央电视台、中央广播电台、解放军报、中国水利报、中国水利网、中国南水北调报等中央媒体上刊登（播发）天津市南水北调相关新闻报道31篇，在天津日报、天津电视台、天津电台、今晚报、北方网等本市媒体上刊登（播发）相关新闻报道102篇，在新京报、湖北日报、楚天都市报、河南省广播电台等兄弟省市媒体上刊登（播发）相关报道6篇。特别是紧紧抓住中线工程通水的有利新闻点，与天津市水务局办公室、宣传中心积极配合，组织召开南水北调中线工程正式通水新闻发布会，组织开展“饮水思源·南水北调中线行”大型媒体采访活动，收到了显著的宣传效果，为南水北调中线工程通水营造了良好的舆论氛围。按照国务院南水北调办公室部署，积极配合中央电视台《水脉》纪录片拍摄采访工作。

（李宪文　刘丽敏）

## 河北省新闻宣传

2014年河北省南水北调办坚持把宣传工作与工程建设、通水安保紧密结合，组织新闻媒体、沿线市县南水北调办、建管单位认真开展了一系列宣传活动，为推进工程建设和通水安保提供了良好的舆论支持。

（一）新闻宣传

据不完全统计，2014年河北省南水北调办在国家、省、市新闻媒体刊发南水北调各类文章、消息387篇。中线通水前后，多次组织包括新华社、中国新闻社、中央电台、电视台、人民网等省级以上15家新闻媒体深入沿线市县进行深入采访报道。充分利用中宣部通知精神，通过省委宣传部组织省报、省两台，对受水区7市市长进行专题采访，河北日报刊发市长访谈专版，河北电台、电视台《新闻联播》连续播发市长专访内容，用媒体展形象，以宣传促工程。中线工程通水次日，河北日报出版了“南水北调专刊”(8个版面中7个是南水北调内容)，由于河北省南水北调办组织材料充分，《天河长流燕赵情》一文被河北日报评为近年来少有的A稿。沿线各市主要新闻媒体今年也多次登载整版或大篇幅文章，突出报道南水北调工程布局、重大意义、决策部署、建设成果，以及对本市经济社会发展的积极影响。

（二）社会宣传

河北省南水北调办在省楹联协会支持下，举办了南水北调配套工程宣传标语征集活动，印制并向社会发放了配套工程宣传标语和艺术作品选集。举办了“新兴铸管杯”河北南水北调摄影大赛，征集作品462件，评选出优秀奖以上作品26名，激发广大摄影爱好者创作出更好更多的南水北调摄影作品。试通水期间，与河北日报摄影部联合，利用半个月时间深入工程沿线，拍摄了大量工程和人文照片，通水后，在河北日报刊发了两个摄影专版，彰显了工程美、劳动美、生态美。和省老年书画协会一起，在河北博物院举办了“燕赵情怀”南水北调中线五省市老年书画展，扩大了南水北调工程社会影响。沧州、邯郸、邢台市办组织作家和摄影家到工地现场进行采风，作品在相关媒体发表。帮助河北水利科学研究院，在团省委支持下，创立了“乐水志愿者群”，目前微信群人员已达千人，在省会已举办了3场大型活动，在城市广场和社区、学校，宣传南水北调工程和节水知识。配合省电影公司，组织了《天河》观影活动。此外，省办今年共印发简报38期。“河北省南水北调网”及时发布各类信息。有关市县在工程沿线、施工现场设立各类宣传栏、宣传标语1100余处。

（三）成果宣传

为全面记载河北省南水北调工程建设历程和成就，2014年着力打造宣传“三个一工程”。编好一本书，在省市县调水办开展南水北调征文活动，目前已征集文章三百余篇，计划6月底结集印制。做好一部纪录片，历时6个月，和河北电视台联合拍摄了真实反映工程建设成果作用、人文精神的纪录片，并于1月16日在河北电视台经济频道播放，收益率高于同时段电视剧，受到观众好评。编印一本画册，经过系统上下密切协作，组织拍摄搜集了大量历史现实照片，计划用十个篇章记载工程规划设计建设成效、人文风采、生态景观等，目前照片筛选、文字编辑工作基本结束，近期将由河北画报社制作完成。另外，河北省南水北调办制作的南水北调通水宣传折页和工程简介手册，在通水时，发到了省委、省政府主要领导手中，并得到了社会各界的好评。

（史光建）

## 江苏省新闻宣传

2014年，在宣传工作开展过程中，江苏省南水北调办紧紧抓住工程运行、重要会议、领导调研等重要契机，统筹做好宣传工作，借势宣传，为工程良性运行营造良好氛围。

（1）制定宣传工作计划。在2011～2015年总体宣传计划的基础上，研究制定了2014年度宣传工作计划，重点围绕工程建设成果和效益发挥引导全年宣传工作。

（2）专项宣传。以年度调水和生态应急补水为契机，在江苏卫视、中国南水北调报、江苏水利网等主流媒体进行专题宣传，并在江苏南水北调网开设调水专栏，动态展示调水运行情况、各地工作动态，借势宣传江苏南水北调工程建设成果。

（3）改版升级江苏南水北调网。为进

一步适应江苏南水北调工程从建设逐步转入管理的新要求，组织对建设南水北调网进行改版升级，改版后的网站风格更加新颖，操作更加简便，内容更加丰富，信息更加及时，充分展示了江苏南水北调工程整体形象。

（4）编制南水北调建设与管理制度汇编。为总结南水北调建设成果，指导今后工作开展，从建设管理、前期工作、验收工作、移民环保、运行管理、财务管理等六个方面组织编制了《江苏省南水北调建设与管理制度汇编》，全书分六册，118万字。

（5）信息简报工作。认真做好建设与管理月报、专报信息、政务信息的编发和报送工作，全年编发各类信息20期，通过畅通的信息渠道，使得上级领导和相关单位能够及时指导和了解江苏南水北调工程建设管理情况。

（6）南水北调建设与管理系列报道。围绕南水北调建设成果和效益发挥，组织沿线各市水利局、南水北调办和江苏水源公司相关部门进行工程建设、征迁安置、治污环保、运行管理等方面的宣传报道，在江苏水利网和南水北调网报道。

（杨金海　王晓森）

## 山东省新闻宣传

2014年，山东省南水北调工程建设管理局（以下简称山东省南水北调建管局）紧紧围绕工程运行管理中心任务，全面落实《2014年南水北调山东段宣传工作计划》方案，及时深入抓好主体工程安全运行、工程沿线安全保障及配套工程建设等工作重点，进一步营造了全社会关心支持南水北调的浓厚氛围，为通水运行创造了良好的舆论环境。

（一）新闻宣传工作

（1）以主体工程通水、运行管理、配套工程建设进展中的重要事件为切入点，在中央和省各大媒体利用报纸、广播、电视、网络等进行集中宣传报道。全年在中央、省市主要媒体、刊发宣传稿件150余篇。其中在新华社发表4篇，中央电视台1条，大众日报4篇、山东新闻联播4条，中国南水北调报120篇。网站发布信息1100多条（在山东南水北调网发布信息900多条），接待采访、拍摄等媒体活动十余次，系统全面宣传报道山东省南水北调工程通水运行后对山东经济社会可持续发展的重要意义。同时组织做好“世界水日”、“中国水周”宣传活动，积极宣传南水北调的建设成就和意义作用，为各项工作的开展营造了良好的舆论氛围和外部环境。

（2）做好通水期间公益警示宣传工作。以确保工程沿线人民群众生命财产安全、促进通水顺利进行为目的，印制《关于加强南水北调工程管理的通告》2万余份，并组织在工程沿线张贴和发放；设计印制适宜于中小学生阅览的、含有南水北调知识、安全警示事项的《练习本》27万余套，并组织发放给工程沿线所有中小学生；起到了引导公众支持工程建设、爱护工程设施，防范安全事故，保障通水工作顺利进行的作用。

（二）政务信息报送工作

山东省南水北调建管局宣传工作以严谨负责的态度，按照“及时、有效、准确”的原则认真做好机关政务信息报送工作。承担了局机关内部刊物《每周要情》、山东省南水北调工程建设指挥部印发的《工程动态》、《配套工程建设月（季）报》等日常信息的编辑工作。全年共编发《每周要情》50期、《工程动态》22期、《配套工程建设月报》8期、《配套工程专报》4期，为有关领导及时了解主体工程通水、运行管理及配套工程进展情况提供参考。

（三）《脉动齐鲁——南水北调工程》编纂工作

自2012年丛书编纂工作启动以来，山

东省南水北调建管局始终把组织好编纂工作作为真实记录建设历程，系统总结建设成果，扩大南水北调积极影响，大力弘扬南水北调精神的一项重要工作。全书共八卷，361万字，截至2014年底已编辑审核完成，进入出版程序。

（四）年鉴编辑工作

为《中国南水北调工程建设年鉴》、《山东水利年鉴》进行编辑组稿。组织山东省南水北调建管局、山东干线公司各部门（单位）相关负责同志撰写资料文字初稿达50余万字，经过反复核对编辑，按时上报完成，详细记录了本年度山东南水北调工程建设管理的具体事项，连续多年受到相关部门表彰。

（五）南水北调形象识别系统

为扩大山东南水北调的社会影响力，提升山东南水北调的整体形象，组织专家设计编制了南水北调形象识别系统具体方案，并行文规范推广使用的具体步骤，目前在工程沿线七个泵站、三个水库和穿黄备调中心等地已逐步开展实施，有效推进了山东南水北调文化建设，展示南水北调的良好精神风貌。

（六）南水北调工程验收视频资料留存工作

山东省南水北调建管局2014年组织有关同志赴工地现场拍摄资料片、参与采访取景三十余次，对七级泵站（开机、全负荷运行）、主要输水河渠、三大水库蓄水等节点工程进行了实时跟踪拍摄，留存视频资料约500G。2014年4月份，承担了万年闸泵站专项验收专题片制作工作，主要包括稿件、影像素材应用、拍摄、后期包装效果的全程跟踪监督，历时20余天圆满完成任务。2014年11月，由局宣传科选送的音像作品《区域再生水资源循环利用关键技术创新及应用》获国家水利部水情教育、中国水利报社联合举办的作品征集评选活动优秀奖。

（邓　妍）

## 河南省新闻宣传

围绕工程建设的阶段性目标，加强宣传策划，组织媒体采访活动，加大宣传报道力度，为南水北调工程建设营造良好的舆论氛围，促进工程建设工作开展。

（一）河南省主流媒体的宣传工作

1. 充分发挥河南日报党报优势

加强联系与沟通，共同策划，组织实施一系列重要报道。2014年初在河南日报推出“南水北调八年回顾”系列报道共9篇通讯，从主体工程完工、工程进度、工程质量、技术难题、水质保护、配套工程等各个方面全面展示河南省南水北调工程建设的成就；5月8日，河南日报头版头条发表《世纪工程的中流砥柱——记奋战在南水北调中线工程河南段的共产党员们》，5月10日，河南日报农村版用两个整版的篇幅发表长篇通讯《使命与担当》，详细报道河南省南水北调工程移民征迁和工程建设中的共产党员们的奉献精神，产生较好的反响；从8月初开始，河南省南水北调办与河南日报组织开展“水脉国运·聚焦南水北调工程和南水北调中线行”两个大型系列报道。聚焦南水北调工程系列报道主要侧重于动态报道、成就报道、人物报道等，有消息、有图片、有特写、有长篇通讯、有评论、有专版集中报道。南水北调行系列报道主要讲述沿线各县市区的南水北调故事，侧重于专版集中宣传。

2. 发挥广播电视媒体优势

在加强与电视媒体沟通的同时，注重策划，根据媒体的需求，及时配合采访报道。9月15~28日，河南电视台“千秋伟业——南水北调中线枢纽工程”新闻直播，对南水北调中线河南段枢纽工程进行全方位直播。新闻直播每天上午11时在河南电视台新闻频道进行直播，并在河南卫视午间新闻、新闻联播、晚间新闻中滚动播出。在直播中，采用多机位拍摄和无人机航拍、现场采访等形式，多角度、全方位展示从陶岔渠首到穿漳河工程共15个枢纽工程的特点、难点和攻克的难题，以及南水北调中线河南段工程的宏伟气势，取得很好的宣传效果。河南人民广播电台加大报道力度，历时18天，每天一个主题，在河南新闻联播中对南水北调工程建设和对沿线市县经济社会发展的作用等进行深入系统报道。

3. 发挥网络媒体优势

新华网和大河网邀请河南省南水北调办领导进行视频访谈，以专题形式进行视频、图片、文字刊出，新华网河南频道和人民网河南频道开辟南水北调专题。

（二）重大宣传活动

根据河南省南水北调工程建设阶段性特点，策划组织媒体报道团，到工程一线，及时宣传报道，取得较好的宣传效果，2014年4月21～24日，中国作协南水北调采访团10余位作家到河南省南水北调工程一线进行采访，写出一大批文学作品；6月11～13日，会同省委宣传部组织由千龙网、新浪网、百度、搜狐网等11家北京网络媒体采访团，到河南省南水北调工程建设、移民征迁、水质保护一线进行采访报道，相继发表报道40余篇；7月20～26日，与省委宣传部联合组织“探访南水北调·2014中央及京津冀媒体中原行”集中采访活动，人民日报、新华社、光明日报等中央媒体和京、津、冀、豫共40家媒体的60余名记者参与，相继发表报道100余篇。

（三）在南水北调系统的宣传工作

（1）利用河南省南水北调网及时发布工程建设最新动态，重大活动成果等，2014年先后刊发简报46期，更新信息近1000条。省内外网络媒体进行转载和传播。

（2）利用中国南水北调报进行宣传。组织记者和通讯员深入采访报道，中国南水北调报先后发表河南省南水北调工作的稿件50多篇。尤其是5月23日在头版发表的《长渠赞歌——2013年河南省南水北调工作纪实》，反响较好。

（3）及时向国务院南水北调办网站和中线建管局网站报送信息。

（四）重要节点宣传工作

结合南水北调中线总干渠充水试验、向平顶山市抗旱应急调水、丹江水入郑州等重大节点，特别是河南省南水北调工程正式通水，组织中央驻豫媒体和省内媒体及时跟进报道，河南日报策划了八个版的集中宣传，取得了较好的宣传效果。

（五）配合中央及省外媒体采访

配合中央电视台、人民日报、经济日报进行采访报道，在2014年10月3日、10月13日两期的新闻联播中报道了河南省南水北调工程建设进展情况。北京市南水北调办组织的北京媒体采访团、天津市南水北调办组织的天津媒体采访团、湖北楚天都市报采访报道组等也相继来河南省采访报道，采访人数累计达80多人次。

（六）南水北调精神宣传

为进一步弘扬南水北调精神，凝聚正能量，河南省南水北调办在红旗渠纪念馆筹建了南水北调党性教育基地，已经试开馆。南阳市渠首南水北调党性教育基地也正在抓紧建设。

（田自红）

## 湖北省新闻宣传

2014年，着力在提高宣传效果上下工夫，充分发挥了引领舆论、凝聚共识，占领主阵地、增加正能量的作用。

（一）信息工作

认真办好湖北省南水北调办（局）网站，2014年发稿量超过2000条。同时，全年向国务院南水北调办、省委办公厅、省政府办公厅报送信息80多条。

（二）常规宣传报道

在新华网、人民网、中国南水北调报、中国水利报、湖北日报、湖北广播电台、湖北卫视、楚天都市报、楚天金报等媒体发表新闻约300篇。其中，湖北日报在头版头条、湖北卫视在全省新闻头条多次报道了湖北省南水北调工程建设动态。

（三）专题报道

（1）组织了引江济汉工程2014年8月8日应急调水专题宣传报道，约20家中央和省主流媒体、40多名记者参与报道。其中，中央电视台新闻联播、新闻频道进行了报道，湖北日报、湖北电视台、楚天都市报等进行了连续报道，荆楚网进行了航拍。原创报道共100多条，有关网站转发近10万次。新闻报道作品已经汇编成册。

（2）组织了引江济汉工程正式通水专题宣传报道，约20家媒体、40多名记者参与报道。其中，中央电视台、人民日报、光明日报、经济日报、新华社等中央媒体刊发动态消息，湖北日报连续刊发通讯，楚天都市报连续用4个整版刊发通讯，湖北电视台连续用较长时间进行了重点报道，荆楚网进行了航拍。中国南水北调报用一个整版进行了报道。

（3）在中央电视台《焦点访谈》栏目报道了丹江口库区水质保护工作。

（4）中线工程通水时集中开展了大规模报道。湖北日报、楚天都市报分别推出大型纪念特刊《汉水北上》（共20个彩版）、《水润中华》（共24个彩版），湖北卫视在《湖北新闻》开辟专栏进行了连续报道。

（四）“六个一”工程工作

《湖北省南水北调工程画册》从历经4年拍摄的数千张照片中精选几百张质量较高的照片。初步完成引江济汉工程20分钟内部宣传片、20分钟电视宣传片、兴隆水利枢纽20分钟内部宣传片、20分钟电视宣传片、20分钟综合宣传片制作。正在制作引江济汉工程40分钟资料片、兴隆水利枢纽40分钟资料片。

（龚富华）

## 南水北调中线干线工程建设管理局新闻宣传

（一）重要节点报道工作

针对通水之年重要节点密集林立的客观形势，中线建管局积极应对，梳理全年重要节点工作，成立了专门的节点报道小组。组织新华社、中央电视台、人民日报、光明日报等媒体，集中报道了京石段第四次供水完成、穿黄工程充水试验、黄河以北充水试验开始、黄河以南充水试验开始等重要节点工作，在上半年接连掀起了宣传高潮。与此同时，从策划新闻点、收集整合资料、撰写新闻通稿，到协调中央媒体对外发布、及时收集社会舆情，报道小组形成了一套配合默契、严密流畅的有效机制，收到了良好效果，为迎接正式通水宣传最高点奠定了坚实基础。

（二）宣传项目

（1）南水北调公益宣传片制播。2014年4月，成功协调南水北调第四部公益宣传片《移民篇》登陆中央电视台。在通水之年播出这部宣传片，有利于唤起公众关注南水北调、珍惜水资源的情怀，进而为顺利通水营造更加良好的社会环境和舆论氛围。5～10月，策划制作了两部公益宣传片《通水篇》《感恩篇》，其中《通水篇》将于今年年底登陆央视。

（2）《看见·南水北调——中线工程蹲点实录》编辑出版。中线建管局在整理2013年蹲点日记的基础上，补充采写近三年来中线工程建设中的重大事件，通过“俯视”“注视”“审视”三种视角，以纪实的态度，文学的笔触，图文并茂，由表及里，由宏观到细节，全方位、多角度地展示了南水北调中线工程这一国之重器。既有对重要历史节点的详实记录，也有对南水北调建设者的着力刻画，还有对南水北调精神的提炼升华。该书已于11月初正式出版发行，在系统内外收获良好反响。

(3)《长河印记——南水北调新闻摄影书画作品集》编辑出版。全面收集南水北调工程开工建设以来，刊发在人民日报、光明日报等中央及社会重要媒体上的珍贵新闻历史图片，从新闻纪录和人文历史的角度，全面回顾南水北调建设历程，展现工程建设成就和建设者风貌。该书将于元旦前后正式出版发行。

(4) 全线通水验收画册与专题片。为配合全线通水验收工作顺利开展，中线建管局在广泛收集图片、视频的基础上，与有关部门合作制作了验收画册与专题片，反响良好。

(5)“图解南水北调”项目。以图表、图片、图示等通俗易懂的形式，达到“一张图读懂南水北调工程”的宣传效果，并利用网站、新媒体、图册等形式予以广泛推广。通过系列“图解”向社会公众展现南水北调工程，阐释中线解决北方水资源短缺的重要意义，介绍工程建设的历史背景、建设历程，纪录工程的科技创新之最，彰显工程建成通水后发挥的效益。

(6) 2014年第一次中线航拍项目。5月，中线建管局组织实施了本年度的第一次中线工程航拍项目，此次航拍是在中线主体工程完工后的第一次全景式记录，对全线通水验收有着重要意义。

(7) 配合八一电影厂拍摄南水北调题材电影。积极配合电影的相关工作，协调主创及摄制组赴工程一线和局机关调度大厅采风、取景、拍摄，并提供了大量珍贵历史素材。

(8) 协调央视《超级工程2》纪录片将南水北调纳入拍摄范围，并配合其开展前期筹备。作为央视纪录片频道2014年度力作，《超级工程2》计划选择各领域具有代表性和突出意义的重大工程进行全方位表现，力求向全球观众展示当代中国卓越的工程智慧和工程建设者的创造与付出。进过积极接洽，南水北调工程成功入选该纪录片。前一阶段中线建管局多次与纪录片项目组进行了深度沟通，为其提供了丰富资料，并就脚本策划、取景选址、拍摄时间等进行对接，目前该片已进入实地采景调研阶段。

(三) 新闻宣传工作制度建设

按照当前南水北调新闻宣传新形势，重新修订了《南水北调中线建管局新闻宣传管理办法》和《南水北调中线建管局网站管理办法》，并编制了《南水北调中线工程对外交流材料》，理顺机制、规范流程，为南水北调下一步的新闻宣传工作顺利开展奠定了坚实基础。

(四) 宣传阵地建设

(1) 2014年出版《中国南水北调》报37期，发行45万份；报纸紧紧围绕南水北调工程建设中心工作，快速全面传递办党组声音；反映建设成就充分；弘扬建设者“负责、务实、求精、创新”的南水北调精神和文化力度加大；特别在中线充水试验的重大报道上，把建设者需求的各个方面结合起来，持续关注连续报道，形成宣传的合力。

(2) 2014年中线建管局网站发布信息和报道3000多条，主动策划“中线全线通水”、“梦圆南水北调　建设者感言”“南水北调一图读懂”等10个宣传专题，“备战通水”、“全面冲刺”2个专栏，网站浏览点击率已超240万人次。传播南水北调正能量，扩大中线工程社会影响力，做强网上南水北调中线宣传阵地。

在舆情监测方面，加强南水北调舆情监测，组织编印《近日媒体关注》11期、《南水北调舆情摘要》12期、《南水北调网络舆情》2期、《南水北调舆情专报》3期。

(3) 手机报不断拓宽报道领域和范围，编发手机报54期，专题新闻4期，质量监管通报3期。

(4) 进一步拓展宣传平台，创办微信公

众号“长渠微语南水北调”。

（五）通联队伍建设

2014年开展了2013年度好新闻评比，组织了2013年度优秀通联站、优秀记者、优秀通讯员评选，通报了各通联站和记者、通讯员用稿情况，调动了大家的积极性，报纸和手机报投稿更为踊跃。

（武　娇）

## 南水北调中线水源有限责任公司新闻宣传

（一）宣传工作

2014年是南水北调中线工程的通水年，作为中线工程的关键性、控制性工程的丹江口大坝加高工程，再次成为媒体关注的重点，人民日报、新华社、中央电视台等中央主流媒体、沿线五省市主流媒体先后组织专门采访团队到工地进行采访报道，为工程通水营造了良好的舆论氛围。中线水源公司先后配合中央电视台完成了大型南水北调纪录片《水脉》的拍摄工作，其中第三集《纵横江河》对丹江口大坝加高工程进行了详细介绍，随着纪录片的热播，公司负责的丹江口大坝加高工程、库区征地移民工程的建设管理工作得到社会的一致好评；配合八一电影制片厂完成《天河》的摄制工作；配合完成了《圆梦南水北调》报告文学的创作，其中第一篇《高坝无言》，对丹江口大坝加高工程的先进人物和事迹进行了介绍。配合中央电视台中国财经报道栏目完成了聚焦国家工程《南水北调如何解渴》的拍摄工作；配合北京市南水北调办完成了“饮水思源”南水北调中线工程展。

此外，公司还积极策划，先后在中国南水北调报、人民长江报上发表了《作用不可或缺，配合不折不扣》、《坚守使命勇担当》两篇文章，系统的介绍了公司在库区征地移民搬迁安置过程中发挥的重要作用。在中线工程通水之际，在公司网站策划了2篇图片报道，对工程建设管理过程进行了系统的回顾，集中展示了中线水源工程建设管理成就。

（二）信息工作

中线水源公司进一步提高了《信息专报》报送质量，把那些有较强针对性、可靠性、时效性和价值高的信息及时报送国务院南水北调办，提高了信息前瞻性、预测性；2014年共报送6篇信息专报。

（班静东）

## 南水北调东线江苏水源有限责任公司新闻宣传

围绕2014年工作重点，制定印发落实年度宣传工作计划。抓住领导调研检查、年度建管会议、公司党建活动、工程运行调水等重要活动契机，组织重点宣传活动12次。尤其是在五个方面取得重要宣传成果。

（1）组织南四湖生态应急调水专题宣传。结合汛期南四湖生态应急调水活动，策划专题宣传活动，制订专题宣传方案，动员公司相关部门、分公司、各现场管理单位的宣传力量，重点关注调水重要节点及水情水量变化情况，突出报道工程运行实况、创新做法及成效、运行一线人员风采，此次专题报道共在网站编发信息40篇，向外部报刊媒体投发稿件12篇，多角度全方位展示江苏省南水北调工程综合效益及人文风采。

（2）制作出版电视专题片《一江清水向北流》，聘请专业传媒制作公司，经过前期精心策划，脚本反复修改完善，组织超过30天12次的工程沿线拍摄，耗费近1年时间的后期制作修改和包装，完成了江苏省南水北调电视专题片《一江清水向北流》的制作，记载了珍贵的历史资料，展示了工程建设重要成果，印制光盘2000份，留下拍摄资料容量达2t，在多次会议和接待活动试播中获得一致好评。

（3）完成江苏段调度运行管理系统沙盘及宣传教育展示设施项目建设，并通过合同验收。2014年组织对外接待350场次，累计接待参观人数达2600多人，其中接待省部级领导近20人，全面展示了工程建设成果，扩大了江苏南水北调的社会影响力。

（4）组织制作宝应站、淮安四站宣传片，为成功申报并获得水利工程大禹奖做出积极贡献。

（5）更新制作工程画册、江都展示中心宣传展板。及时更新工程形象进度，补充完善相关内容，已在公司接待活动中多次使用。

（6）做好相关工作。2014年共完成《保运行保收工报水质确保实现南水北调东线工程调水目标》、《江苏电视台<活态遗产大运河江苏段>申遗片拍摄工作在江都圆满结束》、《调水急先锋那些事儿》等12篇专题报道，在中国水利报、中国南水北调报、南水北调手机报、江苏水利网等报刊媒体登发稿件51篇，在江苏南水北调网站责编新闻信息280篇，上网发布新闻信息460篇，在江苏省委研究室《调查与研究》第17期刊登反映江苏省南水北调工程建设经验的《南水北调，质量为要》调研报告，为工程发挥效益营造良好的舆论氛围。

（王　晨）

# 玖 东线工程

# THE EASTERN ROUTE PROJECT OF THE SNWDP

# 综　述

## 总 体 情 况

### 概　述

南水北调东线一期工程在江苏省江水北调工程基础上，扩大规模、向北延伸，从江苏省扬州附近的长江干流引水，通过13级泵站逐级提水，利用京杭大运河以及与其平行的河道输水，经洪泽湖、骆马湖、南四湖和东平湖调蓄后，分两路输水，一路向北，过黄河后调水到山东德州大屯水库，另一路向东到山东东湖和双王城水库，并与现有引黄济青输水渠道相接，实现向山东半岛供水的目标。东线一期工程主干线全长1467km，现调水工程累计完成投资321.9亿元，占东线在建设计单元工程总投资的97%。

（马兆龙　于　迪）

### 工 程 管 理

东线一期主体工程建设期间，分别组建了南水北调东线江苏水源有限责任公司（以下简称江苏水源公司）和南水北调东线山东干线有限责任公司（以下简称山东干线公司），作为江苏和山东境内新增主体工程的项目法人。2014年，江苏水源公司和山东干线公司统筹工程建设扫尾和运行管理的关系，加强领导，严格管控，确保了东线一期工程年度安全顺利运行。

按照国务院南水北调工程建设委员会第六、七次全体会议要求，国务院南水北调办负责协调组建东线一期工程运行管理机构。2014年3月17日，国务院南水北调办会同发展改革委、财政部等六部委向国务院正式上报了《关于组建中国南水北调东线总公司的请示》（国务院南水北调办建管〔2014〕61号）。其后，经国务院同意，2014年9月30日，国务院南水北调办印发了《关于成立南水北调东线总公司的通知》（国务院南水北调办综〔2014〕263号）和《关于印发<南水北调东线总公司章程>的通知》（国务院南水北调办综〔2014〕264号）。10月11日，南水北调东线总公司在国家工商行政管理总局完成注册并获发营业执照（注册号100000000045254），注册资金为100亿元人民币，住所为北京市海淀区玉渊潭南路甲1号，类型为全民所有制，经营范围为水利工程建设、供水；水力发电；旅游开发；项目投资；资产管理。10月20日，南水北调东线总公司在位于北京市海淀区玉渊潭南路甲1号的国务院南水北调办机关大楼前正式挂牌成立。

（马兆龙　于　迪）

### 运 行 调 度

根据《水利部关于批准下达南水北调东线一期工程2013～2014年年度水量调度计划的通知》（水资源〔2013〕477号），经各方通力协作，2014年5月7～26日，南水北调东线一期工程组织开展了正式通水以来的第二次供水工作，本次供水共向山东净供水量4350万$m^3$，完成了2013～2014年年度水量调度计划的剩余供水量。供水期间，关键节点抽水量控制指标为台儿庄泵站抽水量4530万

$m^3$，入上级湖水量3830万$m^3$，入东平湖水量3750万$m^3$。

本次供水的调水线路在江苏境内以运西线为主，后经多级泵站调水入东平湖，结合实际再向胶东地区供水或入水库进行调蓄。主要利用宝应站、金湖站、洪泽站抽长江水，经金宝航道入洪泽湖，再利用泗洪站、睢宁二站、邳州站经徐洪河抽水入骆马湖，由台儿庄站抽水出骆马湖，经万年闸站、韩庄站入南四湖下级湖，经二级坝站—上级湖后，利用长沟站、邓楼站、八里湾站入东平湖。

此外，因江苏、山东两省部分地区发生严重旱情，南四湖水位持续下降，上、下级湖均低于死水位，对湖区生态环境造成极为不利的影响，国家防总召集淮河防总、山东和江苏防指、国务院南水北调办等单位应急会商，于2014年8月1日印发了《关于实施南四湖生态应急调水的通知》(国汛电〔2014〕1号)，要求东线一期工程应急调水8000万$m^3$。据此，南水北调东线总公司协助淮河防总、山东、江苏做好了应急调水工作，共向南四湖应急调水8069万$m^3$。

（马兆龙　于　迪）

## 工　程　效　益

东线一期工程在原有江水北调工程的基础上，多年平均净增供水量36.01亿$m^3$，其中江苏19.25亿$m^3$，安徽3.23亿$m^3$，山东13.53亿$m^3$。直接供水受益人口近6000万人。沿线城市及工业增加供水量22.34亿$m^3$；农业增供水量12.65亿$m^3$，涉及灌溉面积3025万亩；航运船闸增供水量1.02亿$m^3$。此外，东线一期工程所建泵站还可双向运行，增加排涝面积266万亩，使其排涝标准由不足3年一遇提高到5年一遇以上。据测算，东线一期工程多年平均供水效益达109.5亿元。

（马兆龙　于　迪）

# 江　苏　段

## 概　　述

2014年，围绕“确保工程运行平稳，确保水质稳定达标”的要求，精心组织，科学谋划，严格管理，年度建设与管理各项任务圆满完成。

（1）工程建设方面：提水泵站工程全部建成投入运行，输水河道工程全线疏浚贯通，工程验收工作稳步推进，完成年度投资7.7亿元，占年度计划的150%；截至2014年底累计完成投资126.2亿元，占批复总投资的95.8%。南水北调宝应站、淮安四站工程荣获中国水利优质工程（大禹）奖。

（2）治污环保方面：规划治污项目全部建成发挥效益，徐州4项尾水导流工程、管网配套工程以及综合整治等新增治污项目大部分已经完成，输水干线水质稳定达标。

（3）运行管理方面：按照新老工程统一调度、联合运行原则，在保障省内供水的同时，圆满完成年度送水出省任务。年度累计抽引江水41亿$m^3$，向省外送水1.3亿$m^3$，有效缓解了苏北地区以及山东省旱情和生态用水紧缺状况，工程规划效益得到正常发挥。

江苏省省长李学勇专门批示对江苏南水北调工程建成通水一年来，在工程建设扫尾、水质达标管理、调度运行管理等方面取得的成绩给予充分肯定。

（王晓森　王　晨）

## 工 程 管 理

2014年是江苏省南水北调工程全面进入正式运行的开局之年。一年来，江苏省南水北调办、江苏水源公司强化工程管理体系，推进工程规范化管理，狠抓安全生产，工程设施、设备完好，工程安全运行，圆满完成省外调水、省内抗旱和南四湖应急生态补水工作。年度工程运行管理工作被国务院南水北调办考核评定为优秀。

南水北调东线一期江苏境内新建工程采取“江苏水源公司—分公司—现场管理单位”三级体系的管理模式。

2014年，江苏水源公司积极推进工程规范化管理，强化运行管理监督考核，加大工程管理能力建设，狠抓安全生产，安全、平稳、及时的完成省外调水、省内抗旱和向南四湖生态补水任务。

2014年，江苏水源公司进一步加强工程管理制度建设，组织修订颁发《江苏南水北调工程管理考核暂行办法》等管理制度，签订新一轮管理合同19份，跟踪管理单位合同执行情况。

2014年，江苏水源公司推进工程管养分离，探索实践专业化和市场化相结合的管养模式，将水土保持和绿化养护、供电线路专业维护等委托专业单位实施，提高专业维护水平。成立的维检中心独立承担了宝应站2台机组的大修和洪泽站等5座泵站的电气试验任务，自身能力得到稳步提升。

2014年，三级机构分别制订学习培训计划，建立公司统一培训、分公司专业培训、现地站（所）技能培训相结合学习培训制度，建立学习成效考核奖惩机制。邀请十数位专家重点对泵站安全生产、电气试验、工程观测、机电设备及继电保护、土地确权划界等方面集中开展16次专题培训。

2014年，完成金宝航道宝应段、淮四河道宝应段、潼河、宝应站、大三王河等5个工程、21本国有土地使用权证，所辖工程界桩已基本埋设到位。

2014年，共组织4次巡回拉网式安全检查，重点检查影响工程安全运行的危险源，及时通报并督促安全隐患整改到位，同时进行不定期巡查。

2014年5～9月期间，江苏省南水北调工程圆满完成2013～2014年度第二次调水、省内抗旱和向南四湖生态补水任务。全年泵站累计运行105天，25 838台时，累计抽水量26亿$m^3$，其中调水出省水量1.26亿$m^3$。

（朱正伟　刘玥岑）

## 工 程 效 益

2014年江苏省南水北调工程共三次投入调水运行，2013～2014年度第二次调水、省内抗旱和向南四湖生态补水任务。全年泵站累计运行105天，25 838台时，累计抽水量26亿$m^3$，其中调水出省水量1.26亿$m^3$。调水入南四湖下级湖，缓解了生态危机，发挥了显著的工程效益。

（朱正伟　刘玥岑）

## 科 学 技 术

（一）科研项目申报工作

2014年，江苏省南水北调办启动《江苏省南水北调截污导流工程对输水干线水质改善及区域水环境影响的损益研究》课题的研究工作，同时积极做好年度省水利科技扶持课题的立项申报，《南水北调东线工程调蓄湖泊联合优化调度研究》课题获江苏省水利厅和财政厅立项补助。

2014年初，江苏水源公司筛选了《江苏南水北调工程流量在线监测关键技术研究》《江苏南水北调工程河道水草打捞及无害化处理研究》等17个项目申报2014年省水利科

技项目立项，同时推荐报送《河湖疏浚泥堆场防堵快速固结技术的推广应用》作为水利部科技推广计划项目，推荐《面向环保疏浚的星轮推进旋挖式清淤机》作为水利部“948”项目。

（二）国家科技支撑计划工作

2013年，江苏水源公司组织开展《河道疏浚泥堆场综合处置关键技术研究与应用》、参与《南水北调东线梯级泵站（群）优化运行关键技术集成与示范》申报“十二五”重点科研项目。2014年，不定期组织项目承担单位进行会商，研究、协调项目进展过程中存在的问题，加快推进项目研究进度。截至2014年底，上述课题均完成了建议书、可研报告、资金预算以及论证报告的编制，并通过待科技部科研评审，待最终立项。

（三）获奖情况

江苏水源公司完成了“大型竖井式贯流泵装置研究与应用”“南水北调东线大型贯流泵站工程关键技术及应用”两个项目的奖项申报工作，其中“大型竖井式贯流泵装置研究与应用”获2014年度江苏省水利科技优秀成果奖二等奖。

（四）科研项目的推广应用工作

截至2014年底，“大型贯流泵关键技术与泵站联合调度优化”课题部分研究成果已应用于南水北调东线工程泗洪站、金湖站等泵站工程前期工作和建设，并在江苏省通榆河北延等其他水利工程中得到推广，经济效益和社会效益显著；拟申报“十二五”重点科研项目的《河道疏浚泥堆场综合处置关键技术研究与应用》部分成果已在金宝航道工程中得到应用，节省土地约30%，缩短土地占用周期一半以上，并继续服务于泰州引江河二期工程及淮河干流蚌浮段行洪区调整工程；江苏省水利厅立项的《面向环保清淤的城市河湖污染底泥一站式周转循环处理技术研究与应用》在扬州城市河道工程中试点应用。

2014年，江苏水源公司以洪泽站、泗洪站为试点开展“泵站管理信息化”技术研究，拟将研究成果在全省南水北调工程中推广应用。

（五）运营管理期科研工作规划编制

科研管理工作方向由工程建设转向工程运行、发展，重点将围绕工程运行、降本增效、管理创新以及公司发展核心竞争力的培养，构建新的科研管理体系。2014年下半年，江苏水源公司启动了运营期科研规划的编制工作，并就管理思路、科研方向等关键问题形成初步成果。

（洪剑陵　薛刘宇）

## 征　地　移　民

2014年，江苏南水北调工程进入扫尾收官和由建设向运行管理转型阶段。征迁安置方面主要抓好征迁现场扫尾、维护稳定、专项验收和南四湖下级湖抬高蓄水位影响处理工程推进等方面工作。

江苏南水北调工程共40个设计单元工程，其中调水工程36个设计单元，截污导流工程4个设计单元。调水工程中血吸虫北移防治、沿运闸洞漏水处理、调度运行系统、管理设施、三阳河潼河、宝应站、江都站、皂河一站、南四湖水质监测等9个设计单元工程的征迁工作由江苏水源公司自行负责实施，由江苏省南水北调办实施的共27个设计单元工程（含文物保护专项）。

截至2014年底，调水工程累计完成工程永久用地4.39万亩（其中3.77万亩需办理用地手续），手续批复率93.4%，临时用地2.3万亩，已复垦退还2.29万亩，退还率99.5%。拆迁各类房屋49.6万$m^2$，搬迁人口1.52万人，4254户，集中安置区入住率达到96.5%，生产安置人口约1.26万人。截污导流工程，完成永久占地0.3万亩，临时占地1万亩，拆迁房屋14万$m^2$，搬迁人口0.7万人，生产安置人口0.4万人，江都、淮安、宿迁等三个截污导流工程的永久用地共491亩已获得批复，徐州截污导流工程2578亩手续已上报待批。

（一）征迁现场扫尾

2014年现场扫尾工作主要集中在金宝航道宝红桥接线、乌龙渡生产桥改建交通道路及里下河水源调整等工程的生产安置配套项目实施。

金宝航道新宝红桥已通车，老宝红桥已拆除完成，新老桥之间连接线9月底已完工并通车。金宝航道6.8km桥改路工程经多次协调，进入实施阶段。里下河水源调整卤汀河工程生产安置配套项目涉及扬州市江都区，泰州市海陵区、姜堰区、兴化市，共5个县（市区），大三王河涉及宝应县，高水河工程涉及江都区，投资约7300万元，这些征迁专业项目主要是用于改善征迁所在地区生产生活条件。在江苏省南水北调办批复实施方案以后，5个县（市区）均按照基本建设程序组织实施，已基本完成，江苏省南水北调办要求各征迁实施机构，在生产安置配套项目完成后，及时组织完工验收，移交地方投入使用。

（二）信访和维稳工作

在工程收官阶段，来信来访相对减少，2014年接待来访群众8次11人、电话咨询2次，10年工程建设期共接待来访群众61次219人。

（三）用地手续办理

永久用地手续大部分得到批复，临时用地已基本复垦退还。

江苏南水北调工程调水工程永久用地手续组卷11个报件，共征用土地面积3.77万亩，10个报件获得国土资源部批复，批复土地面积3.53万亩，占需批复面积93.4%，其余1个报件0.24万亩，在国土资源部待批。2014年国土资源部批复了泰州卤汀河、江都高水河卤汀河、高邮盐城灌区调整等3个报件，批复面积0.36万亩。剩余1个报件是徐州市的刘山泵站等9个项目，原因是误报新增建设用地有偿使用费，已多次与江苏省国土资源厅沟通，江苏省国土资源厅已核实，向国土资源部汇报等待回复。4个截污导流工程永久用地手续共3个报卷，已批复2个，剩余1个报件为徐州市截污导流工程，待批原因是林业用地手续需要补正，经多次协调，林地手续已在11月通过江苏省林业局批复。

江苏南水北调工程永久用地的耕地占补平衡问题全部解决。市县国土部门承诺负责平衡的已全部落实到位，此外，泰州卤汀河、扬州大三王河等涉及的14个市（县）不能平衡的，江苏省国土资源厅全部负责平衡，面积1.14万亩，江苏省南水北调办已将耕地开垦费1.23亿元全额缴纳。

临时占地共使用2.3万亩，已基本完成退还，剩余泗洪站2号排泥场121亩，复垦难度较大尚未退还。

（四）征迁安置资金使用管理

2014年5～6月，国务院南水北调办委托天津倚天会计事务所对江苏南水北调工程征迁移民资金进行为期1个月的专项审计，各级征迁机构积极配合审计工作，及时提供会计资料和征迁安置档案资料，认真解答审计提出有关问题，按照审计组对审计出来的问题到镇、村进行延伸审计。对于审计期间提出的基层单位报账制不规范问题落实责任，全部落实整改。对于提出的防范资金管理风险，江苏省南水北调办认真研究，下发了《关于加强江苏南水北调工程征迁安置管理工作的补充意见》，分临时用地复垦、专业项目复建、矛盾协调费使用地等7个方面提出了规范要求。2014年11月上旬国务院南水北调办经财司又专门对整改情况组织复查。复查时所有问题已全部整改到位。

（五）征迁安置专项验收和完工验收

2014年完成了金湖站、楚州灌区调整征

迁档案专项验收，分县完成了皂河二站（骆运管理处实施部分）、骆南中运河（宿城区）、洪泽湖抬高蓄水位（宿城区）、徐洪河影响处理（宿城区）、里下河水源调整（淮安区）等5个项目的完工验收，涉及5个设计单元。按设计单元工程，完成了淮安二站、刘老涧二站、金湖站等3个项目的征迁完工验收，截至2014年底，已完成12个设计单元工程征迁安置完工验收。

（六）南四湖下级湖抬高蓄水位影响处理工程

该项目是2011年批复项目，因项目内容反复讨论后进行优化设计，2013年底江苏省南水北调办批复实施方案。为加快项目建设，江苏省南水北调办2014年7月底召开了建设推进会，明确招标设计、施工设计、招投标工作时间节点，落实工作任务，先后3次到徐州市及工程现场，协商工程建设监管方案，检查工程进展情况。在徐州市及沛县铜山区南水北调管理机构的共同努力下，该项目于9月完成招标设计，10月完成土建施工标招投标工作，12月完成机电设备招标。施工图设计及时跟进，于11月中旬正式开工，现处于全面建设阶段。

（七）文物保护工作

江苏南水北调工程第一、二期控制性文物保护项目外业发掘工作已全部完成，江苏省文物局正在组织专业人员对出土的文物进行清理和归类，转入室内修缮整理阶段。经过十年的考古工作，共发现文物点132处（地下96处，地面36处）。地下文物包括化石、古遗址、古墓群；地面文物有码头、堤坝、古建筑群、石刻、纪念性建筑等。发掘面积4.31万$m^2$，勘探面积59.13万$m^2$，维修保护地面文物2处，迁建1处地面文物点。揭示旧石器时代、新石器时代、商周、两汉、唐宋、明清的各类遗址近50处、发掘出土墓葬100多座，出土各时代各类器物几千件。特别是盱眙泗州城遗址，完整揭露出清康熙年间毁于洪水中的唐宋泗州城遗址，道路、寺庙基址、塔基、宫殿基址、城墙和城门清晰可见，被专家们誉为“东方庞贝城”。

2010年出版了《大运河两岸的文明印记——楚州、高邮考古报告集》《邳州山头东汉墓地》考古报告。泗州城遗址和其他遗址墓葬的考古发掘资料报告汇编正在整理中。

（王其强）

## 工　程　验　收

2014年初，江苏省南水北调办牵头有关单位对调水工程各设计单元工程的完工验收准备情况进行了详细地梳理，研究制定了科学合理的设计单元工程年度完工验收计划，并进一步厘清了工程扫尾、现场准备、资料整备、专项验收、质量总评及技术初验等6个关键环节的责任和节点要求。

根据既定的年度完工验收计划安排，江苏省南水北调办严格依照验收导则等规范要求的程序，认真组织开展了完工验收工作。全年，共组织完成江都站改造设计单元工程完工验收，刘老涧二站、淮安二站改造等2个设计单元工程的完工验收技术性初步验收，以及皂河二站设计单元工程的完工验收技术性初步验收第一阶段工作。

（吴海军）

## 工　程　审　计

2014年4月初，国务院南水北调办委托河南江河会计师事务所有限公司对2013年度工程建设资金使用管理情况开展专项审计，同时对公司2012年度专项审计整改落实情况进行检查。江苏水源公司精心准备、积极配合，较好完成配合工作，对审计提出的问题认真分析，提出整改意见和措施，并按时向国务院南水北调办报送审计整改报告。2014年11月，国务院南水北调办组织对审计整改落实情况进行检查，确保审计整改意见落实到位。

（宁震宇　王潇驰　吴海军）

## 监督稽察

（一）招投标监督

2014年，共完成对23个招标标段的监督管理工作，其中调水工程7个标段，截污导流工程5个标段，配套工程11个标段。调水工程招标的有：工程运行管理3个标，泗洪站枢纽工程1个标，淮安二站改造工程1个标，东线江苏段调度运行管理系统工程2个标；截污导流工程招标的有徐州市截污导流工程5个标段；配套工程招标的有水质保护补充工程中新沂市尾水导流工程2个标段，丰县沛县尾水资源化利用及导流工程7个标段，睢宁县尾水资源化利用及导流工程1个标段。招标总金额12 504.2万元，其中调水工程1011.36万元，截污导流工程3340.25万元，配套工程8152.59万元。

（二）工程质量监督

2014年，江苏南水北调工程质量监督工作狠抓在建工程质量管理，同时注重投入运行管理工程的质量管控。

全年对江都站改造、洪泽站、刘老涧二站、淮安二站改造、皂河二站、泗洪站、邳州站、睢宁站、金宝航道、里下河水源调整等设计单元工程开展质量监督现场工作，督促落实有关质量问题整改。

2014年，江苏南水北调各项在建工程质量状况继续保持平稳可控，已完工程建设质量总体良好，在各级政府验收中得到了一致肯定。

（宁震宇　王潇驰　吴海军）

# 山东段

## 概述

2014年是山东南水北调工程改革发展的关键年。在第一个调水年度，山东段工程成功实施了试通水、试运行和年度调水三次通水运行，实现了工程安全、输水安全和水质安全。同时，山东段积极探索构建大型水利工程现代企业管理机制，为工程管理由建设期向运行期转变，管理方式由行政化监督管理向企业化、精细化管理转变，提供了制度保障。山东段配套工程进入全面开工的攻坚期，全省38个供水单元全部开工建设，累计完成投资72.66亿元，已有17个供水单元具备通水条件。南水北调立法工作取得重要进展，《山东省南水北调条例》通过山东省政府常务会审议、山东省人大常委会第一次审议，并列入2015年山东省人大常委会二审计划。山东段干线工程综合效益开始显现，在2014年全省抗旱中，通过南水北调工程向南四湖下级湖进行生态补水，利用济平干渠工程、双王城水库向小清河生态补水、潍坊北部地区应急调水，有力地支持和配合了全省抗旱、生态保护工作，极大地扩展了南水北调工程的影响。

（一）工程建设管理

山东省南水北调建管局按照细化目标、明确时限、责任到人、强化督导的工作思路，采取有力措施，全力推进尾工建设。为积极适应干线工程运行管理的实际需要，加强了各现场管理单位工程日常管理工作的帮助指导，及时督导做好安全防护工程、警示标语设置、日常安全巡查等工作，帮助指导现场管理单位完成了水毁修复工程。坚持以“安全生产百日攻坚”、“六打六治”专项整治为牵引，认真开展安全生产隐患排查、安全生产大检查等活动，保障了安全生产形势稳定。坚持把工程验收工作完成情况列入年度工作计划，督导各有关单位积极开展各项验收准备工作。

（二）质量安全管理

山东省南水北调建管局组织制定了2014年山东省南水北调工程质量监管方案，统一明确质量监管工作的原则、目标、主要任务及工作分工，落实监管责任，全力保证质量监管工作的计划性、科学性。扎实做好历次稽察检查发现问题的督促整改落实工作，组织有关单位对问题认真研究分析，落实整改责任，明确整改时限，切实把问题整改落实到实处。同时专门印发关于加强配套工程质量管理工作通知，督促各地市南水北调局健全配套工程质量管理体系，对在建工程开展内部自查工作。制定各项专项稽察实施方案，加强剩余工程质量管理工作，严格质量问题责任追究，做好举报受理办理工作。

（三）通水运行

根据国家下达的2013～2014年度第二阶段水量调度计划和调度方案，2014年5月12日～6月11日，山东省南水北调建管局组织实施了山东省南水北调工程水量调度工作。调入南四湖下级湖水量4430万$m^3$，调入上级湖3830万$m^3$，调入东平湖3750万$m^3$，向胶东干线送水3455万$m^3$，向双王城水库供水2833万$m^3$。积极协调有关单位、部门利用南水北调工程调长江水向南四湖下级湖应急生态补水工作。应济南市要求组织实施了利用济平干渠工程引黄河水向济南市小清河生态供水近1400万$m^3$的调水任务。应地方政府要求，组织实施了双王城水库向潍坊市应急抗旱供水近1600万$m^3$的任务。同时协助地方政府实施了配套工程泵站试运行供水工作。

（四）征地移民工作

山东省在全国南水北调系统第一个启动了土地确权发证工作。截至2014年底，已有滨州、潍坊、东营、淄博、泰安、德州、聊城、枣庄等8市，博兴、邹平、寿光、广饶、桓台、高青、东平、薛城、峄城、台儿庄、汶上、鱼台、茌平、阳谷、夏津、武城、东阿、临清、东昌府区、经济开发区、旅游度假区21个县（市、区）全部完成确权发证任务，已累计发证59 432亩，约占应发证面积的71%。山东省全力加快征地移民验收工作进度，2014年度完成了万年闸泵站1个设计单元工程省级验收，完成了穿黄河等11个设计单元工程省级征迁档案验收以及省级验收的准备工作，完成了全部17个勘测定界及6个监理、监测评估合同和1个设计合同验收，督促完成了文物保护项目验收，指导完成了30个县级征地移民档案验收、25个县级征地移民验收。完成了南四湖下级湖抬高蓄水位影响处理工程征地移民县级验收、征地移民省级档案验收以及省级验收的准备工作。

（五）配套工程建设

山东省南水北调建管局坚持以山东省政府确定的7个重点突破城市和2014年度14个供水单元必须完成的目标任务为牵引，重视加强对配套工程建设管理的检查督导。积极参与山东省政府督查室组织的专项督查，认真落实配套工程建设管理办法，加强了各供水单元工程招投标、建设管理等制度规定的落实，并多次组织到工程一线开展调研。注重加强信息调度，采取建设进度信息月报制度与$K$值考核相结合的办法，每月调度抽查。截至2014年底，山东省38个配套供水单元中已有17个供水单元主体工程已基本完工，具备接纳江水条件。

（六）工程投资控制

山东省南水北调建管局认真做好干线工程规划设计后续工作，编制完成了2013年工程投资计划执行情况报告和2015年工程投资建议计划报告，组织完成了长沟泵站等14个单元工程2012、2013两年度价差报告编审工作，其中2012年度价差投资已获批复。协调批复了韩庄、二级坝泵站项目管理预算报告，编制了项目价差报告并组织协调完成了初审。做好了试通水、待运行维护报告编制申报审查批复、工程尾工计划安排、变更索赔项目处理、贷款利息测算报批等工作。截至2014年底，国家累计批复山东段干线工程投资240.48亿元，下达计划236.91亿元，到位资金215.51亿元。累计完成投资230.81亿元，占批复投资的95.98%。

（七）科技保障

山东省南水北调建管局针对工程沿线主要水工建筑物，开展了安全监测设备梳理排查工作。出台了《安全监测工作管理办法》，依据有关规范和设计文件，研究出台了《水库大坝巡查巡测频次要求》《水库、泵站、渠道及建筑物安全监测指南》《测量标志维护管理规定》等技术性标准，对日常监测工作提出了明确要求，填补了南水北调安全监测组织和管理工作的空白。先后组织了《安全监测管理办法》《水库、泵站、渠道及建筑物安全监测指南》《变形观测基本理论及仪器操作》《水工建筑物安全监测分析及评价》等专项培训。组织设计单位编制完成了《南水北调东线一期山东段工程运行观测网设计报告》，经专家初审修改完善后上报国务院南水北调办。组织的十二五科技支撑计划项目两项课题已通过可行性研究报告审查，正在进行科技部立项审查。组织推荐科技成果参评山东省和水利厅科技进步奖，其中“南水北调平原水库建设与渠道清淤关键技术”获得山东省科技进步二等奖（已公示），“高效渠道机械化清淤设备研制与应用研究”获水利厅科技进步一等奖，山东省南水北调工程质量监督信息系统研究与应用获水利厅科技进步三等奖。

（邓 妍）

## 运 行 调 度

### 一、全线运行

（一）前期准备情况

1. 水量协调

根据水利部批准下达的《南水北调东线一期工程2013～2014年年度水量调度计划》，山东省共计划用水7750万$m^3$。分别为济南2790万$m^3$、青岛2260万$m^3$、枣庄600万$m^3$、淄博1500万$m^3$、潍坊600万$m^3$。调水时段为2013年10～12月和2014年3～5月。在2013年11～12月的第一阶段供水运行中，调入东平湖水量3400万$m^3$，向淄博供水1002万$m^3$，其余存蓄于东平湖和南水北调工程调蓄水库中，计划2014年上半年继续完成剩余的水量计划。

2014年2月，山东省水利厅发文要求各地市报送第二阶段供水运行的用水计划。扣除2013年已完成的供水计划1002万$m^3$，这次供水运行还应向济南、青岛、枣庄、淄博、潍坊五市供水6750万$m^3$，但各市实际报送的用水计划仅有3200万$m^3$，与水利部水量调度计划相比减少了3550万$m^3$：一是济南市用水计划减少了1290万$m^3$；二是青岛市取消了原定的2260万$m^3$的用水计划；三是枣庄、淄博二市的用水计划保持不变，其他各市没有新增用水需求。另外因寿光市配套工程还不具备供水条件，潍坊市提出先调水入双王城水库蓄存。

2. 工作准备

（1）自2013年4月11日，收到国务院南水北调办《关于召开南水北调东线一期工程2013～2014年年度水量调度座谈会的通知》（建管建函〔2014〕19号）后，山东省南水北调建管局、南水北调山东干线有限责任公司（以下简称山东干线公司）立即着手开展供水运行准备工作，制定供水方案。

（2）2014年4月30日，收到山东省政府

转来的国务院南水北调办“关于商请安排南水北调东线一期工程2014年上半年供水有关工作的函”后，根据山东省政府意见，山东省南水北调工程建设指挥部印发了《关于做好南水北调工程2013～2014年度第二阶段供水运行工作的通知》，要求相关市人民政府和公安、环保、交通、水利、电力等相关部门做好供水运行保障工作。山东省南水北调局向山东省水利厅专门汇报了各市用水计划、引黄济青工程协调等相关情况。

（3）2014年5月7日，国务院南水北调办印发了《南水北调东线一期工程2014年上半年供水运行工程调度方案》（以下简称《东线调度方案》），确定了南水北调东线（包括山东段工程）运行时间安排。5月8日，山东省南水北调建管局、山东干线公司召开供水运行准备会议，传达《东线调度方案》的主要内容，印发了《南水北调东线山东段工程2013～2014年度第二阶段供水运行工程调度方案》（以下简称《山东调度方案》），部署工程维修收尾、调度运行、通信保障、水质监测、工程监测等相关工作。

（4）供水运行准备会议后，山东省南水北调建管局、山东干线公司先后与枣庄、济南、淄博、潍坊等市进行供水衔接、与山东省胶东调水局、山东省小清河管理局协商共用工程调度运行管理问题，与山东黄河河务局东平湖管理局、东平县等单位协商东平湖水量调度问题。山东省胶东调水局为保证南水北调通水，暂停了其已开工的渠道内工程项目。

（二）调水实施情况

1. 调水线路

根据《东线调度方案》，确定输水线路为从江苏扬州附近的长江干流引水，利用京杭运河以及与其平行的输水河道输水，经洪泽湖、骆马湖调蓄后进入山东境内，再通过韩庄运河段工程、南四湖段工程和南四湖—东平湖段工程调水入东平湖。

按照《山东调度方案》，调水入东平湖后，从济平干渠渠首闸引水，通过胶东输水干线向济南、淄博两市供水，并利用引黄济青段工程，调水入双王城水库。

山东省境内的主要工程节点有：韩庄运河段的台儿庄、万年闸、韩庄泵站，南四湖段的下级湖、二级坝泵站和上级湖，南四湖—东平湖段的梁济运河、柳长河、长沟泵站、邓楼泵站和八里湾泵站，东平湖，胶东输水干线的济平干渠、济南市区段、济东明渠段、引黄济青段、双王城水库等工程。

2. 水量调度

根据《东线调度方案》，计划台儿庄泵站从苏鲁省界调水4530万$m^3$，入南四湖下级湖4430万$m^3$，留存下级湖600万$m^3$，过二级坝泵站3830万$m^3$，出上级湖3830万$m^3$，进东平湖3750万$m^3$。

山东南水北调建管局、山东干线公司在完成《东线调度方案》的基础上，适时调整了胶东干线的供水方案，取消了向青岛市供水，增加了向小清河生态供水。实际完成的主要节点水量如下：

从苏鲁省界调水4510万$m^3$，入南四湖下级湖水量共计4430万$m^3$，从下级湖调水入上级湖调水3830万$m^3$，从南四湖上级湖调水3750万$m^3$入东平湖。南四湖下级湖蓄存水量600万$m^3$用于向枣庄市持续小流量取水。济平干渠渠首闸从东平湖引水3455万$m^3$，向济南市、淄博市、双王城水库（包含潍坊市供水水量600万$m^3$）供水2833万$m^3$。其中向济南市供水954万$m^3$（包括向玉清湖水库供水45万$m^3$，向小清河生态供水909万$m^3$），向淄博市供水502万$m^3$，入双王城水库1377万$m^3$。

3. 工程运行

山东段工程从2014年5月12日台儿庄泵站开机运行，2014年6月11日双王城水库入库泵站停止运行，共计运行31天，七座干线泵站共计运行2679个台时。各调度单元工程的运行情况如下：

（1）韩庄运河段工程。2014年5月12日10时，台儿庄、万年闸和韩庄泵站同时开启一台机组运行，标志着山东段工程2013～2014年度第二阶段供水运行正式开始。

2014年5月12日15时，台儿庄、万年闸和韩庄泵站开启第二台机组运行；12日17时，开启第三台机组运行；13日15时，开启四台机组以设计流量125m³/s运行。14日15时，台儿庄、万年闸和韩庄泵站开始调整机组，以3～4台机组运行；16日8时减为两台机组运行；18日4时减为一台机组运行；18日17时韩庄运河段计划完成调水量后台儿庄、万年闸和韩庄泵站三座泵站停止运行。台儿庄、万年闸和韩庄泵站分别运行了396、396、393台时，调水4510万、4519万、4430万m³。

（2）南四湖段工程。2014年5月13日10时，二级坝泵站开启一台机组运行，从南四湖下级湖抽水入上级湖。并分别于14日10时和12时开启第二台、第三台和第四台机组运行；14日14时开启第四台机组，以设计流量125m³/s运行。15日17时，二级坝泵站开始调整机组，以2～4台机组运行；18日10时，二级坝泵站减为一台机组运行；18日18时，二级坝泵站完成计划调水量后停止运行。运行期间，二级坝泵站的站下及站上水位均控制在设计最高及最低运行水位之间。二级坝泵站累计运行了384台时，调水3830万m³。

（3）南四湖—东平湖段工程。2014年5月13日10时，长沟泵站开启一台机组运行，邓楼泵站和八里湾泵站根据站下水位情况分别于5月13日21时30分和22时开启一台机组运行，南四湖—东平湖段工程全线投入试运行。梁济运河内水草生长旺盛，大量漂浮水草顺水北上，聚集到邓楼泵站前池，严重影响了泵站运行。长沟泵站和八里湾泵站也相应调整机组和间歇性运行。由此，实际运行中，对《东线调度方案》中南四湖—东平湖段工程的运行计划及时进行了调整。面对突发情况，山东省南水北调建管局、山东干线公司积极应对，按照相关工作预案，从技术、人力、物力上多方设法，利用梁济运河河道桥墩、邓楼泵站入渠三岔口有利条件，设置拦草索和拦草网，对河道大量漂浮聚集水草实施分段拦截，分区负责清理；邓楼泵站内采用长臂挖掘机捞草、清污机抓草、机动船辅以人工船辅助推草三管齐下，尽最大努力保障清污机正常运行、邓楼泵站至少满足单机抽水运行条件。自5月18日，邓楼泵站运行条件明显改善，以1～2台机组持续运行至供水结束。因长沟泵站—邓楼泵站之间的梁济运河没有封闭，与多条支流并与南四湖上级湖相通，为充分抽取河道槽蓄水量，按照梯级和开机顺序，长沟、邓楼和八里湾泵站分别于5月25日17时，5月25日20时和5月26日5时先后停止运行，南四湖—东平湖段工程完成了计划调水量。南四湖—东平湖段长沟、邓楼和八里湾泵站分别运行了391、343、376台时，调水3830万、3770万、3750万m³。

（4）胶东输水干线工程。2014年5月14日10时，济平干渠渠首闸开始提闸放水，初始引水流量为10m³/s，济平干渠沿线闸门相应开启，胶东输水干线供水运行开始。10时30分，京福高速节制闸和济南市区段暗涵进口闸开启，向小清河供水6m³/s，其余入暗涵充水，暗涵出口闸以下工程沿线闸门关闭。5月15日15时，因引黄济青段工程维修暂停收尾，济平干渠渠首闸流量降至6m³/s，向小清河生态供水保持6m³/s，济南市区段暗涵进口闸关闭。5月21日9时，济平干渠渠首闸增加流量至23m³/s；10时济南玉清湖水库分水闸开启，10时30分，玉清湖水库入库泵站开启，向玉清湖水库分水3m³/s；向小清河生态供水保持6m³/s；济南市区段暗涵出口以下工程沿线闸门开启，开始向胶东段工程输水。输水初期将冲洗渠道的弃水分段泄出：5月

21日22时，水头到达大沙溜倒虹，大沙溜倒虹泄水闸开启，冲洗上游渠道的弃水泄入大沙溜河道，22日4时泄水闸关闭，大沙溜倒虹涵闸打开向下游输水；22日14时，水头到达青胥沟倒虹，青胥沟倒虹泄水闸开启，冲洗上游渠道的弃水泄入青胥沟，22日16时泄水闸关闭，青胥沟倒虹涵闸打开向下游输水；23日13时，水头到达引黄济青上节制闸，进入引黄济青段工程；24日16时，小清河分洪道子槽蓄水出流，水头到达塌河倒虹，塌河倒虹泄水闸开启，冲洗上游渠道的弃水泄入塌河，26日18时泄水闸关闭，塌河倒虹涵闸打开向下游输水；26日16时30分，双王城水库入库泵站开启一台机组充库运行。5月23日9时，济平干渠渠首闸流量增加到33$m^3$/s，用于增加沿线渠道蓄水，并向玉清湖水库、小清河和双王城水库供水。23日17时，玉清湖水库入库泵站因水草阻水而停机，玉清湖水库分水闸暂停分水，水量下泄入胶东段工程。5月26日19时，济平干渠渠首闸下泄流量减至23$m^3$/s；向小清河生态供水流量保持6$m^3$/s；引黄济淄分水闸开启，初始分水流量3$m^3$/s，向淄博市供水；其余水量入引黄济青段工程向双王城水库供水。5月28日11时，济平干渠渠首流量增加到25$m^3$/s；向小清河生态供水流量减到3$m^3$/s；引黄济淄分水闸流量增加到10$m^3$/s；其余水量入引黄济青段工程向双王城水库供水。6月3日9时，济平干渠渠首闸流量减到16$m^3$/s，向小清河生态供水流量保持3$m^3$/s；引黄济淄分水闸流量减到6$m^3$/s，直至6月4日12时，完成向淄博供水500万$m^3$任务后引黄济淄分水闸关闸停止分水；其余水量入引黄济青段工程向双王城水库供水。6月6日8时应东平县政府和山东黄河河务局要求，为防止东平湖水位过低出现生态问题并考虑部分水量损失，在从东平湖引水3455万$m^3$后，济平干渠渠首闸关闭，同时停止向小清河生态供水；沿线闸门视水位情况从上游向下游逐渐关闭，至6月8日8时，引黄济青上节制之前闸门全部关闭；双王城水库入库泵站视上游来水情况增减机组运行，抽取槽蓄水量入库，至6月11日19时停止运行。至此胶东干线工程全线结束运行。

（三）工作总结

各工程单元自完成供水任务后，从各泵站、水库、渠道管理处、到枣庄、济宁、济南、胶东管理局，再到山东干线公司、山东省南水北调建管局，逐层次进行工作总结，主要内容包括组织管理和准备工作情况、调度方案实施情况、工程运行情况、运行监测数据分析等，形成书面材料，并进行会议讨论。山东干线公司总结了调度运行情况，2014年7月1日以“关于报送《南水北调东线山东段工程2013～2014年度第二阶段供水运行工作总结报告》的报告”（鲁调水企运字〔2014〕7号）向国务院南水北调办报告了全线通水运行情况。

**二、应急调水**

2013年10月至2014年7月底，山东省全省平均降水仅323.1mm，较历年同期偏少26.7%，旱情严重。山东省南水北调建管局、山东干线公司充分发挥南水北调工程的作用，实施应急调水，支持和配合山东省和各市的调水工作。

1. 引黄补湖

2014年7月19日～9月4日，东平湖国那里引黄闸引黄河水，通过南水北调梁济运河段输水工程为南四湖上级湖应急补水2422万$m^3$。山东干线公司配合济宁市防汛抗旱指挥部的抗旱调度，调控长沟节制闸和邓楼节制闸，并加强工程巡查和工程监测，保证工程平稳输水。

2. 引江补湖

2014年8月5～24日，南水北调江苏段工程调长江水为南四湖下级湖应急补水8069万$m^3$。按照山东省政府、省防汛抗旱总指挥部要求，山东省南水北调局、山东干线公司积极做好应急调水的前期准备工作，7月28日山东省南水北调工程建设指挥部以“关于向南四湖应急补水的请示”（鲁调水指字〔2014〕10号）报请国务院南水北调办利用南水北调工程向南四湖应急补水，并于7月29日赴北京向国务院南水北调办详细汇报了相关情况。在国家防总、国务院南水北调办和相关部门的支持下，应急调水工作得以迅速实施。应急调水期间，山东省南水北调建管局参加了山东省防汛抗旱总指挥部组织的调水工作督导组，赴济宁、枣庄两市对调水工作进行督导，重点查看了调水沿线用水管理和闸站运行情况，确保调水工作顺利进行。

3. 支援潍坊市抗旱

2014年7月19～29日，应潍坊市请求，为缓解当地农业的严重旱情，双王城水库通过引黄济青工程向弥河应急调水1566万$m^3$。山东省南水北调建管局、山东干线公司做好双王城水库的工程运行、安全监测、水量计量以及与引黄济青工程的联合调度工作。

4. 小清河生态供水

2014年7月15日～8月31日，应济南市南水北调建管局请求，为改善济南市区段小清河水质，济平干渠自田山沉沙池引黄河水，以5～7$m^3/s$的流量向小清河生态供水2277万$m^3$。

（邵军晓）

## 工 程 效 益

（一）供水效益

在南水北调东线一期山东段工程第二阶段调水运行中，山东段工程向枣庄市供水600万$m^3$，向济南市供水954万$m^3$（包括向玉清湖水库供水45万$m^3$，向小清河生态供水909万$m^3$），向淄博市供水502万$m^3$，向双王城水库供水1377万$m^3$用于今后向潍坊市供水。

（二）社会效益

2014年山东段工程实施的向南四湖地区和潍坊市的应急抗旱调水，缓解了山东省受水区旱情，促进了受水地区的和谐稳定，扩大了南水北调工程的社会影响力，取得了显著的社会效益，这充分体现了连通长江、黄河、淮河和海河的南水北调东线工程对我国水资源的优化配置作用，展示了南水北调工程的战略性基础设施的地位。

潍坊市是山东省重要的农业生产区，是全国重要的蔬菜生产基地，7月下旬为当地的蔬菜换茬高峰期。双王城水库的应急调水及时挽救了大片濒临绝产的秋季作物，缓解了弥河两岸蔬菜大棚区的农田灌溉困难，随后在山东登陆的“麦德姆”台风带来的降雨基本解除了当地旱情。南水北调工程在抗旱关键时刻起到了应急保障作用。

（三）生态效益

向南四湖的引黄和引江补湖调水，有效缓解了南四湖旱情，使南四湖生机重现。湖面较调水前扩大了70$km^2$，上、下级湖保持和恢复到最低生态水位以上，基本满足湖区各类水生动植物的最低用水需求，保证了南四湖生态链和生物物种的完整性，避免了湖区生态遭受严重破坏。

向小清河进行生态供水，改善了小清河水质和周边生态环境，确保济南市区段小清河有充足的景观用水量，深化了南水北调工程在济南市民中“清水走廊”的形象，充分发挥了南水北调工程的基础性、战略性、公益性作用。

（邵军晓）

## 建 设 管 理

（一）工程建设进度

2014年在建工程有济南市区段工程补源穿济西编组站专项工程、调度运行管理系统工程、管理设施工程，工程施工进展按照年

计划顺利实施。其中调度运行管理系统工程2014年完成光缆铺设366km、完成设备安装255处、完成设备调试275处，分别占年度计划的100%、100%、100%，山东段工程2014年完成施工投资5816万元，占年度计划的104%，超额完成了年度计划。截至2014年底，山东段11个单项、54个设计单元工程，已有51个设计单元工程全面建成，全线贯通，并已进行正式通水运行。

（二）招投标和合同管理

（1）工程招投标和施工图设计审查。截至2014年底，共进行招标文件审查及工程招投标16项。

（2）计量支付。严格按照时限要求审核正常的工程计量支付。截至2014年底，完成计量支付审核共计200余本。

（3）合同内项目完工结算。截至2014年底，共收到完工结算书、完工结算审核书91个标段。跟踪审计单位已完成77个标段的审核，因存在分歧正在协商对接的9个标段，因施工单位资料提交较晚或不全正在审核的5个标段，与现场局共同督促施工单位及监理单位完善资料。

（4）价差调整。山东干线公司制定了《山东省南水北调干线工程价差调整实施办法（试行）》。为加快价差调整工作，山东干线公司于2014年10月10日下发通知，通过施工企业授权，由干线公司统一委托中介机构编制施工期价差，价差编制费用由相关承包人承担。截至2014年底，施工企业已全部授权，山东干线公司也与山东省水利勘测设计院签订价差编制合同。山东省水利勘测设计院根据合同内结算工程量编制相关标段价差，预计年底前完成价差施工价差编制并开展兑付工作。

（5）工程保险。2014年，组织完成了鲁北段工程水土保持和管理设施工程以及南水北调东线一期山东段工程安全防护工程的交费投保及保险培训工作。截至2014年底，山东省南水北调工程累计投保额约人民币72亿余元，保费人民币2260万余元。2014年全年山东干线公司向保险公司索赔出险款项110万元。截至2014年底，累计已索赔出险款项约837万余元。保险赔款均已及时全额拨付给受损单位，保护了施工单位的利益，极大地提高了他们工作的积极性和主观能动性。

（三）安全管理

2014年初，山东省南水北调建管局召开了安全生产工作会议，汛前召开了山东省南水北调防汛工作会议。印发了《关于开展安全生产大检查做好工程通水和防汛度汛工作的通知》，制定了《山东南水北调工程集中开展“六打六治”打非治违专项行动工作方案》，5月初和7月中旬两次组织召开专题尾工建设调度会。制定了2014年山东省南水北调工程质量监管方案。

2014年度，山东省南水北调未发生安全生产责任事故，实现了年度安全生产目标任务。

（蔡家宏　郭晓翠）

## 科　学　技　术

（一）科技项目进展情况

（1）2014年，“十二五”国家科技支撑计划项目课题“南水北调平原水库运行期健康诊断及防护技术研究与示范”、“南水北调河渠湖库联合调控关键技术研究与示范”已通过可行性研究报告审查，完成立项；山东省省级水利科研及技术推广项目“远距离调水工程生态影响动态监测技术研究”获得立项；山东省南水北调建管局组织申请了2015年山东省级水利科研与技术推广项目“河—湖—泵站复杂系统调度关键技术研究”的立项工作。

（2）2014年，山东省南水北调建管局组织完成了“南水北调一期山东干线工程运行初期供水价格执行方案”和“南水北调东线一期工程山东境内水价政策与方案研究”两项课题的结题验收。山东省南水北调建管局承担的公益性行业专项经费项目“基于水系联通的水资源优化配置与调度技术——调水工程受水区综合水价研究”完成了项目技术验收，财务验收正在进行中。

（3）山东省科技发展计划项目“北方地区平原水库垂直连锁混凝土预制块护坡技术研究”、山东省省级水利科研及技术推广项目“山东省水利工程管理远程控制系统研究与应用”和“南水北调东线穿黄工程建设综合技术研究”，根据项目要求，完成了2014年度的研究任务。

（4）2014年，完成了国务院南水北调办设计管理中心委托的“南水北调办信息化管理系统建设管理办法”及“南水北调办信息安全管理规章制度”研究工作，该项目为组织开展国务院南水北调办信息化管理系统设计、建设工作提供了技术支撑。

（二）科技成果获奖情况

2014年，山东省水利厅组织推荐的由山东省南水北调工程建设管理局承担的“南水北调平原水库建设与渠道清淤关键技术”获得山东省科技进步二等奖，该项目成果中的平原水库建设研究成果已成功应用南水北调山东干线平原水库工程中，并在南水北调东、中线多座配套平原水库工程中推广应用，经济社会效益十分显著；研制的渠道清淤设备成功应用到南水北调山东段穿黄河南干渠和济平干渠，对保障南水北调渠道工程安全正常输水运行，充分发挥工程效益，具有重要作用。

山东省南水北调建管局组织推荐的两项科技成果，“高效渠道机械化清淤设备研制与应用研究”获得山东省水利科技进步一等奖，“山东省南水北调工程质量监督信息系统研究与应用”获得山东省水利科技进步三等奖。

（三）其他技术工作

（1）2014年，全面完成了介绍南水北调山东段工程的丛书《脉动齐鲁》编撰工作，丛书分为九卷，于2014年6月由中国水利水电出版社出版发行。其中《工程技术卷》（约62.8万字）由山东省南水北调建管局和山东干线公司等单位从事工程技术的人员，利用两年多的时间，全面收集相关资料、反复讨论，多次修改完善而成。

（2）2014年，山东干线公司组织编制并发布了《南水北调东线山东段平原水库运行期工程安全监测指南（试行）》《南水北调东线山东段泵站工程运行期安全监测指南（试行）》《南水北调东线山东段渠道及建筑物工程运行期安全监测指南（试行）》和《南水北调东线工程山东段测量标志维护管理规定（试行）》等规范南水北调山东段相应工作的技术文件。

（常　青　马国庆）

## 征　地　移　民

（一）土地确权发证

山东省在全国南水北调系统率先启动了办理建设用地划拨手续及土地确权登记发证工作。2014年，山东省南水北调建管局坚持周调度、月通报制度，采取联合办公、跟踪汇报、现场督办、目标考核、工作奖惩等多种手段，强力推动了全省土地确权发证工作的进展。截至2014年底，已有滨州、潍坊、东营、淄博、泰安、德州、枣庄等7市，博兴、邹平、寿光、广饶、桓台、高青、东平、薛城、峄城、台儿庄、汶上、鱼台、茌平、阳谷、夏津、武城、东阿、临清、东昌府区、经济开发区、旅游度假区21个县（市、区）全部完成确权发证任务，已累计发证59 432亩，约占应发证面积的71%。

（二）征地移民验收工作

2014年，山东省制定了征地移民县级、合同、档案、省级验收计划，督促各有关市、县和征地移民技术服务中介单位加快验收工作进度。截至2014年底，完成了万年闸泵站

1个设计单元工程省级征迁安置验收，完成了穿黄河等11个设计单元工程省级征迁档案专项验收，完成了全部17个勘测定界及6个监理、监测评估合同验收，督促完成了山东省南水北调文物保护项目验收，指导完成了30个县（市、区）县级征地移民档案验收和25个县（市、区）县级征地移民验收。

（三）东平湖蓄水影响处理工程

根据年度工作计划，2014年上半年，完成了东平湖蓄水影响处理工程第二批移民安置规划项目建设任务，其中，第二批第一期移民安置规划项目已通过国家审计中介单位审计；截至2014年底，东平湖移民安置规划项目第三批项目建设任务已基本完成；第四批移民安置规划项目招投标工作已完成，部分项目正在实施中；东平湖蓄水影响处理工程使用的650亩施工临时用地已全部交付地方。

（四）配套工程征迁工作

通过多次与山东省国土资源厅进行沟通、调研，联合督查，并请示国务院南水北调办从上层协调国土资源部用地指标，截至2014年底，全省38个供水单元中，除东昌府区、高唐县2个供水单元外，其他单元用地预审已全部通过。

（五）征迁遗留问题处理

2014年，山东省先后完成了“济南—引黄济青明渠段工程博兴县子槽段灌排影响处理”、“济南—引黄济青明渠段工程历城区阻工和遗留树木清除”、“夏津七一、六五河工程前籽粒屯村阻工”等征迁遗留问题处理工作，全省南水北调干线工程征迁遗留问题处理基本结束，确保了山东干线工程运行环境整体优良。

（六）信访维稳工作

截至2014年底，共接待处理信访上访事件20余起，50余人次。对于群众反映问题，认真研究制订应对方案，政策范围内能解决的问题，第一时间研究确定处理意见，应该由地方解决的督促地方及时解决；政策外的问题耐心做好解释说服工作，确保上访群众满意。

（七）征地移民其他相关工作

（1）巡视和审计配合工作。2014年度，山东省南水北调建管局积极配合做好山东省委巡视组巡视和审计厅审计工作。对山东省委巡视组巡视和山东省审计厅审计提出的问题，相关处室认真研究整改意见、严格落实整改措施、确保整改落实到位。

（2）以山东省南水北调工程建设指挥部的名义，编发5期征地移民情况通报，促进了全省办理建设用地划拨手续及土地确权登记发证工作进度。

（3）2014年，山东省南水北调建管局分别在聊城、济宁、枣庄等地举办了4期确权发证、合同验收和征地移民县级验收培训班，受训人数达150余人次。

（黄国军　李一涛）

## 投资计划管理

（一）投资计划

南水北调东线一期山东段11个单项的54个设计单元工程初步设计报告，已于2011年9月1日全部获得国家批复。

截至2014年底，山东境内南水北调工程累计批复工程总投资211.4亿元（含安全防护1.34亿元，不含截污导流工程12.09亿元，不含梁济运河、柳长河航运结合部分15.52亿元、不含梁济运河生态结合1.47亿元，下同），累计下达计划208.45亿元，累计完成投资204.61亿元。

（1）计划下达情况。截至2014年底，国家共下达山东南水北调工程（不含截污导流工程、航运结合、梁济运河生态部分）投资计划2 084 489万元，其中：中央投资304 171万元，南水北调基金247 024万元，重大水利基金1 117 994万元，贷款415 300万元，扣前期经费13 235万元。

（2）资金到位情况。截至2014年底，共到位资金1 938 649万元，其中：中央预算内投资304 171万元，南水北调基金247 024万元，重大水利基金972 154万元，贷款415 300万元。

（3）投资完成情况。截至2014年底，累计完成投资2 046 094万元。其中：济平干渠工程共下达投资计划149 445万元，完成投资150 241万元。韩庄运河段工程共下达投资计划82 571万元，完成投资87 237万元。南四湖水资源控制工程共下达投资计划40 023万元，完成投资42 304万元。东线穿黄工程共下达投资计划69 811万元，完成投资67 629万元。济南—引黄济青段工程共下达投资计划793 206万元，完成投资798 431万元。南四湖—东平湖段工程共下达投资计划252 759万元，完成投资260 881万元。鲁北段工程共下达投资计划483 621元，完成投资471 947万元。东平湖蓄水影响处理工程共下达投资计划49 488万元，完成投资49 488万元。南四湖下级湖抬高蓄水影响处理工程共下达投资计划40 984万元，完成投资40 984万元。山东段专项工程共下达投资计划132 596万元，完成投资117 596万元。

（二）配套工程

南水北调东线一期工程山东省续建配套工程消纳调江水量14.67亿$m^3$，其中鲁南片2.10亿$m^3$、胶东片8.77亿$m^3$、鲁北片3.80亿$m^3$。续建配套工程建设涉及枣庄、济宁、菏泽、德州、聊城、济南、滨州、淄博、东营、潍坊、青岛、烟台、威海等13个市的68个县（市、区）。供水范围总面积为6.42万$km^2$，占山东省国土面积的40.85%，规划阶段划分为41个供水单元工程。主要包括输水工程、调蓄工程、泵站工程和供水工程等。规划输水渠道747km，调蓄水库62座，新（改）建泵站88座，调蓄水库出库至净水厂供水管道总长806km，规划总投资253.2亿元。

经优化调整，山东省原规划41个供水单元工程调整为38个。截至2014年底，38个供水单元全面开工建设，17个供水单元基本建成，具备消化承诺调江水量的能力。累计完成投资72.66亿元。

1. 前期工作

2014年2月27日，山东省政府办公厅印发了《关于加快南水北调配套工程建设的通知》（鲁政办字〔2014〕28号），一揽子提出了综合水价改革、地下水压采、以奖代补激励政策、土地征收、基本水费征缴等方面的措施。

2014年3月25日，山东省南水北调工程建设指挥部《关于下达南水北调配套工程建设进度计划的通知》（鲁调水指字〔2014〕4号），将各供水单元前期工作和建设进度计划细化到月。

2014年4月1~4日，山东省发改委、财政厅、国土资源厅作为组长单位，组织山东省水利厅、林业厅、南水北调局有关人员分三组对德州、聊城、济南，枣庄、菏泽、济宁，潍坊、东营、滨州9市南水北调配套工程建设情况进行督查。

2014年5月30日，为落实赵润田副省长在督查报告上批示精神，进一步加快南水北调配套工程建设，印发了《关于进一步加快南水北调配套工程建设的通知》（鲁调水指字〔2014〕7号）。

2014年6月30日，赵润田副省长在调度会议上作出指示，山东省南水北调局就配套工程奖补办法初步方案进行了进一步修改完善，提出了南水北调配套工程补助方案的具体建议，并于7月15日再次向山东省政府进行专题汇报。

2014年8月28日，为贯彻落实山东省南水北调工程建设指挥部成员会议精神，全力推动山东续建配套工程建设，全省南水北调配套工程建设调度会议在济南召开。

2014年11月10日，为严格配套工程投资计划执行情况管理，山东省发改委、财政厅、南水北调局联合印发了《关于对南水北调配套工程投资计划执行情况进行自查的通

知》（鲁发改农经〔2014〕1196号）。

2014年11月18～26日，山东省政府督查室组织山东省发改、财政、水利、南水北调局等有关部门组成督查组赴潍坊、东营、滨州、聊城、枣庄、菏泽六市对配套工程前期工作及建设情况进行年内第二次督查。

2014年12月22～31日，按山东省水利厅《关于开展水利专项资金使用管理情况检查工作的通知》（鲁水办字〔2014〕20号）要求，山东省南水北调局组成4个组分别对枣庄、济宁，聊城、德州，潍坊，威海、烟台7个市，13个配套工程供水单元水利专项资金使用情况进行了检查。

2. 工程进展

截至2014年底，山东省续建配套工程38个供水单元工程中已有30个批复了初步设计。分别是青岛市区、平度，淄博市，济南市区、章丘，烟台市区、莱州、龙口、蓬莱、招远、栖霞，济宁市（3个）、枣庄市区、滕州，德州市区、武城、夏津、旧城河，潍坊市寿光、滨海开发区、昌邑，东营市广饶，聊城市莘县、冠县、临清、，威海市区、菏泽巨野，引黄济青改扩建供水单元工程。

可研报告已获得批复，初步设计尚未批复的供水单元工程有5个。分别是东营中心城区，聊城市东阿、阳谷、茌平，滨州市邹平供水单元工程。可研报告已通过审查，尚未批复的供水单元工程有3个。分别是聊城市东昌府区、高唐、滨州市博兴供水单元工程。

3. 投资计划

山东省续建配套工程建设资金由资本金和融资两部分构成，其中资本金部分由省、市、县三级财政按一定比例筹集。按照山东省南水北调续建配套工程建设管理方式，各市人民政府为续建配套工程建设责任主体，市、县资本金及融资由各市具体负责，山东省发展改革委和省财政厅负责省级资本金筹措和计划安排。累计下达省级以上投资计划12.82亿元、市县资本金匹配22.79亿元、融资50.31亿元，完成投资72.66亿元。

2014年内，山东省发展改革委分两批下达了省级资本金（省级财政专项资金）投资计划6.15亿元；分三批下达了省级补助资金2.3亿元。具体包括：5月26日，鲁发改投资〔2014〕515号下达省级财政专项资金投资计划38 239万元；9月25日，鲁发改投资〔2014〕997号下达省财政专项资金投资计划23 261万元；9月25日，鲁发改投资〔2014〕975号下达省级补助资金投资计划10 000万元；9月25日，鲁发改投资〔2014〕998号下达省级补助资金投资计划3000万元；11月28日，鲁发改投资〔2014〕1268号下达省级补助资金投资计划10 000万元。

按照省级资本金安排计划，济南市区、章丘，淄博市，枣庄市区、滕州，济宁市（3个供水单元），烟台市区、龙口、栖霞，威海市区，潍坊市寿光、昌邑，东营市广饶，德州市区、武城、夏津、旧城河，聊城市莘县、冠县，菏泽市巨野等22个供水单元工程的省级资本金已全部下达。

4. 资金筹措

山东省续建配套工程筹资方案不考虑青岛市（计划单列）和引黄济青改扩建（单审单批）两个单项工程，规划阶段资本金占40%，融资占60%。即资本金94.33亿元，融资141.49亿元。资本金中省级负担30%，市、县负担70%，其中省级负担又按东部、中部、西部地区三个标准，东部地区20%，中部地区30%，西部地区40%，省财政直管县增加10%，剩余资本金由市级财力筹资40%，县级财力筹资60%。按规划投资测算，需筹措省级资金32.95亿元、市级资金24.55亿元、县级资金36.83亿元。

（徐国涛）

## 工　程　验　收

2014年8月27～28日，完成万年闸泵站枢纽工程设计单元工程完工验收。截至2014年底，山东南水北调54个设计单元工程中，万年闸泵站、济平干渠及21项截污导流共23个设计单元工程通过完工验收；二级坝泵站、东平湖蓄水影响处理2个设计单元工程完成通水验收；其余24个设计单元工程完成完工验收技术性初步验收。重视加强工程档案管理，及时帮助指导各现场管理单位收集、整理、立卷归档，加快推进工程档案验收工作。2014年度设计单元工程档案验收工作，完成国家专项验收1项，完成合同项目法人专项验收12项。验收工作任务完成圆满。

（杨忠堂）

## 工　程　审　计

2014年3月26日~5月15日，根据国务院南水北调办《关于2014年内部审计布置会的通知》（综经财函〔65〕号）要求，北京兴华会计师事务所和北京中泽永诚会计师事务所分别对山东境内南水北调工程建设资金和征地移民资金进行了审计。2014年11月4日山东干线公司向国务院南水北调办上报了《关于2013年度山东南水北调工程建设资金审计整改意见落实情况的报告》（鲁调水企财字〔2014〕12号），2014年10月27日山东省南水北调建管局向国务院南水北调办上报了《关于2013年度山东南水北调工程征地移民资金审计整改意见落实情况的报告》（鲁调水局计财字〔2014〕46号）。

2014年10月26日~12月10日，山东省审计厅派出审计组对山东省南水北调建管局原局长、党委书记孙义福同志经济责任履行情况进行审计。

2014年2月10日~5月10日，山东省审计厅派出审计组对2013年度省级预算执行与其他收支情况进行了审计。

2014年6月4~5日，国务院南水北调办监管中心对山东省南水北调质量监督经费收支情况进行了检查。

（刘传霞）

## 监　督　稽　察

（一）项目稽察检查工作

（1）组织开展水土保持工程专项稽察。对长沟泵站，邓楼泵站，大屯水库，东湖水库，双王城水库，梁济运河，柳长河，七一、六五河及济东明渠段等9个水土保持工程开展专项稽察。

（2）组织开展自动化调度运行管理系统工程建设专项稽察。组织专家对山东段调度运行管理系统工程建设情况开展专项稽察。重点稽察了韩庄泵站、万年闸泵站、长沟泵站、备调中心、东湖水库、济平干渠渠首管理站等调度运行管理系统工程质量及运行情况；鲁北段和济东段调度运行管理系统建设情况。

（3）组织开展东湖水库截渗沟工程质量专项检查。分别组织专家对东湖水库东、西截渗沟施工质量进行专项检查，就发现问题提出整改意见，并对整改情况进行了复查。

（4）组织开展配套工程质量专项检查。根据配套工程建设进度，组织专家先后对烟台市区与招远、枣庄市区、济宁高新区与邹城、威海市区、潍坊市寿光、德州夏津、聊城冠县等7个地市9个供水单元进行了质量专项检查。重点检查了工程进展、各参建单位质量体系建设运行、工程实体质量等情况，形成了配套工程质量专项检查报告，并下发了整改通知。

（5）举报受理办理。2014年山东省境内南水北调工程建设共受理2起质量问题举报，均已办结。

（二）政府质量监督工作

（1）组织完成了济东、鲁北、韩庄等3个项目站的质量监督资料的归档和移交工作，

并初步完成了山东质监站质量资料的整理和归档工作。

（2）对调度运行管理系统、东湖水库截渗沟工程等在建剩余工程的项目划分和调整进行了确认。

（3）对东湖水库截渗沟工程、调度运行管理系统、现场管理设施和水土保持等工程建设实施政府质量监督，并对工程实体质量和质量管理体系的建立和运行情况进行监督抽查。

（4）编写工程质量监督报告，参加有关项目的档案专项验收和合同完工验收，并对验收成果性文件进行了核备和登记。

（三）配合国务院南水北调办的稽察检查工作

（1）配合国务院南水北调办开展工程质量稽察检查和调研活动3批次。配合国务院南水北调办检查质量监督经费收支情况1批次。

（2）做好历次稽察检查发现问题的督促整改落实工作。针对专家委质量评价意见和国务院南水北调办对东湖、大屯、双王城水库“飞检”发现问题，组织有关单位对问题认真研究分析，确定整改方案，落实整改责任，明确整改时限，切实把问题整改落实到实处。

（四）联合稽察督办工作

为切实加强内部管理，及时发现并纠正管理工作中发现的问题，确保工程安全运行，山东省南水北调建管局成立了联合稽察督办领导小组及办公室，制定了《南水北调东线山东干线有限责任公司绩效考核管理办法（试行）》，组织开展联合稽察督办考核工作。稽察督办考核改变了传统静态的考核方式，这项工作的有效开展对提高内部管理意识，规范管理行为，提升管理水平发挥了重要作用，取得了明显效果。

（庞　飞）

# 完　建　工　程

## 长江—洪泽湖段

### 概　　述

南水北调东线一期工程长江—洪泽湖段由三江营抽引江水，分运东和运西两线，分别利用里运河、三阳河、苏北灌溉总渠和淮河入江水道送水。江都站与宝应站组成东线一期工程第一梯级泵站，抽江水500$m^3/s$；金湖站与淮安站组成第二梯级泵站，淮阴站与洪泽站组成第三梯级泵站，第二、第三梯级通过里运河输水入洪泽湖300$m^3/s$的目标，并可改善白马湖和新河地区的排涝条件。

该段中的三阳河、潼河河道工程、江都泵站改造工程、金宝航道工程、高水河整治工程、里下河水源调整工程和淮安二站改造工程，均于2014年以前建成完工，并与宝应站、金湖站等工程一起进行运行调度，发挥工程效益。

（侯　坤）

### 宝应站工程

#### 一、工程概况

宝应站工程是南水北调东线工程第一级泵站的组成部分，其主要作用是与江都站共同组成第一级抽江泵站向北调水，并结合抽排里下河地区涝水。整个工程规划为二期建设实施，先行实施一期工程。一期工程现已建成，宝应站工程通过三阳河、潼河抽江水 $100m^3/s$ 入里运河，与江都站（抽水 $400m^3/s$）共同实现第一期抽江水 $500m^3/s$ 规模的输水目标。

2014 年 11 月 5 日，经过中国水利工程优质（大禹）奖评审委员会评审，南水北调东线江苏段工程宝应站获得 2013 ~ 2014 年度中国水利工程优质（大禹）奖。2014 年参加南四湖生态应急调水，较好的发挥了社会效益。

## 二、工程管理

宝应站工程作为南水北调首批开工和首先建成项目，南水北调江苏水源有限责任公司作为工程项目法人，对宝应站的运行管理采用招标选择管理单位的模式，江苏省江都水利工程管理处中标管理宝应站，并成立江苏省南水北调宝应泵站工程管理项目部，具体负责宝应站的日常管理、维护、运行等事宜。

为保证工程设备可靠运转，宝应站管理项目部积极开展设备试运转与模拟试运转工作，每月将所有辅助设备投入正式运转，将主机组在上位机进行模拟运转，检查检验设备运行工况；梅雨季节，项目部加强设备的防潮与干燥力度，水泵层各开关柜内电加热器全部投运除湿、去潮。同时加强对电机的绝缘检查，对于接触器、继电器等受空气湿度影响敏感的设备进行单独处理养护。细致的养护保养工作保证了泵站设备一直处在良好状态。

宝应站管理项目部各项工作始终处于委托管理单位的前列，连续十年被江苏省南水北调办、江苏水源公司评为优良等级单位。

## 三、运行调度

2014 年，宝应站工程顺利完成南水北调东线江苏段第二次试通水和南水北调生态应急调水任务，累计开机运行 30 天，1566.73 台时，抽水 18 120 万 $m^3$。

江都管理处对此次开机运行高度重视，召集相关科室及项目部负责人召开了南水北调调水运行专项工作会议要求，处各单位（部门）要进一步加强协调配合工作，全力支持，确保宝应站按调度指令顺利开机和安全稳妥运行。

## 四、环境保护及水土保持

宝应站工程作为江苏省水利风景区一直注重风景区内的环境保护和水土保持。在泵站本身的工程管理中，充分加强站区的绿化、风景建设。

宝应站工程水土保持责任范围为 614.2 亩，水域面积 164.2 亩。绿化面积达 350 亩。主要绿化项目有：园林小品（包括花坞垂钓休闲亭台、湖石假山、花架、水调歌头广场等）、常青树木、草坪等。宝应站管理所绿化树木品种广泛，主要有黄山栾树（约 320 棵）、无患子（约 240 棵）、重阳木（约 250 棵）、白蜡树（约 200 棵）、金丝垂柳（约 130 棵）、银杏（约 240 棵）、樟树（约 70 棵）、广玉兰（约 30 棵）、海棠、紫薇、金边黄杨等。

宝应站工程管理所种植的草坪主要有阔叶十大功劳（约 $800m^2$）、吉祥草（约 $780m^2$）、阔叶麦冬（约 $6000m^2$）、马尼拉（约 20 $000m^2$）、金丝桃（约 $400m^2$）、草花、浓香探春、石蒜等。

宝应站工程的绿化由江苏水源公司绿化公司具体负责，定期对管理范围内的花草树木进行修剪、施肥。定期的补充月牙湖和垂钓湖里的水。项目部还定期对上下游护坡进行清理，维护，避免护坡水土流失。

（霍安新）

# 金湖站工程

## 一、工程概况

2014年，金湖站工程管理项目部（以下简称管理项目部），在江苏水源公司和洪泽湖管理处的坚强领导下，严格按照委托管理合同要求，开展精细化、流程化管理，完善各项规章制度和《工程管理细则》等文件，认真做好工程日常养护，全年运行216台时，抽水2796万$m^3$，圆满完成各项工作任务。

## 二、工程管理

金湖站工程管理和技术人员专业涵盖热动、自动化、电气工程、机械制造、水工等，运行人员均为中级以上泵站运行工，各部门岗位职责明确，分工合理，日常管理中，严格考勤制度，项目经理和职工出勤符合合同规定。建立完备台账，规范档案管理，健全了包括定期检查、经常性检查、水下检查记录、检修记录、缺陷记录、设备台账、培训台账、安全台账等资料，并按时归档；档案设施齐全、完好，分类清楚，存放有序。开展培训演练，提高业务水平：①邀请知名专家开展泵站运行维护和电气安全知识培训；②选派多人参加了水利厅、水源公司举办各类业务培训班；③组织职工开展了主机紧急停机、高低压电气冒烟失火、人员触电、闸门紧急关闭和清污机损坏处理等项目的演练。加强信息宣传，项目部第一时间报送汇报材料、半月报、安全月报等，同时不断加强信息宣传，全年在扬州分公司网站发表信息4篇，在洪泽湖管理处网站发表信息12篇。

在泵房各设备间布置了工程平面剖面图、电气接线图、维修揭示图、操作规程、巡视检查内容等，按规定对设备进行标识，悬挂设备管理卡，建立设备台账，记录设备维修及现状情况，明示责任人。做好设备汛前、汛后检查保养，用绝缘板封闭励磁变压器下的空洞，增加了各电气室进门处的挡鼠板，增加了主电机低电压保护装置，清扫滑环和碳刷处的积碳、更换了受损的刷架，重新制作了柴油发电机接地装置，对蓄电池进行了核对性充放电试验，对水泵外壳螺栓涂抹凡士林，更换了清污机部分损坏的橡皮压条、滚动轴承。坚持日常保养，提升管理实力，项目部每周对设备进行1次清洁保养，每月对设备进行1次经常性检查，对于发现的小问题总是及时处理，检查后进行主副机组一次试运转，及时掌握设备状况，保证设备随时可以投入运行。夏季高温和梅雨季节及时开启空调和除湿机，为设备提供良好的运行环境。

修订调度指令的接收、传达、执行流程，严格按照《执行方案》中调度指令和水情报送程序执行。2014年，共接收调度指令9条，发送水情数据日报表11份、运行情况日报表11份，均按时准确完成。操作人员规范执行操作规程，提前与淮安市电力调度中心沟通联系，保证电力负荷满足要求严格执行操作票制度，一人监护一人操作，操作完毕及时向发令人汇报。值班人员认真巡视检查，开机期间，值班人员按照制定的巡视路线，每2小时开展1次巡视检查，及时发现了一些小的故障并进行了排除，自动化系统采集的数据准确可靠。及时打捞水草，保证工程高效运行，开机期间，项目部及时开启清污机打捞水草，组织人员打捞河面浮萍等漂浮物，保证了工程高效运行。

定期开展安全检查，及时上报信息，管理项目部每月开展一次安全检查，对查出的问题及时进行整改，并安排专人及时填报安全信息和安全月报。强化安全培训，做到持证上岗，组织学习安全生产规章制度、电力安全操作规程、消防知识等，加大安全生产宣传教育力度，增强全体职工的安全意识。主要部位安全警示标志设置齐全：①在上下河道设置了8块“禁止钓鱼、游泳”的警示标牌；②在主变压器、高低压室外设置了“高压危险”的标牌；③在泵房增加4块安全宣传标语牌。做好安全工作的软、硬件配置：①安全工具配备齐全，并按规程要求每年对其进行两次校验；②完善安全规程、反事故预案等，主要设备的操作规程上墙；③消防器材配备齐全，定期对消防器材进行检查维护；四是防雷、接地设施可靠、完好；五是按照规范要求及时对行车、进行校验和检查。加强安全值班，强化值班保卫，主要是加强站区的安全保卫和值班，做好防火、防盗工作，禁止周边闲杂人员进入管理范围。截至2014年底，未发生过一起安全和偷盗事件。

（郭军供）

## 洪泽站工程

### 一、工程概况

洪泽站工程是南水北调第一期工程的第三梯级泵站之一，工程规模为大（I）型泵站，具有调水、排涝、水力发电等功能。工程主要建设内容包括：泵站、水电站、挡洪闸、进水闸、洪金地涵、堤防河道、管理设施、110kV专用线路和变配电设施等。泵站设计流量为150m³/s，设计扬程为6m。

### 二、工程管理

洪泽站工程是江苏水源公司第一批自主管理工程，江苏水源公司作为工程项目法人，下设扬州分公司为二级机构，对洪泽站工程进行工程管理。洪泽站管理所作为三级机构，设立相应管理部门负责洪泽站的日常管理、维护、运行等事宜。

（一）综合管理

（1）坚持24小时值班，积极落实值班责任制，确保分工到组，责任到人。

（2）建立了《节约用电管理制度》《工勤人员管理考核制度》《假勤管理制度》《月度绩效考核管理办法》等，修订了《岗位责任制》《防汛预案》《反事故预案》，校核了《南水北调东线洪泽站工程运行与管理》（管理手册）。

（3）做好35次来访接待工作，组织了北京团城湖管理处和大宁管理处学员实践学习，取得了良好的效果。积极做好信息报送工作，分别向江苏南水北调和扬州分公司网站发送通讯稿5篇和36篇，配合做好《江苏南水北调泵站工程信息管理系统》调研开发工作。

（4）学习、总结了其他泵站工程资料管理经验，对洪泽站工程资料进行了规范、提升，重新设计了定期检查表、经常检查表、设备缺陷维修记录表、调试记录表、闸门启闭机操作记录表、职工教育培训表等，及时建立项目管理卡。

（5）编制、装订电气等竣工图。组织人员将每张图纸与现场实物逐一进行核对修改。竣工图已装订成册，共5本313页。

（6）加强人员培训，组织员工参加扬州分公司开展的“每周一题、每月一试、每年一考”活动，专门成立“金工、电工实践操作室”，严格按照工程半月报内容，开展量具、机组大修使用工具、电动机正反转接线培训，手工制作六角螺母，锻炼员工动手能力，将理论和实践结合起来，提高了业务能力和工作效率。

（二）设备管理

加强了精细化管理，设备全面标识化，泵站、水闸设备标识明显，设计制作了闸阀牌、旋转方向牌等，对所有设备进行了编号，设备图表、管理制度等及时上墙，建立设备管理卡，责任落实到人。

加强设备维护保养工作，做到所有辅机设备和备用电源“每月一试”，做好定期检查，独立完成继电保护装置和仪表校验，配合电气试验科完成主电机、电缆、断路器、

GIS、变压器等设备年度预防性试验，确保设备能够随时、安全的投入运行。

（1）主机组。测量主机定、转子绝缘电阻；检查定、转子线圈及间隙；检查碳刷磨损、滑环表面清洁情况，检查弹簧压力；检查上下油缸油位、油色、主水泵填料函。

（2）电气系统。全面检查了各电气开关柜、控制箱、站所变、励磁变等，对主回路桩头紧固件、示温片进行逐一检查，对端子进行了检查、紧固；检查了 $SF_6$ 气体的压力情况；检查了主变压器高、低压套管、油位、呼吸器、散热器等；检查了直流电源柜、逆变电源柜等；检查了管理范围内照明灯具，对损坏的及时进行了修理。

（3）辅机系统。

1）检查供、排水系统，对供水泵、冷水机组、变频器、管道、闸阀、压力表等进行全面检查，对高位水箱进行补水，更换了2号、3号冷水机组控制面板。

2）检查压力油系统，及时处理油压装置渗油现象，对叶调机构进行调试，及时处理3号叶调机构渗漏油现象。

3）检查调试真空破坏阀：进行真空破坏阀联动、手动调试。

4）自动化系统。检查了 PLC 柜、监控网络柜、信息网络柜等，检查了自动化软、硬件。及时对各信号量进行了核对，发现了泵站下游水位信号异常，水轮发电机组触摸屏存在兼容问题，已进行了处理。

5）水闸。检查调试了挡洪闸、进水闸、洪金地涵、水轮发电机组闸门启闭机、电气及自动化控制柜等，为防止皮带输送机皮带风化，增设了防护油布。

6）仓库物资。对仓库进行了全面整理，工具进行了分类摆放，详细登记了备品件种类及数量，及时补充备品件和易耗件，为今后安全运行提供保障。

（三）建筑物管理

2014年，洪泽湖水位较高，加强了建筑物、河道、翼墙、堤防、护坡、格埂、交通桥、工作桥的巡视检查，保证值班人员每天至少巡视两次，及时劝退垂钓捕鱼人员，第一时间发现、消除安全隐患，及时清除护坡排水沟淤泥，并做好检查记录。

三河闸开闸泄洪时，泵站下游水位逼近11.2m，及时移出了泵站下游和进水闸下游超声波水位计，防止淹没损坏设备，现已与三河闸建立信息联动机制，开闸泄洪时及时告知。

独立完成2014年度工程观测工作，并对观测数据进行分析、汇总，观测成果符合要求。发现联轴层伸缩缝大量漏水，及时进行了封堵。为便于测量，及时增设垂直位移、水平位移和河床断面测点、测站标牌。

（四）运行管理

为第二次通水运行做准备，对机电设备、水工建筑物、安全设施、档案资料等方面进行了详细的检查，为机组安全运行打下了坚实基础。根据上级调度要求，洪泽站共开机10天，累计抽水6142万 $m^3$，圆满完成了第二次调水运行任务。

积极与洪泽县供电部门、洪泽湖管理处沟通协调，根据工情、水情状况及时调整机组运行状态，确保机组充分发挥效益。制定水电站开停机操作规程、水电站反事故预案，运行值班人员轮流操作实践，提高熟练程度，提高运行值班人员的事故处理能力，合理安排值班人员，严格执行“两票三制”，保证机组安全运行。做好各项运行记录、资料整理，按时汇报机组运行情况，及时排除运行故障并及时汇报。2014年，水电站共开机运行141天，累计发电量289万 kW·h，发电收入125万元。

## 三、运行调度

洪泽站工程管理所成立现场领导小组，设运行协调组、流量测验组、运行工作组、机动与工程信息报送组、后勤保障组等，所有参加试运行人员统一胸牌、运行服并持证上岗。泵站运行各组具体负责机组运行操作，按洪泽站运行操作等规程执行，做好机组运行数据记录，对相关参数进行测量；负责处理运行中出现的故障，编制运行报告；负责机组运行期间相关资料收集、整理工作，并撰写机组运行总结报告。

## 四、工程效益

2014 年度洪泽站工程主水泵累计运行 453 台时，抽水 6109 万 $m^3$，圆满完成了年度调水任务。水电站累计运行 6200 台时，发电 289 万 kW · h，产生效益 125 万元。

## 五、环境保护及水土保持

洪泽站工程一直注重风景区内的环境保护和水土保持。在泵站本身的工程管理中，充分加强站区的绿化、风景建设。

（一）环境保护

（1）禁止任何人、任何单位向河道内倾倒垃圾、生活生产污水，日常巡查中认真监督，避免此现象的发生，若发现污染情况立即处理。

（2）管理区域内垃圾及时清理和统一收集，并委派专人处理，保证了管理区域内的环境卫生。

（3）管理所内设置 2 套污水处理装置，泵房 1 套，管理用房 1 套，处理后污水质量经洪泽县环保局检测合格，确保河道水质。

（4）管理区域内的杂草处理，尤其是护坡杂草，均是人工拔除，不使用除草剂，防止除草剂对水土的污染。

（5）与绿化公司合作，将管理范围内土地统一规划、合理利用，绿化率超过 90%。

（二）水土保持

（1）定期检查混凝土护坡、格状护坡及草皮护坡状态，发现护坡破损、塌陷或植被破坏等情况，及时做出适当措施，保证护坡的正常使用。

（2）定期检查护坡排水沟，发现堵塞情况及时处理，保证排水流畅。

（3）管理所增设了大面积的苗圃区，保证了苗圃区内水土不流失。

（4）严禁在护坡和绿化区种植农作物，保证护坡的草皮覆盖率。

（严　婷）

# 淮阴三站工程

## 一、工程概况

淮阴三站工程是南水北调东线工程第三级泵站的组成部分，与现有淮阴一站并列布置，和淮阴一、二站及洪泽站共同组成南水北调东线第三梯级，具有向北调水、提高灌溉保证率、改善水环境、提高航运保证率等功能。设计调水流量 $100m^3/s$，安装四台直径 3.2m 的灯泡贯流泵机组，单机流量 $33.4m^3/s$，配套功率 2200kW，总装机容量 8800kW。

淮阴三站工程于 2005 年 10 月开工，工程于 2009 年 12 月通过泵站机组试运行验收，2010 年 11 月通过单位工程验收，2011 年 7 月通过合同项目完成验收，2012 年 10 月开展南水北调东线淮阴三站工程设计单元工程完工验收，顺利通过。

## 二、工程管理

淮阴三站工程实行动态、全过程维护管理模式，按照合同、行业规范，每年及时安排汛前检查项目，认真进行汛前检查；每月对辅机设备进行试运转，发现问题及时处理，保证泵站安全投运率；汛后对设备进行全面详细的汛后检查。对于存在的问题及时编报岁修方案、抢修方案、应急方案等，在上报水源公司批准后及时组织实施。淮阴三站运行管理费用由委托人江苏水源公司负责，江苏省总渠管理处财审科对淮阴三站工程运行管理费用进行单独建账、独立核算，指导淮

阴三站项目部做好现场出纳。项目部认真开展2014年安全生产月活动，按照要求开展节假日安全检查、机组运行安全生产检查、安全度汛等工作。项目部按照要求认真做好淮阴三站安全台账收集整档工作，积极开展对职工的安全教育，增强干部职工安全生产意识，防患于未然。

## 三、运行调度

淮阴三站工程管理所成立现场领导小组，设运行协调组、流量测验组、运行工作组、机动与工程信息报送组、后勤保障组等，所有参加试运行人员统一胸牌、运行服并持证上岗。泵站运行各组具体负责机组运行操作，按洪泽站运行操作等规程执行，做好机组运行数据记录，对相关参数进行测量；负责处理运行中出现的故障，编制运行报告；负责机组运行期间相关资料收集、整理工作，并撰写机组运行总结报告。

### （一）生态应急调水运行准备情况

根据苏水源传〔2014〕65号文关于南水北调宝应站等泵站开机的通知，淮阴三站2014年8月1日立即将淮阴三站供电的1号主变压器转入运行状态。项目部对主要机组设备、水工建筑物、河道等进行了运行前安全检查；并对辅机设备进行了试运行，对主机定子、转子进行了绝缘电阻测量，对绝缘偏低的主机进行小励磁电流干燥；对高低压开关柜进行了分合闸试验与联动试验；并按照淮阴三站反事故预案组织了运行人员进行演练，对相关运行人员进行了有关技术培训；及时向供电调度部门申请开机用电负荷。

淮阴三站工程项目管理部制定了南水北调淮阴三站生态调水现场执行方案，多次组织相关人员进行了认真的学习。对现场执行方案中提出的险情和可能发生的事故，对所有的预案措施进行了演练。演练的内容包括：闸门事故抢险、紧急停机抢修、电器火灾灭火等，对机电设备假设出现的各种问题，都拟定了解决方案。要求所有参演人员将演练内容全部熟练掌握，做到学以致用。

项目部设立了生态调水现场组织机构，具体负责生态调水期间机组运行与操作，制定操作规程，做好运行阶段机组运行数据记录，及时上报工情、水情，负责及时检修运行中出现的故障。

### （二）生态应急调水工作开展情况

生态调水期间运行值班人员积极掌握相应设备运行状况，严格执行操作规程、安全规程及操作程序；运行期间积极做好各种数据的检测、记录工作，记录准确真实，及时将运行过程中的各种数据记录完整保存下来。运行记录每小时记录一次，特殊情况应增加记录次数。同时每天有项目经理或技术负责人作为总值班，以保证对突发事件进行及时处理。对运行中发现的问题，有些自己不能处理的，及时与生产厂家联系，请生产厂家派专业技术人员来现场进行处理，排除故障，保证了机组完好率。

生态调水期间项目部认真执行扬州水源分公司调度指令5次，积极准时上报淮阴三站工情、水情报表，能源单耗计算表等报表，同时认真做好新闻通讯报道宣传工作。

### （三）生态应急调水成果

项目部几次召开专题会议，认真布置安全工作，反复强调必须严格遵守运行规程、操作规程，认真学习生态调水现场执行方案；同时启动反事故预案，反恐预案，随时准备处理突发事件。在运行期间，运行值班人员处理开机运行中出现的小故障。项目部全体运行管理人员确保了机组的安全运行，确保试通水成功。

## 四、工程效益

2014年8月5日7时50分开机运行，淮阴三站工程投入到南四湖生态应急调水，8月21日8时35分机组停止运行，机组安全运行17天，其中执行调度运行指令5次，开停机累计10次，机组累计运行993台时，累计抽水量10 100万$m^3$，总体水质良好，顺利完成此次生态调水通水任务。

### 五、环境保护及水土保持

淮阴三站一直注重风景区内的环境保护和水土保持。在泵站本身的工程管理中，充分加强站区的绿化、风景建设。淮阴三站的绿化由江苏水源公司的绿化公司具体负责，定期对管理范围内的花草树木进行修剪、施肥。项目部还定期对上下游护坡进行清理，维护，避免护坡水土流失。

（杨二洋）

## 淮安四站工程

### 一、工程概况

淮安四站工程地处淮河流域下游平原区，属淮河水系，位于江苏省淮安市淮安区三堡乡境内里运河与灌溉总渠交汇处，和已建成的江苏江水北调淮安一、二、三站共同组成南水北调东线一期工程的第二个梯级，梯级的规模流量300$m^3/s$，加上备机在内的总装机规模为340$m^3/s$。南水北调淮安四站工程建设内容：泵站工程、站下清污机桥、新河东闸工程、环境保护及水土保持工程等。工程总投资金额为1.557亿元，2005年12月开工兴建，泵站主体工程建于2006年2月，2008年8月各项主要工程完工，2008年9月9日通过泵站试运行验收，2012年7月29日，南水北调东线一期淮安四站工程通过国务院南水北调办完工验收。

### 二、工程管理

淮安四站工程管理范围主要包括淮安四站、新河东闸、补水闸工程及相应水工程用地范围及相关配套设施，管理内容主要有工程建（构）筑物、设备及附属设施的管理，工程用地范围土地、水域及环境等水政管理，工程运行管理及工程档案管理等。

### 三、工程效益

2014年8月5日上午8时淮安四站工程成功开启2号机组，16时、18时分别增开3号、1号机组，达到要求的调水流量90$m^3/s$。

接南水北调江苏水源公司指令，淮安四站于8月21日8时30分全部停止运行，生态应急调水运行工作圆满完成。运行历时17天，机组总运行1082台时，累计抽水11 756万$m^3$。

### 四、环境保护及水土保持

淮安四站工程施工单位注重水土保持工作，科学安排土方挖填工程，设置专门的临时堆土区，没有发生随意弃土弃渣现象，同时认真做好临时堆土区的水保防护措施，有效降低了施工期水土流失。监理单位加强施工期水土保持各项措施的检查；建设处委托了淮安市水文局对工程施工期进行水保监测，监测结果表明，施工单位能够按照本工程水土保持方案落实各项水土保持措施，在绿化设计上，既保证了水土保持的基本功能，又营造了有利于提高整体环境质量的景观带、园艺场，并且积极配合水土保持监测工作，各项水土流失控制指标符合水土保持设计方案要求。施工期间建设处委托了淮安市环境中心监测站对工程的施工人员生活饮用水、施工期生产废水和生活污水、施工噪声等进行了监测。施工单位按规范要求对固体废弃物进行了处理。各项监测指标均符合设计相关要求。

（卢　飞）

## 淮安四站输水河道工程

### 一、工程概况

淮安四站输水河道（楚州段）工程位于

淮河下游白马湖地区，全长29.8km，由运西河、穿白马湖段、新河三段组成，其中：运西河东连京杭运河，西至白马湖，河长7.47km；穿白马湖段长2.3km；新河南连白马湖，北至淮安四站进水前池，长20.03km。沿线配套及影响（泵站、闸、涵）工程23座，桥梁12座。

## 二、工程管理

为保证淮安四站输水河道2014年8月调水运行期间的安全运行，成立了河道调水运行工作领导小组，下设运行协调组、运行工作组、工程资料组、后勤保障组等。运行协调组在上级部门的指导下开展工作，负责接受执行调水运行调度指令，负责淮安四站河道运行的指挥和协调工作，指导淮安四站河道管理所做好安全运行、工作巡查等具体工作，指导工程现场其他相关事宜；运行工作组具体负责淮安四站河道的工程运行管理，按河道巡查管理等规程执行，做好工程巡查记录；工程资料组负责处理运行中出现的违章行为，水草、漂浮物打捞，做好台账记录，并负责河道运行期间相关资料收集、整理工作；后勤保障组负责河道调水运行期间物资保障及人员食宿。

调水运行期间，制定运行时的巡视检查制度和值班纪律，加强管理和巡查，对河道及两岸堤防进行全天巡查，清除沿线渔网，打捞水草及漂浮杂物。发现问题及时汇报。严格按照水源公司调度指令运行，关闭沿线涵闸，确保调水运行工作正常有序开展。

## 三、工程效益

淮安四站输水河道在2014年度管理运行期间能严格按照南水北调工程相关规程、规范要求，安全运行，并顺利完成8月抗旱调水任务，发挥了工程应有的效益。

（姜兆清）

# 洪泽湖—骆马湖段

## 概　述

南水北调东线一期工程洪泽湖—骆马湖段，采用中运河和徐洪河双线输水，新开成子新河和利用二河从洪泽湖引水送入中运河。泗阳站与泗洪站组成东线一期工程第四梯级泵站，刘老涧站与睢宁站组成第五梯级泵站，皂河站与邳州站组成第六梯级泵站。

该段中的皂河一站改造工程、骆马湖以南中运河影响处理工程、沿运闸洞漏水处理工程、徐洪河影响处理工程、洪泽湖抬高蓄水位影响处理工程江苏省境内工程，均于2014年以前建成完工，并与泗洪站、泗阳站等工程一起进行运行调度，发挥工程效益。

（侯　坤）

## 泗 洪 站 工 程

### 一、工程概况

泗洪站工程位于江苏省泗洪县朱湖镇东南的徐洪河上，距洪泽湖口约16km，是南水北调东线一期工程的第四梯级泵站之一，主要功能是与睢宁、邳州泵站一起，通过徐洪河向骆马湖输水。

根据国务院南水北调办批复（国务院南水北调办投计〔2009〕35号文），南水北调泗洪站工程静态投资5.6亿元，是南水北调东线单体投资最大的枢纽工程。

### 二、工程管理

泗洪站工程管理所是江苏水源公司直管

的南水北调枢纽工程，2013年4月15日，江苏水源公司以苏水源综〔2013〕18号文批准成立“江苏省南水北调泗洪站枢纽管理所”，隶属宿迁分公司。2014年5月，根据江苏水源公司批复的宿迁分公司内设机构设置，宿迁分公司调整了泗洪站枢纽管理所内设机构，并结合实际情况对泗洪站枢纽管理所人员岗位进行调整和优化，实行AB岗制度，保证各项工作有序、高效运行。

泗洪站工程管理所负责包括泗洪泵站、泗洪船闸、徐洪河节制闸以及利民河排涝闸等工程的正常调水运行和维修保养等工作。

枢纽工程包括泵站、排涝调节闸、徐洪河节制闸、利民河排涝闸、泗洪船闸等建筑物。泵站布置在徐洪河右侧，结合利民河流域排涝；泗洪船闸布置在徐洪河左侧，与徐洪河节制闸结合，泵站与节制闸之间用隔堤隔开；泵站排涝调节闸、徐洪河节制闸、船闸下闸首同一轴线布置。对外交通可由徐洪河的右堤通过站上交通桥或排涝调节闸上交通桥进入站区，也可由徐洪河的左堤通过船闸下闸首交通桥进入站区。枢纽的防洪圈为徐洪河右堤、泵站站身、中间隔堤及排涝调节闸。

泗洪站工程管理所认真做好安全生产工作，确保安全生产无事故。落实有关安全生产法规，加强安全管理制度建设，先后修订、完善了《安全工作规程》《安全生产管理制度》《安全保卫制度》《安全防火制度》《消防设施器材维护管理制度》等25项安全管理制度。泗洪站枢纽管理所成立安全生产领导小组，建立安全生产组织网络。安全生产领导小组每月及重大节假日前召开一次安全生产会议，并进行安全生产检查，对检查发现的安全隐患及时进行整改，整改项目定时定人。在各工程内部醒目位置设置安全警示标志、安全宣传标语共计60余块，在河道上下游分别设置警示、警告标志十余块。2014年5月与泗洪县公安局水警大队签订治安联防协议，在朱湖镇政府的大力协助下，采取集中治理方式，进一步抑制了乱垦乱种、违章搭建的情况发生。

组织编写《泗洪站运行规程》《泗洪站管理实施细则》《防洪预案》《度汛方案》《应急预案》等。泗洪站枢纽管理所还将主要规章制度及图表上墙明示，并组织员工认真学习，对预案进行演练。

在工程管理中，泗洪站枢纽管理所分别获得了南水北调国务院南水北调办授予的“青年文明号”、江苏水源公司授予的“2013、2014年度江苏省南水北调工程管理先进单位”以及江苏水源公司党委授予的“先进党组织”等称号，同时泗洪站的两位同志获得了“2013年度省南水北调工程建设管理先进个人”称号、一位同志被江苏省国资委授予“先进党务工作者”称号。

## 三、运行调度

在泗洪站工程运行期间，执行宿迁分公司调度指令，严格遵守各项规章制度和安全操作规程，做好各项运行记录，及时、准确排除设备故障，保障流量要求。

船闸工程运行方面，泗洪船闸做好调度运行、安全生产工作，特别是在泵站工程调水运行期间，为保障船闸在较高水位差下安全运行，采取有效措施，确保船闸安全、有序运行。一是安全调度通航船只。由于上下游水位差较大，调度人员为保障船只通航安全，采取分段开启船闸闸门，减少大水流对船舶的冲击。二是加强与协作单位联系。积极与地方海事、水警、航道站等部门沟通联系，形成联动机制，保证航道安全、通畅。

徐洪河节制闸工程运行方面，严格执行宿迁分公司调度指令，在汛期做好24小时防汛值班工作，确保接到调度指令后，及时开关水闸。各设备责任到人，明确专人维护保养。

## 四、工程效益

泗洪站工程自2013年4月通过机组启动验收以来，圆满完成了试通水、试运行、通水运行、生态补水运行任务，充分发挥了工程效益。2014年5月10~18日，历时9天，工程运行534.66台时，抽水5545.1万 $m^3$。2014年7月23日~8月25日，历时33天，工程运行3273台时，抽水31 488万 $m^3$。

泗洪船闸工程自2013年3月10日正式通航，安全运行759天。2014年累计通过船只11 160条，船队194拖，船舶通行590.78万t。

严格执行宿迁分公司调度指令，做好泵站运行、徐洪河排涝，行洪、船闸在低水位运行期间的工作，确保江水北送，兼顾灌溉及航运。2014年累计开关闸34次，开闸128天。

## 五、环境保护及水土保持

泗洪站工程环保及水保主要完成工程量：包含上下游引河堤顶、青坎、坡面常水位以上裸露坡面采取种植意杨、撒播草籽进行防护，种植乔木和花灌木。站区翼墙后及管理区种植观赏性园林绿化品种。水土保持植物措施工程从2013年4月开始施工，2014年7月完工。主要完成工作量：总共完成绿化面积18.16$hm^2$，完成草坪7.85$hm^2$，乔木类37 840株，花灌木类15 114株，绿篱34 468.58$m^2$。泗洪站设计单元的水土保持措施已全部完成，各项措施运行良好，确保各类水保设施发挥应有作用。

## 六、验收工作

泗洪站工程2014年1月23日泵站、排涝调节闸、利民河排涝闸、导流河4个单位工程通过验收；2014年7月5日管理设施单位工程通过验收；2014年12月5日永久道路单位工程通过验收；2014年12月底通过消防专项验收。

（史文锦）

# 泗阳站工程

## 一、工程概况

泗阳站工程是南水北调东线工程第四梯级、江苏省淮水北调第一梯级主力抽水泵站，吞长江而吐淮水，襟沂沭泗而带两湖，与1996年12月建成的泗阳第二抽水站、泗阳节制闸、泗阳船闸共同组成中运河泗阳水利枢纽。泗阳泵站设计调水流量165$m^3/s$，设计扬程6.3m。

泗阳站工程的主要任务是：新建泗阳站和原泗阳二站共同运用，调水出洪泽湖230$m^3/s$，通过中运河输水线，与刘老涧泵站枢纽、皂河泵站枢纽联合运用，实现一期工程输水175$m^3/s$入骆马湖的规划目标；同时，为泗阳泵站枢纽与刘老涧泵站枢纽之间的乡镇生活、工农业生产和航运补充水源。2014年，工程管理经费投入约143万元。

## 二、工程管理

2014年12月24日，江苏省骆运水利工程管理处成立了江苏省南水北调泗阳站工程管理项目部。项目部共有管理人员20名，现场设置管理项目部，工程部配备具有丰富泵站管理经验的工程技术人员和技术工人，进行现场管理工作。泵站运行由江苏省水利厅直属单位江苏省骆运水利工程管理处管理，接受江苏省防汛防旱指挥部指令。

泗阳站工程的管理范围主要包括泗阳站主厂房、户内110kV变电所、站内交通桥、清污设施以及相应水利工程用地范围及相关配套设施等。管理内容包括：工程建（构）筑物、设备及附属设施的管理；工程用地范围内的土地、水域及环境等水政管理；工程运行管理；工程档案管理等。

2014年度泗阳站工程管理项目部做了以下工作：完成3号、6号主机受油器的检查维护，修理了轴套、浮动套及浮动环，更换了密封件；完成主机组的检查维护，清理了滑环室，调整了碳刷压力，对油位偏低的油槽进行了补油调整，对主机进行了防防腐油漆出新；对主水泵的叶片角度显示仪进行了修正；对4号、6号主机下油缸管道渗油问题进行了处理；修复了主厂房行车小钩偶发性不能控制问题，更换了部分元器件；对室外亮化线路进行了维护，维修了主厂房北侧西立面外的线路脱落问题；完成了清污机的检查维护，配合厂家维修了输送带，更换了压边条、4台轴衬套；修复了数据库应用计算机；对部分主机温度量测量不准问题进行了处理；更换了励磁柜用交流低压出线开关，增加了开关容量，由200A增加为250A；连接了GIS室内联动报警接线，完善GIS室的报警功能；处理了真空破坏阀漏气问题，调节了弹簧压力，更换了密封件；对水文设施进行了维护保养；对上、下游河床断面进行了测量，对主厂房进行了沉降观测；认真的开展了年度电气预防性试验，对电气机组设备可靠性进行了全面检查，并对检查结果数据详细记录归档，作为今后设备性能参考依据；补充更换了站内的安全消防器材；对主机主泵、辅机设备和监控系统进行了正常维护保养。

2014年度，泗阳站工程待运行期维修养护项目主要有金属结构防腐油漆、联轴层地坪处理、上游翼墙挡浪氟碳漆处理、规章制度牌匾、技术供水高水位箱改造、下游进水前池及翼墙围栏改造、变频机房墙面渗水处理等共计七项，项目经费41.46万元。七个项目均已完成。

在岁修工程的实施过程中，严格按照相关文件要求，做好施工队伍的选择，加强施工方案的督查，强化过程管理和质量控制，确保施工安全、资金安全、质量安全，同时规范施工资料的整编，保证了施工的质量和进度的可控，确保工程经费不结转。

## 三、工程效益

2014年，泗阳站工程抽水运行168天，抽水15.91亿$m^3$。从8月5～25日，安全运行21天，2017.5台时，累计抽水1.8839亿$m^3$，其中，按80$m^3$/s的流量要求，生态调水运行1981台时，调水18993万$m^3$，圆满地完成了抗旱翻水和南四湖应急生态调水联合运行任务。

## 四、环境保护及水土保持

泗阳站工程一直注重风景区内的环境保护和水土保持。在泵站本身的工程管理中，充分加强站区的绿化、风景建设。

### （一）环境保护

泗阳站管理区生活污水设置了污水处理装置，选用江苏宜兴市华达水处理设备有限公司生产的膜生物处理装置。办公区污水和化粪池污水通过地下管道集中输送到污水处理站，经生化处理后排入上游引河。

生活垃圾处理措施：在生活区设置了垃圾池和垃圾箱，划分了卫生责任区，专人负责各责任区的卫生保洁工作，经常性对垃圾池进行清理，集中指定地点堆放，统一处理。

### （二）水土保持

水保及绿化施工于2014年4月底已全部完成。项目部定期对管理范围内的花草树木进行修剪、施肥、除虫，并加强了对下游护坡的清理，维护，避免护坡水土流失。

## 五、验收工作

2014年4月22日，通过国务院南水北调办组织的泗阳站水土保持设施验收。

2014年6月25日，通过江苏水源公司组织的泗阳站合同项目完成验收。

（郭莉莉）

# 刘老涧二站工程

## 一、工程概况

刘老涧二站位于江苏省宿迁市东南约18km的大运河上，是刘老涧泵站枢纽的重要组成部分，与刘老涧一站、睢宁一、二站等工程共同组成南水北调东线第一期工程第五个梯级。工程主要建设内容包括：新建刘老涧二站泵站、站内交通桥、变电所和清污设施，重建刘老涧节制闸（保留老闸作为交通桥），扩挖上、下游引河河道等。

与皂河泵站、泗阳泵站一起，通过中运河线向骆马湖输水 $175m^3/s$，与运西徐洪河线共同满足向骆马湖调水 $275m^3/s$ 的目标，兼顾沿线供水和灌溉，改善航运。

设计洪水标准为100年一遇，校核洪水标准为300年一遇。抗震设防烈度为8度，设计基本加速度为0.20g。

## 二、工程管理

### （一）向南四湖生态补水准备工作

刘老涧二站工程管理项目部对试向南四湖生态补水运行工作高度重视，项目部召开了生态补水准备工作专题会议，决定把工作重心由汛前设备保养检查转为运行开机准备，成立了试通水运行领导小组。工程部负责设备检查与运行值班工作，财务部负责运行相关备品备件物资采购工作，综合部负责运行期间接待等后勤保障工作。制定了运行人员职责分工表与运行安全责任制度。

项目部在正式开机前，已经对所有机电设备、水工建筑物、河道等进行了专项安全检查；并对辅机设备进行了试运行，对主机、变压器进行了绝缘电阻测量，对高低压开关柜进行保养和联动试验。并按照刘老涧反事故预案组织了运行人员进行演练，配备了经验丰富的技术人员与运行检修人员，相关操作票、工作票与参数记录表格准备到位，并与供电调度部门落实了用电负荷，相关运行人员已经进行了有关技术培训。

### （二）调水情况

刘老涧二站接水源公司指令，于2014年8月5日上午10时开机组运行，至8月25日中午12点停机。运行过程中，刘老涧二站项目部严格按照运行制度对设备进行巡视检查，对泵站出口及重要过水断面开展水位和流量监测，并配合相关部门对水质情况进行了监测。本次通水共运行1055台时，累计抽水9495万 $m^3$。

### （三）调度管理

泵站运行由南水北调东线江苏水源有限责任公司运行管理部直接调度。节制闸为刘老涧老闸的赔建工程，由江苏省水利厅直属单位江苏省骆运水利工程管理处管理，接受江苏省防汛防旱指挥部指令。

2014年度项目部主要维护保养工作有：对主机、开关柜、冷水机组等进行了安全检查，对潮湿、室外重点部位的螺栓全部更新为不锈钢螺栓，对主水泵进行喷漆处理。对高低压开关柜进行保养，保证操作机构灵活无卡阻，分、合闸灵活可靠，对接线桩头处进行试温片更换、增补。经常对辅机系统的油、气、水管道进行检查维护，紧固接头和更换部分闸阀阀芯，消除了“三漏”现象。补充更换了站内的安全消防器材，对闸、站的上下游护坡和混凝土工程进行详细检查。认真的开展了年度电气预防性试验，对电气机组设备可靠性进行了全面检查，并对检查结果数据详细记录归档，作为今后设备性能参考依据。对油、气、水系统进行了每月一次试运行，并按照闸阀转向和管道内部油气水的流向用箭头标识，对柴油发电机进行了每月两次的试运行。完善了办公设备。对站区路沿石进行更换。对厂房室内墙壁进行粉刷。对主行车及轨道进行喷漆。对上下游栏杆进行喷漆处理。对上下游护坡进行水土保持。

## 三、工程效益

刘老涧二站工程赔建的节制闸在2011年汛前已按设计标准建成，具备了工程运行条件，恢复了刘老涧枢纽原有的泄洪能力；泵站工程于2011年9月2~3日主机组试运行成功，截至2014年底，累计完成抽水1055台时，抽水10 073万$m^3$。

## 四、环境保护及水土保持

刘老涧二站工程一直注重风景区内的环境保护和水土保持。在泵站本身的工程管理中，充分加强站区的绿化、风景建设。

（一）环境保护

1. 水质和水环境保护

刘老涧二站管理区生活污水设置了污水处理装置，选用江苏宜兴市华达水处理设备有限公司生产的膜生物处理装置，日处理能力24t。办公区污水和化粪池污水通过地下管道集中输送到污水处理站，经生化处理后排入上游引河。

2. 固体废弃物

在生活区设置了垃圾池和垃圾箱，划分了卫生责任区，专人负责各责任区的卫生保洁工作，经常性对垃圾池进行清理，集中指定地点堆放，统一处理。

（二）水土保持

刘老涧二站的绿化由江苏水源公司的绿化公司具体负责，项目部定期督促绿化公司对管理范围内的花草树木进行修剪、施肥、除虫。同时项目部加强对上、下游护坡的清理维护，在护坡上重新栽植四季青草皮，避免水土流失。

## 五、验收工作

2014年9月3日，专家组对刘老涧二站工程进行技术验收，验收鉴定意见认为刘老涧二站工程达到技术要求。

（夏　平）

# 睢宁二站工程

## 一、工程概况

睢宁二站工程是南水北调东线工程的第五级泵站，位于江苏省徐州市睢宁县沙集镇境内的徐洪河输水线上，工程批复总投资2.41亿元。该站的主要作用是通过徐洪河抽引泗洪站来水，沿徐洪河向北输送到邳州站，再由邳州站向东经房亭河调入中运河。睢宁二站与睢宁一站及运河线上的刘老涧泵站枢纽共同组成南水北调东线工程的第五个梯级，主要任务是与睢宁一站共同实现向骆马湖调水100$m^3/s$的目标，与中运河共同满足向骆马湖调水275$m^3/s$的目标。

## 二、工程管理

（一）通水准备工作

睢宁二站工程管理项目部对通水工作高度重视，项目部成立了领导小组，负责通水期间各项管理工作，主要负责运行准备、开机运行、设备运行巡视监测，设备维护与抢修等各项管理工作。成立了4组运行班，由项目经理担任运行总值班，相关技术人员担任检修与运行工作。后方支持由江苏省骆运管理处派员负责设备检修工作，在出现突发情况时，保证在24小时内完成设备的检修工作。同时在运行前对运行人员进行相关的培训和技术交底。

为切实做好运行前技术准备工作，项目部建立规范的可操作的试运行记录内容，制定可操作的试运行记录表格，安排合理的记录周期和巡检周期。对所有设备、水工建筑物、河道等进行运行前安全检查；并对辅机设备进行试运行，对主机、各变压器进行绝缘值测量；对高低压开关柜进行分合闸试验与联动试验；并按照反事故预案组织运行人员进行演练，确保设备处于完好状态；技术人员与运行检修人员足员配备到位；相关操作票、工作票与参数记录表格准备到位；重点做好工程观测、水情监测、设备检查维护等，确保能够准确记录工程状况和运行参数；并与供电公司进行协调，确定开机用电负荷供给，确保可以随时按调度指令开机并安全运行。

（二）调水情况

根据国务院南水北调办安排，项目部2014年5月圆满完成了2013～2014年度南水北调江苏段第二次通水运行和7月24日～8月25日的2014年度抗旱（生态补水）运行开机任务。经过两次试运行检验，充分说明睢宁二站工程保持完好状态，接受了实战的检验。为配合东线试运行工作，项目部抽调运行经验丰富的技术干部和值班长，负责睢宁二站的开机运行工作，为工程运行提供了可靠的技术保障。

在运行期能够严格遵守各项规章制度和安全操作规程，运行期间能做好各项运行记录，运行过程中能及时准确排除设备故障，能够通过调整设备运行差数在满足调度指令的情况下优化运行工况，使工程高效运行。运行中能够按照调度指令，及时调整叶片角度，及时启动清污机打捞水草、杂物，保障机组高效运行。在运行中加强对微机自动化和视频监视系统的检查维护，确保了系统运行的安全可靠。

（三）管理机构基本情况

2014年11月，江苏省骆运管理处与江苏水源公司签订了睢宁二站委托管理合同，委托管理合同约定的服务期限从2014年4月1～2017年12月31日。项目部共有正式管理人员28名（非运行期13名），现场设置管理项目部，其中项目经理、副经理、技术负责人各1人，下设工程部、综合部、财务部。工程部配备具有丰富泵站管理经验的工程技术人员和技术工人，进行工程现场管理的具体工作。

（四）管理范围

睢宁二站、变电所、站内交通桥、清污设施以及相应水利工程用地范围及相关配套设施等。管理内容包括：工程建（构）筑物、设备及附属设施的管理；工程用地范围内的土地、水域及环境等水政管理；工程运行管理；工程档案管理等。

（五）调度运用

睢宁二站工程运行由南水北调东线江苏水源有限责任公司运行管理部直接调度。

（六）设备维护

2014年度主要维护保养工作有：对室内110kV变压器、高低压开关、手车等电气设备的桩头进行了检查、维护和保养处理，补贴了示温纸；对计算机监控系统进行调试，更换了监控计算机一块硬盘；对4台同步电动机的碳刷、油位、测温系统等进行了检查保养；对直流电源蓄电池进行了核对性充放电；用防火板对励磁柜、所变、站变等柜底进行了封堵；处理了真空破坏阀手柄卡阻问题；更换了补水管路闸阀，增加了明接地；对下游清污机齿轮链条进行保养，修补了锈蚀部位；对有关电气仪表、安全用具按照规定进行预防性试验；更换了主厂房排风机百叶窗；设了观测标点标识128块，增加了消防标识12块；对进人孔层西侧伸缩缝渗水处进行了应急处理；对上下游拦河浮桶进行了除锈、油漆，并对钢丝绳进行了防护处理；配合省公司调度中心对计算机监控系统和视频监控系统增设远程控制功能；更换了4台机组顶盖部位的填料，解决了原填料填压不足的问题；对励磁变压器温度传感器精度进行校核分析原因并进行处理；在110kV主变压器周围增设不锈钢护栏，加强安全防护；对0.4kV低压室雨水管破裂进行处理，更换了损毁脱落的PVC管路及接头阀件等；增设了6只成品标准化货架，用于存储备品件；在4台水泵顶盖的12个进人口增设安全防护链条和警示标牌；对消防泵及控制柜增设了明接地扁铁；对损毁的墙面重新刷涂乳胶漆；对下游进水池和上游出水池杂物进行清理，并放置芦苇用以防冰凌；修复了 web 服务器主板，工作正常；安排人员抽取了机组上、下油缸的透平油样以及压力油站油样，送徐州检测；改造了进水池潜水作业入口，增加了防护门；对门厅两侧脱落的天花板进行了更换等。

2014 年项目部完成的睢宁二站工程待运行期拟实施维修养护项目有：储备物资的仓库改造、安全警示标牌增设、清污机控制箱前增设台阶、检修孔防护改造、冷水机组增设防护顶棚、上游增设拦船设施、更换厂房通风机百叶窗，共计 29.48 万元。

截至 2014 年底，睢宁二站机电设备工况良好，可随时按照调度指令开机。

（七）运行费用管理

根据委托管理文件的要求，睢宁二站工程管理项目部设立了专用账户，配备了专业财务管理人员，管理费用严格根据合同要求及南水北调的有关财务规定使用及支配；要求财务部认真做好财务收支的计划、控制、核算、分析和内部考核审计工作，努力做到规范财务管理，提高资金使用效率。项目部通过加强制度建设，确保管理经费的专款专用，接受和配合相关检查监督和审计，及时编报财务报表并按照要求上报。

（八）质量管理及管理机制探索

在质量管理方面，大力加强制度建设，强化管理，对重大原则问题，实行一票否决。同时突出质量安全领导责任制度，项目经理对睢宁二站质量管理工作负领导职责，尤其是要做好睢宁二站重大项目实施的质量管理与监督工作。项目副经理协助项目经理指导完成各项具体工作，同时配备专职安全员，做好现场监督工作。工程部为设备维护与保养运行的直接责任管理部门，负责各项工作的具体实施，并落实每项工作、每项检修维护项目到相应班组，由班组长带领相关人员完成任务并作为第一责任人进行自查，然后交由工程部负责人进行检查。对重大质量安全问题，需通知项目经理、副经理进行安全质量把关，必要时成立由项目部负责人、外请专家、专业技术人员的检查组进行安全质量鉴定。

## 三、工程效益

2014 年，睢宁二站工程管理项目部狠抓工程规范化管理，加强工程维修养护，严格执行调度指令，2014 年泵站累计开机 2977 台时，调水约 21 398 万 $m^3$，工程效益得到了充分发挥。

## 四、环境保护及水土保持

（一）环境保护

睢宁二站工程项目部加强了站区环境卫生工作，严格执行卫生保洁制度，聘用了专人对工作环境进行保洁。每台设备责任到人，要求主机组每天外观检查一次，发现不清洁的立即处理，其他设备每周至少全面保洁三次，主厂房地面每天保洁一次，控制楼的中控室、楼道、卫生间每天保洁一次，确保机组设备、内外环境的整洁卫生。保洁员每天 8 小时不间断打扫。站区环境整洁美观，无杂草、无垃圾乱堆乱放等现象。项目部加强了水政执法管理，站区内未出现捕鱼、乱垦乱种现象，已经实现了封闭管理。为解决泵站上游非法采砂站问题，项目部多次向睢宁县政府汇报，在上级有关领导的关心下，终于通过三次大的执法活动，清除了砂场，消除了安全隐患。

（二）水土保持

睢宁二站工程的绿化由宿迁中厦建设工程有限公司具体负责，项目部定期督促绿化公司对管理范围内的花草树木进行修剪、施肥、除虫。同时项目部加强对上、下游护坡的清理维护，定期组织打扫，避免水土流失。

## 五、验收工作

（一）一站改造、管理设施单位工程验收

2014 年 4 月 29 日，南水北调东线江苏水源有限责任公司在宿迁市主持召开睢宁二站工程一站改造、管理设施单位工程验收会。验收委员会同意建设单位对工程施工质量的确认意见，同意通过单位工程验收。

（二）合同项目验收

2014年6月24～25日，南水北调东线江苏水源有限责任公司在宿迁市主持召开睢宁二站工程合同项目完成验收会议。验收委员会同意通过睢宁二站工程合同项目完成验收。

（三）水土保持设施竣工验收

2014年12月8～9日，睢宁二站水土保持工程通过水利部主持的水土保持设施竣工验收。

（莫兆祥　王　亮）

## 皂河二站工程

### 一、工程概况

皂河二站工程是南水北调东线第一期工程的第六梯级泵站之一，位于江苏省宿迁市皂河镇北6km处，上游为骆马湖，下游为邳洪河，在皂河一站北侧，与皂河一站并列布置，作为皂河一站的备机泵站，设计抽水流量$75m^3/s$。工程由专用变电所（主供110kV，备用35kV），站下清污机桥、公路桥（桥面净宽7.0m，荷载标准为公路-Ⅱ级），以及配套建筑物邳洪河北闸（设计排涝流量$345m^3/s$）等几部分组成。

皂河二站工程主要任务是与皂河一站联合运行向骆马湖输水$175m^3/s$，与运西线共同实现向骆马湖调水$275m^3/s$的目标，并结合邳洪河和黄墩湖地区排涝，为骆马湖以上中运河补水，改善航运条件。设计扬程4.7m。

皂河二站工程总投资为2.7亿，于2010年1月开工，历时两年，于2012年5月通过了试运行验收。

### 二、工程管理

皂河二站工程采用委托管理模式，2014年11月江苏水源公司与骆运管理处第二次签署皂河二站委托管理合同（合同编号：NSBD-ZHEZ/GL-02-Z07-2014）。

为了确保设备完好，随时可以投入运行，按照南水北调泵站运行管理考核办法，项目部制定了设备检查性试运行和日常巡视检查制度，每月对设备进行一次经常性检查，认真填写检查记录表；对辅机设备进行试运行，发现故障及时记录、检修，以确保设备正常运行；每周完成一次设备常规巡视检查，检查设备外观有无损坏，线路有无破损，管道闸阀有无渗漏等。设备责任人每天对所管设备进行清扫，保证设备随时干净整洁。

按照南水北调泵站运行管理考核办法，项目部制定了日常巡视检查制度，每月组织技术干部对建筑物、河道、堤防等进行一次经常性检查并填写检查记录表，发现问题及时处理；工程运行时，安排人员每天进行巡视，及时掌握工程情况；按照有关规定，定期对泵站引河、进水流道及闸门进行水下检查，并做好记录和分析。项目部组织人员定期开展工程观测工作，并及时进行成果分析，主要观测任务有建筑物沉降、河床断面、伸缩缝、测压管等项目。

### 三、工程效益

2014年，皂河二站工程项目部各项工作有序开展，工做到了安全运行无事故。皂河二站工程机组全年累计安全运行1079台时，抽水约9078万$m^3$，圆满完成了水源公司下达的调水任务；邳洪河北闸累计开关闸23次，开闸运行341天。

### 四、环境保护和水土保持

皂河二站工程项目部对站区的绿化、美化工作非常重视，为了保证绿化成果，督促绿化管理人员，按照绿化管养要求，进行浇水、施肥、除草、治虫和修剪等工作，向“绿量大、密度厚、规格高、品种多、色彩丰”目标奋进。

（潘卫峰）

## 邳州站工程

### 一、工程概况

邳州站工程位于江苏省邳州市八路镇刘集村徐洪河与房亭河交汇处东南角，是南水北调东线工程第六梯级。邳州泵站的主要任务是与泗洪泵站、睢宁泵站一起，通过徐洪河线向骆马湖输水 $100m^3/s$，与中运河共同满足向骆马湖调水 $275m^3/s$ 的目标，并结合房亭河以北地区的排涝。

邳州站工程于2011年3月开工建设，2013年2月通过试运行验收，具备投入使用条件。

### 二、工程管理

（一）管理机构

邳州站工程由江苏水源公司直接管理。2013年4月，江苏水源公司采用招标方式，委托江苏省江都水利工程管理处成立江苏省南水北调邳州站运行管理项目部负责现场日常的管理和维修养护工作。

从2013年4月到2014年3月，邳州站第一个招标委托管理合同期执行结束，江苏水源公司对邳州站的运行管理情况进行了严格的考核，江都管理处在邳州站的管理中，严格按照合同，高度重视邳州站工作，认真对泵站进行了细致、全面的管理养护，江苏水源公司充分认可了其对邳州站的管理。经江苏水源公司研究决定继续与江都管理处签订了第二个邳州站管理合同（2014年4月～2015年12月）。

（二）设施维修养护

为保障工程的完好，邳州站项目部在每个季度都会制定实施养护计划。

2014年第2季度实施以下养护项目：零星养护；室内照明维修；室外照明维修；泵站、南闸上下游水尺清理出新。

2014年第3季度实施以下养护项目：主辅设备养护；清污机养护；辅机设备管路油漆养护；上下游护坡整治；拦河设施养护；河面清污保洁。

2014年第4季度实施以下养护项目：房亭河大堤进场道路保洁；主副厂房地面养护；清掏化粪池；快速闸门室钢盖板养护；厂房、管理楼、南闸门顶玻璃造型清洗；集水井清空养护。

（三）设备维护

为确保工程设施安全运用，项目部按照相关规定，对工程设施各部位进行维护保养，确保工程设施、设备按照调令能随时投入运行。

（四）安全生产

邳州站运行管理项目部依靠科学管理，推动工程安全生产工作开展，避免人身伤亡、设备损坏事故的发生。保持了邳州站工程安全生产良好态势。

### 三、工程效益

邳州站工程自建成以来，顺利完成了南水北调三次调水任务：①江苏段试通水；②东线一期工程全线试运行；③2014年上半年向山东供水运行，历次运行累计台时达397台时，累计抽水量达到4550万 $m^3$。水质稳定达标，充分发挥了邳州站的工程效益和社会效益。

（何小军）

## 洪泽湖抬高蓄水影响处理工程安徽省境内工程

### 一、工程概况

洪泽湖抬高蓄水影响处理工程安徽省境

内工程主要建设内容为新建、重建、技术改造东西涧等52座泵站和疏浚护岗湖等16条河道大沟，其中柳湾泵站功能由地方资金新建泵站替代取消技术改造。安徽省南水北调项目办2014年全面推进项目扫尾建设，注重质量管理和安全生产，妥善解决建设后期出现的新问题，顺利完成了工程建设任务。

## 二、工程进展

自2010年11月开工至2014年底，共完成投资37 230万元，土方开挖415万$m^3$，土方回填57万$m^3$，混凝土6.5万$m^3$，原批复的建设内容已全部完成。

根据工程建设投资初步结算，利用节余资金进行增补项目建设。增补工程总投资3822万元，主要建设内容包括：新（重）建泵站2座，新（重）建涵闸2座、渡槽1座，改建防汛道路4km、维修进场道路9.7km，以及完善管护设施、监控设备等。至2014年底，增补工程已完成招标采购，正全面开工建设。

## 三、工程管理

（一）质量管理

及时开展施工现场原材料和实体质量现场检查和抽检工作，对于检查发现的质量问题限期整改。全年多次进行质量抽检，组织专家对检查发现的质量问题进行专题研究，责令有关单位对检查发现的问题严格整改，并复查整改到位情况。

（二）安全管理

狠抓安全生产工作，深入贯彻各项工程建设安全生产制度，加强检查和督促，不断提高各参建单位安全生产意识，强化汛期、施工高峰期、节假日等安全生产事故易发时段的安全生产检查工作。2014年组织开展了汛期安全生产专项检查工作，工程建设安全生产总体平稳，自工程开工以来没有发生安全生产事故。

## 四、验收工作

对照验收计划，组织并督促各建设管理单位，全面推进工程验收工作。蚌埠市、宿州市、滁州市已全部完成合同工程验收。滁州市、蚌埠市已完成移民征迁专项验收工作。通过招标，选择了有资质的水土保持验收评估单位，正在开展水土保持专项验收评估工作。

## 五、工程效益

洪泽湖抬高蓄水影响处理工程安徽省境内工程，结合现有水利设施的运行管理体系，落实运行管理单位，明确管理机构、人员和经费，2014年有50座泵站发挥了很好的排涝或灌溉效益，当地政府和群众对工程发挥的效益予以高度赞扬。

2014年6月，国调办于幼军副主任率调研组来安徽省调研南水北调东线工程建设和水质保护工作后，对安徽省南水北调东线影响处理工程建设质量和有效改善周边洼地排涝条件、减轻洪泽湖抬高蓄水位影响予以肯定。

（史志刚　周安娜）

# 骆马湖—南四湖段

## 概　述

骆马湖—南四湖段采用不牢河和韩庄运河双线输水，通过不牢河和顺梯河输水，实现从骆马湖（中运河）抽引125$m^3/s$供不牢河沿线用水并调水入南四湖下级湖75$m^3/s$的规划目标。台儿庄站与刘山站组成东线一期工程第七梯级泵站，万年闸站与解台站组成第八梯级泵站，韩庄站与蔺家坝站组成第九梯级泵站。

该段的骆马湖水资源控制工程于2014年以前建成完工，并与刘山站、解台站等工程一起进行运行调度，发挥工程效益。

（侯　坤）

## 刘山站工程

### 一、工程概况

刘山站工程是南水北调东线第一期工程的第七梯级泵站，位于江苏省邳州市宿羊山镇境内。刘山站工程为Ⅰ等大（2）型工程，主体工程为1级建筑物。泵站设计洪水标准为百年一遇、校核洪水标准为三百年一遇。刘山站设计流量125$m^3$/s。工程于2005年3月开工建设，2008年10月基本建成，与解台站、蔺家坝站联合运行，其主要任务是扩大江苏境内骆马湖—南四湖的输水规模，共同实现出骆马湖125$m^3$/s，向南四湖供水75$m^3$/s的调水目标。

### 二、工程管理

2014年，刘山站工程项目部坚持每天对管理范围内的机电设备、水工建筑物进行巡视检查、卫生清理；每周进行安全巡视检查，每月进行单机调试、维护；每季度开展机组联合调试；每年汛前开展汛前大检查、汛前维修保养，并委托第三方对刘山站机电设备进行预防性实验；汛期坚持24小时防汛值班制度，实行工作票、操作票制度，确保设备安全运行无事故；汛后及时组织技术人员开展讯后安全大检查，对发现问题及时组织人员进行维修处理，确保设备工况良好。

项目部定期进行工程观测，包括每周一次测压管扬压力观测、每月一次建筑物伸缩缝观测、汛前讯后进行垂直位移和上下游河床断面测量、定期进行主电机绝缘电阻测量等。对测量记录及时进行计算、校核、归档；并对其他资料，包括安全巡视记录、机组调试记录、检查记录、设备缺陷维修记录、工作票、操作票、汛期值班记录、班组运行日志、大事记等进行整理、校核、归档。

2014年，刘山站工程项目部委托江苏水源公司维修检测中心对刘山站的1号、3号、4号机组进行了水导间隙测量，并对4号机组水导轴承间隙过大进行了处理，保证4号机组能够安全运行；对上下游河道的拦河索进行了钢丝绳和锚链的更换，并对上游拦河索进行移位，确保在运行期间上下游河道的安全；对刘山站的自动化监控系统进行了改造，调试一切正常；对水工建筑物及闸门进行了水下检查；对3号机组轮毂上腔放油孔漏油导致3号机组叶调不能自动调节进行了维修；对3号、4号和5号叶调系统进行了维修，并对叶调系统进行了补油，叶调系统良好；对2号和6号清污机进行了维修，并对所有清污机进行了靶齿整形，在清污机链条轨道上加装了防止脱链的钢筋，对清污机进行了保养出新；增加了机务值班室，并对中控室及厂房北大厅进行了重新装修；对检修孔墙面渗水及水泵层对角螺栓起鼓进行了维修；对水泵层南楼梯口渗水进行了维修；对供水管路闸阀进行了更换；对液压闸门系统进行了补油；更换了UPS电池；更换了供电通信电源模块；更换了深水井潜水泵并对深水井进行了清理。

刘山站工程项目部制定了《防汛预案》《反事故预案》等一系列的规章制度，并根据预案进行演练。在汛期加强防汛值班，一旦发生汛情，及时开启节制闸泄洪。开机时加强巡视检查，一旦发生故障，及时根据反事故预案进行处理。

### 三、工程效益

2014年，刘山站工程项目部各项工作有序开展，工程管理水平得到了进一步提高，做到了安全运行无事故。刘山站工程全年开机5120台时，抽水5.55亿$m^3$。由于2014年徐州地区干旱少雨，节制闸没有开闸泄洪。自2008年10月接管刘山站管理工作以来，泵站站累计开机5120台时，抽水约55 619万$m^3$，节制闸开关闸828次，共泄水16.67亿$m^3$。为徐州地区的工农业生产及航运事业发挥了巨大的社会和经济效益。

### 四、环境保护及水土保持

刘山站工程建设区水土保持责任范围50.73$hm^2$，水面面积16$hm^2$；运行期防治责任范围26.25$hm^2$，施工期完成工程量为植物措施面积15.31$hm^2$，种植灌木2.1万株，灌木482株，竹类1593株，绿化面积25 921$m^2$，草皮植被87 089$m^2$。项目部对站区的绿化、美化工作非常重视，为了保证绿化成果，努力提高草皮、树木等的成活率，按照绿化管养要求，进行浇水、施肥、除草、治虫和修剪等工作；为改善站区绿化环境，项目部种植杨树9000株、银杏100多株、香樟70株、红叶石楠球60株、绿篱色块2600$m^2$等一系列绿化水木，花费了大量的人力和财力，为站区的绿化、美化提供了强有力的保证，为站区的环境保护和水土保持做出了一定的贡献。

### 五、验收工作

2014年10月23日，江苏水源有限责任公司宿迁分公司主持召开验收会，通过了南水北调刘山站工程2011～2013年度岁修及防汛急办项目验收。

（邓阿龙）

## 解 台 站 工 程

### 一、工程概况

解台站工程是南水北调东线工程的第八级抽水泵站。工程位于徐州市贾汪区境内。解台站设计流量125$m^3/s$。

2008年8月，由江苏水源公司组织解台泵站主机组的试运行，试运行结束后，交与江苏省南水北调解台站工程管理项目部管理。

### 二、工程管理

抽水站主机的开停由南水北调东线江苏水源有限责任公司运行管理部直接调度。节制闸开关闸经过江苏水源公司批准，由徐州市防汛防旱指挥部将指令下到徐州市解台闸管理处，再由其下发给解台站项目部。值班人员在收到开关闸指令后，填写操作票，按照开关闸操作程序进行操作。此外，按照要求，汛期节制闸上下游水位、开关闸时间、泄水流量等实行日报制度，报水源公司运行管理部。

### 三、工程效益

2014年，解台站工程项目部各项工作有序开展，做到了安全运行无事故。自2014年6月11日下午4点开机抽水，至9月11日下午3点停机，解台站连续运行93天，共开机运行4730台时，抽水51 210万$m^3$。特别是从8月5日8时向山东生态补水，至8月25日8时补水结束，解台站基本上都是以设计流量开机抽水，基本上保持开机4台，工程满负荷运行。生态补水期间共开机1704.2台时，抽水1.93亿$m^3$。节制闸全年未运行。

自2008年8月接管解台站管理工作以来，抽水站累计开机5964.6台时，抽水约6.77亿$m^3$，节制闸开关闸376次，共泄水12.31亿$m^3$。为徐州地区的工农业生产及航运事业发挥了巨大的社会和经济效益。

### 四、环境保护及水土保持

解台站工程现有管理区范围18.9$hm^2$，除水面外，绿化面积14.5$hm^2$，已栽种各类树木6000余棵，绿篱色块地被植物2100余$m^2$，各类草皮面积达54 000$m^2$。

项目部对站区的绿化、美化工作非常重视，为了保证绿化成果，督促绿化管理人员，按照绿化管养要求，进行浇水、施肥、除草、治虫和修剪等工作，花费了大量的人力和财力，为站区的绿化、美化提供了强有力的保证。

## 五、验收工作

2014 年 10 月 23 日，江苏水源公司宿迁分公司验收工程竣工验收完善和 2013 年岁修维修工程项目。

## 六、其他

2014 年，江苏水源公司共下达综合楼二楼宿舍渗水处理、水泵层安装除湿机、3 号闸门开度仪更换、1 号主机 PLC 电源模块更换及维修、1 号主机保护单元箱维修、厂房、综合楼屋面防水工程、屋面混凝土工程、综合楼门厅地砖更换、厂房墙砖维修工程、施耐德网关、闸门液压系统完善、供电线路巡查、养护、试验费用和备品备件购置 13 项岁修项目，总经费 54.94 万元。急办项目抽水站闸门液压系统维修、更换蓄电池组及空调费用、维修机组供水母管 3 项，经费约 16.32 万元。上述工程项目都已完成。

（马玉祥）

# 蔺家坝站工程

## 一、工程概况

蔺家坝站工程为南水北调东线工程的第九级泵站，位于江苏省徐州市铜山县境内，主要任务是抽调前一级解台泵站来水向南四湖下级湖送水，满足南水北调工程调水要求，同时可以结合郑集河以北、下级湖沿湖西大堤以外的洼地排涝。

2013 年 7 月，国务院南水北调办对南水北调东线一期泵站工程进行试通水验收。

## 二、工程管理

蔺家坝站工程的控制运用由江苏水源公司宿迁分公司运行管理部直接调度。项目经理部设立了工程部、综合部、运行部三个职能管理部门。项目部注重质量管理，以水利行业泵站、水闸的有关规程、规范为标准，开展各项工作。进行了每年一次的电气定期预防性试验、透平油变压器油及液压油的化验、行车和安全用具的检测等，确保了设备的完好。

项目部按照工程管理的要求定期组织对工程设施、设备进行检查。注重对各种设备经常性检查、清理、养护，对主机泵、励磁设备、启闭机、闸门、供水系统、气系统等主辅机设备和计算机监控系统进行检查、维护，及时更换常规易损件，确保设备处于完好状态。

## 三、工程效益

2014 年，蔺家坝站工程项目部各项工作有序开展，工程管理水平得到了进一步提高，做到了安全运行无事故。在 8 月完成南四湖下级湖生态补水任务，全年共开机运行 889 台时，抽水 8069 万 $m^3$。

## 四、环境保护及水土保持

蔺家坝站工程现场的绿化由江苏水源公司绿化工程有限公司进行维护，项目部对站区的绿化、美化工作非常重视，为了保证绿化成果，督促绿化管理人员，按照绿化管养要求，进行浇水、施肥、除草、治虫和修剪等工作。

（李　军）

# 台儿庄站工程

## 一、工程概况

台儿庄站工程是南水北调东线一期工程的第七级泵站，也是进入山东省境内的第一级泵站，位于山东省枣庄市台儿庄区境内，

由项目法人山东干线公司委托淮委治淮工程建设管理局（以下简称淮委建管局）负责工程招标、建设、验收全过程，山东干线公司负责迁占协调、资金拨付等工作。

台儿庄站工程于2005年12月12日开工建设，2009年11月24日通过机组试运行验收，2010年7月27日由淮委建管局移交项目法人进入待运行管理阶段。随着2013年12月，南水北调东线工程正式通水运行，台儿庄泵站工程进入运行管理阶段。

## 二、工程管理

（一）通水情况

1. 通水准备情况

2014年度台儿庄站工程对运行管理制度、检修管理制度等主要管理制度进行了进一步的修订和完善。印发学习了《台儿庄泵站运行管理细则》《泵站安全管理实施细则》《泵站维护与检修细则》等，修订完善了《台儿庄泵站机电设备及水工建筑物等级评定标准》《台儿庄泵站设备台账》等一系列规章制度和运行规程。

2. 调水情况

按照国务院南水北调办《南水北调东线一期工程2014年上半年供水运行工程调度方案》的要求，遵照调度指挥中心指令，台儿庄泵站于2014年5月12～18日开启机组调水，参与完成了南水北调东线2014年度通水运行工作。

通水运行过程中，台儿庄泵站各台水泵机组均是正常启停；各辅机、监控设备、配电设施均正常运行；运行中无任何人身安全事故；工程设施在有效监测之下，正常运行；参与运行人员能够严格执行上级调度命令，认真做好设备运行巡视检查。通过通水运行锻炼了职工队伍，提高了操作水平、检验了设备状态，积累了调水经验，确保了机组处于良好的热备状态。同时，通过多个泵站长时间的通水运行检验，证明台儿庄泵站达到了设计参数指标，能够确保通水运行任务顺利完成。

（二）运行管理情况

1. 管理机构基本情况

台儿庄站工程管理机构为山东省南水北调韩庄运河段工程建设管理局台儿庄泵站管理处，受南水北调东线山东干线枣庄管理局领导。

2. 岁修计划实施

2014年度，台儿庄泵站主要完成了站区凉亭、大理石栏杆、大理石贴面的维修，泵站主厂房屋面局部、排涝涵闸屋面的防水处理，变电站花池及路面铺砖的改造，进水渠护栏网的修补，泵站主厂房供排水设施的改造维修，排涝涵闸室百叶窗的封堵、墙面的粉刷，联轴层电气、机械及防汛仓库的装修，管理区墙面的粉刷及卫生间的吊顶，管理区办公楼卫生间水阀的改造，厂房幕墙玻璃的更换，水尺的购置及安装，联轴层防护设施的增设等；主变压器温度控制器的更换、供水系统示流器的购置更换、低压开关柜电操机构的购置更换、变压器油的补充、部分机组电机油的更换、进出水池水位计的维修、桥式起重机的维修、供水系统母管漏水的维修等。同时，根据工作计划，台儿庄泵站还完成了电气设备的年度预防性试验、特种设备（行车）的年检等。通过岁修，提高了泵站工程设施和设备的完好率，提高了台儿庄泵站整体的安全运行率。

3. 设备维护

台儿庄管理处制定了2014年度台儿庄泵站运行管理工作计划，做好并完善设备的养护工作。2014年度，台儿庄泵站完成模拟开机维护8次，开机维护4次，确保了泵站设备始终处于“热备”状态，泵站人员始终处于“临战”状态。2014年度，台儿庄泵站加强了工程及设备日常维护工作力度，完善修订了日常维护制度，明确了维护内容及标准，划分了维护责任区域，落实了维护人员。日常维护工作主要为对水泵机组、电气设备、金属结构、水工建筑物等进行日常巡视检查和保养，同时对巡视过程中发现的问题进行及时处理。

2014 年度，台儿庄泵站定期组织业务培训工作，每月组织全体职工学习，先后学习了电力安全规程、泵站安全管理细则、泵站维护与检修细则、台儿庄泵站运行管理细则及泵站高低压设备、PIC 控制柜图纸等，提高了泵站职工业务技能。

## 三、工程效益

2014 年 5 月 22 ~ 18 日，台儿庄站工程开启机组提水，参与了南水北调东线全线通水运行工作，累计运行 395.91 台时，共计输水 4510.35 万 $m^3$。

## 四、环境保护及水土保持

2014 年度，台儿庄站工程管理处加强环境保护工作，杜绝了工程管理范围内的污水排放、垃圾堆放现象。同时，本年度台儿庄泵站管理处加强了水土保持工作，安排专职人员对站区、管理区栽植的苗木进行了浇水、施肥、修剪及病虫害防治等养护管理，确保了苗木的成活率，起到了水土保持效果。

## 五、验收工作

2012 年 12 月 20 ~ 23 日，台儿庄站工程完成了设计单元技术性初步验收，这为南水北调东线全线通水创造了条件。截至 2014 年，除征地移民省级验收和设计单元验收没有完成外，其余均已通过了相关验收。

（任庆旺）

# 韩庄运河段水资源控制工程

## 一、工程概况

韩庄运河段水资源控制工程由魏家沟橡胶坝、三支沟橡胶坝、峄城大沙河大泛口节制闸、潘庄引河闸等建筑物组成。魏家沟、三支沟水资源控制工程，均采用单跨橡胶坝结构。峄城大沙河大泛口节制闸具备引水、排涝、泄洪、挡洪功能，控制流域面积 1700$km^2$。潘庄引河闸位于南四湖湖东大堤与潘庄引河的交汇处附近，具有引水、排涝、泄洪、挡洪的功能，控制流域面积 39$km^2$。

## 二、工程管理

三支沟、魏家沟水资源控制工程，由枣庄局万年闸泵站管理处负责运行管理工作。峄城大沙河大泛口节制闸由枣庄局台儿庄泵站管理处负责运行管理工作。运行管理包括日常的巡查巡视、工程及机电设备的维修维护保养等工作。潘庄引河闸自 2014 年开始由枣庄局韩庄泵站管理处负责运行管理工作。

南水北调东线一期工程韩庄运河段工程峄城大沙河大泛口节制闸管理设施工程 8 月 26 日开工建设，2014 年 9 月完工并通过验收。

## 三、调度运行

2014 年 5 月 12 ~ 18 日，按照调度指令三支沟、魏家沟两座橡胶坝升起挡水，峄城大沙河大泛口节制闸、潘庄引河闸关闭闸门，参与了 2014 年上半年调水工作，圆满完成调水任务。

## 四、工程效益

通过汛期及调水期间考验，韩庄运河段水资源控制工程运行良好，各项指标均满足设计要求，发挥了应有效益。韩庄运河段输水期间，橡胶坝升起挡水，非输水期间塌坝，不影响支沟泄洪。大泛口节制闸为峄城大沙河防汛度汛、调蓄截污发挥了关键作用。

## 五、环境保护及水土保持

三支沟、魏家沟水资源控制工程和潘庄河引水闸防治措施布置上，做到工程措施、

植物措施与临时措施相结合，形成了较为完善的水土流失防护体系。

峄城大沙河大泛口节制闸工程属于峄城大沙河截污导流工程之一，该流域污水经过处理成为中水后方可排放进入峄城大沙河，一旦出现有污染现象，管理单位及时向河道管理部门通报，有效保护了河道环境。峄城大沙河大泛口节制闸管理设施水土保持项目已于2014年上半年完成。

（叶敦卫）

## 万年闸站工程

### 一、工程概况

万年闸站工程位于韩庄运河中段，是南水北调东线工程的第八级抽水梯级泵站，山东境内的第二级泵站。该泵站枢纽位于山东省枣庄市峄城区境内，东距台儿庄泵站枢纽14km，西距韩庄泵站枢纽16km，设计输水流量125m³/s，设计扬程5.49m。其主要任务是从韩庄运河万年闸节制闸闸后提水至闸前，通过韩庄运河向北输送，以实现南水北调东线工程向北调水的目的，结合排涝并改善运河的航运条件。

工程计划工期为30个月。泵站主体工程于2009年9月全部完成。

### 二、工程管理

万年闸站工程项目法人为山东干线公司。2014年2月25日，山东省南水北调韩庄运河段工程建设管理局更名为“南水北调东线山东干线枣庄管理局”，继续行使工程运行管理职能。

按照调度方案的要求，运行期间实行统一调度、分级负责制度。万年闸泵站服从枣庄局调度分中心的统一调度、统一指挥；泵站人员实行四班轮换。

### 三、调度运行

（一）通水准备工作

万年闸站工程于2010年5月25日完成试运行验收。水情检测、安全检测、通信调度、管理制度、人员配备等工作均已准备完毕，所有工作在试通水前完成，保证试通水的正常进行。

（二）调水情况

万年闸站工程通水运行于2014年5月12日10时开始，于2014年5月19日2时结束，最小运行台数为1台，流量为31.5m³/s，最大运行台数为4台，流量为125m³/s，累计运行400台时，共计调水4530万m³，圆满完成了本次试运行调水任务。

### 四、工程效益

万年闸站工程是山东省南水北调工程的先期工程，在总体工程开始正常运行以前，工程达不到设计效益。但是新老206国道桥、滩地交通桥、生产桥的建成方便了交通和周围百姓的出行。

（一）引水渠增设跌水

引水渠的开挖截断了杨闸官村南的排涝沟，影响了排涝，故在排涝沟与引水渠相交处设跌水，使汛期（非调水期）涝水通过排涝沟跌水进引水渠，顺引水渠通过引水闸排至万年闸下韩庄运河。

（二）出水渠增设排涝涵闸

万年闸站工程站上出水渠的开挖截断了万年闸村南的排涝沟，影响了排涝，在排涝沟与出水渠相交处增设排涝涵闸，使涝水通过排涝涵闸进出水渠，顺出水渠通过出口防洪闸排入韩庄运河。

### 五、环境保护及水土保持

（一）环境保护

万年闸站工程按照国家规定的建设程序，于可研阶段开展了环境评价工作，并编制了环保设计文件，基本履行了“三同时”制度。施工期间，参建各方严格遵守环保法律法规，建立健全环保管理制度，设计文件规定的各项环境保护措施（设施）得到认真执行，有效地减免了施工活动对自然环境可能造成的破坏和影响。建设期间监测数据表明，施工区环境状况总体受控，质量较好。

（二）水土保持

万年闸站工程基本按“水土保持方案”与“初步设计”完成了各项水土保持措施。防治措施布置上，做到工程措施、植物措施与临时措施相结合，形成较为完善的水土流失防护体系。

## 六、验收工作

（一）工程验收情况

2014 年 8 月 28 日万年闸泵站枢纽工程设计单元工程通过验收。

（二）尾工情况

2014 年 3 月 27 日，《南水北调东线一期工程万年闸泵站枢纽工程尾工及预留费用实施方案》（枣庄局 2014 呈签〔5〕号）获山东省局领导的批复。万年闸泵站管理处辅助生产用房建筑工程于 2014 年 7 月 25 日开工，至 2014 年 12 月 15 日施工任务全部完成。万年闸泵站管理处辅助生产用房建筑工程分部工程于 2014 年 12 月 23 日通过验收；单位工程于 2014 年 12 月 29 日通过工程验收，优良率 87.5%。

（叶敦卫）

# 韩庄站工程

## 一、工程概况

韩庄站工程是南水北调东线一期工程中第九级抽水梯级泵站，也是山东省内的第三级泵站，位于山东省枣庄市峄城区古邵镇八里沟村西，设计流量 125$m^3$/s，设计净扬程 4.15m，任务是将站下来水通过泵站提水入南四湖下级湖，以实现南水北调东线一期工程的调水目标。

韩庄站工程于 2007 年 4 月 3 日正式开工，2011 年 8 月泵站工程全部完工，2011 年 12 月 17 日通过机组试运行验收。

## 二、工程管理

2014 年韩庄站工程管理处对运行管理制度进行了修订和完善，印发了《韩庄泵站运行管理细则（试行）》，并荣获了山东省水利系统“先进集体”称号。

韩庄站工程 2014 年度岁修机电设备及工程设施维修批复费用约 50 万元，已全部实施完成。

## 三、调度运行

韩庄站工程管理处根据枣庄局调度分中心指令，于 2014 年 5 月 12 日 10 时 4 分开启首台机组提水，5 月 19 日 17 时 11 分关停最后一台机组，累计运行 393.34 台时，累计输水量 4430.323 万 $m^3$，圆满完成输水任务。

## 四、工程效益

2014 年韩庄站工程正式转入运行期，现已形成渠水清澈、绿树成荫的生态景观，泵站生态环境大为改观；按计划完成向南四湖调水任务，改善了南四湖水生态环境，发挥了良好的生态效益和社会效益。

## 五、环境保护及水土保持

韩庄站工程 2014 年加大泵站站区、管理区、弃土区水土保持及绿化工程的投入，安排专人负责苗木栽植、浇灌、修剪、施肥、治虫等养护管理工作，达到水土保持效果，并提升了整体景观效果；充分利用管理区范围内的水土资源优势，开展种植、养殖等多种经营，充分发挥水土保持工程环境效益、

生态效益及经济效益。

### 六、验收工作

韩庄站工程共有个5施工合同项目，划分为8个单位工程，已全部完成并通过验收；安全评估、水土保持、档案、征地移民、完工决算等专项验收工作已完成，环境保护验收的报告编制工作于2014年底前完成，计划2015年上半年报请验收。

（赵　琳）

# 南四湖—东平湖段

## 概　　述

南四湖—东平湖段输水与航运结合工程是南水北调东线一期工程的重要组成部分，是沟通黄、淮、海和连接胶东输水干线、鲁北输水工程的咽喉，处于山东境内T形输水大动脉的心脏地带。该工程上接南四湖的上级湖，下至东平湖，输水线路全长约108km，途径济宁市的微山等7个县（区）和泰安市的东平县。工程北可以向德州、聊城等鲁北地区并进而向冀东、天津供水；东可以通过济平干渠向济南供水，并进而通过胶东输水线调水至淄博、潍坊、烟台、威海、青岛等城市，以有效解决这些地区水资源的紧缺问题。短期内即可实现南四湖和东平湖之间水资源的联合调度，初步改善山东水资源空间分布不均的状况，对下步沂沭泗洪水利用，实现洪水资源化具有重大的现实意义。

建设期间由南四湖湖内疏浚工程、梁济运河、柳长河输水航道工程、长沟泵站、邓楼泵站、八里湾泵站和引黄灌区灌溉影响处理工程7个设计单元组成，建成后参与东线一期南四湖—东平湖段工程运行的工程包括二级坝泵站、长沟泵站、邓楼泵站、八里湾泵站和河道输水工程。一期工程设计输水流量$100m^3/s$，年调水13亿~14亿$m^3$。工程总投资255 159万元。

该段的南四湖湖内疏浚工程和引黄灌区影响处理工程于2014年以前建成完工，并与二级坝站、长沟站等工程一起进行运行调度，发挥工程效益。

（化晓锋）

## 二级坝站工程

### 一、工程概况

二级坝站工程是南水北调东线一期工程的第十级抽水梯级泵站，位于南四湖中部，山东省微山县欢城镇境内。一期设计输水流量$100m^3/s$。工程主要任务是将水从南四湖下级湖提至上级湖，实现南水北调东线工程的梯级调水目标。

### 二、工程管理

山东干线公司和水利部淮河水利委员会联合组建了二级坝泵站建设管理局。建设管理工作由二级坝泵站建设管理局具体负责。运行管理工作归属南水北调东线山东干线济宁管理局二级坝泵站管理处负责。

南水北调东线一期工程二级坝泵站枢纽工程的建设管理工作已经于2013年全部完成并转入运行管理。

### 三、运行调度

按照山东省南水北调工程建设管理局《南水北调东线山东段工程2013~2014年度第二阶段供水运行工程调度方案》和南水北

调东线山东干线济宁管理局《南水北调东线山东干线济宁管理局2014年上半年调度实施方案》，此次供水期间关键节点抽水量为：入上级湖水量3830万$m^3$，出上级湖水量3830万$m^3$，入东平湖水量3750万$m^3$。

按照山东省南水北调备调中心调度指令，二级坝泵站于2014年5月13日上午10时开机，5月18日下午17时44分停机。泵站的5台机组参与南水北调东线一期工程第二阶段通水运行，累计运行348.6台时，累计抽水量3830.4万$m^3$。

全线通水运行期间，二级坝泵站主机组、辅机、清污机、电气设备与电力设备、闸门均运行正常，计算机监控系统正常，主要技术参数满足设计和规范要求，站内各种设备工作协调，停机后检查机组各部位无异常现象。

## 四、工程效益

二级坝站工程已经进入运行期，各项运行指标均满足设计要求，已经按照山东省南水北调建管局调度中心的指令实现了梯级调水，并顺利的完成了各年度调水任务，发挥了其应有的效益。截至2014年底，各机组已经累计运行1465.6台时，总调水量15 780.4万$m^3$。

## 五、环境保护与水土保持

二级坝站工程于2012年完成了泵站管理区的绿化。2013年完成了站区内绿化养护管理工作。并于2014年完成了环境保护专项验收。二级坝泵站枢纽工程按照批复的初步设计和水土保持方案完成了各项水土保持措施。防治措施布置上，做到工程措施、植物措施和临时措施相结合，形成较为完善的水土流失防护体系。2012年10月25日完成水土保持合同项目验收，并于2014年完成水土保持专项验收。

（化晓锋）

# 长沟站工程

## 一、工程概况

长沟站工程是南水北调东线工程的第十一级抽水梯级泵站，位于济宁市长沟镇新陈庄村北，一期设计输水流量100$m^3/s$，多年平均调水量14.27亿$m^3$。

长沟站工程于2009年12月正式开工建设，工程于2013年3月全部完工并通过泵站机组试运行验收，2013年12月通过了全线通水试运行和正式运行验收。

## 二、工程管理

山东干线公司为南水北调东线一期山东省境内工程的项目法人。山东省南水北调南四湖—东平湖段工程建设管理局，作为山东干线公司的派出机构，具体负责两湖段工程的建设管理工作。两湖段建管局下设的长沟泵站管理处具体负责现场建设管理工作。南水北调东线一期工程长沟泵站枢纽工程的建设管理工作已经完成并已经转入运行管理。

## 三、运行调度

按照山东省南水北调建管局《南水北调东线山东段工程2013～2014年度第二阶段供水运行工程调度方案》和南水北调东线山东干线济宁管理局《南水北调东线山东干线济宁管理局2014年上半年调度实施方案》，此次供水期间关键节点抽水量为：入上级湖水量3830万$m^3$、出上级湖水量3830万$m^3$、入东平湖水量3750万$m^3$。

按照山东省南水北调备调中心调度指令，长沟泵站于2014年5月13日上午10时开机，5月25日下午17时停机。泵站的4台机组参与南水北调东线一期工程第二阶段通水运行，累计运行391台时，累计抽水量4523.3万$m^3$。

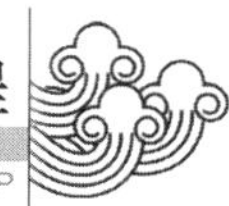

全线通水运行期间，长沟泵站主机组、辅机、清污机、电气设备与电力设备、闸门均运行正常，计算机监控系统正常，主要技术参数满足设计和规范要求，站内各种设备工作协调，停机后检查机组各部位无异常现象。运行期间，泵站、进水闸、出水闸、节制闸各建筑物基底扬压力正常，沉降位移无异常变化，建筑物安全，长沟泵站工程运行安全稳定可靠。

## 四、工程效益

长沟站工程已经进入运行期，各项运行指标均满足设计要求，已经按照山东省南水北调建管局调度中心的指令实现了梯级调水，并顺利的完成了各年度调水任务，发挥了其应有的效益。截至2014年底，已经累计调水20 503.7万$m^3$。

## 五、环境保护与水土保持

长沟站工程站区内绿化养护工程于2013年4月开工，2014年12月基本完成了站区内绿化养护管理工作。施工期间，施工单位加强站区环境卫生工作，严格执行保洁制度，保证生活卫生。运行管理单位对工作区环境加强管理，建立卫生责任制度，责任落实到人，每天进行日常清扫，每周三次全面保洁。泵站实行封闭式管理，保证了整个站区的环境卫生。正在进行环境保护专项验收资料准备工作。

长沟站工程的水土保持工程采取了园林式绿化，主要包括护坝区水土保持，泵站管理区绿化、景观及部分室外工程；施工内容主要包括进场道路防治区、防洪围堤防治区、引出水渠工程防治区、堆土场防治区、管理区防治区等项目。2014年12月完成了水土保持合同验收。正在进行水土保持专项验收资料准备工作。

## 六、验收工作

长沟站工程概算批复总投资27 818万元，工程于2009年12月5日正式破土动工。2013年3月31日工程已经全部完工。截至2014年底，已经完成单位工程验收、合同验收、技术性初步验收、消防工程验收、安全评估验收、国家档案验收。并于2013年10月19日~11月15日进行全线试运行，11月15日~12月10日完成正式通水。

（化晓锋）

# 邓楼站工程

## 一、工程概况

邓楼站工程是南水北调东线工程的第十二级抽水梯级泵站，位于梁山县韩岗镇司垓村以西，一期设计输水流量100$m^3/s$，多年平均提水量13.60亿$m^3$。

邓楼站工程于2010年1月正式开工建设，工程于2013年3月全部建设完成并通过泵站机组试运行验收，2013年12月通过了全线通水试运行和正式运行验收。

## 二、工程管理

山东干线公司为南水北调东线一期山东省境内工程的项目法人。山东省南水北调南四湖—东平湖段工程建设管理局，作为山东干线公司的派出机构，具体负责两湖段工程的建设管理工作。两湖段建管局下设的邓楼泵站管理处具体负责现场建设管理工作。

南水北调东线一期工程邓楼泵站枢纽工程的建设管理工作已经全部完成并已经转入运行管理。

## 三、运行调度

按照山东省南水北调备用调度中心调度指令，邓楼泵站于2014年5月13日21时开机，5月25日下午20时停机。泵站4台机组参与南水北调东线一期工程第二阶段通水运行，累计运行374.1台时，累计抽水量

3769.7 万 $m^3$。

全线通水运行期间，邓楼泵站主机组、辅机、清污机、电气设备与电力设备、闸门均运行正常，计算机监控系统正常，主要技术参数满足设计和规范要求，站内各种设备工作协调，停机后检查机组各部位无异常现象。运行期间，泵站、进水闸、出水闸、节制闸各建筑物基底扬压力正常，沉降位移无异常变化，建筑物安全，长沟泵站工程运行安全稳定可靠。

## 四、工程效益

邓楼站工程已经进入运行期，各项运行指标均满足设计要求，已经按照山东省南水北调备用调度中心和南水北调济宁调度分中心的指令实现了梯级调水，并顺利的完成了各年度调水任务，发挥了其应有的效益。截至 2014 年底，已经累计调水 19 073.5 万 $m^3$。

## 五、环境保护与水土保持

邓楼站工程站区内绿化养护工程于 2013 年 3 月 17 日开工，2014 年 11 月完成了站区内绿化养护管理工作。各单位加强站区环境卫生工作，严格执行职业健康与环境卫生制度，保证工作区及生活区环境与卫生达到安全要求。运行管理单位对工作区环境加强管理，建立卫生责任制度，责任落实到人，每天进行日常清扫，每周三次全面保洁，泵站实行封闭式管理，保证了整个站区的环境卫生。正在进行环境保护专项验收资料准备工作。

邓楼站工程的水土保持工程采取了园林式绿化，主要包括护坝区水土保持，泵站管理区绿化、景观及部分室外工程；施工内容主要包括进场道路防治区、防洪围堤防治区、引出水渠工程防治区、堆土场防治区、管理区防治区等项目。

邓楼站工程水土保持工程于 2013 年 3 月开工，按照批复的初步设计和水土保持方案完成了各项水土保持措施。防治措施布置上，做到工程措施、植物措施和临时措施相结合，形成较为完善的水土流失防护体系。2014 年 11 月 17 日完成了水土保持工程单位和合同验收，正在进行水土保持专项验收资料准备工作。

## 六、验收工作

邓楼站工程概算批复总投资 25 732 万元，工程于 2010 年 1 月 10 日正式破土动工。2013 年 3 月 31 日工程已经全部完工。截至 2014 年底，已经完成单位工程验收、合同验收、技术性初步验收、消防工程验收、安全评估验收、国家档案验收。并于 2013 年 10 月 19 日～11 月 15 日进行全线试运行，11 月 15 日～12 月 10 日完成正式通水。

（化晓锋）

# 八里湾站工程

## 一、工程概况

八里湾站工程位于山东省东平县境内的东平湖新湖滞洪区，是南水北调东线一期工程的第十三级抽水泵站，也是黄河以南输水干线最后一级泵站，设计调水流量 $100m^3/s$。工程主要任务是抽引前一级邓楼泵站的来水入东平湖，并结合东平湖新湖区的排涝。

八里湾站工程于 2010 年 9 月正式开工建设，工程于 2013 年 5 月基本建设完成并通过泵站机组试运行验收，2013 年 12 月通过了全线通水试运行和正式运行验收。

## 二、工程管理

根据工程建设实际，按照国务院南水北调办的有关规定，山东干线公司将八里湾泵站工程委托给黄河东平湖管理局组织实施，并签署了委托建管协议，现场的建设管理工作由八里湾建设管理局负责，运行管理工作

归属南水北调东线山东干线济宁管理局八里湾泵站管理处负责。

南水北调东线一期工程八里湾泵站枢纽工程的建设管理工程已经全部完成。

## 三、运行调度

按照山东省南水北调备用调度中心调度指令，八里湾泵站于2014年5月13日21时58分开机，5月26日下午4时59分停机。泵站4台机组参与南水北调东线一期工程第二阶段通水运行，累计运行376.3台时，累计抽水量3775.7万$m^3$。

全线通水运行期间，八里湾泵站主机组、辅机、清污机、电气设备与电力设备、闸门均运行正常，计算机监控系统正常，主要技术参数满足设计和规范要求，站内各种设备工作协调，停机后检查机组各部位无异常现象。运行期间，泵站各建筑物基底扬压力正常，沉降位移无异常变化，建筑物安全，八里湾泵站工程运行安全稳定可靠。

## 四、工程效益

八里湾站工程已经进入运行期，各项运行指标均满足设计要求，已经按照山东省南水北调备用调度中心和南水北调济宁调度分中心的指令实现了梯级调水，并顺利的完成了各年度调水任务，发挥了其应有的效益。截至2014年底，已经累计调水18 702.9万$m^3$。

## 五、环境保护与水土保持

八里湾站工程管理区的绿化工作于2013年6月开工，八里湾建管局建立环境保护管理体系，加强环境保护工作，杜绝管理区内的排污、粉尘、垃圾乱堆放现象。2014年12月底基本完成了泵站管理区的绿化工作。正在进行环境保护专项验收资料准备工作。

八里湾站工程按照批复的初步设计和水土保持方案完成了各项水土保持措施。防治措施布置上，做到工程措施、植物措施和临时措施相结合，保证了水土保持效果。同时，安排专职人员对管理区栽种的苗木进行浇水、施肥、修建及病虫害防治等养护工作，确保苗木成活率。正在进行水土保持专项验收资料准备工作。

## 六、验收工作

八里湾站工程概算批复总投资26 577万元，工程于2010年9月16日正式破土动工。2013年5月31日工程已经基本完工。截至2014年底，工程已全部完工，已经完成单位工程验收、合同验收、技术性初步验收、消防工程验收、安全评估验收、国家档案验收。并于2013年10月19日～11月15日进行全线试运行，11月15日～12月10日完成正式通水。

（化晓锋）

# 梁济运河段输水航道工程

## 一、工程概况

梁济运河输水线路从南四湖湖口至邓楼泵站站下，长58.252km。梁济运河段输水航道工程于2010年12月30日正式开工建设，工程于2013年6月基本建设完成并通过试通水验收，2013年12月通过了全线通水试运行和正式运行验收。

## 二、工程管理

山东省南水北调南四湖—东平湖段工程建设管理局，作为山东干线公司的派出机构，具体负责两湖段工程的建设管理工作。两湖段建管局下设的河道管理处具体负责现场建设管理和运行管理工作。

南水北调东线一期工程梁济运河段输水航道工程的建设管理工作已经全部完成并已经转入运行管理。

## 三、运行调度

梁济运河利用原排涝河道，设计水位低于沿岸地表，为地下输水河道，加上两岸地下水位较低，调水运行相对较为安全。为了确保通水运行期间工程安全、水质安全、沿线群众生命财产安全，顺利实现调水目标，南水北调东线山东干线济宁管理局于2014年5月7日特成立渠道安全运行巡查队，对各项工作进行了周密的安排，确定了巡查值班方案、运行值班制度。渠道安全运行巡查队由南水北调济宁管理局渠道管理处主任总负责。

## 四、工程效益

梁济运河段输水航道工程已经进入运行期，各项运行指标均满足设计要求，已经按照山东省南水北调备用调度中心和南水北调济宁调度分中心的指令实现了南水北送，并顺利的完成了各年度调水任务，发挥了其应有的效益。

## 五、环境保护与水土保持

梁济运河河道沿线及管理区的绿化工作于2013年6月开工，济宁河道管理处及各参建单位分别建立各自的环境保护管理体系，加强环境保护工作，杜绝管理区内的排污、粉尘、垃圾乱堆放现象。2014年12月底基本完成了河道两岸的苗木种植和管理区的绿化工作。正在进行环境保护专项验收资料准备工作。

梁济运河输水航道工程按照批复的初步设计和水土保持方案完成了各项水土保持措施。防治措施布置上，做到工程措施、植物措施和临时措施相结合，保证了水土保持效果。同时，安排专职人员对管理区栽种的苗木进行浇水、施肥、修建及病虫害防治等养护工作，确保苗木成活率。正在进行水土保持专项验收资料准备工作。

## 六、验收工作

梁济运河段输水航道工程概算批复总投资171 742万元，工程于2010年12月30日正式破土动工。2013年6月工程已经基本完工。截至2014年底，工程已全部完工，已经完成单位工程验收、合同验收、技术性初步验收，正在进行国家档案验收。并于2013年10月19日~11月15日进行全线试运行，11月15日~12月10日完成正式通水。

（化晓锋）

# 柳长河段输水航道工程

## 一、工程概况

柳长河输水线路从邓楼泵站站上至八里湾泵站站下，输水航道长20.984km。

柳长河段输水航道工程于2010年12月30日正式开工建设，工程于2013年6月基本建设完成并通过试通水验收，2013年12月通过了全线通水试运行和正式运行验收。

## 二、工程管理

山东省南水北调南四湖—东平湖段工程建设管理局，作为山东干线公司的派出机构，具体负责两湖段工程的建设管理工作。两湖段建管局下设的河道管理处具体负责现场建设管理和运行管理工作。

南水北调东线一期工程柳长河段输水航道工程的建设管理工作已经全部完成并已经转入运行管理。

## 三、运行调度

柳长河利用原排涝河道，设计水位低于沿岸地表，为地下输水河道，加上两岸地下水位较低，调水运行相对较为安全。为了确保通水运行期间工程安全、水质安全、沿线群众生命财产安全，顺利实现调水目标，南水北调东线山东干线济宁管理局于2014年5月7日特成立渠道安全运行巡查队，对各项工作进行了周密的安排，确定了巡查值班方案、运行值班制度。渠道安全运行巡查队由南水北调济宁管理局渠道管理处主任总负责。

### 四、工程效益

柳长河段输水航道工程已经进入运行期，各项运行指标均满足设计要求，已经按照山东省南水北调备用调度中心和南水北调济宁调度分中心的指令实现了南水北送，并顺利的完成了各年度调水任务，发挥了其应有的效益。

### 五、环境保护与水土保持

柳长河河道沿线及管理区的绿化工作于2013年4月开工，济宁河道管理处及各参建单位分别建立各自的环境保护管理体系，加强环境保护工作，杜绝管理区内的排污、粉尘、垃圾乱堆放现象。2014年12月底全部完成了河道两岸的苗木种植和管理区的绿化工作。正在进行环境保护专项验收资料准备工作。

柳长河输水航道工程按照批复的初步设计和水土保持方案完成了各项水土保持措施。防治措施布置上，做到工程措施、植物措施和临时措施相结合，保证了水土保持效果。同时，安排专职人员对管理区栽种的苗木进行浇水、施肥、修建及病虫害防治等养护工作，确保苗木成活率。正在进行水土保持专项验收资料准备工作。

### 六、验收工作

柳长河段输水航道工程概算批复总投资95 027万元，工程于2010年12月30日正式破土动工。2013年6月工程已经基本完工。截至2014年底，工程已全部完工，已经完成单位工程验收、合同验收、技术性初步验收，正在进行国家档案验收。于2013年10月19日～11月15日进行全线试运行，11月15日～12月10日完成正式通水。

（化晓锋）

## 南四湖下级湖抬高蓄水位影响处理工程

### 一、工程概况

南四湖下级湖抬高蓄水位影响处理工程主要任务是对湖区受影响的房屋、畜禽养殖场及生产生活配套设施进行补助，消除和改善因抬高蓄水位对湖区群众生产和生活产生的影响。工程涉及山东省济宁市微山县的夏镇街道办事处、昭阳街道办事处、韩庄镇、欢城镇、傅村镇、微山岛乡、高楼乡、张楼乡、西平乡、赵庙乡等10个乡镇办事处109个行政村，总投资40 984万元。2011年12月，征地移民设计、监理、勘界单位，微山县南水北调工程建设指挥部进场开展外业调查工作，工程正式启动。

### 二、验收工作

截至2014年底，工程补助资金已全部兑付完成，累计兑付补助资金约3.5亿元。在此基础上，完成了南四湖下级湖抬高蓄水位影响处理工程征迁县级档案验收、征迁县级验收、省级征迁档案验收。省级征迁验收工作已准备就绪。

（黄国军　李一涛）

## 东平湖蓄水影响处理工程

### 一、工程概况

东平湖蓄水影响处理工程建设的任务是对南水北调东线利用东平湖蓄水而产生的影响问题进行处理和补偿，确保东平湖老湖区安全，从而实现向胶东和鲁北输水的目标。东平湖蓄水影响处理工程包括蓄水影响补偿和工程措施两部分（工程措施包括围堤加固工程、排涝排渗泵站改扩建工程、济平干渠湖内引渠清淤工程三部分，不在此处述及）。2011年8月23日，国务院南水北调办正式批复《南水北调东线一期东平湖蓄水影响处理工程初步设计报告》（国务院南水北调办投计〔2011〕211号），批复总投资49 488万元，其中，蓄水影响补偿投资为44 439万元，占批复总额的90.7%，主要实施内容是对蓄水影响补偿范围内的耕地以移民安置规划项目的形式进行补偿，包括涝洼地改造项目、农业生产开发项目、家庭养殖业与畜禽养殖繁育场、水产养殖项目、生产加工项目和专项设施等，投资为39 517万元。项目涉及环东平湖的州城、新湖、商老庄、戴庙、银山、斑鸠店、老湖、旧县等8个乡镇，全部在泰安市东平县境内。

## 二、工程管理

东平湖蓄水影响处理工程移民安置规划项目共76个项目，分四批实施。截至2014年底，各批次的实施方案已由山东省南水北调工程建设指挥部全部批复，其中45个项目已通过完工验收并投入使用，能较好的发挥效益；正在建设的项目，施工形象进度符合总体建设进度计划，施工质量、安全可控。

## 三、验收工作

截至2014年底，在全部76个东平湖蓄水影响处理工程移民安置规划项目中，45个项目已建设完成并通过完工验收；6个项目已完工待验收，计划2015年5月进行完工验收；24个项目正在建设施工，预计2015年6月底全部完工，7月中旬进行完工验收。在此基础上，对整个东平湖蓄水影响处理工程进行县级验收以及省级验收。

（黄国军　李一涛）

# 胶　东　段

## 概　述

胶东输水干线由东平湖出湖闸引水，经济平干渠、济南市区段、济南以东输水渠道工程和引黄济青工程输水。

（侯　坤）

## 济平干渠工程

### 一、工程概况

济平干渠工程是南水北调东线一期工程的重要组成部分，也是向胶东输水的首段工程。其输水线路自东平湖渠首引水闸引水后，途经泰安市东平县、济南市平阴县、长清区和槐荫区至济南市西郊的小清河睦里庄跌水，输水线路全长90.055km。工程等别为Ⅰ等，其主要建筑物为1级；主要建设内容为：输水渠渠道工程、输水渠堤防工程、输水渠两岸排水工程、河道复堤工程、输水渠上建筑物工程、水土保持工程等，全线设计输水流量50m³/s，加大流量60m³/s。

济平干渠工程是国家确定的南水北调工程首批开工项目之一，工程总投资150 241万元。2002年12月27日举行了工程开工典礼

仪式，2005 年 12 月底主体工程建成并一次试通水成功，2010 年 10 月通过国家竣工验收，是全国南水北调工程第一个建成并发挥效益，第一个通过国家验收的单项工程。

## 二、运行调度

山东干线公司于 2014 年 2 月正式成立南水北调东线山东干线济南管理局（下面简称济南局），行使济平干渠工程运行管理职能；济平干渠工程分别设立平阴渠道管理处和长清渠道管理处，作为三级管理机构正式运行。同时原山东南水北调济平干渠工程管理局注销。济平干渠工程的调度运行权限属于济南局，平阴渠道管理处和长清渠道管理处严格按照上级的调度指令对济平干渠工程进行相应的调度运行。

2014 年 5 ~ 12 月期间，济南局所辖平阴及长清渠道管理处完成四次调水工作，调水历时共计 78 天，总过水量 5782.66 万 $m^3$。第一次调水是在 5 月 14 日 ~ 6 月 7 日期间，是 2013 ~ 2014 年第二阶段供水运行，调水运行 25 天，总过水量 3455 万 $m^3$。第二次调水是在 2014 年 7 月 15 日 ~ 8 月 31 日，进行小清河生态补水，历时 48 天，总过水流量约为 2276.5 万 $m^3$。第三次调水是 11 月 4 ~ 6 日贾庄泵站试机运行调水，历时 3 天，总过水量约为 40 万 $m^3$。第四次调水是在 2014 年 12 月 29 ~ 30 日期间，济平干渠自田山沉沙池引黄河水，输水至贾庄分水闸，向贾庄泵站供水，用于下一级的罗尔庄泵站试机，历时 2 天，总过水量 11.16 万 $m^3$。在四次的工程通水运行及防汛期间，严格按照调度指令、运行、防汛值班表值班，并认真记录运行及防汛日志，及时总结上报运行水情观测情况，调水任务圆满完成，未发生安全生产事故。

## 三、工程效益

济平干渠工程是全国南水北调工程首批开工、首个建成并发挥效益的单项工程，在调水、地方防洪、抗旱、排涝、生态环境改善以及小清河补源方面发挥了重要作用，经济社会效益显著。工程引调东平湖水向济南市区及沿途市、县、区补充生活和工业用水，实现了向胶东地区输送长江水，改善了沿线地区生态环境。济平干渠工程采取了较完善水土保持生态修复措施，取得了良好效果。其生态修复效益主要体现在蓄水保土效益、生态效益和社会效益。采取适当的水土保持措施有效控制新增水土流失量，工程防护和管理不断加强，沿线地区土壤侵蚀有效控制。人工林草植被良好，生态环境明显改善，为当地群众开展水土保护综合治理起到了示范作用，在一定程度上带到了当地经济、交通、文化进一步发展，提高了环境的承载力，有利于社会进步。

## 四、环境保护及水土保持

### （一）生态绿化

济平干渠工程沿线 90km 共植树 56 万余株，绿化草皮超过 300 万 $m^3$，形成宽近 100m、长 90km 的景观绿化带，打造了一条绿色长廊和生态长廊，为改善地方生态环境发挥了一定的积极作用。

2014 年，平阴渠道管理处和长清渠道管理处完成树木更新轮伐、美国白蛾防治、林木修剪、打药除害、树木扩穴保墒、水土保持草管理等生态、林木管理工作，水土保持效果良好，没有发生大的雨淋沟、塌方及失火现象；此外，完成范庄、北大沙、玉符河苗木基地建设任务，并培育部分苗木。

### （二）整理与绿化

2014 年，平阴及长清渠道管理处下辖 8 个管理站，各管理站对各自的管理区进行了整体规划，营造了较好的工作生活环境，院内绿化效果逐步向美化方向发展，取得了良好的效果。

（朱春生　韩念丽）

## 济南市区段工程

### 一、工程概况

济南市区段输水工程是胶东输水干线西段工程的关键性工程，位于山东省省会城市济南。济南市区段输水工程西接济平干渠工程睦里庄跌水，东接济南以东明渠段工程小清河洪家园桥下，全长27.914km；其中自睦里庄跌水至京福高速公路段利用小清河河道输水，长4.324km，主要工程内容包括河道清淤、整修及混凝土衬砌；自出小清河涵闸至小清河洪家园桥下，在小清河左岸新辟输水3孔暗涵，长23.59km；全线自流输水。设计流量为50$m^3/s$，加大流量为60$m^3/s$。济南市区段工程等别为Ⅰ等，利用小清河段河道及堤防级别为2级，其余主要建筑物级别为1级。初步设计批复工程建设工期为2.5年。截至2014年底，工程总投资304 480万元，累计完成投资310 236万元。

### 二、工程管理

山东干线公司于2014年2月正式成立济南局，作为二级管理机构行使济南市区段工程运行管理职能；2014年2月济南局设立济东渠道管理处，作为三级管理机构正式运行。同时原济南市区段建管处注销。济南市区段工程的调度运行权限属于济南局，济东渠道管理处严格按照上级的调度指令对济南市区段工程进行相应的调度运行。

济南市区段工程2014年主要建设内容为京福闸枢纽和睦里庄闸供电线路、出小清河涵闸清污机采购及安装工程、睦里庄节制闸与京福高速节制闸水土保持工程和补源明渠穿济西边组站专项工程。其中京福闸枢纽和睦里庄闸供电线路、出小清河涵闸清污机采购及安装工程、睦里庄节制闸与京福高速节制闸水土保持工程已完成并通过验收，补源明渠穿济西边组站专项工程于2014年3月开工，计划工期30个月，截至2014年底，完成南水北调工程投资2514万元，计划2015年底完成主体工程。该项目委托济南市小清河开发建设投资有限公司建设，工程不影响南水北调济南市区段工程主干线通水。

### 三、运行调度

2014年期间，济东渠道管理处通过济南市区段工程完成了两次调水工作，调水历时共计74天，总过水量4588.414万$m^3$。第一次调水是在5月14日~6月7日期间，是2013~2014年第二阶段供水运行，调水运行25天，向小清河生态补水为852.12万$m^3$，向胶东调水为2311.914万$m^3$。第二次调水是在2014年7月15日~8月31日，进行小清河生态补水，历时48天，小清河上游来水量约67.66万$m^3$，总过水流量约为2276.5万$m^3$。在两次工程通水运行及防汛期间，济东渠道管理处严格按照调度指令、运行、防汛值班表值班，并认真记录运行及防汛日志，及时总结上报运行水情观测情况，圆满完成调水任务，未发生安全生产事故。

### 四、工程效益

济南市区段工程建设的主要任务是连接胶东输水干线西段济平干渠工程，贯通整个胶东输水干线，向胶东地区调水，实现南水北调工程总体规划的供水目标，从而有效缓解工程沿线地区水资源紧缺问题。2014年济南市区段工程通水运行，对沿线受水地区发挥了巨大的经济促进作用。上游利用小清河输水段同时承担着小清河补源及汛期防汛排涝任务，对小清河上游排涝及下游生态补偿有巨大的社会及生态效益。

### 五、验收工作

2014年4月28日完成了项目法人组织的合同项目档案验收工作；6月22~25日完成

了南水北调设计管理中心组织的档案专项验收前的检查评定工作；12 月 26 日，通过了济南市区段京福闸枢纽和睦里庄闸供电线路工程的单位工程验收和合同验收，睦里庄节制闸及京福高速节制闸水土保持工程的单位工程验收和合同验收。

## 六、环境保护及水土保持

根据国家批复，济南市区段工程与济南市小清河综合治理工程结合实施。济南市区段输水暗涵主体工程完成后，将工作面及时交与济南市小清河综合治理工程，由其进行输水暗涵顶部绿化；上游利用小清河输水段水土保持工程委托济南市小清河开发建设投资有限公司建设，与济南市小清河综合治理工程结合实施；睦里庄节制闸与京福高速节制闸水土保持工程也于 2014 年完成。济南市区小清河沿线已形成了济南市北部一道靓丽的风景线。

（牛　政　赵天宇　李　冬　韩念丽　李　申）

# 陈庄输水线路工程

## 一、工程概况

陈庄输水线路工程上接南水北调东线第一期工程济南—引黄济青明渠段输水工程上段（即沿小清河左岸新辟明渠输水段）末端，下接济南—引黄济青明渠段输水工程下段（利用小清河分洪道子槽输水段）起点，全线位于高青县境内，输水线路全长 13.225km。

## 二、工程管理

### （一）工程进展

2014 年度主要完成了水土保持工程、安全防护网工程、现地管理设施和供电线路工程尾工的处理工作。完成安全警示（标识）牌、工程建设项目投资 8 万元。

### （二）工程投资

陈庄输水线路工程初步设计概算总投资 30 517万元，其中工程部分投资 13 768 万元，移民环境投资 13 947 万元，桥梁工程 2332 万元，建设期利息 434 万元。截至 2014 年底，累计下达投资计划 32 795 万元，到位总投资 30 684 万元。累计完成总投资 31 873 万元，其中，施工合同投资 11 469 万元，其他投资 20 404 万元。

### （三）工程维修养护

完成了渠道工程专项维修项目和抢修项目，做好闸站、管理所的环境卫生清洁、草皮修剪、雨淋沟修复、防护网更换等日常养护及管护工作，完成了金属结构机电工程维修养护工作。及时处理渠道衬砌板、闸室金属结构电气、信息房等工程质量缺陷，创造良好的工程运行管理环境。

### （四）安全生产

建立健全安全生产责任制度，制定并印发安全生产规章制度、操作规程和应急救援预案，成立了安全生产领导小组，落实安全生产责任制，与各管理处、科室签订了安全生产责任书，重新调整了安全生产责任制网格，2014 年度未发生任何安全生产责任事故。

## 三、运行调度

2014 年 5 月 12 日～6 月 11 日，完成了 2013～2014 年度第二阶段通水运行工作，累计输水 1893.74 万 $m^3$，其中引黄济青上节制闸过水量 1391.74 万 $m^3$，向淄博市供水 502 万 $m^3$，输水结束后，渠道平均水位 1.2m。输水期间信息传递畅通，指令传达和执行及时、准确，渠道、建筑物、机电设备及闸门等运行正常，状况良好。

## 四、工程效益

陈庄段工程 2013～2014 年度第二阶段通水运行，累计向淄博和双王城水库供水 1893 万 $m^3$，涵养了工程沿线的地下水源，解决了部分地区水资源紧缺问题。沿线地方配套设施建成完善后，可以全面解决沿线地区水资源紧缺问题。

## 五、环境保护及水土保持

陈庄段工程建设中按要求做好了生态环境、水环境、土壤环境及人群健康等环境保护方面的工作，并及时进行工程资料的收集、整理和归档工作，为调查报告的编写及验收申请做前期准备工作。

陈庄段工程水土流失防治主要措施包括工程措施和植物措施。渠道沿线和现地管理设施水土保持工程补植树木约3700棵，种植草皮820$m^2$，成活率满足要求。

## 六、验收工作

2014年，完成了陈庄段金属结构机电单位工程和合同工程项目验收工作，现地管理设施、防护网单位工程剩余分部工程验收等；完成了陈庄段工程合同项目完工省级档案验收工作；水土保持、环境保护工程基本具备专项验收的条件。

（毕德义　刘广辉　王　磊）

# 明渠段工程

## 一、工程概况

明渠段工程上起济南市区段输水暗涵出口，下至小清河分洪道引黄济青上节制闸，中间与陈庄输水线路工程衔接，输水线路全长111.26km；分为两段，第一段自济南市区段输水暗涵出口—高青县前石村公路桥上游（陈庄输水段工程起点），长76.685km。第二段自入小清河分洪道涵闸末端（陈庄输水段工程终点）—引黄济青上节制闸，利用小清河分洪道子槽输水，长34.575km。工程设计流量为50$m^3/s$，加大流量为60$m^3/s$，建设各类交叉建筑物407座。

## 二、工程管理

### （一）工程进展

2014年度主要完成了安全防护、现地管理设施、电力专用线路及接入、水土保持等工程尾工的处理工作；完成安全警示（标识）牌、淄博管理处辅助生产用房、施工8标局部渠道内坡坍塌处理等新招标工程建设项目投资288万元。截至2014年底，明渠段工程累计完成施工合同投资91 322万元，完成土方开挖1191.20万$m^3$，土方回填681.31万$m^3$，混凝土填筑56.62万$m^3$。

### （二）工程投资

明渠段工程初步设计概算总投资254 179万元，其中工程部分投资91 892万元，移民环境投资127 015万元，桥梁工程26 252万元，供电线路2017万元，穿铁路工程965万元，建设期利息6038万元。

截至2014年底，累计下达投资计划266 461万元，到位总投资245 229万元。累计完成总投资269 640万元，其中，施工合同投资91 322万元，其他投资178 318万元。2014年度实际完成其他投资5320万元。

### （三）工程维修养护

完成了渠道工程专项维修项目和抢修项目，做好闸站、管理所的环境卫生清洁、草皮修剪、雨淋沟修复、防护网更换等日常养护及管护工作，完成了金属结构机电工程维修养护工作。及时处理渠道衬砌板、闸室金属结构电气、信息房等工程质量缺陷，创造良好的工程运行管理环境。

### （四）安全生产

建立健全安全生产责任制度，制定并印发安全生产规章制度、操作规程和应急救援预案，成立了安全生产领导小组，落实安全生产责任制，与各管理处、科室签订了安全生产责任书，重新调整了安全生产责任制网格，2014年度未发生任何安全生产责任事故。

## 三、运行调度

2014 年 5 月 12 日～6 月 11 日，完成了 2013～2014 年度第二阶段通水运行工作，累计输水 1893.74 万 $m^3$，其中引黄济青上节制闸过水量 1391.74 万 $m^3$，向淄博市供水 502 万 $m^3$，输水结束后，渠道平均水位 1.2m。输水期间信息传递畅通，指令传达和执行及时、准确，渠道、建筑物、机电设备及闸门等运行正常，状况良好。

## 四、工程效益

明渠段工程 2013～2014 年度第二阶段通水运行，累计向淄博和双王城水库供水 1893 万 $m^3$，涵养了工程沿线的地下水源，解决了部分地区水资源紧缺问题。沿线地方配套设施建成完善后，可以全面解决沿线地区水资源紧缺问题。

## 五、环境保护及水土保持

明渠段工程建设中按要求做好了生态环境、水环境、土壤环境及人群健康等环境保护方面的工作，并及时进行工程资料的收集、整理和归档工作，为调查报告的编写及验收申请做前期准备工作。明渠段工程水土流失防治主要措施包括工程措施和植物措施。渠道沿线和现地管理设施水土保持工程补植树木约 6 万棵，种植草籽 $37hm^2$，成活率满足要求。

## 六、验收工作

完成了明渠段金属结构机电合同工程项目验收工作，现地管理设施、防护网单位工程及土建剩余分部工程验收等；完成了明渠段工程合同项目完工省级档案验收工作；水土保持、环境保护工程基本具备专项验收的条件。

（毕德义　王　磊　刘广辉）

# 东湖水库工程

## 一、工程概况

东湖水库工程位于济南市历城区东北部与章丘市交界处，距济南市区约 30km。工程永久占地 8073.56 亩，水库围坝轴线全长 8.125km，最大坝高 13.7m，最高蓄水位 30.00m，相应总库容为 5377 万 $m^3$。建成后每年向章丘供水 1700 万 $m^3$，向济南市区供水 4050 万 $m^3$，向滨州、淄博两市供水 2347 万 $m^3$。

工程总投资 99 890 万元，工程施工总工期 2.5 年，实际开工日期为 2010 年 6 月 6 日，完工日期 2013 年 4 月 28 日。

## 二、工程管理

山东干线公司于 2014 年 2 月正式成立济南局，行使东湖水库工程运行管理职能；按照山东干线公司机构、职员、岗位暂行方案，2014 年 2 月成立东湖水库管理处，作为三级管理机构，具体负责东湖水库及其泵站蓄水附属工程的运行、生产、维护及水土资源开发经营等现场管理工作，东湖水库工程调度运行权限属于济南局，下设综合科、工程运行管理科、泵站管理科、经营管理科 4 个部门。东湖水库管理处严格按照南水北调山东段调度中心及济南局调度分中心指令对东湖水库工程进行相应的调度运行。

通水运行期间，东湖水库管理处实行 24 小时值班制度，及时传达、执行和反馈调度指令、完成水情测报与分析、设备运行检查、工程沿线巡查等工作。非通水期间，积极组织人员开展设备维修、养护，编制东湖水库泵站维修养护实施细则，从机组设备的除尘养护，除锈上油等简单工作入手，初步建立了维修养护工作机制。

## 三、运行调度

2014年12月5～12日，根据南水北调山东段调度中心及济南局调度分中心指令，东湖水库向胶东干线明渠渠道供水100万$m^3$，其中通过大沙溜节制闸向胶东渠道输水共70万$m^3$。用于冬季渠道保温。东湖水库2014年无调水充库运行任务。

## 四、工程投资

东湖水库工程2014年新增2个合同工程，分别为东湖水库东、西坝段排水沟护砌工程和东湖水库清污机采购及安装工程，共计新增投资2231.16万元。

### （一）东湖水库东、西坝段排水沟护砌工程

该合同工程作为应急处理工程，于2014年6月初签订应急处理工程协议，于2014年8月正式签订施工合同协议书，新增合同金额2119.59万元。本工程于2014年6月3日开工，2014年12月30日完工。

### （二）东湖水库清污机采购及安装工程

该合同工程于2014年1月23日正式签订东湖水库清污机采购及安装委托协议，新增合同金额111.57万元。其中第一部分建筑部分5.4万元，第二部分机电设备及安装工程46.44万元，第三部分金属结构设备安装工程59.27万元，材料价差费0.46万元。本工程于2014年4月1日开工，截至2014年底，已累计完成59.24万元，占合同金额的53.1%。

## 五、工程效益

东湖水库工程作为南水北调胶东干线的重要调蓄水库，调蓄南水北调东线分配给济南市区、章丘、滨州和淄博等城市的用水量，确保供水工程安全运行，保障南水北调东线胶东干线完成供水目标。

## 六、环境保护及水土保持

东湖水库工程于2010年6月正式开工，2013年4月主体工程完工。水土保持专项工程于2013年2月4日签订施工合同，合同金额5 540 400元，于2013年3月开工，截至2014年底，已累计完成534.263万元，占合同金额的96.43%。水土保持标段完成的主要内容包括：

（1）围坝及坝后弃土区苗木种植工程：完成苗木种植17 334株，撒播狗牙根13.472 5$hm^2$，完成投资76.363万元。

（2）建筑物水土保持工程：完成苗木种植7498株，完成投资11.16万元。

（3）管理区苗木种植工程：完成苗木种植78 921株，草坪播种2.2601$hm^2$，景石安装11组，完成投资241.345万元。

（4）土建工程：完成园路及场地铺设3561$m^2$，篮球场1座，木制景亭1座，双臂弧形廊架1座，完成投资86.65万元。

（5）水、电安装工程：完成庭院灯19套，草坪灯22套，球场高杆灯2套，电缆敷设1551.1m，配电箱1台，喷头395个，各型号阀门安装65个，UPVC管4734m，完成投资118.745万元。

## 七、验收工作

2014年8月6日，完成了东湖水库安全防护网项目分部工程验收；2014年8月13日，完成水土保持项目部分分部工程验收；2014年9月23日，东湖水库工程档案通过项目法人验收，2014年11月14日通过了国务院南水北调办档案专项验收前检查评定；2014年9月30日，东湖水库顺利通过了消防专项验收。

（李子军　吴同强　范立庆）

# 双王城水库工程

## 一、工程概况

双王城水库工程位于山东省寿光市北部

的寇家坞村北，距市区约 31km。利用原双王城水库扩建而成，双王城水库为中型平原水库，设计最高蓄水位 12.50m，相应最大库容 6150 万 $m^3$，设计死水位 3.90m，死库容 830 万 $m^3$，调节库容 5320 万 $m^3$。年入库水量为 7486 万 $m^3$，出库水量 6357 万 $m^3$，蒸发渗漏损失水量 1128 万 $m^3$。出库水量中包括向胶东地区年出库水量 4357 万 $m^3$，向寿光市城区年供水量 1000 万 $m^3$，水库周边地区高效农业年灌溉用水量 1000 万 $m^3$，设计灌溉面积 2 万亩。设计最大入库流量 8.61$m^3/s$，设计出库流量 28$m^3/s$。

双王城水库工程于 2010 年 8 月 6 日正式开工，建设工期为 2.5 年。

## 二、工程管理

### （一）剩余尾工完成情况

2014 年，双王城水库工程尾工建设项目主要包括防护网、现地管理设施、水土保持等工程建设任务。防护网工程完成围坝和输水渠工字钢立柱安装 7214 根及安全防护网网片安装 14 412m；现地管理设施工程主要完成管理区围墙及排水沟工程、传达室、净水处理房、消防水池工程、管理区建设工程等；水土保持工程主要完成入库泵站管理区防治区、引水渠及泄水渠防治区、交通道路复建工程防治区的绿化、水土保持土建工程、水土保持水电安装工程等。

### （二）工程结算完成情况

双王城水库工程库施工 4 标已完成完工结算签字手续，施工 1 标、施工 2 标、施工 3 标完工结算审核报告已完成并与施工单位进行核对，施工 6 标、供电线路标段已完成完工结算签字程序。施工 5 标、库内封堵标段以及水保试验标段完工结算正在走签字程序。施工 8 标完工结算审核报告已完成并与施工单位进行核对。施工 7 标因双王城水库特殊地质条件，成活率比较低，不满足合同要求，完工结算尚未实施。防护网标段完工结算正在进行。

## 三、运行调度

### （一）调水工作完成情况

2014 年双王城水库工程全年完成 2 次供水任务，1 次充库任务。具体如下：2014 年 5 月 12 日开始向寿光生态供水，至 5 月 28 日供水结束，累计供水 17 天，累计供水水量 317.86 万 $m^3$；2014 年 5 月 26 日开始进行水库充水，至 6 月 11 日充库结束，累计充库时间 17 天，累计充库水量 1377.67 万 $m^3$；2014 年 7 月 19 日开始通过引黄济青渠道向潍坊供水，至 7 月 30 日供水结束，累计供水 12 天，累计供水水量 1566.65 万 $m^3$。2014 年度，圆满完成了上级下达的供水任务及充库任务，水库主体工程、泵站土建工程、主机组设备、电气设备、35kV 线路、10kV 线路、闸门金属结构、计算机监控系统及辅助设备均运行正常，主要设备的制造安装质量及主要技术参数满足设计要求，符合有关规程、规范，沉降、位移数据在允许的范围内，未发生任何事故，供水运行资料齐全、整理规范，供水运行工作取得圆满成功。

### （二）工程维修、养护工作

双王城水库工程维修、养护工作主要是对水库围坝 9.636km 的巡视及安全检查，坝坡草皮养护工作，库内垃圾及水草的清除、雨淋沟土方回填压实，排水沟清淤，草皮修剪等工作。入库渠道 2.2km 的看护及安全巡查工作，渠道内杂草清除，以及防护栏的维修加固等。引黄济青节制闸、入库节制闸，入库泵站、泄水洞、供水洞电机设备的维护和表面涂刷防锈漆。引黄济青节制闸和入库节制闸的混凝土道路的修建工作。完成了院内临时车库的建设工作，水泵层完成墙面重新涂刷防水乳胶漆等工作。入夏以来，干旱严重，水库坝坡草皮严重枯萎，叶面发黄，在公司领导的支持下，积极组织了浇草队伍，购置汽油抽水机械 4 台，对坝坡草皮进行及时养护，并取得了很好的效果。2014 年 11 月对水库围坝草皮进行了全面修剪工作。

## 四、工程效益

双王城水库工程是南水北调东线一期工程胶东输水干线重要组成部分之一，工程实施后主要是调蓄干线引江水量，解决干线输水与各引水口在时空分配矛盾，提高受水区各用水户的用水保证率。

## 五、环境保护及水土保持

双王城水库工程环境保护专项工程主要包括生态环境保护、水环境保护、大气环保护等内容，工程建设过程中及时做好以上内容的保护工作，并及时做好环境保护工程资料的收集、整理和归档工作，为调查报告的编写及验收申请做前期准备工作。入库泵站管理区防治区主要完成黑松 288 株、白蜡 138 株、国槐 385 株、盐柳 142 株、木槿 294 株等苗木栽植，引水渠及泄水渠防治区主要完成白蜡 744 株、杞柳 744 株，播种狗牙根 17 250m²。交通道路复建工程防治区主要完成盐松 2350 株、播种狗牙根 3100m²。

## 六、验收工作

2014 年双王城水库共完成单位工程验收 2 个（现地管理设施、防护网工程）。8 月 19 日完成防护网单位工程验收及 5 个分部工程验收；9 月 25 日完成现地管理设施单位工程验收，完成了 3 个分部工程验收（管理处传达室、净水处理房、消防水池、管理区建设工程、管理区围墙及截水沟工程）；10 月 16 日完成了观测站工程验收。

2014 年 11 月 11 日完成了双王城水库省级合同项目档案专项验收。

（王子春　刘海亮）

# 鲁　北　段

## 概　述

鲁北段工程是南水北调东线一期工程的重要组成部分，主要任务是打通东线穿黄河隧洞，引江水通过德州市夏津及武城段南水北调渠道—大屯水库，满足德州市德城区和武城县城区用水；同时通过沿线渠道上的分水口门，向德州市陵城区、夏津县、乐陵市、平原县、庆云县、宁津县供水；并可实现向河北省、天津市应急调水。工程主要包括聊城、德州市界闸—大屯水库进水闸之间的 65.128km 河道及大屯水库工程。

（崔　凯）

## 穿黄工程

### 一、工程概况

穿黄工程是南水北调东线一期山东段工程自黄河南岸的东平湖—黄河北岸的输水干渠之间的输水工程，全长 7.87km，是南水北调东线的关键控制性项目。项目建设的主要目标是打通东线穿黄河隧洞，并连接东平湖和鲁北输水干线，实现调引长江水—鲁北地区，同时具备向河北省东部、天津市应急供水的条件。工程位于山东省东平和东阿两县境内，黄河下游中段，地处鲁中南山区与华北平原接壤带中部的剥蚀堆积孤山和残丘区。其中南岸输水渠段包括东平湖出湖闸、南干渠，全长 2.54km；穿黄枢纽段包括子路堤埋管进口检修闸、滩地埋管、穿黄隧洞，全长4.61km；北岸穿引黄渠埋涵段包括隧洞出口连接段、穿引黄渠埋涵、穿引黄渠埋涵出口闸和连接明渠，全长0.72km。工程总投资69 811万元。

## 二、工程管理

2014年穿黄工程未参与调水工作，针对工程运行管理，主要开展了以下几方面工作。

（1）制定了《穿黄工程2014年度维修及养护计划》。

（2）与润鲁公司签订委托协议，组建了管护队伍，积极开展工程维修、养护工作。

（3）顺利完成水土保持区林木补栽及养护工作，各类苗木长势良好。

（4）完成了闸前疏挖段拦船索建设、埋涵出口闸院落整理绿化、南干渠管理路面排水设施建设、出湖闸前疏挖段渠坡排水设施建设、闸室启闭机钢丝绳保养、石护栏修复、启闭机限位器维修、备用发电机组维修等工作。

（5）组织完成穿黄工程防汛任务。

（6）认真开展了日常安全巡查工作，确保未发生一起安全事故，安全生产工作始终可控。

（7）编制了《穿黄工程安全监测实施细则》，完成了穿黄工程各类结构物安全监测工作，并及时开展了数据整理、分析及问题整改工作，为工程运行管理提供了有力的技术支持。

（8）针对工程运行管理工作需要，组织人员参加了安全员培训、水质监测船驾驶培训、电梯操作员培训、调度运行管理培训等一系列培训工作并取得职业资格。

（9）进一步强化了工程运行安全宣传及治安警务工作。为确保穿黄工程渠道及各类结构物安全运行，保证工程安全、运行安全、周边群众安全、水质安全，避免和减少工程运行期突发事件的发生，通过制作张贴警示标语等方式加强了运行期安全宣传工作。同时，联系当地派出所及治安保卫部门进一步完善了工程治安保卫巡逻工作机制。

## 三、工程效益

穿黄工程主体工程已全部完成并转入运行期，通过水土保持工程的开展和实施，形成渠水清澈、绿树成荫的生态景观长廊，改善了生态环境，发挥了生态效益。移民专项项目及时组织完成，方便了群众交通，确保斑鸠店镇万亩耕地及时排水，未发生汛期内涝，发挥了工程社会效益。

## 四、环境保护及水土保持

穿黄工程的水土保持工作已全部完成，并于2014年通过水土保持和环境保护专项验收工作。穿黄工程共种植杨树、国槐、白蜡等9000余株，植草护坡36 000余平方米，水保管理维护到位，成活率100%，形成了绿色清水走廊的景观，对防止渠道两侧水土流失起到重要作用，对改变当地环境也起到了积极作用。

## 五、验收工作

（1）工程建设收尾及完工结算工作均按照计划要求完成。2014年4月完成穿黄工程北区运行管理移交工作并进入规范管理，完成水土保持工程补植等工作，11月东平湖蓄水影响处理工程排泥场已移交地方。穿黄工程完工结算均按照部门要求完成。东平湖蓄水影响处理工程直管项目湖内疏浚完工结算按计划完成上报。

（2）泰安二级机构建设顺利推进。控制性规划已获泰安市政府批复，正编制建筑方案规划，征地等工作已进入实施阶段。

（3）专项验收工作全部完成。截至2014年底现场所负责专项验收工作全部完成。

2014年3月27日完成穿黄工程合同项目档案验收工作。

2014年5月5日通过水土保持设施竣工验收。

2014年11月25日，环保部组织会议，通过穿黄工程环境保护验收。

2014年11月12日，完成现地管理设施竣工验收消防备案工作。

（陆经纬　赵　超）

# 夏津渠道工程

## 一、工程概况

夏津渠道管理处管辖工程范围包括：聊城、德州市界闸下游师堤西生产桥—草屯生产桥，共65.218km。河道及沿线8处管理站所，沿河建筑物126座，其中公路桥2座、生产桥33座、人行桥3座、节制闸8座、涵闸76座、穿输水渠倒虹3座及橡胶坝1座，交通管理道路65.218km。

夏津渠道工程在建设期间被称为“七一、六五河段工程”。

## 二、工程管理

### （一）运行管理机构

2014年2月25日，德州局作为山东干线公司现场派驻机构，负责德州段的干线工程运行管理工作。德州局下设夏津渠道管理处，具体负责德州段的渠道工程运行管理工作。

### （二）治安办公室建设

2014年7月初，德州局积极同夏津县公安局、夏津县金盾保安服务公司沟通协商治安办公室设置和保安进驻事宜。夏津县公安局高度重视和支持南水北调保卫工作，召开党委会专题研究治安办公室设置事宜，于2014年7月组建了南水北调夏津治安室，安排一名正科级干警和2名协警进驻现场，负责夏津段工程安保工作，12月因工作需要又增派1名干警到夏津管理处治安室工作。

### （三）完善规章制度，严格落实责任制

根据干线公司“三定”方案，结合职工特长明确了人员岗位职责分工。成立了安全生产、安全监测等工作领导小组，明确领导小组责任。制订完善了值班制度，施行领导带班制度，强化值班人员责任意识。

### （四）完善安全监测工作

安排人员对渠道进行巡视检查，河型变化较剧烈的河段进行常年监测或汛期跟踪监测。汛期受水流冲刷岸崩现象较剧烈的河段，对崩岸段的崩塌体形态、规模、发展趋势及渗水点出逸位置等进行跟踪监测。加强观测资料和分析报告的整理、归档工作，完善了安全监测档案。按照山东省南水北调建管局《关于开展南水北调工程运行初期工程维护和安全监测专项稽察工作的通知》要求，组织开展了自查自纠工作，对发现的问题及时进行了整改。

### （五）安全生产工作

在安全管理方面，管理处以“杜绝较大以上安全生产事故发生，避免一般性安全生产事故发生，人员伤亡及死亡事故率为零”作为安全生产管理的目标，以“安全第一、预防为主、综合治理”为指导方针，全面贯彻落实国务院南水北调办、国家及地方有关安全生产管理的相关规定和要求。重点检查安全生产责任制落实情况，及时查排隐患、完善预案，安全生产工作有力有效。

### （六）规范工程维修养护工作

制定渠道的巡查检查制度，按照维修养护计划做好对渠道、建筑物、设备的日常巡查检查，发现问题及时督促维修养护单位进行整改。

### （七）运行调度

2014年夏津渠道管理处管辖范围内无调水任务。

## 三、工程效益

截至2014年底，累计完成工程投资64 316万元。

根据山东省水利厅2000年4月编制的《山东省海河流域防洪规划报告》，德州段渠道工程输水河道防洪、排涝标准分别为“64年雨型”排涝，“61年雨型”防洪；工程建成后可通过沿线8座节制闸、4座倒虹吸工程及76座涵闸工程进行有效控制。2014年度河道防洪排涝通畅，没有发生洪涝灾害。

## 四、验收工作

2014年9月29日，七一、六五河现地管理设施工程通过合同项目完成验收。

2014年12月4日，七一、六五河水毁修复项目验收会议通过合同项目完成验收。

2014年12月12日，南水北调东线一期山东段工程安全防护体系工程七一、六五河段5标和6标的安全防护栏（网）采购安装工程通过了合同项目完成验收。

2014年12月28日，七一、六五河工程通过了合同项目档案验收。

（孟繁义　崔彦平）

# 大屯水库工程

## 一、工程概况

大屯水库工程位于山东省德州市武城县恩县洼东侧，距德州市德城区25km，距武城县城区13km。水库围坝大致呈四边形，南临郑郝公路，东与六五河毗邻，北接德武公路，西侧为利民河东支。大屯水库工程总占地面积9732.9亩，围坝坝轴线总长8913.99m，设计最高蓄水位29.8m，最大库容5209万$m^3$，设计死水位21.0m，死库容745万$m^3$，水库调节库容4464万$m^3$。初设批复建设工期30个月。工程建成运行后，可分别向德州市德城区、武城县城区年供水10 919万$m^3$和1583万$m^3$。工程建设主要内容：围坝、入库泵站、六五河节制闸、引水闸、德州供水洞和武城供水洞、六五河改道工程等。

## 二、工程管理

（一）运行管理机构

山东干线公司德州局作为派驻现场机构，负责德州段干线工程运行管理工作。德州局成立于2014年2月25日，其下设的大屯水库管理处具体负责大屯水库工程运行管理工作。

（二）水库派出所建设

2014年4月23日，山东省公安厅、水利厅、南水北调建管局与省、市、县公安部门在大屯水库管理处召开水库派出所建设协调会。根据协调会精神，德州局积极与当地公安部门协调、对接、配合，武城县公安局于2014年4月28日组建了水库派出所，派驻干警2名、协警4名进驻现场，负责水库运行期治安巡逻和保卫工作。

（三）通水情况

大屯水库工程2013年6月11～26日完成试通水，11月1～22日完成通水试运行，大屯水库蓄水位26.24m，存水量3476.3万$m^3$。

2014年大屯水库没有调水任务，截至2014年底，大屯水库库内水位24.83m，存水量2765.3万$m^3$。

（四）2014年运行管理

1. 建章立制，严格落实责任制

（1）根据山东干线公司“三定”方案，结合各工作人员的专业特长，明确了人员职责分工和岗位职责。

（2）成立了安全生产、运行管理、安全监测等工作领导小组，明确了责任。

（3）组织制定并印发了61项内部管理制度，起草修订了38项泵站值班、检修、操作规程、入库泵站检修导则等管理规定。

（4）制订完善了值班制度，施行领导带班制度，强化值班人员责任意识，加强泵站值班、水库大坝日常安全巡视检查工作力度。

2. 强化完善安全监测工作

（1）完善观测基点和标点设置，并督促施工单位聘请专业测量队伍，按照规范要求完成了测量基点和工作基点坐标及高程的校核工作，健全了测量控制网。

（2）安排人员每天对水库围坝、坝后截渗沟、入库泵站穿坝涵洞、德州供水洞、武城供水洞及渠道沿线节制闸、倒虹吸工程等重点部位进行巡视检查，及时监测、采集数据，并进行初步分析。

（3）加强观测资料和分析报告的整理、归档工作，完善了安全监测档案。

（4）按照山东省南水北调建管局《关于开展南水北调工程运行初期工程维护和安全监测专项稽察工作的通知》要求，组织开展了自查自纠工作，对发现的问题及时进行了整改。

3. 扎实做好安全生产工作

（1）定期召开安全生产工作会议，总结部署安全生产工作。

（2）加强安全生产网格化管理，制订完善了安全生产网格体系和网格责任制台账。层层签订安全生产责任书。

（3）组织开展了安全生产管理知识培训和消防知识培训，开展消防演练；张贴警示标语，设置南水北调工程管理通告等宣传牌，进行警示教育。

（4）加强库区巡查和安保工作，保障工程、水质和人员安全。

（5）与当地公安机关和教育局向工程沿线中小学联合发放了安全教育练习册，宣讲汛期安全注意事项。

（6）编制了度汛方案和防汛预案，落实防汛物资储备，召开了防汛工作会议。

（7）组织开展了“安全生产百日攻坚行动”专项整治活动、“六打六治”打非治违专项行动。

（8）在重要节假日和敏感季节组织进行了安全生产检查。

全年开展重要节假日安全生产检查5次、冬季安全检查3次，日常水库安全巡查每天5次，大坝安全专项巡查每3天一次，汛前汛后安全大检查各1次，汛期每周都组织人员进行安全检查，共检查20次。对于检查中发现的问题及时督促相关单位进行整改，有效防止了安全生产事故的发生。

4. 规范做好工程维修养护工作

（1）编制了《工程岁修及管护计划》，并及时上报。

（2）做好设备维护工作。制订了泵站巡回检查制度，并按照检查制度和维护计划做好日常设备检查维护工作。

（3）督促施工单位完成了水库大坝雨淋沟整治和坝坡部分缺失草皮补植等工作。

（4）检查督促维修养护单位认真做好日常和专项维修养护工作。

## 三、工程投资

大屯水库工程于2010年11月25日开工建设；2012年底，主体工程完工；2014年4月30日完成全部尾工建设。工程总投资129 327万元，截至2014年底累计完成工程投资128 190万元。

## 四、验收工作

2014年5月29日，大屯水库工程现地管理设施、安全防护栏（网）采购安装项目通过合同项目完成验收。

2014年10月23日，完成大屯水库观测站合同验收。

2014年9月24日，完成合同项目完工验收（项目法人档案自验）、2014年11月16日完成设计单元工程档案专项验收前检查评定。

2014年11月5日，完成大屯水库消防专项验收备案。

（蒋金川　崔　凯）

# 聊城段工程

## 一、工程概况

聊城段工程是南水北调东线一期工程的

重要组成部分。起于聊城市东阿县境内位山穿黄隧洞出口，至于聊城市临清境内六分干市界节制闸，流经聊城市东阿县、阳谷县、江北水城旅游度假区、东昌府区、经济开发区、茌平县、临清市7个县（市、区），全长109.618km。其中，小运河段长98.289km，设计流量$50m^3/s$，利用现状老河道58.156km，新开挖河道40.133km；临清六分干段长11.329km，设计流量$25.5 \sim 13.7m^3/s$。实际建成各类建筑物共计418处，新建交通管理道路110.83km，周公河截污管道17.962km。

聊城段工程在建设期间被称为小运河段工程。

## 二、工程管理

2014年2月25日，山东干线公司批准成立南水北调东线山东干线聊城管理局（以下简称聊城局），负责聊城段工程现场运行管理工作。聊城局内设综合科、工程科、调度运行科、财务经营科、东昌府渠道管理处及临清渠道管理处。其中，东昌府渠道管理处承担上游段位山穿黄隧洞出口—马颊河倒虹出口运行管理任务，临清渠道管理处承担下游段马颊河倒虹出口—市界节制闸运行管理任务。

按照“管养分离”原则，山东省南水北调建管局批准成立润鲁公司承担工程养护任务。润鲁公司设立聊城分公司承担聊城段工程维修养护任务，进行工程看护移交，派管护人员进驻工程现场，将设施设备维修维护任务落实到人，开展业务培训，采购维修养护设备及物资，实施汛期雨淋沟修复、渠道垃圾清理、管理道路保养、警示标志设置、渠道打草、闸室环境整治等专项维修施工。

制定度汛方案及防汛预案、运行期突发事件应急预案，开展安全检查，开展“安全生产月”活动，开展安全生产演练，开展安全宣传教育，规范穿越工程项目施工，保障南水北调工程安全平稳运行。

## 三、运行调度

科学调度，有效阻止雨污水进入渠道。实施局部全断面衬砌段补水保压，保障工程安全。实行水情日报制，合理调度闸门，保证水位平稳运行。成立工程安全监测小组，开展测压管、沉降等安全观测工作，并对各类建筑物安全监测数据进行采集、分析和整理。严格执行《工程巡查管理办法》，落实安全巡查人员，填写巡查记录。试点工程管理包站制，渠道管理处每2人包1个管理站，负责落实运行管理有关工作。成立工程治安办公室，负责处理工程管理范围内违法违规事件等。

## 四、工程效益

原小运河、六分干为灌排两用河道，常年大部分时间河道无水，现工程建成调水期间可以有效补充沿线地下水。聊城市城区段原周公河为排污明渠，常年积淀污水，现改为两侧暗涵截污管道排污，工程建成为绿色输水长廊，有效减轻了周边污染，保护水质，生态补偿效益显著。

## 五、环境保护及水土保持

聊城段工程环境保护及水土保持设施，包括工程措施和植物措施两部分，分输水渠、交叉建筑物、弃土区、管理机构四个防治区。输水渠防治区，主要是对渠道衬砌高程以上内外坡、戗台、堤顶土路肩及护堤地进行植物防护。弃土区防治区，主要是对临时弃土区采取工程措施和植物措施相结合防护，工程措施包括土地整治、排水沟开挖，植物措施主要是弃土区边坡植物防护。管理机构防治区，主要是对沿线管理机构场区采取乔灌草相结合的绿化措施。建筑物工程防治区，主要是对沿线控制性建筑物的绿化区域，进行植物措施防护，采取撒播草籽为主，适当点缀乔灌木防护。通过综合治理，基本无弃土弃渣乱堆乱弃现象，各项管护良好基本无损坏现象，泄入河道泥沙量显著减少，改善了河道水质，减缓了河床淤积，减轻了洪涝灾害，减少了水土流失发生，保护和改善了当地生态环境。

## 六、验收工作

2014年2月26日，对鲁北段小运河标段9东阿河道管理所主体工程、围墙工程分部工程进行了验收；2014年3月15日，对鲁北段小运河标段9东阿河道管理所建筑装修装饰工程、夏唐节制闸管理所围墙工程分部工程进行了验收；2014年5月23日，对鲁北段小运河标段9八东节制闸管理所地基与基础工程分部工程进行了验收；2014年5月30日，对鲁北段小运河标段9聊城应急机修车间管理所地基与基础工程分部工程进行了验收；2014年6月16日，对鲁北段小运河标段9八东节制闸管理所主体工程及围墙工程，闫寺硫酸厂管理所主体工程及围墙工程进行了分部工程验收；2014年7月27日，对鲁北段小运河标段9七级镇南大桥管理所地基与基础工程进行了分部工程验收；2014年9月10日，对鲁北段小运河标段9七级镇南大桥管理所主体工程进行了分部工程验收；2014年9月23日，对鲁北段小运河标段9聊城应急机修车间管理所主体工程进行了分部工程验收。2014年10月21日，对鲁北段小运河标段10（管理设施二）进行了合同项目完成验收。2014年12月21日，对鲁北段小运河标段8（水土保持二标）进行了分部工程自查初验。2014年12月31日，对鲁北段小运河标段7（水土保持一标）进行了分部工程自查初验。

（马存兵　张　健）

# 聊城段灌区影响工程

## 一、工程概况

由于鲁北段输水工程利用夏津、武城县、临清市境内的七一、六五河输水，从而使其失去原有的灌溉排涝功能，打破了现状的灌排体系。灌区影响处理工程兴建的目的就是消除南水北调东线一期工程利用七一、六五河输水对灌区带来的不利影响。

工程项目涉及德州市的武城和夏津两县以及聊城市的临清市，位于德州市西部和聊城市北部，卫运河下游右岸，属海河流域漳卫河系。县内河道均为灌排两用河道，遇旱引水，遇涝排水。七一、六五河是夏津县和武城县的灌溉中枢，担负着区内调配水源的任务，引黄、引位和引卫来水通过两河贯通，具有多水源灌区各种水源相互补充、调剂的功能，满足灌区的灌溉要求。两县受影响的耕地总面积为88.59万亩。工程主要建设内容为：开挖河道8条长度30.53km，公路桥9座、生产桥29座，新建水闸11座，新建泵站1座。

## 二、工程管理

临清灌区影响处理工程的专管机构是灌区排灌工程管理处。德州灌区影响处理工程建成后移交夏津、武城两县水务局进行管理，运行服从于当地市、县两级供水调度。

临清灌区影响工程运行管理机构是临清市灌区排灌工程管理处，隶属于临清市水利局，负责临清市引黄及其他工程的运行管理和工程管护，该机构组织健全，管理体系完整。临清灌区影响处理工程只对灌区进行渠系调整，并不扩大灌区规模，没有加重灌区管理任务，仍由临清市灌区排灌工程管理处管理。

## 三、工程效益

聊城段灌区影响工程已按照设计内容完成。输水渠道已在2012年2～6月开始承担春灌放水的任务，水闸工程已经发挥作用，桥梁工程，运行正常，改善了当地交通条件。

## 四、环境保护及水土保持

聊城段灌区影响工程位于山东省水土流失重点治理区，确定水土流失防治标准为一级标准。施工中对产生的临时堆土进行防护，在周围码放编织袋装土进行压实，对空闲地进行硬化，并及时洒水降尘。施工结束后，对临时占地进行复耕，对输水渠正常水位以上撒播狗牙根和紫羊茅进行防护，防治水土流失。

## 五、验收工作

2014 年 2 月 18 ~ 20 日，国务院南水北调办组织专家对鲁北段临清灌区影响处理工程进行了档案专项验收。专家组通过查勘现场、听取汇报、检查档案实体、质询答疑等方式对鲁北段临清灌区影响处理工程档案进行了认真验收，形成了验收意见，同意通过验收。

（马存兵　张　健）

# 专　项　工　程

## 概　　述

南水北调东线专项工程包括江苏段专项工程和山东段专项工程，其中，江苏段专项工程包括血吸虫北移防护工程、江苏段调度运行管理系统和管理设施专项，山东段专项工程包括山东调度运行管理系统工程和山东工程管理设施专项工程。江苏段血吸虫北移防护工程于 2012 年底全部建成完工。

（侯　坤）

## 江苏省专项工程

### 一、调度运行管理系统

（一）工程概况

江苏段调度运行管理系统主要包括信息采集系统、通信系统、计算机网络、工程监控与视频监视系统、数据中心、应用系统、实体运行环境和网络信息安全 8 个部分。总静态投资约为 5.76 亿元，2014 年共计完成投资 8553 万元，占年度计划的 100.6%，累计完成投资21 773万元。工程建设资金通过中央预算内拨款、南水北调基金和银行贷款三个渠道筹集。

（二）工程管理

该设计单元分为 16 个标段。已经招标的标段为监理总包、通水应急调度中心（灾备中心）机房工程、通水应急调度中心（灾备中心）沙盘及宣传教育展示设施、通水应急系统总集成、通信光缆线路工程、信息采集系统水质自动监测站已完成评标定标工作，系统总集成已完成招标文件审查。

截至 2014 年底，调度运行管理系统工程共签订施工、监理等主要工程合同 20 份，其中招标合同 5 份，总价款 7211 万元，非招投标合同 15 份，总价款 5482 万元。

（三）工程进展

2014 年，江苏段调度运行管理系统完成投资 8553 万元，占全年计划投资 100.6%。截至 2014 年底，累计完成光缆线路工程通道建设 1750km，其中 2014 年度完成通道建设 805km、光缆敷设 805km；完成通水应急调度中心（灾备中心）沙盘及宣传教育展示设施单位工程验收和合同项目验收；完成通水应急调度中心（灾备中心）机房工程施工，具备验收条件，基本完成通水应急总集成工程和南京临时调度室建设；完成水质自动监测站土建及设备安装、调度运行管理系统总集成的招标设计工作。截至2014年底，除系统运行实体环境设计受管理设施制约，其余部分已基本编制完成并上报审查。截至2014年底，光缆线路工程累计完成1750km，其中2014年度完成通道建设805km、光缆敷设805km；完成通水应急调度中心（灾备中心）沙盘单位工程建设及单位工程暨合同验收；应急调度中心机房完成相关验收准备工作，通水应急系统尾工除水量自动站部分其他已基本完成。

## 二、管理设施专项工程

（一）工程概况

南水北调东线一期江苏境内工程管理设施专项工程属于江苏省境内南水北调专项工程之一，工程主要内容是调水工程运行维护管理、供水经营业务所需的各项管理设施建设，工程组织管理体系按三级管理构建。主要建设内容包括一级机构江苏水源公司（南京）管理用房，二级机构江淮、洪泽湖、洪骆、骆北4个直属分公司（扬州、淮安、宿迁、徐州）管理用房，以及2个泵站应急维修养护中心（扬州、宿迁）管理设施，三级机构泗洪站、洪泽站、金湖站3个泵站管理所和19个交水断面管理所。国务院南水北调办以《关于南水北调东线一期江苏境内工程管理设施专项工程初步设计报告的批复》（国调办投计〔2011〕220号）批复管理设施工程概算总投资23 826万元，但因批复的土地价格与实际相差较大，后国务院南水北调办以《关于南水北调东线一期江苏境内工程管理设施专项工程征地增加投资的批复》（国调办投计〔2013〕307号）批复土地增加投资20 679万元，工程概算投资合计44 505万元。

（二）工程进展

江苏段管理设施专项工程于2012年12月正式开工，截至2014年底，南京一级管理机构已完成框架协议与正式协议的签订工作；扬州二级管理机构完成框架协议的签订工作，宿迁、淮安二级管理机构正在与意向合作单位就合作框架协议进行协商，徐州二级管理机构已完成现场实地的调研工作，三级机构交水断面已开始工程建设。2014年，管理设施专项完成年度投资22 500万元，占年度投资计划的104.6%，较好地完成年度建设目标。

（梁文清 张卫东）

# 山东省专项工程

## 一、调度运行管理系统工程

（一）工程概况

2011年9月南水北调东线一期山东境内调度运行管理系统工程初步设计获得国务院南水北调办正式批复，主要建设内容包括通信系统、计算机网络系统、闸（泵）站监控系统、信息采集系统、应用系统等；运用先进的信息采集技术、自动监控技术、通信和计算机网络技术、数据管理技术、信息应用与管理技术，建设一个以采集输水沿线调水信息为基础（包括水位、流量、水量等水文信息、水质信息、工程安全信息及工程运行信息等），以通信、计算机网络系统为平台，以闸（泵）站监控系统和调度运行管理应用系统为核心的南水北调东线山东段调度运行管理系统，保证南水北调东线山东干线工程安全、可靠、长期、稳定的经济运行，实现安全调水、精细配水、准确量水。工程总投资68 299万元。

（二）工程管理

2014年，因主体工程由建设管理转向运行管理，管理人员调整较大，为更好的做好调度运行建设管理工作，山东省南水北调局于9月5日下发了《关于调整调度运行管理系统项目建设组织机构成员的通知》（〔2014〕35号），对调度运行管理系统组织机构成员进行了调整。

（三）运行调度

通水运行期间，根据不同专业制定了相应的通信保障措施，明确了工程运行管理制度，严肃了运行期间的巡视检查制度和值班纪律，每天定时对全线站点进行检查，保证系统运行正常；对出现的故障及时解决并总结；真正做到防患于未然、应急响应速度快，整个调度运行管理系统的在网运行设备及线路运行良好，调度管理行为规范，调度指令严格执行，圆满完成通水运行工作，保证了整个系统能够平稳安全运行无事故。

（四）工程进展

山东段调度运行管理系统2014年工程进展顺利，截至2014年底，调度运行管理系统完成除鲁北段以外，其他工程段具备条件的站点通信系统、计算机网络系统、视频监控系统、信息采集系统和闸（泵）站监控系统等建设任务，应用系统进入部署调试阶段；年度实际完成施工投资2076万元，调度运行管理系统已累计完成施工投资54 776万元，质量优良，没有发生安全事故。

（五）工程效益

南水北调东线一期工程山东段调度运行管理系统已经为各段工程试通水阶段提供关键断面的流量、水位、视频等的监测信息，在通水期间这些信息读数稳定，可靠，成像清晰，发挥了较好的作用；已实现济平干渠、备调中心、韩庄运河段调度电话、视频监控等功能，为山东段通水提供基本调度服务和监控服务。

另外通过通水运行，检验了水量调度系统运行监视平台的功能，检验了水量调度系统与信息采集系统接口，对水量调度系统后期开发及运行提供了宝贵的经验；为调度方案制定、运行、管理提供了实验的手段，在调度方案的制定流程，水量调度系统运行模式方面积累了一定经验；通过自动化手段收集了大部分节制闸、泵站、倒虹等的闸前水位、闸后水位、闸门开度、过闸（倒虹）流量数据，为水量调度系统模型参数率定打下了良好的基础；通过通水运行进一步明确了水量调度统计方式及要求，为后期水量调度系统各类报表的开发打下基础。

## 二、管理设施专项工程

（一）工程概况

2011年8月，国务院南水北调办对山东境内工程管理设施专项工程初设报告进行了批复。共批复一、二、三级机构征地141亩。管理设施专项批复管理房屋面积38 409$m^2$（其中一级14 592$m^2$，二级23 817$m^2$）。山东段管理设施专项工程总投资30 101万元，静态总投资29 641万元，建设期贷款利息460万元。静态总投资中，管理用房及管理设备17 741万元，管理征地11 900万元。2013年12月31日，国务院南水北调办对《南水北调东线一期工程山东境内工程管理设施专项工程征地投资方案》进行了批复（国务院南水北调办投计〔2013〕308号），在初步设计概算基础上增加管理设施征地投资27 420万元。

（二）工程进展

一级机构（与济南局合建）拟选址济南市邢村立交东侧，经十路与唐冶西路交叉路口西北角，西距奥体中心约9km。采用联合招拍挂的方式取得建设用地使用权。

二级机构建设包括济南、济宁、泰安、枣庄、聊城、德州、胶东等七个现场管理局的建设和济宁、济南、聊城三个应急抢险中心建设。其中济南局与一级机构合并实施，二级机构建设情况建设如下：

（1）枣庄局：2013年3月，山东干线公司同枣庄市国土局签订了国有建设用地使用权出让合同；2014年8月取得建筑用地规划许可证；2014年9月取得国有土地使用证，2014年11月枣庄市规划局批前公示已结，建设已项目具备施工条件。

（2）泰安局：完成选址，该地块紧临泰安市迎宾大道（104国道），北靠泰山，距泰山环山公路500m，东南方向距大河水库约

1km，距高速路口5km，该片区控制性规划已于2014年9月获泰安市政府批准。按照整体规划、分期实施的原则，泰安二级管理机构建设分两期实施。山东建筑大学设计院已完成该项目土地规划方案初稿。

（3）济南局：与一级机构合建。

（刘福禄）

# 治污及水质

## 概　述

### 工 程 概 况

东线治污以控制工业和城市污染源为主，规划实施了城市污水处理厂、截污导流、点源治理等一系列治污工程及流域综合整治工程，形成“治理、截污、导流、回用、整治”一体化的治污工程体系。经过多年努力，东线治污取得了一定成效。江苏、山东两省控制单元治污实施方案确定的426项治污项目已经全部完工。其中包括214项工业点源治理项目，155项城市污水处理及再生利用项目，31项流域综合整治项目，26项截污导流项目。东线治污效果逐步显现，沿线入河排污总量呈明显下降趋势，输水干线水质得到持续改善。

（陆　奇）

## 江　苏　省

### 治 污 工 作

2014年，《南水北调治污规划》确定的102项水污染治理项目已经全面建成并发挥效益，完成投资70.2亿元。江苏省政府为确保水质稳定达标的追加批复的203项深化治理项目，批复总投资63亿元，目前大部分实施完成，输水干线水质已经达到Ⅲ类标准，圆满实现了清水北送的目标。

1. 抓好新增尾水导流工程的建设

江苏省南水北调办切实加强新增尾水导流工程的建设管理，丰沛等4县市尾水导流工程进展有序。其中，新沂工程建成投运，丰沛工程进入试运行阶段，睢宁主体工程基本完成，正在抓紧实施资源化利用工程建设。

2. 抓好管网配套等深化治理项目的指导督促

江苏省住建厅、保厅发挥协调、督促职能作用，积极开展管网配套、综合整治等深化治理项目计划、进展、资金、质量等方面的督促、检查、推动工作。目前，污水配套管网建设已经完成，综合整治等项目基本完成。

3. 加强水质监测监控

江苏省环保厅已经在南水北调沿线考核断面全部建成水质自动监测站，每月会同江苏省南水北调办对考核断面水质情况进行实时在线监测，并向南水北调沿线各市政府通报水质状况，提出环境监管要求。

4. 加强船舶污染管理

江苏省交通运输厅积极完善航运船舶污染管理制度体系，实施运河船舶污染防治示范工程建设，推进运河船舶 LNG 清洁能源示范工程和生活污水防污改造工作，组织开展苏北运河危化品运输船舶泄漏处置实战演习，健全船舶污染应急处置预案，为输水水质安全提供保障。

5. 加强沿线环境保障

扬州、徐州等沿线地区以深化治污为重点，先后出台水质达标监管办法、重点断面水质达标方案、沿线产业结构调整等多项措施，强化污染源控制与监管，严格治污责任考核与追究，确保考核断面水质稳定达标。

（陆 奇）

## 治污工程进展

（一）截污导流工程

截至 2014 年，徐州、宿迁、淮安市截污导流工程已经建成并全部交付运行管理单位投入运行。徐州市截污导流新增完善工程正在有序进行；宿迁截污导流工程已经完成竣工验收，正在进行环保专项验收准备；徐州、淮安截污导流工程正在进行竣工决算审计、环保专项验收和竣工验收准备。

（二）新增尾水导流工程

（1）新沂市尾水导流工程。概算总投资 21 207 万元，2012 年 1 月正式开工实施，截至 2014 年底，工程已全部建设完成。年度完成投资 741 万元，累计完成投资 21 207 万元，占总投资的 100%。

（2）丰县沛县尾水资源化利用及导流工程。概算总投资 52 093 万元。2012 年 9 月开工实施，截至 2014 年底，尾水导流工程全部完成并通过单位工程验收，已移交管理单位，沛县资源化利用工程已完成，丰县、铜山等县区资源化利用工程正抓紧实施。年度完成投资 11 794 万元，累计完成建设投资 47 924 万元，占总投资的 92%。

（3）睢宁县尾水资源化利用及导流工程。概算总投资 23 080 万元，2013 年 6 月开工实施。截至 2014 年底，工程征迁工作已基本完成，工程施工管道铺设、泵站工程等主体已基本完成，水质监测设备安装基本完成，正进行泵站工程装修及穿睢邳路顶管工程施工。累计完成建设投资 20 175 万元，占总投资的 87.4%。

（陆 奇）

## 水质情况

2014 年 5 月和 8 月两次调水期间加密监测结果显示，输水沿线 10 个断面水质以 pH 值、溶解氧、高锰酸盐指数和氨氮 5 项指标评价，水质均稳定达标。自动监测结果显示，以高锰酸盐指数和氨氮两项指标评价，2014 年全年水质均稳定达标。

（陆 奇）

# 山 东 省

## 治污工作

2014 年，山东省围绕“确保一泓清水北上”的目标，严守红线不放松，全力以赴保达标，调水沿线治污工作取得了积极成效。

山东省委、省政府把“保障调水水质稳定达标”作为政治任务和约束性指标纳入县域经济社会发展考核体系。山东省委、省政府主要领导同志多次调度、亲自部署，分管副省长多次组织召开现场会和调度会，与调水沿线各市面对面地分析形势、剖析问题、制订措施。山东省委十届八次全会明确提出“将生态环境质量逐年改善作为区域发展的约束性要求”，在时间上划定了“生态红线”，形成了山东生态环境持续改善的刚性机制，为促进南水北调东线水质持续改善指明了方向。为强化督办落实，山东省环保厅对南水北调治污工作实行“一月一调度、一月一汇总、一月一通报”。经过努力，调水沿线“党委政府主导、人大、政协监督、部门齐抓共管、全社会共同努力”的工作大格局进一步巩固。

（一）流域治污体系

2014年1月，山东省再次发布了《山东省南水北调沿线水污染物综合排放标准》等4项标准修改单，倒逼污染源实施深度治理。大力解决污水直排环境问题，创新开展了污水直排“随手拍”活动，对发现的污水直排口实施挂牌督办。截至2014年底，山东省政府第一批挂牌督办的253个污水直排口全部整治完成并通过验收，其中南水北调沿线完成污水直排口整治147个。与此同时，为推进环境信息公开，2014年初，山东省环保厅、质监局联合发布《全省污水排放口环境信息公开技术规范》，确定分阶段实施污水排放口标准化改造。截至2014年底，649家省控涉水企业已基本完成改造任务。

2014年12月21日，环境保护“绿坐标”颁奖暨环保创新案例发布会在北京召开，山东省因创新开展污水排放口环境信息公开获得环境保护“绿坐标”制度创新奖。在循环利用方面，以循环经济理念为指导，因地制宜地建设了一批中水截蓄导用设施，加快构建企业和区域再生水循环利用体系。截至2014年底，山东省城市污水处理厂再生水利用能力达到345.6万t/日，再生水利用量达到5.5亿万t，省辖南水北调沿线城市再生水利用率达到21.4%。山东省调水沿线有关市建成大型再生水截蓄导用工程21个，年可消化中水2.1亿$m^3$，有效改善农灌面积200多万亩。在生态保护方面，依托人工湿地和退耕还湿工程，建设环湖沿河大生态带。“十二五”以来，作为南水北调输水干线的南四湖，被列为国家水质良好湖泊生态环境保护试点，并成功入围中央资金重点支持范围，215个项目列入试点规划。随着各类试点项目逐步建成运行发挥效益，南四湖水质持续向好，水生态环境明显改善。南四湖生态环境明显改善，调水沿线已建成人工湿地面积18.3万亩，修复自然湿地面积20.1万亩。南四湖已恢复水生高等植物68种，物种恢复率达92%；恢复鱼类52种，物种恢复率达67%。在南四湖栖息的鸟类达200多种，其中包括白枕鹤、大天鹅等国家级珍禽，绝迹多年的小银鱼、毛刀鱼、鳜鱼等再现南四湖，白马河也发现了素有“水中熊猫”之称的桃花水母。

（二）环境执法和监管体系

坚持日常环境执法与环保专项行动相结合，全面推行独立调查，严厉打击环境违法行为，保持环境执法的高压态势。完善定期通报、挂牌督办、工作约谈、区域限批等制度，推动环境监管实现制度化、常态化、数字化。2014年，全省环保部门累计出动执法人员1933人（次），共检查企业2632家（次）。建立环境执法联动机制，2014年4月，山东省环保厅印发了《关于建立行政边界地区环境执法联动工作机制的意见》，组织组织调水沿线枣庄、济宁、泰安、莱芜、临沂、菏泽等六市环保部门负责同志签订了行政区域边界地区环境执法联动协议，通过建立统一协调、相互协作、快速高效的区域环境执法联动机制，实现资源共享，突破区域限制，形成执法合力。以《新环保法》实施为契机，加大与公安、检察院等部门联合执法力度，打好环境执法“组合拳”，严厉打击各类环境

违法行为。2014 年，山东公安机关共立案环境资源类案件 990 起，抓获犯罪嫌疑人 1012 人，其中刑事拘留 739 人，批准逮捕 239 人，移送起诉 252 人。

（相福亮）

## 截污导流工程

截污导流工程是《南水北调东线工程治污规划》确定的水质保障工程。山东省共 21 个项目，分布在主体工程干线沿线济宁、枣庄等 7 个地级市、30 个县市区。工程建设的主要目的是，将达标排放的中水进行截、蓄、导、用，使其在调水期间不进入或少进入调水干线，以确保调水水质。2012 年工程全部通过竣工验收并投入运行，工程功能有效发挥。

2014 年，山东省南水北调局编写、修订了中水截蓄导用工程（截污导流工程）运行考核指标，通过加强考核推动建立中水截蓄导用工程良性运行机制。

山东南水北调中水截蓄导用工程水情监测是调度运行管理系统的重要组成部分。2014 年 9 月，中水截蓄导用工程水情监测系统主体施工完成，并完成初验，形成了初验报告。初验结果显示，水情监测系统界碑、水位尺等工程项目均维护良好，信息传输功能也能正常使用。

2014 年度山东省南水北调建管局完成了菏泽市东鱼河等 3 个截污导流工程水土保持方案实施情况审查工作和临沂市邳苍分洪道截污导流工程增补项目批复。

2014 年南水北调东线工程正式通水期间，中水截蓄导用工程功能得到充分发挥，对保障干线输水水质安全起到至关重要作用。山东省南水北调建管局对有关中水截蓄导用工程进行抽查，要求各市加强对辖区内中水截蓄导用工程运行管理工作的监管。山东省南水北调建管局对各市南水北调局每月报送的运行数据进行汇总、整理并分析，及时掌握中水截蓄导用工程运行情况并统筹处理。

（一）临沂市邳苍分洪道截污导流工程

工程位于临沂市罗庄区、苍山县、郯城县境内，按照区域分为苍山片和临沂片。工程于 2012 年 10 月 26 日完成竣工验收。

2014 年 12 月 1 日，山东省南水北调局以文件《关于临沂市邳苍分洪道截污导流工程完善项目实施方案的批复》（鲁调水局保字〔2014〕4 号）批复了截污导流工程完善项目。临沂市南水北调邳苍分洪道截污导流工程完善项目主要包括新建永安橡胶坝、粮田橡胶坝等工程内容。项目实施后，可有效增加临沂市南水北调截蓄导流工程截蓄能力，使临沂市南水北调截污导流工程综合效益得到显著提升。

2014 年全年共调配中水量约 1.5 亿 $m^3$，其中提供生态用水 3800 余万 $m^3$，灌溉供水 2000 余万 $m^3$，有效地缓解了武河湿地生态用水、兰陵生态用水和沿线的农业用水供需压力。为迎淮检查提供了生态补充保障，保证出境水质达标排放。

（二）宁阳县洸河截污导用工程

工程位于南四湖主要入湖河流洸府河上游，宁阳县境内。工程于 2011 年 10 月 30 日完成竣工验收。

2014 年，拦截水量 28 万 $m^3$，灌溉用水量 60 万 $m^3$，灌溉面积 0.8 万亩，惠及 2 个乡镇 28 个村庄，3 万多群众受益。

（三）枣庄市截污导流工程

工程包括薛城小沙河控制单元和峄城大沙河截污导流工程。均于 2012 年 10 月 25 日完成竣工验收。

枣庄市薛城小沙河控制单元截污导流工程位于薛城小沙河、薛城大沙河和新薛河，涉及枣庄市薛城区、山亭区和滕州市。工程主要内容：在薛城小沙河新建朱桥橡胶坝 1 座，扩挖薛城小沙河回水段和小沙河故道回水段；在薛城大沙河新建挪庄橡胶坝 1 座，铺设华众纸厂中水导流管；在新薛河支流小渭河新建渊子涯橡胶坝1座，小渭河河道回水段局部扩挖。

峄城大沙河截污导流工程位于峄城大沙河，涉及枣庄市市中、峄城和台儿庄区。工程主要内容：新建大泛口、裴桥2座拦河闸，新建良庄橡胶坝1座；对已建红旗闸和贾庄闸进行维修改造；铺设3000m管道将局部中水改排入大泛口拦河闸上。

2014年，枣庄市薛城小沙河控制单元截污导流工程拦截水量352.5万$m^3$，其中拦截中水264万$m^3$，天然径流88.5万$m^3$；增加水面面积1.8$km^2$，改善灌溉面积8.0万亩。峄城大沙河截污导流工程拦截水量2239.9万$m^3$，其中拦截中水1206万$m^3$，天然径流1033.9万$m^3$；增加水面面积2.2$km^2$，拦截调蓄总库容938.41万$m^3$，改善灌溉面积15.5万亩。

（四）滕州市截污导流工程

工程位于山东省滕州市境内，包括滕州市城漷河截污导流工程和滕州市北沙河截污导流工程。滕州市两项截污导流工程均于2011年11月7日完成竣工验收。

滕州市截污导流工程于2013年交付滕州市河道管理处进行运行管理。滕州市河道管理处是2004年9月经滕州市委、市政府批准成立，隶属于滕州市水务局的事业单位。管理处下设界河、北沙河、城河、漷河、十字河管理所和北郊排水站共五所一站。

滕州市截污导流工程2014年全年度共拦蓄下泄中水10 501万$m^3$，干线输水期间拦截下泄中水6931万$m^3$，总回用量3950万$m^3$，灌溉回用2054万$m^3$，工业企业回用489.8万$m^3$，湿地用水量1396.72万$m^3$，绿化用水量9.48万$m^3$。2014年全年累计灌溉面积58.7万亩，通过中水灌溉回用，减少COD入河量1436.6t，减少$NH_3$-N入河量130t，有效改善了出境水质，提高了南水北调东线工程干线输水达标率。

（五）枣庄市小季河截污导流工程

工程位于枣庄市台儿庄区境内。工程于2011年11月6日完成竣工验收。

2014年南水北调工程通水期间，枣庄市小季河截污导流工程拦截水量420万$m^3$，其中拦截中水310万$m^3$，天然径流110万$m^3$；拦截调蓄总库容120万$m^3$。2014年春夏两季遭遇严重干旱，通过小季河截污导流工程拦蓄中水和天然径流，灌溉农田2.1万亩。

（六）菏泽市东鱼河截污导流工程

工程位于菏泽市开发区、定陶、成武和曹县境内的东鱼河、东鱼河北支及团结河。工程于2011年10月16日完成竣工验收。

2014年度，通过向企业供水、农业灌溉、生态利用等多种渠道促进中水回用，共计消耗中水2102万$m^3$，其中灌溉消耗384万$m^3$、工业消耗1700万$m^3$、生态消耗14万$m^3$、其他消耗4万$m^3$。在春耕秋播大旱时，充分发挥工程效益，浇灌农田面积56万亩；在做好当地农业灌溉，提升水源涵养水平，改善水生态环境的同时，着力抓好区域内工业企业供水保障，为开发区工业企业和华润电厂供水，充分发挥工程的经济效益。

（七）金乡县截污导流工程

工程位于金乡县境内的大沙河、金济河、金鱼河。工程于2011年11月11日完成竣工验收。

2014年度干线输水期间，总拦蓄量由1159.1万$m^3$增加到1479.6万$m^3$，总回用量由2375.9万$m^3$增加到2520.4万$m^3$。有效改善农田灌溉面积8.9万亩。所有工程运行良好，在干线输水期间，中水截蓄导用工程拦截城区工业企业和金乡县污水处理厂达标排放的中水814万$m^3$。工程运行期间，工程拦蓄的中水，有效回补地下水，对缓解地区水资源紧缺状况起到积极作用，同时充分发挥工程截、蓄等方面的景观和生态功能，2013～2014年度利用金济河橡胶坝、莱河橡胶坝及大沙河王杰节制闸所拦蓄的上游河段成功申报金济河千寿湖省级水利风景区及金水湖省级水利风景区。

（八）曲阜市截污导流工程

工程位于山东省曲阜市境内的沂河（泗河支流）。工程于2011年11月11日完成竣工验收。

通过全河段橡胶坝的调节，自上而下，逐级调算，优化调度的方式，在下游灌溉高峰期间，上游闸坝加大泄量，尽量满足下游灌溉用水。在调水期，橡胶坝全部立坝，处于完全蓄水状态。工作过程中，积极探索中水回用途径，多渠道促进中水回用，确保工程稳定高效运行，充分发挥工程截蓄方面的景观和生态功能，最大限度地发挥其综合效益。截蓄过程中密切关注污水处理厂和工业点源等排入中水截蓄导用工程的中水水质状况，对不符合排放标准的水体，及时向环保部门报告，确保拦蓄及回用中水水质符合设计要求。

（九）嘉祥县截污导流工程

工程位于嘉祥县前进河、洪山河。工程于2012年10月27日完成竣工验收。

嘉祥县严格对工程运行进行统一调度，汛期期间开闸排水，非汛期期间关闸截蓄，工程自建成以来，累计拦蓄利用中水2100多万$m^3$，在周边农业抗旱、灌溉、生态环境改善等方面发挥了重大作用，经济社会效益较好。

（十）济宁市截污导流工程

工程位于济宁市任城区接庄镇、石桥镇。工程于2012年11月27日完成竣工验收。

济宁市截污导流工程始终持续稳定运行，已成为连接济宁市、高新区两个污水处理厂与老运河、洸府河人工湿地工程的重要枢纽，生态效益、经济效益、社会效益显著。2014年全年，截污导流工程加压泵站共输送济宁市污水处理厂中水2443.79万$m^3$，蓼沟河节制闸拦蓄高新区污水处理厂中水2555万$m^3$，合计4998.79万$m^3$。其中向老运河湿地供水1715.5万$m^3$，向洸府河湿地供水2190万$m^3$，截污导流工程蓄水区蓄存773.29万$m^3$，灌溉农田3万亩，利用中水420万$m^3$。

为有效解决水污染治理问题，改善区域生态环境，在截污导流蓄水区新建实施了人工湿地水质净化工程。工程总投资5813万元。该工程是利用湿地系统对蓄水区近九千亩水域中水进行水质净化，采用多级表面流湿地+近自然人工湿地+生态稳定塘组合工艺，通过设置导流围堰及隔墙合理布水，调节运行水位，使中水逐级净化处理，最终达到地表Ⅲ类标准。工程2013年度建设任务基本完成，完成投资1000万元；2014年度建设任务已经开始，预计完成投资1500万元。

山东兖矿集团济三电力有限公司供（退）水工程于2014年5月开工建设，工程投资2596万元，各项建设工作正积极推进。工程建成后，年供应中水350万$m^3$，接纳生产废水100余万$m^3$。

（十一）微山县截污导流工程

工程位于微山县老运河及其支流。工程于2012年11月26日完成竣工验收。

微山县南水北调工程建设管理局于2014年汛期开始时按调度方案，及时开启三孔桥闸、夏镇航道河闸、三河口枢纽闸各一孔，对渡口橡胶坝做坍坝放水处理。汛后关闭三孔桥闸、夏镇航道河闸、三河口枢纽闸，将常口橡胶坝充水到设计高程，截蓄导用运行正常。

（十二）梁山县截污导流工程

工程位于济宁市梁山县境内梁济运河、龟山河。工程于2012年1月12日完成竣工验收。

2014年度共拦蓄中水794万$m^3$，回用水量873.5万$m^3$，工程的运行满足设计要求，运行状态良好。

梁山县截污导流工程自建成以来，在拦蓄中水、排涝、抗旱、生态环境改善等方面发挥了重要作用，实现南水北调输水期年截蓄导用中水730万$m^3$目标，改善了自然环境，产生了良好的经济效益和社会效益。

（十三）鱼台县截污导流工程

工程位于鱼台县的唐马、谷亭镇境内。工程于2011年11月10日完成竣工验收。

鱼台县污水处理厂和企业达标排放的中水通过中水管道全部蓄存于唐马拦河闸上游，通过现有排灌设施灌溉农田7.6万亩，改善了农田灌溉条件，提高了农田灌溉保证率，增加了工程所在地的防洪效益、除涝效益、灌溉效益、生态效益及城乡景观效益。

（十四）武城县截污导流工程

工程位于德州市武城县、平原县境内。工程于2012年1月17日完成竣工验收。

2014年武城县截污导流工程回用中水量124.28万$m^3$，用于农业灌溉53.14万$m^3$，景观7.69万$m^3$，生态31.9万$m^3$，其他用水31.57万$m^3$。工程既能保证六五河水质长期稳定达到Ⅲ类地表水水质标准，又能解决武城县水资源短缺与水环境严重污染的尖锐矛盾，做到节水、治污、生态保护与调水相统一，形成“治、截、用”一体化的工程体系。

（十五）夏津县截污导流工程

工程位于夏津县城北六五河流域。工程于2011年12月29日完成竣工验收。

2014年工程共拦蓄水量237.6万$m^3$，农业灌溉回用109.3万$m^3$，灌溉面积1.8万亩。

夏津县截污导流工程共包含水闸4座，为河道安全度汛，自2014上半年开启，范楼闸至8月26日关闭，北马庄闸、齐庄闸、李楼闸因度汛期间河道水位过高，汛期后又有部分补充夏津水库的水源自横河进青年河进行农业灌溉，所以一直未关闭。

工程内两座扬水站分别为郑庄扬水站及孔庄扬水站，郑庄扬水站流量$3m^3/s$，自2月12日起运行调水，截至2014年底，共引水14.5万$m^3$。孔庄扬水站流量$1.53m^3/s$，4月4~20日开机调水，引水5.56万$m^3$。

（十六）临清市汇通河截污导流工程

工程位于临清市城区。工程于2011年12月30日完成竣工验收。

临清市汇通河截污导流工程的建成，使污水处理厂处理后的中水，通过红旗渠、北大洼水库、北环路埋管、大众路埋管、汇通河（小运河）、胡家湾水库连成一体，形成了城区大水系，既改善了城区水环境，富余水量又可灌溉周围农田，具备了截污导流工程的“截、蓄、导、用”功能，削减污染物，使其在调水期间不进入调水干线。2014年累计拦蓄中水2190万$m^3$，用于农业灌溉1290万$m^3$，灌溉面积8.6万亩。

（十七）聊城市金堤河截污导流工程

工程位于聊城市阳谷县、东阿县、东昌府区境内。工程于2012年11月13日完成竣工验收。

2014年聊城市在金堤河截污导流渠道郎营沟上实施了后续治理项目。主要建设内容：铺设导流渠道0.348km管理道路；新建挡水坝（闸）1座，改建桥梁2座，新（改）排涵6座，维修倒虹吸、排涵等3座；改建管理设施和配套项目。截至2014年底，因征迁原因管理道路未完工外，其他工程已完工。

2014年，严格按照运行调度原则，利用聊城市金堤河截污导流工程及其增补项目，将金堤河、小运河上游来水拦截、导流排入徒骇河，保障了南水北调工程输水干线水质。

（翟　雯）

## 水质情况

山东省调水沿线治污工作取得明显成效。2014年，在全省降水比往年偏少18.5%的背景下，山东省输水干线上的16个测点，均达到地表水Ⅲ类标准；汇入输水干线的20个支流断面，均达到国家要求的水质目标。2014年4月和10月，山东省组织开展了南四湖、东平湖水质空间监测，从监测情况看，山东省输水干线水质稳定达标、持续向好。

（相福亮）

# 拾 中线工程

# THE MIDDLE ROUTE PROJECT OF THE SNWDP

# 综　述

## 干　线　工　程

### 投　资　计　划

（一）投资批复情况

1. 批复项目数量

截至2014年底，中线干线工程9个单项76个设计单元工程的初步设计已批复，批复土建设计单元工程67个，自动化调度系统、工程管理专题等设计单元工程9个。

批复的设计单元工程按时间划分，2003年批复2个，2004年批复9个，2005年批复1个，2006年批复4个，2007年批复2个，2008年批复16个，2009年批复22个，2010年批复19个，2011年批复1个，分别占批复总量的2.63%、11.84%、1.32%、5.26%、2.63%、21.05%、28.95%、25%、1.32%。

2. 批复概算情况

截至2014年底，中线干线工程9个单项工程批复总投资1477.36亿元。

（1）按时间划分。2003年批复投资8.26亿元，2004年批复165.91亿元，2005年批复35.73亿元，2006年批复25.59亿元，2007年批复8.29亿元，2008年批复195.71亿元，2009年批复381.85亿元，2010年批复452.3亿元，2011年批复48.18亿元，2012年批复51.77亿元，2013年批复74.92亿元，2014年批复28.85亿元，分别占批复概算总投资的比例为0.56%、11.23%、2.42%、1.73%、0.56%、13.25%、25.85%、30.62%、3.26%、3.50%、5.07%、1.95%。

（2）按项目划分。京石段应急供水工程批复投资222.32亿元，漳河北—古运河段工程批复投资247.08亿元，穿漳河工程批复投资4.35亿元，黄河北—漳河南工程批复投资238.58亿元，中线穿黄工程批复投资34.13亿元，沙河南—黄河南工程批复投资295.09亿元，陶岔渠首—沙河南工程批复投资306.57亿元，天津干线工程批复投资105.01亿元，中线干线专项工程批复投资24.24亿元，分别占批复总投资的比例为15.05%、16.72%、0.29%、16.15%、2.31%、19.97%、20.75%、7.11%、1.64%。

（3）按投资类型划分。静态投资1256.45亿元；动态投资220.91亿元，其中贷款利息79.22亿元，建设期已批复价差81.36亿元，重大设计变更52.82亿元，征迁新增投资3.29亿元，待运行管理维护费4.22亿元。

（二）投资下达情况

截至2014年底，国家累计下达中线干线工程投资计划共1475.03亿元，占批复投资1477.36亿元的99.84%。

（1）按资金来源划分。中央预算内投资111.12亿元，中央预算内专项资金（国债）80.85亿元，南水北调基金161.25亿元，银行贷款329.71亿元，重大水利工程建设基金792.10亿元，分别占累计下达投资计划的比例分别7.53%、5.48%、10.93%、22.35%、53.7%。

（2）按时间划分。2003年下达2.30亿元，2004年下达35.69亿元，2005年下达48.55亿元，2006年下达71.49亿元，2007年下达72.10亿元，2008年下达100.75亿元，2009年下达114.02亿元，2010年下达181.34亿元，2011年下达227.21亿元，2012

年下达 344.12 亿元，2013 年下达 234.80 亿元，2014 年下达 42.65 亿元，占累计下达投资计划的比例分别为 0.16%、2.42%、3.29%、4.85%、4.89%、6.83%、7.73%、12.29%、15.40%、23.33%、15.92%、2.89%。

（3）按项目划分。京石段应急供水工程下达投资计划 221.69 亿元，占批复投资的 99.72%；漳河北—古运河段工程下达投资计划 246.68 亿元，占批复投资的 99.84%；穿漳工程下达投资计划 4.35 亿元，占批复投资的 100%；黄河北—漳河南段工程下达投资计划 238.58 亿元，占批复投资的 100%；中线穿黄工程下达投资计划 34.13 亿元，占批复投资的 100%；沙河南—黄河南段工程下达投资计划 294.72 亿元，占批复投资的 99.87%；陶岔渠首—沙河南工程下达投资计划 305.4 亿元，占批复投资的 99.62%；天津干线工程下达投资计划 105.01 亿元，占批复投资的 100%；中线干线专项工程下达投资计划 24.48 亿元，占批复投资的 100.99%（施工控制网测量仅下达投资计划未批复投资）。

（三）投资完成情况

1. 累计完成投资情况

截至 2014 年底，累计完成投资 1472.42 亿元，占批复总投资的 99.67%，占累计下达投资计划的 99.82%。

（1）按时间划分。2004 年完成投资 1.91 亿元，2005 年完成 3.6 亿元，2006 年完成 73.69 亿元，2007 年完成 62.23 亿元，2008 年完成 33 亿元，2009 年完成 111.1 亿元，2010 年完成 208.1 亿元，2011 年完成 231.03 亿元，2012 年完成 387.14 亿元，2013 年完成 312.22 亿元，2014 年完成投资 48.41 亿元。各年度完成投资占累计完成投资的比例分别为 0.13%、0.24%、5%、4.23%、2.24%、7.55%、14.13%、15.69%、26.29%、21.20%、3.29%；各年度完成投资占年度下达投资计划的比例分别为 5.35%、7.42%、103.08%、86.31%、32.75%、97.43%、114.76%、101.68%、112.50%、132.97%、113.5%。

（2）按项目划分。京石段应急供水工程完成 207.61 亿元，占下达计划的 94.59%；漳河北—古运河段工程完成投资 239.57 亿元，占下达计划的 100.12%；穿漳工程完成 4.10 亿元，占下达计划的 95.46%；黄河北—漳河南段工程完成 239.36 亿元，占下达计划的 103.63%；中线穿黄工程完成 35.01 亿元，占下达计划的 104.1%；沙河南—黄河南段工程完成 283.69 亿元，占下达计划的 100.12%；陶岔渠首—沙河南工程完成 290.78 亿元，占下达计划的 98.63%；天津干线工程完成 105.08 亿元，占下达计划的 101.72%；中线干线专项工程完成 18.08 亿元，占下达计划的 80.36%。

2. 2014 年度投资完成情况

2014 年批复投资 28.85 亿元，完成投资 48.41 亿元，占年计划完成投资 41.5 亿元的 116.65%。其中，京石段应急供水工程完成投资 8.03 亿元，漳河北—古运河段工程完成投资 8.37 亿元，穿漳工程完成投资 0.12 亿元，黄河北—漳河南段工程完成投资 4.87 亿元，中线穿黄工程完成投资 0.87 亿元，沙河南—黄河南段工程完成投资 9.43 亿元，陶岔渠首—沙河南工程完成投资 9.6 亿元，天津干线工程完成投资 1.2 亿元，中线干线专项工程完成投资 5.93 亿元。

（宋广泽　武晓芳　蔡　琰）

## 招　标　投　标

2014 年，南水北调中线干线工程共计招标 58 个标段。

南水北调中线一期工程总干渠荥阳段新增白寨村排水工程土建施工标（重新招标）于 2014 年 1 月 7 日进行了开评标工作，中标人为中国水利水电第十一工程局有限公司。

南水北调中线一期工程内排段地下水本底值调查及监测方案编制项目于 2014 年 1 月

9日进行了开评标工作，中标人为黄河流域水环境监测中心。

南水北调中线干线京石段（河北境内）易县及涞涿段安全保卫项目于2014年1月10日进行了开评标工作，中标人为涞水县金盾保安服务有限公司。

河北直管部建管部调度大楼部分功能及设施改造项目施工于2014年1月25日进行了开评标工作，中标人为石家庄常宏建筑装饰工程有限公司。

南水北调中线一期工程总干渠邯邢段磁县及邢台管理处电气设备采购项目于2014年2月19日进行了开评标工作，中标人为福建中能电气股份有限公司。

南水北调中线干线工程防护林及绿化一期工程施工项目于2014年3月8日进行了开评标工作。其中，防护林及绿化一期工程淅川1段施工标中标人为江苏亚星园林工程有限公司，防护林及绿化一期工程淅川2段（含湍河渡槽）施工标中标人为新乡市园林绿化工程有限公司，防护林及绿化一期工程南阳市段施工标中标人为河南纵横园林有限公司，防护林及绿化一期工程潮河1段施工标中标人为北京顶峰国建园林工程有限公司，防护林及绿化一期工程潮河3段施工标中标人为黄河园林集团有限公司，防护林及绿化一期工程郑州1段和郑州2段施工标中标人为北京天房绿茵园林绿化工程有限公司，防护林及绿化一期工程穿黄及沁河倒虹吸施工标中标人为山东大地园林有限公司，防护林及绿化一期工程穿漳及焦作1段施工标中标人为中外园林建设有限公司，防护林及绿化一期工程南沙河倒虹吸及洺河渡槽施工标中标人为北京金五环风景园林工程有限责任公司，防护林及绿化一期工程邢台市段、鹿泉市段及天津干线施工标中标人为北京丹青园林绿化有限责任公司，防护林及绿化一期工程潮河2段施工标中标人为北京路桥海威园林绿化有限公司。

南水北调中线干线工程京石段（河北境内）35kV供电系统运行维护项目于2014年3月20日进行了开评标工作，中标人为中原豫安建设工程有限公司。

南水北调中线京石段应急供水工程（河北境内）2014年停水期检修维护监理及施工标于2014年3月21日进行了开评标工作。其中，监理标中标人为黄河工程咨询监理有限责任公司，停水期检修维护一标中标人为山东水利工程总公司，停水期检修维护二标中标人为黄河养护集团有限公司。

南水北调中线干线安全监测咨询标于2014年4月1日进行了开评标工作，中标人为中水东北勘测设计研究有限责任公司。

南水北调中线京石段应急供水工程北拒马河暗渠—惠南庄泵站段2014年停水期检修维护标于2014年4月3日进行了开评标工作，中标人为中国水利水电第三工程局有限公司。

南水北调中线工程2014年度航拍摄影摄像项目于2014年4月21日进行了开评标工作，中标人为北京龙脉鑫利科技发展有限公司。

河南直管建管局三级运行管理处购置办公家具标于2014年6月4日进行了开评标工作，中标人为中山迪欧家具实业有限公司。

南水北调中线干线工程安防系统项目安防系统监理标于2014年6月6日进行了开评标工作，中标人为北京国研信息工程监理咨询有限公司。

南水北调中线干线工程安防系统项目安防系统光缆施工一标、二标于2014年6月6日进行了开评标工作。其中，光缆施工一标中标人为武汉贝斯特通信集团有限公司，光缆施工二标中标人为中国通信建设第五工程局。

南水北调中线干线工程安防系统项目视频监控系统集成标于2014年6月9日进行了开评标工作。其中，视频监控系统集成一标

中标人为中国电子系统工程总公司，视频监控系统集成二标中标人为中信国安信息科技有限公司，视频监控系统集成三标中标人为北京中电兴发科技有限公司。

南水北调中线天津干线（河北段）工程设计单元工程完工财务决算编制与审核项目一标、二标于2014年7月15日和7月18日进行了开评标工作。其中，一标中标人为大华会计师事务所（特殊普通合伙）和北京大华胜格威工程管理有限公司联合体，二标中标人为北京兴华会计师事务所（特殊普通合伙）和中通建设工程咨询有限责任公司联合体。

南水北调中线干线工程安防系统项目电子围栏系统集成标（重新招标）于2014年7月29日进行了开评标工作，中标人为北京中电同业科技发展有限公司。

中线建管局河南段运行管理机构工作车辆采购一标、二标于2014年8月20日进行了开评标工作。其中，工作车辆采购一标中标人为河南江铃汽车销售有限公司，工作车辆采购二标中标人为郑州达喀尔汽车租赁有限公司。

南水北调中线干线工程河南段、邯石段安全保卫项目于2014年9月1日进行了开评标工作。其中，安全保卫项目一标中标人为河南省水利第一工程局，安全保卫项目二标中标人为南阳市御龙建筑水利水电工程有限公司，安全保卫项目三标中标人为黄河建工集团有限公司，安全保卫项目四标中标人为黄河养护集团有限公司，安全保卫项目五标中标人为焦作市黄河华龙工程有限公司，安全保卫项目六标中标人为河南江河水利水电工程有限公司，安全保卫项目七标中标人为新乡市山河水利工程建筑有限责任公司，安全保卫项目八标中标人为河南黄蒲水利水电工程有限公司，安全保卫项目九标中标人为河南国盾保安服务有限公司，安全保卫项目十标中标人为邯郸市峰峰矿区保安服务有限责任公司，安全保卫项目十一标中标人为邢台市水利工程处。

南水北调中线建管局河南段三级运行管理处物业服务项目于2014年9月18日进行了开评标工作。其中，一标中标人为南阳市顺祥物业管理有限公司，二标中标人为黄河建工集团河南物业服务有限公司，三标中标人为北京国基伟业物业管理有限公司，四标中标人为郑州市牟山物业管理有限公司。

南水北调中线一期工程通水初期河南段水质监测实施项目于2014年9月22日进行了开评标工作，中标人为黄河流域水环境监测中心。

南水北调中线干线工程安防系统项目安防综合监控与信息服务系统集成标（第三次招标）于2014年10月15日进行了开评标工作，中标人为西安未来国际信息股份有限公司。

南水北调中线建管局河北段三级运行管理处物业服务项目于2014年11月10日进行了开评标工作。其中，一标中标人为保定市富邦物业有限公司，二标中标人为保定诚阳物业管理有限公司，三标中标人为黄河建工集团河南物业服务有限公司，四标中标人为石家庄天阳物业服务有限公司，五标中标人为河北博宸物业服务有限公司。

南水北调中线天津干线天津分调度中心物业服务招标项目于2014年12月30日进行了开评标工作，中标人为天津市信誉旺物业管理有限公司。

（乔　婧　白艳勇　董国荣）

## 合　同　管　理

2014年，南水北调中线干线工程共组织签订合同718项，合同金额24.14亿元。其中，中线建管局组织签订合同217项，合同金额20.66亿元；各直管建管部组织签订合同501项，合同金额3.48亿元。

2014年，通过签订变更索赔处理工作目标任务书、同委托建管单位合署办公等方式加快变更索赔处理工作，全年组织召开变更索赔专家咨询会60余次，审批重大变更索赔100项，批复增加投资约15亿元。截至2014年底，全线累计处理变更索赔8500多项，约占全部变更索赔总量的80%。已批复项目中，承包人申报约165亿元，批复增加投资约103亿元，审减率近40%。

（一）破解合同共性问题

（1）完善价差调整办法。针对各建管单位反映的"236号文"价差执行过程中存在的问题，选取了25个典型标段进行价差专项复核。针对复核发现的问题，同时结合现场管理实际情况，对"236号文"中的人工价格指数及年度控幅两项内容进行补充修订，印发了《关于<南水北调中线干线在建工程建设承包合同价差调整指导意见（修订版）>的补充通知》，指导全线价差调整工作。

（2）进行施工效率测定。针对现场普遍反映的胶结体变更施工效率问题，委托中水北方勘测公司组织开展了专项效率测定，形成《南水北调中线工程胶结体和软岩机械破碎施工效率测定分析报告》；针对渠道水泥改性土槽挖直接费问题，委托黄委设计院进行了测算，印发了《关于印发<南水北调中线一期工程总干渠渠道水泥改性土槽挖工程直接费用测算成果>的通知》；针对现场普遍反映的地材价格上涨过快、实际采购价格与造价信息不符问题，委托中水北方公司开展了调研。

（3）开展土石方平衡变更处理工作。2014年4月中旬，针对土石方平衡变更综合报告编制进度滞后，影响后续变更处理问题，组织设计单位召开协调会，研究部署落实相关工作，之后各建管单位又多次组织设计单位进行协调落实。

（4）专题研究尾工项目定价。针对新增高填方渠段加固尾工项目（防渗墙、防浪墙、渠坡护砌等），委托黄委设计院开展相关施工效率及变更组价的研究工作，并在2014年5月份投资控制管理工作月例会纪要中予以明确。7月初，正式印发了《高填方渠段抗滑桩、防渗墙（水泥搅拌桩）工程施工消耗量测算成果》。

（二）加强专题项目巡查调研

（1）开展改性土变更处理专项巡查。改性土变更涉及金额大、标段多，经统计，中线工程有改性土处理的标段共105个，涉及变更金额49.73亿元。针对改性土变更处理过程中发现的部分标段变更处理存在计算错误、文件理解偏差等问题，为降低审计稽察风险，2014年期间，组织开展了改性土变更的专项巡查工作。

（2）开展调研工作。2014年期间，组织开展价差调整情况专项巡查调研、胶结体破碎开挖效率调研、典型标段地材及低碱水泥价差调整办法调研、焦作1段土方平衡专项核查以及跨渠桥梁工程专项造价审核等工作。

（张瑞鹤　陶　李　蔡　琰）

## 建设管理

南水北调中线干线工程划分为9个单项工程（不含陶岔渠首工程）、76个设计单元工程，其中土建设计单元67个（分为295个施工标段），自动化调度与运行管理决策支持系统、工程管理专项等设计单元工程9个。中线建管局作为南水北调中线干线工程的项目法人，总体负责工程的建设管理工作。

南水北调中线干线工程建设管理采用直管、代建和委托三种模式。2014年，代表项目法人对工程建设实施直接管理的直管项目建设管理单位有惠南庄泵站项目建设管理部、河北直管项目建设管理部、河南直管项目建设管理局和天津直管项目建设管理部、信息工程建设管理部5家。依据代建合同代表项目法人实施工程建设管理的有双洎河渡槽段

代建项目建设管理部、叶县段代建项目建设管理部、镇平段代建项目建设管理部等3家，鹤壁段代建项目、汤阴代建项目交由河南直管项目建设管理局直接建设管理。依据委托合同代表项目法人实施工程建设管理的委托项目建设管理单位有河北省南水北调工程建设管理局、河北省建管中心、河南省南水北调工程建设管理局、天津市水利工程建设管理中心、北京市南水北调建管中心等5家。

随着2013年12月南水北调中线主体工程顺利完成，2014年工程全面进入收官之年，主要围绕5月底前全面完成与通水相关的尾工建设、6月初开展全线充水试验、9月底前完成全线通水验收、汛后正式通水的阶段目标开展工作。一是继续实行目标管理，根据总体建设目标和既定阶段目标要求，进一步制定详实、合理的周、月计划并跟踪、督促落实。二是重点抓好渠道衬砌板聚硫密封胶、内外坡防护、安全防护网、高填方渠段外坡防护、截流沟等剩余尾工项目建设，协调推进安全监测设备设施安装、自动化系统及现地站房作业面移交等项目建设。三是继续实施严密的跟踪机制，依靠国务院南水北调办的周报、月报、关键事项跟踪报告、建设进度主任办公会和季度协调会等制度，及时解决疑难问题，依靠督导督办制度，并通过开展现场参建单位建设目标考核、实施针对性的奖罚措施等办法，提高参建各方工作的积极性和主动性，推动各项建设目标的实现。

截至2014年底，南水北调中线干线工程尾工项目建设基本完成，2014年6月份开始开展充水试验，2014年9月底前完成全线通水验收，如期实现2014年汛后通水大目标，顺利完成总体进度计划安排。

（郭晓娜）

## 工 程 进 展

2014年是中线工程实现全线通水的决胜之年，也是中线建管局从建设管理向运行管理过渡的转型之年。平稳转型，如期通水，是2014年工作的总体目标。在国务院南水北调办的领导下，在沿线各省市地方政府的大力支持和密切配合下，通过中线建管局的全力推动和参建各方的共同努力，2014年各项工作进展顺利，实现了南水北调中线干线工程2014年汛后通水的大目标。

2014年度，完成施工投资61.4亿元，占年计划39.9亿元的154%；完成土石方开挖419.5万$m^3$，占年计划162.3万$m^3$的259%；完成土石方填筑427.4万$m^3$，占年计划210.3万$m^3$的203%；完成混凝土浇筑196.3万$m^3$，占年计划101.3万$m^3$的194%。按照南水北调工程建设目标责任书进度考核指标计算$K=1.28$。

截至2014年底，南水北调中线干线在建项目累计完成施工投资664亿元，完成土石方开挖70 694万$m^3$，土石方填筑28 473万$m^3$，混凝土浇筑2811.7万$m^3$。全线67个土建设计单元基本完工，具体为淅川段工程、湍河渡槽工程、镇平段工程、南阳市段工程、南阳试验段工程、白河倒虹吸工程、方城段工程、叶县段工程、澧河渡槽工程、鲁山南1段工程、鲁山南2段工程、沙河渡槽工程、鲁山北段工程、北汝河倒虹吸工程、宝郏段工程、禹长段工程、新郑南段工程、潮河段工程、郑州1段工程、郑州2段工程、双洎河渡槽工程、荥阳段工程、穿黄工程、沁河倒虹吸工程、温博段工程、焦作1段工程、焦作2段工程、辉县段工程、石门河倒虹吸、新卫段工程、潞王坟试验段工程、鹤壁段工程、汤阴段工程、安阳段工程、穿漳河工程、磁县段工程、南沙河倒虹吸工程、邢台市段工程、高邑县至元氏县段工程、邯郸市至邯郸县段工程、永年县段工程、洺河渡槽工程、沙河市段工程、邢台县至内丘县段工程、临城县段工程、鹿泉市段工程、石家庄市区段工程、西黑山进口闸—有压箱涵段工程、保定市1段工程、保定市2段工程、廊坊市段工程、天津市1段工程、天津市2段工程以及已经提前通水的京石应急段14个土建设计单元工程。京石段自动化调度系统、京石段以外自动化调度系统等2个自动化调度系统设计单元，除陶岔及北京段部分外，其余工作基本完成。

（郝清华）

## 工 程 验 收

2014年，南水北调中线干线工程验收工作仍延续2013年通水验收工作内容，按照国务院南水北调办计划要求，在南水北调中线工程通水前，需完成与通水有关58个设计单元工程通水验收及全线通水验收工作。

按照项目建设管理性质，58个设计单元工程中，直管和代建项目由国务院南水北调办负责主持通水验收，委托项目由相关省（市）南水北调办负责主持通水验收，全线通水验收工作由国务院南水北调办主持。

按照工程建设进度，结合国务院南水北调办下达的通水验收计划，项目法人合理安排验收时间，在工程初步具备通水验收条件时，及时对设计单元工程现场验收准备情况及资料准备情况进行自查、整改；对需要进行安全评估的工程，组织安全评估单位做好安全评估工作，按时提交安全评估报告，并组织专家对安全评估报告进行评审，对报告中提出的问题提前研究解决；经自查工程具备通水验收条件后，抓紧上报设计单元工程通水验收申请。

鉴于中线工程通水验收时间紧、任务重，直管代建项目和委托项目平行进行通水验收及其技术性初验工作，项目法人局领导分片负责，各部门按照职责分工各司其职，配合国务院南水北调办及相关省（市）南水北调办很好地完成了58个设计单元工程通水验收和全线通水验收任务。

2014年9月29日，南水北调中线一期工程顺利通过国务院南水北调办组织的全线通水验收，工程提前32天具备通水条件。

（于　洋　陈晓璐）

## 通 水 运 行

（一）充水试验

1. 技术方案

南水北调中线一期工程总干渠工程规模宏大，建筑物众多，建设运行环境复杂，为全面检验总干渠输水建筑物、沿线控制建筑物及其他相关设施的安全性，及时发现并处理渠道及建筑物可能存在的问题，排查安全隐患，为总干渠全线试通水顺利启动创造条件，需在试通水前进行总干渠充水试验。

中线建管局组织设计单位编制完成了《南水北调中线一期工程总干渠充水试验专题设计报告》和《南水北调中线一期工程总干渠充水试验专题设计补充报告》并上报国务院南水北调办。2014年5月13日，国务院南水北调办函复同意采用多水源充水方案作为中线总干渠充水试验补充方案，并要求抓紧组织实施。

根据批准的试验方案，总干渠采用多水源连续充水，自下而上充水方式，利用丹江口水库、黄河水源、盘石头水库、岳城水库、京石段应急水源向总干渠连续充水。黄河以南陶岔闸—须水河支节制闸渠段采用丹江口水库水源进行充水试验，渠道总充水体积约11 121万$m^3$，充试验期间丹江口水库稳定充渠流量$18m^3/s$。黄河以北新蟒河节制闸—黄水河支节制闸渠段从黄河取水，渠段充水体积约1558万$m^3$，泵站提水充渠稳定流量$2.5m^3/s$，试验前完成局部引水通道梳理、水泵架设等工程准备；黄水河支节制闸—漳河节制闸渠段利用现有民主干渠经东干渠从盘石头水库取水，渠段充水体积约2300万$m^3$，充渠稳定流量$3m^3/s$，试验前需完成民主干渠

清理、东干渠改造和入渠设施建设等连接工程准备；漳河节制闸—古运河节制闸渠段利用现有民有四支渠从岳城水库取水，渠段充水体积约4290万$m^3$，充渠稳定流量$6m^3/s$，试验前需完成民有四支渠清理和入渠设施建设等连接工程准备，试验期间该渠段又增加了朱庄水库作为充水水源；古运河节制闸—北拒马河渠段采用京石段应急水源作为充水水源，渠段充水体积约2378万$m^3$，充渠流量$14\sim30m^3/s$。

2. 运行调度

2014年6月5日~10月23日，根据制定的全线充水试验方案和补充方案，利用丹江口水库、老蟒河、盘石头水库、岳城水库、朱庄水库、黄壁庄水库为总干渠充水。在充水过程中，根据水情、工情，实施科学调度，实现安全充水2.5亿$m^3$，完成全线充水试验调度任务。

此外，在充水试验期间，根据国家防汛总指挥部的统一部署，自2014年8月7日~9月20日，向平顶山市应急调水累计水量5012.03万$m^3$，有效缓解了平顶山市用水紧张局面，提前实现了南水北调中线工程从长江流域到淮河流域的跨流域调水。同时，也标志着南水北调中线工程河南段提前发挥抗旱效益。

（二）通水试验

为确保全线通水万无一失，在全线正式通水以前，自2014年11月1日起，开展全线通水试验工作，根据地方需要，配合地方完成配套工程试验充水。在调度过程中，每小时都人工分析水情，利用闸控系统远程实施调度。11月1~19日，累计下达、执行闸门操作指令4000多次，闸门操作10 000余门次。

（三）实现全线通水大目标

围绕中线通水大目标，精心谋划，明确重点、理清思路。全体同心协力，加班加点，逐项落实完成了全线通水前相关准备工作，主要包括完成通水运行各项制度标准规程修订汇编、协调做好输水期间配套工程运行管理与干线工程的有序衔接、签订供水协议、编制月水量调度方案、完成全线设备设施联合调试等。调度值班人员，24h坚守岗位，人工分析水情，自动化操控闸门。经过共同努力，2014年12月12日14：32，陶岔渠首闸以$100m^3/s$向总干渠放水，南水北调中线正式全线通水。12月15日，河南省完成接水；12月18日，河北省完成接水；12月27日，北京完成接水。12月下旬，天津完成接水。

（姚　雄　卢明龙）

## 工　程　效　益

2014年12月12日14时32分陶岔渠首闸以$100m^3/s$向总干渠放水，南水北调中线正式全线通水。12月15日，河南省完成接水；12月18日，河北省完成接水；12月27日，北京、天津完成接水。截至2014年底，陶岔渠首累计入总干渠水量0.81亿$m^3$，沿线累计分水0.33亿$m^3$。

南水北调中线一期工程正式通水，将大大提高黄淮海地区的水资源承载能力，可有效破除该地区水资源短缺瓶颈。有效连接沿线水库资源，有力地缓解北方水资源短缺，彻底解决700万人长期饮用高氟水和苦咸水的问题，为加快沿线地区经济社会发展，完善我国水资源配置体系，改善北方地区生产生活环境奠定坚实的基础。有力保障城市的饮水安全和我国的生态安全、粮食安全及能源安全，促进和保障京津冀一体化战略的实施，促进全面建成小康社会，有利于国家长治久安，有利于逐步实现共同富裕，助力中华民族的伟大复兴。

（郭　芳　孙子淇）

## 征　地　移　民

中线干线全线临时用地累计接收34.23

万亩，其中，北京1.17万亩，天津0.66万亩，河北邯石段、京石段和天津干线河北段12.0万亩，河南段20.4万亩。

截至2014年底，全线累计退还28.48万亩，退还比例为83%，其中，北京1.17万亩全部退还；天津0.66万亩全部退还；河北退还11.35万亩，完成比例为95%；河南返还15.30万亩，完成比例为75%。

全线尚未返还用地为5.75万亩，其中，河南5.10万亩，河北0.65万亩。

（唐　涛）

## 科学技术

南水北调中线干线工程科技工作以解决南水北调中线干线工程中的关键技术问题，为中线干线工程建设和运行管理等各项任务的顺利开展提供技术支撑为主要工作目标。根据2014年中线建管局工作会议精神，立足"两个转变"，统筹开展科技管理工作，确保如期实现全线通水大目标。

按照国务院南水北调办要求全面组织实施"十二五"国家科技支撑计划应急启动项目"南水北调中线工程膨胀土和高填方渠道建设关键技术研究与示范"，完成了项目主要研究任务，同时加强了项目研究成果总结和提炼，为项目验收创造了条件。组织开展了南水北调中线工程形体检核测量、全线水面线复核、穿黄工程三维数字实景模型及应用等研究工作，对南水北调渠道混凝土衬砌裂缝预防措施研究项目成果、总干渠河南省境内矿区段变形监测与稳定性研究中间成果、邵明煤田采空区变形对南水北调中线总干渠影响监测研究中间成果进行了评审，通过积极推广应用项目研究成果，为工程建设及运行管理提供技术保障。配合专家委员会对南水北调中线工程典型渠段和建筑物冰期输水物理模型试验研究、南水北调中线冰凌观测预报及应急措施关键技术研究、南水北调中线总干渠工程维护及抢险规划方案等进行了专家咨询，解决了工程建设和运行管理面临的一些关键技术问题。结合南水北调中线干线工程实际，组织编制并印发了《南水北调中线一期工程总干渠膨胀土（岩）渠段工程施工地质技术规定》《南水北调中线干线工程输水调度管理办法（试行）》《南水北调中线干线工程通水运行安全生产管理办法（试行）》《南水北调中线干线工程自动化调度系统运行维护管理办法（修订）》《南水北调中线干线工程通信系统运行维护操作规程（修订》《南水北调中线干线工程计算机网络系统运行维护操作规程（修订）》等技术标准。

（姚　雄）

## 审计稽察

2014年，中线建管局配合国务院南水北调办专项审计2次，组织开展内部审计稽察3次，组织开展工程建设举报事项调查68项。

（一）国务院南水北调办工程建设资金年度专项审计

2014年3～6月，国务院南水北调办分别对中线建管局直管代建项目以及河北省南水北调建管局、河北省南水北调工程建设管理中心、河南省南水北调建管局、天津市水利工程建设管理中心承担的委托管理项目2013年度工程建设资金的使用管理情况进行了专项审计，并于2014年8月向中线建管局分别下发了国调办经财〔2014〕165、168、195、198、199号文，提出了相应的审计整改意见。中线建管局及时组织有关部门和单位进行了审计整改，并于2014年11月和12月分别以中线局审〔2014〕34、35、37、38、39号文向国务院南水北调办上报了审计整改落实情况。

（二）国务院南水北调办工程变更索赔专项审计

2013年4～6月，国务院南水北调办对中线干线工程"淅川1标增加抗滑桩"等10个

变更项目的审批与执行情况进行了专项审计，并于2014年10月向中线建管局下发了国调办经财〔2014〕202号文，提出了相应的审计整改意见。中线建管局及时组织有关部门和单位进行了审计整改，并于2014年11月以中线局审〔2014〕40号文向国务院南水北调办上报了审计整改落实情况。

（三）内部审计稽察

2014年中线建管局共开展内部审计稽察3次。2014年3～4月，组织开展了中线建管局机关及直管建管部“三公”经费专项审计，查找了费用管理方面的薄弱环节和问题隐患，重点针对公务车辆管理这一老大难问题进行了深入剖析，提出了操作性强的改进建议和风险防范措施，从审计效果跟踪情况看，各单位费用管理水平和效率均得到了很大提高。2014年6～7月，组织开展了京石段维修养护合同履行情况专项审计，对2011年以来京石段维修养护合同履行情况进行了全面审核与评价，进一步规范了京石段以及全线通水后的工程维修养护管理工作。2014年7～8月，组织开展了中线干线直管代建项目招投标管理专项稽察，重点查找了2011年以来直管代建项目招投标管理工作中存在的薄弱环节和潜在风险，提出了具体的风险防范措施和改进建议，为进一步规范后续招标管理工作奠定了基础。

（四）工程建设举报调查

2014年，中线建管局组织开展了国务院南水北调办批转调查的工程建设举报事项68项，全部在规定时限内上报国务院南水北调办。

（丁　宁）

## 档　案　管　理

2014年，中线建管局深化档案管理、落实计划实施、加强指导检查，完成天津干线所有设计单元工程的项目法人档案专项验收并配合国务院南水北调办完成了河北段设计单元工程的档案专项验收前检查评定。全面开启了京石段外设计单元工程档案专项验收相关工作。

（一）档案管理软硬件措施建设

各建设管理单位严格标准，完善制度，规范管理；并举办数字文档系统使用培训班，中线各参建单位均可通过互联网登录系统进行档案数据著录和报表打印工作，为统一标准、及时收集电子著录信息打下了良好的基础。切实加强领导，建立工程档案管理领导责任制和具体责任人负责制度，建立健全档案工作机构，确保工程档案管理工作的有效开展。各建设管理单位指导督促所辖各参建单位档案管理工作，确保工程档案整编人员的稳定，各参建单位明确1～2名参加过中线建管局档案整编培训的专职档案人员负责档案的收集、整理、验收、移交工作，在档案专项验收前不得擅自更换，如需更换均须经现场建管单位同意。各建管单位结合自身实际，制定相应的管理措施。并将档案人员变动情况表每半年向局档案馆报送备案。

为满足工程档案管理需要，中线建管局启动了工程档案管理系统的开发建设工作，充分运用现代信息技术和计算机网络技术，结合中线工程档案管理系统的业务需求，以数据获取和资源整合为基础，以提高管理效率和管理水平为目标，面向中线全部用户，建立覆盖各单位工程档案管理系统，实现中线档案管理的信息化、数字化、自动化、网络化。以档案价值为核心，以信息资源整合与共享为基础，实现了工程档案数字化管理，实现网络化利用，满足工程建设期、运行期业务需求，充分发挥档案的凭证中心、工程运维、外部审计等重大作用，为建成技术领先的数字档案馆提供软硬件支持。

（二）工程档案预验收工作

2014年初，中线建管局召开了2014年归档工作会，明确了各单位的档案工作要求与验收时间安排，各建管单位每季度末（当月25日前）向中线建管局上报档案预验收计划和完成情况。截至2014年底，所有合同预验收标段均已进行了预验收并完成整改。中线建管局要求合同验收阶段，建设管理单位在检查工程进度、质量时，同时检查工程档案对所辖工程项目档案组织预验收，档案预验收不合格，不能申请合同完工验收。预验收工作组组长由建管单位的档案验收领导小组（或办公室）负责人担任，预验收工作组成员由参建各方的档案管理人员、工程技术人员等组成。委托或代建项目组织档案预验收应通知相应的直管项目建设管理单位、运行管理单位和中线建管局，直管项目建设管理单位、运行管理单位派代表参加，局档案馆视情况派员参加重点项目的档案预验收。

（三）归档档案质量管理

为规范中线建管局机关归档文件的整理，根据《归档文件整理规则》（DA/T 22—2000），结合中线建管局工作实际，制定了《南水北调中线干线工程建设管理局归档文件整理暂行办法》。机关相关部门依据此办法规范了机关档案的整编工作，使机关档案整编质量不断提高，为查找利用提供了便利。

中线建管局档案馆组织指导检查组依据《南水北调中线干线工程档案管理法》（中线局综〔2011〕19号）、《南水北调中线干线工程档案项目法人验收办法》（中线局综〔2011〕21号）、《南水北调东中线第一期工程档案分类编号及保管期限对照表》（国调办综〔2009〕13号）及合同、规程、规范以及相关要求，从收集、整编等各方面对参建单位工程档案进行了指导，同时督促各有关单位按要求进行档案资料整编。对于在整编过程中存在的难点问题答疑解难；对跨渠桥梁工程、铁路交叉工程等委托建设管理项目召开了专题沟通会，现场解决了相关归档问题；在北京召开了两次全线档案工作业务研讨会，在河南召开了工程档案管理座谈会分别就建设管理中发现的档案收集、整理归档等相关问题予以明确。对已经通过档案预验收、档案项目法人验收及设计单元档案专项验收前检查评定的工程档案进行复查，对存在问题及时整改，为下一阶段验收做好准备。各建管单位和监理单位也在档案整理过程中成立了档案管理领导小组，制定了相应规章制度，定期检查所辖标段的工程档案收集、整理情况。各监理单位由总监理工程师负责，成员由专职档案员及有关专业人员组成。档案整理小组制定了各项规章制度，明确档案整理职责，并及时会商、沟通、研究解决档案整理中的相关问题，同时各项目监理部签发文函或现场检查，督促施工单位成立组织机构，安排专职档案人员，按要求完成档案资料整理任务。

2014年初，中线建管局档案馆组织开展了“南水北调中线干线工程档案巡查评比活动”对16个设计单元工程进行了先后30多次专项指导检查。组织了全线档案（抽）巡查，共计5次，共涉及8个设计单元16家参建单位。此次活动是实施工程建设管理与档案管理同步进行工作方针的新举措，对于加大档案管理工作力度，确保各项制度落实到位，巩固京石段档案整理成果，交流在建项目档案整理经验，都起到了良好的示范效应，为通水验收和档案专项验收保驾护航。截至2014年底，共对19家建设管理单位管理的27个设计单元153个标段，进行指导检查63次，检查档案50 000余卷次。

（四）项目法人档案专项验收、设计单元工程的档案专项验收前评定工作情况

2014年，除京石段外的档案专项验收全面启动，完成了廊坊市段工程代建项目、保定市1段工程、天津市2段工程、邯郸城区段跨渠桥梁工程、西黑山进口闸—有压箱涵段工程、天津干线邯石段铁路交叉工程、保定市2段工程、廊坊市段工程（直管项目）共计7个设计单元工程的项目法人档案专项验收，截至年底天津干线工程的项目法人档案专项验收全部结束。河北段其他设计单元工程档案通过了南水北调办设管中心组织的档

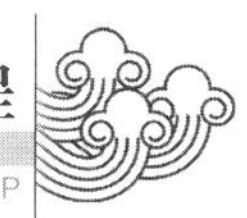

案专项验收前的检查评定；保定市1段和天津市2段设计单元工程已经按照南水北调办设管中心要求做好了档案专项验收前的各项准备工作并已经提出验收申请。

（冯　钊）

## 制度建设

2014年，为适应工程建设向运行管理的转变，满足工程运行管理和维修养护的需要，加强内部管理，确保工程运行管理规范化、标准化，制定了相关制度。

（一）综合管理类

《南水北调中线干线工程通水运行工作任务责任方案》《中线建管局2013年建设节约型机关实施方案》《南水北调中线干线工程建设管理局会议管理办法（修订）》《南水北调中线干线工程建设管理局印章管理办法（修订）》《南水北调中线建管局直管建管单位办公和生活设施配置标准（试行）》《中线建管局建设节约型机关实施方案》。

（二）运行管理类

《南水北调中线干线工程输水调度管理规定（试行）》《南水北调中线干线工程突发事件应急管理办法（试行）》《南水北调中线干线工程突发事件综合应急预案》《南水北调中线干线工程突发事件综合应急预案》。

（三）质量安全类

《南水北调中线干线工程通水运行工程安全事故应急预案》《南水北调中线干线工程通水运行重大洪涝灾害应急预案》。

（四）环保水质类

《南水北调中线干线工程环境保护管理办法（试行）》《南水北调中线干线工程防护林及绿化工程养护管理制度》《南水北调中线干线工程水质监测管理办法》《水质监测移动实验室运行管理制度》《南水北调水质监测实验室安全管理制度》《南水北调中线干线工程水污染事件应急预案》。

（五）财务与资产管理类

《南水北调中线干线工程建设管理局直管项目建管单位有关费用开支管理规定》《南水北调中线干线工程建设管理局局机关有关费用开支管理规定》《南水北调中线干线工程建设管理局有关国家科技重大专项经费支出管理办法（试行）》。

（六）机电物资类

《金属结构及机电设备运行规程（试行）》。

（李立群　秦　昊　李　蕊）

## 安全生产

2014年，中线建管局严格遵循“安全第一，预防为主，综合治理”的安全生产方针，以尾工建设、工程度汛和运行为重点，有针对性开展安全生产活动，认真执行安全生产制度，切实落实安全生产责任和措施。在参建各方的共同努力下，工程安全度汛，全年安全生产总体受控，圆满完成了年度安全生产目标。

（一）计划制定

2014年初，编制下发《2014年安全生产工作计划》，与直管建管单位签订责任书，明确了全年安全生产目标和总体要求。结合工程安全运行管理的要求，编制了《通水运行安全生产管理责任追究规定（试行）》。按季度组织召开安委会，总结上一季度安全生产工作，对下一季度工作进行部署。

（二）安全生产活动

组织开展防坍塌专项整治“回头看”、穿黄工程专项安全生产检查和全线通水风险问题拉网式排查等活动，全面检查影响全线通水目标实现的风险，分析原因，制定对策，限期整改。根据《南水北调工程供用水管理条例》积极开展安全宣传活动，让更多的群众了解南水调工程的有关条例，提高安全意识，营建通水安全环境。

（三）防汛重点工作

针对全线防汛风险项目，按五类三级进

行排查、监控，各参建单位结合风险项目编制了度汛预案。组织建立各级防汛队伍，储备防汛物资，积极开展防汛演练及驻训。同时，加强与地方政府防汛部门和应急保障队伍等有关部门的联系，建立应急联动机制，确保快速做出应急处置。组织开展度汛检查，限期整改，确保度汛措施落实到位。度汛期间，各参建单位严格执行汛期24小时领导带班和值班制度，按时上报《防汛日报》和《汛情快报》，确保工程安全度汛。

（四）编制应急预案

按照《全线通水运行工作方案》，组织编制《工程安全事故应急预案》等5个应急预案。为了确保工程退水安全，组织排查55座退水闸下游情况，逐座制定应急预案。建立三级应急保障队伍，局级层面为武警水电部队，各建管单位分别与本省（市）内技术实力满足工程应急抢险要求的单位签订协议，共建队伍17支，约1570人；在建标段共建队伍131支，约5452人。各级层面的保障队伍均配备一定数量的工程设备和物资。

（五）安全保护工作

在工程红线外，委托河南、河北省南水北调办分别负责充水试验及通水初期外保工作。红线内，招标选择安保单位，分17个标段开展安保工作。根据《关于加强南水北调工程安全保卫工作的通知》（国调办建管〔2014〕139号），协调工程沿线地方公安部门，选择试点设置警务室。针对在工程保护区范围内违法采砂、取土等问题，中线建管局协调地方政府，逐一落实相关单位责任，确保措施到位。

（杨成宏　张国栋）

# 水　源　工　程

## 概　述

2014年，丹江口大坝加高工程建设全面进入工程收尾和工程验收阶段。全年完成土石方开挖3.68万$m^3$，主体混凝土浇筑3.60万$m^3$，土石方填筑4.80万$m^3$。丹江口大坝加高主体工程主要尾工已完成，新建右岸护岸工程，管理专项内的右岸管理码头主体完建，大坝安全监测和变形监测完成整合并实现自动化并网监测。

（黄朝君）

## 建　设　管　理

（一）形象进度

2014年丹江口大坝加高工程建设管理的核心任务：一是对照已审批设计报告、概算全面梳理已完未完工程项目，对未完和新增项目展开攻坚并争取完建；二是研究和落实大坝安全评估（鉴定）、蓄水验收意见中提出的需要解决完善的问题；三是全力以赴确保工程安全度汛，确保工程如期通水。

2014年，完成坝面清理，坝顶公路路面横缝处理，电缆沟盖板铺装及混凝土面层浇筑，升船机中间渠左侧老虎沟土坝混凝土路面施工，农夫山泉临时道路开挖清理，左下挡至初期工程排水沟施工，加压泵房新增道路施工，尖山右侧排水沟延长施工，土石坝排水沟全线清理和缺陷修补，左右岸及营地前砂石料场清理平整，清理恢复了汤家沟石渣场地；完成箱式变压站安装调试及平台防护、坝面油泵房防水处理、路灯安装及调试，完成溢流14号坝段122.0m高程水力学通用

底座安装切槽及仪器安装施工，升船机9号、10号支墩顶部和轨道梁梁底不锈钢栏杆安装，管理房和斜面升船机控制室零星钢盖板制安，44号坝段集水井排水设备安装，溢流坝段128m高程廊道至138m高程廊道横向斜坡道内扶手安装，12孔深孔坝段吊物井孔口盖板改造和安装，混凝土坝顶楼梯间出入口顶部盖板安装及表面清理，土石坝排水沟端头拦污网及44号坝段集水井护栏安装；完成溢流坝段闸墩表面消缺处理、坝顶面裂缝详查处理，25～26号坝段交通竖井缺陷处理及护栏安装，廊道缺陷修补与清理，对加高工程廊道内标识牌进行了规划和定制，对43～44号坝段基础横向廊道底板清理及混凝土找平施工，新增基础廊道踏步，新浇混凝土裂缝检查处理，坝顶正垂孔盖板处渗水处理，深孔明流段2号、3号孔缺陷检查处理施工，拦污栅库和事故检修闸门库缺陷修补施工，1号油泵房的缺陷修补、18号坝段消防井的排水孔施工，疏通深孔坝段廊道底板被堵排水孔，13号坝段交通竖井楼梯永久栏杆施工，13号坝段坝顶上游侧高临边防护栏杆缺失部位修补施工，对坝顶消防栓竖井被堵的排水管进行疏通，土石坝防浪墙延长段缺陷修补，改造了下挡墙量水堰；完成下游护岸工程、管理码头建设。

（二）安全监测

大坝加高工程蓄水验收后，为保证大坝蓄水安全，大坝加高工程蓄水隐患排查和大坝安全监测成为工程运行管理的首要工作。中线水源公司首先对左、右岸土建标的安全监测和大坝变形监测项目进行了光纤通信汇集施工和仪器设备检测调试整合并，实现了自动化并网监测。强震自动化实时监测系统投入使用。制定了水位超过初期工程正常蓄水位后的巡查方案、监测方案和抢险方案，落实了建设单位、监理单位、运行单位、施工单位，“四位一体”的检查、巡查、监测工作，在高水位时期，在蓄水期建立了日报、周报、旬报和月报制度，重点加强了对157、160m水位时大坝工作性态的监测分析和检查巡视，及时将采集的监测数据进行分析整理与反馈。

经过2014年汛期160.72m蓄水位的检验，大坝加高工程，除了混凝土坝段老坝体未经处理的几个坝段局部出现渗漏点有少量渗漏水外，其余左右岸土石坝、混凝土坝160.72m以下各层廊道，坝上设施、设备等性状良好，大坝整体稳定。

（三）质量管理

2014年，在强化检测、过程控制、模块化质量管理方面更加完善，共完成单元工程117个，全部合格，优良100个，优良率85.47%；共对10个单位工程进行了质量外观评定，优良率85%以上，达到优良标准；全年未发生任何质量缺陷及事故。

（四）安全管理

2014年，工程建设安全生产管理已趋模块化，规范地实行了日巡查、周联检、月考评的安全生产检查制度，编制了各层次的《工程安全事故应急救援预案》，规范了工程安全事故的应急管理和应急响应程序，明确了应急救援体系和职责。共排查整改隐患127起，其中开展的重要管线工程安全专项排查整治和去冬今春安全生产检查专项行动排查整改一般隐患39起，“六打六治”专项行动排查整改一般隐患32起，隐患整改率100%。全年未发现重大安全生产隐患，工程建设未发生人身伤亡事故和重大机械事故，工程安全度汛，安全生产和文明施工总体情况较好。

（黄朝君）

## 工程验收

2014年，对6个单位工程进行了验收，对5个单位工程竣工图纸等验收资料进行了初步审查。对6个分部工程进行了验收，全部合格。主要建安施工合同数量28个，已验收21个合同工程。

（黄朝君）

## 工 程 投 资

2014年丹江口大坝加高工程完成投资13 698万元。从开工至2014年12月，丹江口大坝加高工程累计完成投资282 167万元，占概算总投资的98.8%。

（李全宏）

## 运 行 管 理

（一）组织机构

2014年10月31日，为统筹供水管理及对外协调工作，中线水源公司、汉江集团成立了中线水源供水管理领导小组，统筹协调南水北调中线水源供水管理及相关事务；负责过渡期内的供水合同及相关协议的审定；督促中线水源公司、汉江集团公司各单位（部门）落实丹江口水利枢纽的运行管理、维修养护和安全保卫工作；落实丹江口水库水资源统一调度和保护等工作。领导小组下设办公室，负责督促、落实领导小组交办的工作任务。

（二）水量调度

为实现2014年汛后通水的目标，在对历史水文水情数据分析的基础上，中线水源公司组织编制了2014年度水库调度运行管理维护方案和丹江口水库2014年水量调度方案。在年初库水位仅140.56m，全年来水278.87亿$m^3$的不利形势下，中线水源公司与汉江集团采取多种措施，有计划地推进水库蓄水，尽量抬高水库蓄水位，水库最高蓄水至160.72m，超历史最高库水位0.65m，使得南水北调中线一期工程正式通水的目标得以顺利实现。

2014年9月20日~10月23日，开始南水北调中线总干渠黄河以南段充水试验，累计引水1.17亿$m^3$，为南水北调中线一期工程正式顺利通水奠定了基础。

2014年11月1日18时南水北调中线一期工程开始试验性通水，12月12日14时32分水北调中线一期工程正式通水。

2014年通过陶岔渠首枢纽共计向北方供水2.27亿$m^3$，其中11月供水1.11亿$m^3$，12月供水1.16亿$m^3$，最大供水调度流量100$m^3/s$，最小供水调度流量20$m^3/s$，陶岔渠首共进行流量调整10次。

（三）水质监测

南水北调中线一期工程干渠试验性通水后，中线水源公司立即委托长江流域水资源保护局水环境监测中心开始对陶岔渠首断面水质情况进行监测。

陶岔渠首断面水质监测参数主要为水温、pH值、浊度、电导率、溶解氧、高锰酸盐指数、氨氮、总磷、总氮等9项，其中水温、pH值、浊度、电导率、溶解氧等5项参数每2h监测1次，每天共计12次；氨氮、高锰酸盐指数、总磷、总氮等4项参数每天上午、下午各监测1次，每天共计2次。每日监测水质评价依据《地表水环境质量标准》（GB 3838—2002），采用单因子评价方法，对pH值、溶解氧、氨氮、高锰酸盐指数、总磷等5项进行评价。

目前各项水质监测工作有序开展，水质均符合或优于Ⅱ类水质标准。

（李卫民　王梦凉　董付强　赵杏杏）

## 工 程 效 益

2014年夏季，河南省中西部和南部地区发生了严重干旱，部分城市出现供水短缺。特别是平顶山市主要水源地白龟山水库蓄水持续减少，库水位一度低于死水位，平顶山市城市供水受到严重影响。7月29日，河南省防汛抗旱指挥部紧急请示国家防汛抗旱总指挥部，请求从丹江口水库通过南水北调中线总干渠向平顶山市实施应急调水。8月6日起，从丹江口水库通过南水北调中线总干渠，

开始向白龟山水库实施应急调水，计划调水5000万$m^3$。至9月20日16时，调水历时45天，累计向白龟山水库调水5010万$m^3$，圆满完成了预期的调水目标，有效缓解了平顶山市城区100多万人的供水紧张状况。

（王梦凉　董付强）

## 征地移民与环境保护工作

（一）征地移民

中线水源公司跟踪检查库区河南、湖北两省专业设施未完建项目进度（包括河南省X011线，宋岗提灌站，湖北省清泉沟隧洞建设、清泉沟泵站拆除等）；配合两省做好水库建设征地手续办理工作；完成董营副坝临时用地退还工作；推进与两省库区征地移民包干协议的签订及参与并积极促进水库移民后期规划相关工作。

按照国务院南水北调办要求，中线水源公司积极配合河南、湖北两省做好百日大检查以及确保蓄水保安全工作，对库区搬迁后库底清理等工作进行彻底检查，不留死角，不能因库底清理工作不彻底而造成水库水质问题；对征地移民扫尾项目进行检查，不影响按期蓄水，配合协调做好维稳工作。

（二）库区地质灾害监测防治工作

按照与河南、湖北两省签订库区地质灾害监测防治任务和投资包干协议，中线水源公司督促两省组织实施，并会同两省移民机构、设计单位先后10余次到现场检查施工进度和质量，协调处理施工进度问题。5月底建设任务完成，开始地质灾害监测和信息报送。

（三）水库水质监测站网、鱼类增殖放流站建设

完成了水库水质监测站网建设的前期工作，落实站点，督促设计单位完成施工设计报告。2014年12月，中线水源公司与长江科学院、江苏德林环保技术公司签订了丹江口库区水质监测站网建设合同，与安徽淮河环境科技公司签订了丹江口库区水质监测站网建设监理合同。库区鱼类增殖放流站经多方反复协商，落实站点建设用地，设计单位正按照商定的事项进行设计。

（四）库区环境保护科研工作

开展了环境保护科研需求三个专题报告的实施工作，按合同要求，督促实施单位提交成果并组织审查。完成了“库区新增淹没区污染风险评估及对策研究”、“丹江口水源地纳污红线技术体系与实施方案研究”两个课题的审查验收。

（五）其他工作

做好坝区征地红线管理，委托丹江口市南水北调办做好地方相关单位和施工区的协调工作，完成了坝区绿化范围的养护，做好坝区环保、水保监理任务的延续。

（张乐群）

# 汉江中下游治理工程

## 概　述

汉江中下游治理工程包括汉江兴隆水利枢纽工程、引江济汉工程、汉江中下游部分闸站改造工程和汉江中下游局部航道整治工程。

兴隆水利枢纽是汉江中下游水资源综合开发利用的一项重要工程，位于汉江下游湖北省潜江、天门市境内，上距丹江口枢纽378.3km，下距河口273.7km。兴隆水利枢纽正常蓄水位36.2m，相应库容2.73亿$m^3$，灌溉面积327.6万亩，电站装机容量为40万kW。兴隆水利枢纽作为汉江干流规划的最下一个

梯级，其主要任务是枯水期壅高库区水位，改善库区沿岸灌溉和河道航运条件。

引江济汉工程主要是为了满足汉江兴隆以下生态环境用水、河道外灌溉、供水及航运需水要求，还可补充东荆河水量。工程可基本解决调水95亿 $m^3$ 对汉江下游"水华"的影响，解决东荆河的灌溉水源问题，从一定程度上恢复汉江下游河道水位和航运保证率。

汉江中下游部分闸站改造工程由谷城至汉川汉江两岸31个涵闸、泵站改造项目组成，是对因南水北调中线一期工程调水影响的闸站进行改造，恢复和改善汉江中下游地区的供水条件，满足下游工农业生产的需水要求。

汉江中下游局部航道整治工程主要建设任务是对局部河段采用整治、护岸、疏浚等工程措施，恢复和改善汉江航运条件。整治范围为汉江丹江口以下至汉川断面的干流河段。

（马荣辉　黄英杰）

## 投　资　计　划

（一）投资批复情况

1. 批复项目数量

截至2014年底，汉江中下游四项治理工程4个单项5个设计单元工程的初步设计已批复。4个单项工程为兴隆水利枢纽、引江济汉工程、部分闸站改造、局部航道整治工程，5个设计单元工程为兴隆水利枢纽、引江济汉主体工程、引江济汉自动化调度运行管理系统、部分闸站改造、局部航道整治工程。

2. 批复投资情况

截至2014年底，国家批复汉江中下游四项治理工程静态投资1 070 297万元，批复价差投资68 461万元，批复总投资1 138 758万元。

（二）投资下达情况

截至2014年底，国家累计下达汉江中下游四项治理工程投资计划共1 138 758万元，其中，兴隆水利枢纽342 789万元，引江济汉工程691 636万元，部分闸站改造54 558万元，局部航道整治46 142万元，汉江中下游文物保护3633万元。

（三）投资完成情况

截至2014年底，汉江中下游四项治理工程累计完成投资1 115 021万元，占批复总投资的97.91%，占累计下达投资计划的97.91%。

（张志成　曹向明　武　希）

## 建　设　管　理

2014年，兴隆水利枢纽已经建成并投入运行，4台机组全部并网发电。引江济汉主体工程已基本建成，工程于2014年9月26日正式通水运行，8月8日成功实施应急调水，有效缓解汉江下游特大旱情，受到省政府通令嘉奖。闸站改造和航道整治工程已经完成，大部分项目开始发挥效益。

兴隆水利枢纽2014年主要建设工作为电站厂房装修、3号、4号机组设备安装调试和二、三期混凝土浇筑施工，水保绿化、环保措施和浸没治理工程施工，建管用房、临时道路等其他配套工程建设。工程建设中，参建单位精心组织，强化管理，确保工程又快又好地推进，促进建设任务圆满完成。

引江济汉工程在进度方面采取明确各相关单位进度控制人员及其职责分工，周例会上报告和分析影响进度因素，建管人员常驻现场一线督办指挥，对建设工程进度实施动态控制等技术措施。多措并举，使得工程建设始终处于受控状态，满足计划和实际的需求。2014年9月底顺利完工，8月应急调水，及时缓解了汉江下游仙桃等地的特大旱情，临时占地退还、永久征地确权等工作也取得初步成效。

部分闸站改造工程总投资为54 558万元，建设总工期为28个月，共两个设计单元工

程，即汉江中下游泽口闸改造工程和汉江中下游其他闸站改造工程。闸站改造工程由地市组建的现场建设管理机构负责建设管理，各参加单位通过加强领导，提供组织保障；强化措施，营造好的施工环境；加强建管，确保工程有序推进，目前已完成所有闸站改造建设内容。

局部航道整治工程2014年按季度分别与各参建单位签订了施工目标责任书。为加强对施工监理单位的管理力度，指挥部专门制定印发了“五个一”专项检查文件，即每月一次质量安全检查，每月一次廉政明察暗访，每月一次质量通病治理“回头看”，每月一次目标检查考核，每月一次履约检查。截至2014年12月底，除新增完善工程外，其他合同段均已交工验收。航道整治成效明显，达到了稳定滩群、束水归槽的作用。

（马荣辉　黄英杰）

## 通　水　验　收

2014年9月9~11日，湖北省南水北调办组织成立的验收专家组对引江济汉主体工程进行技术性初步验收。在该次验收会上，验收委员会听取了工程建设管理、安全评估和质量监督等相关工作报告。通过讨论，验收委员会同意技术性初步验收工作报告的意见，认为引江济汉工程主体设计单位工程已具备通水验收条件，同意通过通水验收。按照《南水北调工程验收工作导则》（NSBD 10—2007）、《水利水电工程施工质量检验与评定规程》（SL 176—2007）等规定，引江济汉工程划分为76个单位工程，402个分部工程（其中主要分部工程103个），47 884个单元工程（其中重要隐蔽和关键部位单元工程共3889个）；其中与通水有关的工程共69个单位工程、354个分部工程、45 149个单元工程。项目划分已经被南水北调工程引江济汉质量监督项目站确认。

2014年完成单位工程验收39个，分部工程验收328个。其中与通水有关的分部工程共354个，目前已验收303个，剩余未验收的51个分部工程设计水位以下的单元工程均已通过质量评定。直管标段工程共164个分部工程，16个阶段验收，26个单位工程。其中，分部工程已完成验收105个，88个优良，其中含主要分部工程29个。单位工程已完成验收6个，5个优良，其中含主要单位工程1个。

2014年9月12日上午，湖北省南水北调办在潜江对南水北调中线一期工程引江济汉主体工程设计单元工程进行了通水验收。验收委员会听取了工程建设管理、安全评估和质量监督等工作报告，认为引江济汉主体工程设计单元工程已具备通水验收条件，同意通过通水验收，这标志引江济汉主体工程建设全部完成。

2014年10月26日上午9时26分，位于荆州市荆州区龙洲垸的引江济汉工程进水闸旁，国务院南水北调办党组书记、主任鄂竟平下达通水令，宣布南水北调引江济汉工程正式通水。这标志着经过4年多紧张建设的南水北调引江济汉工程正式通水。湖北省委书记李鸿忠，省长王国生等出席通水通航活动。

（马荣辉　黄英杰）

## 运　行　管　理

（一）兴隆水利枢纽工程

兴隆水利枢纽的主要任务是枯水期抬高水位，改善库区灌溉和航运条件，并利用既有水头发电以发挥水资源综合利用效益；当兴利与防洪矛盾时，兴利应服从防洪。开发任务是以灌溉和航运为主，兼顾发电。随着2014年9月，电站最后一台发电机组正式发电投产，工程灌溉、航运、发电三大功能全部发挥，全面转入正式运行。为实现工程由建设管理到运行管理顺利过渡，兴隆水利枢纽管理局积极学习摸索工作经验，理顺运行管理机制，加强运管队伍建设，提升运行管理水平，加强机构制度建设。制订了《泄水闸控制运用原则和调度制度》《兴隆水利枢组船闸过闸调度管理办法（试行）》等工程综合管理、调度运行、操作规程和设备检修与维护等系列规章制度60余个，实现了以制度管事，以制度管人，提高了科学管理水平。并加强岗位技能培训。各管理处（所）结合工作实际，组织对运管人员开展岗位培训工作，要求职工不仅要懂调度运行，还要懂设备维护；不仅要懂机械液压设备，还要懂电气控制设备。鼓励职工自学通过执业资格考试，组织职工参加技能培训取证，努力实现运检合一、一岗多能的岗位目标。

（二）引江济汉工程

工程建成通水后，引江济汉工程管理局积极编制运行管理方案，认真落实运行管理责任，推动工程综合效益初步凸显。2014年9月26日正式通水至年底，引江济汉工程持续向汉江兴隆以下河段补水5.19亿$m^3$；初步统计至年底，通行货、客轮80多艘。此外，2014年湖北省运会期间，工程通过港南渠分水闸向荆州古城生态补水半个月，使城区水环境得到了有效改善。单位干部队伍建设不断加强，根据省编办及省南水北调局批复的机构设置及人员配置方案，结合工作实际，及时补充了局领导班子、分局负责人及局机关科室负责人的选拔任用；职称工作积极推进，及时向省人社厅申报专业技术岗位人选，办理中级专业技术职称和初定专业技术职称审核上报；新员工入职准备工作及时到位。圆满完成2014年度运管人员招聘、岗前培训与岗位分配，为单位发展注入了新生力量。

（马荣辉　黄英杰）

## 合 同 管 理

（一）履行合同签定的相关职责

及时组织合同谈判及签定。招标结束，中标通知书发放后，按相关程序及时组织各方进行合同谈判，并进行合同修订，协调解决合同签定、执行过程中出现的问题。共组织签订各类合同52个。合同金额2.46亿元。

（二）合同履行中的过程管理工作

（1）严格合同价款结算程序并结合合同履行情况进行审核。在合同价款结算过程中，严格按照局价款结算的相关规定执行，同时就合同执行情况来严格审核。共审签近400余次结算。

（2）根据工程建设实际，批复了引江济汉工程自动化调度运行管理系统等项目主要管理人员变更。

（3）组织变更项目的费用审查工作。为加快变更项目费用编制的进程。召开了引江济汉工程变更项目费用编制座谈会，督促做好费用编制的准备。共组织了70余次费用变更专家审查会，批复变更增加投资1.19亿元。

（4）推进工程完工结算工作。先后两次组织参建单位对完工结算报告编制方法进行了两次宣讲。对兴隆的四个临时工程及钟祥、天门、潜江、仙桃市已完工闸站改造工程进行完工结算专家审查会。

（5）配合审计工作。做好相关资料准备及相关文字说明材料，随时就审计人员提出的问题进行解释。并按照审计整改要求，与引江济汉19个施工单位签订了关于价差补充合同。

（三）专项调研、审查重要变更项目

（1）改性土变更处理专项调研。改性土变更涉及金额大、标段多，经统计，引江济汉工程有改性土处理的标段共10个，涉及变更金额约1.7亿元。针对改性土变更处理过程中发现的部分标段变更处理存在计算错误、文件理解偏差等问题，组织开展了改性土变更的专项调研、审查工作。

（2）土石方平衡变更处理工作。针对土石方平衡变更报告编制进度滞后，影响后续变更处理问题，组织设计单位召开协调会，研究部署落实相关工作，之后各建管单位又多次组织设计单位进行协调落实。

（3）降水变更处理工作。针对引江济汉多个标段存在降水变更处理情况，组织专家进行调研，组织专题会议研究，确定费用变更处理原则及方法。

（4）价差测算工作。按照国调办批复的价差报告和合同约定，专题研究土建施工标段的价格调整相关事宜，并组织各建管单位进行价差测算。

（张志成　万艳艳　袁　静）

## 环境保护及水土保持

（一）兴隆水利枢纽工程

环境保护和水土保持作为兴隆水利枢纽工程的一项重要建设内容，对保护区域生态环境和促进经济社会可持续发展具有重要意义。枢纽工程建设中，湖北省南水北调管理局认真贯彻国家相关法律、法规要求，严格按批准的初步设计方案予以实施，确保环境保护及水土流失防治措施与主体工程同步设计、同时施工、同时投产使用。通过采取工程及植物措施，落实废污水处理装置、鱼道等工程建设，兴隆水利枢纽环境保护及水土保持工作已取得阶段成效，工程社会生态效益初步显现。

随着工程逐步由建设转向运行阶段，兴隆水利枢纽工程正按照环境保护和水土保持工作要求，深入实施环保及水保措施。继续做好施工扰动区的水土治理，启动隔流堤、右岸渣场及管理区的植树种草；同时，加快鱼类增殖放流、工程管理区污水处理等工程建设，进一步保护生态环境。

2014年内一是完成增殖放流鱼池、生活污水处理站和现有水塘水质改善及景观提升工程建设，实现鱼苗投入养殖和生活污水收集处理；二是规范鱼道设施运行，实现鱼类洄游通过，维持汉江鱼类生态；三是做好垃圾收集处理。对施工期间产生的生产、生活垃圾进行集中收集和分类处理。

通过采取工程及植物措施，落实废污水处理装置、鱼道等工程建设，兴隆水利枢纽水土保持及环境保护工作已取得阶段成效，工程社会生态效益初步显现。

（二）引江济汉工程

该设计单元项目水土保持工程包含在土建标施工合同内，各项水土保持设施与主体工程建设同步实施，由土建标依据批复的施工组织设计和设计要求实施。

自开工建设至今，主体建筑物施工区水土保持工程措施，如边坡六棱块护砌、排水沟、边坡防护等工程已大部分完成，剩余部分正在抓紧施工。弃土弃渣场水土保持工程措施排水沟等施工已全部完成。临时堆土区水土保持工程措施排水沟等施工已全部完成。施工道路外侧修建排水沟；生产生活区采取修建排水沟、地面硬化、绿化等措施。从整个水土保持工程建设情况来看，工程质量总体情况良好。

（马荣辉　黄英杰）

## 工　程　效　益

（一）兴隆水利枢纽工程

兴隆水利枢纽的主要任务是枯水期抬高水位，改善库区灌溉和航运条件，并利用既有水头发电以发挥水资源综合利用效益。随着工程的逐步建成，其社会及经济效益得以突显和发挥。

一是改善库区农田灌溉、工业生产和居民生活用水条件。兴隆水利枢纽所处的汉江中下游平原地区，是湖北省重要的经济走廊，也是我国重要的粮棉基地之一。库区两岸有天门罗汉寺灌区、潜江兴隆灌区、沙洋县和沙洋监狱管理局电灌站，在正常年份年均需供农田用水20亿$m^3$左右。库区蓄水之后，农田灌溉面积从过去的196.8万亩增加到约327.6万亩，灌区供水保证率可达到95%以上。

二是改善库区航运条件。兴隆水利枢纽库区回水位从泄水闸至上游华家湾梯级坝址。水库蓄水和船闸通航后，渠化汉江航道达78km，并基本达到了Ⅲ级（1000t级）航道标准。从4月12日船闸通航至今，累计过闸船只近4100艘，库区航运能力得以明显提升，极大地促进了区域地方经济的发展。

三是改善库区生态环境景观。在水库蓄水后，兴隆坝址到钟祥市城区近百公里范围内，河岸水面拓宽，水质改善，鱼类增多。沿江两岸，春季油菜花香四溢，呈现一片金黄美景，夏季花生遍地重生，仿佛铺设绿色地毯，展现出一派秀美怡人的田园风光。

四是实现电能优化利用和保障工程良性运行。兴隆水利枢纽电站4台机组已实现并网发电，多年平均年发电量将达2.25亿kW·h，带来的发电收入将有效地解决兴隆水利枢纽工程运行管理费用问题，保障和实现枢纽工程良性运行。

五是促进了旅游观光。兴隆枢纽工程56孔泄水闸如巨龙横卧汉江甚是壮观雄伟，库区水面宽阔、生态和谐、环境秀美，吸引省内外游客前来观光旅游，催生区域旅游文化产业开发。

（二）引江济汉工程

引江济汉工程起初设计只有通水功能，但为了充分发挥工程的效益，在可行性研究阶段增加了通航功能：工程将按限制性Ⅲ级航道标准建设，可通行1000t级船舶。这条人工河道也将因此成为通航运河，使长江与汉江中游之间的水运距离缩短600km。对促进经济社会可持续发展和汉江中下游地区的生态环境修复和改善具有重要意义。

2014年8月初湖北省遭遇特大干旱，汉江下游水位降至历史最低、取水困难，导致湖北省13市的52个县市区985.9万亩农田受旱，79.2万人、20.6万头大牲畜饮水困难，7市和23个县市区启动抗旱三级或四级应急响应。8月4日，湖北省委、省政府果断决策，部署提前启用引江济汉工程，实施应急调水，以解潜江、仙桃等市抗旱燃眉之急。8月8日顺利实现应急调水，调水最大流量169m³/s，截至8月27日停止调水时，累计调水2.01亿m³，有效缓解了汉江下游地区的旱情，为湖北省抗旱保丰收做出了重要贡献。

（三）部分闸站改造工程

部分闸站改造工程的是对因南水北调中线一期工程调水影响的闸站进行改造，恢复和改善汉江中下游地区的供水条件，满足下游工农业生产的需水要求。

截至2014年底，汉江中下游部分闸站改造工程已经全部完成，大部分项目开始发挥效益。其中，汉川市南水北调闸站工程改造实施以后，新增装机容量4410kW、新增灌溉流量33.4m³/s，为汉川市经济社会发展发挥重要作用。在抵抗2013、2014年的大旱中，汉川市闸站改造工程发挥了巨大的效益，闸站机组累计运行26 800台·h，耗电722万kW·h，累计调水595.5万m³，很大程度上确保了汉川市工农业生产及生活用水安全，达到了受益目的。

（四）局部航道整治工程

汉江中下游局部航道整治工程核定概算投资为46 142万元，主要建设任务是对局部河段采用整治、护岸、疏浚等工程措施，恢复和改善汉江航运条件；整治范围为汉江丹江口以下至汉川断面的干流河段，不包括已建的王甫洲库区、在建的崔家营和兴隆库区。

截至2014年底，局部航道整治工程已基本建成。通过对整个航道段水域观测情况看，该段航道整治成效明显，达到了稳定滩群、束水归槽的作用，过去经常搁浅受阻的航段，现在已无船舶搁浅阻航现象发生，实现兴隆

以下达到1000t级航道标准、襄樊至兴隆达到500t级航道标准满足Ⅳ（2）级航道及500t级双排双列一顶四驳船队、航道尺度1.8m×80m×340m的通航要求；丹江口至襄樊段也按预期达到了Ⅳ（3）级航道标准。

（马荣辉　黄英杰）

# 完　建　工　程

## 京石段应急供水工程

### 概　　述

#### 一、工程概况

南水北调中线干线京石段应急供水工程起点为石家庄市古运河枢纽进口，终点为北京市团城湖，渠线总长307.5km。其中，河北段自石家庄市古运河枢纽开始，沿京广铁路西侧，途经石家庄市的新华区、正定、新乐，保定市的曲阳、定州、唐县、顺平、满城、徐水、易县、涞水、涿州等，穿北拒马河中支进入北京市，渠线总长227.4km，其中建筑物长26.3km，渠道长201.1km，采用明渠自流输水方式，设计输水流量220~50m³/s；北京段自北拒马河中支南开始，途经房山区、丰台区，至总干渠终点团城湖，总长80.1km，采用PCCP管道和暗涵输水方式，北京段渠首设计流量50m³/s，进城段设计流量为30m³/s，入京流量超过20m³/s时，需启动惠南庄泵站加压输水。

#### 二、运行管理

为进一步缓解首都北京水资源短缺局面，南水北调中线京石段应急供水工程于2012年11月21日启动第四次向北京输水任务，这次输水供水水源地为河北省黄壁庄、王快及安格庄水库，通过自流方式向北京市供水。

2012年11月21日，岗南—黄壁庄提闸放水，经由石津干渠入南水北调中线总干渠，开始第四次向北京供水。12月2日，供水水源调整为岗南—黄壁庄水库和安格庄水库；2013年4月26日，水源切换至岗南—黄壁庄水库；7月25日，水源切换至岗南—黄壁庄水库和王快水库；12月19日，水源切换至岗南—黄壁庄水库和安格庄水库；2014年3月15日，黄壁庄水库停止供水；3月22日，安格庄水库停止供水；4月5日，京石段渠道存水向北京市退水结束，标志着京石段第四次通水圆满完成。

京石段第四次通水入总干渠累计水量5.39亿m³（石津干渠入渠3.46亿m³、易水干渠入渠1.24亿m³、沙河干渠入渠0.69亿m³），累计入京水量4.82亿m³，水质Ⅱ类。对于缓解北京市的缺水状况，确保首都北京安全供水起到了重要作用。

此次输水控制方式仍采用闸前常水位方式运行，渠道沿线自南向北参与调度的节制闸有磁河节制闸、漠道沟节制闸、放水河节制闸、蒲阳河节制闸、岗头节制闸、北易水节制闸、坟庄河节制闸、北拒马河节制闸、永定河控制闸、团城湖末端闸等10座。运行过程中通过调节闸门开度控制闸前水位及供水流量。渠道沿线各节制闸前、后设置水尺或自动水位计，实时记录各节制闸前、后水位；石津干渠入总干渠连接段、磁河节制闸闸前、漠道沟节制闸闸后、放水河节制闸闸前、蒲阳河节制闸闸后、岗头节制闸闸前、北易水节制闸闸后、坟庄河节制闸闸前、北拒马河节制闸闸前、惠南庄泵站处设置流量计，实时监测断面流量及累计输水量；田庄、向阳村、七里庄、北拒马暗渠、大宁、团城湖设立6处水质固定监测站，惠南庄泵站处设置水质自动监测站，定期监测渠道水质。这次通水对水量调度系统、闸站监控系统、闸站视频监视系统、工程安全监测自动化系统、水质监测系统、大屏幕操作系统等，进行了测试和应用，结合测试情况对各系统提出了应用需求和完善建议。

根据机构和人员情况，结合运行管理需要，这次通水按三级管理机构组织运行：一级机构为中线建管局通水调度中心，二级机构为河北直管建管部、惠南庄建管部、北京建管中心，三级机构为由上述三个二级机构下设的管理处或其他运行服务单位，负责所辖范围内的通水运行管理和现地设施设备的运行操作以及工程看护和巡查（兼外保）工作。通水过程中组织修订印发了《南水北调中线干线工程保护管理办法》《南水北调中线干线京石段工程通水运行突发事件总体预案》《南水北调中线干线工程维修养护管理办法》《南水北调中线干线京石段工程通水运行安全生产管理规定》等制度办法。

此次通水进一步彰显了京石段应急供水工程的综合效益，同时进一步检验了工程质量、通水运行组织能力和应急保障能力。

## 三、工程效益

京石段应急供水工程作为南水北调中线先期完工的项目，自2008年9月18日起至2014年4月5日，四次从河北省水库（岗南、黄壁庄、王快、安格庄水库）向首都北京应急供水，累计入京水量达16.06亿$m^3$，有效缓解了首都水资源紧缺的现状，对保障北京供水安全发挥了重大作用。京石段应急供水工程经过6年多的调度运行，经历汛期、冰期、水源切换、充水、退水等运行工况，积累了大量实测调度数据和一定的运行经验。

（郭　芳　孙子淇）

# 北京段永久供电工程

## 一、工程概况

按照国务院南水北调办批复的初步设计范围，南水北调中线干线北京段永久供电工程为中线干线北京段3座闸站、9座分水口、3座连通设施、1座泵站供电，工程内容包含16处10kV供电线路、1处110kV、2处220kV配套迁改工程。上述负荷点中，9处位于房山区、2处位于丰台区、5处位于海淀区，其中北拒马河暗渠渠道、惠南庄泵站为一级负荷，团城湖进口闸为三级负荷，其余闸站均为二级负荷。

各负荷点的降压变电站均包含在所属闸站的土建工程设计范围内，10kV负荷点军引接自属地电网，惠南庄泵站110kV电源引接自房山区韩村河220kV变电站。

2011年，根据北京段工程实际实施情况，经与北京市南水北调建管中心核实，对上述工程范围进行了调整，海淀区所属西四环暗涵出口闸及团城湖明渠分水口两处10kV负荷点被取消。

## 二、工程进展

2014年7月，10kV线路全部建成并送电投运；9月29日，惠南庄110kV线路工程送电投运。受韩房线升高工程未完工影响，T4～T5挡采取了临时方案，待韩房线升高完成后再行恢复。

泵站电力通信接入系统除惠南庄至南尚乐备用光缆路由未完成外，其余设备及光缆工程随线路工程同步完成。

2014年5月，韩房220kV线路升高改造工程开工。

## 三、工程验收

2014年9月29日，110kV线路工程经房山供电公司验收通过，线路发电投运。按照委托建设合同，由北京市供用电建设承发包公司组织竣工验收及审核竣工结算工作。北京市供用电建设承发包公司在进行验收资料归档及结算工作。

（黎咏梅　徐志超　王　耿）

# 漳河北—古运河南段工程

## 概　　述

2014年，河北直管漳河北—古运河南段项目完成工程投资9301万元，占年进度计划的134.5%；完成土石方回填25.9万$m^3$，占年进度计划的138.2%；完成混凝土浇筑4.6万$m^3$，占年进度计划的133.1%。河北直管项目总体进度计划完成。

2014年，河北直管项目四个设计单元工程基本完工，包括磁县段工程、南沙河倒虹吸工程、邢台市段工程和高邑县—元氏县段工程。

（刘建深）

## 磁 县 段 工 程

### 一、工程概况

磁县段工程起自河北省与河南省交界处的漳河北岸，止于磁县与邯郸市邯山区交界的河北村村西，线路起止桩号（0＋000）～（40＋056），全长40.056km。设计流量为235$m^3/s$，加大流量为265$m^3/s$，该项目共布置各类建筑物36座，其中大型交叉4座，左岸排水18座，渠渠交叉4座，铁路交叉2座，节制闸和退水闸共3座，排冰闸2座，分水口门工程3座。

### 二、工程投资

截至2014年底，磁县段工程完成工程总投资13 854万元。其中，建筑安装工程采购11 328万元，设备采购39万元，专项采购1015万元，项目管理费1115万元，技术服务采购357万元。

### 三、工程进展

磁县段工程全面完成中线建管局下达的工程建设进度计划，2014年6月开展充水试验，2014年汛后通水。磁县段工程完成土石方回填15.3万$m^3$，完成混凝土浇筑2.7万$m^3$。渠道38.986km已全部挖填成型，已完成全部渠道衬砌。灌浆加固、防浪墙、安全防护网、运行维护道路及渠道内外坡防护等尾工建设项目全部完成，左侧截流沟基本完成，主体工程基本完工。

机电设备及金属结构制造、安装于2014年5月30日全部调试完成，具备通水条件，设备运行情况良好。35kV供电工程供电线路走径长40.127km，共7座降压站。白村中心站8月上旬安装调试完成，并通过邯郸供电公司验收，8月23日投运完成；其余6座降压站及供电线路9月18日全部投运，现运行平稳，可靠性满足通水要求。

### 四、通水验收

2014年2月21～22日，磁县段工程通过了中线建管局组织的设计单元工程通水验收项目法人自查。自查工作组同意该设计单元工程通过通水验收项目法人自查。3月11～14日，磁县段工程通过了国务院南水北调办组织的设计单元工程通水验收技术性初步验收。3月26～28日，磁县段工程通过了由国务院南水北调办组织的设计单元工程通水验收，标志着该工程已具备通水条件。9月27～29日，南水北调中线一期工程全线通水验收在河南省郑州市顺利召开，验收委员会认为，中线一期工程具备全线通水条件。

## 五、运行管理

（一）充水试验

磁县段工程充水试验于2014年6月5日开始充水，11月5日结束，充水水源为岳城水库，通过民有四支渠进入南水北调总干渠，自上游向下游进行充水。2014年9月17日，渠道充水试验水位达到设计水位。充水期间，工程设施安全受控，未发生渗水现象，保证充水试验顺利完成。南水北调中线一期工程于12月12日开始正式通水，丹江口水源水头于12月17日进入磁县境内，磁县段工程正式通水。

（二）水量调度、设备运行

通水期间牤牛河节制闸参与调度，于家店分水口参与了分水；牤牛河退水闸、滏阳河退水闸分别进行了退水。通水期间机电、金属结构等设备运行正常。牤牛河节制闸设值班人员6人（3班2倒），每值24h，其余闸站每周巡检一次；牤牛河节制闸由值班人员负责设备操作，其余闸站的设备操作临时指派；操作指令由河北分调中心下达。设备检修及日常维护由相应的金属结构机电运行维护队伍负责。

于家店分水闸于2014年11月4日开始向磁县南水北调水厂分水，至2015年1月31日累计分水35 868$m^3$，用水基本为水厂调试，正式分水尚未开始。

（三）运行体制机制

磁县段工程属于磁县管理处管辖范围，共有正式员工22人，大部分人员为建设期间原工程管理四处人员转为运行管理人员。管理处现分为综合组、机电组、运行组、安保组、3个工程巡查组、合同管理组。现工程巡查由管理处临时招录19人负责，已正式上岗，按照中线建管局《南水北调中线干线工程运行期工程巡查管理办法（试行）》的要求频次进行巡查和报送信息，发现问题属于原施工单位原因，督促原建管单位及时进行处理。渠道安保单位为河南国盾保安公司，按照合同约定和实际情况，现场设6个固定值守点，两个机动巡逻小队，每班共11人。

## 六、环境保护及水土保持

磁县段工程严格按照设计和施工组织设计要求设置永久排（截）洪沟和临时排水沟，采取有效的疏导和保护措施。按设计要求，采取挡渣墙等工程措施，植被等生物措施保护水土资源，防止水土流失，有效地保护了环境。配备充足排水设备，保持工地良好的排水状态，确保边坡、建筑物基础及其他设施不受雨水、地下渗水冲刷破坏。加强对弃土弃渣场的管理，防止水土流失，开挖的弃土、弃渣运到监理工程师指定的存弃渣场堆放，严禁乱倒乱卸，卸料及时推平。做好周边临时排水设施，防止或减少雨水冲刷和浸泡弃渣，减少弃渣场废水的产生。

积极开展尘、毒、噪声的治理，及时协调解决因施工扬尘、噪声等产生的扰民情况，通过定时洒水、对临时弃土进行覆盖和对场区内进行绿化等措施，以降低扬尘对环境的影响，通过修建污水收集池、生活垃圾处理池等工程措施，派专人清扫、消毒、灭蝇等管理措施，全面落实环保水保的设计中的各项措施，保护人群健康，防止疾病传播。开工以来未发生水土流失、环境破坏和大的扰民事件，未发生传染病事件。

（刘建深　乔海英　朱志伟
孟　佳　张利勇　白振江）

# 邯郸市—邯郸县段工程

## 一、工程概况

邯郸市—邯郸县段工程位于河北省邯郸

境内，起自邯郸、磁县交界的郑家岗村西南，桩号40+056，止于邯郸县与永年县交界的西两岗村西，桩号61+168。本设计单元工程包含渠道工程、大型交叉建筑物2座、左排建筑物、邯郸管理处、机电设备安装、35kV供电线路、安全监测。

## 二、工程投资

（一）工程总投资

2014年，邯郸市—邯郸县段工程累计完成工程投资7381.11万元，截至2014年底开工累计完成74 325.81万元。

SG1-1标施工合同总金额为9736.119 3万元，备用金500万元。2014年完成工程投资313万元，截至2014年底开工累计完成13 447万元。

SG1-2标施工合同总金额为15 362.582 8万元，备用金500万元。2014年完成工程投资2717.4万元，截至2014年底开工累计完成19 793.1万元。

SG2标施工合同总金额为33 089.3万元，备用金500万元。2014年完成工程投资4350.71万元，截至2014年底开工累计完成41 085.71万元。

SG1-3标青兰渡槽施工合同总金额为10 976.86万元，备用金500万元。2014年完成工程投资443万元，截至2014年底开工累计完成10 853万元。

（二）投资结构

邯郸市—邯郸县段工程土石方开挖9.98万$m^3$，土方填筑0.44万$m^3$，混凝土浇筑0.88万$m^3$，其中SG1-1标土石方开挖9.98万$m^3$，土方填筑0.44万$m^3$，混凝土浇筑0.2万$m^3$，SG2标混凝土浇筑0.68万$m^3$。

（三）投资计划完成情况

邯郸市—邯郸县段工程2014年完成工程投资7381.11万元，开工累计完成74 325.81万元；土石方开挖开工累计完成1224.3万$m^3$；土方填筑开工累计完成498.435万$m^3$；混凝土浇筑开工累计完成31.104万$m^3$。

SG1-1标2014年完成工程投资313万元，开工累计完成13 447万元；土石方开挖开工累计完成243万$m^3$；土方填筑开工累计完成102万$m^3$；混凝土浇筑0.2万$m^3$，开工累计完成4.766万$m^3$。

SG1-2标2014年完成工程投资2717.4万元，开工累计完成19 793.1万元；土石方开挖0万$m^3$，开工累计完成310万$m^3$；土方填筑0万$m^3$，开工累计完成112.635万$m^3$；混凝土浇筑0万$m^3$，开工累计完成7.838万$m^3$。

SG2标2014年完成工程投资4350.71万元，开工累计完成41 085.71万元；土石方开挖开工累计完成671.3万$m^3$；土方填筑开工累计完成283.8万$m^3$；2014年混凝土浇筑0.65万$m^3$，开工累计完成18.5万$m^3$。

SG1-3标青兰渡槽2014年完成工程投资443万元，开工累计完成10 853万元；土石方开挖0万$m^3$，开工累计完成16万$m^3$；土方填筑0万$m^3$，开工累计完成10万$m^3$；混凝土浇筑0万$m^3$，开工累计完成54 515万$m^3$。

## 三、工程进展

（一）年度建设目标

2014年，邯郸市—邯郸县段工程建设目标是渠道附属工程全部完工，各建筑物装饰装修工程全部完工，金属结构机电设备安装调试完成，新增设计变更全部完成。

（二）主体工程主要工程量

截至2014年底，SG1-1标土石方开挖累计完成243万$m^3$；土方填筑累计完成102万$m^3$；混凝土浇筑累计完成4.776万$m^3$，渠道衬砌累计完成2.781km，钢筋制作安装1002t。

截至2014年底，SG1-2标土石方开挖累计完成310万$m^3$；土方填筑累计完成112.635万$m^3$；混凝土浇筑累计完成7.838万$m^3$，渠道衬砌累计完成21.348km，砌石累计完成3.3万$m^3$、钢筋制作安装5t。

截至2014年底，SG2标土石方开挖累计完成671.3万$m^3$；土方填筑累计完成283.8

万 $m^3$；混凝土浇筑累计完成 18.5 万 $m^3$，渠道衬砌累计完成 31.5km，砌石累计完成 4.2 万 $m^3$、钢筋制作安装 7119.2t。

截至 2014 年底，SG1-3 标青兰渡槽土石方开挖累计完成 16 万 $m^3$；土方填筑累计完成 10 万 $m^3$；混凝土浇筑累计完成 54 515 万 $m^3$，渠道衬砌累计完成 40m，钢筋制作安装 5460t。

（三）机电设备及金属结构安装

SG1-2 标完成标段内 2 扇金属结构闸门防腐涂装及 2 台启闭机调试工作。所有机电设备全部安装完成。

SG2 标完成标段内 15 扇金属结构闸门防腐涂装及 13 台启闭机调试工作。所有机电设备全部安装完成。

（四）工程形象进度

2014 年，SG1-1 标渠道开挖全部成型；土方填筑全部完成；渠道衬砌工程全部完成。

左岸排水建筑物 1 座，已全部完成；防浪墙施工全部完成，防渗墙、高填方锥探灌浆、外坡贴坡反滤工程全部完工；渠道边坡防护工程全部完成；渠道运行维护道路 6.06km 及两侧隔离防护网安装工程全部完成。

2014 年，SG1-2 标渠道开挖全部成型；土方填筑全部完成；渠道衬砌工程全部完成。

三座左排建筑物西小屯沟排水倒虹、林村北沟排水倒虹吸、渚河北支排水倒虹吸工程全部完成。

下庄分水闸浇筑完成，土方回填完成，闸门、启闭机安装完成，启闭机房、降压站房屋建筑工程完成。

邯长穿铁路暗渠：所有工程全部完成。

防浪墙施工、防渗墙、高填方锥探灌浆、外坡贴坡反滤、渠道边坡防护工程、渠道运行维护道路及两侧隔离防护网安装工程等渠道附属工程全部施工完成。

截流沟工程全部施工完成。

2014 年，SG2 标渠道开挖全部成型；土方填筑全部完成；渠道衬砌工程全部完成。

河渠交叉建筑物共 1 座，其中 1 座已开工，1 座已完成全部工程施工，并通过分部工程验收。其中控制性工程累计完成混凝土浇筑（指建筑物混凝土量）比例 100%；左岸排水建筑物 6 座，6 座均已全部完成；分水口控制性建筑物 2 座，均已全部完工；新增抽排泵站 12 座，全部完成；防浪墙施工 8425m 全部完成，防渗墙、高填方锥探灌浆、外坡贴坡反滤工程全部完工；渠道边坡防护工程全部完成；渠道运行维护道路 22km 及两侧隔离防护网安装工程全部完成。

2014 年 SG1-3 标青兰渡槽主体结构全部完成；土方填筑全部完成；渠道衬砌工程全部完成。

导流沟渡槽工程全部完成。

防浪墙施工、渠道边坡防护工程、渠道运行维护道路及两侧隔离防护网安装工程等渠道附属工程全部施工完成。

## 四、通水验收

邯郸市—邯郸县段工程质量评定情况如下：

SG1-1 标 2014 年共评定 223 个单元；其中合格 223 个，合格率 100%；优良 150 个，优良率 67.3%。截至 2014 年底，累计评定 934 个单元，其中合格 934 个，合格率 100%；优良 843 个，优良率 90.3%。已经验收 14 个分部工程，其中 11 个优良。已验收 2 个单位工程，其中 1 个合格，1 个优良。

SG1-2 标 2014 年共评定 1313 个单元；其中合格 1313 个，合格率 100%；优良 1151 个，优良率 87.7%。截至 2014 年底，累计评定 2409 个单元，其中合格 2409 个，合格率 100%；优良 2203 个，优良率 91.1%。已经验收 31 个分部工程，其中 20 个优良。已验收 2 个单位工程，其中 1 个合格，1 个优良。

SG2 标 2014 年共评定 2171 个单元；其中合格 2171 个，合格率 100%；优良 1681 个，优良率 77.4%。截至 2014 年底，累计评定 4284 个单元，其中合格 4284 个，合格率

100%；优良3701个，优良率86.4%。已经验收52个分部工程，其中42个优良。已验收3个单位工程，其中0个合格，3个优良。

SG1-3标青兰渡槽2014年共评定30个单元；其中合格30个，合格率100%；优良10个，优良率66.7%。截至2014年底，累计评定290个单元。其中合格290个，合格率100%；优良273个，优良率94.1%。已经验收7个分部工程，其中7个优良。已验收1个单位工程，其中0个合格，1个优良。

2014年3月22～23日，南水北调中线建管局在邯郸市组织召开邯郸市—邯郸县段设计单元工程通水验收项目法人自查会议，参会人员及专家察看了现场，听取了参建各方汇报，通过了通水验收项目法人自查报告，会后建管单位针对验收提出的问题组织各参建单位逐条进行了整改布置落实。

2014年4月24～26日，河北省南水北调办在邯郸市组织召开了南水北调中线一期工程邯郸市—邯郸县段设计单元工程通水验收技术性初步验收会议，参会人员与验收专家组观看了工程建设声像资料，听取了参建单位的工作报告，查看了工程现场和施工资料。通过了通水验收技术性初步验收报告，会后建管单位针对验收提出的问题组织各参建单位逐条进行了整改布置落实。

2014年5月21～23日，河北省南水北调办在邯郸市组织召开了南水北调中线一期工程邯郸市—邯郸县段设计单元工程通水验收技术性验收会议，参会人员与验收专家组观看了工程建设声像资料，听取了参建单位的工作报告，查看了工程现场和施工资料。通过了通水验收技术性验收报告。

## 五、环境保护及水土保持

### （一）环境保护工程

#### 1. 生活污水和施工废水处理

（1）施工期对生活污水和混凝土拌和系统的废水，施工作业面的废水，采取过滤、沉淀池处理措施，定期监测，实现达标排放。

（2）施工物料如水泥、油料等堆放管理严格，防止发生暴雨时将物料随雨水径流排入地表及附近水域造成污染。

（3）施工机械防止漏油，禁止机械在运转中产生的油污水未经处理就直接排放，或维修施工机械时油污水直接排放。

#### 2. 粉尘、废气处理控制

施工期大气污染主要是二次扬尘、燃油燃煤废气对空气的污染。通过加强管理，规范施工作业来控制，同时安装必要的除尘设施：

（1）对散装水泥采用水泥罐车运输；其他易产生扬尘的骨料、土料等采用遮盖措施。

（2）配置专用洒水车，定时对容易产生扬尘的路段、搅拌现场、材料堆放场地等洒水抑尘，干旱、多风季节增加洒水次数。

（3）尾气达标的施工车辆直接进行施工作业，不达标的施工机械安装尾气净化器使其尾气达到排放标准。

#### 3. 生活垃圾处理

（1）生活区设置垃圾箱，集中堆放生活垃圾，及时清理，并就近按类别运到市垃圾处理厂进行无害化处理。

（2）施工区两端设置垃圾桶，收集作业区生活垃圾。

（3）配备专门垃圾清扫人员，负责施工区内清扫、垃圾收集等，搞好施工区环境卫生。

（4）在施工区和生活区分别设置厕所，禁止随地大小便。施工结束后进行消毒处理与填埋。

### （二）水土保持工程

（1）通过修建排水沟将该区内的生活废水、砂石料冲洗水、机械冲洗水及场地雨水等，循环使用排入下游沟道。

（2）施工营地绿化，在各营区种植冬青、花卉等植物和花草。

（3）钢筋加工厂、木工加工厂等各类加工厂、施工仓库、料场、生活区、临时道路等在施工结束后，清除建筑物垃圾及各种杂物，按照在弃土过程中，各项目部对永久弃土场进行了浆砌石挡墙砌筑，同时做好坡脚排水设施。弃土场填筑完成后，用适于耕作的土覆盖，进行复耕，达到设计要求。

（三）实施情况及作用发挥

SG1-1 标所有渣场全部完成复耕及退还。渣场正在进行水土保持工作。

SG1-2 标所有渣场全部完成复耕及退还；蔺家河取土场已完成退还。

SG2 标所有渣场全部完成复耕及退还，丛中取土场（未使用）已完成退还。

除 H14 渣场外，所有已退还的渣场都完成水保与复耕施工。

根据有关要求，各标段配备了环境保护管理机构及人员，监督水土保持措施实施情况，实践表明各项环境保护问题均在可控范围内，并达到了相关要求。

（茹　悦）

## 永年县段工程

### 一、工程概况

永年县段工程位于邯郸市永年县，永年县段设计单元工程被洺河渡槽（第Ⅳ设计单元）分为洺河南和洺河北 2 段。洺河南段起自邯郸县与永年县交界的北两岗村西，桩号 61＋168；止于洺河南岸，桩号 76＋607。洺河北段起自洺河北岸，桩号 77＋537；止于邯郸市与邢台市交界的邓上村村北，桩号 79＋360。

南水北调中线一期工程总干渠漳河北—古运河南（委托河北建设管理项目）土建施工 SG3 标（永年县段）主要由输水渠道、洺河一支排洪涵洞 1 座大型交叉建筑物、9 座左岸排水建筑物、1 座控制工程和永年管理处组成。

35kV 输电线路主要布置在总干渠岸边永久征地线内。共计 91 基杆塔，线路全长 17.3km，其中架空线路 16.695km，电力电缆线路 0.605km。

安全监测设备共计 755 支，其中内观设备 217 支，外观设备 538 支。

由于洺河渡槽单独成标，因此永年县段被分为洺河南和洺河北 2 段，桩号分别为（61＋168）～（76＋607）和（77＋537）～（79＋360），渠道总长 17.262km。

### 二、工程进展

（一）主要工程量完成情况

永年县段工程主要完成工程量详见表 1。

表 1　永年县段设计单元工程完成的主要工程量统计表

| 序号 | 项目名称 | 单位 | 合同工程量 | 实际完成工程量 | 完成比例（%） | 备注 |
|---|---|---|---|---|---|---|
| 1 | 土石方开挖 | $m^3$ | 9 005 968 | 10 732 020 | 120 | 设计变更 |
| 2 | 混凝土浇筑 | $m^3$ | 183 664. 69 | 196 133. 04 | 107 | 设计变更 |
| 3 | 土方回填 | $m^3$ | 3 438 221. 68 | 2 982 103. 88 | 86. 7 | |
| 4 | 钢筋制作安装 | t | 3599. 66 | 3315. 00 | 92. 1 | |
| 5 | 房屋建筑工程 | $m^2$ | 2568 | 2597. 24 | 101 | |
| 6 | 砌石 | $m^3$ | 97 148. 4 | 42 356. 27 | 43. 6 | 设计变更 |
| 7 | 锥探灌浆 | m | | 102 610. 5 | | 设计新增 |

2014年上半年完成渠道工程：高填方加固防浪墙16 579m，完成合同量的100%；混凝土护肩1149m³，完成合同量的57.14%；路缘石警示柱安装1090m³，完成合同量的33.26%；完成检修道路施工34 226m，完成合同量的100%；截流沟混凝土3809m³；隔离网栏安装10 142m，完成合同量的23.85%；完成渠道边坡绿化一项。完成永年管理处工程的内外装修及附属工程，完成渠道及建筑物监测房内外装修及渠道新增监测房的施工。完成了弃土弃渣场的砌石水保项目施工。完成了渠道高填方段外坡贴坡反滤项目施工。

2014年度退还临时占地240亩，占全部临时占地的9.34%，截至2014年10月1日，已全部退还临时占地2570.09亩。

2014年共结算7126.022 8万元。截至2014年底，累计结算44 539.929 4万元。

2014年度计划完成工程投资3112.8万元；2014年度计划完成主要工程量为：土方开挖0万m³；土方填筑1.4万m³；混凝土1.27万m³。至2014年底，2014年度完成工程投资4057万元；2014年度完成主要工程量为：土方开挖0万m³；土方填筑1.5万m³；混凝土1.3万m³；2014年度施工总投资完成年度计划的130.33%，土方回填完成年计划的107.14%，混凝土完成年计划的102.36%。

（二）工程形象进度

渠道开挖与填筑、渠道衬砌施工已全部完成；聚硫密封胶填筑、渠道防护、截流沟、渠基排水管、硅芯管工程、隔离网栏及运行道路工程已完工。

洺河一支排洪涵洞、左岸排水建筑物、吴庄分水闸、永年管理处等工程已完工。

## 三、通水验收

永年县段工程共计6000个单元（分项）工程，全部合格，其中按照建筑行业标准评定150个，全部合格；按照水利标准评定5850个，其中优良个数5347，优良率91.4%，重要隐蔽及关键部位单元工程为1146个，优良率为100%。

2014年8月28日洺河一支排洪涵洞单位工程外观验收，结论为优良。

2014年8月29日洺河一支排洪涵洞单位工程单位验收，结论为优良。

2014年10月18日渠道项目SG3标(66+168)~(71+168)单位工程外观验收，结论为优良。

2014年10月18日渠道项目SG3标(66+168)~(71+168)单位工程单位验收，结论为优良。

2014年11月15日渠道项目SG3标(61+168)~(66+168)单位工程外观验收，结论为优良。

2014年11月15日渠道项目SG3标(71+168)~(79+360)单位工程外观验收，结论为优良。

2014年11月16日渠道项目SG3标(61+168)~(66+168)单位工程单位验收，结论为优良。

2014年11月16日渠道项目SG3标(71+168)~(79+360)单位工程单位验收，结论为优良。

2014年12月22日永年管理处单位工程外观验收，结论为优良。

2014年12月22日永年管理处单位工程验收，结论为合格（房建验收只有合格与不合格之分）。

## 四、工程度汛

施工过程中，项目部按国务院南水北调办、河北省南水北调办、河北省防汛办、河北省南水北调建管局提出的防汛要求和相关规定，汛前成立防汛指挥部，制定度汛方案和超标洪水度汛应急预案，落实了防汛人员和物资，确保安全度汛。

防汛组织措施：为保证安全度汛，项目部成立现场防汛抢险指挥部，指挥部领导由项目经理担任，成立汛期抢险突击队，设立防汛值班电话，专人昼夜值班，随时注意雨情、水情预报。

防汛交通、电力、物资准备：整修和完善场区和对外交通道路，确保机械设备、车辆通行。检修电力线路，配备足够的移动电源，确保汛期供电正常。做好防汛抢险的物资准备。

防汛技术措施：根据施工进度安排，在已开挖渠道的两侧及建筑物基坑四周搭设临时挡水围堰，避免外水进入，浸泡基坑和冲刷渠坡。备足抽排水设备，在生活区、加工厂四周设排水通道。土方回填余土运走，防止在施工区阻水。组织对施工现场各部位进行安全隐患排查，对各分部进行防汛风险分析，确定风险等级并且安排风险监控工作。检查后根据现场工程情况对建筑物进行风险等级分类，制订针对性措施，确保安全度汛。

根据现场具体情况，为保证施工期间汛期安全，项目部制定度汛施工方案，具体措施如下：汛前对职工进行防汛知识普及教育，提高防汛认识。定期进行演练，做到一有灾情就能立即出动。抢险救灾时由防汛指挥部统一指挥，各应急救援职能组各负其责，各尽其职，各抢险突击队各自分工，做到忙而不乱，相互协作配合。汛前项目部统一将防汛机械全部修理保养一遍。

2010～2014 年共计防汛演练 10 次，效果良好。

（茹　悦）

# 洺河渡槽工程

## 一、工程概况

南水北调中线一期总干渠漳河北—古运河南（委托河北建设项目）洺河渡槽工程，位于河北省永年县城西郑底村与台口村之间的洺河上，距永年县城约 10km。本标段起点桩号 76 + 607，终点桩号 77 + 537，全长 930m，共布置大型渠道渡槽 1 座，长 829m，进出口连接渠道长 101m。工程等级为一等，主要建筑物级别为 1 级，设计防洪标准 100 年一遇，校核防洪标准 300 年一遇，地震设计烈度为Ⅶ度。

洺河渡槽由渡槽、节制闸、退水闸、检修闸、排冰闸组成综合枢纽。渡槽槽身纵向为 16 跨简支梁结构，单跨长 40m。槽身为三槽一联矩形预应力钢筋混凝土结构，单槽净宽 7m，槽净高 6.8m。渡槽共布置 17 个槽墩，墩身为实体重力墩，由墩帽、墩身、承台组成。承台下设两排灌注桩，每排 7 根，桩径 1.7m（边墩桩径 1.5m），桩长 13.5～54m。15 号、16 号槽墩采用扩大基础。

洺河渡槽工程主要工程量：土石方开挖 45.77 万 $m^3$、土石方回填 55.76 万 $m^3$、混凝土 9.93 万 $m^3$，钢筋 0.82 万 t、砌石 2.3 万 $m^3$、钢绞线 2075t。工程合同价款 2.02 亿元。

洺河渡槽工程于 2010 年 6 月 16 日开工，2014 年 8 月 31 日工程主体全部完工。

## 二、工程进展

### （一）洺河渡槽工程施工完成情况

截至 2014 年底，该工程累计完成土石方开挖 46.27 万 $m^3$，占设计总量 45.8 万 $m^3$ 的 101.03%；完成土石方回填 58.25 万 $m^3$，占设计总量 55.8 万 $m^3$ 的 104.39%；完成混凝土浇筑 10.073 7 万 $m^3$，占设计总量 9.93 万 $m^3$ 的 101.45%；完成钢筋制作安装 8283.27t，占设计总量 8200t 的 101.02%；完成砌石 2842$m^3$，占设计总量 8469$m^3$ 的 33.56%；完成金属结构 182.48t，占设计总量 218t 的 83.71%；机电安装 30 台套，占设计总量 41 台套 73.17%。

### （二）洺河渡槽工程形象进度

（1）临时工程。临时工程进场之初已全部完成。2014 年 6 月 8 日全线通水之前，完成了两次渡槽充水试验。

（2）主体工程。完成桩基先导复堪孔施工210根，完成灌注桩混凝土灌注213根（包括3根试验桩）；完成夯扩桩施工共1706根；槽身下部结构17个承台、墩身、墩帽混凝土施工全部完成；渡槽进出口连接段混凝土、1号~16号跨槽身混凝土施工全部完成，外墙及梁底聚氨酯保温喷涂全部完成；进口节制闸闸室混凝土施工，启闭机室墙体砌筑、装饰装修全部完成；出口检修闸闸室混凝土施工，启闭机室墙体砌筑、装饰装修全部完成；退水闸、排冰闸混凝土施工，启闭机室墙体砌筑、装饰装修全部完成；进口段混凝土施工、连接渠道衬砌、外坡防护已全部完成；出口段混凝土施工、连接渠道衬砌、外坡防护已全部完成；降压管理站房、水源井泵房墙体砌筑、装饰装修全部完成；厂区内道路、围墙、大门、上堤道路全部施工完成。

（3）机电与金属结构安装。完成安装设施：闸门门槽埋件14套（含门库），埋件重量总计67t；门槽融冰设备3套；平面叠梁钢闸门3扇，弧形工作钢闸门3扇，退水、排冰平面钢闸门4扇，重量总计111t；单电机驱动移动葫芦2台，弧门室电动单梁悬挂式起重机1台，固定卷扬启闭机2台，手电螺杆启闭机2台，液压启闭机3台；启闭控制柜5面；热管融冰装置5套，融冰柜3面。

（4）复合不锈钢管栏杆安装。完成进出口段、退水闸排冰闸段、槽身段复合不锈钢栏杆安装6183m。

## 三、通水验收

2014年，洺河渡槽工程通过了安全评估和专项验收，具体如下：

2014年3月11~14日，顺利通过中国水利水电科学研究院对洺河渡槽安全评估。评估结论：洺河渡槽工程的工程安全和运行安全均满足要求。

2014年3月24~25日，顺利通过由项目法人组织的南水北调中线一期工程漳河北—古运河南段工程洺河渡槽设计单元工程项目法人验收。验收结论：本设计单元工程已按批复的设计内容基本完成，工程质量满足设计和规范要求，验收资料基本齐全，满足验收要求。验收工作组同意本设计单元工程通过项目法人验收（自查）。

2014年4月21~23日，顺利通过由河北省南水北调建管局组织的南水北调中线一期工程漳河北—古运河南洺河渡槽设计单元工程通水验收技术性初步验收。验收结论：本次技术性初步验收范围内与通水有关的工程已按批准的初步设计基本完成；未完工程已有计划安排；工程设计符合国家和行业的有关标准；已完工项目的施工和安装质量符合国家和行业有关标准的规定及设计要求；已完成的质量缺陷处理满足设计要求；安全监测设施已安装完成并取得初始值；初步具备通水运行条件。

2014年5月21~23日，顺利通过由河北省南水北调办组织的南水北调中线一期工程漳河北—古运河南洺河渡槽设计单元工程通水验收。验收结论：洺河渡槽工程已按批准的初步设计基本完工；已完工项目的设计、施工和制作安装质量符合国家和行业有关技术标准的规定；施工和安装过程中发现的质量缺陷已处理完成或已做出安排；已安装的监测仪器设备满足设计要求，并取得初始值，监测成果显示建筑物工作性态正常；运行管理措施已初步落实，工程具备通水条件。

2014年9月9日，顺利通过槽身上部结构、进口段、出口段、退水闸排冰闸、机电与金属结构安装、房建共6个分部工程验收。洺河渡槽工程8个分部工程验收全部完成，其中6个优良，1个合格（槽身）。

2014年11月13日，由建管、设计、监理、施工及运管和质量监督单位组外观质量验收评定小组，对洺河渡槽工程单位工程外观质量进行验收评定，经核查，单位工程外观质量评定质量等级为优良。

2014年12月5日，顺利通过由建管单位组织的洺河渡槽工程档案预验收，档案资料齐全、组卷合理，验收组同意该设计单元工程档案预验收，并讨论形成了《南水北调中线一期工程总干渠漳河北一古运河南（委托河北建设管理项目）土建施工SG04标（洺河渡槽）工程档案预验收结论》。

2014年12月24日顺利通过由建管单位组织的洺河渡槽单位工程验收，并讨论形成了《南水北调中线一期工程总干渠漳河北一古运河南（委托河北建设管理项目）土建施工SG04标（洺河渡槽）单位工程验收鉴定书》，经核定，单位工程质量评定等级为合格。

## 四、运行管理

2014年6月8日，南水北调工程中线充水试验水头顺利通过洺河渡槽，经过各参建单位的充分准备、积极密切配合，充水试验正常。

2014年12月18日南水北调中线工程河北段正式通水。

（茹　悦）

# 沙河市段工程

## 一、工程概况

南水北调中线一期总干渠漳河北一古运河南（委托河北建设项目）沙河市段工程起自邯郸市与邢台市交界处的邓上村村北，止于南沙河南岸。

沙河市段设计单元工程总干渠全长14.261km，桩号位置（79+360）~（93+621），土建施工分为SG5、SG6两个标段，SG5标总干渠全长7.384km，桩号位置（79+360）~（86+744）（该桩号位置包含沙午铁路工程工程230m），SG6标总干渠全长6.877km，桩号位置（86+744）~（93+621），该设计单元工程主要建筑物共10座，包括大型排洪渡槽1座、左岸排水建筑物7座（其中排水渡槽5座，排水倒虹吸2座）、渠渠交叉渡槽1座、分水闸1座。

沙河市段总干渠为一等工程，主要建筑物级别为1级，设计防洪标准100年一遇，校核防洪标准300年一遇，抗震设计烈度为Ⅶ度。

## 二、工程投资

沙河市政工程总投资为59 898.282 5万元，截至2014年底完成67 013.024 8万元；该工程总投资为32 201.705 7万元，截至2014年底完成32 759.725 1万元；SG6标工程总投资为27 696.576 8万元，截至2014年底完成34 253.299 7万元。

## 三、工程进展

（一）2014年度沙河市段工程建设目标

SG5标2014年度计划完成工程量：完成投资1700万元；混凝土浇筑0.78万$m^3$。

SG6标2014年计划完成工程投资320万元，土方开挖0.5万$m^3$，土方填筑0.2万$m^3$，混凝土0.05万$m^3$。

（二）沙河市段工程形象进度

（1）渠道工程全部完成。

（2）左排建筑物工程全部完成。

（3）赞善分水闸工程全部完成。

（4）房屋建筑工程全部完成。

## 四、通水验收

（一）分部工程验收

沙河市段工程共划分62个分部工程，全部合格（渠坡植草分部工程暂未实施），合格率100%。其中56个优良，优良率90.3%；已评定4个单位工程，其中1个合格，3个优良，优良率75%。详见表1。

SG5标分部工程31个（其中1个渠坡植草分部工程因温度不适宜施工，未实施），其中优良27个且主要分部工程9个全部为优良，分部工程优良率为87.1%。渠道及小型建筑物单位工程评定为优良，沙沟排洪渡槽单位工程评定为优良。验收结果已报南水北调工程河北质量监督机构核备。

SG6标采用水利评定标准评定的24个分部工程，优良20个，优良率83.3%，主要分部工程9个，全部优良；房屋建筑工程采用建筑行业标准项目划分和评定，共划分9个分部工程，合部合格。验收结果已报南水北调工程河北质量监督机构核备。

**表1** 分部工程验收情况一览表

| 单位工程名称 | 序号 | 分部工程名称 | 验收等级 | 验收时间 |
|---|---|---|---|---|
| 沙沟排洪渡槽 | 1 | 进口砌石护砌段 | 优良 | 2014年6月12日 |
| | 2 | 进口混凝土渐变段 | 优良 | 2013年10月15日 |
| | 3 | 进口交通桥 | 优良 | 2014年6月12日 |
| | 4 | 进口混凝土连接段 | 优良 | 2013年10月15日 |
| | 5 | Δ灌注桩及承台 | 优良 | 2013年10月15日 |
| | 6 | Δ槽身段 | 优良 | 2013年10月16日 |
| | 7 | 出口混凝土连接段 | 优良 | 2013年10月16日 |
| | 8 | 出口交通桥 | 优良 | 2014年6月12日 |
| | 9 | 出口混凝土渐变段 | 优良 | 2013年10月16日 |
| | 10 | 出口砌石护砌段 | 合格 | 2014年6月12日 |
| 渠道及小型建筑物 | 11 | Δ渠道工程［(79+360)～(80+360)］ | 优良 | 2013年11月12日 |
| | 12 | Δ渠道工程［(80+360)～(81+345)］ | 优良 | 2013年11月12日 |
| | 13 | Δ渠道工程［(81+345)～(82+345)］ | 优良 | 2013年11月18日 |
| | 14 | Δ渠道工程［(82+345)～(83+307)］ | 优良 | 2013年11月18日 |
| | 15 | Δ渠道工程［(83+537)～(84+554)］ | 优良 | 2013年11月12日 |
| | 16 | Δ渠道工程［(84+554)～(85+591)］ | 优良 | 2013年11月12日 |
| | 17 | Δ渠道工程［(85+591)～(86+744)］ | 优良 | 2013年11月18日 |
| | 18 | 预制件工程 | 优良 | 2014年8月25日 |
| | 19 | 左岸边坡防护工程 | 合格 | 2014年12月1日 |
| | 20 | 右岸边坡防护工程 | 优良 | 2014年12月1日 |
| | 21 | 左右岸截流沟工程 | 优良 | 2014年8月25日 |
| | 22 | 防洪堤工程 | 优良 | 2014年8月25日 |
| | 23 | 左岸沿渠道路工程 | 优良 | 2014年8月26日 |
| | 24 | 右岸沿渠道路工程 | 优良 | 2014年8月26日 |

续表

| 单位工程名称 | 序号 | 分部工程名称 | 验收等级 | 验收时间 |
|---|---|---|---|---|
| 渠道及小型建筑物 | 25 | 隔离网工程 | 优良 | 2014年8月26日 |
| | 26 | 通信管道工程 | 合格 | 2014年8月26日 |
| | 27 | 侯庄南沟排水渡槽 | 优良 | 2013年1月22日 |
| | 28 | 侯庄北沟排水渡槽 | 优良 | 2014年6月11日 |
| | 29 | 冯庄沟排水渡槽 | 优良 | 2014年6月11日 |
| | 30 | 朱南干渠渡槽 | 优良 | 2014年6月11日 |
| | 31 | 渠坡植草 | 未实施 | |
| SG6标渠道工程 | 1 | 渠道工程［（86+744）~（87+744）］ | 优良 | 2013年11月19日 |
| | 2 | 渠道工程［（87+744）~（88+869）］ | 优良 | 2013年11月11日 |
| | 3 | 渠道工程［（88+869）~（89+869）］ | 优良 | 2013年11月30日 |
| | 4 | 渠道工程［（89+869）~（90+869）］ | 优良 | 2013年11月11日 |
| | 5 | 渠道工程［（90+869）~（91+906）］ | 优良 | 2013年11月11日 |
| | 6 | Δ渠道工程［（91+906）~（92+338）］ | 优良 | 2013年9月29日 |
| | 7 | Δ渠道工程［（92+338）~（92+770）］ | 优良 | 2013年9月29日 |
| | 8 | Δ渠道工程［（92+770）~（93+202）］ | 优良 | 2013年9月29日 |
| | 9 | Δ渠道工程［（93+202）~（93+621）］ | 优良 | 2013年1月22日 |
| | 10 | 截流沟工程 | 优良 | 2014年8月8日 |
| | 11 | 防洪（护）堤工程 | 优良 | 2014年8月8日 |
| | 12 | 左岸沿渠道路工程 | 优良 | 2014年8月8日 |
| | 13 | 右岸沿渠道路工程 | 优良 | 2014年8月8日 |
| | 14 | 隔离网工程 | 合格 | 2014年8月8日 |
| | 15 | 通信、监测管道预埋工程 | 优良 | 2014年8月9日 |
| | 16 | 预制件制作 | 优良 | 2014年8月9日 |
| | 17 | 上郑沟排水倒虹吸 | 合格 | 2013年5月5日 |
| | 18 | 中高村沟排水倒虹吸 | 优良 | 2013年5月5日 |
| | 19 | 高店村沟排水渡槽 | 优良 | 2013年9月28日 |
| | 20 | 赞善分水闸 | 合格 | 2013年11月19日 |
| | 21 | 高店北沟排水渡槽 | 优良 | 2013年9月28日 |
| | 22 | 左岸防护工程 | 优良 | 2014年8月9日 |
| | 23 | 右岸防护工程 | 优良 | 2014年8月9日 |
| | 24 | 渠坡植草工程 | | |
| 沙河管理处房屋建筑工程 | 1 | 地基与基础工程 | 合格 | 2014年8月7日 |
| | 2 | 主体结构 | 合格 | 2014年8月7日 |
| | 3 | 建筑装饰装修 | 合格 | 2014年8月7日 |
| | 4 | 建筑屋面 | 合格 | 2014年8月7日 |
| | 5 | 建筑给水、排水及采暖 | 合格 | 2014年8月7日 |
| | 6 | 建筑电气 | 合格 | 2014年8月7日 |

续表

| 单位工程名称 | 序号 | 分部工程名称 | 验收等级 | 验收时间 |
| --- | --- | --- | --- | --- |
| 沙河管理处房屋建筑工程 | 7 | 节能 | 合格 | 2014 年 8 月 7 日 |
| | 8 | 智能建筑 | 合格 | 2014 年 8 月 7 日 |
| | 9 | 室外工程 | 合格 | 2014 年 12 月 10 日 |

注 标Δ为主要分部工程。

（二）单位工程验收

1. 单位工程外观质量评定

由河北省南水北调工程建设管理局组织，设计、监理、施工、运行管理等单位共同组成外观质量评定小组，分别对 SG5 标、SG6 标单位工程外观质量进行了评定，外观质量评定等级均评定为优良。评定结果已报质量监督机构核备。

2. 单位工程验收

2014 年 10 月 23 日、11 月 20 日、12 月 16 日、12 月 19 日，由河北省南水北调工程建设管理局组织召开验收会议并成立单位工程验收工作组，验收工作组成员查看了现场，听取建管单位、监理单位、设计单位、施工单位的工作汇报，查阅了验收资料，形成并通过了《南水北调中线干线工程总干渠漳河北—古运河南土建施工 SG5 标、SG6 标单位工程验收鉴定书》，SG5 标渠道工程单位工程质量等级评定为优良，沙沟排洪渡槽单位工程质量等级评定为优良；SG6 标渠道工程单位工程质量等级评定为优良，沙河管理处房屋建筑工程单位工程质量等级评定为合格。单位工程验收结论已经南水北调工程河北质量监督机构进行了核备。

（三）通水验收

1. 设计单元通水验收项目法人自查

2012 年 12 月 12～13 日南水北调中线干线工程建设管理局在邢台沙河市组织召开沙河市段设计单元工程通水验收项目法人自查会议，参会人员及专家查看了现场，观看了纪录片、听取了参建各方汇报，经过认真讨论，形成并通过了通水验收项目法人自查报告。

2. 设计单元工程通水验收技术性初步验收

2014 年 1 月 11～13 日，河北省南水北调工程建设委员会办公室在沙河市组织召开了南水北调中线一期工程沙河市段设计单元工程通水验收技术性初步验收会议，中线建管局、工程建设各参建单位及质量监督机构代表参加了会议。会议成立了南水北调中线一期工程漳河北—古运河南段工程沙河市段设计单元工程通水验收技术性初步验收专家组，下设水工、施工两个专业组。

验收专家组观看了工程建设纪录片，听取了建设管理、设计、监理、施工、安全监测、质量监督和运行管理准备等工作报告，查看了工程现场。各专业组分别查阅了有关资料，进行了充分讨论，提出了专业组工作报告，在此基础上召开验收专家组全体会议，形成了《南水北调中线一期工程沙河市段设计单元工程通水验收技术性初步验收工作报告》。

3. 设计单元通水验收

2014 年 5 月 21～23 日，河北省南水北调工程建设委员会办公室在河北省沙河市主持了南水北调中线一期工程沙河市段设计单元工程通水验收会。通水验收委员会由河北省南水北调工程建设委员会办公室及有关单位代表、专家组成。

通水验收委员会成员观看了工程建设声像资料，听取了工程建设管理、质量监督和技术性初步验收工作报告，检查了有关工程资料，查看了工程现场，并进行了充分讨论，形成了《南水北调中线一期工程漳河北—古运河南段工程沙河市段设计单元工程通水验收鉴定书》

4. 全线通水验收

2014 年 9 月 29 日，沙河市段工程所在南水北调中线一期工程通过由国务院南水北调办组织的全线通水验收。

### 五、运行管理

2014年6月试通水以来，施工单位配合运行管理处加强管理进行工程巡视，主要巡视检查混凝土面板是否有隆起、滑坡、开裂，回填段是否有渗水，左排建筑物周围是否有渗水。同时派人进行安全巡视，昼夜不间断，至2014年底，没有发生安全事故。

（茹　悦）

## 南沙河倒虹吸工程

### 一、工程概况

南沙河倒虹吸工程位于邢台市与沙河市之间、高店村东北2km处，起止桩号（93+621）~（98+016），总长4.395km，建筑物长2.305km。南沙河渠道倒虹吸由进口渠道、南段倒虹吸、中间明渠、北段倒虹吸、出口渠道五大部分组成。输水设计流量230$m^3/s$，加大流量250$m^3/s$。

### 二、工程投资

南沙河倒虹吸工程总投资94 524万元。工程部分静态总投资72 735万元，移民水保环保部分静态总投资18 966万元，建设期还贷利息2823万元。工程部分静态总投资72 735万元，其中，建筑工程42 396万元，机电设备及安装工程1376万元，金属结构设备及安装工程964万元，临时工程9348万元，独立费用14 534万元，预备费4117万元。移民水保环保部分静态总投资18 966万元，其中，移民征迁费18 152万元，水土保持工程553万元，环境保护费261万元。

截至2014年底，完成工程总投资878万元，其中，建筑安装工程采购444万元，设备采购40万元，专项采购40万元，项目管理费126万元，技术服务采购229万元。

投资控制管理过程中，统一思想，强化意识；完善细化各种管理制度；完善与地方沟通协调机制；积极参与招标设计、招标文件审查和合同谈判工作；加强设计管理，建立定期召开设计联络会机制；强化监理管理，严格施工图和设计修改通知的审查；强化计量与支付和变更、索赔管理；加强科研工作解决各种难题以减少投资。

### 三、建设管理

2014年工作思路是全面完成剩余土建施工项目，确保充水试验和试通水的顺利进行。超额完成了土石方开挖、填筑和混凝土浇筑的工作任务，全面完成了聚硫密封胶、锥探灌浆、防浪墙和运行维护道路等项目施工，为充水试验顺利进行打下坚实基础。主要采取了以下措施：将建设任务层层分解、细化到人，各负其责；协同设计、监理、施工各方优化方案，科学谋划、精心部署，积极应对挑战，制定详尽施工计划，倒排工期，督促施工单位增加机械设备和人员，优化资源配置；实行日报制度，及时掌控工程建设进展情况，并采取应对措施；建管人员常驻现场，24h服务工程，确保问题解决及时，工作效率得到极大提高；针对落后标段，约谈施工单位后方总部，加大对现场人员、设备、资金支持；工程结算和资金保障方面，采取四方联合办公方式，减少了结算资料中转时间，提高了审核效率；对进度风险标段、重点标段增加月中预结算，简化结算流程，变更处理关口前移，加快变更立项，保证进度款及时支付到位；加强与地方政府协调沟通，减少阻工现象发生，保障良好施工环境；根据每个施工单位的特点和进展情况，跨标段协调调配资源，确保后进标段正常施工。

### 四、工程进展

南沙河倒虹吸工程全面完成中线建管局

下达的工程建设进度计划，2014年6月开展充水试验，2014年汛后通水。完成全部渠道混凝土衬砌2.09km。灌浆加固、防浪墙、安全防护网、运行维护道路及渠道内外坡防护等尾工建设项目全部完成，左侧截流沟基本完成，主体工程基本完工。

机电设备及金属结构制造、安装于2014年5月30日全部调试完成，具备通水条件，设备运行情况良好。35kV供电工程供电线路走径长16.254km，降压站2座。南大郭中心站4月安装调试完成，8月通过邢台供电公司验收，8月23日投运完成。

## 五、通水验收

2014年3月26～28日，南沙河倒虹吸段工程通过了由国务院南水北调办组织的设计单元工程通水验收。9月27～29日，南水北调中线一期工程全线通水验收在河南省郑州市顺利召开，验收委员会认为，中线一期工程具备全线通水条件。

## 六、运行管理

（一）充水试验

南沙河倒虹吸工程充水试验充水试验于2014年6月9日开始充水，11月1日结束，充水水源为岳城水库和邢台朱庄水库，通过民有四支渠和朱南干渠进入南水北调总干渠，自上游向下游进行充水。2014年7月31日、9月2日，充水试验水位两次达到设计水位。充水期间，南沙河倒虹吸未发现渗水。南水北调中线一期工程于12月12日开始正式通水，水源水头于12月17日进入南沙河倒虹吸，南沙河倒虹吸工程正式通水。

（二）水量调度、设备运行

南沙河倒虹吸节制闸参与调度，节制闸每天设值班人员2人，24h值班，值班人员负责设备操作，操作指令来自分调中心。调度运行过程中出现闸门下滑等问题后，值班人员能够现场解决，不能够解决的及时通知处内各专业负责人员组织运行维护单位进行处理，调度运行过程中未发生任何事故。通水期间机电、金属结构等设备运行正常，35kV供电系统正常。

（三）运行体制机制

南沙河倒虹吸工程属于沙河管理处管辖范围，共有正式员工12人，大部分人员为建设期间原工程管理三处人员转为运行管理人员和京石段应急供水工程调剂的运行管理人员。处内设综合组、工程组、运行组，分工明确、职责清晰。现工程巡视由管理处临时招录13人负责，已正式上岗，按照中线建管局《南水北调中线干线工程运行期工程巡查管理办法（试行）》的要求频次进行巡视和报送信息，发现问题属于原施工单位原因，督促原建管单位及时进行处理。渠道安保服务单位为邯郸峰峰安保有限责任公司，按照合同约定和实际情况，共有安保人员16人，现场设4个固定值守点，1个机动巡逻小队，单班共8人。

（刘建深　乔海英　朱志伟
孟　佳　张利勇）

# 邢台市段工程

## 一、工程概况

邢台市段工程起自南沙河倒虹吸北岸，止于邢台市桥西区与邢台县交界的会宁村西南，起止桩号（98+016）～（113+914），总长15.898km。设计桩号（98+016）～（110+077）段设计流量为230$m^3/s$，加大流量为250$m^3/s$；设计桩号（110+077）～（113+914）段设计流量为220$m^3/s$，加大流量为240$m^3/s$。段内共布置各类建筑物9座，其中大型交叉2座，左岸排水2座，节制闸、退水闸和排冰闸3座，分水口门2座。

## 二、工程投资

工程总投资176 101万元。工程部分静态总投资97 304万元，移民水保环保部分静态总投资 73 223 万元，建设期还贷利息 5574 万元。工程部分静态总投资 97 304 万元，其中，建筑工程 54 177 万元，机电设备及安装工 2723 万元，金属结构设备及安装工程 934 万元，临时工程 4412 万元，独立费用 13 975 万元，预备费 4573 万元，公路交叉 16 510 万元。移民水保环保部分静态总投资 73 223 万元，其中，移民征迁费 69 765 万元，水土保持工程 3011 万元，环境保护费 447 万元。

截至 2014 年底，完成工程总投资 6338 万元，其中，建筑安装工程采购 5246 万元，设备采购 54 万元，专项采购 207 万元，项目管理费 601 万元，技术服务采购 229 万元。

投资控制管理过程中，统一思想，强化意识；完善细化各种管理制度；完善与地方沟通协调机制；积极参与招标设计、招标文件审查和合同谈判工作；加强设计管理，建立定期召开设计联络会机制；强化监理管理，严格施工图和设计修改通知的审查；强化计量与支付和变更、索赔管理；加强科研工作解决各种难题以减少投资。

## 三、工程进展

全面完成中线建管局下达的工程建设进度计划，2014 年 6 月开展充水试验，2014 年汛后通水。2014 年，邢台市区段完成完成土石方回填 3.3 万 $m^3$，完成混凝土浇筑 0.9 万 $m^3$。渠道总长 15.033km，其中，土渠衬砌段总长 10.829km，压重衬砌段 1.944km，石渠段 2.26km，衬砌全部完成。灌浆加固、防浪墙、安全防护网、运行维护道路及渠道内外坡防护等尾工建设项目全部完成，左侧截流沟基本完成，主体工程基本完工。

机电设备及金属结构制造、安装于 2014 年 5 月 30 日全部调试完成，具备通水条件，设备运行情况良好。35kV 供电工程供电线路走径长 4.395km，降压站 4 座，9 月 18 日全部投运，现运行平稳，可靠性满足通水要求。

## 四、通水验收

2014 年 1 月 17 ~ 18 日，邢台市段工程通过了中线建管局组织的设计单元工程通水验收项目法人自查。自查工作组同意该设计单元工程通过通水验收项目法人自查。2 月 21 ~ 24 日，邢台市段工程通过了国务院南水北调办组织的设计单元工程通水验收技术性初步验收。3 月 26 ~ 28 日，邢台市段工程通过了由国务院南水北调办组织的设计单元工程通水验收，标志着该工程已具备通水条件。9 月 27 ~ 29 日，南水北调中线一期工程全线通水验收在河南省郑州市顺利召开，验收委员会认为，中线一期工程具备全线通水条件。

## 五、运行管理

### （一）充水试验

邢台市段工程充水试验充水试验于 2014 年 6 月 9 日开始充水，11 月 1 日结束，充水水源为岳城水库和邢台朱庄水库，通过民有四支渠和朱南干渠进入南水北调总干渠，自上游向下游进行充水。7 月 2 日、8 月 30 日，充水试验水位两次达到设计水位。充水期间，工程设施安全受控，未发生渗水现象，保证充水试验顺利完成。南水北调中线一期工程于 12 月 12 日开始正式通水，丹江口水库的水于 12 月 17 日进入邢台境内，邢台市段工程正式通水。

### （二）水量调度、设备运行

邢台市段工程七里河、白马河、李阳河闸站 3 座节制闸参与调度，节制闸每天设值班人员 2 人，24 小时值班，值班人员负责设备操作，操作指令来自分调中心。调度运行过程中出现闸门下滑等问题后，值班人员能够现场解决，不能够解决的及时通知处内各专业负责人员组织运行维护单位进行处理，调度运行过程中未发生任何事故。

邓家庄、南大郭、刘家庄共 3 个分水口未投入使用，流量计未安装。通水期间机电、金属结构等设备运行正常，35kV 供电系统正常。

（三）运行体制机制

邢台市段工程属于邢台管理处管辖范围，共有正式员工25人，大部分人员为建设期间原工程管理三处人员转为运行管理人员和京石段工程调剂的运行管理人员。处内设综合组、工程组、运行组和安全保卫组，分工明确、职责清晰。现工程巡视由管理处临时招录19人负责，已正式上岗，按照中线建管局《南水北调中线干线工程运行期工程巡查管理办法（试行）》的要求频次进行巡视和报送信息，发现问题属于原施工单位原因，督促原建管单位及时进行处理。渠道安保服务单位为邯郸峰峰安保有限责任公司，按照合同约定和实际情况，共有安保人员20人，现场设11个固定值守点，3个机动巡逻小队，单班共20人。

（刘建深　乔海英　朱志伟　孟　佳　张利勇）

# 邢台县和内丘县段工程

## 一、工程概况

南水北调中线一期工程章河北—古运河南段邢台县和内丘县段工程位于邢台市邢台县及内丘县境内，起于邢台市与邢台县交界的会宁村西南（桩号113+914），至内丘县与临城县交界的西邵明村西（桩号145+580）。渠段长31.666km。沿渠共布置各类建筑物63座，包括大型河渠交叉建筑物5座，左岸排水建筑物11座，铁路交叉建筑物2座，公路交叉建筑物37座，控制建筑物工程节制闸、退水闸、排冰闸、分水口门等8座。机电设备安装、35kV供电线路、跨渠桥梁、安全监测和渠道两侧绿化等项目分别为单独合同，其部分内容布置包含在本设计单元内。

邢台县和内丘县段工程为一等工程，主要建筑物均为1级建筑物。附属建筑物及河道护岸工程，以及河穿渠工程的上下游连接段等次要构筑物为3级建筑物。本段地震动峰值加速度为0.10$g$，相应地震基本烈度为Ⅶ度，该工程按基本烈度Ⅶ度设防。该段渠道设计流量220$m^3/s$，加大流量240$m^3/s$，起点设计水位84.479m，终点设计水位82.177m。其中本段设置刘家庄分水口门1处，设计流量1.0$m^3/s$。

为确保工程建设目标的顺利实现，在工程建设中，建立了“建设单位负责、监理单位控制、设计单位服务、施工单位保证及政府监督”相结合的建设管理体制。完善的建设管理体制，保证了工程施工各阶段建设目标的实现，工程投资和工程质量得到了有效控制。

## 二、工程投资

截至2014年底，邢台县和内丘县段工程已签订合同98 510万元，已发生变更项目增加工程投资6344万元，预计发生变更项目增加工程投资24 505万元，预计剩余投资金额4606万元。

鉴于本设计单元仍有部分工程未完工，工程决算无法进行，也未最终进行概算执行情况分析与评价。

## 三、建设管理

邢台县和内丘县段工程是河北受中线建管局委托，由河北省南水北调工程建设管理局负责建设管理，现场管理为第四工程建设部（以下简称四部）。项目部在工程建设中全面实行项目法人负责制、招标投标制、建设监理制和合同管理制。四部在总结过去工作经验的基础上，充实了建设管理人员，建立健全了质量、安全保证体系，进一步完善各项规章制度，工作中坚持严格管理，明确各级质量责任，使质量责任可以追溯到具体责任人，使建设管理工作规范化、系统化。

通过定期和不定期的例会对工程施工进展情况和存在问题进行统计分析，鼓励先进，鞭策落后。通过现场检查来监督施工过程控制。采取定期与不定期的安全、质量、文明施工现场检查，督促参建各方的工作。贯彻“百年大计、质量第一”的总方针。做到质量管理工作组织落实、制度落实、责任落实、措施手段落实、经费落实。严格控制工程进度。贯彻“安全第一、预防为主”的总方针。成立安全管理委员会，严格管理手段强化监督，切实做好安全生产工作。

四部始终以保证工程建设质量为核心任务，严格按照上级文件要求，结合四部实际情况，制定并完善各项规章制度、细则、办法等，积极深入施工一线进行检查，确保质量控制到位。2014 年，为切实加强施工质量控制，四部制定了《四部 2014 年度质量管理工作计划》，认真梳理了 2014 年质量管理工作重点，对当年质量管理工作的工作内容、采取的措施和方法、组织形式和人员做出安排。四部按照国务院南水北调办、中线建管局以及河北省南水北调建管局质量管理要求，2014 年先后开展了“隔离网施工质量专项检查、硅芯管及通信人手井工程质量检查、上部有公路或铁路穿越的渠道倒虹吸渗透问题专项排查、渠道衬砌板隆起破坏问题全面排查、全线通水风险问题拉网式排查、南水北调中线干线邯石段工程质量监管联合行动、南水北调中线干线邯石段工程质量监管联合行动第二阶段行动、下穿总干渠的左岸排水等建筑物排空检查行动”等质量专项行动，有力的保障了工程质量。四部严格执行四部质量检查制度，并严格按照四部“质量管理奖励办法”及时落实奖惩，共计奖励114 976元。有针对性的组织了质量专题会议。2014 年度四部共计召开各类专题会 33 次，配合国务院南水北调办飞检、巡检及监管中心检查 26 次，并根据上级检查通报精神，指导督促相关单位检查提出质量问题进行了整改落实。四部配合国务院南水北调办监管中心完成了“南水北调中线干线邯石段工程质量监管联合行动”，徒步巡查四部所辖范围内渠道两个月，对徒步巡查发现问题进行了认真整改。以上各项措施的实施，为工程质量管理提供了基础保障，工程建设质量处于受控状态。

四部充分认识安全生产工作对于工程建设的重要性，认真落实上级单位安全生产工作部署，扎实有效开展安全生产管理工作。四部安委会研究制定了 2014 年安全生产工作目标、内容和责任；与各参建单位在年初签订了 2014 年安全生产责任书。2014 年四部组织各参建单位组织开展了阶段性、专业性、季节性的安全生产、文明施工自检自查和专项安全检查，共计 8 次，及时发现和整改安全隐患。同时，四部召开安全生产培训及文件宣贯会议 3 次，召开汛期安全生产专题会议 4 次，并在每两周一次的生产调度会上对安全生产工作提出具体要求和部署，要求各单位积极开展安全生产三级教育，提高职工安全生产意识，自我保护意识，杜绝安全事故发生。进入汛期前，四部所辖各施工单位根据具体情况制定了防汛预案及应急预案，在 SG9、SG12 标储备了防汛物资，在 SG12 举行了防汛演练，并与具有专业抢险经验的邢台水利工程处签订抢险救灾合同，为工程安全度汛做好了充分准备。汛期四部坚持汛期值班制度，雨情上报制度，积极开展汛期安全检查，有力的消除了防汛隐患，保证了工程安全度汛。四部按照国务院南水北调办、中线建管局及河北省南水北调建管局统一部署积极开展了“南水北调工程预防坍塌事故专项整治‘回头看’行动”。期间四部按照预防坍塌事故专项整治‘回头看’方案，扎实开展了四部安全生产工作。将活动中的各项规章制度，各种检查形式，制度化、长期化，取得了良好的效果。6 月 5 日，南水北调中线工程全线充水试验正式开始，根据南水北调及相关部门下发通知及要求，四部高度重视，多次组织学习了通知文件，对施工单位安保工作进行了认真部署：①为确保充（通）水运行期间安保工作落到实处，杜绝各类溺水安全事故的发生，四部及四部所辖各施工单

位成立应急救援领导机构，编制应急预案，制定管理制度和方案措施。②组织维护员、运管员、巡视管理人员进行预防淹溺专项培训。③购置预防救生器材、设备，设置各项永久和临时安全防护设施等。④渠道下闸通水前对全体员工进行了预防溺水安全教育培训，确保作业人员在渠道内作业安全。同时组织维护员、运管员、巡视管理人员进行预防淹溺专项培训，在保障自身安全的前提下，能够有效的应急救援突发事故。⑤采用条幅、警示牌、挂图在渠道、交通道路、村庄等部位进行宣传教育，将溺水及救援安全理念传输到广大群众心中，做到群防群治。⑥所有交通桥跨渠道部位已经安设大门和设置值守人员巡视，因施工不能够封闭的部位设置临时大门和值守人员24h看护，并做好巡视记录。⑦建立巡视报告制度，按国务院南水北调办中线建管局及河北省南水北调建管局等相关方要求，及时上报现场巡视情况，完善巡视台账及日常巡视记录。在四部参建各方的积极努力及各级领导的关怀、指导下，安全生产工作开展顺利，做到了在工程进度、质量可控的形势下，安全生产无事故。

为了为工程建设提供坚实的合同基础和资金保障，四部严格按照国务院南水北调办《南水北调工程合同监督管理规定》、中线建管局及河北省南水北调建管局各项合同管理规定及相关法律法规开展合同管理工作。计量支付方面，四部加强合同管理力量，严格审核把关，工程组与合同组同时审核，相互沟通，加快审核效率。石家庄以南段工程时间紧、任务重，工程变更、索赔数量多、复杂，涉及投资变化大，人工、材料价格飞涨，施工单位压力大。四部按照局领导指示，在坚守原则的前提下，全力加快变更立项及索赔处理，尽力做好人工、材料调差。2014年支付2.81亿元，其中正常支付1.264亿元、变更1.035亿元、计日工9.55万元、保险索赔285.17万、材料调差0.225 8亿元，甲供材0.26亿元。2014年上报变更立项43项，变价85项。同时，为了做到资金专款专用，四部严格执行资金监管协议，加强了资金监管力度，对重点标段实行资金支付逐项审批，建设资金处于可控状态，为工程的顺利开展提供了资金保障。为了保障农民工合法权益，四部对各单位工程分包情况进行了多次排查，对各单位劳务分包合同及专业分包合同中不利于保障农民工合法权益的条款，予以坚决纠正，保证了农民工工资的按时发放。同时，也保证了各施工单位协作队伍的稳定，为工程的顺利进行提供了稳定的内外部环境，保障了工程建设有序推进。

2014年以来，四部坚持与设计单位、各级政府、调水部门等相关单位的进行无缝对接协作，为工程施工的顺利推进创造更加和谐的外部环境。有力的保障了工程施工进度，圆满完成了本年度施工进度计划。

安全、文明、优质、高效地把南水北调工程建成一流工程。是四部文明施工工作的目标。四部范围内各单位按照招投标文件，高标准的进行了营区规划建设，设置了篮球场、乒乓球、娱乐室、阅览室等活动项目及场所，各单位利用业余时间开展形式多样的文化活动。按照国务院南水北调办要求，四部继续在全线开展创建文明工地和创先争优活动。同时，坚持贯彻国务院南水北调办关于加大信息宣传力度的精神，加强四部宣传工作力度，提高报送稿件质量，保证通讯信息的时效性。2014年四部管辖工程进入收官阶段，四部积极邀请并配合各级媒体来四部进行采访报道，其中河北省电视台来四部录制新闻1次并在河北省电台新闻联播播报了工程进展的相关新闻；中国南水北调报记者来四部实地采访2次、河北日报记者采访3次、并在报刊上发表了工程进展联合报道、人物纪实专访等文章。同时四部结合2014年充水及各项验收工作在国务院南水北调办、中线建管局、河北省南水北调办网站及时发送了新闻报道。

## 四、工程进展

2014年，邢台县和内丘县段工程对各项尾工都坚决执行专人盯办和销账管理办法，每天上报尾工处理日报，根据尾工进展情况，采取果断措施，圆满完成了各项尾工建设，保证了工程的按期通水。6月5日，南水北调中线一期工程开始全线充水试验。12月12日，南水北调中线一期工程全线正式通水。截至2014年底，运行良好。

## 五、通水验收

邢台县和内丘县段工程土建工程共三个土建施工标段，8个单位工程，77个分部工程，8558个单元工程。截至2014年底，单位工程已全部完成评定。开工累计单元工程评定8558个，合格8558个，优良7037个，优良率82.2%，其中关键、重要单元为1112个，全部为优良；分部工程已全部完成评定，开工累计评定完成77个，全部为优良；单位工程验收8个，全部优良。

截至2014年底，该设计单元工程安全监测标段共完成单元工程质量评定301个，合格301个，优良278个，优良率92.4%。机电设备安装标已完成全部单元工程评定84个，其中优良76个，优良率90.5%，其中关键部位单元工程20个，全部优良；完成全部分部工程验收4个，全部优良，优良率100%。

2014年1月14日~16日，通过了设计单元通水验收技术性初步验收。

2014年5月21日~23日，通过了河北省调水办组织的设计单元通水验收。

2014年9月29日，通过由国务院南水北调办组织的全线通水验收，具备通水条件。

## 六、环境保护及水土保持

### （一）水土保持

邢台县和内丘县段工程水土保持工程包含在土建标施工合同内，各项水土保持设施与主体工程建设同步实施，由土建标依据批复的施工组织设计和设计要求进行实施。各施工单位工程根据工程布置和对周围环境影响的特点，将工程建设区和直接影响区确定为水土流失防治责任范围区域。初步设计报告中水土流失防治责任范围划分为主体工程区、临时堆土区、弃土弃渣区、料场区、生产生活区、施工道路区等六个防治区。截至2014年底，主体建筑物施工区水土保持工程措施，如边坡六棱块护砌、排水沟、边坡防护等工程完成。弃土弃渣场水土保持工程措施排水沟、浆砌石挡墙、挡水埂等施工已全部完成。临时堆土区水土保持工程措施防尘网覆盖、排水沟、坡脚沙袋防护等施工已全部完成。施工道路外侧修建排水沟；生产生活区采取修建排水沟、地面硬化、绿化等措施。从整个水土保持工程建设情况来看，工程质量总体情况良好。

### （二）环境保护

邢台县和内丘县段工程环境保护工程包含在土建标施工合同内，各项环境保护工程与主体工程建设同步实施，由土建标依据批复的施工组织设计要求进行施工。施工单位工程根据工程布置和对周围环境影响的特点，主要防治内容为：水质保护、施工大气污染防治、施工噪声防护、施工固体废弃物防护、施工场地恢复、人群健康保护等。截至2014年底，施工单位配置洒水车，根据施工（雨天除外）情况进行洒水。建筑物基坑开挖后，在边坡及弃土场覆盖防尘网等防尘措施，有效的对施工现场和施工道路起到了降尘作用。生产生活区废水采取设置沉淀池，定期清挖的措施进行防治。施工期大气尘土污染防治通过对运输过程的防尘措施，在水泥、沙石骨料、弃料等运输时均采用封闭型水泥罐车和其他车辆进行覆盖，避免了材料的洒漏和污染。施工噪声防护对通过在居住区附近运输车辆均限速行驶，禁止鸣笛和使用高音喇

叭等进行防治。通过采取了各项防治措施，从整个环境保护工程建设情况来看，工程区及周边环境保护情况总体良好。

（单旭辉　刘瑞锋　周国新　牛清波
王迪明　韩　清　魏会敏　魏　欣）

## 临城县段工程

### 一、工程概况

南水北调中线一期工程漳河北—古运河南段临城县段工程位于邢台市临城县境内，起于内丘县与临城县交界的西邵明村西（桩号145+580），止于邢台市与石家庄市交界的梁村村北（桩号172+751）。该设计单元全长27.171km，共布设各类建筑物60座，其中，大型河渠交叉建筑物3座，左岸排水建筑物17座，渠渠交叉建筑物3座，控制工程7座，公路交叉建筑物30座。机电设备安装、35kV供电线路、跨渠桥梁、安全监测和渠道两侧绿化等项目分别为单独合同，其部分内容布置包含在本设计单元内。

该设计单元工程为一等工程，主要建筑物均为1级建筑物。附属建筑物及河道护岸工程，以及河穿渠工程的上下游连接段等次要构筑物为3级建筑物。该设计单元桩号（145+580）～（167+484）渠段地震动峰值加速度为0.10$g$，相应地震基本烈度为Ⅶ度，渠道、建筑物按地震烈度Ⅶ度设防；（167+484）～（172+751）渠段地震动峰值加速度为0.05$g$，相应地震基本烈度为Ⅵ度，按有关抗震规范，只采取构造措施，不做抗震验算。该段渠道设计流量220$m^3/s$，加大流量240$m^3/s$，点设计水位82.177m，终点设计水位80.649m。该段设置北盘石、黑沙村2处分水口门，设计分水流量分别为0.5$m^3/s$、2.0$m^3/s$。

2013年12月9日，该设计单元主体工程完工。

2014年6月5日，南水北调中线一期工程开始全线充水试验。12月12日，南水北调中线一期工程全线正式通水。截至2014年底，临城县段工程运行良好。

### 二、通水验收

截至2014年底，临城县段工程累计完成单元工程评定7721个，合格7721个，优良6156个，优良率79.7%，其中关键、重要单元为1164个，优良1158个，优良率99.5%；累计完成分部工程评定80个全部优良，优良率100%；累计完成单位工程验收3个，全部优良。安全监测标段共完成单元工程评定356个，合格356个，优良324个，优良率91.0%；仍未进行分部工程验收及评定。

截至2014年底，机电设备安装标已完成全部单元工程评定54个，其中优良48个，优良率88.9%，其中关键、重要单元为11个，优良11个，优良率100%；分部工程累计评定完成5个，全部优良。

2014年3月29～30日，通过了中线建管局组织的通水验收项目法人自查验收。

2014年4月27～29日，通过了设计单元通水验收技术性初步验收。

2014年5月21～23日，通过了河北省调水办组织的设计单元通水验收。

2014年9月29日，通过了由国务院南水北调办组织的全线通水验收，具备通水条件。

（单旭辉　牛清波　韩　清　魏会敏　周国新）

## 高邑县—元氏县段工程

### 一、工程概况

高邑县—元氏县段工程位于石家庄市高邑县、赞皇县、元氏县境内，起点位于邢台市和石家庄市交界，终点位于石家庄市元氏县与鹿泉市交界。线路起止桩号（172+000）～（212+180），总长40.741km，设计流量为

$220m^3/s$，加大流量为 $240m^3/s$。布置各类交叉建筑物33座，其中大型河渠交叉6座，左岸排水13座，渠渠交叉7座，控制工程6座（分水口门4座，节制闸和退水闸各1座），排冰工程1座。

## 二、工程投资

高邑县—元氏县段工程总投资274 360万元。工程部分静态总投资156 564万元，移民水保环保部分静态总投资111 220万元，建设期还贷利息6576万元。工程部分静态总投资156 564万元，其中，建筑工程95 100万元，机电设备及安装工程3180万元，金属结构设备及安装工程3732万元，临时工程6476万元，独立费用24 021万元，预备费7951万元，渗控工程1362万元，公路工程14 742万元。移民水保环保部分静态总投资111 220万元，其中，移民征迁费106 716万元，水土保持工程3637万元，环境保护费867万元。

截至2014年底，完成工程总投资10 976万元，其中，建筑安装工程采购8642万元，设备采购190万元，专项采购881万元，项目管理费909万元，技术服务采购353万元。

投资控制管理过程中，统一思想，强化意识；完善细化各种管理制度；完善与地方沟通协调机制；积极参与招标设计、招标文件审查和合同谈判工作；加强设计管理，建立定期召开设计联络会机制；强化监理管理，严格施工图和设计修改通知的审查；强化计量与支付和变更、索赔管理；加强科研工作解决各种难题以减少投资。

## 三、工程进展

高邑县—元氏县段工程全面完成中线建管局下达的工程建设进度计划，2014年6月开展充水试验，2014年汛后通水。2014年，高邑县—元氏县段工程完成土石方回填7.3万 $m^3$，完成混凝土浇筑1万 $m^3$。

机电设备及金属结构制造、安装于2014年5月30日全部调试完成，具备通水条件，设备运行情况良好。35kV供电工程供电线路走径长约40.7km，共9座降压站。北沙河中心站6月中旬安装调试完成，并通过元氏县供电公司验收，6月25日投运完成，其余8座降压站及供电线路7月19日，全部投运，现运行平稳，可靠性满足通水要求。

## 四、通水验收

2014年2月19～20日，高邑县—元氏县段工程通过了中线建管局组织的设计单元工程通水验收项目法人自查。自查工作组同意该设计单元工程通过通水验收项目法人自查。3月15～18日，高邑县—元氏县段工程通过了国务院南水北调办组织的设计单元工程通水验收技术性初步验收，标志着该工程已具备通水条件。9月27～29日，南水北调中线一期工程全线通水验收在河南省郑州市顺利召开，验收委员会认为，中线一期工程具备全线通水条件。

## 五、运行管理

### （一）充水试验

高邑县—元氏县段工程充水试验充水试验于2014年6月12日开始充水，11月1日结束，充水水源为岳城水库和邢台朱庄水库，通过民有四支渠和朱南干渠进入南水北调总干渠，自上游向下游进行充水。7月10日、8月22日，充水试验水位来么2次达到设计水位。充水期间，工程设施安全受控，未发生渗水现象，保证充水试验顺利完成。南水北调中线一期工程于12月12日开始正式通水，丹江口水库的水于12月18日进入高邑境内，高邑县—元氏县段工程正式通水。

### （二）水量调度、设备运行

高邑县—元氏县段工程槐（一）节制闸参与调度，节制闸每天设值班人员2人，24h值班，值班人员负责设备操作，操作指令来自分调中心。调度运行过程中出现闸门下滑等问题后，值班人员能够现场解决，不能够解决的及时通知处内各专业负责人员组织运行维护单位进行处理，调度运行过程中未发生任何事故。通水期间机电、金属结构等设备运行正常，35kV供电系统正常。

（三）运行体制机制

高邑县—元氏县段工程属于高元管理处管辖范围，共有正式员工17人，大部分人员为建设期间原工程管理二处人员转为运行管理人员和京石段工程调剂的运行管理人员。处内设综合组、工程组、运行组分工明确、职责清晰。现工程巡视由管理处临时招录16人负责，已正式上岗，按照中线建管局《南水北调中线干线工程运行期工程巡查管理办法（试行）》的要求频次进行巡视和报送信息，发现问题属于原施工单位原因，督促原建管单位及时进行处理。渠道安保服务单位为邢台市水利工程处，按照合同约定和实际情况，现场设6个固定值守点，2个机动巡逻小队，单班共12人。

（刘建深　乔海英　朱志伟　孟　佳　张利勇）

## 鹿泉市段工程

### 一、工程概况

南水北调中线漳古段SG13标总干渠位于鹿泉市境内，起点位于元氏县和鹿泉市交界处后黄家营村，终点位于石家庄市和鹿泉市交界处台头村；起点总干渠桩号为212+180，终点总干渠桩号为224+966。SG13标段全长12.786km，其中渠道长11.459km，建筑物（占用水头）长1.327km。鹿泉市段总干渠设计流量为220m$^3$/s，加大流量为240m$^3$/s；起点设计水位为78.174m，终点设计水位为77.218m，总水头差为0.956m。渠道、各类交叉建筑物及控制建筑物等主要建筑物为1级建筑物，附属建筑物、河道防护工程及河穿渠工程的上下游连接段等次要建筑物为3级建筑物。

鹿泉市段共布设各类交叉建筑物15座，包括大型河渠交叉建筑物3座，左岸排水建筑物4座，渠渠交叉建筑物4座，控制工程4座（分水口门1座，节制闸和退水闸各1座、排冰工程1座）。总干渠所有交叉工程均采用立交布置型式。

鹿泉市段施工合同金额为38 850万元，2014年实际完成投资1939.5万元，土方开挖16.27万m$^3$，混凝土浇筑0.67万m$^3$。

### 二、通水验收

对已经完成工程及时进行验收报检，2014年共验收分部工程16个，合格16个，优良12个，优良率为100%。金河房建、洨河房建、台头沟房建共3个分部工程按《建筑工程施工质量验收统一标准》（GB 50300—2013）进行评定为合格；西龙贵连接路按《公路工程质量检验与评定标准》（JTGF 80/1—2012）评定为合格，以上4个分部均不参与评优。单位工程共验收6个，全部优良。

（杨　磊　　高　菁　黄成浩）

## 石家庄市区段工程

### 一、工程概况

石家庄市区段工程位于石家庄市桥西区和新华区，起点在鹿泉市与石家庄市交界处的台头村附近。总干渠设计流量为220m$^3$/s，加大流量为240m$^3$/s，起点设计水位为77.218m，终点设计水位为76.408m，总水头差为0.810m。

### 二、工程进展

2014年，石家庄市区段工程圆满完成工程建设目标任务。截至2014年底，全年实际完成投资8434.39万元，土方回填12.01万m$^3$，混凝土 1.638 6 万 $m^3$。

（1）渠道。渠道总长度 10.439km（渠道长度包括石桥段新增部位，同时对康庄、岳村桥改暗渠后核减），渠道衬砌完成综合长度 10.439km，单坡完成衬砌 31.317km，累计完成 100%。

（2）大型交叉建筑物。华柴暗渠、岳村暗渠、康庄暗渠已全部完成，并通过验收。

（3）左岸排水建筑物。台头沟北坡水区排水倒虹吸已全部完成，并通过验收。

（4）控制性分水口门。南新城分水口门已全部完成，并通过验收。

## 三、通水验收

2014 年，石家庄市区段工程共评定分工工程 31 个，全部合格，其中优良 26 个，单位工程 2 个，等级优良。分部验收明细见表 1。

表 1　　分部验收明细表

| 序号 | 签证或鉴定书名称 | 评定等级 | 验收时间 |
|---|---|---|---|
| 一 | 渠道(224 +966) ~ (230 +292)和(230 +704) ~ (231 +65) | 优良 | 2014 年 11 月 17 日 |
| 1 | 渠道工程(224 +966) ~ (225 +966) | 优良 | 2014 年 4 月 2 日 |
| 2 | 渠道工程(225 +966) ~ (226 +966) | 优良 | |
| 3 | 渠道工程(226 +966) ~227 +966 | 优良 | 2014 年 4 月 15 日 |
| 4 | 渠道工程 227 +966 ~228 +966 | 优良 | |
| 5 | 渠道工程(228 +966) ~ (230 +392) | 优良 | |
| 6 | 渠道工程(公路桥占压分部) | 优良 | 2014 年 4 月 24 日 |
| 7 | 渠道工程(230 +704) ~ (231 +265) | 优良 | 2014 年 4 月 15 日 |
| 二 | 渠道(231 +580) ~ (237 +040) | 优良 | 2014 年 11 月 18 日 |
| 1 | 渠道工程(231 +580) ~ (232 +580) | 优良 | 2014 年 4 月 24 日 |
| 2 | 渠道工程(232 +580) ~ (233 +580) | 优良 | |
| 3 | 渠道工程(233 +580) ~ (234 +580) | 优良 | |
| 4 | 渠道工程(234 +580) ~ (235 +580) | 优良 | |
| 5 | 渠道工程(235 +580) ~ (237 +040) | 优良 | 2014 年 5 月 4 日 |
| 6 | 渠道工程(公路桥占压分部) | 优良 | |
| 7 | 南新城分水口门 | 优良 | 2014 年 6 月 9 日 |
| 三 | 康庄暗渠工程 | | |
| 1 | Δ 管身渐变段 | 优良 | 2014 年 4 月 16 日 |
| 2 | 管身段土建工程 | 优良 | |
| 3 | Δ 闸室段和出口渐变段土建工程 | 优良 | 2014 年 6 月 9 日 |
| 4 | 金属结构、启闭机、电气设备安装工程 | 优良 | 2014 年 12 月 16 日 |
| 5 | 闸室启闭机室建筑 | 合格 | |
| 6 | 石太铁路暗涵一进出口土建工程 | 优良 | 2014 年 6 月 9 日 |
| 7 | 石太铁路暗涵二闸室和进口渐变段土建工程 | 优良 | |
| 四 | 岳村暗渠工程 | | |
| 1 | Δ 进口渐变段土建工程 | 优良 | 2014 年 6 月 4 日 |

续表

| 序号 | 签证或鉴定书名称 | 评定等级 | 验收时间 |
|---|---|---|---|
| 2 | 1~4号管身段土建工程 | 优良 | 2014年6月3日 |
| 3 | 5~8号管身段土建工程 | 优良 | |
| 4 | 9~12号管身段土建工程 | 优良 | |
| 5 | Δ出口渐变段土建工程 | 优良 | 2014年6月4日 |
| 五 | 渠道附属工程单位工程 | | |
| 1 | 左沿渠道路工程 | 合格 | 2014年12月15日 |
| 2 | 右沿渠道路工程 | 合格 | |
| 3 | 护坡工程 | 合格 | |
| 4 | 隔离网栏 | 合格 | |

（黄成浩　佟　越　赵学超）

# 穿漳河工程

## 一、工程概况

南水北调中线一期总干渠穿漳河交叉建筑物工程包括南北两岸渠道连接段和倒虹吸段，总长共计1081.81m，由南向北分别由南岸连接渠道、退水排冰闸、进口渐变段、进口检修闸段、倒虹吸管身段、出口节制闸段、出口渐变段、北岸连接渠道7段组成。

穿漳河工程主要建筑物为1级，次要建筑物为3级。地震设计烈度为Ⅶ度。该工程主要建筑物设计洪水标准为100年一遇，校核洪水标准为300年一遇；次要建筑物设计洪水标准为30年一遇，校核洪水标准为100年一遇。漳河南岸总干渠设计水位92.19m，加大水位92.56m，北岸总干渠设计水位91.87m，加大水位92.25m，设计流量235m³/s，加大流量265m³/s。

穿漳河工程主体已于2012年6月30日完工，2014年工程建设方面主要有新增水质监测房建设、绿化工程、新增变更项目施工及管理处园区建设等。

运行管理工作主要包含管理处组织机构建立及各项规章制度的建立、运行人员岗位培训、闸站及中控调度值班、水情监测及报送、工程巡视及安保等工作。

## 二、通水验收

2014年2月26日~3月1日，国务院南水北调工程建设委员会办公室对南水北调中线一期工程穿漳河工程进行了通水验收。通水验收委员观看了工程建设声像资料，听取了工程建设管理、质量监督和技术性初步验收工作报告，查阅了有关工程资料，查看了工程现场，并进行了充分讨论，形成了《南水北调中线一期工程穿漳河交叉建筑物工程设计单元工程通水验收鉴定书》。

## 三、工程投资

穿漳河工程建安工程投资31 643.00万元，其中穿漳土建标完成投资27 961.12万元；液压启闭机制造标段完成投资161.02万元；闸门及卷扬式启闭机设备采购标完成投资1150.88万元；供配电设备采购完成投资225.11万元；电气Ⅱ标完成投资149.13万元；安全监测标完成投资115.31万元；监理标监理费用结算645.83万元。综上，共计结算30 259.27万元，完成投资的95.63%。

## 四、运行管理

穿漳管理处入驻以后，迅速对所辖范围

进行排查，积极协调处理问题，做好充水试验、通水试验与通水准备工作，为安全完成充水试验、通水试验与通水打下良好基础。穿漳管理处自有人员全员参与管理处中控室与节制闸闸站24h调度值班工作。有效保证了调度指令认真执行和水情数据的及时正确上报。保证所辖区段的安全运行。

2015年6月5日充水试验开始，水源为岳城水库和盘石头水库，6月6日17：58岳城水库水头抵达漳河出口检修门，6月17日10：17抵达倒虹吸进口；10月23日圆满完成充水试验；10月23日～12月12日进行试通水；12月12日开始正式通水。

充水试验以来，管理处所准确无误顺利执行调度指令；按时准确上报运行调度日报、流量计与开度仪汇总报表；积极处理分调中心文件；按时报送机电信息周报等统计报表，认真填写各类台账、资料。自充水试验以来，未出现安全事故，总干渠安全平稳运行。

充水试验到正式通水初期，穿漳段机电、金属结构、自动化系统、35kV供电系统、安全监测等设备均安排专人负责，按设为维护周期进行设备维护和检修，各种设备运行稳定，未出现较大故障，渠道运行正常。

## 五、环境保护及水土保持

项目部重视穿漳河工程水土保持和环境保护管理工作，督促参建各方特别是施工承包人制定水土保持和环境保护控制措施，提高施工单位的水土保持和环境保护意识。每月及时审核工程水土保持、环境保护监理及监测单位的月报，并对数据进行分析对比，对超标项目及时督促监理、施工单位进行整改；同时，积极与安鹤段水土保持、环境保护监理单位及监测单位进行联系沟通，建立了工作联系机制，并要求监理单位、监测单位开展每月、每季度的水保环保大检查，提出存在的问题，限期整改。并督促施工单位、监理单位按时编报水土保持月报、环境保护月报、水土保持和环境保护监测报告。穿漳河工程共征用临时用地878.9亩，已全部返工。2014年，穿漳河工程无水土流失和环境破坏现象。

（祁建华　杨淑芳　李云昌）

# 黄河北—漳河南段工程

## 概　　述

黄河北—漳河南段工程起点为穿黄工程出口S点，终点为安阳县施家河村东豫、冀两省交界的穿漳河工程交叉建筑物进口。线路全长237.074km。该区段设计流量为：265～235$m^3/s$，加大流量为：320～265$m^3/s$。

南水北调中线一期工程为一等工程，总干渠渠道、各类交叉建筑物和控制工程等主要建筑物为1级建筑物，附属建筑物、河道护岸工程等次要建筑物为3级建筑物，临时工程为4～5级建筑物。

该渠段工程由全挖、全填、半挖半填土质渠道、岩质及土岩结合渠道和河渠交叉工程、左岸排水工程、渠渠交叉工程、公路和铁路交叉工程、控制工程等建筑物组成。

该工程段渠道总长220.471km、建筑物总长16.603km；各类交叉建筑物339座，其中，河渠交叉建筑物37座、左岸排水建筑物73座、渠渠交叉建筑物23座、控制建筑物34座、公路交叉建筑物154座、铁路交叉建筑物18座。

根据水利部有关工程初步设计报告的批复文件，黄河北—美河北段总工期为36个月，潞王坟试验段总工期为30个月，安阳段总工期为40个月。

根据国家发展改革委有关工程概算批复文件，黄河北—羑河北段工程静态总投资为1 621 861万元，总投资为1 711 213 万元；潞王坟试验段工程静态总投资为25 946 万元，总投资为26 758 万元；安阳段工程静态总投资为192 042 万元，总投资为206 215 万元。

黄河北—漳河南段工程包括温博段、沁河倒虹吸、焦作1段、焦作2段、辉县段、石门河倒虹吸、潞王坟膨胀岩试验段、新乡和卫辉段、汤阴段、鹤壁段、安阳段等11 个设计单元，其中温博段、沁河倒虹吸、焦作1段为直管项目，汤阴段、鹤壁段为代建项目，其他为委托建管项目。

温博段、沁河倒虹吸和焦作1段工程的现场协调和管理由河南直管建管局郑焦项目部具体负责。温博段、沁河倒虹吸工程和焦作1段工程主体工程已完工，温博段、沁河倒虹吸工程通过了通水验收。沁河倒虹吸土建及设备安装标已通过合同项目完成验收。

（崔　娇）

## 温 博 段 工 程

### 一、工程概况

温博段工程全长26.616km，起点位于河南省温县北张羌村穿黄工程的末端S点，终点为博爱县聂村东北过大沙河交叉建筑物出口，明渠段长25.329km。沿线共布置各类交叉建筑物44 座（不包括沁河渠道倒虹吸工程），其中河渠交叉建筑物6 座；左岸排水建筑物4 座；渠渠交叉建筑物2 座；控制建筑物3 座（节制闸1 座，分水口门2 座）；跨渠桥29 座。渠段起点设计水位108.000m，终点设计水位105.916m，总设计水头差2.084m。该段设计流量265m$^3$/s，加大流量320m$^3$/s。

### 二、工程投资

2014 年，温博段工程计划完成投资3481 万元（工程部分），实际完成投资8068 万元，占年计划的232%。截至2014 年底，温博段工程所有合同项目累计完成投资117 092 万元，完成合同金额的144%。

### 三、工程进展

2013 年12 月18 日，温博段通过了通水验收，2014 年无主体工程施工。2014 年温博段主要完成了新增防浪墙施工以及完善运行管理有关的施工项目。

### 四、运行管理

温博段工程自2014 年6 月11 日开始充水试验，2014 年12 月12 日正式通水。自通水以来，为保证调度工作的平稳开展。温博管理处加强内部制度建设，《运行调度工作职责》《闸站交接班制度》《闸站值班制度》《闸站规范管理检查制度》《闸站出入管理办法》《“五种情况”零容忍》已经宣贯并上墙执行。

截至2014 年底，温博管理处所辖渠道累计输水量18 147.3 万m$^3$，现地闸站接到调度指令共计152 条，操作准确率100%。尤其是低水位运行情况下，闸前水位急剧变化，加密了水位观测频次，严格按照总调及分调的工作要求及时上报水位变化情况，为上级单位制定调度计划提供了依据，保证了调度工作的顺利开展。

温博管理处已投运的金属结构、机电、电气设备共计99 台套。针对设备种类多、线性分布的工作实际，加密设备巡查频次，在每个站点放置《巡查记录表》，详细记录巡查内容和故障发生情况，并跟踪故障处理情况，做到问题“早发现、早解决、可追溯、记录详”，全力为安全、平稳调度保驾护航。

### 五、环境保护及水土保持

根据水土流失的特点和危害程度，以及建设项目对环境功能的要求，温博管理处高度重视水土保持管理工作，设立专职管理人员开展水土保持工作，认真执行预防为主，防治并重原则及生态优先、恢复原土地功能的原则，严格执行“三同时”制度。要求各参建单位遵守国家有关法律、法规规定，按照设计单位印发的水保临时措施施工技术要求、设计征地图纸控制永久用地和临时占地面积，认真做好水土保持工作如施工道路、厂区硬化、设置排水沟，及时平整弃渣场、做好坡面防护和表面排水等工程完工时做好现场清理，能及时移交临时占地；渣场无水土流失，符合水土保持要求。改善和恢复水土流失防治责任范围内的生态环境，充分发挥植物措施的后效性和生态效益。

管理处高度重视环境保护管理工作，严格遵守有关法律、法规，编制相应的环境保护计划，并安排专职人员负责环境保护工作，实现工程建设的环境、社会与经济效益的三统一。认真贯彻国家有关环水保方针、政策、法律、法规等，按照国家及地方环境相关标准执行，要求各参建单位落实环保工作相关要求，规范环保工作管理，通过培训教育提高全体参建人员的环保意识，做到制度明确，规范操作。开展多次专项环境保护专项整治活动，在防止水土流失，废水、废弃物、废渣的达标排放加强监督管理。工程建设过程中，结合日常定期和不定期检查，对现场各单位环保情况进行内部评比，对不符合环保要求的单位进行通报，限期整改落实，并结合实际情况进行奖罚，确保温博段工程在施工建设期间不影响周围环境。

（段路路　郭　海　黄光营　侯鹏飞　吴海洲
王阳阳　王　冉　王显利　谭　胥）

## 沁河渠道倒虹吸工程

### 一、工程概况

沁河渠道倒虹吸工程位于河南省温县徐堡镇北、博温公路沁河大桥下游约300m处，是南水北调总干渠与沁河的交叉建筑物，工程由进、出口渠道段和穿沁河渠道倒虹吸管身组成，该段设计流量265m³/s，设计水位100.6～106.933m，加大流量320m³/s，加大水位108.256～107.587m。

渠倒虹轴线与沁河基本呈正交，建筑物总长1197m，其中进口渐变段长60m，进口闸室段长15m，倒虹管身段水平投影长1015m，出口闸室段长22m，出口渐变段长85m。设计管身横断面为一联3孔箱形钢筋混凝土结构，孔径为6.9m×6.9m（宽×高）的C30钢筋混凝土结构。

### 二、工程投资

沁河渠道倒虹吸工程初步设计概算批复总投资34 468万元。工程静态总投资32 668万元（其中建筑工程19 382万元，机电设备及安装工程315万元，金属结构设备及安装工程544万元，临时工程2908万元，独立费用2268万元，主材价差2057万元，基本预备费1649万元，征地移民工程投资3304万元，环境保护工程120万元，水土保持工程43万元，其他部分78万元），建设期融资利息1800万元。

2014年，沁河渠道倒虹吸工程实际完成投资290万元。截至2014年底，沁河渠道倒虹吸工程所有合同项目累计完成投资28 185万元，完成合同金额的115%。

2014年，沁河渠道倒虹吸工程主要完成了完善运行管理有关的施工项目。

### 三、通水验收

2013年9月18日，南水北调中线干线工程建设管理局组织了沁河渠道倒虹吸设计单元工程项目法人验收。2013年9月16日，南水北调设计管理中心组织了沁河段设计单元通水验收技术性初步验收。2013年12月18日，南水北调建管中心组织了沁河段设计单元通水验收。截至2014年6月，沁河渠道倒

虹吸工程完成了历次验收的遗留问题处理工作。

## 四、运行管理

沁河渠道倒虹吸工程自2014年6月11日开始充水试验，2014年12月12日正式通水。自通水以来，为保证调度工作的平稳开展。温博管理处加强内部制度建设，《运行调度工作职责》《闸站交接班制度》《闸站值班制度》《闸站规范管理检查制度》《闸站出入管理办法》《“五种情况”零容忍》已经宣贯并上墙执行。

截至2014年底，温博管理处所辖渠道累计输水量18 147.3万$m^3$，现地闸站接到调度指令共计152条，操作准确率100%。尤其是低水位运行情况下，闸前水位急剧变化，加密了水位观测频次，严格按照总调及分调的工作要求及时上报水位变化情况，为上级单位制定调度计划提供了依据，保证了调度工作的顺利开展。

（段路路　郭　海　侯鹏飞　吴海洲　王阳阳　王　冉）

# 焦作1段工程

## 一、工程概况

焦作1段工程起点位于河南省博爱县聂村东北大沙河渠倒虹吸出口，终点为焦作市苏蔺西李村渠倒虹吸出口，渠段总长13.513km，其中明渠长11.598km，建筑物长1.915km，沿线共布置各类交叉建筑物18座，其中河渠交叉建筑物5座；控制建筑物3座（节制闸、退水闸，分水口门各1座）；跨渠公路桥9座；铁路桥1座。渠段起点设计水位105.916m，终点设计水位104.686m，总设计水头差1.23m。该段设计流量265$m^3/s$、加大流量320$m^3/s$。

## 二、工程投资

焦作1段工程初步设计概算批复总投资207 459万元。工程静态总投资196 626万元（其中建筑工程80 773万元，机电设备及安装工程2984万元，金属结构设备及安装工程3003万元，临时工程4075万元，独立费用7744万元，主材价差6853万元，基本预备费5664万元，征地移民工程投资80 106万元，环境保护工程394万元，水土保持工程4535万元，其他部分496万元），建设期融资利息10 833万元。

2014年，焦作1段工程计划投资14 745万元，实际完成投资17 857万元，占年计划的121%。截至2014年底，焦作1段工程所有合同项目累计完成投资192 413万元，完成合同金额的244%。

## 三、建设管理

2014年，焦作1段工程进度计划全部完成，提前完成年度总体进度计划。

质量管理方面，焦作1段工程质量情况基本稳定，未发生任何质量事故，质量控制指标均保持较高水平，共完成6710个单元工程质量评定，合格率100%，达到工程质量目标，工程质量处于受控状态。

安全管理方面，2014年未发生安全事故。2014年处于尾工施工阶段，对文明工地建设常抓不懈，受到各方好评。

## 四、工程进展

截至2014年底，焦作1段工程已累计完成工程量：土石方工程686.41万$m^3$、混凝土浇筑32.94万$m^3$、设备安装调试13处、防渗墙已完成11 259.86延米、灌浆加固10 723.355延米、安全防护网28.678km、管理设施建设已完成，通信光缆建设已完成。

2014年，完成了李河退水闸二期、5个渠道倒虹吸金属结构机电设备调试、渠道外坡防护、园区裹头、左岸浆砌石导流沟、防护网、堤顶道路、防浪墙、桥梁新增防抛网等项目施工。尾工项目基本全部完成。

## 五、通水验收

2014 年，焦作 1 段工程分部工程验收全部完成，完成白马门河渠道倒虹吸工程、普济河渠道倒虹吸工程、李河渠道倒虹吸工程 3 个单位工程验收。

焦作 1 段工程于 2014 年 1 月 14 日顺利通过法人自查验收，于 2014 年 3 月 1 日顺利通过项目法人技术性初步验收，于 2014 年 4 月 1 日顺利通过通水验收。

## 六、运行管理

焦作管理处于 2014 年 5 月 6 日入住办公楼，于 2014 年 6 月 5 日开始进行充水试验，于 2014 年 11 月 1 日开始进行通水试验；于 2014 年 12 月 12 日总干渠正式通水。2014 年度生产运行计划按节点时间全部完成。

焦作管理处根据中线建管局相关文件要求，调度运行严格执行调度及机电设备相关操作规程，同时结合实际工作情况，先后建立了《焦作管理处工作代位制度》《焦作管理处渠道区段负责人制度》《焦作管理处工器具管理实施细则》《焦作管理处备品备件管理实施细则》《焦作管理处办公楼管理实施细则》《焦作管理处厨房及餐厅卫生管理制度》等多项制度。

工程巡视严格落实 215 号文、359 号文、363 号文件的宣贯内容，编制巡查方案，优化巡查方案、巡查路线、巡查方式、巡查记录、信息报送、问题处置及档案建立等。

机电设备运行维护主要采用重点闸站值守与不间断机电巡视相结合的方式进行。主要是通过开展机电设备巡视，对辖区内工作闸、分水口、退水闸等建筑物闸室内卫生情况进行清扫，检查设备运行情况，记录发现的问题并及时联系厂家进行维修，保证所有的设备每周都进行一次巡视，所有设备都能正常运行。

## 七、环境保护及水土保持

环境保护方面，要求承包人遵守环境保护的法律、法规和规章，并按规定采取必要的措施保护工地及其附近的环境，免受因其施工引起的粉尘、噪声和其他因素所造成的环境破坏。

按照招标文件和设计要求，要求施工单位在施工过程中加强对施工现场、道路、生活区、弃土弃渣场等部位的检查，督促施工单位采取必要的防护措施。焦作 1 段工程共涉及 9 个临时堆土场，3 个取土场，施工单位均按照招、投标文件要求修建了临时水土保持措施，能够规范使用。

（宫亚军）

# 焦作 2 段工程

## 一、工程概况

焦作 2 段工程位于焦作市境内，是南水北调中线一期工程总干渠第Ⅳ渠段（黄河北—羑河北段）的组成部分，全长 25.560km，其中明渠段长 23.794km，占水头建筑物长 1.766km。明渠段多为全挖方段，仅有少量半挖半填和全填段，渠道全挖方段长 20.034km，全填方段长 1.645km，半挖半填段长 2.115km，分别占明渠段长的 84.2%、6.9%、8.9%。渠道最大挖深 40m，最大填高 13m。

焦作 2 段工程渠道设计流量 265 ~ 260$m^3/s$，加大流量 320 ~ 310$m^3/s$。渠道过水断面呈梯形状，设计底宽 9.5 ~ 26.5m，设计水深 7m，堤顶宽 5m。边坡系数 0.4 ~ 3.5，设计纵坡 1/29 000、1/23 000。共有各类建筑物 46 座，其中，河渠交叉 3 座，左岸排水 3 座，分水闸 2 座，节制闸 1 座，退水闸 1 座，交通桥 18 座，生产桥 8 座，铁路桥 10 座（不含铁

路桥）。

焦作2段工程划分为5个土建施工标、1个监理标段、1个安全监测标、2个金属结构制造标、2个电气设备采购标共11个标段（其中金属结构制造、电气设备采购标包括黄羑段建筑物金属结构设备采购，在进场前由焦作段建管处负责管理）。

## 二、工程投资

2014年度中线建管局下达进度目标，焦作2段工程计划完成土石方开挖14.5万$m^3$，土石方填筑8.52万$m^3$，混凝土浇筑1.6万$m^3$，计划完成建安工程投资6806万元。

焦作2段工程2014年实际完成工程投资10 925万元，其中，建安投资10 647万元，独立费278万元。焦作2段工程累计完成投资198 585万元，其中，建安投资184 400万元，金属结构设备费用1350万元，机电设备费用650万元，独立费用12 185万元。

焦作2段工程相应变更与索赔控制额度为29 624万元，其中合同采购节余8928万元，可调剂预留费用10 926万元，基本预备费9770万元。

按照中线建管局“深化投资控制管理、实现投资控制目标”主题年活动要求，针对2014年焦作2段工程变更索赔处理进展滞后的现状，成立由建管处长任组长，主管副处长、项目总监理工程师任副组长，建管处工程技术科、合同监理工程师为成员的变更索赔处理工作组；各施工单位建立项目总经济师（总工程师）牵头，工程计划合同部为主，工程技术、测量、施工部门配合的合同变更索赔处理体系。

2014年3月开始，会同监理单位多次逐标段逐项召开变更专题会议对变更索赔处理情况进行梳理。会议逐项理清需要提供的基础支撑材料以及工程量计量确认、单价组成中需要注意的问题，明确监理单位审核的原则和思路；会议再次完善变更索赔处理台账，分阶段明确施工单位编报、监理单位初审以及建管处审查的责任时间节点和责任人。

2014年底，上报及预计发生变更、索赔370项，预计增加投资83 969万元。其中已批复268项，增加投资33 155万元。未批复项目中，已初审并上报河南省南水北调建管局、中线建管局变更16项，预计增加投资33 395万元；已审核待联审8项，预计增加投资1717万元；建管单位正在审核24项、预计增加投资423万元；监理正在审核10项，预计增加投资1078万元；返施工单位补充完善资料5项，预计增加投资6194万元；施工单位尚未上报43项，预计增加投资7711万元。

## 三、建设管理

焦作建管处作为河南省南水北调中线工程建设管理局的派出机构，具体负责焦作2段工程现场管理工作。焦作段建管处设置建管处长、副处长兼总工程师、副处长三个领导职位和工程技术科、质量安全科、综合科三个职能科，明确了岗位职责和科室职责，规范管理。2014年焦作段建管处编制主要管理人员22人，其中处长1人、副处长兼总工1人、副处长1人、特邀专家2人、工程技术科4人、质量安全科4人、综合科7人、协调组2人。设综合科、工程技术科、质量安全科，具体负责现场管理工作。

2014年5月开始，焦作2段大力开展“冲刺通水我争先”专题教育活动，为加快工程进度和完成各项目标任务提供了思想保证。各参建单位围绕通水目标及即将开始的充水试验，梳理当前影响通水目标存在的重点、难点问题，建立台账，研究解决方案，在保证工程质量、安全的前提下，加快推进工程建设，为汛后通水目标打下坚实基础。

焦作2段工程于2014年底基本全部完成。工程静态投资控制在与项目建设管理单位管理内容对应的项目管理预算（即分解后的项目管理预算）之内。参建各方严格履行合同责任，土建工程质量全部合格，单元工程优良率达到85%以上；金属结构及机电安装工程质量全部合格，单元工程优良率达到90%以上，无重大质量事故。杜绝群死、群伤的重特大事故发生，避免较大事故发生，减少一般事故发生，实现事故死亡率"零"目标。达到南水北调工程"文明工地"标准，达到环保水保设计目标。

## 四、工程进展

焦作2段工程2014年度建设目标是年底基本竣工。土石方开挖14.5万$m^3$，土石方填筑8.52万$m^3$，混凝土浇筑1.6万$m^3$。外接供电线路工程全部完成，安全监测站全部完成，设备调试全部调试完成。

2014年，焦作2段工程23.8km渠道、3座河渠交叉、1座穿渠廊道、3座排水渡槽、2座分水口门、18座公路桥、8座生产桥已全部完工；安全监测仪器已全部埋设完成，正在进行通水期间观测。工程除剩余边坡植草及设计新增项目(卢亮路与待九路连通路、待王—冯营铁路桥公路桥、部分防洪影响处理工程)等工程外全部完成。2014年4月通过通水验收，6月开始进行充水试验，12月正式通水。

2014年，完成土石方开挖14.43万$m^3$，占年计划的99%；土石方填筑15.79万$m^3$，占年计划的185%；混凝土浇筑2.98万$m^3$，占年计划的186%，钢筋制作安装332t，占年计划的100%(不含铁路交叉工程)。

截至2014年底，累计完成土石方开挖4321万$m^3$，完成合同量114%；土石方填筑444万$m^3$，完成合同量128%；混凝土浇筑66.9万$m^3$，完成合同量119%，钢筋制作安装36 403t，完成合同量114%。安全监测标累计完成1067支仪器安装，仪器成活率96.4%(不含铁路交叉工程)。

## 五、通水验收

2014年，完成通水验收的项目法人自查、技术性初步验收、行政验收，国务院领导小组专家委工程质量评价，全线通水验收。合同验收方面，基本完成分部工程验收，完成建筑物单位工程的外观质量评定，完成50%的单位工程验收工作。按照交通部门有关规定，完成全部跨渠桥梁交工验收。

2014年11月14日，组织进行安全监测单位工程验收，验收组对工程完成情况、工程验收遗留问题等进行研究讨论并提出意见，最终形成"单位工程验收鉴定书"。安全监测单位工程通过验收。

2014年，26个桥梁单位工程评定及交工验收全部，10个水工单位工程验收完成5个；分部工程完成验收252个，剩余6个经通过初步验收。

2014年1月14~16日，中线建管局在焦作召开焦作2段设计单元工程项目法人通水验收(自查)会。专家组经过现场察看、资料查阅、听取报告等，认为焦作2段工程与通水有关的建设项目已按照批复的设计内容基本完成，工程质量满足设计和规范要求，工程投资控制合理，验收资料基本齐全，满足验收要求。待与通水有关的相关项目全部完成后，工程具备通水条件。

2014年2月24~27日，河南省南水北调办在焦作组织召开南水北调中线一期工程总干渠黄河北—羑河北焦作2段设计单元工程通水验收技术性初步验收会议。专家组认为：本次验收的与通水有关工程已按批准的初步设计基本完成；未完工程已有计划安排。已完工项目的设计标准、施工和制作安装质量符合国家和行业有关规定。安全监测设施安装合格并测得初始值。验收资料齐全。待与通水有关的未完工程完成后，焦作2段工程具备通水验收条件。

2014年4月12~14日，在新乡进行南水北调中线一期工程总干渠黄河北—羑河北焦作2段、辉县段、石门河倒虹吸、新乡和卫辉段设计单元工程通水验收。通水验收委员

会由国务院南水北调办建设管理司、河南省南水北调办、南水北调工程河南质量监督站等有关单位代表及特邀专家组成。项目法人、现场建设管理、工程勘察设计、监理、施工、设备制造、运行管理等有关单位代表参加会议。

通水验收委员会成员观看工程建设声像资料，听取工程建设管理、安全监测、质量监督和技术性初步验收工作报告，检查有关工程资料，察看工程现场，形成《南水北调中线一期工程焦作2段设计单元工程通水验收鉴定书》。通水验收委员会认为：焦作2段工程批复的设计内容基本完成。已完工项目的设计、施工和制作安装质量符合国家和行业有关技术标准的规定；施工、安装过程和历次验收中发现的质量缺陷已处理完成或已做出安排；已安装的安全监测设施验收合格，并测得初始值，运行正常；运行管理措施已初步落实。与通水有关的尾工及本次验收提出的主要问题处理完成后，该工程具备通水条件。

2014年12月4～5日，南水北调焦作2段跨渠桥梁交工验收会在焦作召开。河南省南水北调办，省质量监督站，焦作市及县、区交通运输局，焦作市及马村区住房和城乡建设局，焦作市公路管理局，焦作市农村公路管理处，焦作市市政公司，焦作市南水北调办，南水北调中线干线焦作管理处及焦作2段各参建单位有关负责人参加会议。会议观看焦作2段工程建设影像资料，听取设计、施工、监理单位汇报，质量监督站通报了焦作2段跨渠桥梁检测意见，现场检查工程完成情况和工程质量情况，分组检查工程评定、验收相关资料，讨论通过了焦作2段跨渠桥梁交工验收报告。南水北调焦作2段26座跨渠桥梁全部通过交工验收。参加验收会的领导、专家对南水北调焦作2段跨渠桥梁工程完善、资料完善、验收移交提出建设性意见。

工程档案是合同验收的重要组成部分，正在进行单位工程验收。坚持档案同工程建设同步进行，对于部门档案整理不到位的，督促监理单位加快对施工单位档案整理工作的检查和督促，要求各施工单位档案管理人员要稳定在岗。及时和上级部门沟通，传达上级部门关于工程档案整理方面的信息。2014年组织监理对各单位工程档案整理情况进行检查，督促加快整理进度，要求各单位要以各项验收为契机，按要求开展整理工作，为2015年档案预验收做准备。

## 六、运行管理

充水试验开始前后，组织召开专题会，按照河南省南水北调办充水试验有关文件精神和中线建管局充水试验方案要求，结合实际情况，组织监理、施工单位对焦作2段工质量进行全面排查，重点排查高填方渠段边坡防护、深挖方高地下水止回阀安装情况、重要建筑物及周边回填土质量情况、机电设备安装质量情况等，发现问题及时处理，不能及时处理的指定责任人，限定时间处理，影响充水试验的问题在充水前已全部处理完成。

印发《南水北调焦作2段工程充水试验安全防范实施方案》《南水北调焦作2段工程充水试验和通水运行初期安全巡查实施细则》和《南水北调中线一期工程总干渠焦作2段充水试验和通水运行初期应急预案》，成立充水试验领导小组。充水试验领导小组由建管处处长任组长，副处长(兼总工程师)、分管副处长、总监理工程师担任领导小组副组长，工程技术科负责人、质量安全科负责人、设计、地质、监理、第三方试验室、施工单位现场机构的负责人为领导小组成员。组织设计、监理、安全监测单位编制《充水试验安全监测实施方案》，对方案进行初步审核并上报，满足充水试验期间安全监测工作需要。

施工单位成立现场充水试验工作组，由项目经理任组长，项目副经理、总工、副总工为副组长，各科室、各工区各负其责。现场充水试验工作组设立充水试验值班室，下设现场救援组、协调联络组、现场治安组、善后处理组，另外成立以青年工人为骨干的充水试验抢险突击队，保证工程充水试验顺利进行。

成立质量安全巡查小组（共3个小组），分别由处长和两位副处长带队，分上、中、下旬和防汛值班相结合，每天不少于2次对工程、对施工单位巡查看护情况进行巡视检查；建立巡查通报制度，定期通报水位、工程情况及存在问题。

监理、施工单位成立相应的巡查小组。质量巡查小组和安全巡查小组对工程每天进行巡查发现问题及时处理。质量巡查和安全巡查小组配备安保值班人员。施工项目部、监理部由质量部门负责人全面负责充水期间工程质量巡查工作，安排质检人员、监理工程师对渠道工程进行巡查，每天至少巡查一次，同时做好巡查记录，登记质量问题台账，发现问题及时处理。重点巡查高填方渠段、深挖方高地下水渠段、渠基换填段，检查衬砌面板是否存在隆起、凹陷、滑坡、裂缝等现象。加强水工建筑物周边回填质量巡查，对水工建筑物周边回填质量对全面巡查。巡查重点，是否发现回填部位凹陷、裂缝、饱和水现象。加强防护工程巡查，重点巡查护坡工程是否施工或修复完成，绿化固坡是否完成，排水系统是否畅通无阻，桥梁锥坡是否损坏，防护度汛通道是否顺畅等。督促各单位做好充水试验发现问题的整改通知，建立台账，整改一项，销号一项，并定期更新，及时上报。

通水和运行管理工作建立通水运行协调机制。加强与永久供电线路实施单位、自动化实施单位、运行管理单位的沟通协商。协调运行管理单位，做好工程安全保卫移交工作。按要求做好工程质量安全巡查，对于在通水期间发现的质量问题，督促监理、施工单位做好观测、整改工作。

（李立翃）

# 辉县段工程

## 一、工程概况

辉县段是南水北调中线一期工程总干渠Ⅳ渠段（黄河北—羑河北段）的组成部分，位于Ⅳ渠段的中部，地域上属于河南省的辉县市。该设计单元自修武县与辉县市交界的纸坊河左岸起（总干渠设计桩号为Ⅳ66+960），与焦作2段的终点相接；终点位于辉县市与新乡凤泉区交界的孟坟河左岸（设计桩号为Ⅳ115+900），与新乡卫辉段起点相连接，全长47.39km[不包括石门河渠道倒虹吸工程（Ⅳ91+730）~（Ⅳ93+280）施工标段1.55km]，其中渠道长度43.40km，建筑物长度3.99km。共有各类建筑物77座，其中，河渠交叉7座，渠渠交叉2座，左岸排水18座，分水闸2座，交通桥30座，节制闸3座，退水闸3座，生产桥12座。

辉县段渠道以全挖方断面为主，约占总长63%，其中挖深超过15m的深挖方段长1.5km，最大挖深32m，半挖半填段占该段渠道总长的37%。辉县段设计流量260$m^3/s$，加大流量310$m^3/s$。设计水位102.961~98.939m。渠道过水断面呈梯形，设计底宽25.0~14.5m，堤顶宽5m。渠道边坡系数为2.25~0.4，设计纵坡为1/20 000~1/28 000。工程规划永久占地9412亩，临时占地13 676亩。合同工程量：土石方开挖3918万$m^3$、土石方填筑1715万$m^3$、混凝土浇筑100.1万$m^3$、砌石30.1万$m^3$、钢筋制作安装5.19万t、机电设备安装、金属结构设备安装、临时工程、水土保持工程及施工期环境保护工程等。

## 二、工程投资

辉县段工程初步设计概算静态总投资

379 468万元，总投资400 374万元。其中：建筑工程190 538万元，机电设备及安装4373万元，金属结构及安装6194万元，临时工程11 577万元，独立费用20 761万元，主材价差20 175万元，工程部分基本预备费15 218万元，移民及环境109 212万元，其他1420万元，建设期贷款利息20 906万元。

## 三、建设管理

（一）工程建设组织管理

新乡建管处设置处长、副处长及总工程师4个领导职位和工程科、质量安全科、综合科三个职能科。建管处制定质量、进度、安全、投资、合同、文明工地、廉政建设、学习会议、档案等管理制度，并在工程建设中不断完善，规范和完善验收、变更、索赔、价款结算等程序，监理部、施工单位制定相应的控制措施和保证措施。

2014年，把工程进度作为工作重点。倒排工期，对工程进度实行动态管理，定期不定期召开进度专题会，联合设计、地质、监理等参建单位定期对全段各标进行进度专项巡查。

2014年1～6月，工程建设主要完成永久隔离网封闭围挡、桥梁剩余路面、缺陷处理、临时用地返交及工程变更工作；7～12月主要完成工程质量排查及消缺、设计新增项目、单位工程验收、临时用地返交及工程变更工作。建管处根据工程进展情况，现场排查工程进展情况，制定剩余尾工台账，分析制定工程进展制约因素，明确责任单位、责任人及解决时限，推进工程建设。2014年新乡段剩余项目仅为完成剩余植草项目和由于环境影响、方案未批复所致未能完成的工程项目。

（二）质量管理

2014年，组织召开辉县段年度工程质量管理工作会议，研究布置年度工程质量管理工作，明确工程质量管理工作思路、工作目标和任务，与各责任单位均签订年度工程质量责任书。补充完善《质量管理年活动工作方案》，成立关键工序施工质量考核领导小组，制定《新乡段分部工程、单位工程验收管理奖惩实施办法》。

2014年2月28日～3月5日，建管处分三个小组组织施工、监理单位同时对所有标段的工程质量缺陷进行拉网式排查，重点排查渠道混凝土衬砌裂缝、冻融、起皮，止回阀人为破坏、封堵，伸缩缝密封胶开裂，建筑物裂缝渗水等。针对排查出的问题，下发《关于立即对工程质量缺陷进行处理的通知》，要求各单位立即按照要求进行整改。10月，组织设计、监理和施工单位几次联合行动，对新乡段全线进行徒步排查。在联合行动中，建管、监理、施工人员按照文件要求排查，对工程的质量、进度、安全、工程等方面发现的问题逐一进行登记，并按照建管处制定的统一格式分类登记台账。除少数需要地方协调的问题未解决外，工程质量问题都得到整改。

（三）安全生产

2014年初，新乡建管处根据人员变动情况，调整安全生产领导小组成员，辉县前段监理部、辉县后段监理部、辉县段各项目部对安全监理人员或管理人员根据实际情况进行必要调整，加强安全管理队伍建设。

新乡建管处加大安全生产大检查力度，检查次数在原来每月组织一次的基础上再增加一次，各监理部每月组织安全生产排查的次数不少于4次。施工单位对每次联合排查出的安全问题要建立台账，2天内整改完毕，逐项消除。

2014年3月，建管处与辉县段监理、施工单位分别签订安全生产责任书，明确参建单位第一安全责任人的安全责任、权利、义务，使安全责任层层分解，各司其职。

新乡建管处联合监理部适时组织辉县段各项目部进行40项(次)安全生产专题活动，先后开展重大危险源的辨识、控制和动态管理、汛期和夏季高温期间安全、夏季防溺水、冬季施工安全生产管理、打非治违活动、加强电气安全管理工作及劳动竞赛等活动。

针对工程实际情况，加强监督巡视力度。对沿线各参建单位进行不定期巡查，发现问题现场解决，对较大隐患限期整改。会同监理部每月进行一次安全大检查和隐患排查治理行动，共进行12次安全拉网式普查，对高空作业、施工用电、施工机械等重要场所和重点环节专项检查。对在安全检查和隐患排查治理行动中排查出的隐患，及时下达整改通知书，要求施工单位(监理单位)治理整改；对屡次出现问题或发现的较大隐患，发出警告或进行罚款。2014年，对辉县段施工单位共发出警告12份。

通水试验和正式通水期间，根据上级“防意外、保通水”的要求，质安科对辉县段进行定期和不定期巡查，巡查情况表明，辉县段各标段安全巡视工作正常。

## 四、工程进展

2014年，辉县段工程完成运行道路维护67.15km、防浪墙9757延米、渠道内坡一级马道以上防护15.69km、截流沟10.46km、安全防护网安装93.82km、通信管道完成49.40km。2014年4月，辉县段工程通过设计单元工程通水验收，截至2014年底安全运行8个月。

## 五、通水验收

成立验收工作小组，制定详细的验收计划，下发《关于加强桥梁工程管理的通知》《关于在充水前认真做好几项工作的通知》《关于加快新乡段桥梁验收工作的通知》《关于印发新乡段分部和单位工程验收计划及奖罚细则的通知》等文件。

协助上级单位开展通水之前的各项验收。2014年4月，辉县段工程通过由河南省南水北调办主持进行的设计单元工程通水验收；9月，通过由国务院南水北调办主持的通水验收。

会同中线建管局档案馆领导和专家对档案管理工作进行指导，邀请专家对各参建单位的工程档案管理工作进行检查督导，组织内部培训和交流活动，推进新乡辉县段整体档案管理工作的进展，取得阶段性成果。

2014年11月，新乡建管处与河南中宝档案技术管理咨询有限公司签订委托合同，要求各参建单位配备专(兼)职档案管理人员，在场地、器材、人力等方面，确保档案的整理工作正常开展，为档案验收进行准备工作。

(崔　堃)

# 石门河倒虹吸工程

## 一、工程概况

石门河倒虹吸工程渠长1550m，设计流量$260m^3/s$，加大流量$310m^3/s$。该标段包括倒虹吸两端渠道总长374m，其中，进口段渠道长99.4m，出口段渠道长274.6m；进口渐变段、闸室段长68m，出口闸室段及渐变段长93m；倒虹吸管身段水平投影长1015m，管身横向为3孔箱型钢筋混凝土结构单孔管宽6.9m，管高6.9m。

## 二、工程投资

2014年，石门河倒虹吸工程计划完成投资61.28万元，完成沥青路面施工$2992m^2$；隔离网安装1533m。实际完成建安投资679.16万元，完成年计划的108%；完成沥青路面施工$2992m^2$，完成年计划的100%；完成隔离网安装1933m，完成年计划的126%；超计划完成弃渣场变更项目土方回填32万$m^3$；超计划完成1.68万$m^2$进出口裹头平台及其他新增附属工程施工。

## 三、建设管理

2014年，针对石门河倒虹吸工程编制控

制性进度计划，审核施工进度计划，对工程进度适时跟踪，进度滞后时要求施工单位及时调整。积极协调各方关系，减少施工干扰，组织召开进度专题会议，查找影响施工进度的因素，确定解决方案，促进施工向前推进。

2014 年，监理先后对石门河倒虹吸标，下发“现场监理口头指令”1 次，现场安全巡查、检查 22 次，要求施工单位按规范、技案或监理指令进行立即整改或限期整改，保持良好的安全施工环境。

2014 年，共组织质量、技术方面的培训 150 人次。

2014 年，评定 49 个单元工程。其中水利项目评定 49 个，合格 5 个，优良 44 个，优良率 84.7%。

2014 年，石门河项目部重点对高空作业、起重吊装、临时用电、消防安全、机械设备施工安全、现场文明施工、电焊气割安全等进行安全监管，明确重点危险源负责人，对检查中发现的安全隐患和问题，及时进行整改落实。

做到安全工作人人有责，加强安全生产宣传力度，利用各种会议，标语、培训等向全体施工人员宣传各项法律法规，2014 年项目部安全文明施工生产整体状况良好，实现“安全生产零事故”的目标。

## 四、工程进展

2014 年，石门河渠道倒虹吸工程渠道全长 374m，渠道开挖及填筑全部完成。完成衬砌 1.122km（单侧 748m，底板 374m），累计衬砌占总长（1122m）的 100%。倒虹吸管身段全长 1015m；管身填筑成型 1015m（1～69 号管节），占管身的 100%。倒虹吸总共 69 个管节，已完成 1～69 号管节共 69 节管身混凝土浇筑及回填施工。完成进、出口闸室段混凝土及土方工程施工；完成进出口渐变段混凝土及土方工程施工；完成进出口裹头砌石及钢筋石笼施工；完成进出口闸室上部厂房施工；完成通信管道施工；完成金属结构及机电设备安装施工；完成进出口裹头平台及其他附属工程施工。

## 五、通水验收

2014 年是石门河倒虹吸工程各项验收工作起始年也是关键年，项目部结合现场实际进展情况，于 4 月 12 日通过设计单元行政验收，11 月 17 日通过单位工程验收（石门河倒虹吸工程共划分为 1 个单位工程）。

2014 年 6 月 24 日倒虹吸工程进行试充水试验；12 月 12 日开始正式通水。期间项目部组织人员不定期进行现场建筑物运行安全巡视，倒虹吸工程各建筑物均通过一个汛期及冬季的检验，能够安全有效发挥输水效力。

2014 年，项目部利用原京石段完工工程档案验收优势条件，先后派出 4 名档案管理人员分 2 次到河北石家庄进行档案管理实践学习，各项档案验收准备工作正在进行。

（崔　堃）

# 新乡和卫辉段工程

## 一、工程概况

新乡和卫辉段工程是南水北调中线一期工程总干渠Ⅳ渠段（黄河北—羑河北段）的组成部分，位于Ⅳ渠段的中部。黄羑段共分有 9 个设计单元，新乡卫辉段是第 7 个设计单元。地域上属于河南省新乡市的新乡市凤泉区和卫辉市。该设计单元起点位于新乡市凤泉区前郭柳村西南孟坟河渠倒虹吸出口（桩号Ⅳ115+900），终点位于沧河倒虹吸出口（桩号Ⅳ144+600），与鹤壁段起点相接。新乡卫辉段被潞王坟膨胀岩试验段设计单元分隔成二段，潞王坟试验段长 1.5km，起点设计桩号Ⅳ120+498.3，终点设计桩号为Ⅳ121+998.3。新乡卫辉段全长 27.20km 中，其中，渠道长 25.416km，建筑物长 1.784km。新乡卫辉段渠段共有各类交叉建筑物48座，其中，河渠交叉4座，左岸排水9座，渠渠交叉2座，公路交叉20座，生产桥9座，控制建筑物4座（节制闸和退水闸各1座，分水口门2座）。

新乡和卫辉段工程中渠道全挖方段长6.607km，全填方段长0.168km，半挖半填段长18.641km，分别占渠段总长的26.0%、0.7%、73.3%。渠道最大挖深21～34m，最大填高9m。总干渠设计流量250m³/s，加大流量310m³/s。新乡卫辉段渠段起点设计水位98.935m，终点设计水位97.061m，总水头差1.874m，扣除其中潞王坟试验段占用0.075m水头后，新乡卫辉段设计水头为1.799m。渠道过水断面呈梯形，设计底宽20～9.5～19m，堤顶宽5m，渠道边坡系数2～3.5，设计纵坡1/28 000～1/23 000～1/28 000。工程规划永久占地5228亩，临时占地4703亩。

## 二、工程投资

新乡和卫辉段工程初步设计概算静态总投资157 085万元，总投资165 739万元。其中，建筑工程80 789万元，机电设备及安装2021万元，金属结构及安装2197万元，临时工程4321万元，独立费用8730万元，主材价差7820万元，工程部分基本预备费6355万元，移民及环境44 468万元，其他383万元，建设期贷款利息8654万元。

## 三、建设管理

工程进度管理：2014年对工程进度继续实行动态管理模式，以中线建管局、河南省南水北调建管局组织的劳动竞赛活动为契机，制定劳动竞赛活动目标及方案。建管处主要负责人与设计、监理等单位共同逐标段解决现场制约工程进展问题的工作方式，现场明确责任单位并限时解决。施工单位对现场作业班组保质保量按期完成计划目标的予以奖励，完不成计划任务的予以处罚。加大配合地方调水部门征迁工作的力度，与当地调水部门沟通协调。加强同设计、地质等单位沟通联系，督促按供图计划提交施工图纸。

工程投资管理：按月对完成的合格工程进行计量，施工单位上报完成的工程量，现场监理工程师审查、总监审签后报建管处工程科审核，工程量审核无误后进入结算程序。施工单位按审结的工程量填报付款申请，监理单位、建管处审核签字后报河南省南水北调建管局审签并进行工程款支付。在工程计量结算过程中，对施工图不能准确计算工程量的，安排专人参与过程计量，原始地面线测量、不同地质地层线测量等，均由专人与施工、监理进行三方认定。必要时设计、地质单位参与，对工程计量结算工作把关。组织施工、监理、设计、地质等单位集中办公，推进工程变更工作进程。

工程质量管理：开展质量监管"回头看"活动。对各种飞检整改通知、警示通知书、整改通知、告知单、责任追究通知梳理出的质量问题建立台账。2014年组织参建各方对渠道混凝土衬砌质量缺陷进行现场查看，共同分析质量缺陷产生的原因。新乡和卫辉段工程开工至今未发生过质量事故，但发生一些工程质量缺陷，主要包括错台、蜂窝、麻面、裂缝等。混凝土衬砌面板质量缺陷包括裂缝、浅表冻蚀等，质量缺陷均已按照国务院南水北调办、中线建管局相关要求进行处理和验收。

工程安全管理：与各责任单位均签订年度安全生产责任书、坚持安全生产例会制度及组织各项专题活动等。2014年，对施工单位共发出安全警告6份，安全隐患罚款通知2份。

文明工地创建：继续组织开展文明营区、文明工地创建活动，营造和谐、文明的施工环境。

## 四、工程进展

2014年，新乡和卫辉段工程完成施工合同总金额5628.9万元，土方开挖5.6万m³，土

石方回填 11 万 $m^3$，通信管道完成 29.13km，防浪墙 14 874 延米，截流沟 26.39km，安全防护网 55.54km，运行道路维护 50.68km，完成渠道内坡一级马道以上防护 31.80km。4 月新乡和卫辉段工程通过设计单元工程通水验收。截至 2014 年底，安全运行 8 个月。

## 五、通水验收

新乡和卫辉段工程成立了验收工作小组，制定验收计划。下发《关于加强桥梁工程管理的通知》《关于在充水前认真做好几项工作的通知》《关于加快新乡段桥梁验收工作的通知》《关于印发新乡段分部和单位工程验收计划及奖罚细则的通知》等文件。协助上级单位做通水之前的各项验收。2014 年 4 月，新乡和卫辉段工程通过由河南省南水北调办主持进行的设计单元工程通水验收；9 月通过由国务院南水北调办主持的通水验收。

会同中线建管局档案馆领导和专家对档案管理工作进行指导，邀请专家对参建单位的工程档案管理工作进行检查、督导，组织内部培训和交流活动，推进新乡卫辉段档案管理工作进展，取得阶段性成果。

2014 年 11 月，与河南中宝档案技术管理咨询有限公司签订委托合同，要求参建单位配备专(兼)职档案管理人员，提供场地、器材、人力等条件，为档案验收做准备工作。

(刘元永　崔　堃)

# 鹤壁段工程

## 一、工程概况

鹤壁段工程是南水北调中线一期工程总干渠Ⅳ渠段(黄河北—羑河北段)的组成部分，属于第 9 设计单元，地域上属于河南省鹤壁市和河南省安阳市境内，渠段起点为鹤壁市淇县沧河渠倒虹出口导流堤末端，设计桩号Ⅳ144 +600，终点为汤阴县行政区划边界处，设计桩号为Ⅳ175 +432.8，全长约 30.833km，其中明渠长 29.344km，建筑物长 1.489km。

鹤壁段工程渠道段为全挖方及半挖半填两种形式，过水断面为梯形，渠底及边坡采用现浇混凝土衬砌；建筑物工程有河渠交叉、左岸排水、渠渠交叉、控制工程和路渠交叉工程 5 种类型。共有各类建筑物 63 座，其中，河渠交叉建筑物 4 座，左岸排水建筑物 14 座，渠渠交叉建筑物 4 座。控制建筑物 5 座(节制闸和退水闸各 1 座，分水口门 3 座)。跨渠公路桥 21 座，生产桥 14 座(含新增 3 座)，铁路桥 1 座。

渠道设计过水断面为梯形断面，设计底宽 8 ~ 19m，渠道一级马道开口宽 54.9 ~ 71.7m，一级马道以下内边坡1: 2.0 ~1: 3.5，外坡 1: 2.0 ~1: 1.5，渠道渠底纵比降采用 1/28 000、1/23 000 两种。设计水深均为 7.0m，加大水深 7.403 ~7.469m。鹤壁段总干渠分 2 个流量段，设计流量 $250m^3/s$、$245m^3/s$；加大流量 $300m^3/s$、$280m^3/s$。

## 二、工程投资

鹤壁段工程投资 152 626 万元，其中，鹤壁 1 标完成投资 35 225.16 万元；鹤壁 2 标完成投资 59 077.12 万元；鹤壁 3 标完成投资 45 627.49万元；闸门及卷扬式启闭机制造标段完成投资 1379.58 万元；液压启闭机厂家完成投资 568.45 万元；电气Ⅰ标完成投资 493.24 万元；电气Ⅱ标完成投资 127.80 万元；安全监测标完成投资 709.32 万元；35kV 永久供电线路Ⅱ标完成投资 1420.72 万元；鹤壁监理标监理费用结算 2811.68 万元。综上，共计结算 147 440.57 万元，完成投资的 96.6%。

## 三、建设管理

在 2014 年工程建设中，安鹤项目部按照“规范管理、技施创新、和谐共建、过程受控、质量一流”的指导思想，树立“营造和谐文明建设环境、创建世纪一流精品工程”的管理目标。以工程建设管理为中心，建立健全了质量、安全、进度及文明施工、环保、水保等管理体系。成立了安全生产管理委员会、质量管理委员会、文明工地创建领导小组，设立质量、进度、安全、文明施工、信息、监理工作管理专职管理工程师岗位，制定了一系列管理规章制度。充分依靠建设监理对工程进行制度化、规范化管理，不断提高工程管理水平，全方位、全过程，加大对工程质量、安全生产、进度控制、投资控制、文明施工及精神文明建设等的管理力度，保证工程建设顺利进行。

进度控制：按照“科学计划，狠抓落实”的总体要求实施进度管理。项目部制定实施总进度计划和年度进度计划，监理部制定相对应进度计划，各施工承包人则制定总进度计划和年、季、月进度计划以及单项工程施工组织计划。鹤壁段工程坚持以日计划保周计划，以周计划保月计划，以月计划保季计划，以季计划保年计划，以年计划保总计划的方针，落实进度计划。关键项目控制到天，一般项目控制到周，相关管理人员通过关键项目的日统计、监理周进度例会、月度和季度管理考核和工程管理会议检查进度，及时纠偏和调整，并通过各个层级的各类报表提出专题分析报告，制作柱状分析图，描绘直观形象进度图，保证各阶段进度目标的实现。

质量管理：成立了由项目部部长为组长、参建各方主要负责人及相关质量管理人员组成的工程质量管理委员会，全面负责工程质量的领导工作。各标段承包人也成立了相应的质量管理机构。依据《建设工程质量管理条例》及国务院南水北调办、中线建管局相关要求，结合鹤壁段工程实际，印发了《工程质量管理制度》《工程验收管理办法》《原材料检验制度》《勘测设计服务考核管理办法》《工程质量考核办法》，明确和落实参建单位的质量责任。充分发挥监理职能，通过月度检查考核，形成了各标段之间的良性竞争氛围。加强对施工现场的建设管理，派驻现场专职建设管理人员进驻施工现场，通过日常巡查，及时发现和纠正施工、监理单位工作中的违规行为和存在的质量问题，跟踪整改落实情况，有效促进了施工过程的质量控制。严格执行国务院南水北调办、中线建管局关于质量缺陷备案及处理程序。对出现的质量缺陷按要求及时进行记录备案，缺陷处理严格按《南水北调中线干线工程混凝土结构质量缺陷及裂缝处理办法》规定的处理程序、处理方法进行，严格方案审批、严格跟踪处理、严格检查验收，严禁私自掩盖和处理。建管单位每季度对监理单位、设计单位、施工单位开展季度质量考核工作，对参建单位的质量管理进行全方位的检查与考核，并将考核结果纳入年度评先、评优体系。

安全管理：始终把安全生产放在建设管理的重要位置，落实“安全第一，预防为主”的方针，建立了鹤壁段工程安全管理体系，由管理处牵头成立了由参建各方主要负责人和安全专责工程师组成的安全生产管理委员会、文明施工领导小组，全面负责安全文明生产的领导工作。依据《中华人民共和国安全法》《建设工程安全生产管理条例》及国务院南水北调办、中线建管局相关要求，结合鹤壁段工程实际，印发了《鹤壁段安全生产管理办法》《文明工地建设管理办法》《安全生产例会制度》《防洪度汛制度》。监理单位制定了《安全生产监理实施细则》《安全生产考核办法》。同时，督促承包人建立安全体系和责任制度，完成了安全生产、文明施工、环保、水保等一系列施工计划、方案和应急预案、各类专项安全技术措施的编报。严格现场管理和安全生产的宣教和培训。2014 年度未发生任何安全事故。

文明工地建设：工程开工后，建管单位成立了文明施工及安全生产领导小组，负责整个工程建设期间的文明施工及安全生产管

理，依托现场监理对施工中的文明施工与安全生产情况进行动态管理。施工过程中，施工单位能够根据现场条件并结合建筑物的布置、施工管理的划分情况，对生产辅助设施、生活营地、施工道路、风、水、电等为工程服务的所有临时设施进行合理规划布置，以达到有利于生产、方便生活、保证安全、符合环保、经济合理、易于管理的要求，并在施工现场设置文明标语、安全警示标志及宣传栏，施工及生活垃圾及时清运。文明施工取得了良好的效果，整个工程文明施工于安全生产工作均处于受控状态。

## 四、工程进展

鹤壁段工程2014年计划主体工程全部完成，尾工项目基本完成，达到汛后通水条件。

截至2014年底，鹤壁段工程的渠道衬砌、4座河渠交叉建筑物、14座左岸排水建筑物、4座渠渠交叉建筑物、5座控制建筑物及管理处建设全部完工，金属结构及机电设备、安全监测设施、35kV永久供电线路安装已全部完成并投入使用；35座跨渠桥梁施工完成具备通车条件。剩余尾工主要是渠坡植草及沿线安防系统施工。

## 五、通水验收

通水验收技术性初步验收：2014年1月16～19日，国务院南水北调办设管中心在河南省安阳市主持召开鹤壁设计单元工程通水验收技术性初步验收会议，验收工作组查看了工程现场，听取了各参建单位的汇报，查阅了有关验收资料，经讨论形成了分专业专家组报告及《南水北调中线一期工程鹤壁段设计单元工程通水验收技术性初步验收工作报告》。

通水验收：2014年2月26日～3月1日，国务院南水北调工程建设委员会办公室对南水北调中线一期工程鹤壁段设计单元工程进行了通水验收。通水验收委员观看了工程建设声像资料，听取了工程建设管理、质量监督和技术性初步验收工作报告，查阅了有关工程资料，查看了工程现场，并进行了充分讨论，形成了《南水北调中线一期工程鹤壁段设计单元工程通水验收鉴定书》。

## 六、运行管理

鹤壁管理处于2014年5月30日正式入驻办公，全年无安全、质量事故。充水试验以来，鹤壁管理处所辖区段平稳运行，在直管局考核中多次名列前茅。

### （一）充水试验及通水

鹤壁段从2014年6月5日开始充水试验，利用盘石头水库向总干渠充水，10月23日圆满完成充水试验，充水总量约710万$m^3$；10月23日～12月12日进行试通水；12月12日开始正式通水。

### （二）水量调度

从充水试验到正常运行初期，鹤壁段三个分水口门从12月23日陆续向地方配套工程供水，累计供水总量96.1万$m^3$，极大地缓解了地方用水紧缺问题；淇河退水闸先后2次退水约量约940万$m^3$。

从充水试验到正式通水初期，闸站和中控室24h值守，准确无误顺利执行调度指令200多次；按时准确上报运行调度日报、流量计与开度仪汇总报表。

### （三）设备运行

鹤壁段金属结构、机电、自动化设备已全部投入使用，管理处配专人负责设备的保养和维护工作，每天对设备的运行情况进行检查，发现问题及时进行处理，有效的保证了设备的正常运行。同时按时报送机电信息周报等统计报表，认真填写各类台账、资料。

### （四）运行体制机制

鹤壁管理处从充水试验到通水初期，通过学习京石段运行经验及自身的不断实践摸索，结合中线建管局制定的三级管理机构职责进行了细化，明确了每位运行人员的岗位职责，并制定了《鹤壁管理处金属结构、机电巡视检查制度》《鹤壁管理处闸站交接班制度》《鹤壁管理处闸站值班制度》等相关制度及各种设备操作规程并上墙，让每位员工都能明白自己要做什么，怎么做，缩短了熟悉岗位时间，保证了各项工作完成的质量。

## 七、环境保护及水土保持

项目部重视鹤壁段工程水土保持和环境保护管理工作，督促参建各方特别是施工承包人制定水土保持和环境保护控制措施，提高施工单位的水土保持和环境保护意识。每月及时审核工程水土保持、环境保护监理及监测单位的月报，并对数据进行分析对比，对超标项目及时督促监理、施工单位进行整改；同时，积极与安鹤段水土保持、环境保护监理单位及监测单位进行联系沟通，建立了工作联系机制，并要求监理单位、监测单位开展每月、每季度的水保环保大检查，提出存在的问题，限期整改。并督促施工单位、监理单位按时编报水土保持月报、环境保护月报、水土保持和环境保护监测报告。鹤壁段共征用临时用地 7545.16 亩，已返还 4985.86 亩，返还率为 66.08%，其余临时用地计划在 2015 年 5 月底前完成移交、复耕。2014 年鹤壁段工程无水土流失和环境破坏现象。

## 八、工程度汛

在 2014 年防汛期间，安鹤项目部本着“安全第一、预防为主”的方针，按照“防大汛、防旱汛”的要求提前做好防汛度汛准备工作，对鹤壁段工程防汛工作进行了认真的安排部署，成立了安鹤段防汛工作领导小组，各施工单位也组建了应急抢险队伍，准备了防汛物资。已按要求编制完善了 2014 年鹤壁段工程度汛方案和防洪应急预案，并在地市县防汛抗旱指挥部进行了备案，同时已与地方防汛部门、上游库区、气象部门建立了工作互防联动机制；项目部设立了防汛办公室，安排人员 24h 进行防汛值班。2014 年汛期未发生汛情险情，实现了平稳度汛。

（祁建华　杨淑芳　李合生）

# 汤阴段工程

## 一、工程概况

汤阴段设计单元是南水北调中线一期工程总干渠Ⅳ渠段（黄河北—羑河北段）的组成部分，位于Ⅳ渠段中黄羑段的最北部，地域上属于河南省安阳市汤阴县。

汤阴段设计单元南起自鹤壁与汤阴交界处，与总干渠鹤壁段终点相连接，北接安阳段的起点，位于羑河渠道倒虹吸出口 10m 处，起点总干渠设计桩号为Ⅳ175 + 432.8，终点设计桩号为Ⅳ196 + 749。汤阴段全长 21.316km，明渠段长 19.996km，建筑物长 1.320km。

汤阴明渠段分为全挖方段、半挖半填段、全填方段三种形式，过水断面为梯形，渠底及边坡采用现浇混凝土衬砌，渠道最大挖深 19m，最大填高 11.5m。共有各类建筑物 39 座，其中，河渠交叉 3 座，左岸排水 9 座，渠渠交叉 4 座，铁路交叉 1 座，公路交叉 19 座，控制建筑物 3 座（节制闸、退水闸和各分水口门各 1 座）。

渠道设计过水断面为梯形断面，内边坡 1:2.0 ~ 1:3.25，外坡 1:1.5 ~ 1:2.5，底宽 10.5 ~ 18.5m。渠道渠底纵比降采用 1/23 000、1/28 000 两种。设计水深均为 7.0m。设计水深均为 7.0m，设计流量 245$m^3/s$，加大流量 280$m^3/s$。

## 二、工程投资

汤阴段建安工程投资 124 816 万元，其中汤阴 1 标完成投资 52 782.54 万元；汤阴 2 标完成投资 32 715.06 万元；汤阴 3 标完成投资

38 899.52 万元；闸门标段完成投资 1042.42 万元；液压启闭机厂家完成投资 461.37 万元；电气Ⅰ标完成投资 483.98 万元；电气Ⅱ标完成投资 149.13 万元；安全监测标完成投资 695.29 万元；35kV 永久供电线路Ⅱ标完成投资 1000.26 万元；汤阴监理标监理费用结算 2482.91 万元。综上，共计结算 130 712.48 万元，完成投资的 104.72%。

## 三、建设管理

2014 年度建设管理单位在工程量审核、变更审核方面，严格依据合同文件、设计蓝图、变更文件以及相关规范规定，认真审核监理单位转报施工单位资料，审核每笔工程量是否与图纸量相符，认真审阅相关支撑资料，加班加点，及时完成了审核。

施工进度控制方面，建设管理单位严格依据监理批复的施工计划，采取周例会月例会等形式，督促施工单位严格执行。帮助施工单位一起解决他自身需要克服的困难，发挥建设管理单位的优势加强外部协调力度，给施工单位创造良好的外部环境，确保了工程进度。

施工质量控制方面，建设管理单位依靠汤阴监理部，要求监理部依据批复的监理规划和监理细则，严格执行工作纪律。同时采取定期考核与不定期抽查相结合的管理模式，检查施工单位质量保证措施到位情况和监理单位质量控制是否到位。

安全文明施工控制方面，建设管理单位要求施工单位依据合同规定，配足专职安全员及兼职安全员，同时检查施工单位的安全施工方案，采取定期考核与不定期抽查方式监督检查施工单位是否按照施工方案确保安全。同时监督促理单位，严格施工用电、高空临边作业、大型机械使用等方面的安全管理。通水以来，在安全管理方面更是要求每座桥头必须有人值守、采取进出安全隔离网签证制度，确保工程安全。

## 四、工程进展

年度建设目标：汤阴段工程 2014 年计划全部完成，达到汛后通水条件。

工程形象进度：截至 2014 年底，汤阴段的渠道衬砌、3 座河渠交叉建筑物、9 座左岸排水建筑物、4 座渠渠交叉建筑物、3 座控制建筑物及管理处建设全部完工，金属结构及机电设备、安全监测设施、35kV 永久供电线路安装已全部完成并投入使用；19 座跨渠桥梁施工完成具备通车条件。剩余尾工主要是部分渠段渠坡植草及沿线安防系统施工。

## 五、通水验收

（一）通水验收技术性初步验收

2014 年 1 月 19～22 日，国务院南水北调办设管中心在河南省安阳市主持召开汤阴设计单元工程通水验收技术性初步验收会议，验收工作组查看了工程现场，听取了参建单位的汇报，查阅了有关验收资料，经讨论形成了分专业专家组报告及《南水北调中线一期工程汤阴段设计单元工程通水验收技术性初步验收工作报告》。

（二）通水验收

2014 年 2 月 26 日～3 月 1 日，国务院南水北调工程建设委员会办公室对南水北调中线一期工程汤阴段设计单元工程进行了通水验收。通水验收委员观看了工程建设声像资料，听取了工程建设管理、质量监督和技术性初步验收工作报告，查阅了有关工程资料，查看了工程现场，并进行了充分讨论，形成了《南水北调中线一期工程汤阴段设计单元工程通水验收鉴定书》。

## 六、运行管理

汤阴管理处组建以后，高度重视运行体制建设，根据上级文件要求，积极学习借鉴其他管理处先进管理经验，逐步制定完善各类规章制度，强化责任意识，树立员工责任心，加强内部培训学习与考核，提高调度人员业务水平。

2014年6月7日充水试验开始后，汤阴管理处时刻关注水头位置，6月11日8:30水头抵达汤阴Ⅰ标，标志着汤阴段充水试验正式开始。管理处全体员工经过充水试验、试通水以及正式通水阶段的磨炼，逐步从建管完全转变为建管与运管相结合的模式。

管理处高度重视水量调度工作，加强对员工的业务培训工作，学习贯彻上级文件精神及要求，提高调度人员业务水平，增强调度人员工作责任心。根据上级要求，科学安排调度值班，保证闸站及中控室按照两班倒并至少有一名自有人员的原则完成调度值班工作。值班期间严格遵守“五个零容忍”制度，做到不迟到、不早退、不脱岗、不离岗，规范填写值班记录，严格遵守交接班制度，按时上报水情信息，发现异常及时上报。自充水试验至2014年底，汤阴段完成向下游输水16 316.7万$m^3$，汤河节制闸接收调度指令118次，上报水情信息2700余次，均在规定时间内完成并反馈分调中心。

充水试验到正式通水初期，汤阴段机电、金属结构、自动化系统、35kV供电系统、安全监测等设备均安排专人负责，按设为维护周期进行设备维护和检修，各种设备运行稳定，未出现较大故障，渠道运行正常。

## 七、环境保护及水土保持

安鹤项目部重视汤阴段工程水土保持和环境保护管理工作，督促参建各方特别是施工承包人制定水土保持和环境保护控制措施，提高施工单位的水土保持和环境保护意识。每月及时审核工程水土保持、环境保护监理及监测单位的月报，并对数据进行分析对比，对超标项目及时督促监理、施工单位进行整改；同时，积极与安鹤段水土保持、环境保护监理单位及监测单位进行联系沟通，建立了工作联系机制，并要求监理单位、监测单位开展每月、每季度的水保环保大检查，提出存在的问题，限期整改。并督促施工单位、监理单位按时编报水土保持月报、环境保护月报、水土保持和环境保护监测报告。汤阴段共征用临时用地6697.91亩，已返还4728.16亩，返还率为70.6%，其余临时用地计划在2015年5月底前完成移交、复耕。2014年汤阴段工程无水土流失和环境破坏现象。

## 八、工程度汛

在2014年防汛期间，安鹤项目部本着“安全第一、预防为主”的方针，按照“防大汛、防旱汛”的要求提前做好防汛度汛准备工作，对鹤壁段工程防汛工作进行了认真的安排部署，成立了安鹤段防汛工作领导小组，各施工单位也组建了应急抢险队伍，准备了防汛物资。已按要求编制完善了2014年汤阴段工程度汛方案和防洪应急预案，并在地市县防汛抗旱指挥部进行了备案，同时已与地方防汛部门、上游库区、气象部门建立了工作互防联动机制；项目部设立了防汛办公室，安排人员24h进行防汛值班。2014年汛期未发生汛情险情，实现了平稳度汛。

（刘　卓　杨罗明　杨淑芳
祁建华　何　琦　段　义）

# 潞王坟试验段工程

## 一、工程概况

南水北调中线一期工程总干渠膨胀岩（土）试验段工程（潞王坟段），位于南水北调中线工程总干渠第Ⅳ渠段，在新乡市潞王坟乡。潞王坟试验段主体工程项目包括渠道工程1.5km，试验段工程，两泉路公路桥桥梁一座。渠道工程共分试验段和非试验段，其中试验段渠道长度568m，渠道属深挖方，最小挖深约15m，最大挖深约42m。渠道设计流量250m³/s，加大流量300m³/s；渠道设计纵比降为1/20000；渠道过水断面呈梯形，设计底宽9.5～12m，设计水深7m。两泉路公路桥桥梁荷载等级由原来的公路－Ⅱ级变更为公路－Ⅰ级，上部梁体结构采用装配式预应力混凝土箱梁结构，下部支撑结构采用钢筋混凝土三柱式排架结构，钻孔灌注桩基础。渠道开口宽173.6m，桥长按渠道开口宽布置，采用跨径为5×35m，全长175m，共5跨。桥梁渠道夹角为66°，桥梁斜度按24°设计。桥面净宽14m，两侧各设0.5m宽防撞护栏，总宽15m，桥面双向横坡为2.0%，桥面纵向坡度为0.87%。地震动峰值加速度为0.2$g$。

## 二、工程投资

2014年，潞王坟试验段工程形成材料、机械设备、人员投入等分类投资结构模式，投入计划按月进行分解，按照南水北调中线干线工程年度施工进度计划分解表的具体要求进行投资计划安排。2014年度潞王坟试验段工程完成投资489万元。

## 三、建设管理

2014年，潞王坟试验段工程共评定单元工程151个，其中按水利行业标准评定147个，全部合格，优良139个，优良率为93.9%；按其他行业标准评定4个，全部合格，合格率为100%；评定分部工程5个，其中优良4个，1个非水利分部工程评定合格；评定单位工程2个。工程没出现质量事故，施工质量处于受控状态。

2014年，项目经理同部门负责人签订安全生产目标责任书5份，各部门负责人同部门员工签订目标责任书10份。与作业班组签订安全生产协议书、环境职业健康安全目标管理责任书共5份；对新进职工进行三级安全教育和岗前培训72人，同每个作业人员签订劳动合同书，共签订劳动合同72份，签订农民工参加意外伤害保险协议书72人。根据不同的工种和工作性质，对挖掘机、装载机、压路机、混凝土工、钢筋工、木工、电工等多个工种分别进行安全技术交底共72人，召开特种作业人员专项安全教育会议6次，召开项目部各种形式的安全会议9次，全年实现施工生产无事故的成绩。

潞王坟试验段项目部建立健全文明施工保证体系，成立文明施工领导小组，制定安全文明施工目标及文明施工方案，分别从开展“6S”活动，合理定置人、物、机，推行目视管理，搞好外部环境管理。项目部生活区基础设施齐全，舒适干净、布置合理；施工区管理规范，道路、场地平整规范，施工材料摆放整齐，标示明确，各种宣传、警示标牌齐全；施工区环境保护、水土保持措施有效，无污染和危害现象；项目部开展丰富多彩的文体活动。2014年项目部实现工区整洁，工作有序，路畅人和，安全文明的目标。

## 四、工程进展

2014年，潞王坟试验段工程建设完成主体工程施工。2014年完成土石方开挖约3万m³，土石方回填约3.5万m³，混凝土浇筑700m³。

## 五、通水验收

2014年4月，潞王坟试验段工程通过由河南省南水北调办主持的设计单元工程通水验收；9月，通过由国务院南水北调办主持的通水验收。

2014年，项目部派出2名档案管理人员参加由中线建管局档案馆举办的档案管理工作培训会。项目部邀请专家对试验段工程档案管理工作进行指导，各项档案验收准备工作正在开展。

（崔　堃）

## 安阳段工程

### 一、工程概况

南水北调中线一期工程总干渠安阳段处于Ⅳ渠段的最北部，南起羑河渠道倒虹吸出口，北接Ⅴ渠段（穿漳河工程）的起点，全长40.262km，其中渠道长39.299km。沿渠共布置各类交叉建筑物76座。总干渠设计流量245～235$m^3$/s，设计水深7.0m，渠道纵比降1/28 000，输水横断面采用梯形明渠，渠道边坡为1:2～1:3，渠底宽12.0～18.5m。

截至2014年底，安阳段工程累计完成土石方开挖2117.41万$m^3$，土石方回填1055.56万$m^3$，混凝土浇筑56.8万$m^3$，渠道衬砌39.299km，金属结构机电设备的安装、调试工作和35kV供电线路架设工作已全部完成。

### 二、工程投资

2014年度，安阳段计划完成投资3624万元，实际完成建安投资11 244万元，占年计划的310.26%，累计完成施工投资18亿元（含已结算价差1.7亿元）。全年共初审工程变更243项，变更增加投资金额9836.34余万元。累计审核工程变更717项，变更增加投资金额33 948.49万元，其中30万元以上129项，30万元及以下588项。

2014年是安阳段工程开工建设的第九年，工程建设已进入扫尾阶段。安阳段建管处在确立的静态控制与动态管理之投资控制管理框架下，进一步加大工程变更审核力度，2014年经审核增加变更投资9836.34万元，及时补充工程建设资金，为正常的工程建设提供可靠保证。

### 三、建设管理

2014年，安阳段工程已处于收尾阶段，建设管理工作主要从以下几方面开展：①加快工程扫尾，确保5月底完工的工程进度目标。每季度初由建管组织监理、施工单位，根据年度计划的要求，逐标段详细研究各个施工项目间的逻辑关系及相互影响，制定季度计划、月计划、旬计划，并编排进度控制节点。以进度节点作为控制目标，要求施工单位投入机械、材料和组织作业人员。②强化合同管理，加快结算、变更、索赔处理，保证资金供应。安阳建管处在已确立的“以事实为依据，以合同为准绳”的合同处理原则基础上，进一步规范工程价款结算的形式和程序，细化合同管理办法，强化了资控制。2014年，中线建管局及河南省南水北调建管局组织开展“深化投资控制管理、实现投资控制目标”主题年活动，按照上级单位及部门的要求，安阳段建管处成立变更、索赔处理工作小组，编制《南水北调中线一期工程总干渠安阳段变更索赔处理收口台账》，并按计划集中处理工程变更、索赔事项。全年共组织签订补充协议13份，印发联系单46份，文件33份，办理工程价款结算12期，处理完成工程变更243项，涉及金额约0.98亿元，及时编报《建设信息月报》《建管月报》《投资控制分析月报》《投资控制分析季报》《投资控制分析年报》和《资金计划》等；年内组织监理和施工单位完成了安阳段工程2014年度价差调整测算工作；编制安阳段工程《2015年度生产计划》，并按时完成各项尾工建设任务；编制《总干渠充水期间安保工作方案》《2015年度资金计划》等，并督促相关单位全面落实。③积极推进工程验收工作。安阳段建管处与相关单位积极合作，完成安阳段工程所有单位工程的验收及建设管理工作报告的编制工作。2014年，全面完成工程建设任务。

安阳段共有分部工程394个，全部验收完成，其中水利分部工程205个，优良175个，分部工程优良率85.4%，非水利工程分部工程189个，全部合格。41个单位工程全部验收完成，44座桥梁工程已完成交工验收

工作，未移交。开工以来安阳段未发生一起质量事故，工程质量一直处于受控状态。

截至2014年底，共评定单元工程16 874个，其中优良单元工程15 381个，单元工程优良率91.2%，共评定分项工程5398个，全部合格；分部工程394个全部验收完成，其中水利分部工程205个，优良175个，分部工程优良率85.4%，非水利工程分部工程189个，全部合格。

开工以来安阳段工程未发生一起较大以上安全责任事故，安全生产秩序良好，始终处于受控状态。

## 四、工程进展

2014年，安阳段工程主要工程建设内容为：硅芯管埋设6.2km，个别标段的沥青路面和高填方加固、全段的防护林带、十三处设备调试项目等工程。安阳段全部工程于2014年5月底基本完工，并通过国务院南水北调办组织的“南水北调中线一期工程安阳段设计单元工程通水验收”和中线建管局组织的渠道充水试验。

安阳段工程自2014年6月14日开始充水，6月17日全线过水；12月15日，河南省南水北调工程正式通水。

## 五、通水验收

制定充水试验工作方案和应急预案，成立现场工作领导小组，明确责任人，提出具体的工作要求。监理单位制定充水试验安全防范监理细则，各施工单位制定充水试验工作方案和工程抢险预案，明确工作程序、人员责任、设备物资保障等。安排布置安全保护范围内的各项安全防范措施，并跟踪督促，组织各施工单位，按要求沿渠线设置安全警示标识，在因复杂原因无法实施封闭隔离网的部位，设置专人看守，并在沿线重要部位悬挂各类宣传条幅。

建立巡查值班制度，明确充水期间和通水运行初期的值班人员，落实立24h巡查值班制度。充水试验期间，根据充水速度确定检查频次。水位上升或下降较快时，每天巡视检查1次；水位平稳或变化不大时，每2～3天巡视检查1次。发现有异常现象时，对异常部位应每天专门检查不少于2次。组织设计、监理单位以及土建、金属结构、机电、自动化、安全监测等施工单位，对工程安全、安保进行全面巡查，及时发现、报送和组织处置有关问题。在全面巡查的基础上，对工程重点部位和高风险部位加强巡查，如高填方、深挖方、中强膨胀土（岩）、高地下水等特殊渠段，渡槽、倒虹吸等大型输水建筑物，左岸排水等下穿渠道的交叉建筑物等。对安全巡查发现的问题，由建管处组织会商处置。对影响结构安全和耐久性的问题，由设计单位提出处理方案。

安阳段自2014年6月14日开始充水，6月17日全线过水；6月14日～9月30日持续109天，其中，全渠段水位4m以上水深超过20天。在充水过程中，安阳段渠段最高水位上游（施工1标）5.59m，下游（施工9标）6.78m。在充水试验过程中，未发现严重的工程安全问题，已发现的局部桥梁立柱周围渠道衬砌面板沉陷、局部渠道面板沉陷等问题均已按要求上报。安阳段于2月26日通过国务院南水北调办验收组组织的通水验收。

安阳段工程档案资料的整理工作基本完成，其中，建管档案组卷670卷，施工及监理单位组卷5500卷，基本具备预验收条件，计划6月底前进行安阳段档案预验收。

（马树军　何向东　高保真　杨德峰　李沛炜　焦青云）

# 穿 黄 工 程

## 一、工程概况

南水北调中线一期穿黄工程（以下简称穿黄工程）是南水北调中线一期工程中的关键、控制性工程，于郑州市荥阳孤柏山湾由南向北穿越黄河，横跨郑州市荥阳市和焦作市温县，是南水北调中线总干渠穿越黄河的大型输水工程，其任务是将中线调水从黄河南岸输送到黄河北岸，在水量丰沛时，视需要向黄河补水。工程位于河南省郑州市黄河京广铁路桥上游约30km处，于孤柏山湾横穿黄河。工程南岸起自荥阳市王村化肥厂南的A点，与中线总干渠荥阳段相接，终点为北岸温县南北张羌乡马庄东的S点，与温博段工程连接，总长19.30km，设计流量为265m$^3$/s、加大流量为320m$^3$/s。

穿黄工程为一等工程，由南岸明渠、南岸退水建筑物、进口建筑物、穿黄隧洞段、出口建筑物、北岸明渠、北岸新蟒河渠道倒虹吸、老蟒河河道倒虹吸、北岸防护堤、南北岸跨渠建筑物和南岸孤柏嘴控制导流工程等组成。其中，明渠长13 949.6m（南岸明渠长4628.57m，北岸明渠长9321.03m），建筑物长度5354.9m，沿途穿越黄河、新蟒河、老蟒河等3条河流，与14条等级公路交叉。

穿黄工程于2005年9月开工，主体完工日期为2013年12月31日。

## 二、工程投资

穿黄工程批复总投资为334 779万元，含三部分。

（1）穿黄工程初步设计概算批复总投资313 706万元。工程静态总投资290 067万元（其中，建筑工程188 083万元，机电设备及安装工程3091万元，金属结构设备及安装工程1358万元，临时工程28 763万元，独立费用30 248万元，基本预备费17 471万元，征地移民工程投资19 546万元，环境保护工程744万元，水土保持工程763万元），建设期融资利息23 639万元。

（2）国务院南水北调办以《关于南水北调中线一期工程总干渠高填方渠段加强安全措施专题设计报告（概算）的批复》（国调办投计〔2013〕91号）对穿黄工程高填方渠段加强安全措施专题投资进行批复，核定穿黄工程高填方渠段加强安全措施专题投资778万元。

（3）价差批复投资共计20 295万元，其中2005～2008年价差投资5688万元，2009～2011年价差投资9748万元，2012年价差投资4859万元。

2014年，穿黄工程计划完成投资6404万元（工程部分），实际完成投资18 333万元，占年计划的286%。截至2014年底，穿黄工程所有合同项目累计完成投资28.99亿元，完成合同金额的132%。

## 三、建设管理

穿黄工程的建设管理模式为直管制，由南水北调中线干线工程建设管理局河南直管项目建设管理局（以下简称河南直管建管局）负责工程的建设管理。穿黄工程的现场管理部为郑焦项目部（2014年10月前负责建设任务），穿黄管理处配合尾工建设和绿化管理（2014年10月进入初期运行期）。

### （一）工程建设期

郑焦项目部认真贯彻落实河南直管建管局2014年工作会议精神，紧紧围绕年度工程建设目标，“拼进度、强质量、保安全”，统筹推进工程建设和验收、移交等工作，协调参建各方合力攻坚，全面扎实快速推进工程建设。郑焦项目部设工程管理处、质量安全处、计划合同处和穿黄温沁办四个处室，以工程建设管理为中心，不断健全质量、安全、进度及文明施工、环保、水保等管理体系，对工程质量、投资、进度、档案、合同、安全生产与文明施工进行了全面实施管理；主动与地方政府沟通和协调，组织各参建单位处理技术问题，并做好外部环境协调等，保证了工程建设顺利实施。

为及时掌握及控制工程建设进度，郑焦项目部根据合同及节点要求编制了各标段施工总进度计划，同时根据现场实际情况编制并下达年度进度计划，并由监理单位按季度、月进行分解控制，同时组织监理单位定期组织召开季度、月生产进度例会，及时掌握工程建设进展情况及解决施工中的出现的问题，同时要求监理单位督促施工单位将月计划分解到周，按周进行控制，对于重点项目按日进行控制；坚持以日保周，以周保月，以月保季，以季保年的战略措施，确保总体目标的实现。

对穿黄工程的质量管理活动遵循南水北调中线干建设管理局质量管理文件和合同文件的相关要求，建立健全质量保证体系以及质量管理检查机构，完善了工程质量管理制度，明确各方各级人员质量职责，正确合理地分配质量管理要素，实施全面质量管理。根据穿黄工程管理特性，将其纳入郑焦直管项目质量保证体系管理范畴，依据 ISO9001：2000 标准的要求建立健全了河南直管建管局郑焦项目部负责，监理单位控制，设计、施工及其他参建方保证，政府监督相结合的质量保证体系。根据中线建管局的工程质量管理办法，修订了适合郑焦直管项目工程特点和技术要求的工程质量管理办法和各项质量考核细则，完善了质量管理体系文件。2014 年，穿黄工程质量情况基本稳定，未发生任何质量事故，优良率数控指标均保持较高水平，共完成 1879 个单元工程，其中 1879 个单元工程优良，优良率 100%，工程质量优良。

郑焦项目部制定了安全巡视检查制度、安全生产隐患排查治理制度、安全事故报告制度等使管理制度进一步完善。根据国务院南水北调办、中线建管局统一安排和部署，结合郑焦段项目安全管理特点，提前规划各月安全管理重点工作，组织开展安全培训和教育，深化安全生产专项整治工作，集中开展安全生产领域“打非治违”专项行动，组织开展“安全生产月”活动，扎实开展预防施工起重机械和脚手架等坍塌事故专项整治工作，深入开展隐患排查治理活动，加强重大危险源管理，落实重大危险源监控管理措施，确保重大危险源可控、在控。同时，强化应急预案体系建设，制定和完善郑焦片项目安全事故应急预案，提前安排防汛度汛、高温季节施工及重大节假日的安全生产工作，构建统一指挥、反应灵敏、协调有序、运转高效的应急管理机制并适时组织开展预案演练，切实提高了应急管理能力和水平。可以随着工程进展有预见性地提出安全警示。有效地提高各单位安全防范意识，减少安全隐患。对各单位安全管理人员和特种作业人员进行动态管理。建立纵向信息网络，搭建安全管理交流平台。加强现场大型设备动态管理，确定照管人。2014 年，除平常的日常巡视检查外，组织针对尾工建设开展了 12 次安全检查活动。由于管理到位、措施有效，郑焦段直管项目全年未发生安全事故，未因安全问题受国务院南水北调办或中线建管局处罚。

（二）工程初期运行期

2014 年 10 月，穿黄工程进入初期运行期后，根据工程特点和工作的需要，穿黄管理处逐步建立并完善职能分工，初期设负责人 2 名，下设综合组、工程管理组、运行组等 3 个处室，明确各岗位分工、责任到人，工程管理组为建设管理的主体部门，主要履行对出穿黄工程的设计、监理、施工等各参建单位在尾工建设实施阶段、竣工验收、移交阶段和缺陷责任期阶段的管理职能。

## 四、工程进展

2013年底，穿黄段主体工程已基本完成，2014年无主体工程施工。主要的工作重心在穿黄隧洞的充水试验，2014年8月15日开始对下游线隧洞进行充水试验，2014年9月1日开始对上游线隧洞充水试验，充（退）水分别分六级进行，并根据现场实际情况，同步实施安全监测三方联测，整个充水过程正常、平稳，下游线隧洞充水至117m时渗漏量最大14.91L/s，小于设计最大渗漏排水能力，埋设监测仪器测值变化符合规律，隧洞结构安全，满足设计要求。上游线隧洞充水至117m高程时最大渗漏量为5.04L/s，远小于设计最大渗漏排水能力，埋设监测仪器测值变化符合规律，隧洞结构安全，满足设计要求。除穿黄隧洞的充水试验外，2014年穿黄工程完成了穿黄隧洞南岸竖井拆除工作等尾工任务。

2014年，穿黄工程完成土石方开挖18.64万$m^3$，土石方填筑6.53万$m^3$，混凝土浇筑0.2万$m^3$。截至2014年底，穿黄工程渠道开挖、填筑、衬砌全部成型，2座河渠交叉建筑物，1座左岸排水建筑物，主体工程均已完成；14座跨渠桥梁，均已通车，16套闸门埋件，10扇闸门均已安装完成并投入使用。

## 五、通水验收

2014年9月15～17日，南水北调中线干线工程建设管理局组织了穿黄工程设计单元工程项目法人验收。2014年9月18～20日，南水北调设计管理中心组织了穿黄工程设计单位通水验收技术性初步验收。2014年9月20～21日，国务院南水北调办组织完成了穿黄工程设计单元通水验收。

## 六、运行管理

在初步设计报告中，工程管理机构按总公司、分公司和管理处三级设置。一级管理机构为南水北调中线干线总公司，二级管理机构为河南分公司，三级管理机构为穿黄管理处。穿黄管理处负责穿黄设计单元的运行管理。2012年12月30日，中线建管局印发了《南水北调中线待运行期运行机构设置方案》，对待运行期三级管理机构穿黄管理处进行了明确。根据管理机构设置方案，穿黄管理处内设综合组、运行组、工程组等部门，正常运行期人员编制为28人。当前，穿黄管理处已完成组建，人员已到位。穿黄管理处人员参与了工程验收及移交接管工作，并负责督促工程遗留问题的处理有关工作。开始履行管理维护职责。根据穿黄工程南北岸（南岸管理处、北岸派出站）的特殊情况，穿黄管理处的人员设置按南北岸分别设置，分别是管理处调度室及北岸闸站值班人员，管理处工程、安全巡视及北岸渠道工程、安全巡视，具体如下：

（一）调度工作

南岸管理处调度：执行管理处调度任务，负责进口闸调度。

北岸闸站调度：执行出口节制闸调度指令，负责北岸竖井渗漏、检修泵运行、隧洞水位、渗漏量观测管理。

（二）巡视工作

南岸巡视主要重点为进口深挖方渠道、各级边坡、网栏缺口及退水洞洞顶及边坡。

北岸巡视主要重点为北岸高填方渠道及隔离网栏。

（三）安全监测

安全监测工作重点为隧洞通水监测，根据监测情况随时判断隧洞运行状态。

（四）充水试验

穿黄隧洞2014年9月完成充水试验后，根据充水试验情况，确定穿黄工程参与全线

充水试验。10 月 3 日穿黄工程开始参与全线充水，10 月 3 日 13 时 2 分水头到达穿黄工程 A 点，17 时 40 分水头开始进入穿黄隧洞；10 月 6 日两洞水位达到 116m 高程，9 时 35 分穿黄出口节制闸开启，开始向下游放水；10 月 8 日 5 时洞内水位达到 117m 高程。根据隧洞过流情况，决定进行单洞过流 $50m^3/s$ 的测试：10 月 8 日，关闭下游线隧洞节制闸，过流逐渐加大至 $50m^3/s$，期间进行不间断监测，监测数据无异常；10 月 9 日，关闭上游线隧洞节制闸，过流逐渐加大至 $50m^3/s$，期间进行不间断监测，监测数据无异常。

（五）运行调度

2014 年12 月 12 日 14 时 32 分开始正式通水，穿黄工程正式开始进入运行期。进入运行期后，穿黄管理处在执行国务院南水北调办、中线建管局制定的运行管理规章制度的基础上，结合工程和单位实际，制定运行管理制度；已建立健全检查监督和考核机制，确保运行管理制度的有效实施。安全监测管理、安全保护管理、安全度汛、运行管理和档案管理等工作由管理处承担。通水以来，为保证调度工作的平稳开展。穿黄管理处加强内部制度建设，《运行调度工作职责》《闸站交接班制度》《闸站值班制度》《闸站规范管理检查制度》《闸站出入管理办法》《“五种情况”零容忍》已经宣贯并上墙执行。

截至 2014 年底，穿黄管理处现地闸站接到调度指令共计 182 条，操作准确率 100%。尤其是闸前水位急剧变化期间，加密了水位观测频次，严格按照总调及分调的工作要求及时上报水位变化情况，为上级单位制定调度计划提供了依据，保证了调度工作的顺利开展。

穿黄管理处针对已投运的金属结构、机电、电气设备，尤其是穿黄隧洞北岸竖井渗漏及检修排水泵的运行工况。加密设备巡查频次，认真登记《巡查记录表》，详细记录巡查内容和故障发生情况，并跟踪故障处理情况，做到问题“早发现、早解决、可追溯、记录详”，全力为安全、平稳调度保驾护航。

根据工程运行管理工作的需要，穿黄管理处已购置生产用交通车辆、必要的工器具等相关物资，满足初期运行生产需要。《工程调度运用方案》《操作规程等技术方案》已经编制完成；对部分运行管理人员，开展技术培训工作，重点培训闸站操作、渠道运行维护及安全监测数据采集、操作规程等，提高操作技能，保障运行管理顺利进行。

## 七、环境保护及水土保持

郑焦项目部及穿黄管理处要求各监理单位积极督促施工单位遵守有关环境保护的法律、法规和合同规定，采取合理的措施保护环境。做好施工开挖边坡、基坑的支护和排水，设置沉淀池对拌和系统废水集中沉淀处理，定时在施工主干道洒水，加强对噪声、粉尘、垃圾的控制和治理防止污染，保持了施工区和生活区的环境卫生，达到环境保护要求。

在水土保持方面，要求各监理部督促施工单位必须遵守国家有关法律、法规规定，按照设计单位印发的水保临时措施施工技术要求、设计征地图纸控制永久用地和临时占地面积，认真做好水土保持工作。如施工道路、厂区硬化、设置排水沟，及时平整弃渣场、做好坡面防护和表面排水等。工程完工时做好现场清理，能及时移交临时占地；渣场无水土流失，符合水土保持要求。

（崔　娇　张文博　胡靖宇　翟会见　杨　卫）

# 沙河南—黄河南段工程

## 概　述

工程设计防洪标准按100年一遇洪水设计，300年一遇洪水校核。

沙河南—黄河南段起点位于河南省平顶山鲁山县马楼乡薛寨村北沙河南岸，终点位于河南省荥阳市王村乡新店村北。线路全长234.93km。渠段内共有各类建筑物345座，包括河渠交叉建筑物32座，左岸排水建筑物96座，渠渠交叉建筑物14座，控制工程38座，公路交叉建筑物165座。

沙河南—黄河南段包括沙河渡槽工程、鲁山北段工程、宝丰—郏县段工程、北汝河渠道倒虹吸工程、禹州和长葛段工程、潮河段工程、新郑南段工程、双洎河渡槽工程、郑州2段工程、郑州1段工程、荥阳段工程等11个设计单元，其中沙河渡槽工程、鲁山北段工程、北汝河渠道倒虹吸工程、荥阳段工程为直管项目，双洎河渡槽工程为代建项目，其他为委托建管项目。

（崔浩朋　刘　洋　李志海）

## 沙河渡槽工程

### 一、工程概况

沙河渡槽工程是南水北调中线一期工程总干渠沙河南—黄河南的组成部分，位于河南省鲁山县城东约5km处，总干渠桩号[SH(3)0+000]~[SH(3)11+938.1]，全长11.938km；其中明渠长2.8881km，建筑物长9.05km。总设计水头差1.881m，其中渠道占用水头0.111m，建筑物占用水头1.77m。设计流量320m³/s，加大流量380m³/s。该工程跨沙河、将相河、大郎河三条河流，各类交叉建筑物共13座，其中渡槽1座（统称沙河渡槽），包括沙河梁式渡槽、沙河—大郎河箱基渡槽、大郎河梁式渡槽、大郎河—鲁山坡箱基渡槽和鲁山坡落地槽；左岸排水建筑物5座，节制闸1座，退水闸1座，桥梁工程5座。

工程设计防洪标准按100年一遇洪水设计，300年一遇洪水校核。

### 二、工程投资

沙河渡槽工程批复总投资298125万元，其中初步设计概算静态总投资266660万元，建设期融资利息12522万元，国务院南水北调办批复重大设计变更1180万元，价格调整14826万元。

2014年沙河渡槽工程计划完成投资5795万元（工程部分），实际完成投资16063万元，完成年计划的277%。截至2014年底，沙河渡槽工程所有合同项目累计完成投资222412万元，完成合同金额177629万元的125%。

为贯彻落实2014年南水北调工程建设工作会议和中线建管局工作会议精神，扎实做好河南直管代建项目投资管理工作，确保实现“平稳转型、如期通水”总体目标，2014年主要合同管理工作是紧紧围绕“保进度目标做好资金供应、明确投资控制目标严把投资关口”两大任务，贯彻落实“深化投资控制管理、实现投资控制目标”主题年活动指导思想和活动目标，深入开展“深化投资控制管理、实现投资控制目标”主题年活动，从保障现场资金供应、控制已下达投资控制指标、保证资金安全三个方面实现风险动态管理，积极配合变更索赔专项审计和国务院

南水北调办资金专项审计工作。截至2014年底，沙河渡槽工程尚未动用基本预备费，投资处于可控状态。

## 三、建设管理

沙河渡槽工程于2009年12月30日开工，2013年12月20日主体工程完工，2014年12月12日全线通水。工程开工后，平顶山项目部按照河南直管建管局的“规范管理、技施创新、和谐共建、过程受控、质量一流”的指导思想，树立“营造和谐文明建设环境、创建世纪一流精品工程”的管理目标。以工程建设管理为中心，不断健全质量、安全、进度及文明施工、环保、水保等管理体系。设立专人负责质量、进度、安全、文明施工、信息、监理工作管理等项工作，严格按照河南直管建管局制定的各项管理规章制度，充分依靠建设监理对工程进行制度化、规范化管理，不断提高工程管理水平，全方位全过程加大管理力度，保证工程建设顺利进行。

## 四、工程进展

2014年，沙河渡槽工程计划完成投资5795万元（工程部分），实际完成投资16 063万元，完成年计划的277%。

2014年，沙河渡槽工程完成土石方开挖6.60万$m^3$，土石方回填23.33万$m^3$，混凝土浇筑0.76万$m^3$，隔离网26.00km，运行维护道路14.11km。

2014年，沙河渡槽工程隔离网、运行维护道路、闸门等金属结构安装、管理房、降压站等房屋建筑工程、降压站、35kV输电线路等一系列附属工程全部完成，并于2014年12月正式投入使用，12月12日工程正式转入试运行阶段。

## 五、验收工作

截至2014年底，沙河渡槽工程分部工程共252个，已完成验收248个，完成率98.4%；单位工程共21个，已完成验收12个，完成率57.1%。

沙河渡槽工程7座桥梁全部通过分部、单位工程验收，并于2014年12月通过交工验收。

2014年2月16～19日，沙河渡槽工程进行了安全评估。

2014年3月14～16日，沙河渡槽工程通过项目法人通水验收（自查）。

2014年4月17～20日，沙河渡槽工程通过国务院南水北调办在河南省平顶山市鲁山县组织的南水北调中线一期工程沙河渡槽段设计单元工程通水验收技术性初步验收。

2014年5月5～8日，沙河渡槽工程通过国务院南水北调办在河南省平顶山市鲁山县组织的南水北调中线一期工程沙河渡槽段设计单元工程通水验收。

## 六、运行管理

河南直管建管局现有人员491名，除小部分负责建设尾工工程验收、档案整理人员外已全部转为运行管理人员，负责河南段运行管理工作。

2014年3月后，中线建管局和河南直管局陆续组织河南段运管人员参加了机电设备、金属结构等专项的操作、运行维护培训，抽调骨干人员深入设备厂家，了解设备生产制造流程，工作原理和操作方法。通过上述培训工作，取得了良好的效果，为工程建设转入运行打下了良好的基础。

随着工程运行管理工作的不断深入，中线建管局将进一步优化运行阶段管理体制，调整或增加人力资源配置，开展相关培训工作。

工程处于建管向待运管转变的过程中，河南直管局专门成立了运行管理处，配合中线建管局运行管理部进行运行管理相关管理制度的完善和修订工作。

沙河渡槽工程所属管理机构为南水北调中线建管局下属的三级机构鲁山管理处，履行管理维护职责。根据《南水北调待运行期工程管理维护考核办法》（国调办建管〔2012〕268号）等规定，各级工程管理机构建立健全了待运行期工程管理维护目标责任制，落实组织管理、安全管理、工程管理和经费管理责任，强化待运行期工程管理维护考核工作，保障工程完好和安全。

按照“管养分离”的管理原则，闸站操作、运行调度、工程巡视等任务以“自我人员为主，运行初期借调监理等单位人员辅助”，安全保卫工作通过招标由黄河建工集团承担，维修养护工作后期委托有相应资质的企业负责实施。

为满足工程运行管理工作的需要，负责该段工程运行管理的鲁山管理处配备了专门交通车辆，办公生产工器具齐全，防汛抢险等物资于2015年汛前到位。

## 七、环境保护及水土保持

平顶山项目部安排专人负责环境保护及水土保持管理工作，督促环保监理认真开展工作，对辖区内的施工、营区等区域开展环保监测评估，及时向施工单位发出预警信息，对存在的问题的标段督促其整改到位。对辖区内的弃渣场，按水保图纸、地方政府主管部门相关规定要求施工，在汛期前组织大排查，发现隐患及时整改，确保了工程的顺利进行。

（崔浩朋　刘　洋　李志海　赵本基　张晓亮　董瑞涛）

# 鲁山北段工程

## 一、工程概况

鲁山北段工程为一个设计单位，渠道全长7.744km，渠线穿越10条较小排水沟河。总干渠与沿线灌渠、公路的交叉工程全部采用立交布置型式，沿线建筑物工程有左岸排水倒虹吸、渠渠交叉、控制工程和路渠交叉工程4种类型。共有各类建筑物24座，其中初设批复左岸排水建筑物10座；渠渠交叉建筑物3座；跨渠公路桥5座，生产桥5座；另有设计变更增加分水口门1座。

鲁山北段工程建设内容主要包括土建及设备安装工程、安全监测仪器设施安装工程及35kV永久供电线路工程。

鲁山北段工程沿途与10条较小河流，3条现有灌溉渠道，5条等级公路交叉，总干渠上建筑物共24座。其中：渠渠交叉建筑物3座，左岸排水建筑物10座，跨渠公路桥5座，生产桥5座。另有设计变更增加分水口门1座。渠道设计流量$320m^3/s$，加大流量$380m^3/s$。渠道设计水深为7.0m，加大水深为7.643～7.656m，设计底宽22.5～25m。起点设计水位130.489m，终点设计水位130.191m。总设计水头差0.298m。张村分水口门设计流量$1m^3/s$，设计水头0.02m。

鲁山北段工程为一等工程，总干渠及其交叉建筑物等主要建筑物级别为1级，附属建筑物与河道护岸工程等次要构筑物级别为3级，临时建筑物级别为5级。该渠段共10座桥梁，5座公路桥中，汽车荷载等级为公路－Ⅰ级的2座、公路－Ⅱ级的3座；5座生产桥的汽车荷载等级为公路－Ⅱ级。地震动峰值加速度小于$0.05g$，相应的地震基本烈度小于Ⅵ度，抗震设防烈度采用Ⅵ度。左岸排水建筑物防洪标准按50年一遇洪水设计，200年一遇洪水校核。

## 二、工程投资

鲁山北段工程批复总投资68 180万元，其中静态总投资67 245万元，建设期融资利息935万元。工程部分静态投资27 694万元，其中，建筑工程20 800万元，机电设备及安装工程20万元，临时工程849万元，独立费用4457万元，基本预备费1568万元；移民环境投资23 797万元；其他部分7701万元（包括公路交叉建筑物5512万元、供电线路246万元、生产桥1943万元）；国务院南水北调

办批复重大设计变更4846万元；2009～2012年价差3207万元。

2014年鲁山北段工程计划完成投资3450万元（工程部分），实际完成投资4073万元，完成年计划的118%。截至2014年底，鲁山北段工程所有合同项目累计完成投资46 769万元，完成合同金额30 446万元的154%。

为贯彻落实2014年南水北调工程建设工作会议和中线建管局工作会议精神，扎实做好河南直管代建项目投资管理工作，确保实现“平稳转型、如期通水”总体目标，2014年主要合同管理工作是紧紧围绕“保进度目标做好资金供应、明确投资控制目标严把投资关口”两大任务，贯彻落实“深化投资控制管理、实现投资控制目标”主题年活动指导思想和活动目标，深入开展“深化投资控制管理、实现投资控制目标”主题年活动，从保障现场资金供应、控制已下达投资控制指标、保证资金安全三个方面实现风险动态管理，积极配合变更索赔专项审计和国务院南水北调办资金专项审计工作。由于膨胀土重大设计变更导致投资增加较多，截至2014年底，鲁山北段工程已突破投资控制指标，申请动用基本预备费。

## 三、建设管理

鲁山北段工程于2009年12月30日开工，2013年12月20日主体工程完工，2014年12月12日全线通水。工程开工后，平顶山项目部按照河南直管建管局的“规范管理、技施创新、和谐共建、过程受控、质量一流”的指导思想，树立“营造和谐文明建设环境、创建世纪一流精品工程”的管理目标。以工程建设管理为中心，不断健全质量、安全、进度及文明施工、环保、水保等管理体系。设立专人负责质量、进度、安全、文明施工、信息、监理工作管理等项工作，严格按照河南直管建管局制定的各项管理规章制度，充分依靠建设监理对工程进行制度化、规范化管理，不断提高工程管理水平，全方位全过程加大管理力度，保证工程建设顺利进行。

## 四、工程进展

2014年鲁山北段工程计划完成投资3450万元（工程部分），实际完成投资4073万元，圆满完成年度投资任务。

2014年，鲁山北段工程完成混凝土浇筑0.28万$m^3$，隔离网19.99km，运行维护道路14.49km。

2014年，鲁山北段工程隔离网、运行维护道路、闸门等金属结构安装、管理房、降压站等房屋建筑工程、降压站、35kV输电线路等一系列附属工程全部完成，并于2014年12月正式投入使用，12月12日工程正式转入试运行阶段。

## 五、通水验收

鲁山北段工程每个分部工程、单元工程、重点工序开工前，施工单位下发质量控制措施，由主管工程师进行施工技术交底，明确设计要求、技术标准、功能作用与其他工程的关系等，重点部位编写施工操作程序，重点讲述施工方法和注意事项等，使全体人员彻底明了施工对象。施工阶段做到一级负责一级，一级保一级，实行“三不交接”、“四不施工”和“三检制”。

严格把好材料关：对采购进场的原材料、成品、半成品，由质量、技术、物资部门人员严格验收，检查进场货物的品种、规格、数量是否符合采购计划；厂家的合格证或检验报告是否齐全；对产品进行现场质量检查，并填写验收记录；取样进行试验，并出具试验报告单；与监理配合，做好平行检验；不合格材料不准进场，进场的必须清退。做到“人人有职责、事事有程序、作业有标准、体系有监督、不良有纠正”。

分部工程、重要单元工程及重要隐蔽工程项目，施工单位“三检”合格后，由监理单位抽检，监理单位抽检合格后，根据验收规范及验收管理办法，由监理单位组织，建设、设计和施工单位联合验收并签发隐蔽工程验收证。

截至2014年底，鲁山北段工程分部工程共89个，已完成验收89个，完成率100%；单位工程共13个，已完成验收10个，完成率76.9%。

鲁山北段工程10座桥梁全部通过分部、单位工程验收，并于2014年12月通过交工验收。

2013年11月12日，鲁山北段工程顺利通过安全评估。

2013年11月24～25日，南水北调中线建管局组织对鲁山北段工程进行通水验收前项目法人验收（自查）。

2013年12月19～22日，国务院南水北调办组织对鲁山北段工程进行通水验收技术性初步验收。

## 六、运行管理

鲁山北段工程所属管理机构为南水北调中线建管局下属的三级机构鲁山管理处，履行管理维护职责。根据《南水北调待运行期工程管理维护考核办法》（国调办建管〔2012〕268号）等规定，各级工程管理机构建立健全了待运行期工程管理维护目标责任制，落实组织管理、安全管理、工程管理和经费管理责任，强化待运行期工程管理维护考核工作，保障工程完好和安全。

按照"管养分离"的管理原则，闸站操作、运行调度、工程巡视等任务以"自我人员为主，运行初期借调监理等单位人员辅助"，安全保卫工作通过招标由黄河建工集团承担，维修养护工作后期委托有相应资质的企业负责实施。

为满足工程运行管理工作的需要，负责该段工程运行管理的鲁山管理处配备了专门交通车辆，办公生产工器具齐全，防汛抢险等物资于2015年汛前到位。

## 七、环境保护及水土保持

平顶山项目部安排专人负责环境保护及水土保持管理工作，督促环保监理认真开展工作，对辖区内的施工、营区等区域开展环保监测评估，及时向施工单位发出预警信息，对存在的问题的标段督促其整改到位。对辖区内的弃渣场，按水保图纸、地方政府主管部门相关规定要求施工，在汛期前组织大排查，发现隐患及时整改，确保了工程的顺利进行。

（崔浩朋　刘　洋　李志海　赵本基　张晓亮　董瑞涛）

# 宝丰—郏县段工程

## 一、工程概况

宝丰—郏县段工程位于河南省宝丰县、郏县境内，起点桩号为SH(3)19+707.0、终点桩号为SH(3)61+648.7，设计段长40.769km（不含北汝河渠倒虹）。其中，明渠长38.318km，建筑物长2.451km。该渠段设计流量320～315$m^3/s$，设计水位为130.191～127.166m。

宝丰—郏县段工程于2013年12月18日完成全部渠道混凝土衬砌施工任务，提前12天实现国务院南水北调办确定的主体工程完工目标。

## 二、工程投资

宝丰—郏县段工程2014年计划完成投资2.46亿元，实际完成投资3.36亿元，占年计划的136.7%。累计完成投资22.33亿元，占总合同金额的126.9%，占合同量的103.5%。

## 三、建设管理

（一）组织管理

2014年是南水北调工程的通水之年、收

官之年，围绕通水目标，邀请专家对宝郏段工程变更进行指导，并采取“集中办公”、“联合会商”等方法加快工程变更项目的处理，解决参建单位资金紧张问题，加强对各施工单位资金使用情况监督管理。召开专题会、现场协调会等形式及时和现场设计、地质人员沟通，加快设计变更进度。在资源投入、施工组织、计划安排、质量管理等方面对施工单位支持。在征地拆迁、环境协调等方面做好服务工作。定期召开工程验收专题会议，检查督促宝郏段验收工作，完善验收管理办法。开展宝郏段通水验收的准备工作，宝丰—郏县段于2014年5月12~14日通过国务院南水北调办委托河南省南水北调办组织的通水验收。对总干渠充水试验和通水初期安全保卫、工程巡视工作，建管处成立以处长为组长的安全保卫工作领导小组，编制《关于做好宝郏段工程充水期间安全管理工作的通知》《充水试验安全保卫工作实施方案》和《充水试验及通水初期工程安全巡查工作实施方案（试行）》。

（二）施工进度控制

编制2014年实施进度计划，加快剩余尾工、管、电、房、站的建设及金属结构电气安装、调试进度。督促各施工单位加大资源投入，分析日进度强度，每周组织监理及施工单位召开一次例会，通报各标的尾工进展情况，逐标分析按时完工存在的风险，按照既定的时间节点完工。督促加快临时用地返还、工程变更及索赔项目的处理、35kV、工程验收等工作的进度，定期进行考核和奖惩，开展汛前“大干100天，完成年度建设目标任务”的活动。

（三）合同管理

根据中线建管局、河南省南水北调建管局有关“深化投资控制管理、实现投资控制目标”主题活动年通知及实施方案要求，加快工程变更、索赔项目的处理进度，督促施工单位按照合同变更处理专题会中确定的时间节点，上报变更资料，对不能按时上报的标段进行处罚，加快计量支付申报进度，最大限度为施工单位提供资金支持。

（四）质量管理

针对宝丰—郏县段2014年尾工建设和保通水工作，进一步完善工程质量管理《工程质量检查制度》《工程质量巡查制度》《工程质量监测管理规定》《工程质量奖惩制度》等各项规章制度。2014年，验收评定单位工程66个，分部工程452个。水工部分单位工程共划分23个，分部工程共划分186个，2014年单位工程验收评定18个，全部合格，其中优良18个，优良率100%；分部工程验收评定178个（闸房及降压站共9个不参加优良评定），全部合格，其中优良147个，优良率87%。设计单元内桥梁工程共划分单位工程43个，分部工程224个，2014年验收评定单位工程34个，全部合格，34座桥梁通过交工验收；验收评定分部工程212个，全部合格。设计单元内共有3座铁路桥建筑物。共划分单位工程11个，分部工程48个，均已验收评定，全部合格。设计单元内运行管理房2座。共划分单位工程2个，分部工程12个，均已验收评定，全部合格。该设计单元内35kV输电线路一条，划分为单位工程1个，分部工程2个，均合格，全部通过验收并投入运行。

（五）安全管理

2014年组织开展安全生产专项检查26次，召开安全生产例会12次；完成5个施工标段安保顺利移交工作。宝丰—郏县段工程未发生安全生产事故和溺水事件，安全受控。

## 四、工程进展

2014年6月30日，宝丰—郏县段工程全部完工，具备通水条件。2014年计划完成剩余尾工、管、电、房、站的建设及金属结构电气全部完工，并于2014年汛后正式通水。

2014年，宝丰—郏县段8座河渠交叉建

筑物、8座渠渠交叉建筑物、16座左岸排水建筑物、3座分水闸、1座退水闸及2座节制闸全部完工；金属结构及机电设备安装、调试全部完成并投入运行；43座桥梁（含新增2座，委托地方建设2座）全部通车；3座铁路交叉建筑物全部完工；渠道衬砌及尾工项目全部完工，于2014年9月20日进入充水试验，12月12日正式通水。

## 五、通水验收

2014年2月23～24日，项目法人对宝丰—郏县段开展通水验收前的自查验收；3月24～27日，开展通水验收技术性初步验收；5月14日，河南省南水北调办受国务院南水北调办委托组织的南水北调中线一期工程宝丰—郏县段工程设计单元工程通水验收。

（李　博　秦水朝　彭仁湖　杨　磊）

# 北汝河渠道倒虹吸工程

## 一、工程概况

北汝河渠道倒虹吸工程位于河南省宝丰县东北大边庄与郏县渣园乡朱庄村之间北汝河上，工程起点桩号SH（3）39+869.3，终点桩号SH（3）41+351.3。

工程采用渠道倒虹吸型式下穿北汝河。工程自起点至终点依次分段为进口连接明渠段、进口渐变段、进口检修闸闸室段、倒虹吸管身段、出口节制闸闸室段、出口渐变段、出口连接明渠段，在进口渐变段上游侧右岸还布置有退水闸。

北汝河渠道倒虹吸工程全长1482m，设计流量315m$^3$/s，加大流量375m$^3$/s，倒虹吸管身横向为两联，每两孔一联，左右对称布置，管身采用箱形钢筋混凝土结构，单孔孔径7～6.95m。明渠底宽24.5m，内坡1∶2，进、出口渠段起止点设计水位分别为128.761～128.758m、128.258～128.254m，起止点加大水位分别为129.399～129.396m、128.896～128.892m，总设计水头为0.507m。退水闸位于倒虹吸进口明渠右岸，设计流量157.5m$^3$/s，单孔布置，净宽6m。

北汝河渠道倒虹吸工程建设内容主要包括土建及设备安装工程、安全监测仪器设施安装工程及35kV永久供电线路工程。

工程计划于2009年12月开工，总工期37个月。

工程等级为一等，总干渠渠道和主要建筑物级别为1级，附属建筑物与河道护岸工程等级别为3级。工程防洪标准按100年一遇洪水设计，300年一遇洪水校核。地震动峰值加速度为0.05$g$，相应于地震基本烈度为Ⅵ度。

## 二、工程投资

2014年，北汝河倒虹吸工程计划完成投资400万元（工程部分），实际完成投资699万元，完成年计划的175%。截至2014年底，北汝河倒虹吸工程所有合同项目累计完成投资36 122万元，完成合同金额29 412万元的123%。

为贯彻落实2014年南水北调工程建设工作会议和中线建管局工作会议精神，扎实做好河南直管代建项目投资管理工作，确保实现“平稳转型、如期通水”总体目标，2014年主要合同管理工作是紧紧围绕“保进度目标做好资金供应、明确投资控制目标严把投资关口”两大任务，贯彻落实“深化投资控制管理、实现投资控制目标”主题年活动指导思想和活动目标，深入开展“深化投资控制管理、实现投资控制目标”主题年活动，从保障现场资金供应、控制已下达投资控制指标、保证资金安全三个方面实现风险动态管理，积极配合变更索赔专项审计和国务院南水北调办资金专项审计工作。截至2014年底，北汝河渠道倒虹吸工程尚未动用基本预备费，投资处于可控状态。

## 三、工程进展

2014 年，北汝河倒虹吸工程完成混凝土浇筑 0.10 万 $m^3$，隔离网 2.59km，运行维护道路 0.94km。

2014 年，北汝河倒虹吸工程隔离网、运行维护道路、闸门等金属结构安装、管理房、降压站等房屋建筑工程、降压站、35kV 输电线路等一系列附属工程全部完成，并于 2014 年 12 月正式投入使用，12 月 12 日工程正式转入试运行阶段。

## 四、通水验收

截至 2014 年底，北汝河倒虹吸分部工程共 34 个，已完成验收 34 个，完成率 100%；单位工程共 3 个，已完成验收 2 个，完成率 66.7%。

## 五、运行管理

北汝河渠道倒虹吸所属管理机构为南水北调中线建管局下属的三级机构宝丰管理处，履行管理维护职责。根据《南水北调待运行期工程管理维护考核办法》（国调办建管〔2012〕268 号）等规定，各级工程管理机构建立健全了待运行期工程管理维护目标责任制，落实组织管理、安全管理、工程管理和经费管理责任，强化待运行期工程管理维护考核工作，保障工程完好和安全。

按照“管养分离”的管理原则，闸站操作、运行调度、工程巡视等任务以“自我人员为主，运行初期借调监理等单位人员辅助”，安全保卫工作通过招标由黄河建工集团承担，维修养护工作后期委托有相应资质的企业负责实施。

为满足工程运行管理工作的需要，负责该段工程运行管理的宝丰管理处配备了专门交通车辆，办公生产工器具齐全，防汛抢险等物资于 2015 年汛前到位。

（赵本基　张晓亮　董瑞涛　崔浩朋　刘　洋　李志海）

# 禹州和长葛段工程

## 一、工程概况

禹州和长葛段工程设计单元是南水北调中线总干渠第Ⅱ渠段（沙河南—黄河南段）的组成部分，位于河南省禹州市及长葛市境内。禹州和长葛段设计单元起点位于兰河涵洞渡槽出口 100m 处，设计桩号 SH(3)61 + 648.7，终点位于长葛和新郑市交界，设计桩号 SH(3)115 + 348.7，全长 53.7km。其中，明渠长 52.323km，建筑物长 1.377km，总干渠以明渠为主，明渠和河流交叉全部采用立交。

2014 年，禹州和长葛段工程渠道外坡护砌、截流沟、运维道路、一级马道以上内坡防护及安全防护网等尾工项目基本完成；除渣场外，护坡框格植草、种草基本完成。金属结构无水调试完成；14 座降压站高低压设备于 9 月 14 日全部实现 35kV 供电。交通桥工程第一批 52 座桥梁，于 9 月 28 日通过交工验收。剩余 6 座桥梁中 3 座剩余尾工完成，其余 3 座剩余尾工正在施工。

## 二、工程投资

2014 年，禹州和长葛段工程计划完成投资 21 329.6 万元，实际完成投资 32 505.2 万元，完成年投资计划的 152%。

## 三、建设管理

南水北调中线工程禹州和长葛段是中线建管局委托河南省建设管理的项目。河南省南水北调中线工程建设管理局于 2010 年 4 月 6 日成立许昌建管处。许昌建管处内设工程技术科、质量安全科和综合科，具体负责禹州和长葛段工程的现场管理工作。

2014 年，许昌建管处全年共编制上报信息月报 11 期，信息旬报 35 期，禹长 2 标重点标段专题日报 61 期，禹长 5 标重点标段专题日报32期。共完成投资月报编制11期，计划合同系统完成提交11期，投资管理分析报告办理11期，变更索赔分析报告10期（2014年11月起不再要求上报）。

（一）质量管理

派驻现场建管人员现场管理：2014年派驻现场建管人员变化较大。前期，驻地建管人员坚持按照《派驻现场建管人员管理办法》进行现场管理，后期，在人员减少和陆续撤回的情况下，驻地现场建管人员在质量、安全、计量、工程信息收集和验收协调等方面持续发挥现场建管作用。

检查整改：2014年南水北调“飞检”组稽查大队对禹州和长葛段工程共检查22次。除11月5次飞检未上报整改报告外，其余各次飞检均已上报整改报告。通过检查，发现禹州和长葛段各有关参建单位在质量管理行为上还存在不同程度的违规行为和质量问题，各参建单位针对这些问题迅速进行整改。

工程尾工质量管理：2014年是禹州和长葛段工程收尾年，主要完成边坡防护、左右岸沿渠道路、隔离网、硅芯管道及金属结构机电设备的施工，对尾工质量管理工作，采取现场检查、发整改通知、督促整改、经济处罚，对整改不到位、不及时的标段采取结算管控、验收控制等措施，基本保证尾工工程质量处于可控制的状态。

质量监管联合行动：国务院南水北调办监督司9月29日在郑州召开“充水试验质量监管联合行动工作会议”。期间学习《质量监管联合行动实施方案》（郑平组）和建管处制订的《南水北调许昌段工程充水试验工程巡视质量监管联合行动补充规定》《关于全面展开充水试验工程巡视拉网式排查的通知》，实施排查。充水试验期间一般问题“发现—会商—整改”及重大问题“发现—突发报—会商—整改”的快速反应机制。10月21日根据《设计单位质量问题研判方法及处理措施》，规范质量整改和应急处理等工作。

联合建管行动期间，坚持有计划、驻标段的每天巡视，记录巡视发现问题，督促标段快速整改发现的质量问题。每日在“禹长段QQ群”内通知监理部和施工标段当天巡视发现的问题、日商会议定事项及要求等，次日上午发出巡视问题书面通知。共发出巡查发现问题整改《工程联系单》34份，对发现的问题坚持“1天出方案，3天见形象，5天整改完成”的原则，明确整改负责人，制定整改方案，明确整改时限。建立《质量问题信息台账》逐一登记并销号。

联合行动期间，共检查发现“即商即改”质量及其他问题298个，2014年全部整改完毕。发现“日商会”质量及其他问题167个，其中质量问题154个，其他问题13个。2014年154个质量问题完成整改153个，剩余1个正在整改的质量问题是，禹长2标宴窑分水口渠堤外平台沥青路面下沉不平整，按要求已下发《工程联系单》，督促监理部和禹长2标实施整改。

质量评定：禹州和长葛段共划分单位工程81个，分部工程779个，单元（分项）工程22 313个。其中，土建标单位工程20个，分部工程244个，单元工程16 809个，桥梁标单位工程61个，分部工程535个，分项工程5504个。

2014年，累计评定验收单位工程78个，分部工程774个，单元（分项）22 086个。

土建标单位工程20个，评定20个，优良18个，优良率90.0%；分部工程244个，评定244个，优良194个，优良率79.5%；单元工程评定16 615个，合格16 615个，优良15 205个，优良率91.5%。

桥梁标单位工程61个，评定58个，全部合格；分部工程535个，评定530个，全部合格；分项工程5504个，评定5470个，全部合格。

（二）安全管理

2014年，坚持“安全第一、预防为主、综合治理”的方针，加强组织领导，层层落实安全责任。联合监理部全面检查施工现场安全情况，检查并依据“谁检查、谁签字、谁负责”的原则，重点是与尾工建设相关的道路交通、高空坠落、施工用电等危险源的管控和充水试验、试通水、正式通水过程的安全管理。

根据2014年禹州和长葛段主要建设任务是尾工建设、充水试验和试通水的具体情况，把安全防范工作作为重点工作。组织参建单位召开“禹州长葛段安全专题会议”，组织各施工单位进行防汛演练。制订《许昌建管处“安全生产月”和“安全生产万里行”活动方案》，组织开展生产安全事故警示教育和安全应急预案演练活动。排查治理安全制度不全面、不到位、岗位职责不明确，隐患排查治理制度不健全、责任不明确、措施不落实、整改不到位，三级教育不到位等问题。编制《许昌段预防坍塌专项整治“回头看”实施方案》，继续开展预防坍塌事故专项整治工作。查出问题逐项整改。

充水试验前，许昌建管处起草《许昌段充水试验及通水初期工程巡视方案》和《关于进一步加大工程巡查力度及规范问题整改的通知》等工程巡视制度，印发并沿线张贴充水安全“温馨提示”1300份，对沿线工程建设人员和当地群众进行安全警示教育，规范禹州和长葛段工程巡视工作。

禹州和长葛段工程于11月1日进入通水试验阶段。建管处及时制订《通水试验阶段许昌段工程巡视工作方案》，并根据《关于落实进一步加强充水试验和通水初期工程巡视检查和安保队伍进场工作专题会会议纪要》及《关于进一步加强充水试验和通水初期工程巡视检查工作的通知》（中线局质安〔2014〕215号）要求，由许昌建管处、禹州管理处、长葛管理处和江河监理中心禹长段监理部共同组成通水初期联合巡视检查小组。建管处派出3人参加巡视组，每日坚持按照“定时间，定部位，定人员，定频次”工程巡视要求，检查、督促、规范监理部及施工标段的工程巡视工作，突出关键部位重点内容的工程巡视。

2014年，下发《工程联系单》5份、《安全检查通报和复查通报》4份、《通水初期工程巡视检查通报》27份，《处罚通知单》3份。2014年全年禹州和长葛段工程未发生安全事故，安全生产处于受控状态。

## 四、工程进展

2014年7月，禹州和长葛段工程尾工项目基本完工，12月中旬工程正式通水，临时用地返还工作正在进展，单位工程验收基本结束，质量安全总体受控。

2014年，除因征迁或地方原因，渠道工程个别位置永久隔离网未实施到位，后袁、郭村南和新庄生产桥等3座桥梁引道路面未完成，弃渣场因交付较晚水保项目暂未实施外，禹州和长葛段主要工程建设项目基本完工。

2014年，完成土石方开挖20.0万$m^3$、土方填筑8.7万$m^3$、混凝土浇筑10.3万$m^3$，分别占年度计划的100%、107%和293%。

## 五、通水验收

2014年，禹州和长葛段验收78个（土建标19个，桥梁标58个）单位工程，完成率96.3%，剩余后袁北生产桥、郭村南生产桥和新庄生产桥3个单位工程未验收；验收774个分部工程，完成率99.4%，剩余5个侧向引道分部工程未评定。

制订《禹长段剩余分部工程和单位工程验收总计划》《禹长段剩余分部工程和单位工程验收总计划实施情况统计表》和《禹长段分部工程和单位工程验收奖罚实施细则》，开展各项工程验收准备工作。

2014年初～5月，为通水验收阶段。禹州和长葛段设计单元工程通水验收，分为"项目法人自查验收""技术性初步验收"和"通水验收"三个阶段。单位工程分别于2014年2月22日、3月30日和5月13日通过禹州和长葛段设计单元工程的项目法人自查验收、通水验收技术性初步验收和通水验收。

2014年9月18日，许昌建管处主持、有关单位参加，南水北调工程河南质量监督站全程监督，完成禹州和长葛段52座桥梁的完工验收工作，禹州和长葛段桥梁完工验收，是河南委托段工程中第1个完成完工验收的工程项目。

（高　翔）

## 潮河段工程

### 一、工程概况

南水北调中线工程总干渠潮河段起点位于新郑市梨园村南，与双洎河渡槽工程末端相连接，设计桩号SH(3)133＋380.8，终点位于中牟县与郑州市交界处，与郑州2段工程起点相接，设计桩号SH(3)179＋227.8，全长45.847km，其中明渠长45.244km，建筑物长0.603km。总干渠以明渠为主，全挖方段长25.084km，半挖半填段长19.18km，全填方段长0.98km，渠道最大挖深约27m，最大填高约11m。共布置各类建筑物80座，其中，河渠交叉5座，左岸排水17座，分水闸2座，节制闸2座，公路桥36座，生产桥16座，铁路桥2座。

潮河段渠道设计流量305～295$m^3/s$、加大流量365～355$m^3/s$；设计水深7.0m，加大水深7.668～7.624m；渠道纵比降1/24 000和1/26 000两种，其中1/26 000的占86.4%。总水位差2.009m；过水断面呈梯形，一级马道开口宽度57～79m，渠底宽23.5～15m，堤顶宽5m。渠道边坡1:2.0～1:3.5，其中1:3.0边坡占1/4左右。

2014年，潮河段工程完成剩余的单元工程、分部工程和单位工程的验收工作。主体工程全面完工，并进行充水试验、试通水检验，实现全线通水。完成设计单元通水验收法人（自查）验收，阶段性技术验收和设计单元通水验收工作，配合完成了南水北调中线工程全线（含潮河段）通水验收工作。

### 二、工程投资

2014年，工程投资计划3377.36万元，实际完成工程投资13 880.72万元，占年度计划的441%。

### 三、建设管理

2014年，潮河段工程建设的主要工作是要求各参建单位优化专项施工方案、作业指导书，合理配置人员、机械、材料和资金等资源；对各种影响施工进展的问题及时协调处理；明确工程施工的关键线路和关键项目，制定关键项目节点工期目标和计划达到的形象进度目标；根据总体建设方案制定年、月、周进度计划，作为进度控制的依据。

2014年，潮河段工程开展质量集中整治活动，通过多种形式（包括建管处检查、组织监理单位检查、配合质监站等相关单位检查）对施工单位质量安全工作进行检查，对检查发现的问题及时通报并责成监理、施工单位整改。

2013年11月开始对潮河段设计单元工程进行安全评估，2014年1月下旬提交《南水北调中线一期工程总干渠沙河南—黄河南段潮河段工程安全评估报告》（征求意见稿）。2月14日，南水北调中线干线工程建设管理局组织对《南水北调中线一期工程总干渠沙河南—黄河南段潮河段工程安全评估报告》进行评审。评估结论：南水北调中线一期工程总干渠沙河南至黄河南段潮河段工程设计合理，已完工程施工质量符合有关规范规定和

设计要求。施工中发现的质量缺陷已处理完成（部分正在处理），质量满足规范和设计要求。已完工程符合各项设计运用条件，能够满足正常运行的要求，基本具备通水条件。

经过2014年渠道充水试验，试通水检验以及正式通水的考验，潮河段工程质量情况稳定，未发生任何质量事故，通水后运行平稳，达到工程质量目标，工程质量处于受控状态。

参建单位完善安全管理监督体系和保证体系，落实安全生产责任，与参建单位签订安全生产责任书，明确各参建单位现场负责人为安全生产第一责任人，实行安全生产一票否决制。加强对职业人员的安全教育和培训，加强对重大危险源的管理工作，编制充水试验及通水初期安全保卫手册和应急预案。

## 四、工程进展

2014年，潮河段工程年度目标为，投资3377.36万元，土方开挖2.75万$m^3$，土方填筑4.89万$m^3$，混凝土浇筑0.84万$m^3$。

截至2014年底，潮河段工程明渠总长45.244km，开挖全部完成；潮河段渠堤填筑总长25.59km，全部完成；防护堤填筑总长36.59km，折合成型33.17km；膨胀岩换填总量27.82万立$m^3$，全部完成。渠道衬砌111 444.4 m，全部完成。建筑物全部建设完成。郑州建管处负责建设的39座桥梁全部通车。

2014年，潮河段工程完成单位工程验收评定16个。分部工程共173个，验收分部工程147个。潮河段单元工程累计评定17 262个，全部合格，其中优良15 777个，优良率91.4%。

潮河段工程交通桥于2013年6月底前全部通车，2014年组织桥梁交工检测，部分桥梁尾工及组织桥梁施工单位进行竣工资料整理，与地方交通部门协调桥梁移交验收事宜，进行交通桥单位工程质量评定验收，变更索赔审核结算等项工作。

## 五、通水验收

2014年，潮河段工程共完成149个分部、12个单位工程验收。建筑物各类单元工程评定17 143个，优良个数15 576个，优良率90.9%；完成渠道、渠系建筑物各类分部工程验收评定149个，优良125个，优良率83.9%，单位工程验收评定12个，优良12个，优良率100%。

桥梁分项工程质量评定3126个，合格3126个；分部工程200个，验收200个，全部合格；单位工程40个，验收完成40个，全部合格。

安全监测单元工程980个，全部合格；分部工程5个，验收5个，全部合格；单位工程1个，验收1个，评定为合格。

2014年2月18～20日，完成潮河段设计单元通水验收法人（自查）验收，完成验收存在问题的整改工作。4月21～23日，完成潮河段设计单元通水验收阶段性技术验收工作，完成验收存在问题的整改工作。5月9～13日，完成了潮河段设计单元的通水验收工作，完成验收存在问题的整改工作。9月27日，完成南水北调中线工程全线（含潮河段）通水验收工作，完成验收存在问题的整改工作。

（沈玉顺　桂培林　陈保成　王逸飞）

# 新郑南段工程

## 一、工程概况

南水北调中线工程总干渠新郑南段起点位于长葛市与新郑市交界处，设计桩号SH(3)115+348.7，终点位于新郑市城关乡王刘庄村双洎河渡槽进口前150m处，设计桩号SH(3)131+531.4。渠段线路总长16.183km，其中明渠长15.190km，建筑物长0.993km。共布置各类建筑物28座，其中，河渠交叉2座，渠渠交叉1座，左岸排水7座，铁路交叉1座，公路桥7座，生产桥9座，控制建筑物

（退水闸）1座。

新郑南段设计流量 $305m^3/s$，加大流量 $365m^3/s$，设计水位 124.528～123.524m。渠道过水断面呈梯形状，设计底宽 21～23.5m，设计水深 7m，堤顶宽 5m。渠道内边坡一级边坡 2.0～2.5，二级边坡 1.5～2.0，渠道设计纵坡 1/26 000，渠道底部高程 117.528～116.524m。

2014年新郑南段工程完成剩余单元工程、分部工程和单位工程的验收工作；主体工程全面完工，并进行充水试验、试通水检验，实现全线通水；完成设计单元通水验收法人（自查）验收，阶段性技术验收和设计单元通水验收工作，配合完成南水北调中线工程全线（含新郑南段）通水验收工作。

## 二、工程投资

2014年，计划完成投资 2047.14 万元，实际完成投资 7150.19 万元，占年度计划的 349.3%。

## 三、建设管理

2014年，根据国务院南水北调办、中线建管局、河南省南水北调建管局工作计划安排，协调处理渠道桥梁交叉施工影响问题，做好关键督办事项的跟踪、协调、落实，加强督察，开展劳动竞赛活动。成立工程变更处理领导小组，缩短结算周期，加快价差、变更处理，采取签订补充协议、大的变更按暂定价进行预支付和缓扣材料预付款等方式，缓解施工单位资金困难问题。

与监理、施工单位签订质量、安全目标责任书，召开专题会议对施工单位施工组织设计、专项技术方案、质量、安全保证措施、混凝土配合比等进行研讨，重要建筑物、关键技术方案邀请省内外知名专家进行咨询。将土方填筑、原材料进场检验、建筑物混凝土浇筑等列为质量管理的重点，防高空坠落、高边坡治理、安全用电作为安全管理重点，开展定期和不定期的监督检查。

加强安全文明生产管理，制定土石方施工及混凝土浇筑施工的安全措施。加强道路运输管理、施工用电及高空作业安全等管理。

2014年，新郑南段工程质量情况稳定，未发生任何质量事故，通水后运行平稳。

督促参建单位不断完善安全管理监督体系和保证体系，落实安全生产责任，开展安全生产大检查及考核。

## 四、工程进展

按照中线建管局下达的2014年度计划，新郑南段工程年度目标为，投资 2047.14 万元，土方开挖 0 万 $m^3$，土方填筑 0 万 $m^3$，混凝土浇筑 1 万 $m^3$。

2014年，新郑南段工程完成投资 7150.19 万元，占年度计划的 349.3%；完成土方开挖 0 万 $m^3$；完成土方填筑 0 万 $m^3$；完成混凝土浇筑 1.47 万 $m^3$，占年度计划的 174.8%。

2014年，新郑南段工程金属结构埋件及闸门安装、安装液压启闭机、安装电动葫芦、固定卷扬机、高低压配电柜全部完成。

截至2014年底，渠道明渠 16.18km，开挖全部完成，渠道衬砌 40 948.2m，全部完成。两座大型河渠交叉建筑物，沂水河渠道倒虹吸主体工程完工，河道治理左岸浆砌石完成施工。进口闸房主体施工、金属结构设备安装施工、降压站施工完成框架结构施工。双洎河支渡槽主体工程完工。7座左岸排水建筑物全部完成。1座渠渠交叉建筑物杨庄干渠建筑物回填完成。控制性建筑物沂水河退水闸主体工程完成，检修闸和工作闸金属结构安装完成。16座跨渠桥梁，全部通车。

## 五、通水验收

2014年，新郑南段工程质量情况稳定，未发生任何质量事故，共完成渠道、渠系建筑物各类单元工程评定 6746 个，优良个数 5883 个，优良率 87.6%；完成渠道、渠系建筑物各类分部工程验收评定57个，全部合格，其中优良48个，优良率84.2%；单位工程验收评定6个，优良6个，优良率100%，达到工程质量目标，工程质量处于受控状态。

桥梁分项工程累计评定1733个，合格1733个；分部工程81个，验收完成81个，全部合格；单位工程16个，验收完成16个，全部合格。

安全监测单元工程评定2374个，全部合格；分部工程6个，验收完成6个，全部合格；单位工程1个，验收完成1个，达到工程质量目标，工程质量处于受控状态。

2014年1月16～19日，完成新郑南段设计单元通水验收法人（自查）验收工作，完成验收存在问题的整改工作。3月15～23日，完成新郑南段设计单元通水验收阶段性技术验收工作，完成验收存在问题的整改工作。5月9～13日，完成新郑南段设计单元的通水验收工作，完成验收存在问题的整改工作。9月27日，配合完成南水北调中线工程全线（含新郑南段）通水验收工作，完成验收存在问题的整改工作。

（沈玉顺　桂培林　陈保成）

## 双洎河渡槽工程

### 一、工程概况

双洎河渡槽工程起点为双洎河渡槽前150m，设计桩号SH(3)131+531.4，终点为新密铁路倒虹吸出口296.4m，即潮河段工程的起点，设计桩号为SH(3)133+380.8。本单元渠段长1.8494km，其中明渠段长772.4m，建筑物长1077m。本段设计流量305$m^3$/s、加大流量35$m^3$/s。本段内有各类建筑物6座，其中河渠交叉建筑物1座、左岸排水建筑物1座、铁路交叉建筑物1座、公路交叉建筑物1座、节制闸和退水闸各1座。

主要工程量及投资：土方开挖107.2万$m^3$，土方填筑148.34万$m^3$，混凝土浇筑27.8万$m^3$，工程总投资为46203万元（含机电设备、金属结构采购及安全监测费用）。

双洎河渡槽工程于2011年2月28日开工，2013年8月31日完工，合同工期30个月。

### 二、工程投资

2014年，双洎河渡槽工程计划完成投资1227万元（工程部分），实际完成投资5932万元，占年计划的483%。截至2014年底，双洎河渡槽工程所有合同项目累计完成投资60596万元，完成合同金额的125%。

### 三、工程进展

2014年计划土方回填完成3.7万$m^3$，计划完成混凝土浇筑0.4万$m^3$。2014年实际完成土方回填2.79万$m^3$，占累计计划土方回填的75.4%；实际可完成混凝土浇筑0.64万$m^3$，占累计计划完成混凝土浇筑0.4万$m^3$的160%。2014年双洎河渡槽段渠道开挖、填筑、衬砌全部完成，机电设备及金属结构施工安装完成，安全监测随着各大建筑物的进展已完成所有仪器安装和应观测任务。

### 四、通水验收

2013年12月24～25日，南水北调中线干线工程建设管理局组织了双洎河渡槽设计单元工程项目法人验收并通过。2014年2月21～23日，国务院南水北调办组织组织了双洎河渡槽设计单位通水验收技术性初步验收并通过。2014年4月1～3日，南水北调建管中心组织了双洎河渡槽设计单元通水验收并通过。

### 五、运行管理

自南水北调中线工程渠道全线充水试验以来，新郑管理处具体负责双洎河渡槽设计单元的运行管理。

（一）工程巡视情况

按照《南水北调中线干线工程运行期工

程巡查管理办法（试行）》要求，配备了巡查人员，完善调整巡查方案，明确巡查线路及工作要求，进一步规范工程巡查制度。依据渠道长度及工程特点，划分成7个巡视责任段，明确责任人，同时制订出详细的巡查方案和计划。日常巡查按日徒步分段进行，以现地管理处为责任主体开展工程巡查，对于检查中新发现的或未按要求落实的问题做好记录台账，以简报形式发委托、代建项目建管单位进行处理，并报送郑焦项目部及河南直管建管局。

（二）运行调度

新郑管理处根据直管局文件要求，设置了调度值班人员，双洎河制闸配置4名管理人员，实行3班倒，并根据直管局文件要求，配置6名操作人员参与闸门操作；确保24小时值守，水情信息共享和水情工情联动工作机制已经形成，运行调度工作进入稳定状态。值班人员严格按照调度制度执行调度指令并及时反馈水情信息，圆满完成了充水试验调度任务。截至2014年底，未出现运行操作故障。

（三）机电设备、供电及自动化调度及安防系统

严格按照直管局相关文件要求坚决执行一周至少巡视一次，确保每台设备都走到，看到，不留死角。按单套设备建立金属结构机电设备主要技术参数台账和存在问题台账。对发现的问题，逐一登记，逐一督办，逐一销号，确保不漏项，不漏疑点。

（崔　娇　赵林涛　赵华宾）

## 郑州2段工程

### 一、工程概况

南水北调中线工程总干渠郑州2段起点位于郑州市中牟县与管城区交界处潮河倒虹吸进口，设计桩号SH(3)179+227.8，终点位于郑州市西南金水河与贾鲁河之间郑湾村附近，设计桩号SH(3)201+188.4，全长21.961km，其中渠道长20.515km，建筑物长1.446km。明渠全挖方段长18.500km，半挖半填段长2.015km；最大挖深约33m，最大填高1.2m左右。渠线穿越大小河流11条，与19条等级公路交叉。共布置有各类建筑物43座，其中河渠交叉建筑物4座，左岸排水建筑物6座，控制建筑物5座（节制闸2座、退水闸1座，分水口门2座），公路桥22座、生产桥6座。

郑州2段渠道设计流量295～285$m^3/s$、加大流量355～345$m^3/s$；设计水深7.0m，加大水深7.644～7.699m；渠道纵比降1/26 000和1/23 000两种，总水位差1.37m；过水断面采用梯形明渠，一级马道开口宽69～78m，渠底宽18.5～12m，渠道边坡1∶2.75～1∶3.5，其中1∶3.0边坡占60%。

该渠段涉及郑州市的管城区、二七区和中原区3个区，工程总用地13 371.42亩，其中永久用地6317.38亩，临时用地7054.04亩。占压房屋总面积35.4万$m^2$，搬迁人口1397人、企业33家、单位1家、副业及工商企业215家，专项线路255条（含电力）。

2014年郑州2段工程完成剩余单元工程、分部工程和单位工程的验收工作；主体工程全面完工，并进行充水试验，试通水检验，实现全线通水；完成设计单元通水验收法人（自查），阶段性技术验收和设计单元通水验收工作，配合完成南水北调中线工程全线（含郑州2段）通水验收工作。

### 二、工程投资

2014年，工程投资计划1567.17万元，实际完成工程投资3843.03万元，占年度计划的245.2%。

### 三、工程进展

2014年，郑州2段工程年度目标为，投

资1567.17万元，土方开挖0.5万$m^3$，土方填筑1.7万$m^3$，混凝土浇筑0.14万$m^3$。

2014年，郑州2段工程实际完成投资3843.03万元，占年度计划的245.2%；完成土方开挖1.03万$m^3$，占年度计划的206%；完成土方填筑10.01万$m^3$，占年度计划的588.82%；完成混凝土浇筑0.55万$m^3$，占年度计划的395%。

2014年，郑州2段工程完成泥结碎石路面80 857.8$m^2$，沥青混凝土道路88 638.7$m^2$，硅芯管道敷设45.8km，保护围栏44.99km，截流沟砌筑11.83km，二级及其以上边坡混凝土六角框格护坡安装6.15km。

截至2014年底，郑州2段工程渠道明渠20.534km，开挖完成，渠道衬砌全部完成，渠道防护堤填筑成型17.386km，截流沟砌筑成型20.4 km，二级及其以上边坡混凝土六角框格护坡安装完成18.028km。4座大型河渠交叉建筑物，上部框架结构施工完毕。主体结构联合验收完成。金属结构安装工作全部结束，到场的电气设备安装就位。6座左岸排水建筑物，全部施工完成。控制性建筑物，节制闸2座、退水闸1座、分水口门2座，完成全部施工。6座抽水泵站，全部完成主体工程。郑州建管处负责建设22座桥梁，全部通车。

## 四、通水验收

2014年，郑州2段按照水利标准完成单元工程评定11 517个，优良10 126个，优良率87.9%；分部工程验收101个，全部合格，其中优良86个，优良率85.1%，单位工程验收评定10个，优良10个，优良率100%。

郑州2段桥梁工程分项工程2164个，完成质量评定2164个，全部合格；分部工程134个，完成质量评定134个，全部合格；单位工程22个，完成质量评定22个，全部合格。

安全监测单元工程共评定1208个，全部合格；分部工程6个，验收完成6个，全部评定为合格；单位工程1个，验收完成1个，评定为合格。

郑州2段工程通水验收法人（自查）验收按照中线建管局有关验收规定，由项目法人单位主持验收，2013年12月25~26日完成。验收结论：本设计单元工程与通水有关的建设内容已按批复的设计内容基本完成。工程质量满足设计和规范要求，工程投资控制合理，验收资料基本齐全，满足验收要求。待与通水有关的未完工程全部完成后，工程具备通水条件。验收工作组同意该设计单元工程通过项目法人验收（自查）。2014年3月15~23日，完成郑州2段设计单元通水验收阶段性技术验收工作，完成验收存在问题的整改工作。5月9~13日，完成了郑州2段设计单元的通水验收工作，完成验收存在问题的整改工作。9月27日，配合完成南水北调中线工程全线（含郑州2段）通水验收工作，完成验收存在问题的整改工作。

（沈玉顺　桂培林）

# 郑州1段工程

## 一、工程概况

南水北调中线工程总干渠郑州1段工程位于河南省郑州市中原区贾鲁河南岸郑湾附近，起点桩号SH(3)201+000，终点接荥阳段起点，位于郑州市董岗村西北，终点桩号SH(3)210+772.97，设计段全长9772.97km，其中渠道长9401.97m，须水河渠倒虹吸长371m。设计流量290~270$m^3/s$，加大流量350~330$m^3/s$。渠道过水断面呈梯形状，设计底宽21~23.5m，设计水深7m，堤顶宽5m。渠道内边坡一级边坡2.0~2.5，二级边坡1.5~2.0，渠道设计纵坡1/26 000，渠道底部高程117.528~116.524m。共有各类建筑物23座，其中，河渠交叉3座，左岸排水3座，交通桥14座（其中委托地方自建桥梁4座），控制建筑物3座（分水口门1座、节制闸1座、退水闸1座）。

主要工程量：土石方开挖939.7万$m^3$，土石方填筑155.6万$m^3$，混凝土及钢筋混凝土浇筑24.4万$m^3$，砌石及垫层12.22万$m^3$，钢筋制作安装1.887 7万t。

郑州1段涉及郑州市中原区须水镇的7个行政村，工程建设用地4569.02亩，其中永久用地2388.11亩，临时用地2180.91亩，占压房屋面积109 295.09$m^2$，搬迁居民858人，拆迁副业91家、企业9家、单位4家。规划影响井26眼、连接路7749m、复建专项线路139条。

郑州1段工程共划分为1个监理标和2个土建施工标，施工合同总金额55 267万元。合同日期2011年2月10日～2013年7月31日，总工期30个月。

## 二、工程投资

2014年计划投资1552.47万元，实际完成投资3944.98万元，占年度计划的254.11%，开工至今累计完成投资62 704.69万元，占合同金额55 266.89万元的113.46%。

## 三、工程进展

按照中线建管局下达的2014年度计划，郑州1段年度目标为，投资1552.47万元，混凝土0.06万$m^3$。

2014年，郑州1段工程实际完成投资3944.98万元，土方开挖25.74万$m^3$，土方填筑3.25万$m^3$，混凝土浇筑1.17万$m^3$。

2014年，郑州1段工程完成安装高低压配电柜6面，占总量的19.75%，全部完成。

2014年，郑州1段工程渠道开挖全部完成。防洪堤填筑累计完成2.5km。基础处理（挤密土桩、挤密砂桩）全部完成。改性土换填完成100%，抗滑桩全部完成。渠道衬砌19 296m，全部完成。3座大型河渠交叉建筑物（贾鲁河倒虹吸、贾峪河倒虹吸、须水河倒虹吸）工程全部完成。3座左岸排水建筑物，大李庄沟排水渡槽主体工程完工，土方回填完成，付庄沟渡槽全部完成，河西台沟渡槽主体全部完工，正在进行部分尾工渠段浆砌石施工。3座控制性建筑物，开工3座。中原西路分水口门、贾峪河退水闸、须水河节制闸全部完成。15座跨渠桥梁，郑州建管处负责建设9座，全部通车。郑州市市政工程建设中心负责建设管理的6座桥梁全部向渠道标交面。

## 四、通水验收

2014年，郑州1段设计单元工程验收，按照水利标准累计评定单元工程3645个，全部合格，其中优良3331个，优良率91.4%。完成渠道、渠系建筑物各类分部工程验收评定41个，优良34个，优良率82.9%，单位工程验收评定3个，优良率100%。

跨渠桥梁，累计评定分项工程2070个，全部合格；分部工程45个，验收完成45个，全部合格，单位工程9个，验收完成9个，合格9个。

安全监测工程，累计评定单元工程646个，全部合格，分部工程验收4个，合格4个；单位工程验收1个，合格1个。

2014年1月16～19日，完成郑州1段设计单元通水验收（法人自查验收），完成验收存在问题的整改工作。3月15～23日，完成郑州1段设计单元通水验收阶段性技术验收工作，完成验收存在问题的整改工作。5月9～13日，完成郑州1段设计单元的通水验收工作，完成验收存在问题的整改工作。9月27日，配合完成南水北调中线工程全线（含郑州1段）通水验收工作，并完成验收存在问题的整改工作。

（沈玉顺　桂培林）

# 荥阳段工程

## 一、工程概况

荥阳段工程是总干渠沙河南—黄河南段

工程的一个设计单元，位于河南省荥阳市境内，起点在郑州市董岗村西北，终点在荥阳市王村乡王村变电站南（即穿黄工程进口A点），线路全长23.973km。渠系建筑物38座，包括河渠交叉建筑物2座、渠渠交叉建筑物1座、左岸排水建筑物5座、分水口门2座、节制闸1座、退水闸1座、公路桥15座、生产桥11座（含1座新增桥梁）。

荥阳各标段于2011年3月1日相继开工，计划2013年4月30日完工，合同工期26个月。

2014年荥阳段计划完成土石方开挖6.6万$m^3$，土石方填筑0.73万$m^3$，混凝土浇筑1.1万$m^3$，管理道路18.33$m^2$，防护网46 514m。

## 二、工程投资

荥阳段工程初步设计概算批复总投资215 462万元。工程静态总投资213 710万元（其中，建筑工程68 008万元，机电设备及安装工程2784万元，金属结构设备及安装工程1824万元，临时工程3693万元，独立费用16 284万元，公路交叉工程22 501万元，铁路交叉工程5548万元，基本预备费5556万元；征地移民工程投资86 480万元，水土保持投资619万元，环境保护投资413万元），建设期融资利息1752万元。

2014年，荥阳段工程计划完成投资8057万元（工程部分），实际完成投资19 865万元，完成年计划的247%。截至2014年底，荥阳段工程所有合同项目累计完成投资140 440万元，完成合同金额的128%。

## 三、工程进展

2014年荥阳段完成土石方开挖27.73万$m^3$，土石方填筑18.87万$m^3$，混凝土浇筑5.54万$m^3$，通信管道21.399km，安全防护网40.826km，2014年荥阳段渠道开挖、填筑、衬砌全部完成。

截至2014年底，2座河渠交叉建筑，5座左岸排水建筑物，1座渠渠交叉建筑物，3座控制性建筑物（1座节制闸、2座分水口），26眼集水井泵站，9座降压站，26座跨渠桥梁均已通车，渠道开挖、填筑、衬砌均已完成；24套闸门埋件，18扇闸门，15台（套）钢闸门启闭机均已安装完成。

## 四、通水验收

2014年2月15～18日，项目法人自查通水验收会议在上街雅乐轩酒店举行，会议通过验收；2014年3月7～10日，设计单位通水技术性初步验收在上街雅乐轩酒店举行，会议通过验收；2014年4月1～3日，设计单元政府通水验收在荥阳市海龙大酒店举行，会议通过验收。

## 五、运行管理

荥阳管理处高度重视运行管理建设工作，根据国务院南水北调办、中线建管局统一安排和部署，结合荥阳管理处管理特点，逐步健全运行体制机制。完成《荥阳管理处工程巡视检查工作方案》《荥阳管理处安全保卫工作方案》《工程巡查指南》等一系列工程巡查、安全保卫相关管理办法和指南；编制完成《荥阳管理处退水应急预案》，并与地方水务部门及调水办建立了联动机制；闸站、机电金属结构、电气设备等有关规章制度、标准、操作规程等已编制和上墙，并严格按照中线建管局运行管理与维修养护相关制度、标准、规程执行。

### （一）充水试验及通水情况

荥阳段工程于2014年10月2日进行渠道充水试验，11月10日实行试通水，并于12月12日开始正式通水。在渠道充水试验期间，索河退水闸进行了1次洗渠退水，闸门启闭正常。

### （二）调度指令执行情况

运行调度上严格遵守中线建管局下发的《南水北调中线干线工程输水调度管理规定

(试行)》和河南分调中心下发的《调度运行工作手册(试行)》文件规定，严格执行调度指令。调度指令执行及时、准确，传达调度信息快捷、顺畅。

（三）金属结构、机电设备运行情况

2014年，荥阳段金属结构、机电设备均已完成了调试工作，运行情况基本正常；35kV供电系统已投入使用，供电正常；备用发电机已调试完成，35kV供电线路停电情况下可自动转换启用备用发电机发电。郑州水工机械厂2名金属结构、机电设备专业维管理护人员已到位，并开展设备维护工作。

充水试验及通水初期索河节制闸现地操作共启动80余次，总调中心远程操作启动30余次，运行情况基本正常，未出现影响调度运行的设备故障问题，虽有出现部分液压启闭机和检修闸门台车有轻微渗油，以及闸门曾间断性出现单侧下滑等现象，但均已协调设备制造厂家进行了维修处理。

（四）自动化系统运行情况

荥阳段中控室内闸站监控系统、视频监控系统、视频会议系统和电话调度台已调试完成，并投入使用。安全监测、光缆等自动化监测系统正组装和调试已完成。闸站PLC自动化控制系统已投入使用，均可应用现地自动控制，其中索河节制闸、退水闸工作闸门完成了自动化系远程联合调试工作。

## 六、环境保护及水土保持

为贯彻落实国家建设项目环境保护和水土保持的法律、法规，始终遵循“预防为主、防治结合、综合治理”的方针，根据郑焦项目部有关工作要求，设立专职管理人员分管荥阳段环境保护、水土保持工作，进一步强化环境保护、水土保持工作的管理。

荥阳管理处要求各监理单位积极督促施工单位遵守有关环境保护的法律、法规和合同规定，采取合理的措施保护环境。做好施工开挖边坡、基坑的支护和排水，设置沉淀池对拌和系统废水集中沉淀处理，定时在施工主干道洒水，加强对噪声、粉尘、垃圾的控制和治理防止污染，保持了施工区和生活区的环境卫生，达到环境保护要求。

在水土保持方面，要求各监理部督促施工单位必须遵守国家有关法律、法规规定，按照设计单位印发的水保临时措施施工技术要求、设计征地图纸控制永久用地和临时占地面积，认真做好水土保持工作。如施工道路、厂区硬化、设置排水沟，及时平整弃渣场、做好坡面防护和表面排水等。工程完工时做好现场清理，能及时移交临时占地；渣场无水土流失，符合水土保持要求。

（潘国优　赵林涛　崔　娇）

# 陶岔渠首—沙河南段工程

## 概　述

陶岔渠首—沙河南段是中线输水工程的首段，位于河南省南阳市和平顶山市境内，起点位于渠首陶岔闸后300m，终点位于河南省平顶山鲁山县马楼乡薛寨村北沙河南岸，线路全长238.742km。陶岔渠首—沙河南段包括淅川县段工程、湍河渡槽工程、镇平县段工程、南阳市区段工程、南阳膨胀土试验段工程、白河倒虹吸工程、方城段工程、叶县段工程、澧河渡槽工程、鲁山南1段工程、鲁山南2段工程等11个设计单元，其中淅川县段工程、湍河渡槽工程、鲁山南1段工程、鲁山南2段工程为直管项目，镇平县段工程、叶县段工程、澧河渡槽工程为代建项目，其他为委托建管项目。

（解　林　赫建国）

## 淅川县段工程

### 一、工程概况

淅川县段工程位于河南省南阳市淅川县和邓州市境内，起点位于淅川县陶岔渠首，桩号 0+300，设计流量 350m³/s，加大流量 420m³/s；终点位于邓州市和镇平县交界处，桩号 52+100，设计流量 340m³/s，加大流量 410m³/s。其中桩号（36+289）~（37+319）段为湍河渡槽，长度 1.03km，单独作为设计单元另行分标，本单元实际长度为 50.770km。输水明渠沿线共布置各类大小建筑物 84 座。其中，河渠交叉建筑物 6 座，左岸排水建筑物 16 座，渠渠交叉建筑物 3 座，跨渠桥梁 52 座，分水口门 3 座，节制闸 2 座，退水闸 2 座。穿刁河、格子河、堰子河、湍河、严陵河到终点。

淅川段工程主要工程量为，土方开挖共计 5796.56 万 m³，土石方回填 2477.41 万 m³，混凝土浇筑 94.45 万 m³，钢筋制作安装 5.16 万 t，金属结构制造安装 1222t，复合土工膜约计 410.6 万 m²。

### 二、工程投资

2014 年 12 月 8 日，国务院南水北调办以《关于南水北调中线干线淅川县段及穿漳、穿黄等 13 个设计单元工程 2013 年价差报告的批复》（国调办投计〔2014〕316 号）对淅川县段工程 2013 年价差进行了批复。批复金额 21 209 万元。

2014 年，淅川县段工程计划完成投资 57 645万元，实际完成投资 66 363 万元，其中，工程投资完成 65 309 万元，设备采购完成 389 万元，金属结构采购及安装完成 665 万元。累计完成投资 528 399 万元。

### 三、建设管理

淅川县段工程认真落实工程建设主体责任，制订切实可行的工程建设进度计划，明确各关键节点控制目标和主要形象进度，将工程建设任务分解到日，并且在尾工建设方面，采取每日一报，以短信形式发送到各监理单位、施工单位和建管单位主要负责人，督促剩余尾工建设。南阳项目部定期和不定期组织召开进度分析会，现场办公会，深入了解现场实际情况，及时解决工程中存在的问题。要求监理单位每周召开进度协调会，项目部每月召开一次进度协调会，全年共召开 16 次，对于一些急需解决的问题，随时召开专题协调会，对进度进行动态管理。项目部每月对各个施工标段的进度完成情况进行检查，对检查结果进行通报，并把通报发送至各标段施工单位总部，要求施工单位总部对该标段加大支持力度。及时传达国务院南水北调办和中线建管局会议精神，并安排部署下一步工作任务。

南阳项目部针对防护网、截流沟、纵向排水沟、拱架护坡内杂物清理、左排建筑物、桥梁、红线内堆土及建筑垃圾清理情况和管理道路破损等尾工缺陷，对监理单位和施工单位制定了考核办法，由建管、运管、监理和施工单位联合对各标段完成情况进行考核，对考核不合格和验收计划未按时完成的，暂停办理工程结算，以此促进缺陷处理和验收工作，截至 2014 年底，淅川段、湍河渡槽和镇平段通水期间，渠道整体稳定。

严格执行工程建设质量管理有关法律法规，认真落实国务院南水北调办质量管理各项要求和高压严管措施，坚持百年大计、质量第一，建立健全质量管理体系，完善制度，落实责任，创新管理措施，成效明显。南阳项目部根据工程建设形势，适时有效调整质量管理方式，从重点管体系、管制度、管结果向管中间过程延伸，加强过程质量控制；

从全面依靠监理管控、施工保证向深度监管延伸，加强现场监管。并开展定期考核和不定期巡视检查等。

## 四、工程进展

淅川县段工程2014年计划完成土石方开挖1.6万$m^3$，土方填筑10万$m^3$，混凝土浇筑1.8万$m^3$。主要建设内容包括：渠道左右侧运行管理道路、隔离网封闭、截流沟、边坡防护、水泥搅拌抗滑桩、防渗墙和防浪墙等剩余尾工施工。闸门、启闭机单机调试、联动调试，35kV变电站，闸控、视频、光缆、通信集成、网络集成和实体环境施工。

淅川县段工程防渗墙单侧共计21.21km，水泥搅拌桩抗滑桩380 051延米，防浪墙单侧51.62km；安全防护网102.7km，截流沟85.186km，渠道聚脲施工20.046km，内坡护砌30.432km，外坡护砌单侧49.189km，渠道运行管理道路单侧99km，淅川段金属结构全部安装调试全部完成。

淅川县段工程累计完成土石方开挖5960.76万$m^3$，土方回填累计完成2581万$m^3$，混凝土浇筑累计完成182.4万$m^3$。

通过不断的检查、督导、考核、通报，南阳项目部提前完成2014年度工程建设任务，特别是淅川段3座跨渠桥梁率先移交，对加快整个河南省境内跨渠桥梁验收移交工作具有极大的促进作用；为解决平顶山市特大干旱，提前利用中线总干渠南阳段，从丹江口水库向平顶山市白龟山水库输水，为缓解平顶山市遭遇的特大旱情发挥重要作用；在稽查过程中对专家提出的涉及的改性土、抗滑桩等全线共性的重大变更，协调各单位及时提供支撑性材料，并得到专家认可，最后得出定性准确，定价合理的结果；按期提供自动化施工作业面，剩余土建尾工全部完成，闸门、启闭机单机调试、联动调试全部完成，电气试验全部完成，严陵河中心开关站按期接通外部电源，35kV变电站高压电正式投入使用；安监设备全部完成，闸控、视频、光缆、通信集成、网络集成和实体环境施工全部完成；并按期完成年度验收和跨渠桥梁移交任务；充水试验期间，渠道整体稳定无异常，全面实现尾工建设年内完工目标和投资控制指标。全年未发生一起质量安全生产责任事故，工程自开工以来连续安全生产1465天，实现了质量、安全事故为零的目标，圆满完成了工程建设目标，为中线干线工程2014年汛后通水大目标做出了巨大贡献。

## 五、通水验收

截至2014年底，淅川县段工程累计完成465个分部工程验收，其中分部工程合格率为100%，优良率为96%，单位工程完成50个，完成年计划的94%，工程施工质量始终处于受控状态。

5月底前已完成中线建管局下达的淅川段设计单元工程通水验收计划；通水试验已于10月23日完成；9月底前已完成全线通水验收。

淅川县段工程分7个土建施工标、1个35kV永久供电线路标、1个安全监测标。共划分为85个单位工程，508个分部工程，94 327个单元（分项）工程（以上不含严陵河中心开关站电源引接工程）。

其中淅川县段工程单位工程验收已完成50个，完成总数的59%；已完成分部工程验收（评定）465个，完成总数的92%。

## 六、运行管理

2014年各运行管理处紧紧围绕“充水试验和通水运行初期各项准备工作”为主线，主要做了“五个到位”方面的工作：机构到位、设施到位、人员到位、制度到位和调试到位。同时，各运行管理处按照中线建管局管护标准，做好待运行期工程的维修养护准备及相关工作，根据水量调度计划，编制调

度运行任务分解并逐项落实，制定落实年度管理维护方案和工作计划，开展工程日常维护和抢险抢修，确保工程设备设施状况良好、满足生产运行工作需要，及时有效的开展工程日常维护和日常巡查，严格执行生产运行信息报告制度，及时准备报送生产运行信息。

管理处的组织机构建设，上半年完成运管人员培训广蓄8人·次、京石段四批共25人·次，运管调度10人·次，闸站实操6人·次，闸门及启闭机11人·次，运行调度演练、参与机电金属结构、闸门启闭机现场调试等，保障了充水试验及通水初期运行管理工作对运管人员的需求。随着工作的逐步推进，各管理处不断发展完善，建章立制，逐步走上正轨，建管人员已逐步转变为运管人员，为运管人员职能转变和2014年汛后通水大目标奠定了坚实基础。

2014年7月3日黄河以南段工程开始进行充水试验工作，截至7月23日，丹江口水流越过刁河渡槽［桩号(14+465)~(15+125)］底坎，顺利流向下游，黄河以南开始充水已20天，水位波动明显。

7月27日水头到达湍河渡槽［桩号(36+289)~(37+319)］，截至2014年7月29日，湍河进口节制闸闸前水位138.035m，湍河进口底坎高程139.25m，相差1.215m。

8月7日上午陶岔渠首枢纽开闸放水，开始实施利用南水北调中线总干渠从丹江口水库向平顶山市应急调水，于8月18日夜，应急调水顺利汇入平顶山白龟山水库，累计调水达5100万$m^3$，有效地缓解平顶山旱情。

随着应急调水的结束，根据南水北调中线一期工程全线充水试验工作的安排，9月20日8时15分，中线总干渠开始大流量充水试验，流量由前期的$50m^3/s$逐步提升至$70m^3/s$，并于2014年9月21日达到$100m^3/s$，日充水量达864万$m^3$。2014年10月23日充水试验顺利结束。

2014年11月1日开始全线通水试验，截至2014年底，渠道平稳运行，得益于前期扎实的准备工作，组织得力，措施到位，各管理处克服了战线长、闸站多、人员少、经验不足、处于委托段协调难度大等难题，闸站值班人员从初期9+1方案时每个闸站仅有1人值班，到每个闸站按照11+4方案值班，管理处不足人员从其他参建单位借调，精心组织、科学管理，各运行管理处运行有序，安全高效，保证了充水试验及全线通水试验工作的顺利进行。

2014年12月12日，南水北调中线工程正式通水，流量由$100m^3/s$逐步减小为$30m^3/s$，并于2015年12月25日调整为$60m^3/s$。正式通水期间，调度值班人员在值班期间严格遵守《南水北调中线干线工程输水调度管理规定》中的各项职责，严禁接班迟到、交班早退，闸站运行调度人员严格遵守调度纪律，未发现调度值班期间脱岗，拒不执行调度指令或擅自操作闸门，以及利用自动化调度系统进行与工作无关活动等行为。并且加强工程巡查和安保巡视各项工作，保证了正式通水安全顺利进行。

南阳段各运行管理处各项规章制度已经建立，办公楼组织机构图、人员名单表、管理制度牌、宣传张贴画等全部上墙；现地站节制闸、退水闸工作制度牌、操作规程牌已全部上墙。

输水调度期间认真贯彻执行上级制定的有关调度管理制度和调度运行规程（《南水北调中线干线河南段工程充水试验及通水初期调度运行工作手册》《南水北调中线干线工程输水调度管理规定（试行）》）严格落实调度值班制度及相关操作规程，各运行管理处中控室、节制闸闸站均实行24h值班，严格执行现场交接班制度，严格调度指令的执行与反馈，按要求及时收集、汇总上报水情信息数据，同时上报相关信息报表。

结合河南直管建管局委派的技术保障服务人员每周对辖区内金属结构机电巡查一次，

先后多次对南阳段各运行管理处节制闸开展了设备维护保养。针对检查发现的问题及时反馈直管局及南阳建管处，同时积极协调建管单位加快处理，及时督促35kV运维单位加大对供电线路的巡视检查，保障电力供应，以积极有效的实际行动贯彻落实上级工作部署。

充水试验和试通水期间认真组织日常巡查、专项巡查、拉网式排查，排查各类安全隐患，并及时上报相关巡查信息报表，确保工程运行安全，水质安全和人生安全。重点对渠道段（高填方、高地下水位、膨胀土、高边坡）、大型建筑物（倒虹吸、渡槽）、左排建筑物、桥墩与衬砌板结合部位、渠道衬砌与建筑物进出口结合部位、路肩封顶板与路缘石结合部位等土建工程重点部位、关键环节以及金属结构机电、安全监测、自动化等设备设施的表观缺陷、损坏问题和运行安全隐患进行巡视检查，发现问题及时通知南阳建管处协调相关单位处理，并对处理结果进行检查，确保工程运行安全。

渠道充水至今，南阳管理处按照要求，每天组织人员对总干渠巡视2次，并组织了高填方专项巡查、雨天专项巡视、建筑物专项排查等专项检查工作。南阳段各运行管理处通过多种形式检查，相关问题已基本整改完成。

（解　林　赫建国）

# 湍河渡槽工程

## 一、工程概况

湍河渡槽工程位于河南省邓州市小王营到冀寨之间的湍河上，西距邓州—内乡省道3km，北距内乡县20km，南距邓州市26km。渡槽槽身为相互独立的3槽预应力混凝土U型结构，单跨40m，共18跨，单槽内空尺寸（高×宽）7.23m×9.0m。设计流量为350m³/s，加大流量为420m³/s。由右岸渠道连接段、进口渐变段、进口闸室段、进口连接段、槽身段、出口连接段、出口闸室段、出口渐变段、左岸渠道连接段等9段组成，其中右岸渠道连接段设退水闸1座，工程轴线总长1030m，起点桩号为TS36+289，末端桩号为TS37+319。

湍河渡槽工程主要工程量为：土石方开挖15.0万m³，土石方回填27.0万m³，混凝土13.0万m³，钢筋制作安装1.41万t。

工程总投资25 216.66万元（不含备用金1400万元）。施工工期2010年12月28日开工，2013年8月31日完工，共计32个月。

## 二、工程投资

2014年12月8日，国务院南水北调办以《关于南水北调中线干线淅川县段及穿漳、穿黄等13个设计单元工程2013年价差报告的批复》（国调办投计〔2014〕316号）对湍河渡槽段工程2013年价差进行了批复。批复金额146万元。

2014年度完成投资3834万元，其中：工程投资完成3433万元，设备采购完成53万元，金属结构采购及安装完成348万元。累计完成投资32 989万元。

## 三、工程进展

湍河渡槽工程累计完成土石方开挖24.48万m³，土方回填累计完成37.58万m³，混凝土浇筑累计完成13.5万m³。

54节槽身混凝土浇筑（总54节）全部完成，渠道两侧运行管理道路、边坡护砌、高填方加固措施和渡槽充水试验以及机电金属结构设备调试已全部完成。

## 四、通水验收

湍河渡槽设计单元工程共1个土建施工标，1个35kV供电工程标，1个安全监测标（安全监测标和35kV供电工程标均与淅川段、镇平县段设计单元工程合并招标）。共划分为

3个单位工程，16个分部工程，3618个单元工程。

分部工程验收主持单位为监理单位（中水淮河规划设计研究有限公司），已验收分部工程16个。

土建及金属结构机电设备安装工程共9个分部工程，已验收9个，合格9个，合格率100%，其中优良9个，优良率100%。

安全监测工程共1个分部工程，已验收1个，合格1个，合格率100%，其中优良1个，优良率100%。

35kV永久供电线路工程共6个分部工程，已验收6个，合格6个，合格率100%，其中优良6个，优良率100%。

## 五、运行管理

湍河渡槽闸门启闭设备和高压已于2013年完成安装并调试完毕。淅川段和湍河渡槽均为邓州管理处所管辖范围。

（解　林　赫建国）

# 镇平县段工程

## 一、工程概况

镇平县段工程位于河南省南阳市镇平县境内，起点在邓州尚寨以北约1km的邓州与镇平县界（马庄村以南），设计桩号52+100，终点在官鲁岗镇附近潦河右岸的镇平县与南阳市卧龙区交界处，设计桩号87+925，镇平县段长度为35.825km，占河南段的4.9%。渠段起点设计水位144.375m，终点设计水位142.54m，总水头1.835m。全渠段设计流量340m$^3$，加大流量410m$^3$。

镇平县段工程沿线共布置渠系建筑物63座，其中，河渠交叉建筑物5座；左岸排水建筑物18座；渠渠交叉建筑物1座；分水口门1座；跨渠桥梁38座（含1座新增生产桥）。管理处用房1座，共计64座建筑物。

镇平段工程总投资为372 326万元。

## 二、建设管理

镇平县段工程为南水北调中线干线工程建设管理局代建项目，由黄河水电工程建设有限公司负责工程管理工作。

黄河水电工程建设有限公司南水北调中线镇平段代建项目管理部作为黄河水电工程建设有限公司派出机构，负责镇平段工程现场建设管理。下设了综合处、计划合同处、工程处、质安处四个职能部门，工程建设管理高峰期共有工作人员50人。各部门分工明确、责任到人，各司其职、密切协作，形成了强有力的工程建设管理团队。

镇平代建部在工程建设管理工作中，对工程质量、进度、投资、安全生产与文明施工、合同、档案进行了全面管理；积极与地方政府沟通和协调，做好外部环境协调等，保证了工程建设顺利实施。

## 三、工程进展

2014年，镇平县段设计单元工程累计完成工程投资200 579.941 6万元，累计完成土石方1900.67万m$^3$，累计完成土方填筑769.86万m$^3$，累计完成混凝土浇筑63.9万m$^3$。

2014年，经各参建单位共同努力，镇平县段工程所辖项目已基本完工，总干渠渠道已于2014年12月12日正式通水。

## 四、通水验收

2014年3月17～18日，南水北调中线干线工程建设管理局（以下简称中线建管局）在河南省南阳市主持召开镇平县段设计单元工程项目法人验收（自查）会议。

2014年5月21～23日，通过了国务院南水北调办在河南省南阳市主持召开的南水北调中线一期工程镇平县段设计单元工程通水验收。

## 五、运行管理

镇平县段工程由镇平管理处负责工程的运行管理工作。

## 六、环境保护及水土保持

镇平代建部高度重视水土保持管理工作，设立专职管理人员开展水土保持工作，认真执行预防为主，防治并重原则及生态优先、恢复原土地功能的原则，严格执行“三同时”制度，督促参建各方特别是施工承包人制定水土保持和环境保护控制措施，避免在工程施工中采取的方法不当或管理不当造成水土流失和环境破坏。提高施工单位的水土保持和环境保护意识。每月及时审核相关工程水土保持、环境保护监理及监测单位的月报，并对数据进行分析对比，对超标项目及时督促工程监理、施工单位进行整改。

镇平代建部高度重视保护管理工作，安排专职人员负责环境保护工作，实现工程建设的环境、社会与经济效益的三统一。该工程环境保护内容主要包括：水环境保护、生态保护、噪声防治、大气环境保护、固体废物处置、人群健康防护等。

（解　林　赫建国）

# 南阳市段工程

## 一、工程概况

南阳市段工程为陶岔—沙河南单项工程中的第3个设计单元，线路位于河南省南阳市市区内，起点位于潦河西岸南阳市卧龙区和镇平县分界处，桩号87+925，终点桩号位于小清河支流东岸南阳市宛城区和南阳市县的分界处，桩号124+751，包括建筑物长度在内全长36.826km，其中桩号（100+500）~（102+550）段作为膨胀土试验段，桩号（115+190）~（116+527）段作为白河倒虹吸，另行设计。南阳市段设计段实际长度33.439km。渠段线路总体走向由西南向东北，从潦河西岸开始，穿过潦河以后，由西南向东北，从南阳市西北部穿过，于蒲山东南过白河，然后由西向东抵达渠段重点小清河支流东。南阳市段起点设计流量340m³/s，加大流量410m³/s，设计水位142.540m，加大水位143.290m；终点设计流量330m³/s，加大流量400m³/s，设计水位139.435m，加大水位140.175m。

渠道沿线共布置各类大小建筑物70座，其中，河渠交叉建筑物4座，左岸排水建筑物19座，渠渠交叉建筑物4座，铁路交叉建筑物4座，跨渠公路桥34座（新增生产桥1座），分水口门3座，节制闸1座，退水闸1座。

南阳市段工程于2011年2月16日正式开工，计划2013年6月30日完工，工程总工期30个月。

2014年南阳市段工程主要进行剩余主体工程施工及剩余尾工工程施工。2014年，完成土石方开挖32.7万m³，完成土石方回填58.14万m³，完成混凝土浇筑9.69万m³，完成建安投资40 382.12万元。

## 二、工程投资

2014年，南阳市段工程计划进行剩余主体工程施工及剩余尾工工程施工。计划完成建安投资20 921.3万元，实际完成建安投资40 382.12万元，占年度计划的193.02%，占合同量的20.8%。

南阳市段工程合同价194 432万元，截至2014年底，累计结算工程款299 255.89万元，占合同金额的153%。

南阳市段工程投资控制目标是根据河南省南水北调建管局与中线建管局签订的工程委托合同，确保工程静态投资控制在与河南省南水北调建管局管理的内容对应的项目管理预算（即分解后的项目管理预算）

之内。

在工程实施中，按照“以事实为依据，以合同为准绳”的原则处理合同问题，依据批复的工程概算总投资、已签订的合同，规范工程价款结算的形式和程序；加强工程计量管理，对影响工程投资变化的工程变更、索赔等严格把关，使工程投资处于受控状态；发挥监理的作用，全面履行合同，核对各月的结算资料，及时初审报批支付工程进度款，建立支付台账；为施工单位创造良好施工条件，降低工程索赔风险。

### 三、建设管理

2014年，南阳市段工程对水泥、钢筋及其焊接、砂石骨料、外加剂等各种原材料进行抽检，组织施工单位和监理单位对原材料生产厂家进行直接考察，对混凝土试块进行强度检测，对不合格原材料清理出场。2014年评定4895个单元工程，全部合格，其中优良单元工程4728个，优良率96.6%；桥梁分项工程质量评定2545个，全部合格。

南阳市段工程全年未发生一起质量事故，工程质量处于受控状态，完成工程质量年度管理目标。

制订《安全生产奖惩实施细则》《重特大安全事故应急预案》《隐患排查制度》《年度防汛预案》《预防坍塌及高处坠落事故专项整治工作方案》等安全生产管理规章制度。重点检查施工单位防坍塌事故实施方案、安全技术规范编制及落实情况；施工安全管理中存在的问题和薄弱环节；事故隐患治理及安全违章违规行为。编写安全生产活动方案，落实安全生产责任，签订安全生产目标责任书。排查安全生产事故隐患，加强安全生产薄弱环节的治理，解决安全生产突出问题，各参建单位针对各自的工作性质制定安全生产措施，划定重点防范责任区。分解安全生产管理任务，签订安全生产管理目标责任书，制定完善安全生产应急预案，落实安全生产奖惩制度。参建单位成立相应机构，落实安全生产专职管理人员及特种作业人员持证上岗制度，加大对参建人员安全生产技能培训，增强作业人员应对安全生产突发事件的应对能力，制定专业安全生产措施，加大安全生产隐患排查力度。

加强安全教育培训，通过摆放安全展板、张贴宣传画、悬挂宣传条幅、发放安全知识读本、利用宣传栏及现场咨询等方式进行宣传；开展以“关爱生命、安全发展”主题的征文活动；项目部组织各工区人员进行消防知识学习，邀请安全监理工程师现场讲解各种灭火器的性能、使用方法和注意事项；组织生产人员进行安全规程考试；聘请市交警大队领导来试验段机械部做道路交通安全知识讲座。结合施工方案，重点学习安全生产技术标准、规章、规程和规范要求，并对承包人学习情况进行检查。督促并检查施工单位对农民工岗前安全培训、特种作业人员资格、劳保用品的发放佩戴、度汛物资准备等，确保安全生产。

### 四、工程进展

2014年，南阳市段工程主要工作是完成剩余主体工程施工及剩余尾工工程施工。2014年完成土石方开挖32.7万$m^3$，占年度计划的170%，占合同量的2%；土石方回填58.14万$m^3$，占年度计划的129.46%，占合同量的4.8%；完成混凝土浇筑9.69万$m^3$，占年度计划的403.4%，占合同量的14.3%。

（王龙欣）

## 南阳膨胀土试验段工程

### 一、工程概况

南阳膨胀土试验段工程位于陶岔—沙河南段南阳市境内，起点位于南阳市卧龙区靳岗乡孙庄东，终点位于南阳市卧龙区靳岗乡武庄西南，全长2.05km，其中，桩号（100+500）~（101+850）为弱膨胀土渠段，桩号（101+850）~（102+550）为中膨胀土渠段。试验段渠道设计流量为340m³/s，加大流量为410m³/s，渠道设计水深7.5m，加大水深8.23m。

2014年，南阳膨胀土试验段工程主要进行剩余主体工程施工及剩余尾工工程。完成主要工程量：完成土石方填筑2.1万m³，完成混凝土浇筑0.55万m³，完成建安投资1080.05万元。

## 二、工程投资

2014年，计划完成建安投资820万元，实际完成1080.05万元，占计划的131.71%；累计完成建安投资13 876.23万元，占合同的161.88%。

## 三、建设管理

2014年，建管处质安科参与标段渠堤建基面等验收工作。由于膨胀土的特殊性，质安科注重对施工过程控制，采用巡查、抽查、跟踪检查及委托检测（第三方试验室）等方式对土方填筑质量进行质量检查；对水泥、钢筋、砂石骨料、外加剂等各种原材料进行抽检，对混凝土强度进行检测，质量全部合格。截至2014年底，试验段工程全年评定131个单元工程，全部合格，其中优良单元工程129个，优良率98.4%；桥梁分项工程质量评定21个，全部合格。工程质量处于受控状态，全年未发生一起质量事故，完成年度质量管理目标。

2014年，围绕“安全生产年”“安全生产月”活动的要求，制定学习计划，明确学习任务，采用安全生产专题会、月建管例会、监理例会、板报、警示牌、横幅等多种形式学习安全生产法律、法规和规章，学习应对各种安全生产突发事件处理措施等内容，开展经常性的安全生产培训教育。每月定期组织相关各方对生产区、营地、生活区和材料场等联合隐患排查，对易发生人身安全事故的隐患进行专项排查，并通过召开安全专题会议的方式，解决问题，交流经验，明确重点，及时消除安全隐患，全年安全处于受控状态。

## 四、工程进展

2014年，南阳膨胀土试验段工程年度建设目标是完成剩余主体工程施工及剩余尾工工程。完成土石方填筑2.1万m³，累计53.67万m³，占合同量的137.62%；完成混凝土浇筑0.55万m³，累计5.55万m³，占合同量的205.48%。

（王龙欣）

# 白河倒虹吸工程

## 一、工程概况

白河倒虹吸工程位于河南省南阳市蒲山镇蔡寨村东北，是南水北调中线总干渠穿越白河干流的交叉建筑物，距南阳市城北约15km。工程布置由进口至出口依次为：进口渐变段、退水闸及过渡段、进口检修闸、倒虹吸管身、出口节制闸（检修闸）、出口渐变段。

白河倒虹吸工程起点桩号为TS115+190，终点桩号TS116+527，全长1337m，其中进口渐变段长48m，过渡段长50m，进口闸室段长16m，出口闸室段长23m，出口渐变段长60m，埋管段水平投影长1140m。采用两孔一联共4孔的混凝土管道，顶、底板各厚1.3m，中隔墙厚1.2m、边墙1.3m，单孔管净尺寸6.7m×6.7m。

白河倒虹吸设计流量为330m³/s，加大流量为400m³/s。进口设计水位高程140.624m，出口设计水位高程139.924m。进口段设退水闸，设计流量165m³/s，出口处设有节制闸。

白河倒虹吸工程于2010年11月正式开工，计划完工日期2013年5月31日。2014年主要进行安全监测站、降压站、内部装修、闸门安装、启闭机调试工作。除主体工程以外的附属工程。

## 二、工程投资

2014年，白河倒虹吸工程计划完成建安投资5529万元，实际完成建安投资6657.63万元，占计划年度的120.41%；累计完成建安投资41 426.93万元，占合同的138.82%。

## 三、建设管理

白河倒虹吸是南水北调中线总干渠穿越白河干流的大型交叉建筑物，工期紧、任务重、地质条件复杂、施工技术要求高。建立建管处监督、监理部控制、设计和施工单位保证的进度管理体系。一是按照合同要求，为施工单位提供良好服务；二是对建设期间出现的各种影响施工的问题及时协调处理，保证各项工作有序进行；三是严格管理，以合同为基础，根据总体建设方案制定年、月、周进度计划，作为进度控制的依据，严格执行，坚持以周计划保月计划，以月计划保年计划。通过召开建管月例会、进度专题会议，建立沟通渠道，及时研究、解决制约工程进度的主要问题，落实激励竞争机制，保证进度目标实现。

2014年对白河倒虹吸工程水泥、钢筋、焊接、砂石骨料、外加剂等各种原材料进行抽检，对混凝土试块、管身混凝土强度进行强度检测，质量全部合格。截至2014年底，白河倒虹吸工程累计评定293个单元工程，全部合格，其中优良单元工程285个，优良率97.2%，工程质量处于受控状态。白河倒虹吸全年未发生一起质量事故，完成制定的质量管理目标。

2014年共组织专项检查检查23次，组织隐患排查9次，组织安全生产培训1次，发出安全生产隐患整改、罚通知单共5份，各监理部累计下发安全监理通知、联系单共70份，组织召开安全例会、安全生产专题会13次，接收办理上级来文29份，开工至今发生一起一般等级以上安全事故，工程安全生产处于受控状态。组织监理、施工单位召开专项会议，编写《预防坍塌及高处坠落事故专项整治工作方案》。围绕“安全生产年”活动的要求，制定学习计划，采用安全生产专题会、月建管例会、监理例会、板报、警示牌、横幅等多种形式学习宣传安全生产的法律、法规和规章，学习应对各种安全生产突发事件处理措施等内容。

## 四、工程进展

2014年，白河倒虹吸工程的年度建设目标是完成全部附属工程，包括安全监测站、降压站、内部装修及闸门安装、启闭机调试等工作。

2014年，完成土石方开挖1.98万$m^3$，占年度计划的33.49%，累计完成139.46万$m^3$，占合同量的97.25%；完成土石方回填0万$m^3$，占年度计划的0%，累计完成107.2万$m^3$，占合同量的101.2%；完成混凝土浇筑2.47万$m^3$，占年度计划的105.41%，累计完成26.48万$m^3$，占合同量的132.53%。

（王龙欣）

# 方城段工程

## 一、工程概况

方城段工程是陶岔渠首—沙河南段干渠的一个设计单元，位于河南省方城县境内，起点位于方城县博望乡向庄村西南、小清河支流北岸外，设计桩号124+751，终点在后三里河村西北的三里河北岸、方城县与叶县交界处，设计桩号185+545。方城段全长为60.794km。该渠段起点设计流量330$m^3$/s，加大流量 400$m^3/s$，设计水位 139.435m，加大水位 140.175m；终点设计流量 330$m^3/s$，加大流量 400$m^3/s$，设计水位 135.728m，加大水位 136.458m。

渠道沿线共布置各类建筑物 102 座，其中，河渠交叉建筑物 8 座，左岸排水建筑物 22 座，渠渠交叉建筑物 11 座，跨渠公路桥 53 座，分水口门 3 座，节制闸 3 座，退水闸 2 座。

方城段工程征地涉及南阳市方城县、社旗县境内 10 个乡镇 66 个村，建设征地总面积 23 881.25 亩，其中永久征地 11 252 亩，临时用地 12 629.25 亩。方城段工程初步设计概算总投资 494 891 万元，静态总投资 488 454 万元，其中工程部分投资 316 581 万元，公路交叉工程投资 19 451 万元，电源引接工程（2 号中心开关站）560 万元，移民及环境部分投资 151 862 万元。

## 二、工程投资

2014 年方城段工程计划完成建安投资 34 622.85万元，实际完成 58 247.09 万元，占年度计划的 168.23%，占合同的 2%。

## 三、建设管理

2014 年方城段完成剩余主体工程施工及剩余尾工工程施工。

2014 年，对水泥、钢筋、砂石骨料、外加剂、橡胶止水带等各种原材料进行抽检；对土方回填质量、桩基质量、混凝土强度等进行抽检，质量基本合格；对个别不合格产品进行返工或退场处理。重点加强检查、巡查，加强对工程实体质量、工程施工过程、关键部位和重要工序的严格控制。

2014 年，方城段工程评定 4726 个单元工程，全部合格，其中优良单元工程 3603 个，优良率 97.4%；桥梁分项工程质量评定 1317 个，全部合格，工程质量处于受控状态。方城段全年未发生一起质量事故，完成年度工程质量管理目标。

## 四、工程进展

2014 年建设目标是剩余主体工程施工及剩余尾工工程。

2014 年，完成土石方开挖 10.81 万 $m^3$，占年度计划的 720.3%，占合同量的 0.33%；土石方回填 10.52$m^3$，占年度计划的 164.85%，占合同量的 0.8%；混凝土浇筑 11.32 万 $m^3$，占年度计划的 220.11%，占合同量的 11.2%。

## 五、运行管理

2014 年，南阳段工程经历试通水、通水试验和全线通水三个阶段。2014 年 8 月 7 日陶岔渠首枢纽开闸放水，利用南水北调中线总干渠工程从丹江口水库向平顶山市应急调水。9 月 30 日南阳段所有节制闸关闭，全线水位达到设计水位。12 月 12 日中线工程正式通水，工程运行状况良好。通水管理工作，一是健全组织机构，根据通水要求，7 月初建管处成立渠道通水巡视工作领导小组和突发事件的处置领导小组，指定专人负责通水巡视工作，并督促施工单位及时成立通水巡视领导小组，制定通巡视实施方案，明确责任、措施、人员分工；确定巡视频次和巡视工作重点，完善突发事件应急预案，加强信息沟通，严格执行重大事件突发报制度。二是完善安保措施，开展安保宣传教育工作，在完善安全警示标语、警示标牌的前提下，要求施工单位在沿线桥头、建筑物进出口等重点部位现场配置救生设施，并协调市调水部门利用电视、广播等媒体广泛开展安全警示教育，防止无关人员进入总干渠保护范围，严防溺水、坠落等意外发生。督促施工单位落实 24h 安保巡视制度，对施工单位的巡视情况进行检查。三是加强工程巡视，要求各施工单位成立以项目经理为组长，总质检师、质安部长为副组长的现场通水领导小组，按要求配置巡视人员，特殊部位专人值守。编

制突发事件应急预案，建立工程巡视档案，重点关注对“土岩”二元结构边坡渠道的巡视，加强对十三座重点建筑物进出口连接段的沉降和渗透变形观测，特别是白河、白条河、黄金河倒虹吸进出口连接段沉降和草墩河渡槽裹头沉降、槽体渗漏观测，明确巡查重点，对翼墙变形、临河面渗水、结构物沉降进行重点记录。加强对高填方渠段和穿堤建筑物的观测，重点巡查高填方渠道坡脚、穿堤建筑物两侧回填以及后期填筑缺口等部位。四是配合国务院南水北调办监督司做好通水试验联合行动工作，按照《南水北调中线工程黄河以南工程充水试验质量监管联合行动实施方案》要求，南阳建管处成立领导小组，制订行动方案，明确各参建单位责任，落实各项措施，配合联合行动小组开展工作。对检查出的各类问题，分析原因，制订处理方案，迅速整改。南阳段质量监管联合行动取得良好效果。联合行动南阳组共发现南阳段工程（委托建管）问题共162项，除需要移交的5项问题外，其他问题全部整改完成。

（王龙欣　常君洁）

# 叶县段工程

## 一、工程概况

叶县段工程是南水北调中线一期工程总干渠陶岔至沙河南渠段的组成部分。陶岔至沙河南渠段总共分为7段11个设计单元，叶县段（含澧河渡槽）是第5段，地域上属于河南省叶县境内。渠段起点位于叶县保安乡胡安村西南、方城县与叶县交界处（桩号185+544），终点位于平顶山市叶县常村乡新安营村东北、叶县与鲁山县交界处（桩号215+811），全长30.266km。

该设计单元工程渠段起点设计水位135.727m，终点设计水位133.89m，总水头1.837m。起始断面设计流量330$m^3/s$、加大流量400$m^3/s$，终点断面设计流量320$m^3/s$、加大流量380$m^3/s$。沿渠布置各类建筑物58座，其中，河渠交叉建筑物1座，左岸排水建筑物17座，渠渠交叉建筑物8座，分水口门1座，闸室2座，路渠交叉建筑物（以下简称桥梁）32座，永久管理房1座。

工程于2011年3月开工，批复总工期为28个月。

工程设计防洪标准按100年一遇洪水设计，300年一遇洪水校核。

## 二、工程投资

叶县段工程初步设计概算批复总投资292 929万元，其中，静态总投资289 024万元，建设期融资利息3905万元。

工程部分静态投资140 644万元，其中建筑工程121 025万元，机电设备及安装工程1571万元，金属结构设备安装工程1088万元，临时工程16 960万元，独立费用33 200万元，基本预备费10 431万元；移民环境投资86 395万元；其他部分18 354万元（主要是公路交叉建筑物18 354万元）。

2014年，叶县段工程计划完成投资20 804万元（工程部分），实际完成投资25 474万元，完成年计划的122%。截至2014年底，叶县段工程所有合同项目累计完成投资208 592万元，完成合同金额167 590万元的124%。

叶县段工程投资控制工作由叶县代建项目部计划合同部处归口管理，全面负责协调、处理工程投资控制及其相关制度的完善建设。2014年叶县项目部根据工程现场实际情况，深入开展“深化投资控制管理、实现投资控制目标”主题年活动，从保障现场资金供应、控制已下达投资控制指标、保证资金安全三个方面实现风险动态管理。截至2014年底，叶县段工程尚未动用基本预备费，投资处于可控状态。

## 三、工程进展

（一）年度建设目标

2014年，叶县段工程计划完成投资20 804万元（工程部分），实际完成投资25 474万元，完成年计划的122%。

（二）主体工程主要工程量

2014年，叶县段工程完成土石方开挖15.7万$m^3$，土石方回填15.7万$m^3$，混凝土浇筑6.2万$m^3$，隔离网58.6km，运行维护道路58.1km。

（三）工程形象进度

2014年，叶县段工程隔离网、运行维护道路、闸门等金属结构安装、管理房、降压站等房屋建筑工程、降压站、35kV输电线路等一系列附属工程全部完成，并于2014年12月正式投入使用，12月12日工程正式转入试运行阶段。

## 四、通水验收

截至2014年底，叶县段工程分部工程共82个，已完成验收75个，完成率91.5%；单位工程共44个，已完成验收35个，完成率79.5%。

叶县段工程32座桥梁全部通过分部、单位工程验收，并于2014年12月通过交工验收。

2014年4月9～12日，国务院南水北调办主持对叶县段设计单元工程进行了通水验收技术性初步验收。

2014年3月11～12日，南水北调中线干线工程建设管理局主持对叶县段设计单元工程进行项目法人验收（自查），验收工作组同意叶县段设计单元工程通过项目法人验收（自查）。

## 五、运行管理

叶县段工程所属管理机构为南水北调中线建管局下属的三级机构叶县管理处，履行管理维护职责。根据《南水北调待运行期工程管理维护考核办法》（国调办建管〔2012〕268号）等规定，各级工程管理机构建立健全了待运行期工程管理维护目标责任制，落实组织管理、安全管理、工程管理和经费管理责任，强化待运行期工程管理维护考核工作，保障工程完好和安全。

按照“管养分离”的管理原则，闸站操作、运行调度、工程巡视等任务以“自我人员为主，运行初期借调监理等单位人员辅助”，安全保卫工作通过招标由黄河建工集团承担，维修养护工作后期委托有相应资质的企业负责实施。

为满足工程运行管理工作的需要，负责该段工程运行管理的鲁山管理处配备了专门交通车辆，办公生产工器具齐全，防汛抢险等物资于2015年汛前到位。

（崔浩朋　刘　洋　李志海　赵本基　张晓亮　董瑞涛）

# 澧河渡槽工程

## 一、工程概况

澧河渡槽工程位于河南省平顶山市叶县常村乡坡里与店刘之间的澧河上，对应南水北调中线一期干渠轴线桩号，澧河渡槽工程起点（控制点A）桩号209＋270，终点（控制点B）桩号210＋130，全长860m。自起点至终点依次为：退水闸段（进口明渠段）、进口渐变段、进口节制闸、进口连接段、槽身段、出口连接段、出口检修闸、出口渐变段、出口明渠段，根据调度需要并结合总干渠及本建筑物布置。退水闸设在进口渐变段前右岸，退水闸轴线与总干渠交角为55度。

澧河渡槽工程全长860m，其中渡槽槽身长540m，为双线双槽矩形槽，采用三向预应力简支梁结构。设计输水流量320$m^3/s$，加大输水流量380m$^3$/s。工程段内退水闸设计流量160m$^3$/s。

澧河渡槽工程为一等工程，澧河渡槽槽身段、渐变段、连接段、进出口连接渠道、进口节制闸、出口检修闸及退水闸等主要建筑物为1级建筑物，退水渠、防护工程、附属建筑物等次要建筑物为3级建筑物。防洪标准按100年一遇设计，300年一遇校核。地震动峰值加速度为0.05$g$，建筑物抗震设防烈度为Ⅵ度。

主要工程量包括：土石方开挖约17.2万m$^3$，土石方填筑约53.7万m$^3$，砌石2.5万m$^3$，混凝土浇筑约11.0万m$^3$，钢筋制作安装1.1万t，金属结构制造安装311t，土工膜0.8万m$^2$。

## 二、工程投资

2014年澧河渡槽段工程计划完成投资192万元（工程部分），实际完成投资2087万元。截至2014年底，澧河渡槽工程合同项目累计完成投资26 967万元，完成合同金额23 252万元的116%。

2014年叶县项目部根据工程现场实际情况，深入开展“深化投资控制管理、实现投资控制目标”主题年活动，从保障现场资金供应、控制已下达投资控制指标、保证资金安全三个方面实现风险动态管理。截至2014年底，叶县段工程尚未动用基本预备费，投资处于可控状态。

## 三、工程进展

2014年，澧河渡槽工程完成土石方开挖0.10万m$^3$，隔离网0.40km，运行维护道路0.40km。

2014年，澧河渡槽工程隔离网、运行维护道路、闸门等金属结构安装、管理房、降压站等房屋建筑工程、降压站、35kV输电线路等一系列附属工程全部完成，并于2014年12月正式投入使用，12月12日工程正式转入试运行阶段。

## 四、通水验收

截至2014年底，澧河渡槽工程分部工程共19个，已完成验收19个，完成率100%；单位工程共3个，已完成验收1个，完成率33.3%。

2014年5月5～8日，澧河渡槽工程通过国务院南水北调办在河南省平顶山市鲁山县组织的南水北调中线一期工程澧河渡槽段设计单元工程通水验收。

（崔浩朋　刘　洋　李志海）

# 鲁山南1段工程

## 一、工程概况

鲁山南1段工程是南水北调中线一期工程总干渠陶岔渠首—沙河南的组成部分，位于河南省平顶山市境内，起始端与平顶山市叶县相邻，渠线穿越昭平台水库灌区，基本平行于昭平台南干渠布置，沿途经过鲁山县张官营、磙子营、张良三个乡（镇）。起点总干渠桩号215+811，终点总干渠桩号229+262，全长13.451km。本段渠道设计流量320m$^3$/s，加大流量380m$^3$/s。起止控制点的设计水位分别为133.89m、133.17m，水头差0.72m，其中渠道占用水头0.52m。渠道沿线共布置30座交叉建筑物，其中河渠交叉建筑物1座、左岸排水建筑物6座、渠渠交叉建筑物10座、跨渠公路桥7座及生产桥6座。

工程于2011年3月1日开工，总工期28个月。

主要工程量：土石方开挖599.8万m$^3$，土石方回填357.8万m$^3$，混凝土及钢筋混凝土浇筑24.13万m$^3$，砌石13.69万m$^3$，钢筋制作安装1.18万t。

## 二、工程投资

2014年，根据《关于南水北调中线干线

淅川县段及穿漳、穿黄等13个设计单元工程2013年价差报告的批复》(国调办投计〔2014〕316号),批复2013年鲁山南1段价格调整2347万元。

2014年鲁山南1段工程计划完成投资5151万元(工程部分),实际完成投资10 085万元,完成年计划的196%。截至2014年底,鲁山南1段工程所有合同项目累计完成投资86 006万元,完成合同金额57 753万元的149%。

为贯彻落实2014年南水北调工程建设工作会议和中线建管局工作会议精神,扎实做好河南直管代建项目投资管理工作,确保实现“平稳转型、如期通水”总体目标,2014年主要合同管理工作是紧紧围绕“保进度目标做好资金供应、明确投资控制目标严把投资关口”两大任务,贯彻落实“深化投资控制管理、实现投资控制目标”主题年活动指导思想和活动目标,深入开展“深化投资控制管理、实现投资控制目标”主题年活动,从保障现场资金供应、控制已下达投资控制指标、保证资金安全三个方面实现风险动态管理,积极配合变更索赔专项审计和国务院南水北调办 资金专项审计工作。截至2014年底,鲁山南1段工程投资处于可控状态。

## 三、建设管理

鲁山南1段工程的建设管理模式为直管制,由南水北调中线干线工程建设管理局河南直管项目建设管理局(以下简称河南直管建管局)负责工程的建设管理。河南直管建管局下设安鹤项目部、郑州项目部、平顶山项目部、南阳项目部、工程管理处、技术管理处处、合同财务处、机电与信息管理处、综合处9个职能处室,沙河渡槽工程的现场协调和管理由平顶山项目部负责。

根据工程特点和工作的需要,平顶山项目部内部实行逐级负责的岗位责任制,以部长为领导层,下设工程管理处(含综合职能)、质量安全处和合同管理处三个处室,明确各岗位分工、责任到人,主要履行对沙河渡槽工程的设计、监理、施工等各参建单位在施工准备阶段、建设实施阶段、竣工验收、移交阶段和缺陷责任期阶段的管理职能,以及代表河南直管建管局实施对叶县段代建项目的协调、监督管理等。2014年度正式职工61人,外聘职工2人。办公地点设在河南省平顶山鲁山县境内。

鲁山南1段工程于2009年12月30日开工,2013年12月20日主体工程完工,2014年12月12日全线通水。工程开工后,平顶山项目部按照河南直管建管局的“规范管理、技施创新、和谐共建、过程受控、质量一流”的指导思想,树立“营造和谐文明建设环境、创建世纪一流精品工程”的管理目标。以工程建设管理为中心,不断健全质量、安全、进度及文明施工、环保、水保等管理体系。设立专人负责质量、进度、安全、文明施工、信息、监理工作管理等项工作,严格按照河南直管建管局制定的各项管理规章制度,充分依靠建设监理对工程进行制度化、规范化管理,不断提高工程管理水平,全方位全过程加大管理力度,保证工程建设顺利进行。

## 四、工程进展

2014年,鲁山南1段工程完成混凝土浇筑1.02万$m^3$,隔离网36.47km,运行维护道路26.19km。隔离网、运行维护道路、闸门等金属结构安装、管理房、降压站等房屋建筑工程、降压站、35kV输电线路等一系列附属工程全部完成,并于2014年12月正式投入使用,12月12日工程正式转入试运行阶段。

## 五、通水验收

截至2014年底,鲁山南1段工程分部工

程共 125 个，已完成验收 125 个，完成率 100%；单位工程共 18 个，已完成验收 14 个，完成率 77.8%。

鲁山南 1 段工程 14 座桥梁全部通过分部、单位工程验收，并于 2014 年 12 月通过交工验收。

2014 年 2 月 16 ~19 日，鲁山南 1 段工程进行了安全评估。

2014 年 3 月 14 ~16 日，鲁山南 1 段工程通过项目法人通水验收（自查）。

2014 年 4 月 17 ~20 日，鲁山南 1 段工程通过国务院南水北调办在河南省平顶山市鲁山县组织的南水北调中线一期工鲁山南 1 段设计单元工程通水验收技术性初步验收。

2014 年 5 月 5 ~8 日，鲁山南 1 段工程通过国务院南水北调办在河南省平顶山市鲁山县组织的南水北调中线一期工程鲁山南 1 段设计单元工程通水验收。

## 六、运行管理

鲁山南 1 段工程所属管理机构为南水北调中线建管局下属的三级机构鲁山管理处，履行管理维护职责。

（崔浩朋　刘　洋　李志海　赵本基　张晓亮　董瑞涛）

# 鲁 山 南 2 段 工 程

## 一、工程概况

鲁山南 2 段工程为南水北调中线工程总干渠陶岔—沙河南段工程的一部分，位于陶岔至沙河南段最末标段，起于鲁山县张良镇西盆窑村东北、止于沙河南岸鲁山县马楼乡薛寨村北。设计流量 $320m^3/s$，加大流量 $380m^3/s$。起点（桩号 229 + 262）设计水位 133.168m，终点（桩号 239 + 042）设计水位 132.370m，分配水头 0.798m。

工程于 2011 年 3 月开工，总工期 28 个月。

## 二、工程投资

2014 年，鲁山南 2 段工程计划完成投资 5151 万元（工程部分），实际完成投资 6908 万元，完成年计划的 140%。截至 2014 年底，鲁山南 2 段工程所有合同项目累计完成投资 61 212 万元，完成合同金额 45 524 万元的 134%。

2014 年，主要合同管理工作是紧紧围绕“保进度目标做好资金供应、明确投资控制目标严把投资关口”两大任务，贯彻落实“深化投资控制管理、实现投资控制目标”主题年活动指导思想和活动目标，深入开展“深化投资控制管理、实现投资控制目标”主题年活动，从保障现场资金供应、控制已下达投资控制指标、保证资金安全三个方面实现风险动态管理，积极配合变更索赔专项审计和国务院南水北调办 资金专项审计工作。截至 2014 年底，鲁山南 2 段工程投资处于可控状态。

## 三、工程进展

2014 年，鲁山南 2 段工程完成混凝土浇筑 1.97 万 $m^3$，隔离网 20.45km，运行维护道路 18.15km。隔离网、运行维护道路、闸门等金属结构安装、管理房、降压站等房屋建筑工程、降压站、35kV 输电线路等一系列附属工程全部完成，并于 2014 年 12 月正式投入使用，12 月 12 日工程正式转入试运行阶段。

## 四、通水验收

截至 2014 年底，鲁山南 2 段工程分部工程共 134 个，已完成验收 120 个，完成率 89.6%；单位工程共 15 个，已完成验收 9 个，完成率 60.0%。

鲁山南 2 段工程 9 座桥梁全部通过分部、单位工程验收，并于 2014 年 12 月通过交工验收。

2014年2月16日~2月19日，鲁山南2段工程进行了安全评估。

2014年3月14日~3月16日，鲁山南2段工程通过项目法人通水验收（自查）。

2014年4月17~20日，鲁山南2段工程通过国务院南水北调办在河南省平顶山市鲁山县组织的南水北调中线一期工程鲁山南2段设计单元工程通水验收技术性初步验收。

## 五、运行管理

鲁山南2段工程所属管理机构为南水北调中线建管局下属的三级机构鲁山管理处，履行管理维护职责。

（崔浩朋　刘　洋　李志海　张承祖　赵本基　张晓亮）

# 天津干线工程

## 概　述

天津干线工程西起河北省保定市徐水县西黑山村附近的南水北调中线一期工程总干渠西黑山节制闸，东至天津市外环河西。起点桩号为XW0+000，终点桩号为XW155+305，全长155.352km。途经河北省保定市的徐水、容城、雄县、高碑店，廊坊市的固安、霸州、永清、安次和天津市的武清、北辰、西青，共11个区县。

天津干线工程以现浇钢筋混凝土箱涵为主，主要建筑物共268座，其中控制建筑物17座、河渠交叉建筑物49座、灌渠交叉建筑物13座、铁路交叉建筑物4座、公路交叉建筑物107座等。该段工程共划分为6个设计单元工程，分别是：第1设计单元为西黑山进口闸—有压箱涵段工程，位于河北省保定市徐水县境内，长度15.208km；第2设计单元为保定市境内1段工程，位于河北省保定市徐水县、雄县、容城、高碑店境内，长度45.642km；第3设计单元为保定市境内2段工程，位于河北省保定市雄县境内，长度15.085km；第4设计单元为廊坊市境内段工程，位于河北省廊坊市固安县、霸州市、永清县、安次区境内，长度55.434km；第5设计单元为天津市1段工程，位于天津市境内，线路长度19.661km；第6设计单元为天津市2段工程，位于天津市境内，线路长度4.197km。

天津干线工程共划分为20个土建施工标段，其中中线建管局直管6个、采取代建制管理2个、委托河北省管理5个、委托天津市管理7个。监理标段总共9个，中线建管局直管或代建5个，委托河北省管理2个、委托天津市管理2个。另外还有5个设备标。天津干线第1~4设计单元工程于2009年7月开工，总工期36个月；天津干线第5、6设计单元工程于2008年11月开工，总工期24个月。

20个土建标合同于2013年9月底前全部完成施工合同验收，安全监测标合同于2014年8月28日完成合同验收。2014年9月14~15日完成了天津干线工程全线通水验收技术性检查工作。2014年9月29日，南水北调中线一期工程通过了全线通水验收，具备通水条件。

天津干线工程初步设计阶段批复投资总概算889 086万元，主要工程量：土石方开挖4500.38万$m^3$，土石方回填3308.41万$m^3$，混凝土浇筑473.26万$m^3$，钢筋制作安装41.41万t。

（刘卫其　原　亮）

## 西黑山进口闸—有压箱涵段工程

### 一、工程概况

西黑山进口闸—有压箱涵段起止桩号（XW0+000）~（XW15+200），全长15.2km。主要建筑物为输水箱涵、西黑山进口闸枢纽、东黑山陡坡泄槽、东黑山村东检修闸、文村北调节池、1号（屯庄南）保水堰等。主要工程量为：土方开挖423.56万$m^3$、土方回填335.72万$m^3$、石方开挖3.56万$m^3$、混凝土浇筑38.20万$m^3$、钢筋制作安装2.94万t、金属结构制造安装280.7t。计划开工时间为2009年7月15日，计划完工日期2012年7月14日，总工期为36个月。实际开工日期为2010年2月28日，2012年4月28日主体工程完工。

2014年度主要进行西黑山进口闸蓄冰池防渗处理、箱涵加固处理、中瀑河段箱涵上部沟堑防护和西黑山进口闸段绿化施工。

### 二、工程投资

西黑山进口闸—有压箱涵段工程总投资74 395.70万元，其中建筑工程41 770.14万元，机电设备及安装532.05万元，金属结构设备及安装1619.73万元，临时工程2316.37万元，独立费用12 262.75万元，基本预备费3534.06万元，铁路及公路穿越1772.21万元，移民及环境部分8103.64万元，工程静态投资72 310.95万元，建设期贷款利息2084.75万元，工程总投资74 395.70万元。

2014年度计划完成投资500万元，实际完成投资1283万元。

### 三、建设管理

西黑山进口闸—有压箱涵段工程建设组织形式为项目法人直接管理，由项目法人派出机构天津直管建管部对工程建设进行直接管理，建管部工程管理二处负责现场协调和管理。

天津直管项目建立健全进度管理体系，明确各参建单位的职责，通过风险分析，制定各级进度计划和防范对策，按照进度控制程序，严格管理各级进度计划的制定、检查和更新，确保天津直管项目建设目标的实现。天津直管项目施工进度实行统一管理、分项实施。建立由中线建管局总负责，建管部管理，监理人监督，设计单位、承包人保证的进度管理体系。各参建单位建立内部进度保证体系，完善组织机构，制定激励机制。

结合南水北调中线天津干线工程实际情况，建管部质量控制主要以抽查为主，运用法律和行政手段，通过复核有关单位资质、检查技术规程、规范和质量标准的执行情况、工程质量的不定期检查、工程质量评定和验收等重要环节实现质量控制。协调设计、监理、施工单位三者关系，加强对现场设代服务、监理工作和现场施工进行日常的巡视、检查，保证工程达到预期的质量目标。

天津直管建管部始终坚持“安全第一、预防为主、综合治理”的方针，多措并举，确保了安全生产形势总体稳定，实现了“零”安全事故目标，保证了工程建设顺利进行。

### 四、工程进展

西黑山进口闸—有压箱涵段工程已于2012年4月28日完成主体工程的施工。2014年度完成了西黑山进口闸蓄冰池防渗处理、箱涵加固处理、中瀑河段箱涵上部沟堑防护和西黑山进口闸段绿化施工。

### 五、通水验收

2013年9月28日，西黑山进口闸—有压箱涵段工程完成合同项目验收；2013年10月11日，完成通水验收项目法人自查。2013年10月31日，完成通水验收技术性初步验收。

2014年9月13日，完成西黑山进口闸—有压箱涵段设计单元工程通水验收。

## 六、运行管理

2014年，西黑山进口闸—有压箱涵段工程切实落实了“由内部管理向外部协调转变、由生产向运行转变”两个转变精神。积极参与运行管理方面的培训，做好了待运行期相关工作。

2014年，天津干线共进行了两次充水试验，分别是3月1～15日、8月16～29日。通过对天津干线箱涵进行充水试验、退水排空、缺陷检查及加固处理，加固施工质量满足设计要求，水量损失满足设计要求，12月底天津干线实现了正式通水运行工程运行平稳。

## 七、环境保护及水土保持

西黑山进口闸—有压箱涵段工程施工期间废弃物合理堆放，施工人员自觉遵守施工环保要求，维护好自身的生产、生活环境。在施工营地设置垃圾桶，经常喷洒灭害灵等药水，防止苍蝇等传染媒介孳生，以减少生活垃圾对周围环境和施工人员的影响。施工营地内设置较为规范的临时公共厕所，设置化粪池处理，定期清运。2014年完成西黑山进口闸绿化工程面积51 992$m^2$，完成给水管道铺设2350m，回填土方2050$m^3$，其中乔木451株，小乔木、灌木5016株，地被8559$m^2$。

（刘力军　马金全）

# 保定市境内1段工程

## 一、工程概况

南水北调中线一期工程天津干线保定市境内1段工程为天津干线第二设计单元。工程位于河北省保定市徐水县、容城县、白沟白洋淀温泉城开发区和雄县境内，东西走向，相应的起止桩号为（XW15＋200）～（XW60＋842），渠线全长45.68km。工程主要以3孔4.4m×4.4m现浇钢筋混凝土输水箱涵为主，共包含穿越铁路建筑物1座（京广铁路涵）、穿越公路交叉建筑物35座、河渠交叉建筑物16座、保水堰3座、分水口门3座以及检修闸、通气孔等共81座建筑物。工程等别为一等，主体建筑物为1级，设计输水流量为50$m^3/s$，加大输水流量为60$m^3/s$。

主要工程量为：土石方开挖1226万$m^3$，土石方回填863万$m^3$，混凝土浇筑142万$m^3$，钢筋制作安装13万t。

工程概算总投资为252 002万元，施工工期36个月。

## 二、工程投资

截至2014年底，由河北省南水北调工程建设管理中心负责签订的保定市1段各类合同（含补充协议或备忘录）共157项，合同总额20.142 1亿元（含备用金1.5亿元）。按照中线建管局合同分类管理规定，包括：建安设备类合同80项，合同总金额19.688 5亿元（含备用金1.5亿元）；专项采购类合同4项，合同金额384万元，资金来源为设计单元外资金划入；项目建设管理类合同21项，合同金额463万元；技术服务采购类合同37项，合同金额3138万元；建设及施工场地征用类2项，合同金额为71万元，均为工程外资金；与中线建管局签订建管委托合同2项；因津保高速公路占压北城南分水口，与相关单位签订合同8项，合同金额为173.6万元；运行维护类合同15项，合同金额为284万元。

截至2014年底，保定市1段工程累计处理工程变更索赔128项，核定变更索赔金额7060.171 6万元，核减合同内金额2455.649 8万元，增加工程投资4604.521 8万元。其中，2014年处理工程变更索赔89项，累计核定金额5738.478 8万元，增加工程投资3907.422 1

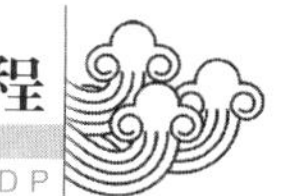

万元。

截至2014年底，保定市1段累计结付资金19.155 6亿元，其中2014年度结付5969万元。具体为：建安设备类工程项目已累计结付金额为18.568 1亿元（含价差2.239 6亿元），其中2014年结付5235.145 0万元；项目管理费已累计结付2862.36万元，其中，2014年结付439.22万元；技术服务费已累计结付3012.372 4万元，其中，2014年结付294.798 3万元。

## 三、建设管理

河北省南水北调工程建设管理中心受中线建管局委托，负责天津干线保定1段工程建设管理，建管中心采用一级管理模式，在工程建设中全面实行项目法人负责制、招标投标制、建设监理制和合同管理制。

继续完善质量保证体系建设，认真落实各级管理人员质量责任制，狠抓质量管理规章制度的落实。各施工单位细化施工组织设计，合理安排施工进度，严格落实质量、安全责任目标，在确保工程质量、安全的前提下加快工程施工进度。2014年天津干线保定市1段工程顺利完成工程建设目标。工程建设质量优良，安全状况良好。

## 四、工程进展

2014年3月1~14日，天津干线进行充水试验。

2014年6月4日，中线建管局针对第一次充水试验箱涵渗漏量不满足设计标准情况，组织召开天津干线箱涵充水试验缺陷处理方案专家审查会，确定对天津干线箱涵进行加强处理。

2014年6月10日~8月15日，保定市1段工程进行加强处理工作，3号保水堰以上处理方案采用喷涂聚脲（厚度2mm），3号保水堰以下采用化学灌浆处理。

2014年8月16日~9月12日，天津干线第二次充水试验；经观测渗漏量符合设计标准要求。

2014年12月12日南水北调正式通水。

## 五、运行管理

截至2014年底，保定市1段工程已全部完成工程实体和其他固定资产的移交工作，工程管理和运行由南水北调中线建管局天津直管部负责。

（曹会利　吴广聚）

# 保定市境内2段工程

## 一、工程概况

保定市境内2段工程起止桩号为（XW60+842）~（XW75+927），全长15.085km。主要建筑物为输水箱涵、通气孔、分水口等。主要工程量为：土方开挖434.48万$m^3$、土方回填308.87万$m^3$、混凝土浇筑47.43万$m^3$、钢筋制作安装3.79万t。计划开工时间为2009年7月15日，计划完工日期2012年7月14日，总工期为36个月。实际开工日期为2009年12月24日，主体工程完工日期为2013年1月22日。

2014年度主要进行了雄县口头分水口厂区建筑，口头分水口进场道路施工，张玛、白玛大坑防护施工以及箱涵洞内二次加固项目（其中包含灌浆、聚脲施工）。

## 二、工程投资

保定市境内2段工程总投资81 331万元，其中建筑工程46 946万元，机电设备及安装434万元，金属结构设备及安装0万元，临时工程2214万元，独立费用16 136万元，基本预备费3944万元，公路穿越4580万元，移民及环境部分5903万元，工程静态投资80 156万元，建设期贷款利息1175万元，工程总投资81 331万元。

2014年计划投资117万元，实际完成投资 904.58 万元。

## 三、工程进展

2014 年，保定市境内 2 段工程主要完成了雄县口头分水口厂区施工、分水口进场路施工、箱涵加强处理施工、大坑防护施工、箱涵缺陷处理等。通过了保定市 2 段设计单元工程通水验收、保定市 2 段档案项目法人验收。先后两次进行了试通水，并于 2014 年 12 月 12 日进行了正式通水运行。

## 四、通水验收

2013 年 9 月 17 日，保定市境内 2 段工程完成合同项目验收；2013 年 9 月 27 日，完成通水验收项目法人自查；2013 年 10 月 22 日，完成通水验收技术性初步验收。2014 年 9 月 12 日，完成保定市境内 2 段设计单元工程通水验收。

## 五、环境保护及水土保持工程

施工期间废弃物合理堆放，施工人员自觉遵守施工环保要求，维护好自身的生产、生活环境。在施工营地设置垃圾桶，经常喷洒灭害灵等药水，防止苍蝇等传染媒介孳生，以减少生活垃圾对周围环境和施工人员的影响。施工营地内设置较为规范的临时公共厕所，设置化粪池处理，定期清运。

保定市境内 2 段工程尾工施工过程中注重环境保护、水土保持以及文明施工工作。在风沙较大、雾霾较大天气停止施工，作业面坚持洒水除尘，大坑防护施工采取土埝挡水措施等。

（耿宝江　刘力军）

# 廊坊市境内段工程

## 一、工程概况

南水北调中线一期工程天津干线廊坊市段工程工程起点位于河北省廊坊市固安县马庄镇李洪庄村西约 900m 处，终点位于河北省廊坊霸州市与天津市武清区分界处，全长 55.434km，土方开挖 1642.92 万 $m^3$、土方回填 1202.74 万 $m^3$、混凝土浇筑 173.15 万 $m^3$、钢筋制作安装 14.86 万 t。全部为埋入地下的 3 孔 4.4m×4.4m（宽×高）有压输水箱涵。该工程段包括检修闸、保水堰井、通气孔、分水口门、河渠交叉倒虹吸、灌渠交叉倒虹吸、铁路交叉建筑物等，共计 93 座。建设总工期为 36 个月。

## 二、工程投资

廊坊市境内段工程总投资 331 760.14 万元，其中建筑工程 181 990.07 万元，机电设备及安装 2015.45 万元，金属结构设备及安装 781.63 万元，临时工程 9506.58 万元，独立费用 65 394.46 万元，基本预备费 15 581.29 万元，公路穿越 14 026.00 万元，移民及环境部分 33 676.00 万元，工程静态投资322 971.47万元，建设期贷款利息 8788.67 万元，工程总投资 331 760.14 万元。

2014 年，廊坊市境内段工程计划完成投资 391 万元，实际完成投资 2299 万元。

## 三、建设管理

廊坊市境内段工程分为直管项目工程和代建项目工程，廊坊市段 TJ4－1 标、TJ4－2 标和 TJ4－3 标工程采用直接建设管理模式，由天津直管建管部代表中线建管局负责该工程的建设管理，现场协调和管理由建管部工程管理三处负责。廊坊市段 TJ4－4 标和TJ4－5 标工程采用代建制建设管理模式，由天津市水利工程建设管理中心负责该工程的建设管理。

廊坊市境内段工程划分为 2 个监理标，5 个土建标，安全监测标、电气设备采购标、金属结构制造标、水土保持和环境保护监测标，以及水土保持和环境保护监理标与天津

干线其他设计单元统一合并招标。

建立健全进度管理体系，明确各参建单位的职责，通过风险分析，制定各级进度计划和防范对策，按照进度控制程序，严格管理各级进度计划的制定、检查和更新，确保天津直管项目建设目标的实现。天津直管项目施工进度实行统一管理、分项实施。建立由中线建管局总负责，建管部管理，监理人监督，设计单位、承包人保证的进度管理体系。各参建单位建立内部进度保证体系，完善组织机构，制定激励机制。明确提出将"以质量、安全控制为核心，以进度控制为重点，打造文明施工队伍，创造施工和谐环境，努力把天津干线工程建成优质精品工程"作为做好各项工作的指导方针。有了明确的目标，在工程建设质量管理过程中就有的放矢，多措并举，确保了安全生产形势总体稳定，实现了"零"安全事故目标，保证了工程建设顺利进行。

## 四、工程进展

2014 年度主要完成了剩余尾工建设工作、霸州管理处装修、各现地管理站施工、箱涵加强处理施工、箱涵缺陷处理等。6 月顺利入驻霸州管理处办公，通过了廊坊市段设计单元工程通水验收、廊坊市段档案项目法人验收。先后两次进行了试通水，并于 2014 年 12 月 12 日进行了正式通水运行。

## 五、通水验收

2014 年 9 月 10 日，TJ4－2 标霸州管理处单位工程通过验收组验收；2014 年 9 月 12～13 日，南水北调中线一期工程廊坊市境内段设计单元工程通过国务院南水北调办组织的通水验收；2014 年 12 月 24 日，廊坊市境内段工程（直管项目）档案通过中线建管局组织的设计单元工程项目法人验收。

## 六、环境保护及水土保持工程

廊坊市境内段工程尾工施工期间废弃物合理堆放，施工人员自觉遵守施工环保要求，维护好自身的生产、生活环境。在施工营地设置垃圾桶，经常喷洒灭害灵等药水，防止苍蝇等传染媒介孳生，以减少生活垃圾对周围环境和施工人员的影响。

转入运行管理后，要求值守和物业人员对各现地管理站、管理处卫生进行定期打扫，绿植定期浇水养护，生活垃圾清运至垃圾站，化粪池处理定期抽排清运，并制定相关制度定期考核。

（郭文军　邵士生　屠　波）

# 天津市境内 1 段工程

天津市境内 1 段工程为天津干线第五设计单元工程，工程起点位于武清区王庆坨镇西南与河北省交界处（桩号 XW131＋360），总体走向自西向东，沿线经过天津市武清、西青、北辰三区，终点位于西青区西青道以南奥森物流东侧（桩号 XW151＋021.365），线路全长 19.661km。

天津市境内 1 段工程全部采用 C30 地下钢筋混凝土输水箱涵结构形式，以子牙河北分流井为界，其上游段为 3 孔 4.4m×4.4m 有压输水箱涵 17.297km，设计输水规模 $45m^3/s$，加大输水规模 $55m^3/s$；其下游段为 2 孔 3.6m×3.6m 有压输水箱涵 2.233km，设计输水规模 $18m^3/s$，加大输水规模 $28m^3/s$。工程主要建筑物有：王庆坨连接井、子牙河北分流井、子牙河南检修闸、通气孔、子牙河河道倒虹吸及京沪高速公路、津同公路、京福公路、西青道、京沪铁路等公路、铁路穿越箱涵。

天津市境内 1 段工程为一等工程，主要建筑物等级为 1 级，附属建筑物、防护工程及穿河道的上下游连接段等次要建筑物等级为 3 级，临时建筑物等级为 4～5 级；天津市防洪圈外部分的箱涵和沿线建筑物防洪标准按 50 年一遇洪水设计，200 年一遇洪水校核，防洪圈以内部分防洪标准按200年一遇洪水设计。主要工程量包括土方开挖651万$m^3$，土方回填505万$m^3$，混凝土浇筑61.6万$m^3$。

2011年1月19日，国务院南水北调办以国调办投计〔2011〕6号文对天津市1段工程初步设计概算价格水平年调整进行批复，价格水平年从2004年3季度调整为2007年12月，批复工程概算总投资由12.833 5亿元调整为14.024 4亿元，其中工程静态总投资13.292 0亿元。2010年9月，国务院南水北调办批复天津市1段工程耕地占用税1.104 7亿元，静态总投资合计14.396 7亿元。

天津市境内1段工程已于2011年7月底全部完工，于2013年顺利通过通水验收，并完成全部临时占地复垦验收工作。

（孙津媛）

## 天津市境内2段工程

### 一、工程概况

天津市境内2段工程属天津干线工程尾端，位于天津市西青区中北镇中北工业园区内，起点位于西青道以南、奥森物流公司东侧，相应天津干线桩号为XW151+021.365，沿园区内的春光路向南穿过阜盛道至元宝路，后折向东沿元宝路前行穿过星光路、曹庄排干，至外环河以西约270m处再折向北至天津干线终点，相应天津干线桩号为XW155+218.236，全长4.197km。主要建筑物包括：2孔一联3.6m×3.6m有压输水钢筋混凝土箱涵，外环河出口闸，通气孔，曹庄排干倒虹吸，阜盛道公路涵和星光路公路涵。工程等别为一等，主体建筑物为1级，设计流量$18m^3/s$，加大流量$28m^3/s$。主要工程量为：土方开挖78.81万$m^3$、土方回填63.75万$m^3$、混凝土8.15万$m^3$、钢筋制作安装0.7万t、金属结构总量35t。工程概算总投资19 436.6万元。

2012年，天津市境内2段工程完工。

### 二、通水验收

天津市境内2段工程土建施工合同于2013年6月18日通过验收；安全监测合同于2013年8月1日通过验收；2013年8月8日通过通水验收项目法人自查；2013年8月18日通过设计单元通水验收技术性初验。2014年9月12日完成设计单元通水验收；9月14～15日完成了天津干线工程全线通水验收技术性检查；9月29日完成了全线通水验收。

### 三、运行管理

2014年3月1日～4月15日，天津干线工程进行了第一次充水试验，在第一次充水试验中，天津市2段箱涵未发现明显渗漏点，第10段（含天津市2段）观测的实际渗漏量为每公里每天$2.6m^3$，远小于设计确定的每公里每天$30m^3$的排空检查标准，故判断该段箱涵基本不渗漏。2014年6月上旬，在第一次充水试验退水期间，通过天津市2段工程输水箱涵向天津市内配套工程曹庄泵站前池输水约30万$m^3$。

在正式通水前，天津管理处组织开展了天津干线试通水、配合天津市内配套工程充水试验工作，12月27日，天津市举办了接水活动，标志着天津干线顺利实现了通水目标，也标志着圆满完成中线建管局下达的2014年汛后通水目标。

### 四、环境保护及水土保持工程

截至2014年10月30日，完成了外环河出口闸场区绿化工作，场区环境优美。

（李永鑫）

# 中线干线专项工程

## 中线干线自动化调度与运行管理决策支持系统工程

### 一、工程概况

南水北调中线干线工程自动化调度与运行管理决策支持系统（以下简称自动化调度系统）是南水北调中线干线工程运行管理的神经系统，对中线干线工程的高效运行、可靠监控、科学调度和安全管理起着至关重要的作用。采用信息采集、信息处理、自动化控制、计算机网络、通讯等先进技术，为中线干线工程正常输配水、工程安全、水质安全、运行管理等提供业务操作平台和决策支持环境。自动化调度系统由应用系统、应用支撑平台、数据存储与管理系统、计算机网络系统、通信系统、系统运行实体环境等六部分组成。系统建设目标为：以中线干线工程调水业务为核心，以全线闭环自动控制为重点，运用水利、通信、信息、自动控制等技术，建设服务于自动化调度监控、工程安全监测、水质监测、工程管理等业务的信息化作业平台和调度会商决策支撑环境，实现调度过程自动化和运行管理信息化，保障全线调水安全。

该系统共分为两个设计单元，分别为京石段设计单元和京石段以外设计单元，批复静态总投资约 21.3 亿元（其中，京石段约 6.6 亿元，京石段以外约 14.7 亿元）。

初步设计阶段工作由中线建管局招标选定的北京电信规划设计院有限公司、黄河勘测规划设计有限公司联合体承担。主要以《南水北调工程总体规划报告》《南水北调中线一期工程可行性研究总报告》《南水北调中线干线工程自动化调度与运行管理决策支持系统设计招标文件》、南水北调中线一期工程总干渠相关初步设计规定及已完成的部分段落的初步设计报告为主要依据，按照初步设计大纲的要求，遵照国家、水利部、信息产业部及其他相关部委颁发的标准、规范进行设计标准。初步设计工作于 2006 年 8 月正式启动，2008 年 3 月，国家发展和改革委员会正式批复了京石段自动化调度系统初步设计；2009 年 9 月，国务院南水北调办批复了京石段以外系统初步设计。历时 3 年时间，系统初步设计阶段工作圆满完成。

京石段自动化调度系统于 2008 年 3 月开工建设，静态总投资 6.6 亿元，建设范围涵盖贯穿渠道两侧约 600 余公里的通信管道及光缆工程，涉及需要监控（测）的建筑物共有 67 座，其中，节制闸 15 座、退水闸 13 座，倒虹吸工作闸 7 座、其他工作闸 3 座、分水闸（口门）22 座、排冰闸 1 座、泵站 1 座、连通井 3 座、中心开关站 2 座；涉及的管理机构包括总公司、河北分公司、北京分公司、12 个管理处；沿渠设 54 个通信站点，管理机构设 15 个通信站点。

京石段以外自动化调度系统于 2009 年 9 月批复，静态总投资 14.7 亿元，建设范围涵盖贯穿渠道两侧的通信管道及光缆工程，以及 240 个现地闸站（206 个降压站）、35 个管理处、3 个分公司的设备安装调试及集成。

2014 年度上报投资计划年度目标为 5.93 亿元，全年完成工程投资 6.01 亿元，圆满完成年度投资计划。2014 年 5 月底按期完成全线自动化调度系统设备安装和光缆施工任务，2014 年 8 月底按期完成通信网络系统、闸站监控系统、视频监视系统、水质监测系统、视频会议系统等主要系统的单机调试、联合调试，2014年9月19日顺利通过中线建管局组织的自动化调度系统通水验收检查，2014年底基本完成各类应用系统的调试，整个系统不断趋于稳定。

## 二、工程投资

南水北调中线干线工程自动化调度与运行管理决策支持系统（以下简称自动化调度系统）初步设计批复的静态总投资213 118万元（工程部分投资181 682万元、其他费用24 647万元、基本预备费6789万元），其中，京石应急段设计单元静态投资65 962万元（工程部分投资57 626万元、其他费用6535万元、基本预备费1801万元），京石段外设计单元静态投资147 156万元（工程部分投资124 056万元、其他费用18 112万元、基本预备费4988万元）。

截至2014年底，两个设计单元共签订合同150 187.29万元，完成结算93 176.36万元，占合同金额的62.1%。京石段自动化调度系统，共签订合同47 281.37万元，完成结算34 878.43万元，占合同金额73.8%。其中：工程类合同签约金额6796.92万元，累计完成6851.68万元，达到100.8%；设备安装类合同签约金额39 187.16万元，累计完成26 726.13万元，达到68.2%；其他类合同签约金额1297.29万元，累计完成1300.62万元，达到100.3%。京石段外自动化调度系统，共签订合同102 905.92万元，完成结算58 297.93万元，占合同金额56.7%。其中：工程类合同签约金额6442.35万元，累计完成4214.21万元，达到65.4%；设备安装类合同签约金额86 658.26万元，累计完成46 450.04万元，达到53.65%；其他类合同签约金额9805.32万元，累计完成7633.68万元，达到77.9%。

## 三、建设管理

京石段以外通信光缆全部敷设完成，闸站监控系统、安全监测自动化系统、视频监控系统、水质监测系统、视频会议系统、实体环境、计算机网络系统、通信系统电源、传输、交换等专业设备完成安装。光缆敷设完成2538皮长公里，设备安装完成11 000余台套，其中降压站完成设备安装205/206个（剩陶岔现地站），闸室完成239/240个（剩陶岔现地站），安全监测站完成设备安装800/806个（剩渠首测站），管理机构完成设备安装36/38个（剩渠首分公司、陶岔管理处）。京石段除保定管理处、北京段剩余尾工因工作面未交付外，其他已全部完成。

2014年9月15~19日中线建管局组织的自动化调度系统通水验收专项检查认为通水验收专项检查范围内的自动化调度系统已基本按批复的设计内容完成，满足通水验收专项检查要求。

全线自动化调度系统大部分项目（如闸站监控系统、视频监控系统、水质监测系统、通信和计算机网络系统等）已经过单站调试、联合调试，现已进入通水初期试运行阶段并逐步发挥效益。

以建立健全质量安全管理体系为保障，以专题会、第三方巡检为抓手，积极落实整改国务院南水北调办稽查大队、质量监督站和中线建管局提出的质量安全问题，保持高压、常抓不懈，实现全年工程质量安全事故“零”目标。

## 四、工程进展

### （一）工程完成情况

自动化调度系统已基本建设完成，大部分项目已经过单站调试、联合调试，现已进入通水初期试运行阶段并逐步发挥效益。

截至2014年5月底，京石段以外全线自动化调度系统安装任务基本完成、京石段基本完成具备条件的自动化调度系统设备安装，为确保实现2014年汛后通水具备使用条件的目标奠定了坚实的基础。

截至2014年10月底，全线自动化调度系统大部分项目（如闸站监控系统、视频监控系统、水质监测系统、通信和计算机网络系统等）已经过单站调试、联合调试，进入通水初期试运行阶段并逐步发挥效益。

2014年9月15~19日中线建管局组织的自动化调度系统通水验收专项检查认为通水验收专项检查范围内的自动化调度系统已基本按批复的设计内容完成，满足通水验收专项检查要求。

（二）形象目标完成情况

截至2014年底，自动化调度系统项目达到的形象面貌为：

1. 全面完成系统设备安装工作

2014年3月至5月，按照中线建管局的总体部署，开展了自动化调度系统建设“决战一百天，贯通全中线”工作。决战期间，各参建单位现场人员全部驻扎一线、昼夜奋战、通力合作，圆满完成决战目标。

京石段以外通信光缆全部敷设完成，闸站监控系统、安全监测自动化系统、视频监控系统、水质监测系统、视频会议系统、实体环境、计算机网络系统、通信系统电源、传输、交换等专业设备完成安装。光缆敷设完成2538皮长公里，设备安装完成11 000余台·套，其中降压站完成设备安装205/206个（剩陶岔现地站），闸室完成239/240个（剩陶岔现地站），安全监测站完成设备安装800/806个（剩渠首测站），管理机构完成设备安装36/38个（剩渠首分公司、陶岔管理处）。

京石段除保定管理处、北京段剩余尾工因工作面未交付外，其他已全部完成。

截至2014年5月底，京石段以外全线自动化调度系统安装任务基本完成、京石段基本完成具备条件的自动化调度系统设备安装，为确保实现2014年汛后通水具备使用条件的目标奠定了坚实的基础。

2014年9月15~19日，中线建管局组织的自动化调度系统通水验收专项检查认为，通水验收专项检查范围内的自动化调度系统已基本按批复的设计内容完成，满足通水验收专项检查要求。

2. 顺利实现系统联合调试目标

截至2014年底，全线自动化调度系统大部分项目（如闸站监控系统、视频监控系统、水质监测系统、通信和计算机网络系统等）已经过单站调试、联合调试，现已进入通水初期试运行阶段并逐步发挥效益。完成的调试工作如下：

总调中心、河南备调中心已满足使用功能；1个总公司、3个分公司、43个管理处已具备设备运行条件。

全线通信系统已经实现贯通，控制专网和业务内网已具备互联互通功能。

闸站监控系统初步完成62座节制闸，53座退水闸的调试工作，已投入试运行。

视频监视系统已完成62个节制闸和大部分退水闸、分水口的调试工作，视频监控软件已具备远程调用、远程多路同时浏览功能。

水质监测系统已完成11个水质自动监测站的单站和联合调试工作，水质监测数据已能实现自动采集功能。

视频会议系统已实现总公司、分公司、管理处视频会议功能。

光缆监测系统、电源监控系统、程控交换系统已基本完成调试工作并已投入使用。

3. 大力推进全线安防系统建设

2014年1月，信息工程建管部组织完成了安防系统试点建设工作，试点区域为易县管理处所辖荆柯山桥至厂城倒虹吸进口。2月系统进入试运行阶段，系统自投运以来运行稳定可靠，未发生漏警、虚警等现象，根据试验情况信息工程建管部组织完成了试验报告编制工作。

2014年1月28日国务院南水北调工程建

设委员会办公室主任鄂竟平检查指导了中线安防系统试点工作，充分肯定了试点工程已取得的阶段成果，并对下阶段工程实施重点进行了部署安排。

结合安防系统试点试验结果，信息工程建管部组织设计单位对安防系统专题设计报告进行了修改完善，并于2014年2月12日上报至国务院南水北调工程建设委员会办公室。南水北调工程设计管理中心组织对安防系统初步设计报告进行了方案和投资概算审查工作，根据审查意见，信息工程建管部组织设计单位完成了对初步设计报告的修改。安防系统初步设计报告于2014年3月得到了批复。

安防系统初步设计报告得到批复后，信息工程建管部组织开展了安防系统招标文件（技术文件）编制工作。完成了视频监控、电子围栏、综合监控与信息服务、通信光缆施工、监理等共8个标段招标技术文件编制和审查工作，并配合完成了上述标段的招标工作。

组织开展了重点渠段安防系统施工图设计、设备采购、微缆微管施工、视频摄像头立杆基础施工等工作，计划2015年5月底前实现重点渠段安防系统功能。

## 五、通水验收

2014年9月19日，中线建管局组织通过了自动化调度系统通水验收专项检查，并向国务院南水北调办上报了通水检查工作报告，2014年9月28日，自动化调度系统通过全线通水技术性验收。

（徐振东）

# 陶岔渠首枢纽工程

## 一、工程概况

南水北调中线一期陶岔渠首枢纽工程（以下简称陶岔渠首枢纽工程）主体（包括土建和机组安装）施工已于2013年底基本完工，2014年主要进行了场内道路、装饰装修、管理区围挡、水土保持工程等施工。至2014年底，除水电站机组启动试运行及其验收未进行外，其他工程建设任务全部完成。工程累计完成土石方开挖65.78万$m^3$，土石方回填21.7万$m^3$，混凝土浇筑24.30万$m^3$，金属结构安装2088t，帷幕灌浆42 184m，固结灌浆4292m，累计完成投资89 065万元。

2004年7月3日开始充水试验，至2014年底工程连续安全运行6个月。

## 二、建设管理

（一）工程建设组织管理

受国务院南水北调办及水利部的委托，淮河水利委员会治淮工程建设管理局（以下简称淮委建设局）作为建设管理单位承担陶岔渠首枢纽工程建设管理工作。淮委建设局组建淮委南水北调中线一期陶岔渠首枢纽工程建设管理局（以下简称陶岔渠首枢纽建管局）作为现场管理机构具体负责工程建设现场管理工作。陶岔渠首枢纽建管局设综合部、工程技术部、质量管理部、合同管理部和财务部。工程质量监督单位为南水北调中线陶岔渠首枢纽工程质量监督项目站，设计单位为长江勘测规划设计研究有限责任公司，监理单位为盐城市河海工程建设监理中心，主体工程、管理设施工程、下游交通桥工程及水土保持工程施工单位分别为中国水利水电第十一工程局有限公司、江苏新源建筑工程有限公司、河南豫源水利水电工程有限公司和江苏清源绿化工程有限公司。

（二）进度控制

2014年，主要完成了场内道路、装饰装

修及管理区围挡、水土保持工程的施工。至2014年底，工程施工临时用地全部返还，下游交通桥工程通过了交工验收。受电站送出工程（南水北调中线干线工程建设管理局负责建设实施）未建设实施完成的制约，电站发电机组未能进行启动试运行及其验收，并对主体工程中剩余单位工程及其施工合同完成验收等造成了影响。

（三）质量管理

保持质量管理的高压态势。狠抓质量管理体系和质量管理办法的落实，质量意识进一步增强，质量管理行为日渐规范。在工程施工中加强质量检查和原材料、中间产品的质量控制。贯彻落实上级主管部门质量管理工作部署，纠正质量管理的不当行为，改进质量管理手段，提高质量管理水平。工程实体质量继续向好并始终处于受控状态，年度内未发生质量事故及较重以上的质量缺陷。

2014年，完成4个单位工程，26个分部工程的验收。4个单位工程全部合格，其中优良3个，优良率75%。26个（主体工程20个，附属工程6个）分部工程全部合格，依照水利标准验收的21个分部工程被评为优良，非水利标准的5个分部工程为合格。

（四）安全管理

安全生产始终坚持"安全第一、预防为主、综合治理"的方针，开展安全生产巡查检查，及时消除安全隐患，未发生安全事故。全年共组织安全生产大检查12次，其中综合大检查4次，专项安全大检查4次，事故隐患整改率达100%。

（五）文明工地建设

以科学发展观为指导，坚持"以人为本，注重实效"原则，在工程建设的全过程、全方位提倡文明施工，营造和谐建设环境，调动各参建单位积极性，做到现场整洁有序，实现管理规范，提高工作质量、效率，促进工程建设顺利进行。建设过程中，现场各种材料堆放整齐，场面整洁，工具放置有序。施工现场和生活营地环境持续良好。

## 三、通水验收

（一）单位工程验收

2014年完成了上游引渠、混凝土重力坝、下游引渠和交通工程4个单位工程验收。

陶岔渠首枢纽工程共划分为9个单位工程，其中主体工程6个，附属工程3个。至2014年底，共完成单位工程验收6个，其中，主体工程4个，附属工程2个。

（二）阶段验收

2014年9月29日，陶岔渠首枢纽工程通过了南水北调中线一期工程全线通水验收。

2014年12月19日，下游交通桥通过了交工验收，移交地方交通部门运行管理。

（三）专项验收

2014年12月15日，在网上备案受理系统进行了南水北调中线一期陶岔渠首枢纽工程竣工验收消防备案，备案号：410000WYS-140010588。

根据《建设工程消防监督管理规定》的规定，该工程未被确定抽查对象。

## 四、工程投资

2014年，陶岔渠首枢纽工程完成工程投资431万元。

截至2014年底，累计批复工程总投资89 346万元，已累计完成投资89 065万元（基建统计口径），其中，概算投资85 634万元、价差3000万元、待运行期管理维护费431万元，占批复总投资的99.69%。

## 五、运行管理

2014年7月3日10时58分，陶岔渠首枢纽工程引水闸门开启，开始充水试验，10月23日17时，引水闸门关闭，充水试验结束。

2014年11月1日18时，陶岔渠首枢纽工程引水闸门开启，开始试通水。

2014年12月12日14时32分，陶岔渠首枢纽工程引水闸闸门开启，瞬间引水流量达 100$m^3/s$，中线一期工程正式通水运行。

充水试验期间，8 月 7 日 ~9 月 20 日实施了向河南省平顶山市应急调水，应急调水 5000 万 $m^3$。

2014 年 7 月 3 日至 2014 年底，通过陶岔渠首枢纽工程累计引水约 4.07 亿 $m^3$。

2014 年，陶岔渠首枢纽工程历经了中线干渠充水试验、向平顶山应急调水、试通水及正式通水等各阶段考验，相关设施、设备维修养护到位，性能稳定，工况良好，运行安全。未发生质量与安全事故。

陶岔渠首枢纽工程运行管理单位暂未明确。2014 年，国务院南水北调办批复了陶岔渠首枢纽工程（不含电站）待运期管理维护方案，待运行期为 1 年，由淮委建设局负责待运行期管理和维护养护工作，淮委建设局委托主体工程施工单位承担工程待运行期的管理维护任务。

施工单位成立了工程管理维护机构，制定了《南水北调中线一期陶岔渠首枢纽工程主体工程管理维护制度汇编》，包括交接班制度、档案管理制度、事故处理报告制度、设备巡回检查制度、设备定期校验、切换、试验制度、运行设备缺陷管理制度等。结合工程实际制定了具体的管理维护方案，包括枢纽大坝建筑物维护管理，金属结构及启闭机设备专项运行、维护及保养方案。并按照各机电设备及系统的技术特性及设计要求，明确了维护内容和维护保养周期计划。加强对制度的落实、管理维护方案执行情况，以及设备运行工况、调度命令响应等情况开展经常性的检查，逐步完善提高，保障了工程有序、安全运行。

## 六、环境保护及水土保持

（一）环境保护

陶岔渠首枢纽工程批复的初步设计中环境保护工程主要针对生态环境保护、水环境保护、噪声防护、环境空气质量保护、固体废弃物处理、移民安置区保护、人群健康保护等 7 个方面。施工期环境监测工作由长江流域水环境监测中心承担，每月提供监测报表，监测资料表明，陶岔渠首枢纽工程施工期环境保护工作满足设计要求，符合国家相关规定。此外，作为初步设计环境保护中水生生物保护的一个措施项目，拦鱼设施工程于 2014 年 6 月开始施工，至 2014 年底基本完成。

（二）水土保持

水土保持工程区包括陶岔渠首枢纽工程管理区和张北冲弃渣场区，主要内容包括土地整治工程、挡土墙工程、排水工程、灌溉工程、植被建设工程和配套工程。至 2014 年底，水土保持工程基本完成。

## 七、工程效益

陶岔渠首枢纽工程自 2014 年 7 月 3 日开闸，配合进行了干线黄河以南段干渠充水试验、向河南省平顶山市应急调水、全线试通水和正式通水等工作，对检验工程建设质量，缓解平顶山人民生活用水困难和京、津、冀、豫部分城市供水等发挥了主要作用。

（倪　春　赵　彬　杨　亮）

# 丹江口大坝加高工程

## 一、工程概况

2014 年，丹江口大坝加高工程建设全面进入工程收尾和工程验收阶段。全年完成土石方开挖 3.68 万 $m^3$，主体混凝土浇筑 3.60 万 $m^3$，土石方填筑 4.80 万 $m^3$。丹江口大坝加高主体工程主要尾工已完成，新建右岸护岸工程，管理专项内的右岸管理码头主体完建，大坝安全监测和变形监测完成整合并实现自动化并网监测。

## 二、工程投资

2014年，丹江口大坝加高工程完成投资13 698万元。截至2014年底，丹江口大坝加高工程累计完成投资28 2167万元，占概算总投资的98.8%。

## 三、建设管理

### （一）形象进度

2014年丹江口大坝加高工程建设管理的核心任务：一是对照已审批设计报告、概算全面梳理已完未完工程项目，对未完和新增项目展开攻坚并争取完建；二是研究和落实大坝安全评估（鉴定）、蓄水验收意见中提出的需要解决完善的问题；三是全力以赴确保工程安全度汛，确保工程如期通水。

全年完成坝面清理、坝顶公路路面横缝处理、电缆沟盖板铺装及混凝土面层浇筑、升船机中间渠左侧老虎沟土坝混凝土路面施工、农夫山泉临时道路开挖清理、左下挡至初期工程排水沟施工、加压泵房新增道路施工、尖山右侧排水沟延长施工、土石坝排水沟全线清理和缺陷修补、左右岸及营地前砂石料场清理平整、清理恢复了汤家沟石渣场地；完成箱式变压站安装调试及平台防护、坝面油泵房防水处理、路灯安装及调试、完成溢流14号坝段122.0m高程水力学通用底座安装切槽及仪器安装施工、完成升船机9号、10号支墩顶部和轨道梁梁底不锈钢栏杆安装、管理房和斜面升船机控制室零星钢盖板制安、44号坝段集水井排水设备安装、溢流坝段128m高程廊道至138m高程廊道横向斜坡道内扶手安装、12孔深孔坝段吊物井孔口盖板改造和安装、混凝土坝顶楼梯间出入口顶部盖板安装及表面清理、土石坝排水沟端头拦污网及44号坝段集水井护栏安装；完成溢流坝段闸墩表面消缺处理、坝顶面裂缝详查处理、25～26坝段交通竖井缺陷处理及护栏安装、廊道缺陷修补与清理、对加高工程廊道内标识牌进行了规划和定制、对43号～44号坝段基础横向廊道底板清理及混凝土找平施工、新增基础廊道踏步、新浇混凝土裂缝检查处理、坝顶正垂孔盖板处渗水处理、深孔明流段2号、3号孔缺陷检查处理施工、拦污栅库和事故检修闸门库缺陷修补施工、1号油泵房的缺陷修补、18坝段消防井的排水孔施工、疏通深孔坝段廊道底板被堵排水孔、13坝段交通竖井楼梯永久栏杆施工、13坝段坝顶上游侧高临边防护栏杆缺失部位修补施工、对坝顶消防栓竖井被堵的排水管进行疏通、土石坝防浪墙延长段缺陷修补、改造了下档墙量水堰；完成下游护岸工程、管理码头建设。

### （二）安全监测

丹江口大坝加高工程蓄水验收后，为保证大坝蓄水安全，大坝加高工程蓄水隐患排查和大坝安全监测成为工程运行管理的首要工作。中线水源公司首先对左、右岸土建标的安全监测和大坝变形监测项目进行了光纤通信汇集施工和仪器设备检测调试整合并，实现了自动化并网监测。强震自动化实时监测系统投入使用。制定了水位超过初期工程正常蓄水位后的巡查方案、监测方案和抢险方案，落实了建设单位、监理单位、运行单位、施工单位，“四位一体”的检查、巡查、监测工作，在高水位时期，在蓄水期建立了日报、周报、旬报和月报制度，重点加强了对157、160m水位时大坝工作性态的监测分析和检查巡视，及时将采集的监测数据进行分析整理与反馈。

经过2014年汛期160.72m蓄水位的检验，大坝加高工程，除了混凝土坝段老坝体未经处理的几个坝段局部出现渗漏点有少量渗漏水外，其余左右岸土石坝、混凝土坝

160.72m 以下各层廊道，坝上设施、设备等性状良好，大坝整体稳定。

（三）质量管理

2014 年在强化检测、过程控制、模块化质量管理方面更加完善，共完成单元工程 117 个，全部合格，优良 100 个，优良率 85.47%；共对 10 个单位工程进行了质量外观评定，优良率 85% 以上，达到优良标准；全年未发生任何质量缺陷及事故。

（四）安全管理

2014 年，工程建设安全生产管理已趋模块化，规范地实行了日巡查、周联检、月考评的安全生产检查制度，编制了各层次的《工程安全事故应急救援预案》，规范了工程安全事故的应急管理和应急响应程序，明确了应急救援体系和职责。共排查整改隐患 127 起，其中开展的重要管线工程安全专项排查整治和去冬今春安全生产检查专项行动排查整改一般隐患 39 起，六打六治专项行动排查整改一般隐患 32 起，隐患整改率 100%。全年未发现重大安全生产隐患，工程建设未发生人身伤亡事故和重大机械事故，工程安全度汛，安全生产和文明施工总体情况较好。

## 四、通水验收

2014 年，对丹江口大坝加高工程的 6 个单位工程进行了验收，对 5 个单位工程竣工图纸等验收资料进行了初步审查。对 6 个分部工程进行了验收，全部合格。主要建安施工合同数量 28 个，已验收 21 个合同工程。

## 五、运行管理

（一）组织机构

2014 年 10 月 31 日，为统筹供水管理及对外协调工作，中线水源公司、汉江集团成立了中线水源供水管理领导小组，统筹协调南水北调中线水源供水管理及相关事务；负责过渡期内的供水合同及相关协议的审定；督促中线水源公司、汉江集团公司各单位（部门）落实丹江口水利枢纽的运行管理、维修养护和安全保卫工作；落实丹江口水库水资源统一调度和保护等工作。领导小组下设办公室，负责督促、落实领导小组交办的工作任务。

（二）水量调度

为实现 2014 年汛后通水的目标，在对历史水文水情数据分析的基础上，水源公司组织编制了 2014 年度水库调度运行管理维护方案和丹江口水库 2014 年水量调度方案。在年初库水位仅 140.56m，全年来水 278.87 亿 $m^3$ 的不利形势下，中线水源公司与汉江集团采取多种措施，有计划的推进水库蓄水，尽量抬高水库蓄水位，水库最高蓄水至 160.72m，超历史最高库水位 0.65m，使得南水北调中线一期工程正式通水的目标得以顺利实现。

9 月 20 日 ~10 月 23 日，开始南水北调中线总干渠黄河以南段充水试验，累计引水 1.17 亿 $m^3$，为南水北调中线一期工程正式顺利通水奠定了基础。

11 月 1 日 18 时南水北调中线一期工程开始试验性通水，12 月 12 日 14 时 32 分水北调中线一期工程正式通水。

2014 年通过陶岔渠首枢纽共计向北方供水 2.27 亿 $m^3$，其中，11 月供水 1.11 亿 $m^3$，12 月供水 1.16 亿 $m^3$，最大供水调度流量 $100m^3/s$，最小供水调度流量 $20m^3/s$，陶岔渠首共进行流量调整 10 次。

（三）水质监测

南水北调中线一期工程干渠试验性通水后，中线水源公司立即委托长江流域水资源保护局水环境监测中心开始对陶岔渠首断面水质情况进行监测。

陶岔渠首断面水质监测参数主要为：水温、pH 值、浊度、电导率、溶解氧、高锰酸盐指数、氨氮、总磷、总氮等 9 项。其中水温、pH 值、浊度、电导率、溶解氧等 5 项参数每 2h 监测 1 次，每天共计 12 次；氨氮、高

锰酸盐指数、总磷、总氮等4项参数每天上午、下午各监测1次，每天共计2次。每日监测水质评价依据《地表水环境质量标准》（GB 3838—2002），采用单因子评价方法，对pH值、溶解氧、氨氮、高锰酸盐指数、总磷等5项进行评价。

截至2014年底，各项水质监测工作有序开展，水质均符合或优于Ⅱ类水质标准。

### 六、工程效益

2014年夏季，河南省中西部和南部地区发生了严重干旱，部分城市出现供水短缺。特别是平顶山市主要水源地白龟山水库蓄水持续减少，库水位一度低于死水位，平顶山市城市供水受到严重影响。7月29日，河南省防指紧急请示国家防总，请求从丹江口水库通过南水北调中线总干渠向平顶山市实施应急调水。8月6日起，从丹江口水库通过南水北调中线总干渠，开始向白龟山水库实施应急调水，计划调水5000万$m^3$。至9月20日16时，调水历时45天，累计向白龟山水库调水5010万$m^3$，圆满完成了预期的调水目标，有效缓解了平顶山市城区100多万人的供水紧张状况。

（李卫民　王梦凉　董付强　赵杏杏　黄朝君　李全宏）

# 丹江口大坝加高库区移民安置工程

## 河南省库区移民安置工程

### 一、工程概况

根据南水北调丹江口库区移民安置初步设计规划，河南省南水北调丹江口库区农村移民共需搬迁安置16.2万人，安置区涉及郑州、新乡、许昌、平顶山、漯河和南阳6个省辖市25个县（市、区），其中淅川县内安置2.35万人，出县外迁安置13.85人，2012年3月全部搬迁结束，并由搬迁安置阶段全面进入后期稳定发展阶段。

### 二、移民后期帮扶

2014年，河南省各级各部门继续认真贯彻落实河南省政府《关于加强南水北调丹江口库区移民后期帮扶工作的意见》，科学谋划，精心组织，采取一系列措施开展移民后期帮扶工作。河南省政府督查室牵头组织省发改委、财政厅、住建厅、省移民办等单位组成三个专项督导组，对河南省南水北调丹江口库区移民后期帮扶工作进行了专项督查；省政府移民办筹措资金2600万元，用于帮扶丹江口库区移民“强村富民”示范村及重点村发展生产；各省直包县联络组按照有关要求，进一步加强沟通协调，狠抓帮扶政策落实，并结合本厅（局）职能，出台优惠政策，在资金、项目、技术等方面加大帮扶力度，全力支持、帮助移民发展生产；地方各级党委、政府也继续落实已出台的移民后期帮扶政策，指导移民发展生产。郑州市建立了移民产业发展基金，将“强村富民”工作列入市政府“重点工作”台账，累计安排丹江口库区移民发展基金项目88个，投入资金9000万元；南阳市委常委专题民主生活会把“强村富民”战略列入整改的主要内容，出台了移民村发展规划，高标准打造6个市级、22个县级移民美丽乡村重点示范村。

### 三、移民村社会治理创新

河南省南水北调丹江口库区移民村村务民主管理、经济组织管理、公共服务管理创新工作深入推进，“两委”（支委、村委）主导、“三会”（民主议事会、民主监事会、民事调解委员会）协调、群众参与、法治保障的村级新型社会治理体系初步形成。河南省208个丹江口库区移民村全部建立了“三会”组织，拥有成员7000余人，村级管理逐步迈上了自我管理、自我发展、自我完善、自我提升的良性发展路子。移民村经济组织快速发展，共成立工业公司、农业公司、专业合作社和专业协会等各类经济服务组织400多个，在产供销方面发挥了龙头作用，有力地促进了移民村经济的快速发展。公共服务不断完善，共建立物业公司及便民服务中心240个，红白理事会、老年协会、文体协会等群众组织500多个，妥善解决了移民村基础和公益设施维护、卫生管理、水费收缴、绿化养护、村务办理等问题，方便了移民生活，营造了和谐文明新风。

## 四、投资计划管理

为解决南水北调丹江口库区新增人口、线上新建房屋和南阳市淅川县高切坡高填方问题，省政府移民办编制了《南水北调中线一期工程河南省丹江口水库建设征地农村移民安置任务及规划变化情况专题报告》《南水北调中线一期工程河南省丹江口水库建设征地移民在172m以上新建房屋处理专题报告》，并组织、指导淅川县编制了《南水北调中线一期工程丹江口库区淅川县移民安置工程高切坡高填方治理规划报告》，共上报新增投资5.7亿元，申请国家解决。对南水北调丹江口库区基本预备费使用情况进行了认真梳理，编制上报了国控基本预备费使用意见，并组织设计、监督评估单位完善了有关意见，申请使用国控基本预备费3.9亿元。

## 五、移民安置问题处理

针对河南省南水北调丹江口库区移民搬迁安置后存在的移民人口核定、安置点超征土地、计划调整、资金核销等遗留问题，河南省移民办出台了《关于南水北调丹江口库区移民人口有关问题的处理意见》，并组织相关单位到安置地督查、指导移民人口审核工作。截至2014年底，移民人口申报工作已接近尾声，审核工作正在有序进行。对河南省丹江口库区移民安置涉及的28个县（市、区）208个移民新村超征土地进行了调查论证，并根据调查结果，提出了专门的处理意见和解决方案。针对丹江口库区部分县（市、区）和移民村投资计划调整进度慢、移民资金核销率低的情况，省政府移民办组织有关人员进行了专项督查，督促落实。截至2014年底，河南省丹江口库区6个省辖市、1个省直管市、27个县（市、区）及208个移民新村，移民投资计划调整已完成205个，移民资金核销率已达95%。

## 六、移民监督评估

2014年，南水北调丹江口库区移民监督评估工作，分移民安置监理和监测评估两项。移民安置监理任务涉及试点、第一批和第二批移民搬迁安置，监理内容主要包括资金管理、后期帮扶、生产发展等；监测评估任务涉及试点、第一批和第二批移民生产生活恢复评价。2014年在监督评估过程中，3个监督评估单位按照合同要求，认真履行监督评估职责，强化进度和质量监理，及时协调解决有关问题，按期报送监督评估报告，按要求完成了年度监督评估任务。

（赵兴华）

# 湖北省库区移民安置工程

## 一、工程概况

2014年，湖北省移民工作紧紧围绕“保通水、保发展、保稳定”三大目标，开拓创新，克难攻坚，善始善终，善做善成，圆满完成了各项任务目标，为中线一期工程如期通水作出了应有的贡献。

## 二、蓄水隐患排查整改工作

湖北省按照国务院南水北调办和省政府的要求，认真组织开展了库区移民蓄水隐患排查，确保安全蓄水、顺利通水。一是加大现场检查督办力度。采取联合督办和专人专题督办等方式，共12次开展库区蓄水隐患工作督办检查，召开专题会议6次，排查发现影响蓄水问题37个。二是实行隐患排查销号"周报"制度。对排查出来的隐患问题，实行了"周报"制度，采取逐个核实，整改一个销号一个。截至通水日，共印发《周报》14期，六大类37个问题得到全面整改。三是开展了库底清理"回头看"活动。据统计，湖北省"回头看"和"百日大排查"活动共整改移民房屋质量缺陷260处；拆除库周临时设施1860$m^3$，淹没线下房屋682$m^2$，电线杆12处；清运垃圾4100$m^3$，清理零星树木1760余株。

## 三、丹江口库区地灾防治工作

湖北省围绕按期、安全通水目标，加快推进高切坡治理、首批地质灾害防治和5个地灾应急项目治理等工作。一是加强地灾应急管理。湖北省移民指挥部办公室下发了《关于加强南水北调中线工程丹江口水库安全应对蓄水有关工作的通知》等文件，加强地灾监测、应急项目实施和应急预案编制等工作。二是抓紧完成高切坡治理。据统计，湖北省156处高切坡已全部完工。三是加快地灾工程治理。首批地灾1处库岸治理和2处搬迁避险工程全面完工，31个监测点全部投入使用，群测群防工作进入常态化；5处应急地灾治理项目采取急事急办、特事特办的办法，加强协调，科学施工，日夜加班，抢抓工期，2014年6月初进场，9月底完成161m水下工程并通过验收，通水前该工程全部完工。

## 四、移民生产发展工作

2014年6月11日，湖北省人民政府在十堰市召开湖北省南水北调丹江口水库移民安稳发展现场会，强措施、鼓干劲、谋发展。一是因地制宜，探索产业转型发展路子。通过流转土地、招商引资、自主创业等方式，发展生态农业、设施农业、观光旅游农业，帮助移民增收致富。据统计，湖北省共流转移民土地10.06万亩，引进龙头企业95家，组建专业合作组织382家，培育移民致富带头人556人。帮扶移民自办农家乐、小超市等1929个，投入资金3.8亿元。湖北省移民村集体总收入3466万元，比上年增长14%；移民人均纯收入8200元，比上年增长11%。二是整合资金，形成合力帮扶发展。构建"政府搭台，部门参与，统筹规划，整合资金"的机制，整合发改、财政、国土、水利、农业、移民等相关部门资金，集中用于改善移民生产生活条件，据统计，湖北省26个县（市、区）共整合财政性资金4.7亿元。三是典型示范，引领移民快速发展。开展"郧县柳陂镇产业转型发展"试点，为移民产业转型发展积累了经验。在湖北省重点打造了30个移民村、50名致富带头人和15个村级班子建设典型。根据检查验收，重点村村集体收入比上年增长18%，人均收入比上年增长14%，均高于湖北省平均数。四是强化培训，促进移民就业与自主创业。2014年湖北省共组织各类培训205期，培训移民13 017人，有效提高了移民实用技术和专业技能，参训移民转移就业率达86%，户均转移劳动力1.83人。

## 五、移民社会治理创新工作

会同潜江市委、市政府和湖北工业大学，切实加强移民新村社会治理创新工作的研究，总结探索出"一站三民"的社会治理模式。通过整合农村网格化管理、党员便民服务站等多种资源，打造移民“一站式”便民服务站；经济上通过“一村一品两项目”达到“帮民致富”；政治上通过“一村四主三干部”民主共治，实现“由民做主”；社会生活上通过道德、文化和技能培训等达到“助民成长”。实现了移民办事不出村、社情民情全掌握，（一般）矛盾纠纷全化解、收入快速增长、权利有保障的近期目标。此工作得到了国务院南水北调办领导的充分肯定。鄂竟平主任批示：可总结、推广。蒋旭光副主任也作出明确批示。中央4台《创新中国》栏目、央视网站和《中国南水北调报》均对此进行了专题报道。

## 六、移民通水宣传报道工作

围绕南水北调中线工程正式通水，湖北省联合中央媒体、京津冀和省主流媒体，开展了系列、深刻和多角度的宣传报道。一是及早谋划，争取支持。年初拟定了中线工程通水宣传方案，并积极与湖北省委宣传部沟通。协同中央和京、津、冀、豫、鄂主流媒体记者开展了系列宣传报道。二是加强领导，积极推进。积极参与北京市组织的“百名移民代表进京观摩”和在首博举办的“饮水思源—南水北调工程建设展”两项重大活动，组织了30名进京代表参与“行走调水线”活动，在移民和社会中反响强烈，产生了很好的社会效应。三是主动衔接，认真策划。主动协调湖北广电总台制作并播出《汉水大移民》、南水北调系列公益广告等；组织制作摄影图片集《根涉》、报告文学和微电影《丰碑》。

## 七、移民信访维稳工作

一是深入开展矛盾纠纷排查。深入基层开展为期2个月的矛盾纠纷排查化解专项活动，共排查化解各类矛盾、问题444件（个）。二是加大重点矛盾处理力度。坚持首接负责制，做到了有访必接，接办有果。对移民线上资源处理、“婚嫁女”移民身份和郧县柳陂镇等重点、难点问题，采取专题调研、联合调查、重点督办等形式，实事求是地解决移民诉求。三是创新矛盾处理方式。主动邀请规划、设计、监理部门到库区，变上访为下访，认真会商，形成共识并及时回告，使得移民赴省、进京上访大为减少。据统计，2014年全国“两会”期间，湖北省移民非正常赴京赴省实现了“零上访”目标；国务院南水北调办督办件10件，回复率100%；进京信访（含电话）11人次，同比下降42%；省级来信来访30批次106人次，同比下降55%。

## 八、重点难点问题

一是积极推进移民后续发展规划。认真办理湖北省人大代表提出的《关于尽快启动丹江口库区移民后期扶持规划编制工作的建议》，长江委设计院拿出了课题研究初步成果，并接受了省人大田承忠副主任等人大代表的监督检查。不断深化移民后续规划成果，积极向国务院南水北调办及国家相关部门汇报反映尽快启动开展移民后续发展规划工作。二是库区居民点场平超支、价差全覆盖、移民线上资源处置等问题有进展。8月，梁惠玲副省长专程赴国务院南水北调办汇报，库区移民居民点场平投资增加、价差全覆盖等问题得到国务院南水北调办的重视，长江设计公司正在抓紧修改完善技术报告。移民线上资源问题已明确由十堰市人民政府依法依规进行处置，十堰市正在研究出台指导意见。

## 九、移民资金使用管理

2014年，湖北省进一步强化南水北调中线工程丹江口水库征地移民资金的使用管理、审计监督检查工作，各级移民部门严格按照《湖北省南水北调中线工程丹江口库区和外迁安置区移民资金管理办法》使用和管理南水北调征地移民资金，确保了湖北省南水北调中线工程征地移民资金使用和管理安全有效，确保了移民各项工作的顺利开展。

（一）移民包干协议签订情况

大坝加高工程。按照《南水北调工程建设征地补偿和移民安置暂行办法》及《南水北调工程建设征地补偿和移民安置资金管理办法（试行）》等规定，南水北调中线水源有限责任公司与湖北省移民局经协商达成了协议，大坝加高工程包干总额为 18 209.38 万元，其中，2004 年包干协议总额为 15 731.39 万元，2007 年追加 1 163.19 万元，2011 年追加了 1 314.8 万元。

库区和外迁安置区。截至 2014 年底，南水北调中线水源有限责任公司和湖北省签订了移民投资包干协议的有：控制性文物发掘保护资金 35 933.18 万元；库区移民安置初步设计规划配合及试点工作经费 3000 万元；移民安置试点资金 155 057 万元；环保水保费 14 797.2万元；课题费 750 万元；信息采集费 300 万元；名木保护费 331.32 万元；地质灾害监测与防治费 3678.79 万元；应急地灾资金 5911 万元。

（二）移民投资计划下达情况

截至 2014 年底，共下达南水北调移民投资计划 2 533 478.21 万元。

大坝加高工程。截至 2014 年底，湖北省移民局共计下达丹江口大坝加高工程移民投资计划 18 209.38 万元。按项目分：农村移民安置计划 4105.61 万元；城集镇迁建计划 7050.36 万元；工业企业迁建计划 2503.15 万元；专业项目复建计划 326 万元；有关税费计划 1206.44 万元；其他费用计划 3017.82 万元。

库区和外迁安置区。截至 2014 年底，湖北省移民局累计下达湖北省南水北调中线工程丹江口水库库区和外迁安置区征地移民资金计划 2 515 268.83 万元（其中，2014 年度安排 93 099.65 万元），其中，库区文物发掘资金计划 35 933.18 万元；前期规划配合费和前期试点工作经费计划 2990 万元；移民安置试点经费计划 145 970.39 万元；环保水保资金计划 14 797.2 万元，课题费 750 万元；信息采集费 300 万元；名木保护费 331.32 万元；地质灾害监测与防治费 7302.9 万元；高切坡治理项目 48 868.94 万元；大规模搬迁资金计划 2 258 024.9 万元。

（三）拨入征地移民资金情况

截至 2014 年底，湖北省移民局累计收到南水北调中线水源公司拨入的南水北调中线工程征地移民资金 2 540 869.49 万元。其中，以前年度 2 409 869.49 万元，2014 年度 131 000万元。

大坝加高工程。截至 2014 年底，湖北省移民局累计收到南水北调中线水源公司拨入的丹江口大坝加高工程移民资金 18 209.38 万元，占包干总额的 100%。

库区和外迁安置区。截至 2014 年底，湖北省移民局累计收到南水北调中线水源公司拨入的南水北调中线工程丹江口水库征地移民资金 2 522 660.11 万元。其中，以前年度拨入 2 391 660.11 万元；2014 年度拨入 131 000 万元。

（四）拨出征地移民资金情况

截至 2014 年底，湖北省移民局累计拨出南水北调征地中线工程征地移民资金 2 474 393.86万元。

大坝加高工程。湖北省移民局累计拨出南水北调中线工程大坝加高工程征地移民资金 15 788.75 万元，占下达移民资金计划的 100%。

库区和外迁安置区。湖北省移民局累计拨出南水北调中线工程库区（含库区和外迁安置区）征地移民资金 2 458 605.11 万元，占中线水源公司拨入资金的 96.7%。

（五）征地移民资金支出情况

截至2014 年底，湖北省各级移民管理机构累计支出南水北调征地移民资金

2 101 183.11万元，占累计下达移民投资计划2 533 478.21万元的82.94%。

大坝加高工程。截至2014年底，湖北省大坝加高工程累计支出征地移民资金16 078.84万元，占大坝加高工程移民资金累计计划的18 209.38万元的88.3%。

库区和外迁安置区。截至2014年底，湖北省南水北调中线工程丹江口水库库区和外迁安置区累计支出征地移民资金2 085 104.29万元，占湖北省累计征地移民资金计划2 515 268.83万元的82.9%。

（郝 毅）

# 汉江兴隆水利枢纽工程

## 一、工程概况

汉江兴隆水利枢纽工程是南水北调中线工程汉江中下游治理工程之一，也是汉江中下游水资源综合开发利用的一项重要工程，位于汉江下游湖北省潜江、天门市境内，上距丹江口枢纽378.3km，下距河口273.7km。兴隆水利枢纽正常蓄水位36.2m（黄海高程，下同），相应库容2.73亿$m^3$，设计、校核洪水位41.75m（相当于防洪高水位），总库容（校核洪水位以下库容）4.85亿$m^3$，灌溉面积327.6万亩，库区回水长度76.4km，规划航道等级为Ⅲ级，电站装机容量为40万kW。兴隆枢纽作为汉江干流规划的最下一个梯级，其主要任务是枯水期壅高库区水位，改善库区沿岸灌溉和河道航运条件。

工程主要由泄水建筑物、通航建筑物、电站厂房、鱼道和两岸连接交通桥组成。泄水建筑物最大泄量19 400$m^3/s$，坝轴线总长2835m。泄水建筑物采用56孔开敞式平底闸，泄水闸前缘总长度952m，设计单宽流量18.5$m^2/s$，闸底板高程29.5m，闸顶高程44.7m，闸高17.7m，孔口净宽14m，闸门采用弧形门，尺寸为14m×8.2m；通航建筑物为单线一级船闸，按三级航道标准配套设计，闸室有效尺寸180m×23m×3.5m（长×宽×槛上水深）；电站厂房为河床径流式，水电站装机4台，额定水头4.18m，额定流量289$m^3/s$，总容量4万kW，保证出力8700kW，年发电量2.25亿kW时；两岸滩地交通桥，按与三级公路配套设计，桥面宽8m，交通桥采用预应力混凝土简支梁桥；鱼道采用单侧竖导式，设置在电站厂房右侧滩地上，进口位于电站厂房尾水渠右侧，鱼道轴线与坝轴线垂直，共设95个过鱼池，单个过鱼池长3.2m，间隔设置休息池，直线段上端设挡水闸门，距闸首30m处设观测室。

兴隆枢纽库区和坝区合计永久征地5827亩，其中耕地4518亩；淹没和占压滩地18 326亩；临时占地10 673亩；移民306户1240人，拆迁房屋4.10万$m^2$。

工程土石方开挖总量2162.21万$m^3$。其中，主体工程开挖813.07万$m^3$，明渠开挖1150万$m^3$，围堰开挖工程量15.58万$m^3$，围堰拆除工程量183.56万$m^3$。土石方填筑总量667.49万$m^3$，其中主体工程填筑441.52万$m^3$，围堰填筑工程量221.78万$m^3$，导流明渠填筑工程量4.19万$m^3$。混凝土浇筑67.61万$m^3$，金属结构安装12 147t。

工程于2009年2月26日正式开工建设，同年12月26日顺利实现汉江截流。2010年4月，主体工程泄水闸、电站、船闸全面开工，金属设备结构、安全监测、电站机电安装与调试等项目随后相继开工。截至2012年底，工程主体土建、金属结构安装基本完工，机组安装快速推进。2013年，是兴隆枢纽建设的决胜年，也是由建设管理向运行管理逐步过渡的关键年。建设任务仍十分紧迫和繁重，主要分为

蓄水通航和机组发电两个主要阶段。一方面要做好土建施工及蓄水运行准备工作，加强工程运用初期的检查及监测；另一方面，还要做好机组安装施工，加快发电、并网许可等手续办理，实现机组早日投产运行。2013年3月，兴隆枢纽通过水库蓄水及船闸通航阶段性验收，2013年3月22日，开始下闸蓄水。

2014年是兴隆水利枢纽工程收尾转型年，工程计划实现全面建成和发挥效益。2014年4月10日，船闸试运行。工程进入施工收尾和试运行阶段，灌溉、航运、发电三大功能效益初步显现。围绕着年度建设目标，各参建单位齐心协力，真抓实干，克难奋进，强力推进各项工作顺利开展。一方面全力推进工程尾工建设，加快工程验收和合同结算办理；另一方面规范运行管理，提升工作水平，确保工程实现安全、高效运行。2014年9月26日，电站最后一台机组正式发电投产，标志着兴隆水利枢纽工程全面建成，其灌溉、航运、发电三大功能全部发挥，工程转入正式运行阶段。

## 二、建设管理

2014年，工程主要建设工作为电站厂房装修、3号、4号机组设备安装调试和二、三期混凝土浇筑施工，水保绿化、环保措施和浸没治理工程施工，建管用房、临时道路等其他配套工程建设。计划完成工程投资约5500万元。工程建设中，参建单位精心组织，强化管理，确保工程又快又好地推进，促进建设任务圆满完成。

## 三、通水验收

2014年，全力在加快剩余工程施工和变更办理进度的同时，强化验收督办考核，全面加快验收工作进度，做好设计单元完工验收准备。年内，完成了鱼道工程，库区浸没治理天门、沙洋、潜江段，二期截流等5个单位工程验收；完成雁门口人工骨料系统，交通桥工程，金属结构设备采购Ⅳ－Ⅶ标块，航道工程助航标志等11个合同验收；完成水保绿化、环保措施工程等30个分部工程验收。完成1号、2号机组并网安全性评价验收和征地拆迁安置等专项验收。

## 四、工程投资

2014年度，兴隆水利枢纽完成工程投资约5000万元。其中，水保绿化和环保措施施工投资2300万元，枢纽主体建筑装修等投资1200万元，建管用房、临时道路等其他工程投资1500万元。

施工中，严格遵守国家法律法规及政策规定，认真执行国务院南水北调办和湖北省南水北调管理局有关合同管理办法，实行主管部门、专业管理部门和履约责任部门分层次的合同管理模式，严格工程变更程序和价款支付审核，强化合同履约和资金使用监管，建立合同结算台账，开展第三方审计咨询，有效地控制了工程投资。

截至2014年底，兴隆水利枢纽工程累计完成投资约32.06亿元（含征地补偿及拆迁安置投资等），完成工程总投资的100.2%。

## 五、运行管理

随着2014年9月，电站最后一台发电机组正式发电投产，兴隆水利枢纽工程灌溉、航运、发电三大功能全部发挥，全面转入正式运行。

2014年7月1日，湖北省汉江兴隆水利枢纽管理局正式批复成立。其作为湖北省南水北调管理局的直属机构，下设综合科、党群科、管理与计划科、财务科、信息化科及安全生产与经济发展科6个职能部门和电站管理处、泄水闸管理所及船闸管理所3个生产运行单位，负责兴隆水利枢纽运行管理工作。制定了《泄水闸控制运用原则和调度制度》《兴隆水利枢纽船闸过闸调度管理办法（试行）》等工程综合管理、调度运行、操作规程和设备检修与维护等系列规章制度60余个，实现了以制度管事，以制度管人，提高了科学管理水平。

各管理处（所）结合工作实际，组织对运管人员开展岗位培训工作，要求职工不仅要懂调度运行，还要懂设备维护；不仅要懂机械液压设备，还要懂电气控制设备。鼓励职工自学通过执业资格考试，组织职工参加技能培训取证，努力实现运检合一、一岗多能的岗位目标。

出台了《湖北省汉江兴隆水利枢纽管理局安全生产管理办法（试行）》，制定了《汉江兴隆水利枢纽安全度汛应急预案》，分析了枢纽防洪度汛和生产运行中可能发生的安全风险，制定风险应对方案，细化了安全应急响应。还从制度上加强安全管制，分解落实安全工作职责，强化安全警示教育，加强现场安全警示标牌、消防器材及防护设施的建设投入。

加强与相关职能部门的沟通与协作，有效推动了各项工作的正常开展。一是联系天门、潜江海事局对兴隆船闸通航做好安全审查、信息登记工作，协助处理船主违规操作、危及船闸安全等事故，做好信息通报，统一过闸调度；二是定期向国网荆州供电公司报年度、每月发电计划，做好发电检修计划，促进机组安全高效运行；三是联合地方渔政、公安等职能部门对工程管理区内非法捕鱼、采砂等行为进行打击，营造工程安全运行环境。

截至2014年底，泄水闸已连续安全运行640余天；船闸已安全通过各类船舶9700余艘；电站4台机组累计完成发电量20 836.4万kW·h。

## 六、环境保护及水土保持

2014年里，深入落实水土保持及环保防治措施，重点做好管理区防治区植树种草和鱼类增殖放流、工程管理区污水处理等工程建设。

（一）水土保持

2014年完成了兴隆水利枢纽管理区A区、B区、左岸C区及隔流堤非硬化部分的水保绿化、灌溉供水及照明等系统，栽种乔木约4070株、灌木约177.3万株及草皮2.03万$m^2$，实现绿化范围23万$m^2$。通过工程项目建设，实现水土流失有效防治，达到水土流失防治目标要求。

（二）环境保护

2014年内一是完成增殖放流鱼池、生活污水处理站和现有水塘水质改善及景观提升工程建设，实现鱼苗投入养殖和生活污水收集处理；二是规范鱼道设施运行，实现鱼类洄游通过，维持汉江鱼类生态；三是做好垃圾收集处理。对施工期间产生的生产、生活垃圾进行集中收集和分类处理。

通过采取工程及植物措施，落实废污水处理装置、鱼道等工程建设，兴隆水利枢纽水土保持及环境保护工作已取得阶段成效，工程社会生态效益初步显现。

## 七、工程效益

兴隆水利枢纽的主要任务是枯水期抬高水位，改善库区灌溉和航运条件，并利用既有水头发电以发挥水资源综合利用效益。随着工程的逐步建成，其社会及经济效益得以突显和发挥，具体有以下主要方面：改善库区农田灌溉、工业生产和居民生活用水条件；改善库区航运条件；改善库区生态环境景观；实现电能优化利用和保障工程良性运行；催生区域旅游文化产业开发。

（马荣辉　黄英杰）

# 引江济汉工程

## 概　述

引江济汉工程主要是为了满足汉江兴隆以下生态环境用水、河道外灌溉、供水及航运需水要求，还可补充东荆河水量。引江济汉工程供水范围包括汉江兴隆河段以下的潜江市、仙桃市、汉川市、孝感市、东西湖区、蔡甸区、武汉市等7个市（区），及谢湾、泽口、东荆河区、江尾引提水区、沉湖区、汉川二站区等6个灌区，现有耕地面积645万亩，总人口889万人。工程建成后，可基本解决调水95亿 $m^3$ 对汉江下游“水华”的影响，解决东荆河的灌溉水源问题，从一定程度上恢复汉江下游河道水位和航运保证率。

工程从长江荆州附近引水到汉江潜江附近河段，工程沿线经过荆州、荆门、潜江等市，需穿越一些大型交通设施及重要水系，部分线路还将穿越江汉油田区，涉及面广，情况复杂，同时，工程连接长江和汉江，受三峡、丹江口两处大型水利工程影响较大，规划设计条件十分复杂。

引江济汉工程进水口位于荆州市李埠镇龙洲垸，出水口为潜江高石碑。在龙洲垸先建泵站，干渠沿东北向穿荆江大堤、太湖港总渠，从荆州城北穿过汉宜高速公路，在郢城镇南向东偏北穿过庙湖、海子湖，走蛟尾镇北，穿长湖后港湖汊和西荆河后，在潜江市高石碑镇北穿过汉江干堤入汉江。渠道全长67.23km，设计流量350$m^3/s$，最大引水流量500$m^3/s$，其中补东荆河设计流量100$m^3/s$，补东荆河加大流量110$m^3/s$，多年平均补汉江水量21.9亿 $m^3$，补东荆河水量6.1亿 $m^3$。进口渠底高程26.5m，出口渠底高程25m，设计水深5.72～5.85m，设计底宽60m，各种交叉建筑物共计78座，其中涵闸16座，船闸5座，倒虹吸15座，橡胶坝3座，泵站1座，跨渠公路桥37座，跨渠铁路桥1座，另有与西气东输忠武线工程交叉一处。穿湖长度3.89km，穿砂基长度13.9km。渠首泵站装机6×2100kW，设计提水流量200$m^3/s$。

引江济汉工程为一等工程，交叉建筑物主体、渠道为1级建筑物，次要建筑物为3级建筑物，临时建筑物围堰等为4级建筑物。工程区范围内的荆江大堤为1级堤防，汉江干堤为2级堤防，东荆河堤为2级，拾桥河堤防为3级，西荆河等河道堤防为4级，进口龙洲垸堤防为民垸堤防。

引江济汉通水工程主要工程量：土方开挖5700万 $m^3$，土方回填1700万 $m^3$，混凝土浇筑156万 $m^3$，钢筋制作安装3.98万t，静态总投资为61.69亿元；总工期4年。

引江济汉工程采用法人自建制管理方式，同时，为充分调动地方政府参与工程建设的积极性，营造良好的施工环境，经湖北省南水北调办研究并报省人民政府同意，湖北省南水北调管理局组建湖北省南水北调引江济汉工程建设管理处负责进口段及枢纽建筑物的建设管理，湖北省南水北调管理局商地市人民政府，由地市南水北调办事机构负责组建各地市引江济汉工程建设管理办公室，负责所辖区域内的渠道工程的建设管理。

（马荣辉　黄英杰）

## 引江济汉主体工程

### 一、工程概况

引江济汉工程设计主要工程量为：土方开

挖5719.44万$m^3$，土方回填1511.63万$m^3$，混凝土浇筑156.76万$m^3$，钢筋制作安装3.98万t。涉及永久征地18 725亩，临时占地31 234亩，拆迁房屋面积202 901$m^2$，搬迁人口4982人。引江济汉工程由湖北省水利水电勘测设计院、长江勘测规划设计研究有限责任公司、中水淮河规划设计研究院有限公司、湖北省交通规划设计院联合设计。

引江济汉主体工程土建项目共分为19个标段，中标金额221 301.855 1万元，分为7个枢纽标和12个渠道标。机电设备共分15个标段，合同总价为2.43亿元。

## 二、工程投资

投资控制及合同管理上，引江济汉工程严格遵守国家法律法规及政策规定，认真执行国务院南水北调办和湖北省南水北调管理局有关合同管理办法，实行主管部门、专业管理部门和履约责任部门分层次的合同管理模式，严格工程变更程序和价款支付审核，强化合同履约和资金使用监管，建立合同结算台账，开展第三方审计咨询，有效地控制了工程投资。该工程总投资68.19亿元。截至2014年底，累计下达计划68.19亿元，实际完成投资约68.42亿元，2014年下达施工投资2.37亿元，实际完成施工投资2.46亿元。

## 三、建设管理

2014年是引江济汉工程建设收官年，也是运管工作起始年。以决战引江济汉为抓手，9月底工程顺利完工；8月应急调水，及时缓解了汉江下游仙桃等地的特大旱情；临时占地退还、永久征地确权等工作取得初步成效。

### （一）进度控制

为保证2014年完成既定进度目标，顺利实现通水，引江济汉管理局采取了明确各相关单位进度控制人员及其职责分工，周例会上报告和分析影响进度因素，协调解决困难等组织措施；加强合同管理，协调合同工期与进度计划之间的关系，严格控制合同变更等合同措施；审查承包商提交的进度计划，使承包商能在合理的状态下施工，建管人员常驻现场一线督办指挥对建设工程进度实施动态控制等技术措施；及时办理工程预付款及工程进度款支付手续，对工期提前给予从宽从快结算等经济措施。多措并举，使得工程建设进度始终处于受控状态，满足计划和实际的需求。

### （二）质量管理

自工程开工建设以来，为将引江济汉工程建设成为优质工程，湖北省南水北调管理局始终把质量工作作为工程建设的核心任务来抓，按照国务院南水北调办“高压高压再高压，延伸完善抓关键”的工作精神，不断完善质量管理体系，落实质量责任，深入开展质量管理教育，加大质量管理投入，强化质量监督，规范质量管理工作。

一是不断完善制度，规范质量管理。根据湖北省引江济汉工程管理局人员、岗位调整情况，湖北省引江济汉工程管理局适时修订了《南水北调中线引江济汉工程质量管理体系》，完善了工程质量管理领导小组，明确了部门和岗位职责，落实了质量管理责任制；与各参建单位签订了年度质量管理目标责任书，并逐级层层分解、细化目标责任；修改完善了《引江济汉工程质量管理办法》《引江济汉工程质量、安全及文明工地考评办法（试行）》等一系列制度措施，并将根据工程的实际进展情况及时更新制度措施内容。

二是宣贯、落实国务院南水北调办质量管理文件。引江济汉管理局根据国务院南水北调办下发了《关于印发〈南水北调工程建设质量问题责任追究管理办法〉的通知》《关于开展以“三清除一降级一吊销”为核心的监理整治行动的通知》《关于印发〈南水北调工程建设关键工序质量考核奖惩办法〉（试行）的通知》《关于再加高压开展南水北调工程质量监管工作的通知》等质量管理文件。

结合直管七个标段工程建设实际，及时部署了各阶段质量集中整治具体工作。湖北省南水北调管理局通过一系列高频高压检查督办，以及参建各单位共同努力，质量整治工作取得明显成效。为确保《南水北调工程建设质量问题责任追究管理办法》和《南水北调工程关键工序质量考核奖惩办法》落实到具体过程中，经处办公室研究决定，邀请到南水北调工程湖北质量监督站负责人对各参建单位主要负责人、总质检师进行以上两个办法的培训，并作答办法考试试题。湖北省南水北调管理局还要求各施工单位组织其他管理人员、施工作业班组对两类办法进行培训，通过两级集中宣贯培训，形成了浓厚质量意识氛围、增强了参建单位管理人员质量意识。

三是狠抓质量关键点控制。工程质量关键点是对工程安全有严重影响的工程关键部位、关键工序、关键质量控制指标。为进一步梳理工程质量关键点，引江济汉管理局要求各标段联系人组织施工单位填写《南水北调设计单元工程质量关键点信息表》，明确质量关键点责任人。湖北省南水北调管理局组织监理通过定期与不定期检查、抽查质量关键点施工，对违规行为依照《南水北调工程质量责任追究办法》进行严肃处理，绝不姑息，形成了高压抓质量关键点态势，确保了工程质量整体向好。

四是组织参建单位互相观摩学习。引江济汉管理局通过“请进来”和“走出去”两种模式，和其他施工单位进行交流，形成了信息互通，资源共享。引江济汉管理局派员多次参加施工技术交流会、赴南水北调工程中线、东线工地参观学习，并组织各参建单位赴引江济汉工程渠道五标学习先进的边坡衬砌施工经验。通过交流学习，拓宽了管理人员眼界，学习到了先进的管理经验，有效保证了引江济汉工程质量管理工作扎实开展。

五是结合创优质工程，开展专项质量监督检查。引江济汉管理局定期联合参建单位开展专项质量监督检查，以检查促整改，保质量。开工以来，引江济汉管理局组织参与了质量集中整治工作检查、施工单位专项检查、现场设代处专项检查、季度年度质量大检查等各类专项检查，对于检查中发现的问题及时下发了整改通知，并就受检单位整改落实情况进行了复查，确保整改落实到位。

通过以上管理和控制手段，对湖北省引江济汉工程管理局直管工程的施工质量起到了良好的促进作用，工程总体质量处于受控状态。

（三）安全管理

为有效预防安全事故的发生，并提高工程建设中对各类安全事故快速反应能力，最大限度减少人员伤害和财产损失，湖北省引江济汉工程管理局始终坚持贯彻落实“安全第一，预防为主”的方针，坚持事故应急与事故预防相结合，2014 年全年建立健全各项安全生产管理制度 15 项；注重安全管理中的各个环节，多措并举，狠抓隐患和违章的整改落实，共进行各类检查 150 余次，下发整改通知 40 余份；进一步加强全过程、全方位的安全管理工作，确保工程建设的顺利进行。

一是明确职责，规范管理，做好工程安全监管考核与防汛预案编制工作。分标段督促各参建单位建立相应的安全生产组织机构，建立健全应急管理的组织体系及运行机制，制定安全生产各项规章制度，要求监理、设计和施工单位及时提出安全生产控制性措施，保证现场安全生产管理水平，确保在建工程的安全生产。督促参建各方建立健全安全生产、文明工地建设保证体系，落实安全技术措施和现场文明、环保、水保措施，组织安全生产、文明工地建设和环保、水保检查，提出整改意见并督促落实整改措施，编写并向湖北省南水北调管理局上报检查整改报告，按照《引江济汉工程质量、安全及文明工地考评办法（试行）》严格考核。每年度与各参建单位签订安全生产与防洪度汛目标责任书，将责任层层落实分解。每年汛前，提前编制当年防洪度汛预案，并报请省防办审批；汛期组织各监理单位开展防汛物资储备、防洪度汛应急演练专项检查。

二是加强教育培训，提高安全意识。从工程开工至今，湖北省引江济汉工程管理局通过利用工程例会、座谈会共计200多次会议机会，对各参建单位主要负责人持续进行安全意识宣贯，不间断学习国家有关法律法规和上级主管部门关于安全生产工作的指示文件，还邀请荆州市安监局专家对各参建单位主要负责人和安全管理人员进行题为“建设工程企业安全生产主体责任”的讲座，更新了思想观念，提高了安全生产意识，克服侥幸麻痹思想。

三是狠抓现场落实，确保安全生产，深入开展文明工地创建活动。自开工至今，依照《引江济汉工程质量、安全及文明工地考评办法（试行）》共计进行了10次检查考评。通过狠抓落实，从工地不戴安全帽到深基坑边坡坍塌现象均要求参建各方高度重视，防微杜渐，工地不戴安全帽施工的责令罚款，做到对各标段的管理从细微处做起，从组织、制度和培训教育入手、从全方位管理把关、严格规范各种行为，确保安全生产。工程建设期间不同阶段组织检查了各个标段的预防坍塌事故专项整治工作、加强施工机械安全管理工作、做好强降雨防范工作、施工现场大型机械设备安全管理专项检查工作等，同时督促责任方编制完善危险性较大的分部分项工程等专项施工方案的情况，检查安全人员配置到位情况。还开展了对各个监理、施工单位的安全生产、冬季施工安全专项检查。

（四）文明工地建设

湖北省引江济汉工程管理局根据国务院南水北调办、湖北省南水北调管理局关于文明工地创建一系列文件精神要求，通过狠抓宣传工作，树立了引江济汉工程建设者的良好的形象；通过给广大职工创造良好的工作、生活环境，使生产、生活营地整洁卫生，标志、标牌齐全醒目，并配备有必需的消防设施器材，保证了施工现场物料堆放整齐、有序，并及时对施工道路进行洒水除尘，穿越居民点或人群聚居地时车辆减速慢行、禁鸣喇叭。一系列措施的落实，改善了建设者生活环境，和谐了施工单位与地方居民的关系。

## 四、工程进展

2014年8月，引江济汉工程应急调水，9月26日，正式通水，全面实现年度建设目标。

截至2014年底，累计完成土方开挖5469万$m^3$，土方回填1551万$m^3$，混凝土浇筑132万$m^3$，累计完成工程投资350 541万元。工程全线实际永久征地19 478.3亩，已签字盖章办证面积18 714.8亩，完成96%；临时占地28 787.3亩，已整理移交24 531.2亩，完成85%。

## 五、通水验收

2014年9月9~11日，湖北省南水北调办组织成立的验收专家组对引江济汉主体工程进行技术性初步验收。本次验收会上，验收委员会听取了工程建设管理、安全评估和质量监督等相关工作报告。通过讨论，验收委员会同意技术性初步验收工作报告的意见，认为引江济汉工程主体设计单位工程已具备通水验收条件，同意通过通水验收。按照《南水北调工程验收工作导则》（NSBD 10—2007）、《水利水电工程施工质量检验与评定规程》（SL 176—2007）等规定，引江济汉工程划分为76个单位工程，402个分部工程（其中主要分部工程103个），47 884个单元工程（其中重要隐蔽和关键部位单元工程共3889个）；其中与通水有关的工程共69个单

位工程、354 个分部工程、45 149 个单元工程。项目划分已经南水北调工程引江济汉质量监督项目站确认。

2014 年完成单位工程验收 39 个，分部工程验收 328 个。其中与通水有关的分部工程共 354 个，已验收 303 个，剩余未验收的 51 个分部工程设计水位以下的单元工程均已通过质量评定。湖北省南水北调管理局直管标段工程共 164 个分部工程，16 个阶段验收，26 个单位工程。其中，分部工程已完成验收 105 个，88 个优良，其中含主要分部工程 29 个。单位工程已完成验收 6 个，5 个优良，其中含主要单位工程 1 个。

2014 年 9 月 12 日上午，湖北省南水北调工程领导小组办公室（以下简称湖北省南水北调办）在潜江对南水北调中线一期工程引江济汉主体工程设计单元工程进行了通水验收。验收委员会听取了工程建设管理、安全评估和质量监督等工作报告，认为引江济汉主体工程设计单元工程已具备通水验收条件，同意通过通水验收，这标志引江济汉主体工程建设全部完成。

2014 年 10 月 26 日上午 9 时 26 分，南水北调引江济汉工程正式通水。

## 六、运行管理

### （一）充水试验

为检查、验证进口段渠道工程施工质量，确保安全通水，于 2014 年 5 月 28 日开始进行充水试验。自充水试验准备工作开始到试验结束，各单位安排专职人员跟踪检查巡视，试验过程中发现问题及时与设计、安全监测和施工单位沟通，整改落实，认真记录巡查日记，并安排专人负责汇报充水试验进展情况。

依据设计要求，在泵前渠道充水期间及充水完成水面相对平静的状况下，查看渠道内水面是否存在“漩涡”现象，如有，应水下查清渠道衬砌、膜上反压层及土工膜等穿透情况；渠堤边坡是否出现开裂、垮塌、衬砌板出现翘起、下沉、断裂、错台等异常状况。根据现场实际，试验全过程没有出现异常情况。

### （二）试通水

2014 年 8 月初湖北省遭遇特大干旱，汉江下游水位降至历史最低、取水困难，导致湖北省 13 市的 52 个县市区 985.9 万亩农田受旱，79.2 万人、20.6 万头大牲畜饮水困难，7 市和 23 个县市区启动抗旱三级或四级应急响应。8 月 4 日，湖北省委、省政府果断决策，部署提前启用引江济汉工程，实施应急调水，以解潜江、仙桃等市抗旱燃眉之急。接通知后湖北省南水北调办迅速行动，打破常规，精心谋划，精心组织，科学制定应急调水方案，紧急协调省有关部门、沿线地方党委、政府和施工单位等各方力量克难攻坚，战高温、斗酷暑，在最短的时间内完成了各项准备工作，消除了因工程未全面竣工验收而存在的潜在风险和安全隐患，并于 8 月 8 日顺利实现应急调水，调水最大流量 $169m^3/s$，截至 8 月 27 日停止调水时，累计调水 2.01 亿 $m^3$，有效缓解了汉江下游地区的旱情，为湖北省抗旱保丰收做出了重要贡献。

### （三）正式通水

2014 年 10 月 26 日上午 9 时 26 分，经过 4 年多紧张建设的南水北调引江济汉工程正式通水。经过排查，通水前后工程运行情况正常。

### （四）水量调度

2014 年 8 月 8～27 日应急调水期间，引江济汉工程共向汉江补水 2.01 亿 $m^3$。干渠设计引水流量 $350m^3/s$，最大引水流量 $500m^3/s$，补东荆河设计流量 $100m^3/s$，加大流量 $110m^3/s$。

## 七、环境保护及水土保持

通过采取了各项防治措施，环境保护及水土保持情况总体良好。

## 八、工程效益

2014年9月26日正式通水至2014年底，引江济汉工程持续向汉江兴隆以下河段补水5.19亿$m^3$；初步统计通行货、客轮80多艘。此外，2014年湖北省运会期间，工程通过港南渠分水闸向荆州古城生态补水半个月，使城区水环境得到了有效改善。

（马荣辉　黄英杰）

# 汉江中下游部分闸站改造工程

## 概　述

汉江中下游部分闸站改造工程是对因南水北调中线一期工程调水影响的闸站进行改造，恢复和改善汉江中下游地区的供水条件，满足下游工农业生产的需水要求。

工程建设内容由谷城至汉川汉江两岸31个涵闸、泵站改造项目组成，工程范围自上而下依次分布于襄阳市（谷城市勤岗泵站、靠山寺泵站、刘家沟泵站、龚家河泵站、回流湾泵站，樊城区茶庵泵站、卢湾泵站、鲢鱼口泵站，宜城市荣河泵站）、荆门市（钟祥市漂湖闸站、双河闸站、中山闸站、沿山头闸、迎河泵站、皇庄中闸，沙洋县杨堤闸）、潜江市（谢湾倒虹管）、仙桃市（徐鸳口闸站、卢庙闸站和鄢湾闸站）、天门市（彭市闸站、彭麻闸站、杨家月泵站、刘家河闸站）、孝感市（汉川市杜公河闸站、龚家湾闸站、郑家月闸站、杨林闸站、小分水闸站、庙头泵站、曹家河泵站）境内。建筑物级别按不低于相应堤防级别确定，其中襄阳市城区堤防为2级，谷城、宜城堤防为3级，荆门市及汉江下游干堤为2级，荆门市沿江支堤为3级，本次招标的31个改造项目主要建筑物级别分属2～5级，次要建筑物相应分属3～5级。

工程总投资为54 558万元，建设总工期为28个月，共两个设计单元工程，即汉江中下游泽口闸改造工程和汉江中下游其他闸站改造工程。

（马荣辉　黄英杰）

## 钟祥市闸站改造工程

### 一、工程概况

钟祥市闸站改造工程的主要任务是：从汉江上引水，恢复和改善汉江中下游地区的生态用水、灌溉、供水条件，满足下游工农业生产的需水要求。促使汉江下游的生态环境得到合理的保护和健康发展，达到南水北调中线调水区和受水区经济、社会、生态的协调发展，实现“南北双赢”。

南水北调中线一期汉江中下游部分闸站改造工程钟祥市在建项目共分两个标段，工程合同总价为4240.09万元。

2014年，钟祥市闸站改造工程建设内容为漂湖闸站、双河闸站、中山闸站、沿山头闸、迎河泵站5座闸站改造，建筑物级别按不低于相应堤防级别确定，钟祥市及汉江下游干堤为2级，钟祥市沿江支堤为3级。

### 二、工程投资

漂湖、双河闸站实际完成投资2469.358万元；中山、沿山头、迎河闸站实际完成投资2344.67万元，整个工程投资情况控制良好，达到了预期效果和目标。

## 三、工程进展

漂湖、双河闸站于2012年11月15日开工，2014年1月22日全部完工，完成总投资2469.358万元，完成土方开挖11.92万$m^3$，土方回填4.44万$m^3$，混凝土0.77万$m^3$，金属结构及机电设备已按设计及合同要求全部安装到位。漂湖闸站、双河闸站已全部完工，分部工程、单位工程、合同项目完成验收已全部完成。

中山、沿山头、迎河闸站于2012年9月27日开工，2014年01月24日全部完工，比合同工期延后5个月，主要原因是工程前期移民征地问题拖延。完成总投资2344.67万元（包括变更增加项目），完成土方开挖9.8万$m^3$，石方开挖4.01万$m^3$，土方回填3.17万$m^3$，石渣回填0.3万$m^3$，混凝土0.83万$m^3$，金属结构及机电设备已按设计及合同要求全部安装到位。漂中山、沿山头、迎河闸站已全部完工，分部工程、单位工程、合同项目完成验收已全部完成。

## 四、通水验收

截至2014年底，南水北调中线一期汉江中下游部分闸站改造工程已基本完工。

钟祥市南水北调闸站改造项目漂湖闸站单位工程共完成13个分部工程222个单元工程。经过质量评定，222个单元工程全部合格，其中，优良数176个，占单元工程总数的79.3%，所含4个重要隐蔽单元工程全部优良。双河闸站单位工程共完成12个分部工程143个单元工程。经过质量评定，143个单元工程全部合格，其中，优良数95个，占单元工程总数的66.4%，所含4个重要隐蔽单元工程全部优良。2014年5月10日、5月23日、7月14日，分别对漂湖闸站、双河闸站共25个分部工程进行了验收，25个分部工程中16个分部工程评定优良，9个分部工程评定合格，（泵房房建分部工程不计算优良率）。5月23日分别对漂湖闸站和双河闸站泵站机组试运行进行了验收及外观质量评定。5月29日和7月23日分别对漂湖闸站和双河闸站进行了单位工程验收，漂湖闸站单位工程质量等级评定为优良，双河闸站单位工程质量等级评定为合格。12月29日对南水北调中线一期汉江中下游部分闸站改造工程钟祥市闸站改造Ⅰ标土建及金属结构、机电设备采购与安装工程进行了合同项目完成验收，合同项目质量等级评定为合格。

钟祥市南水北调闸站改造项目中山闸站单位工程共完成13个分部工程132个单元工程。经过质量评定，132个单元工程全部合格，其中，优良数101个，占单元工程总数的77%，所含3个重要隐蔽单元工程全部优良。沿山头闸站单位工程共完成10个分部工程100个单元工程。经过质量评定，100个单元工程全部合格，其中，优良数58个，占单元工程总数的58%，所含3个重要隐蔽单元工程全部优良。迎河泵站单位工程共完成8个分部工程45个单元工程。经过质量评定，45个单元工程全部合格，其中，优良数24个，占单元工程总数的53%，所含2个重要隐蔽单元工程全部优良。2014年3月25日、5月8日分别对沿山头闸站、迎河泵站、中山闸站共31个分部工程进行了验收；31个分部工程中16个分部工程评定优良，15个分部工程评定合格（泵房房建分部工程不计算优良率）。5月23日对中山闸站进行了泵站机组试运行验收及外观质量评定。5月29日对中山闸站、沿山头闸站、迎河泵站进行了单位工程验收，其中，中山闸站和沿山头闸站单位工程质量等级评定为优良，迎河泵站单位工程质量等级评定为合格。12月29日对南水北调中线一期汉江中下游部分闸站改造工程钟祥市闸站改造Ⅱ标土建及金属结构、机电设备采购与安装工程进行了合同项目完成验收，合同项目质量等级评定为合格。

（马荣辉　黄英杰）

## 沙洋县闸站改造工程

### 一、工程概况

南水北调中线一期汉江中下游部分闸站改造工程沙洋县在建项目共一个标段，工程合同总价为287.08万元。

工程实际工期为2012年12月26日～2013年10月27日，比合同工期延后1年，主要原因是施工协调难度大。截至2014年，实际完成总投资299.03万元，完成土方开挖0.95万$m^3$，土方回填0.35万$m^3$，混凝土浇筑0.08万$m^3$，金属结构及机电设备安装按照合同及设计要求全部安装到位。

### 二、通水验收

截至2014年底，南水北调中线一期汉江中下游部分闸站改造工程已基本完工。

沙洋县南水北调闸站改造项目杨堤闸站单位工程共完成6个分部工程，50个单元工程。经过质量评定，50个单元工程全部合格，其中：优良数23个，占单元工程总数的46%，所含2个重要隐蔽单元工程全部优良。2014年5月21日对杨堤闸站6个分部工程进行了验收，6个分部工程中的1个分部工程优良，其余5个分部工程合格。5月24日对杨堤闸站外观质量进行了评定。8月16日对杨堤闸站单位工程进行了验收，单位工程质量评定为合格。12月16日对南水北调中线一期汉江中下游部分闸站改造工程沙洋县闸站改造土建及金属结构、电气设备与安装工程3标进行了合同项目完成验收，合同项目质量等级评定为合格。

（马荣辉　黄英杰）

## 谢湾闸改造—东荆河倒虹吸工程

### 一、工程概况

东荆河倒虹吸工程位于湖北省潜江市境内，汉江干堤右堤桩号223+000m（进口），东荆河左堤桩号0+600m（出口）处。

东荆河谢湾倒虹吸工程主要由进口渠道段、进口闸室段、倒虹管身段、出口闸室段，出口1号明渠段、穿村箱涵段、出口2号明渠段以及金属结构、机电、电气设备采购与安装等部分组成。其倒虹吸管身段全长1025.08m；进口引水渠接沿堤河长225.06m，出口输水渠通百里长渠长1213.13m。

### 二、工程投资

谢湾闸改造—东荆河倒虹吸工程初步设计概算为7148.02万元，资金来源于中央投资。其中，施工合同金额为4116.19万元，征地补偿和移民安置投资828.25万元。

截至2014年底，东荆河倒虹吸工程已结算工程款4398.46万元，预留质量保证金205.81万元。支付征地补偿和移民安置投资513.29万元。

### 三、建设管理

施工单位在施工过程中通过埋设沉降观测点等方式对工程质量进行观测，经观测数据分析，该工程各部位沉降值等均满足设计要求。

### 四、工程效益

东荆河倒虹管工程是通过兴隆闸引汉江水经兴隆河，在兴隆河黄场节制闸上游约100m处入周矶办事处沿堤河，穿过东荆河倒虹吸后，流入百里长渠，缓解潜江市汉南片21.94万亩农田的用水矛盾。

（马荣辉　黄英杰）

## 汉川市闸站改造工程

### 一、工程概况

汉川市南水北调闸站改造工程共七处，分别是郑家月闸站、杨林闸站、庙头闸站、杜公河闸站、龚家湾闸站、分水闸站、曹家河闸站，工程总投资为6994.88万元。郑家月闸站、杨林闸闸站、庙头闸站改造工程合同价2480.0173万元，施工单位为湖北新大地工程有限公司，合同工期为2011年11月至2012年10月。杜公河闸站、龚家湾闸站、分水闸站、曹家河闸站工程合同价为2349.9009万元，施工单位为湖北大禹水利水电有限责任公司。监理单位为湖北瑞弘工程管理有限公司，合同工期为2012年10月23日～2013年10月23日。工程于2011年11月开工建设，2014年4月下旬完成了全部合同任务，正在进行合同验收准备工作。

### 二、通水验收

截至2014年底，一期工程5个单位工程已全部验收、二期工程已验收1个单位工程，剩余3个单位工程正准备验收，根据省南调局关于闸站改造工程验收文件精神，汉川建办计划一期工程合同验收时间为2015年5月、二期工程合同验收时间为2015年5月。

### 三、运行管理

由于工程尚未竣工验收、工程的运行管理体制尚未理顺，今后工程的运行管理将根据国家相关政策法规制定。暂由地方相关行政部门代为运行管理。

### 四、环境保护及水土保持

在施工过程中，汉川建办严格要求施工单位对废料、弃渣进行深度掩埋、销毁，切实好保护环境，维护绿色生态，并已落实单位。

汉川市南水北调闸站工程水土保持设施主要包括：①土料厂设施，表土剥离及返还、做排水沟、袋装土临时拦挡、种植草籽；②弃渣厂设施，表土剥离及返还、做排水沟、袋装土临时拦挡、种植草籽；③公路设施，做排水沟、做浆砌石及泥结石剥离；④施工场地设施，表土剥离及返还、做排水沟、做浆砌石及种植草籽。通过建立水土保持设施，有效地防止了水土流失。

### 五、工程效益

汉川市南水北调闸站工程改造实施以后，将新增装机容量4410kW、新增灌溉流量33.4m$^3$/s，并能在特殊年份发挥排涝功能，将为汉川市经济社会发展发挥重要作用。

在抵抗2013、2014年的大旱中，汉川市闸站改造工程发挥了巨大的效益，闸站机组累计运行26 800台·h，耗电722万kW·h，累计调水595.5万m$^3$，很大程度上确保了汉川市工农业生产及生活用水安全，实现了受益目的。

（马荣辉　黄英杰）

## 汉江中下游局部航道整治工程

### 一、工程概况

汉江中下游局部航道整治工程主要建设任务是对局部河段采用整治、护岸、疏浚等工程措施，恢复和改善汉江航运条件；整治范围为汉江丹江口以下至汉川断面的干流河段，不包括已建的王甫洲库区、在建的崔家营和兴隆库区。批复的初设总工期为30个月。南水北调中线一期工程调水实施后，汉江中下游航道通航标准仍按现状标准予以治理和恢复，维护登记为Ⅳ级，保证主要断面保证率97%的通航设计水位。设计标准为丹江口—襄樊河段按通航500t级双排单列一顶二驳船队、航道尺度按1.8m×50m×330m（水深×航宽×弯曲半径，下同）以及Ⅳ(3)级航道标准设计；襄樊至汉川河段按通航500t级双排双列一顶四驳船队、航道尺度按1.8m×80m×340m以及Ⅳ(2)级航道标准设计。

## 二、建设管理

2014年，完成投资1.04亿元；截至2014年底累计完成投资4.61亿元，占总投资金额的100%。

施工科技方面，汉江中下游局部航道整治工程采用筑坝、护滩、护岸和疏浚等整治措施；大量使用丙纶布排、D型排、干滩铺X型排、铺无纺布、水上水下抛石、干砌块石等施工工艺；普遍引进了GPS定位装置控制施工精度，GPS配合测深仪进行扫床和施工监控以及潜水员水下探摸摄像质量控制等先进控制手段。确保了隐蔽工程施工的准确性、高效性和质量可控性。

## 三、工程进展

截至2014年底，除新增完善工程A、B、C标段外，其他合同段均已交工验收，完成工程总投资4.26亿元。通过对整个航道段水域观测情况看，该段航道整治成效明显，达到了稳定滩群、束水归槽的作用，过去经常搁浅受阻的航段，现在已无船舶搁浅阻航现象发生，实现兴隆以下达到1000t级航道标准、襄樊至兴隆达到500t级航道标准满足Ⅳ(2)级航道及500t级双排双列一顶四驳船队、航道尺度1.8m×80m×340m的通航要求；丹江口至襄樊段也按预期达到了Ⅳ(3)级航道标准。

（马荣辉　黄英杰）

# 生　态　环　境

## 北京市生态环境保护工作

（一）水源保护区划定

为尽快推进北京市南水北调中线干线水源保护区的划定工作，按照市政府要求，并结合《北京市南水北调工程保护办法》的具体规定，北京市南水北调办优化调整水源保护区划定范围，组织调查征地拆迁现场调查，提出了相关的措施建议，经与市发改委、市规划委、市国土局、市水务局和相关区县的多次沟通协商，完成了中线干线（北京段）用地控制及一期工程水源保护区划定方案。方案已于2014年4月28日取得市政府的批复。经市政府批准，2014年9月19日，北京市南水北调办会同市规划委、市发改委、市国土局、市环保局、市水务局联合印发《关于发布〈南水北调中线干线工程（北京段）用地控制及一期工程水源保护区划定方案〉的通知》（京调办〔2014〕83号），正式划定南水北调中线干线一期工程（北京段）水源保护区，并对社会公布实施。

南水北调中线干线工程（北京段）用地控制及一期工程水源保护区划定方案坚持保护与发展并重，安全第一；坚持因地制宜、分类指导；坚持科学合理、集约用地；坚持有可操作性，便于执行；坚持远近期结合，逐步完善的原则。南水北调中线干线一起工程（北京段）水源保护区范围的划定在保证现状引水线路用地的基础上，考虑输水能力预留控制用地，明确了一级保护区和二级保护区的保护范围以及水源保护区的监督与管理职责。南水北调中线干线工程（北京段）用地及一期工程水源保护区的划定既控制北京市南水北调主干线规划用地及预留发展用地，同时对可能引起水质污染的工业、农

业，特别是有潜在危险的环境敏感项目加以禁止或限制，引导沿线城镇发展规划和产业布局向有利于南水北调中线干线水质保护及工程安全的发展方向，有效确保了北京市南水北调工程的安全运行。

（二）生态带建设

按照《关于印发南水北调中线一期工程干线生态带建设规划的通知》要求，北京市政府要求市南水北调办会同各有关部门和单位贯彻实施。2014 年，北京市南水北调办组织开展了“北京市南水北调中线一期工程干线生态带建设方案研究”等工作。结合“北京市平原区百万亩造林工程”，与工程沿线区县政府和市园林绿化局积极沟通，将干线工程沿线纳入了“平原区造林工程”的范围，积极推动干线工程沿线的生态环境保护。

（王　可　高　赛）

## 天津市生态环境保护工作

天津干线 1 段工程以临时用地为主，现已全部复垦为耕地。根据国家发展改革委批准的《南水北调中线一期干线生态带建设规划》和天津市政府批准的《关于南水北调中线天津干线（天津段）两侧水源保护区划定方案》，结合天津实际，2014 年，组织研究落实天津干线天津 1、2 段工程生态带建设规划工作。

（陈绍强）

## 河北省生态环境保护工作

《南水北调中线一期工程干线生态带建设规划》印发后，河北省副省长沈小平批示“据此《规划》，研究提出我省实施方案。”按照河北省领导的批示，2014 年，河北省南水北调办在认真学习和研究《南水北调中线一期工程干线生态带建设规划》后，组织相关部门着手编制河北省的实施方案。2014 年度重点工作是对建设规划中提出的总体建设目标进行分解，落实各项目的地点、内容和投资，明确各有关部门和市县的分工、责任和任务。

（袁卓勋）

## 河南省生态环境保护工作

河南省南水北调水源地共涉及南阳、洛阳、三门峡 3 个省辖市的淅川、西峡、内乡、邓州、栾川、卢氏 6 个县（市），国土面积 17 425$km^2$，丹江口水库流域总面积为 7815$km^2$，其中淅川县 2821.46$km^2$，西峡县 3131.56$km^2$，邓州市 32.21$km^2$，内乡县 376.7$km^2$，栾川县 320$km^2$，卢氏县 1133.9$km^2$。丹江口水库在河南省境内主要汇水支流有丹江、老灌河、淇河、蛇尾河和丁河。丹江口水库大坝加高后总库容达 290.5 亿 $m^3$，河南省境内库区水面面积将达到 506$km^2$，占库区水面总面积的 48%。

（一）水源保护区情况

南水北调中线一期工程总干渠河南省段总长 731km，总干渠及其水源保护区范围涉及南阳、平顶山、许昌、郑州、焦作、新乡、鹤壁、安阳 8 个省辖市的 35 个县（市、区），特别是总干渠穿越焦作市中心城区，穿越南阳市、郑州市、新乡市、鹤壁市、安阳市及 10 余座县城的郊区，沿线人口稠密，城镇村庄众多，城市经济发展迅速，水质保护任务艰巨。按照国务院南水北调办等 4 部（委）《关于划定南水北调中线一期工程总干渠两侧水源保护区工作的通知》（国调办环移〔2006〕134 号）的要求，河南省颁布实施《南水北调中线一期工程总干渠（河南段）两侧水源保护区划定方案》（豫政办〔2010〕76 号）。

按照《南水北调中线一期工程总干渠（河南段）两侧水源保护区划定方案》要求，河南省总干渠两侧共划定水源保护区面积 3054.43$km^2$，其中一级保护区面积 203.17$km^2$，二级保护区面积 2851.26$km^2$。据初步统计，河南省总干渠水源保护区内共有污染企业2591家，其中一级保护区内273家，二级保护区内2318家，环境压力大。

（二）水质保护工作

2014年，丹江口水源区水质保护工作主要是围绕2012年6月4日国务院批复实施的《丹江口库区及上游水污染防治和水土保持“十二五”规划》展开。从2014年的监测数据看，丹江口水库陶岔取水口水质稳定保持在二类；河南省丹江口水库及上游共有水质断面12个，其中渠首陶岔1个，支流11个。丹江口水库及各支流水质明显改善。2014年，包括渠首陶岔断面在内的10个断面水质达标率均为100%，丁河封湾和杨河2个断面达标率为91.7%。在国家组织的两次规划实施情况考核中，河南都排名第一。

根据国家第三次部际联席会议要求，及时调整完善厅际联席会议制度，联席会议召集人由分管副省长担任，成员由14个增加到17个，形成上下联动、协作配合、务实高效的工作局面。2014年4月3日，河南省召开丹江口库区及上游水污染防治和水土保持项目建设现场会，张维宁要求水源地各县（市）不讲条件，不讲代价，迎难而上，合力攻坚，采取切实有效措施，保证2014年通水前6县（市）承诺书中的项目保质按时建成投用。

结合河南省实际，出台“十二五”规划实施考核办法。2014年2月26～28日，举办“十二五”规划实施考核办法培训班，省直及水源区县市的发改、财政、环保、住建、水利、南水北调等部门的负责同志及业务骨干参加培训。

2014年3月10日至14日，由省南水北调办，联合省发改、财政、环保、住建、水利等部门，对河南省“十二”规划实施情况进行全面考核，形成考核报告，报送国务院南水北调办。5月22～23日，国务院南水北调办副主任于幼军、环保部副部长翟青带领由国务院南水北调办、发改委、环保部、财政部、水利部、住建部等六部委组成的考核组，到河南省考核《丹江口库区及上游水污染防治和水土保持十二五规划》2013年度实施工作，实地察看有关项目建设及运行情况，听取河南省有关工作汇报，并对河南省下步工作提出明确要求。8月27日，国务院南水北调办印发《关于反馈丹江口库区及上游水污染防治和水土保持“十二五”规划2013年度实施情况考核结果的函》(综环保函〔2014〕332号)，向河南省通报经国务院同意的考核结果。水质达标情况：河南、湖北、陕西三省考核断面水质达标率分别为91.7%、68.4%、83.3%。三省综合得分情况是：河南88.90分，陕西85.41分，湖北80.11分，河南省综合得分和水质达标率在水源区三省中均名列第一。

采取措施推动河南省“十二五”规划的实施工作，节点目标完成。按照国务院南水北调办与河南省政府签订的《丹江口库区及上游水污染防治和水土保持“十二五”规划实施工作目标责任书》要求，到2014年通水前，重点控制单元内各类项目基本完成，其他一般控制单元按照实施方案和年度计划实施；到2015年底，确保规划全面实施完成。河南省规划100个项目细分为181个子项目，通水前需完成150个。截至2014年底，通水前需完成的150个项目已全部完工。其余31个项目中13个项目已完工，11个项目正在建设，7个项目正在开展前期工作。

具体实施情况如下：

城镇污水处理设施项目共38个，已全部完工。

垃圾处理设施项目共41个，已全部完工。

工业点源污染防治项目共50个。其中26个项目已完工，22个项目不再实施（其中20个已经省工信、环保部门认定，2个正在组织认定)，2个结构调整项目已具备开工条件。

水环境监测能力建设项目共11个已全部完工。

水土保持项目共12个，其中5个项目已竣工，5个项目已开工，其余2个项目已具备开工条件。

重污染河道内源污染治理项目共2个已全部完工。

库周生态隔离带项目共5个已全部开工。

农业面源污染防治项目共3个。其中栾川县项目已完工，淅川县项目已开工建设，西峡县项目正在编制实施方案。

尾矿库治理项目共9个。其中3个已完工；3个项目初步认定不再实施，正在组织认定；其余3个正在编制可研报告。

入河排污口整治项目共10个已全部完工。

（三）生态补偿工作

2014年，中央财政安排河南省南水北调中线丹江口水源区6县（市）生态转移支付资金9.33亿元已下达。其中淅川县3.02亿元、邓州市2.16亿元、内乡县1.4亿元、西峡县1.53亿元、卢氏县0.66亿元、栾川县0.55亿元。与2013年相比，2014年水源区6县（市）中央生态转移支付资金新增1.3亿元，增长率16.1%。按照财政部要求，生态补偿资金主要用于涉及民生的基本公共服务领域，这些资金在促进水源地污染企业的“关、停、转、调”、补偿安置企业下岗工人、保持社会稳定、水源区生态环境设施建设等方面均发挥了积极作用。

（四）水污染防治工作

根据河南省政府批准颁布的《南水北调中线一期工程总干渠（河南段）两侧水源保护区划定方案》（以下简称《划定方案》），在总干渠水源保护区内新上马开发项目，须按照管理权限，首先分别由各级南水北调部门出具新建项目环境影响专项审核意见，作为环保部门审批环境影响评价报告的重要参考，严把总干渠水源保护区新上项目准入关。

自《划定方案》颁布实施以来，对项目选址在总干渠水源保护区范围以内，并且属于《划定方案》明确禁止的建设项目予以否决。对那些虽未明令禁止但又污染较重的项目，委托有资质的环评单位进行论证，然后依据相关法律、法规提出审核意见，供项目环境影响评价时参考。在项目审批过程中，遵守《划定方案》及国家和省其他有关规定，从严掌握，严格把关，做好河南省总干渠两侧水源保护区水质保护工作。主要做到12个字：“现场查看、认真评估、严格批复”。2014年，全省共为206家企业进行环境影响专项审核工作和位置确认，另有200多家企业被拒之门外。

（王笑寒）

## 湖北省生态环境保护工作

（一）规划实施情况

《丹江口库区及上游水污染防治和水土保持“十二五”规划》安排湖北省10类、287个项目，总投资36.15亿元。湖北省把规划实施和水质保护作为头等大事来抓，省领导多次深入库区检查安排部署工作，解决实际问题。省直相关部门与十堰市、神农架林区政府合力推进项目建设，坚持一周一督办，一月一通报，加大项目推进力度。截至2014年底，规划已经完成230个项目，已完成投资29.17亿元，完工率为80.1%，完成投资率为80.7%，超额完成部际联席会议确定的规划实施目标，库区水质保持Ⅱ类。

（二）五条河流综合治理

为了实现神定河、泗河、犟河、剑河、官山河等五条河流水质稳定达标，湖北省编制了《丹江口库区及上游十堰控制单元不达标入库河流综合治理方案》，不等不靠，自筹资金开展综合治理。截至2014年底，完成排污口整治590个，建设清污分流管网758km，完成河道清淤138.13km、清淤量561.5万t，建设生态跌水坝14座，建设生态河堤31km，强制关闭24家不达标企业，治理达标农家乐116家，清除畜禽养殖286家、清除生猪2.6万头；五河治理累计完成投资达14.7亿元。监测结果显示，十堰市五条河流主要污染物浓度较2012年治理前下降了50%以上，部分河流水质从Ⅴ类提高到Ⅲ类，基本实现"不黑、不臭、水质明显改善"的阶段性治理目标。

（三）划定水源保护区

根据国家有关部委的工作要求，湖北省组织开展辖区内南水北调中线工程丹江口水库饮用水水源保护区划分工作，编制完成湖北辖区内的保护区划定方案。经过技术论证和行政协调，湖北省政府对外发布划定方案，2015年1月26日起正式施行。

（四）网箱清理工作

为了保证中线调水水质安全，按照《南水北调工程供用水管理条例》的要求，2014年湖北省依法依规、分期分类清除丹江口库区的网箱和围网养鱼，同时在丹江口库区大力推广生态农业、生态养殖，从源头减少农业面源污染。

（五）生态补偿规划编制

2014年3月、4月，国务院南水北调办副主任于幼军两次实地考察湖北省汉江中下游地区，听取沿江各市和湖北省直有关部门汇报。湖北省根据于幼军副主任的要求，组织开展了《南水北调中线工程汉江中下游影响区水利工程改造和生态修复补偿规划》编制工作，完成规划概要，提出总投资50.2亿元的3大类、262个项目，并向国务院南水北调办做了专题汇报。

（武 希）

## 陕西省生态环境保护工作

（一）概述

陕西省是南水北调中线工程核心水源地，汉、丹江流域在陕西境内流域面积为6.24万$km^2$，涵盖汉中、安康和商洛三市28个县（区），为中线工程提供了70%的水量。2012年国务院批复实施《丹江口库区及上游水污染防治和水土保持"十二五"规划》以来，陕西省委、省政府作出了"一泓清水永续北上"的庄严承诺，把确保水质安全作为一项重大政治责任，按照"循环、集中、工程、补偿、问责"的工作思路，全力加快汉、丹江水污染防治和水土保持项目建设，统筹推进陕南水源区生态文明建设和经济社会协调发展，水源保护工作取得显著成效，2014年，陕西省取得了国务院南水北调办年度考核优秀等次的良好成绩。

（二）规划实施情况

1. 工作机制建设

陕西省委、省政府领导高度重视南水北调工作，省委书记赵正永、省长娄勤俭多次对水质保护工作做出重要批示，并定期主持召开专题会议研究落实重大事项。省里配备了南水北调办副厅级专职领导，健全和完善了陕南三市南水北调工作机构。省里对陕南市县政府南水北调工作进行专项考核，进一步夯实了工作责任。颁布实施了《陕西省水土保持条例》，将水源保护工作纳入了法治化轨道。陕南各市县将水质保护作为区域生态文明建设的重要内容，并加大与循环经济发展、基础设施建设、公共服务提升等工作的有机结合和统筹推进。

2. 水污染防治工作

以实施《丹江口库区及上游地区水污染防治和水土保持"十二五"规划》为抓手，全力加快水污染防治项目建设。截至2014年底，陕西省启动实施水污染防治和水土保持项目168个，建成69个，已下达中央预算内投资33.05亿元，完成投资51.09亿元。其中：污水垃圾处理设施项目共完成投资33.86亿元，陕南县（区）级以上污水、垃圾处理项目均已完工，实现了全覆盖；水土保持项

目完成投资12.23亿元，治理水土流失面积3056 $km^2$。这些项目的建成运行，大幅改善了水源区环保基础设施条件，显著提升了治污防污能力。

3. 治污防污体系建设工作

省政府出台了汉江丹江流域水质保护行动方案，全面实施排污许可证制度。优化水源地工业企业布局，加强项目审批管理，严格限制在汉、丹江干流新建和扩建高耗能、高污染项目。建成并运行市级水质监测网络平台，对国控、省控和应急断面实行在线监控。加大水污染专项执法检查，对重要流域和控制单元建立“河长制”。

4. 陕南循环发展统筹推进工作

坚持保护和发展相统一，统筹推进陕南循环发展战略和重大工程建设。大力推进汉、丹江综合整治工程，完成投资49.7亿元，建设堤防203km；加快实施生态移民搬迁工程，完成投资469亿元，26万户，88余万人实现搬迁。大力实施陕南循环发展战略，省级财政每年安排6亿元，培育和壮大陕南现代循环产业体系，陕南经济增速已连续6年超过全省平均增速。

5. 资金投入情况

加大生态转移支付倾斜，2008年以来累计安排陕南三市93.61亿元国家生态补偿资金，2011~2014年，省级财政安排陕南均衡性转移支付资金404.21亿元；累计整合各类资金33.35亿元，用于陕南水污染防治和水土保持项目建设；“十二五”以来安排陕南循环发展、移民搬迁和重点镇建设资金130亿元。

（三）工作完成情况

1. 汉丹江综合整治实施情况

为根治汉、丹江流域洪涝频发、水土流失严重、水生态恶化等问题，着力打造“堤固洪畅、水清岸绿”的安澜汉丹江、生态汉丹江，省政府从2012年起，先后启动实施了汉江综合整治和丹江综合整治工程，共计划投资280亿元，在汉江、丹江沿线实施生态环境治理、水资源配置和防洪设施一体化建设工程。截至2014年底，汉江综合整治工程累计完成投资58亿元，开工建设了一批事关汉江防洪安全、生态环保、农村生活饮水安全和清洁能源工程建设的重点项目，涉及沿江13个县（区）、19个单项防洪工程，建设堤防（护坡）171km，治理河长267km，保护了40万人、29万亩农田防洪安全，使400多条小流域得到综合治理，完成水土流失治理面积8587$km^2$。丹江整治完成投资2.69亿元，建成防洪堤防18.7km，病险水库除险加固完成2座，建设农村饮水安全工程148个，解决人饮13万人，新修基本农田2535亩，改造提高530亩，治理小流域15条，治理水土流失面积280$km^2$。

2. 污水垃圾处理项目建设情况

《规划》中涉及陕西省污水处理项目27个，规划总投资为22.006亿元，已下达中央预算内投资11.25亿元，完成投资18.75亿元，22个项目已基本建成，形成污水日处理能力25.3万t，3个重点流域镇级污水处理项目已开工建设，11个正在抓紧编制和完善初步设计方案；《规划》中涉及陕西省的垃圾处理项目27个，规划总投资为9.262亿元，已下达中央预算内投资7.114亿元，完成投资11.61亿元，汉中9县、安康10县（区）以及商洛5个县级垃圾处理设施共24个项目已基本建成试运行；汉台区江北垃圾处理场渗滤液处理设施开工建设；3个镇级垃圾处理项目已开工建设；12个垃圾处理和垃圾中转设施已完成可研报告编制及土地预审、环评等前期工作，正在进行初步设计。

3. 水土保持工作情况

截至2013年底，国家共下达陕西省“丹治”工程治理水土流失面积2430$km^2$，总投资9.7226亿元，其中中央预算内投资7.778亿元。截至2014年3月底，全省累计开工治理小流域122条、完工5条，累计完成治理水土流失面积1985.45 $km^2$，完成总投资7.736

亿元，其中，中央投资6.19亿元，地方配套2917万元，群众投劳折资1.253 2亿元。

4. 其他有关项目实施情况

陕西省列入《规划》的工业点源污染防治项目32个，规划总投资3.79亿元，完成投资4.33亿元。其中，13个项目基本建成，2个已开工建设，2个项目已完成了可研。列入《规划》的入河排污口整治项目20个，规划总投资为4945万元。城固县小河关王堡排污口整治已建成试运行，完成投资210万元。列入《规划》的水环境监测能力建设项目19个，规划总投资1.066 4亿元。西乡县水环境监测能力建设完工，汉台区水环境监测能力建设项目在建，完成投资0.218 8亿元。列入《规划》的尾矿库治理项目5个，规划总投资0.71亿元，共完成投资0.366 2亿元。略阳县邦田化工有限公司硫铁矿采选废水治理项目，建成坑涌废水处理站1个，完成投资662万元；柞水县大西沟矿业有限公司菱铁矿采选废水治理项目，已建成运行并通过省级验收，完成投资0.3亿元。此外，陕西省将农村面源污染治理项目也作为水污染防治和水土保持工作的重要抓手，将沿汉丹江流域人口集中的80个乡镇纳入农村环境连片整治示范区域，整体推进汉丹江流域农村面源污染治理。据统计，2012～2014年安排陕南三市农村环境连片整治资金2.86亿元，涉及80个乡镇、410个行政村，受益人口57.4万人。设立了农业面源污染监测点，开展畜禽养殖废弃物污染治理和农业面源污染综合治理试验示范，推广农业源污染减排、污染防治和农业清洁生产技术，大力发展生态农业，切实保护汉丹江流域生态资源。

（四）保障措施工作

1. 工作机制

划分了属地管理职能，明确了各级政府的主体责任，把各级政府主要领导明确为第一责任人，逐级签订目标责任书，把水污染防治和水土保持任务层层落实到各县（区）政府、重点污染企业和责任人。对污染治理项目进行月调度、季通报、年考核，并将水质保障工作纳入县区政府年度目标责任考核，实行一票否决。在项目建设过程中，把污染物总量控制作为项目环评的前置条件，严把项目审批准入门槛，从严控制重金属、化工项目审批，全面推进排污许可证制度，从源头上减少污染，对国控、省控污染源全部实行在线监控，定期开展专项执法检查。

2. 产业结构调整

坚持产业结构调整和生态环境保护相结合。针对陕南特殊的自然条件和肩负的水质保护重任，“十二五”开局之年，陕西省委、省政府提出了陕南循环发展战略，着力打造“生态、秀美、富裕、安全”新陕南。省级财政每年安排6亿元，用于培育和壮大陕南现代循环产业体系，支持陕南循环经济园区基础设施和公共服务设施建设，把循环产业聚集区和工业园区作为产业集群化载体和循环发展平台，推动工业项目向园区集中，实现资源集约利用、要素集合配置、产业集聚发展。根据陕南各县资源禀赋，大力发展茶叶、柑橘、中药材等“一县一产业”，促进农业集约化、规模化和园区化，着力带动农民转移就业和增收致富。坚持传统产业改造升级和新兴产业培育相结合，“十二五”以来，陕南三市淘汰了一大批水泥、钢铁、有色金属等落后产能，培育壮大了以太阳能光伏、生物医药和航空装备制造为重点的战略性新兴产业。同时，依托陕南山水资源，大力发展绿色生态经济，促进产业结构调整，加快生态旅游、绿色食品、民俗文化等相关产业发展，对生态资源保护性利用的同时，促进了农民增收和转移就业。2014年，陕南三市实现生产总值2247.32亿元，增长11.4%以上，连续6年超过全省平均增速。

3. 生态移民搬迁工作

从2011年起在陕南实施了避灾与生态移

民搬迁工程。该工程坚持“生态和民生并举”，以“搬的出、稳得住、能致富”为目标，推进居住向城镇和社区集中，提高垃圾污水集中处理率，减少面源污染。该工程计划用十年时间，投资1139亿元，对60万户、240万人实施移民搬迁安置。到2014年底，已有26万户，88万人搬进新房，累计完成投资469亿元。同时，对迁出的区域加大生态修复和环境治理，开展陕南山地森林化生态建设，迁出地生态恢复进程加快，水源涵养功能明显改善。

4. 资金筹措

资金足额到位是推动《规划》项目实施的先决条件和重要保障。

加大资金整合力度加快规划项目建设。2011年以来，省财政整合中央基建资金、“污水管网”以奖代补资金、省级基建资金及环境保护资金，累计投入资金33.35亿元，主要用于陕南三市污水、垃圾处理设施建设及水土保持项目建设。

全力支持陕南重大工程建设。2011年以来，累计安排陕南循环发展专项资金24亿元，下达陕南移民搬迁资金316.53亿元，重点镇建设资金2.8亿元，有力地推动了陕南循环产业发展、移民搬迁和城镇化建设。

超额落实项目配套资金。2014年度，国家下达陕西省水污染防治和水土保持中央预算内投资共计9.09亿元，要求地方配套资金1.77亿元，陕西省实际落实配套和生态环境保护资金共计4.63亿元。

加大生态转移支付倾斜力度。2011年以来，省财政已安排陕南三市均衡性转移支付资金404.21亿元，其中下达国家生态转移支付资金55.17亿元。为充分体现生态补偿要求，要求陕南各市拿出国家生态功能区转移支付资金的30%用于弥补垃圾污水处理设施建设资金的不足。

加大资金激励约束。在安排转移支付资金时，以考核评价结果为基准，严格兑现奖惩，进一步提高转移支付资金使用绩效，切实发挥资金使用效益。

5. 宣传工作

陕西省高度重视宣传工作，大力支持和配合中央媒体和兄弟城市媒体来陕西省的各项采访报道活动。同时立足本省宣传阵地，加大宣传力度，举办了南水北调中线水源区生态文明建设论坛，制作了陕西省南水北调水质保护和水源涵养专题片等。注意突出典型宣传，加大对地方政府和企业在水质保护方面的有益做法和成功经验的宣传，多次对汉中西乡农业面源污染治理、安康汉江水质保护“河长制”、商洛山阳县黄姜清洁化生产等典型案例进行了大力宣传。在通水前的关键时间节点，陕西省按照国家南水北调办的统一部署，启动了通水前的宣传工作，制定了宣传工作方案，明确了重点宣传任务，配合媒体力量开展全方位、广角度、深层次的密集宣传报道，充分展示陕西省南水北调工作成效，为顺利通水营造良好舆论氛围。

（袁若国）

# 征　地　移　民

## 北京市征地移民工作

（一）征地拆迁

截至2014年底，北京市房山区完成区级档案自验，正在推进区级征迁验收；新增永久征地，包括工程管理用地149.52亩和深挖槽段边坡处理用地413.12亩，取得北京市规划委出具的规划意见，正在办理建设项目选址意见书。

（二）管理机构

经沟通北京市规划、国土等部门争取支持，确定了位于现状丰台区京良路北侧樊羊路西侧规划绿地作为干线管理设施选址地块。2014年1月26日，北京市南水北调建管中心与地权单位签订了南水北调中线京石段应急供水工程（北京段）管理设施征地框架协议。协议签订后，协调中线建管局尽快落实征地拆迁资金，协调丰台区加快推进场地移交及后续征地手续办理。

（三）干线永久供电工程施工受阻问题协调

北京市配合中线建管局，努力协调房山区相关部门开展干线永久供电工程征迁工作。

2014年6月15日，施工场地全部移交给施工单位。在施工过程发生阻工事件后，多次赴施工现场进行协调解决。截至2014年底，永久供电工程主体工程已完工。

（四）干线巡线路拓宽工程进场施工问题协调

根据北京市领导指示精神，积极协调干线巡线路丰台段硅芯管铺设穿越装甲兵工程学院等部队大院进场施工问题。截至2014年底，巡线路丰台段进场施工问题正在就资金问题协调中线建管局落实，硅芯管铺设穿越部队大院问题也取得部队理解支持。

（五）信访工作

按照国务院南水北调办《关于做好2014年南水北调工程征地移民稳定工作的通知》要求，于2014年2～4月下旬，在全市南水北调工程施工范围开展了为期两个月的矛盾纠纷排查化解专项活动，维护群众合法权益，确保工程顺利建设和社会和谐稳定。

（王贤慧　刘　畅）

## 天津市征地移民工作

截至2014年底，天津干线天津1、2段工程征地拆迁工作全部完成。工程长度约24km，涉及天津市武清、北辰和西青三个区5个乡镇及1个国有农场，主要实物指标有工程永久征地87.22亩，临时占地6579.73亩；拆迁房屋34 541$m^2$；搬迁企事业单位及村组副业14家；切改（迁建）专项设施136条（处），需搬迁安置人口164人；天津干线天津1、2段工程征地拆迁补偿投资已按市人民政府批准的工程征迁实施方案兑付。工程永久征地手续已办理完成；临时用地已复垦并完成退还移交。2014年6月，天津干线天津市1、2段工程征地拆迁安置验收工作完成区级征迁安置自验收工作。

（陈绍强）

## 河北省征地移民工作

河北省境内南水北调干线工程征迁安置工作，在河北省委、省政府的领导和有关部门的大力支持下，认真贯彻落实国务院南水北调办的安排部署，紧紧围绕保障工程建设、保障工程通水、维护沿线社会稳定的大局，扎实推进征迁工作，积极营造良好建设环境，保障了通水目标的如期实现。

（一）总体进展

截至2014年底，河北省境内南水北调中线干线工程征迁安置任务全部完成，累计完成永久征地10.6万亩，临时用地征用11.9万亩，完成电力、通信、管道等专项设施迁建1800处，生产生活安置人口6.2万人。年内协调解决了年初排查的108个征迁问题，组织复垦退还临时用地3000多亩，临时用地全部退还群众耕种。

（二）主要工作

河北省南水北调中线干线工程征迁安置工作，始终围绕妥善解决影响工程建设和社会稳定的突出问题来开展。正确处理各种利益关系，加强宣传，明确任务，落实责任，完善机制，努力做到“五个确保”（确保农民

合法利益得到保障，确保按时按量提供建设用地和临时用地及时退还，确保沿线社会稳定，确保资金使用安全，确保工程建设顺利进行），依法有序推进征迁安置工作。

1. *矛盾纠纷排查化解专项活动*

2014年3月，按照国务院南水北调办《关于做好2014年南水北调工程征地移民稳定工作的通知》（国调办征移〔2014〕34号）要求，河北省南水北调办组织南水北调中线干线沿线市县南水北调办、中线建管局河北直管部、河北建管局，开展了为期两个月的矛盾纠纷排查化解专项活动，重点围绕资金补偿、权属争议、生产生活条件恢复、工程影响、临时用地复垦退还、连接路建设、遗留问题处理、村集体补偿资金使用等影响工程建设和沿线社会稳定的问题进行排查。对梳理出来的108个问题建立了征迁问题台账，落实了责任部门和督办单位，明确了解决时限，每月要结果，每月一通报。2014年4月9～11日，河北省南水北调办主任袁福和中线建管局副局长郑征宇对照台账现场督导，协调解决存在问题，提出了确保通水试验前台账问题全部销号的明确要求。各市县南水北调办积极主动与建管单位配合，现场解决问题，解决一处销号一处，有力地促进了复杂问题的解决。截至2014年5月25日，台账中的108个征迁安置问题已全部销号，营造了良好环境，为加快工程建设奠定了基础。

2. *信访工作*

河北省南水北调中线干线工程征迁安置工作已近尾声，信访问题的协调解决难度越来越大。对此，河北省各级南水北调办通过不断规范信访接待工作，耐心做好政策宣传和解释说服，深入实地现场研究，加强信访案件督办和信息反馈，最大限度在系统内部办理终结，理顺群众情绪。对超出南水北调工作范围的信访案件，紧紧依靠地方党委、政府，协调相关部门，按照“属地管理、分级负责、谁主管、谁负责”的原则，落实责任部门和责任人，争取在第一时间，把矛盾和问题解决在基层。中线工程磁县段双庙取土场1300多亩，当地村民认为植物护坡水土保持效果差，要求采取六棱块护坡，并多次到县市、中线建管局上访反映。为解决该问题，中线建管局和河北省南水北调办组织建管、施工、设计和市县南水北调办到现场查看护坡冲毁水保情况，明确由设计单位按六棱块护坡提供方案，稳定了群众情绪。

3. *征迁问题解决工作*

保障沿线社会稳定，必须解决群众反映的问题。对复杂、难度大的问题，必须紧紧依靠当地党委、政府。南水北调中线干线工程临城段涉及弃土场1000多亩，该段弃土渣多土少，且处于丘陵地带，耕地表层土薄，复垦的耕地一下雨，地里石头露出来，再复垦周围又找不到土，复垦退地难度大。为及时退地，邢台市政府协调临城县千方百计、想方设法做工作，临城县南水北调办组织人员深入乡村做群众工作，听取群众意见，经过几次各方参加的协调会议，本着对群众负责、实事求是、解决问题、经得起审计的原则，研究切实可行的复垦退地措施，使这一难题最终得到解决。

4. *连接路建设工作*

为确保总干渠隔离网按时封闭，保证通水安全。2014年2月春节过后，河北省南水北调办就组织召开调度会议，对邯石段影响试通水的有关问题进行了协调和督导，明确要求邯郸、邢台、石家庄三市加快连接路征迁和建设进度，不得因此影响总干渠尾工建设和通水安全。2月17～21日，河北省南水北调办会同中线建管局、各有关市南水北调办和各建管、设计等有关单位对总干渠隔离网封闭有问题渠段进行了逐处排查，对于部分连接路修建需要进行较大规模拆迁，同时考虑到防护网围挡工作的紧迫性，为了保证总干渠充水试验后的工程安全、人身安全、水质安全和方便百姓的出行，明确可采用暂时在红线内预留出人行通道的方式进行围挡，各级征迁部门继续加紧修建永久连接路，待连接路修好后，防护网向外按照红线进行围挡。为督促连接路建设工作进度，河北省南水北调办到各市进行督导，对连接路修建存在问题的地段，逐一排查，明确解决问题的责任单位和解决时限。截至2014年底，邯石段工程规划修建的808条连接路，总长331km，已基本建成。

5. 沿线群众利益处理工作

在征迁工作中，把群众的问题作为自己的问题，坚持以人为本，处处为群众着想，从而确保了工程沿线稳定。中线总干渠工程穿越邯郸市复兴区霍北村，在工程施工过程中，霍北村村民以“南水北调工程实施给村民造成出行和生活困难”为由，多次到邯郸市委、市政府上访，并给国务院南水北调办去信要求增加桥梁解决出行问题。为解决这一问题，2014年9月，河北省南水北调办组织有关单位，商定对影响出行的600m出行路进行翻修，保证村民出行便利。南水北调中线工程高邑县段的跨渠桥梁南焦北桥建成后，由于桥面仅7m宽，造成总干渠西侧李马集团等企业100多辆大型货车不能通行，致使跨渠绕行路不能断交施工。为解决这一问题，河北省南水北调办与中线建管局、高邑县政府，在现场研究确定了在总干渠渡槽下修一条永久绕行路的方案，确保了施工进度，保障了沿线群众利益和沿线稳定。

（贾志忠）

## 河南省征地移民工作

（一）概述

2014年是河南省南水北调移民征迁任务繁重、各项工作极具挑战性的一年，也是移民征迁工作成效突出、广受社会各界关注的一年。全省南水北调丹江口库区移民村“强村富民”战略实施成效显著，社会治理水平进一步提升，干线征迁扫尾工作进展顺利，移民征迁大局和谐稳定。习近平总书记在2015年新年贺词里为南水北调丹江口库区移民点赞；社会治理创新、“强村富民”工作形成了“河南模式”、“河南特色”并叫响全国，中共中央办公厅、河南省委办公厅编发了专报，中央领导同志作出了重要批示，国务院南水北调办在全国南水北调系统予以推广，新华社、中央电视台、《光明日报》及《河南日报》等主流媒体深入报道，河南省政府移民办获得了河南省委、省政府通报嘉奖，移民资金管理、建设环境保障、征地移民维稳工作受到国务院南水北调办的表彰。

（二）库区移民

根据南水北调丹江口库区移民安置初步设计规划，河南省南水北调丹江口库区农村移民共需搬迁安置16.2万人，安置区涉及郑州、新乡、许昌、平顶山、漯河、南阳6个省辖市27个县（市、区）和邓州市1个直管县（市），其中淅川县内安置2.35万人，出县外迁安置13.85万人，2012年3月全部搬迁结束，并由搬迁安置阶段全面进入后期稳定发展阶段。

1. 移民后期帮扶工作

2014年，全省各级各部门继续认真贯彻落实河南省政府《关于加强南水北调丹江口库区移民后期帮扶工作的意见》，科学谋划，精心组织，采取一系列措施开展移民后期帮扶工作。河南省政府督查室牵头组织省发改委、财政厅、住建厅、移民办等单位组成三个专项督导组，对全省南水北调丹江口库区移民后期帮扶工作进行了专项督查；省政府移民办筹措资金2600万元，用于帮扶丹江口库区移民“强村富民”示范村及重点村发展生产；各省直包县联络组按照有关要求，进一步加强沟通协调，狠抓帮扶政策落实，并结合本厅（局）职能，出台优惠政策，在资金、项目、技术等方面加大帮扶力度，全力支持、帮助移民发展生产；地方各级党委、

政府也继续落实已出台的移民后期帮扶政策，指导移民发展生产。郑州市建立了移民产业发展基金，将“强村富民”工作列入市政府“重点工作”台账，累计安排丹江口库区移民发展基金项目88个，投入资金9000万元；南阳市委常委专题民主生活会把“强村富民”战略列入整改的主要内容，出台了移民村发展规划，高标准打造6个市级、22个县级移民美丽乡村重点示范村。

2. 移民村社会治理工作

河南全省南水北调丹江口库区移民村村务民主管理、经济组织管理、公共服务管理创新工作深入推进，“两委”（支委、村委）主导、“三会”（民主议事会、民主监事会、民事调解委员会）协调、群众参与、法治保障的村级新型社会治理体系初步形成。全省208个丹江口库区移民村全部建立了“三会”组织，拥有成员7000余人，村级管理逐步迈上了自我管理、自我发展、自我完善、自我提升的良性发展路子。移民村经济组织快速发展，共成立工业公司、农业公司、专业合作社和专业协会等各类经济服务组织400多个，在产供销方面发挥了龙头作用，有力地促进了移民村经济的快速发展。公共服务不断完善，共建立物业公司及便民服务中心240个，红白理事会、老年协会、文体协会等群众组织500多个，妥善解决了移民村基础和公益设施维护、卫生管理、水费收缴、绿化养护、村务办理等问题，方便了移民生活，营造了和谐文明新风。

3. 投资计划管理

为解决南水北调丹江口库区新增人口、线上新建房屋和南阳市淅川县高切坡高填方问题，河南省政府移民办编制了《南水北调中线一期工程河南省丹江口水库建设征地农村移民安置任务及规划变化情况专题报告》和《南水北调中线一期工程河南省丹江口水库建设征地移民在172m以上新建房屋处理专题报告》，并组织、指导淅川县编制了《南水北调中线一期工程丹江口库区淅川县移民安置工程高切坡高填方治理规划报告》，共上报新增投资5.7亿元，申请国家解决。对南水北调丹江口库区基本预备费使用情况进行了认真梳理，编制上报了国控基本预备费使用意见，并组织设计、监督评估单位完善了有关意见，申请使用国控基本预备费3.9亿元。

4. 移民安置工作

针对河南全省南水北调丹江口库区移民搬迁安置后存在的移民人口核定、安置点超征土地、计划调整、资金核销等遗留问题，河南省移民办出台了《关于南水北调丹江口库区移民人口有关问题的处理意见》，并组织相关单位到安置地督查、指导移民人口审核工作。截至2014年底，移民人口申报工作已接近尾声，审核工作正在有序进行。对全省丹江口库区移民安置涉及的28个县（市、区）208个移民新村超征土地进行了调查论证，并根据调查结果，提出了专门的处理意见和解决方案。针对丹江口库区部分县（市、区）和移民村投资计划调整进度慢、移民资金核销率低的情况，省政府移民办组织有关人员进行了专项督查，督促落实。截至2014年底，全省丹江口库区6个省辖市、1个省直管县（市）、27个县（市、区）及208个移民新村，移民投资计划调整已完成205个，移民资金核销率已达95%。

5. 移民监督评估

2014年，南水北调丹江口库区移民监督评估工作，分移民安置监理和监测评估两项。移民安置监理任务涉及试点、第一批和第二批移民搬迁安置，监理内容主要包括资金管理、后期帮扶、生产发展等；监测评估任务涉及试点、第一批和第二批移民生产生活恢复评价。2014年在监督评估过程中，3个监督评估单位按照合同要求，认真履行监督评估职责，强化进度和质量监理，及时协调解决有关问题，按期报送监督评估报告，按要求完成了年度监督评估任务。

（三）干线征迁

河南段南水北调中线工程总干渠总长731km，涉及南阳、平顶山、许昌、郑州、焦作、新乡、鹤壁、安阳8个省辖市44个县（市、区）及邓州市。实施规划批复总干渠建设用地37.62万亩，其中永久用地16.10万亩，临时用地21.52万亩；需搬迁居民10 509户45 666人；占压企事业单位334家，占压电力线路、通信（广电）线路、各类管道4788（处）。国家批复征迁安置总投资235亿元。

截至2014年底，河南省已累计移交工程建设用地37.04万亩，其中，永久用地16.64万亩，临时用地20.4万亩；累计迁建各类专项设施5863条（处）；总干渠搬迁居民10 509户45 666人全部安置到位，生产用地调整全部完成；跨渠铁路桥、公路桥、生产桥征迁工作全部完成，累计完成总干渠两岸连接路建设2804条；累计下达征迁资金196.11亿元，其中2014年度下达征迁投资计划9.71亿元。

1. 用地移交工作

对工程设计变更和跨渠桥梁建设新增用地，提前做好各项前期准备工作，加强用地移交的督导检查，补偿清单下达后，一般用地15日内移交，有房屋拆迁任务的30日内移交。2014年累计移交总干渠新增用地464.78亩，其中，永久用地235.46亩，临时用地229.32亩，满足了工程建设需要。

2. 征迁问题处理工作

在规划1885条连接路的基础上，结合群众生产生活需求，协调设计单位、市县征迁机构与当地群众一起现场勘测、论证，新建新增连接路1216条，满足了沿线群出行需求。截至2014年底，河南省南水北调总干渠征迁安置规划和批复的3101条连接路中，2804条已基本完成修建，影响总干渠围网的142条连接路已全部修建完成，与征迁有关的围网缺口已全部封闭，并妥善解决了沿线群众打井灌溉及引水灌溉问题。为维护好施工环境，对影响工程建设的征迁问题深入排查，共排查出影响总干渠尾工建设的征迁问题296个，并经建管单位现场认可，建立了问题处理台账，重点督办，已全部处理到位。

3. 临时用地返还复垦工作

强化监督检查，各市临时用地退地工作组每月至少进行一次临时用地返还、复垦、退还工作督导检查，针对临时用地使用中出现的问题，现场组织建管、征迁、设计和监理各方商定整改方案，限期予以解决，加快临时用地返还复垦和退还进度。加快临时用地超期问题处理力度，对超期的5万多亩临时用地，积极协调中线建管局到现场逐地块排查，明确承担超期补偿资金单位，并以会议纪要形式予以确认，在超期补偿资金不能及时到位的情况下，积极协调中线建管局及时预拨了6000万元，保证了超期补偿费的兑付，维护了群众利益。截至2014年底，河南省南水北调总干渠20.4万亩临时用地，已返还15.65万亩；县级征迁机构正在复垦4.06万亩，已退还群众11.59万亩。

4. 永久用地手续办理工作

截至2014年底，穿黄工程、安阳段、新乡试验段、南阳试验段工程永久用地手续已经国土资源部批准，批准面积13 265.64亩。其他渠段永久用地手续办理工作的单独选址建设项目用地申请表、建设项目用地预审批复文件、可行性研究报告批准文件、初步设计批准文件、项目法人关于南水北调工程用地未批先用情况的说明、地质灾害危险性评估报告备案表及审查意见、征地告知确认听证有关材料、建设用地勘测定界技术报告书、建设用地勘测定界图、省级劳动保障部门对社保安置的审核意见10个报件，需各级征迁机构办理的工作已全部完成。

5. 征迁安置验收工作

南水北调总干渠征迁专项验收的各项基础性工作已全部完成，成立了省级征迁安置验收委员会，印发了《关于做好河南省南水北调中线干线工程完工阶段征迁安置验收工作的通知》和《南水北调总干渠征迁安置验收实施细则》。2014 年 1 月，完成了穿黄工程、安阳段、新乡试验段、南阳试验段四个单元的县级自验工作。根据 4 个单元县级自验出现的问题，针对河南省目前新增投资尚未批复、资金决算无法编制的情况，省政府移民办就有关验收问题专题请示国务院南水北调办，根据回复意见，印发了《河南省南水北调中线干线工程完工阶段征迁专项验收有关要求的通知》，要求市县征迁机构尽快开展县级自验、市级验收的基础验收工作。各地正在按照有关要求，开展专项迁建、档案验收及阶段基础性工作，待征迁工作基本完成后，全面开展征迁专项验收工作。

（四）资金监管

2014 年共接受国务院南水北调办对河南省 2013 年度南水北调征地移民资金的审计、对南水北调中线干线河南段征迁项目实施情况的专项审计调查，国家审计署驻郑州特派员办事处对南水北调耕地开垦费等事项的延伸审计等 3 次审计检查，对严明财经纪律、规范资金使用管理起到了积极作用。同时，河南省移民办还对省内南水北调涉及的 9 市 20 县开展资金管理督导工作，完善了管理程序，规范了项目实施和资金管理，提升了资金管理水平。

（五）信息宣传

积极开展南水北调中线工程迎通水宣传工作，河南省移民办会同河南省文化厅组织河南豫剧院，创排了以河南省南水北调丹江口库区移民为题材的大型豫剧现代戏《家园》，共在省内巡回演出 13 场，并在北京汇报演出；配合八一电影制片厂完成了南水北调题材电影《天河》，2014 年 10 月 29 日在京举行首映式，并在全国公演；配合中央电视台完成了南水北调八集文献纪录片《水脉》，在央视多个频道连续播出；配合中央电视台拍摄了以河南省南水北调丹江口库区移民为主题的大型纪录片《生命之河》，正在进行后期制作。利用主流媒体做好宣传工作，紧紧围绕南水北调移民征迁工作中重大部署、重要节点，充分发挥电台、电视台、报纸、杂志、网络等主要媒体的宣传作用，多次对全省征地移民工作进行了宣传报道，尤其是创新移民村（社区）社会管理和“强村富民”工作，中央电视台、《中国南水北调报》以及《河南日报》、河南电视台等都对此进行了专题报道，推出了 30 多篇富有影响力的宣传作品，并在全国叫响，成为了河南移民征迁工作的名片。及时向河南省委、省政府信息处，国务院南水北调办上报政务活动、工作动态等信息，全年共为上级部门及各类新闻媒体提供政务信息和新闻稿 50 多件。充分利用本系统的宣传工具搞好宣传，共编发移民工作简报 38 期，《河南移民》专刊 6 期，在“河南省水利移民网”发布移民工作动态及各类信息 1200 多条，图片 150 余幅，营造了良好的舆论氛围。

（六）信访工作

进一步完善信访稳定机制，在全省移民系统实行信访专报制度，每周对赴京到省上访案件以及地市矛盾排查化解落实情况进行督查，对每期督办案件都明确了责任单位、第一责任人和直接责任人，要求按期办结；对未按期办结的，下发了八期移民信访问题处理督办函。矛盾排查化解工作进入常态化，在全省征地移民系统先后组织开展了征地移民信访问题“回头看”、矛盾问题和信访积案排查化解及专项督导月活动，对影响征地移民大局稳定的隐患进行了全方位、拉网式排查，共排查各类矛盾问题 1270 件，化解率达 95% 以上。做好移民信访来访接待工作，按照国家《信访条例》，教育引导来访群众采取合法、理性方式，到指定地点、按规定程序反映问题，综合运用法律、政策、经济、行政等手段和教育、协商、调解、疏导等方法，认真解决特殊疑难信访问题，做到诉求合理的解决问题到位，诉求不合理的思想教育到位，生活困难的帮扶救助到位，行为违法的依法处理到位，促进了信访秩序明显好转。全年移民群众来访批次人次较2013年分别下降34%、28%，信访案件办结率达到97%以上。

（赵兴华）

## 湖北省征地移民工作

（一）概述

2014年，湖北省移民工作紧紧围绕“保通水、保发展、保稳定”三大目标，开拓创新，克难攻坚，善始善终，善做善成，圆满完成了各项任务目标，为中线一期工程如期通水作出了应有的贡献。

（二）汉江中下游四项治理工程征地拆迁安置

（1）引江济汉临时占地复垦还耕目标任务超额完成。截至2014年12月10日，引江济汉工程完成年度复垦还耕12 860亩，超计划完成5860亩。

（2）引江济汉永久征地确权登记基本完成。引江济汉工程永久征地已办证18 000多亩，完成94%，在不突破征地指标的前提下，做到了永久征地国有土地使用权证应办必办、程序合规。

（3）兴隆水利枢纽工程征迁安置顺利通过省级验收。2014年12月2日完成了兴隆工程水利枢纽征地拆迁安置档案验收，8日组织完成了现场踏勘、抽查等工作，9日组织召开南水北调中线汉江兴隆水利枢纽征迁安置省级验收会议，兴隆水利枢纽征迁安置通过省级验收。

（4）完善闸站改造工程永久征地组卷报批材料。在协调相关单位，结合各地闸站改造工程调整情况，完善了永久征地组卷报批资料及申报工作。

（5）有效化解征迁矛盾纠纷。创新工作方法，完善了矛盾纠纷排查化解工作机制，组织开展了2014年排查化解矛盾纠纷活动月活动，各地调解矛盾纠纷57起、处置突发事件7起、制止阻工事件32起（件），有效地化解征迁矛盾纠纷，为工程建设营造了良好的施工环境，维护社会和谐稳定。

（三）蓄水隐患排查整改

湖北省按照国务院南水北调办和省政府的要求，认真组织开展了库区移民蓄水隐患排查，确保安全蓄水、顺利通水。一是加大现场检查督办力度。采取联合督办和专人专题督办等方式，共12次开展库区蓄水隐患工作督办检查，召开专题会议6次，排查发现影响蓄水问题37个。二是实行隐患排查销号“周报”制度。对排查出来的隐患问题，实行了“周报”制度，采取逐个核实，整改一个销号一个。截至2014年12月12日，共印发《周报》14期，六大类37个问题得到全面整改。三是开展了库底清理“回头看”活动。据统计，湖北省“回头看”和“百日大排查”活动共整改移民房屋质量缺陷260处；拆除库周临时设施1860m$^3$，淹没线下房屋682m$^2$，电线杆12处；清运垃圾4100m$^3$，清理零星树木1760余株。

（四）地灾防治

2014年，湖北省围绕按期、安全通水目标，加快推进高切坡治理、首批地质灾害防治和5个地灾应急项目治理等工作。一是加强地灾应急管理。湖北省移民指挥部办公室下发了《关于加强南水北调中线工程丹江口水库安全应对蓄水有关工作的通知》等文件，加强地灾监测、应急项目实施和应急预案编制等工作。二是抓紧完成高切坡治理。据统计，湖北省156处高切坡已全部完工。三是加快地灾工程治理。首批地灾1处库岸治理和2处搬迁避险工程全面完工，31个监测点全部投入使用，群测群防工作进入常态化；5处应急地灾治理项目采取急事急办、特事特办的办法，加强协调，科学施工，日夜加班，抢抓工期，6月初进场，9月底完成161m水下工程并通过验收，通水前该工

程全部完工。

（五）后期扶持

2014年6月11日，湖北省人民政府在十堰市召开全省南水北调丹江口水库移民安稳发展现场会，强措施、鼓干劲、谋发展。一是因地制宜，探索产业转型发展路子。通过流转土地、招商引资、自主创业等方式，发展生态农业、设施农业、观光旅游农业，帮助移民增收致富。据统计，湖北省共流转移民土地10.06万亩，引进龙头企业95家，组建专业合作组织382家，培育移民致富带头人556人。帮扶移民自办农家乐、小超市等1929个，投入资金3.8亿元。全省移民村集体总收入3466万元，比上年增长14%；移民人均纯收入8200元，比上年增长11%。二是整合资金，形成合力帮扶发展。构建"政府搭台，部门参与，统筹规划，整合资金"的机制，整合发改、财政、国土、水利、农业、移民等相关部门资金，集中用于改善移民生产生活条件，据统计，湖北省26个县（市、区）共整合财政性资金4.7亿元。三是典型示范，引领移民快速发展。开展"郧县柳陂镇产业转型发展"试点，为移民产业转型发展积累了经验。在全省重点打造了30个移民村、50名致富带头人和15个村级班子建设典型。根据检查验收，重点村村集体收入比上年增长18%，人均收入比上年增长14%，均高于全省平均数。四是强化培训，促进移民就业与自主创业。2014年全省共组织各类培训205期，培训移民13 017人，有效提高了移民实用技术和专业技能，参训移民转移就业率达86%，户均转移劳动力1.83人。

（六）社会治理

2014年，湖北省移民局会同潜江市委、市政府和湖北工业大学，切实加强移民新村社会治理创新工作的研究，总结探索出"一站三民"的社会治理模式。通过整合农村网格化管理、党员便民服务站等多种资源，打造移民"一站式"便民服务站；经济上通过"一村一品两项目"达到"帮民致富"；政治上通过"一村四主三干部"民主共治，实现"由民做主"；社会生活上通过道德、文化和技能培训等达到"助民成长"。实现了移民办事不出村、社情民情全掌握，（一般）矛盾纠纷全化解、收入快速增长、权利有保障的近期目标，此项工作得到了国务院南水北调办领导的充分肯定。鄂竟平主任批示：可总结、推广。蒋旭光副主任也做出明确批示。中央4台《创新中国》栏目、央视网站和《中国南水北调报》均对此进行了专题报道。

（七）宣传工作

围绕南水北调中线工程正式通水，湖北省联合中央媒体、京津冀和省主流媒体，开展了系列、深刻和多角度的宣传报道。一是及早谋划，争取支持。年初拟定了中线工程通水宣传方案，并积极与湖北省委宣传部沟通。协同中央和京、津、冀、豫、鄂主流媒体记者开展了系列宣传报道。二是加强领导，积极推进。积极参与北京市组织的"百名移民代表进京观摩"和在首都博物馆举办的"饮水思源——南水北调工程建设展"两项重大活动，组织了30名进京代表参与"行走调水线"活动，在移民和社会中反响强烈，产生了很好的社会效应。三是主动衔接，认真策划。主动协调湖北广电总台制作并播出《汉水大移民》、南水北调系列公益广告等；组织制作摄影图片集《根涉》、报告文学和微电影《丰碑》。

（八）信访工作

2014年，信访工作主要围绕开展矛盾纠纷排查、重点矛盾处理等方面展开。一是深入开展矛盾纠纷排查。深入基层开展为期2个月的矛盾纠纷排查化解专项活动，共排查化解各类矛盾、问题444件（个）。二是加大重点矛盾处理力度。坚持首接负责制，做到了有访必接，接办有果。对移民线上资源处理、"婚嫁女"移民身份和郧县柳陂镇等重点、难点问题，采取专题调研、联合调查、重点督办等形式，实事求是地解决移民诉求。

三是创新矛盾处理方式。主动邀请规划、设计、监理部门到库区，变上访为下访，认真会商，形成共识并及时回告，使得移民赴省、进京上访大为减少。据统计，2013 年全国"两会"期间，湖北省移民非正常赴京赴省实现了"零上访"目标；国务院南水北调办督办件 10 件，回复率 100%；进京信访（含电话）11 人次，同比下降 42%；省级来信来访 30 批次 106 人次，同比下降 55%。

（九）重点问题

一是积极推进移民后续发展规划。认真办理湖北省人大代表提出的《关于尽快启动丹江口库区移民后期扶持规划编制工作的建议》，长江委设计院拿出了课题研究初步成果，并接受了湖北省人大副主任田承忠等人大代表的监督检查。不断深化移民后续规划成果，积极向国务院南水北调办及国家相关部门汇报反映尽快启动开展移民后续发展规划工作。二是库区居民点场平超支、价差全覆盖、移民线上资源处置等问题有进展。2014 年 8 月，湖北省副省长梁惠玲专程赴国务院南水北调办，就库区移民居民点场平投资增加、价差全覆盖等问题进行协商，得到国务院南水北调办的重视，长江设计公司正在抓紧修改完善技术报告。移民线上资源问题已明确由十堰市人民政府依法依规进行处置，目前十堰市正在研究出台指导意见。

（十）资金管理

2014 年，湖北省进一步强化南水北调中线工程丹江口水库征地移民资金的使用管理、审计监督检查工作，各级移民部门严格按照《湖北省南水北调中线工程丹江口库区和外迁安置区移民资金管理办法》使用和管理南水北调征地移民资金，确保了南水北调中线工程征地移民资金使用和管理安全有效，确保了移民各项工作的顺利开展。

1. 移民包干协议签订情况

大坝加高工程。按照《南水北调工程建设征地补偿和移民安置暂行办法》及《南水北调工程建设征地补偿和移民安置资金管理办法（试行）》等规定，中线水源公司与湖北省移民局经协商达成了协议，大坝加高工程包干总额为 18 209.38 万元，其中，2004 年包干协议总额为 15 731.39 万元，2007 年追加 1163.19 万元，2011 年追加了 1314.8 万元。

库区和外迁安置区。截至 2014 年底，中线水源公司和湖北省签订了移民投资包干协议的有：控制性文物发掘保护资金 35 933.18 万元；库区移民安置初步设计规划配合及试点工作经费 3000 万元；移民安置试点资金 155 057万元；环保水保费 14 797.2 万元；课题费 750 万元；信息采集费 300 万元；名木保护费 331.32 万元；地质灾害监测与防治费 3678.79 万元；应急地灾资金 5911 万元。

2. 移民投资计划下达情况

截至 2014 年底，共下达南水北调移民投资计划 2 533 478.21 万元。

大坝加高工程。截至 2014 年底，共计下达丹江口大坝加高工程移民投资计划 18 209.38万元。按项目分：农村移民安置计划 4105.61 万元；城集镇迁建计划 7050.36 万元；工业企业迁建计划 2503.15 万元；专业项目复建计划 326 万元；有关税费计划 1206.44 万元；其他费用计划 3017.82 万元。

库区和外迁安置区。截至 2014 年底，累计下达湖北省南水北调中线工程丹江口水库库区和外迁安置区征地移民资金计划 2 515 268.83 万元（其中，2014 年度安排 93 099.65万元），其中，库区文物发掘资金计划35 933.18万元；前期规划配合费和前期试点工作经费计划 2990 万元；移民安置试点经费计划 145 970.39 万元；环保水保资金计划 14 797.2 万元，课题费 750 万元；信息采集费 300 万元；名木保护费 331.32 万元；地质灾害监测与防治费 7302.9 万元；高切坡治理项目 48 868.94 万元；大规模搬迁资金计划 2 258 024.9万元。

3. 拨入征地移民资金情况

截至2014年底，湖北省移民局累计收到中线水源公司拨入的南水北调中线工程征地移民资金2 540 869.49万元。其中：以前年度2 409 869.49万元，2014年度131 000万元。

大坝加高工程。截至2014年底，湖北省移民局累计收到南水北调中线水源公司拨入的丹江口大坝加高工程移民资金18 209.38万元，占包干总额的100%。

库区和外迁安置区。截至2014年底，湖北省移民局累计收到中线水源公司拨入的南水北调中线工程丹江口水库征地移民资金2 522 660.11万元。其中：以前年度拨入2 391 660.11万元；2014年度拨入131 000万元。

4. 拨出征地移民资金情况

截至2014年底，湖北省移民局累计拨出南水北调征地中线工程征地移民资金2 474 393.86万元。

大坝加高工程。湖北省移民局累计拨出南水北调中线工程大坝加高工程征地移民资金15 788.75万元，占下达移民资金计划的100%。

库区和外迁安置区。湖北省移民局累计拨出南水北调中线工程库区（含库区和外迁安置区）征地移民资金2 458 605.11万元，占中线水源公司拨入资金的96.7%。

5. 征地移民资金支出情况

截至2014年底，湖北省各级移民管理机构累计支出南水北调征地移民资金2 101 183.11万元，占累计下达移民投资计划2 533 478.21万元的82.94%。

大坝加高工程。截至2014年底，湖北省大坝加高工程累计支出征地移民资金16 078.84万元，占大坝加高工程移民资金累计计划的18 209.38万元的88.3%。

库区和外迁安置区。截至2014年底，湖北省南水北调中线工程丹江口水库库区和外迁安置区累计支出征地移民资金2 085 104.29万元，占湖北省累计征地移民资金计划2 515 268.83万元的82.9%。

（郝　毅）

# 文物保护

## 北京市文物保护工作

切实履行职责，加强对工程项目内文物保护工作的指导与监督，确保工程顺利实施和沿线文物得到妥善保护。2014年5月19日，对配套工程团城湖调节池工程第三阶段考古发掘工作量进行验收确认，共发掘古代墓葬8座，发掘面积共计120m²。

（王贤慧）

## 河北省文物保护工作

2014年河北省文物局继续做好南水北调工程相关文物保护工作。

一是组织编印出版了《常山郡故城南城墓地发掘报告》《徐水东黑山遗址发掘报告》和《石家庄元氏、鹿泉古墓葬发掘报告》。

二是结合“第一次全国可移动文物普查”工作，对省文物保护中心库房保管的南水北调发掘文物进行了普查登记。

（贾志忠）

## 河南省文物保护工作

2014年，河南省南水北调中线工程的文物保护的工作重心由田野考古发掘正式转变为项目后期管理。河南省南水北调文物保护工作完成多个项目的验收与资料移交工作，完成南水北调中线工程河南段文物保护成果展的筹备工作，完成3本专著的出版工作，完成部分南水北调出土文物的可移动文物普查工作。2014年加强南水北调文物保护工作的宣传，南水北调文物保护工作得到社会公众的肯定。

（一）文物展览筹备工作

南水北调中线工程文物保护成果展是2014年河南省南水北调文物保护工作的重点。为办好这次展览，河南省文物局先后到河南省文物考古研究院、郑州文物考古研究院、南阳市考古所等20余家考古发掘与文物暂存单位精心挑选展品。共挑选相关文物4000余件，并组织安阳博物馆工作人员完成入库建档工作。2014年4～8月，相继完成陈列大纲编写、招投标工作。11月，展览的形式设计、布展工作全部完成。11月19日正式开展，此次展览共展出各类文物近4000件，种类包括骨器、石器、蚌器、角器、青铜器、陶器、瓷器、金银器、玉器、铜镜、陶俑、墓志等。器形多种多样，年代序列完整，包含了从旧石器时代、新石器时代、夏商周至清代各个时期的文物。通过大量精美文物的展览，不仅向社会各界展示南水北调中线工程文物保护工作的丰硕成果，而且使观众直观的感受到南水北调文物保护工作的重要性和必要性，取得良好的社会反响。

（二）文物研究出版工作

出版河南省文物局编撰的《南水北调出土文物集萃（二）——墓志拓片精选》，首次印刷600册，2014年9月，加印500册。书中收录东魏、北齐、隋、唐、北宋、明、清时期的墓志，具有较高的史料价值和书法艺术价值，也是南水北调文物保护工作又一重要研究成果。

出版辉县博物馆编写的《辉县汉墓（一）》和秦始皇帝陵博物院编写的《平顶山黑庙墓地》。至此，河南省南水北调中线工程文物保护项目已出版14部考古发掘报告。《荥阳官庄遗址》《禹州新峰墓地》稿件已交付出版社，即将出版。

（三）文物后期管理工作

草拟《南水北调中线工程总干渠文物保护自验报告》，在南水北调中线工程干渠正式通水前进行省内自验。

南水北调文物整理基地的安防体系建成完善并投入使用。郑州大学历史学院沟湾遗址和官庄遗址已经在整理基地展开整理和修复工作。

组织人员对郑州大学发掘的可移动文物进行普查，已经完成部分文物的登记建档和摄影工作。

加强后期管理工作。先后到驻马店市文物考古管理所、许昌文物工作队等单位督促其加快室内整理和文物修复进度。完成许昌文物工作队曹庄遗址、十王墓地，武汉大学简营遗址，郑州大学史营遗址、大庄东南遗址、社科院考古所路固村墓地等12处文物保护项目考古发掘资料的移交和建档工作。

（四）文物宣传工作

配合中央电视台、北京电视台等多家媒体完成对南水北调文物保护工作的报道。由中央电视台录制的大型纪录片《水脉》已经于中央一套和十套播出，社会反响良好。《大河报—厚重河南》连续多期报道河南省南水北调文物保护成果，并于报道完成之后，集结成书，出版发行。央视新闻频道《新闻直播间》于10月30日播出《南水北调文物展10万余件文物将参展》《南水北调文物展10年发掘330处文物点》两个专题。

2014年，坚持“保护为主，抢救第一，合理利用，加强管理”的文物工作方针，加强对南水北调文物保护项目的后期管理工作，督促相关单位加快工作进度，保质保量完成文物保护工作，完成全年工作预定目标。

（靳文娟）

## 湖北省文物保护工作

（一）概述

（1）督办工作。湖北省南水北调工程文

物保护工作于2013年通过国家文物局、国务院南水北调办组织的蓄水性验收后，为进一步加快推进地面搬迁保护文物复建，省文物局加强了检查督办，一是通过月报的形式，进一步了解、督促南水北调地面文物保护工作进度；二是于2014年11月由省文物局副局长王风竹率队检查丹江口库区地面文物保护工作，先后检查了张湾区黄龙民居、丹江口浪河老街、郧阳府学宫，听取了有关文物保护工作汇报，现场研究下一步工作要点。

（2）大成殿复建工程。大成殿是郧阳府学宫文庙建筑群的主体建筑，供奉孔子及其弟子，以及历朝贤人的地方。南水北调工程以来，省文物局高度重视大成殿保护工作，先后多次召开现场会研究复建选址、方案设计、投资概算等问题，为大成殿复建工程的顺利实施奠定了坚实基础。复建工程自2013年10月启动后，湖北省文物局于2014年6月组织省文管会、省古建筑保护中心等单位的专家赴复建现场检查指导，为工程实施过程中存在的问题指明了方向。2014年11月，省文物局组织省古建筑保护中心、三峡工程库区文物管理中心等单位的专家，对大成殿复建工程进行验收。

（二）兴隆枢纽文物保护

根据国务院南水北调办的批复，兴隆水利枢纽工程涉及文物点6处，其中遗址4处，墓地2处，考古勘探面积共1.7万$m^3$，考古发掘面积共计0.72万$m^3$。

2009年以来，湖北省文物局积极组织开展汉江中下游四项治理工程文物保护，组织队伍对兴隆水利枢纽工程考古发掘项目进行考古发掘，具体实施情况是：一是组织荆门市博物馆对沙洋县新城遗址进行抢救发掘，完成考古发掘面积5000$m^3$；二是组织潜江市博物馆对老码头遗址、袁家台遗址进行抢救发掘，因汉水侵蚀和2004年修路取土导致遗址破坏，结合发掘单位的申请，经专家组评审、监理单位同意后，合并调项到沙洋县钟桥遗址，完成考古发掘面积1200$m^3$；三是滩田遗址、松家岭遗址和墓地、同兴墓地3处文物点，因位于汉江河道涉及汉江大堤堤岸保护（考古勘探的探孔和考古发掘影响堤防安全），且考虑到文物遗存现已破坏殆尽，根据国家文物局《南水北调东、中线一期工程文物保护管理办法》（文物保发〔2008〕8号）的规定，经专家论证后对3处文物点的工作量（共1000$m^3$）进行了调项，安排到引江济汉工程新发现的文物点实施抢救保护。目前，上述工作量已全部完成。

根据国务院南水北调办《南水北调干线工程征迁安置验收办法》（国调办征地〔2010〕19号）、《关于南水北调干线工程征迁安置专项验收有关事项通知》（综征移〔2013〕112）号）及《湖北省南水北调汉江中下游治理工程征地拆迁安置验收实施细则》《南水北调兴隆水利枢纽征迁安置省级验收工作大纲》，2014年12月7～9日，湖北省南水北调办组织召开南水北调中线汉江兴隆水利枢纽征迁安置省级验收会议。湖北省南水北调办、省国土资源厅、省文物局等相关部门和荆门市、天门市、潜江市、沙洋县、钟祥市等工程涉及单位参加会议。会议成立了验收委员会。根据会议安排，就兴隆水利枢纽工程文物保护工作进行了汇报，经验收委员会质询，形成南水北调中线汉江兴隆水利枢纽征迁安置省级验收意见书，文物保护工作全部完成并通过验收。

（三）文物成果出版工作

根据南水北调工程各考古发掘项目协议书，督办各考古发掘项目考古报告（简报）的编写进度，并积极组织出版报告（集），2014年全年完成《湖北南水北调工程考古报告集》（第三、四、五）3本报告集的印刷出版，累计已出版13本成果专著。此外，《湖北南水北调工程考古报告集》（第六卷）、《武当山柳树沟墓群》《武当山遇真宫》《沙洋县塌冢楚墓》等一批考古报告即将印刷出版。

（杜　杰）

# 对口协作

## 北京市对口协作工作

2014年是北京市南水北调对口协作工作的启动之年，北京市领导高度重视，多次强调“要按照中央的要求和部署，认真组织实施好对口协作工作”，并狠抓建章立制等根本性工作，健全工作机制、出台对口协作实施方案和规划，协调相关委办局做好交往交流，大力推动区县结对工作对接，形成科技、教育、文化、卫生、产业、人才等多领域、多层次、全方位对口协作格局。

北京市南水北调办作为市南水北调对口协作领导小组副组长单位配合市支援合作办推进相关工作，重点在涉水事务方面开展工作。

（一）制定对口协作方案、规划

2014年1月24日，北京市南水北调对口协作2014年度部门统筹类项目计划编制工作会在北京市对口支援和经济合作工作领导小组办公室（以下简称北京市支援合作办）召开，北京市委组织部、市教委、市科委、市人力社保局、市水务局、市南水北调办等市委市政府相关部门参加会议。会议首先介绍了《北京市南水北调对口协作规划》编制工作进展情况，并就2014年北京市南水北调对口协作工作面临的形势和任务进行了分析。会议就各部门报送的2014年度南水北调对口协作部门统筹类项目内容、资金需求、进度安排一一进行了分析讨论。会议指出，2014年是南水北调中线正式通水年，各部门要充分认识南水北调对口协作工作的重大意义，认真做好南水北调对口协作相关前期工作，要根据本次会议精神，进一步完善整合项目内容，提高项目的针对性和可行性，并科学编制项目预算，提高资金使用的科学性和有效性。

2014年3月20日，北京市委书记郭金龙在北京市委第三会议室，主持召开了北京市对口支援和经济合作工作领导小组会议，听取了北京市支援合作办关于北京市南水北调对口协作工作实施方案和规划编制情况的汇报。王安顺、李士祥、陈刚、姜志刚出席会议并讲话，郭金龙作了总结讲话。会议原则同意了北京市支援合作办关于北京市南水北调对口协作工作实施方案和规划，要求结合工作实际，认真抓好组织实施。会议指出，习近平总书记在视察北京时强调，北京各方面工作都具有代表性和指向性，要求我们要有担当精神，勇于开拓，把北京的事情办好，努力为全国起到表率作用。做好对口支援、南水北调对口协作工作，也要按照这样的要求，以首善标准，高质量高水平地完成好任务。会议结束后，北京市正式印发了《北京市南水北调对口协作工作实施方案》及《北京市南水北调对口协作规划》，确定了由本市所属的16个区（县）与对口协作的两省16个县（市、区）建立“一对一”的协作关系，结对开展对口协作工作：朝阳区-淅川县，顺义区-西峡县，西城区-邓州市，延庆县-内乡县，怀柔区-卢氏县，昌平区-栾川县，海淀区-丹江口市，大兴区-茅箭区，东城区-郧县，丰台区-张湾区，房山区-房县，石景山区-竹山县，密云县-竹溪县，平谷区-郧西县，通州区-武当山特区，门头沟区-神农架林区，并就对口协作工作的总体要求、主要任务、资金管理、项目管理、部门职责、保障措施等提出了明确要求。

2014年4月11日，北京市委市政府理论中心组学习（扩大）会议召开，套开了南水北调对口协作启动会。国务院南水北调办主任鄂竟平详细介绍了南水北调工程建设情况，

北京市委书记郭金龙在会上作了对口协作工作动员。郭金龙指出，流向北京的这一泓清水，饱含着水源地及沿线人民支援首都、顾全大局的无私贡献，我们要怀着感恩之心，扎扎实实做好北京工作，回馈中央的亲切关怀，回馈水源地人民的深情厚谊。强调要广泛宣传水源区人民的奉献精神和工程建设者的先进事迹，弘扬民族精神，传播正能量；要认真落实南水北调对口协作各项任务，把任务分解到年度，细化到具体项目；要发挥首都优势，围绕“保水质、强民生、促转型”，充分激发各种要素的活力，积极参与水源区的协作发展。

2014年4月15日，北京市支援合作办、南水北调办共同组织召开北京市南水北调对口协作区县工作会议，对北京市南水北调对口协作工作在组织机构成立、资金筹集、区县对接、协作项目开展以及通水宣传等方面的工作进行了布置，北京市全面启动南水北调对口协作工作。

（二）编制年度项目计划

在北京市支援合作办、市南水北调办和水源区地方政府多次对接调研和协调沟通的基础上，2014年度对口协作项目计划编制完成，全年共安排对口协作项目152个，资金5亿元，涉及生态农业、文化旅游、人才交流、科技合作、经贸交流、生态环保、教育卫生等领域。按类别分，援助项目类80个，资金4.41亿元；合作项目类72个，资金0.59亿元。按地域分，河南84个项目，援助项目援助资金22 370万元，合作项目援助资金2630万元；湖北68个项目，援助项目援助资金21 700万元，合作项目援助资金3300万元。

（三）产业合作

2014年北京市积极推进产业合作交流，并取得一定成绩。5月，北京市经信委根据受援地产业需求，带领北汽福田、北京现代等汽车零部件企业赴南阳考察调研，并与南阳签订了《南水北调产业项目对口协作合作框架协议》。6月，北京碧水源科技股份有限公司、北京排水集团与十堰签订污水处理厂和垃圾处理厂运营和改造升级协议；“武当珍品汇”北京首家品牌店落户北京市朝阳区左家庄北里58号Master领寓大厦。7月，“淘宝·特色中国·十堰馆”项目启动。8月，中关村电子商务与现代物流产业联盟十堰分会揭牌运作；“万名北京市民游南阳暨水源地号列车首发活动”启动和“饮水思源·感恩之旅北京至十堰旅游专列推介会”等各项旅游推介宣传活动举行。9月，京能十堰热电联产项目投资协议签定，工程投资39.6亿元。11月，北京市农委组织涉农企业赴十堰市考察调研农业产业化发展经营情况，实地查看武当道茶、渔业、柑橘等重点特色产业基地，寻找合作商机。

（四）专项协作

2014年10月11～14日，北京市人民代表大会常务委员会主任、党组书记杜德印率部分全国人民代表大会北京团代表，在北京、湖北两地实地调研南水北调中线工程建设情况。18位代表参加了调研活动。调研中，代表们分别听取了国务院南水北调办、北京市南水北调办负责同志关于南水北调工作情况的汇报，听取了湖北省、十堰市政府、水利部长江委负责同志关于南水北调工程建设、水资源保护、移民安置情况的汇报；实地考察了南水北调中线建设工程、水源区相关工业产业、移民安置点等。代表们提出，在国务院统筹下，有关部门要尽快建立水源保护和输送补偿机制，使保水送水人权益得到保障；进一步加大北京对十堰转型发展的支持力度，在资金、人才、信息、物流等各方面加强合作。

11月18～24日，北京市邀请南水北调中线移民代表、移民干部和工程建设者共计200人到北京观摩。代表团一行参观了天安门广场、故宫、八达岭长城、APEC会场等历史人文古迹和文化体育设施，团城湖调节池和明渠广场等南水北调工程以及首都博物馆举办的南水北调中线工程展（文化篇/建设篇）

等，观看了南水北调题材电影《天河》。

2014年全年，北京市共选派25名干部，其中选派12名干部到河南6县（市）及有关地级市挂职1年，选派13名干部到十堰9县（市、区）及神农架林区挂职1年；河南选派20名干部、湖北选派22名干部到北京市相关部门及区县挂职。北京市教委开启两地在教育数字化优质资源共享服务、学校手拉手结对等交流协作，安排区县学校结对，开展教师挂职锻炼工作，加强优质教育资源共享，增强教育教学研究、学校管理交流合作，提高教育教学水平。北京市卫计委带领北京市20名专家开展了“思源十堰行”活动，共诊治患者165人次，开展手术35台，专题讲座23次，召开各种座谈会16次，拟订重点科室帮扶协议5个，合作课题2项。全年北京组织针对河南、湖北两省的对口协作培训班6期，共278人在京参加培训，内容涉及教育、卫生、旅游、水利工程管理、水资源保护等领域。北京市还多次组织北京媒体深入水源区宣传南水北调移民奉献精神和地方政府为保一库清水北送作出的积极努力，组织近百名艺术家到水源区进行了慰问演出，并组织当地管理部门、旅游企业参加“北京国际旅游博览会”、“北京国际文化创意产业博览会”和“北京国际旅游商品博览会”等大型展会活动，利用《旅游》杂志等免费宣传南水北调对口协作地区旅游资源。组织开展了“北京专家十堰行活动”，举办北京与十堰劳务对接活动，44人与北京单位达成工作意向。

（周克武　王　飞）

## 天津市对口协作工作

经天津市政府批准同意，2014年12月15日，天津市对口支援工作领导小组印发《天津市对口协作丹江口库区上游地区工作实施方案》（津援发〔2014〕2号），提出对口协作丹江口库区上游地区工作的指导思想和工作目标，明确科学编制对口协作规划、统筹管理对口协作项目、及时拨付对口协作资金、加大对口协作工作支持、加强人才交流与培训、加大产业支持力度等七项重点任务，提出了完善对口协作工作协调机制、完善对口协作资金项目管理制度、建立专业人才交流与培训机制、宣传、鼓励、引导全社会共同参与对口协作工作4条保障措施。

（陈绍强）

## 河南省对口协作工作

依据《北京市南水北调对口协作规划》和《北京市南水北调对口协作工作实施方案》等有关文件要求，2014年10月，河南省南水北调中线系统相关市县的业务骨干参加由北京市南水北调办主办、北京市水利水电学校承办的京鄂、京豫南水北调“水资源保护与利用”专题培训班。培训内容充实完善，形式丰富多样，主要是北京市南水北调工程建设情况、工程调水运行管理，北京市南水北调配套工程建设情况、供水安全、防洪安全等相关知识，现场实地学习考察北京市南水北调惠南庄泵站、大宁调节池、团城湖调节池、密云水库和九级泵站等水利工程项目。其间北京市永定河“五湖一线”河道总设计师、北京市水利规划设计研究院副总工程师邓卓智到现场进行教学。通过现场教学，了解北京清洁小流域治理的方法、理念，对“三道防线”有了直观的真实认识；对北京生态治河有了深刻理解，并学习了先进的治理技术和理念，对以后的工作起到促进作用。

（靳文娟）

## 湖北省对口协作工作

2014年，湖北省南水北调办会同湖北省发展改革委多次与北京市南水北调办、支援合作

办座谈，围绕“突出产业、突出区县、突出保水质，兼顾培训项目”原则，编制了湖北省2014对口协作年度项目计划，本年度安排湖北省丹江口库区协作总项目68个，援助资金25 000万元。目前，已取得的初步成效。

（一）区县对接工作

截至2014年底，库区各县（市、区）与北京市相关区县已签订合作协议，明确了“1+4”（一家医院、一所职业学校、一所中学、一个工业园区）的结对关系。

（二）市场对接工作

（1）加强与中关村战略合作，共同建设十堰市中关村科技成果产业化基地。各县市区共对接项目49个，已签约项目30个，已落地项目11个。

（2）北京排水集团等企业积极参与库区水污染防治和生态工程建设，推进新型环保产业发展。

（3）华能热电十堰项目正式启动。

（4）北京故宫博物院与武当山结成姊妹联盟。

（5）武当珍品汇等一批绿色食品进入北京各大超市。

（三）人才交流工作

2014年，北京专家十堰行活动成功举办，库区21名干部到北京挂职和北京13名干部来库区挂职已全部到位。

（徐中品）

## 陕西省对口协作工作

开展区域共治，津陕对口协作正式启动。2013年陕西省和天津市确定南水北调对口协作关系后，经双方共同努力，2014年，津陕《对口协作规划》和《对口协作工作实施方案》已经批复实施，确定了对口协作资金规模和重点协作领域。2014年，天津市落实对口协作资金2.1亿元，支持了陕南三市70个项目建设。

（袁若国）

CHINA SOUTH-TO-NORTH WATER DIVERSION PROJECT CONSTRUCTION YEARBOOK

# 拾壹 西线工程

THE WESTERN ROUTE PROJECT
OF THE SNWDP

# 综　述

## 概　述

2014年，南水北调西线工程前期工作主要开展了西线第一期工程若干重要专题补充研究（简称专题补充研究），专用水文站的延续观测及资料整编工作，并与西线调水有关的省（区）进行了沟通交流。

2014年1月、2月，水利部副部长矫勇两次听取西线工作进展情况汇报，要求下步工作应针对社会各界关注的问题，以工程建设必要性、调水工程方案优化、调水影响及补偿措施等为重点进行深化研究。2月12日，黄河水利委员会（简称黄委会）主任陈小江到黄河勘测规划设计有限公司（简称黄河设计公司）调研，听取南水北调西线第一期工程等重点项目前期工作进展情况，要求黄河设计公司根据两次西线汇报会水利部的要求，做好南水北调西线第一期工程专题补充研究的工作。5月16日，水利部下达2014年第一批中央预算内水利前期工作投资计划，安排了南水北调西线第一期工程前期工作补充研究的经费。黄委会组织黄河设计公司先后完成《南水北调西线一期工程新形势下黄河水资源供需分析等专题任务书》和《南水北调西线第一期工程若干重要专题补充研究工作大纲》，工作大纲经过黄委会初审、水利部专家咨询，报水利部，全面启动了专题补充研究工作。黄河设计公司充实了西线办班子，调整加强了西线项目组的技术力量，制定了年度工作实施方案，下达工作任务，明确工作方式，并进行工作分工，6个专题分别成立的专题研究项目组。2014年11月2～13日，专题补充研究项目组织两个查勘队对西线第一期工程受水区进行了现场查勘，收集有关专业基本资料，并分别向黄河上中游六省（区）汇报西线工作，听取省（区）意见。

2014年还与两个委托单位续签了三个专用水文站水文观测合同，继续6个专用水文站的水文观测及资料整编。7月15日，四川省社科院“我国流域经济与政区经济协调发展研究”课题组一行到黄委会，调研南水北调西线工程前期工作情况，黄河设计公司汇报西线工作，听取意见和建议。9月22日，青海省政协邀请水利部调水局和黄河设计公司参加青海省重点提案办理协商座谈会，商议讨论“关于积极争取国家启动南水北调西线工程的提案”。

（崔　荃　张　玫）

# 前 期 工 作 进 展

## 南水北调西线第一期工程若干重要专题补充研究

2014年5月16日，水利部《关于下达2014年第一批中央预算内水利前期工作投资计划的通知》（水规计〔2014〕162号），安排南水北调西线第一期工程前期工作专题补充研究经费，黄委会组织黄河设计公司编制了西线第一期工程前期工作专题补充研究工作的任务书。

2014年5月27日，黄河设计公司《关于

报送南水北调西线第一期工程新形势下黄河水资源供需分析等专题任务书的函》（黄设生管便〔2014〕29号）报黄委会。黄委会请示水利部后，黄河设计公司在任务书的基础上编制了《南水北调西线第一期工程若干重要专题补充研究工作大纲》。

2014年7月29～30日，黄委会规计局组织专家对《南水北调西线第一期工程若干重要专题补充研究工作大纲》进行初审。9月28日，水利部组织专家对《南水北调西线第一期工程若干重要专题补充研究工作大纲》进行了咨询。

2014年8月13日上午，黄委会主任陈小江到黄河设计公司调研南水北调西线前期工作，强调要贯彻习近平总书记关于保障水安全重要讲话精神，加强力量、精心组织、创新研究思路和方法，全力以赴、持之以恒地推进西线前期工作。10月11日黄河设计公司召开西线项目工作会，调配业务骨干充实西线项目，部署南水北调西线第一期工程若干重要专题补充研究工作。10月31日，水利部调水局到黄河设计公司，对西线第一期工程重要专题补充研究工作进行检查，就面临的形势、专题研究的内容、工作重点、工作方式、提交成果等方面进行了讨论和交流。

2014年11月2～13日，基于南水北调西线第一期工程若干重要专题补充研究基本资料的需求，水利部调水局、黄河设计公司和合作单位中国水利水电科学研究院组成两个查勘队，对黄河上中游六省（区）的重点灌区、产业园区及石羊河流域等进行了现场查勘，并收集有关社会发展、经济技术等专业基本资料。

（崔　荃　张　玫）

# 重点研究项目

## 南水北调西线第一期工程若干重要专题补充研究工作大纲

2014年5月，黄委会组织黄河设计公司编制了《南水北调西线第一期工程若干重要专题补充研究工作大纲》，根据初审、咨询意见和专家的建议进行了修改后，又组织专家反复讨论，不断补充完善，经向水利部汇报请示，11月，形成指导专题补充研究工作的《南水北调西线第一期工程若干重要专题补充研究工作大纲》。工作大纲约4万字，由六个独立的专题大纲集成。

六个专题分别是：黄河上中游地区节水潜力研究；新形势下黄河流域水资源供需分析；调入水量配置方案细化研究；调水对水力发电影响研究；对调水河流生态环境影响研究；对调水河流水资源开发利用影响研究。

每个专题大纲由以下五个方面组成：必要性、研究现状及存在的主要问题、研究目标任务和技术路线、主要工作内容、项目分工和进度安排。专题研究以2012年为现状基准年，2030年为研究水平年，报告最终稿完成时间为2015年10月、12月，项目负责单位为黄河设计公司，参与单位有中国科学院植物所、中国水科院、清华大学、武汉大学、青海省、甘肃省、宁夏回族自治区、内蒙古自治区、陕西省和山西省的相关单位等。

（崔　荃　张　玫）

## 南水北调西线第一期工程水文观测和岩芯库管理任务书

为开展南水北调西线第一期工程前期工作的需要，黄委会在调水河流雅砻江、大渡河干支流设立了六座专用水文站；依托西线前期工作基地，在调水线路沿线设置了三座地质岩芯库。2014 年以前，西线专用水文站的测验费及岩芯库的管理费均在南水北调西线工程前期工作经费中列支，为使列支的项目及途径更为合理，2014 年 12 月，黄委会组织黄河设计公司编制了《南水北调西线第一期工程水文观测和岩芯库管理任务书》。任务书约 1.2 万字，由以下七个方面组成：项目名称、立项理由、水文观测概况和存在的问题、岩芯库管理概况和存在的问题、主要工作内容、工作周期、工作经费。专用水文站水文测验的任务主要有：水位、流量、降水量、蒸发、泥沙、冰清及测验设施设备的维护。岩芯库管理的主要内容是：库房每年的简单维修、保管、水电费及维护人员工资。按每三年一个工作周期申报、给付工作经费，本任务书申报了 2015 年 1 月至 2017 年 12 月工作周期的经费。12 月 18 日，水利部水利水电规划设计总院在北京组织专家对《南水北调西线第一期工程水文观测和岩芯库管理任务书》进行了审查。黄委会根据审查意见对任务书进行了修改完善，12 月 24 日，以黄规计〔2014〕497 号《黄委会关于南水北调西线工程水文观测和岩芯库管理任务书的请示》报水利部。

（崔　荃）

## 若干重要专题补充研究项目组到西线工程受水区查勘调研

根据若干重要专题补充研究项目计划和研究工作的需要，为掌握黄河上中游地区节水现状，了解新形势下用水需求，细化调入水量配置方案，2014 年 11 月 2～14 日，黄河设计公司“黄河上中游地区节水潜力研究”“新形势下黄河流域水资源供需分析”“调入水量配置方案细化研究”三个专题项目组的成员，与水利部调水局和合作研究单位水利水电科学研究院有关人员组成两个查勘队，赴黄河上中游青海、甘肃、宁夏、内蒙古、陕西和山西等省（区）查勘调研，历时半个月，行程约 1 万多公里。

查勘队到每个省（区）先召开由水利、发改、能源、住建、农牧、林业、环保、统计等部门参加的西线工作座谈会，介绍西线工作进展及调研任务，了解省（区）重点用水行业节水现状及潜力以及未来水资源供需形势，征求对西线调水的意见与建议，并收集相关资料。在农业方面，实地查勘了青铜峡、河套、鄂尔多斯黄河南岸、宝鸡峡、景电、红寺堡、东雷等灌区及杨凌高新农业示范区、吴忠市孙家滩高效节水示范区、武威市高效节水示范区、太原市清徐县小武村节水灌溉工程、中国灌溉试验宁夏中心站等。还深入基层水管所与田间地头，与工作人员及农户交流，听取常规节水、高新节水实施情况及节水增产效果汇报，了解灌溉引退水、用水习惯、节水经验、水权转让与水价政策等情况，征询节水措施推广的影响因素等，收集灌区发展及节水资料。在工业方面，实地查勘了太原不锈钢产业园区、准格尔旗大路工业园区、阿拉善工业园区、宁东能源基地、兰州新区等，调研园区现状及供水工程情况，了解园区发展规划及未来缺水形势，收集城市、园区发展现状及规划资料。通过查勘调研，建立了与各省（区）的联系，了解了黄河上中游六省（区）对西线工程的需求，收集了大量基本资料。

（崔　荃　杨立彬）

# 重要会议

## 南水北调西线第一期工程若干重要专题补充研究工作大纲初审会

2014年7月29～30日，黄委会规计局召开《南水北调西线第一期工程若干重要专题补充研究工作大纲》初审会。参加会议的有特邀专家和黄委会总工办、规计局和水调局等部门的领导，会议由黄委会副总工李文家主持。会议听取了编制单位黄河设计公司关于《工作大纲》的汇报，并就专题设置的必要性、工作内容、研究方法、工作重点等进行了认真讨论。专家和领导们一致认为，黄河流域节水潜力分析、黄河流域水资源供需形势分析两个专题事关西线工程建设的必要性，应作为研究重点。尤其是黄河流域节水潜力分析专题更为关键，应作为重中之重开展深入分析论证。专家和领导建议对四个专题研究现状和存在问题、工作思路、研究目标任务等做进一步梳理补充后，抓紧完善工作大纲，尽快上报水利部。

（崔　荃　张　玫）

## 南水北调西线第一期工程若干重要专题补充研究工作大纲专家咨询会

2014年9月28日，水利部在北京召开《南水北调西线第一期工程若干重要专题补充研究工作大纲》（以下简称《工作大纲》）咨询会。参加会议的有特邀专家和水利部规计司、水资源司、南水北调规划设计管理局，水利部水利水电规划设计总院、长江水利委员会、黄河水利委员会等单位的领导和代表，会议由水利部原总工高安泽主持。会议听取了编制单位黄河设计公司对《工作大纲》主要内容的汇报，并就专题设置的必要性、研究目标和任务、技术路线、主要工作内容、组织形式、进度安排等方面进行了认真讨论。专家们一致认为，《工作大纲》指导思想正确，专题研究目标明确，内容全面，技术路线较为合理，符合对南水北调西线调水必要性进行深化论证的要求，报送的《工作大纲》经修改和完善后，可作为开展相关论证工作的依据。同时部分专家和领导建议要充分利用流域相关规划的成果，对不同节水水平进行技术经济综合比较，兼顾调水区的经济社会发展，适当调整规划水平年等。

（崔　荃　张　玫）

## 南水北调西线工程水文观测和岩芯库管理任务书审查会

2014年12月18日，水利部水利水电规划设计总院在北京召开审查会，对黄委会编制的《南水北调西线工程水文观测和岩芯库管理任务书》进行了审查。会议由水利部水利水电规划设计总院副总经济师吴允平主持，参加会议的有水利部水利水电规划设计总院、黄委会等单位领导和专家。会议听取了编制单位黄河设计公司关于任务书内容的汇报，专家和代表就项目的立项缘由、基本情况、主要工作内容、工作经费等进行了充分讨论，同时针对项目任务书存在的问题提出了修改意见和建议。

（崔　荃）

# 其　他

## 组织考察南水北调西线工程

2014年7月12～22日，水利部调水局与黄河设计公司组成考察组，赴西线工程调水区了解有关情况，并重点对通天河、雅砻江调水河流及引水线路进行实地考察。考察组按照西线工程规划的三期引水线路，自上而下分别考察了通天河侧仿坝址及金沙江段线路区，雅砻江干流及热巴坝址，还考察了引水线路沿线的自然及经济社会发展概况。考察组专程到正在建设的雅砻江两河口水库，与两河口水库建管局、四川省雅江县有关等相关单位进行座谈，了解水库少数民族移民及宗教实施处理的有关措施。8月7日，考察组一行在北京召开西线考察座谈会，讨论调研报告并安排布置下步工作。

（崔　荃　杨立彬）

## 调研南水北调西线前期工作

2014年8月13日，黄委会主任陈小江到黄河设计公司调研南水北调西线前期工作，听取了南水北调西线重大专题补充研究进展及西线项目运作管理等情况汇报，并进行了座谈。

陈小江指出，当前国家经济社会发展形势变化很快，社会各界对西线工作关注度很高，特别是习近平总书记关于保障水安全的重要讲话，对西线研究论证具有重大指导意义，同时也给我们提出了新的更高的要求。强调下一步要从四个方面抓好西线研究论证工作：一要加强项目组织，投入精兵强将。要树立“功成不必在我”的担当思想，有责任、有义务，全力以赴、持之以恒推进西线前期工作。二要精心组织，倒排工期，抓紧抓实，切实保证工作进度和成果质量。三要创新研究的思路和方法。要树立开放思维，加强集成创新，注意吸取国内外相关工程研究论证及建设运行中的经验和教训，使西线研究论证成果更加科学、严谨，更具说服力。同时，西线论证研究要从技术层面和制度层面着眼发力。四要加强人才培养，确保后继有人。坚持出成果、出人才并重，把培养人才纳入到西线工作当中，通过培养人才促进成果深化。

（崔　荃　张　玫）

## 与南水北调西线工程有关省（区）沟通协调

2014年7月15日，四川省社科院“我国流域经济与政区经济协调发展研究”课题调研组一行到黄委会，调研南水北调西线工程前期工作情况。调研组由四川省社科院著名经济学家林凌教授、四川社科院西部大开发研究中心秘书长刘世庆研究员带队。听取了西线项目办关于南水北调西线工程工作进展情况的汇报，进行了交流讨论。调研组认为近年来黄委会围绕西线工程开展了大量丰富细致的工作，工程方案和研究理念有所调整，尤其是调水区、受水区共同发展、共同富裕的观念非常重要。西线工程位于青藏高原少数民族地区，工程建设条件、调水的社会和环境影响等方面有很多特殊性，建议深化工程建设可行性的分析，进一步加强社会关注的、敏感问题的研究论证。

2014年9月22日，青海省政协主席仁青加在西宁主持召开青海省重点提案办理协商座谈会，出席会议的有青海省政协副主席陈资全、罗朝阳，省政府副省长严金海、副秘

书长张文华，青海省政协副秘书长张周平等5位提案者，水利部调水局和黄河设计公司有关负责同志参加了会议。农工党青海省委在2014年1月召开的政协青海省第十一届委员会第二次会议上，提出“关于积极争取国家启动南水北调西线工程的提案”，青海省政府高度重视，列为年度重点提案办理。会上，张周平介绍了提案的主要内容，提案建议联合西北各省区建立西线工程协调联动机制、积极参与国家有关部委开展的前期调研、着手开展受水区用水规划研究，青海省发改委负责同志汇报了南水北调西线工程情况，青海省水利厅负责同志汇报了提案办理情况，黄委会总工汇报了西线前期工作进展及主要研究成果。仁青加作了总结讲话，指出提案双方进行了深入交流，有利于统一认识，提高提案质量；对西线工程工作情况有了进一步了解，可为促进西线工作提出更有价值的意见和建议。建议下步开展四个方面的工作：一是继续研究西线前期工作中的重大问题，制定可操作的工作方案，加大技术研究的投入，并建立省（区）协调联动机制；二是希望水利部继续支持和促进西线工程工作；三是发挥好政协的作用，拟邀请全国政协开展调研，西北几个省区政协联合呼吁；四是希望各民主党派共同关注西线工程，联合西部省区积极向中央提出建议。

（崔　荃　张　玫）

## 水文观测工作

2014年四川省水文水资源勘测局继续在达曲东谷、阿柯河安斗，青海省水文水资源勘测局继续在玛柯河班玛等专用水文站进行水文测验、资料整编工作。黄委会上游水文水资源勘测局继续在雅砻江温波专用水文站、泥曲泥柯、杜柯河壤塘专用水文站进行水文观测、资料整编工作。黄河设计公司对观测承担单位提交的2014年水文整编资料进行了验收、归档。黄河设计公司与青海省水文水资源勘测局签订玛柯河班玛专用水文站2014～2017年水文观测合同。与四川省水文水资源勘测局签订达曲东谷专用水文站、阿柯河安斗专用水文站2014～2017年水文观测合同。

（崔　荃　张　玫）

CHINA SOUTH-TO-NORTH WATER DIVERSION PROJECT CONSTRUCTION YEARBOOK

# 拾贰 配套工程

# THE MATCHING PROJECTS

# 北京市

## 概述

2014年以"围绕水量抓进度、围绕水质抓安全、围绕安全抓管理"为核心，坚持"建设与管理并重、运行与保护并行"的原则，加强统筹协调，细化监管措施，扎实推进配套工程建设和前期工作，各项工作进展顺利。

截至2014年9月底，参与接水的首批南水北调配套工程项目均按期具备接水条件，部分项目提前发挥效益。其中，大宁调蓄水库蓄水1100万$m^3$；团城湖调节池蓄水160万$m^3$；团城湖－第九水厂输水管线（一期）、南干渠工程具备通水条件；自来水三厂、九厂、田村山水厂、郭公庄水厂、城子水厂和长辛店第一水厂具备290.8万$m^3/d$的接水能力，郭公庄水厂每天可供水50万$m^3$，初期10万$m^3/d$。

（巢　坚）

## 前期工作

（一）配套工程项目前期工作

截至2014年底，北京市南水北调配套工程完成大宁调蓄水库工程、南干渠工程、东干渠工程、团城湖调节池工程、东水西调改造工程、南水北调来水调入密云水库调蓄工程、通州支线工程、智能调水管理系统、郭公庄水厂、城子水厂、第十水厂、通州水厂、黄村水厂、良乡水厂14项工程立项审批工作。

其他配套工程前期工作加快推进，包括输水工程2项、新建及改造水厂工程5项。其中，团城湖至第九水厂（二期）工程项目建议书（代可研报告）北京市发展改革委正委托评审单位进行评估；亦庄水厂、门城水厂、石景山水厂等工程正进一步补充完善项目建议书（代可研报告）；河西支线、长辛店第二水厂正在对规划方案进行专家论证，已启动项目建议书（代可研报告）编制。

1. 团城湖至第九水厂输水工程（二期）

该工程是《北京市南水北调配套工程总体规划》中的重要组成部分，是实现外调水和本地水联合调度，保证北京市主力水厂具备双水源供水的重要条件，对于保障首都供水安全和支撑可持续发展具有重要意义。工程起点团城湖调节池，终点龙背村闸站，输水规模正向28.3$m^3/s$，反向18.3$m^3/s$，工程隧洞总长约4km。

2014年编制了《北京市南水北调配套工程团城湖至第九水厂输水工程（二期）项目建议书（代可行性研究报告）》，完成了专家审查并按专家审查意见对报告进行修改完善；编制了环境影响评价报告、水影响评价报告并完成专家审查；编制了防洪影响评价报告。

2. 河西支线工程

该工程主要为长辛店第一水厂、规划长辛店第三水厂、规划门城水厂、规划首钢水厂供水，同时为城子水厂提供备用水源。河西支线工程是缓解河西地区水资源短缺，提高地区供水保证率，保障地区经济社会发展的重要输水工程。工程拟分两期进行，一期工程拟建设18km钢筋混凝土隧洞及3座加压泵站。起点为大宁调蓄水库，终点至三家店水库。

2014年编制完成了《河西支线工程规划方案》并上报北京市规划委，同时开展了可行性研究报告编制工作。

3. 通州支线工程

该工程主要向通州新城安全稳定输水。通过该工程建设可以大大提高通州新城供水保证率，满足通州建设北京城市副中心建设的需要，同时可实现通州新城水资源可持续利用。工程建设内容包括新建2条DN1800输水管道，长约9km，设计输水流量4.86$m^3/s$。

2014年，通州支线工程可行性研究报告取得北京市发展改革委批复，编制完成了初步设计报告，并报北京市发展改革委审批；完成了建设项目用地预审批复、工程范围内地上物清登等工作。

4. 智能调水管理系统

建设内容包括开发监测预警、智能调水、抢险应急、工程运维、综合服务等应用系统，新建数据中心和调度指挥中心。项目建设完成后可实现南水北调来水的智能化、自动化调度，并可增加南水北调优化配置和应急处置能力。

2014年度完成了项目立项批复，编制完成了初步设计报告并报北京市发展改革委审批。

5. 配套水厂项目

配套水厂项目包括郭公庄水厂、第十水厂、城子水厂、良乡水厂、通州水厂、黄村水厂、亦庄水厂、石景山水厂、门城水厂、长辛店第二水厂和丁家洼水厂。其中，郭公庄水厂和城子水厂已于2014年底正式接纳南水北调来水；第十水厂按计划推进，土建工程完成87%；良乡水厂、通州水厂和黄村水厂取得北京市规划委、发展改革委的初步设计批复，正式进入工程建设实施阶段；亦庄水厂、石景山水厂、门城水厂、长辛店第二水厂和丁家洼水厂均在开展可行性研究立项相关前期工作。

（杨　锋　武国正　高　赛）

（二）北京市南水北调配套工程后续规划

北京多年平均水资源总量37.4亿$m^3$，但1999年以来年平均水资源量21亿$m^3$，与多年平均相比，降水量减少了15%，水资源总量减少了44%。水资源减少、人口增多，人均水资源越来越少。以2013年常住人口2114.8万人和1999年以来年均水资源量21亿$m^3$计算，人均水资源量只有100$m^3$左右，而2013年的用水量为36.4亿$m^3$，水资源供需矛盾十分突出。

根据首都的新定位、新形势以及京津冀协同发展的新要求，从城市发展和资源承载力的长远角度考虑，经北京市委、市政府研究同意，加快推进《北京市南水北调配套工程总体规划》修订工作，组织编制《北京市南水北调配套工程后续规划》，紧紧依靠国家调水战略，立足京津冀统筹，规划至2030年的配套工程建设，逐步构建首都外调水多元保障体系，切实保障首都供水安全，形成“双环供水，相互调配”的城乡供水安全保障格局。2014年5月7日，北京市政府第41次常务会议研究了“北京市南水北调配套工程后续规划建议”，原则同意规划建议内容；6月4日，北京市委常委会第104次会议审议通过了“北京市南水北调配套工程后续规划建议”，要求各部门抓紧开展相关工作。按照北京市委、市政府要求，市南水北调办根据《后续规划》的有关内容和各部门的职责，对规划编制工作进行了梳理和分工，制定了《北京市南水北调配套工程后续规划编制工作方案》和《北京市南水北调配套工程后续规划重点专题任务书》，明确各部门工作任务和时间节点要求，共同推进各项工作。

1. 规划任务

（1）外部调水有通道——打造四大通道。紧紧依靠国家调水战略，形成东、南、西、北四大调水通道，逐步构建首都外调水多元化保障体系。可增加调水总量约14亿～22亿$m^3$。

（2）水源储备有空间——增加地表地下蓄水。形成密云、官厅两大地表水储备和密怀顺、平谷、西郊、昌平、房山5处地下水储备。通水初期多调水增加密云水库储备。减少开采涵养地下水，还可有计划回补地下水，加快恢复地下水储备。

(3) 供水安全有保障——建设两大环路。在已建第一道水源环线基础上，通过新建河西干线、南干渠二期、东干渠二期等输水工程与京密引水渠相接，形成第二道水源环线，以供水支线连接两道环线，形成“双环供水，相互调配”的城乡供水安全保障格局。

(4) 水系河网有连通——沟通五大水系。利用南水北调工程分水口，实现南水北调工程与本市五大水系连通，提供清水条件，促进城市河湖及沿线河流生态恢复。

2. 规划格局

规划实现后，北京市将形成“四大外部调水通道、两条输水环路、七处战略保障水源地、四通八达的‘长藤结瓜式’水系湖库”的城乡供水格局，形成多水源联合配置、互为补充、调度灵活、安全可靠的供水系统。

(三) 京津冀协同发展专项工作

实施区域协同发展、疏解首都非核心功能，破解“河水断流、地下水超采、地面沉降、自然生态系统退化”等难题，北京市南水北调办积极参与北京市京津冀协同发展专项工作，提出以统筹优化区域内水资源配置作为突破口，以供水、调水为抓手，优水优用、高水高用、一水多用、循环利用，实现安全、生态、宜居的目标。

一是按照《北京市推进京津冀协同发展三个重点领域率先突破2015~2017年重点工作规划和重大项目方案》（讨论稿）和《北京市2014~2017年推进京津冀协同发展重点工作任务分解表》中涉及的有关任务，结合《北京市委全面深化改革领导小组区域协同发展领域改革专项小组2014年重点工作与任务分工》的实施情况，开展了南水北调东线北延进京、中线扩容等工程前期工作。水利部已原则同意将北京纳入南水北调东线二期供水范围，要求海河水利委员会牵头编制东线工程为北京供水的专项规划。

二是与河北、天津南水北调办建立联络协调机制，定期组织工作协调会议，继续开展水资源应急调度合作，研究将河北岗南、黄壁庄、王快、安格庄、岳城等水库纳入首都水资源应急保障体系。同时，共同研究北京新机场双水源保障和为廊坊“北三县”供水方案。到年底，为廊坊“北三县”供水初步设计方案正在补充完善，机场供水双水源保障规划方案编制工作已着手开展。

三是积极参与北京市关于京津冀协同发展规划总体思路框架的制订工作，推动多元化调水保障体系研究工作，构建京津冀水资源一体化格局，完善首都水资源保障体系。

（王　可　王　飞）

## 在建项目

(一) 大宁调蓄水库工程

主体工程于2014年7月通过部分工程投入使用验收，11月13日通过专家审查，大宁调蓄水库已经具备接纳南水北调来水的条件，可按蓄水方案逐步蓄至设计水位。附属工程：泄洪闸增设检修闸门工程、中堤路翻修及行道树工程、主副坝堤顶路翻修及绿化工程、电气二次工程完成，整体提升了库区绿化景观。永久外电源工程：库尾橡胶坝外电源工程已完成发电；泵站外电源工程完成16座电力管井施工，电力管线施工382m。穿京九桥涵段，按照明挖导行方案正在办理相关手续；涉及穿越交叉的部位正在推进过程中。

(二) 南干渠工程

2014年4月，南干渠主体工程二衬施工完成。其中，浅埋暗挖段10月通过静水压试验，通水验收后11月初实现向郭公庄水厂供水；黄村、郭公庄2座分水口施工完成并通过分部工程验收，10月底移交运行管理单位；南干渠调度中心主体工程已完成并通过验收，具备入驻条件。

（三）东干渠工程

2014年5月24日，44.7km的输水隧洞（22个盾构区间）实现一衬贯通；10月10日，二衬完工。工程顺利穿越全部风险源，年底前主体结构施工完成。截至2014年底，竖井永久结构施工已完成总工程量的93%，完成后可具备开展静水压试验的条件。

（四）亦庄调节池工程

2014年6月底，亦庄调节池池体工程已完成，具备蓄水条件；永乐取水口、亦庄取水口及1号、2号2座连通闸施工完成；亦庄泵站工程主厂房结构已完成，正在进行副厂房施工。亦庄调度中心工程10月开工建设，年底完成基础施工。

（五）团城湖调节池工程

2014年内主体工程及相应附属设施基本完成。其中，池体工程6月底完工；调节池进水口及燕化、环线、高水湖养水湖分水口水工及金属结构施工完成。调节池进水闸、田村分水口、环线分水口3处管理用房结构及装饰装修均已完成；绿化工程、微地形填筑、环湖道路、永久围墙、围栏施工全部完成，实现了附属设施与主体工程同步完成，建设区域永久规划范围全部封闭；外电源工程施工图通过供电公司强审，具备招标条件。

（六）南水北调来水调入密云水库调蓄工程

2014年2月底前，完成白河发电隧洞改造及全线渠道改造的水下部分施工，保证了3月20日京密引水渠恢复向城区供水。

截至2014年底，9座泵站已全部完成主体结构施工，水泵和电机设备安装完毕，电气一次设备主体安装完成，部分自动化监控设备安装完成；22km的PCCP管道工程全部完成，水机设备安装完成，具备通水打压试验条件；电气二次工程自动化工程通信光缆116km已完成98%，计算机网络部分及泵站水泵监控与控制部分完工，满足单级泵站调试运行条件；泵站外电源工程已委托专业公司组织招投标及实施工作。

（七）东水西调改造工程

工程起点位于海淀区的团城湖调节池，终点为门头沟区的城子水厂，全长约19.5km。工程建设内容为改造现状取水口，对玉泉山泵站、杏石口泵站、麻峪泵站和现状输水管线等进行改造。

工程投资建设管理采用BT模式。截至2014年底，完成东水西调改造工程断水施工期间城子水厂水源保障工程；完成高井节制闸混凝土251.87m$^3$。

（八）郭公庄水厂

郭公庄水厂以南水北调来水为单一水源，2014年9月主体工程完工，9月29日完成投用前的联合调试，正式具备处理来水的条件。水厂设计供水量50万m$^3$/d，考虑到自来水管网适用性问题，初期日供水约10万m$^3$。为保证通水后的供水水质稳定，12月5日起至正式通水前提前运行，试运行期间水厂运行平稳、出厂水水质合格，管网85处监测点水质合格，舆情平稳。

（九）城子水厂改扩建

门头沟区城子水厂是首批接收南水北调水源的郊区水厂，水厂的改扩建工程于2014年9月初具备通水运行条件，日供水能力提高4.3万m$^3$。工程新建机械加速澄清池、V形滤池、臭氧接触池等构（建）筑物，并改造了配水泵房、回流泵房及厂区管道等原有水厂构（建）筑物，日供水总能力达到8.6万m$^3$。

（十）第十水厂

第十水厂规模为50万m$^3$/d，项目采用BOT方式融资、建设、运营和移交。

截至2014年底，第十水厂净水厂的土建工程累计完成总工程量的87%，其中，吸水井、配水泵房、清水池、砂滤池、主臭氧接触池、滤池设备间、炭吸附池、污泥处理车间、机械加速池及臭氧制备间等主要建筑物

主体工程均已完成，机修间、综合管理楼等正抓紧施工。

（赵　亮　王英歌　李　飞）

## 建设管理

（一）进度管理

紧紧围绕“突出重点推进度”，抓重点、抓关键、抓责任落实，紧盯重点项目和关键环节，工程建设全面推进，施工进度总体受控。根据工程建设进展及接水计划，首批参与接水的市内配套工程大宁调蓄水库工程、南干渠工程以及团城湖调节池工程等项目按期接水运行，计划2015年接水的东干渠工程、密云水库调蓄工程以及亦庄调节池工程进展顺利。

一是严格落实折子工程时限，对重点工程继续执行周例会制度，定期会商，及时解决建设难题，加速推进工程建设。

二是建立关键事项督办制度，逐一梳理影响重点项目进度的关键事项，明确解决问题的节点目标、责任单位和完成时限。

三是提前谋划招标项目，调整思路，创新模式，加快审批。先期启动亦庄调节池调度中心、团城湖明渠广场招标工作，缩短工程准备时间，协调北京市发展改革委调整东干渠、密云水库调蓄工程部分标段招标方式。共开展23批次、33个标段招标工作，加快办理招标监督手续，实现了最短化招标周期。

四是通过进度协调会、专题会商会，及时发现影响进度的关键问题，定期检查重点项目、关键节点事项落实情况和进度计划执行情况，促进工程建设提速。

五是组织现场踏勘，及时了解建设情况，全盘掌握工程进展。

（二）质量管理

狠抓工程质量，强化质量监管措施，严肃责任追究，保证质量管理到位、监督检查到位、问题处理到位，质量总体受控、稳步提升。

一是紧紧围绕“突出高压严监管”，继续完善“五位一体”责任体系建设，狠抓工程质量，强化质量监管措施，严肃责任追究。

二是建立办系统质量月例会制度，开展质量集中整治和专项检查，进一步提高各参建人员的质量意识，强化各参建单位的质量责任。全年针对配套工程共组织质量巡查396次，专项检查14次，召开质量月例会6次。

三是对各种质量事故实行“零容忍”，共对14家责任单位进行通报和约谈。

四是加强对质量关键点的监督工作，研究确定工程关键部位、关键工序以及关键质量控制作为工程质量关键点，明确质量管理责任和监督管理职责与措施。

五是加大质量问题责任追究，依据国务院南水北调办《质量问题责任追究办法》，对质量问题责任单位进行追究，同时要求项目法人依据管控办法和合同进行经济处罚。

（三）安全管理

继续以体系建设和制度落实为重点，细抓安全生产，严格落实管理责任，深化安全督察效力，丰富安全监管手段，实现安全生产可控、无责任事故。

一是重点督促参与接水工程，强化施工安全管理，健全安全体系、建立责任制、制定安全制度，落实安全责任，消除安全隐患。

二是继续创新监管手段，委托专业力量开展建设项目法人安全监管履职情况考核，提升建设管理水平。

三是加大安全督查巡查力度，完善督查巡查制度。2014年全年共组织各类安全生产隐患专项检查20余次，召开月安全生产例会12次，完成安全生产督察周报50期，安全督查月报11期，安全生产督查230多次。

四是加大安全管理力度，组织安全生产目标考核，开展安全生产年活动，通过组织“预防坍塌”、安全生产隐患排查等专项治理，

规范安全生产管理，保障了工程建设安全顺利进行。

五是坚持“项目法人自查、督查组巡查、部门联查、社会举报”的“三查一举”的监督制度，采取飞检、抽检以及专项检查的手段，形成安全监管的长效机制。

六是细致部署防汛工作，以“地下工程不进水，地面深槽不塌方，河道交叉是重点，供水安全是底线”为目标，制定“下雨即报告，预警必检查，雨后有总结”的“三必须”防汛纪律，并组织开展防汛专项检查8次，与项目法人、运行管理等5家单位签署了防汛责任书，落实防汛责任，确保了北京市南水北调工程建设和调水运行的汛期安全，圆满地完成了2014年的安全度汛任务。

（邵　青　汪　洋　何占峰）

## 运 行 管 理

为确保南水北调来水“调得进、用得上、管得好”，切实保证安全，北京市成立了由市委常委常务副市长李士祥、市委常委牛有成、副市长林克庆、市政府党组成员夏占义牵头，相关委办局及区县政府为成员的南水北调安全保障指挥部；成立了以市委常委、宣传部部长李伟为组长的通水宣传领导小组，全面加强对北京市南水北调通水工作的组织领导。

（一）来水接纳方案制定

以顺利接纳中线来水并力争多调水、多存蓄为目标，研究制定2014年、2015年来水接纳方案，核心是用好南水北调水，做好“喝、存、补”工作。

（1）“喝”——优先使用南水北调来水，作为自来水厂水源。通过新建及改建自来水厂，为中心城区、丰台、海淀及通州、大兴、门头沟、亦庄等新城的城市生活供水。

（2）“存”——激活现有工程设施，将来水存入密云水库等已建水利工程设施。通过南水北调中线干线和配套工程建设，北京已形成一条供水环路和一条贯穿西南—东北的输水动脉，将合理利用已建水利工程和即将建成的密云水库调蓄工程，采取南水北调工程与本地水系连通等工程措施，多存水、多蓄水。

（3）“补”——主要向地下水水源地补充，使城市地下水源地处于热备份状态。形成城市地下水水源地的涵养、补给、储存、开采体系，恢复水源地开采能力，改善地下水环境。目前，重点回补密怀顺水源地（八厂、九厂、顺义本地水厂用水）。

按照“喝、存、补”的优先顺序，北京市制定了2014～2015年用水计划，2014年11月～2015年10月计划调水量为8.18亿$m^3$。

（二）试运行管理工作

北京市南水北调工程指挥、调度、运维、抢险等岗位人员全部提前就位，启动了输水工程各分水口的机、闸、阀的正式运行和工程安全监测工作，重要节点部位24小时值守。2014年10月26日开始，利用总干渠充水试验及通水试验来水全面检验、检测已建工程质量，先后进行了通水实战演练、工程抢险应急演练和水质突发事件应急处置演练，各项设施试运行平稳，输水、调蓄工程与水厂设施设备水头对接顺利。

同时，开展了郭公庄水厂的设备调试工作；与北京市水务局、自来水集团进行了水质共享、联合检测和会商；明确沿线各级地方政府安全保障责任人，与北京市公安局和涉及区县建立了工程安保联动机制。

（三）水质安全保障工作

充分预估通水后的各种情况和风险，为江水进京后安全、平稳供水提前做好应对准备。一是完善水污染突发事故防治三道防线，确保问题水“不入京、不入城、不入厂”；二是建成全市统一的水资源监测平台，实现水务、环保、卫计、南水北调、地矿、自来水六部门的水质信息共享联动；三是提前开展管网适应性和制水工艺研究，完善南水北调水与本地水的调配方案，年底前完成市区2200km老旧供水管网改造。同时，各部门按照各自职责分别制定了应急预案，建立了责任明确、相互衔接、协同配合的工作机制，一旦出现水源污染事故或管网问题迅速应对和处理。

（四）水量调度管理

为最大限度地发挥南水北调工程水资源效益，北京市统一调配水资源，科学调度和使用南水北调来水，确保用好国家花费巨大财力物力人力调入的清水。一是落实最严格的水资源管理制度，充分发挥价格杠杆调节作用，严格控制耗水量大的产业、行业，切实抓好节约用水工作。二是来水后优先保障居民生活用水，同时抓住时机多调水和多存蓄，储备战略水资源，并逐步减采和回补地下水，涵养和恢复首都水环境。三是落实国家战略，研究构建首都外调水的多元化保障体系，进一步提高首都供水安全保证率；推进实施南水北调工程与本市河湖水系连通，为充分发挥南水北调和现有水利设施的生态环境效益提供条件。四是立足京津冀协同发展，统筹区域水资源优化配置，力争“高水高用、低水低用、一水多用、循环利用”，达到高效用水的目的。

（五）郭公庄水厂试运行

郭公庄水厂位于北京市南四环花乡附近，是新建的南水北调配套水厂，以南水北调来水为单一水源，一期工程于2012年4月20日启动，2014年9月30日具备通水条件，工程投资35亿元，占地面积17万$m^2$，日供水能力50万$m^3$。郭公庄水厂集成了目前国际上最先进的水处理技术，是国内、外自来水处理工艺最为先进的水厂之一，可应对原水水质复杂变化。来水从南水北调南干渠郭公庄分水口输送至水厂格栅间，然后依次通过提升泵房到达预臭氧接触池、机械加速澄清池、主臭氧接触池、炭砂滤池及紫外线消毒车间进行常规处理、深度处理和消毒。

为落实北京市委书记郭金龙2014年11月20日调研通水准备工作时“细之又细做好最后环节工作迎接南水进京”的指示精神，遵照北京市政府关于做好配套水厂试运行工作的要求，在国务院南水北调办的支持下，提前使用南水北调中线水源开展郭公庄水厂试验运行工作。

此次郭公庄水厂试验运行于2014年12月1日上午10时启动，到国家宣布正式通水时停止；试验运行计划用水为10万$m^3/d$，由中线干线北京段大宁调压池经市内配套工程南干渠向郭公庄水厂供水；试验供水范围为丰台、大兴部分区域，涉及277个小区、56.08万人。

为确保试验运行平稳、有序进行，一是成立应急保障协调小组，北京市水务局、住房城乡建设委、环保局、卫计委、南水北调办、自来水集团以及供水涉及的丰台区、大兴区政府按照职责制定应急预案，确保迅速处理突发情况；二是完善应急处置准备，制定《郭公庄水厂试验运行供水保障工作方案》，做好突发事件的送水、备水等准备以及专家解读、政策保证工作，确保供水区域安全稳定；三是严肃宣传纪律，试验运行期间不对外宣传、不接待媒体采访、不突出试验运行水源，确保宣传不出问题。

国务院南水北调办、北京市政府高度重视此项工作。北京市政府党组成员夏占义于2014年12月1日主持召开郭公庄水厂试验运行动员部署现场会，市政府副秘书长徐波、赵根武，市卫计委、住房城乡建设委和供水涉及的丰台区、大兴区4个乡镇、13个街道办事处参加会议。会上，北京市南水北调办、水务局、自来水集团分别通报了通水准备、通水后的水资源调度方案、江水进京安全运行方案和试验运行工作安排，国务院南水北调办就水厂试验运行和南水北调工程建设管理提出了明确要求。夏占义强调：一是要切实做好居民工作，积极应对因管网适应性问题可能出现的“水黄”现象，让居民放心饮水；二是要进一步细化工作方案和应急预案，北京市水务、卫计、住建、南水北调、自来水和区县成立现场工作组通力合作；三是要严格按照要求开展试验运行工作，不宣传、不报道、不提水源、出现问题不炒作，确保在国家宣布正式通水前不出现相关舆论；四是要细化完善应急处置准备和保障措施，做好入户宣讲和释疑工作，让群众在喝上优质水的同时，感受到民生工程的实惠、感受到党和政府的关怀。国务院南水北调办主任鄂竟平2014年12月2日调研水厂处理工艺，强调首都供水安全责任重大，要求各单位密切联系，对水量、水质、突发事件以及运行管理过程要做到无缝衔接、及时沟通。

根据自来水集团的试运行方案，南水北调来水进入郭公庄水厂后，工艺水质调试需3天时间，待出厂水质达标后即可送至居民用户。2014年12月5日，郭公庄水厂水源切换为中线一期工程通水试验丹江口水库来水；9日，水厂运行平稳，首批出厂自来水经检验水质合格送入管网。郭公庄水厂试验运行期间，累计供水410.04万$m^3$，管网运行平稳，87处监测点水质合格；供水舆情平稳，丰台区、大兴区反映正常。

（六）通水后的来水接纳工作

中线一期工程通水初期，南水北调配套水厂每日接纳中线来水水量70万$m^3$以上，根据水厂接水能力，以“由西向东、由南向北、逐渐扩大”的顺序，科学合理调度：一是郭公庄水厂、门头沟城子水厂全部使用南水北调水源。郭公庄水厂每日取水20万$m^3$，门头沟城子水厂每日取水4.3万$m^3$；二是田村山净水厂、长辛店水厂以南水北调来水为主要水源，按照外调水与本地水源1:1的配比供水，田村山水厂每日取水量15万~20万$m^3$，长辛店水厂每日取水2万$m^3$；三是第九水厂、第三水厂按照南水北调水与本地水源1:4的配比供水。根据需水量变化，第九水厂每日取水24万~27万$m^3$，第三水厂每日取水6万$m^3$。

（马翔宇　张大成　李　震）

## 科　技　工　作

继续坚持科技创新保质量、机制创新保效率、管理创新保安全“三个创新”原则，增强创新意识、突出创新特色，对突出的、重大的技术难题开展重点攻关，合理优化施工设计，为工程建设提供可行的技术支撑和保障。

一是专项研究密云水库调蓄工程9级泵站联合调度的技术难题，摸索多级泵站联合运行管理经验。

二是《北京市南水北调科技发展规划2014~2020年》印发实施，从战略高度思考和规划南水北调科技工作。

三是大力发挥专家及专业机构的咨询作用，先后召开了南水北调中线干线工程供水合同、南水北调中线北京段工程管理体制、安全生产监督管理“一岗双责”暂行规定、质量工作考核办法等专家咨询会，全年针对各类技术难题共组织专家咨询、评审活动90次，参与活动的专家达400余人（次），组织南水北调相关课题研究35项。

四是积极协调北京市科委，通过绿色通道纳入北京市科技计划。其中，《密怀顺地下水库调蓄及水质保障研究》已通过结题验收；中国水科院王浩院士承担的“密云水库调蓄工程梯级泵站实时调度模型算法开发与应用”课题，已经完成，待泵站安装后进行调试。“预应力钢筒混凝土管道断丝数量对结构安全的影响评价及管内补强加固研究”，获北京市科委250万元资金支持，填补了国内PCCP补强加固领域的研究空白。

五是出版发行《北京市南水北调工程100问》科普宣传读物，使广大市民了解南水北调、支持南水北调。

六是科技研究硕果累累，2014年北京市

南水北调工程建设管理中心承担的“东干渠输水隧洞穿越地铁15号线关键技术研究”获得水利学会科学技术二等奖；北京市南水北调工程质量监督站主持编写的《引水管线工程施工质量检验与评定标准》荣获2014年度水利学会科学技术三等奖；评选出《南水北调来水智能调度管理系统可行性研究》《北京市南水北调供水环路水量调度方案研究》等10项科技创新项目给予表彰。

（邵　青　马翔宇）

## 征　地　拆　迁

紧紧围绕“江水进京”总体目标和南水北调建设大局，加强与市相关部门的沟通协调，强化责任意识，紧盯节点难点，稳步推进各项征地拆迁工作。

（一）征地拆迁进展

续建项目南水北调来水调入密云水库调蓄工程征地拆迁和专项设施迁建工作基本完成，征地拆迁完成全部9处泵站建设用的移交，专项设施迁建累计完成63处，其中市政管线3处，通信线缆40处，电力管线20处；东水西调改造工程海淀段已完成全部场地移交，共计6处，石景山段完成除涉及河湖管理处、石景山气象局权属外的全部场地移交，共计21处。

新项目通州支线工程完成工程征地拆迁监督、拆迁评估及拆迁服务项目招标，征迁实施工作全面启动；专项设施迁建招标工作基本准备就绪，初步设计批复后可立即开展。

收尾项目东干渠工程管理设施选址获朝阳区政府和北京市城市规划院同意；团城湖调节池工程完成市直机动车检测场的腾退和移交；大宁调蓄水库工程完成管理设施永久征地协议签订；南干渠工程取得调度中心国有建设用地划拨决定书，地籍调查手续申报完成。

（二）完成投资情况

2014年完成征地拆迁投资共计69 270.11万元。其中，大宁调蓄水库工程完成投资3701.71万元，南干渠工程完成投资112.05万元，团城湖调节池工程完成投资3083.86万元，东干渠工程完成投资8895.22万元，南水北调来水调入密云水库调蓄工程完成投资25 583.38万元，东水西调改造工程完成投资4974.63万元，通州支线工程完成投资22 919.26万元。

（刘　畅）

## 文　物　保　护

切实履行职责，加强对工程项目内文物保护工作的指导与监督，确保工程顺利实施和沿线文物得到妥善保护。2014年5月19日，对配套工程团城湖调节池工程第三阶段考古发掘工作量进行验收确认，共发掘古代墓葬8座，发掘面积共计120$m^2$。

（王贤慧）

# 天　津　市

## 概　　述

按照《天津市南水北调中线市内配套工程总体规划》，天津市南水北调配套工程主要包括城市输配水工程、自来水供水配套工程、自来水厂及以下管网新扩建工程三大部分。城市输配水工程主要包括中心城区供水工程、滨海新区供水工程、王庆坨水库工程，北塘水库完善工程、引滦供水管线扩建工程、工程管理设施及自动化调度系统等，自来水供水配套工程主要包括西河原水枢纽泵站工程和西河原水枢纽泵站至宜兴埠泵站原水管线联通工程等，自来水厂及以下管网新扩建工程主要包括新建、扩建自来水厂（合计规模230万t/d）、改造供水管网1750km等。

2014年，天津市南水北调配套工程共完成投资10.373亿元，占年度投资计划的100%，圆满完成年度建设任务，建成滨海新区供水二期工程和西河原水枢纽泵站工程，启动王庆坨水库工程征地拆迁工作。截至2014年底，天津市直接承接引江中线水的市内配套中心城区供水工程，尔王庄水库至津滨水厂供水工程，滨海新区供水一、二期工程，西河原水枢纽泵站工程以及西河原水枢纽泵站至宜兴埠泵站原水管线联通工程等6项骨干输配水工程全部建成，工程质量全部达到设计要求，单元工程一次验收合格率达到100%、优良率保持在93%以上，全部一次性通过通水验收，安全生产始终稳定受控。2014年12月27日，天津市南水北调中线一期工程正式通水。天津市按计划实现南水北调中线工程通水目标，确保了配套工程与中线主体工程同时发挥效益。天津市南水北调办在国务院南水北调办组织的南水北调工程建设考核中获得优秀。

（刘丽敬）

## 前期工作

（1）积极协调市有关部门、相关区县，加快推进天津配套工程剩余项目前期工作。2014年11月12日，天津市发展改革委批复北塘水库完善工程项目建议书。天津市南水北调办组织开展北塘水库完善工程、工程管理设施和自动化调度与运行管理决策支持系统以及宁汉供水工程和武清供水工程可行性研究、初步设计一体化报告编制工作，天津市政府投资项目评审中心完成对工程管理设施和自动化调度与运行管理决策支持系统项目可行性研究、初步设计一体化报告的评审。

（2）完成王庆坨水库工程征迁补偿投资调增工作。由于天津市统一调整单位和职工缴纳社会保险费征缴基数标准和征收土地地上附着物和青苗补偿标准，以及征地范围内地上物核查结果较初步设计报告中的数量增加较多，导致王庆坨水库征迁补偿投资增加较多。后由于天津市政府调整天津市征地片区综合地价标准，王庆坨水库工程工程永久征地补偿投资增加5126.26万元。综合以上因素，按照《市发展改革委关于调整天津市南水北调市内配套工程王庆坨水库工程征迁补偿投资的复函》的审核意见，天津市南水北调办将王庆坨水库征迁补偿投资由原初步设计批复的78 878.88万元调整为136 713.88万元。

（3）规范配套工程重大设计变更和审批。对12项在建项目重大设计变更进行审批。编制完成天津市南水北调配套工程总体规划修订初稿。

（高旭明）

## 投资计划

2014年，天津市南水北调配套工程年初安排年度投资计划9.373亿元，年中根据配套工程前期工作进展情况和工程实际，及时调整年度投资计划为10.373亿元，实际完成投资10.373亿元，圆满完成年度投资计划任务。加强投资计划管理，按季、月、周分解年度投资计划，细化计划管理、影响因素和落实措施，以周保月、以月保季、以季保年，同时开展已完工程和在建工程投资计划及合同执行情况检查，保证投资计划完成。

（许光禄）

## 资金筹措与使用管理

（1）积极协调滨海新区和天津市财政局，

落实配套工程建设项目资本金2亿元，累计落实资本金35.5亿元，确保了工程顺利实施。

（2）加强与金融机构沟通协调，提取银团贷款6.09亿元，累计提取银行贷款50.5亿元。

（3）严格资金使用管理。合理匹配项目资本金和贷款资金，严格执行资金使用程序，保证资金需求和规范使用，充分发挥资金效益。

（4）对资金拨付使用情况实行跟踪监督管理，组织2次对项目法人和建设管理单位的资金到位及拨付、合同执行进度等情况开展专项检查，确保工程建设资金安全、合理使用。

（5）委托天乐国际咨询公司，基本完成“南水北调与引滦水价衔接”课题研究。

（6）协助完成天津市南水北调基金征缴工作，截至2014年3月底，累计上缴基金43.8亿元，天津市圆满完成国家南水北调基金上缴任务。

（7）配合国务院南水北调办完成南水北调干线工程征地拆迁资金专项审计，根据审计整改意见，协调有关区县整改，确保审计意见落到实处。

（8）完成南水北调干线征地拆迁工程财务决算。

（许光禄）

## 建 设 管 理

天津市南水北调办围绕2014年度质量安全监管工作目标，严格执行质量标准，加强全过程、全方位监管，保持质量安全监管高压态势，将2014年在建的滨海新区供水二期工程和西河原水枢纽泵站工程作为监管工作重点，坚持质量安全“红线”就是高压线，沉在一线，狠抓关键，消除风险，严防意外，强化追溯，严肃追责。各参建单位合理安排工期，科学组织施工，加强工程征迁、施工现场的督促检查和协调推动，及时解决工程建设中遇到的各种问题，努力克服诸多不利因素，全力推进工程建设。中心城区供水工程，尔王庄水库至津滨水厂供水工程，滨海新区供水一、二期工程，西河原水枢纽泵站工程以及西河原水枢纽泵站至宜兴埠泵站原水管线联通工程等6项骨干输配水工程全部一次性通过通水验收，工程质量全部达到设计要求，单元工程一次验收合格率达到100%、优良率保持在93%以上，安全生产始终稳定受控。

牢固树立“百年大计，质量第一”的意识，全面落实质量管理责任制，强化工程质量管理。建立南水北调工程建设管理台账，进一步强化三级监控体系作用，完善三级监控体系，进一步明确项目法人、建设管理单位、监理单位三级监控责任，为全过程管理提供健全的组织保障。不断加大巡视检查工作力度，采取不发通知、不打招呼、不听汇报、直插施工现场的方式开展巡视检查工作，坚持每周巡视检查、每月专项检查、年终专项稽察相结合的三级监管模式，按照工程建设质量安全监管要点，对在建滨海新区供水二期工程、西河原水枢纽泵站工程质量、安全、扬尘控制工作进行全面检查，全年共开展巡视检查33次，对发现的质量、安全和扬尘问题已全部整改到位。充分发挥南水北调工程建设例会、建设管理单位月例会等各级会议制度作用，有效引导和监督参建单位进一步加强现场建设管理工作，更加及时地发现问题、解决问题。印发《天津市南水北调工程安全生产与文明施工文件资料汇编》《天津市南水北调工程试通水生产安全事故应急预案》等，为各级质量安全管理人员提供依据和参考。对各参建单位质量安全人员开展有针对性的全员培训考核，持证上岗率达到100%。

（高啸宇）

## 运 行 管 理

2014年12月5日，南水北调中线工程启动全线试通水，津滨水厂先行接收引江水；12月12日14时32分，南水北调中线工程正式通水；12月27日，天津市南水北调中线一期工程正式通水，至2015年1月28日新开河水厂完成引江、引滦水源切换工作，天津市津滨、芥园、凌庄、新开河四大水厂全部完成水源切换，中心城区以及东丽、津南、西青和滨海新区部分区域居民全部用上引江水。在天津市水务局、南水北调办的精心组织、超前谋划下，初步建立起了科学规范的工程运行管理体制和工作机制，全面落实水源调度、水质保障等各项措施，天津市南水北调配套工程和自来水供水工程系统运行平稳、成品水水质良好，确保了城市供水安全。全市已形成芥园、凌庄水厂全部由引江水源供给，津滨、新开河水厂由引江、引滦混合水源供给的双水源供水格局。

（一）工程运行管理体制和工作机制建设

天津市政府印发了《南水北调天津市配套工程管理办法》，明确了工程管理范围、保护范围和执法责任主体。天津市编委印发了《关于成立我市南水北调工程管理机构的批复》，同意成立天津市南水北调调水运行管理中心、王庆坨管理处、曹庄管理处、北塘管理处为天津市南水北调办管理的差额拨款事业单位。2014年10月24日，天津市水务局党委会决定先期成立南水北调调水运行管理中心、王庆坨管理处、曹庄管理处；考虑北塘水库改造工程还未开展，暂不成立。随后，天津市水务局组建完成南水北调调水运行管理中心、王庆坨管理处和曹庄管理处3个配套工程管理机构，并借鉴引滦入津工程管理经验，陆续制定了相应的工程管理制度、考核标准和操作规程。运行管理人员全部上岗，全面展开运行管理工作，同时定期开展各种形式的岗位培训。南水北调中线工程正式通水之前，由配套工程项目法人水务投资集团委托滨海水业集团公司和引滦宜兴埠管理处两家具备资质的水务工程管理单位，负责曹庄泵站和西河原水枢纽泵站的运行管理工作。

（二）引滦、引江水源调度

天津市水务局制定了引江、引滦联合调度工作方案和水源切换方案，制定了南水北调供水突发事件应急预案，并预先组织实施模拟推演和应急演练，提升供水保障能力。强化水质保障措施，据中线水质监测结果，自试通水以来，丹江口水库、陶岔取水口、总干渠多个断面以及天津干线王庆坨断面水样始终保持在国家地表水水质Ⅱ类或Ⅰ类标准。为确保自来水供水水质，天津市自来水集团提早着手研究引江水入津水质保障措施，开展引江原水水质监测、生产工艺和管网适应性实验等研究工作，制定水厂水处理工艺和药料投放配比调整具体方案，确保了供水安全。

（刘丽敬）

## 科 技 工 作

组织开展《滨海新区供水工程运行安全在线分析研究》和《王庆坨水库溃坝风险及影响分析》等科研课题研究工作。截至2014年底，科研课题的工作大纲均已获批，研究工作按计划顺利进行。

（高旭明）

# 河 北 省

## 概　　述

南水北调中线一期工程分配河北省毛水量34.7亿$m^3$，占总调水量的36.5%，供水范围包括京津以南7个设区市、92个县、26个工业园区。河北省南水北调配套工程分为两大部分，其中水厂以上输水工程概算总投资283.5亿元，由河北水务集团作为项目法人，以省级为主负责统一筹资和建设；水厂、配水管网及调蓄工程估算总投资300亿元，由市、县负责筹资建设。配套工程主要包括：新建、改造石津、廊涿、保沧、邢清4条大型输水干渠；新建受水区邯郸、邢台、石家庄、保定、廊坊、衡水、沧州等7市水厂以上输水管道工程，新建、改建地表水厂，改扩建城镇供水管网。

河北省配套工程水厂以上输水工程划分为26个初步设计单元（含25个输水工程设计单元和运行调度中心工程），现各项目初步设计已全部批复，批复概算总投资283.5亿元。除邢台市第三设计单元和运行调度中心尚未开工，其余工程均已开工建设。

全省配套工程水厂以上输水线路总长2055.8km，其中输水管道长1802.7km，石津干渠明渠段长159.1km，石津干渠暗涵段长94.0km。需铺设管道总长2063.9km（单管），需改造石津干渠现有明渠159.1km，需修建石津干渠暗涵94km。截至2014年底，已开工项目累计完成总投资165亿元。

（袁卓勋）

## 前　期　工　作

一是组织开展初步设计编制、审查和报批，以及穿越工程设计和自动化系统总体方案设计等。全年批复工程初步设计16个，批复投资151.66亿元。二是组织穿越工程设计、报批，完成配套工程穿国省干道方案报批70处。完成配套工程与铁路交叉工程方案设计17处，方案审批12处。截至2014年底，穿既有铁路的方案设计均已完成，除5处方案待批外，其余均已批复。三是配套工程自动化设计工作。完成了自动化总体方案设计并经省南水北调办批准；完成了自动化整体初步设计报告编制；开展招标工作。

（袁卓勋）

## 建　设　管　理

截至2014年底，已批复项目概算总投资282.93亿元，其中概算征迁投资52.78亿元，概算工程投资230.15亿元。完成永久占地960亩、临时用地115 955亩，累计完成征迁投资43.46亿元，占征迁投资的83%。已开工项目累计完成工程投资143.8亿元，占工程投资的65%。累计共完成工程建设投资187.26亿元。

1. 廊涿干渠

廊涿干渠线路总长80km（不含延长段3km），2010年10月开工，现已实现全线贯通，并进行了压水试验，具备了通水条件；累计完成投资17.36亿元，占工程投资的98%。河北水务集团正在抓紧进行管理处和自动化系统的建设。

2. 石津干渠

石津干渠线路总长253km，其中，明渠段长159.06km，田庄暗涵段长4.07km，沧州支线压力箱涵段长89.94km。现已全部开工，已累计完成土方开挖1442.29万$m^3$，土方回填

460 万 $m^3$，混凝土浇筑 109.95 万 $m^3$，钢筋制作安装 6.9 万 t；累计完成渠道衬砌、暗涵浇筑共 145.87km，占 56.8%；累计完成投资 25.7 亿元，占工程投资的 49.9%。

3. 邢清干渠

邢清干渠线路总长 168.746km。于 2013 年 5 月开工，现已累计完成土方开挖 740.54 万 $m^3$，土方回填 507.50 万 $m^3$，混凝土浇筑 5.41 万 $m^3$，钢筋制作安装 113.4t。完成管道制造 169.7km，管道安装 164.16km，占管道总长的 97.3%。累计完成工程投资 21.36 亿元，占工程投资的 94.7%。除威县至南宫试验段尚未完成外，主管道已完成管道整体打压试验，具备通水试验条件。

4. 保沧干渠

保沧干渠工程主要担负向保定、沧州、廊坊 3 市 12 个县（市）供水任务，其中保定市段于 2013 年 6 月开工建设，沧州段于 2013 年 8 月开工建设，廊坊段于 2013 年 10 月开工建设。保沧干渠全线总长 243.571km。已累计完成土方开挖 1331.28 万 $m^3$，土方回填 1164.18 万 $m^3$，混凝土浇筑 20.01 万 $m^3$，钢筋制作安装 1326t。完成管道制造 241.4km，管道安装 240.91km，占管道总长的 98.9%。累计完成投资 49.27 亿元，占工程投资的 95.3%。

5. 邯郸市输水管道

邯郸市输水管道工程承担着邯郸市区和 13 个县（市）24 个供水目标的供水任务，输水管道总长 307.74km。已累计完成土方开挖 749.42 万 $m^3$，土方回填 558.13 万 $m^3$，混凝土浇筑 5.75 万 $m^3$，钢筋制作安装 2444t，管道制造 286.8km，管道安装 262.93km，占管道总长的 85.43%。完成投资 23.8 亿元，占工程投资的 84.4%。

6. 邢台市输水管道

邢台市输水管道工程承担着向邢台市境内 19 个县（市）21 个供水目标的供水任务，输水管道总长 193.8km。已累计完成土方开挖 317.85 万 $m^3$，土方回填 289.85 万 $m^3$，混凝土浇筑 3.46 万 $m^3$，钢筋制作安装 2436t，管道制造 176.0km，管道安装 173.18km，占管道总长的 89.4%。累计完成投资 11.7 亿元，占其工程投资的 72.3%。

7. 石家庄市输水管道

石家庄市输水管道工程承担着向石家庄市区和 13 个县（市）25 个目标的供水任务，输水管道总长 185.65km。已累计完成土方开挖 607.63 万 $m^3$，土方回填 417.06 万 $m^3$，混凝土浇筑 3.98 万 $m^3$，钢筋制作安装 2671t，管道制造 188.5km，管道安装 162.54km，占管道总长的 87.6%。累计完成投资 2.63 亿元，占其工程投资的 84.4%。

8. 保定市输水管道

保定市输水管道工程承担着向保定市区和 20 个县（市）的 26 个供水目标的供水任务，输水管道总长 200.42km。已累计完成土方开挖 281.38 万 $m^3$，土方回填 217.54 万 $m^3$，混凝土浇筑 1.53 万 $m^3$，钢筋制作安装 157t，管道制造 100.6km，管道安装 87.90km，占管道总长的 43.9%。累计完成投资 10.17 亿元，占其工程投资的 42.3%。

9. 廊坊市输水管道

廊坊市输水管道承担着霸州、固安、永清 3 个县（市）5 个供水目标的供水任务，输水管道总长 22.6km。已累计完成土方开挖 5 万 $m^3$，土方回填 4.17 万 $m^3$，混凝土浇筑 0.03 万 $m^3$，管道制造 5.4km，管道安装 3.10km，占管道总长的 13.7%。累计完成投资 5100 万元，占其工程投资的 21.7%。

10. 沧州市输水管道

沧州市输水管道承担着向沧州市区和 13 个县（市）21 个目标的供水任务，管道全长 173.68km。已累计完成土方开挖 21.44 万 $m^3$，土方回填 0.80 万 $m^3$，管道制造 10.9km，管道安装 4.6km，管道安装 4.56km，占管道总长的 2.63%。累计完成投资 1.99 亿元，占其工程投资的 14.4%。

11. 衡水市输水管道

衡水市输水管道工程承担着向衡水市区及10个县（市）12个目标的供水任务，输水管道总长224.63km。已累计完成土方开挖331.18万$m^3$，土方回填71.05万$m^3$，混凝土浇筑0.77万$m^3$，钢筋制作安装796t，管道制造61.4km，管道安装69.45km，占管道总长的30.9%。累计完成工程投资4.72亿元，占其工程投资的23.3%。

（袁卓勋）

## 投 资 计 划

根据河北省政府确定的工作任务，结合河北省配套工程前期工作进展和各市实际情况，经过充分酝酿和认真研究，制定了河北省2014年配套工程建设计划，提出了详细的工作任务，要求加快工程建设进度。

经过多方努力，截至2014年底，河北省配套工程水厂以上输水工程已累计完成总投资约165亿元。其中，廊涿干渠已实现全线贯通，并进行了压水试验，具备了通水条件，累计完成总投资16.65亿元；石津干渠累计完成总投资26.71亿元；邢清干渠累计完成总投资19.99亿元；保沧干渠累计完成总投资46.44亿元；邯郸市输水管道累计完成总投资17.11亿元；邢台市输水管道累计完成总投资8.75亿元；石家庄市输水管道累计完成总投资15.61亿元；保定市输水管道累计完成总投资7.62亿元；廊坊市输水管道累计完成总投资0.84亿元；沧州市输水管道累计完成总投资0.82亿元；衡水市输水管道累计完成总投资4.38亿元。

（袁卓勋）

## 资金筹措与使用管理

截至2014年12月底，资本金累计到位情况：中央21亿元，省财政34亿元，各市上缴16.98亿元，总计71.98亿元。各市上缴资本金中，邯郸1.6亿元、邢台2.8亿元、石家庄2.22亿元、保定2.68亿元、廊坊2.0亿元、沧州3.7亿元、衡水1.98亿元。大部分水厂及配水管网落实了投资主体和筹融资渠道，其余水厂工程，有关市县正在千方百计筹集工程建设资金。

（袁卓勋）

## 质 量 管 理

河北水务集团与河北省南水北调办联合成立河北省南水北调配套工程质量督促处，开展工程质量监督检查工作。按照“抓质量、促进度”的思路，组织开展了15个阀门、水泵生产厂家原材料、生产过程控制及阀门阀件产品质量检查和性能试验，共检测各类阀门阀件110余台套，检查不合格品5台套；组织对7个地市共计24个建管项目部、58个现场监理部、167各土建施工项目质量检查，或现场督促解决各类质量问题，或下发质量通报整改质量问题。对存在严重问题的单位，组织监测单位对原材料及中间产品质量进行监测，出具第三方监测报告，同时督导监理单位、现场建管机构加强质量管理和日常检测，保证符合规范和标准要求。质量检查工作坚持做到了标准高、整改快、质量问题复发少。据不完全统计，共计到施工现场、阀门水泵生产厂家质量检查、复检90多次，下发转发整改通知10期，出具第三方检测报告20余份，为搞好工程质量提供有力保障。

（乔连根　曹　亮）

## 工 程 监 理

2014年，河北省南水北调配套工程水厂以上工程共计58个施工监理标。监理单位实行总监负责制，按照合同规定认真履行职责做好监理工作。按照“四控制、一协调”总体思路，一是做好现场监理，认真执行监理工作有关规定，对施工现场施工质量、施工安全、施工进度、工程投资进行管控；二是做好重点监理，对关键部位和工序实行旁站监理，跟踪监理，确保施工工序按照要求进行；三是做好有关监理资料的记录及管理工作；四是做好现场各方协调工作。通过发挥监理的作用，确保工程顺利进行。

（乔连根　曹　亮）

## 征 迁 安 置

河北省南水北调配套工程涉及石家庄、邯郸、邢台、保定、廊坊、沧州、衡水7个设区市92个县（市、区）26个工业园区。水厂以上输水管道总长2000多千米，涉及永久征地4000亩，临时占地18万亩，拆迁房屋24.6万$m^2$，迁建工矿企事业单位120家，迁建恢复电力、通信、管道等专项设施10 300处（条）。配套工程还涉及改扩建水厂118座，规划永久征地1.2万亩。

（一）总体进展

2014年，河北省南水北调配套工程建设全面提速，征迁安置工作突飞猛进。截至2014年底，共组织完成1200km管线9万亩临时占地征用，累计完成1800km管线15万亩临时占地征用；落实永久征地用地指标0.7万亩，累计落实工程永久占地用地指标1.38万亩；根据工程建设进度，完成房屋、企事业单位和专项设施迁建恢复工作，营造良好工程建设环境，有力地保障了配套工程建设的顺利实施。

（二）主要工作

1. 业务指导工作

深入市县指导督促征迁安置实施方案和兑付方案编制工作，优化征占地方案，结合地方实际确定补偿标准。河北省南水北调办针对沧州、衡水两市没有干渠工程征迁安置工作经验的实际情况，重点加大指导力度，多次与市县南水北调办进行政策交流和现场指导，协调推进整体征迁进度。

2. 建设用地指标协调工作

加强与河北省国土资源厅沟通协调，千方百计落实了1.38万亩配套工程建设用地指标。针对组卷报批工作进展缓慢问题，河北省南水北调办两次组织召开专题调度会议，协调解决组卷工作中遇到的困难和问题，指导和督促各市依法按程序开展组卷报批工作。

3. 征迁安置资金使用监管

掌握征迁资金总体情况，依据《河北省南水北调配套工程建设管理若干意见》规定，根据配套工程建设进度和征迁安置工作安排计划拨付补偿资金，既保证了兑付需要，又尽可能避免了市县征迁安置资金滞留结存。加强资金使用监管，主动向河北省审计厅汇报工作，配合河北省审计厅开展征迁安置资金审计。

4. 征迁安置难题现场解决工作

河北省南水北调办多次组织人员深入市县征迁一线，帮助市县解决特种树木、房屋和企业迁建、灌溉恢复、临时用地延期与复垦等补偿问题。如保沧干渠沧州段特种苗圃和石津干渠泊头段企业补偿问题，补偿标准始终与产权人无法达成一致意见，影响了施工进度，经河北省南水北调办现场调研指导，市县依照政策采取评估方式给予补偿，问题得以解决。

5. 临时用地复垦退还工作

配套工程征用临时用地18万亩，延期一季就会增加投资1.8亿元。为此，河北省南水北调办高度重视临时用地复垦退还工作，几次组织召开调度会议，督促各市县对已使用完毕的临时用地，抓紧复垦退还工作。同时，河北省南水北调办建立了临时用地提前退还奖励机制，印发了《河北省南水北调配套工程建设临时用地复垦退还工作进度目标考核办法》，进一步调动市县南水北调办在临时用地复垦退还工作中的积极性，加快临时用地退还进度。

（三）制度建设

为加强配套工程临时用地管理，促进临时用地及时退还，切实保障群众利益，节约集约用地，节省征迁投资，进一步调动市、县南水北调办在临时用地复垦退还工作中的积极性，依据《河北省南水北调配套工程建设管理若干意见》（冀调委字〔2012〕2号），结合配套工程临时用地征用和管理实际情况，河北省南水北调办于2014年6月10日印发了《河北省南水北调配套工程建设临时用地复垦退还工作进度目标考核办法》（冀调水计〔2014〕69号）。

（贾志忠）

# 江　苏　省

## 概　述

2014年，江苏省南水北调配套工程一方面加快推进“水质保护补充工程”中先期开工的项目建设，另一方面全面启动了可行性研究报告编制工作。

（薛刘宇）

## 前　期　工　作

规划的配套工程包括输水干线口门完善工程、输水支线配套工程、两湖抬高蓄水位影响处理完善工程、干（支）线水量计量与水质监测工程、农业用水户内部配水和计量工程、水质保护补充工程等六类项目，规划总投资约57.7亿元。2011年1月，江苏省政府委托江苏省发展改革委组织进行了配套工程规划的专家审查会，审查意见肯定了配套工程规划的必要性，认为规划成果满足任务书要求，可作为下阶段各单项工程前期工作的依据，规划提出的各项工程总体合适，可根据轻重缓急分期实施。2011年，江苏省为确保2013年东线一期工程建成通水目标，决定将为完成该目标而必须实施的配套工程先行审批并组织实施，配套工程规划中水质保护补充工程部分项目得以先期实施，已开工建设了新沂市、丰县沛县、睢宁县尾水资源化利用和导流工程，工程总投资9.63亿元。

2014年9月23日，江苏省水利厅、江苏省南水北调办在南京召开会议，决定以原配套工程规划为主要依据，结合南水北调东线一期主体工程运行以来存在的有关问题，启动配套工程可行性研究报告编制工作，并决定将配套工程整合为输水线路完善工程、干线水质保护补充工程、输水干线水量水质计量与监控工程三大单项工程开展可行性研究工作。2014年11月11日，江苏省水利厅、江苏省南水北调办召开配套工程可行性研究报告编制工作推进会，决定以江苏省水利勘测设计研究院有限公司作为配套工程可行性研究的总承单位，并向工程沿线有关市水利（务）局下发了各单项可研编制工作大纲。根据可行性研究编制工作大纲的有关要求，江苏省水利勘测设计研究院有限公司抓紧开展工作，截至2014年底，已完成了初步调研和基础资料搜集，形成了各单项可行性研究编制的基本思路，明确了技术路径和工作计划安排。

（薛刘宇）

## 工　程　建　设

2014年，《江苏省南水北调配套工程规划》中的“水质保护补充工程”设计单元建设进展加快。

（1）新沂市尾水导流工程。概算总投资21 207万元，施工总工期18个月。2012年1月正式开工实施。截至2014年底，工程已全部建设完成，年度累计完成投资741万元，总累计完成投资21 207万元。

（2）丰县沛县尾水资源化利用及导流工程。概算总投资52 093万元，施工总工期20个月。2012年9月开工实施。截至2014年底，尾水导流工程已全部完成并移交管理，沛县资源化利用工程已完成，丰县、铜山等县区资源化利用工程正抓紧实施。年度累计完成建设投资11 794万元，总累计完成投资47 924万元，占工程总投资的92%。

（3）睢宁县尾水资源化利用及导流工程。概算总投资23 080万元，施工总工期16个月。2013年6月开工实施。截至2014年底，尾水管道铺设、尾水提升泵站等主体工程已基本完成，水质监测设备安装基本完成，正抓紧进行泵站装修和穿睢邳路顶管工程施工。年度累计完成投资9147.5万元，总累计完成投资20 175万元，占总投资的87.4%。

（薛刘宇）

# 山 东 省

## 概 述

南水北调东线一期工程山东省续建配套工程消纳调江水量14.67亿$m^3$，其中鲁南片2.10亿$m^3$、胶东片8.77亿$m^3$、鲁北片3.80亿$m^3$。续建配套工程建设涉及枣庄、济宁、菏泽、德州、聊城、济南、滨州、淄博、东营、潍坊、青岛、烟台、威海等13个市的68个县（市、区）。供水范围总面积为6.42万$km^2$，占山东省国土面积的40.85%，规划阶段划分为41个供水单元工程。主要包括输水工程、调蓄工程、泵站工程和供水工程等。规划输水渠道747km，调蓄水库62座，新（改）建泵站88座，调蓄水库出库至净水厂供水管道总长806km，规划总投资253.2亿元。

经优化调整，山东省原规划41个供水单元工程调整为38个。截至2014年底，38个供水单元全面开工建设，17个供水单元基本建成，具备消化承诺调江水量的能力。累计完成投资72.66亿元。

（李 娟）

## 前 期 工 作

2014年2月27日，山东省政府办公厅印发了《关于加快南水北调配套工程建设的通知》（鲁政办字〔2014〕28号），一揽子提出了综合水价改革、地下水压采、以奖代补激励政策、土地征收、基本水费征缴等方面的措施。

2014年3月25日，山东省南水北调工程建设指挥部《关于下达南水北调配套工程建设进度计划的通知》（鲁调水指字〔2014〕4号），将各供水单元前期工作和建设进度计划细化到月。

2014年4月1～4日，按照山东省政府办公厅督查要求，山东省发展改革委、财政厅、国土资源厅作为组长单位，组织省水利厅、林业厅、南水北调局有关人员分3组对德州、聊城、济南、枣庄、菏泽、济宁，潍坊、东营、滨州9市南水北调配套工程建设情况进行督查。

2014年5月30日，为落实山东省副省长赵润田在督查报告上批示精神，进一步加快南水北调配套工程建设，印发了《关于进一步加快南水北调配套工程建设的通知》（鲁调水指字〔2014〕7号）。

2014年6月30日，山东省副省长赵润田在调度会议上做出指示，山东省南水北调局就配套工程奖补办法初步方案进行了进一步修改完善，提出了南水北调配套工程补助方案的具体建议，并于7月15日再次向山东省政府进行专题汇报。

2014年8月28日，为贯彻落实山东省南水北调工程建设指挥部成员会议精神，全力推动山东省续建配套工程建设，全省南水北调配套工程建设调度会议在济南召开。

2014年11月10日，为严格配套工程投资计划执行情况管理，山东省发展改革委、财政厅、南水北调局联合印发了《关于对南水北调配套工程投资计划执行情况进行自查的通知》（鲁发改农经〔2014〕1196号）。

2014年11月18～26日，山东省政府督查室组织山东省发展改革、财政、水利、南水北调局等有关部门组成督查组赴潍坊、东营、滨州、聊城、枣庄、菏泽6市对配套工程前期工作及建设情况进行年内第二次督查。

2014年12月22～31日，按山东省水利厅《关于开展水利专项资金使用管理情况检查工作的通知》（鲁水办字〔2014〕20号）要求，山东省南水北调局组成4个组分别对枣庄、济宁，聊城、德州，潍坊，威海、烟台7个市，13个配套工程供水单元水利专项资金使用情况进行了检查。

（徐国涛）

## 工 作 进 展

截至2014年12月底，山东省续建配套工程38个供水单元工程中：

已有30个批复了初步设计，分别是：青岛市区、平度，淄博市，济南市区、章丘，烟台市区、莱州、龙口、蓬莱、招远、栖霞，济宁市（3个）、枣庄市区、滕州，德州市区、武城、夏津、旧城河，潍坊市寿光、滨海开发区、昌邑，东营市广饶，聊城市莘县、冠县、临清、威海市区、菏泽巨野，引黄济青改扩建供水单元工程。

可行性研究报告已获得批复，初步设计尚未批复的供水单元工程有5个。分别是：东营中心城区，聊城市东阿、阳谷、茌平，滨州市邹平供水单元工程。可行性研究报告已通过审查，尚未批复的供水单元工程有3个。分别是：聊城市东昌府区、高唐、滨州市博兴供水单元工程。

（徐国涛）

## 投 资 计 划

山东省续建配套工程建设资金由资本金和融资两部分构成，其中资本金部分由省、市、县三级财政按一定比例筹集。按照山东省南水北调续建配套工程建设管理方式，各市人民政府为续建配套工程建设责任主体，市、县资本金及融资由各市具体负责，山东省发展改革委和省财政厅负责省级资本金筹措和计划安排。累计下达省级以上投资计划12.82亿元、市县资本金匹配22.79亿元、融资50.31亿元，完成投资72.66亿元。

2014年内，山东省发展改革委分两批下达了省级资本金（省级财政专项资金）投资计划6.15亿元；分3批下达了省级补助资金2.3亿元。具体包括：

2014年5月26日，鲁发改投资〔2014〕515号下达省级财政专项资金投资计划38 239万元；

2014年9月25日，鲁发改投资〔2014〕997号下达省级财政专项资金投资计划23 261万元；

2014年9月25日，鲁发改投资〔2014〕975号下达省级补助资金投资计划10 000万元；

2014年9月25日，鲁发改投资〔2014〕998号下达省级补助资金投资计划3000万元；

2014年11月28日，鲁发改投资〔2014〕1268号下达省级补助资金投资计划10 000万元；

按照省级资本金安排计划，济南市区、章丘，淄博市，枣庄市区、滕州，济宁市（3个供水单元），烟台市区、龙口、栖霞，威海市区，潍坊市寿光、昌邑，东营市广饶，德州市区、武城、夏津、旧城河，聊城市莘县、冠县，菏泽市巨野等22个供水单元工程的省级资本金已全部下达。

（徐国涛）

### 资 金 筹 措

山东省续建配套工程筹资方案不考虑青岛市（计划单列）和引黄济青改扩建（单审单批）两个单项工程，规划阶段资本金占40%，融资占60%，即资本金94.33亿元，融资141.49亿元。资本金中省级负担30%，市、县负担70%，其中省级负担又按东部、中部、西部地区3个标准，东部地区20%，中部地区30%，西部地区40%，省财政直管县增加10%，剩余资本金由市级财力筹资40%，县级财力筹资60%。按规划投资测算，需筹措省级资金32.95亿元、市级资金24.55亿元、县级资金36.83亿元。

（徐国涛）

## 河 南 省

### 概 述

河南省南水北调配套工程是中线总干渠分水口门至城市水厂之间的输水工程，承担着将分配给河南省的南水北调水量输送到城市水厂任务。输水线路总长约1000km，建提水泵站20座。

### 建 设 管 理

在继续实行配套工程月建管例会制度和工程建设旬报、月报制度的基础上，采取多种措施，加强配套工程建设管理。

一是完善配套工程建设督查机制，对配套工程风险标段实行按月督导制度。2014年初，对11个省辖市配套工程所有施工标段的进展情况逐一进行排查，共梳理出47个按期完工存在风险的标段，对制约进度的关键问题建立台账并实行销号制度。每月初，由河南省南水北调办领导分片带队，对风险标段建设进展及问题解决情况进行督查、考核、评比、通报，推进配套工程进度。

二是加强沟通协调，加快配套穿越工程开工建设进度。河南省南水北调配套工程共穿越河流、公路、铁路等400多处，由于穿越交叉工程涉及利益主体多、施工环境复杂、协调难度大，进展滞后较多。为推动穿越工程早日开工建设，主动与郑州铁路局、河南省交通运输厅等有关部门沟通，协助各省辖市南水北调配套工程建管局推动穿越工程方案的批复和穿越手续的办理。及时召开穿越工程施工推进会，研究解决存在的问题，为工程建设创造有利条件，营造宽松环境，推动全省400多处穿越铁路、公路、河流等交叉工程的开工和建设进度。

三是加快推动配套工程静水压试验工作。输水管道静水压试验是配套工程完工验收之前必须履行的一个试验项目。河南省配套工程压力管道线路长、管径尺寸大、承受压力高，对静水压试验安全条件要求很高，省内又无同类工程可借鉴参考。为做好静水压试验，根据河南省配套工程实际情况，在平顶山和鹤壁两市各选取一个试验段，先期开展静水压试验。2014 年 5 月 5 日，静水压试验完成，11 个市配套工程的静水压试验工作全面展开。因河南省配套工程静水压试验需水量大，协调中线建管局，采用总干渠充水试验的水进行配套工程静水压试验，及时解决配套工程静水压试验水源问题。

四是推进配套工程与干线工程同步达效。成立河南省南水北调配套工程运行管理领导小组，组建运行管理办公室（简称运管办），并明确领导小组、运管办、项目建管处、市县南水北调办（配套工程建管局）工作职责，建立配套工程建设与管理联络员制度，组织召开配套工程运行管理工作例会，研究落实配套工程接水及运行管理各项准备工作。省南水北调建管局组织编制印发先期接水的配套工程线路试通水调度运行方案，并对各市南水北调办（配套工程建管局）运行管理人员进行培训交底。2014 年实现配套工程与干线工程同步通水、同步达效的目标。

（刘晓英）

## 招标投标

按照配套工程建设委托制管理模式，各市南水北调建管局受河南省南水北调建管局的委托，根据双方签订的《工程建设管理委托合同》，负责境内配套工程招标设计之后，施工准备阶段和建设实施阶段全过程的建设管理工作，包括相应的工程招标工作。

配套工程招标工作在 2011 年逐步展开，2012 年 9 月 18 日配套工程招投标工作计划印发以后进入高峰期，2014 年招标工作根据工程实施情况，按程序逐步开展。

截至 2014 年底，省南水北调建管局完成配套工程保险 2 个标段、自动化系统建管、监理及流量计采购安装 6 个标段，共 8 个标段招标工作，累计中标金额 3242 万元。各省辖市配套工程建管局共完成配套工程 309 个标段的招标工作，累计中标金额 68.68 亿元，其中监理、监造标 52 个，中标金额 0.97 亿元；施工标 135 个，中标金额 27.74 亿元；管道标 56 个，中标金额 34.52 亿元；阀件标 31 个，中标金额 3.51 亿元；电气设备标 15 个，中标金额 1.32 亿元；水机标 6 个，中标金额 0.2 亿元；金属结构标 1 个，中标金额 406 万元；管理处所施工标 8 个，中标金额 0.35 亿元；管理处所监理标 5 个，中标金额 93.08 万元。

（沈　涵）

# 拾叁 队伍建设

TEAM BUILDING

# 国务院南水北调工程建设委员会办公室

## 概　述

国务院南水北调办2014年干部人事工作，认真贯彻党的十八大和十八届三中、四中全会精神，按照全国组织部长会议、人才工作会议、人力资源和社会保障工作会议、行政机关公务员管理工作会议等有关工作要求，坚持围绕中心、服务大局，坚持求真务实、开拓创新，以学习贯彻习近平总书记系列重要讲话精神、严格落实干部选拔任用工作条例、加强和改进干部监督为重点，积极推进领导班子、干部队伍、人才队伍建设，不断提高干部人事工作水平，为实现南水北调东线平稳高效运行、中线如期建成通水提供了坚强的组织保证和有力的人才支持。

（刘德莉）

## 组　织　机　构

（一）干部人才建设

贯彻落实党的群众路线教育实践活动，针对干部队伍建设中存在的突出问题，研究制定整改方案和年度工作计划，进一步理清工作思路，明确工作重点，落实保障措施。以领导班子和组织人事干部为重点，开展《领导干部选拔任用工作条例》集中培训，根据工作需要，严格标准、严格程序、严肃纪律，做好领导干部选拔任用工作，选齐配强南水北调东线总公司领导班子。拓宽选人用人渠道，从严选调京外优秀人才，积极为干部交流锻炼创造条件。规范有序地选拔基层优秀干部到办机关交流锻炼，做好各类型各层次干部的交流轮岗工作，激发干部队伍活力。注重在实践中锻炼干部，研究制定分批选派机关基层工作经历不足的领导干部赴基层锻炼工作计划。积极选派干部到国家信访局挂职锻炼，做好第七批援疆干部期满考核和第八批援疆干部选派工作。认真组织开展专业技术职务任职资格评审工作，通过自评及委托代评等形式，评定一批工程、会计专业系列具备高、中级专业技术任职资格的技术人员，进一步充实了专业技术人才队伍。

（二）干部监督管理

落实中央从严管理干部精神，组织完成机关各司、直属企事业单位副处级（企业为部门副职）以上领导干部个人有关事项报告抽查核实工作。按照中央要求，对办机关、各直属单位按职数配备干部情况进行全面自查，对机关各司、直属企事业单位副处级（企业为部门副职）以上领导干部在企业兼职（任职）情况进行全面清理，对办机关、各直属单位（离）退休干部在社会团体兼职情况进行清理规范，均未发现违规违纪问题。按照中央关于加强领导干部秘书管理的工作要求，为省部级领导干部机要秘书办理任职审批手续，并向中央组织部集中报备省部级领导干部秘书任职情况。按干部管理权限，切实加强选人用人监督检查，配合中央组织部完成国务院南水北调办党组年度选人用人“一报告两评议”，组织直属单位开展“一报告两评议”。学习贯彻中央组织部关于从严管理干部档案的通知精神，进一步规范干部档案管理，启动干部档案专项审核工作。

（三）干部教育培训和考核评价

精心组织学习贯彻习近平总书记系列重要讲话精神集中轮训班，本着务实、高效、精简、节约的原则，充分利用办公室现有场地和条件，对机关各司、直属企事业单位近百名领导干部进行集中轮训，精心选择培训课程，严格学员管理，取得预期效果。按照中央要求，对机关各司、各直属事业单位全体干部职工和直属企业部门副职及以上领导干部参加社会化培训情况进行清理整顿，未发现领导干部参加高收费培训项目、未按照干部管理权限履行报批程序等情况。认真组织年度司局级干部选学和中央组织部干部调训计划申报工作，按照施教院校专题班的安排，及时做好学员参训的组织和管理。贯彻落实《党政机关厉行节约反对浪费条例》《中央和国家机关培训费管理办法》精神，严格控制培训时间、规模和经费，组织机关各司完成年度机关业务培训班计划申报工作，并协助各司开展各项业务培训。认真组织完成2014年度办管干部考核工作，统筹完成机关处级及以下公务员和工勤人员年度考核工作。

（四）机构编制管理

按照“机构清、编制清、领导职数清、实有人员清”的目标要求，对办机关、直属事业单位的机构和人员编制进行核查，未发现擅自设立机构、超编进人、超职数配备干部等违规违纪问题。妥善做好事业单位分类改革有关后续工作，根据中央机构编制委员会办公室反馈的初审意见，加强与有关部门的沟通联系，争取将直属三个事业单位划入“公益一类”。参与中线运行管理体制、运行管理机构和人员配置方案的研究工作，多方征求意见，会同有关部门深入一线调研，为领导决策提供参考，结合实际需要，及时研究批复了中线通水运行初期职能调整及人员过渡方案。按照办党组要求，配合做好南水北调东线总公司的组建工作，统筹做好公司章程、三定方案的审批工作，为东线精简高效运行提供了组织保障。

（刘德莉）

## 人事管理

2014年2月8日，国务院南水北调办以办党任〔2014〕1号文件，任命刘杰同志为中共南水北调中线干线工程建设管理局纪检组长。

2014年4月10日，国务院南水北调办以办任〔2014〕1号文件，免去徐子恺的环境保护司巡视员职务；因干部到龄，按照国家有关政策，批准退休。

2014年5月19日，国务院南水北调办以办任〔2014〕2号文件，任命戴占强为南水北调中线干线工程建设管理局总经济师（试用期一年）。

2014年5月19日，国务院南水北调办以办党任〔2014〕2号文件，任命戴占强同志为中共南水北调中线干线工程建设管理局党组成员。

2014年5月26日，国务院南水北调办以办任〔2014〕3号文件，任命井书光为建设管理司副司长（试用期一年），免去其建设管理司副巡视员职务；任命袁文传为建设管理司副巡视员。

2014年5月30日，国务院南水北调办以办任〔2014〕4号文件，经任职试用期满考核合格，任命王松春为南水北调工程设计管理中心主任。

2014年5月30日，国务院南水北调办以办党任〔2014〕4号文件，经任职试用期满考核合格，任命刘杰同志为中共南水北调中线干线工程建设管理局党组副书记。

2014年6月16日，国务院南水北调办以办任〔2014〕5号文件，经任职试用期满考核合格，任命范治晖为环境保护司副司长。

2014年9月28日，国务院南水北调办以办任〔2014〕6号文件，经任职试用期满考核合格，任命韩占峰为投资计划司副司长，袁其田为监督司副司长。

2014年9月30日，国务院南水北调办以办任〔2014〕7号文件，任命赵登峰为南水北调东线总公司总经理，免去其建设管理司巡视员职务；任命赵存厚为南水北调东线总公司副总经理；任命赵月园为南水北调东线总公司副总经理，免去其国务院南水北调办政策及技术研究中心副主任职务。

2014年10月14日，国务院南水北调办以办任〔2014〕8号文件，任命高必华、胡周汉为南水北调东线总公司副总经理（试用期一年）。

2014年11月26日，国务院南水北调办以办任〔2014〕9号文件，免去王志民的综合司巡视员职务；因干部到龄，按照国家有关政策，批准退休。

（刘德莉）

## 党建与精神文明建设

2014年，国务院南水北调办直属机关党委在中央国家机关工委和国务院南水北调办党组的领导下，在机关各司各直属单位的积极支持配合下，围绕“服务中心、建设队伍”两大核心任务，着力加强党的思想、组织、作风、反腐倡廉和制度建设，着力建设学习型、服务型、创新型的机关基层党组织，为南水北调工程建设管理提供了有力的思想政治保证。

### （一）理论学习和思想政治建设

围绕加强思想理论建设，以创建学习型党组织为载体，一年来，机关各级党组织在办党组中心组学习的带动下，采取集中学习、短期培训、专家辅导、学习讨论等多种形式，加强面上党员干部的理论学习，不断增强党性修养，提高政策理论水平和业务素质。

（1）政治理论学习。组织党员干部深入学习党的十八大、十八届三中四中全会、全国“两会”、中纪委全会等会议精神，学习习近平总书记系列重要讲话，学习中国特色社会主义理论体系，学习党的历史和马克思主义哲学等。本年度办党组中心组进行了9次集中学习讨论，举办了3次辅导报告，共有28人次进行了重点发言。及时汇编中心组理论学习成果和党员干部调研报告。向工委报送学习成果22篇，有6人获奖。

（2）工程业务知识学习。组织党员干部认真学习贯彻南水北调系统工作会议精神，学习研究南水北调工程建设管理重大专题，总结工程建设和运行管理经验，12月开展了工程由建设管理转向运行管理的大讨论，为工程转型发展献计献策。

（3）党员干部经常性培训教育。认真贯彻落实中央关于“加强党员经常性教育”的要求，本年度共选派11个处级干部、1个科级干部参加中央党校中央国家机关分校学习，8个司局级干部参加中组部和中央国家机关工委组织的自主选学，10个司局级干部、1个处级干部参加中央党校、国家行政学院、浦东干部学院、井冈山干部学院和延安干部学院的调训。此外，组织党员干部参加历史文化讲座、部长形势报告会、“强素质、作表率”读书活动、中国干部网络学院和紫光阁论坛等学习。

（4）党员干部自学。定期向各党支部发送《中办通讯》《党建研究及内参》《党风廉政建设》《紫光阁》等学习材料；给党员干部购置读书卡，购买了《习近平总书记系列重要讲话读本》《习近平关于实现中华民族伟大复兴的中国梦论述摘编》《改革热点面对面》、两会报告及解读、党的十八届四中全会决定及辅导读本等书籍，引导和督促党员干部好读书、读好书，加强理论修养。

### （二）组织建设

认真贯彻落实《中国共产党党和国家机关基层组织工作条例》，扎实推进机关党的组织建设，增强基层党组织的生机与活力，造就高素质的党员干部队伍。

（1）机关工青妇组织换届选举。按照工

青妇组织的有关章程和规定，经办党组同意并报经上级部门批准，本年度，国务院南水北调办完成了机关工青妇组织的换届工作，为工青妇组织注入了新鲜血液。

第三届直属机关工会委员为刘岩、由国文、杜丙照、严丽娟、李益、周波、白咸勇、鲁璐、曹纪文、魏伟、张德华、李立群、宿耕源；刘岩任主席，由国文、杜丙照任副主席。第三届直属机关工会经费审查委员会委员为杜丙照、张明霞、梁宇，杜丙照任主任。

第三届直属机关妇工委委员为谢民英、李笑一、孙卫、何韵华、熊雁晖、陈梅、李小卓；谢民英任主任，李笑一、孙卫任副主任。

第三届直属机关团委委员为张栋、马永征、周波、张晶、鲁璐、熊雁晖、高立军、陈晓楠、侯坤；马永征任书记，熊雁晖、高立军、陈晓楠任副书记。

（2）党内生活。一是积极组织开展主题党日活动。机关党委组织党员干部参观抗日战争纪念馆，接受爱国主义教育。各党支部（党委）结合实际和业务工作特点，开展了丰富多彩的主题党日活动。二是组织开好司局级领导干部民主生活会和党员组织生活会，审阅各司各直属单位教育实践活动整改报告、班子对照检查报告等材料，督导做好学习教育、听取意见、谈心谈话、剖析检查、撰写对照检查报告等各环节工作，并派人全程参加民主生活会。通过召开司局级党员领导干部民主生活会，领导干部联系思想和工作实际，积极开展了批评与自我批评，查找了存在的问题和不足，在严肃、融洽的氛围中沟通了思想，进一步明确了今后的努力方向。

（3）组织建设专项工作。一是制定了《国务院南水北调办党员领导干部讲党课制度》和《国务院南水北调办主题党日活动制度》。二是组织召开了支部工作法座谈会，要求党支部学习运用、总结提炼“践行群众路线支部工作法”。三是部署了基层服务型党组织建设有关工作，并向工委报送先进典型。四是做好2014年度党建考核工作，促进直属机关党建工作科学化。五是认真开展党建课题研究，本年度在南水北调系统对《条例》贯彻落实情况开展了问卷调查，形成了课题报告，并获中央国家机关党建课题研究二等奖。六是加强信息沟通和交流，办好党建工作简报；及时向中央国家机关工委上报思想动态反映和有关信息；坚持办好党建工作网上信箱，畅通民意渠道。

（4）日常组织管理工作。一是认真贯彻“坚持标准、保证质量、改善结构、慎重发展”的方针，积极稳妥地做好党员发展工作，共发展新党员7名。二是及时办理党员组织关系接转手续。三是认真做好党内统计工作。四是党费收缴管理工作进一步规范化。五是协助退休干部党支部开展工作。为退休干部订阅了理论学习报刊和书籍，协助退休干部支部开展党的活动，及时为退休干部送去关爱。

### （三）党风廉政和机关作风建设

坚持把党风廉政建设放在机关党建的突出位置，与业务工作同部署、同落实、同检查、同考核，着力构建教育、制度和监督并重的惩治和预防腐败体系。

（1）廉政文化警示教育。组织党员干部认真学习十八届中纪委三次全会和国务院第二次廉政会议精神，学习中央有关文件。把反腐倡廉理论学习作为党组中心组学习的重要内容。以党支部（党委）为单位组织观看警示教育片，增强广大党员干部的宗旨意识、忧患意识、大局意识和廉政意识，确保南水北调工程安全、资金安全、干部安全。

（2）国务院南水北调办廉政工作会议。2月，国务院南水北调办召开了廉政工作会，会后制定了《国务院南水北调办建立健全惩治和预防腐败体系2013～2017年工作要点》，部署了五年的廉政工作；制定了《国务院南水北调办关于加强廉政风险防控的意见》，研究提出了22条腐败风险源防控措施；修订了党风廉政建设责任书，办领导与各司各直属单位主要负责人签署了廉政建设责任书。

（3）召开党的群众路线教育实践活动总结大会。2014年1月24日，国务院南水北调办召开党的群众路线教育实践活动总结大会。国务院南水北调办党组书记、主任，办教育实践活动领导小组组长鄂竟平主持会议并讲话，强调要在党中央、国务院的正确领导下，进一步巩固和扩大教育实践活动成果，形成推进南水北调工程又好又快建设的强大动力。中央第31督导组组长令狐安出席会议并讲话。中央第31督导组副组长傅雯娟及全体成员，国务院南水北调办党组成员、副主任张野、蒋旭光、于幼军，老领导宁远出席会议。国务院南水北调办机关全体党员干部、各直属单位领导班子成员，以及部分党外同志参加了会议。

（4）党风廉政建设责任制。按照规定要求，12月组织各司各直属单位开展了《党风廉政建设责任书》执行情况的自查工作。在工程建设的重要环节和关键领域加强监督管理，对领导班子、领导干部特别是“一把手”的监督作为重点。同时，做好信访举报受理工作，认真处理来信来访，核查来信来访线索。每月向纪工委报送反映问题线索处置情况统计表和落实八项规定精神情况月报表。严格执行个人有关事项和重大事项报告制度、领导干部述职述廉制度、干部任前谈话等制度。

（四）直属机关精神文明创建工作

积极指导机关工、青、妇等群众组织依据各自章程、发挥各自特点，开展群众喜闻乐见，有益身心健康的各类活动，为南水北调工程建设提供强大的精神动力。

（1）工青妇群众组织工作。机关工会关心职工权利和利益，组织干部职工参加中央国家机关“公仆杯”象棋比赛、乒乓球联赛、羽毛球比赛等，认真组织开展新春联谊活动；开展节日送温暖活动，及时慰问困难职工并对个别困难干部职工申请了困难帮扶补助，常年坚持为干部职工送上生日祝福等。机关妇工委关心女职工的权益和健康，坚持做好女职工专项体检工作；对在孕期哺乳期的女职工给予生活工作上的关心照顾；组织干部职工学习太极拳、参加动漫急救知识竞赛和家庭建设好经验活动；组织女职工编织毛线献爱心；重视职工子女的成长教育。机关团委组织青年干部参加根在基层调研活动；积极筹备组建学习雷锋志愿服务队；深化青年文明号创建活动；组织开展拔河比赛等活动。

（2）精神文明创建工作。按照办党组统一部署，办直属机关开展了内容丰富、形式多样的精神文明创建活动。一是开展社会主义核心价值观宣传教育，利用报纸和网站集中宣传南水北调工程建设中的先进典型，制作张贴了社会主义核心价值观和“负责、务实、求精、创新”的南水北调核心价值理念挂图。二是做好中央国家机关精神文明委复查的相关工作。开展了2014年度办公室文明处室、文明职工、文明家庭评选工作，加强文明机关、和谐机关建设，推进直属机关精神文明创建活动深入发展。征地移民司获中央国家机关“创建文明机关，争做人民满意公务员”活动先进集体称号。三是为庆祝南水北调中线一期工程成功通水，举办了第八届职工文化艺术展，共展出书画、摄影、手工艺三大类117件作品。开展中外名曲赏析等道德讲堂活动，组织观看电影《天上的菊美》，话剧《格桑花》《源水情深》《家园》等。四是及时召开机关干部职工座谈会，听取对加强机关建设的意见建议。“八一”前夕慰问退伍军人。五是扎实开展普法和知法守法活动，认真贯彻计划生育基本国策，引导遵守交通法规。六是认真做好《中国南水北调工程丛书·文明创建卷》党建工作部分编写工作。

（3）统战和维稳工作。关心重视民主党派和无党派人士的思想、工作和生活，及时召开党外人士座谈会，引导他们用党的方针政策，特别是党的十八大和十八届三中四中全会精神统一思想，指导工作。认真做好维稳工作，配合行政部门，完善安全检查和报告制度，保证机关的安全稳定。

（五）获得荣誉

（1）直属机关党委被评为中央国家机关“践行党的群众路线、总结支部工作法”活动优秀组织单位，投资计划司党支部的“工程项目价差调整工作”被评为中央国家机关党支部践行群众路线服务民生工作典型。

（2）直属机关党委承担的党建研究课题《坚持问题导向，认真贯彻〈条例〉，不断推进机关党建工作科学化——〈条例〉贯彻落实情况调查》（直属机关党委严丽娟同志执笔）一文在中央国家机关党建研究会2014年党建课题研究成果评选中获得二等奖。

（3）国务院南水北调办机关征地移民司荣获中央国家机关第二届“创建文明机关 争做人民满意公务员”活动先进集体。

（4）国务院南水北调办代表队荣获中央国家机关2014年“公仆杯”象棋比赛团体优胜铜奖，选手刘富叶荣获个人银奖，高玉刚荣获个人铜奖。国务院南水北调办代表队荣获中央国家机关第二届“公仆杯”羽毛球比赛混合团体赛甲组优秀奖。

（5）直属机关妇工委荣获中央国家机关干部职工家庭建设好经验评选活动优秀组织奖，由国文、邓杰、何韵华、盛晴、王秀贞5位同志荣获家庭建设好经验评选活动“最佳经验奖”。

（6）中线建管局河北直管建管部石家庄管理处副处长王秀贞家庭荣获“全国五好文明家庭”称号。

（7）中线建管局河南直管建管局荣获中央国家机关“五一”劳动奖状，中线建管局河南直管建管局副局长蔡建平、国务院南水北调办建设管理司工程建设处处长马黔荣获中央国家机关“五一”劳动奖章。

（8）中线建管局河南直管建管局团支部荣获2014年度中央国家机关最具活力团支部奖。

（严丽娟　朱明远）

# 有关省（直辖市）南水北调工程建设管理单位

## 北　京　市

### 组　织　机　构

2014年，北京市机构编制委员会办公室以《关于同意调整市南水北调办机构编制的函》（京编办行〔2014〕156号）批复北京市南水北调办，同意机关增设应急与安全监管处、在综合处加挂协作办公室的牌子，使机关行政编制由38名增至42名，内设机构由8个增至9个，处级领导职数从9正4副增至11正4副；以《关于同意成立北京市南水北调东干渠管理处的函》（京编办事〔2014〕3号）、《关于同意设立北京市南水北调水质监测中心的函》（京编办事〔2014〕72号），同意新成立北京市南水北调东干渠管理处和水质监测中心，增加处级领导职数1正4副。目前，北京市南水北调办下属10个事业单位，事业单位编制共计598名。

（高国军　张辉明）

## 人事管理

2014年，北京市南水北调办严格干部选拔任用程序，着力在"健全选任机制，强化管理监督"上下功夫，以素质能力双提升活动为抓手，通过一系列行之有效的实践和探索，规范工作制度，完善工作机制，拓宽选人渠道，激活用人机制，进一步提升干部人事工作的科学化水平。

（一）人事管理原则

《党政领导干部选拔任用工作条例》颁布执行后，及时组织北京市南水北调办系统各级领导干部和组织人事干部开展学习，并结合南水北调实际，进一步健全完善选人用人制度，强化干部选拔任用监督机制，推进干部选拔任用工作规范化。启用了《干部选拔任用工作纪实监督系统》，在处级干部选拔任用工作中，接受市委组织部全程监督，增强了干部工作的透明度和公开性。全年完成转任公务员3人，其中从区县转任处级干部1人；提拔正处级干部6人、副处级干部1人，事业单位之间平级任职处级干部1人；选派处级干部1人参加全市干部挂职锻炼。

（二）人事招录渠道

结合工作需要，在继续做好公务员公开招录和事业单位公开招聘的基础上，先后开展了外地生源大学毕业生招聘、退役大学生士兵安置等工作，多渠道、多途径地吸纳优秀人才。积极协调北京市公安局开设了办公室集体户口，为今后增加高端专业人才储备，扩大人才引进范围解决后顾之忧。全年组织北京市南水北调办属各事业单位安置退役大学生士兵2名，招聘非京生源应届大学毕业生5名，分两批面向社会公开招聘工作人员81名；同时，从密云水库管理处选调工作人员8名，安排水利水电学校学生顶岗实习18人。

（高国军　张辉明）

## 党建与精神文明建设

（一）机关党建

充分发挥各级党组织"一上一下"的作用，着力推动政治强、业务精、作风硬、服务好的党员干部队伍建设，不断提高机关党建科学化水平和管理服务能力。

1. 制度建设

一是制定并印发了《市南水北调办2014年党建工作要点》，作为行动纲领，指导基层工作的开展。二是落实机关党建工作责任制，坚持"一岗双责"，定期向办党组汇报机关党委工作，实现业务、党建工作同部署同落实。三是突出建设基层服务型组织，围绕建立健全机关党员干部直接联系群众制度，巩固和深化党的群众路线教育实践活动成果，深入建设一线，及时了解各基层党组织关于基层党建工作的困难和问题，积极协调加以解决。

2. 先进典型

一是在北京市南水北调系统开展了优秀共产党员采访实录活动，对30名来自不同工作岗位的优秀建设者进行文字采访和视频制作，形成了采访实录文集。二是结合建党93周年庆祝活动，组织开展了先进基层服务型党组织和优秀共产党员的评选工作，对3个先进党支部、10名优秀党员进行了表彰。三是积极参加首都精神文明办组织的2012～2014年度首都文明单位推荐工作，办机关、建管中心、拆迁办被市直机关列为"首都文明单位"推荐单位。四是积极协调北京市人力社保局等单位，启动了"北京市南水北调工程建设先进集体和先进个人"评选表彰申报工作，目前表彰方案已由北京市委、市政府报送国务院有关部门审批。

3. 组织建设

一是以学习贯彻《中国共产党发展党员工作细则》为契机，认真落实北京市委关于加强新形势下发展党员和党员管理服务工作的实施意见，进一步规范各基层党组织党员发展工作程序，特别是在入党积极分子和发展对象的确定、预备党员的接收和转正等关键环节认真把关。全年办系统共接收预备党员9名，批准预备党员转正10名。二是按照北京市直机关工委换届选举的有关规定，及时启动了机关党委换届的各项准备工作，组织开展换届工作培训，2015年1月底顺利完成换届工作。三是根据北京市直机关工委关于《中国共产党党和国家机关基层组织工作条例》及实施办法贯彻落实情况专项检查工作方案的有关要求，结合南水北调工作实际，对办属各基层党组织认真开展了自评自查工作，促使基层党建工作得到进一步规范。

（二）机关团建

2014年，机关团委以“保通水、促运行”为中心，继续坚持党建带团建、团建服务党建的总体原则，进一步规范团组织和团干部队伍建设，丰富团的活动内容，创新活动载体，机关团建工作扎实有效推进。

1. 组织建设

一是组织成立了团城湖管理处团总支部及其下设基层团支部，标志着现有基层组织实现了共青团系统架构的全覆盖。二是部分基层团（总）支部与工程沿线的北京建筑大学、卢沟桥街道社区等部门建立了合作机制，依托资源互补提升青年工作水平。

2. 组织活动

将青年工作重心定位于促进参与接水的关键性工程建设以及北京市南水北调工程形象推广。一是利用世界水日、中国水周之际，组织北京市千余名青年参观南水北调工程，提升社会对工程的科学认知，强化饮水思源、护水节水意识。二是五四青年节当天，组织开展“青春·事业·我的梦”迎江水进京五四团课，青年代表百余人在“保通水动员令”上签字。三是选派青年代表参加市内南水北调巡回宣讲，前往各区县、各系统宣讲29场，锻炼了办系统青年宣传工作水平，促进了通水期的对外宣传工作。四是各团支部结合自身特点，先后开展了南水北调进社区、进学校，体育比赛交流，“五四精神传薪火”，“百日大会战征文演讲”等各类活动近30场，基本实现青年活动全覆盖。

（三）北京市委巡视情况

根据北京市委的统一部署，2014年3月13日~4月30日，北京市委第三巡视组对北京市南水北调办开展集中巡视。巡视范围为北京市南水北调办领导班子及其成员，重点检查监督领导班子及其成员3年来有关党风廉政建设情况、落实中央八项规定和市委实施意见情况、遵守党的政治纪律情况、执行民主集中制和干部选拔任用工作情况等。巡视工作通过召开动员会、听取汇报、单位走访、个别谈话、列席会议、重点内容深入调查等形式开展。

2014年7月11日，北京市委巡视组向北京市南水北调办党组反馈了巡视意见。巡视组在肯定了3年来北京市南水北调办领导班子工作的同时，也明确指出了在党风廉政建设和反腐败、落实中央八项规定精神和作风建设以及执行民主集中制和选拔任用干部等方面存在的问题，并提出了整改意见和建议。在接到北京市委巡视组巡视反馈意见后，北京市南水北调办党组高度重视，明确了整改目标、整改时限、牵头领导和主责单位，研究制定整改措施50条，重点在健全“三重一大”制度和议事规则、加强办公用房用车整改、规范干部选拔任用和使用管理、落实党风廉政主体责任等方面狠下功夫，按期完成了巡视整改意见的落实。在整改过程中，坚持将整改与教育实践活动长效机制结合起来、与做好当前中心工作结合起来，着力建立健全相关制度规范，强化成果运用，以整改落实推动工程建设管理，并按照党务公开原则和巡视工作有关要求，向社会公布了巡视整改情况。

（四）党风廉政建设

2014年是全面深化改革、全面推进依法治国的重要一年，也是南水北调建设史上具有里程碑意义的一年。一年来，各级党组织紧紧围绕“保通水”中心工作，认真落实党风廉政建设主体责任和监督责任，严明党的纪律，深入改进作风，全系统党风廉政建设和反腐败工作取得了新成效。

1. 落实“两个责任”

一是抓好部署推进。办党组主动落实党风廉政建设主体责任，当表率、做示范。年初，召开专题会议，部署工作任务；年中，结合市委开展巡视工作时机，及时分析研究风险防范和对策措施；年底，组织责任制执行情况检查，对照标准逐条考核打分。切实做到年初有安排部署，阶段有督导推进，年底有考核检查。通过考核检查，大部分单位开展党风廉政建设工作比较好，其中建管中心、团城湖管理处、拆迁办和信息中心等办属单位比较突出。

二是层层责任分解。党组把党风廉政建设当作分内之事、应尽之责，常研究、勤推进，落实主体责任和监督责任双报告制度。各级党组织主要负责同志在做到“五个亲自”的同时，切实督促班子成员履行好“一岗双责”；印发《责任分解》，层层签订党风廉政建设责任书，分解工作任务，向下传导压力，加大落实力度。

三是厘清工作职责。按照“转职能、转方式、转作风”的新要求，厘清党组主体责任和纪检组监督责任，明确纪检组监察处不兼任其他职务；机关党委增设内部机构，逐步承担党风廉政建设领导小组办公室和机关纪委职责。

2. 纠正“四风”

一是坚持上率下行，突出领导带头。结合群众路线教育实践活动整改要求，把严格遵守中央八项规定精神，切实改进作风，作为一项铁的纪律和制度，列入党组工作要点。领导班子及成员率先垂范，深入基层调研，严格落实减少陪同、简化接待规定，以实际行动影响和带动全系统党员干部。

二是着力改进作风，建立长效机制。转文风，推广使用OA办公自动化系统，加快公文流转速度；改会风，规范会议审批程序，提高会议质量和效率；促学风，加强理论武装、能力培养和知识更新；强督查，编发督查周报，通报会议落实结果；常调研，开展办机关帮扶基层调研活动，积极为办属各单位排忧解难；倡节约，建管中心、大宁管理处、拆迁办等单位采用多种形式，倡导文明用餐；严“三公”，细化接待标准，严格审批控制，全系统三公经费管理使用情况良好。

三是巩固活动成果，务求取得成效。将落实八项规定情况纳入党员领导干部述职述廉内容，加大责任考核与追究力度；以开展群众路线教育实践活动为契机，积极贯彻北京市委巡视组意见建议，立整立改，主动为干部群众排忧解难，如为偏远单位增设班车，协调办理集体户口等。

3. 规范权力运行

一是加强落实民主集中制情况的监督。制定完善党组《工作规则》和《“三重一大”决策制度实施意见》，坚持“集体领导、民主集中、个别酝酿、会议决定”的原则，不搞个人说了算。

二是加强对领导干部廉洁自律情况的监督。严格执行党员领导干部报告个人有关事项、述职述廉等制度，强化党内政治生活的日常监督。积极开展处级干部任前廉政谈话，任中及离任廉政经济责任审计，加强对廉洁自律情况的监督。

三是突出对干部选拔任用工作的监督。健全完善民主推荐、干部考察、任免票决、任前谈话及任前党风廉政知识测试等干部选拔监督制度，初步构建事前报告、事中监察、事后评议、任职告诫、离任审计、违规失责追究的监督程序。

四是开展专项整治和监督。组织开展整顿公务用车、腾退超标办公用房等专项整治工作。抓住重大节日和重要时间节点，通过会议、文件、廉政短信、组织检查等方式，开展教育宣传、通报提醒，落实廉洁从政、勤俭节约要求，杜绝违反中央八项规定精神的问题。

五是加强对重大工程建设的监督检查。开展东干渠和密云水库调蓄工程效能监察，由过去对工程变更、合同履行等具体事务监督检查，转为对人员的履职尽责、资金使用等情况监督，着力前移关口，注重末端落实。

六是建立完善监督机制。编制职权目录，全面清理涉权事项，规范权力运行环节，核定廉政风险点，确定风险等级，编印《廉政风险防控管理手册》，为推进全系统廉政风险防控管理工作系统化、制度化、规范化建设奠定基础。

4. 廉政文化建设

一是建好阵地。在内网开设“党风廉政建设”主题专栏，全年共编发文章和信息300余条；建管中心、调水中心等单位通过设立党风廉政橱窗、安装电子显示屏等手段，加大宣传和教育引导力度。

二是搞好结合。通过报纸、网络、电视、电台、电影、展览等形式，广泛宣传南水北调廉政为民、无私奉献的高尚情操，开展“反腐倡廉优秀作品”征集评选和巡回展出，促进单位文化建设与廉政文化建设有机结合。

三是用好载体。利用《中国纪检监察报》《中国监察》《是与非》等报刊，组织廉政文化学习教育；发放《廉政新规图解》及廉政书籍，多渠道多角度宣传党纪法规。

四是筑好防线。及时通报分析违反中央八项规定精神典型案件，教育警示广大党员干部，增强廉洁自律意识，自觉加强作风建设，树立正确的人生观和价值观，立起高压红线。

五是建好氛围。组织党风廉政建设知识竞赛，开展“廉洁奉公、勤政为民”主题宣传教育活动，引导党员干部学规矩、懂规矩、守规矩，打造良好廉政氛围。其中，信息中心、质监站和南干渠管理处等单位较为突出。

六是搭好平台。积极参加“北京廉政故事”和“廉政微短剧”作品征集活动，共征集作品238件。建管中心、拆迁办、团城湖管理处等单位认真组织，广泛发动。其中建管中心创作的廉政微短剧《都是梦话惹的祸》获北京市级优秀作品奖。

5. 兼职纪检监察队伍建设

一是建强队伍。继续开展“廉政督导”工作，在现有纪检监察队伍基础上，办属各单位结合实际在项目部、闸站点增设廉政监督员，延伸监督触角，形成上下联动、左右互动、横向到边、纵向到底的纪检监察队伍网络格局。

二是抓好培训。采取专题培训、以会代训、领导授课、网上教学等方式，坚持每季度组织一次业务培训，提高纪检监察人员业务能力和工作水平。

三是提升素质。积极参加上级纪检监察机关的专项培训和“以案代训”学习实践，提高纪检监察干部办案能力和综合素质。

6. 信访举报办理工作

一是坚持抓早抓小。通过内网开设“廉政信箱”，各办属单位设立投诉意见箱，主动受理群众来信来访。坚持早发现、早纠正、早查处，防止小问题演变成大问题。

二是拓展案源渠道。加大主动出击力度，在日常监督检查、效能监察、专项治理等工作中不断挖掘案件线索，拓宽案源渠道。

三是严格线索排查。规范信访办理流程，加强信访举报线索统一管理，完善线索排查和评估机制，实行月报告制度。

2014年，纪检组监察处共受理信访举报4件，均已办结。

（樊　博　雷雨阳　杨　颖　翟书旺　康　姁　赵　旸）

# 天　津　市

## 组　织　机　构

为确保中线工程通水顺利，天津市水务局党委成立南水北调工程管理筹备组。天津市机构编制委员会以《关于成立我市南水北调工程管理机构的批复》（津编发〔2014〕35号）批复市水务局，同意成立4个工程管理单位，负责天津市南水北调工程运行管理工作。按照市编委批复要求，天津市水务局成立天津市南水北调调水运行管理中心、南水北调曹庄管理处和南水北调王庆坨管理处。

（刘丽敏）

## 人　事　管　理

天津市南水北调办不断加强队伍建设。调整处级干部2人，李宪文同志任天津市南水北调办综合处副处长（试用期一年）；王柔同志任天津市南水北调办综合处副处长（试用期一年）。陈绍强同志经任职试用期满考核合格，任天津市南水北调办建设管理处副处长。

（刘丽敏）

## 党建与精神文明建设

天津市南水北调办结合南水北调工程建设实际，在天津市水务局党委的领导下，依托调水办机关党支部和各参建单位党组织，不断加强党的建设和精神文明建设。党的群众路线教育实践活动成效明显，全面贯彻中央八项规定精神，落实整改责任和措施，整改任务全部完成，并积极开展“回头看”专项行动。领导班子和干部队伍建设进一步加强，对处级领导班子和处级干部进行年度考核，对科级干部实行“一报告两评议”，对新选任科级干部进行满意度测评。推广应用“天津市党员远程教育系统”，举办1期处级干部、2期副处级干部培训班，积极做好入党积极分子发展工作。不断加强廉政建设，坚持对干部职工开展经常性的廉政教育，积极配合天津市监察局派驻重点水利工程监察组工作，坚持抓早、抓小、抓细，每个重点节日都重申纪律要求，对关键岗位、关键环节加强监督，全年未发生违规违纪问题，未发生群访和越级上访。精神文明建设活动广泛开展，组织学习贯彻习近平总书记系列重要讲话和社会主义核心价值观等活动，以党的最新理论成果武装干部职工；进一步加强民主管理，推进职工素质工程建设，广泛开展职工文体活动。

（刘丽敏）

# 河　北　省

## 组　织　机　构

2014 年 10 月 28 日，河北省机构编制委员会办公室印发《关于河北省南水北调工程建设委员会办公室建设管理处挂监督处牌子的通知》（冀机编办〔2014〕134 号），同意河北省南水北调办建设管理处挂监督处牌子，处级领导职数由 1 正 2 副增至 1 正 3 副。在其原有基础上增加以下主要职责：负责制定河北省南水北调配套工程有关工程质量稽查工作的管理办法及有关规章制度；承担国务院南水北调办委托的稽查工作；组织对河北省南水北调配套工程建设、征地拆迁等进行经常性稽查，并监督整改落实；负责受理河北省南水北调配套工程建设违法违纪问题的举报，并组织开展调查处理工作。

（宋丽霞）

## 党建与精神文明建设

2014 年，河北省南水北调办深入学习贯彻党的十八大、十八届三中、四中全会和习近平总书记系列重要讲话精神，紧紧围绕南水北调中心工作，着力推进党的思想、组织、作风和制度建设，充分发挥党支部的堡垒作用和共产党员的先锋模范作用，为全办整体工作的开展提供了坚强的思想后盾和有力的组织保障。

（一）党建工作

1. 思想教育工作

（1）理论学习。组织全体党员干部积极参加学习“贯彻党的十八届三中全会和习近平总书记系列讲话精神集中轮训辅导讲座”，对中央和河北省委重要精神进行宣传贯彻。通过上党课、开展“学习周”活动、撰写体会文章、学习交流等方式，促进党员、干部的政治素养、理论水平和业务能力的不断提高。

（2）《党章》《条例》学习。组织全体党员、入党积极分子全面系统学习了《党章》《条例》。“七一”期间组织开展了“党章学习日”主题党日活动，7 月份组织开展“党员学习月”活动，把学习《党章》《条例》作为机关党组织、党员加强党性修养、党性锻炼和保持党的纯洁性、先进性的重要内容，让大家进一步明确了党员的义务和权利，切实起到了对党员教育、管理的作用。

（3）学习“榜样”活动。组织开展了“向吕玉兰同志学习争当百姓喜爱的好官主题教育实践活动”和“学习弘扬焦裕禄精神活动”。使大家真正在思想上有触动、作风上有转变、工作上有提升，努力争做群众认可、信任、满意的好干部。

2. 组织建设

（1）党支部建设。认真贯彻落实《中国共产党和国家机关基层组织工作条例》，按照“建一流阵地、带一流队伍、树一流形象、创一流业绩”的目标，不断推进机关党组织工作责任制的落实。全面提高机关党建工作科学化水平，大力推进党建工作规范化建设，严格执行组织生活会制度和“三会一课”制度，严把发展党员入口关，组织新党员进行入党宣誓，积极发展预备党员。依据《关于中国共产党党费收缴、管理和使用的规定》，严格按党费、会费管理制度，指定专人收缴和设立党费专用账户，及时计核缴纳党费的标准，规范党费、会费开支审批手续，做到用途明确，账票清楚，保障经费的合理使用。2014年共收缴党费17 032元，并按要求进行了上缴。

（2）党内生活。严格开展民主评议党员工作，所有在职党员，全部参加了年度民主评议党员工作。通过学习教育、自我总结、民主评议、民主测评，8名同志被评为优秀党员和先进党务工作者。通过民主评议党员，进一步提高了党员的素质，更好地发挥了党组织的战斗堡垒作用和党员的先锋模范作用。

3. 作风建设

河北省南水北调办始终保持机构不撤，工作不松，机关党委作为活动办的一部分，继续履行好作风建设、思想教育、督促整改落实等相关职能，组织召开党建工作述职评议会，将各党支部书记抓教育实践活动整改落实情况作为一项重要内容进行述职，接受广大党员干部的评议。根据述职评议会上提出的意见建议，制定了具体的整改措施，并列入2015年工作计划，统筹推进教育实践活动整改落实工作，确保不走形式，扎实整改，取得实效。

（二）廉政工作

2014年，河北省南水北调办认真贯彻落实中纪委和河北省纪委全会精神，围绕全省南水北调工作大局，着力在落实党风廉政建设主体责任、加强作风建设、完善惩防体系建设等方面下功夫，有力推动了党风廉政建设和反腐败工作的开展。

1. 主体责任落实工作

一是主体责任到位。认真学习中纪委、河北省纪委和水利厅党组有关党风廉政建设的文件要求，对各党支部抓党风廉政建设的主体责任进行了明确，用“责任归位”促进“责任到位”，增强了班子成员和各党支部书记的主体责任意识，切实将履行党风廉政建设主体责任放在心上、抓在手上、落在实处。二是责任分解到位。按照水利厅党组的意见，把反腐倡廉工作任务细化分解到各党支部每位党员，明确工作内容、完成时限和考评标准，与全办5个党支部书记签订了《党风廉政建设责任书》，做到了压力层层传递、责任层层落实、工作层层到位。三是责任落实到位。定期对各党支部党风廉政建设主体责任落实情况和反腐倡廉工作的开展情况进行督促检查。办主要负责同志认真履行第一责任人的政治责任，坚持抓党风廉政建设工作不放松。办领导班子成员认真抓好职责范围内的党风廉政工作，各党支部和党支部主要负责同志党风廉政建设主体责任得到有效落实。

2. 作风建设

一是认真贯彻落实中央八项规定精神。注重对从政行为的约束和规范，“春节”“五一”“中秋”等重点时期，就进一步贯彻落实中央八项规定精神，加强廉洁自律工作，明确提出各项要求；将中纪委、河北省纪委关于违反八项规定精神的典型问题在全办范围内进行通报，不断提高党员干部执政为民的思想认识，狠刹不正之风，促进作风转变。二是进一步严明组织纪律。从落实民主集中制和组织生活制度入手，突出抓好组织人事纪律的执行。

3. 预防教育工作

一是注重做好教育工作。大力学习弘扬焦裕禄精神为主线，通过观看光盘，听取报告等形式开展理想信念教育、从政道德教育、党纪政纪法规教育及警示教育活动，不断夯实党员干部廉洁从政的思想道德基础。二是注重做好早预防工作。坚持对执行党的各项纪律和贯彻落实有关法律法规、南水北调重大决策以及厅党组工作部署情况进行监督；注重对人、财、物等重点环节、关键岗位进行监督，有效地规范行政权力的行使；坚持对各党支部党风廉政建设开展情况和党员干部廉洁自律情况进行监督，组织所有处级干部个人，围绕住房、家庭基本情况、工资收入等15个方面填报个人事项表，进一步夯实监督的基础。三是注重做好早发现工作。注重发挥信访资源在预防腐败中的基础性作用，认真受理并妥善处理群众来人来电来信反映的各种问题，做到及时发现有关问题，及时妥善进行处理。

4. 体制机制建设

认真从健全反腐倡廉机制入手，坚持做到惩防体系建设工作与落实党风廉政建设责任制有机融合，确保反腐倡廉工作落到实处。一是扎实推进惩防体系建设。认真学习贯彻中共中央印发的《建立健全惩治和预防腐败体系2013～2017年工作规划》和河北省委《实施意见》精神，围绕“纪律建设、作风建设以及反腐败”3项任务，把惩防体系建设贯穿到各项工作之中。二是健全完善反腐倡廉各项规章制度。结合工作实际，从促进责任制落实，堵塞滋生腐败的漏洞入手，在完善反腐倡廉长效机制的同时，坚持把重心放在对制度执行情况的监督检查上，认真落实述职述廉、民主测评和群众评议、报告个人重大事项、廉政谈话和诫勉谈话等规章制度，加强对党员干部的监督管理，扎紧“不能腐”的制度笼子，形成用制度规范从政行为、按制度办事、靠制度管人的有效工作机制。

（宋丽霞）

# 江　苏　省

## 组　织　机　构

根据江苏省委、省政府部署，江苏省水利厅、省南水北调办针对境内工程涉及防汛、调水、灌溉、航运等综合功能的复杂情况，在开展大量调研论证工作的基础上，提出了江苏省南水北调工程运行管理体制方案。目前，经过江苏省委常委会研究，江苏省机构编制委员会办公室已经批复同意成立江苏省南水北调工程管理局（在江苏省南水北调办基础上增挂牌子）。

（周珺华）

## 人　事　管　理

2014年5月23日，江苏省委决定，郑在洲同志任江苏省南水北调工程建设领导小组办公室副主任，试用期一年；免去张劲松同志的江苏省南水北调工程建设领导小组办公室副主任职务。

2014年，江苏省南水北调办按照江苏省水利厅党组的要求，加强干部队伍建设，做好干部教育培训工作。定期组织干部职工参加政治学习和业务学习。做好人事和干部管理方面的相关工作，协调办理出国学习和考察人员的相关手续。

（周珺华）

## 党建与精神文明建设

2014年，江苏省南水北调办在国务院南水北调办和江苏省水利厅党组的正确领导下，认真学习贯彻党的十八届四中全会以及省委常委会十二届八次全会精神，围绕年度重点工作任务，深入推进党建工作、精神文明建设和作风行风建设，在提高党员干部素质、加强服务基层能力、促进工作规范开展等方面取得了显著成效。

（一）理论知识学习

按照《江苏省水利厅党组关于推进学习型党组织建设的实施意见》的要求，参照2014年江苏省水利厅系统党委（总支）中心组专题学习安排，江苏省南水北调办党支部围绕习近平总书记系列重要讲话精神、党十八届三中全会精神、党的十八届四中全会精神、社会主义核心价值观、党风廉政建设5个专题组织召开支部理论学习会，全年组织集中理论学习和读书交流活动10余次。积极组织党员干部参加水利厅机关党委举办的各类专题讲座和学习交流等各项学习活动，通过学习党的先进理论和党在不同时期提出的新思想、新观念、新理念，提高党员政治觉悟，增强建好南水北调工程的政治责任感和使命感。

结合南水北调中心工作，注重积极引导党员同志结合工作实际，认真系统地学习《江苏南水北调工程建设与管理制度汇编》，熟练掌握相关的业务知识，加强业务交流，并积极应用于工程实践，指导各项工作规范高效地开展。通过学习，全体党员干部巩固了思想基础，增强了理论素养、思维水平，提升了决策能力、工作本领。

积极组织开展法制宣传活动，充分发挥支部园地学习宣传阵地和内部局域网信息共享作用，通过形式多样的海报和丰富多彩的信息整合，持续开展十八届四中全会和全民学法专题宣传，党员干部在普法学习中不断提高自己的法治意识和依法执政、依法决策、依法行政的能力。

（二）精神文明建设

结合江苏南水北调工程建设与管理实际，把培育和弘扬社会主义核心价值观作为凝魂聚气、强基固本的基础工程，积极践行社会主义核心价值观，不断巩固和拓展精神文明建设成果。

2014年3月，江苏省南水北调办和江苏水源公司组织近50名职工赴南水北调金宝航道大汕子枢纽工程现场开展义务植树暨“关爱南水北调 打造清水廊道”志愿者服务活动，充分发挥共产党员先锋模范作用，从点滴处做起，努力推动水生态环境建设，确保一江清水流向北方，造福沿线群众；4月，组织青年党员参加“走进基层、深入实践”活动，通过防汛抢险现场观摩和动手实践，增强团结协作能力，提高服务基层意识和本领；8月，组织青年党员参加保护水生态服务青奥会志愿服务活动，积极弘扬水利精神，热情推广节水理念，共同承担为南京青奥会做贡献的历史责任和光荣使命；9月，动员全体党员干部参加省水利厅组织的“捐图书，献爱心”活动，党员干部踊跃报名，有的将家中适合学生阅读的书籍整理出来，有的到书店精心购买词典等学生需要的工具书，共捐赠图书22册。同时，积极组织党员干部参加江苏省水利厅举办的蒋志刚、张志贤、曹军、赵亚夫等同志的先进事迹学习报告会，到社区报到开展志愿服务活动等，通过开展丰富多样的精神文明建设活动，全体党员干部进一步坚定了理想信念，牢固了使命担当。

（三）作风建设

党的群众路线教育实践活动开展以来，党支部对教育实践活动高度重视，切实加强领导，突出领导带头示范引领，强化责任落实，深入抓好整改，既着力解决突出问题又注重建立长效机制，达到了预期目的，成效显著。第一批教育实践活动结束后，认真完成党的群众路线教育实践活动总结工作，召开教育实践活动总结大会并按要求做好相关材料的归档上报工作；坚持问题导向、上下联动、务实求效的原则，向市、县水利部门提供第一批教育实践活动经验做法、自身查摆出的问题和相关文件资料；组织党员干部参加“省级机关看市县”活动，积极提出意见建议等。

同时，着重抓好第一批教育实践活动整改成果的巩固和提高，把活动中的互提意见变为日常工作中不可或缺的一部分，党员干部充分利用工作协调、午间休息、外出办公等时间，不断加强沟通，听取意见建议。在日常工作中结合学习先进典型和工作实际，开展各类讨论和交流，不断深化对党的群众路线和群众观念的认识，进一步改变工作作风，展示新时期南水北调人的良好形象。

（四）组织生活建设

在“三解三促”活动中，党员干部带着感情、带着课题、带着服务、带着形象深入基层，通过集中座谈、结对联系、个别访谈、走访慰问等方式，调查研究南水北调受水区水资源综合利用以及南水北调工程移民生产生活状况，认真听取基层群众反映水利服务方面的实际问题并积极梳理上报水利厅机关党委，让基层和群众切身感受到了党和政府的关心与帮助。

在日常工作中，党支部注重做好党员的思想政治工作，及时分析党员心理需求，因地制宜开展一些喜闻乐见的活动，通过建设支部园地、参加“每日一题”答题竞赛、组织观看南水北调主题电影《天河》等活动，在宽松愉快的氛围中缓解党员职工的工作压力，保证党员职工身心健康、精神饱满、队伍和谐。

（王晓森　周珺华）

# 山　东　省

## 组　织　机　构

（一）人员编制

2014年，山东省南水北调建管局实有编制48名，共有在职人员47名，其中省管干部4名，处级干部22名，主任科员以下人员21人。

（二）地方办事机构

随着配套工程的全面建设，各有关地市、县级办事机构也逐渐完善，工程沿线济南、淄博、枣庄、济宁、泰安、德州、聊城、潍坊、东营、滨州、莱芜、临沂等市相继成立了领导机构，其中，济南、淄博、枣庄、济宁、泰安、德州、聊城、潍坊、东营、滨州、临沂等市成立了市南水北调工程建设管理局；淄博市高青县，枣庄市台儿庄区、滕州市，济宁市市中区、任城区、微山县、鱼台县、梁山县、嘉祥县、金乡县，泰安市东平县、宁阳县，德州市夏津县、武城县，聊城市东阿县、临清市、冠县、阳谷、高唐、茌平等多个县（市、区）成立了相应的县一级办事机构，具体负责辖区内的配套工程建设。各级办事机构的建立，为山东省南水北调工程建设提供了强有力的组织保证。

（隋勋斌）

## 人　事　管　理

（一）全系统目标管理考评工作

认真做好了2014年度目标管理考评工作。在山东省南水北调建管局目标管理考核领导小组办公室的领导下，上半年修订完善了《关于改进完善全省南水北调系统目标管理考核工作的意见（试行）》（鲁调水局办字〔2014〕26号）、《2014年度全省南水北调系统目标管理考核实施细则》（鲁调水局办字〔2014〕27号）等文件，2014年末组织了对各市南水北调局、省南水北调建管局机关和山东干线公司机关各部门、各现场建管局和局属单位2014年度工作任务目标完成情况的全面考核。

（二）考核工作

根据山东省委组织的统一部署和要求，领导班子和领导干部2014年度考核工作时间短、内容多、标准高、要求严。为配合做好考核工作，认真准备了局领导班子年度工作总结、领导干部述德述职述廉报告、组织人事工作民主评议表、领导班子和领导干部年度考核测评表等相关材料。较好地配合做好了考核公告张贴、总结述职、民主测评、个别谈话等相关工作，圆满完成了考核任务。

（三）“双向约谈”工作

2014年，山东省南水北调建管局党委认真落实山东省委组织部和省水利厅有关开展“双向约谈”工作的要求，继续将这一工作做实做好。加强领导，广泛宣传，继续把“双向约谈”工作作为一项日常工作职责，摆上重要日程，继续坚持主要负责人带头抓带头谈，副职结合职责分工靠上抓靠上谈的工作机制，齐抓共管，统筹进行，行成合力；2014年，局领导主动约谈处级及以上干部78人次，约谈科级及以下干部15人次，接受约谈12人次；办公室主任约谈干部49人次，接受约谈7人次。

（四）干部队伍的调配工作

配合山东省委组织部及省水利厅组织完成了对1名省管干部的民主推荐及考察谈话工作；严格按照程序完成了局机关5名科级干部晋升上一级非领导职务等工作。

（五）工资、奖金发放工作

对局机关符合晋级条件人员工资晋升了级别。对职务调整人员的工资及时进行了调整。

（六）人事档案管理工作

根据山东省委组织部和水利厅的要求，扎实开展干部档案专项审核工作。2014年，建立了规范档案室并配齐了有关设备，完成了对局机关处级和科级干部的初步整理和审核工作。

（隋勋斌）

## 党建与精神文明建设

山东省南水北调建管局紧紧围绕南水北调工程运行管理实际，以党的群众路线教育实践活动为契机，以制度建设和理论学习为抓手，以实现“四个转变”为目标，着力提高党建工作科学化水平，为南水北调工程运行管理提供了精神动力和组织保证，取得了明显成效。

（一）党建工作

1. 思想政治工作

一是制定出台了《山东省南水北调工程建设管理局党委中心组理论学习工作制度》《关于进一步加强和改进局党委中心组学习的实施意见》等，不断强化党委班子和队伍政治建设。二是认真组织局党委理论学习中心组（扩大）会议，认真学习十八届三中全会精神。会前，有针对性地安排了2个月的自学活动；会议期间，认真组织好分组讨论，统一思想认识，结合南水北调工作实际，明确工作方向和行动方针；会后，组织各部门、各单位召开专题会议，抓好会议精神的贯彻落实。三是贯彻落实局党委思想政治教育和理论学习制度。开展“月学习日”主题会议9次，重点学习习近平总书记系列讲话精神，上报机要文件、领导讲话和重点工作会议精神。督促检查各党支部每月学习制度、座谈会制度和季度谈心交流制度的落实情况，各党支部对过渡转型期职工思想波动及时进行梳理和引导，做到思想政治工作与解决实际问题两手抓、两不误。

2. 山东干线公司党总支调整建立及支部换届工作

鉴于山东南水北调面临管理体制和管理方式转变的新形势，为强化工程运行管理职能，加强山东南水北调党建工作，经中国共产党山东省南水北调建管局委员会研究批准成立了山东干线公司党总支，下设7个管理局党支部；同时对机关各支部进行了调整，并按照组织程序选举产生了山东干线公司党总支委员会和15个党支部委员会。

3. 党务工作

一是党费收缴严格按照上级规定专户专项管理，及时收缴、使用规范。二是认真做好党员发展工作。严格按照中组部2014年出台的《中国共产党发展党员工作细则》发展考察党员，规范发展程序，严把入门关，成熟一个，发展一个。2014 年纳新党员 3 名，预备党员转正 3 名。三是及时转接党员组织关系。2014 年度共接转组织关系 28 起。其中，退休人员 2 起、离职员工 5 起、外来接转 21 起。四是编辑、印刷《党员知识及党务工作手册》，组织编写复习题库、考试题，组织 1 个总支、15 个支部共计 67 名支委成员集中考试。五是根据支部调整情况及时做好维护工作，更新党内信息管理系统，确保年底党内信息统计工作顺利进行、精准无误。

4. 精神文明创建和群团工作

积极组织开展各类主题活动。在全局范围内组织开展了“慈心一日捐”和“扶贫济困捐助”活动，募得善款 33 515 元；组织全体职工开展社会主义核心价值观网上答题活动，深化学习教育；根据上级部署要求，深入开展“深化改革我先行、转型发展当先锋”学习实践活动，结合防止克服“门好进、脸好看、事仍然难办”等不良作风专项整治活动，组织督促各党支部召开专题组织生活会。

群团工作有声有色。注重发挥工青妇等群众组织的桥梁和纽带作用，积极开展各种文体活动。组织职工参观“溪山行旅 · 南水北调”画家写生作品展，组织篮球友谊赛 4 次。不断搭建职工活动平台，成立了球类、棋牌类、摄影类、书法绘画类等职工活动组织，并穿插进行了友谊竞赛活动，丰富了职工业余生活，增强了凝聚力。

（二）党风廉政建设

2014 年，山东省南水北调建管局党委严格落实从严治党部署要求，以落实党委主体责任、纪委监督责任为主线，紧紧围绕山东南水北调改革发展需求，积极构建党员干部“不敢腐、不能腐、不想腐”的教育、监督、惩戒机制，打造具有南水北调特色、有效管用的惩治和预防腐败体系。

一是针对山东南水北调过渡期的阶段性特点，设立了山东干线公司党总支，理顺了山东干线公司各现场管理局党支部隶属关系，各支部明确设立纪检委员，充实了纪检工作力量。

二是出台《关于落实党风廉政建设主体责任的实施意见》，把党风廉政建设和反腐败工作纳入山东南水北调发展全过程，形成纵到底、横到边的责任体系和一级抓一级、层层抓落实的工作格局。

三是严格落实党风廉政建设责任书和风险防控承诺书双签制度、工程合同与廉政合同同签制度以及重点工作与党风廉政建设同督办同落实制度，建立起上下贯通、层层尽责的完整链条。

四是针对工程运行管理实际，不断深化廉政风险防控管理，推动“三个延伸”。

五是加强与山东省检察机关联系协调，联合开展调研督导活动，推动预防职务犯罪工作向配套工程建设领域延伸。

六是加强党员干部廉洁从业管理和执纪监督，持之以恒纠正四风，为工程建设和运行管理创造风清气正发展环境。

七是监察督办工作不断加强。年初将局党委确定的年度重点工作目标分解为 191 个督办事项，逐项落实到责任单位和责任人，及时跟踪进度，每月呈报报告；认真抓好局务会、局长办公会确定事项和配套工程建设进展情况的督促落实，着重对主体工程扫尾、二级机构管理设施建设监督和合同外变更索赔等工作进行了重点督办；全年提交督查报告 26 期，有力促进了局党委决策部署和各项重点工作的贯彻落实。山东省南水北调工程开工建设管理 12 年来，经受住了国家历次审计、稽察、检查的考验，确保了“工程、资金、干部”安全。

（王　洋　张慧清）

# 河　南　省

## 概　　述

2014年是河南省南水北调工程建成通水之年，南水北调工程质量持续向好，安全生产形势平稳，水源水质保持稳定。党的群众路线教育实践活动结束，河南省南水北调办在全省人民满意公务员示范单位创建活动中名列前茅，建设完成省内首个南水北调党性教育基地，再获省级文明单位称号。河南省南水北调办人事工作围绕服务又好又快推进南水北调工程建设的中心工作，以“服务、务实、高效”为指导思想，坚守“负责、务实、求精、创新”精神，履职尽责、求真务实、真抓实干，确保各项工作的推进。

（龚丽丽）

## 组　织　机　构

河南省南水北调办成立于2003年11月，是河南省南水北调中线工程建设领导小组的办事机构。河南省南水北调建管局成立于2004年10月，与河南省南水北调办一个机构两块牌子。

2014年，河南省南水北调办（河南省南水北调建管局）下设综合处、投资计划处、经济与财务处、环境与移民处、建设管理处、监督处6个处和南阳、平顶山、郑州、新乡、安阳5个南水北调工程建设管理处；综合处加挂审计监察室牌子，受国务院南水北调办委托代管南水北调工程河南质量监督站；人员编制156名（其中：行政40名、事业100名、机关驾驶员编制12名、事业驾驶员编制4名）。

（龚丽丽）

## 人　事　管　理

2014年2月，依据豫调建〔2014〕7号，雷应国同志任平顶山南水北调工程建设管理处质量安全科科长；樊桦楠同志任郑州南水北调工程建设管理处综合科科长，试用期一年，免去其郑州南水北调工程建设管理处综合科副科长职务；翟德华同志任郑州南水北调工程建设管理处纪检监察员（正科级）试用期一年，免去其郑州南水北调工程建设管理处综合科副科长职务；王涛同志任新乡南水北调工程建设管理处工程技术科科长，试用期一年，免去其郑州南水北调工程建设管理处工程技术科副科长职务；杜军民同志任平顶山南水北调工程建设管理处工程技术科科长，试用期一年，免去其平顶山南水北调工程建设管理处工程技术科副科长职务；张攀同志任南阳南水北调工程建设管理处纪检监察员（正科级），试用期一年，免去其安阳南水北调工程建设管理处综合科副科长职务；马君丽同志任新乡南水北调工程建设管理处纪检监察员（正科级）；高文君同志任郑州南水北调工程建设管理处综合科副科长，试用期一年；杨国政同志任平顶山南水北调工程建设管理处综合科副科长，试用期一年；魏炜同志任安阳南水北调工程建设管理处综合科副科长，免去其平顶山南水北调工程建设管理处综合科副科长职务；免去陆长建同志新乡南水北调工程建设管理处工程技术科科长职务。

2014年3月，依据豫调办综〔2014〕4号文，李铁峰同志任河南省南水北调中线工程建设领导小组办公室监督处主任科员。

2014年3月，依据豫水组〔2014〕13号文，马文博同志任河南省南水北调中线工程建设领导小组办公室综合处副调研员。

2014 年 9 月，依据豫组干〔2014〕525 号文，刘正才同志任河南省南水北调中线工程建设领导小组办公室常务副主任。

2014 年 9 月，依据豫调办综〔2014〕18 号文，王留伟同志任河南省南水北调中线工程建设领导小组办公室监督处主任科员。

2014 年 11 月，依据豫调建〔2014〕33 号文，娄瑾钊同志任平顶山南水北调工程建设管理处纪检监察员（正科级）。

2014 年 12 月，依据豫水组〔2014〕52 号文，吕秀荣同志任河南省南水北调中线工程建设领导小组办公室综合处（审计监察室）主任（试用期一年），免去其河南省南水北调中线工程建设领导小组办公室综合处副处长职务。

（龚丽丽）

## 党建与精神文明建设

### （一）纪检监察

河南省南水北调工程不仅战线长、任务重、管理难度大，而且资金量大、资金流集中，各项工作始终处于风口浪尖，廉政建设尤为重要。河南省南水北调办高度重视党风廉政建设，贯彻落实中央和河南省委、省纪委关于党风廉政建设的各项规定，使廉政建设融入工程建设的各项决策和业务管理，促进廉政理念向现实生产力的转变。

2014 年，在河南省纪委、监察厅的指导下，河南省南水北调办深入开展党风廉政建设，全年无违法违纪案件发生。

一是加强学习教育，坚定理想信念。强化党性观念和宗旨意识，坚持不懈解决好世界观、人生观、价值观这个理想信念“总开关”，筑牢拒腐防变的思想防线。运用廉政先进典型开展正面教育，运用典型腐败案例开展警示教育，重点抓好政治品质和道德品行教育、岗位廉政教育，引导广大党员干部自觉做到克己奉公、严格自律，守住做人、处事、用权、交友底线。围绕廉政主题开展宣传教育活动，将廉政文化建设融入反腐倡廉建设、精神文明建设中，广泛深入开展廉政文化创建活动，让廉洁自律成为党员领导干部的认知心理、精神素养、生活准则。

二是完善廉政制度，建立防控机制。严格执行党的民主集中制，实行集体领导与分工负责，完善重大事项决策、重要干部任免、重要项目安排、大额资金使用等集体决策制度。深入研究《河南省建立健全惩治和预防腐败体系 2013～2017 年工作规划》，编制完成实施办法，分解责任，严格执行，做到不敢腐、不能腐、不想腐。

三是制定廉政目标，认真检查考核。印发《2014 年度党风廉政建设责任目标》，实行一把手负总责，其他班子成员实行“一岗双责”，既抓好分管工作，又抓好分管业务范围内的党风廉政建设。河南省南水北调办与各处室签订党风廉政建设目标责任书，于 6 月下旬和 12 月中旬，对各处室党风廉政建设责任目标落实情况进行检查考核，从考核情况看，各处室都能够认真落实党风廉政建设责任制，严守政治纪律、工作纪律、生活纪律，坚持爱岗敬业，恪尽职守，勤政廉洁，展示出蓬勃的朝气、昂扬的锐气、浩然的正气。

四是接受社会监督，加大惩戒力度。畅通监督渠道，设立廉政举报信箱，广泛接受社会各界监督。坚持以“零容忍”的态度，坚决惩治腐败，坚持有案必查、有腐必惩、违纪必究。

五是定期进行内部审计，办监察审计室对 1 万元以上的资金使用进行票前审核把关，每季度对财务管理工作进行一次内部审计，实行票前审核与票后内部审计相结合，发挥资金使用效益。同时，综合处、财务处、办领导层层把关，相互制约，确保资金运行安全。

（二）党建工作

2014年，河南省南水北调办机关党委围绕南水北调工程建设中心任务，服务南水北调工程建设大局，开展创先争优活动，不断推进党的思想、组织、作风、制度建设。

机关党委现有13个基层党支部，98名党员。2014年增设1名机关党委党务专职干部和1名精神文明建设专职干部。各基层党支部书记配备齐全，均设有组织员。党组织活动经费能够满足需要。

基层各党支部依据机关党委印发的《中共河南省南水北调中线工程建设领导小组办公室机关委员会2014年工作要点》开展工作。推进党务工作科学化、制度化和规范化，落实“三会一课”制度。

开展“冲刺通水我争先”专题教育活动。河南省南水北调办围绕“受省委、省政府嘉奖后我们怎么办？获国务院南水北调办优秀单位称号后我们怎么办？北京市与我省对口协作方面我们怎么办?”，于5月份在河南省南水北调系统开展“冲刺通水我争先”专题教育活动，完成总干渠的项目法人自验、技术性验收和正式通水验收，配套工程充水试验结果显示整体质量良好。

对照《2014年度省级文明单位测评体系》，制订省级文明单位争创工作方案，逐项分解任务，细化分工，落实责任，规定时间节点和完成时限。通过省级文明单位审查验收，被再次命名为“河南省级文明单位”。

连续3次开展“回头看”活动，推进专项治理工作。围绕《关于在第一批教育实践活动单位“回头看”和市县第二批教育实践活动单位整改工作中开展领导干部为官不作为和衙门作风问题专项治理工作方案》及《关于在第一批教育实践活动单位“回头看”和第二批教育实践活动单位整改工作中开展执行中央八项规定精神方面存在问题专项整治的通知》，对照《针对中央第八巡视组反馈意见整改落实开展“回头看”工作实施方案》，对照中央巡视组反馈意见，围绕在党风廉政方面16个问题、在执行中央八项规定方面6个问题、在干部选拔任用方面8个问题和在涉及群众切身利益方面3个问题逐项检查，以“回头看”活动查漏补缺，完成专项治理工作。

开展借占小汽车专项治理活动。根据河南省委省直工委《关于在省直机关开展借占下级机关企事业单位公用小汽车专项清退工作的通知》，河南省南水北调办登记在册的27辆租借车辆中有12辆在河南省南水北调建管局使用，15辆在5个项目建管处使用。1月24日，27辆小汽车全部退还相关施工单位，并随车及时终止27份车辆租赁合同。同时，河南省南水北调办机关7个处室、基层5个项目建管处和在编的132人全部按文件精神填写上报《省直机关清退借占下级机关企事业单位公用小汽车个人报告表》和《省直机关清退借占下级机关企事业单位公用小汽车内设机构、直属单位报告表》，向组织作零占有报告。

开展“上下联动”活动取得实效。河南省南水北调办对照中央巡视组第八巡视组反馈意见、对照领导班子“四抓”事项和班子成员“三件事”事项、对照工程建设中新发现的问题和基层问卷调查反映情况、结合水利厅党组“回头看”专题民主生活会自查和互查，开展自查，机关党委牵头建立完善“上下联动”专项整改台账。成立“上下联动”专项督导组，以监督处、督察室主要负责人为主，定期到工程现场开展督导，形成督导报告，并上报主任办公会通报公示。

开展民主评议党员、民主评议党支部的工作，确定2014年度3个先进党组织和14名优秀共产党员。2014年度发展预备党员1名。组织14名入党积极分子参加省直党校培训。

组织参加河南省水利厅“设计杯”乒乓球比赛，宁俊杰获女子单打第三名。

印发《关于在全省机关学习贯彻党的十八届三中全会精神知识竞赛试题》，组织学习十八届四中全会公报，开展学习贯彻国务院第647号令《南水北调工程供用水管理条例》，依法管好、护好、用好南水北调水。

开展河南省市厅级领导干部研讨班辅导报告精神学习讨论活动。河南省南水北调办发文《关于开展全省市厅级领导干部研讨班辅导报告精神学习讨论活动的通知》，号召全体党员干部开展学习讨论活动，并组织学习辅导及检查指导。

组织党员干部参加轮训活动。根据河南省委组织部《关于做好全省县处级以上领导干部学习贯彻习近平总书记系列重要讲话和十八届三中全会精神集中轮训的通知》精神，按照河南省水利厅机关党委的要求，机关党委牵头组织省南水北调办33名副处级以上干部分3期参加轮训班。

（三）文明单位创建工作

2014年，按照河南省直精神文明建设工作要点的要求，以文明河南建设为统领，以引导干部职工带头“做文明人、办文明事”为主题，围绕“三大国家战略规划”、“四个河南”、“两项建设”和“一个载体、三个体系”建设等开展文明创建各项活动。

加强领导，健全完善工作机制，召开专题主任办公会听取创建情况汇报，根据工作变动及时调整精神文明建设工作领导小组，明确分工，责任到人。实行责、权、利挂钩，工作任务分半年、年终进行考核，考核结果与年终评先评优挂钩，与干部综合考核及提拔任用相结合。

组织学习党的十八大、十八届三中全会精神和习近平总书记关于坚持和发展中国特色社会主义、实现中华民族伟大复兴的中国梦的深刻论述，开展各种创建活动。发挥党员先锋模范作用，加强党员管理和纪律约束，提高党员素质。推行党务公开，开展创先争优活动，发现和宣传先进典型。推进廉政文化建设，完善惩治和预防腐败体系。完善权力分配制度，完善重大事项决策、重要干部任免、重要项目安排、大额资金使用集体决策制度。完善权力运行制度，简政放权，公开透明。完善权力监督制度，接受社会监督、部门监督和舆论监督。完善责任追究制度，执行“一案双查”制，加大问责力度。

开展学习贯彻党的十八大和十八届三中全会精神集中轮训、提升执行能力讨论和“冲刺通水我争先”专题教育等活动。党员领导干部带头制定个人读书学习计划、撰写读书学习心得。集中观看《永远的焦裕禄》《人生不能重来》等影片；组织集体参观焦裕禄烈士陵园、红旗渠。

组织“道德讲堂”、先进人物事迹报告会、学习道德模范和身边好人活动，贯彻《公民道德建设实施纲要》。道德讲堂分为廉政勤政、敬业奉献、见义勇为、文明有礼、技术创新等板块。将道德讲堂开设到施工工地，每期一个主题，由河南省南水北调办文明办主办，各项目建管处承办。邀请南水北调工程建设先进人物陈建国等作报告。共举办道德讲堂4期，先进人物事迹报告会6场，组织观看影片、话剧、纪录片4场。开展青年文明号，文明处室、文明职工，优秀党支部和优秀共产党员评先评优活动。响应“我推荐、我评议身边好人”活动，推荐陈建国同志，并荣获2014年全国五一劳动奖章。

开展学雷锋志愿服务活动，印发《河南省南水北调办公室学雷锋志愿服务活动方案》，制订《河南省南水北调办公室志愿服务工作规范》。组成青年志愿服务队，开展义务植树、“清扫家园”、倡导节约用水、慰问孤寡老人等志愿服务活动。开展为工程施工人员、大货司机送清凉活动、渠道绿化带义务除草活动。组织专业技术人员到燕山水库应急调水工程给予技术指导，到焦作2段3标农民工学校进行电脑基础知识培训活动等。

开展“六五普法”和法律进工程活动，制作宣传栏和展板，购买法律图书。邀请有关专家讲授相关法律法规知识、解读相关政策。组织集体学习《南水北调工程供水管理条例》，参加水利部、国务院南水北调系统开展的水利普法依法治理知识问答活动。定期组织收看法制宣传片和反腐倡廉宣传教育片。针对工程建设中易生腐败的财务管理和招投标管理工作，制定完善一系列规章制度和管理办法，做到财务收支、招投标工作透明化，阳光化、公正化。

开展“文明餐桌”、勤俭节约活动，印发《河南省南水北调办公室机关勤俭节约管理制度》和文明餐桌实施方案，设置文明餐桌宣传标语和海报。开展绿化、美化、净化环境活动。

开展帮扶慰问活动。成立帮扶慰问小组到第二轮帮扶村南阳万庄村和安阳王潘流村进行走访慰问，送去大米、面粉、食用油等慰问品。帮扶小组到第三轮结对帮扶对象南阳郑岗村王村乡开展帮扶活动，召开座谈会，对小区建成后存在的用水问题提出建议，并明确专人负责帮扶项目的协调推进。参与2014郑州慈善日活动并捐款5000元，组织观看《让爱飞翔——祝福郑州》专题残疾人文艺演出。

开展文明有礼、文明交通、文明上网活动和“我们的节日”主题活动，印发《河南省南水北调办公室文明行为规范》《文明交通行动宣传方案》。制定机关工作人员6项优质服务承诺和10项制度规范，以及文明上网制度和行为规范，成立网络文明传播志愿小组。制作文明有礼提示牌和公益广告、文明交通宣传展板20余块。组织观看礼仪专家杨金波讲授的文明礼仪知识讲座。组织驾驶员到郑州交警队安全教育基地参观学习。组织“我们的节日”主题活动，举办元宵节猜灯谜、品元宵、话晚会；端午节包粽子、制香囊、除尘杂；中秋节品月饼、赏明月、话亲人；清明节祭扫英烈；春节慰问老干部等活动。开展篮球、乒乓球、羽毛球、棋牌类比赛，组织知识竞赛，举行文明礼仪知识讲座等。

为迎接省级文明单位验收考核组审查验收，召开主任办公会议安排部署相关工作，并召开全体干部职工动员大会，印发省级文明单位争创工作方案，逐项任务分解，细化分工，落实责任，规定时间节点和完成时限。高标准、严要求完成各项准备工作，迎接省级文明单位验收考核组的审查验收。

（龚莉丽）

# 湖 北 省

## 组 织 机 构

2014年5月23日，湖北省机构编制委员会办公室印发《省编办关于兴隆水利枢纽和引江济汉工程运行管理机构的批复》(鄂编办文〔2014〕51号)，湖北省南水北调兴隆水利枢纽工程建设管理处和湖北省引江济汉工程建设管理处分别更名为湖北省汉江兴隆水利枢纽管理局和湖北省引江济汉工程管理局，正式批复湖北省汉江兴隆水利枢纽管理局和湖北省引江济汉工程管理局的机构编制；湖北省南水北调管理局党组及时研究确定了兴隆和引江济汉管理局机构设置和人员配置方案；2014 年 7 月 21 日湖北省机构编制委员会印发《省编办关于省南水北调局（省南水北调办）及所属事业单位分类意见的批复》（鄂编办事改〔2014〕88 号），湖北省南水北调管理局（湖北省南水北调工程领导小组办公室）、湖北省南水北调工程质量监督站、湖北省汉江兴隆水利枢纽管理局和湖北省引江济汉工程管理局划分为公益一类事业单位。

（寇慧英）

## 人 事 管 理

2014 年 12 月 5 日，湖北省人民政府发文鄂政任〔2014〕171 号决定任命李静同志为湖北省南水北调管理局（湖北省南水北调工程领导小组办公室）副局长（副主任）。

2014 年 2 月 14 日，湖北省委组织部鄂组干〔2014〕63 号，湖北省委批准，郭军同志任湖北省南水北调管理局（湖北省南水北调工程领导小组办公室）副巡视员。

2014 年，根据《党政领导干部选拔任用条例》的有关规定和干部职数空缺情况，按照配齐配强班子和干部的要求，累计选拔厅级干部 2 名，选拔正处级领导干部 5 人次，副处级领导干部 5 人次，副处级非领导干部 2 人次；引进工程建设管理方面的专业人才 5 人。

根据湖北省委、省政府 2014 年军队转业安置政策，2014 年 12 月份，湖北省南水北调管理局（湖北省南水北调工程领导小组办公室）接收安排 2 名团以下部队军转干部，其中 1 名军转干部为信息工程博士。

根据事业发展需求，结合单位岗位空缺，经湖北省人力资源和社会保障厅同意，面向社会公开招聘运行管理人员 44 人，到南水北调工程现场从事管理工作。

通过 2014 年湖北省省直机关（单位）公开遴选公务员，湖北省委组织部、公务员局统一安排，经过统一的笔试和面试程序，经湖北省公务员局同意，湖北省南水北调管理局（湖北省南水北调工程领导小组办公室）遴选 1 名工作人员（参照公务员法管理）。

2014 年，湖北省南水北调管理局水利电力工程技术中级职务评审委员会评审和审查认定了水利电力工程专业 6 名工程师和 14 名助理工程师。

2014 年，安排厅级干部 2 名，正处级干部 2 名，机关副处级干部 4 名，直属事业单位副处级干部 2 名参加省级培训班，1 名科级参加省直机关科级干部培训班。

（寇慧英）

## 党建与精神文明建设

（一）党的建设

1. 党建工作

一是坚持把学习《条例》和《实施办法》作为党建工作的重要任务来抓。坚持把《条例》和《实施办法》的学习纳入党组的重要议事日程、纳入党员干部理论学习计划、纳入党员干部年度考核内容，坚持领导带头学、支部集中学、个人原原本本学、邀请专家辅导学、结合职责联系实际学。2014 年 3 月，邀请省直机关工委党校校长为办（局）党组中心组及机关全体党员干部进行了集中辅导，对于全面理解《条例》和《实施办法》的内涵，提高党务干部依照法规抓党建的实际工作能力，产生了良好的效果和积极的促进作用。

二是坚持把落实《条例》和《实施办法》作为抓党建工作的基本遵循。依据《条例》和《实施办法》，2014 年 5 月，湖北省南水北调办（局）专题召开党组会和机关党委会，研究制定了《办（局）机关党委职责》《加强和改进办（局）机关基层党组织建设的措施》《加强办（局）精神文明创建的意见》3 个文件。实施了直属机关党委改选，配备了机关党委专职副书记，配齐配强了机关党办专职人员，按照省直机关工委“支部建在处室上”的要求，8 月，将机关原 6 个处室、3 个党支部增设为 8 个党支部，增选了机关党委纪委书记，完善了与湖北省纪委派出纪工委监察局的工作运行流程，为落实“两个责任”和“一岗双责”奠定了基础。

三是坚持把严格的组织生活作为增强党组织凝聚力战斗力的基本途径。上半年，机关党委组织机关各支部，认真召开了以反腐倡廉为主题的专题民主生活会，湖北省南水北调办（局）领导自觉参加“双重组织生活”，全体党员干部自觉查找自身存在的问题不足，认真开展批评与自我批评，勇于自我揭短亮丑，直言坦诚批评，增进了团结，凝聚了力量。认真落实“三会一课”制度和领导干部上党课制度，全年落实 2 次由湖北省南水北调办（局）领导主讲的集中上党课，并结合庆祝建党 93 周年，组织了新发展的 5 名党员进行入党宣誓，全体党员干部重温了入党誓词，同时，表彰了 6 个先进基层党支部，党组织的凝聚力战斗力不断增强。

2. 工作作风建设

一是树标杆，用典型引领和制度纠偏改进思想作风。以开展“建成支点、走在前列，争做好干部”活动和“学习焦裕禄、争做好干部”活动为载体，在湖北省南水北调办（局）开展了“好干部”标准的大讨论，2014 年 5 月，组织党员干部观看了电影《焦裕禄》，“七一”前夕，湖北省南水北调办（局）党组书记郭志高同志围绕“学习弘扬焦裕禄精神，努力争做焦裕禄式的好干部”这一主题，亲自为全体党员干部上了一次党课。持续进行“门难进、脸难看、事难办”专项作风整治，加大了机关纪委的明察暗访力度，狠刹在“四风”方面存在的突出问题。坚持“小的放大”“远的拉近”工作方法，不断强化“作风建设永远在路上”的思想意识，使全体党员干部逐步适应了新形势下党的作风建设的新常态。

二是抓整改，用躬身践行和考评激励转变工作作风。结合南水北调工程进入收官阶段的实际，经湖北省南水北调办（局）务会研究，7～9 月机关各处室全部到工地一线进行督办，严把工程质量、进度和安全关，把机关作风转变体现在工程建设上，体现在为施工单位的服务上。8 月份，为配合全省抗旱，湖北省南水北调办（局）党组成员带领机关部分人员连续一周奋战在工地、吃住在工地，如期实现了湖北省委赋予的应急通水任务，为缓解汉江流域旱情做出了突出贡献，受到湖北省政府的通令嘉奖。按照教育实践活动的要求，全年湖北省南水北调办（局）机关持续抓好 23 个问题的整改和“落地生根”。

三是抓制度，用完善规章和精细落实建立转变作风新常态。为了确保改进作风成为一以贯之的常态，防止以往的不良思维定势出现反复，湖北省南水北调办（局）坚持从完善制度上下功夫，从精细落实上下功夫，使作风建设逐步形成新常态。形成了《制度汇编》，辑录各类管理制度 72 项。研究制定了《“三短一简一俭”活动实施方案》，把责任分解到处室，落实到人；全年没有召开一次全省的业务性工作会议，针对 10 月份国务院南水北调办既定通水的计划安排，湖北省南水北调办（局）确定 10 月份为“无会月”，全力做好通水前验收的各项准备，全年会议次数同比减少 30%；大力压缩公文篇幅和文件数量，文件同比减少 26.7%；“三公经费”特别是接待费大幅下降，接待费在去年大幅减少的基础上，全年又比上年同期减少近 50%。2014 年 10 月，办公地点从水利厅搬到徐东后，原有旧办公家具全部再次利用，干部职工能自己动手的，没有雇请搬家公司帮助搬迁，通过建章立制，从细处抓落实，持续用力抓整改，机关作风明显转变。

四是抓服务，用面对面帮扶和解决实际问题让群众感受作风转变带来的新成效。根据湖北省委、省政府关于在全省开展“三万”活动的统一部署，湖北省南水北调办（局）迅速成立以主要领导挂帅，分管领导牵头的“三万”活动小组，深入荆州区纪南镇三红、拍马、花园和红光4个村开展帮扶。坚持“高起点、高水平、高质量”的工作指导，按照“加强农业基础、改善农村民生、服务三农发展”的工作思路，投入180多万元，积极协助驻点村落实各项兴办实事项目，以实际工作让群众感受到省委的关怀，密切了党群干群关系，促进了农村的改革发展。组织48名在职党员到徐东社区报到，积极为群众服务，与社区联合组织了楼顶垃圾清理等义务劳动。“七一”前夕走访了社区3户困难群众，结合新农村建设工作，对驻点村4个困难农户实施了重点帮扶，参加了社区“慈善一日捐”活动，在全国第一个扶贫日，组织开展了扶贫捐赠和交纳特殊党费活动。

3. “学习型机关”创建

一是加强对学习型机关建设的组织领导。2014年初，结合开展“三抓一促”活动，制定了《办（局）抓学习实施方案》和《创建学习型机关实施方案》，成立了创建学习型机关办公室，负责计划制定、学习督导、检查考核和集中学习的组织保障等工作。不断强化党支部对干部理论学习的组织领导责任，开展了“支部工作法”专题培训，着力抓好“调研式理论学习法”等工作方法的推广运用。探索建立了领导讲学、个人述学、群众评学、组织考学的学习制度，做到月有计划、季有督导、年有考查。一年来，湖北省南水北调办（局）共组织各类集中学习、业务知识培训和学习督导11次，营造了良好的理论学习氛围。

二是着力抓好重点内容的学习。组织各支部开展了“学党章用党章”活动，不断增强党员干部宗旨意识、使命意识和责任意识，做到政治信仰不变、政治立场不移、政治方向不偏。着眼“五个湖北”建设发展战略和南水北调工程建设管理需求，利用两天时间，组织全体人员系统进行南水北调工程建设科普知识和专业技能培训。重视抓好党员干部特别是领导干部的理论学习，全年党组中心组带机关党员干部落实集中学习8次，“干部在线学习”全部达标，人均在线学习时间109.4小时，在省直机关排名第四名，受到湖北省委组织部通报表彰，参加湖北省委组织的“市场大学”讲座6期21人次。

三是认真开展“书香机关·践行梦想”读书演讲活动。投入1.68万元，为干部职工每人购买《之江新语》《习近平谈治国理政》《学哲学用哲学》《官德的力量》等8本理论书籍。坚持每人每月读一本书，写一篇心得体会，大力开展“读书评书荐书”活动，积极营造多读书、读好书、好读书的浓厚氛围。按照人人上台、层层选拔的办法，周密组织“书香机关、践行梦想”读书演讲竞赛活动，抽出专门人员、专门时间，对参赛选手进行了为期10天的强化训练，聘请武汉大学和武汉音乐学院教授对选手进行了专业指导，通过精心准备，在省直机关工委组织的比赛中获得了个人三等奖，单位获优秀组织奖。

（二）精神文明建设

1. 思想教育

湖北省南水北调办（局）党组高度重视干部职工的思想教育，坚持把培养一支思想纯洁、道德高尚、爱岗敬业、诚信守纪的干部职工队伍，作为文明创建工作的首要任务，切实打牢文明创建的思想根基。坚持年有规划，月有安排，以党组中心组理论学习带动干部职工的学习教育，充分发挥党组中心组理论学习的引领作用。认真落实《中共中央关于加强社会主义精神文明建设若干重要问题的决议》和《公民道德建设实施纲要》的学习教育，聘请专家教授进行社会主义核心价值观的专题辅导，积极参加湖北省委组织部开展的“机关干部在线学习”和“干部理论学习大讲堂”活动，2014年湖北省南水北调办（局）干部在线学习在省直机关名列第四名，受到湖北省委组织部、省直机关工委通报表彰，参加在洪山礼堂组织的“干部大讲堂”讲座6期24人次，落实党组中心组带机关干部集中学习9次。扎实开展普法教育和反腐倡廉教育，认真组织“第15个党风廉政教育月”活动，教育引导干部职工严格遵守中央八项规定和湖北省委六条意见，通过组织党员干部到省廉政文化图书馆参观学习，到省警示教育基地开展警示教育，进一步筑牢了干部职工拒腐防变的思想基础。坚持定期开展“道德讲堂”，突出职业道德、家庭美德、个人品德等为内容思想教育，倡导干部职工争做“五种人”，坚持领导带头，并发动广大干部职工积极参与走上讲台，达到自我教育、自我熏陶、自我完善的目的。

2. 队伍素质建设

以贯彻落实《中国共产党党和国家机关基层党组织工作条例》和省委《实施办法》为主线，狠抓各级党组织建设。制定下发了《加强和改进机关基层党组织建设的措施》，按照省直机关工委的要求，及时对直属机关党委进行了改选，配齐配强了2个直属单位党委，按照“支部建在处室上”的要求，将原有机关3个党支部调整为8个党支部。严格党内组织生活，坚持民主集中制原则，严格按照“三重一大”的决策制度，实施民主决策、科学决策。认真落实“三会一课”制度和领导干部“双重组织生活”制度，积极参加省直机关工委组织的党委（支部）书记培训和党员发展对象培训，并组织了湖北省南水北调办（局）《中国共产党发展党员工作细则》专题培训，并依据《细则》规定的标准条件，严把党员发展质量关。注重干部职工的科技、文化、业务等知识学习和业务技能培训，采取“走出去学”、“请进来教”等方式，尽可能给大家提供学习提高的机会，2014年3月，组织全体干部职工进行了南水北调业务知识系列培训。大力开展创建“六型机关”和争做“好干部”活动，2013年表彰了2个先进基层党组织和24名优秀共产党员，2014年制定下发了湖北省南水北调“好干部”标准，表彰了6个基层党组织和16名“好干部”。

3. 精神文明建设活动

湖北省南水北调办（局）坚持“两手抓”“两手都要硬”的工作指导，使文明创建工作始终围绕南水北调工程建设这个“中心”聚焦。为了确保工程质量，加强工程建设管理，积极开展“廉政阳光工程”活动。针对工程建设施工单位多，年轻职工多的特点，积极开展“青年文明号”创建活动，先后有5个单位被国务院南水北调办授予“青年文明号”。组织机关干部到工程建设第一线，开展“劳动竞赛”活动，激发了干部职工参加工程建设的内在动力，提前完成了湖北省南水北调工程试水通水任务。2014年8月，为了缓解了汉江下游严重旱情，按照湖北省委、省政府要求，提前进行了引江济汉工程应急调水，受到了湖北省政府的通令嘉奖。9月26日，成功举办引江济汉工程正式通水活动，兴隆水利枢纽同时实现全面运行，兑现了湖北省委、省政府向全省人民作出的庄严承诺。湖北省南水北调办（局）机关干部职工按照自身的岗位职能和目标任务，讲奉献、顾大局，工作积极主动，务实高效，以优良的作风保证了年度各项工作任务的圆满完成。

4. 文明创建活动

按照全程创建、全员创建、全方位创建和人人参与、人人作为、人人贡献、人人受益工作指导，大力开展各类文明创建配合活动，不断激发全体干部职工参与文明创建的内在活力和责任意识。

一是开展节能、勤俭节约教育，举办了《党政机关厉行节约反对浪费条例》和《党政机关国内公务接待管理规定》知识竞赛活动，教育干部职工自觉做到勤俭节约，采取多种形式进行环境保护知识的宣传，鼓励干部职工保护环境，做到绿色出行。

二是积极开展爱国卫生运动，严格执行卫生管理制度，定期进行机关院落卫生清理，定期开展卫生评比活动，积极参与社区、周边环境卫生整治，环境综合治理成效明显。

三是广泛开展“书香机关·践行梦想”读书演讲竞赛活动，教育和引导干部职工多读书、读好书，养成良好的生活情趣和道德操守。在参加省直机关读书演讲竞赛活动中，湖北省南水北调办（局）选手获个人三等奖，单位获优秀组织奖。

四是认真开展了无烟机关创建活动，经验得到湖北省控烟办的宣传推广。

五是高度重视做好社会公益事业，积极参与形式多样的帮扶活动。扎实开展在职党员到社区报到工作，在职党员报到率100%，每年“七一”均安排了走访慰问社区困难群众活动。圆满完成年度“三万”工作，连续两年受到湖北省政府表彰，“新农村工作队”活动有序开展，推动驻点村生产发展和环境改善，对驻点村困难群众实施了重点帮扶。2014年，参加了社区“慈善一日捐”活动，在全国第一个扶贫日，组织开展了扶贫捐赠和交纳特殊党费活动。

六是积极开展了“文明处室、文明家庭、文明职工”评比竞赛活动，把文明创建工作渗透到各个角落。

七是持续开展“安全出行、文明出行”活动，聘请公安交警为干部职工举办“安全出行、文明出行”的专题讲座，增强了干部职工的安全出行的法规意识和文明出行的自觉性。

八是持续开展“南水北调杯”文化体育活动，截至2014年，已开展了4届“南水北调杯”运动会和书法绘画摄影展，受到了广大干部职工的好评。

5. 文明创建工作

一是落实对文明创建工作的组织领导，每年根据机关人员岗位变化的情况，及时调整文明创建工作领导小组，由郭志高主任（局长）亲自担任领导小组组长。湖北省南水北调办（局）党组每年都将文明创建工作纳入机关年度工作要点，列为处室年度目标责任，与南水北调工程建设管理业务工作同布置、同检查、同考核。

二是不断完善文明创建的措施，制定下发了《关于加强精神文明建设的实施意见》和《文明创建工作五年规划》，依据《省直机关文明单位考核验收细则》，将任务分解到各业务处室，为创建工作提供了基本的遵循。

三是加强机关的制度建设，针对南水北调工程建设与管理的实际，着力加强机关制度建设，先后研究制定各种管理制度72项，并汇总形成了《制度建设汇编》，对于强化依法办事、规范决策程序、提高服务质量，具有非常重要的指导作用。

四是丰富完善文明创建的设施保障，立足现有条件，建成了职工书屋、荣誉室、党员活动室、文体活动室和文化室，每年从工会会费中列支专项经费，与驻地附近单位签约，租用羽毛球活动场地，努力为丰富干部职工业余文化生活提供良好的保障条件。

（谭　旻）

# 项目法人单位

## 南水北调中线干线工程建设管理局

### 组织机构

2014年11月12日，经中线建管局党组研究，河南直管建管局中牟管理处更名为航空港区管理处。

（杨君伟　陈　婷）

### 人事管理

2014年2月8日，中共国务院南水北调工程建设委员会办公室党组决定：刘杰同志任中共南水北调中线干线工程建设管理局纪检组长。

2014年5月12日，中共国务院南水北调工程建设委员会办公室党组决定：戴占强同志任中共南水北调中线干线工程建设管理局党组成员；任命戴占强为南水北调中线干线工程建设管理局总经济师（试用期一年）。

2014年1月18日，经中线建管局党组研究决定聘任：彭运文兼任河北直管建管部磁县管理处处长；刘海旭兼任河北直管建管部邯郸管理处副处长；王永军兼任河北直管建管部永年管理处处长；苏超兼任河北直管建管部邢台管理处处长；雷宇兼任河北直管建管部沙河管理处处长；王博兼任河北直管建管部临城管理处处长；张忠林兼任河北直管建管部高邑元氏管理处副处长。

李斌为河南直管建管局邓州管理处副处长，免去其河南直管建管局陶岔管理处副处长职务；赵建伟为河南直管建管局镇平管理处副处长，免去其河南直管建管局陶岔管理处副处长职务；马振啸为河南直管建管局叶县管理处副处长，免去其河南直管建管局鲁山管理处副处长职务；安康为河南直管建管局禹州管理处副处长，免去其河南直管建管局鲁山管理处副处长职务；徐合忠为河南直管建管局长葛管理处处长，免去其河南直管建管局鲁山管理处处长职务；黄文强为河南直管建管局长葛管理处副处长，免去其河南直管建管局鲁山管理处副处长职务；张伟为河南直管建管局新郑管理处副处长，免去其河南直管建管局焦作管理处副处长职务；南国喜为河南直管建管局荥阳管理处副处长，免去其河南直管建管局安鹤项目部工程管理处副处长职务；高世中为河南直管建管局辉县管理处副处长，免去其河南直管建管局焦作管理处副处长职务；张晓伟为河南直管建管局安阳管理处副处长，免去其河南直管建管局郑焦项目部工程管理处副处长职务；马耀辉兼任河南直管建管局郑州管理处副处长，免去其河南直管建管局焦作管理处副处长职务；栗保山兼任河南直管建管局穿漳管理处副处长，免去其河南直管建管局鹤壁管理处副处长职务；高广灿兼任河南直管建管局南阳管理处副处长；孙晓辉兼任河南直管建管局方城管理处副处长；张建伟兼任河南直管建管局鲁山管理处副处长；张高伟兼任河南直管建管局宝丰管理处副处长（排名在秦卫贞之前）；秦卫贞兼任河南直管建管局宝丰管理处副处长；瞿行亮兼任河南直管建管局郏县管理处副处长；崔浩朋兼任河南直管建管局禹州管理处副处长（排名在安康之前）；陈忠合兼任河南直管建管局中牟管理处副处长；

梁单禹兼任河南直管建管局穿黄管理处副处长；李文轩兼任河南直管建管局温博管理处副处长；纪明辉兼任河南直管建管局焦作管理处副处长；蔡广智兼任河南直管建管局卫辉管理处副处长；李合生兼任河南直管建管局鹤壁管理处副处长（排名在祁建华之前）；杨勇兼任河南直管建管局汤阴管理处副处长。以上同志聘期3年。

王怡为河南直管建管局财务资产处处长；杨静为河南直管建管局郑州管理处处长，免去其河南直管建管局综合处副处长职务；以上同志试用期1年，聘期3年。

2014年3月10日，因工作调动，免去丁学赏天津直管建管部合同管理处副处长职务。

2014年3月13日，因挂职期满，根据国务院南水北调工程建设委员会办公室干部交流工作安排，免去郑武河南直管建管局合同管理处副处长职务；免去陈华河北直管建管部合同管理处副处长职务。

2014年6月5日，根据工作需要，经中线建管局党组研究决定：免去肖智和河南直管建管局平顶山项目部工程管理处副处长职务。

2014年12月8日，根据工作需要，经局党组研究决定：聘任李明新为河南直管建管局穿黄管理处处长（兼），聘期3年；因挂职期满，免去丁雪峰工程管理部验收管理处副处长职务。

2014年12月26日，根据国务院南水北调办干部交流工作安排，经中线建管局党组研究决定：聘任普利锋为惠南庄泵站项目建设管理部副部长（挂职1年）。

2014年12月31日，因工作调动，免去高必华河南直管项目建设管理局副局长职务。

（杨君伟　陈　婷）

## 党建与精神文明建设

（一）党建工作

2014年，在国务院南水北调办党组的正确领导下，中线建管局紧紧围绕工程建设和运行管理工作中心任务，坚持党的群众路线，扎实开展党的思想、组织建设和党风廉政建设，深入开展精神文明建设，有效促进了南水北调中线干线工程各项工作的开展，为中线建管局团结、和谐、发展局面的形成发挥了积极作用。

（1）政治理论学习。2014年初，制定中线建管局党组中心组理论学习制度，结合实际研究制定理论学习计划，推进学习型党组织建设。着力推进理论武装工作，重点学习宣传贯彻党的十八届三中、四中全会精神和习近平总书记系列重要讲话精神，以及中央领导关于南水北调中线通水的指示精神，把党员干部的思想和行动统一到十八届三中、四中全会精神和中线工程建设管理、依法护渠与改革发展任务上来，进一步增强建设好、管理好中线工程的责任感和使命感。组织开展向全国优秀共产党员学习活动，参观庆祝新中国成立65周年书画展等主题教育展览，不断锤炼社会主义核心价值观，促进全局思想政治工作迈上新台阶，为各项业务工作顺利开展奠定思想基础，增添精神动力。

（2）机制创新工作。以改革创新精神完善工作机制，认真研究制定党建工作要点，修订完善党建工作规章制度；开展服务型党组织建设，落实党员干部直接联系群众制度，健全教育实践活动长效机制；建立每季度进行员工思想动态调查、每半年开展基层党组织满意度测评等工作机制，切实抓好基层党组织建设。特别是结合2014年工程收尾和运行起步的特点，以季度为单位在全局范围内广泛开展了员工思想动态调查活动，将员工思想动态调查作为一个新的工作抓手和常态化的活动，采取调查问卷、集体座谈、个案访谈等多种形式，系统掌握当前员工思想状况的基本特点，总结分析值得注意的问题和苗头性的问题及其产生的原因，为科学决策、民主管理、和谐发展提供参考和依据，并逐渐形成干部群众建言献策、各支部（总支）调查统计、机关党委分析整理、局党组决策参考的合力机制。同时，加强对党员的教育和管理，保证组织生活正常有序开展，重点落实党的群众路线教育实践活动和“严格党内生活，严守党的纪律，深化作风建设”等专题民主生活会各项工作，并对各部门、各单位党组织加强服务、指导和督促。按照“控制总量、优化结构、提高质量、发挥作用”的新十六字方针，认真做好发展党员工作，全年吸收预备党员19人，预备党员按期转正39人。

（3）党风廉政建设工作。坚持主要领导亲自抓、分管领导靠前抓、监察部门和各级党组织具体抓，其他同志协助抓的上下联动、齐抓共管的领导机制和工作格局。组织召开中线建管局2014年廉政工作会议、机关党委和机关纪委专题会议，认真传达学习国务院南水北调办廉政工作会议精神，制定印发廉政工作要点，做好反腐倡廉工作部署。认真学习贯彻中央关于落实“两个责任”要求，拟定中线建管局相关措施，签订《廉政建设责任书》，切实加强廉政制度建设，做好直管建管单位党风廉政建设暨党建工作责任制年终考核工作，进一步加大了党风廉政建设责任制的执行力度。组织开展党风廉政教育，组织参加中央国家机关“清风”系列廉政主题书画扇面展，开展送廉洁文化到基层活动，积极营造廉洁文化氛围。认真贯彻中央八项规定精神，开展作风建设、廉政建设情况检查和管理费用使用情况专项检查，全年业务招待费同比节约52%，车辆使用费节约36%，会议费在根据工作实际召开会议频次增加的情况下也节省了39%。

（4）工青妇工作及精神文明创建活动。组织开展劳动竞赛及先进评选活动，树立了荣获全国“五好文明家庭”称号的天津直管建管部王秀贞家庭等先进典型。组织文明员工、文明部门（单位）和文明家庭评选表彰活动，全年评出7个文明单位（部门）、145名文明员工和145个文明家庭，切实营造文明和谐的工作环境和建设氛围。积极调研和推进“职工之家”建设，组织开展送文体用品到基层活动，因时因地制宜组织“中线杯”系列比赛、秋季登山等员工健身和文化活动，组织参加了中央国家机关系列赛事，组织观看旨在宣传南水北调工程、弘扬南水北调精神的电影《天河》（仅局机关就有员工及家属800余人次观看），增强了广大建设者投身工程建设、家庭成员支持工程建设的积极性。继续深化青年文明号创建工作，组织开展青年素质拓展等三项工程以及运行管理相关知识的学习竞赛等活动。适时开展妇女工作调研，组织“三八”节纪念、“家庭好经验”活动和动漫急救进家庭以及太极拳培训等系列活动，做好中线建管局妇女工作和计划生育工作。

（二）评优评先

2014年1月18日，经中线建管局党组研究，决定高必华、蔡建平、郭永峰、戴占强、曹洪波、程德虎、李舜才、陈新忠、王江涛、庞敏、台德伟、李英杰为2013年度南水北调中线建管局“十大突出贡献人物”。

2014年1月18日，经中线建管局党组研究，决定对2013年度工程进度及验收管理、质量管理、安全管理和通水运行管理工作中成绩突出的先进集体和先进个人予以表彰。

（邓小聪　杨君伟　陈　婷）

# 南水北调东线总公司

## 组　织　机　构

2014年9月30日，国务院南水北调办印发《关于成立南水北调东线总公司的通知》（国调办综〔2014〕263号）、《关于印发〈南水北调东线总公司章程〉的通知》（国调办综〔2014〕264号），标志着南水北调东线总公司正式成立。2014年11月15日，国务院南水北调办印发《关于南水北调东线总公司主要职责、内设机构和人员编制规定的批复》（国调办综〔2014〕300号），同意东线总公司暂内设综合管理部、计划资产部、财务部、人力资源部、工程运行部、监察审计部和党委办公室共7个部门，编制80名。其中总经理1名，副总经理4名，总工程师、总经济师和总会计师各1名。

（李　波　于　迪）

## 队　伍　建　设

中共国务院南水北调办党组2014年9月30日决定：任命赵登峰为南水北调东线总公司总经理，任命赵存厚、赵月园、高必华、胡周汉为南水北调东线总公司副总经理。

（李　波　于　迪）

# 南水北调中线水源有限责任公司

## 人　事　管　理

2014年2月，长江委长任〔2014〕141、142号文件通知：免去贺平的南水北调中线水源有限责任公司副董事长职务，批准贺平退休。

2014年5月，根据水利部部任〔2014〕1号文件精神，长江委长任〔2014〕311号文件通知：任命胡甲均为南水北调中线水源有限责任公司董事长，免去熊铁的南水北调中线水源有限责任公司董事长职务。

2014年6月，根据长江委长任〔2014〕408号文件精神，经公司董事会第四届一次会议决定：聘任张彬为南水北调中线水源有限责任公司副总经理，免去黄秋洪南水北调中线水源有限责任公司副总经理职务。

2014年8月，根据中共长江委直属机关党委直党组〔2014〕34号文件通知：任命张彬同志为中共南水北调中线水源有限责任公司临时党委委员，免去黄秋洪同志中共南水北调中线水源有限责任公司临时党委委员职务。

2014年11月，根据长江委长任〔2014〕650号文件精神，经公司董事会第四届二次会议决定：聘任吴志广为南水北调中线水源有限责任公司总经理（试用期1年），免王新友南水北调中线水源有限责任公司总经理职务。

2014年12月，根据中线水源公司中水源人〔2014〕202号文件通知：张建全为南水北调中线水源有限责任公司财务部主任（正处级），吴世凡为南水北调中线水源有限责任公司综合部副主任（正处级）。

加强员工的教育培训，适应由工程建设向运行管理的转变。制定了员工年度培训计划，全年共选派员工参加业务培训67人次。

（刘兆增）

## 党建与精神文明建设

2014年，中线水源公司党委紧紧围绕"抓扫尾、保通水"的中心工作，深入学习贯彻党的十八大和十八届三中、四中全会精神，以抓好群众路线教育实践活动整改落实工作为抓手，以强化作风建设为重点，不断加强党的自身建设，为全面实现年度工作任务提供了有力的政治、思想和组织保障。

（1）理论学习。按照建设学习型党组织的要求，以党委中心组与员工集中学习相结合的方式，组织党员干部认真学习了党的十八大、十八届三中、四中全会精神和习近平总书记系列重要讲话精神，举办了《干部选拔任用工作条例》《南水北调工程供用水管理条例》、党风廉政建设等专题讲座。坚定了党员干部的理想信念，增强了政治意识、大局意识和责任意识，提高了用科学理论武装头脑、指导工作的能力。

（2）整改落实工作。2014年3月，召开了群众路线教育实践活动总结大会，制定了加强和改进作风建设的整改方案和实施计划。公司党委按照"立行立改、边整边改、循序渐进、标本兼治，善作善成、确保实效"的原则，对群众普遍关心的重点事项，成立了专门工作组，分类研究，提出方案，重点整改。

（3）班子建设。公司党委严格执行党的民主集中制，坚持集体领导和个人分工负责相结合制度，不断完善党委议事规则和决策程序。2014年公司先后有3名领导同志工作变动，公司党委及时增补组成人员，并对领导分工进行相应调整，保证了工作的连续性和稳定性，增强了领导班子的整体合力。

（4）党建工作。一是按照从严治党的要求，修订完善了党建和党风廉政建设的相关制度，提高了党建工作规范化水平。二是认真贯彻落实中央"八项规定"精神，党员干部的组织纪律观念进一步增强，工作作风有较大转变。三是严格党的组织生活，按要求召开了2014年度党员领导干部民主生活会和党员组织生活会。四是深入推进文明创建活动，公司综合部综合处再次被国务院南水北调办命名为"青年文明号"。五是依托主流媒体，组织开展了重要节点和通水前后的宣传活动，展示了工程建设成果和公司良好形象。

（5）廉政建设。始终坚持工程建设和廉政建设两手抓，两见效。一是持之以恒抓廉政教育，认真学习八项规定、廉政准则和上级廉政文件、会议精神。二是落实党风廉政建设责任制，按照管理权限逐层签订了廉政建设责任书，贯彻"一岗双责"。三是深化源头治理，健全和完善了廉政风险防控体系。四是加强监督和检查。重点对工程招投标、合同签订、合同变更与索赔、合同结算等关键环节强化监督；坚持在重要节假日前召开廉政建设警示教育会或下发廉政要求通知，并在节假日对公车进行封存管理，还对赠送节礼、公款吃喝、公款旅游、公车私用等违规事项开展监督检查。全年未发现一起干部职工违规违纪现象，确保了干部安全。

（6）工会工作。工会积极参与民主决策和民主监督，广泛征集群众意见，为公司建言献策。积极开展文化建设、文体活动和公益活动。组织参加了水利部、湖北省主办的"关爱山川河流、保护水源地"志愿者服务暨公益宣传活动，组织了知识答题、摄影展评、趣味运动会、远足健身和送温暖、送温馨等活动，积极支持篮球、自行车、游泳爱好者开展活动，丰富了职工生活，增强了公司凝聚力。2014年，中线水源公司荣获湖北省五一劳动奖状，中线水源公司工会荣获了长江工会"全江优秀单位""先进职工之家"等称号。

（刘兆增）

# 南水北调东线江苏水源有限责任公司

## 组　织　机　构

（一）机构组建

2004年5月，江苏省政府正式批复成立南水北调东线江苏水源有限责任公司（以下简称江苏水源公司）；6月，江苏省工商局下发了《南水北调东线江苏水源有限公司企业名称预先核准通知书》；7月，国务院南水北调办批复同意《南水北调东线江苏水源有限责任公司章程》。根据江苏省政府关于《公司注册资本从省江水北调现有存量资产中无偿划拨》的意见，于6月完成了淮阴二站的资产评估工作，并将评估后的淮阴二站1.4亿元资产作为江苏水源公司的注册资本。按照有关程序，2005年3月29日经江苏省工商行政管理局登记注册。

（二）主要职责

江苏水源公司是国家和江苏省人民政府共同出资设立的国有独资企业，是江苏省人民政府授权的国有资产投资主体，承担国有资产保值增值责任，对投资企业行使国有资产出资人职能。在工程建设期，主要承担工程建设项目法人职责，负责江苏省境内南水北调工程建设管理，负责组织编制单项工程初步设计，负责落实工程建设计划和资金，负责对工程质量、安全、进度和资金进行管理；工程建成后，负责江苏省境内南水北调工程的供水经营业务，从事相关水产品的开发经营。

（三）内设机构

根据有关规定和公司章程，江苏水源公司设立董事会、监事会，实行董事会领导下的总经理负责制。公司董事会现设董事长1名，董事1名。公司经营层现设总经理1名，副总经理2名。公司内设机构设综合部、党委办公室、监察室、计划发展部、工程建设部、财务审计部、工程管理部、资产经营部、调度信息中心等9个职能部门。

（四）临设机构

2014年，江苏水源公司成立的领导小组有：南水北调东线江苏水源有限责任公司精神文明建设领导小组、南水北调东线江苏水源有限责任公司质量管理领导小组、南水北调东线江苏水源有限责任公司安全生产领导小组、南水北调东线江苏水源有限责任公司防汛领导小组。

（林　亮）

## 人　事　管　理

（一）领导班子建设

按照江苏水源公司党委部署，综合部协助公司党委切实加强领导班子建设，努力为公司党委发挥了参谋助手作用。

（1）党建制度建设。公司党委组建成立后，综合部紧密结合公司党建工作需要，研究提出公司党建三级管理体系方案，组织起草《公司党委议事规则》《公司党建工作责任实施办法》和《公司党支部目标管理考核办法》，研究拟订“党委主体责任和纪委监督责任”实施办法，经公司党委研究决定后实施，有力促进了公司党建工作规范化和制度化水平。

（2）领导干部培养。严格执行学习制度，积极组织开展党委中心组理论学习活动，认真学习党的十八大、十八届三中、四中全会以及习近平总书记一系列重要讲话精神。根据上级组织的工作部署，安排公司领导班子1名成员赴美国参加企业高级经营管理人才培训班的学习，组织领导班子成员积极参加省“333”人才培训培养，组织1名领导班子成员申报2014年江苏省有突出贡献中青年专家。结合江苏省南水北调工程建设，积极开展课题研究，公司领导班子成员的政治理论和业务素质得到进一步提高。

（3）“三重一大”管理。江苏省委组织部、国资委对江苏水源公司主要负责人分设后，综合部协助公司主要领导加强调研及时提出分工调整方案经党委研究后实施，使领导班子成员分工清楚、职责明确。协助公司领导班子认真贯彻执行民主集中制，研究起草了公司“三重一大”决策实施制度，修订完善公司工作规则，规范决策议事的不同范围及程序，确保公司重大事项科学决策、民主决策。协助公司党委组织完成党委专题民主生活会，会前作了充分准备，会后及时协助制定整改方案，落实整改措施，切实提高了民主生活会质量。

（4）作风建设和党风廉政建设。协助公司领导对每月重点工作进行分解，落实责任部门、责任人和完成时间，建立日常工作周报制度，为公司领导强化督查建立良好机制。紧紧围绕建设优廉工程目标，协助公司党委切实加强党风廉政建设，抓好党风廉政教育，认真学习贯彻中央八项规定和江苏省委10项规定，严格执行《党员领导干部廉洁从政若干准则》和《国有企业领导人员廉洁从业若干规定》，落实党风廉政建设责任制，及时与工程现场建设单位和各部门、分子公司签订党风廉政建设责任状，与中层干部及时签订党风廉政建设承诺书，层层落实廉政责任。围绕公司监管工作要求，认真开展惩防体系建设，强化各项规章制度的监督制约作用，及时报告个人重大事项，主动接受监督，确保各项权力规范运作，保证了工程优质、干部廉洁。

（二）公司组织架构优化工作

（1）组织机构建设。为深入贯彻落实党的十八届四中全会精神，组建公司法律事务部，选聘公司总法律顾问，建立健全法律工作体系及法律顾问制度，推动公司依法治企工作取得新的成效；为加强江苏省南水北调工程管理，确保工程良性运行，按照精简高效、岗位需要、逐步完善的原则，研究制订公司二三级机构组织调整方案，明确分公司及管理所的组织架构，完善公司维修检测中心的内设机构，新组建成立公司数据中心，规范公司二三级机构职能配置，研究提出淮安分公司、徐州分公司组建方案，提升公司工程管理水平和调度运行能力；及时调整公司精神文明建设领导小组、安全生产领导小组、防汛领导小组、质量管理领导小组等4个主要临时组织机构，有力保障了江苏省南水北调工程转型期工作需要。

（2）人才队伍建设。为贯彻落实党政领导干部选拔任用条例，结合公司实际情况，及时修订印发《公司中层领导干部选拔任用工作暂行办法》和《公司科级干部选拔任用工作暂行办法》，规范干部选拔程序，严肃干部选拔任用纪律。同时建立干部试用期制度、交流制度、任职回避制度、免职、辞职、降职制度、谈话制度，加强全过程监督，在公司形成科学的选人用人机制。年内围绕公司转型发展要求，及时研究提出干部晋升方案，按规定程序组织对4名晋升中层干部、1名主任助理和8名晋升科级领导岗位人员进行民主推荐、组织考察、讨论决定、任前公示、任前谈话和任职宣布，并完成7名晋升科级非领导岗位人员组织民主测评、讨论决定及任职工作，进一步充实了新生力量，加强了后备干部培养，改善了干部队伍结构，增强了公司持续发展的后劲。

（3）人才引进。研究起草了公司转型后人力资源规划和中长期人才培养计划，切实加强公司人力资源规划管理。为适应公司工程管理和经营发展要求，公司本部年度新录用13名员工，其中4名研究生、9名本科生，及时办理好合同签订、薪酬发放、养老等5项社会保险和公积金申缴等相关入职手续。为充实江苏省南水北调工程运行管理人才队伍，研究制订2014年公司直属分支机构公开招聘实施方案，先后在河海大学、南京工业大学、扬州大学、宿迁学院等10余所大专院校发布招聘公告，本次共招聘17个岗位（23人），吸引289人报名，通过初步审核有195人，参加笔试124人，参加面试40人，将为公司二三机构输送20名优秀人才，为构建一支核心的工程管理人才队伍提供了有力保障。

（4）人才培养。组织2名中层干部分别参加江苏省委组织部和省委党校共同组织的县处级干部进修班、省级机关处级干部培训班，组织2名员工赴清华大学参加“江苏省333第三层次高层次人才工程土木交通水利专题”培训班，组织公司中层以上干部14人次参加省水利系统领导干部培训班，组织1名员工参加省首期会计领军人才培训，选派1名中层干部参加江苏省信访局挂职锻炼，选派1名科级优秀骨干参加江苏省委组织部第七批科技镇长团挂职锻炼，组织公司3名员工申报江苏省水工程建设规划同意书论证报告江苏省级评审专家；组织1名员工申报江苏省水利安全生产专家库专家；开展申报工作定期组织职工围绕公司发展、部门发展、员工自身发展等主题进行专题交流培训；积极与国务院南水北调办、江苏省国资委等相关组团单位加强联系，年内办理好1名员工的出国出境学习培训手续；对符合申报条件的5名员工组织了职称申报工作，对取得技术职称的员工按照规定完成了聘用工作。截至2014年底，公司员工队伍中本科以上学历占95%，研究生以上学历占40%，高级以上职称占40%，取得执（职）业资格证书的占43%，江苏省“333高层次人才培养工程”第二层次培养对象3人，第三层次培养2人，形成了一支专业水平精湛、知识结构全面、管理能力较强的复合型人才队伍，为推动公司持续发展增强了后劲。

（三）薪酬考评和职工福利等制度落实工作

（1）目标管理和员工考核。对公司全年工作实行目标管理，根据公司部署组织签订年度部门目标责任状，将全年重点工作细化分解到各部门，进一步明确各自职责，强化目标考核，确保目标任务落到实处；组织完成部门目标管理考核、中层干部述职述廉考核及员工考核工作，坚持考核结果与员工的薪酬待遇挂钩，有力保证了公司重要工作和节点工作的顺利完成。年内还会同职能部门着力加强分子公司业绩考核和外派人员绩效考核，按照考核结果提出奖励建议方案，有力调动了外派人员的积极性。

（2）薪酬管理。严格执行公司薪酬制度，根据规定要求认真开展员工薪酬的核算及调整工作，针对2013年新增人员翘尾、2014年人员变动较大等原因，经认真仔细测算向江苏省国资委及时报增了年度工资总额。对新成立的宿迁分公司、扬州分公司经向江苏省国资委汇报全部纳入工资总额管理，得到了江苏省国资委的支持批复。

（3）员工福利。在切实办好员工的医疗、养老等保障措施的基础上，进一步完善公司年金和补充医疗保险制度，及时完成年金和补充医疗保险年度核算及缴纳工作。特别是对公司一名因病去世的职工，在补充医疗基金中给予大病补助，缓解了该名员工的家庭困难。协助分公司和子公司建立了年金和补充医疗保险制度，及时将公司各项惠民政策和领导的人文关怀传达落实到基层职工，进一步增强了基层队伍的凝聚力和对主人翁责任感。完成向江苏省社保中心申报公司2014年度企业职工缴费工资总额和参保人数等相关工作及省市社会保险登记证的年检和劳动保障书面审查工作，保障了职工工作和生活待遇的落实，解决了职工的后顾之忧。

（四）各项工作任务完成情况

（1）个人事项申报及抽查工作。为加强对公司领导干部的管理和监督，年初根据江苏省委组织部的要求，组织公司中层以上员工开展好2014年度领导干部个人有关事项的申报工作，并按要求首次随机抽查核实1名中层领导干部个人有关事项报告，经与江苏省委组织部反馈信息进行仔细比对，确定其所申报信息准确无误，较好地完成2014年度公司领导干部个人事项申报及随机抽查核实工作。

（2）自查自纠工作。根据江苏省委组织部要求，开展干部职数配备情况、规范党政领导干部在企业兼职（任职）情况、规范退（离）休领导干部在社会团体兼职情况、配偶已移居国（境）外的国家任职人员任职岗位情况、领导干部参加社会化培训情况等方面的自查自纠工作，及时向江苏省委组织部报告了自查自纠情况。

（林　亮）

## 党建与精神文明建设

2014年，江苏水源公司在党风廉政建设、精神文明建设、群团工作、文化建设等方面做了如下几项工作：

（1）年度创建计划。在公司深入开展“文明单位”“五一劳动奖状”“工人先锋号”“模范职工之家”“和谐劳动关系企业”“青年文明号”等创建工作，统筹指导分（子）公司开展创建申报，根据江苏省国资委部署要求，对照江苏省文明委有关规定，对2013～2015年度江苏省文明单位进行了预申报，并组织预申报“全国文明单位”，年内扬州分公司被授予“江苏省五一劳动奖状”和“2012～2013年度区文明单位”称号，扬州、宿迁分公司机关被国务院南水北调办评为“青年文明号”，逐步提升创建成效。年内以“生态文明”“水质保护”“环境整治”为主题，积极引导分公司参与“关爱南水北调、打造清水廊道”志愿者服务活动和学雷锋活动，丰富活动内容，创新活动形式，全年江苏省南水北调系统有300多人参与活动，进一步扩大了活动的影响力。

（2）普法宣传活动。制定公司年度普法和法治建设要点，结合第22届“世界水日”和第20届“中国水周”，开展水法宣传和节水宣传活动；组织公司人员参加法律顾问学习活动，组织13人参加“万人学法”竞赛活动。认真做好“两会”“青奥会”和“国家公祭日”期间信访维稳工作，落实信访责任制，及时成立公司信访维稳工作领导小组和办公室，制订落实应急预案，排查信访矛盾隐患，努力维护公司稳定。年内，江苏水源公司被江苏省委宣传部、省级机关工委、省司法厅评为省级机关“六五”普法中期先进单位。

（3）工会工作。落实工会“四项职能”，制定印发公司年度工会工作要点。组织参加水利厅迎新春文艺演出，参加厅工会苏南片乒乓球比赛；组织员工开展“迎青奥环湖走”活动和“绿色行·健步走”活动；组织观看南水北调主题影片《天河》；组织好员工体检，劳保用品发放，发放生日蛋糕券等活动，高温期间，组织开展了“送清凉、送法律、送安全”三送活动，春节期间组织慰问困难职工，并为1名患病去世员工家庭给予特困补助。积极参加“省属企业滴水筑梦扶贫助学工程”，资助10万元帮助贫困地区学生完成高中阶段学业；组织员工为鲁甸地震灾区和公司患病员工开展捐赠献爱心活动，积极传播正能量，切实履行国有企业的社会责任。

（吴丹华）

# 拾肆 统计资料

THE STATISTICAL INFORMATION

# 在建工程基建投资统计

## 概　述

截至2014年底，全部批复的设计单元工程中已全部建成，中线一期工程顺利通水，投资计划有力保障了工程建设需要。

截至2014年底，国家累计安排南水北调办负责投资计划管理的南水北调主体工程建设项目投资计划2557.9亿元，按投资来源分：中央预算内投资247.3亿元，中央预算内专项资金106.5亿元，南水北调工程基金196.6亿元，银行贷款478.9亿元，国家重大水利工程建设基金1528.6亿元。见图1。

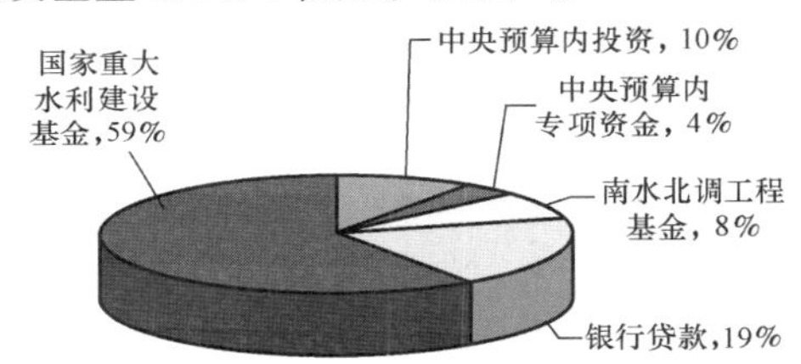


图1　累计安排投资计划

其中，工程建设投资计划2421.8亿元，初步设计工作投资14.2亿元，文物保护工作投资10.9亿元，待运行期管理维护费10亿元，过渡性资金融资费用101亿元。

截至2014年底，累计完成投资2543.4亿元，占在建设计单元工程总投资2567.5亿元的99%，其中东、中线一期工程分别累计完成投资321.6亿元和2126.5亿元，分别占东、中线在建设计单元工程总投资的97%和99%；过渡性资金融资利息94.4亿元，其他0.9亿元。见图2。

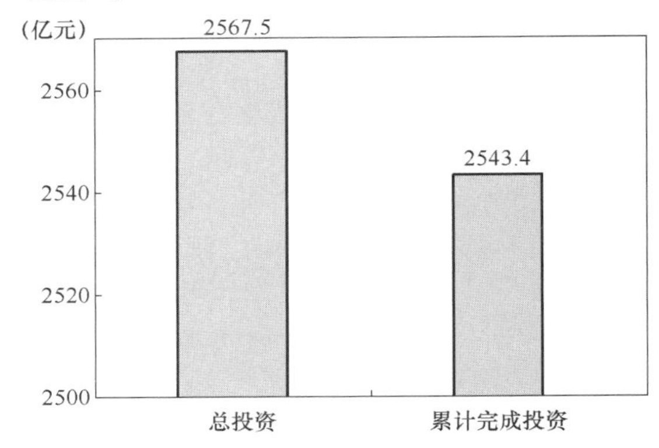


图2　投资完成情况

各年完成情况是：2003年完成投资7.7亿元，2004年完成投资12.6亿元，2005年完成投资18.3亿元，2006年完成投资80.5亿元，2007年完成投资71.3亿元，2008年完成投资51.1亿元，2009年完成投资147.9亿元，2010年完成投资408.3亿元，2011年完成投资578亿元，2012年完成投资652.9亿元，2013年完成投资404.9亿元，2014年完成投资109.2亿元。见图3。

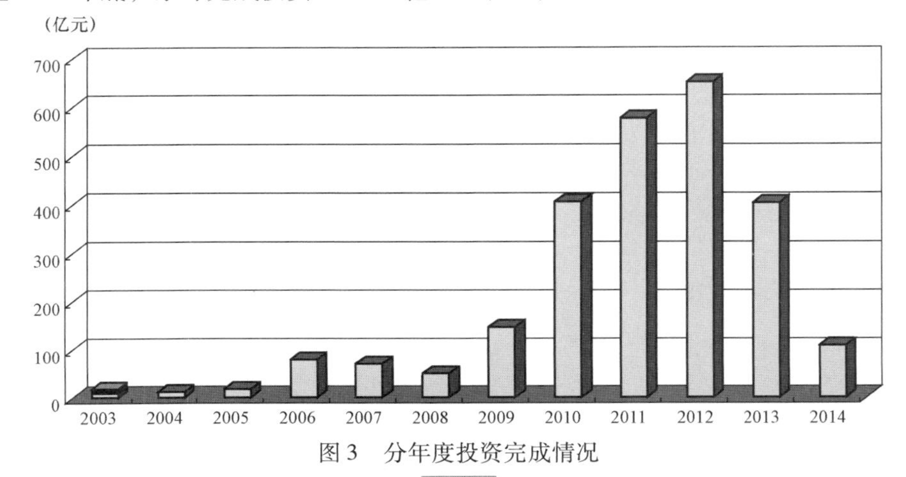


图3　分年度投资完成情况

2014 年，国家安排南水北调主体工程建设项目投资计划 109.3 亿元，按投资来源分：银行贷款 0.5 亿元，国家重大水利工程建设基金 108.8 亿元。

完成投资 109.2 亿元（其中东线一期工程完成 7.6 亿元，中线一期主体工程 63.6 亿元，库区移民安置工程 4.2 亿元，过渡性资金融资利息 33.8 亿元）。见图 4。

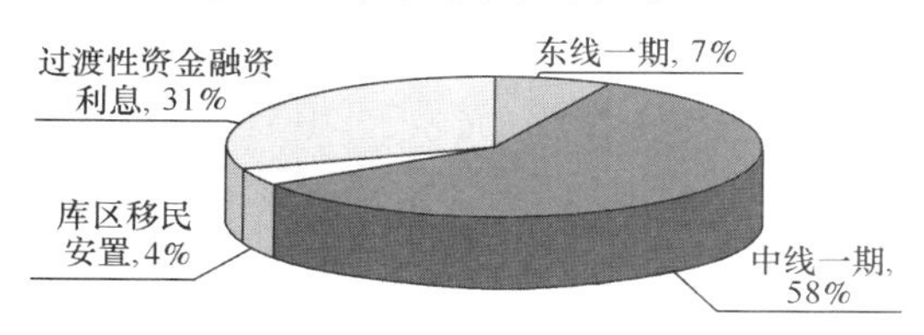


图 4　投资计划完成情况

## 东线一期在建工程建设进展情况

根据各项目法人单位报办的 2014 年建设投资统计年报，截至 2014 年底，南水北调东、中线一期在建各设计单元工程建设进展情况如下：

（一）三阳河潼河宝应站工程（见图 1）

工程于 2002 年 12 月开工建设，是南水北调首个开工工程，2005 年 9 月基本建成。共下达计划 97 922 万元，目前已完成全部投资。完成土方挖填 2713 万 $m^3$，石方 5.95 万 $m^3$，混凝土浇筑 13.4 万 $m^3$，金属结构 237t。目前三阳河潼河宝应站工程已通过完工验收并移交运管单位。

图 1　三阳河潼河宝应站工程

（二）刘山泵站工程（见图 2）

工程总投资为 29 576 万元，已完成全部投资。共完成土方 196 万 $m^3$，石方 3.65 万 $m^3$，混凝土 4.69 万 $m^3$，金属结构 660t，机电设备 5 台（套）。目前刘山站工程已通过完工验收并移交运管单位。

图 2　刘山泵站工程

（三）解台泵站工程（见图 3）

工程总投资为 23 242 万元，已完成全部投资。共完成土方 110.9 万 $m^3$，石方 6.17 万 $m^3$，混凝土 3.88 万 $m^3$，金属结构 460t，机电设备 5 台（套）。目前解台站工程已通过完工验收并移交运管单位。

图 3　解台泵站工程

（四）蔺家坝泵站工程（见图 4）

工程总投资为 25 700 万元，已完成全部投资。共完成土方 121.99 万 $m^3$，石方 0.4 万 $m^3$，混凝土 3.49 万 $m^3$，金属结构 457.04t，机电设备 4 台(套)。目前蔺家坝泵站已移交运管单位。

（五）淮阴三站工程（见图 5）

工程总投资 29 145 万元，已完成全部投

图4 蔺家坝泵站工程

资。共完成土方247万$m^3$，石方4.51万$m^3$，混凝土2.53万$m^3$，金属结构307t，机电设备17台（套）。目前淮阴三站已通过完工验收并移交运管单位。

图5 淮阴三站工程

（六）淮安四站工程（见图6）

工程总投资18 476万元，已完成全部投资。共完成土方153.8万$m^3$，石方2.35万$m^3$，混凝土2.53$m^3$，金属结构460t，机电设备4台（套）。工程于2008年底建成，目前已通过完工验收并移交运管单位。

图6 淮安四站工程

（七）淮安四站输水河道工程

工程总投资31 898万元，目前已完成全部投资并通过完工验收。共完成土方412.51万$m^3$，石方1.31万$m^3$，混凝土金属结构339.2t，机电设备21台（套）。

（八）江都站改造工程（见图7）

工程总投资30 302万元，目前已完成全部投资。完成土方64.46万$m^3$，石方1.76万$m^3$，混凝土2.56万$m^3$，金属结构1000t，机电设备17台（套）。工程于2013年6月全部建成，目前已通过完工验收并移交运管单位。

图7 江都站改造工程

（九）泗阳站工程（见图8）

工程总投资33 447万元，目前已完成全部投资并移交运管单位，累计完成土方128.51万$m^3$，石方3.88万$m^3$，混凝土浇筑3.89万$m^3$，金属结构292t，机电设备6台（套）。

图8 泗阳站工程

（十）泗洪站工程（见图9）

工程总投资59 784万元，目前已完成全部投资并移交运管单位。累计完成土方558.8万$m^3$，石方7.31万$m^3$，混凝土浇筑14.07万$m^3$，金属结构1560t，机电设备5台（套）。

图9　泗洪站工程

（十一）刘老涧二站工程（见图10）

工程总投资22 923万元，目前已完成全部投资并移交运管单位。累计完成土方80.27万$m^3$，石方2.8万$m^3$，混凝土浇筑3.04万$m^3$，金属结构285t，机电设备4台（套）。

图10　刘老涧二站工程

（十二）皂河二站工程（见图11）

工程总投资29 268万元，目前已完成全部投资并移交运管单位。累计完成投资24 052万元，土方172.71万$m^3$，石方1.22万$m^3$，混凝土4.38万$m^3$，金属结构359.8t，机电设备3台（套）。

（十三）皂河一站工程

工程总投资13 248万元，目前已完成全部投资并移交运管单位。共完成土方30.33万$m^3$，石方0.46万$m^3$，混凝土3.23万$m^3$，金属结

图11　皂河二站工程

构130t，机电设备2台（套）。

（十四）金湖站工程（见图12）

工程总投资39 954万元，目前已完成全部投资并移交运管单位。共完成土方176万$m^3$，石方5.31万$m^3$，混凝土4.5万$m^3$，金属结构885t，机电设备5台（套）。

图12　金湖站工程

（十五）金宝航道工程

工程总投资102 722万元，目前已完成全部投资并移交运管单位。完成土方859.4万$m^3$，石方0.53万$m^3$，混凝土12.35万$m^3$，金属结构378.4t，机电设备30台（套）。

（十六）淮安二站改造工程

工程总投资5464万元，目前已完成全部投资并移交运管单位。累计完成土方3.52万$m^3$，石方0.52万$m^3$，混凝土0.11万$m^3$，金属结构67t，机电设备2台（套）。

（十七）骆马湖以南中运河影响处理工程

工程总投资12 527万元，目前已完成全部投资，陆续移交管理单位。累计完成土方38.75万$m^3$，石方0.55万$m^3$，混凝土1.45

万 $m^3$，金属结构 655.7t。

（十八）里下河水源调整工程

工程总投资 182 118 万元，目前已完成全部投资。累计完成土方 2958.98 万 $m^3$，石方 11.63 万 $m^3$，混凝土 17.34 万 $m^3$，金属结构 5421t，机电设备 123 台（套）。

（十九）高水河整治工程

工程总投资 15 996 万元，目前已完成全部投资。工程累计完成土方 135 万 $m^3$，石方 40 万 $m^3$，混凝土 0.86 万 $m^3$。

（二十）睢宁二站工程（见图 13）

工程总投资 25 518 万元，目前已完成全部投资并移交运管单位。累计完成土方 115.5 万 $m^3$，石方 1.51 万 $m^3$，混凝土 5.18 万 $m^3$，金属结构 118.9t，机电设备 4 台（套）。

图 13　睢宁二站工程

（二十一）邳州站工程（见图 14）

工程总投资 33 138 万元，目前已完成全部投资并移交运管单位。累计完成土方 103.72 万 $m^3$，石方 2.18 万 $m^3$，混凝土 5.15 万 $m^3$，金属结构 489.7t，机电设备 4 台（套）。

图 14　邳州站工程

（二十二）洪泽站工程（见图 15）

工程总投资 51 817 万元，目前已完成全部投资并移交运管单位。累计完成土方 540.22 万 $m^3$，石方 0.64 万 $m^3$，混凝土 11 万 $m^3$，机电设备 5 台（套）。

图 15　洪泽站工程

（二十三）洪泽湖抬高蓄水位影响处理工程江苏省境内工程

工程总投资 26 003 万元，目前已完成全部投资。累计完成土方 163.44 万 $m^3$，石方 1.42 万 $m^3$，混凝土 12.87 万 $m^3$，金属结构 333.34t，机电设备 65 台（套）。

（二十四）徐洪河影响处理工程

工程总投资 27 609 万元，目前已完成全部投资。累计完成土方 150.4 万 $m^3$，石方 4.88 万 $m^3$，混凝土 11.72 万 $m^3$，金属结构 20t，机电设备 5 台（套）。

（二十五）沿运闸洞漏水处理工程

工程总投资 12 252 万元，目前已完成全部投资。累计完成土方 79.5 万 $m^3$，石方 4 万 $m^3$，混凝土 1.7 万 $m^3$，金属结构 433.67t，机电设备 225 台（套）。

（二十六）骆马湖水资源控制工程

工程批复总投资 3081 万元，工程已建成，并移交管理单位。累计完成土方 15.53 万 $m^3$，石方 0.88 万 $m^3$，金属结构 82.5t，机电设备 4 台（套）。

（二十七）姚楼河闸工程（见图 16）

工程批复总投资 2412 万元，已全部完

工，并移交管理单位。累计完成土方 8.5 万 $m^3$，石方 0.1 万 $m^3$，混凝土 0.33 万 $m^3$，金属结构 34t，机电设备 6 台（套）。

图 16　姚楼河闸工程

（二十八）杨官屯河闸工程（见图 17）

工程批复总投资 5996 万元，已全部完工，并移交管理单位。累计完成土方 5.3 万 $m^3$，石方 0.2 万 $m^3$，混凝土 1.24 万 $m^3$，金属结构 111t，机电设备 4 台（套）。

图 17　杨官屯河闸工程

（二十九）大沙河闸工程

工程批复总投资 11 776 万元，工程已全部完工，并移交管理单位。累计完成土方 46 万 $m^3$，石方 1 万 $m^3$，混凝土 2.4 万 $m^3$，金属结构 396t，机电设备 11 台（套）。

（三十）江苏段专项工程

血吸虫北移防护、文物保护专项工程已经完工，分别完成投资 4428 万元、3362 万元；调度运行管理系统工程完成并验收通水应急调度中心（灾备中心）沙盘及宣传教育展示设施施工，通水应急总集成工程设施设备系统基本完成；基本完成通水应急调度中心（灾备中心）机房工程施工；光缆线路工程，目前完成通道建设 805km、光缆敷设 805km，本年完成投资 22 500 万元，累计完成投资 31 155 万元。管理设施专项南京一级机构管理设施协议已签署；宿迁二级机构管理设施规划审批已完成图纸；淮安二级机构管理设施初步确定方案；完成泵站、河道管理所及 6 个交水断面建设；完成备调中心及维养设备购买及建设。本年完成投资 8553 万元，累计完成投资 21 773 万元。

（三十一）南四湖下级湖抬高蓄水位影响处理工程

工程批复总投资 22 765 万元，下达投资计划 22 765 万元。工程已委托徐州市代为建设，目前最终实施方案已由江苏省南水北调办批复，补偿工作将加快推进，累计完成投资 20 000 万元。

（三十二）济平干渠工程（见图 18）

工程批复总投资 150 241 万元，下达投资计划 150 241 万元。累计完成投资 153 842 万元。累计完成土石方开挖 1221.83 万 $m^3$，土方填筑 725.46 万 $m^3$，钢筋制作安装 19 094t；混凝土及钢筋混凝土浇筑 53.32 万 $m^3$，机电设备安装 581 台（套），完成金属结构安装 605.43t，渠道衬砌完成约 86km，完成桥梁 130 座，倒虹 39 座，水闸 33 座，渡槽 7 座，排涝站 2 座，跌水 1 座，完成植树 33.2 万株。济平干渠工程已通过国家完工验收。

图 18　济平干渠工程

（三十三）万年闸泵站工程（见图19）

工程批复总投资26 259万元，下达投资计划26 259万元。累计完成投资27 190万元，累计完成土方168.5万 $m^3$，石方5.1万 $m^3$，混凝土浇筑完成37.9万 $m^3$，金属结构制作安装1228.14t。

图19　万年闸泵站工程

（三十四）韩庄泵站工程（见图20）

工程批复总投资27 433万元，累计下达投资计划27 433万元，累计完成投资30 905万元。累计完成土方152万 $m^3$，石方4.66万 $m^3$，混凝土3.79万 $m^3$。

图20　韩庄泵站工程

（三十五）台儿庄泵站工程（见图21）

工程总投资26 611万元，下达投资计划26 611万元。累计完成投资26 874万元，累计完成土方128.6万 $m^3$，石方1052 $m^3$，混凝土5.37万 $m^3$，金属结构804t。

（三十六）韩庄运河段水资源控制工程

工程批复总投资2268万元，下达投资计划2268万元，累计完成投资2268万元，累计

图21　台儿庄泵站工程

完成土方4.28万 $m^3$，混凝土2120 $m^3$。

（三十七）二级坝泵站工程（见图22）

工程批复总投资28 894万元，下达投资计划28 894万元，累计完成投资32 846万元。累计完成土石方234万 $m^3$，混凝土浇筑4.97万 $m^3$。

图22　二级坝泵站工程

（三十八）潘庄引河闸工程（见图23）

工程批复总投资1497万元，已全部下达并完成。潘庄引河闸工程已建设完成。

图23　潘庄引河闸工程

（三十九）东线穿黄河工程（见图24）

工程批复总投资70 245万元，下达投资计

划69 811万元，累计完成投资67 629万元。累计完成土石方709万$m^3$、混凝土浇筑22.1万$m^3$。

图24　东线穿黄河工程

（四十）济南市区段工程（见图25）

工程批复总投资305 319万元，下达投资计划304 480万元，累计完成投资310 236万元。截至2013年底，累计完成土石方700.59万$m^3$、混凝土浇筑89.49万$m^3$。

图25　济南市区段工程

（四十一）东湖水库工程（见图26）

工程批复总投资102 099万元，下达投资计划98 890万元，累计完成投资101 036万元。累计完成土石方1574.11万$m^3$，混凝土浇筑15.16万$m^3$。

（四十二）双王城水库工程（见图27）

工程批复总投资86 804万元，下达投资计划85 480万元，累计完成投资85 646万元。累计完成土石方989.8万$m^3$，混凝土浇筑19.43万$m^3$。

（四十三）明渠段工程（见图28）

工程批复总投资271 371万元，下达投资

图26　东湖水库工程

图27　双王城水库工程

计划270 469万元，累计完成投资269 640万元。累计完成土石方1872.5万$m^3$、混凝土浇筑56.56万$m^3$。

图28　明渠段工程

渠道总长111.26km，需混凝土衬砌长度150.512km，已全部完成。407座建筑物工程已完工。

（四十四）陈庄输水线路工程（见图29）

工程批复总投资33 103万元，下达投资

计划32 887万元，累计完成投资31 873万元。累计完成土方241.71万$m^3$，混凝土8.01万$m^3$。

渠道总长13.225km，需混凝土衬砌长度26.18km，已全部完成。建筑物工程已基本完工。

图29 陈庄输水线路工程

（四十五）长沟泵站工程（见图30）

工程批复总投资30 091万元，下达投资计划29 794万元，累计完成投资30 238万元。累计完成土石方156.68万$m^3$、混凝土7.54万$m^3$。

图30 长沟泵站工程

（四十六）邓楼泵站工程（见图31）

工程批复总投资27 730万元，下达投资计划27 315万元。累计完成投资28 685万元。累计完成土石方131.31万$m^3$、混凝土5.74万$m^3$。

（四十七）八里湾泵站工程（见图32）

工程批复总投资28 683万元，下达投资计划28 097万元，累计完成投资28 128万元。累计完成土石方开挖35.73万$m^3$；土石方回

图31 邓楼泵站工程

图32 八里湾泵站工程

填50.47万$m^3$；混凝土浇筑4.937万$m^3$；钢筋制作安装3523.7t；主泵房浆砌石226$m^3$；站区平台边坡深层搅拌桩14 856$m^3$；新堤防、清污机桥水泥土搅拌桩7150$m^3$；主泵房水泥粉煤灰碎石桩8423.65m；公路桥混凝土灌注桩456m；副厂房混凝土灌注桩4171.8m；安装间混凝土灌注桩1017m；永久交通道路碎石填垫3.0万$m^3$。管理区工程已完成预应力混凝土灌桩。金属结构设备采购、电气设备采购、计算机采购全部完成。

（四十八）两湖段灌溉影响处理工程

工程批复总投资18 696万元，下达投资计划18 696万元，累计完成投资19 974万元。累计完成土石方215.39万$m^3$、混凝土浇筑5.37万$m^3$。

（四十九）梁济运河段工程

工程批复总投资79 445万元，下达投资计划76 892万元，累计完成投资78 618万元。累

计完成土方 767.3 万 $m^3$、混凝土浇筑 25.45 万 $m^3$。

（五十）柳长河段工程

工程批复总投资 52 499 万元，下达投资计划 51 017 万元，累计完成投资 51 145 万元。累计完成土方 690.43 万 $m^3$、混凝土浇筑 10.29 万 $m^3$。

（五十一）南四湖湖内疏浚工程

工程批复总投资 23 348 万元，下达投资计划 23 348 万元。累计完成投资 24 132 万元，累计完成土方 281 万 $m^3$。

（五十二）大屯水库工程（见图 33）

工程批复总投资 130 829 万元，下达投资计划 129 327 万元，累计完成投资 128 190 万元。累计完成土方 2436.03 万 $m^3$、混凝土浇筑 8.72 万 $m^3$。累计完成库底防渗铺膜 501.3 万 $m^2$，水泥土搅拌桩 25 363m，钢筋混凝土灌注桩 5478m。

图 33　大屯水库工程

（五十三）小运河段工程（见图 34）

图 34　小运河段工程

工程批复总投资 262 601 万元，下达投资计划 254 453 万元，累计完成投资 245 416 万元。累计完成土方开挖 1366.62 万 $m^3$，土方回填 536.18 万 $m^3$，混凝土 52.30 万 $m^3$。

（五十四）七一、六五河工程（见图 35）

工程批复总投资 66 672 万元，下达投资计划 64 833 万元，累计完成投资 64 316 万元。累计完成土方 582.02 万 $m^3$、混凝土浇筑 7.18 万 $m^3$。

图 35　七一、六五河工程

（五十五）鲁北灌区影响处理工程

工程批复总投资 35 008 万元，下达投资计划 35 008 万元，累计完成投资 33 986 万元。累计完成土石方开挖 573 万 $m^3$，混凝土浇筑 2.89 万 $m^3$。

（五十六）东平湖蓄水影响处理工程（见图 36）

工程批复总投资 49 488 万元，下达投资计划 49 488 万元，累计完成投资 49 488 万元。累计完成土方 101.49 万 $m^3$，混凝土 0.23 万 $m^3$。

图 36　东平湖蓄水影响处理工程

围堤防渗加固工程完成全部2670m的湖堤截渗墙施工工作；济平干渠湖内引渠清淤工程完成清淤76万$m^3$。

（五十七）南四湖下级湖抬高蓄水影响处理工程（见图37）

工程批复总投资40 984万元，下达投资计划40 984万元，于2011年12月12日开工建设，累计完成投资40 984万元。

图37 南四湖下级湖抬高蓄水影响处理工程

（五十八）山东段专项工程（见图38）

包括文物专项、调度运行管理系统、管理设施专项3个设计单元工程。

图38 山东段专项工程

南水北调东线山东段工程需保护地下文物62处，地面文物5处，建设资料整理基础8处。共计批复投资6776万元，已全部下达并完成。山东段调度运行管理系统工程批复总投资68 299万元，已下达投资计划68 299万元，累计完成投资54 776万元。山东段管理设施专项批复投资为57 521万元，已下达投资计划57 521万元，累计完成投资15 400万元。

（五十九）洪泽湖抬高蓄水位影响处理工程安徽省境内工程

工程批复总投资37 493万元，投资计划已全部下达，累计完成投资37 230万元，占工程总投资的99.3%。其中：建筑安装工程24 693万元，机泵设备及金属结构5692万元，移民拆迁3230万元，其他费用3615万元。累计完成土石方开挖410万$m^3$、土石方回填56.5万$m^3$、混凝土6.37万$m^3$。

本工程建设内容涉及52座泵站和16条河道大沟疏浚开挖，目前，已完成东西涧等51座泵站重（新）建或技改以及16条河道大沟疏浚，柳湾泵站功能由地方资金新建泵站替代取消技术改造。批复建设内容已完成，顺利实现工程建设目标。

## 中线一期在建工程建设进展情况

（一）丹江口大坝加高工程（见图1）

工程批复总投资287 452万元，累计下达投资计划285 629万元，累计完成投资282 167万元，占总投资的99%，累计完成土石方609.92万$m^3$，混浇筑117.11万$m^3$。

左、右岸土石坝坝壳料、黏土心墙、反滤料等填筑面顶部高程均已填筑至坝顶高程，右岸上游坝面护坡面板及加糙墩、坝顶防浪墙均已完成。左岸土石坝左坝头副坝施工已完成。坝顶路面施工已完成。左联坝段（32~44号坝段）及右联坝段已全部加高至坝顶高程。厂房坝段、溢流坝段闸墩（14~24号）、深孔

图1　丹江口大坝加高工程

坝段（8~13号坝段）已全部达到坝顶高程。董营副坝已完成项目施工。右岸下游护岸项目施工已完成。初期大坝混凝土缺陷检查与处理专题报告中所列的老坝体下游贴坡面、坝顶面裂缝检查及处理施工已全部完成，坝体迎水面水上、水下部分裂缝检查及处理工作已全部完成；坝面抗冲磨防护材料、聚脲类防护材料涂刷施工已全部完成。深孔明流段新增的老坝体缺陷检查与处理工作尚在进行。电厂机组设备改造和安装工程项目全部完成。大坝机电设备及安装工程项目已全部完成。大坝金结设备及安装工程项目已全部完成。

（二）丹江口库区移民安置工程

移民安置工程（含库区移民试点、库区文物保护、前期初设编制）批复总投资503.17亿元。截至2015年底，累计下达库区移民安置工程投资503.17亿元，累计完成投资502.88亿元，其中文物保护投资5.40亿元。

河南、湖北两省累计搬迁移民近34.5万人。城集镇迁建、专项设施恢复改建及工业企业淹没处理已完成。

（三）京石段应急供水工程

京石段应急供水工程共21个设计单元工程，批复概算总投资2 248 728万元（其中包含新增中线京石段应急供水工程北拒马河暗渠穿河段防护加固工程及PCCP管道大石河段防护加固工程静态总投资18 687万元），已完成了主体工程建设。共累计完成投资215.64亿元，占批复投资的97.00%，占下达投资计划的97.27%。

累计完成土方16 990万$m^3$,石方2535万$m^3$，混凝土502万$m^3$，金属结构7046t，钢筋制作安装30万t，机电设备612台（套）。除永久供电工程及北京段工程管理专题外，其他设计单元主体工程已经完工。其中，滹沱河等7条河流防洪影响处理工程，批复概算总投资6120万元，下达投资计划6120万元，累计完成投资2877万元，占批复概算总投资的47%。北拒马河暗渠穿河段防护加固工程及PCCP管道大石河段防护加固工程，批复概算总投资18 687万元，下达投资计划18 687万元，累计完成投资1150万元，占批复概算总投资的6%。

（四）磁县段工程（见图2）

工程批复总投资369 667万元，下达投资计划364 259万元，累计完成投资374 715万元，占批复概算总投资的99.90%。累计完成土方2822万$m^3$，石方104万$m^3$，混凝土浇筑59.40万$m^3$，金属结构387t，机电设备152台（套）。

图2　磁县段工程

渠道全长38 986m，全部衬砌完成。本设计单元共有各类建筑物78座。其中，大型河渠交叉建筑物4座、左岸排水建筑物18座、渠渠交叉建筑物4座、铁路交叉建筑物2座、节制闸和退水闸共3座、排冰闸2座、分水口门3座、公路交叉桥梁42座，已全部完工。

（五）邯郸市至邯郸县段工程（见图3）

工程批复概算总投资216 704万元，下达投资计划213 172万元，累计完成投资225 346万元，占批复概算总投资的101.42%。累计完成土方1733万$m^3$，石方15万$m^3$，混凝土浇筑35.31万$m^3$，金属结构260t。

本设计单元全长20.997km，共有各类建筑物43座，其中，大型河渠交叉建筑物1座，左岸排水建筑物10座，分水口门工程3座，控制性工程3座，铁路交叉工程1座，跨渠桥梁25座，已全部完工。

图3　邯郸市至邯郸县段工程

（六）永年县段工程（见图4）

工程批复概算总投资137 053万元，下达投资计划135 254万元。累计完成投资146 959万元，占批复概算总投资的100.50%。累计完成土方1039万$m^3$，石方325万$m^3$，混凝土浇筑18.49万$m^3$。

本设计单元全长17.262km，共有各类建筑物11座。其中，大型河渠交叉建筑物1座，左岸排水建筑物9座，分水闸1座，跨渠桥梁19座，已全部完工。

图4　永年县段工程

（七）洺河渡槽工程（见图5）

工程批复概算总投资37 379万元，下达投资计划37 211万元，累计完成投资36 106万元，占批复概算总投资的97.03%。累计完成土方98万$m^3$，石方8万$m^3$，混凝土浇筑10万$m^3$，金属结构182t，机电设备30台（套）。

图5　洺河渡槽工程

工程已全部完工，2014年主要进行了进出口段外坡防护施工，进出口段聚硫密封胶施工，槽身螺栓孔封堵，槽身可更换止水安装，槽身拉杆施工，节制闸、检修闸、退水闸及排冰闸启闭机室施工，降压站施工，退水尾渠施工。

（八）沙河市段工程（见图6）

批复概算总投资191 026万元，下达投资计划189 767万元，累计完成投资187 047万

图6　沙河市段工程

元，占批复概算总投资的98.57%。累计完成土方1863万$m^3$，石方101万$m^3$，混凝土浇筑30.74万$m^3$。

本设计单元全长14.031km，共有各类建筑物10座。其中，大型河渠交叉建筑物1座，左岸排水建筑物7座，渠渠交叉建筑物1座，跨渠桥梁9座，分水口1座，已全部完工。

（九）南沙河倒虹吸工程（见图7）

工程批复概算总投资101 639万元，下达投资计划101 245万元，累计完成投资99 174万元，占批复概算总投资的97.95%。累计完成土方763万$m^3$，石方17万$m^3$，混凝土浇筑31.67万$m^3$，金属结构362t。

本设计单元全长2080m，南沙河倒虹吸管身共129节，已全部完工。

图7 南沙河倒虹吸工程

（十）邢台市段工程（见图8）

工程批复概算总投资192 752万元，下达投资计划192 085万元，累计完成投资191 057万元，占批复概算总投资的99.46%。累计完成土方1607万$m^3$，石方128万$m^3$，混凝土浇筑31.95万$m^3$，金属结构273t，机电设备100台/套。

图8 邢台市段工程

渠道全长15 033m，共有各类建筑物9座，其中有大型交叉建筑物2座，左岸排水建筑物2座，节制闸、退水闸和排冰闸3座，分水口门2座，公路交叉桥梁18座，已全部完工。

（十一）邢台县和内丘县段工程（见图9）

工程批复概算总投资285 230万元，下达投资计划283 065万元，累计完成投资282 020万元，占批复概算总投资的99.63%。累计完成土方1873万$m^3$，石方280万$m^3$，混凝土浇筑56.65万$m^3$，金属结构614t，机电设备89台（套）。

图9 邢台县和内丘县段工程

本设计单元全长31.666km，共有各类建筑物25座，其中，大型河渠交叉建筑物5座，左岸排水建筑物11座，控制性建筑物工程8座，铁路交叉建筑物1座，已全部完工。

（十二）临城县段工程（见图10）

工程批复概算总投资236 588万元，下达投资计划234 046万元，累计完成投资233 533万元，占批复概算总投资的99.78%。累计完成土方1646万$m^3$，石方475万$m^3$，混凝土浇筑43.22万$m^3$，金属结构169t，机电设备97台（套）。

本设计单元渠道长度26.379km，共有各类建筑物45座，其中，大型河渠交叉建筑物3座，左岸排水建筑物17座，渠渠交叉建筑

图10 临城县段工程

物3座，分水口门工程2座（分水闸），临城县管理处房建1座，已全部完工。

（十三）高邑县至元氏县段工程（见图11）

工程批复概算总投资310 195万元，下达投资计划309 549万元，累计完成投资310 555万元，占批复概算总投资的99.64%。累计完成土方2115万$m^3$，石方158万$m^3$，混凝土浇筑67.76万$m^3$，金属结构1231t，机电设备135台（套）。

图11 高邑县至元氏县段工程

本设计单元各类交叉建筑物33座，包括大型河渠交叉建筑物6座、左岸排水建筑物13座、渠渠交叉建筑物7座，控制工程6座（分水口门4座，节制闸和退水闸各1座），排冰工程1座，公路交叉桥梁40座，已全部完工。

（十四）鹿泉市段工程（见图12）

工程批复概算总投资126 648万元，下达投资计划125 993万元，累计完成投资125 312万元，占批复概算总投资的99.46%。累计完成土方783万$m^3$，混凝土浇筑28.56万$m^3$，金属结构903t，机电设备35台（套）。

图12 鹿泉市段工程

本设计单元全长12.786km，共有各类建筑物16座，其中，大型河渠交叉建筑物3座，左岸排水建筑物4座，渠渠交叉建筑物4座，控制工程5座，已全部完工。

（十五）石家庄市区段工程（见图13）

工程批复概算总投资191 663万元，下达投资计划190 312万元，累计完成投资205 719万元，占批复概算总投资的108.10%。累计完成土方1503万$m^3$，混凝土浇筑33.30万$m^3$，金属结构319t。

图13 石家庄市区段工程

渠道总长度10.439km，共有各类建筑物21座，其中，大型河渠交叉建筑物3座，左岸排水建筑物1座，控制性分水口门1座，跨渠桥梁16座，已全部完工。

（十六）穿漳工程（见图14）

工程批复概算总投资43 969万元，下达投资计划43 969万元，累计完成投资42 202万元，占批复投资的97.09%。目前主体工程已基本完工，累计完成土方180万$m^3$，混凝土10.56万$m^3$，金属结构602t，钢筋制作安装9628万t，机电设备32台（套）。

图14 穿漳工程

（十七）温博段工程（见图15）

工程批复概算总投资184 540万元，下达投资计划184 540万元，累计完成投资189 410万元，占批复概算总投资的102.64%。累计完成土方1482万$m^3$，石方8万$m^3$，混凝土浇筑47万$m^3$，金属结构699t，机电设备90台（套）。

图15 温博段工程

本设计单元全长27.1km，共有大型河渠交叉建筑物6座，左岸排水建筑物4座，渠渠交叉建筑物2座，均已全部完成。

（十八）沁河渠道倒虹吸工程（见图16）

工程批复概算总投资40 971万元，下达投资计划40 971万元。目前沁河倒虹吸管身段主体结构已完工。累计完成投资40 557万元，占批复概算总投资的98.99%。累计完成土方561万$m^3$，石方3万$m^3$，混凝土浇筑12万$m^3$，金属结构289t，机电设备17台（套）。

图16 沁河渠道倒虹吸工程

（十九）焦作1段工程（见图17）

工程批复概算总投资263 160万元，下达投资计划263 160万元。累计完成投资303 124万元，占批复概算总投资的115.19%。累计完成土方1147万$m^3$，混凝土浇筑75.7万$m^3$，金属结构1376t，机电设备132台（套）。

图17 焦作1段工程

本设计单元全长12.9km，渠渠道衬砌33 234m，已全部完成。河渠交叉建筑物5座，全部完成主体工程施工；跨渠桥梁11座均已通车。

（二十）焦作2段工程（见图18）

工程批复概算总投资424 758万元，下达投资计划424 758万元。累计完成投资420 048万元，占批复概算总投资的98.89%。累计完成土方3593万$m^3$，石方1172万$m^3$，混凝土浇筑67.39万$m^3$。

图18 焦作2段工程

焦作2段明渠总长23.8km，其中挖方渠段20.8km，填方渠段2.98km，已全部完成。

（二十一）辉县段工程（见图19）

批复概算总投资487 613万元，下达投资计划487 613万元。累计完成投资475 484万元，占批复概算总投资的98.22%。累计完成土方4531万$m^3$，石方237万$m^3$，混凝土浇筑108.44万$m^3$，金属结构3166t，机电设备141台（套）。

图19 辉县段工程

渠道总长度43.4km，河渠交叉建筑物7座，左岸排水建筑物18座，渠渠交叉建筑物2座，跨渠桥梁42座，已全部完工。

（二十二）石门河倒虹吸工程（见图20）

工程批复概算总投资30 842万元，下达投资计划30 842万元，累计完成投资29 757万元，占批复概算总投资的96.48%。累计完成土方239万$m^3$，混凝土浇筑12万$m^3$，金属结构271t，机电设备18台（套）。

图20 石门河倒虹吸工程

目前，石门河渠道倒虹吸渠工程主体工程已完工。渠道累计衬砌0.374km，累计完成石门河倒虹吸管身段69节。

（二十三）膨胀岩（路王坟）试验段工程

工程批复概算总投资30 773万元，下达投资计划30 773万元，累计完成投资29 916万元，占批复概算总投资的97.22%。累计完成土方152万$m^3$，石方332万$m^3$，混凝土浇筑3.08万$m^3$。工程已全部完工。

（二十四）新乡和卫辉段（见图21）

工程批复概算总投资209 906万元，下达投资计划209 906万元，累计完成投资206 345万元，占批复概算总投资的98.30%。累计完成土方1818万$m^3$，石方259万$m^3$，混凝土浇筑53.93万$m^3$，金属结构1209t，机电设备61台（套）。工程已全部完工。

图21 新乡和卫辉段

（二十五）鹤壁段工程（见图22）

工程批复概算总投资266 982万元，下达

投资计划266 982万元，累计完成投资277 260万元，占批复概算总投资的103.85%。累计完成土方2198万$m^3$，石方721万$m^3$，混凝土浇筑59.8万$m^3$，机电设备91台（套）。工程已全部完工。

图22　鹤壁段工程

（二十六）汤阴段工程（见图23）

工程批复概算总投资204 383万元，下达投资计划204 383万元，累计完成投资202 548万元，占批复概算总投资的99.1%。累计完成土方819万$m^3$，石方866万$m^3$，混凝土浇筑40.6万$m^3$，金属结构432t，机电设备73台（套）。工程已全部完工。

图23　汤阴段工程

（二十七）安阳段工程（见图24）

工程批复概算总投资245 363万元，下达投资计划245 363万元，累计完成投资267 821万元，占批复概算总投资的109.15%。累计完成土方2288万$m^3$，石方865万$m^3$，混凝土浇筑62万$m^3$，金属结构929t。工程已全部完工。

图24　安阳段工程

（二十八）中线穿黄工程（见图25）

工程批复概算总投资341 306万元（含工程管理专题1545万元），下达投资计划341 306万元。共累计完成投资358 789万元，占批复投资的105.12%，占下达投资计划的104.10%。累计完成土方2156万$m^3$，石方22万$m^3$，混凝土57.54万$m^3$，金属结构466t，钢筋制作安装50 254t，机电设备36台（套）。工程已全部完工。

图25　中线穿黄工程

（二十九）沙河渡槽工程（见图26）

工程批复概算总投资302 328万元，下达投资计划299 391万元，累计完成投资293 640万元，占批复概算总投资的98.08%。累计完成土方461万$m^3$，石方144万$m^3$，混凝土浇筑126.49万$m^3$，金属结构68t，机电设备29台（套）。工程已全部完工。

（三十）鲁山北段工程（见图27）

工程批复概算总投资70 964万元，下达

图 26 沙河渡槽工程

投资计划 69 104 万元，累计完成投资 69 746 万元，占批复概算总投资的 100.93%。累计完成土方 320 万 $m^3$，石方 286 万 $m^3$，混凝土浇筑 14.3 万 $m^3$，机电设备 9 台（套）。工程已全部完工。

图 27 鲁山北段工程

（三十一）宝丰至郏县段工程（见图 28）

工程批复概算总投资 467 381 万元，下达投资计划 454 849 万元，累计完成投资 455 710 万元，占批复概算总投资的 100.19%。累计完成土方 2297 万 $m^3$，石方 1061 万 $m^3$，混凝土浇筑 96.59 万 $m^3$，金属结构 2500t，机电设备 102 台（套）。工程已全部完工。

图 28 宝丰至郏县段工程

2014 年，主要进行渠道土石方开挖、土方填筑、水泥土换填；建筑物基坑开挖、回填；混凝土浇筑、钢筋制作安装、金属结构预埋件安装工作；桥梁、渡槽工程施工，进行强重夯、挤密土桩地基处理。

（三十二）北汝河倒虹吸工程（见图 29）

工程批复概算总投资 66 796 万元，下达投资计划 66 769 万元，累计完成投资 65 577 万元，占批复概算总投资的 98.21%。累计完成土方 196 万 $m^3$，石方 86 万 $m^3$，混凝土浇筑 21.4 万 $m^3$，金属结构 373t，机电设备 27 台（套）。工程已全部完工。

图 29 北汝河倒虹吸工程

（三十三）禹州和长葛段工程（见图 30）

工程批复概算总投资 559 687 万元，下达投资计划 538 538 万元，累计完成投资 536 702 万元，占批复概算总投资的 99.66%。累计完

图 30 禹州和长葛段工程

成土方4119万$m^3$，石方804万$m^3$，混凝土浇筑104.88万$m^3$，金属结构1420t，机电设备241台（套）。目前工程已全部完工。

（三十四）新郑南段工程（见图31）

工程批复概算总投资163 553万元，下达投资计划157 942万元。累计完成投资156 740万元，占批复概算总投资的99.24%。累计完成土方1184万$m^3$，混凝土浇筑43.96万$m^3$，金属结构663t，机电设备26台（套）。目前工程已全部完工。

图31　新郑南段工程

（三十五）双洎河渡槽工程（见图32）

工程批复概算总投资79 066万元，下达投资计划77 780万元。累计完成投资78 285万元，占批复概算总投资的100.65%。累计完成土方350万$m^3$，石方5万$m^3$，混凝土浇筑30.74万$m^3$，钢筋制作安装26 048t，金属结构689t，机电设备40台（套）。目前工程已全部完工。

图32　双洎河渡槽工程

（三十六）郑州2段工程（见图33）

工程批复概算总投资378 074万元，下达投资计划371 747万元。累计完成投资365 618万元，占批复概算总投资的98.35%。累计完成土方3846万$m^3$，混凝土浇筑63.38万$m^3$，金属结构1479t，机电设备30台（套）。工程已全部完工。

图33　郑州2段工程

（三十七）郑州1段工程（见图34）

工程批复概算总投资162 044万元，下达投资计划159 228万元。累计完成投资158 885万元，占批复概算总投资的99.78%。累计完成土方1141万$m^3$，混凝土浇筑29.82万$m^3$，金属结构373t，机电设备12台（套）。工程已全部完工。

图34　郑州1段工程

（三十八）荥阳段工程（见图35）

工程批复概算总投资243 956万元，下达投资计划243 956万元。累计完成投资239 377万元，占批复概算总投资的98.12%。累计完成土方2199万$m^3$，混凝土浇筑50.6万$m^3$，金属结构308t，机电设备88台（套）。工程已全部完工。

图35 荥阳段工程

（三十九）潮河段工程（见图36）

工程批复概算总投资535 268万元，下达投资计划511 625万元。累计完成投资511 003万元，占批复概算总投资的99.88%。累计完成土方3970万$m^3$，混凝土浇筑76.84万$m^3$，金属结构639t，机电设备19台（套）。工程已全部完工。

图36 潮河段工程

（四十）淅川段工程（见图37）

工程批复概算总投资847 887万元，下达投资计划847 887万元，累计完成投资823 017万元，占批复概算总投资的97.07%，。累计完成土方8704万$m^3$，混凝土浇筑137.3万$m^3$，金属结构700t，机电设备67台（套）。

本设计单元全长50.8km，渠道衬砌长度148 710m，淅川段工程共有河渠交叉建筑物6座，左岸排水建筑物16座，渠渠交叉建筑物3座，跨渠桥梁59座，工程已全部完工。

图37 淅川段工程

（四十一）湍河渡槽工程（见图38）

工程批复概算总投资48 092万元，下达投资计划48 092万元，累计完成投资46 196万元，占批复概算总投资的96.06%。累计完成土方48万$m^3$，混凝土浇筑13.42万$m^3$，机电设备18台（套）。工程已全部完工。

图38 湍河渡槽工程

（四十二）镇平段工程（见图39）

工程批复概算总投资378 684万元，下达投资计划378 684万元。累计完成投资375 721万元，占批复概算总投资的99.22%。累计完成土方2691万$m^3$，混凝土浇筑68.09万$m^3$，金属结构1128t。

本设计单元全长35.825km，共有各类建筑物63座，其中大型河渠交叉建筑物2座，左岸排水建筑物21座，渠渠交叉建筑物1座，分水口1座，跨渠桥梁38座，工程已全部

图39　镇平段工程

完工。

（四十三）南阳市段工程（见图40）

工程批复概算总投资495 388万元，下达投资计划495 388万元。累计完成投资487 288万元，占批复概算总投资的98.36%。累计完成土方3249万$m^3$，混凝土浇筑10.38万$m^3$。

图40　南阳市段工程

南阳市段沿线共布置各类建筑物70座，其中有左排建筑物19座，河渠交叉建筑物4座，分水口2座；渠渠交叉建筑物4座；桥梁工程共34座，工程已全部完工。

（四十四）南阳膨胀土试验段工程

工程批复概算总投资18 794万元，下达投资计划18 794万元，累计完成投资19 717万元，占批复概算总投资的104.91%。累计完成土方228万$m^3$，石方1万$m^3$，混凝土浇筑5.56万$m^3$。工程已全部完工。

（四十五）白河倒虹吸工程（见图41）

工程批复概算总投资54 720万元，下达投资计划54 720万元，累计完成投资53 644万元，占批复概算总投资的98.03%。累计完成土方247万$m^3$，石方4万$m^3$，混凝土浇筑26.63万$m^3$。工程已全部完工。

图41　白河倒虹吸工程

（四十六）方城段工程（见图42）

工程批复概算总投资597 995万元，下达投资计划597 995万元。累计完成投资587 649万元，占批复概算总投资的98.27%。累计完成土方4855万$m^3$，混凝土浇筑140.72万$m^3$。

图42　方城段工程

方城段工程60.794km，各类建筑物107座。其中，河渠交叉建筑物8座，左排建筑物22座，3座分水口门，渠渠交叉建筑物11座，桥梁工程58座。工程已全部完工。

（四十七）叶县段工程（见图43）

工程批复概算总投资353 686万元，下达投资计划353 686万元，累计完成投资347 727万元，占批复概算总投资的98.32%。累计完成土方3120万$m^3$，石方3万$m^3$，混凝土浇

筑 59.99 万 $m^3$，金属结构 481t。

图 43 叶县段工程

本设计单元全长 29.406km，共有各类建筑物 59 座，其中，大型河渠交叉建筑物 1 座，左岸排水建筑物 17 座，渠渠交叉建筑物 8 座，跨渠桥梁 32 座，工程已全部完工。

（四十八）澧河渡槽工程（见图 44）

工程批复概算总投资 44 189 万元，下达投资计划 44 189 万元。累计完成投资 42 984 万元，占批复概算总投资的 97.27%。累计完成土方 94 万 $m^3$，混凝土浇筑 12.22 万 $m^3$，金属结构 434t，机电设备 17 台（套）。

图 44 澧河渡槽工程

澧河渡槽槽体工程轴线总长 540m，共计 14 跨槽身，工程桩 156 根，15 个槽墩，工程已全部完工。

（四十九）鲁山南 1 段工程（见图 45）

工程批复概算总投资 132 152 万元，下达投资计划 132 152 万元，累计完成投资 128 423 万元，占批复概算总投资的 97.18%。累计完成土方 824 万 $m^3$，石方 160 万 $m^3$，混凝土浇筑 24.7 万 $m^3$，金属结构 173t，机电设备 17 台（套）。

图 45 鲁山南 1 段工程

本设计单元全长 13.5km，共有 10 座渠渠交叉建筑物，6 座左岸排水建筑物已，14 座跨渠桥梁，1 座大型河渠交叉建筑物，工程已全部完工。

（五十）鲁山南 2 段工程（见图 46）

工程批复概算总投资 94 071 万元，下达投资计划 94 071 万元。累计完成投资 91 360 万元，占批复概算总投资的 97.12%。累计完成土方 553 万 $m^3$，石方 90 万 $m^3$，混凝土浇筑 21.42 万 $m^3$，机电设备 30 台（套）。

图 46 鲁山南 2 段工程

本设计单元全长 9.8km，共有 7 座渠渠交叉建筑物，3 座左排建筑物，9 座跨渠桥梁，2 座大型河渠交叉建筑物，工程已全部完工。

（五十一）西黑山进口闸至有压箱涵段工程（见图 47）

工程批复概算总投资 85 755 万元，下达投资计划 85 755 万元，累计完成投资 84 485

万元，占批复概算总投资的98.52%。累计完成土方757万$m^3$，石方3万$m^3$，混凝土浇筑38.06万$m^3$，金属结构295t，机电设备93台（套）。

图47　西黑山进口闸至有压箱涵段工程

2014年主要完成了西黑山管理处、蓄冰池水机设备的采购安装、西黑山进口闸及东黑山陡坡栏杆、钢梯、钢格栅盖板的施工、文村北调节池房建施工、供电工程的施工。工程已全部完工。

（五十二）保定市1段工程（见图48）

工程批复概算总投资286 822万元，下达投资计划286 822万元，累计完成投资284 569万元，占批复概算总投资的99.21%。累计完成土方1998万$m^3$，混凝土浇筑142万$m^3$，金属结构335t，机电设备66台（套）。工程已全部完工。

图48　保定市1段工程

（五十三）保定市2段工程

工程批复概算总投资95 363万元，下达投资计划95 363万元，累计完成投资90 737万元，占批复概算总投资的95.15%。累计完成土方721万$m^3$，混凝土浇筑45.78万$m^3$，机电设备9台（套）。

2014年主要完成了雄县口头分水口厂区建筑主体工程、通气孔厂区建筑施工、通气孔钢梯及栏杆安装、雄县口头分水口金属结构设备的安装、道路恢复工程施工、供电工程的施工。通过了合同验收、项目法人自查验收及通水技术性初步验收。

（五十四）廊坊市段工程（见图49）

工程批复概算总投资375 211万元，下达投资计划375 211万元，累计完成投资401 626万元，占批复概算总投资的107.4%。累计完成土方2878万$m^3$，混凝土浇筑173.40万$m^3$，金属结构210t，机电设备72台（套）。工程已全部完工。

图49　廊坊市段工程

（五十五）天津市1段工程

工程批复概算总投资175 249万元，下达投资计划175 249万元，累计完成投资173 332万元，占批复概算总投资的100.20%。累计完成土方1196万$m^3$，混凝土浇筑62.21万$m^3$，金属结构319t，机电设备333台（套）。工程已全部完工。

（五十六）天津市2段工程（见图50）

批复概算总投资26 283万元，下达投资计划26 283万元，累计完成投资27 625万元，占批复概算总投资的105.10%。累计完成土方131万$m^3$，石方1万$m^3$，混凝土浇筑7.93万$m^3$，钢筋制作安装5907t，金属结构23t，机电设备5台（套）。工程已全部完工。

图50　天津市2段工程

（五十七）中线干线专项工程

批复概算总投资222 603万元（不包含待运行期管理维护费），目前已完成投资240 077万元，占总投资的99.05%。2014年完成投资59 268万元。工程主要包括自动化调度与运行管理决策支持系统（京石段除外），调度中心土建项目，其他专题，京石段临时通水运行实施。

中线干线自动化调度与运行管理决策支持系统工程批复概算总投资149 832万元，下达投资计划149 832万元。累计完成投资115 324万元，占批复概算总投资的76.97%，2014年完成投资59 268万元。

南水北调中线干线工程调度中心土建项目批复概算总投资22 684万元，下达投资计划22 684万元。累计完成投资22 684万元，占批复概算总投资的100%。

其他专题批复概算总投资41 025万元，下达投资计划43 425万元，累计完成投资42 091万元，占批复概算总投资的102.60%。其中，中线干线施工测量控制网下达投资计划2400万元，累计完成3524万元；文物保护专项批复概算41 025万元，下达投资计划41 025万元，累计完成投资38 567万元。

京石段临时通水运行实施批复概算总投资9062万元，下达投资计划9062万元，累计完成投资10 315万元，占批复概算总投资的113.83%。

（五十八）陶岔渠首枢纽工程（见图51）

工程批复总投资88 234万元（不包含电站部分的价差和待运行费），累计下达投资计划88 234万元。累计完成投资88 636万元。累计完成土方42.93万$m^3$，占总土方工程量100%；完成石方44.55万$m^3$，占总石方工程量100%；完成混凝土24.3万$m^3$，占总混凝土工程量107.2%；金属结构2042t。

图51　陶岔渠首枢纽工程

大坝工程（包括坝体、电站厂房、消能防冲、坝肩等）、上游引渠工程（包括老闸拆除）、下游引渠工程（包括老桥拆除）、固结灌浆和帷幕灌浆、安全监测工程全部完成。下游交通桥工程完成。管理设施工程通过单位工程暨合同项目完成。通过了国务院南水北调办组织的工程蓄水验收和通水验收。机电设备安装全部完成。金属结构和启闭设备安装全部完成。

（五十九）兴隆水利枢纽工程（见图52）

工程批复总投资342 789万元，累计下达投资计划342 789万元。累计完成投资343 481万元。兴隆水利枢纽工程已建成并投入运行。

图52　兴隆水利枢纽工程

图53　引江济汉工程

（六十）引江济汉工程（见图53）

工程批复总投资691 636万元，累计下达投资计划691 636万元，累计完成投资694 248万元。引江济汉工程已经建成并已通水，目前正在进行水保绿化及管理设施等后续项目建设。引江济汉自动化调度系统中心控制系统基本完成，目前正在进行现地设备安装、调试。

（六十一）部分闸站改造工程（见图54）

工程批复总投资56 423万元，累计下达投资计划54 558万元，累计完成投资54 558万元。部分闸站改造工程已建成并投入运行。

图54　部分闸站改造工程

（六十二）局部航道整治工程

工程批复总投资46 142万元，累计下达投资计划46 142万元，累计完成投资46 142万元。局部航道整治工程已建成并投入运行。

（李　益　万耀强）

# 在建设计单元工程进展统计表

## 南水北调东、中线一期工程在建设计单元工程进展统计表

截至2014年12月底

| 序号 | 工程名称 | 在建设计单元工程总投资（亿元） | 累计完成投资（亿元） | 投资完成占在建设计单元工程总投资的比例（%） | 本月完成投资（万元） | 设计总土石方量（万 $m^3$） | 累计完成土石方（万 $m^3$） | 土石方完成比例（%） | 设计总混凝土量（万 $m^3$） | 累计完成混凝土（万 $m^3$） | 混凝土完成比例（%） | 备注 |
|---|---|---|---|---|---|---|---|---|---|---|---|---|
| | 总　计 | 2567.5 | 2543.3 | 99.06 | 334 288 | 161 791 | 159 649 | 98.68 | 4307 | 4276 | 99.27 | |
| | 东线一期 | 333.4 | 321.6 | 96.45 | 20 473 | 29 362 | 27 723 | 94.42 | 596 | 587 | 98.55 | |
| | 江苏水源公司 | 118.07 | 112.19 | 95.02 | 11 563 | 11 089.05 | 10 451.29 | 94.25 | 163.59 | 158.72 | 97.03 | |

续表

| 序号 | 工程名称 | 在建设计单元工程总投资（亿元） | 累计完成投资（亿元） | 投资完成占在建设计单元工程总投资的比例（%） | 本月完成投资（万元） | 设计总土石方量（万 $m^3$） | 累计完成土石方（万 $m^3$） | 土石方完成比例（%） | 设计总混凝土量（万 $m^3$） | 累计完成混凝土（万 $m^3$） | 混凝土完成比例（%） | 备注 | |
|---|---|---|---|---|---|---|---|---|---|---|---|---|---|
| 1 | 淮阴三站工程 | 2.91 | 2.91 | 100.00 | | 251.51 | 251.51 | 100.00 | 2.53 | 2.53 | 99.96 | 2005年9月开工建设，工期28个月 | |
| 2 | 淮安四站工程 | 1.85 | 1.85 | 100.00 | | 100.54 | 100.20 | 99.66 | 3.54 | 3.54 | 99.88 | 2005年10月开工建设，工期27个月 | |
| 3 | 淮安四站输水河道工程 | 3.19 | 3.19 | 100.00 | | 637.21 | 413.82 | 64.94 | 4.26 | 2.42 | 56.85 | 2005年9月开工建设，工期28个月 | 施工过程优化和设计变更等原因造成工程量变化 |
| 4 | 江都站改造工程 | 3.03 | 3.03 | 100.00 | | 74.98 | 66.22 | 88.32 | 2.92 | 2.57 | 87.81 | 2005年12月开工建设，工期36个月 | |
| 5 | 三阳河、潼河河道工程<br>宝应站工程 | 9.79 | 9.79 | 100.00 | | 2718.95 | 2718.95 | 100.00 | 13.39 | 13.39 | 100.00 | 2002年12月27日开工建设，工期36个月 | |
| 6 | 刘山泵站工程 | 2.96 | 2.96 | 100.00 | | 199.65 | 199.65 | 100.00 | 4.69 | 4.69 | 100.00 | 2004年10月24日开工建设，工期30个月 | |
| 7 | 解台泵站工程 | 2.32 | 2.32 | 100.00 | | 116.78 | 117.07 | 100.25 | 3.68 | 3.88 | 105.43 | 2004年10月24日开工建设，工期24个月 | |
| 8 | 淮安二站改造工程 | 0.55 | 0.53 | 97.64 | | 4.03 | 4.04 | 100.25 | 0.11 | 0.11 | 100.00 | 2010年10月15日开工建设，工期32个月 | |
| 9 | 金宝航道工程 | 10.27 | 10.12 | 98.50 | | 889.47 | 859.93 | 96.68 | 13.06 | 12.35 | 94.56 | 2010年9月28日开工建设，工期36个月 | |
| 10 | 江苏省文物保护工程 | 0.34 | 0.34 | 100.00 | | | | | | | | | |
| 11 | 高水河整治工程 | 1.60 | 1.48 | 92.34 | | 184.60 | 175.00 | 94.80 | 0.86 | 0.86 | 100.00 | 2010年11月2日开工建设，工期24个月 | |
| 12 | 里下河水源补偿工程 | 22.72 | 22.16 | 97.55 | | 3020.46 | 2970.61 | 98.35 | 17.43 | 17.34 | 99.48 | 2010年12月3日开工建设，工期36个月 | |
| 13 | 骆马湖以南中运河影响处理工程 | 1.25 | 1.25 | 99.98 | | 51.40 | 39.30 | 76.46 | 2.43 | 1.45 | 59.64 | 2010年10月15日开工建设，工期24个月 | |
| 14 | 刘老涧二站工程 | 2.29 | 2.29 | 100.00 | | 89.24 | 83.07 | 93.09 | 3.13 | 3.04 | 96.98 | 2009年6月30日开工建设，工期24个月 | |
| 15 | 皂河二站工程 | 2.93 | 2.93 | 100.00 | | 173.93 | 173.93 | 100.00 | 4.63 | 4.38 | 94.50 | 2010年1月5日开工建设，工期30个月 | |
| 16 | 泗阳站工程 | 3.34 | 3.34 | 99.85 | | 142.81 | 132.39 | 92.70 | 3.90 | 3.89 | 99.78 | 2009年12月28日开工建设，工期28个月 | |

续表

| 序号 | 工程名称 | 在建设计单元工程总投资（亿元） | 累计完成投资（亿元） | 投资完成占在建设计单元工程总投资的比例（%） | 本月完成投资（万元） | 设计总土石方量（万 $m^3$） | 累计完成土石方（万 $m^3$） | 土石方完成比例（%） | 设计总混凝土量（万 $m^3$） | 累计完成混凝土（万 $m^3$） | 混凝土完成比例（%） | 备注 | |
|---|---|---|---|---|---|---|---|---|---|---|---|---|---|
| 17 | 泗洪站工程 | 5.98 | 5.91 | 98.90 | | 571.91 | 566.11 | 98.99 | 14.07 | 14.07 | 100.00 | 2009 年 11 月 12 日开工建设，工期 42 个月 | |
| 18 | 皂河一站工程 | 1.32 | 1.32 | 100.00 | | 53.87 | 30.79 | 57.16 | 3.23 | 3.23 | 100.00 | 2010 年 1 月 5 日开工建设，工期 24 个月 | |
| 19 | 金湖站工程 | 4.00 | 3.97 | 99.35 | | 195.98 | 181.31 | 92.51 | 4.50 | 4.50 | 100.00 | 2010 年 6 月 9 日开工建设，工期 30 个月 | |
| 20 | 洪泽站工程 | 5.18 | 5.14 | 99.14 | | 621.00 | 540.86 | 87.10 | 11.00 | 11.00 | 100.00 | 2011 年 1 月 25 日开工建设，工期 31 个月 | |
| 21 | 邳州站工程 | 3.31 | 3.31 | 99.81 | | 106.74 | 105.90 | 99.21 | 5.15 | 5.15 | 100.00 | 2011 年 1 月 25 日开工建设，工期 26 个月 | |
| 22 | 睢宁二站工程 | 2.55 | 2.52 | 98.63 | | 117.01 | 117.01 | 100.00 | 5.18 | 5.18 | 100.00 | 2011 年 3 月 4 日开工建设，工期 30 个月 | |
| 23 | 南四湖下级湖抬高蓄水位影响处理工程（江苏） | 2.28 | 2.69 | 118.05 | | | | | | | | 工期 24 个月 | |
| 24 | 东线江苏段管理设施专项工程 | 4.45 | 3.12 | 70.00 | 7980 | | | | | | | 工期 36 个月 | |
| 25 | 东线江苏段调度运行管理系统工程 | 5.82 | 2.18 | 37.40 | 3583 | | | | | | | 工期 36 个月 | |
| 26 | 血吸虫北移防护工程 | 0.46 | 0.44 | 95.37 | | 7.73 | 1.36 | 17.59 | 5.71 | 4.54 | 79.51 | | |
| 27 | 沿运闸洞漏水处理工程 | 1.23 | 1.23 | 100.00 | | 160.11 | 83.50 | 52.15 | 1.30 | 1.70 | 130.77 | 工期 16 个月 | 施工过程优化和设计变更等原因造成工程量变化 |
| 28 | 徐洪河影响处理工程 | 2.76 | 2.70 | 97.97 | | 169.67 | 155.28 | 91.52 | 10.25 | 11.72 | 114.31 | 2011 年 3 月 14 日开工建设，工期 26 个月 | |
| 29 | 洪泽湖抬高蓄水位影响处理工程（江苏） | 2.60 | 2.60 | 100.00 | | 209.68 | 164.86 | 78.62 | 13.83 | 12.87 | 93.06 | 2011 年 4 月 29 日开工建设，工期 30 个月 | |
| 30 | 骆马湖水资源控制工程 | 0.31 | 0.31 | 100.00 | | 15.53 | 15.53 | 100.00 | 0.88 | 0.88 | 100.00 | 2006 年 12 月 27 日开工建设，工期 12 个月 | |
| 31 | 蔺家坝泵站工程 | 2.57 | 2.57 | 100.00 | | 141.20 | 121.99 | 86.40 | 3.90 | 3.49 | 89.50 | 2005 年 11 月开工建设，工期 28 个月 | |
| 32 | 大沙河闸工程 | 0.68 | 0.68 | 99.18 | | 47.00 | 47.00 | 100.00 | 2.40 | 2.40 | 100.00 | 2009 年 3 月开工建设，工期 30 个月 | |

续表

| 序号 | 工程名称 | 在建设计单元工程总投资（亿元） | 累计完成投资（亿元） | 投资完成占在建设计单元工程总投资的比例（%） | 本月完成投资（万元） | 设计总土石方量（万 $m^3$） | 累计完成土石方（万 $m^3$） | 土石方完成比例（%） | 设计总混凝土量（万 $m^3$） | 累计完成混凝土（万 $m^3$） | 混凝土完成比例（%） | 备注 |
|---|---|---|---|---|---|---|---|---|---|---|---|---|
| 33 | 姚楼河闸工程 | 0.12 | 0.12 | 100.00 | | 8.60 | 8.60 | 100.00 | 0.39 | 0.33 | 85.71 | 2008 年 6 月开工建设，工期 12 个月 |
| 34 | 杨官屯河闸工程 | 0.43 | 0.42 | 95.81 | | 7.46 | 5.50 | 73.73 | 1.24 | 1.24 | 100.00 | 2008 年 6 月开工建设，工期 12 个月 |
| | 山东干线公司 | 209.77 | 204.78 | 97.62 | 8595 | 17 730 | 16 729 | 94.36 | 425.87 | 422.12 | 99.12 | |
| 1 | 济平干渠工程 | 15.02 | 15.02 | 100.00 | | 2313 | 1947 | 84.18 | 55.32 | 55.32 | 100.00 | 2002 年 12 月 27 日开工建设，工期 30 个月 |
| 2 | 韩庄泵站工程 | 2.74 | 3.09 | 112.66 | | 160.16 | 160.16 | 100.00 | 3.90 | 3.79 | 97.18 | 2007 年 4 月 3 日开工建设，工期 30 个月 |
| 3 | 万年闸泵站工程 | 2.63 | 2.72 | 103.55 | | 170.83 | 168.48 | 98.62 | 6.47 | 5.06 | 78.21 | 2004 年 11 月 18 日开工建设，工期 30 个月 |
| 4 | 东线穿黄河工程 | 6.98 | 6.76 | 96.87 | | 687.63 | 709.02 | 103.11 | 23.76 | 22.07 | 92.90 | 2008 年 3 月开工建设，工期 36 个月 |
| 5 | 济南市区段工程 | 30.45 | 31.02 | 101.89 | 1125 | 765.83 | 700.59 | 91.48 | 94.92 | 89.49 | 94.28 | 2008 年 12 月开工建设，工期 30 个月 |
| 6 | 韩庄运河水资源控制工程 | 0.23 | 0.23 | 100.00 | | 4.70 | 4.28 | 91.06 | 0.21 | 0.21 | 100.00 | 2008 年 3 月开工建设，工期 24 个月 |
| 7 | 长沟泵站工程 | 2.98 | 3.02 | 101.49 | | 156.67 | 156.67 | 100.00 | 7.54 | 7.54 | 100.00 | 2009 年 6 月 4 日开工建设，工期 30 个月 |
| 8 | 邓楼泵站工程 | 2.73 | 2.87 | 105.02 | | 130.99 | 131.31 | 100.24 | 6.62 | 5.74 | 86.71 | 2009 年 6 月 4 日开工建设，工期 30 个月 |
| 9 | 东湖水库工程 | 9.99 | 10.10 | 101.15 | | 1574.11 | 1574.11 | 100.00 | 15.53 | 15.16 | 97.62 | 2009 年 12 月 31 日开工建设，工期 30 个月 |
| 10 | 双王城水库工程 | 8.55 | 8.56 | 100.19 | | 989.80 | 989.80 | 100.00 | 19.52 | 19.43 | 99.55 | 2009 年 12 月 31 日开工建设，工期 24 个月 |
| 11 | 两湖段灌区影响处理工程 | 1.87 | 2.00 | 106.84 | | 224.00 | 224.00 | 100.00 | 5.37 | 5.37 | 100.00 | 2009 年 6 月 4 日开工建设，工期 12 个月 |
| 12 | 八里湾泵站工程 | 2.81 | 2.81 | 100.11 | | 86.20 | 86.20 | 100.00 | 5.06 | 4.94 | 97.66 | 2010 年 8 月 29 日开工建设，工期 30 个月 |
| 13 | 大屯水库工程 | 12.93 | 12.82 | 99.12 | | 2442.41 | 2436.03 | 99.74 | 8.72 | 8.72 | 100.00 | 2010 年 11 月 16 日开工建设，工期 30 个月 |
| 14 | 东线山东省文物专项工程 | 0.68 | 0.68 | 100.00 | | | | | | | | |

续表

| 序号 | 工程名称 | 在建设计单元工程总投资（亿元） | 累计完成投资（亿元） | 投资完成占在建设计单元工程总投资的比例（%） | 本月完成投资（万元） | 设计总土石方量（万 m³） | 累计完成土石方（万 m³） | 土石方完成比例（%） | 设计总混凝土量（万 m³） | 累计完成混凝土（万 m³） | 混凝土完成比例（%） | 备注 |
|---|---|---|---|---|---|---|---|---|---|---|---|---|
| 15 | 梁济运河段工程 | 7.69 | 7.86 | 102.24 | | 767.30 | 767.30 | 100.00 | 25.76 | 25.45 | 98.80 | 2010 年 12 月 9 日开工建设，工期 24 个月 |
| 16 | 柳长河段工程 | 5.10 | 5.11 | 100.25 | | 764.26 | 690.43 | 90.34 | 13.02 | 13.02 | 100.00 | 2010 年 12 月 9 日开工建设，工期 24 个月 |
| 17 | 小运河段工程 | 25.45 | 24.54 | 96.45 | | 2386.39 | 1902.80 | 79.74 | 40.01 | 53.62 | 134.01 | 工期 30 个月 |
| 18 | 明渠段工程 | 27.05 | 26.96 | 99.69 | 1330 | 1872.50 | 1872.50 | 100.00 | 57.11 | 56.56 | 99.04 | 工期 30 个月 |
| 19 | 南四湖湖内疏浚工程 | 2.33 | 2.41 | 103.36 | | 292.00 | 292 | 100.00 | | | | |
| 20 | 七一、六五河段工程 | 6.48 | 6.43 | 99.20 | | 589.00 | 582.82 | 98.95 | 7.18 | 7.18 | 100.00 | 2011 年 3 月 23 日开工建设，工期 18 个月 |
| 21 | 东平湖输蓄水影响处理工程 | 4.95 | 4.95 | 100.00 | | 102.00 | 101.49 | 99.50 | 0.29 | 0.23 | 79.31 | 工期 30 个月 |
| 22 | 东线山东段调度运行管理系统工程 | 6.83 | 5.48 | 80.20 | 1160 | | | | | | | 工期 36 个月 |
| 23 | 东线山东段管理设施专项工程 | 5.75 | 1.54 | 26.77 | 4980 | | | | | | | 工期 36 个月 |
| 24 | 南四湖下级湖抬高蓄水位影响处理工程（山东） | 4.10 | 4.10 | 100.00 | | | | | | | | 工期 24 个月 |
| 25 | 鲁北段灌区影响处理工程 | 3.50 | 3.40 | 97.08 | | 575.99 | 573.00 | 99.48 | 3.27 | 2.89 | 88.38 | 2011 年 3 月 25 日开工建设，工期 12 个月 |
| 26 | 陈庄输水线路工程 | 3.29 | 3.19 | 96.92 | | 242.23 | 242.31 | 100.03 | 8.01 | 8.01 | 100.00 | 2011 年 4 月 29 日开工建设，工期 18 个月 |
| 27 | 二级坝泵站工程 | 2.89 | 3.28 | 113.68 | | 248.96 | 234.00 | 93.99 | 5.77 | 4.97 | 86.06 | 2007 年 3 月开工建设，工期 30 个月 |
| 28 | 台儿庄泵站工程 | 2.66 | 2.69 | 100.99 | | 121.61 | 121.61 | 100.00 | 6.21 | 5.37 | 86.47 | 2005 年 12 月 12 日开工建设，工期 30 个月 |
| 29 | 潘庄引河闸工程 | 0.15 | 0.14 | 90.85 | | | | | 4.10 | | 0.00 | 工期 12 个月 |
| 30 | 大沙河闸工程 | 0.49 | 0.59 | 119.64 | | 47.0 | 47.00 | 100.00 | 1.20 | 1.20 | 100.00 | 2009 年 3 月开工建设，工期 30 个月 |
| 31 | 姚楼河闸工程 | 0.12 | 0.10 | 80.31 | | 8.60 | 8.60 | 100.00 | 0.39 | 0.17 | 42.86 | 2008 年 6 月开工建设，工期 12 个月 |
| 32 | 杨官屯河闸工程 | 0.17 | 0.29 | 177.33 | | 5.50 | 5.50 | 100.00 | 0.62 | 0.62 | 100.00 | 2008 年 6 月开工建设，工期 12 个月 |

续表

| 序号 | 工程名称 | 在建设计单元工程总投资（亿元） | 累计完成投资（亿元） | 投资完成占在建设计单元工程总投资的比例（%） | 本月完成投资（万元） | 设计总土石方量（万 $m^3$） | 累计完成土石方（万 $m^3$） | 土石方完成比例（%） | 设计总混凝土量（万 $m^3$） | 累计完成混凝土（万 $m^3$） | 混凝土完成比例（%） | 备　注 |
|---|---|---|---|---|---|---|---|---|---|---|---|---|
| 33 | 洪泽湖抬高蓄水位影响处理工程(安徽) | 3.75 | 3.72 | 99.30 | 219.00 | 542.69 | 542.60 | 99.98 | 6.37 | 6.37 | 100.00 | 2010年11月26日开工建设 |
|  | 淮委沂沭泗水利管理局 | 1.83 | 0.88 | 48.10 | 96.00 |  |  |  |  |  |  |  |
| 34 | 苏鲁省际工程调度运行管理系统 | 1.45 | 0.82 | 56.85 | 93.00 |  |  |  |  |  |  |  |
| 35 | 苏鲁省际工程管理设施工程 | 0.38 | 0.06 | 14.71 | 3.00 |  |  |  |  |  |  |  |
| 36 | 通水费用 | 0.47 | 0.47 | 100.00 |  |  |  |  |  |  |  |  |
|  | 中线一期 | 1629 | 1624 | 99.64 | 219 727 | 132 429 | 131 925 | 99.62 | 3712 | 3689 | 99.39 |  |
|  | 中线干线建管局 | 1478 | 1473 | 99.67 | 187 241 | 120 090 | 119 703 | 99.68 | 3323 | 3310 | 99.61 |  |
| 1 | 调度中心土建项目 | 2.27 | 2.27 | 100.00 |  |  |  |  |  |  |  | 2005年5月26日开工建设，工期32个月 |
| 2 | 西四环暗涵工程 | 11.63 | 11.66 | 100.20 | 1174.00 | 107.00 | 107.00 | 100.00 | 24.86 | 24.20 | 97.38 | 2005年5月28日开工建设，工期32个月 |
| 3 | 北京市穿五棵松地铁工程 | 0.58 | 0.64 | 111.21 |  | 1.00 | 1.00 | 100.00 | 0.46 | 0.41 | 90.24 | 2007年5月20日开工建设，工期8个月 |
| 4 | 北京段铁路交叉工程 | 1.94 | 1.99 | 102.34 | 296.00 | 11.00 | 11.00 | 100.00 | 2.84 | 2.82 | 99.30 | 2007年6月5日开工建设，工期7个月 |
| 5 | 永定河倒虹吸工程 | 3.67 | 3.80 | 103.42 | 641.00 | 270.00 | 267.00 | 98.89 | 14.13 | 13.90 | 98.36 | 2003年12月30日开工建设，工期25个月 |
| 6 | 京石段北京其他工程 | 43.71 | 45.01 | 102.98 | 3814.00 | 3012.00 | 2952.00 | 98.01 | 49.60 | 49.60 | 100.00 | 2006年7月开工建设，工期18个月 |
| 7 | 惠南庄泵站工程 | 8.45 | 8.45 | 100.00 | 1153.00 | 149.00 | 149.00 | 100.00 | 15.61 | 15.61 | 100.00 | 2005年10月10日开工建设，工期35个月 |
| 8 | 北拒马河工程 | 1.55 | 1.55 | 99.54 | 186.00 | 133.00 | 121.00 | 90.98 | 6.90 | 6.18 | 89.57 | 2006年7月开工建设，工期18个月 |
| 9 | 漕河渡槽段工程 | 10.16 | 9.57 | 94.16 | 1552.00 | 396.00 | 396.00 | 100.00 | 36.61 | 36.61 | 100.00 | 2005年6月7日开工建设，工期36个月 |
| 10 | 古运河枢纽工程 | 2.24 | 2.23 | 99.64 | 384.00 | 142.00 | 126.00 | 88.73 | 7.60 | 7.60 | 100.00 | 2005年6月20日开工建设，工期23个月 |
| 11 | 釜山隧洞工程 | 2.44 | 2.42 | 99.31 | 422.00 | 74.00 | 73.00 | 98.65 | 7.20 | 7.20 | 100.00 | 2004年9月1日开工建设，工期35个月 |

续表

| 序号 | 工程名称 | 在建设计单元工程总投资（亿元） | 累计完成投资（亿元） | 投资完成占在建设计单元工程总投资的比例（%） | 本月完成投资（万元） | 设计总土石方量（万 $m^3$） | 累计完成土石方（万 $m^3$） | 土石方完成比例（%） | 设计总混凝土量（万 $m^3$） | 累计完成混凝土（万 $m^3$） | 混凝土完成比例（%） | 备　注 |
|---|---|---|---|---|---|---|---|---|---|---|---|---|
| 12 | 唐河倒虹吸工程 | 2.80 | 2.79 | 99.82 | 452.00 | 278.00 | 278.00 | 100.00 | 11.00 | 11.00 | 100.00 | 2004 年 9 月 1 日开工建设，工期 24 个月 |
| 13 | 京石段河北其他工程 | 113.17 | 108.96 | 96.28 | 6973.00 | 14299.00 | 14299.00 | 100.00 | 304.80 | 293.70 | 96.36 | 2006 年 8 月开工建设，工期 17 个月 |
| 14 | 北京段永久供电工程 | 0.71 | 0.40 | 6.00 | 1259.00 | | | | | | | |
| 15 | 滹沱河倒虹吸工程 | 6.62 | 6.72 | 101.60 | 1137.00 | 623.00 | 583.00 | 93.58 | 24.10 | 24.10 | 100.00 | 2003 年 12 月 30 日开工建设，工期 34 个月 |
| 16 | 安阳段工程 | 24.54 | 26.78 | 109.15 | 300.00 | 3153.00 | 3153.00 | 100.00 | 62.28 | 62.28 | 100.00 | 2006 年 9 月 28 日开工建设，工期 40 个月 |
| 17 | 潞王坟试验段工程 | 3.08 | 2.99 | 97.22 | 208.00 | 484.00 | 484.00 | 100.00 | 3.08 | 3.08 | 100.00 | 2007 年 9 月 1 日开工建设，工期 28 个月 |
| 18 | 穿黄河工程 | 34.13 | 35.88 | 105.12 | 6390.00 | 2178.00 | 2178.00 | 100.00 | 57.40 | 57.40 | 100.00 | 2005 年 9 月 10 日开工建设，工期 55 个月 |
| 19 | 生产桥工程 | 3.67 | 3.67 | 100.00 | | 163.00 | 161.00 | 98.77 | 8.38 | 8.4 | 100.00 | |
| 20 | 自动化调度与运行管理决策支持系统（京石应急段） | 5.71 | 5.86 | 102.77 | 4069.00 | | | | | | | 2008 年 7 月 21 日开工建设 |
| 21 | 天津市境内 1 段工程 | 17.52 | 17.33 | 98.91 | | 1196.00 | 1196.00 | 100.00 | 62.21 | 62.21 | 100.00 | 2008 年 11 月开工建设，工期 60 个月 |
| 22 | 天津市境内 2 段工程 | 2.63 | 2.76 | 105.11 | 65.00 | 145.00 | 132.00 | 91.03 | 8.26 | 7.93 | 96.00 | 2008 年 12 月开工建设，工期 24 个月 |
| 23 | 河北段输变电迁建工程 | 0.77 | 0.76 | 99.39 | | | | | | | | |
| 24 | 膨胀土（南阳）试验段 | 1.88 | 1.97 | 104.91 | 47.00 | 228.00 | 228.00 | 100.00 | 5.51 | 5.56 | 100.91 | 2008 年 12 月开工建设，工期 24 个月 |
| 25 | 京石段临时通水措施 | 0.91 | 1.03 | 113.83 | | 51.00 | 51.00 | 100.00 | 0.92 | 0.92 | 100.00 | |
| 26 | 滹沱河等七条河流防洪处理工程 | 0.58 | 0.37 | 63.19 | 719.00 | | | | | | | |
| 27 | 河北段工程管理专项 | 0.87 | 0.59 | 67.65 | | | | | | | | |

续表

| 序号 | 工程名称 | 在建设计单元工程总投资（亿元） | 累计完成投资（亿元） | 投资完成占在建设计单元工程总投资的比例（%） | 本月完成投资（万元） | 设计总土石方量（万 $m^3$） | 累计完成土石方（万 $m^3$） | 土石方完成比例（%） | 设计总混凝土量（万 $m^3$） | 累计完成混凝土（万 $m^3$） | 混凝土完成比例（%） | 备　注 |
|---|---|---|---|---|---|---|---|---|---|---|---|---|
| 28 | 温博段工程 | 18.45 | 18.94 | 102.64 | 15.00 | 1490.00 | 1490.00 | 100.00 | 47.15 | 47.15 | 100.00 | 2009 年 5 月 20 日开工建设，工期 36 个月 |
| 29 | 沁河渠道倒虹吸工程 | 4.10 | 4.06 | 98.99 | 17.00 | 564.00 | 564.00 | 100.00 | 11.90 | 11.90 | 100.00 | 2009 年 5 月开工建设，工期 36 个月 |
| 30 | 焦作 1 段工程 | 26.32 | 30.31 | 115.19 | 1509.00 | 1147.00 | 1147.00 | 100.00 | 75.70 | 75.70 | 100.00 | 2009 年 4 月开工建设，工期 30 个月 |
| 31 | 焦作 2 段工程 | 42.48 | 42.00 | 98.89 | 6828.00 | 4764.00 | 4764.00 | 100.00 | 67.28 | 67.39 | 100.16 | 2009 年 1 月开工建设，工期 36 个月 |
| 32 | 辉县段工程 | 48.76 | 47.55 | 97.51 | 216.00 | 4768.00 | 4768.00 | 100.00 | 108.15 | 108.44 | 100.26 | 2009 年 4 月 1 日开工建设，工期 33 个月 |
| 33 | 石门河倒虹吸工程 | 3.08 | 2.98 | 96.48 | 692.00 | 239.00 | 239.00 | 100.00 | 12.58 | 12.49 | 99.25 | 2009 年 1 月开工建设，工期 36 个月 |
| 34 | 新乡和卫辉段工程 | 20.99 | 20.63 | 98.30 | 2961.00 | 2077.00 | 2077.00 | 100.00 | 53.79 | 53.93 | 100.26 | 2009 年 4 月 1 日开工建设，工期 33 个月 |
| 35 | 鹤壁段工程 | 26.70 | 27.73 | 103.85 | 138.00 | 3009.00 | 2919.00 | 97.01 | 59.80 | 59.80 | 100.00 | 2009 年 5 月开工建设，工期 32 个月 |
| 36 | 汤阴段工程 | 20.44 | 20.25 | 99.10 | 2179.00 | 1685.00 | 1685.00 | 100.00 | 40.60 | 40.60 | 100.00 | 2009 年 5 月开工建设，工期 32 个月 |
| 37 | 穿漳工程 | 4.40 | 4.22 | 95.98 | 736.00 | 180.00 | 180.00 | 100.00 | 10.56 | 10.56 | 100.00 | 2009 年 4 月开工建设，工期 30 个月 |
| 38 | 郑州 2 段工程 | 37.17 | 36.56 | 98.35 | 9331.00 | 3846.00 | 3846.00 | 100.00 | 63.38 | 63.38 | 100.00 | 2009 年 7 月 27 日开工建设，工期 31 个月 |
| 39 | 西黑山进口闸至有压箱涵段工程 | 8.58 | 8.45 | 98.52 | 861.00 | 764.00 | 760.00 | 99.48 | 38.20 | 38.06 | 99.63 | 2009 年 12 月 4 日开工建设，工期 36 个月 |
| 40 | 保定市 2 段工程 | 9.54 | 9.07 | 95.15 | 371.00 | 743.00 | 721.00 | 97.04 | 47.43 | 45.78 | 96.53 | 2009 年 12 月 4 日开工建设，工期 36 个月 |
| 41 | 廊坊市段工程 | 37.52 | 40.16 | 107.04 | 182.00 | 2974.00 | 2878.00 | 96.77 | 175.30 | 173.39 | 98.91 | 2009 年 7 月 27 日开工建设，工期 36 个月 |
| 42 | 潮河段工程 | 51.16 | 51.10 | 99.88 | 4363.00 | 3970.00 | 3970.00 | 100.00 | 76.84 | 76.84 | 100.00 | 2010 年 7 月 13 日开工建设，工期 32 个月 |
| 43 | 保定市 1 段工程 | 28.68 | 28.46 | 99.21 | 22.00 | 2007.00 | 1998.00 | 99.55 | 143.30 | 142.21 | 99.24 | 2009 年 5 月开工建设，工期 36 个月 |
| 44 | 磁县段工程 | 36.43 | 37.47 | 102.86 | 7173.00 | 2925.00 | 2926.00 | 100.03 | 58.51 | 59.40 | 101.52 | 2010 年 4 月 12 日开工建设，工期 36 个月 |

续表

| 序号 | 工程名称 | 在建设计单元工程总投资（亿元） | 累计完成投资（亿元） | 投资完成占在建设计单元工程总投资的比例（%） | 本月完成投资（万元） | 设计总土石方量（万 m³） | 累计完成土石方（万 m³） | 土石方完成比例（%） | 设计总混凝土量（万 m³） | 累计完成混凝土（万 m³） | 混凝土完成比例（%） | 备注 |
|---|---|---|---|---|---|---|---|---|---|---|---|---|
| 45 | 南沙河倒虹吸工程 | 10.12 | 9.92 | 97.95 | 113.00 | 780.00 | 780.00 | 100.00 | 31.67 | 31.67 | 100.00 | 2010 年 4 月 12 日开工建设，工期 36 个月 |
| 46 | 邢台市段工程 | 19.21 | 19.11 | 99.46 | 1375.00 | 1735.00 | 1735.00 | 100.00 | 31.95 | 31.95 | 100.00 | 2010 年 4 月 12 日开工建设，工期 36 个月 |
| 47 | 邢台县和内邱县段工程 | 28.31 | 28.20 | 99.63 | 8149.00 | 2153.00 | 2153.00 | 100.00 | 56.65 | 56.65 | 100.00 | 2010 年 3 月 22 日开工建设，工期 36 个月 |
| 48 | 高邑县至元氏县段工程 | 30.95 | 31.06 | 100.32 | 4319.00 | 2230.00 | 2273.00 | 101.93 | 66.94 | 67.76 | 101.21 | 2010 年 3 月 22 日开工建设，工期 30 个月 |
| 49 | 鹿泉市段工程 | 12.60 | 12.53 | 99.46 | 4026.00 | 783.00 | 783.00 | 100.00 | 28.56 | 28.56 | 100.00 | 2010 年 3 月 22 日开工建设，工期 30 个月 |
| 50 | 石家庄市区段工程 | 19.03 | 20.57 | 108.10 | 460.00 | 1503.00 | 1503.00 | 100.00 | 33.17 | 33.30 | 100.39 | 2010 年 3 月 22 日开工建设，工期 30 个月 |
| 51 | 电力专项设施迁建 | 3.44 | 3.44 | 100.00 | 5898.00 | | | | | | | |
| 52 | 邯邢段压矿及有形资产补偿 | 2.75 | 2.75 | 100.00 | 1244.00 | | | | | | | |
| 53 | 沙河渡槽工程 | 29.94 | 29.36 | 98.08 | 1694.00 | 603.00 | 605.00 | 100.33 | 126.49 | 126.49 | 100.00 | 2009 年 12 月 28 日开工建设，工期 42 个月 |
| 54 | 北汝河倒虹吸工程 | 6.68 | 6.56 | 98.21 | 2359.00 | 272.00 | 282.00 | 103.68 | 21.35 | 21.40 | 100.23 | 2009 年 12 月 28 日开工建设，工期 37 个月 |
| 55 | 邯郸市和邯郸县段 | 21.32 | 22.53 | 105.71 | 760.00 | 1748.00 | 1748.00 | 100.00 | 35.24 | 35.31 | 100.21 | 2010 年 3 月 22 日开工建设，工期 36 个月 |
| 56 | 永年县段 | 13.53 | 14.70 | 108.65 | 486.00 | 1364.00 | 1364.00 | 100.00 | 27.28 | 18.49 | 67.78 | 2010 年 3 月 22 日开工建设，工期 36 个月 |
| 57 | 洺河渡槽 | 3.72 | 3.61 | 97.03 | 493.00 | 109.00 | 106.00 | 97.25 | 9.80 | 9.80 | 100.00 | 2010 年 3 月 22 日开工建设，工期 36 个月 |
| 58 | 沙河市段 | 18.98 | 18.70 | 98.57 | 1749.00 | 1964.00 | 1964.00 | 100.00 | 30.71 | 30.74 | 100.12 | 2010 年 3 月 22 日开工建设，工期 36 个月 |
| 59 | 临城县段 | 23.40 | 23.35 | 99.78 | 2874.00 | 2121.00 | 2121.00 | 100.00 | 43.00 | 43.02 | 100.05 | 2010 年 3 月 22 日开工建设，工期 36 个月 |
| 60 | 禹州和长葛段工程 | 53.85 | 53.67 | 99.66 | 441.00 | 4923.00 | 4923.00 | 100.00 | 104.51 | 104.88 | 100.36 | 2010 年 9 月 28 日开工建设，工期 36 个月 |

续表

| 序号 | 工程名称 | 在建设计单元工程总投资（亿元） | 累计完成投资（亿元） | 投资完成占在建设计单元工程总投资的比例（%） | 本月完成投资（万元） | 设计总土石方量（万 $m^3$） | 累计完成土石方（万 $m^3$） | 土石方完成比例（%） | 设计总混凝土量（万 $m^3$） | 累计完成混凝土（万 $m^3$） | 混凝土完成比例（%） | 备注 |
|---|---|---|---|---|---|---|---|---|---|---|---|---|
| 61 | 白河倒虹吸工程 | 5.47 | 5.36 | 98.03 | 1065.00 | 262.00 | 251.00 | 95.80 | 26.48 | 26.63 | 100.57 | 2010年11月16日开工建设，工期32个月 |
| 62 | 鲁山北段工程 | 6.91 | 6.97 | 100.93 | 945.00 | 606.00 | 606.00 | 100.00 | 14.30 | 14.30 | 100.00 | 2010年11月16日开工建设，工期32个月 |
| 63 | 宝丰至郏县段工程 | 45.48 | 45.57 | 100.19 | 315.00 | 3358.00 | 3358.00 | 100.00 | 96.59 | 104.59 | 108.28 | 2010年12月21日开工建设，工期32个月 |
| 64 | 新郑和中牟段工程 | 15.79 | 15.67 | 99.24 |  | 1184.00 | 1184.00 | 100.00 | 43.96 | 43.96 | 100.00 | 2011年2月18日开工建设，工期30个月 |
| 65 | 双洎河渡槽工程 | 7.78 | 7.83 | 100.65 | 232.00 | 355.00 | 355.00 | 100.00 | 30.73 | 30.74 | 100.03 | 2011年2月10日开工建设，工期32个月 |
| 66 | 自动化调度与运行管理（京石段以外） | 14.98 | 11.53 | 76.97 | 59268.00 |  |  |  |  |  |  | 2011年12月21日开工建设，工期32个月 |
| 67 | 其他专题 | 4.34 | 4.21 | 96.93 |  |  |  |  |  |  |  | 2011年12月21日开工建设，工期32个月 |
| 68 | 淅川县段工程 | 84.79 | 82.30 | 97.07 | 1501.00 | 8704.00 | 8704.00 | 100.00 | 137.30 | 137.30 | 100.00 | 2011年2月25日开工建设，工期35个月 |
| 69 | 荥阳段工程 | 24.40 | 23.94 | 98.12 | 3096.00 | 2199.00 | 2199.00 | 100.00 | 50.60 | 50.60 | 100.00 | 2011年2月10日开工建设，工期33个月 |
| 70 | 澧河渡槽工程 | 4.42 | 4.30 | 97.27 | 621.00 | 94.00 | 94.00 | 100.00 | 12.22 | 12.22 | 100.00 | 2011年2月10日开工建设，工期33个月 |
| 71 | 镇平县段工程 | 37.87 | 37.57 | 99.22 | 524.00 | 2711.00 | 2691.00 | 99.26 | 68.09 | 68.09 | 100.00 | 2011年2月10日开工建设，工期25个月 |
| 72 | 鲁山南1段工程 | 13.22 | 12.84 | 97.18 | 100.00 | 998.00 | 984.00 | 98.60 | 24.70 | 24.70 | 100.00 | 2011年2月10日开工建设，工期30个月 |
| 73 | 鲁山南2段工程 | 9.41 | 9.14 | 97.12 | 598.00 | 683.00 | 643.00 | 94.14 | 24.20 | 21.42 | 88.51 | 2011年2月10日开工建设，工期30个月 |
| 74 | 方城段工程 | 59.80 | 58.76 | 98.27 | 3227.00 | 4850.00 | 4855.00 | 100.10 | 138.88 | 140.72 | 101.32 | 2011年3月2日开工建设，工期34个月 |
| 75 | 叶县段工程 | 35.37 | 34.77 | 98.32 | 347.00 | 3120.00 | 3123.00 | 100.10 | 57.89 | 59.99 | 103.62 | 2011年3月4日开工建设，工期35个月 |

续表

| 序号 | 工程名称 | 在建设计单元工程总投资（亿元） | 累计完成投资（亿元） | 投资完成占在建设计单元工程总投资的比例（%） | 本月完成投资（万元） | 设计总土石方量（万 $m^3$） | 累计完成土石方（万 $m^3$） | 土石方完成比例（%） | 设计总混凝土量（万 $m^3$） | 累计完成混凝土（万 $m^3$） | 混凝土完成比例（%） | 备注 |
|---|---|---|---|---|---|---|---|---|---|---|---|---|
| 76 | 湍河渡槽工程 | 4.81 | 4.62 | 96.06 | 547.00 | 48.00 | 48.00 | 100.00 | 13.42 | 13.42 | 100.00 | 2010年12月16日开工建设，工期31个月 |
| 77 | 南阳市段工程 | 49.54 | 48.73 | 98.36 | 5360.00 | 3244.00 | 3249.00 | 100.15 | 102.25 | 103.80 | 101.52 | 2011年2月10日开工建设，工期32个月 |
| 78 | 郑州1段工程 | 15.92 | 15.89 | 99.78 | 3365.00 | 1141.00 | 1141.00 | 100.00 | 29.82 | 29.82 | 100.00 | 2011年2月18日开工建设，工期31个月 |
|  | 中线水源有限公司 | 28.75 | 28.22 | 98.16 | 3202.00 | 619.70 | 609.92 | 98.42 | 125.45 | 117.11 | 93.35 |  |
| 1 | 丹江口大坝加高工程 | 28.75 | 28.22 | 98.16 | 3202.0 | 619.70 | 609.92 | 98.42 | 125.45 | 117.11 | 93.35 | 2005年9月26日开工建设，工期60个月 |
|  | 湖北建管局 | 113.51 | 113.84 | 100.29 | 29284.00 | 11632 | 11525.0 | 99.08 | 240.43 | 237.26 | 98.68 |  |
| 1 | 兴隆水利枢纽工程 | 34.28 | 34.35 | 100.20 | 7398.00 | 2843.88 | 2736.89 | 96.24 | 70.49 | 70.49 | 100.00 | 2009年2月开工建设，工期54个月 |
| 2 | 引江济汉工程 | 69.16 | 69.42 | 100.38 | 21 886.00 | 8030.91 | 8030.91 | 100.00 | 149.57 | 149.36 | 99.86 | 2010年3月开工建设，工期48个月 |
| 3 | 汉江中下游部分闸站改造工程 | 5.46 | 5.46 | 100.00 |  | 378.39 | 378.39 | 100.00 | 14.48 | 14.48 | 100.00 |  |
| 4 | 汉江中下游局部航道整治工程 | 4.61 | 4.61 | 100.00 |  | 378.80 | 378.80 | 100.00 | 5.89 | 2.93 | 49.76 |  |
|  | 淮委建管局 | 8.82 | 8.86 | 100.46 | 0.00 | 87.48 | 87.48 | 100.00 | 22.66 | 24.30 | 107.24 |  |
| 1 | 陶岔渠首枢纽工程 | 8.82 | 8.86 | 100.46 |  | 87.48 | 87.48 | 100.00 | 22.66 | 24.30 | 107.24 | 2009年9月开工建设，工期42个月 |
|  | 新增投资 |  |  |  |  |  |  |  |  |  |  |  |
| 1 | 中线一期漳河北至古运河南段工程（征迁新增投资） | 3.29 | 3.29 | 100.00 |  |  |  |  |  |  |  |  |
| 2 | 中线一期京石段应急供水工程（北拒马河暗渠穿河段防护加固工程及PCCP管道大石河段防护加固工程 | 1.87 | 0.56 | 30.03 | 855.00 | 27.00 | 19.00 |  | 3.00 | 3.95 |  |  |
| 3 | 待运行期 | 3.42 | 3.42 | 100.00 |  |  |  |  |  |  |  |  |

续表

| 序号 | 工程名称 | 在建设计单元工程总投资（亿元） | 累计完成投资（亿元） | 投资完成占在建设计单元工程总投资的比例（%） | 本月完成投资（万元） | 设计总土石方量（万 $m^3$） | 累计完成土石方（万 $m^3$） | 土石方完成比例（%） | 设计总混凝土量（万 $m^3$） | 累计完成混凝土（万 $m^3$） | 混凝土完成比例（%） | 备注 |
|---|---|---|---|---|---|---|---|---|---|---|---|---|
| | 丹江库区移民安置工程 | 503.17 | 502.88 | 99.94 | 9089.00 | | | | | | | |
| 1 | 丹江口库区移民安置工程 | 497.77 | 497.48 | 99.94 | 9089.00 | | | | | | | |
| 2 | 丹江口库区文物保护项目 | 5.40 | 5.40 | 100.00 | | | | | | | | |
| | 过渡性资金融资利息 | 101.02 | 94.41 | 93.46 | 84999.00 | | | | | | | |
| | 设管中心初设工作投资 | 0.85 | 0.85 | 100.00 | | | | | | | | |

# 拾伍 大事记

MAJOR EVENTS

## 一　月

2日　国务院南水北调办主任鄂竞平主持召开主任专题办公会，听取丹江口库区地质灾害防治专题研究情况汇报。

3日　国务院南水北调办主任鄂竞平主持召开主任专题办公会，研究质量工作。

6日　国务院南水北调办主任鄂竞平主持召开主任办公会，传达习近平总书记有关讲话精神，研究讨论2014年南水北调建设工作会议主报告。

同日　国务院南水北调办党组书记、主任鄂竞平主持召开办党组2014年第1次会议，学习中央教育实践活动有关文件精神，审议党组工作制度等三个办法，研究东线总公司筹备有关事宜。

7日　国家发展改革委印发《关于南水北调东线一期主体工程运行初期供水价格政策的通知》（发改价格〔2014〕30号），明确东线一期主体工程运行初期各口门供水价格。

同日　丹江口库区淅川县移民精神报告团到国务院南水北调办作报告。

同日　国务院南水北调办主任鄂竞平主持召开主任专题办公会，研究工程建设管理费有关问题。

8日　国务院南水北调办主任鄂竞平主持召开主任专题办公会，听取稽查大队2013年工作情况汇报。

8~9日　国务院南水北调办副主任张野检查中线干线河北段管理用房建设。

9日　国务院南水北调办主任鄂竞平主持召开主任专题办公会，听取强化重点工程实体质量监管、东线通水质量检查和中线已建工程质量排查情况汇报。

10日　国务院南水北调办主任鄂竞平主持召开主任专题办公会，听取中线渡槽工程充水试验情况汇报，研究中线全线充水试验方案。

12日　南水北调工程建设者陈建国当选中央电视台2013年度三农人物。

14日　国务院南水北调办主任鄂竞平出席第十八届中央纪律检查委员会第三次全体会议。

15日　国务院南水北调办副主任张野出席全国安全生产电视电话会议。

15~16日　2014年南水北调工程建设工作会议在北京召开，总结2013年建设工作成果，分析工程建设面临的形势，安排部署2014年工作任务。

16~17日　国务院南水北调办主任鄂竞平检查中线渡槽工程充水试验情况。

16日　国务院南水北调办副主任于幼军赴上海，与太平资产公司洽谈融资事宜。

17日　国务院南水北调办召开工程建设进度（第十二次）协调会。

20日　国务院南水北调办主任鄂竞平出席国务院副总理张高丽主持召开的分管部门负责人座谈会。

20~21日　国务院南水北调办主任鄂竞平出席中央党的群众路线教育实践活动第一批总结暨第二批部署会议。

20日　国务院南水北调办副主任蒋旭光会见湖北省郧县负责同志，座谈定点扶贫工作，并就国务院南水北调办赴郧县挂职干部有关事宜作出安排。

同日　陕西省政府召开南水北调工作会议，安排部署有关工作。

21日　国务院南水北调办主任鄂竞平出席中线建管局2014年工作会议。

同日　国务院南水北调办副主任蒋旭光出席全国组织部长会议。

22日　国务院南水北调办主任鄂竞平出席国务院第37次常务会议，会议通过《南水北调工程供用水管理条例》。

同日　国务院南水北调办主任鄂竞平主持召开办党组扩大会议，传达习近平总书记在十八届中央纪委第三次全体会议和教育实践活动第一批总结暨第二批部署会议上的重要讲话精神。

同日　国务院南水北调办主任鄂竟平主持召开主任专题办公会，听取中线通水验收发现问题情况汇报，研究中线通水验收与充水试验有关问题。

23日　国务院南水北调办主任鄂竟平出席国务院第2次全体会议。

同日　国务院南水北调办主任鄂竟平主持召开主任办公会，研究中线通水和2014年全系统宣传工作计划。

同日　国务院南水北调办副主任张野出席南水北调中线一期工程通水验收工作座谈会。专家委员会主任陈厚群院士出席。

同日　国务院南水北调办副主任蒋旭光主持召开会议，听取宣传中心工作汇报。

同日　山东省南水北调工程建设指挥部成员会议在济南召开。

24日　国务院南水北调办召开党的群众路线教育实践活动总结大会。国务院南水北调办党组书记、主任鄂竟平主持会议并讲话。中央第31督导组组长令狐安出席会议并讲话。

26日　国务院南水北调办主任鄂竟平主持召开办党组2014年第2次会议，讨论《政府工作报告》征求意见稿。

27日　国务院南水北调办主任鄂竟平带队对东线山东段大屯水库、东湖水库运行管理情况进行飞检。

同日　国务院南水北调办副主任蒋旭光主持召开会议，研究移民征迁维稳工作。

同日　国务院南水北调办副主任于幼军主持召开直属机关党建考评会议。

28日　国务院南水北调办主任鄂竟平赴河北易县管理处检查指导中线干线工程安防系统试点工程实施情况和工程安全运行管理工作。

同日　国务院南水北调办副主任蒋旭光主持召开会议，部署春节期间有关工作。

29日　国务院南水北调办主任鄂竟平参加中央办公厅、国务院办公厅2014年春节团拜会。

## 二　　月

7日　国务院南水北调办主任鄂竟平出席国务院第38次常务会议。

8日　国务院南水北调办党组学习贯彻习近平总书记在中央全面深化改革领导小组第一次会议上的重要讲话精神。

10日　国务院南水北调办安全生产领导小组和重特大事故应急处理领导小组召开第十三次全体会议。

11日　国务院南水北调办主任鄂竟平出席国务院第二次廉政工作会议。

同日　国务院南水北调办主任鄂竟平主持召开主任专题办公会，听取库区重大安全隐患与地质灾害防治工作情况汇报。

同日　国务院南水北调办副主任蒋旭光主持召开会议，研究质量监管工作。

同日　国务院南水北调办副主任于幼军分别主持召开会议，听取经财司、环保司工作情况汇报。

12日　国务院南水北调办主任鄂竟平主持召开主任专题办公会，听取专家委员会2013年工作汇报，研究2014年专家委员会技术咨询工作计划。

13日　国务院南水北调办召开廉政工作会议，交流学习第十八届中央纪律检查委员会第三次全体会议精神的体会，传达国务院第二次廉政工作会议精神，安排部署南水北调廉政工作。

14日　国务院南水北调办党组中心组举办“中国特色社会主义与中华民族伟大复兴的中国梦”专题集体学习。

16日　国务院总理李克强签署国务院令，公布《南水北调工程供用水管理条例》。《条例》自公布之日起施行。

17 日　国务院南水北调办副主任蒋旭光主持召开会议，研究征地移民工作。

同日　国务院南水北调办副主任蒋旭光主持召开会议，研究综合管理工作。

17～21 日　国务院南水北调办主任鄂竟平出席在中央党校举办的省部级主要领导干部“学习贯彻十八届三中全会精神，全面深化改革”专题研讨班。

18 日　国务院南水北调办副主任张野出席 2014 年河南省南水北调工作会议。

19～20 日　国务院南水北调办副主任蒋旭光率检查组对中线黄河北至漳河南段工程进行质量飞检。

21 日　国务院南水北调办在郑州召开南水北调质量监管工作会议。

同日　天津市人民政府办公厅转发《南水北调天津市配套工程管理办法》，自 4 月 1 日起施行。

22 日　南水北调中线穿黄隧洞开始进行充水试验，对隧洞在充水状态下的结构安全性能、衬砌受力和防渗、排水情况及混凝土质量等进行检验。

25 日　国务院南水北调工程建设委员会专家委员会召开 2014 年工作会议，专家委员会主任陈厚群院士、国务院南水北调办主任鄂竟平出席会议并讲话。

同日　国务院南水北调办副主任张野赴水利部，与水利部副部长矫勇商谈中线通水准备有关事宜。

同日　国务院南水北调办副主任蒋旭光主持召开会议，研究部署中线通水前移民安置“回头看”活动和两会期间移民矛盾纠纷排查化解工作。

同日　国务院南水北调办在北京组织召开丹江口库区移民进度商处会，安排部署 2014 年丹江口库区移民工作。

25～26 日　国务院南水北调办副主任蒋旭光带队对南水北调东线山东段大屯水库、七一·六五河、双王城水库、东湖水库运行管理情况进行飞检。

26 日　国务院南水北调办主任鄂竟平参加习近平总书记主持召开的座谈会。

同日　国务院南水北调办主任鄂竟平主持召开主任专题办公会，听取中线工程建设收尾、自动化及管理设施节点目标和运行管理工作进展情况汇报。

26～3 月 1 日　南水北调中线穿漳河工程、安阳段、汤阴段、鹤壁段、潞王坟试验段等五个设计单元工程的通水验收会议在安阳召开。

27 日　国务院南水北调办主任鄂竟平主持召开主任专题办公会，研究 2014 年质量管理工作方案。

28 日　国务院南水北调办主任鄂竟平主持召开主任专题办公会，听取投资控制奖惩办法实施细则修订情况汇报。

同日　国务院南水北调办召开专题会议，学习贯彻中央新修订的《干部任用条例》，就做好新形势新任务下干部选拔任用工作进行安排部署。

同日　国务院南水北调办副主任蒋旭光主持召开会议，研究 2013 年度省办（局）和项目法人考核工作。

## 三　月

3 日　国务院南水北调办主任鄂竟平会见水利部长江水利委员会主任刘雅鸣一行。

4 日　国务院南水北调办副主任蒋旭光主持召开办保密委全体会议，传达学习有关文件精神，通报近期失泄密案件，研究讨论《国务院南水北调办保密委员会 2014 年工作要点》（讨论稿）。

4～5 日　国务院南水北调办副主任张野率队检查南水北调东线山东段平原水库管理工作，并召开现场座谈会。

5、9、10、13 日　国务院南水北调办主任鄂竟平旁听第十二届全国人民代表大会第二次会议。

5~6日　国务院南水北调办副主任蒋旭光率检查组对南水北调中线穿漳工程及漳河北至古运河南段工程进行质量飞检。

6日　国务院南水北调办主任鄂竟平主持召开主任办公会，研讨中线工程运行管理体制有关问题。

7日　国务院南水北调办主任鄂竟平主持召开主任专题办公会，研究治污环保工作。

同日　国务院南水北调办副主任张野列席全国政协十二届二次会议宗教51组讨论会。

11日　国务院南水北调办主任鄂竟平主持召开会议，听取北京市南水北调办关于“江水进京”宣传工作方案有关情况的汇报。

同日　国务院南水北调办主任鄂竟平主持召开主任专题办公会，听取中线穿黄工程充水试验有关问题处理情况汇报。

12日　国务院南水北调办主任鄂竟平主持召开主任专题办公会，研讨中线工程运行管理机构设置有关问题。

同日　国务院南水北调办副主任、扶贫工作领导小组组长蒋旭光主持会议研究部署2014年定点扶贫工作。

13~14日　国务院南水北调办副主任蒋旭光率队对江苏境内南水北调工程质量监管工作进行检查。

14日　国务院南水北调办主任鄂竟平主持召开主任专题办公会，听取中线干线工程左岸排水和防洪影响工程进展情况汇报。

17~22日　国务院南水北调办副主任于幼军率队赴河南、湖北开展中线旅游景观工程建设和汉江中下游生态环境保护工作专题调研。

18日　国务院南水北调办主任鄂竟平主持召开主任专题办公会，听取中线工程通水运行工作进展情况汇报。

同日　国务院南水北调办副主任蒋旭光主持召开会议，研究重点项目质量监管工作。

19日　国务院南水北调办主任鄂竟平主持召开主任专题办公会，研究中线工程运行管理体制。

19~21日　国务院南水北调办副主任蒋旭光一行赴湖北省丹江口库区，检查库区内安移民工作蓄水前“回头看”活动开展情况。

20日　北京市对口支援和经济合作工作领导小组召开会议，部署2014年支援合作任务。

21日　国务院南水北调办主任鄂竟平主持召开主任专题办公会，听取中线水源公司建管费分析情况汇报。

24日　国务院南水北调办副主任张野出席南水北调中线防洪影响处理工程前期工作协调会。

同日　国务院南水北调办副主任蒋旭光出席办公室学习习近平总书记系列重要讲话精神轮训班开班式并作重要讲话。

24~28日　国务院南水北调办举办学习贯彻习近平总书记系列重要讲话精神集中轮训班。

25日　国务院南水北调办主任鄂竟平主持召开主任办公会，研究中线运行管理体制、东线运营体制。

同日　中国南水北调网发布《国务院南水北调办2013年政府信息公开工作报告》。

26日　国务院南水北调办主任鄂竟平主持召开主任专题办公会，研究中线24项渡槽工程充水试验有关问题。

同日　国务院南水北调办副主任蒋旭光一行赴河南省，检查丹江口库区内安移民“回头看”活动开展情况，调研移民生产帮扶发展。

26~28日　国务院南水北调办在河北省邢台市组织开展南水北调中线河北邯石段直管项目设计单元工程通水验收。

27日　国务院南水北调办主任鄂竟平带队对南水北调中线干线石家庄至邢台段工程进行进度、质量飞检。

29日　国务院南水北调办主任鄂竟平主持召开主任办公会，研究中线运行管理机构设置。

31日　国务院南水北调办主任鄂竟平主持召开主任办公会，听取中线工程通水运行工作进展情况汇报。

31日~4月1日　国务院南水北调办副主任蒋旭光带队对南水北调天津干线充水试验情况进行质量飞检。

## 四　月

1日　国务院南水北调办主任鄂竟平、副主任于幼军出席中央国家机关第二十八次党的工作会议暨第二十六次纪检工作会议。

同日　国务院南水北调办副主任张野出席2014年国家防总第一次全体会议。

同日　国务院南水北调办副主任蒋旭光出席工程质量从严监管约谈会，约谈南水北调中线工程建管、设计、施工、监理、监测单位负责人。

1~2日　国务院南水北调办党组中心组（扩大）学习，专题学习“省部级主要领导干部学习贯彻十八届三中全会精神全面深化改革专题研讨班”精神、“两会”精神和习近平总书记在河南兰考重要讲话精神。

1~3日　国务院南水北调办在河南郑州组织开展南水北调中线焦作1段、荥阳段、双洎河渡槽段工程设计单元工程通水验收。

3日　国务院南水北调办主任鄂竟平带队对南水北调中线穿黄工程至焦作段工程进行质量、进度飞检。

同日　国务院南水北调办副主任蒋旭光主持召开会议，研究库区移民“回头看”活动检查情况和配套工程用地指标工作。

4日　党和国家领导人习近平、李克强、张德江、俞正声、刘云山、王岐山、张高丽等来到北京市海淀区南水北调团城湖调节池参加首都义务植树活动。

同日　国务院南水北调办主任鄂竟平主持召开主任办公会，研究中线工程运行管理体制。

同日　国务院南水北调办主任鄂竟平主持召开主任专题办公会，研究中线工程南阳段、方城段飞检发现有关问题。

5日　南水北调中线京石段工程第四次向北京应急供水结束，累计向北京供水16.1亿立方米。

8日　国务院南水北调办主任鄂竟平主持召开办党组2014年第4次会议。

同日　国务院南水北调办主任鄂竟平主持召开主任办公会，学习讨论南水北调工程供用水管理条例。

同日　国务院南水北调办机关、直属单位干部职工在北京市团城湖调节池岸边义务植树。

同日　南水北调工程第四部公益宣传片《移民篇》在中央电视台各频道正式播出。

9日　国务院南水北调办主任鄂竟平主持召开主任办公会，研究中线运行管理机构设置。

同日　国务院南水北调办主任鄂竟平主持召开主任专题办公会，研究中线跨渠桥梁移交有关问题。

同日　河南省委、省政府对全省经济社会发展突出贡献单位给予嘉奖。河南省南水北调办、工程沿线有关省辖市、县受到嘉奖。

9~11日　国务院南水北调办副主任张野率队检查南水北调中线河南段工程防汛工作。

10日　陕西省政府以陕政发〔2014〕15号文件印发《汉江丹江流域水质保护行动方案（2014~2017年）》。

10~11日　国务院南水北调办副主任蒋旭光带队对南水北调中线陶岔渠首至沙河渡槽段工程进行飞检。

11日　北京市委市政府理论学习中心组举行学习会，邀请国务院南水北调办主任鄂竟平介绍南水北调工程建设情况。

同日　国务院南水北调办主任鄂竟平出席北京市南水北调对口协作工作启动会。

14日　国务院南水北调办主任鄂竟平主持召开主任办公会，研究穿黄隧洞渗水缺陷处理设计方案。

15日　国务院南水北调办副主任张野听取山东省南水北调建管局有关工作汇报。

15～16日　国务院南水北调办主任鄂竟平带队检查南水北调中线京石段工程防汛工作。

同日　国务院南水北调办副主任蒋旭光带队对引江济汉工程进行质量飞检。

17日　国务院南水北调办主任鄂竟平主持召开主任专题办公会，听取中线通水运行工作进展情况汇报。

同日　国务院南水北调办主任鄂竟平主持召开主任专题办公会，听取北京市南水北调办江水进京宣传工作准备情况汇报。

18日　国务院南水北调办主任鄂竟平主任参加部委、企业、高校深化整改工作座谈会。

同日　国务院南水北调办主任鄂竟平、副主任蒋旭光参观首都博物馆。

同日　国务院南水北调办副主任张野主持召开会议，研究南水北调中线北京段PCCP管道占压有关问题。

21日　国务院南水北调办主任鄂竟平主持召开办党组扩大会议，传达学习中央领导有关讲话精神。

同日　由国务院南水北调办和中国作家协会联合举办的"梦圆南水北调"中国作家中线行采访采风活动在北京启动。

21～25日　国务院南水北调办副主任于幼军专题调研汉江中下游生态环境保护和丹江口水库入库重污染河流的达标治理工作。

22日　国务院南水北调办主任鄂竟平主持召开主任专题办公会，研究丹江口大坝外观保护及丹陶公路事宜。

同日　国务院南水北调办副主任张野出席在南阳召开的南水北调工程建设安全生产工作会议并讲话。

同日　国务院南水北调办副主任张野在南阳主持召开南水北调工程建设进度验收（第十三次）协调会。

同日　国务院南水北调办副主任张野出席重点标段建设进度座谈会并讲话。

同日　国务院南水北调办副主任蒋旭光主持召开会议，研究重点项目质量监管工作。

23日　国务院南水北调办主任鄂竟平参加国务院第45次常务会议。

同日　国务院南水北调办副主任蒋旭光主持召开会议，研究丹江口库区移民蓄水前安全排查、国控预备费使用等有关工作。

23～25日　国务院南水北调办副主任张野检查督导南水北调中线河南段工程建设情况，并在中线穿黄工地召开现场办公会。

24日　国务院南水北调办主任鄂竟平主持召开主任办公会，听取东线筹备组有关工作情况汇报。

24～25日　国务院南水北调办副主任蒋旭光率检查组对南水北调东线山东境内工程质量及运行管理情况进行检查。

25日　国务院南水北调办主任鄂竟平主持召开主任专题办公会，听取南水北调中线穿黄处理工作进展情况及充水试验工作汇报。

28日　国务院南水北调办主任鄂竟平主持召开办党组2014年第5次会议，学习中央有关文件精神，研究有关人事工作。

同日　国务院南水北调办副主任张野参加专家委员会主任委员会议。

同日　河南省南水北调工程建设者、河南省水利一局方城六标项目经理陈建国荣获"全国五一劳动奖章"。

29日　国务院南水北调办主任鄂竟平带队对南水北调中线宝郏段至潮河段工程进行质量飞检。

同日　国务院南水北调办副主任蒋旭光主持召开会议，研究南水北调丛书编撰工作。

同日　河南省省长谢伏瞻深入南水北调中线渠首淅川县调研水源保护工作。

30 日　国务院南水北调办副主任蒋旭光主持召开会议，研究丹江口库区移民有关工作。

## 五　月

4 日　国务院南水北调办主任鄂竟平主持召开主任办公会，研究工程进度问题。

5~8 日　国务院南水北调办组织南水北调中线叶县段、澧河渡槽、鲁山南 1 段、鲁山南 2 段、沙河渡槽段、鲁山北段、北汝河渠道倒虹吸等 7 个设计单元工程通水验收。

6 日　国务院南水北调办召开办务扩大会议，提出全面发起冲刺，确保中线通水的总动员。

同日　国务院南水北调办副主任蒋旭光出席党的群众路线教育实践活动视频会议。

7 日　国务院南水北调办主任鄂竟平主持召开主任专题办公会，听取中线干线跨渠桥梁质量问题排查和超载问题调查情况汇报。

7~8 日　国务院南水北调办副主任蒋旭光带队对南水北调中线郑州段至穿黄工程进行质量飞检。

7~26 日　南水北调东线一期工程进行正式通水以后的再次供水运行，完成国务院水行政主管部门下达的向山东省年度调水任务，有效缓解枣庄、济南、淄博、潍坊和青岛的城市缺水问题。

8 日　国务院南水北调办主任鄂竟平主持召开主任专题办公会，听取中线水源公司建管费超支情况专题调研汇报。

同日　国务院南水北调办副主任于幼军出席共青团国务院南水北调办公室直属机关第三次团员代表大会并讲话。

9 日　国务院南水北调办主任鄂竟平主持召开主任专题办公会，研究对外交流材料。

同日　国务院南水北调办主任鄂竟平主持召开主任专题办公会，审议中线穿黄隧洞缺陷处理设计方案。

同日　国务院南水北调办副主任张野出席南水北调中线桥梁建设协调小组会议。

同日　国务院南水北调办副主任张野主持召开南水北调中线闸站流量计有关事宜专题会。

12 日　国务院南水北调办主任鄂竟平主持召开办党组 2014 年第 6 次会议，研究中线工程管理体制和有关人事工作。

同日　国务院南水北调办副主任张野主持召开专题办公会，研究中线总干渠充水试验补充报告。

同日　国务院南水北调办副主任张野主持召开专题办公会，研究中线干线闸站流量计有关事宜。

13 日　国务院南水北调办主任鄂竟平主持召开主任专题办公会，研究质量监管工作。

同日　国务院南水北调办副主任张野赴国家发展改革委商谈中线闸站流量计有关事宜。

14 日　国务院南水北调办主任鄂竟平参加国务院第 47 次常务会议。

同日　国务院南水北调办副主任张野带队检查南水北调中线北京段工程，并在大宁管理处召开现场座谈会。

14~16 日　国务院南水北调办副主任蒋旭光一行赴河南省调研中线工程通水前征迁有关工作。

15 日　国务院南水北调办主任鄂竟平深入基层联系点——京石段易县管理处调研指导工作，就南水北调中线三级运行管理单位职能确定、机构设置和人员编制等问题，听取现场干部职工意见建议。

16 日　国务院南水北调办主任鄂竟平主持召开主任专题办公会，听取南水北调中线总干渠抢险规划方案设计报告评估及审查情况汇报，研究中线干线工程防汛工作。

同日　国务院南水北调办党组中心组

（扩大）专题学习习近平总书记系列重要讲话，就水资源战略有关问题进行研讨。

19日 国务院南水北调办主任鄂竟平参加中央国家机关落实党风廉政建设主体责任座谈会。

同日 国务院南水北调办主任鄂竟平主持召开主任办公会，研究南水北调对外交流材料大纲，听取中线通水运行工作进展情况汇报。

同日 国务院南水北调办副主任蒋旭光主持召开会议，研究中线干线工程征迁、建设环境和用地手续办理工作。

19～24日 国务院南水北调办副主任于幼军率领由国家发展改革委、财政部、环境保护部、住房和城乡建设部、水利部等六部委组成的考核组，对河南、湖北、陕西三省2013年度《丹江口库区及上游水污染防治和水土保持“十二五”规划》实施情况进行考核。

20日 国务院南水北调办主任鄂竟平带队对南水北调中线天津干线工程进行质量飞检。

21日 国务院南水北调办主任鄂竟平参加国务院第48次常务会议。

同日 南水北调工程冲刺期质量监管工作会议在武汉召开，集中部署冲刺阶段持续从严的质量监管工作。

21～23日，国务院南水北调办副主任、通水验收委员会主任张野在河南省南阳市主持南水北调中线淅川段、湍河渡槽、镇平段三个设计单元工程通水验收并讲话。

21～23日 国务院南水北调办副主任蒋旭光一行赴湖北省兴隆水利枢纽、引江济汉工程调研尾工建设及充水相关工作。

22日 国务院南水北调办主任鄂竟平听取北京市、八一电影制片厂关于拍摄南水北调主题电影意见。

同日 国务院南水北调办主任鄂竟平主持召开主任专题办公会，研讨赴易县专题调研有关情况。

23日 国务院南水北调办主任鄂竟平主持召开主任专题办公会，听取影响通水有关问题汇报。

26日 国务院南水北调办副主任蒋旭光主持召开会议，研究影响通水质量问题处置和质量信用评价工作。

同日 国务院南水北调办副主任蒋旭光主持召开会议，研究临时用地重点项目复垦退还工作。

27日 国务院南水北调办主任鄂竟平主持召开主任专题办公会，听取东中线一期工程综合运行信息管理系统（第一阶段）建设方案和东线东湖水库排水沟护砌工程设计方案有关情况汇报。国务院南水北调办副主任张野出席。

28日 国务院南水北调办主任鄂竟平主持召开主任专题办公会，听取将陕西省汉江中上游移民纳入水库移民的调研情况汇报。

28～29日 国务院南水北调办主任鄂竟平带队飞检中线穿黄工程质量。

28～30日 国务院南水北调办副主任蒋旭光一行赴河北省调研中线工程通水前征迁有关工作。

30日 国务院南水北调办主任鄂竟平参加国务院第49次常务会议。

同日 国务院南水北调办副主任蒋旭光出席中央党的群众路线教育实践活动专项推进会。

5月 国务院南水北调办主任、副主任与各司各直属单位负责人签订《党风廉政建设责任书》。

## 六　　月

3日 国务院南水北调办主任鄂竟平主持召开主任办公会，听取南水北调中线通水运行工作进展情况和中线黄河以北充水试验工作安排情况汇报。

同日　湖北省政府主持召开《丹江口库区及上游水污染防治和水土保持“十二五”规划》实施推进会议，研究规划实施存在的问题，督办项目建设进度。

4日　国务院南水北调办主任鄂竟平参加国务院第50次常务会议。

国务院南水北调办副主任蒋旭光赴北京市房山区协调惠南庄泵站永久供电征迁问题。

5日　国务院南水北调办主任鄂竟平主持召开主任专题办公会，研究北京段工程遗留问题。

同日　国务院南水北调办副主任蒋旭光主持召开会议，研究信访工作。

同日　南水北调中线一期工程黄河以北段总干渠开始充水试验。充水试验，既是对黄河以北段实体工程的检验，又是对运行管理的预演。

6日　国务院南水北调办主任鄂竟平率队赶赴南水北调中线河北磁县段工程现场一线，检查指导中线黄河以北段工程充水试验。

9日　国务院南水北调办党组中心组（扩大）专题学习习近平总书记指导兰考县委常委班子专题民主生活会时的讲话和在中办调研时的讲话，并对水资源战略有关问题进行研讨。

同日　国务院南水北调办副主任张野参加国务院稳增长促改革调结构惠民生政策措施落实情况督查动员电视电话会议。

同日　国务院南水北调办副主任蒋旭光主持召开会议，研究充水试验期间工程质量监管工作。

10日　国务院南水北调办主任鄂竟平主持召开主任专题办公会，听取南水北调中线渡槽工程二次充水试验专项检查情况和河南淅川县马蹬镇崔湾村贾东祖居民搬迁处理问题情况汇报。

同日　湖北省郧阳二棚子戏《我的汉水家园》在北京展演。

11日　国务院南水北调办主任鄂竟平参加国务院第51次常务会议。

同日　国务院南水北调办副主任张野在河北邯郸出席南水北调中线一期工程河北段总干渠充水试验工作会并讲话。

同日　湖北省政府在十堰市郧县召开南水北调丹江口水库移民安稳发展现场会。

11～12日　国务院南水北调办分别在河北邯郸和河南郑州召开南水北调中线一期工程总干渠充水试验工作会。

12日　国务院南水北调办主任鄂竟平主持召开主任专题办公会，听取中线干线水质监测方案有关情况汇报。

同日　国务院南水北调办副主任张野在河南郑州出席南水北调中线一期工程河南段总干渠充水试验工作会并讲话。

12～13日　北京市市委书记郭金龙调研北京市南水北调配套工程。

13日　国务院南水北调办主任鄂竟平主持召开办党组2014年第7次会议，研究干部有关问题，分析工程建设形势。

16日　国务院南水北调办主任鄂竟平主持召开主任办公会，听取中线工程通水运行工作进展情况和2013年度项目法人建设目标考核情况汇报。

16～19日　国务院南水北调办副主任张野带队检查南水北调中线湖北境内工程建设和防汛工作，并在荆州市召开工程建设座谈会。

17日　国务院南水北调办主任鄂竟平飞检南水北调中线天津干线工程。

18日　国务院南水北调办主任鄂竟平接受中央电视台南水北调纪录片摄制组专访。

18～20日　国务院南水北调办副主任蒋旭光率队对南水北调中线黄河以北至石家庄段渠道工程充水试验质量监管等工作进行飞检。

19日　国务院南水北调办主任鄂竟平带队检查南水北调中线穿黄工程隧洞剩余工程进展情况。

20日　国务院南水北调办主任鄂竟平主持召开主任专题办公会，听取投资控制、变更索赔处理有关情况和中线干线工程应急保障队伍体系建设情况汇报。

23日　国务院南水北调办主任鄂竟平主持召开主任办公会，审议南水北调工程建设资金管理违规违法行为处罚规定。

24日　国务院南水北调办主任鄂竟平主持召开全系统务虚工作会。

24～28日　国务院南水北调办副主任于幼军带队调研南水北调东线江苏、安徽境内工程及水质保护工作。

25日　国务院南水北调办主任鄂竟平参加国务院第52次常务会议。

同日　国务院南水北调办副主任张野检查南水北调中线天津干线工程建设情况。

同日　南水北调工程质量监管专项推进会在郑州召开，总结质量重点排查阶段工作，推进全线充水阶段质量从严监管。

26日　国务院南水北调办主任鄂竟平主持召开主任专题办公会，听取南水北调中线水量调度方案编制和工程安全保卫工作有关情况汇报。

30日　国务院南水北调办主任鄂竟平主持召开主任办公会，听取中线工程通水运行工作进展情况汇报。

同日　国务院南水北调办副主任于幼军主持召开“践行群众路线支部工作法”座谈会。

30日～7月2日　国务院南水北调办副主任张野率队深入南水北调中线河北境内工程，检查指导防汛工作。

## 七　　月

1日　国务院南水北调办主任鄂竟平主持召开主任专题办公会，听取“南水进京八大隐患有关问题”分析研究情况汇报。

同日　国务院南水北调办主任鄂竟平主持召开主任专题办公会，听取渡槽二次充水试验质量安全监测数值研判情况汇报。

2日　国务院南水北调办主任鄂竟平参加国务院第53次常务会议。

同日　国务院南水北调办副主任蒋旭光带队对南水北调中线河北段工程充水试验情况进行质量飞检。

2～4日　国务院南水北调办主任鄂竟平率队检查南水北调中线河南境内工程防汛工作。

3日　国务院南水北调办副主任蒋旭光审核南水北调高清文献纪录片。

同日　南水北调中线一期工程黄河以南段总干渠开始充水试验。充水试验，将全面检验黄河以南段工程的实体质量和安全，为汛后中线工程全线通水做好准备。

5日　国务院南水北调办主任鄂竟平主持召开主任专题办公会，研究工程进度问题。

7日　国务院南水北调办主任鄂竟平主持召开主任办公会，研究中线管理体制和中线工程通水仪式有关问题。

同日　国务院南水北调办副主任张野接受《新京报》南水北调系列报道专访。

8日　国务院南水北调办主任鄂竟平主持召开主任专题办公会，研究天津干线工程运行管理有关问题。

同日　国务院南水北调办副主任蒋旭光主持召开会议，研究中线工程充水试验质量监管工作。

同日　国务院南水北调办副主任蒋旭光主持召开会议，研究丹江口库区移民“百日大排查”工作。

同日　国务院南水北调办副主任于幼军主持召开会议，听取经财司上半年工作汇报，商研下半年工作安排。

9～10日　国务院南水北调办副主任张野率队调研北京段密云水库调蓄工程建设进展及PCCP管道工程检修有关情况。

国务院南水北调办副主任蒋旭光带队对

南水北调中线天津干线工程缺陷处理情况进行质量飞检。

10日　全国政协召开双周协商座谈会，就中线水源地水质保护问题座谈交流。全国政协主席俞正声主持会议并讲话。全国政协委员张基尧、朱永新、王光谦、胡四一、杨忠岐、马中平、孙丹萍、江泽慧、叶冬松、张桃林、李原园、张震宇、印红、李晓东、刘炳江、李长安，以及王浩、陈天会、马荣才等专家学者在座谈会上发言。国务院南水北调办主任鄂竟平介绍中线水源地水质保护有关工作情况。国家发展改革委、环保部、水利部、林业局有关负责同志出席会议，与委员们交流了意见。全国政协副主席杜青林、罗富和、张庆黎、马培华出席座谈会。

11日　国务院南水北调办主任鄂竟平带队对南水北调中线邢台至元氏段工程充水试验进行质量飞检。

14日　国务院南水北调办主任鄂竟平主持召开主任办公会，听取中线工程通水运行工作和穿黄隧洞质量监管工作情况汇报。

同日　国务院南水北调办副主任蒋旭光出席全国培养选拔年轻干部工作座谈会。

同日　国务院南水北调办副主任于幼军参加全国政协召开的南水北调大西线汇报讨论会。

15日　国务院南水北调办主任鄂竟平主持召开主任专题办公会，听取关于中线渠道面板破坏问题和丹江口水库淹没线上留置人口情况调查报告的汇报。

同日　国务院南水北调办副主任张野出席《南水北调工程安全监测技术要求》初步成果评审会并讲话。

同日　国务院南水北调办副主任蒋旭光带队赴北京房山、河北涿州等地，现场协调永久供电工程征迁工作。

同日　国务院南水北调办组织党员干部赴中国人民抗日战争纪念馆进行学习参观。

16日　国务院南水北调办主任鄂竟平上午参加国务院第55次常务会议，下午参加国务院第56次常务会议。

同日　国务院南水北调办副主任张野率队检查北京段110kV永久供电、惠南庄泵站、北拒马河暗渠等工程，并主持召开现场会。

16～18日　国务院南水北调办副主任蒋旭光赴河南省，实地检查丹江口库区保蓄水安全“百日大排查”活动开展情况，调研移民安稳发展。

17日　国务院南水北调办主任鄂竟平飞检南水北调中线穿黄工程。

18日　国务院南水北调办主任鄂竟平审查中央电视台南水北调大型高清文献纪录片《水脉》。

21日　国务院南水北调办党组中心组（扩大）专题学习习近平总书记在中央政治局第十六次集体学习时的重要讲话和习近平总书记关于深化经济体制改革的系列重要讲话精神。

同日　国务院南水北调办副主任张野出席国家防总2014年第二次全体会议。

22日　国务院南水北调办主任鄂竟平飞检南水北调中线天津干线工程。

同日　国务院南水北调办副主任张野赴河南检查穿黄隧洞工程。

同日　国务院南水北调办副主任蒋旭光主持召开会议，研究中线干线征迁遗留问题处理工作。

23日　国务院南水北调办在河南省郑州市组织召开南水北调工程建设进度验收（第十四次）协调会。

河南省省长谢伏瞻对南水北调中线焦作城区段工程进行调研。

23～24日　国务院南水北调办副主任蒋旭光飞检南水北调中线黄河以北至漳河以南段工程充水试验和穿黄工程。

24日　国务院南水北调办主任鄂竟平主持召开主任专题办公会，听取南水北调中线干线工程应急保障队伍体系建设情况和中线干线抢险规划设计方案汇报。

25日　国务院南水北调办主任鄂竟平主持召开主任专题办公会，听取2015年投资建议计划方案、变更专项审计情况以及农民日报反映南水北调河南段施工单位资金紧张调查情况汇报。

28日　国务院南水北调办主任鄂竟平主持召开主任办公会，审议南水北调《水脉》纪录片及办机关2015年“一上”预算编制情况。

同日　国务院南水北调办主任鄂竟平主持召开办党组2014年第8次会议，研究党风廉政建设主体责任和干部有关问题。

29日　国务院南水北调办主任鄂竟平主持召开主任专题办公会，听取南水北调中线通水运行工作和充水试验进展情况汇报。

同日　国务院南水北调办召开机关工会会员代表大会，审议并通过机关工会第二届委员会工作报告和经费审查工作报告，选举产生第三届工会委员会和经费审查委员会。

30日　国务院南水北调办主任鄂竟平主持召开主任专题办公会，听取库区移民收支补充调查情况汇报。

30~31日　国务院南水北调办副主任张野检查南水北调中线天津干线工程及天津市配套工程建设情况。

## 八　　月

4日　国务院南水北调办主任鄂竟平主持召开办党组2014年第9次会议，研究工程建设管理体制有关问题。

5日　国务院南水北调办副主任蒋旭光赴北京房山督导惠南庄泵站110kV供电工程征迁工作。

同日　南水北调东线一期工程向南四湖应急调水8069万立方米，保障了湖区群众正常生活生产用水，沿线航运紧张状况得到有效缓解，调水的生态和社会效益十分显著。

6日　国务院南水北调办主任鄂竟平主持召开主任专题办公会，研究湖北反映的关于中线工程通水前后需要重视和解决的几个问题。

6~8日　国务院南水北调办副主任蒋旭光带队检查南水北调中线穿黄工程和焦作新乡段干渠充水试验。

7日　国务院南水北调办主任鄂竟平主持召开主任专题办公会，听取“多地水库污染隐患危及调水安全”有关问题研究情况汇报。

同日　南水北调中线工程河南段应急调水支援河南省平顶山市抗旱工作。

8日　国务院南水北调办主任鄂竟平主持召开主任专题办公会，讨论对外交流材料。

同日　湖北省引江济汉工程应急调水启动，开始发挥效益。

11日　国务院南水北调办主任鄂竟平主持召开办党组2014年第10次会议，学习讨论中央有关文件。

同日　国务院南水北调办主任鄂竟平主持召开主任专题办公会，听取中线工程通水运行工作进展情况汇报。

11~13日　国务院南水北调办副主任蒋旭光赴河南省调研中线工程通水前有关征迁工作完成情况，并出席干线临时用地复垦退还推进会。

12日　国务院南水北调办主任鄂竟平主持召开主任专题办公会，听取中线管理体制研究进展情况汇报。

13~15日　国务院南水北调办主任鄂竟平飞检南水北调中线黄河以南段工程充水试验及向河南应急供水工作。

18日　国务院南水北调办党组中心组（扩大）专题学习习近平总书记关于现代市场体系的系列重要讲话精神。

同日　河南省平顶山市市委、市政府致信国务院南水北调办就南水北调中线工程支援平顶山市应急抗旱表示感谢。

19日　国务院南水北调办主任鄂竟平检

查南水北调中线穿黄工程。

同日　国务院南水北调办副主任蒋旭光带队检查督导南水北调中线天津干线工程质量和二次充水试验。

20日　国务院南水北调办主任鄂竟平主持召开办党组2014年第11次会议，讨论中央有关文件。

同日　中国作家协会会员赵学儒创作的长篇报告文学《圆梦南水北调》出版发行，后经新闻广播录制为纪实文学联播节目。

21日　国务院南水北调办主任鄂竟平主持召开主任专题办公会，听取南水北调中线充水试验进展情况汇报。

同日　国务院南水北调办在武汉市召开南水北调干线征迁工作商促会，研究落实干线征迁安置重点工作。

22日　国务院南水北调办主任鄂竟平主持召开主任专题办公会，听取南水北调中线干线自动化系统建设及通水验收情况汇报。

同日　国务院南水北调办主任鄂竟平会见湖北省副省长梁惠玲一行。

25日　国务院南水北调办主任鄂竟平主持召开主任专题办公会，听取南水北调中线工程通水运行工作进展情况汇报。

25~26日　湖北省省委书记李鸿忠就进一步做好南水北调中线工程丹江口库区调水准备工作在十堰市调研。

26日　国务院南水北调办主任鄂竟平听取综合司督办工作情况汇报。

27日　国务院南水北调办主任鄂竟平参加国务院第60次常务会议。

同日　国务院南水北调办主任鄂竟平主持召开主任专题办公会，研究北京段工程PC-CP管道因占压出现裂缝有关问题。

同日　国务院南水北调办在北京市召开南水北调中线水质保护宣传工作座谈会，部署中线水质保护宣传工作。

28日　国务院南水北调办主任鄂竟平检查中线北京段工程。

29日　国务院南水北调办主任鄂竟平主持召开主任专题办公会，听取南水北调中线全线通水验收工作汇报。

同日　中央国家机关第二届“创建文明机关、争做人民满意公务员”活动先进集体表彰大会在北京市召开，国务院南水北调办征地移民司获先进集体称号。

29~9月4日　国务院南水北调办副主任张野率团出访英国、丹麦。了解和借鉴两国在水利工程建设和运行管理、水资源保护和开发等方面的先进经验。

## 九　月

1日　国务院南水北调办副主任蒋旭光出席全国公务用车制度改革电视电话会议。

同日　国务院南水北调办副主任蒋旭光主持召开会议，研究南水北调中线干线永久供电工程建设有关问题。

同日　南水北调题材大型原创话剧《源水情深》在北京市首演。

2日　国务院南水北调办主任鄂竟平出席国务院会议。

同日　国务院南水北调办主任鄂竟平主持召开主任专题办公会，听取2013年工程资金内部审计情况汇报。

2~3日　国务院南水北调办副主任蒋旭光督导南水北调中线河南段永久供电工程送电投运工作，并召开协调会。

3日　国务院南水北调办主任鄂竟平主持召开主任专题办公会，听取南水北调东线工程水费收取有关问题汇报。

同日　国务院南水北调办副主任蒋旭光带队赴北京丰台，看望慰问南水北调题材电影《天河》拍摄现场演职人员。

3~4日　国务院南水北调办副主任于幼军带队赴河南省，调研南水北调中线干线两侧生态带建设、丹江口水库饮用水水源保护区划定以及中线工程充水试验水质等相关工作。

4日 国务院南水北调办主任鄂竟平主持召开主任专题办公会，研究南水北调中线总干渠三大隐忧有关对策。

4~5日 国务院南水北调办副主任蒋旭光带队赴河北、天津，检查南水北调中线天津干线工程二次充水试验。

5日 国务院南水北调办主任鄂竟平参加庆祝全国人大成立60周年大会。

9日 国务院南水北调办副主任蒋旭光主持召开会议，研究南水北调中线干线永久供电工程建设有关问题。

10~11日 国务院南水北调办副主任蒋旭光督导南水北调中线河南段与河北段永久供电工程送电投运工作。

11日 国务院南水北调办主任鄂竟平主持召开主任专题办公会，听取河北、河南两省配套工程建设情况及本年度用水计划情况汇报。

同日 国务院南水北调办主任鄂竟平主持召开主任专题办公会，听取南水北调中线工程通水运行工作进展情况汇报。

12日 国务院南水北调办主任鄂竟平主持召开主任专题办公会，听取南水北调中线干线工程黄河以南渠段及穿黄工程充水试验进展情况汇报。

12~13日 国务院南水北调办副主任、通水验收委员会主任张野在河北省霸州市主持进行南水北调中线天津干线天津市2段、廊坊市段、保定市2段、西黑山进口闸至有压箱涵段设计单元工程通水验收工作。

15日 国务院南水北调办主任鄂竟平主持召开办党组2014年第12次会议，学习中央有关文件，研究纪检监察工作。

同日 国务院南水北调办副主任蒋旭光出席党的群众路线教育实践活动理论研讨会。

同日 南水北调中线穿黄工程上游线隧洞充水水位顺利达到设计要求高程，标志着穿黄隧洞充水试验取得圆满成功。

16日 国务院南水北调办主任鄂竟平主持召开主任专题办公会，听取南水北调中线水价问题调研情况汇报。

同日 国务院南水北调办副主任张野会见山东省副省长赵润田，就2014~2015年度山东调水工作计划安排进行座谈，并对南四湖下级湖应急生态调水工作中我办给予的支持和帮助表示感谢。

同日 国务院南水北调办副主任蒋旭光主持召开会议，研究保蓄水丹江口库区移民相关工作。

同日 国务院南水北调办和环保部联合召开新闻通气会，通报南水北调中线工程及水源区水质保护情况，发布《丹江口库区及上游水污染防治和水土保持“十二五”规划》2013年度考核结果。

同日 国务院南水北调办通过门户网站——中国南水北调网站发布《丹江口库区及上游水污染防治和水土保持“十二五”规划2013年度考核结果》。

16~25日 国务院南水北调办组织中央10余家主要新闻媒体赴南水北调中线水源区及沿线开展水质保护专题采访活动。

17日 国务院南水北调办召开办务扩大会议。国务院南水北调办主任鄂竟平在会上对前8个月的工作进行总结，对年底前工作做出部署。

17~18日 国务院南水北调办在北京组织召开南水北调中线工程运行管理机构组建方案座谈会。

17~19日 国务院南水北调办副主任蒋旭光飞检南水北调中线工程陶岔渠首至澎河渡槽充水试验和永久供电设施建设情况。

18日 国务院南水北调办主任鄂竟平检查南水北调中线天津干线工程和天津市配套工程建设，并会见天津市政府黄兴国市长。

同日 国务院南水北调办副主任张野主持召开会议，研究南水北调东线总公司成立、组建有关事宜。

同日　国务院南水北调办副主任张野主持召开南水北调中线工程运行管理机构组建方案座谈会，国家发展改革委、财政部、国资委派员参加。

19日　国务院南水北调办主任鄂竟平主持召开主任专题办公会，听取丹江口库区淹没线上留置人口影响补充调查情况汇报。

20～21日　国务院南水北调办副主任、通水验收委员会主任张野在河南省郑州市主持进行南水北调中线穿黄工程设计单元工程通水验收。

22日　国务院南水北调办党组中心组（扩大）学习十八届三中全会关于“加快转变政府职能”专题和习近平总书记的重要论述。

23日　国务院南水北调办主任鄂竟平主持召开主任专题办公会，研究工程管理质量监管工作。

同日　国务院参事室党组成员、副主任方宁一行40余人调研南水北调中线北京段工程。

24日　国务院南水北调办主任鄂竟平主持召开主任专题办公会，听取中线工程通水运行工作进展情况汇报。

24～26日　国务院南水北调副主任蒋旭光一行赴湖北省调研丹江口水库蓄水安全和库区移民发展稳定工作情况，看望慰问移民干部、群众。

25日　国务院南水北调办主任鄂竟平主持召开主任专题办公会，听取“最严厉责任追究”督办工作汇报。

26日　引江济汉工程正式通水。国务院南水北调办主任鄂竟平下达通水令，宣布工程正式通水。鄂竟平主任、湖北省省委书记李鸿忠、省长王国生共同启动节制闸通水按钮。王国生主持通水活动，湖北省委常委、秘书长傅德辉、省人大副主任王玲、副省长梁惠玲、省政协副主席郑心穗出席。

27～29日　国务院南水北调办在河南省郑州市组织开展南水北调中线一期工程全线通水验收。

28～29日　国务院南水北调办副主任蒋旭光检查南水北调中线黄河以南新郑段和郑州段充水试验工程质量，检查质量监管专项行动开展情况。

29日　国务院南水北调办副主任鄂竟平参加国务院第64次常务会议。

同日　国务院南水北调办主任鄂竟平主持召开主任专题办公会，研究中线工程通水宣传工作。

30日　国务院南水北调办主任鄂竟平主持召开办党组2014年第13次会议，审议中线工程运行管理机构征求意见情况和东线工程总公司成立有关事项，研究干部问题。

9月　中国作家协会会员裔兆宏创作的报告文学《一江清水北上》以中、英文两种文本出版，详细记述南水北调工程治理污染、保护环境、改善生态的艰难历程。

## 十　月

3日　中央电视台焦点访谈栏目以“凡人丰碑”为题，讲述移民在南水北调工程建设中为国家、舍小家的无私奉献故事。

7日　天津市市委副书记、市长黄兴国调研南水北调中线天津干线工程。

8日　国务院南水北调办主任鄂竟平出席党的群众路线教育实践活动总结大会。

同日　国务院南水北调办主任鄂竟平出席国务院部门负责同志会议。

同日　国务院南水北调办在北京市组织召开南水北调中线工程运行管理机构组建方案专家咨询会。

同日　国务院南水北调办副主任蒋旭光主持召开主任专题办公会，研究移民征迁保蓄水通水工作。

同日　国务院南水北调办副主任蒋旭光带队赴北京房山、河北涿州等地，检查永久供电投运情况。

9日　南水北调中线工程供水协议签约仪式在北京市举行。国务院南水北调办主任鄂竟平出席签约仪式。

同日　国务院南水北调办主任鄂竟平主持召开主任专题办公会，听取中线工程应急保障体系建设情况汇报。

9~10日　国务院南水北调办副主任蒋旭光检查南水北调中线河南段工程质量及工程充水情况。

10~11日　南水北调水质保护及库区绿色转型发展论坛在河南省南阳市举行。全国人大常委会副委员长、民盟中央主席张宝文出席并讲话。

11日　国务院南水北调办党组书记、主任鄂竟平主持召开办党组中心组（扩大）会议，传达学习习近平总书记在党的群众路线教育实践活动总结大会上的讲话精神。

同日　国务院南水北调办主任鄂竟平主持召开主任办公会，研究中线工程通水准备工作。

同日　国务院南水北调办组织召开南水北调中线一期工程通水宣传工作会。

南水北调东线总公司在国家工商总局完成注册。

12、15日　国务院南水北调办副主任张野参加国务院南水北调工程建设委员会专家委员会南水北调中线干线工程建设质量评价。

13日　国务院南水北调办主任鄂竟平赴水利部，就南水北调中线工程有关问题与水利部部长陈雷会商。

14日　国务院南水北调办主任鄂竟平主持召开主任办公会，研究南水北调中线工程通水准备有关工作。

14~17日　国务院南水北调办副主任于幼军带队对山东省胶东调水工程进行调研。

15日　国务院南水北调办主任鄂竟平主持召开主任专题办公会，听取质量问题查改情况汇报。

同日　国务院南水北调办和中央电视台联合举办南水北调工程大型文献纪录片《水脉》新闻通气会。中央和地方27家新闻媒体参会报道。

同日　中国作家协会会员梅洁撰写的长篇报告文学《汉水大移民》荣获全国“石花杯”第五届徐迟报告文学奖优秀奖。

15~16日　国务院南水北调办副主任蒋旭光一行赴河南省调研丹江口蓄水安全和库区移民发展稳定工作情况，慰问移民干部群众。

16日　国务院南水北调办主任鄂竟平主持召开主任专题办公会，研究南水北调中线干渠三大隐忧应对措施。

17日　南水北调中线工程突发事件应急演练在中线工程总调中心大厅展开。国务院南水北调办主任鄂竟平、副主任张野现场检查应急演练工作。

同日　国务院南水北调办副主任张野检查南水北调中线惠南庄泵站工程调试试运行工作情况。

同日　蒋旭光副主任出席全国社会扶贫工作电视电话会议。

同日　河北省省长张庆伟主持召开省长办公会，专题研究河北省南水北调水厂以上配套工程资本金缺口筹资方案。

同日　中央电视台综合频道首次播出南水北调工程大型文献纪录片《水脉》，科教频道、纪录频道、财经频道、中文国际等频道陆续播出。之后多次重播。

18日　湖北省省长王国生到十堰市调研检查湖北省南水北调中线水源区污染治理、生态建设、水质监测和调水前的有关准备工作。

20日　南水北调东线总公司揭牌。国务院南水北调办党组书记、主任鄂竟平出席并宣布公司领导班子任命。

同日　国务院南水北调办副主任蒋旭光主持召开会议，研究南水北调中线干线临时用地退还工作。

同日　国家科技计划“南水北调中东线工程运行管理关键技术及应用”项目顺利通过科技部组织的可行性论证审查。

20～23日　国务院南水北调办主任鄂竟平出席中国共产党第十八届中央委员会第四次全体会议。

21～22日　国务院南水北调办副主任蒋旭光带队对南水北调中线黄河以南段充水试验工程质量进行检查。

22日　国务院南水北调办主任鄂竟平主持召开主任专题办公会，研究中线工程通水准备有关工作。

23日　国务院南水北调办在河南省郑州市召开南水北调工程征地移民维护稳定工作会。

同日　国务院南水北调办党组成员、副主任于幼军会见中央国家机关精神文明建设协调领导小组办公室主任杨宝琴一行。

23～24日　国务院南水北调办副主任张野检查南水北调中线工程充水试验。

24日　国务院南水北调办主任鄂竟平出席国务院第66次常务会议。

同日　国务院南水北调办主任鄂竟平主持召开主任专题办公会，听取质量问题查改情况汇报。

26日　国务院南水北调办主任鄂竟平审查南水北调影片《天河》。国务院南水北调办副主任蒋旭光参加。

27日　国务院南水北调办党组书记、主任鄂竟平主持召开党组中心组会议，传达学习党的十八届四中全会精神。

28日　国务院南水北调办召开南水北调中线一期工程通水领导小组全体会议，研究协调通水有关事宜，部署通水准备工作。

同日　南水北调主题电影《天河》在北京首映。

29～30日　国务院南水北调办主任鄂竟平带队，对南水北调中线黄河以南段充水试验、工程管护情况以及质量、进度、管理等方面进行飞检检查。

29～30日　国务院南水北调办副主任张野赴河北调研南水北调中线配套工程。

29～31日　国务院南水北调办副主任蒋旭光对南水北调中线黄河北至石家庄段工程充水试验情况进行检查，并察看施工交叉影响项目。

31日　国务院南水北调办主任鄂竟平主持召开主任专题办公会，听取南水北调中线工程尾工建设进展情况汇报。

## 十　一　月

1日　国务院南水北调办副主任张野赴河南南阳陶岔渠首出席南水北调中线一期工程通水试验工作会。

2日　国务院南水北调办主任鄂竟平主持召开办党组2014年第14次会议，学习贯彻《关于开好2014年度县以上党和国家机关党员领导干部民主生活会的通知》，研究东线公司开办费和南水北调工程运行管理体制等有关问题。

3日　国务院南水北调办主任鄂竟平主持召开办党组2014年第15次会议，研究东线公司机构编制问题。

同日　国务院南水北调办主任鄂竟平主持召开主任专题办公会，听取湖北省丹江口库区两个不稳定群体情况汇报。

4日　国务院南水北调办主任鄂竟平主持召开主任专题办公会，听取2013年度工程资金内部审计发现问题评估情况汇报。

4～5日　国务院南水北调办副主任蒋旭光带队，对南水北调中线陶岔渠首至郑州段黄河以南工程进行质量、进度、管理等方面的飞检检查。

5日　国务院南水北调办主任鄂竟平参加国务院第68次常务会议。

同日　国务院南水北调办主任鄂竟平主持召开主任专题办公会，听取通水试验运行情况汇报。

6日 国务院南水北调办主任鄂竟平主持召开主任专题办公会，听取南水北调东线工程完工决算编制调研情况汇报。

同日 国务院南水北调办副主任蒋旭光出席深化国有企业负责人薪酬制度改革工作电视电话会议。

11日 国务院南水北调办主任鄂竟平深入南水北调中线河北境内工程一线，赴洨河、滹沱河、唐河段检查运行管理工作。

14日 国务院南水北调办主任鄂竟平、副主任张野到南水北调中线建管局总调中心，现场检查指导中线调度系统运行工作。

同日 国务院南水北调办副主任、保密委主任蒋旭光为机关和直属单位干部职工讲授保密专题党课。

同日 国务院南水北调办副主任蒋旭光主持召开主任专题办公会，研究丹江口库区留置人口等有关工作。

15日 国务院南水北调办主任鄂竟平主持召开主任专题办公会，听取尾工建设进展情况汇报。

同日 北京市委市政府理论学习中心组集体观看国内首部展现南水北调工程题材影片《天河》。

17日 国务院南水北调办主任鄂竟平主持召开主任专题办公会，研究南水北调中线工程巡查工作。

同日 国务院南水北调办副主任蒋旭光与北京市领导夏占义同志就中线工程通水有关准备工作进行座谈。

同日 河南省省长谢伏瞻到南水北调中线郑州段调研，先后察看穿黄工程、郑州1段1标工程、郑州市配套工程23号线路泵站工程。

17~28日 国务院南水北调办副主任于幼军带队分两段赴北京、天津、河北、河南、湖北对南水北调中线水源保护及总干渠水质安全保障工作进行调研和检查。

18日 国务院南水北调办主任鄂竟平深入南水北调中线京石段工程运行管理一线，检查水质监测工作。

同日 国务院南水北调办、公安部在北京联合组织召开南水北调工程安保工作会议。

18~20日 国务院南水北调办副主任张野检查南水北调东线江苏段和苏鲁省际工程管理设施专项和调度运行系统建设情况。

18~19日 国务院南水北调办副主任蒋旭光在河南郑州与辽宁省副省长赵化明一行座谈并考察中线工程。其间，会见河南省副省长王铁。

19日 国务院南水北调办主任鄂竟平主持召开主任专题办公会，听取稽察大队工作汇报。

同日 北京市市委书记郭金龙调研北京市南水北调工作。

20日 国务院南水北调办党组中心组举办党的十八届四中全会精神专题集体学习。

21日 国务院南水北调办主任鄂竟平主持召开主任专题办公会，听取禹长七标合同变更有关问题分析情况汇报。

23日 国务院南水北调办主任鄂竟平主持召开办党组2014年第16次会议，研究干部问题，讨论党组民主生活会有关事项。

24日 全国政协副主席陈元赴南水北调中线北京段工程视察，国务院南水北调办主任鄂竟平陪同，北京市政协、国家开发银行有关负责人参加活动。

同日 国务院南水北调办副主任蒋旭光主持召开征求意见座谈会，代表办党组听取机关各司、各直属单位负责同志，工青妇等组织负责同志，党外人士对办党组及党组成员的意见建议。

24~27日 国务院南水北调办副主任于幼军调研南水北调中线沿线水质保障工作。

25日 国务院南水北调办主任鄂竟平主持召开主任专题办公会，听取中线工程尾工建设进展情况汇报。

同日　国务院南水北调办副主任蒋旭光主持召开主任专题办公会，研究库区移民稳定发展工作。

26日　国务院南水北调办主任鄂竟平主持召开主任专题办公会，听取南水北调中线工程交接情况汇报。

26~27日　国务院南水北调办副主任蒋旭光带队，对南水北调中线黄河以南段工程质量和运行巡查进行飞检检查。

27~28日　国务院南水北调办主任鄂竟平对南水北调中线黄河以北段工程巡查情况进行检查。

11月　经中国水利工程优质（大禹）奖评审委员会评审，南水北调江苏段宝应站、淮安四站获得2013~2014年度中国水利工程优质（大禹）奖。

## 十　二　月

1日　国务院南水北调办党组中心组（扩大）举办民主生活会专题学习，重点学习习近平总书记在党的群众路线教育实践活动总结大会上的重要讲话。

同日　国务院南水北调办主任鄂竟平主持召开主任办公会，审定东线公司开办费。

同日　北京市市长王安顺专题调研北京市迎接中线一期工程通水准备工作情况，市领导夏占义一同调研。

2日　国务院南水北调办主任鄂竟平赴北京市郭公庄水厂调研。

2~3日　国务院南水北调办副主任张野调研南水北调中线河北段工程运行管理情况，并分别在新乐管理处、邯郸管理处主持召开运行管理座谈会。

2~4日　国务院南水北调办副主任于幼军带队赴江苏省调研南水北调东线工程血防工作。

3日　国务院南水北调办主任鄂竟平主持召开主任专题办公会，听取河南段征迁项目财务决算编制情况调研报告。

同日　国务院南水北调办主任鄂竟平赴河北，就接水用水、运行管理等工作与河北省省长张庆伟进行商谈。

同日　国务院南水北调办副主任蒋旭光出席中宣部、全国人大常委会办公厅、司法部举行的“深入开展宪法教育大力弘扬宪法精神”座谈会。

4日　国务院南水北调办主任鄂竟平赴河南，就接水用水、运行管理等工作与河南省省长谢伏瞻进行商谈。

4~5日　国务院南水北调办副主任蒋旭光一行检查天津南水北调工程质量及运行管理情况。

5日　《光明日报》刊登中国视协电视纪录片学术委员会会长刘效礼的署名文章“《水脉》流淌着中国故事”。

6~11日　中国文联文艺志愿者小分队深入南水北调中线工程沿线，开展“到人民中去——中国文艺志愿者深入基层服务采风活动”。中国文联党组书记赵实为小分队出发送行。国务院南水北调办副主任蒋旭光在团城湖工地参加慰问活动。

9~11日　国务院南水北调办主任鄂竟平参加中央经济工作会议。

同日　国务院南水北调办副主任蒋旭光一行检查调研湖北省境内南水北调工程建设情况。

11日　国务院南水北调办主任鄂竟平主持召开办党组2014年第17次会议，研究办党组2014年民主生活会对照检查材料。

12日　南水北调中线一期工程正式通水。中共中央总书记、国家主席、中央军委主席习近平作出重要指示，强调南水北调工程是实现我国水资源优化配置、促进经济社会可持续发展、保障和改善民生的重大战略性基础设施。经过几十万建设大军的艰苦奋斗，南水北调工程实现了中线一期工程正式通水，标志着东、中线一期工程建设目标全面实现。

这是我国改革开放和社会主义现代化建设的一件大事，成果来之不易。习近平对工程建设取得的成就表示祝贺，向全体建设者和为工程建设作出贡献的广大干部群众表示慰问。

习近平指出，南水北调工程功在当代，利在千秋。希望继续坚持先节水后调水、先治污后通水、先环保后用水的原则，加强运行管理，深化水质保护，强抓节约用水，保障移民发展，做好后续工程筹划，使之不断造福民族、造福人民。

中共中央政治局常委、国务院总理李克强作出批示，指出南水北调是造福当代、泽被后人的民生民心工程。中线工程正式通水，是有关部门和沿线六省市全力推进、二十余万建设大军艰苦奋战、四十余万移民舍家为国的成果。李克强向广大工程建设者、广大移民和沿线干部群众表示感谢，希望继续精心组织、科学管理，确保工程安全平稳运行，移民安稳致富。充分发挥工程综合效益，惠及亿万群众，为经济社会发展提供有力支撑。

中共中央政治局常委、国务院副总理、国务院南水北调工程建设委员会主任张高丽就贯彻落实习近平重要指示和李克强批示作出部署，要求有关部门和地方按照中央部署，扎实做好工程建设、管理、环保、节水、移民等各项工作，确保工程运行安全高效、水质稳定达标。

国务院南水北调办主任鄂竟平主持召开会议，传达中央经济工作会议精神。

南水北调移民电影《汉水丹心》献映中央电视台。电影以移民干部刘峙清为原型，反映丹江口市移民精神。影片由彭景泉执导，演员陈旺林任制片人并领衔主演。

15 日　河南省南水北调中线一期工程正式通水。河南省省委书记郭庚茂宣布正式通水。国务院南水北调办主任鄂竟平、河南省省长谢伏瞻出席活动并讲话。

同日　由国务院南水北调办、北京市人民政府联合主办的“饮水思源　南水北调中线工程展览”在首都博物馆开展。

16 日　国务院南水北调办主任鄂竟平主持召开办务会议，学习贯彻中央领导重要指示、批示精神，研究下步转型开拓工作。

同日　国务院南水北调办主任鄂竟平主持召开办党组 2014 年第 18 次会议，研究干部问题。

同日　中央电视台多个频道开始集中播出南水北调第五部公益宣传片——《中线工程通水篇》。

同日　南水北调移民题材豫剧《家园》在北京演出。

17 日　国务院南水北调办主任鄂竟平主持召开主任专题办公会，听取南水北调中线工程尾工建设进度情况汇报。

同日　南水北调纪录片《水脉》座谈会在北京召开。国务院南水北调办副主任蒋旭光出席会议并讲话。国家新闻出版广电总局重大理论文献影视片创作领导小组副组长金德龙、中央电视台副总编辑李挺，北京大学文化资源研究中心主任张颐武等专家参加会议。

18 日　国务院南水北调办主任鄂竟平主持召开主任专题办公会，听取南水北调中线工程质量监管联合行动工作总结汇报。

19 日　国务院南水北调办副主任张野出席全国机关事业单位“吃空饷”问题治理工作电视电话会议。

同日　国务院南水北调办副主任蒋旭光出席全国组织部长会议。

22 日　国务院南水北调办主任鄂竟平主持召开主任办公会，讨论 2015 年南水北调工作会议主报告。

同日　国务院南水北调办主任鄂竟平主持召开会议，学习贯彻中央领导同志关于中线正式通水的重要指示批示精神，总结 2014 年工作，研究讨论 2015 年工作安排。

22～23 日　国务院南水北调办副主任张野出席中央农村工作会议。

23 日　国务院南水北调办主任鄂竟平主持召开主任专题办公会，听取南水北调中线工程质量监管联合行动查出问题处理方案有关情况汇报。

同日　国务院南水北调办副主任蒋旭光出席监管中心民主生活会。

同日　国务院南水北调办副主任蒋旭光出席中国文联"到人民中去"中国文艺志愿者深入基层采风活动总结汇报会。中国文联副主席李前光出席。

同日　南水北调工程沿线有关省市陆续播出南水北调纪录片《水脉》。北京卫视、新闻、纪实频道，湖北卫视、新闻公共频道，以及河南卫视、陕西卫视等频道播出。

24 日　国务院南水北调办党组书记、主任鄂竟平主持召开办党组专题民主生活会。中央第 31 督导组组长令狐安及督导组全体成员到会指导。

24～26 日　国务院南水北调办副主任蒋旭光赴河北邯郸，河南焦作、郑州等地检查中线工程质量及通水运行巡查工作。

25 日　国务院南水北调办主任鄂竟平主持召开主任专题办公会，听取南水北调中线工程运行巡查管理办法有关工作汇报。

同日　国务院南水北调办在河南郑州召开南水北调工程建设进度验收（第十五次）协调会。

26 日　国务院南水北调办副主任张野出席中线建管局领导班子民主生活会。

同日　国家发展改革委印发《关于南水北调中线一期主体工程运行初期供水价格政策的通知》（发改价格〔2014〕2959 号），明确中线一期主体工程运行初期各口门供水价格。

27 日　北京市南水北调中线一期工程正式通水。国务院南水北调办主任鄂竟平出席通水活动并讲话，北京市市长王安顺宣布正式通水成功。

同日　天津市南水北调中线一期工程通水活动在曹庄泵站举行。

同日　中央电视台《焦点访谈》栏目以"为有源头清水来"对丹江口水库水质保护措施及成效进行深入报道。

29 日　国务院南水北调办主任鄂竟平主持召开主任专题办公会，听取网络文章《南水北调通水即失败》应对工作和新闻通气会有关情况汇报。

同日　国务院南水北调办副主任蒋旭光出席征移司、监督司领导班子民主生活会。

29～30 日　国务院南水北调办主任鄂竟平赴河南新乡、焦作，检查中线工程运行管理工作。

30 日　《人民日报》公布 2014 国内十大新闻，《南水北调中线一期工程正式通水》入选。

31 日　国家主席习近平通过中国国际广播电台、中央人民广播电台、中央电视台，发表 2015 年新年贺词。贺词指出："12 月 12 日，南水北调中线一期工程正式通水，沿线 40 多万人移民搬迁，为这个工程作出了无私奉献，我们要向他们表示敬意，希望他们在新的家园生活幸福。"

12 月底　中国互联网新闻研究中心根据网民对 2014 年中国国内热点新闻的关注度，评出 2014 年国内十大新闻，《南水北调中线一期工程正式通水》入选。

# Contents



## *Specials Operation Documentary*



## *Chapter One Important Meeting*

## Chapter Two Important Speeches

## Chapter Three Important Events

## Chapter Four Policies, Laws and Regulations



## Chapter Five Important Files

## Chapter Seven Article and Interview



## Chapter Eight General Management

## Investment Plan Management …………………………………………………………… 195



## Fund Raising and Allocation Management ……………………………………………… 202



## Construction and Management …………………………………………………………… 209

## Chapter Ten The Middle Route Project of the SNWDP

# Chapter Eleven The Western Route Project of the SNWDP

## *Chapter Twelve　The Matching Projects*

## Chapter Thirteen Team Building

## Chapter Fourteen The Statistical Information

## Chapter Fifteen　Major Events

# 南水北调系统有关单位规范名称

| 全　　称 | 简　称 |
| --- | --- |
| 国务院南水北调工程建设委员会 | 建委会 |
| 国务院南水北调工程建设委员会专家委员会 | 专家委员会 |
| 国务院南水北调工程建设委员会办公室 | 国务院南水北调办(南水北调办) |
| 机关各司及直属事业单位 | |
| 国务院南水北调办综合司 | 综合司 |
| 国务院南水北调办投资计划司 | 投资计划司(投计司) |
| 国务院南水北调办经济与财务司 | 经济与财务司(经财司) |
| 国务院南水北调办建设管理司 | 建设管理司(建管司) |
| 国务院南水北调办环境保护司 | 环境保护司(环保司) |
| 国务院南水北调办征地移民司 | 征地移民司(征移司) |
| 国务院南水北调办监督司 | 监督司 |
| 国务院南水北调办直属机关党委 | 机关党委 |
| 国务院南水北调工程建设委员会办公室政策及技术研究中心 | 政研中心 |
| 南水北调工程建设监管中心 | 监管中心 |
| 南水北调工程设计管理中心 | 设管中心 |
| 各省(直辖市)南水北调办(建管局) | |
| 北京市南水北调工程建设委员会办公室 | 北京市南水北调办 |
| 天津市南水北调工程建设委员会办公室 | 天津市南水北调办 |
| 河北省南水北调工程建设委员会办公室 | 河北省南水北调办 |
| 江苏省南水北调工程建设领导小组办公室 | 江苏省南水北调办 |
| 山东省南水北调工程建设管理局 | 山东省南水北调建管局 |
| 河南省南水北调中线工程建设领导小组办公室 | 河南省南水北调办 |
| 湖北省南水北调工程领导小组办公室 | 湖北省南水北调办 |
| 项　目　法　人 | |
| 南水北调中线干线工程建设管理局 | 中线建管局 |
| 南水北调中线水源有限责任公司 | 中线水源公司 |
| 南水北调东线江苏水源有限责任公司 | 江苏水源公司 |
| 南水北调东线山东干线有限责任公司 | 山东干线公司 |
| 湖北省南水北调管理局 | 湖北省南水北调管理局 |
| 淮河水利委员会治淮工程建设管理局 | 淮委建设局 |
| 安徽省南水北调东线一期洪泽湖抬高蓄水位影响处理工程建设管理办公室 | 安徽省南水北调项目办 |
| 淮河水利委员会沂沭泗水利管理局 | 淮委沂沭泗管理局 |

续表

| 全　称 | 简　称 |
| --- | --- |
| 其 他 常 用 单 位 | |
| 河北省南水北调工程建设管理局 | 河北省南水北调建管局 |
| 河南省南水北调中线工程建设管理局 | 河南省南水北调建管局 |
| 河南省人民政府移民工作领导小组办公室 | 河南省移民办 |
| 湖北省移民局 | 湖北省移民局 |
| 水利部水利水电规划设计总院 | 水规总院 |

**注**　淮委建设局、安徽省南水北调项目办、淮委沂沭泗管理局不具有项目法人身份，但承担相关工程建设任务，为方便行文统称为项目法人。

# 《中国南水北调工程建设年鉴 2015》编辑出版工作人员

**终　　审**　张运东

**复　　审**　杨伟国

**责任编辑**　姜　萍　安小丹　韩世韬

**美术设计**　王红柳　张俊霞

**版式设计**　赵姗姗

**责任校对**　黄　蓓　王开云

**出版印制**　蔺义舟